제12판

지질환경과학

ESSENTIALS OF GEOLOGY

지질환경과학 제12판

Frederick K. Lutgens, Edward J. Tarbuck 지음 Dennis Tasa 일러스트
함세영, 김순오, 박은규, 서용석, 손 문, 오창환, 우남칠,
이찬희, 이현우, 정훈영, 조호영, 황진연 옮김

Σ 시그마프레스

지질환경과학, 제12판

발행일 | 2016년 3월 15일 1쇄 발행
2022년 1월 20일 2쇄 발행

저자 | Frederick K. Lutgens, Edward J. Tarbuck
역자 | 함세영, 김순오, 박은규, 서용석, 손 문, 오창환, 우남칠
이찬희, 이현우, 정훈영, 조호영, 황진연
발행인 | 강학경
발행처 | (주)시그마프레스
디자인 | 강경희
편집 | 김은실

등록번호 | 제10－2642호
주소 | 서울시 영등포구 양평로 22길 21 선유도코오롱디지털타워 A401~402호
전자우편 | sigma@spress.co.kr
홈페이지 | http://www.sigmapress.co.kr
전화 | (02)323－4845, (02)2062－5184~8
팩스 | (02)323－4197

ISBN | 978-89-6866-697-1

ESSENTIALS OF GEOLOGY, 12th Edition

＊ 책값은 책 뒤표지에 있습니다.

역자 서문

모든 나라의 국민들은 그들이 살고 있는 국가의 역사를 알아야 하듯이 우리 인간은 우리의 삶의 보금자리인 지구를 필수적으로 이해해야 한다. 지구의 변천과 역사는 지구의 생성부터 시작하여 46억 년 동안에 지구 내부와 지구 표면 그리고 대기 중에서 일어난 물리적 · 화학적 변화와 생물의 진화를 모두 포함한다. 지구의 변천과 역사를 이해하는 것은 지구의 중요성을 보다 확실하게 깨닫게 하는 동시에 지구환경을 보전하고, 지구사랑을 몸소 실천하는 계기가 될 것이다. 지구의 역사에서 지권, 수권, 기권, 생물권을 통한 물질의 순환은 지구의 변천과 밀접하게 관련된다. 공기와 물과 땅은 똑같이 중요하다. 인간의 생존을 위해서는 물과 공기가 필수적이지만, 땅은 인간이 사는 터전이 되고, 작물이 자라는 장소가 된다. 따라서 땅의 중요성은 정말 지대하며, 땅이 없는 인간의 삶은 생각할 수 없다. 1995년에 나온 워터 월드(Water World)란 영화에서는 환경변화로 땅이 물속에 잠기고 물 위에서만 생활하는 인간들이 얼마나 절실하게 땅을 그리워하는지를 잘 보여준다.

지질환경과학 12판은 프레데릭 K. 루트겐스와 에드워드 J. 타르벅이 집필한 *Essentials of Geology* 12판(2015)을 번역한 책이다. 지금까지 지질학 분야에서 출판된 다수의 저서와 번역서들은 너무 전문적으로 기술되어 있거나 너무 일반적인 내용들로 기술되어 있어서 대학생들이 지질학의 필수적인 지식을 습득하기에는 부족한 것들도 있다. 또 어떤 책은 환경적인 요소를 강조하다보니 지질학적인 요소가 다소 등한시되거나, 해양과 대기, 우주와 천문 분야를 광범위하게 포함하기 때문에 지질학적인 내용이 불충분한 것도 있다. 이런 점에서 지질환경과학 12판은 10판보다 개선된 책으로서 지질학 전반에 대해 광범위하면서도 기본적인 지질학 지식을 학생들에게 전달할 뿐만 아니라, 모바일 현장학습 동영상을 추가하여 학생들이 지질학을 현실감 있게 느낄 수 있도록 하였다. 또한 이 책은 지질학을 처음 접하거나 또는 고등학교에서 지질학 지식을 얼마간 습득한 지질학 전공 학과 1학년생에게도 적당한 책이라고 본다.

이 책은 10판보다 한 장이 늘어난 총 20장으로 구성되어 있으며, 내용의 순서도 지질학 습득의 수월성 차원에서 바뀌었다. 제1장 '지질학 개관'에서는 지질학의 주요 개념들을 설명하고 있다. 제2장 '판구조론 : 혁명적인 과학이론의 탄생'에서는 대륙이동설, 판구조론의 정의, 판 경계, 판구조운동의 기작에 대해서 설명한다. 제3장 '물질과 광물'에서는 암석을 구성하는 기본물질로서의 광물의 특성과 종류를 설명한다. 제4장 '화성암과 관입활동'에서는 마그마의 성질, 암석의 세 가지 종류 중 화성암의 종류와 그 성질에 대한 기본적인 지식을 전달하고 있다. 제5장 '화산과 화산재해'에서는 화산분출의 특성과 형태, 화산암의 종류, 화산재해, 판구조론과 화산활동의 관련성에 대해서 설명하고 있다. 제6장 '풍화작용과 토양'에서는 외부적 지질작용인 풍화작용과 그 산물인 토양 그리고 인간의 활동이 토양에 미치는 영향을 기술하고 있다. 제7장 '퇴적암'에서는 퇴적암의 기원과 종류 그리고 퇴적암에서 산출되는 자원에 대해서 설명하고 있다. 제8장 '변성작용과 변성암'에서는 기존 암석이 변성작용에 의해서 어떻게 물리적 · 화학적 성질이 변하는지 그리고 변성암의 환경과 변성대를 설명하고 있다. 제9장 '지진과 지구 내부의 구조'에서는 지진의 발생기작, 지진파의 종류, 지진의 규모, 지진에 의한 피해, 지진예측, 지진파에 의한 지구 내부 규명에 대해서 설명하고 있다. 제10장 '대양저의 기원과 진화'에서는 대륙주변부, 대양저의 지형, 해령의 특징과 기원, 해양지각의 특성 등에 대해서 다루고 있다. 제11장 '지각의 변형과 조산운동'에서는 암석의 변형 과정과 요인, 습곡과 단층의 종류, 섭입작용과 조산운동, 충돌에 의한 산맥의 생성 그리고 지각균형설에 대해서 다루고 있다. 제12장 '사면활동 : 중력의 작용'에서는 사면활동의 과정과 유발요인 그리고 사면활동의 종류를 기술하고 있다. 제13장 '유수'에서는 수문순환의 과정에서 발생하는 하천과 홍수, 하천에 의한 침식작용과 퇴적작용에 대해서 설명한다. 제14장 '지하수'에서는 지하수의 중요성, 지하수의 이동, 지하수의 지질학적 작용, 지하수와 관련된 환경문제들을 다루고 있다. 제15장 '빙하와 빙하작용'에서는 빙하의 정의, 종류, 빙하의 발생 원인, 빙하에 의한 침식과 퇴적 등에 대해서 설명하고 있다. 제16장 '사막과 바람'에서는 사막의 생성원인과 특성, 사구의 형태와 종류, 바람의 작용에 대해서 기술하고 있다. 제17장 '해안선'에서는 파도의 작용, 해안선의 형성, 해식작용, 해안퇴적, 조석 등에 대해서 다루고 있다. 제18장 '지질시대'에서는 지층의 연령 측정, 화석, 지층의 대비, 지질시대의 단위 등에 대해서 배운다. 제19장 '지질시대를 통한 지구의 진화'에서는 초기 지구의 진화, 대기와 해양의 기원과 진화, 대륙지각의 형성, 생명체의 진화에 대해서 배운다. 마지막으로 제20장 '지구의 기후변화'에서는 기후와 지질학, 기후변화의 탐지, 기후변화의 원인, 인간이 기후변화에 미치는 영향, 지구온난화 등에 대해서 배우게 된다.

지질환경과학 12판은 지질학적인 지식을 순차적으로 습득함과 동시에 서로 유기적이고 반복적인 학습을 통하여 지질학의 기본 개념을 확실하게 이해할 수 있도록 한다. 아울러서 고해상도의 사진과 개념 정립을 돕는 그림을 제공하여 책 내용을 보다 쉽게 이해할 수 있도록 하고 있다. 각 장 말미의 개념복습은 그 장의 내용을 요약하고 있으며, 복습문제를 통하여 학생들이 그 장의 주요 개념을 다시 한 번 상기하도록 하고 있다.

번역에 참여한 12명의 지질학 분야 전문가들은 지질환경과학 12판의 각자가 맡은 장을 번역하는 데 최선을 다했으며, 이에 보람을 느낀다. 그러나 출판 후에 발견되는 오탈자나 오역은 모두 역자들의 책임이며, 이후 개정본이 출판될 때 수정할 것을 약속드린다. 독자 여러분도 혹시 발견하신 오탈자, 오역 등을 역자들에게 알려주시기를 바라는 마음이다. 아무쪼록 지질환경과학 12판으로 공부하는 모든 사람들, 특히 학생들이 지질학적 지식을 함양할 뿐만 아니라 인간의 유일한 보금자리인 지구를 사랑하고 보호하는 데 인식을 새롭게 하기를 바란다.

마지막으로 이 책을 출판할 수 있는 기회를 주신 (주)시그마프레스의 강학경 사장님을 비롯하여 꼼꼼한 편집과 인쇄에 힘써 주신 편집부 김은실 과장님과 관계자 여러분들께 감사드린다.

2016년 2월
역자 일동

저자 서문

지질환경과학 12판은 이전 판과 같이 지질학을 처음 접하는 학생들을 위한 대학교재이다. 이 책은 과학기초 지식이 거의 없는 사람들을 대상으로 너무 전문적이지 않은 개론적인 지식을 전달하기 위한 것이다. 학생들은 이 책을 배움으로써 대학에서 일반적으로 요구하는 수준의 지식을 습득할 수 있다.

지질환경과학의 주요 목표는 최신의 정보를 전달함과 함께, 지질학의 초보단계에 있는 학생들의 요구에 부응하여 지질학의 기본원리와 개념을 터득하는 매우 유용한 도구로서의 교재 그리고 읽기 쉽고 대하기에 편한 교재가 되도록 하는 것이다.

12판의 새로운 점

- **새롭고 확장된 그리고 능동적인 학습체제.** 12판은 학습을 위한 체제를 갖추고 있다. 모든 장은 **핵심개념**으로부터 시작한다. 각 학습목표는 그 장의 각 단원에 대응한다. 각 장의 내용 기술은 학생들이 지식을 완전히 습득할 수 있도록 하며, 학생들이 주요 개념을 우선적으로 이해하도록 도와준다.

9.1 지진이란 무엇인가

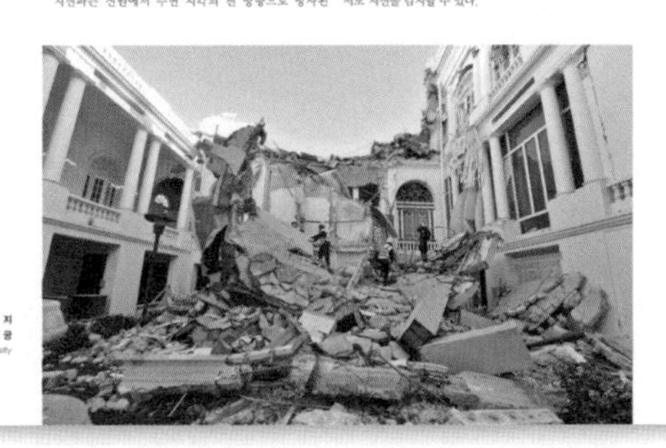

다음 단원으로 넘어가기 전에 학생들에게 주요 개념과 용어를 이해시키기 위해서, 각 장의 주요 단원 끝에는 개념 점검이 제시되어 있다.

개념 점검 9.1

① 지진은 무엇인가? 가장 큰 지진은 어떤 조건에서 발생하나?
② 단층, 진원, 그리고 진원은 어떤 관계가 있는가?
③ 지진발생 메커니즘을 처음 설명한 사람은?
④ 탄성 반발을 설명하라.
⑤ 300km 길이의 단층의 슬립이 발생하는 지진의 시간은?
⑥ 단층포행을 겪지 않은 단층이 안전하다에 대해 변론이나 반론하라.
⑦ 가장 파괴적인 지진을 발생시키는 경향이 있는 단층의 종류는?

복습문제

① 탄성 반발 개념을 묘사하는 그림을 그려 보라. 이 개념을 설명하기 위하여 고무 밴드 외에 것을 개발해 보라.
② 이 지도는 1900년 이후 발생한 세계적으로 큰 지진을 보여준다. 그림 2.11의 판 경계 지도를 인용하여 이들 파괴적인 지진과 연관된 판 경계의 종류를 알아내 보라.
③ 지진기록을 이용하여 다음 질문에 답해 보라.
a. 지진계에 처음 도달한 지진파의 종류는?
b. 첫 P파와 첫 S파의 도달시간 차이는?
c. 질문 b에 대한 답과 그림 9.15의 거리-시간 그래프를 이용하여 지진과 관측소까지의 거리를 구하라.
d. 지진 관측소에 도착한 지진파의 진폭이 가장 큰 것은 셋 중 어느 것인가?

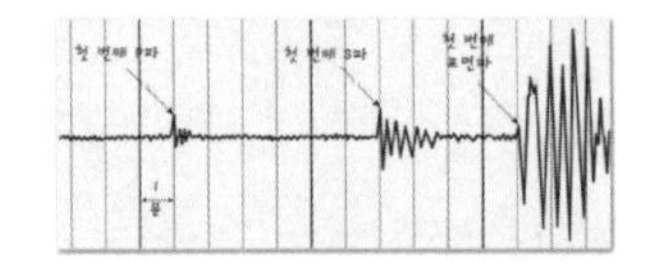

④ 해변을 따라 조깅을 한다. 모래는 단단하게 잘 다져져 있다. 발을 뗄 때마다 발자국에 빠르게 물이 차는 것을 볼 수 있다. 이 물은 어디서 오는 것인가? 지진과 수반된 어떤 재해가 이 현상에 잘 비유되겠는가?
⑤ 쓰나미가 올 때 첫 번째 파도 전에 해변으로부터 바닷물이 급히 빠져 나가는 이유를 묘사하는 그림을 작성하라.
⑥ 임박한 지진에 대한 경보는 못하지만 쓰나미 경보는 가능한 이유는 무엇인가? 쓰나미 경보가 별 효과가 없을 만한 시나리오를 기술하라.

각 장의 결론 부분에는 **복습문제**가 제시되어 있다. 복습문제에서 제시되는 질문과 문제는 학습자에게 적용, 분석 및 그 장의 종합적인 사고와 같은 한 차원 높은 사고를 요구한다. 복습문제의 어떤 문제들은 지구계의 많은 상호작용들을 이해하고 적용하는 것을 요구한다.

- **개념 복습.** 각 장의 말미에 새로 추가된 부분으로서 개정판의 능동적인 학습방법 중 하나의 중요한 부분이다. 각각의 복습은 각 장의 첫부분에 제시된 **핵심개념**과 대응한다. 개념 복습은 주요 개념을 읽기 쉽게 전체적으로 요약하고 있으며, 사진, 도형 그리고 주요 개념들의 이해도를 시험하는 문제들을 함께 제시하고 있다.

개념 복습 지진과 지구 내부의 구조

9.1 지진이란 무엇인가

지진 발생 메커니즘에 대해 그림으로 그리고 설명하라.

핵심용어 : 지진, 단층, 진원, 진앙, 지진파, 탄성 반발, 여진, 전진, 주향이동단층, 변환단층, 단층포행, 충상단층, 메가스러스트 단층

- 지진은 단층을 사이에 두고 두 암괴가 서로 다른 방향으로 갑자기 움직임으로 인해 발생한다. 암석이 움직이기 시작한 지점을 진원이라 한다. 지진파는 이 점에서 바깥의 모든 방향으로 암석을 통과하며 방사된다. 진원의 직상부에 위치한 지표면의 지점을 진앙이라 한다.
- 탄성 반발은 지진이 왜 발생하는지를 설명한다. 암석은 지각의 움직임에 의해 변형된다. 그러나 마찰 저항력이 암석을 움직이지 못하도록 잡아당기는 힘이며 그동안 암석 내에 변형이 축적된다. 변형은 마찰 저항력을 초과할 때까지 축적되다가 그 한계를 넘어서는 순간 파열이 발생하면서 쌓여 있던 에너지를 방출한다. 탄성 반발이 발생한 후 암석은 새로운 위치에서 원래의 모양으로 복원된다.
- 전진은 본진에 앞서 발생하는 다수의 작은 지진이다. 여진은 본진 후에 암석이 새로운 환경에 적응하면서 나타나는 다수의 작은 지진이다.
- 판 경계와 연계된 단층은 대부분 큰 지진의 근원이 된다.
- 캘리포니아 샌앤드리어스 단층은 파괴적인 지진을 발생시킬 수 있는 변환단층 경계의 예이다.
- 섭입대는 역사에 기록된 가장 큰 지진을 발생시킨 메가스러스트로 표시된다. 메가스러스트는 쓰나미도 발생시킬 수 있다.

? 지진과 단층의 관계를 보여주는 그림에서 빈칸에 이름을 써 보라.

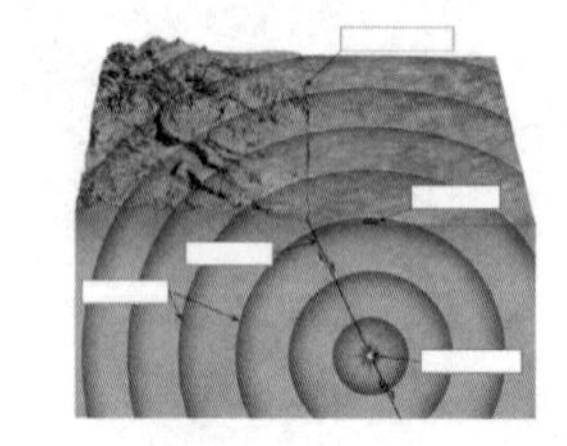

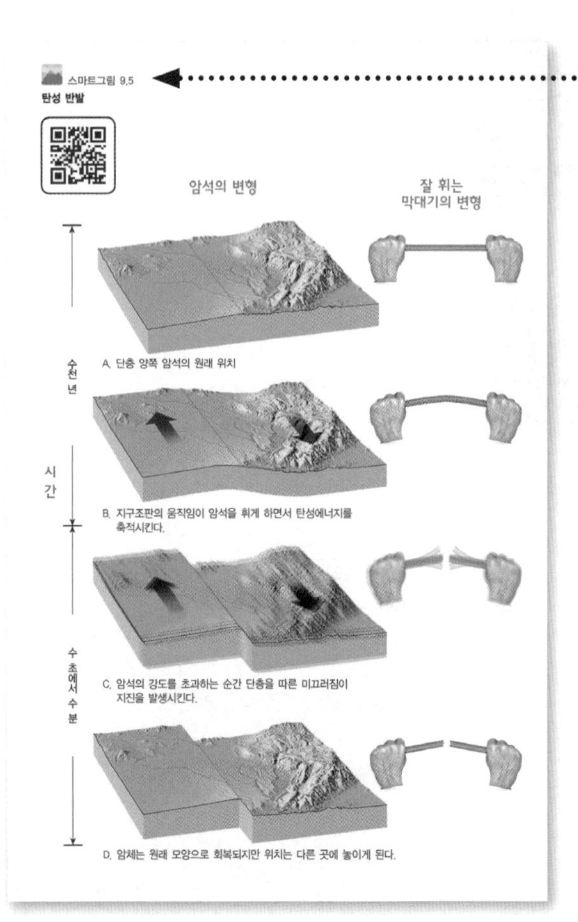

- **스마트그림은 가르치는 그림이다.** 12판에는 스마트그림이 각 장마다 수록되어 있으며, 전체적으로 총 100개 이상이 수록되어 있다. 휴대전화를 사용하여 스마트그림의 신속반응(QR)코드를 스캔하면 동영상이 시작된다. 스마트그림은 캘런 벤틀리 교수의 해설과 함께 2~3분짜리 분량의 그림들로 구성되어 있으며, 그림들로 개념을 설명하는 하나의 미니 수업이다. 스마트그림은 확실한 가르치는 그림이다.

- **모바일 현장학습**. 12판에서는 13편의 모바일 현장학습이 제공된다. 각 모바일 현장학습에는 지질학자이고 조종사이자 사진작가인 마이클 콜리에가 하늘과 땅에서 각 장의 내용과 관련된 지역에 대해서 가르쳐 준다. 이 엄청난 모바일 현장학습은 스마트그림과 같은 방법으로 사진과 함께 제공되는 QR코드를 스캔함으로써 시작된다. 모바일 현장학습의 사진은 주로 마이클 콜리에의 사진이다.

- **개정된 체제**. 이전 판들은 보다 전통적인 구성체제로 되어 있었으며, 판구조론은 책의 뒷부분에 자세히 설명되어 있었다. 이번 12판에서는 지구의 이해를 위해서 판구조론을 2장에서 통합적으로 설명하였다. 판구조론의 확실한 개념과 함께, 지구의 물질 및 화산작용, 변성작용과 관련된 작용들을 설명하였다. 그리고 다음 장들에서 지진, 해양저의 기원과 진화, 지각의 변형과 조산활동을 설명하였다. 이런 구성체제 속에서 학생들은 판구조론과 지구의 현상들 간의 관계를 명확하게 이해할 수 있을 것이다.

- **과거와는 다른 시각적인 구성**. 150장 이상의 새로운 고화질 사진과 인공위성 영상뿐만 아니라, 지구과학 삽화가인 데니스 타사에 의해서 수십 장의 새로운 그림이 추가되거나 다시 그려졌다. 지도와 도안은 효율성을 높이기 위해서 사진과 거의 짝을 이루도록 하였다. 또한 다수의 추가되거나 수정된 그림은 학생들에게 편리하도록 예시된 과정의 표제어를 붙여서 그림이 명확하고 쉽게 이해되도록 하였다.

- **상당히 많은 새로워지고 수정된 내용**. 대학의 과학교재의 기본적 기능은 정확하고, 관심을 끌며, 최신의 정보를 이해하기 쉽게 설명해야 한다. 저자들의 최상의 목표는 이 책이 초보자들에게 적절하고 읽기 쉬운 최신 교재가 되도록 하는 것이다. 이 책의 모든 부분은 이러한 목표 아래서 주의 깊게 검토되었다. 12판은 이 책의 오랜 역사로 볼 때 가장 완벽하고 광범위한 개정판이다.

차별화된 특징

읽기 쉬움

이 책의 문장은 직설적이고 이해하기 쉽게 서술되었으며 기술적인 용어를 최소한 적게 사용하고 명확하고 쉬운 서술을 원칙으로 하였다. 자주 등장하는 표제어와 부제어는 학생들이 각 장에 제시된 주요 개념과 논의점을 이해하는 데 도움을 주도록 하였다. 12판에서는 각 장의 구성 체계를 검토하여 직설적인 서술로 가독성을 향상시켰다. 또한 여러 장들의 많은 내용들이 실질적으로 보다 이해하기 쉽게 서술되었다.

기본 원리에 관한 주안점 유지 및 강의의 유연성

12판에서는 많은 시사적인 논쟁거리들이 다루어졌지만, 신판에서도 학생들에게 가르칠 필요가 있는 주요 기본 원리들은 그전 판과 같이 강조되었다. 그리고 가능한 한 지질과학을 구성하는 작용들을 이해하고, 관찰하는 기술들을 독자들에게 주지시키고자 노력하였다.
그 전판과 마찬가지로, 대부분의 장은 강사들의 선호도나 실험실 사정에 따라 다른 순서로 강의가 가능하도록 구성되어 있다. 그러므로 지진, 판구조론, 조산운동 이전에 침식작용을 가르치기를 원하는 강사는 전혀 어려움 없이 그렇게 할 수 있다.

강화된 시각 효과

지질학에서는 시각적인 효과가 매우 중요하며, 입문서에서는 사진과 도해가 매우 중요한 부분을 차지한다. 10판에서처럼, 뛰어난 지구과학 삽화가이자 미술가인 데니스 타사가 저자들과 긴밀하게 협력하여 학생들이 이해하기 쉬운 도면, 지도, 그래프, 삽화들을 만들었다. 그 결과, 그림은 전보다 더 명확하고 이해하기 쉬워졌다.

우리의 목적은 책 속의 시각적인 부분을 최대한 효과적으로 나타내는 것이다. 마이클 콜리에는 수상 경력이 있는 지질학자이자 조종사이고 사진작가로서 이런 점에 대해 매우 큰 도움을 주었다. 이 책에서 여러분은 수십 장의 뛰어난 항공사진들을 볼 수 있을 것이다. 그의 이러한 공헌은 독자들이 생동감 있게 지질학을 공부할 수 있도록 큰 도움을 준다.

프레드릭 루트겐스
에드워드 타르벅

요약 차례

차례

1
지질학 개관

핵심 개념

다음은 이 장에서 다룰 주요 학습 목표이다.
이 장을 학습한 후 다음 질문에 답해 보도록 하자.

1.1 일반지질학과 지사학을 구별하고 인간과 지질학 간의 연관성을 설명하라.

1.2 지구상에서 일어나는 변화를 초창기 관점과 현대적 관점에서 요약하고, 그 관점과 지구의 나이에 대한 지배적인 생각을 연관시켜 보라.

1.3 가설의 설정과 이론의 확립을 포함하는 과학적인 탐구의 특성에 대해 설명하라.

1.4 지구의 4개 주요 권역을 열거하고 설명하라.

1.5 계를 정의하고 지구가 왜 하나의 계인지 설명하라.

1.6 태양계의 형성 단계를 개괄적으로 설명하라.

1.7 지구의 내부 구조를 설명하라.

1.8 암석의 순환을 그림으로 도시하고, 그 작용을 기재하고 설명하라.

1.9 대륙과 해양분지의 주요 특징을 열거하고 설명하라.

애리조나 주 그랜드캐니언 국립공원 북측 가장자리의 토로웝 오버룩에서 바라본 정경 (사진 : *Michael Collier*)

장관을 이루는 화산 분출, 지진에 의한 공포, 산간 계곡의 장엄한 경치, 사태에 의한 파괴, 이 모든 것들이 지질학자의 연구 주제이다. 지질학은 우리 인간의 물리적 환경에 관한 매력적이고 실질적인 문제들을 다룬다. 캘리포니아 주에 또 다른 대규모 지진이 곧 발생할 것인가? 빙하시대는 어떠했을까? 또 다른 빙하시대가 도래할 것인가? 어떤 특별한 지점에 유정을 뚫으면 다량의 석유가 나올 것인가? 지질학자들은 이러한 질문들과 지구, 지구의 역사, 지구의 자원에 대한 많은 문제들에 대답하고자 한다.

1.1 지질학 : 지구의 과학

일반지질학과 지사학을 구별하고 인간과 지질학 간의 연관성을 설명하라.

그림 1.1 **내적 및 외적 작용** 지구의 내부와 표면에서의 작용은 일반지질의 중요한 주제이다. (사진 : Lucas Jackson/Reuters;glacier michaol Collicr)

내적 작용은 지구 표면 아래에서 일어나는 작용이다. 때로는 내적 작용이 지구 표면의 주요한 모양을 만들기도 한다.

사태, 강, 빙하와 같은 외적 작용은 지표면을 침식하고 지표면의 모양을 만든다. 이 사진의 빙하는 알래스카 산맥의 형태를 만들고 있다.

지질학(geology)이란 말은 그리스어의 *geo*(지구)와 *logos*(토론)에서 비롯된다. 지질학은 지구를 이해하고자 하는 학문이다. 지질학은 지구의 이해를 추구하는 과학이다. 지구를 이해하는 것은 노력이 요구된다. 왜냐하면 지구는 서로 상호작용하는 많은 부분들로 이루어져 있으며 복잡한 역사를 가진 역동적 물체이기 때문이다. 장구한 시간을 통하여 지구는 변화해 왔다. 사실 지구는 당신이 이 책을 읽고 있는 순간에도 변화하고 있으며 우리가 예측할 수 있는 미래에도 계속 변화할 것이다. 어떤 때는 산사태나 화산 분출과 같은 급작스럽고 격렬한 변화가 일어난다. 보통은 그 변화는 매우 느리게 일어나서 일생 동안 변화를 감지할 수 없다. 지질학자가 연구하는 현상의 규모와 영역은 매우 가변적이다. 때로는 지질학자들은 미세한 현상을 중점적으로 연구하고, 또 때로는 대륙이나 전지구적 규모의 특성을 다루어야 한다.

일반지질학과 지사학

지질학은 전통적으로 크게 일반지질학과 지사학 두 분야로 나뉜다. 이 책의 주요 관심사인 **일반지질학**(physical geology)은 지구를 구성하는 물질을 연구하며 지표와 지표 아래에서 일어나는 다양한 지질작용을 연구한다(**그림 1.1**). 한편 **지사학**(historica lgeology)은 지구의 기원과 지질시대를 통한 지구의 변천을 연구한다. 따라서 지사학은 과거 지질시대에 일어났던 다양한 물리적 · 생물학적 변화를 시대적으로 배열하고자 한다. 과거의 지구를 규명하기 전에 먼저 지구가 어떻게 작동하는지를 알아야 하기 때문에, 일반지질학 연구는 지사학 연구보다 선행된다. 아울러 일반지질학과 지사학은 많은 특정 분야들로 구분된다. 이 책의 많은 장들은 지질학 중 하나 이상의 특정 분야에 대해 설명하고 있다.

지질학은 야외에서 하는 학문으로 인식되고 있다. 실제로 지질학의 많은 부분은 야외에서의 측정, 관찰, 그리고 실험을

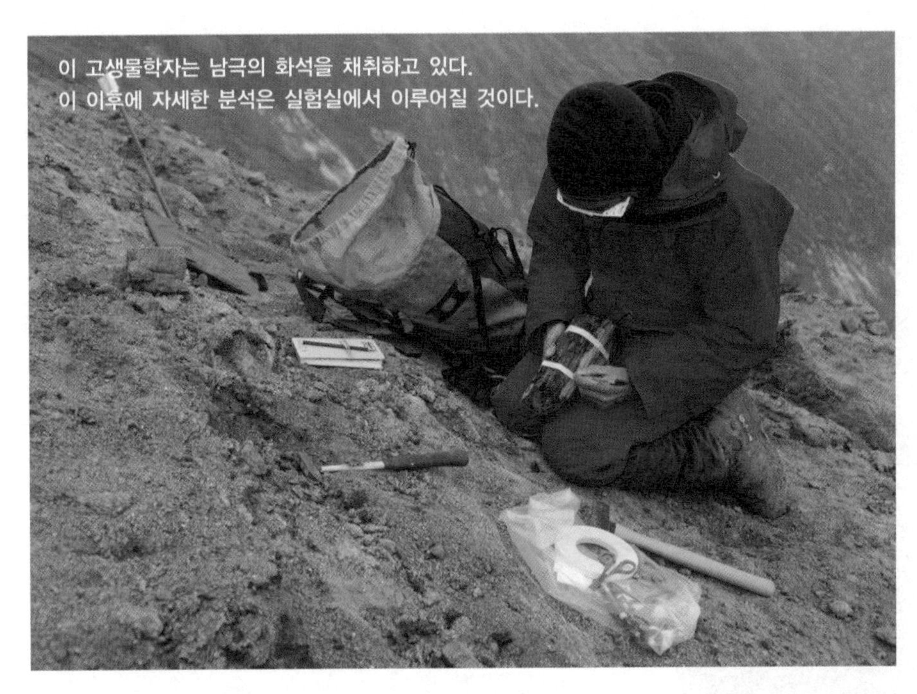

그림 1.2 **야외와 실험실에서** 지질학은 야외 작업뿐만 아니라 실험실 작업도 포함한다. (사진 : *British Antarctic Survey/Science Source*)

기초로 하고 있다. 그러나 지질학 연구는 또한 많은 실험실에서도 이루어진다. 예를 들면 광물과 암석 분석은 많은 기본적인 작용을 이해하는 데 도움을 주며 현미경에 의한 화석 연구는 과거 지질시대의 환경을 규명하는 열쇠가 된다(**그림 1.2**). 흔히 지질학을 위해서는 물리학, 화학, 생물학적 지식과 원리를 이해하고 적용하는 것이 필요하다. 지질학은 자연세계와 지구에 대한 지식을 넓히는 것을 추구하는 학문이다.

지질학, 인간, 그리고 환경

이 책의 주안점은 기존 지질학의 원리를 이해하는 것이지만 아울러서 인간과 자연환경 간의 중요한 관계들도 살펴볼 것이다. 지질학에서 제기되는 많은 문제점과 논쟁거리는 인간의 실생활에 관련된다.

자연재해는 지구에서의 삶의 일부이다. 자연재해는 매일 전 세계적으로 수백만의 사람들에 부정적인 영향을 끼치며 손실을 입힌다(**그림 1.3**). 지질학자들이 연구하는 지질재해에는 화산, 홍수, 쓰나미, 지진, 사태가 있다. 물론 지질재해는 단지 자연의 작용일 따름이다. 지질작용은 사람들이 그 지질작용이 일어나는 지역에 살 때만 재해가 된다.

국제연합에 의하면 2008년에 최초로 시골보다는 도시지역에 더 많은 사람들이 살기 시작하였다. 이러한 전 지구적인 도시화 현상은 수백만의 인구를 거대도시로 집중시키게 되었으며, 그 도시들 중 많은 도시들은 자연재해에 취약한 지역에 위치한다. 해안 도시들은 습지, 사구 등의 자연적인 방벽을 파괴하는 도시개발로 인하여 점점 더 자연재해에 취약해지고 있다. 더구나 인간이 지구계에 영향을 미침으로써 그 위협은 점점 더 커지고 있다. 일례로 해수면 상승은 전 지구적 기후변화와 연관되어 있다. 몇몇 거대도시들은 지진과 화산활동 재해에 노출되어 있으며, 이들 지역에서는 급격한 인구 증가와 함께 부적절한 토지이용 및 건축공사로 인하여 취약성이 증대하고 있다.

자원은 인간에게 있어서 실질적으로 큰 가치를 지니는 지질학의 주요 관심사 중 하나이다. 자원은 물과 흙 그리고 여러 가지 다양한 금속 및 비금속 광물들, 그리고 에너지를 포함한다(**그림 1.4**). 이들 자원은 현대 문명의 중요한 기초가 된다. 지질학은 이들 자원의 형성과 산출뿐만 아니라 그것들을 추출하고 사용함으로써 발생하는 환경적인 영향을 연구한다.

지질작용이 인간에 영향을 끼칠 뿐만 아니라 인간 스스

알고 있나요?

매년 평균적인 미국인 한 명은 엄청난 양의 지구물질을 필요로 한다. 여러분이 한 번의 배달로 1년치 몫을 받는다고 상상해 보라. 큰 트럭이 여러분 집에 12,965파운드의 돌, 8,945파운드의 모래와 자갈, 895파운드의 시멘트, 395파운드의 소금, 361파운드의 인산염, 974파운드의 그 외 비금속 물질을 운반하여 쌓아놓을 것이다. 게다가 709파운드의 철, 알루미늄, 구리 등의 금속도 있을 것이다.

알고 있나요?

약 1800년까지 세계 인구는 10억 명에 도달하였다. 1927년까지 그 숫자는 2배가 되어 20억 명이 되었다. 국제연합의 추산에 의하면, 2011년 10월 말에는 세계 인구가 70억 명에 도달하였다. 지금 지구상에는 해마다 약 8,000만 명씩 인구가 증가하고 있다.

그림 1.3 **지진에 의한 파괴** 지질재해는 자연재해이다. 지질재해는 이런 지질작용이 발생하는 지역에 인간이 살 때만 재해가 된다. (사진 : *Yasuyoshi Chiba/AFP/Getty Images/Newscom*)

그림 1.4 **석유시추** 에너지 자원과 광물자원은 인간과 지질 사이의 중요한 연결고리가 된다. 석유는 미국의 에너지 소비의 36% 이상을 차지한다. (사진 : *Peter Bowater/Science Source*)

로가 지질작용에 극적으로 영향을 미치기도 한다. 예를 들면 하천홍수는 자연적이지만, 홍수의 규모와 주기는 산림벌채, 도시건설, 댐건설과 같은 인간 활동에 의해 크게 달라질 수 있다. 불행히도 자연계는 우리가 예상하는 대로 인위적인 변화를 항상 조절하지는 않는다. 즉 인간이 사회에 이득이 되도록 환경을 변화시키는 것이 정반대의 효과를 낼 수도 있다.

이 책에서는 적당한 부분에서 인간과 물리적인 환경 간의 여러 가지 관계를 점검할 수 있는 기회가 있다. 거의 모든 장에서는 자연재해, 환경적인 이유, 자원의 특성을 기술하고 있다. 어떤 장의 중요한 부분에서는 환경문제를 이해하는 데 필요한 기본적인 지질학적 지식과 원리를 제시하고 있다.

개념 점검 1.1

① 지질학의 두 가지 대분류의 명칭을 적고 구분하라.
② 적어도 세 가지 지질재해를 열거하라.
③ 지질재해 외에 인간과 지질 간의 중요한 연결고리에 대해서 기술하라.

1.2 지질학의 발전

지구상에서 일어나는 변화를 초창기 관점과 현대적 관점에서 요약하고, 그 관점과 지구의 나이에 대한 지배적인 생각을 연관시켜 보라.

지구의 특성인 지구물질과 작용은 수 세기 동안 지질학 연구의 핵심 주제였다. 화석, 보석, 지진, 화산에 대한 기재는 2300년 전보다 이전인 그리스 시대부터 시작되었다. 가장 유명한 그리스 철학자는 아리스토텔레스인데, 불행히도 자연세계에 대한 그의 설명은 오늘날의 과학처럼 예리한 관찰과 실험에 의존하지는 않았다. 그의 설명은 그 시대의 제한된 지식에 근거한 자의적인 견해였다. 아리스토텔레스는 암석이 별의 영향으로 만들어졌으며 땅속의 공기가 중심부의 불에 의해서 가열되어 폭발적으로 달아나면서 지진이 발생한다고 믿었다! 어류 화석을 보았을 때, 그는 지구 내부에는 움직이지 않는 상태로 많은 어류들이 살고 있으며, 땅을 굴착할 때 이것들이 발견되는 것이라고 설명하였다. 아리스토텔레스의 설명이 그 시대에는 합당했다고 하더라도 불행히도 그의 설명은 여러 세기 동안 지속적으로 유효했으며, 더 발전된 생각이 받아들여지는 것을 방해하였다. 그러나 1500년대 르네상스 시대 이후에는 더 많은 사람들이 지구에 대한 질문에 해답을 구하는 데 관심을 가지게 되었다.

격변설

1600년대 중반에 아일랜드의 수석 주교이자 아르마프의 영국국교의 대주교인 제임스 어셔는 즉각적이고 심대한 영향을 끼친 대작을 발표하였다. 존경받는 성서학자인 그는 인간과 지구의 연대를 체계화하였으며, 지구는 기원전 4004년에 창조된, 고작 수천 년의 나이를 가진다고 주장하였다. 그의 학술논문은 유럽의 과학계와 종교계 지도자들에게 광범위한 지지를 받았으며, 그의 지구 연대기는 성서에 의한 설득력을 가지면서 출판되었다.

17세기와 18세기에 지구의 모양과 작용에 대한 서구사회의 사고는 어셔의 계산 결과에 강력한 영향을 받았다. 그 결과는 **격변설**(catastrophism)이라는 지배적인 학설이었다. 격변설 신봉주의자들은 지구의 형태가 주로 대규모 격변에 의해서 만들어졌다고 믿었다. 오늘날에는 산맥, 협곡과 같은 지형이 오랜 시간에 걸쳐 만들어졌음을 잘 알고 있고 있으나, 그 당시에는 알 수 없는 원인에 의한 전 지구적이고 갑작스런 재앙에 의해 만들어졌다고 생각되었다. 격변설은 지질작용의 속도를 그 당시에 널리 알려져 있던 지구의 나이에 맞추려는 시도였다.

근대 지질학의 태동

아리스토텔레스의 관점과 기원전 4004년이라는 지구 탄생설에 반대하여, 스코틀랜드의 물리학자인 제임스 허튼이 1795년에 **지구의 이론**(Theory of the Earth)이란 책을 발간하였다. 이 책에서 허튼은 오늘날 지질학의 근간이 되는 기본적인 원리, 즉 **동일과정설**(uniformitarianism)을 제시하였다. 동일과정설은 과거 지질시대에도 현재와 같은 물리적, 화학적, 생물학적 법칙이 적용된다는 것이다. 다른 말로 하면 오늘날과 같은 지구의 형태를 만든 지질작용과 힘은 매우 오래전부터 있어 왔던 것이다. 그러므로 과거의 암석을 이해하기 위해서는 먼저 현재의 지질작용과 그 결과를 이해해야 한다. 이러한 생각은 현재는 과거를 아는 열쇠이다라는 말로 표현된다.

허튼의 지구의 이론 이전에는 아무도 지질작용이 매우 오랜 시간 지속되었다는 것을 효과적으로 증명하지 못했다. 허튼은 작은 힘이라도 오랜 시간 동안에는 갑작스런 격변을 일으킬 만큼의 큰 힘을 발휘할 수 있음을 설득력 있게 제기하였다. 그의 이전 사람들과 달리, 허튼은 그의 생각을 지지하고 증명할 수 있는 관찰들을 세심하게 언급하였다.

예를 들면, 그는 산이 깎이고 궁극적으로는 풍화와 유속의 작용으로 파괴됨을, 그리고 지질작용에 의해서 퇴적물이 해양으로 운반됨을 설명하면서 "우리는 산에서 침식된 물질이 강을 통해서 운반됨을 명료하게 증명하는 사실들을 가지고 있으며, 실제로는 인지되지 않는 이런 모든 과정들이 한 단계로 이루어지지는 않는다."고 말하였다. 그리고 그는 이러한 생각을 질문을 던지고 즉답하는 형태로 요약하였다. "우리가 더 원하는 것은 무엇인가? 시간 이외에는 없다."

모바일 현장학습

그림 1.5 **암석에서 읽는 지구의 역사** 애리조나 주 북부 콜로라도 강의 그랜드캐니언 (사진 : *Dennis Tasa*)

지질학의 현재

동일과정설의 기본 핵심은 허튼 시대에 눈으로 관찰했던 것만큼 현재도 관찰할 수 있다는 것이다. 우리는 현재에 의해 과거를 고찰할 수 있고 지질작용을 지배하는 물리적 · 화학적 · 생물학적 법칙이 시간에 따라 불변이라는 사실을 과거보다 더 절실히 깨닫고 있다. 그러나 우리는 동일과정설을 너무 글자 그대로 이해해서는 안 된다. 과거의 지질작용이 현재 일어나는 지질작용과 동일하다고 말하는 것은 지질작용이 똑같은 중요성을 가지거나 정확하게 똑같은 속도로 일어났다는 것을 의미하지는 않는다. 게다가 어떤 중요한 지질작용이 지금 직접 관찰되지 않지만, 그 지질작용의 증거는 잘 입증되어 있다. 예를 들면, 지구가 큰 운석의 충돌을 경험했다는 것은 우리가 눈으로 확인하지 않았더라도 잘 알고 있다. 그럼에도 불구하고 그런 사건들은 지각을 변화시키고, 기후를 바꾸고, 지구 생명체에 큰 영향을 미쳐 왔다.

동일과정설을 받아들이는 것은 지구의 긴 역사를 인정한다는 것을 의미한다. 비록 작용의 강도가 변할지라도 오랜 시간의 지질작용은 지형을 크게 변화시킨다. 그랜드캐니언은 하나의 좋은 예이다(그림 1.5).

알고 있나요?

대주교인 어셔가 지구의 나이를 추정한 직후, 또 다른 성서학자인 케임브리지대학교의 존 라이트푸트 박사는 보다 정확하게 산정할 수 있다고 했으며, 지구가 '기원전 4004년 10월 26일 아침 9시에' 만들어졌다고 적었다. (As quoted in William L. Stokes, *Essentials of Earth History*, Prentice Hall, Inc., 1973, p. 20)

알고 있나요?

추정에 의하면, 북미대륙은 침식작용으로 1,000년에 약 3cm씩 낮아지고 있다. 이대로라면 3,000m(10,000피트) 높이의 산이 평지가 되는 데는 1억 년이 걸릴 것이다.

암석은 지구가 조산운동과 침식의 순환을 여러 차례 경험했음을 보여주는 증거를 가지고 있다. 장대한 지질시대를 통하여 끊임없이 변하는 지구의 성질에 관하여, 허튼은 그의 가장 유명한 말을 남겼다. 1788년 에딘버러 왕립학회 회보에 게재한 중요한 논문의 결론에서, 그는 "그러므로 현재의 연구 결과는 최초의 흔적도 찾을 수 없고 끝을 관찰할 수도 없다는 것이다."라고 서술하였다.

다음 장들에서는 지구를 구성하는 물질과 지구를 변화시키는 작용에 대해 살펴볼 것이다. 지형경관의 많은 특징이 우리가 관찰할 수 있는 수십 년간에는 변화하지 않지만 수백 년, 수천 년 또는 수백만 년이라는 시간규모로는 변화한다는 것을 기억하는 것이 중요하다.

지질시대의 규모

인류가 깨달은 지질학에 관한 중요한 인식은 지구가 매우 오래되고 복잡한 역사를 가지고 있다는 것이다. 허튼과 그 외 다른 사람들은 지질시대가 엄청나게 길다는 것을 알고 있었지만, 지구의 나이를 정확하게 측정할 방법을 알지 못하였다. 초창기에는 지구 역사의 사건들을 정확한 순서대로 정열하는 것이었으나, 그 사건들이 얼마나 오래전에 일어났는지에 대해서는 몰랐다.

지금은 방사성을 이해함으로써 우리는 과거에 지구에서 일어난 중요한 사건들을 간직하는 암석들의 숫자적인 연대를 정확하게 결정할 수 있다(그림 1.6). 예를 들면, 우리는 공룡이 약 6,500만 년 전에 멸종했다는 것을 알고 있다. 오늘날 지구의 나이는 약 46억 년으로 측정된다. 18장에는 지질시대와 지질학적 시간규모가 훨씬 더 자세히 설명되어 있다.

지질시대의 시간 단위는 지질학자가 아닌 많은 일반인들에게는 생소한 개념이다. 사람들은 시간, 일, 주, 년과 같은 시간 단위에 익숙해 있다. 역사책은 수세기 단위의 사건들을 이야기하지만, 한 세기조차도 완전히 이해하기가 어렵다. 우리들 대부분은 어떤 사람 혹은 어떤 것이 90년 되었다고 하면 매우 오래된 것이라고 생각하며, 1,000년 된 예술품은 옛날 것이라고 말한다.

이와는 대조적으로 지질학자들은 수백만 년이나 수십억 년을 일상적으로 다루고 있다. 46억 년의 지구 역사를 볼 때, 1억 년 전에 일어난 사건은 지질학자에게는 최근의 일로 간주된다. 그리고 천만 년의 나이를 가지는 암석은 젊은 암석이다. 지질학에서 지질시대의 규모를 인지하는 것은 중요하다. 왜냐하면 많은 지질학적 작용들은 큰 변화를

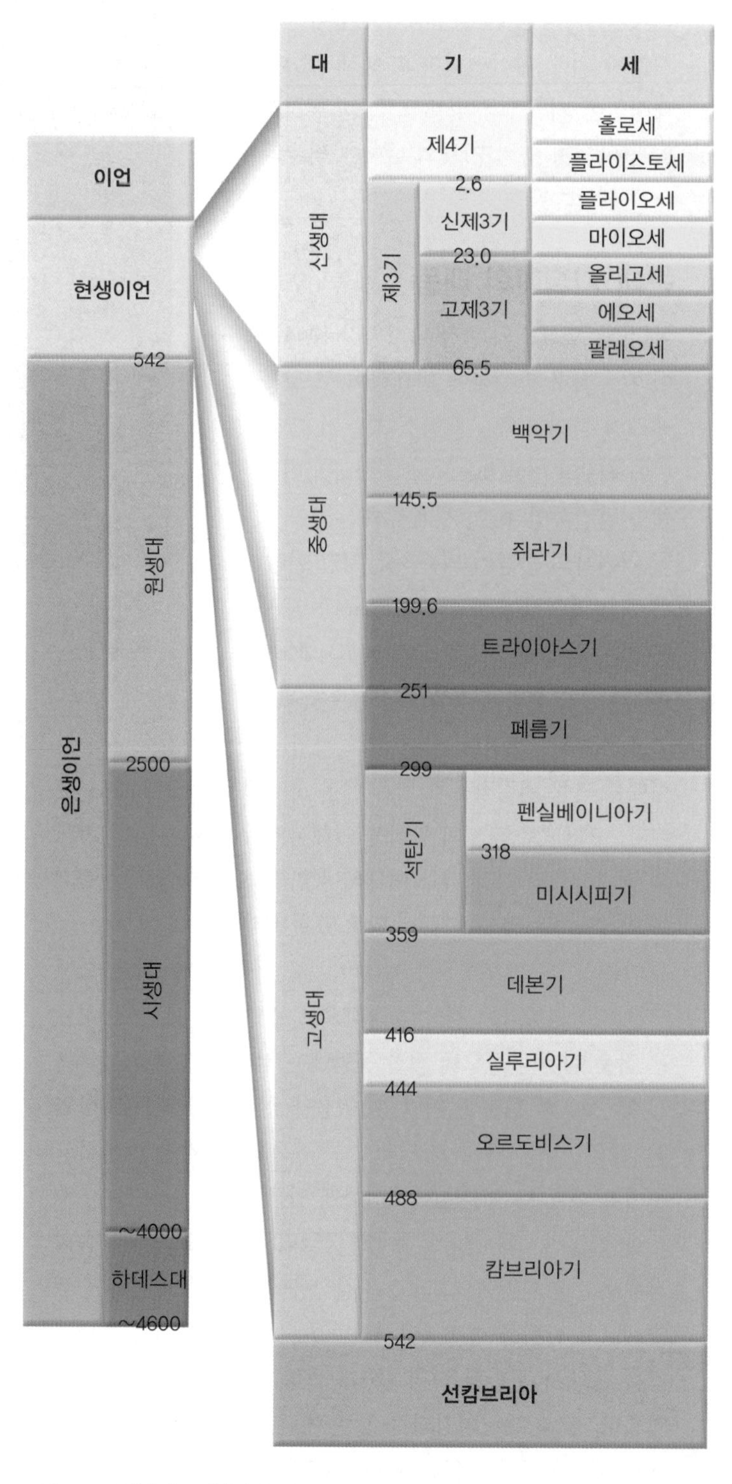

그림 1.6 **지질연대 : 기본적인 기준** 지질연대는 46억 년이라는 장대한 지구의 역사를 이언, 대, 기, 세로 나눈다. 숫자는 현재 이전의 100만 년의 시간 단위를 나타낸다. 은생이언은 지질시대의 88% 이상을 차지한다.

지질학적 시간규모

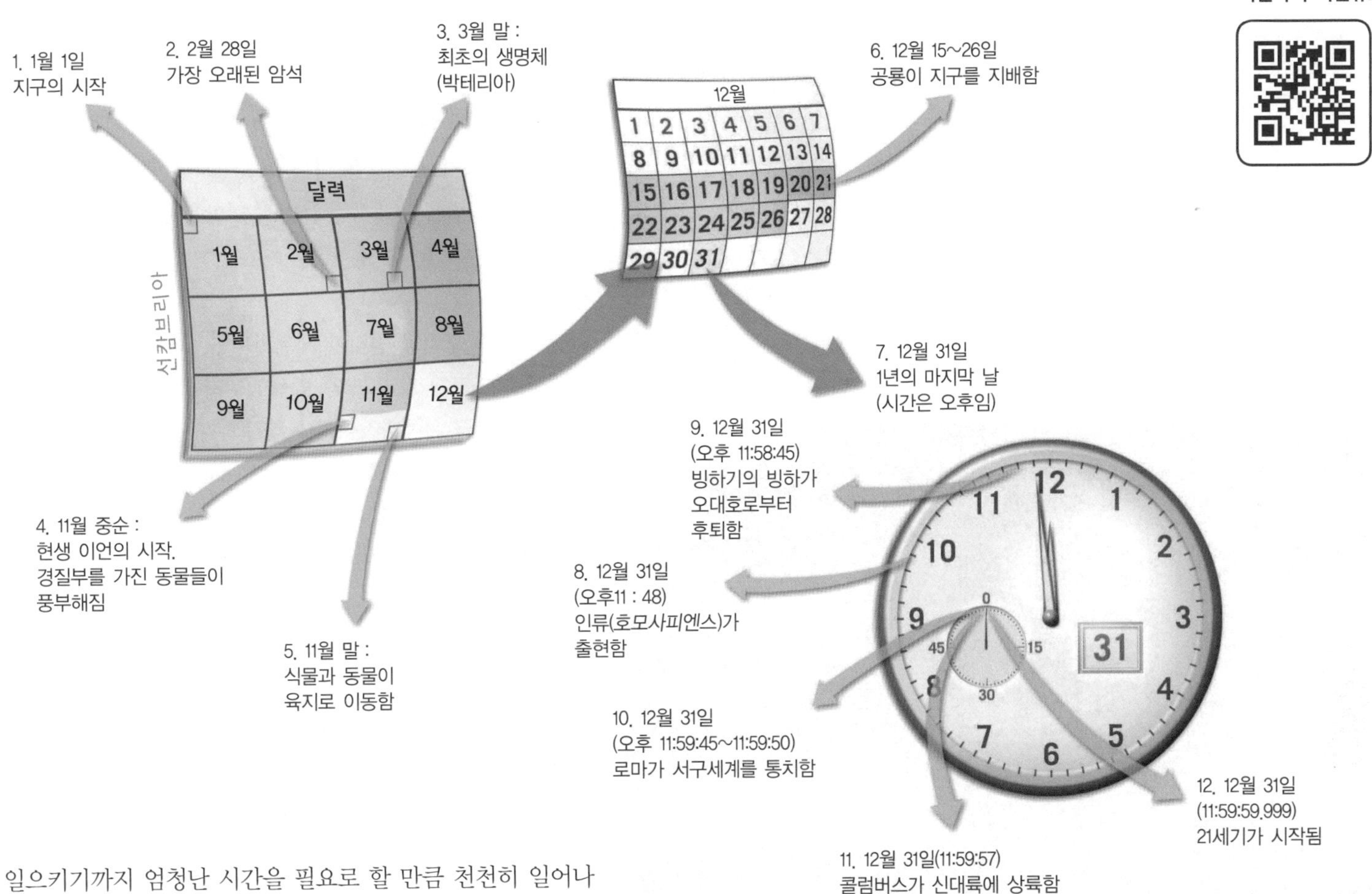

일으키기까지 엄청난 시간을 필요로 할 만큼 천천히 일어나기 때문이다. 46억 년이 얼마나 긴 시간인가? 우리가 매 초당 한 숫자를 하루 24시간, 1주일에 7일간 그리고 쉬지 않고 센다면, 46억을 세는 데 150년이 걸릴 것이다!

그림 1.7은 지질학적 시간을 보여주는 또 다른 흥미로운 방법이다.

앞의 설명은 지질학적 규모를 알기 쉽게 이해시키는 방법 중 하나이다. 아무리 훌륭하고 도움을 주는 설명이라도 광대한 지구의 역사를 이해시키는 데 도움을 주는 시작일 뿐이다.

개념 점검 1.2

① 아리스토텔레스가 지질학에 끼친 영향을 기재하라.
② 격변설과 동일과정설을 비교하라. 각각의 설에 의하면 지구의 나이는 얼마가 되는가?
③ 지구의 나이는 얼마인가?
④ 그림 1.6을 참고로 우리가 살고 있는 시대의 이언, 대, 기, 세를 열거하라.
⑤ 지질학자에게 있어 지질시대의 규모를 이해하는 것이 왜 중요한가?

1.3 과학적인 탐구의 특성

가설의 설정과 이론의 확립을 포함하는 과학적인 탐구의 특성에 대해 설명하라.

현대사회의 구성원으로서 우리는 과학에서 오는 혜택을 항상 깨닫고 있다. 그러나 정확하게 과학적 탐구의 특성은 무엇인가? 과학은 지식을 창출하는 과정이다. 그 과정은 세심하게 관찰하고 관찰된 것을 이해하고 설명하는 능력에 좌우된다. 과학이 어떻게 다루어지는지를 그리고 과학자가 하는 일을 이해하는 것은 이 책 전반에서 다루어지는 중요한 주제이다. 여러분은 자료를 획득할 때 봉착하는 어려움과 그 어려움을 극복하기 위해서 개발된 기발한 방법들을 고찰할 것이다. 여러분은 또한 가설을 세우고 검증하는 방법을 배우며 주요한 과학적 이론의 발전에 대해서도 배울 것이다.

모든 과학은 조심스럽고, 체계적인 연구를 통해서 자연세계가 일관되고 예측할 수 있는 틀 속에서 움직인다는 가정에 바탕을 두고 있다. 과학의 최종 목표는 자연에 내재하는 특성을 발견하고, 예견되는 사실과 상황이 무엇인지를 인지하는 데 이러한 지식을 이용하는 것이다. 예를 들면, 석유가 어떤 형태로 부존되는지를 알면, 지질학자는 가장 유망한 석유 부존 지점을 예측할 수 있으며 가능성이 낮거나 없는 지역을 피할 수 있을 것이다.

새로운 과학 지식의 발전은 보편적으로 받아들여질 수 있는 기본적이고 합리적인 과정들을 포함한다. 자연계에서 일어나는 것을 알기 위하여 과학자들은 관찰과 측정을 통하여 과학적인 사실들을 수집한다(**그림 1.8**). 수집되는 사실들은 자연계에 관한 잘 정의된 질문들에 대한 해답을 구하기 위한 것이다. 어떤 오류는 불가피하므로 어떤 특별한 측정이나 관찰의 정확성에 대해서 항상 의문이 제기될 수 있다. 그럼에도 불구하고 자료 수집은 과학에 있어서는 필수적이며 과학적 이론의 정립을 위해서는 출발점 역할을 한다.

그림 1.8 **관찰과 측정**
과학적인 사실들은 여러 가지 방법으로 수집된다.
(사진 : NASA; Robbie Shone/Science Source)

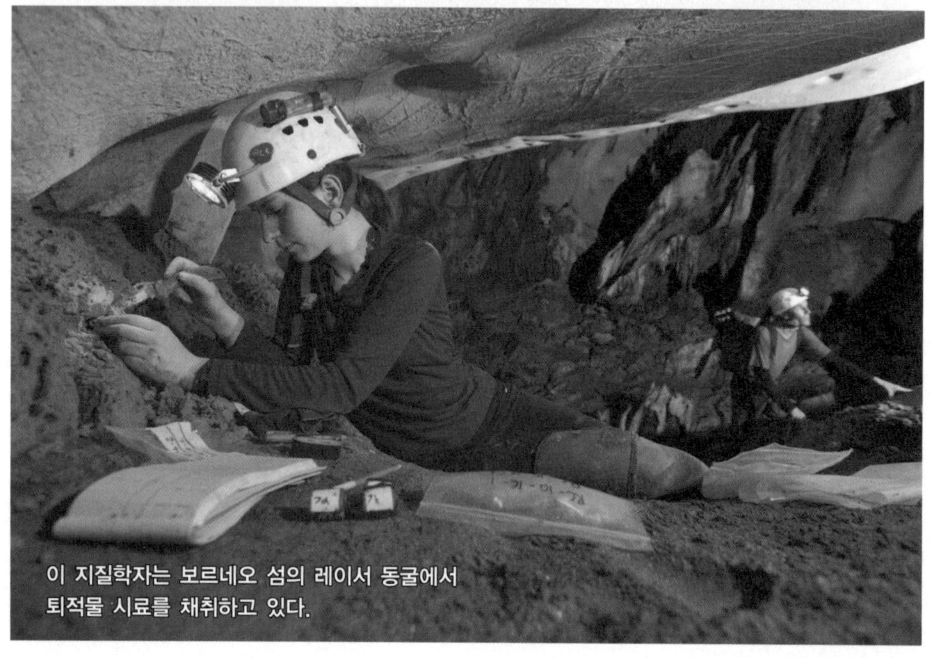

가설

일단 자료가 모이고 원리가 체계화되면, 조사자는 관찰된 자연현상이 어떻게 그리고 왜 발생했는지를 설명하고자 한다. 조사자는 가끔은 예비적이거나 검증되지 않은 설명을 도입하기도 하며, 이것을 과학적인 **가설**(hypothesis) 또는 모델이라고 한다. 조사자가 어떤 관찰현상을 설명하는 데는 하나 이상의 가설 세우는 것이 바람직하다. 만약 어떤 과학자 한 사람이 여러 개의 모델을 만들 수 없을 때는 그 과학계 내의 다른 사람들이 대안적인 설명을 하게 된다. 이에 따라 심도 있는 토론이 자주 일어나게 된다. 따라서 서로 대립되는 모델을 제시한 연구자들에 의해 광범위한 연구가 수행되며, 그 결과는 학술지를 통하여 과학 공동체에 광범위하게 전파된다.

가설이 과학적인 지식으로 받아들여지기 전에, 가설은 객관적인 실험과 분석을 반드시 거쳐야 한다. 만약 가설이 검증되지 못하면 비록 그 가설이 흥미 있더라도 그 가설은 과학적으로 유효하지 않다. 검증과정은 모델을 근거로 한 예측을 요구하며 또한 자연계의 객관적인 관찰에 의거한 비교 검증이 필요하다. 가설은 다른 무엇보다 현상에 들어맞아야 하는 것이 가장 중요하다. 확실하게 검증되지 않은 가설은 결국 폐기된다. 과학의 역사를 보면 폐기된 많은 가설들이 있다. 가장 대표적인 것은 지구 중심설이다. 지구 중심설은 태양, 달, 그리고 별들이 매일 지구를 중심으로 움직이는 것처럼 보임으로써 지지를 받은 가설이다. 수학자인 제이콥 브로노프스키가 서술한 대로, "과학은 위대한 것이다. 그러나 결국에는 이것에 귀결된다 : 과학은 맞는 것은 받아들이고, 맞지 않는 것은 거부하는 것이다."

이론

광범위한 검정을 거쳐 하나의 가설이 살아남고, 경쟁적인 모델들이 퇴출된다면, 그 가설은 과학적인 **이론**(theory)이 될 것이다. 일상의 언어에서 우리는 "그것은 이론일 뿐이야."라고 말한다. 그러나 과학적인 이론은 충분히 검정되어서 관찰할 수 있는 사실을 가장 잘 설명하는 데 과학계가 동의하는 정도로 광범위하게 받아들여지는 견해이다. 널리 문서화되어 있고 신뢰도가 높은 이론은 받아들여진다. 예를 들면, 판구조론은 산맥의 기원, 지진, 화산활동을 이해할 수 있는 근간이 된다. 또한 판구조론은 시간의 흐름에 따른 대륙과 해양분지의 진화를 설명한다. 이 주제에 대해서는 2, 10, 11장에서 보다 자세하게 다루어질 것이다.

과학적인 방법

방금 기술한 대로 과학자가 관찰된 사실을 수집하고 과학적인 가설을 세우고 이론을 정립하는 과정을 **과학적인 방법**이라고 한다. 일반 사람들의 믿음과는 반대로, 과학적인 방법이란 과학자가 자연계의 비밀을 밝히기 위해 일상적으로 적용하는 표준적인 방법은 아니다. 오히려 그것은 창의성과 통찰력을 포함하는 노력이다. 러더포드와 알그렌은 과학적인 방법에 대해 "세계가 어떻게 움직이는지를 상상하는 가설이나 이론을 생각해내고, 그것을 어떻게 실제로 검증할 수 있는지를 사고하는 것은 시를 쓰고, 음악을 작곡하고, 초고층 빌딩을 설계하는 것만큼이나 창의적이다."라고 하였다.[1]

과학자가 정확하게 과학적인 지식을 따라가는 정해진 길이 있는 것은 아니다. 그럼에도 불구하고 많은 과학적인 조사는 다음을 포함한다.

- 자연계에 대한 질문을 개진하다.
- 질문에 관련된 과학적인 자료를 수집한다.
- 자료와 관련된 질문들이 생기며, 이 질문들의 해답이 될 수 있는 하나 또는 둘 이상의 가설들이 만들어진다.
- 가설들을 점검하기 위한 관찰과 실험이 이루어진다.
- 광범위한 점검에 바탕을 둔 가설들은 받아들여지고, 수정되거나 거부된다.
- 자료와 결과는 비판적인 검토와 추가적인 점검을 위해 과학계와 공유된다.

어떤 과학적 발견은 광범위한 검증을 거친 순수한 이론적 착상에서 비롯되기도 한다. 어떤 과학자는 초고속 컴퓨터를 사용하여 '실제' 세계에서 일어나는 것을 모사한다. 이런 모델은 매우 긴 시간을 통해서 일어나거나 광범위한 또는 접근이 불가능한 지역에서 일어나는 자연 현상을 연구하는 데 유용하다. 또 다른 과학적인 발전은 어떤 실험을 하는 동안 전혀 기대하지 않았던 사건에서 비롯되었다. 프랑스 과학자 루이 파스퇴르는 "관찰 분야에서, 기회는 오직 준비된 마음에게만 호의를 베푼다."라고 말했듯이 이러한 우연한 발견은 순수한 행운 이상의 것이다.

과학적인 지식은 여러 가지 길을 통해서 획득되며, 과학적인 탐구성은 유일한 과학적 방법보다는 오히려 여러 가지 과학적 방법으로서 가장 잘 묘사할 수 있다. 게다가 가장 주목받는 과학적인 이론도 자연계의 단순화된 설명이라는 것을 항상 기억해야 한다.

판구조론과 과학적인 탐구

이 책의 여러 부분에서는 어떻게 과학이 적용되고 어떻게 지질학이 적용되는지를 이해할 수 있도록 발전시켜 나가고 강화시켜 나가도록 많은 기회를 제공하고 있다. 여러분은 자료를 수집하는 방법을 배우고 지질학자들이 이용하는 관찰기술과 이성적인 접근방법을 배워나갈 것이다. 2장은 그 아주 좋은 예이다.

지난 수십 년간 지구의 작용에 대해서 많은 사실들을 알게 되었다. 이 시기에 우리는 지구를 이해하는 데 있어서 감히 비교할 수 없는 혁명적인 일을 보게 되었다. 그 혁명적인 일은 20세기 초에 시작되었으며, 그것은 지표면상에서 대륙들이 움직인다는 **대륙이동설**이라는 혁신적인 제안이다. 이 가설은 대륙과 해양분지가 영구적이며 지구 표면의 안정된 형태라는 기존의 생각과 완전히 배치되었다. 그 이유 때문에 대륙이동설은 엄청난 의심과 질시를 받았다. 50년 이상이 흐르고 충분한 자료가 축적되었을 때 이 논란 많은 가설은 지구의 기본적인 작용을 구성하는 하나의 이론으로 탈바꿈하였다. 그 이론은 **판 구조론**으로, 지질학자들에게 지구의 내적 작용에 대한 최초의 포괄적인 모델이 되었다.

2장에서 알게 되듯이 당신은 지구의 작용에 대한 통찰력을 가지게 될 뿐만 아니라 지질학적 '진실들'이 밝혀지고 재생되는 좋은 예를 보게 될 것이다.

개념 점검 1.3

① 과학적인 가설이 과학적인 이론과 어떻게 다른가?
② 많은 과학적인 조사에 따르는 기본 단계들을 요약하라.
③ 대륙이동설은 가설이고 판구조론은 이론인 이유는 무엇인가?

알고 있나요?

과학적인 법칙은 자연의 특정한 거동을 설명하는 기본적인 원리로서, 일반적으로 좁은 범위로 간략하게 기술되며 흔히 간단한 수학식으로 표현되는 것이다.

알고 있나요?

1492년에 콜럼버스가 항해를 했을 때, 많은 유럽 사람들은 지구가 평평하기 때문에 콜럼버스는 평평한 지구의 가장자리까지 항해할 것이라고 생각했다. 그러나 2000년보다 더 이전에 고대 그리스인들은 지구가 둥글다고 이미 깨닫고 있었다. 그 이유는 월식 때 달에 비치는 지구의 그림자가 항상 곡선이기 때문이었다. 실제로 에라토스테네스(기원전 276~194)는 지구의 원주를 계산해서 현재의 측정값인 40,075km(24,902마일)에 근사한 값을 얻었다.

1 F. James Rutherford and Andrew Ahlgren, *Science for All Americans*(New York : 옥스퍼드대학교 출판사, 1990), p. 7.

1.4 지구의 권역

지구의 4개 주요 권역을 열거하고 설명하라.

그림 1.9의 사진들은 인간이 과거와는 다른 모습의 지구를 보게 되는 중요한 사진이다. 이 사진들은 지구에 대한 우리의 생각을 완전히 바꾸게 하며 그 사진들이 최초로 촬영된 후 수십 년 동안이나 강렬한 사진으로 남아 있다. 우주에서 보면, 지구는 숨막힐 정도로 아름다우며 깜짝 놀랄 만한 고독 속에 있다. 그 사진들은 우리의 집인 지구가 결국에는 하나의 조그맣고 독립된 그리고 어떤 의미에서는 연약한 행성이라는 것을 상기시킨다.

그림 1.9 **우주로부터 본 지구의 장면** *(NASA)*

1968년 12월 달의 뒤편에서 날아오를 때 아폴로 8호 우주인이 반갑게 보았던 지구의 상승(Earth rise) 라고 불리는 장면

1972년 12월에 아폴로 17호에서 촬영한 이 영상은 푸른 대리석(Blue mable) 이라고 부르는 아마도 최초의 것이다. 검푸른 대양과 소용돌이치는 구름의 형태는 우리에게 해양과 대기의 중요성을 일깨워준다.

우주에서 지구를 보다 자세히 관찰하면, 지구가 암석과 토양 이상의 훨씬 더 많은 것을 가지고 있다는 것을 알 수 있다. 실제로 그림 1.9에서 나타나는 가장 현저한 특징은 대륙이 아니고 소용돌이치는 구름이 지표와 대양을 덮고 있다는 것이다. 이러한 특징은 지구상에서 물의 중요성을 상기시킨다.

그림 1.9처럼 우주에서 지구를 좀 더 가까이 보면, 우리는 왜 물리적 환경이 세 가지 주요한 부분(물의 부분인 **수권**, 외각의 가스 부분인 **기권**, 그리고 고체지구인 **지권**)으로 구분되는지를 알 수 있다. 우리의 환경이 암석, 물 또는 공기의 각각에 의해 조절되는 것이 아니고, 오히려 공기가 암석과 접촉하고, 암석이 물과 접촉하고, 물이 공기와 접촉하는 지속적인 상호작용에 의해 매우 통합적으로 조절된다는 것이 강조되어야 한다. 덧붙여서 **생물권**은 지구상의 모든 식물과 동물 전체를 포함하며, 다른 세 권역과 상호작용하는 지구의 절대적으로 필요한 부분이다. 이와 같이 지구는 4개의 주요 권역(수권, 기권, 지권, 생물권)으로 구성되어 있다.

지구의 4개 권역들 사이의 상호작용은 계산할 수 없을 정도로 복잡하다. 그림 1.10은 그 한 예를 보여주는 그림이다. 해안선은 암석, 물, 공기가 만나는 곳이다. 이곳에서 물을 스쳐 지나가는 공기의 끌어당김으로 생성된 파도가 암석 해안을 파쇄하는 작용을 한다. 물의 힘은 엄청나며, 이에 의해 수반되는 침식작용은 대단하다.

수권

지구는 때로 푸른 행성이라 부른다. 물은 다른 어느 것보다 더 지구를 유일한 것으로 만드는 물질이다. **수권**(hydrosphere)은 끊임없이 움직이고, 해양으로부터 대기 중으로 증발하며,

그림 1.10 **지구계들 간의 상호작용** 해안선은 하나의 계의 서로 다른 부분들이 상호작용하는 하나의 분명한 경계선이다. 해안에서 움직이는 공기(기권)의 힘에 의해 만들어지는 파도(수권)는 암석 해안(지권)을 깨뜨린다. 물의 힘은 세어서 그 침식작용은 가히 엄청나다. (사진 : *Michael Collier*)

강우에 의해 땅으로 되돌아오고, 다시 바다로 흘러 들어가는 역동적인 액체 권역이다. 지구의 해양은 확실히 수권의 가장 독특한 특징을 가지며, 약 3,800m(12,500피트)의 수심을 가지고 지구 표면의 약 71%를 덮고 있다. 바다는 지구의 물의 약 97%를 차지한다(**그림** 1.11). 수권은 또한 지하수, 하천수, 호수, 빙하 형태의 담수를 포함한다. 덧붙여서 물은 모든 생명체의 필수성분 중 하나이다.

담수는 물의 총량 중에 아주 적은 양을 차지하지만, 그 양이 차지하는 것보다 훨씬 더 중요한 역할을 한다. 담수는 지구상의 생명체가 살아가는 데 필수요소이며, 하천수, 빙하, 지하수는 지구의 지형 기복을 형성하는 데 중요한 역할을 한다.

그림 1.11 **지구의 물** 수권 내의 물의 분포

기권

지구는 **기권**(atmosphere)이라 부르며 우리에게 생명을 주는 가스체 외각으로 둘러싸여 있다(**그림** 1.12). 우리가 하늘을 지나가는 고공의 제트기를 바라볼 때, 대기가 위쪽으로 원거리까지 퍼지는 것을 볼 수 있다. 그러나 약 6,400km(또는 4,000마일)의 고체 지구의 반경과 비교할 때 기권의 두께는 매우 얇다. 기권의 50%는 고도 5.6km(3.5마일) 이하에 있으

그림 1.12 **천층** 대기는 지구의 필수적인 부분이다. (NASA)

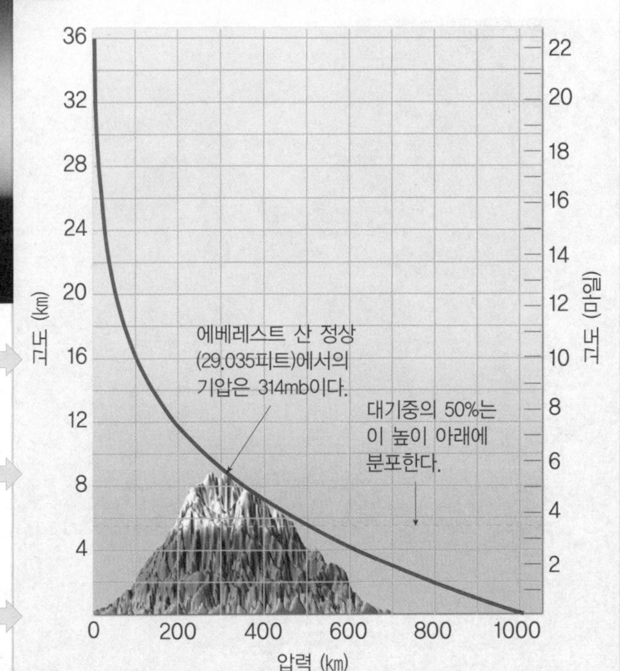

알고 있나요?

해양수의 부피는 방대해서, 지구 고체부분을 완전히 평평하게 하고 구체로 만든다면 지구 전체 표면을 2000m(1.2마일) 이상의 깊이로 덮을 수 있을 정도이다.

알고 있나요?

원시생명체는 약 40억 년 전에 해양에서 탄생했으며 그때부터 퍼져 나가고 다양화되었다.

며, 90%는 지표면으로부터 16km(10마일) 이내에 있다. 이와 같이 작은 규모에도 불구하고 얇은 공기층(기권)은 지구의 필수적인 부분이다. 공기는 우리가 숨 쉴 수 있게 할 뿐만 아니라 강한 태양열과 위험한 자외선 복사로부터 우리를 보호해 준다. 대기와 지표면 사이 그리고 대기와 우주 사이에서 끊임없이 일어나는 에너지 교환은 우리가 날씨와 기후라고 하는 효과를 만들어 낸다. 기후는 지구의 외적 작용의 성질과 강도에 중대한 영향을 미친다. 기후가 변하면 이 외적 작용도 반응한다.

달과 같이 지구에 대기가 없다면, 지구에는 생명체가 없을 뿐만 아니라 지표와 같은 역동적인 장소를 만드는 지질작용과 상호작용이 일어날 수 없을 것이다. 풍화와 침식이 없다면, 지구 표면은 달 표면과 매우 닮을 것이며, 30억 년 동안에도 거의 눈에 띄는 변화가 일어나지 않았을 것이다.

생물권

생물권(biosphere)은 지구상의 모든 생명체를 포함한다(그림 1.13). 해양 생물은 햇빛이 도달하는 바다의 표층부에 집중되어 있다. 대부분의 육상생물도 지표면 근처에 집중되어 있고, 나무뿌리와 굴 파는 동물들은 지표로부터 수 미터 깊이까지 도달하며, 날으는 곤충과 새들은 기구 중으로 1km 정도까지 도달한다. 여러 가지 놀라운 생물종은 극한 환경에도 적응한다. 예를 들면, 해양 바닥의 압력은 매우 높고 광선도 전혀 투과할 수 없지만, 뜨거운 광화 유체를 뿜어내는 분기공 부근에는 특이한 생물들이 군집을 이루고 있다. 육지에서 어떤 종류의 박테리아는 4km(2.5마일) 깊이의 암석 속과 끓는 열천 속에서도 번창한다. 더욱이 기류는 공기 속에서 수 킬로미터씩 미생물을 이동시킬 수 있다. 그러나 이런 특별한 경우에도 불구하고 대부분의 생명체는 지표면 부근의 아주 한정된 구간에만 존재하고 있다.

식물과 동물은 생명의 필수요소를 물리적인 환경에 의존하고 있다. 그러나 생명체가 물리적인 환경에만 반응하는 것은 아니다. 수많은 반응을 통하여, 생명체는 물리적 환경을 유지시키고 변화시키는 데 도움을 준다. 생물이 없다면 지권, 수권, 기권의 구성과 성질은 매우 달라질 것이다.

지권

고체 지구 또는 **지권**(geosphere)은 기권과 해양 아래에 놓여 있다. 지권은 지표로부터 지구의 중심인 6,400km 깊이 까지 연장되며, 지구의 4개 권역 중 가장 큰 영역을 차지한다. 고체 지구에 대한 대부분의 연구는 접근이 가능한 지표 부근의 특성에 집중된다. 다행히도 이들 많은 특성은 지구 내부의 동적인 거동의 외적으로 나타난 결과이다. 가장 중요한 지표의 특성과 그 범위를 조사함으로써 우리는 지구의 모양을 만든 동적 작용의 실마리를 얻을 수 있다. 지구 내부 구조 와 지권의 주요 지표 특징은 이 장의 뒷부분에서 살펴볼 것이다.

토양은 지표의 얇은 겉부분의 물질로서 식물의 성장을 도

그림 1.13 생물권 지구의 4개 권 중 하나인 생물권은 모든 생명체를 포함한다.
(사진 : AGE Fotostock/SuperStock; Darryl Leniuk/AGE Fotostock)

열대우림은 1km²당 수백 종의 생물을 포함한다.

해양은 지구의 생물권의 주요부분을 포함하고 있다. 현재의 산호초는 독특하고 복잡한 형태를 보이며 전체 해양종의 약 25%의 서식처가 된다. 이러한 생물다양성 때문에 산호초는 때로는 바다의 열대우림에 비견된다.

우고, 4개 권역의 일부로 간주된다. 토양의 고체부분은 풍화된 암편(지권)과 부패된 식물과 동물에서 유래하는 유기물(생물권)의 혼합물이다. 분해된 암편은 공기(기권)와 물(수권)을 필요로 하는 풍화작용의 산물이다. 공기와 물은 또한 고체 입자들 사이의 공간을 채우고 있다.

개념 점검 1.4

① 네 가지 권역을 열거하고 설명하라.
② 기권의 높이와 지권의 두께를 비교하라.
③ 해양은 지구 표면의 얼마 만큼을 덮고 있는가? 해양은 지구의 총 수자원의 몇 퍼센트를 차지하는가?
④ 토양은 무슨 권역에 속하는가?

1.5 계로서의 지구

계를 정의하고 지구가 왜 하나의 계인지 설명하라.

지구를 연구하는 사람이면 지구가 역동적인 물체이며, 서로 분리되어 있으나 상호작용하는 권역들로 이루어져 있음을 곧 알게 된다. 수권, 기권, 생물권, 지권과 그들의 구성요소들은 독립적으로 연구될 수 있다. 그러나 그 부분들은 고립되어 있는 것이 아니다. 지구는 어떤 방법으로든 서로 다른 권역들이 연관되며 복잡하고 끊임없이 상호작용하는 하나의 지구계를 이루고 있다.

지구시스템 과학

지구계의 서로 다른 부분들 간의 상호작용에 관해서는 매년 겨울에 태평양으로부터 수분이 증발하여 캘리포니아 주 남부 구릉들과 산맥에 강우를 내리며, 이는 파괴적인 산사태를 유발하는 것을 간단한 예로 들 수 있다. 물이 수권으로부터 기권으로 그리고 다시 지권으로 움직이는 과정은 그 지역에 사는 식물과 동물(인간 포함)에 심대한 영향을 미친다(**그림 1.14**).

과학자들이 지구를 보다 충분하게 이해하기 위해서는 개개의 구성요소(육지, 물, 공기, 생물)가 어떻게 서로 연관되는지를 알아야 한다. **지구시스템 과학**(Earth system science)은 다수의 상호작용하는 부분들, 즉 하부계들로 이루어진 계로서의 지구를 연구하는 것이 목적이다. 지구시스템과학은 전통적인 과학(지질학, 대기과학, 화학, 생물학 등)의 하나의 제한된 시각으로 바라보기보다는 여러 학문분야의 지식을 종합적으로 활용한다. 이러한 다른 학문들 간의 융합적인 연구는 많은 지구환경 문제를 파악하고 해결할 수 있게 한다.

시스템(system)은 하나의 복합체를 형성하며 상호작용하거나 상호의존적인 부분들로 이루어진 어떤 집단을 의미한다. 우리는 차의 냉각 시스템을 고치고, 도시의 운송 시스템을 이용하며, 정치 시스템에 참여한다. 뉴스는 접근하고 있는 날씨

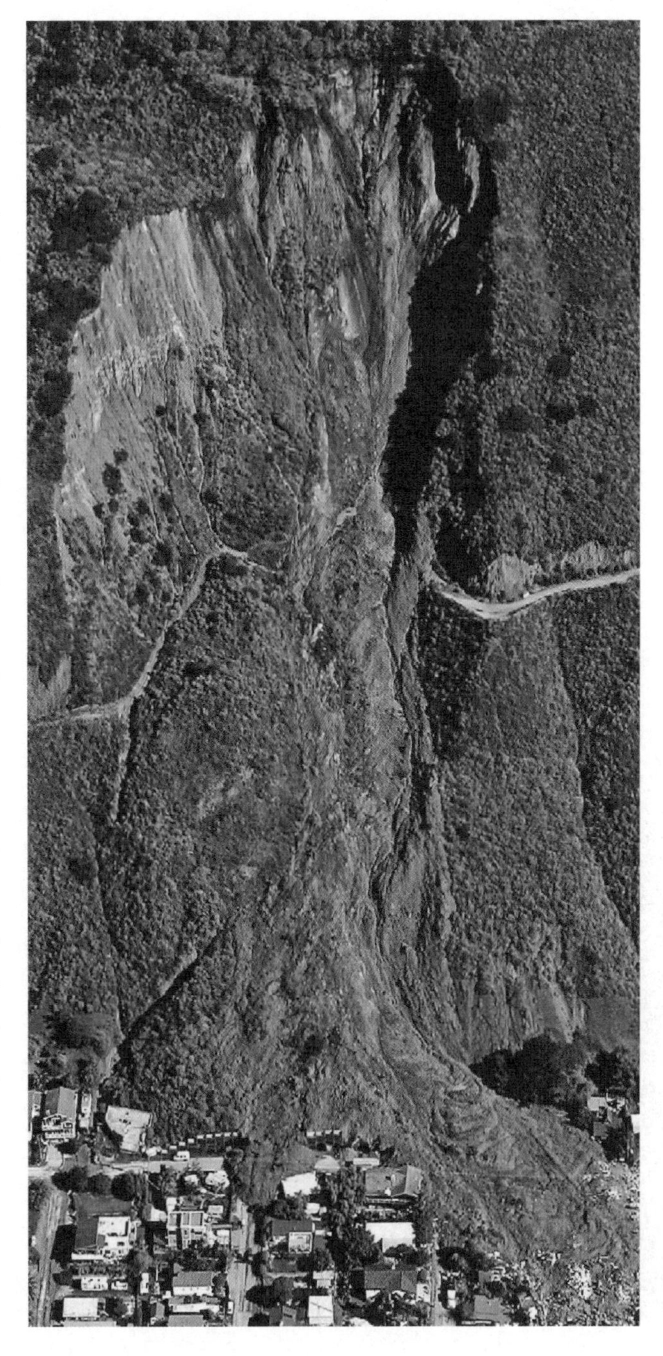

그림 1.14 **치명적인 쇄설류** 이 사진은 지구계의 서로 다른 부분들 간의 상호작용의 한 예를 보여준다. 2005년 1월 10일 캘리포니아 주의 연안도시인 라 콘치타시에 내린 엄청난 양의 비가 이 쇄설류(일반적으로 이류라고 함)를 유발시켰다. (사진 : AP Wideworld Photo)

알고 있나요?

1970년 이래로 지구의 평균 지표 온도는 약 0.6°C(1°F) 상승하였다. 21세기 말까지, 지구의 평균 온도는 2~4.5°C(3.5~8.1°F) 더 상승할 것이다.

시스템을 보도한다. 또한 우리는 지구가 **태양계**라는 큰 시스템의 한 작은 부분이며, 태양계는 다시 **은하계**라는 더 큰 시스템의 하부 시스템이라는 것을 알고 있다.

지구계

지구계는 물질이 그 속에서 끊임없이 재순환하는 하부 시스템들로 이루어져 있다. 가장 잘 알려진 하부 시스템은 **수문순환**이다. 수문순환은 수권, 기권, 생물권, 지권 사이에서 물의 끊임없는 순환을 나타낸다. 물은 지표면으로부터 증발에 의해서 그리고 식물의 증산에 의해 대기 중으로 들어간다. 수증기는 대기 중에서 응축되어 구름을 형성하고 강우의 형태로 지표면으로 되돌아온다. 강우 중 일부는 식물에 의해서 흡수되든지 지하수가 되며, 일부는 지표를 흘러서 해양으로 들어간다.

오랜 시간 동안에 지권의 암석은 지속적으로 만들어지고 변화되고 재형성되고 있다. 하나의 암석이 다른 암석으로 변화되는 과정을 포함하는 순환을 **암석순환**이라 하며, 이 장의 뒤쪽에서 어느 정도까지 다루어질 것이다. 지구계의 순환은 서로 독립적이 아니다. 오히려 이 순환들은 많은 지역에서 서로 접촉하고 상호작용한다.

지구계의 부분들은 서로 연결되어 있으며, 한 부분의 변화가 다른 부분들의 변화를 유발하면서 서로 연관된다. 예를 들면, 화산이 분출할 때 지구 내부로부터 용암이 지표로 흘러나와서 계곡을 막는다. 이러한 장애물은 호수를 만들거나 하천 유로를 변경시킴으로써 유역 수계에 영향을 미친다. 다량의 화산재와 화산 가스가 화산 분출 시에 방출되어 대기 중으로 높이 불려 올라가면 지표면에 도달하는 태양에너지의 양을 감소시킨다. 그 결과 지구 전체의 기온이 내려가게 된다.

지표면이 용암류나 두꺼운 화산재로 덮이게 되면, 기존의 토양이 매몰된다. 이것은 새로운 지구물질을 토양으로 바꾸는 토양 형성 작용을 유발한다(**그림 1.15**). 결국 토양은 지구계의 많은 부분(화산 모재, 풍화의 종류와 속도, 그리고 생물 활동의 영향) 간의 상호작용을 반영한다. 물론 생물권에도 큰 변화가 일어난다. 어떤 생물체와 서식처는 용암과 화산재에 의해서 없어질 것이다. 반면 호수와 같은 새로운 서식처가 생성될 것이다. 기후변화도 민감한 생물에게 충격을 줄 것이다.

지구계에서는 수 분의 일 밀리미터에서 수천 킬로미터까지 다양한 규모의 작용이 일어난다. 지구작용의 시간규모는 수천 분의 일 초부터 수십억 년까지이다. 우리가 지구에 대해서 배우고 있는 것처럼, 거리와 시간적으로 굉장히 떨어져 있음에도 불구하고 많은 작용들은 서로 연결되며, 한 부분의 변화는 지구계 전체에 영향을 미칠 수 있다.

인간은 생물과 무생물이 서로 얽혀 있고 상호작용하고 있는 지구계 속의 일부이다. 그러므로 인간 활동은 지구의 다른 모든 부분들을 변화시킨다. 우리가 석유와 석탄을 연소시키고, 해안선을 따라 방파제를 건설하고, 폐기물을 처분하고, 땅을 개간하면, 지구계의 다른 부분들이 때로는 예측할 수 없을 정도로 이에 반응하게 된다. 이 책을 통해 우리는 수문계, 구조(조산운동)계, 암석순환과 같은 지구의 하부 시스템에 대해 배울 것이다. 이들 하부 시스템과 우리 인간은 모든 지구계라 부르는 복잡하고 상호작용하는 시스템의 일부라는 것을 기억해야 한다.

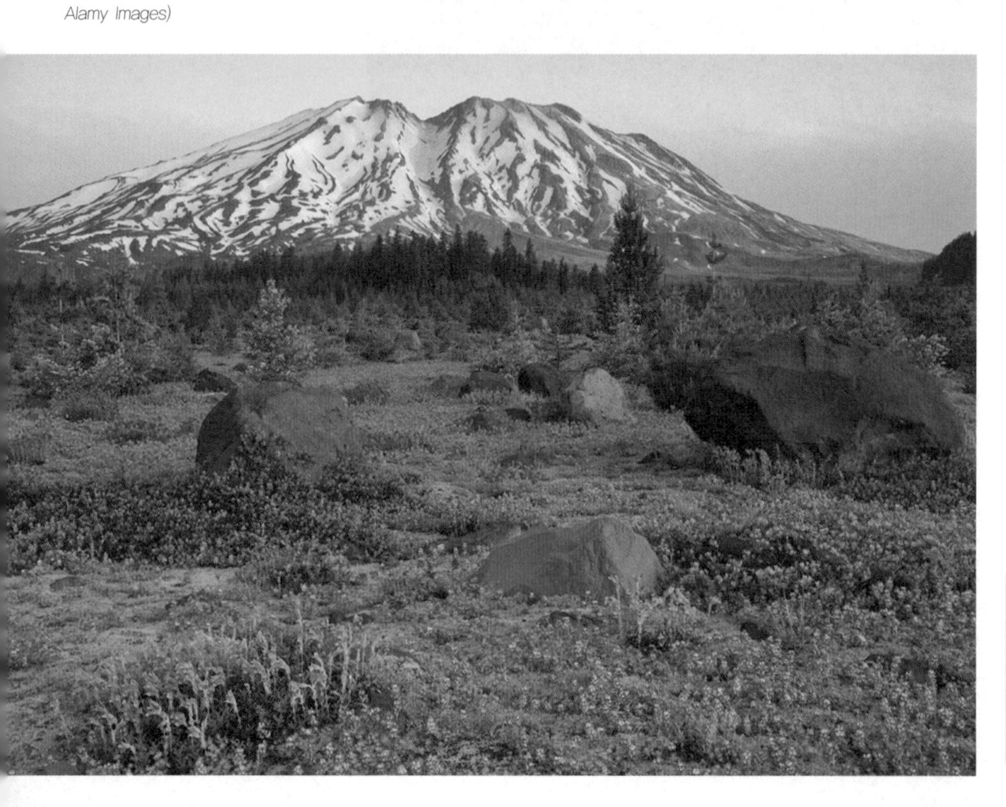

그림 1.15 **변화는 지질학적인 일정불변의 것이다.** 1980년 5월에 세인트헬레나 화산이 분출했을 때, 사진에 보이는 지역은 화상이류에 의해서 덮였다. 지금은 식물이 다시 자라고 새로운 토양이 형성되고 있다. (사진 : *Terry Donnelly/Alamy Images*)

개념 점검 1.5

① 계란 무엇인가? 세가지 예를 들어 보라.
② 지구계의 두 가지 에너지원은 무엇인가?
③ 어떤 지역에 강수량이 증가하는 수문순환의 변화가 그 지역의 생물권과 지권에 어떤 영향을 미칠지를 예측하라.

1.6 초기 지구의 진화

태양계의 형성 단계를 개괄적으로 설명하라.

지각의 이동에 의한 최근의 지진과 활화산에서 분출하는 용암은 지구가 현재와 같은 형태와 구조를 가지게 된 오랜 시간 동안에 일어난 사건들 중 가장 최근의 것이다. 지구 내부에서 일어나는 지질작용은 지구 역사의 훨씬 초기 사건들을 살펴봄으로써 가장 잘 이해할 수 있다.

지구의 기원

이 절에서는 태양계의 기원에 대한 가장 보편적으로 받아들여지는 견해들을 기술하고 있다. 여기에 기술된 이론은 현재 태양계에 대해서 우리가 알고 있는 개념들을 포함하고 있다.

우주가 탄생하다 이 시나리오는 약 137억 년 전의 **대폭발**에서부터 시작된다. 대폭발은 상상할 수 없을 정도의 대규모 폭발로서 우주의 모든 물질을 엄청난 속도로 외부로 날려보냈다. 이 대폭발에서 나온 물질은 거의 전부 수소와 헬륨이었으며, 이것이 응축하여 처음으로 별과 은하계가 만들어졌다. 이들 은하계 중 하나인 우리 은하계 속에서 태양계와 지구가 탄생하였다.

태양계가 형성되다 지구는 태양계 내의 8개 행성 중 하나이며, 이와 함께 수십 개의 위성과 다수의 더 작은 물체들이 태양 주위를 돌고 있다. 태양계의 질서정연한 성질은 지구와 그 외 행성들이 기본적으로는 동 시기에 태양과 동일한 원시물질로부터 생성되었다는 결론에 도달하게 한다. **성운설**(nebular theory)은 태양계의 물질이 **태양성운**(solar nebula)이라는 거대한 회전 구름으로부터 진화했다고 설명한다(그림 1.16). 대폭

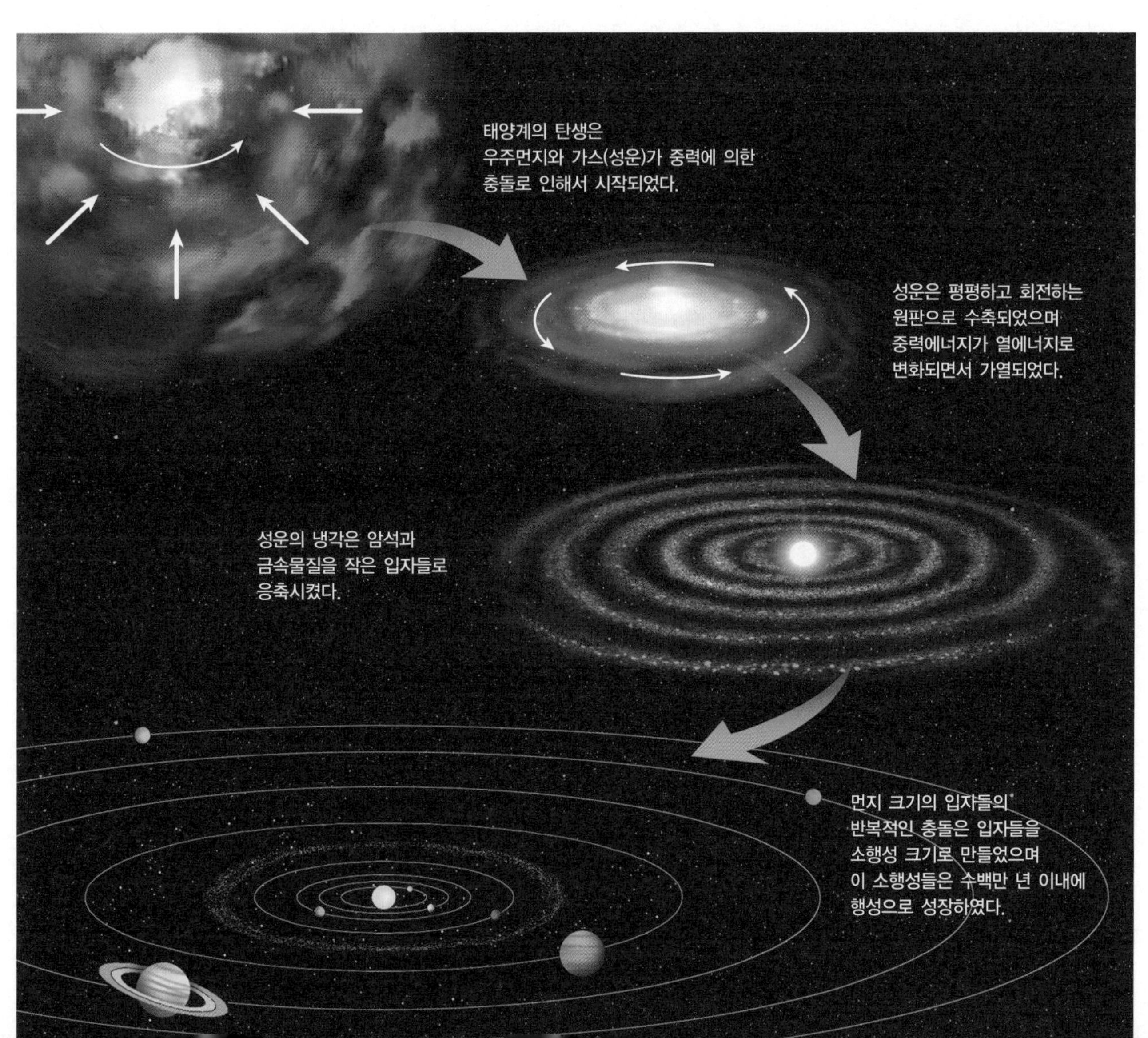

스마트그림 1.16

성운설 성운설은 태양계의 형성을 설명한다.

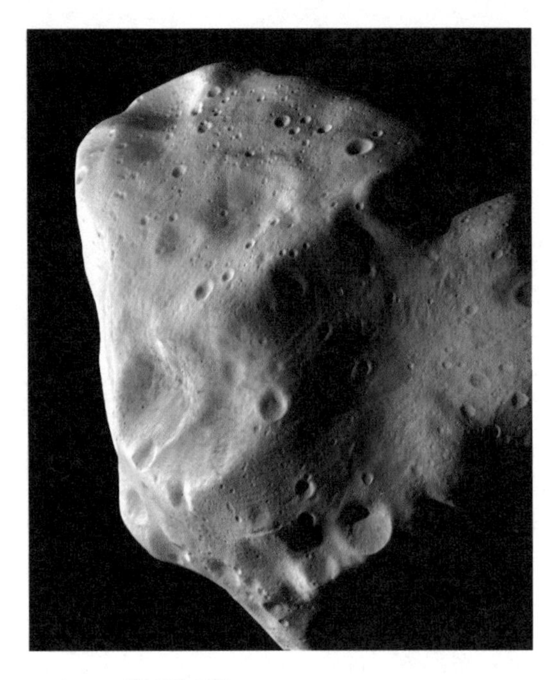

그림 1.17 **미행성의 조각**
이 사진은 소행성 21 루테티아이며, 2010년 7월 10일 로세타 우주선에 탑재된 특수카메라로 촬영되었다. 우주선 장비에 의해 루테티아가 태양계가 형성될 때 남겨진 원시 미행성체라는 것이 확인되었다.
(사진 : *European Space Agency*)

발에 의해 만들어진 수소와 헬륨원자 이외에도, 태양성운은 미세한 먼지 입자들과 오래전에 죽은 별에서 방출된 물질들로 구성된다. (별에서 일어나는 핵융합은 수소와 헬륨을 우주에서 발견되는 다른 원소들로 변화시킨다.)

약 50억 년 전에 가스와 무거운 원소들의 미세입자들로 이루어진 이 거대한 구름은 입자들 사이에 작용하는 중력에 의해 서서히 수축하기 시작했다. 엄청난 폭발체인 **초신성**으로부터 전달된 충격파 같은 외부의 영향은 입자들의 붕괴를 유발하였다. 이와 같이 서서히 회전하는 성운이 수축하면서, 점점 더 빠르게 회전하게 되었다. 이것은 빙상선수가 팔을 자기의 몸 쪽으로 끌어당기면 점점 빠르게 회전하는 것과 같은 원리이다. 결국 안쪽으로 잡아당기는 중력은 성운의 회전운동에 의한 바깥쪽으로 향하는 힘과 균형을 이루게 되었다(그림 1.16을 보시오). 이때 한때는 거대한 구름이었던 것이 **원시태양**을 중심으로 한 평평한 원반 모양으로 물질들이 농집되었다. (천문학자들은 성운이 원반 모양을 형성했다는 것을 꽤 확신하고 있다. 이는 다른 별들 주위에서도 이와 비슷한 모양이 발견되었기 때문이다.)

입자의 붕괴로 중력에너지는 열에너지로 변환되었으며, 이는 성운의 내부 온도를 극적으로 상승시켰다. 이런 높은 온도에서 입자들은 분자들로 분해되고, 원자들은 여기되었다. 그러나 화성의 궤도를 넘어서는 거리에서는 온도가 아마도 상당히 낮은 상태였을 것이다. 약 −200°C(−328°F)에서, 성운의 외각부에 있는 미립자들은 얼음물, 이산화탄소, 암모니아, 메탄으로 이루어진 두꺼운 얼음층으로 덮여 있었을 것이다. (이들 물질 중 일부는 지금도 태양계의 최외각부인 **오르트 성운**이라 부르는 지역에 머물러 있다.) 원반 형태의 성운은 또한 상당량의 가벼운 가스인 수소와 헬륨을 포함하고 있었다.

내부행성들이 형성되다 태양은 수축기의 말에 형성되었으며, 이때 중력에 의한 온도 상승도 끝났다. 내부행성이 위치하는 지역에서는 온도가 하강하기 시작했다. 온도 하강으로 용융점이 높은 물질이 응축되어 작은 입자들로 결합되었다. 철과 니켈 같은 물질과 조암광물을 구성하는 규소, 칼슘, 나트륨 등의 원소들은 태양 주위의 궤도를 도는 금속의 암석 덩어리를 형성하였다(그림 1.16 참조). 계속되는 충돌은 이들 물질을 **미행성**이라는 소행성 크기의 물체로 성장시켰다. 미행성은 수천만 년 만에 4개의 내부행성(수성, 금성, 지구, 화성)으로 성장하였다(**그림 1.17**). 그러나 이들 덩어리가 모두 미행성으로 성장한 것은 아니며, 궤도상에 남아 있는 이들 암석 및 금속 조각이 지구에 떨어지면 이를 **운석**이라고 부른다.

물질이 성장하는 행성체에 휩쓸려 들어가 점점 더 합쳐지면서, 성운 파편들의 높은 충돌 속도로 인해 행성체의 온도가 올라갔다. 행성체의 비교적 높은 온도와 약한 중력장으로 인해 내부행성들은 성운의 가벼운 물질들을 축적할 수 없게 되었다. 수소, 헬륨 같은 가장 가벼운 원소들은 결국 태양풍에 의해 내부 태양계로부터 불려나갔다.

외부행성들이 형성되다 내부행성들이 형성된 당시에, 외부의 더 큰 행성들(목성, 토성, 천왕성, 해왕성)과 광범위한 위성계가 함께 만들어지기 시작하였다. 태양으로부터 멀리 떨어져 있어서 낮은 온도를 가졌기 때문에 이들 큰 행성들은 암편과 금속파편뿐만 아니라 많은 양의 얼음물, 이산화탄소, 암모니아, 메탄을 포함하게 되었다. 얼음의 접적으로 외부행성들은 큰 크기와 낮은 밀도를 가지게 되었다. 가장 큰 행성인 목성과 토성은 가장 가벼운 원소인 수소와 헬륨을 다량으로 붙잡아 놓기에 충분한 중력을 가지고 있었다.

지구의 층상구조의 형성

물질이 축적되어 지구가 형성됨에 따라 그리고 그 후 짧은 기간 동안 고속의 성운 파편의 충격과 방사성 원소의 붕괴는 지구의 온도를 꾸준히 상승시키는 원인이 되었다. 이러한 온도 상승으로 지구는 철과 니켈이 녹기 시작할 정도로 충분히 뜨거워졌다. 용융으로 중금속의 액체방울이 지구의 중심부 쪽으로 가라앉게 되었다. 이러한 과정은 지질시대로 볼 때는 상당히 빠르게 일어났으며, 철분이 풍부하고 밀도가 높은 핵을 생성시켰다.

화학적인 분화와 지구의 층들 온도 상승의 초창기에는 화학적인 분화작용이 일어났으며, 이로 인해서 지표 쪽으로 상승하게 된 녹은 암석이 고화되어 원시 지각을 형성하였다. 이러한 암석 물질은 산소를 풍부하게 가지고 있었으며, '산소와 잘 결합하는' 원소들(특히 규소, 알루미늄) 그리고 이와 함께 이보다 소량의 칼슘, 나트륨, 칼륨, 철, 마그네슘을 가지고 있었다. 또한 금, 납, 우라늄과 같은 몇몇 중금속은 낮은 용융점을 가지며 심부에서 상승하는 마그마에 매우 잘 용해되었기 때문에 지구 내부로부터 빠져나와 지각에 집중되게 되었다. 이와 같은 초창기의 화학성분의 분리로 인해서 지구 내부는 기본적인 3개의 층(철분이 풍부한 **핵**, **원시지각**, 그리고 지구의 가장 두꺼운 층이며 핵과 지각 사이에 위치하는 **맨틀**)으로 분리되었다.

대기가 형성되다 이러한 지구 초창기의 화학적인 분화작용의 중요한 결과로 다량의 가스체가 지구 내부로부터 방출되었으며, 오늘날에도 화산 분출 시에 가스가 방출된다. 이러한 작용을 통하여 원시대기는 점차 진화하였다. 그리하여 지구상에서 이런 대기 조성에 의해 우리가 알고 있듯이 생명체가 존재하게 되었다.

대륙과 해양분지가 진화하다 지구의 기본구조가 만들어지고 난 후, 원시지각은 침식과 그 외 지질작용에 의해서 삭박되었기 때문에 우리는 원시지각의 구조에 대해 직접적인 기록을 가지고 있지 않다. 정확하게 언제 그리고 어떻게 대륙지각과 지구의 초기 대륙이 존재하게 되었는지는 계속적인 연구과제이다. 그럼에도 불구하고 대륙지각이 40억 년 전에 점차 형성되었다는 데는 전체적으로 견해가 일치한다. (지금까지 발견된 가장 오래된 암석은 캐나다의 북서부에서 발견된 고립된 지괴로서 방사성 연대측정에 의하면 약 40억 년의 나이를 가진다.) 더욱이 다음 장에서 살펴보겠지만 지구의 대륙과 해양분지는 오랜 기간을 통해 지속적으로 그 형태를 바꾸고 움직이면서 진화하고 있다.

알고 있나요?

광년은 별의 거리를 측정하는 단위이다. 그런 거리는 너무 멀어서 우리에게 익숙한 킬로미터나 마일 단위를 쓰기에 너무 성가시다. 1광년은 빛이 지구 시간으로 1년을 가는 거리이며 이는 약 9.5×10^{12}km(5.8×10^{12}마일)에 해당한다!

개념 점검 1.6

① 태양계의 형성을 설명하는 이론의 명칭을 적고 개요를 간략하게 적어 보라.
② 내부행성과 외부행성을 열거하라. 그 크기와 조성의 기본적인 차이점을 기술하라.
③ 지구의 층상구조 형성에 있어서 밀도와 부양력이 왜 중요한지 설명하라.

1.7 지구의 내부 구조

지구의 내부 구조를 설명하라.

앞 절에서 우리는 지구의 초창기 역사에서 물질의 분리가 시작되면서 화학성분에 의한 3개의 층(지각, 맨틀, 핵)이 형성되었음을 배웠다. 화학 조성에 의한 층의 분리와 함께, 지구는 물리적 성질에 의해서 몇 개의 층들로 구분될 수 있다. 층을 구분하는 데 이용되는 물리적 성질은 고체나 액체인지 물체가 얼마나 강한지 또는 약한지 하는 것이다. 중요한 예들은 암석권, 약권, 외핵, 내핵을 포함한다. 화학적 및 물리적 층상구조를 이해하는 것은 화산활동, 지진, 조산운동과 같은 많은 지질작용을 이해하는 데 있어서 중요하다. **그림 1.18**은 지구의 층상구조의 물리적 및 화학적 관점들을 보여준다.

우리는 어떻게 지구 내부의 조성과 구조에 대해 알게 되었는가? 우리는 맨틀이나 핵의 시료를 결코 직접 채취한 적이 없다. 지구 내부의 성질은 지진파를 분석함으로써 알 수 있다. 지진파 에너지가 지구 내부를 통과할 때, 서로 다른 성질을 가지는 구간을 통과할 때 속도가 변하고 경계면에서 굴절하고 반사한다. 전 세계의 지진 관측소에서는 이 지진파 에너지를 관측하고 기록한다. 관측된 데이터는 컴퓨터를 이용하여 분석되고 지구 내부 구조를 자세하게 이해하는 데 이용된다. 이것에 대해서는 9장에서 더 자세히 다룬다.

지각

지각(crust)은 얇고 암석으로 된 지구의 껍질이며, 대륙지각과 해양지각으로 구성된다. 대륙지각과 해양지각은 둘 다 지각이지만, 유사성은 거기까지이다. 해양지각은 약7km(5마일)의 두께를 가지며 염기성 화성암인 **현무암**으로 구성되어 있다. 이와 달리 대륙지각은 평균적으로 35km(25마일)의 두께를 가지며 로키 산맥이나 히말라야 산맥과 같은 산악 지역에서는 70km(40마일)가 넘는 두께를 가진다. 비교적 균질한 화학 조성을 가지는 해양지각과는 달리, 대륙지각은 여러 종류의 암석으로 구성된다. 상부 지각은 보통 **화강암질** 암석인 화강섬록암의 조성을 가지나 지역에 따라 조성이 상당히 달라진다.

대륙지각의 암석은 평균적으로 2.7g/cm^{3}의 밀도를 가지며, 어떤 것은 40억 년의 나이를 가진다. 해양지각의 암석은 이보다 젊고(1.8억 년 이하), 더 큰 밀도(약 3.0g/cm^3)를 가진다. 참고로 액체 상태의 물은 1g/cm^{3}의 밀도를 가진다. 그러므로 현무암은 액체 상태의 물보다 3배의 밀도를 가진다.

맨틀

맨틀(mantle)은 지구의 부피 중 82% 이상을 차지하는 고체의 암석층으로 2,900km(1,800마일) 깊이까지 분포한다. 지각과 맨틀의 경계는 뚜렷한 화학 조성의 차이에 의해서 구별된

알고 있나요?

우리는 맨틀이나 핵의 시료를 직접 채취한 적이 없다. 지구의 내부 구조는 지진파 분석에 의해서 알 수 있다. 지진파가 지구 내부의 서로 다른 물성을 가지는 구간을 통과할 때, 그 속도가 변하면서 굴절하고 반사한다. 세계 도처의 지진파 감시 지점에서는 지진파를 탐지하고 기록한다.

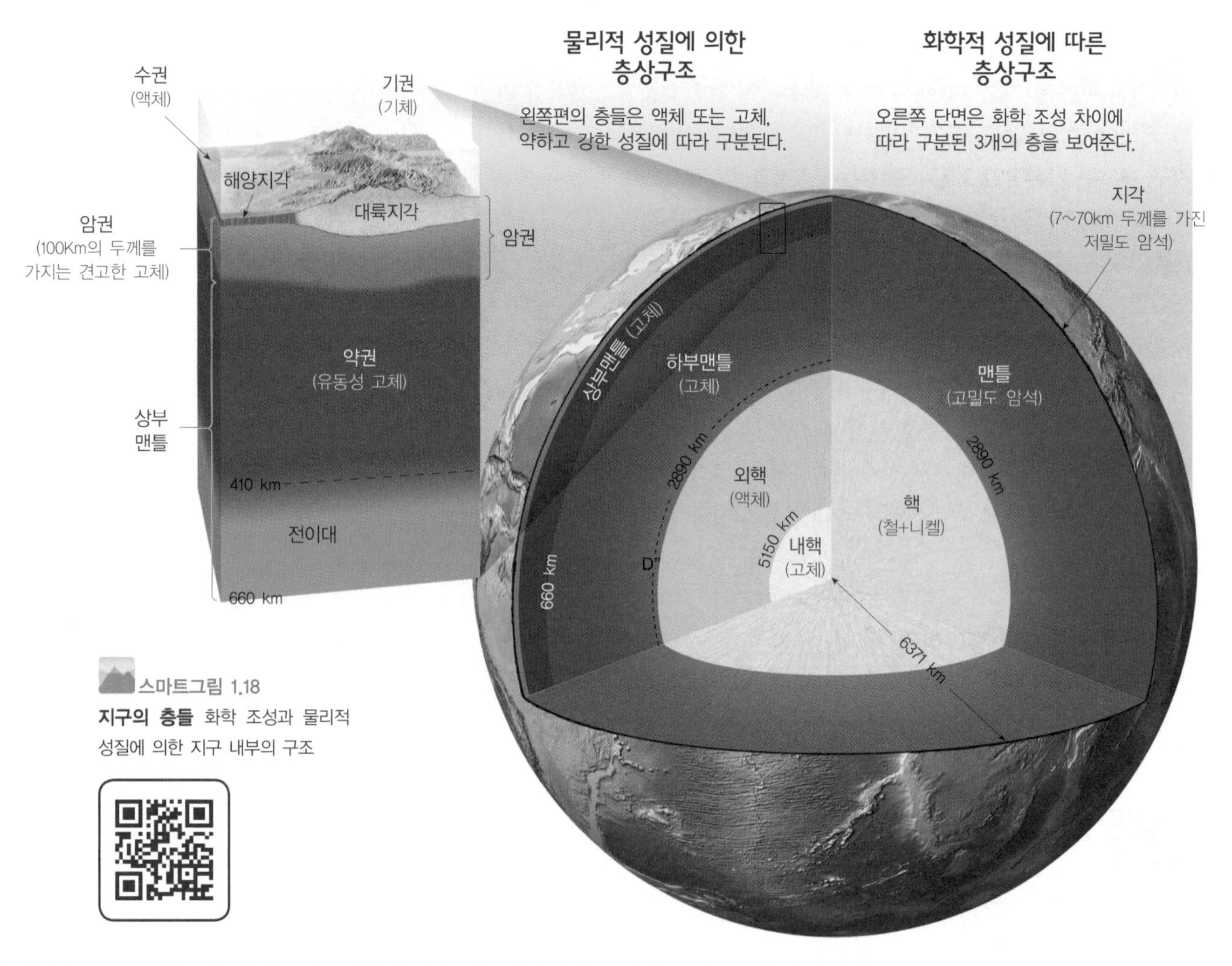

스마트그림 1.18

지구의 층들 화학 조성과 물리적 성질에 의한 지구 내부의 구조

다. 최상부 맨틀의 대표적인 암석은 감람암이며, 이 암석은 마그네슘과 철을 대륙지각이나 해양지각 내의 광물들보다 더 많이 포함하고 있다.

상부맨틀 상부맨틀은 지각과 맨틀의 경계로부터 약 660km(410마일) 깊이까지 분포한다. 상부맨틀은 세 부분으로 구분된다. 상부맨틀의 최상부는 단단한 암권으로 되어 있고, 아래 부분은 덜 단단한 약권으로 되어 있다. 상부맨틀의 바닥 부분은 전이대라 한다.

암권(lithosphere, 암석권)은 지각의 전체와 맨틀의 최상부를 이루고 있으며 지구의 비교적 낮은 온도의 견고한 외각을 형성하고 있다(그림 1.18 참조). 암권은 평균적으로 100km(60마일)의 두께를 가지며, 대륙의 가장 오래된 지역에서는 250km(155마일) 이상의 두께를 가지기도 한다. 이 단단한 층 아래에는 약 410km(255마일) 깊이까지 비교적 약하고 부드러운 **약권**(asthenosphere)이 존재한다. 약권의 최상부는 부분적인 용융이 일어나는 온도/압력의 영역이다. 약권의 이 구간에서는, 암권이 그 밑의 약권과 분리되어 있다. 그 결과 암권은 약권과 별개로 움직일 수 있으며, 이러한 사실은 이 장 뒤쪽에서 살펴볼 것이다.

지구물질의 여러 가지 강도는 그 조성과 온도, 압력에 의해서 결정된다. 암권이 전체적으로 지표상의 암석과 비슷하게 깨지기 쉬운 고체처럼 거동한다고 믿어서는 안 된다. 오히려 암권의 암석은 심도가 깊어질수록 점점 뜨거워지고 더 쉽게 변형된다. 약권의 최상부 심도에서, 암석은 용융온도에 가깝게 접근하고(어떤 암석은 실제로 녹기도 한다) 이때 암석은 매우 쉽게 변형된다. 이와 같이 약권의 최상부는 용융점 근처에 있기 때문에 쉽게 변형되고 차가운 왁스보다 더 약하다.

심도 약 410km(255마일)부터 660km(410마일)까지의 구간이 상부맨틀 중 **전이대**(transition zone)이다. 전이대의 최상부에서는 밀도가 약 3.5~3.7g/cm^{3}로 갑자기 증가한다. 이러한 변화는 감람암의 구성 광물이 압력에 의해서 원자구조가 보다 치밀하게 되면서 새로운 광물로 변화되기 때문이다.

하부맨틀 660km(410마일) 깊이부터 핵이 시작되는 깊이인 2,900km(1,800마일)까지가 **하부맨틀**(lower mantle)이다. 위에 놓인 암석의 무게에 의해 압력이 증가되므로 맨틀은 깊이에 따라 점차 강해진다. 그러나 강도 증가에도 불구하고 하부맨틀의 암석은 매우 뜨겁고 매우 느리게 유동할 수 있다.

맨틀의 수백 킬로미터 바닥 부분은 매우 변화가 큰 D″층으로 되어 있다. 암석의 맨틀과 고온의 철질 외핵 사이의 경계층(D″층)의 성질은 12장에서 다룰 것이다.

핵

핵(core)은 철과 니켈의 합금 그리고 소량의 산소, 규소, 황(이들 원소는 철과 쉽게 화합물을 만들 수 있음)으로 이루어져 있다고 생각된다. 핵의 극히 높은 압력 상태에서, 철이 풍부한 물질은 평균 11g/cm³의 밀도를 가지며, 이는 지구 중심부에 있는 물 밀도의 14배나 된다.

핵은 물리적 특성에 따라 두 부분으로 나뉜다. **외핵**(outer core) 액체로 되어 있으며, 2,270km(1,410마일)의 두께를 가진다. 지구의 자기장을 발생시키는 금속철의 운동은 외핵에서 일어난다. **내핵**(inner core)은 반경 1,216km(754마일)을 가지는 구체이다. 높은 온도에도 불구하고 내핵의 철은 지구 중심부의 엄청난 압력에 의해 고체 상태로 있다.

개념 점검 1.7

① 화학 조성에 따라 3개의 주요 층상구조를 열거하고 설명하라.
② 암권과 약권을 비교하라.
③ 외핵과 내핵을 구분하라.

1.8 암석과 암석순환

암석의 순환을 그림으로 도시하고, 그 작용을 기재하고 설명하라.

암석은 지구상에서 가장 흔하고 풍부한 물질이다. 호기심 많은 여행자에게 있어서 암석의 종류는 거의 무한하다. 암석을 자세하게 조사하면, 암석이 광물이라는 작은 결정이나 입자들로 이루어져 있음을 볼 수 있다. **광물**은 화합물(또는 때로는 단일원소)이며, 각각의 광물은 그의 고유한 조성과 물리적 성질을 가지고 있다. 입자나 결정은 미세하게 작거나 또는 맨눈으로 쉽게 볼 수 있다.

암석의 성질과 모양은 그것을 구성하고 있는 광물에 의해 영향을 크게 받는다. 또한 암석의 조직인 크기, 모양 그리고 구성광물의 배열도 암석의 형태에 크게 영향을 미친다. 암석의 광물 조성과 조직은 또한 암석을 생성시킨 지질작용을 반영한다(**그림 1.19**). 그와 같은 분석은 지구를 이해하는 데 있어서 중요하다. 이러한 이해는 기본적인 광물 자원과 에너지 자원을 찾고 환경 문제를 해결하는 데 있어서 실제적으로 많이 적용된다.

지질학자들은 암석을 세 그룹(화성암, 퇴적암, 변성암)으로 구분한다. **그림 1.20**은 그 몇 가지 예를 보여준다. 각각의 그룹은 지구상과 지구 내부의 지질작용에 의해서 다른 그룹들과 연관된다.

앞의 단락에서 배웠듯이 지구는 하나의 시스템이다. 이것은 지구가 하나의 복합체이자 많은 상호작용하는 부분들로 이루어져 있음을 의미한다. 암석순환을 살펴보면 이러한 것을 보다 잘 이해할 수 있다(**그림 1.21**). **암석순환**(rock cycle)은 지구계의 서로 다른 부분들 간의 상호관련성을 보여준다. 암석순환을 이해하면 우리는 화성암, 퇴적암, 변성암의 기원을 이해할 수 있으며, 암석의 각 그룹이 지구 표면과 내부에서 일어나는 작용에 의해 다른 암석 그룹과 연관된다는 것을 알 수 있다. 단순화된 것이지만 일반지질학의 중요한 부분인 암석순환을 개략적으로 고찰하자. 암석순환을 잘 이해하면 이 책 전체를 통해 암석들 간의 상관성을 보다 상세하게 고찰할 수 있을 것이다.

기본적인 순환

지구 표면 아래 깊은 곳에서 형성된 용융물질인 마그마는 시간이 흐르면 식어서 고화된다. 이 과정을 **결정작용**이라 하며, 지표 아래에서 또는 화산 분출에 뒤이어서 지표에서 일어난다. 둘 중 어느 경우에도 그 결과로 만들어지는 암석을 **화성암**(igneous rock)이라고 한다.

화성암이 지표에 노출되면, **풍화**를 받게 되고 오랜 세월 동안 대기 중에서 조금씩 느리게 분해되고 부서지게 된다. 풍

그림 1.19 **두 가지 기본적인 암석 특징** 암석의 두 가지 기본적인 특징은 조직과 광물조성이다. 사진의 두 암석 시료는 골프공 크기이다. (사진 : geoz/Alamy Images; Tyler Boyes/Shutterstock)

화 산물은 중력의 작용으로 사면 아래로 움직이고, 유수, 빙하, 바람, 파도와 같은 운반인자에 의해서 운반된다. 이 퇴적물이라는 입자들과 용존 물질은 결국 퇴적된다. 궁극적으로는 대부분의 퇴적물이 해양에 퇴적되지만, 하천 범람원, 사막분지, 늪지, 사구에 퇴적되기도 한다.

퇴적 이후에는 퇴적물이 암석화된다. 암석화라는 것은 '암석으로 변함'을 의미한다. 퇴적물은 일반적으로 **퇴적암** (sedimentary rock)으로 암석화된다. 이때 상위에 놓여 있는 지층의 무게에 의해 압축이 일어나고 공극을 통과하는 지하수가 공극을 광물질로 채움으로써 교결이 일어난다.

생성된 퇴적암이 지하 심부에 매몰되고 조산운동의 영향을 받거나 마그마의 관입을 받으면, 그 퇴적암은 고압과 고온의 변화된 환경에서 반응하여 제3의 암석인 **변성암** (metamorphic rock)으로 바뀐다. 변성암이 더 높은 압력이나 온도의 영향을 받게 되면, 그 변성암은 녹아서 마그마를 형성하고, 결국에는 화성암으로 결정화되어, 또 다른 순환을 시작한다.

지구의 암석순환의 에너지는 어디로부터 유래하는가? 지구 내부의 열적 작용으로 화성암과 변성암이 만들어진다. 풍화와 침식이라는 외적 작용은 태양으로부터 유래하며 퇴적암을 형성하는 퇴적물을 만든다.

그림 1.20 **세 가지 암석 종류** 지질학자는 암석을 세 종류(화성암, 퇴적암, 변성암)로 구분한다.

화성암은 마그마가 지표에 분출하여 형성되거나 지표면 아래에서 관입하여 만들어진다. 옆 사진의 용암류는 세립질 현무암으로 애리조나 주 북부의 SP화구에서 분출된 것이다.

퇴적암은 타 암석들의 풍화로부터 유래하는 입자들로 구성된다. 옆 사진의 지층은 내구성이 큰 모래들과 유리질 석영의 교결로 만들어졌다. 모래입자들은 한때 광범위한 사구의 구성 물질이었다. 이 지층은 나바조 사암이며 유타 주 서부에 현저히 나타난다.

사진의 변성암은 비슈누 편암으로서 그랜드캐니언의 안쪽 협곡에 노출되어 있다. 이 지층은 선캄브리아 시대의 조산운동과 함께 지구심부에서 높은 온도와 압력 하에서 형성되었다.

또 다른 순환 경로

기본적인 순환 경로만이 일어날 수 있는 유일한 경로는 아니고, 앞에 기재된 경로 이외의 다른 경로도 있다. 이 다른 경로들은 그림 1.21에 표시된 연보라색 화살표로 지시되는 경로들이다.

화성암이 지표면에서 풍화와 침식에 노출되지 않고 깊은 곳에 매몰된 채로 남아서, 조산운동에 수반된 강한 횡압력과 고온의 영향을 받을 수도 있다. 이때 화성암은 바로 변성암으로 바뀔 수도 있다.

변성암과 퇴적암 그리고 퇴적물은 항상 매몰된 채로 있지는 않는다. 그보다는 오히려 상위의 지층이 제거되고, 매몰되었던 암석이 노출된다. 이때 암석은 풍화작용을 받아서 퇴적암의 새로운 모질물로 바뀌게 된다.

암석은 변하지 않는 물체처럼 보이지만, 암석순환은 그렇지 않다는 것을 보여준다. 그러나 그러한 변화는 엄청난 시간을 필요로 한다. 우리는 전 세계적으로 암석순환의 여러 다른 부분들을 볼 수 있다. 현재 새로운 마그마가 하와이 섬의 아래에서 형성되고 있다. 그 마그마가 지표로 분출할 때, 용암류가 하와이 섬의 크기를 확대시킨다. 게다가 콜로라도의 로키 산맥은 풍화와 침식에 의해서 점차 낮아지고 있다. 이 풍화된 쇄설물은 궁극적으로 멕시코 만으로 운반되어서, 이미 퇴적되어 있는 퇴적물 위에 추가로 퇴적된다.

개념 점검 1.8

① 암석을 생성시킨 지질작용을 이해하는 데 이용되는 암석의 두 가지 특징을 열거하라.

② 기본적인 암석의 순환을 도시하고 명칭을 써 보라. 또 다른 경로도 포함시켜 보라.

③ 암석순환을 이용하여 "한 암석이 다른 암석의 모질물이다."라는 것을 설명하라.

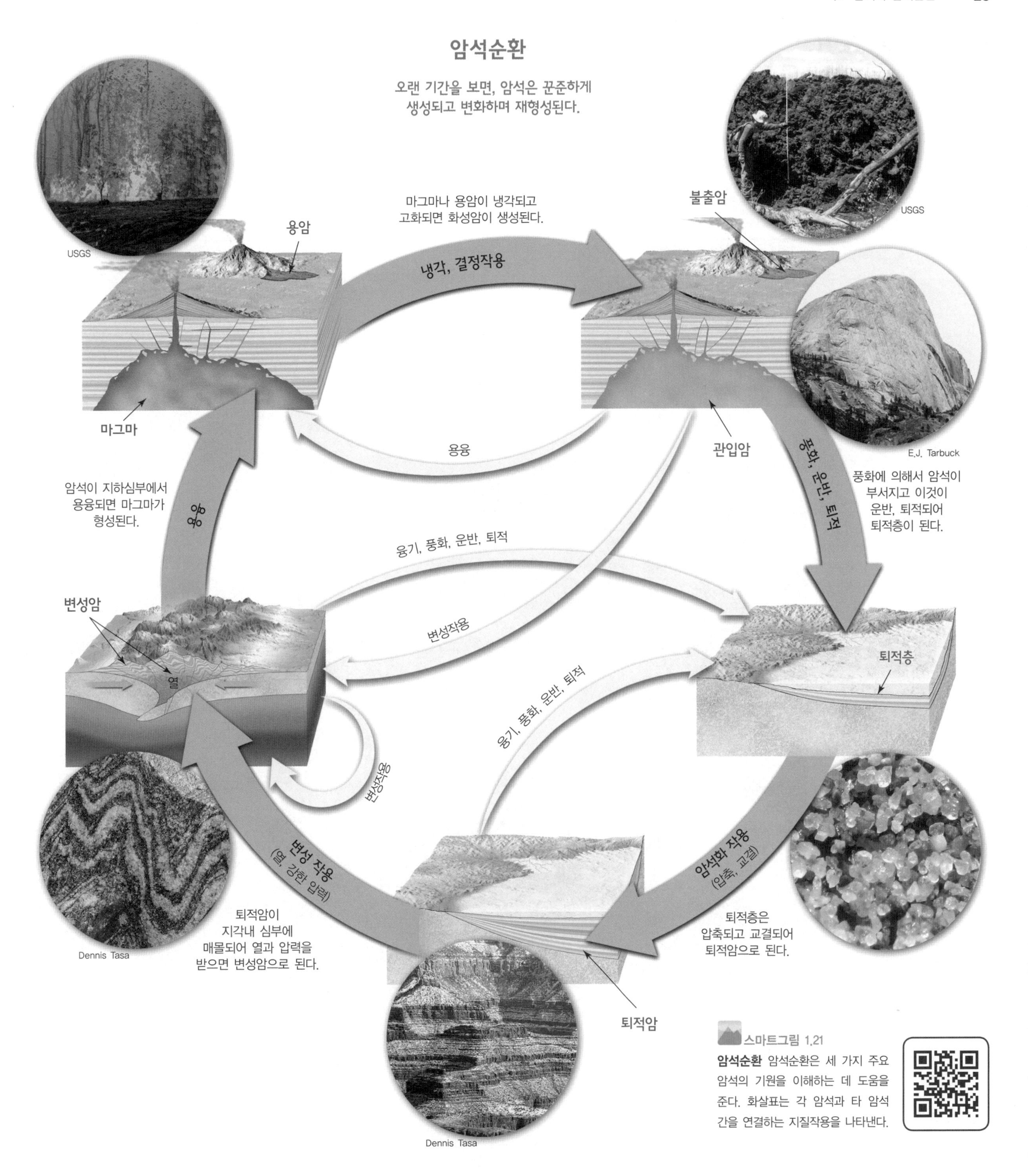

스마트그림 1.21

암석순환 암석순환은 세 가지 주요 암석의 기원을 이해하는 데 도움을 준다. 화살표는 각 암석과 타 암석 간을 연결하는 지질작용을 나타낸다.

1.9 지구 표면

대륙과 해양분지의 주요 특징을 열거하고 설명하라.

지구 표면은 크게 **대륙**(continent)과 **해양분지**(ocean basin)의 두 부분으로 나누어진다(그림 1.22). 이 두 지역의 주요한 차이는 그 상대적인 고도에 있다. 대륙과 해양분지 사이의 고도차는 주로 그들의 밀도와 두께 차에서 유래한다.

- **대륙.** 대륙은 해수면으로부터 돌출된 대지로서 특징적으로 평평한 모양을 가진다. 평균 높이는 약 0.8km(0.5마일)로서 산지 지역을 제외하고는 해수면에 가깝게 놓여 있다. 대

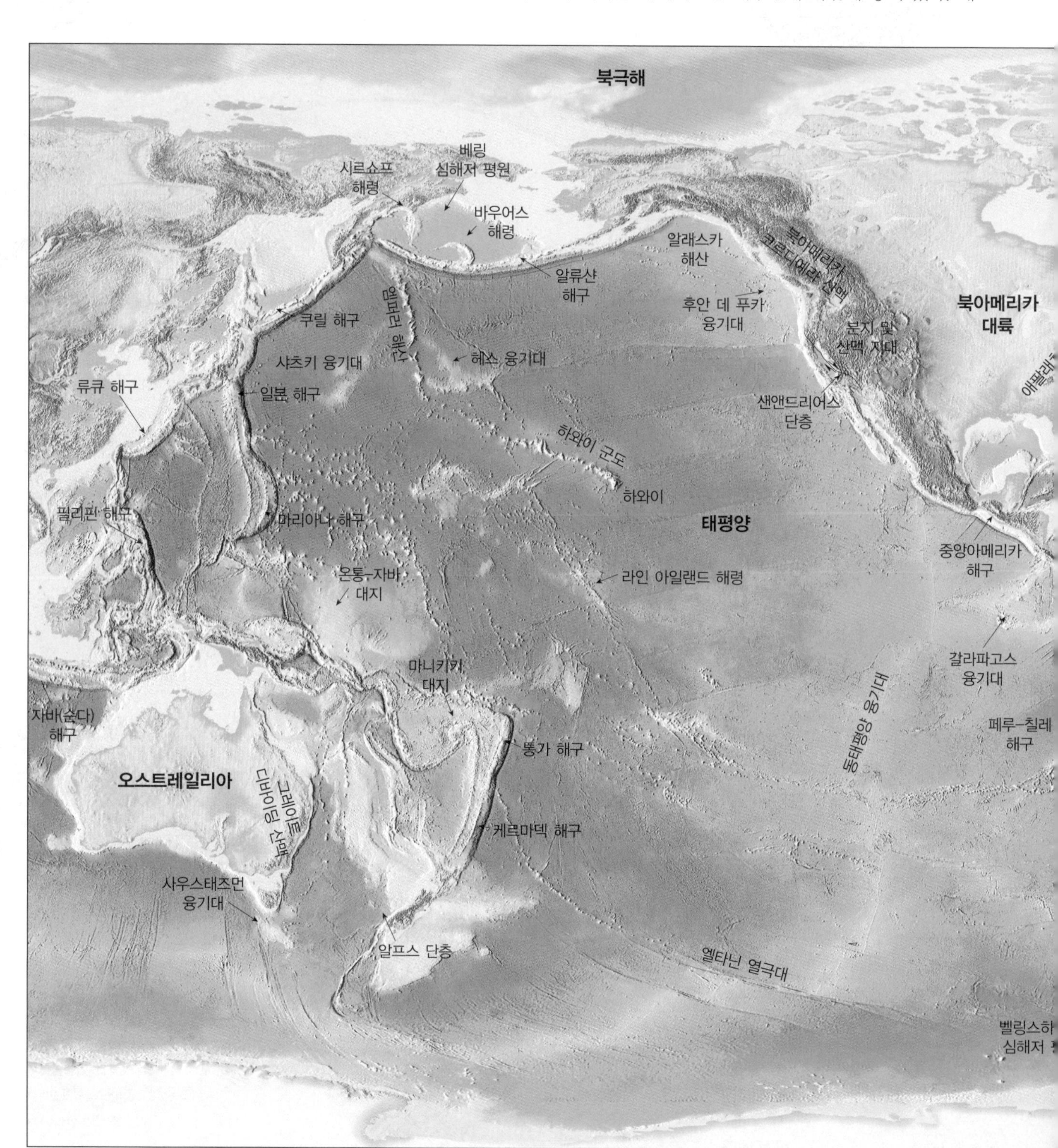

그림 1.22 **지구 표면**
지권의 주요 지표 특징

륙의 평균 두께는 약 35km(22마일)이며, 밀도 약 2.7g/cm³의 화강암질 암석으로 구성되어 있다는 점을 기억하자.

- **해양분지.** 해양저의 평균 깊이는 해수면 아래 약 3.8km(2.4마일)에 위치하며, 대륙의 평균 높이보다 약 4.5km(2.8마일) 더 낮다. 현무암질 암석으로 이루어져 있는 해양지각은 평균 7km(5마일)의 얇은 두께를 가지며 약 3.0g/cm³의 밀도를 가진다.

그러므로 더 두껍고 더 작은 밀도의 대륙지각은 해양지각보다 더 잘 뜨는 성질을 가진다. 그 결과 대륙지각은 변형성 맨틀 암석의 위에 해양지각보다 더 높이 떠 있게 되며, 이는 크고 빈(밀도가 낮은) 화물선이 작고 짐을 실은(밀도가 높은) 화물선보다 더 높게 뜨는 원리와 같다.

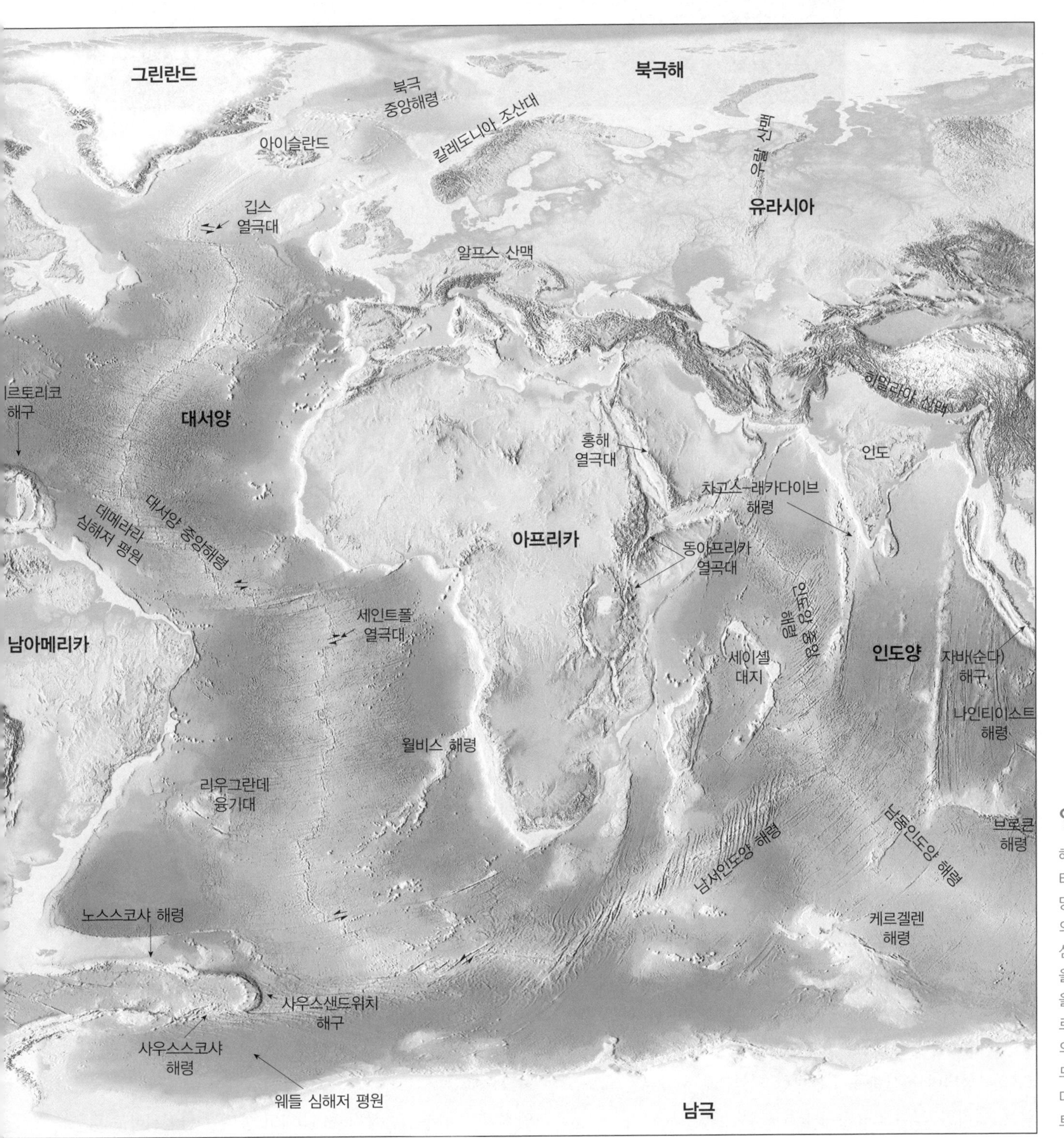

알고 있나요?

해양의 깊이는 흔히 파톰으로 나타낸다. 1파톰은 1.8m(6피트)에 해당하며, 사람이 양팔을 뻗었을 때의 길이와 거의 같다. 파톰은 수심 측정선을 손으로 배 위에 끌어올리는 것에서 유래한다. 측정선을 끌어당길 때, 작업자는 팔길이로 끌어당긴 횟수를 세었다. 사람의 양팔을 뻗은 길이는 알고 있으므로 측정선의 길이를 알 수 있었다. 그 이후에 1파톰의 길이는 6피트로 정해졌다.

캐나다 순상지는 40억 년 이상 된 선캄브리아 암석들이 광범위하게 분포하고 있으며, 빙하기에는 빙하에 의해 깎인 지역이다.

애팔래치아 산맥은 약 4억 8,000만 년 전에 시작되어 2억 년 이상 진행된 조산운동의 결과로 만들어진 고기의 산맥이다. 한때 우뚝 솟았던 봉우리들은 침식에 의해서 낮아졌다.

울퉁불퉁한 히말라야 산맥은 지구상에서 가장 높은 산맥이며 지질학적으로 젊은 산맥이다. 히말라야 산맥은 약 5,000만 년 전부터 만들어지기 시작하여 현재까지 계속 융기하고 있다.

Superstock

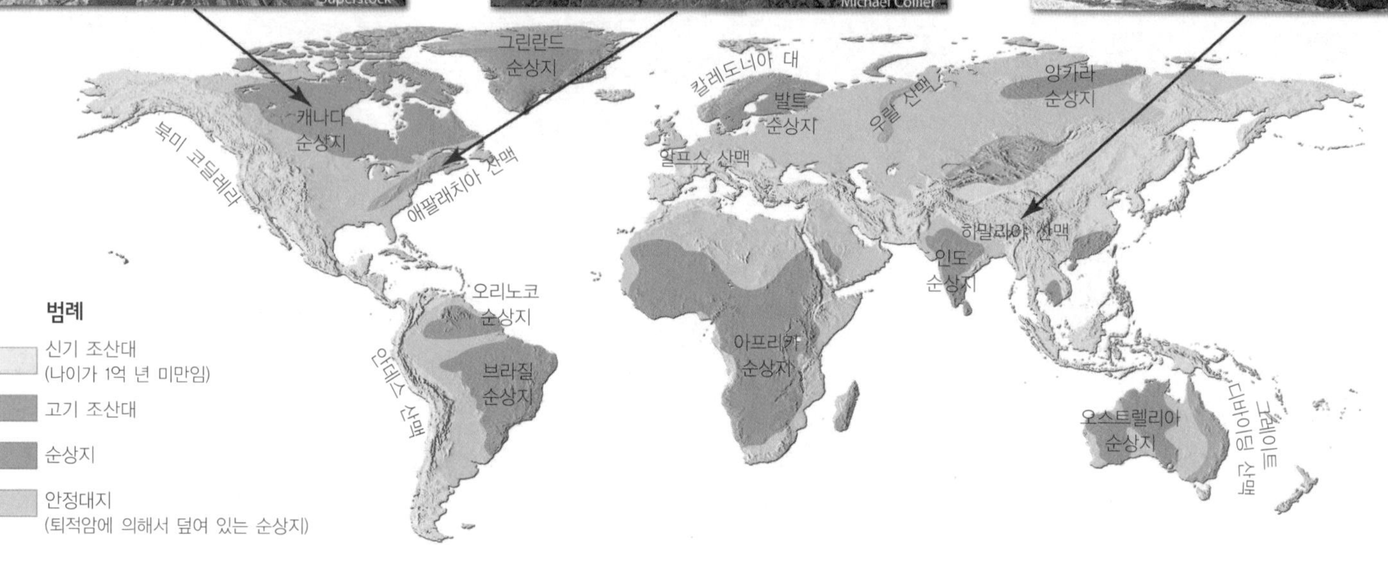

스마트그림 1.23
대륙들 조산대, 안정대지, 순상지의 분포

대륙의 주요 특징

대륙의 주요 특징은 두 가지로 구분된다. 즉 현재 산맥을 형성하는 높이 융기된 변형된 암석 분포지역과 거의 해수면까지 침식된 넓고 평평한 안정지괴 지역이다. 그림 1.23을 주목하면, 생성 연대가 젊은 조산대는 대륙의 가장자리를 따라 길고 좁은 지대를 이루고 있으며, 평평한 안정지괴 지역은 주로 대륙의 내부에 위치하고 있다.

조산대 대륙의 가장 두드러진 지형은 산맥이다. 산맥은 불규칙하게 분포하는 것처럼 보이지만, 실제로는 그렇지 않다. 1억 년 미만의 나이를 가지는 신기 산맥들은 주로 두 지역에 분포한다. 하나는 환태평양 조산대(태평양을 둘러싸는 지역)로 아메리카의 서부지역 산맥과 서부태평양의 화산도호를 포함한다(그림 1.22 참조). 화산도호는 화산암과 변성 퇴적암으로 구성되며 조산운동이 활발한 지역으로서 알류샨 열도, 일본, 필리핀, 그리고 뉴기니 등을 포함한다.

두 번째 주요 **조산대**(mountain belt)는 알프스 산맥으로부터 동쪽으로 이란을 거쳐 히말라야 산맥과 그리고 남쪽으로 인도네시아까지 뻗어 있다. 조산대를 주의 깊게 조사하면 이들 대부분의 지역은 두꺼운 암층이 쥐어짜지고, 매우 심하게 변형되어 마치 조임쇠로 심하게 죄어 있는 것처럼 보인다. 대륙에서는 이보다 더 오래된 산맥들도 발견된다. 이들은 미국 동부의 애팔래치아 산맥과 러시아의 우랄 산맥을 포함한다. 한때는 더 높았던 산 봉우리들은 수백만 년에 걸친 침식의 결과로 지금은 낮아져 있다.

안정지괴 지난 1억 년 이내에 형성된 신기 조산대와는 달리, **지괴**(craton)라고 하는 대륙의 내부는 지난 6억 년 또는 이보다 오랫동안 비교적 안정되고 교란되지 않은 상태로 있었다. 이들 지역은 지구의 역사 중 훨씬 오래된 조산운동의 역사를 가지고 있다.

안정지괴 내에는 **순상지**(shield)라고 불리는 광범위하고 평탄한 지역으로서 변형된 결정질 암석으로 구성된 지역이 있다. 그림 1.23에서 보면, 캐나다 순상지는 북미 북동부의 여러 지역에 노출되어 있다. 여러 순상지의 방사성 연대에 의하면, 이들 순상지가 정말로 오래된 지역임을 알 수 있다. 모든 순상지는 선캄브리아기의 10억 년 이상된 암석들로 구성되어 있으며, 어떤 순상지의 연대는 약 40억 년에 가깝다. 이들 중 가장 오래된 암석은 엄청난 힘에 의해 습곡과 단층작용을 받았으며 고온과 고압에 의해 변형되었음을 보여준다. 그러므로 이들 암석이 한때는 오래된 조산대의 일부이며, 침식에 의해서 지금은 이와 같은 넓고 평탄한 지역이 되었음을 알 수 있다.

또 다른 안정지괴의 평탄한 지역이 존재한다. 이들 지역에서 발견되는 매우 변형된 암석은 순상지에서 발견되는 것과 유사하며 얇은 베니어 판 모양의 퇴적암으로 덮여 있다. 이 지역을 **안정대지**(stable platform)라고 한다. 안정대지에 나타나는 퇴적암은 예외적으로 거대한 분지나 돔 모양으로 휘어 있는 부분을 제외하고는 거의 수평으로 놓여 있다. 북미 대륙에서는 대규모 안정대지가 캐나다 순상지와 로키 산맥 사이에 놓여 있다.

해양저의 주요 특징

만약 해양으로부터 모든 물을 퍼낸다면, 화산열도, 깊은 협곡, 대지, 광범위하고 단조로운 형태의 평원과 같은 다양한 지형이 나타날 것이다. 실제로 그 지형은 대륙의 지형과 같이 다양할 것이다(그림 1.22 참조).

지난 65년간 해양학자들은 현대적인 수중 음파 탐지기와 위성 기술을 이용하여 해양저의 주요 부분의 지형도를 작성했으며, 이런 연구를 통해 세 주요 지역[대륙주변부, 심해저 분지, 해양저산맥(중앙 해령)]을 알아내었다.

대륙주변부 **대륙주변부**(continental margin)는 대륙에 인접한 해양저 부분이다. 대륙주변부는 대륙붕, 대륙사면, 대륙대를 포함한다.

육지와 바다가 해안선에서 만나는 경계는 대륙과 해양저 사이의 경계가 아니다. 그보다는 **대륙붕**(continental shelf)이라 하는 해안에서부터 완만하게 경사진 대지가 해안으로부터 바다쪽으로 연장되어 있다. 대륙붕은 대륙지각 위에 놓여 있으며, 대륙의 홍수 퇴적물로 구성된다. 그림 1.22를 보면, 대륙붕의 너비는 가변적이다. 예를 들면, 대륙붕은 미국의 멕시코 만과 동부 해안에서는 넓지만, 미국의 태평양 주변부에서는 상대적으로 좁다.

대륙사면(continental slope)은 대륙붕의 바깥 가장자리로부터 심해저까지 연장되는 비교적 가파른 사면으로, 대륙과 심해저 분지사이의 경계는 대륙사면을 따라 놓여 있다(그림 1.22). 이 경계에 의해 구분하면, 지표면의 약 60%는 해양분지에 의해서 덮여 있으며 나머지 40%는 대륙으로 덮여 있다.

해구가 존재하지 않는 지역에서는 가파른 대륙사면이 점차 완만하게 경사진 **대륙대**(continental rise)로 변한다. 대륙대는 대륙붕으로부터 심해저로 운반된 두꺼운 퇴적층으로 구성된다.

심해분지 대륙주변부와 해양저산맥 사이에는 **심해분지**(deep-ocean basin)가 놓여 있다. 이러한 심해분지의 부분은 **심해저평원**(abyssal plain)이라는 아주 평탄한 지형으로 이루어져 있다. 해양저는 또한 때로 11,000m(36,000피트) 이상의 깊이를 가지는 아주 깊은 함몰지인 **해구**(deep-ocean trench)를 포함하고 있다. 이 해구는 상대적으로 좁으며 해저의 작은 지역을 점하고 있으나, 매우 중요한 지형이다. 어떤 해구는 대륙 주변의 신기 산맥에 인접하고 있다. 예를 들면, 그림 1.22에서 페루-칠레 해구는 남미의 서쪽 해양에 안데스 산맥과 평행하게 놓여 있다. 또 다른 해구는 화산도호라는 화산열도에 평행하게 놓여 있다.

해저에 침수되어 있는 화산구조를 **해산**(seamount)이라고 하는데, 해산은 때로는 좁고 긴 열도를 형성하기도 한다. 화산활동은 뉴기니 북동부에 위치하는 온통-자바 대지와 같은 대규모 용암대지를 만들기도 한다. 또한 어떤 바닷속 대지는 대륙지각으로 되어 있다. 예를 들면, 뉴질랜드의 남동부에 있는 캠프벨 대지와 마다가스카르의 북동부에 있는 세이쉘 대지가 이런 대지에 속한다.

해양저산맥 해양저의 가장 두드러진 지형은 **해양저산맥**(oceanic ridge) 또는 **중앙 해령**(mid-ocean ridge)이다. 그림 1.22에서 보는 것처럼, 대서양 중앙 해령과 동태평양 융기대는 해양저산맥이다. 이 광범위하고 높이 솟아 오른 지형은 야구공의 꿰맨 자국과 비슷한 모양으로 지구 둘레를 따라 70,000km(43,000마일) 이상 연속적인 산맥을 형성하고 있다. 대륙의 심하게 변형된 암석으로 이루어진 산맥과는 달리 대양저산맥은 균열을 가지며 융기된 층상의 화성암으로 구성되어 있다.

지구 표면을 구성하는 지형 특성을 이해하는 것은 지구의 모양을 만든 기작을 이해하는 데 필수적이다. 지구의 모든 해양으로 연장되는 거대한 해양저산맥은 왜 중요한가? 젊은 활동성 조산대와 해구 사이의 연결고리는 무엇인가? 어떤 힘이 암석들을 구겨서 거대한 산맥을 형성시키는가? 이런 질문들은 과거 지질시대에 지구의 모양을 만들고 미래에도 모양을 만들어나갈 동적 작용을 우리가 알게 됨에 따라 뒤의 장들에서 언급될 것이다.

개념 점검 1.9

① 대륙과 해양분지를 비교 설명하라.
② 지구의 가장 젊은 산맥의 일반적인 분포에 대해서 설명하라.
③ 순상지와 안정대지의 차이점은 무엇인가?
④ 해양분지의 주요 분포지는 어디인가? 그리고 각각의 분포지에 수반되는 특징은 무엇인가?

개념 복습 지질학 개관

1.1 지질학 : 지구의 과학

일반지질학과 지사학을 구별하고 인간과 지질학 간의 연관성을 설명하라.

핵심용어 : 지질학, 일반지질학, 지사학

- 지질학자는 지구를 연구한다. 일반지질학자는 지구의 작용과 이 작용들로부터 만들어지는 물질에 대해서 중점적으로 연구한다. 지사학자는 지구의 물질과 작용을 이해하고 이를 지구의 역사를 재구성하는 데 적용한다.
- 인간은 지구와 긍정적인 관계와 부정적인 관계를 가진다. 지구의 작용과 산물은 매일 인간을 살아가게 하지만 한편으로는 인간에게 해를 끼친다. 또한 인간은 자연계 또는 문명을 유지시키는 자연계를 변형시키거나 해를 입힐 수도 있다.

? 어떤 화산이 언제 분출할지를 생각해 보시라. 그리고 화산 분출이 공룡의 멸종에 일익을 했을지를 생각해 보라. 일반지질학자가 생각하는 주제에는 어떤 것이 있는가? 지사학자가 관심을 가지는 문제는 어떤 것인가?

1.2 지질학의 발전

지구상에서 일어나는 변화를 초창기 관점과 현대적 관점에서 요약하고
그 관점과 지구의 나이에 대한 지배적인 생각을 연관시켜 보라.

핵심용어 : 격변설, 동일과정설

- 지구의 성질에 대한 초창기의 이론은 종교적 관점과 대규모 격변설에 기초를 두고 있었다. 1795년에 제임스 허튼은 동일하고 느린 작용이 장구한 시간 동안 지속되었으며, 이 작용이 지구의 암석, 산맥, 지형을 만드는 원동력이었다고 주장하였다. 장구한 지질시대를 통한 이런 지질작용의 유사성을 '동일과정설'이라고 한다.
- 어떤 원소의 방사성 붕괴율에 의해 지구의 나이는 약 46억 년으로 산정되었다. 이것은 믿을 수 없을 정도로 엄청난 시간이다.

? 워싱턴의 워싱턴 기념비는 169.294m(555.5피트)에 약간 못 미치는 높이를 가진다. 종이 한 장의 두께는 약 0.7mm이다. 0.7mm를 169.294m로 나눈다면 전체 높이의 약 0.0004%가 된다.

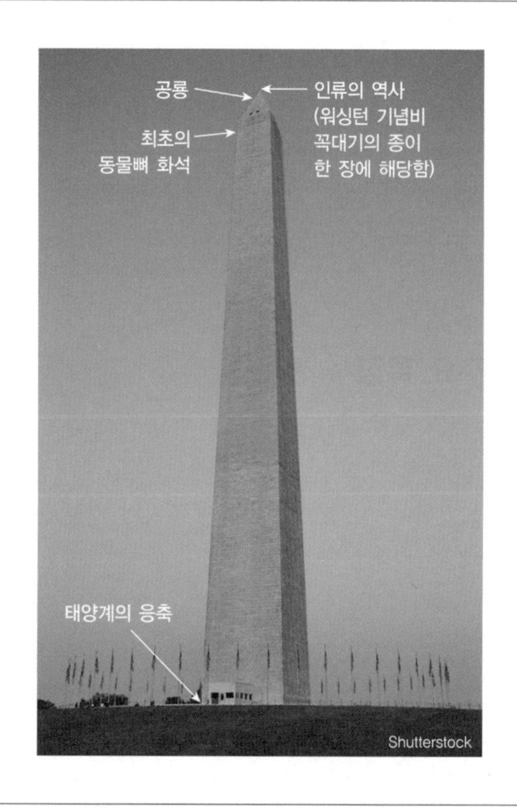

1.3 과학적인 탐구의 특성

가설의 설정과 이론의 확립을 포함하는 과학적인 탐구의 특성에 대해 설명하라.

핵심용어 : 가설, 이론

- 지질학자는 관찰하고 이 관찰(가설)에 대한 예비적인 설명을 하고, 그리고 야외조사와 실험실 작업을 통하여 가설을 검증한다. 과학에서 이론은 관측된 사실을 가장 잘 설명하는 것으로 과학계가 동의하는 잘 검증되고 널리 받아들여지는 견해이다.
- 오류가 있는 가설은 폐기되며 과학적인 지식은 옳은 견해에 점차 접근된다. 그러나 우리는 정답을 모두 알고 있다고 결코 확신할 수는 없다. 과학자들은 현재의 모델을 변화시킬 수밖에 없는 새로운 정보에 대해서는 개방적인 태도를 항상 견지해야 한다.

1.4 지구의 권역

지구의 4개 주요 권역을 열거하고 설명하라.

핵심용어 : 수권, 기권, 생물권, 지권

- 지구의 물리적인 환경은 3개의 주요 부분들로 구분된다. 즉 지권이라는 고체 지구, 수권이라는 수체 부분, 그리고 기권이라는 지구를 둘러싸는 기체 부분이 그것이다.
- 네 번째 지구의 계는 생물권으로서 지구상의 모든 생명체를 포함한다. 생물권은 수권과 지권 속으로 수 킬로미터까지 그리고 기권 속으로 수 킬로미터 높이까지의 비교적 얇은 구간에 집중되어 있다.
- 지구상의 물의 96% 이상은 바다에 있으며, 바다는 지구 표면의 거의 71%를 덮고 있다.

? 빙하는 지권의 일부인가 또는 수권에 속하는가? 답의 이유를 설명하라.

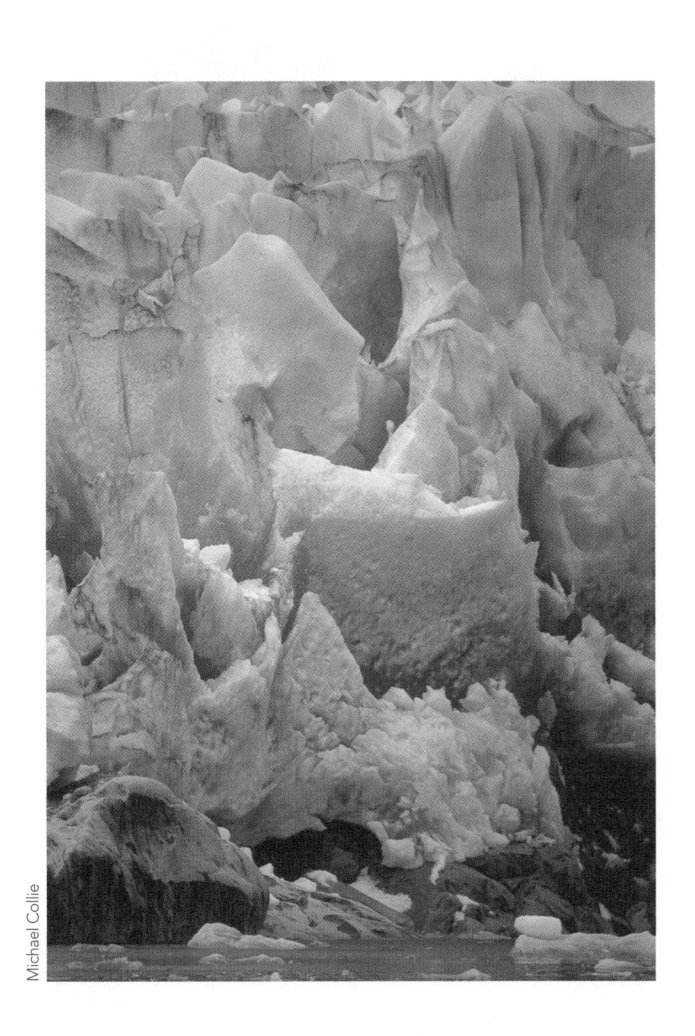

Michael Collie

1.5 계로서의 지구

계를 정의하고 지구가 왜 하나의 계인지 설명하라.

핵심용어 : 지구시스템 과학, 계

- 지구의 4개 권역이 따로 따로 연구될 수 있으나, 4개의 권역은 하나의 복잡하고 끊임없이 작용하는 지구계 안에서 서로 연결되어 있다.
- 지구시스템 과학은 지구의 연구에 관한 여러 학문 분야들 및 전 지구의 환경문제들에 대한 지식을 포괄하는 융합과학이다.
- 지구계의 동력이 되는 두 가지 에너지 근원은 (1) 기권과 수권, 그리고 지표면에서 일어나는 외적 작용을 일으키는 태양과 (2) 화산, 지진, 산맥을 발생시키는 내적 작용의 원동력이 되는 지구 내부의 열이다.

? 인간이 지구계에 의해서 영향을 받는 한 가지 구체적인 예를 들고, 인간이 지구계에 영향을 미치는 예를 들어 보라.

1.6 초기 지구의 진화

태양계의 형성 단계를 개괄적으로 설명하라.

핵심용어 : 성운설, 태양성운

- 성운설은 태양계의 형성을 설명한다. 행성과 태양은 약 50억 년 전에 광대한 먼지와 가스의 구름으로부터 형성되기 시작하였다.
- 성운이 수축되면서, 그것은 회전하기 시작하였고 원판 모양을 가지게 되었다고 추측된다. 중력에 의해서 중심부 쪽으로 끌려들어가게 된 물질들은 원시태양으로 되었다. 회전하는 원판 내에서 미행성들의 중심부로 점점 더 많은 성운의 조각들이 휩쓸려 들어갔다.
- 높은 온도와 약한 중력장으로 인해 내부 행성들은 가벼운 물질들을 붙잡아 둘 수 없었다. 반면에 태양으로부터 멀리 떨어져 있어서 매우 낮은 온도를 가지고 있는 큰 외부행성들은 엄청난 양의 가벼운 물질을 가지고 있다. 이들 가스 상태의 물질 때문에 외부행성들은 상대적으로 큰 크기와 낮은 밀도를 가진다.

? 지구의 연령은 약 46억 년이다. 태양계 내의 모든 행성들이 거의 같은 시점에 형성되었다면 화성의 나이는, 목성의 나이는, 그리고 태양의 나이는 얼마나 될까?

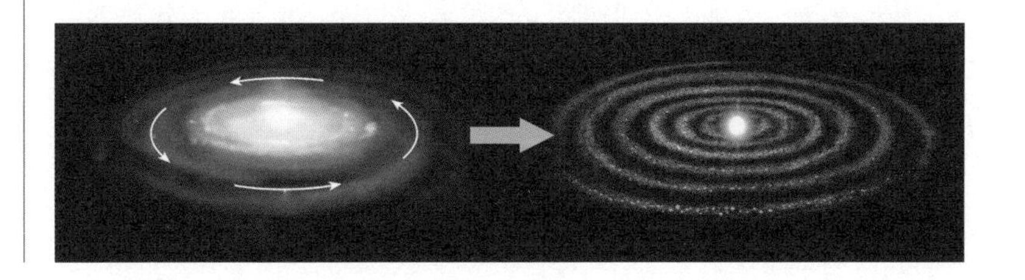

1.7 지구의 내부 구조

지구의 내부 구조를 설명하라.

핵심용어 : 지각, 맨틀, 암석권, 약권, 전이대, 하부맨틀, 핵, 외핵, 내핵

- 화학 조성으로 볼 때, 고체 지구는 3개의 층(핵, 맨틀, 지각)을 가진다. 핵은 가장 밀도가 높고, 지각은 가장 낮은 밀도를 가진다.
- 지구의 내부는 또한 물리적 성질에 따라 구분된다. 지각과 상부 맨틀은 암석권(판 구조론에 의하면 지판들로 쪼개져 있음)과 그 아래의 물성이 약한 약권으로 구성된다. 하부 맨틀은 약권보다 강하고 용융체인 외핵을 둘러싸고 있다. 이 액체로 되어 있는 외핵은 내핵과 동일한 성분인 철·니켈 합금으로 되어 있는 반면에, 지구 중심부의 매우 높은 압력으로 인하여 내핵은 고체로 되어 있다.

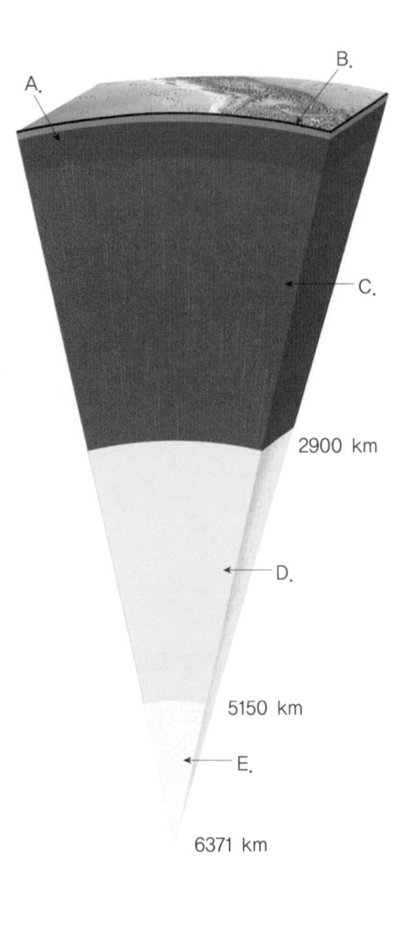

? **위 그림은 지구 내부의 층상구조를 보여준다. 이 층상구조는 물리적 성질에 의한 것인가 또는 화학 조성에 의한 것인가? 알파벳으로 표기한 층들을 명기하라.**

1.8 암석과 암석순환

암석의 순환을 그림으로 도시하고, 그 작용을 기재하고 설명하라.

핵심용어 : 암석순환, 화성암, 퇴적물, 퇴적암, 변성암

- 암석순환은 지구의 지질작용에 의해 어떤 암석이 다른 암석으로 변화되는 것을 설명하는 모델이다. 모든 화성암은 마그마로부터 만들어진다. 모든 퇴적암은 암석의 풍화산물로부터 만들어진다. 모든 변성암은 고온 또는 고압 하에서 기존의 암석이 변성되어 만들어진 산물이다. 조건이 맞다면, 어떤 암석종도 다른 암석으로 변성될 수 있다.

? **아래 단순화된 암석순환 모식도에 각각 알파벳으로 표기된 것의 지질작용명을 기재하라.**

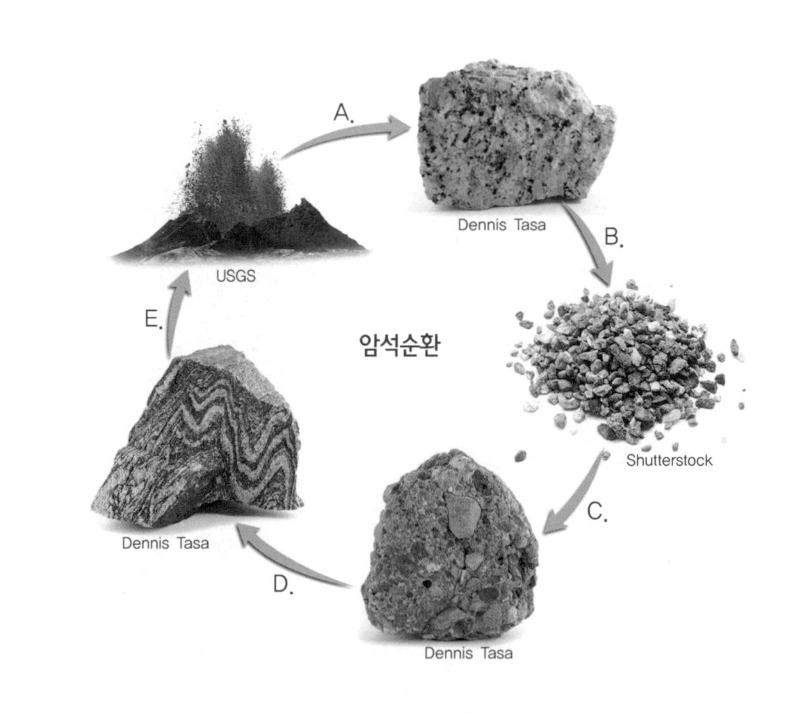

1.9 지구 표면

대륙과 해양분지의 주요 특징을 열거하고 설명하라.

핵심용어 : 대륙, 해양분지, 조산대, 지괴, 순상지, 안정대지, 대륙주변부, 대륙붕, 대륙사면, 대륙대, 심해분지, 심해저평원, 해구, 해산, 해양저산맥(중앙 해령)

- 지구 표면은 크게 대륙과 해양분지로 구분된다. 이 둘의 중요한 차이는 상대적인 높이에 있다. 대륙과 해양분지의 높이 차이는 주로 그들의 밀도와 두께 차에서 비롯된다.
- 대륙은 상대적으로 평평하고 안정한 지역인 지괴들로 구성된다. 지괴는 비교적 얇은 퇴적층이나 퇴적암층으로 덮여 있으며, 이것은 안정대지라고 부른다. 지괴가 지표면에 노출되어 있는 지역을 순상지라고 한다. 몇몇 지괴의 가장자리를 둘러싸고 있는 것은 조산대로서 심한 변형과 변성작용을 받은 긴 지대이다.
- 대륙주변부는 해양의 얕은 부분이며, 해양의 깊은 부분은 광범위한 심해저평원과 해구를 포함한다. 해산과 용암대지는 심해저평원의 몇몇 지역에서 나타난다.

? **대륙사면, 해구, 대륙붕, 심해저평원, 대륙대를 해저의 얕은 곳에서 깊은 곳까지 순서대로 그 특징을 써 보라.**

복습문제

① 인류의 기록된 역사는 약 5,000년이다. 대부분의 사람들은 이 시간 간격이 확실히 매우 긴 것으로 생각한다. 그러나 이 시간 간격과 지질시대의 시간 간격을 어떻게 비교할 수 있겠는가? 인류의 기록된 역사를 지질시대의 백분율이나 부분으로 계산해 보라. 계산을 쉽게 하기 위해 지구의 나이를 100만 년 단위로 끊어서 계산하라.

② 암실에 들어간 후, 벽에 있는 스위치를 켰을 때 빛이 즉시 들어오지 않는다. 이런 현상을 설명할 수 있는 적어도 세 가지 가설을 제시해 보라. 가설을 세운 후의 다음 단계는 무엇인가?

③ 그림 1.12에 제시된 그래프를 참고하여 다음 질문에 답하라.

a. 에베레스트 산 정상에 올라갔을 때, 해수면 상에서의 1회 호흡에 해당하는 호흡은 몇 회인가?

b. 여객기를 타고 12km 높이를 날아갈 때, 당신 아래에는 약 몇 퍼센트의 공기가 존재하는가?

④ 정확한 측정과 관찰은 과학적 탐구의 기본적인 부분이다. 이 장에서는 과학적인 자료를 수집하는 방법을 보여주는 두 가지 사진이 제시되었다. 당신이 선정한 예들에 수반되는 장점 하나를 제시하라.

⑤ 제트기가 10km 고도를 날아가고 있다. 그림 1.12를 참고할 때, 이 제트기가 날아가는 고도에서 공기압은 얼마인가? 지표면의 기압이 1,000밀리바라고 할 때, 제트기 아래의 기압은 약 몇 퍼센트인가?

interlight/Shutterstock

⑥ 이 사진은 지구계의 서로 다른 부분들 간의 상호작용의 예를 나타낸다. 이 사진은 엄청난 비에 의해서 유발된 이류를 보여준다. 지구의 4개 권역 중 어떤 것이 필리핀 리트 섬의 작은 마을을 매몰시킨 이 자연재해와 관련되는가? 각각의 권역이 이 사건에 끼친 과정과 그 영향에 대해서 기술하라.

AP 사진/ 파트로크

⑦ 그림 1.21을 참고하여, 암석순환 작용의 화살표 방향에 의해서 퇴적암이 지표면의 가장 풍부한 암석이라는 것을 어떻게 알 수 있는가?

⑧ 아래 사진은 캘리포니아 해안으로서 샌시몬 주립공원 남부지역의 아름다운 해안 절벽과 암석으로 된 해안선을 보여준다. 다른 해안과 마찬가지로 이 지역은 **경계면**이다. 이것은 무엇을 의미하는가? 해안선은 대륙과 해양분지의 경계를 나타내는가? 이를 설명하라.

Michael Collie

2

판구조론 : 혁명적인 과학이론의 탄생

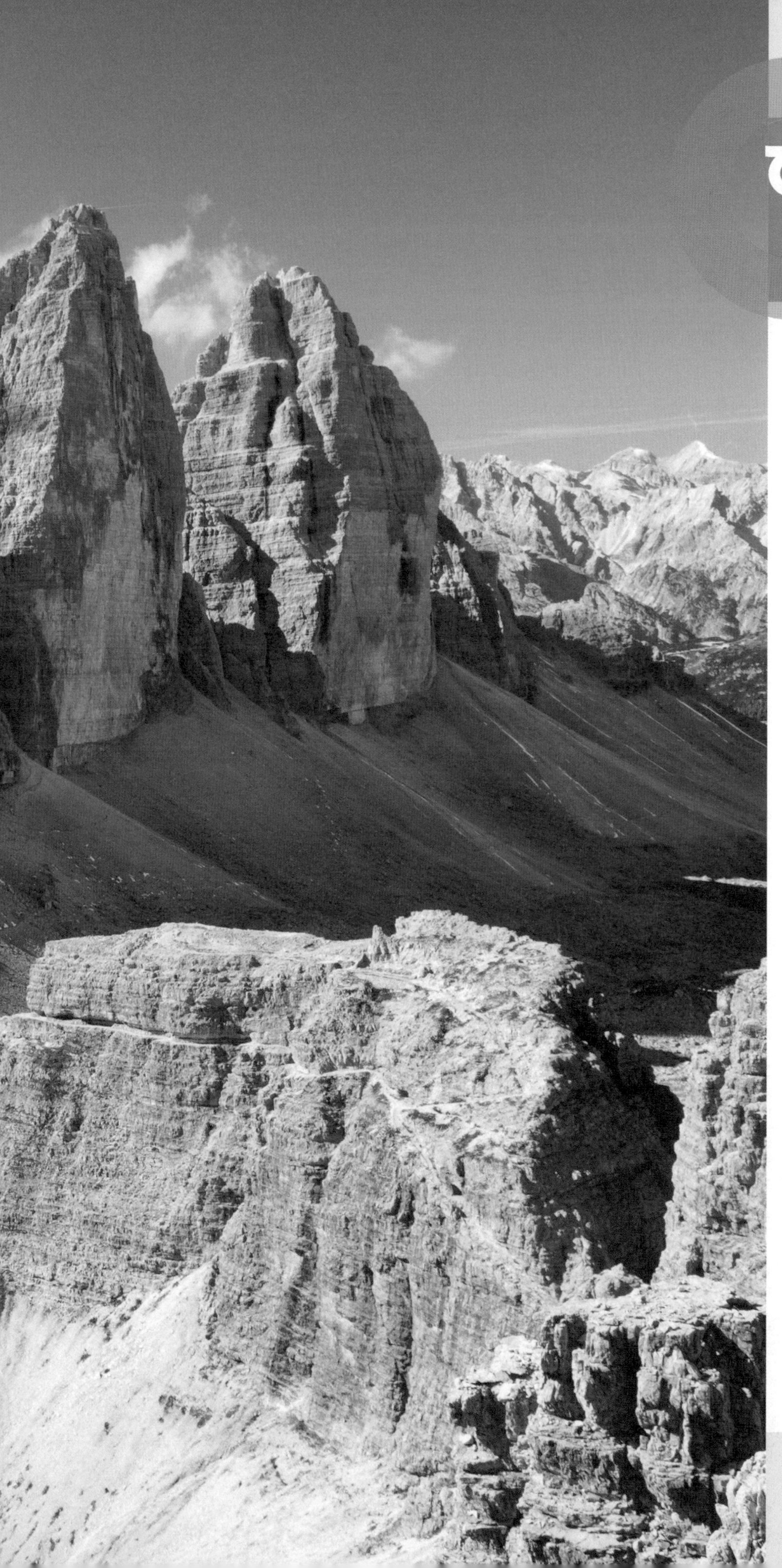

핵심개념

다음은 이 장에서 다룰 주요 학습 목표이다.
이 장을 학습한 후 다음 질문에 답해 보도록 하자.

2.1 1960대 이전 대부분의 지질학자들은 해양과 대륙의 지리적 위치에 관해 어떠한 생각을 가지고 있었을까?

2.2 베게너는 그의 대륙이동설의 근거로 어떠한 증거들을 제시하였는가?

2.3 대륙이동설의 두 가지 주요 약점에 관해 설명하라.

2.4 암권과 연약권의 주요 차이점은 무엇이며, 판구조론에서 이들은 각각 어떠한 역할을 하고 있는가?

2.5 새로운 해양 암권이 생성되는 발산경계를 따라 발생하는 판의 이동에 관해 설명하라.

2.6 세 가지 종류의 수렴경계를 비교하여 설명하고 각 경계가 발견되는 곳의 예를 들어 보라.

2.7 변환단층경계를 따라 발생하는 판의 상대이동을 묘사하고 이들 경계가 나타나는 곳의 예를 들어 보라.

2.8 아프리카와 남극 판은 왜 점점 넓어지는 반면, 태평양 판은 왜 점점 줄어드는가?

2.9 판구조론을 지지하는 증거들을 나열하고 이들에 관하여 설명하라.

2.10 판의 상대운동을 알아내기 위해 사용되는 두 가지 주요 방법에 관하여 설명하라.

2.11 판 운동의 근본적인 힘 두 가지를 설명하고 지판 운동에서 맨틀대류의 의미에 관해 설명하라.

알프스를 이루고 있는 이탈리아 북동부 산악지역 돌로미테에 위치한 마운트 파테르노 (사진 : *allesfoto/imagebroker/AGE Fotostock*)

판구조론은 대륙과 해양분지 등 지구 표면에 나타나는 주요 특징의 생성과 변화 과정을 포괄적으로 설명하는 첫 이론이다. 지질학자들은 이 이론을 통하여 지진, 화산, 그리고 대산맥의 분포 특성과 생성 원인을 설명할 수 있게 되었다. 또한 오늘날 인류는 과거 지질시대 동안의 동물과 식물의 분포뿐만 아니라 경제적으로 가치가 있는 광물의 분포도 보다 명쾌히 설명할 수 있게 되었다.

2.1 대륙이동설에서 판구조론으로

1960대 이전 대부분의 지질학자들은 해양과 대륙의 지리적 위치에 관해 어떠한 생각을 가지고 있었을까?

알고 있나요?

알프레드 베게너에 의해 대륙이동설이 공식적이며 체계적으로 주창되었음은 모두가 인정하나, 그가 대륙이 이동한다는 가설을 처음 제안한 것은 아니다. 이러한 생각은 보다 앞서 미국 지질학자인 F. B. 테일러에 의해 처음 논문으로 발표된 바 있다. 그러나 테일러의 논문에서는 이를 지지하는 증거가 제시되지 못하였던 반면, 베게너는 전문가로서 그의 일생의 많은 부분을 대륙이동을 지지하는 실체적인 증거를 찾기 위해 노력하였다.

1960년대 말 이전 대부분의 지질학자들은 대륙과 해양분지의 지리적 위치는 고정되어 있는 것으로 믿고 있었다. 그러나 과학자들은 대륙이 고정되어 있지 않으며 점진적으로 지구 표면을 따라 이동한다는 점을 인식하기 시작하게 된다. 오늘날 과학자들은 대륙지괴들이 이동하다 충돌하게 되고 지괴들 사이에 끼어 있는 지각은 변형되어 대규모 산맥이 된다는 사실을 알고 있다(**그림 2.1**). 또한 거대한 대륙 덩어리가 쪼개져 새로운 해양분지가 만들어지기도 하며, 어떤 곳에서는 해양바닥이 맨틀 속으로 다시 들어가기도 함을 알고 있다. 이러한 사고의 전환은 지구조학 분야에 매우 색다른 이론이 탄생하였음을 뜻한다. 오랜 동안의 이러한 지구조 운동은 지각을 변형시켜 산맥, 대륙, 그리고 해양분지와 같은 오늘날 지구의 주요 구조적인 특징을 만들어 냈다.

이러한 과학적 이해의 극적인 반전은 과학 혁명이라 함이 적절할 것이다. 이 혁명은 20세기 초 **대륙이동설**이라고 하는 알프레드 베게너의 비교적 간단한 제안에 의해 시작되었다. 그러나 이후 50년이 넘게 대륙이동설은 대다수의 과학자와 학회로부터 인정받지 못하게 된다. 대륙이동설은 특히 북아메리카 지질학자들에 의해 인정받지 못하였는데, 이는 대륙이동설을 지지하는 많은 증거들이 아프리카, 남아메리카, 그리고 오스트레일리아 대륙에서 주로 수집되었기 때문일 수도 있다. 당시 대부분의 북아메리카 지질학자들은 이들 대륙에 대한 지식이 그다지 깊지 않았다.

2차 세계대전 이후 과학계에 새롭고 첨단화된 장비들이 도입되었다. 현대적인 장비로 무장된 지질학자와 함께 당시 새로운 과학 분야로 자리매김한 **지구물리학자**와 **지구화학자**들은 놀랄 만한 새로운 발견들을 하게 되면서 대륙이동설은 과학자들의 관심의 대상으로 다시 부상하게 된다. 이후 1968년

그림 2.1 **마운트 블랑의 바위 첨탑** 알프스는 아프리카와 유라시아 지판이 충돌하여 만들어졌다. (사진 : *Bildagentur Walhaeus/AGE Fotostock*)

에 이르러서는 훨씬 보다 포괄적인 이론인 **판구조론**이 탄생하였다.

이 장에서는 먼저 과학이 발전하는 과정에서 과학적 사고가 어떻게 극적으로 반전되는지를 살펴보기로 하자. 또한 대륙이동설이 어떻게 탄생되었고, 처음에는 왜 받아들여지지 못했는지, 그리고 어떤 증거들에 의해 대륙이동설의 후예인 판구조론이 결국은 과학계에 받아들여지게 되었는지에 관해서도 알아보도록 하자.

개념 점검 2.1

① 1960년대 이전 대부분 지질학자들의 대륙과 해양분지에 관한 시각에 관해 간략히 설명하라.

② 대륙이동설을 가장 받아들이지 않았던 지질학자들은 어떤 사람들인가?

2.2 대륙이동설 : 당시의 아이디어

베게너는 그의 대륙이동설의 근거로 어떠한 증거들을 제시하였는가?

17세기에 들어 상당히 정밀한 세계지도가 만들어지면서, 특히 남아메리카와 아프리카 같은 대륙들이 그림 짜맞추기 퍼즐 판의 조각그림같이 서로 잘 맞추어진다는 생각이 시작되었다. 그러나 이러한 생각은 독일의 기상학자이자 지구물리학자인 알프레드 베게너의 저서 **대륙과 해양의 기원**이 출판된 1915년 이전에는 거의 주목받지 못하였다. 베게너는 이 책에서 대륙과 해양분지가 지리적으로 고정되어 있다는 오랜 과학적 관념에 매우 도전적이라 할 수 있는 그의 **대륙이동설**(continental drift)의 기초 개념을 처음으로 서술하였다.

베게너는 여러 대륙들이 뭉쳐져 있는 하나의 초대륙 **판게아**[1](Pangaea, '모든 대륙'의 의미)가 한때 존재했으며(**그림 2.2**), 이 **초대륙**(supercontinent)은 중생대 초 약 2억 년 전부터 작은 대륙들로 분열되어 현재 위치로 이동했음을 주장하였다.

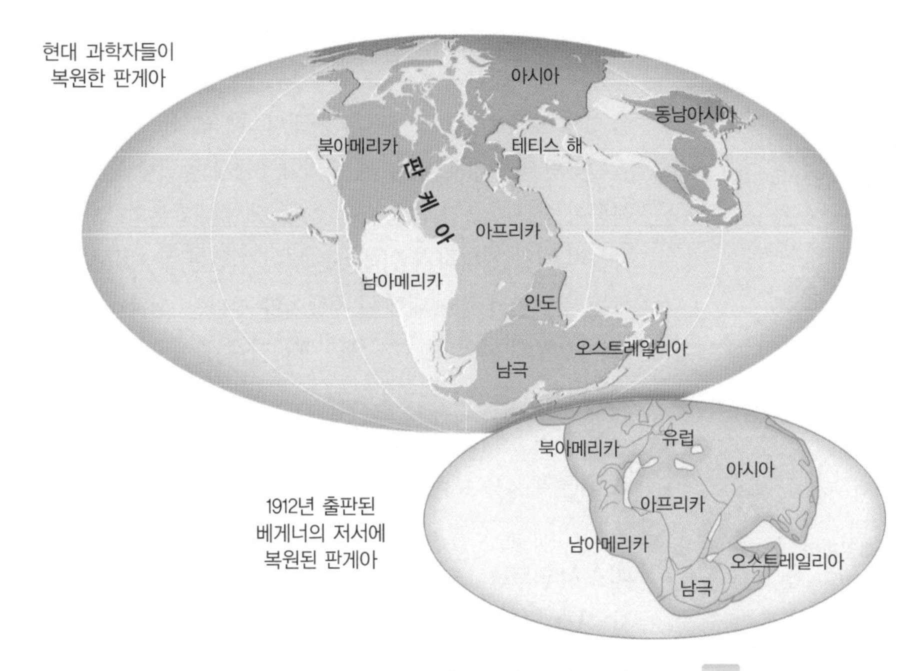

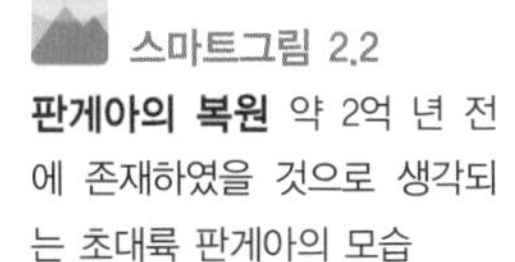
스마트그림 2.2
판게아의 복원 약 2억 년 전에 존재하였을 것으로 생각되는 초대륙 판게아의 모습

베게너와 그의 동료들은 이러한 주장을 증명할 수 있는 실질적인 증거들을 수집하였다. 남아메리카와 아프리카 해안선의 모양, 두 대륙의 화석 분포지, 고기후 특성 등을 수집하고 서로 맞추어가는 작업을 실시하였다. 이러한 증거들은 현재 분리되어 있던 대륙들이 한때 하나로 뭉쳐져 있었음을 지시하고 있다. 지금부터 이들 증거에 관해 살펴보기로 하자.

증거 : 대륙 조각 맞추기

베게너는 과거 일부 다른 과학자들과 같이, 대서양을 사이에 두고 마주보는 남아메리카와 아프리카의 해안선 모양이 매우 유사하다는 점을 발견하면서 대륙들이 하나로 뭉쳐져 있었지 않았는가 하는 의심을 가지게 되었다. 그러나 현재 대륙의 해안선 모양을 근거로 대륙들을 하나로 맞추어 보자는 그의 생각은 다른 지구과학자들에 의해 논리적인 비판을 받게 된다. 그를 반대하는 과학자들은 해안선은 침식작용에 의해 계속적으로 변화되기 때문에, 설령 대륙들이 분리되어 이동되었다 하더라도 현재의 해안선을 이용해 이를 다시 맞춘다는 것은 쉬운 일이 아님을 주장하였다. 베게너도 이에 관한 문제점을 인식하고 있었으며, 실제로 초창기 그의 대륙 조각 맞추기는 그다지 정확하진 못하였다(그림 2.2).

과학자들은 보다 정확한 대륙 조각 맞추기를 위해서 대륙의 실제 외곽 경계인 해수면 아래 수백 미터 수저에 잠겨 있

1 베게너가 초대륙의 존재를 처음 인지한 것은 아니다. 19세기 유명한 지질학자인 에두아르트 쥐스(1831~1914)는 남아메리카, 아프리카, 인도 그리고 오스트레일리아 대륙으로 구성된 하나의 대규모 육괴의 존재를 밝히고자 하였다.

는 대륙붕의 끝부분 모양을 이용하고 있다. 1960년대 초반에 에드워드 불러드 경과 두 명의 공동 연구자들은 수심 약 900m 수저의 대륙붕단의 모양을 이용해 대륙 조각 맞추기를 시도하였다(**그림 2.3**). 이를 통해 남아메리카와 아프리카 대륙은 과거 과학자들이 예상했던 것보다 훨씬 더 잘 맞추어진다는 사실이 밝혀졌다.

그림 2.3
2개의 퍼즐 조각 약 900m 수저의 대륙사면을 기준으로 남아메리카와 아프리카 대륙을 붙이면 두 대륙의 모양이 가장 잘 일치한다.
(A. G. Smith, "Continental Drift," in Understanding the Earth, edited by I. G. Gass, Artemis Press.)

증거 : 바다 건너 동일한 화석 맞추기

베게너는 대서양 양편에 존재하는 대륙의 해안선 모양이 매우 유사하다는 사실을 발견하면서 대륙이동을 처음 착안하게 되었지만, 남아메리카와 아프리카의 암석 내에 동일한 생물종이 존재한다는 사실을 알게 되면서 진지하게 자신의 가설을 증명해야겠다고 생각하게 된다. 베게너는 기존 문헌을 탐독하면서 멀리 떨어져 있는 대륙들에서 동일한 중생대 화석종이 분포하고 있음을 알았으며, 당시 대부분의 고생물학자들이 이를 설명하기 위해서는 떨어져 있는 두 대륙을 연결하는 무언가가 중생대에 존재했어야 한다는 생각을 가지고 있음도 알게 되었다. 현재 북아메리카에 존재하는 생물군은 아프리카와 오스트레일리아의 것과 매우 다른 특성을 보여주고 있어, 멀리 떨어져 있는 대륙들의 중생대 생물군도 서로 다른 특성을 보여주어야만 한다.

메소사우루스 베게너는 초대륙의 존재를 증명하는 과정에서 현재 매우 넓은 바다에 의해 분리되어 있는 대륙들에서 예상과 다르게 동일한 화석들이 나타난다는 사실을 기존 문헌에서 찾아내었으며, 이를 대륙이동의 증거로 주장하였다(**그림 2.4**). 이러한 화석들 중 전형적인 하나가 **메소사우루스**이다. 메소사우루스는 수중에서 물고기를 잡아먹는 파충류의 하나로 이 화석들은 남아메리카 동부와 아프리카 남부의 페름기(약 2억 6,000년 전) 흑색 셰일층에서 관찰된다. 만약 **메소사우루스**가 거대한 남대서양을 가로지르는 아주 긴 이동을 할 수 있었다면, 이들 화석은 현재 관찰되는 지역보다 더 광범위한 지역에서 관찰되어야 한다. 따라서 베게너는 두 대륙에 국지적으로 존재하는 이 화석 분포를 근거로 남아메리카와 아프리카 대륙은 지질시대 동안 한때 연결되어 있었음을 주장하였다.

대륙이동설을 비판하였던 당시의 과학자들은 수천 킬로미터 폭의 바다를 가로질러 떨어져 있는 대륙들에서 동일한 화석종이 발견되는 사실을 어떻게 설명하였을까? 당시의 과학자들은 뗏목 타기, 생물들의 왕래가 가능한 대양을 가로지르는 일종의 육교(지협, 두 육지를 연결하는 좁고 잘록한 땅)의 존재, 징검다리 섬들의 연결 등이 존재하였을 가능성을 제시하였다(**그림 2.5**). 예를 들어 약 8,000년 전 빙하기 동안에는 해수면이 낮아져 인간을 포함한 포유류가 알래스카와 러시아 사이의 좁은 바다인 베링해협을 자유로이 왕래할 수 있었던 때가 있었다. 그렇다면 과거 아프리카와 남아메리카 대륙을 연결하는 육교는 이후에 해수면 아래로 가라앉은 것일까? 그러나 그러한 거대한 육교가 존재했다면 오늘날의 해저지형 지도상에 어떠한 흔적으로라도 발견되어야 하나 그러한 증거는 관찰되지 않는다.

그림 2.4
오스트레일리아, 아프리카, 남아메리카, 남극, 그리고 인도 대륙은 현재 대양에 의해 분리되어 있지만 유사한 지질시대 암석 내에서 동일한 화석종이 발견된다. 베게너는 이를 근거로 대륙들이 분리되기 이전의 과거 위치를 복원하고자 하였다.

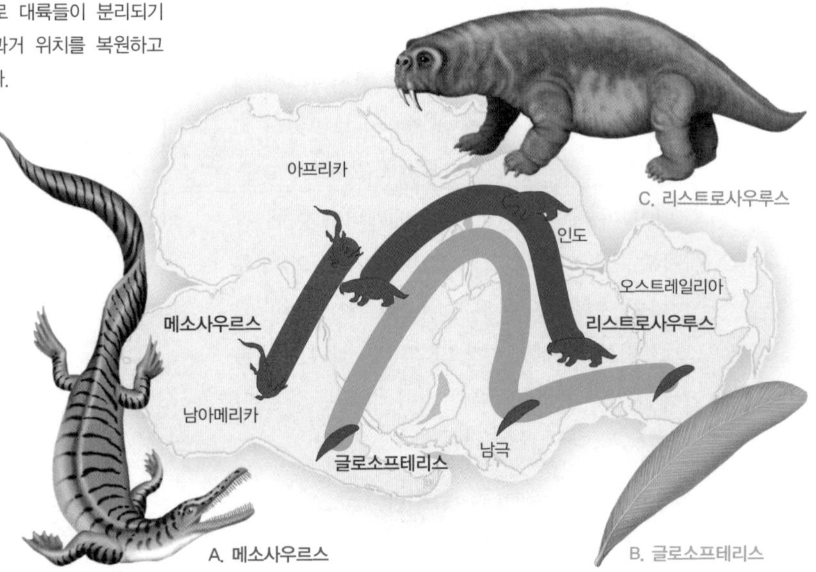

글로소프테리스 베게너는 판게아의 존재를 증명하기 위해 양치류 종자식물인 **글로소프테리스**의 분포에 관한 연구 결과도 인용하였다(그림 2.4). 이 식물은 혓바닥 모양의 잎과 바람에 의해 운반되기에 크기가 큰 씨앗이 특징인데, 아프리카, 오스트레일리아, 인도, 그리고 남아메리카 대륙에 넓게 분포하는 것으로 알려져 있었으며, 이후 남극 대륙에서도 발견되었다.[2] 베게너는 이 종자식물은 중앙알래스카와 같은 한대성 기후에서만 서식하는 식물군임을 알게 되어, 이 식물이 발견된 대륙지괴들은 연결되어 남극점 근처에 위치한 것으로 보고하였다.

2 1912년 로버트 스코트 선장과 두 명의 선원은 남극점 탐험에 실패하고 돌아오는 도중 약 16kg의 암석 옆에서 동사하게 된다. 이 암석은 남극의 비어드모어 빙하의 빙성퇴적물 내에서 채취한 것으로 암석 내에는 글로소프테리스 화석이 포함되어 있다.

증거 : 암석의 종류와 특이 지질

조각 그림 맞추기 게임을 하다보면, 맞추어진 조각 그림의 모양과 함께 최종적인 전체 그림도 조화롭게 연속되어야 한다. '흩어진 대륙들을 다시 맞추는 게임'에서 특이한 암종의 분포와 대륙 내 대규모 산맥과 같은 독특한 지질구조의 연속성을 퍼즐 내 그림으로 이용할 수 있다. 대륙들이 과거에 서로 붙어 있었다면, 서로 인접한 지역에 나타나는 암석들의 종류와 연령은 유사해야 한다. 베게너는 브라질에 나타나는 약 22억 년의 연령을 가진 화성암이 아프리카에 나타나는 유사한 연령의 암석과 많은 공통점이 있음을 발견하였다.

이와 유사한 증거는 대륙의 해안에서 연장이 끝나버리고 바다 건너 다른 대륙에서 다시 나타나는 대규모 산맥에서도 찾을 수 있다. 예를 들어 미국 동부 해안을 따라 북동 방향으로 연장되던 애팔래치아 산맥은 뉴펀들랜드 해안에서 사라진다(**그림 2.6A**). 그러나 이 산맥에 대비되는 연령과 지질구조를 가진 산맥이 영국제도, 아프리카 서부, 그리고 스칸디나비아에서 발견된다. 약 2억 년 전에 이들 대륙들이 **그림 2.6B**와 같은 위치에 놓여 있었다면, 이들 산맥들은 거의 하나의 연속적인 산맥이 된다.

베게너는 대서양 양편 대륙들에 나타나는 암석 구조의 유사성은 이들 대륙이 연결되어 있었던 증거라는 믿음을 가지고 있었으며, 이는 마치 찢어진 신문 조각들을 다시 맞출 때, 먼저 조각들의 모양을 이용해 서로 맞추어 본 후 최종적으로 신문의 기사 내용이 연속성이 있는지를 검사하는 것과 같다고 주장하였다. 만약 조각들의 모양이 일치하고 기사 내용이 연속적이라면, 맞추어진 신문 조각들은 원래 하나로 붙어 있었던 것이 확실한 것이다.

그림 2.5 **과거 육상동물들이 거대한 바다를 건널 수 있었을까?** 현재 거대한 해양으로 분리되어 있는 대륙들에서 동일한 화석종이 나타날 수 있는 몇 가지 방법을 설명해 주는 그림

증거 : 고기후

알프레드 베게너는 원래 세계 기후를 공부하고 있던 기상학자였기 때문에 대륙이동을 증명하는 데 있어 고기후 자료도 중요할 것으로 생각하였다. 그는 고생대말의 빙하기록들이 아프리카 남부, 남아메리카, 오스트레일리아, 그리고 인도 대륙에서 발견된다는 사실을 알게 되면서 대륙이동에 대한 보다 확신을 가지게 된다(**그림 2.7A**). 이는 약 3억 년 전 거대한 빙하가 남반구 대륙뿐만 아니라 인도 대륙을 덮고 있었음을 의미한다. 흥미롭게도 이 빙하기를 지시하는 증거가 나타나는 여러 지역들이 현재 북위 30° 미만의 아열대 혹은 열대기후 지역에 해당된다.

그렇다면 어떻게 대규모 대륙 빙하가 적도 근처에까지 만들어질 수 있었을까? 어떤 보고서는 지구 전체가 극단적인 냉각을 겪었음을 주장하기도 한다. 그러나 베게너는 고생대말 북반구에 거대한 열대성 소택지들이 존재하였다는 점을 근거로 이러한 주장은 불가능한 것으로 생각하였다. 고생대말의 소택지에는 식물이 무성하였으며, 이로 인해 현재 미국 동부와 유럽 그리고 시베리아에 주요 탄전들이 만들어졌다(**그림 2.7B**). 이들 탄전에서 산출되는 화석은 따뜻하고 습윤

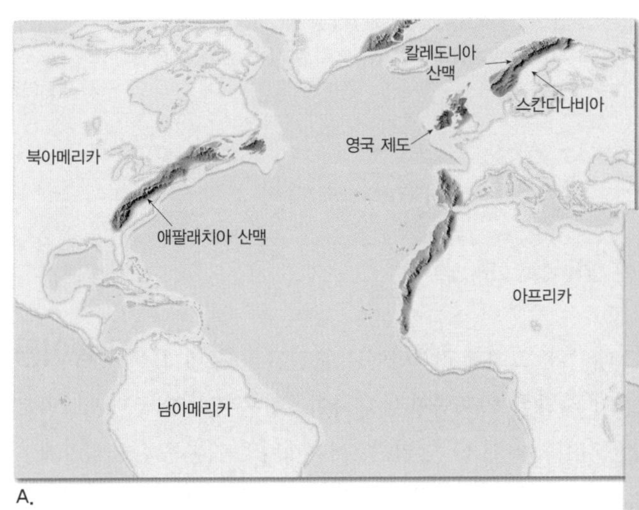

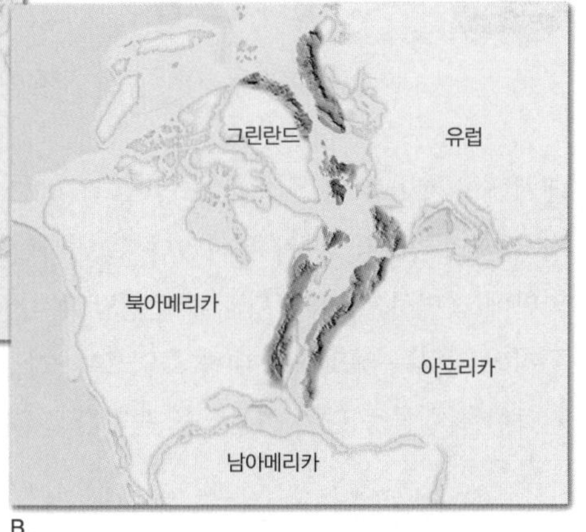

그림 2.6 **북대서양 양편 대륙 내 산맥들의 연결**

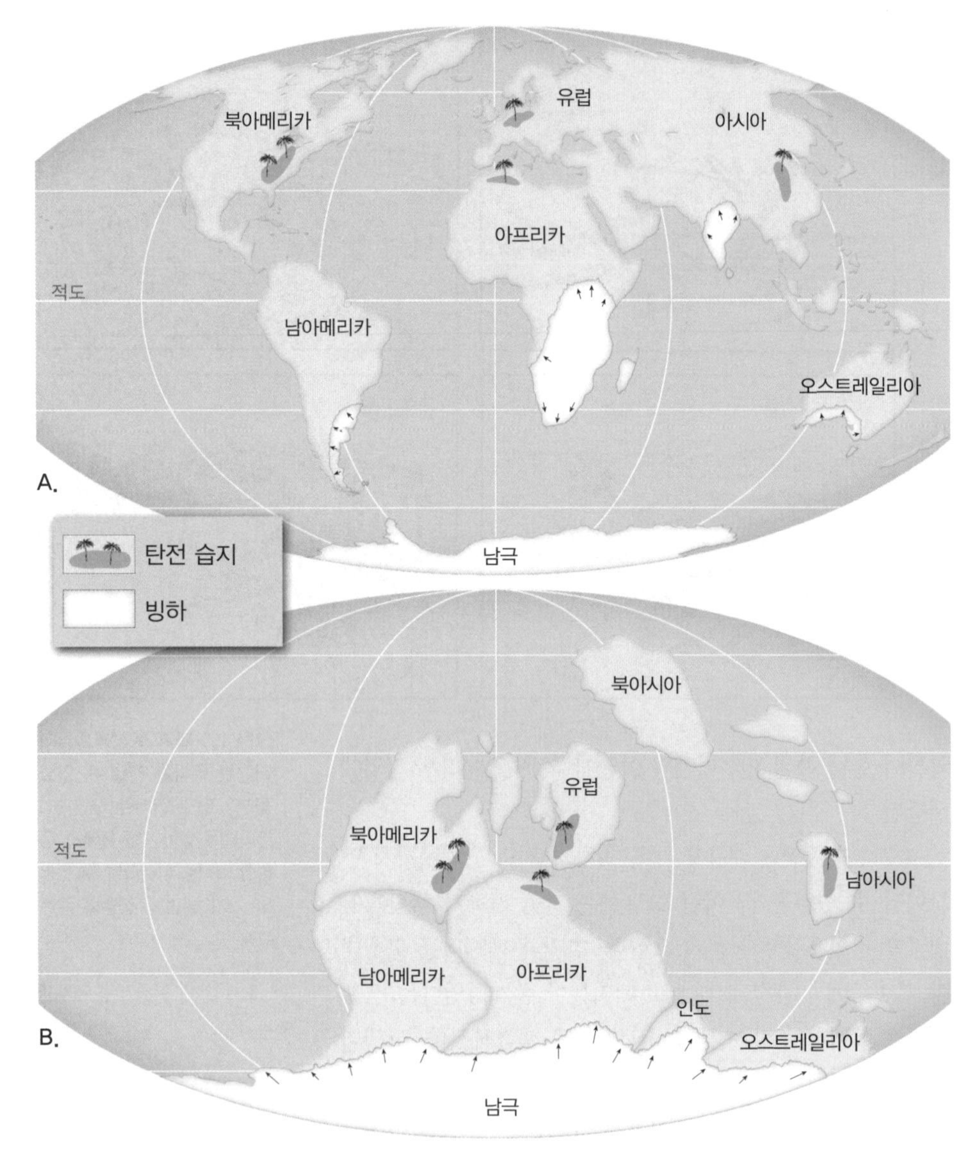

그림 2.7 **대륙이동의 고기후학적 증거**
A. 약 3억 년 전의 빙하는 남반구와 인도 대륙을 넓게 피복하고 있었다. 화살표는 기반암에 발달된 빙하조선을 근거로 구해진 빙하의 이동 방향을 지시한다. B. 판게아 분열 이전으로 대륙들의 위치를 복원한 그림으로 열대성 탄전(소택지)들이 현재 지구의 온난한 기후 지역에 위치함을 보여준다.

한 기후를 지시하는 큰 잎을 가진 엽상체 양치류들이다.[3] 베게너는 이러한 대규모 열대성 소택지들의 존재는 극단적인 지구 냉각에 의해 현재 아열대 지역의 빙하가 만들어졌다는 가설을 부정하는 증거라고 주장하였다.

베게너는 고생대 말의 이러한 고기후학적 특징을 초대륙 판게아의 존재를 통해 보다 명쾌하게 설명하고자 하였다. 즉 남반구 대륙들과 인도 대륙은 남극 근처에서 하나로 뭉쳐져 있었다는 것이다(그림 2.7B). 이는 현재 매우 넓게 나타나는 남반구 대륙들 내 빙하를 설명하는 당시의 환경조건을 보여준다. 또한 북반구의 대륙들은 당시에 거의 적도 근처에 위치하였으며, 이로 인해 다량의 탄전이 만들어졌음도 설명해 준다.

뜨겁고 건조한 오스트레일리아 중앙부에 어떻게 빙하가 만들어졌을까? 어떻게 육상 동물들이 광대한 바다를 건너 이동하였을까? 이에 대한 설명과 함께 대부분의 과학자들이 대륙이동설을 받아들이기까지는 약 50년의 시간이 필요하게 된다.

개념 점검 2.2

① 과거 과학자들이 대륙들이 한때 연결되어 있었을 것으로 의심하게 된 첫 번째 근거는 무엇이었는가?
② 메소사우루스 화석이 남아메리카와 아프리카에만 발견된다는 점이 대륙이동의 증거가 되는 이유를 설명하라.
③ 20세기 초 과학자들이 제시한 육상 동물들이 광대한 바다를 이동할 수 있었던 방법은 무엇이 있는가?
④ 북아메리카, 유럽, 그리고 아시아 대륙에 식물들이 무성한 열대성 소택지들이 존재할 시기에 남반구 대륙에 빙하가 존재하였던 이유를 베게너는 어떻게 설명하였는가?

3 다량의 식물들이 매몰될 수 있다면, 석탄은 실제로는 다양한 기후환경에서 만들어질 수 있다.

2.3 뜨거운 논쟁

대륙이동설의 두 가지 주요 약점에 관해 설명하라.

베게너의 제안은 그의 저서가 영어, 불어, 스페인어, 그리고 러시아어로 출간된 1924년까지 세간의 주목을 받지 못하였다. 그러다 그가 사망한 1930년까지 대륙이동설은 혹독한 비판에 직면하게 된다. 당시에 존경받던 미국 지질학자 T. C. 챔벌린은 "베게너의 이론은 우리의 지구를 제멋대로 대하고 있으며, 한정된 논리에 묶여 엄격한 규칙이 없이 이상하고 거북한 사실들로 다른 이론들을 속박하고 있다."고 하였다.

대륙이동설에 대한 저항

베게너의 가설에 대한 주요 비판 중 하나는 베게너가 대륙을 움직이게 하는 근본적인 힘을 설명할 능력이 없다는 것이다. 베게너는 대륙을 움직이는 힘을 설명하기 위해 태양과 달에 의한 조석력을 제안하고 이 힘으로 인해 대륙들이 서쪽으로 움직인다고 설명하였다. 그러나 당시의 저명한 물리학자인

해럴드 제프리스는 대륙을 이동시킬 정도의 조석 마찰력이라면 몇 년 내에 지구의 자전이 멈추어버릴 것이라며 그를 즉각적으로 반박하였다.

베게너는 또한 쇄빙기가 얼음을 자르고 지나가듯 보다 크고 단단한 대륙은 해양바닥을 뚫고 지나갈 수 있다고 주장하였다. 그러나 이는 잘못된 주장으로 특이한 변형 없이 대륙이 뚫고 지나갈 수 있을 만큼 해양지각이 충분히 약하다는 증거를 그는 제시하지 못하였다.

1930년 베게너는 생애 마지막 탐험인 그린란드 대륙빙하로의 긴 여행을 떠나간다(그림 2.8). 비록 이 탐험의 일차적인 목적은 그곳 빙모와 기후에 관한 연구였으나, 그의 대륙이동설을 증명하고자 한 계속된 노력이기도 하였다. 이 탐험에서 실험기지가 위치한 그린란드 중앙부 아이스미테로 복귀하던 중 그는 동료와 함께 죽음을 맞이하게 된다. 그러나 그의 아주 흥미로운 이론마저 함께 사라진 것은 아니었다.

베게너는 당시의 기존 이론들을 왜 뒤집을 수가 없었을까? 비록 대륙이동설의 핵심 내용은 옳았을지 몰라도 무엇보다도 이를 뒷받침할 수 있는 설명의 일부가 잘못되었기 때문이다. 예를 들어 대륙은 해저 바닥을 뚫고 지나갈 정도로 단단하지 못하며, 조석력은 대륙을 이동시킬 수 있을 정도로 강하지 않다. 또한 어떤 포괄적 과학이론이 널리 인정받기 위해서는 반드시 다양한 과학 분야로부터의 검증이 필요하다. 베게너는 우리가 지구를 보다 잘 이해하는 데 있어 지대한 공헌을 하였다는 점은 분명하나 그가 제시한 증거들이 모두 대륙이동설을 뒷받침하지는 못하였다.

비록 대부분의 베게너와 동시대의 과학자들은 공공연한 조롱과 함께 그를 비판하였지만, 일부 학자들은 그의 생각에 찬사를 보내기도 하였다. 대륙이동에 대한 다른 증거를 찾으려고 애쓴 과학자들은 대륙이동설은 흥미롭고 흥분되는 이론으로 받아들였으며, 또한 이 이론은 지진의 발생원인과 같은 과거에 지질학에서 설명하지 못했던 문제의 해답이 될 수 있을 것으로 생각하였다. 그러나 특히 북아메리카를 중심으로 많은 과학자들은 대륙이동설을 매우 비판적 시각으로 바라보며 받아들이기를 거부하였다.

그린란드 탐험 동안 1912~1913년 북극의 겨울이 끝나기를 기다리는 알프레드 베게너. 그는 이 탐험에서 대륙빙하에서 가장 넓은 부분 1,200km를 횡단하였다.

그림 2.8 그린란드 탐험 동안의 알프레드 베게너
(사진 : *Archive of Alfred Wegener Institute*)

개념 점검 2.3

① 베게너는 해저 바닥을 따라 이동하는 대륙을 무엇으로 비유하였는가?

② 베게너의 대륙이동설이 많은 지구과학자들의 저항을 받게 된 주요한 이유 두 가지는 무엇인가?

알고 있나요?

알프레드 베게너는 대륙이동설의 주창자로 가장 잘 알려져 있으나, 그는 기후와 날씨에 관하여도 수많은 논문을 발표한 과학자였다. 그는 기상학에 깊은 애정을 가지고 있었으며, 혹한기 날씨를 연구하기 위해 네 번의 그린란드 빙하탐험을 실시하였다. 결국 베게너와 그의 동료는 1930년 11월에 한 달간의 빙하탐험 동안 추위로 동사하게 된다.

2.4 판구조론

암권과 연약권의 주요 차이점은 무엇이며, 판구조론에서 이들은 각각 어떠한 역할을 하고 있는가?

2차 세계대전이 끝나면서 해양학자들은 미 해군연구소의 충분한 지원과 함께 새로운 첨단 해양장비를 보유하게 됨으로써 과거 전례가 없던 해양탐사의 부흥기를 맞이하게 된다. 이후 20년간의 힘든 탐사 과정을 통하여 매우 넓은 해양저의 보다 정확한 지형과 특성이 밝혀지기 시작하였으며, 지구상의 모든 대양들에는 마치 야구공의 솔기와 같이 대양을 꾸불꾸불 휘감고 있는 **해령계**(oceanic ridge system)가 존재하고 있음이 밝혀지게 된다.

이러한 해양연구를 통해 여러 가지 또 다른 새로운 것들이 발견되게 되는데, 서태평양에서 실시된 지진 연구는 심해해구 아래 깊은 곳에서 활발한 지구조 활동이 발생하고 있음을 알아내게 된다. 또한 해저 바닥을 준설하여 암석 연령을 조사한 결과, 해양지각은 1억 8,000만 년보다 더 오래된 것은 존재하지 않는다는 또 다른 하나의 중요한 발견을 하게 된다. 더불어 심해 분지에 퇴적된 퇴적층의 두께는 수천 미터에 달할 것으로 예상했던 것과는 달리 매우 얇다는 것도 확인되었다. 1968년까지의 이러한 발견들은 대륙이동설보다는 매우 통합적인 이론인 **판구조론**(theory of plate tectonics)으로 발전하는 계기가 된다.

스마트그림 2.9
약한 연약권 위에 놓여 있는 단단한 암권

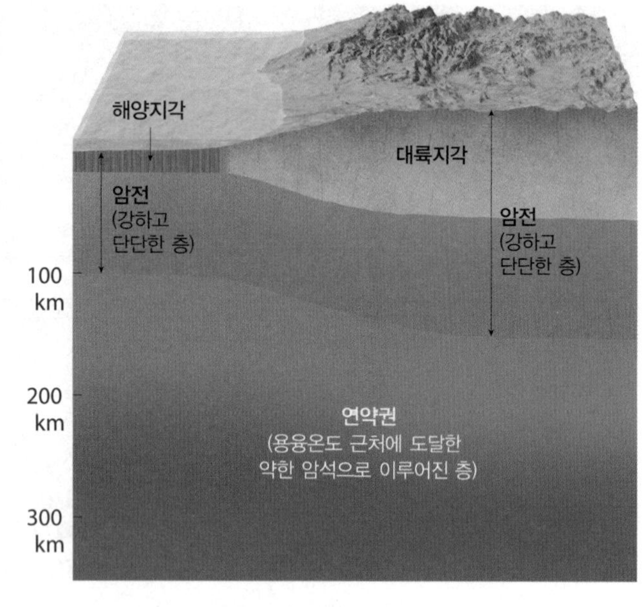

약한 연약권 위의 단단한 암권

판구조론에 따르면 최상부 맨틀과 그 상부의 지각은 **암권**(lithosphere)이라는 차갑고 단단한 지구의 껍질을 이루고 있다. 대륙 암권과 해양 암권의 밀도와 두께는 서로 차이를 가진다(그림 2.9). 해양 암권은 심해분지에서 약 100km의 두께를 가지나, 해령의 중심부에서는 매우 두께가 얇다 : 이에 관해서는 뒤에서 다시 다루기로 하겠다. 이에 반해 대륙 암권은 평균 약 150km의 두께를 가지며, 안정한 대륙 내에서는 200km 이상 깊게 지하로 연장된다. 해양과 대륙지각을 구성하는 암석은 조성이 달라 암권의 밀도 차이를 발생시킨다. 해양지각은 고철질(현무암질) 조성을 가지는 암석으로 구성되어 있어 대륙 암권에 비해 높은 밀도를 가진다. 대륙지각은 대부분 보다 밀도가 낮은 규장질(화강암질) 암석으로 구성되어 있어 해양 암권에 비해 낮은 밀도의 대륙 암권을 형성한다.

연약권(asthenosphere)은 보다 뜨겁고 약한 층으로 암권 아래의 맨틀에 위치한다(그림 2.9). 상부 연약권(100~200km 심도)은 암석이 부분 용융될 수 있는 온도와 압력 조건 하에 있어, 두꺼운 유체가 흐르듯이 외력에 의해 유동할 수 있다. 반면 상대적으로 차갑고 단단한 암권은 외력을 받으면 유동하지 않고 휘어지거나 파괴된다. 이러한 차이에 의해 지구의 딱딱한 껍질(암권)은 하부의 연약권과 효과적으로 분리되어 독립적인 이동이 가능하다.

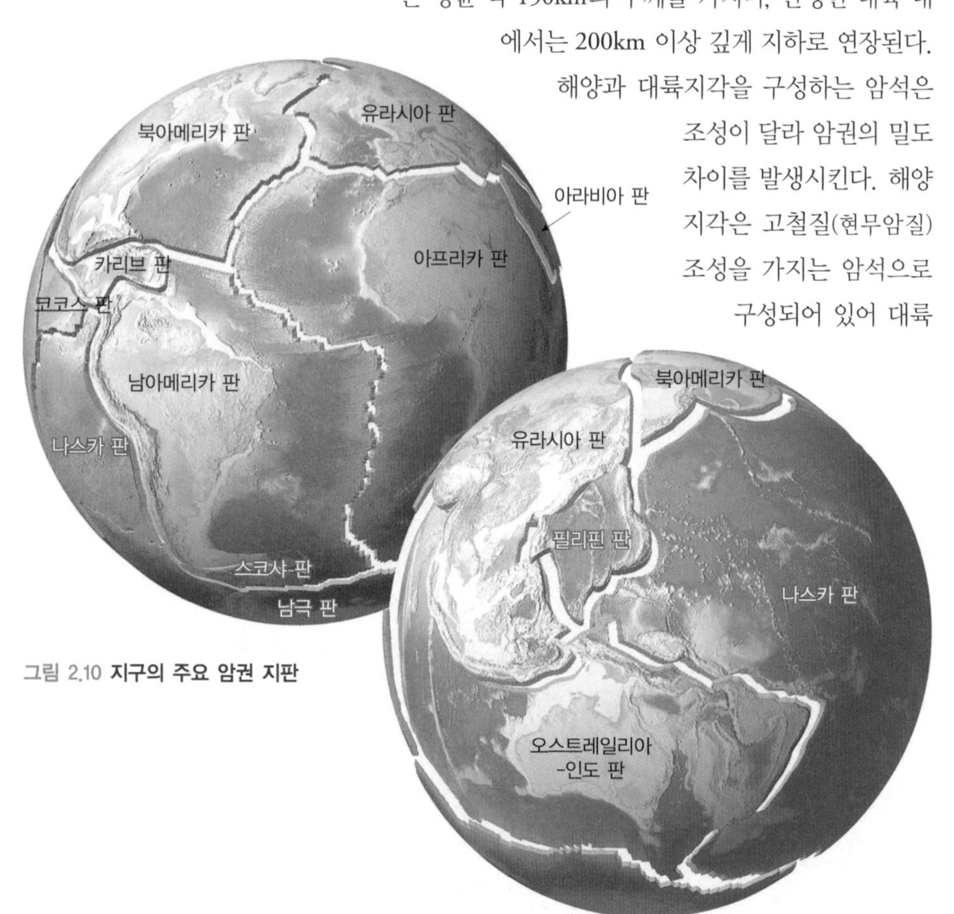

그림 2.10 **지구의 주요 암권 지판**

주요 지판

암권은 **암권 지판**(lithospheric plate) 또는 단순히 **판**(plate)이라 부르는 일정한 속도로 상대적인 운동을 하는 20여 개의 다양한 크기와 모양의 조각들로 나누어진다(그림 2.10). 이들 중 7개의 주요 판들은 지구 표면의 94%를 차지하고 있다—북아메리카, 남아메리카, 태평양, 아프리카, 유라시아, 인도—오스트레일리아, 남극 판. 그중 가장 큰 판은 태평양 판으로 태평양 분지의 대부분을 차지하고 있다. 나머지 6개의 주요 판들은 모두 넓은 해양분지와 함께 대륙을 포함한다. 그림 2.11에서 보여주듯이 남아메리카 판은 남아메리카 전체와 남대서양의 절반 정도를 차지하고 있다. 이는 대륙은 해저와 같이 이동하는 것을 의미하며, 대륙이 해저를 가로지르며 이동한다는 베게너의 대륙이동설과는 뚜렷한 차이를 가진다. 또한 대륙의 경계와 판의 경계가 항상 서로 일치하지는 않는다는 점도 주목된다.

중간 크기의 판으로는 카리브, 나스카, 필리핀, 아라비아, 코코스, 스코샤, 그리고 후안 데 푸카 판 등이 있다. 아리비아 판을 제외하면 이들 판은 대부분 해양 암권으로 구성된다. 이와 더불어 그림 2.11에 나타나지 않는 이보다 작은 몇 개의 판들의 존재도 알려져 있다.

판의 경계

판구조론에서 주요 기본 원리 중 하나는 각 판들은 단단하고 응집된 하나의 단위 운동체로서 서로 상대적인 운동을 한다는 것이다. 서로 다른 판에 위치한 두 지점, 예를 들어 뉴욕과 런던 사이의 거리는 판의 운동에 의해 점차적으로 변하나 동일한 판 내의 두 지점, 예를 들어 뉴욕과 덴버 사이의 거리는 상대적으로 변하지 않는다. 그러나 아시아와 인도 대륙의 충돌에 의해 압착되고 있는 중국 남부와 같은 일부 지판 내부는 상대적으로 약해 판 내부 변형이 발생하는 것으로 알려져 있다.

지판들은 상대적인 운동을 하고 있기 때문에 판들의 주요 상호작용은 판의 경계를 따라 발생하게 되어 이곳에 변형이 집중된다. 실제로 판의 경계는 지진과 화산의 발생 지점들을 이용하여 처음으로 구획되었다. 판은 서로 다른 운동 양식을 보이는 세 가지 종류의 경계로 구분된다. 이들 경계를 그림 2.11에 도시하였으며, 간단히 설명하면 다음과 같다.

1. **발산경계(생성경계)** — 두 판이 서로 멀어지는 곳으로 맨틀로부터 물질이 상승하여 새로운 해저가 생성된다(그림 2.11A).
2. **수렴경계(소멸경계)** — 두 판이 서로를 향해 움직이는 곳 으로 해양 암권이 상위 판 아래로 가라앉아 결국 맨틀 속으로 사라지거나 두 대륙 지괴가 충돌하여 대규모 산맥을 만든다(그림 2.11B).
3. **변환단층경계(보존경계)** — 새로운 암권의 생성이나 기존 암권의 소멸 없이 두 판이 서로 스치고 지나가는 곳이다(그림 2.11C).

발산과 수렴경계는 지구상의 전체 판 경계의 약 40%씩을 차지하며, 나머지 20%는 변환단층경계로 이루어진다. 다음 장들은 이들 세 가지 판 경계의 특성에 관하여 설명하였다.

개념 점검 2.4

① 2차 세계대전 이후 해양학자들이 발견한 전 지구적인 규모로 산출되는 대양저 주요 특징은 무엇인가?
② 암권과 연약권의 차이를 설명하라.
③ 규모가 큰 주요 지판 7개를 적어 보라.
④ 세 가지 종류의 판 경계를 적고 각 판의 상대적 운동에 관해 설명하라.

알고 있나요?

일부 과학자 집단은 대륙이동의 원인을 설명하는 데 있어 비록 잘못된 주장이나 하나의 재미있는 제안을 하기도 하였다. 이들은 초기 지구 직경은 현재의 약 1/20이었으며, 지구 전체가 대륙지각으로 덮여 있었던 것으로 생각하였다. 이후 시간이 지나면서 지구가 팽창하여 대륙이 갈라져 현재의 대륙 분포가 된 것으로 주장한다. 따라서 그들 생각에 따르면 해저는 지구 팽창으로 갈라진 대륙의 공간을 채운 것이다.

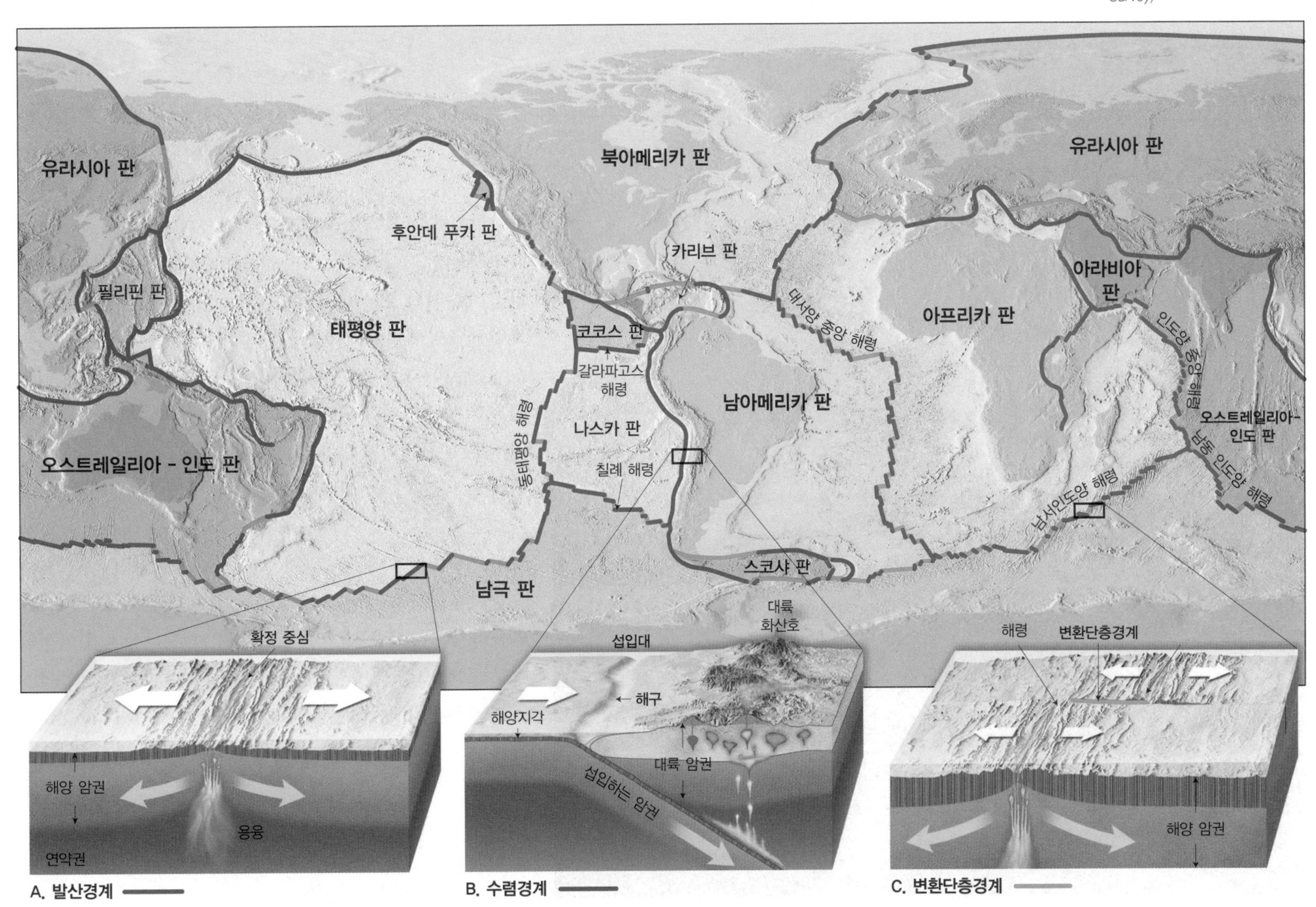

그림 2.11 **판의 발산, 수렴 그리고 변화단층 경계** (W. B. Hamilton, U.S. Geological Survey)

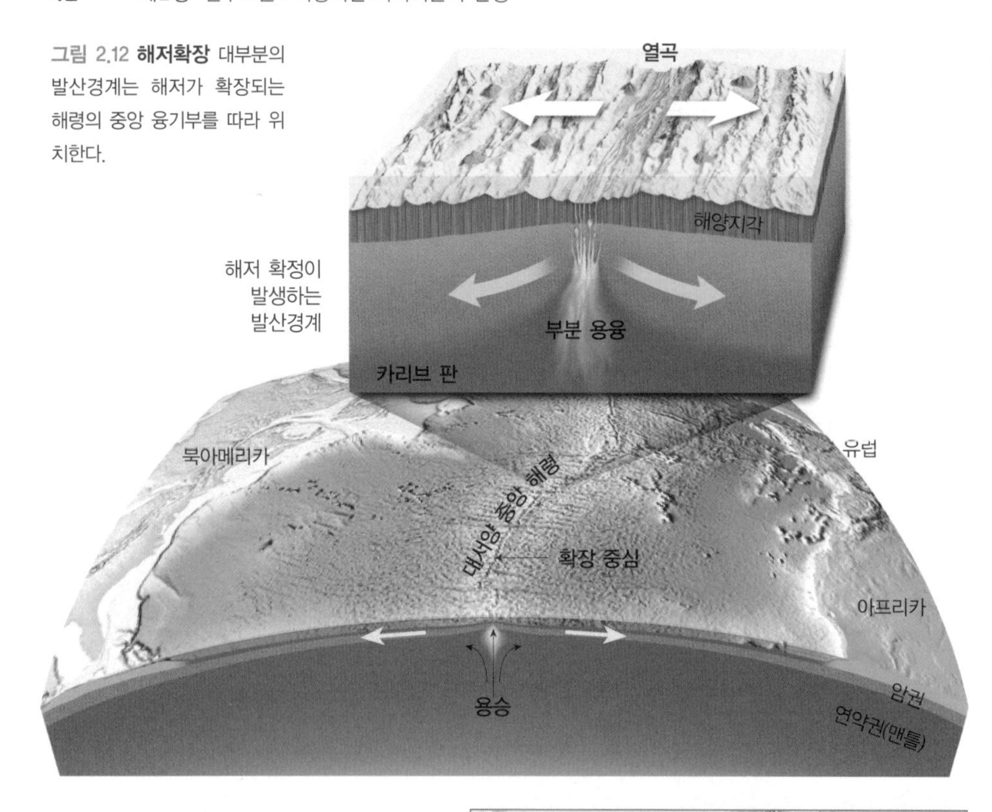

그림 2.12 **해저확장** 대부분의 발산경계는 해저가 확장되는 해령의 중앙 융기부를 따라 위치한다.

2.5 발산경계와 해저확장

새로운 해양 암권이 생성되는 발산경계를 따라 발생하는 판의 이동에 관해 설명하라.

대부분의 **발산경계**(divergent plate boundary)는 해령의 중앙 융기부를 따라 위치하며, 이곳에는 새로운 해양 암권이 만들어지기 때문에 판의 생성 경계라고도 한다(**그림 2.12**). 여기에서는 인접한 두 판이 서로 멀어지면서 해양지각 내에 길고 좁은 폭의 균열대를 형성하며, 이 균열대를 따라 맨틀로부터 상승한 뜨거운 용융된 암석이 채워진다. 이 용융물질은 점차 냉각되어 새로운 해양저의 조각들이 된다. 느리지만 끊임없는 이러한 작용은 인접한 판들을 점점 밀어내게 되고 밀려간 판들 사이에는 새로운 해양 암권이 만들어진다. 따라서 발산경계는 해저 **확장 중심**(spreading center, 축)이라고도 한다.

해령과 해저확장

일부를 제외한 대부분의 발산경계는 높은 지열과 화산활동으로 특징지어지는 해령으로 나타난다. 지구의 해령계는 지구 표면에 나타나는 지형들 중 가장 긴 지형으로 길이가 70,000km를 넘는다. 그림 2.11에서 보여주는 바와 같이 지구 해령계는 중앙대서양해령, 동태평양해령 그리고 중앙인도양해령과 같은 다양한 해령들로 구성된다.

지구 표면적의 20%에 해당하는 해령계는 야구공의 솔기와 같이 지구상의 모든 주요 해양분지를 꾸불꾸불 휘감고 있다. 해령의 중앙부는 인근 해양분지에 비해 대체로 2~3km 높은 고도를 보이고 있으나, 해령의 폭이 1,000~4,000km로 매우 넓은 특성을 보이고 있어 엄격히 말해 해령의 '령(ridge)'은 이곳 지형과 어울리지 않는 용어이다. 더욱이 해령의 일부 분절의 축을 따라 **열곡**(rift valley)이라는 깊은 협곡이 발달하고 있다(**그림 2.13**). 이러한 협곡 구조는 해령을 중심으로 해양지각이 인장력에 의해 잡아당겨지고 있다는 증거이다.

해저확장(seafloor spreading)은 해령계를 따라 새로운 해저가 만들어지고 있음을 칭하는 용어이다. 해저확장의 일반적인 속도는 매년 5cm 내외이며, 이 속도는 인간의 손톱이 자라는 속도와 거의 동일하다. 매년 2cm로 상대적으로 느린 해저

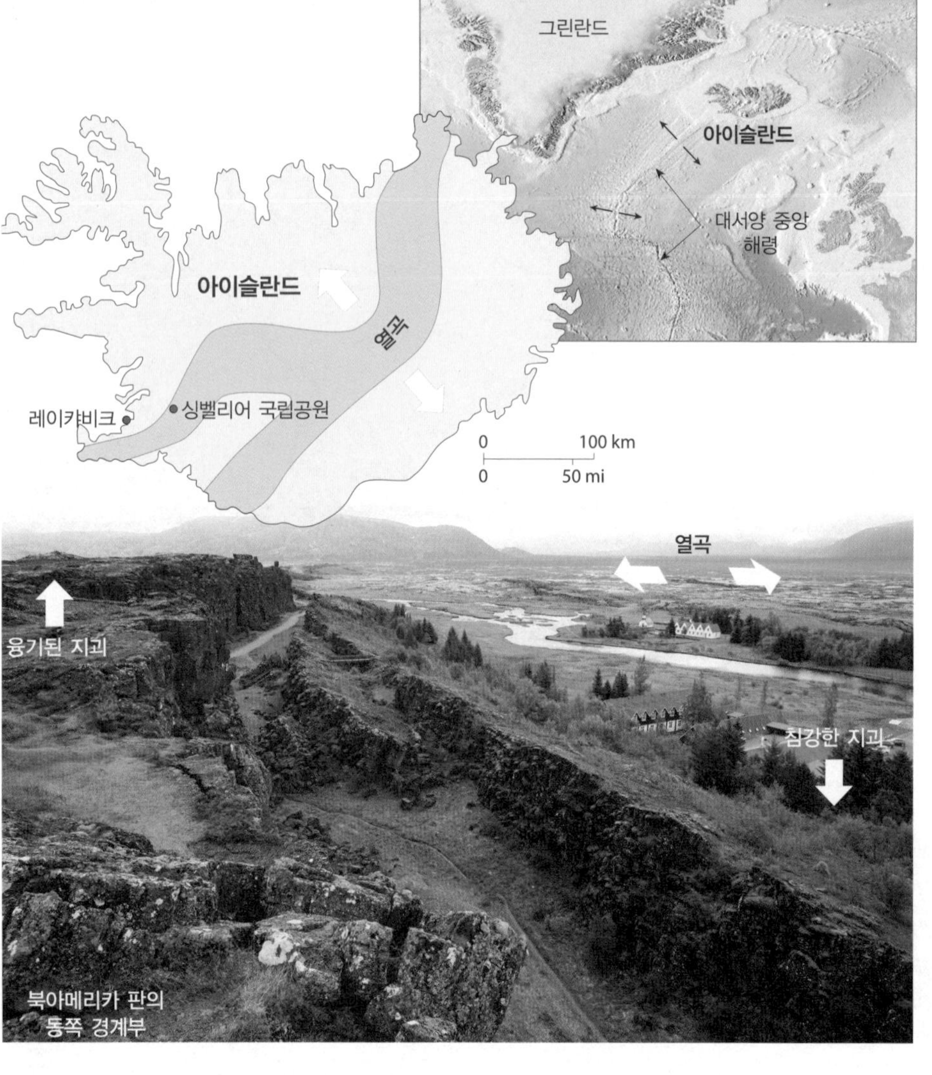

그림 2.13 **열곡** 아이슬란드의 싱벨리어 국립공원은 약 30km의 폭을 가진 열곡의 서측부에 위치한다. 이 열곡은 중앙대서양해령의 연장부로 사진의 왼쪽은 북아메리카 판의 동쪽 말단에 해당된다. (사진 : *Ragnar Sigurdsson/Arctic/Alamy*)

확장은 대서양 중앙 해령을 따라 발생하며, 매년 15cm가 넘는 빠른 확장은 동태평양해령에서 관찰된다. 인간의 시간개념으로는 이러한 해저의 생성 속도는 느린 것으로 느껴질 수 있으나, 이 속도는 지난 2억 년 동안 지구의 모든 해양분지가 만들어졌을 정도로 빠른 속도이다.

해령의 고도가 상대적으로 높은 일차적인 이유는 새로이 만들어지는 해양 암권이 뜨거워 해령의 축에서 멀리 떨어져 있는 암석에 비해 보다 밀도가 낮기 때문이다. 해령을 따라 새로운 암권이 만들어지면 뜨거운 물질이 상승하는 해령 축으로부터 서서히 점진적으로 멀어지게 되며, 이로 인해 냉각되고 수축되어 점차 밀도가 높아지게 된다. 이러한 열적인 수축은 해령의 중앙부에서 멀어질수록 해양의 수심이 깊어지는 원인이 된다. 해양 암권의 열적인 수축이 중단되어 안정화되기까지는 약 8,000만 년이 소요된다. 이때까지 암석은 융기된 해령계에 일부로 있다가 심해분지에 놓이게 되고 해양 퇴적물에 의해 매몰된다.

한편, 해령으로부터 판이 멀어지게 되면 하부 연약권의 냉각에 의해 보다 단단해지게 되며, 이로 인해 판의 두께는 증가하게 된다. 다시 말하면 해양 암권의 두께는 연령에 비례한다. 즉 보다 오래(냉각)된 암권일수록 그 두께는 두껍다. 연령이 8,000만 년이 넘는 해양 암권은 거의 최대치인 약 100km의 두께를 가지게 된다.

대륙 열개

발산경계는 2개 이상의 육지 덩어리로 나누어지는 대륙에서도 발달할 수 있다. 대륙 열개는 판의 운동에 의해 인장력이 작동하여 암권이 측방으로 잡아당겨지면서 시작된다. 다시 말해 인장력은 암권을 얇게 만들어 맨틀물질을 상승시키고 상부의 암권을 넓게 융기시킨다(**그림 2.14A**). 이러한 과정에서 암권은 얇아지고 지각은 깨어져 큰 지괴들로 갈라진다. 이러한 지구조적 힘은 계속 지각을 잡아당기고 깨어진 지각 조각은 가라앉게 되어 길쭉한 저지, 즉 **대륙 열곡**(continental rift)을 형성하게 된다(**그림 2.14B**). 대륙 열곡은 계속 신장되어 폭이 좁은 바다를 형성하게 되고 결국은 새로운 해양분지가 탄생하게 된다(**그림 2.14C, D**).

오늘날 실제 대륙 열개가 일어나고 있는 대표적인 지역은 동아프리카 열곡대이다(**그림 2.15**). 이곳이 성숙된 해저확장의 중심으로 발달해 아프리카 대륙을 실제로 갈라놓느냐 하는 것은 보다 심도 있는 연구가 필요하다. 그렇지만 동아프리카 열곡대는 대륙이 분열되는 전형적인 초기 단계를 보여주는 곳이다. 이곳은 인장력에 의해 대륙지각이 측방으로 잡아당겨져 두께가 얇아져 있으며, 그 결과 연약권으로부터 용

알고 있나요?

루이스와 메리 리키는 초기 인류인 호모 하빌리스와 호모 에렉투스의 잔해를 동아프리카 열곡대에서 발견하였다. 과학자들은 이곳을 인류의 탄생지로 생각하고 있다.

스마트그림 2.14
대륙 열개 : 새로운 해양분지의 형성

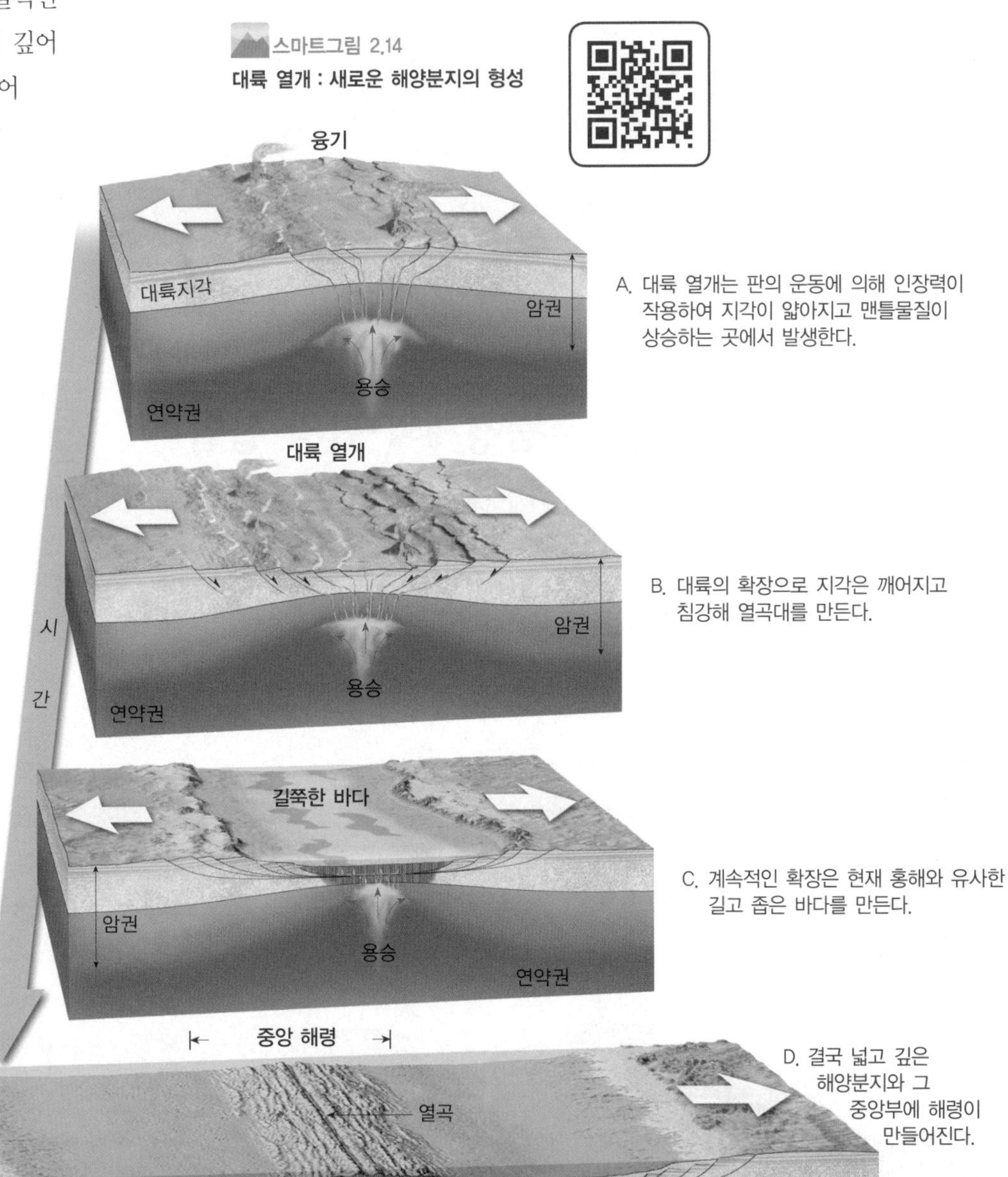

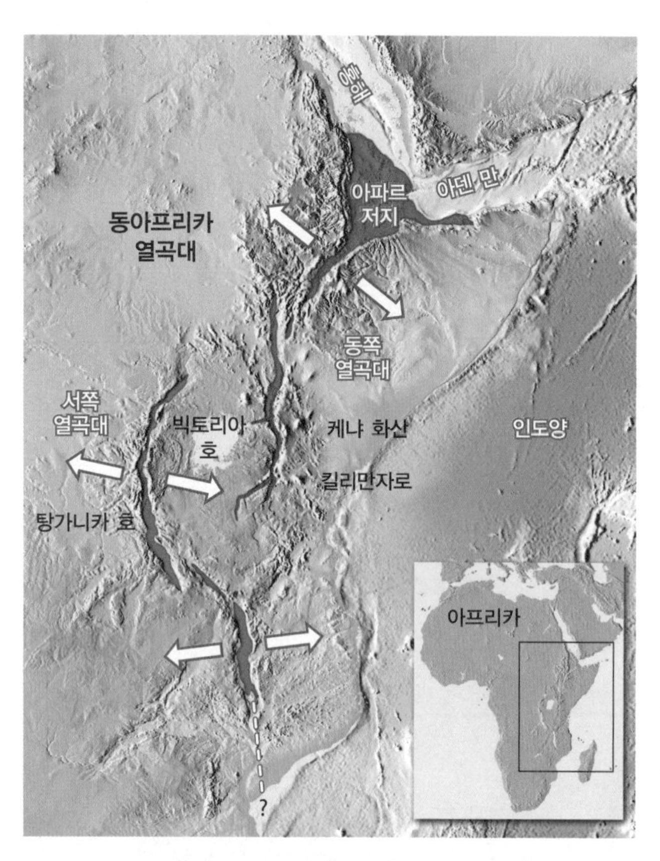

그림 2.15 **동아프리카 열곡대**

융된 암석이 상승하고 있다. 킬리만자로와 케냐 화산과 같은 대규모의 화산들은 대륙 열개와 동반된 광역적인 화산활동의 증거이다. 이곳에 인장력이 지속된다면 열곡은 넓어지고 깊어져 길쭉하고 좁은 바다가 언제가 만들어질 것이다(그림 2.14C). 홍해는 아프리카로부터 아라비안 반도가 분리되어 만들어졌으며, 확장 초기의 대서양의 모습을 우리에게 실제 보여주고 있는지도 모른다(그림 2.14D).

개념 점검 2.5

① 발산경계 양편 두 지판의 상대적인 운동에 관해 설명하라.
② 현재 해양의 평균 확장속도는?
③ 지구 해령계의 네 가지 특징을 적어 보라.
④ 대륙 열개의 과정을 설명하고 현재 대륙이 열개되고 있는 곳은 어디인가?

2.6 수렴경계와 판의 섭입

세 가지 종류의 수렴경계를 비교하여 설명하고 각 경계가 발견되는 곳의 예를 들어보라.

새로운 암권은 끊임없이 해령에서 만들어지지만, 지구는 보다 커지지 않으며 전체 표면적이 일정하게 유지된다. 이는 새로운 암권이 만들어지는 양과 오래되고 무거운 해양 암권이 수렴경계에서 맨틀로 가라앉는 양이 균형을 이루고 있기 때문이다. 이와 같이 **수렴경계**(convergent plate boundary)는 두 판이 서로 마주보며 움직이는 곳으로 1개의 판은 경계부가 구부러져 다른 판 아래로 미끄러져 들어가게 된다(그림 2.16).

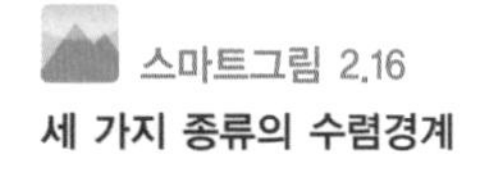
스마트그림 2.16
세 가지 종류의 수렴경계

수렴경계에서는 암권이 맨틀 속으로 섭입되어 가라앉기 때문에 **섭입대**(subduction zone)라고도 한다. 섭입 현상은 가라앉는 판의 밀도가 하부의 연약권 밀도보다 크기 때문에 발생한다. 일반적으로 오래된 해양 암권은 하부의 연약권보다 밀도가 약 2% 크기 때문에 섭입이 발생하나, 대륙 암권은 밀도가 낮아 섭입이 발생하기 어렵다. 따라서 오직 해양 암권만이 깊은 섭입이 가능하다.

지구상에 나타나는 특별히 깊고 기다란 거대한 선형의 저

해구 육성 화산호
해양지각
대륙지각
섭입하는 해양 암권
대륙 암권
100 km
200 km
연약권 (맨틀)
용융

A. 대륙 암권과 섭입하는 해양 암권이 만드는 수렴경계

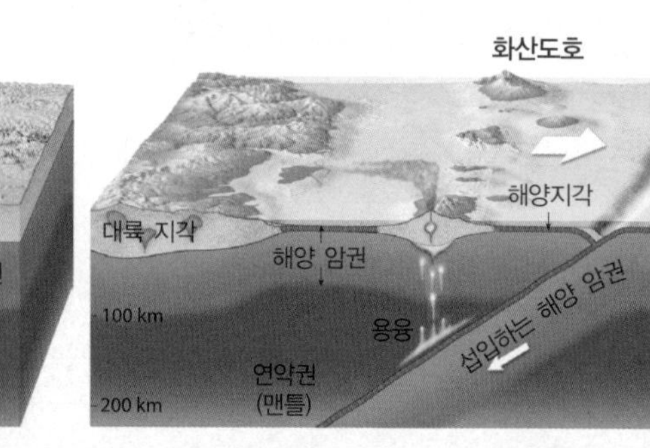

B. 2개의 해양 암권이 만드는 수렴경계

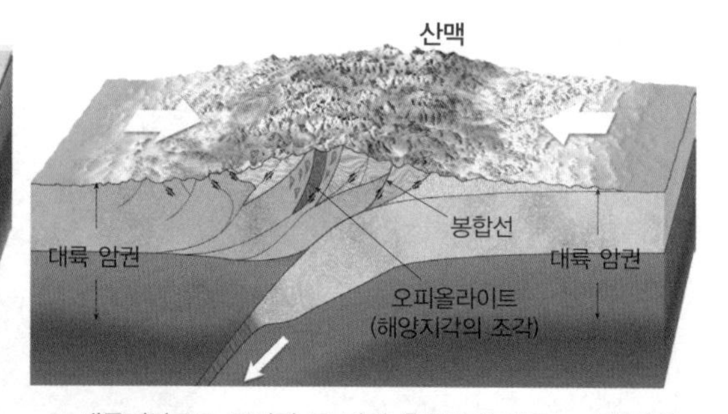

C. 대륙지각으로 구성된 두 판이 충돌하여 만드는 수렴경계

지인 **심해 해구**(deep-ocean trench)는 우리에게 해양 암권이 맨틀 속으로 가라앉고 있음을 알려주는 징표이다(그림 1.22). 남아메리카 서부 해안을 따라 나타나는 페루-칠레 해구는 4,500km 이상의 길이를 가지며, 기저에서 해수면 약 8km의 심도를 보여준다. 마리아나와 통가 해구와 같은 서태평양에 위치한 해구는 동태평양의 해구에 비해 훨씬 깊은 양상이다.

해양 암권이 맨틀 속으로 가라앉는 각도는 몇 도에서 거의 수직(90°)에 이르기까지 다양하다. 해양판의 섭입 각도는 암권의 나이 즉 밀도에 크게 좌우된다. 예를 들어, 칠레 해안을 따라 나타나는 해구와 같이 확장 중심이 섭입대와 인접하게 위치할 경우에는 암권이 젊고 부력이 커 섭입 각도가 얕다. 섭입대가 얕은 경사를 가지는 경우는 대부분 가라앉는 판과 상부의 판 경계에서 심각한 마찰이 발생하여 대규모 지진이 발생하게 된다. 따라서 페루-칠레 해구 근처 지역은 기록상 규모가 10위 안에 들어가는 2010년의 칠레 지진과 같은 대규모 지진이 발생한다.

해양 암권의 나이가 많아지면(즉 확장 축으로부터 멀어지면), 암권은 점차적으로 냉각되어 두꺼워지고 밀도가 증가한다. 서태평양 일부 지역의 해양 암권의 나이는 1억 8,000만 년으로 오래된 것도 있다. 이러한 곳의 해양 암권은 오늘날의 해양 암권 중에서 가장 두껍고 무거우며, 섭입되는 판은 90°에 가까운 경사를 가지며 맨틀 속으로 가라앉고 있다. 때문에 서태평양 대부분의 해구는 동태평양 해구에 비해 보다 깊은 심도를 보여준다.

모든 수렴경계는 기본적으로는 유사한 특징을 보여주지만, 나타나는 양상은 다양할 수 있다. 이러한 차이는 지각을 구성하는 물질과 지구조적 환경의 차이에 기인한다. 수렴경계는 두 해양판이 만나는 경우, 해양판과 대륙판이 만나는 경우, 두 대륙판이 만나는 경우가 있다.

해양-대륙 간 수렴

전단부가 대륙지각으로 덮여 있는 판과 해양 암권이 서로 수렴하는 경우에는 대륙 지괴는 부력에 의해 뜨는 반면, 무거운 해양판은 맨틀로 가라앉게 된다(그림 2.16A). 해양판이 약 100km 깊이까지 가라앉으면, 섭입된 해양판 상부의 뜨거운 연약권 쐐기 부분이 용융되기 시작된다. 그렇다면 차가운 해양 암권의 섭입은 어떻게 맨틀 암석을 용융시키게 되는 것일까? 이에 대한 해답은 소금이 얼음을 녹이는 것과 같이 첨가되는 물에서 찾을 수 있다. 즉 고압의 환경 하에서 '습윤한' 암석은 동일한 성분의 '건조한' 암석에 비해 상당히 낮은 온도에서 용융이 가능하다.

해양지각과 퇴적물은 상당량의 물을 포함하고 있으며, 이 물은 판의 섭입에 의하여 매우 깊은 곳까지 운반된다. 판이 지하로 깊이 들어가면 주변 온도와 압력이 증가하여 물은 공극 내에서 빠져 나오게 된다. 약 100km 깊이의 맨틀은 빠져나온 물에 의해 암석의 일부가 용융될 수 있을 정도로 충분히 뜨겁다. 이러한 현상을 **부분용융**(partial melting)이라 하며, 부분용융에 의해 용융된 물질이 용융되지 않은 맨틀 암석과 섞이게 된다. 주변 맨틀에 비해 밀도가 낮고 뜨거우며 유동성이 높은 물질들은 점차 지표로 상승한다. 경우에 따라서는 이러한 맨틀 기원의 마그마는 지각을 뚫고 상승하고 화산 분출을 발생시키기도 한다. 그러나 대부분의 용융 암석은 지표에 도달하지 못하며, 지하 깊은 곳에서 고화되어 지각을 두껍게 만든다.

높이 솟은 안데스의 화산들은 나스카 판이 남아메리카 대

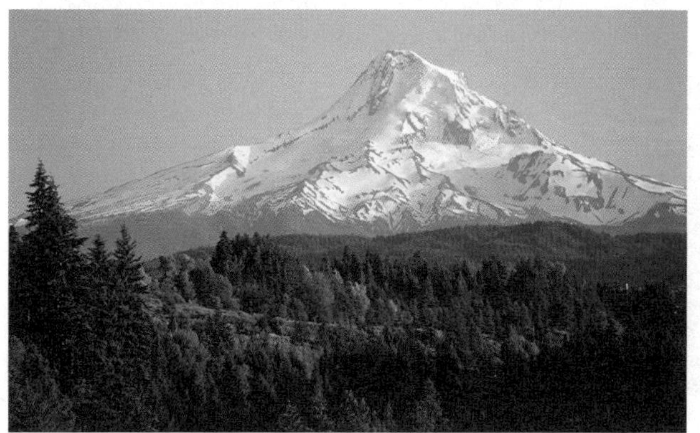

오리건 주의 후드 산

그림 2.17 **해양-대륙 암권의 수렴경계** 오리건 주의 후드 화산체는 캐스케이드 산맥에 발달하는 10여 개의 거대 복성화산체 중 하나이다.

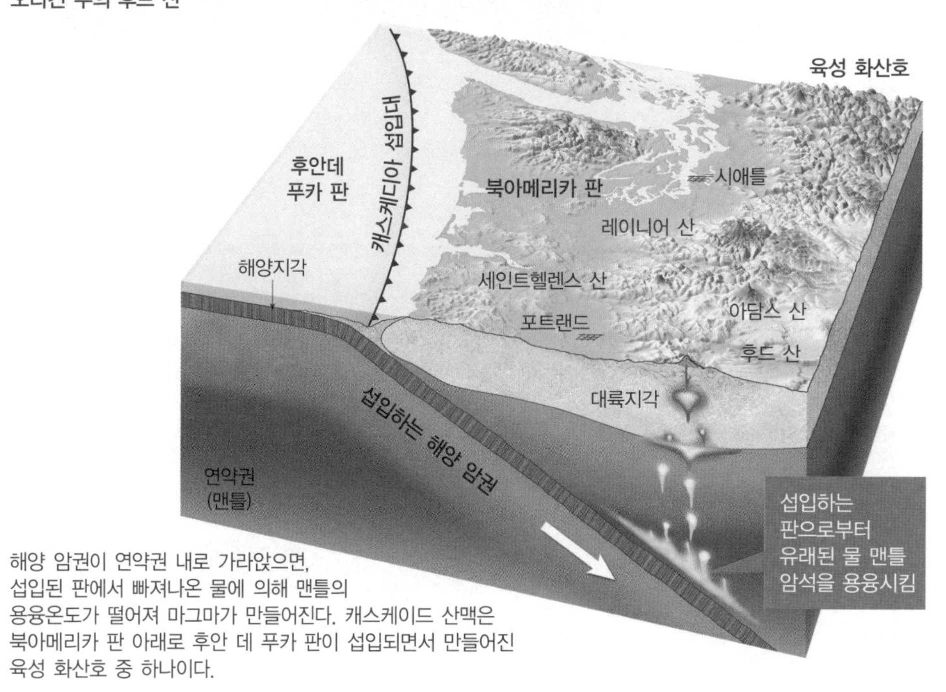

해양 암권이 연약권 내로 가라앉으면, 섭입된 판에서 빠져나온 물에 의해 맨틀의 용융온도가 떨어져 마그마가 만들어진다. 캐스케이드 산맥은 북아메리카 판 아래로 후안 데 푸카 판이 섭입되면서 만들어진 육성 화산호 중 하나이다.

륙 아래로 섭입되면서 만들어진 마그마로부터 유래되었다. 이러한 안데스와 같은 산들은 섭입되는 해양 암권에서 유래된 화산활동과 관계되어 있어 **육성 화산호**(continental volcanic arc)라 한다. 워싱턴, 오리건, 그리고 캘리포니아의 캐스케이드 산맥은 레이니어, 샤스타, 세인트헬렌, 그리고 후드와 같은 몇 개의 잘 알려진 화산체들로 구성된 또 다른 육성 화산호이다(**그림 2.17**). 이 활동성 화산호는 캐나다로 연장되어 가리발디, 실버스론 등의 화산체를 만들고 있다.

해양-해양 간 수렴

해양-해양 암권이 수렴하는 경계에는 해양-대륙 수렴경계에서 일반적으로 나타나는 특징이 흔히 관찰된다. 두 해양판이 수렴하는 경우에는 하나의 판이 다른 판 아래로 가라앉게 되며, 다른 섭입대와 동일한 원리로 화산활동이 시작된다(그림 2.11). 섭입되는 해양 암권에서 물이 빠져 나오면 상부 쐐기 형태의 뜨거운 맨틀 암석은 용융되게 된다. 이러한 경우 화산은 대륙이 아니라 해저에서 만들어지며, 섭입작용이 지속되면 결국 화산은 성장하여 섬을 만든다. 이러한 화산활동에 의해 새로이 만들어진 육지는 작은 화산섬들이 활 모양으로 배열된 모양을 보여주고 있어 **화산도호**(volcanic island arc) 또는 간단히 **도호**(island arc)라고 한다(**그림 2.18**).

예를 들어 알류샨, 마리아나, 통가의 섬들은 상대적으로 젊은 화산도호에 해당된다. 도호는 일반적으로 심해 해구로부터 100~300km 떨어져 위치한다. 앞서 언급한 바와 같이 도호와 인접한 해구로는 알류샨, 마리아나, 그리고 통가 해구가 있다.

대부분의 화산도호는 서태평양에서 관찰되며, 대서양에서는 단지 두 곳에서 도호가 나타난다. 소 앤틸리스 도호는 카리브 해 동편 경계에 위치하며 샌드위치 도호는 남아메리카 말단 해양에 위치한다. 소 앤틸리스 도호는 카리브 판 아래로 대서양 판이 섭입하여 만들어졌다. 이 도호에 속하는 영국과 미국령 버진제도와 마르티니크 섬에서는 1902년 플레 화산이 폭발하여 생피에르의 마을이 파괴되었으며 약 28,000명이 사망하는 인명피해가 발생한 바 있다. 또한 이 도호에 속하는 몬트세라트 섬에서는 최근 화산활동이 발생하였으며 이에 관해서는 제5장에서 다루기로 하겠다.

도호는 여러 개의 원뿔형 화산체로 구성된 비교적 단순한 구조를 보이며, 대개 20km 이하 두께의 해양지각 위에 놓인다. 그러나 대조적으로 일본, 인도네시아, 그리고 알래스카 반도와 같은 일부 화산도호는 35km 가까이의 두께를 가지는 매우 변형된 지각 위에서 보다 복잡한 구조를 보이기도 한다. 이들 도호들은 보다 오래된 섭입에 의해 만들어진 물질 또는 주 대륙 에서 떨어져 나온 작은 대륙 조각 위에서 성장하였다.

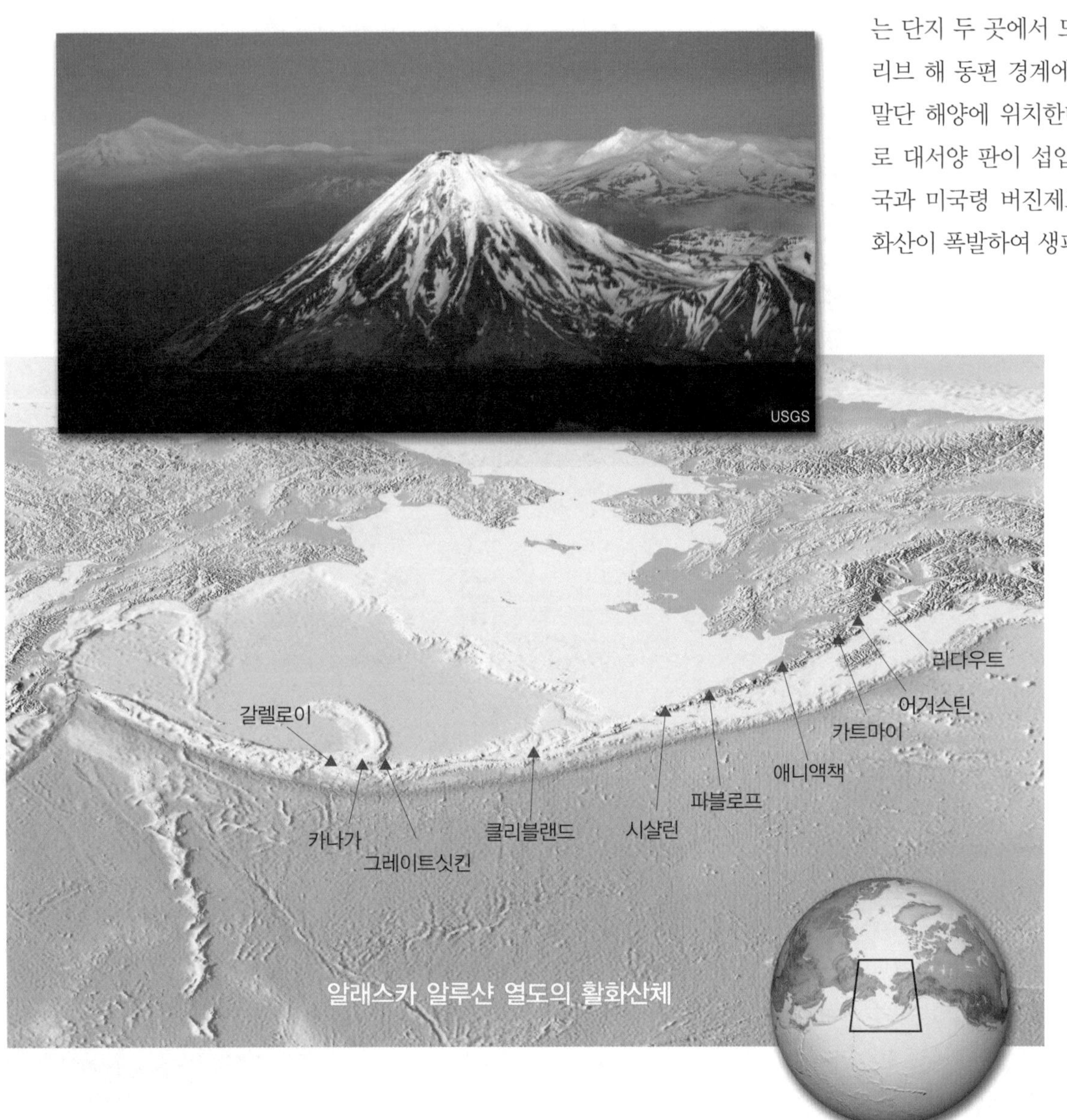

그림 2.18 **알류샨 열도에 발달하는 화산체**

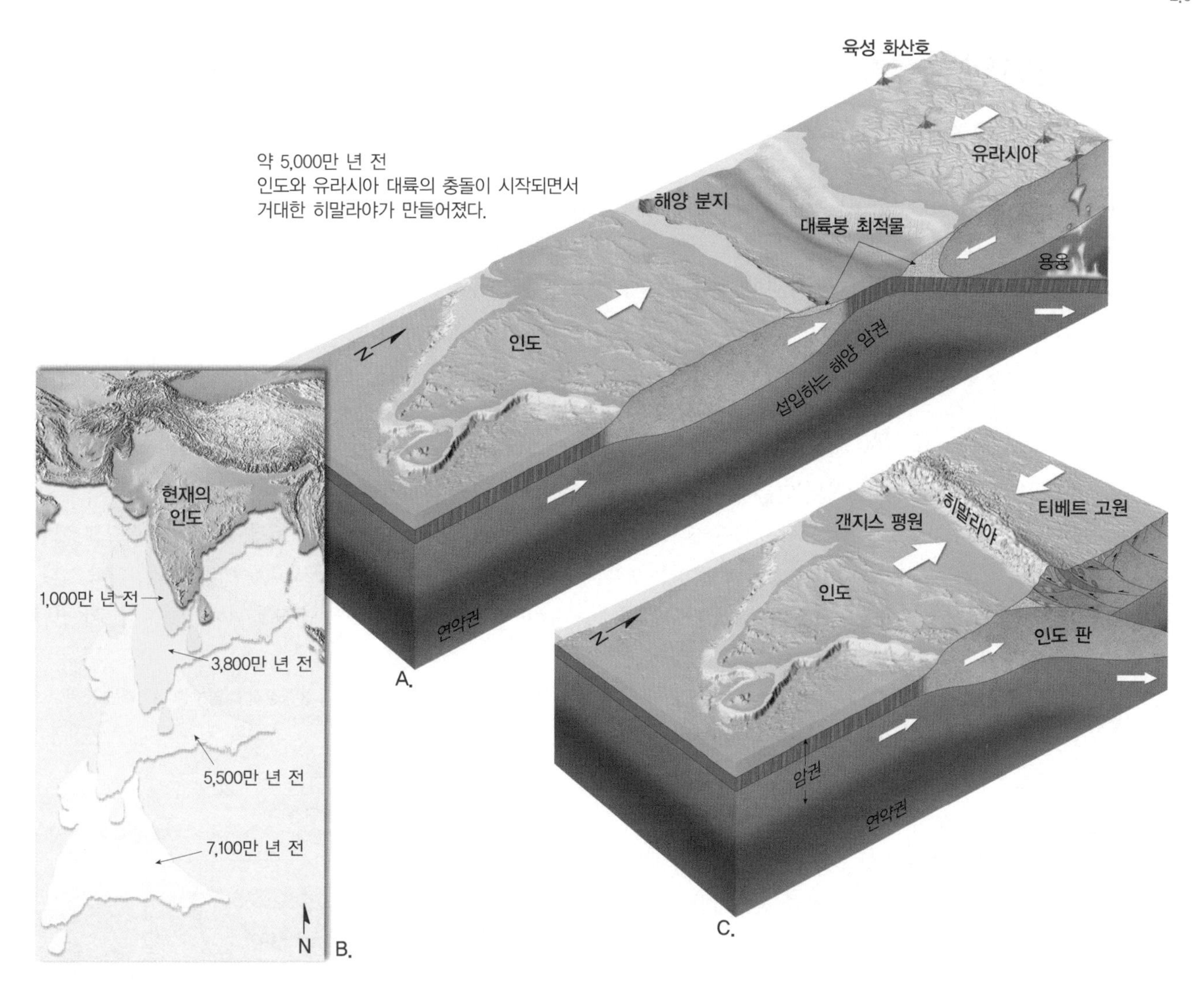

그림 2.19 **인도와 유라시아 대륙의 충돌에 의한 히말라야의 탄생**

대륙-대륙 간 수렴

세 번째 종류의 수렴경계는 해저가 섭입되면서 대륙 덩어리가 다른 대륙 덩어리 쪽으로 이동하면서 만들어진다(**그림 2.19A**). 해양 암권은 밀도가 높아 맨틀 속으로 가라앉는 반면, 대륙 암권은 가벼워 부력에 의해 섭입되기가 어렵다. 그 결과 수렴하는 두 대륙은 서로 충돌하게 된다(**그림 2.19B**). 이러한 충돌은 대륙의 경계부를 따라 끼어져 있는 퇴적암과 퇴적층을 변형시키고 습곡시킨다. 이로 인해 변형된 퇴적암과 변성암으로 구성된 새로운 대산맥이 형성되고, 산맥 내에는 흔히 해양지각 조각들이 포함되기도 한다.

약 5,000만 년 전 인도 대륙이 아시아 대륙과 충돌하면서 이러한 대륙충돌 사건이 발생하였으며, 그 결과 지구상에서 가장 웅장한 산맥인 히말라야가 만들어졌다(그림 2.19). 이 충돌사건 동안 대륙지각은 꽉 죄어져 단열들이 만들어지고 지각의 폭은 좁아지며 두께는 두꺼워졌다. 히말라야 산맥과 더불어 알프스, 애팔래치아, 그리고 우랄 산맥도 이러한 대륙들의 충돌 결과물이며, 이러한 산맥 형성에 관해서는 제11장에서 보다 자세히 다루기로 하겠다.

개념 점검 2.6

① 암권의 생성과 소멸의 속도가 균형을 맞추고 있는 이유를 설명하라.
② 육성 화산호와 화산도호를 비교하여 설명하라.
③ 심해 해구가 만들어지는 과정을 설명하라.
④ 왜 해양 암권은 섭입하는 반면, 대륙 암권은 섭입하지 못하는가?
⑤ 히말라야와 같은 대산맥이 형성되는 과정을 간단히 설명하라.

2.7 변환단층경계

변환단층경계를 따라 발생하는 판의 상대이동을 묘사하고 이들 경계가 나타나는 곳의 예를 들어 보라.

변환단층(transform fault)이라고도 하는 **변환단층경계**(transform plate boundary)를 따라 양편 두 판은 암권의 생성이나 소멸 없이 수평으로 서로 미끄러진다. 변환단층의 존재와 특징은 1965년 캐나다의 지질학자인 J. T. 윌슨에 의해 보고되었다. 윌슨은 이 거대한 단층들이 대부분 2개의 해저확장축(발산경계)을 연결시키며 일부는 2개의 해구(수렴경계)를 연결시키고 있음을 발견하였다. 변환단층은 판 경계가 되는 계단 모양의 해령계에서 변위된 분절단층들이 나타나는 해양에서 흔히 발견된다(그림 2.20A). 그림 2.11은 지그재그 형태의 대서양 중앙 해령을 보여주고 있으며, 이 모양은 초대륙 판게아의 열개 초기의 모습을 짐작할 수 있게 한다(대서양 양편 두 대륙의 가장자리와 대서양 중앙 해령의 모양을 서로 비교해 보라).

변환단층은 일반적으로 **단열대**(fracture zone)로 불리는 해저의 뚜렷한 선상의 파쇄대를 만들고 있다. 단열대는 활동성 단열대와 판 내부로 연장된 비활동성 단열대로 구분된다(그림 2.20B). 활동성 단열대는 변위된 두 해령 분절 사이에서만 나타나며 약한 천발지진이 발생하는 곳이다. 분절된 두 해령에서 만들어지는 해양저는 해령으로부터 멀어지며 이동하게 되어 이곳의 변환단층 양편 해양지각은 서로 반대 방향으로 스치며 이동한다. 해령 중앙부로부터 멀리 떨어져 있는 비활동성 단열대는 지각 내 균열들에 의해 만들어진 선형의 지형 자국으로 나타난다. 이러한 단열대의 방향은 단열대 형성 시기의 판 이동 방향과 거의 평행하다. 따라서 이러한 구조는 과거 지질시대 동안 발생한 판의 이동 방향을 알아내는 데 이용될 수 있다.

변환단층은 해령에서 만들어진 해양지각이 어떻게 심해해구와 같은 판의 소멸지역으로 이동되는가를 연구하는 데도 이용된다(그림 2.21). 후안 데 푸카 판은 남동쪽으로 이동하여 결국 미국 서부 해안가에서 대륙 아래로 섭입되고 있다. 이 판의 남쪽 끝은 멘도시노 단층에 의해 경계된다. 이 변환

스마트그림 2.20
변환단층경계

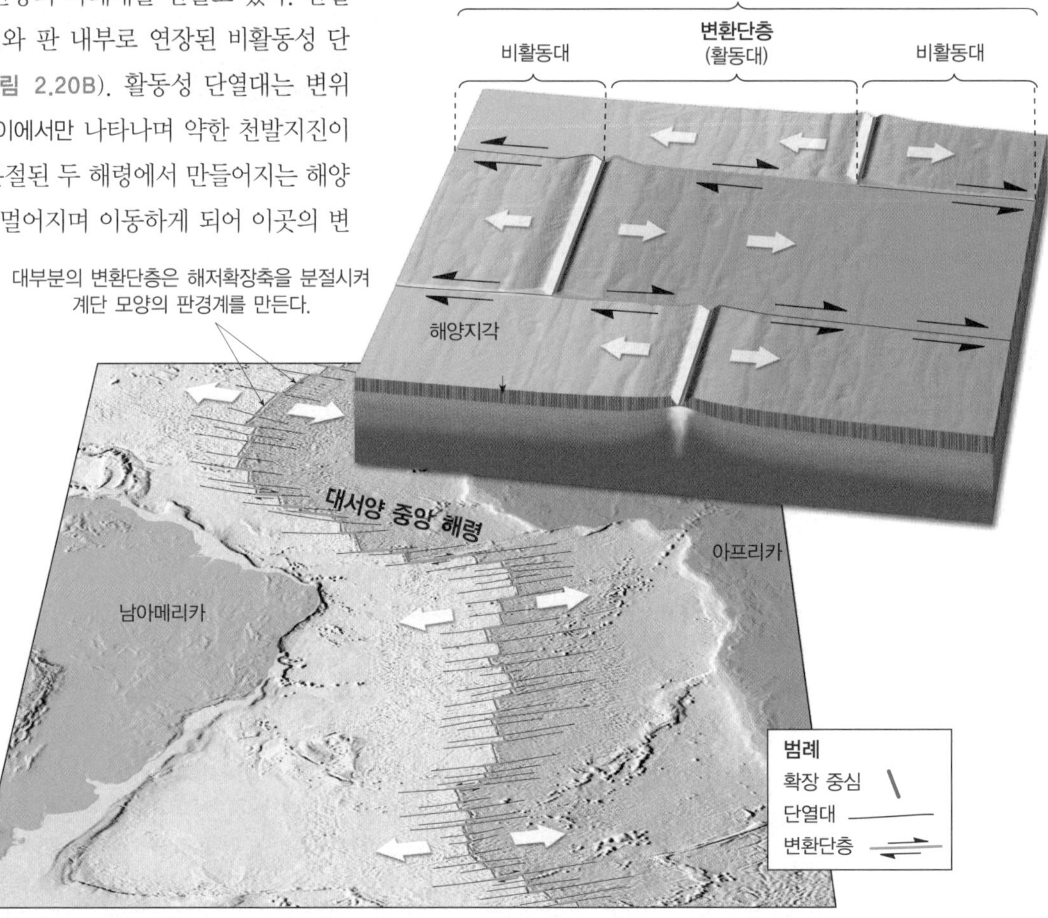

B. 해저의 길고 폭이 좁은 해저의 활동성과 비활동성 단열대는 변위된 해령의 분절과 거의 수직이다.

A. 지그재그 형태의 대서양 중앙 해령은 초대륙 판게아의 초기 열개의 모습을 보여준다. 변환단층경계는 대부분 해령계의 분절단층을 변위시키고 계단 모양의 판 경계를 형성한다.

그림 2.21 **판의 이동을 쉽게 하는 역할을 하는 변환단층** 후안 데 푸카 해령을 따라 만들어진 해양저는 태평양 판을 스쳐지나 남동쪽으로 이동하여 북아메리카 판 아래로 섭입된다. 따라서 이 변환단층은 해령(발산경계)과 섭입대(수렴경계)를 연결시키고 있다. 또한 또 다른 변환단층인 샌앤드리어스 단층은 2개의 확장 중심인 후안 데 푸카 해령과 캘리포니아의 걸프 만에 위치한 발산경계를 연결시키고 있다.

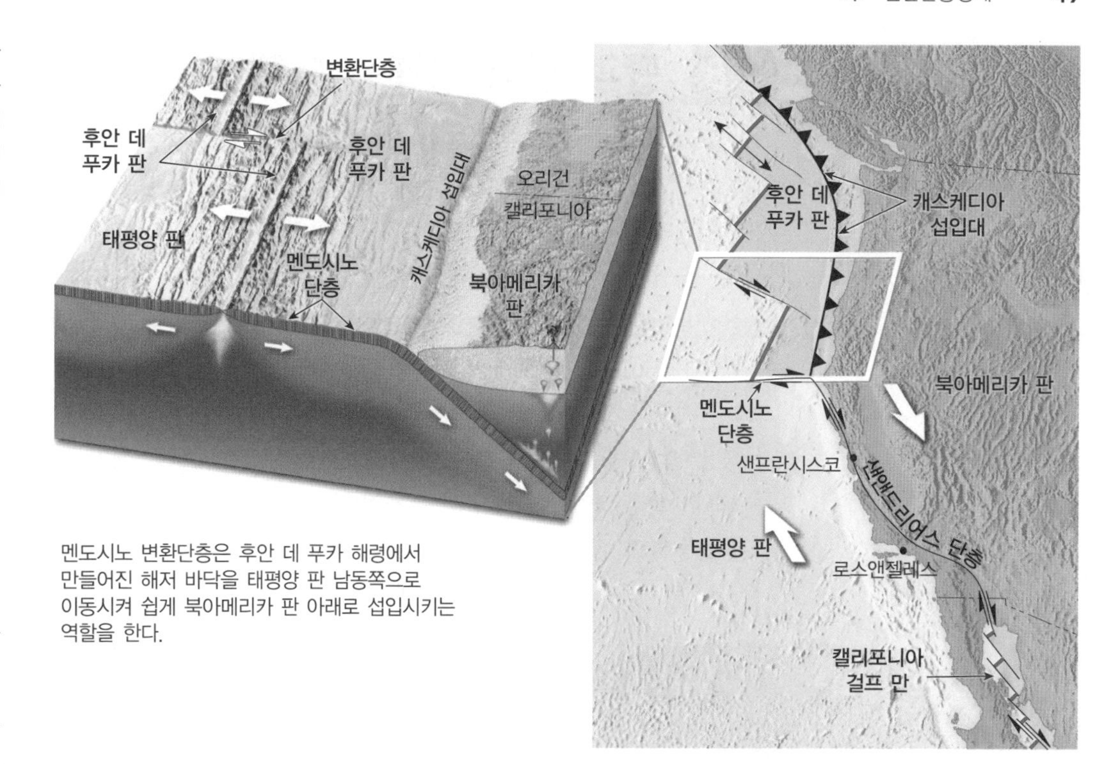

멘도시노 변환단층은 후안 데 푸카 해령에서 만들어진 해저 바닥을 태평양 판 남동쪽으로 이동시켜 쉽게 북아메리카 판 아래로 섭입시키는 역할을 한다.

단층 경계는 후안 데 푸카 해령과 캐스케디아 섭입대를 연결하고 있다. 그러므로 이 단층은 해령 중앙부에서 만들어진 지각물질이 북아메리카 대륙 아래로 쉽게 이동할 수 있게 하는 역할을 하고 있다.

멘도시노 단층과 같이 대부분의 변환단층은 해양분지 내에 존재하지만, 일부는 대륙지각을 절단하고 있다. 지진으로 유명한 캘리포니아의 샌앤드리어스 단층과 뉴질랜드의 알파인 단층이 그 예이다. 그림 2.21에서 나타나듯이 샌앤드리어스 단층은 캘리포니아의 걸프 만에 위치한 확장 중심과 미국 북서해안을 따라 나타나는 캐스케디아 섭입대와 멘도시노 단층을 연결하고 있다. 샌앤드리어스 단층을 따라 태평양 판은 북아메리카 판을 스쳐 지나가며 북서쪽으로 이동하고 있다(그림 2.22). 만약 이와 같은 판의 이동이 계속된다면, 단층대의 서쪽 바하 만을 포함한 캘리포니아 일부 해안지역은 언젠가는 미국과 캐나다 서해안의 섬이 될 것이다. 또한 결국은 알래스카까지도 도달할 수도 있다. 그러나 보다 당면한 문제는 이 단층계를 따라 발생하는 지판의 이동이 이곳에 발생하는 지진의 원인이 되고 있다는 것이다.

개념 점검 2.7

① 변환단층경계 양편의 판들은 어떻게 움직이는지 그림으로 묘사해 보라.

② 변환단층과 다른 두 판의 경계와의 차이를 설명하라.

모바일 현장학습

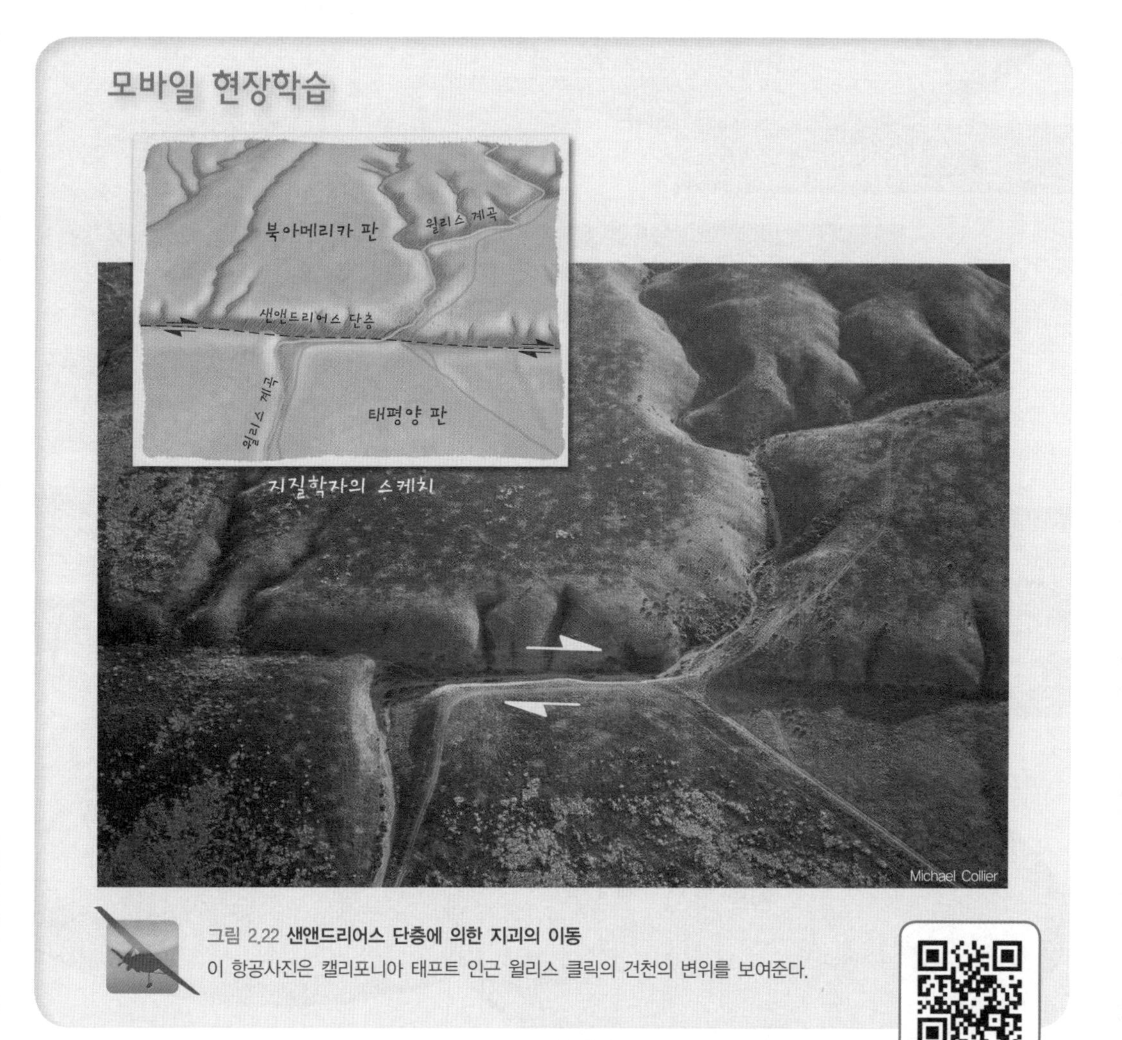

그림 2.22 **샌앤드리어스 단층에 의한 지괴의 이동**
이 항공사진은 캘리포니아 태프트 인근 윌리스 클릭의 건천의 변위를 보여준다.

2.8 판과 판의 경계는 어떻게 변화되는가

아프리카와 남극 판은 왜 점점 넓어지는 반면, 태평양 판은 왜 점점 줄어드는가?

지구 전체의 표면적은 변화되지 않지만, 개별 판의 크기와 모양은 끊임없이 변화되고 있다. 예를 들어, 주로 대양저가 만들어지는 발산경계에 의해 경계되는 아프리카와 남극 판은 판 경계에서 새로운 암권이 만들어지면서 크기가 계속적으로 커져가고 있다. 반면 태평양 판은 태평양 중앙 해령에서 성장하는 속도보다 북쪽과 서쪽 가장자리를 따라 섭입되는 속도가 빨라 크기가 줄어들고 있다.

판 운동의 또 다른 결과로 판의 경계가 이동한다. 예들 들어 페루-칠레 해구의 위치는 나스카 판이 남아메리카 판 아래로 휘어져 들어가면서 점점 변화되고 있다(그림 2.11). 나스카 판에 비해 남아메리카 판은 상대적으로 서쪽으로 이동하면서 페루-칠레 해구는 또한 서쪽으로 이동하고 있다.

판의 경계는 또한 암권에 작용하는 힘의 변화에 의해 새로이 만들어지거나 파괴될 수 있다. 약 2,000만 년 이후에 아프리카로부터 아라비아 반도가 분리되면서 새로운 해저확장축이 만들어진 홍해가 하나의 예이다. 또한 대륙지각은 또 다른 대륙지각 쪽으로 이동하게 되면 결국 두 대륙은 충돌하여 봉합되게 된다. 예를 들어 오스트레일리아 대륙이 북쪽 아시아 쪽으로 이동하면 남태평양에서 대륙 충돌이 발생할 수 있다. 즉 오스트레일리아 대륙이 계속 북상하게 되면 두 판은 하나가 되어 아시아와 오스트레일리아 사이의 판 경계는 사라질 것이다. 판게아의 분열은 어떻게 판의 경계가 지질시대 동안 변화되는지를 보여주는 또 다른 전형적인 하나의 예이다.

그림 2.23 **판게아의 분열**

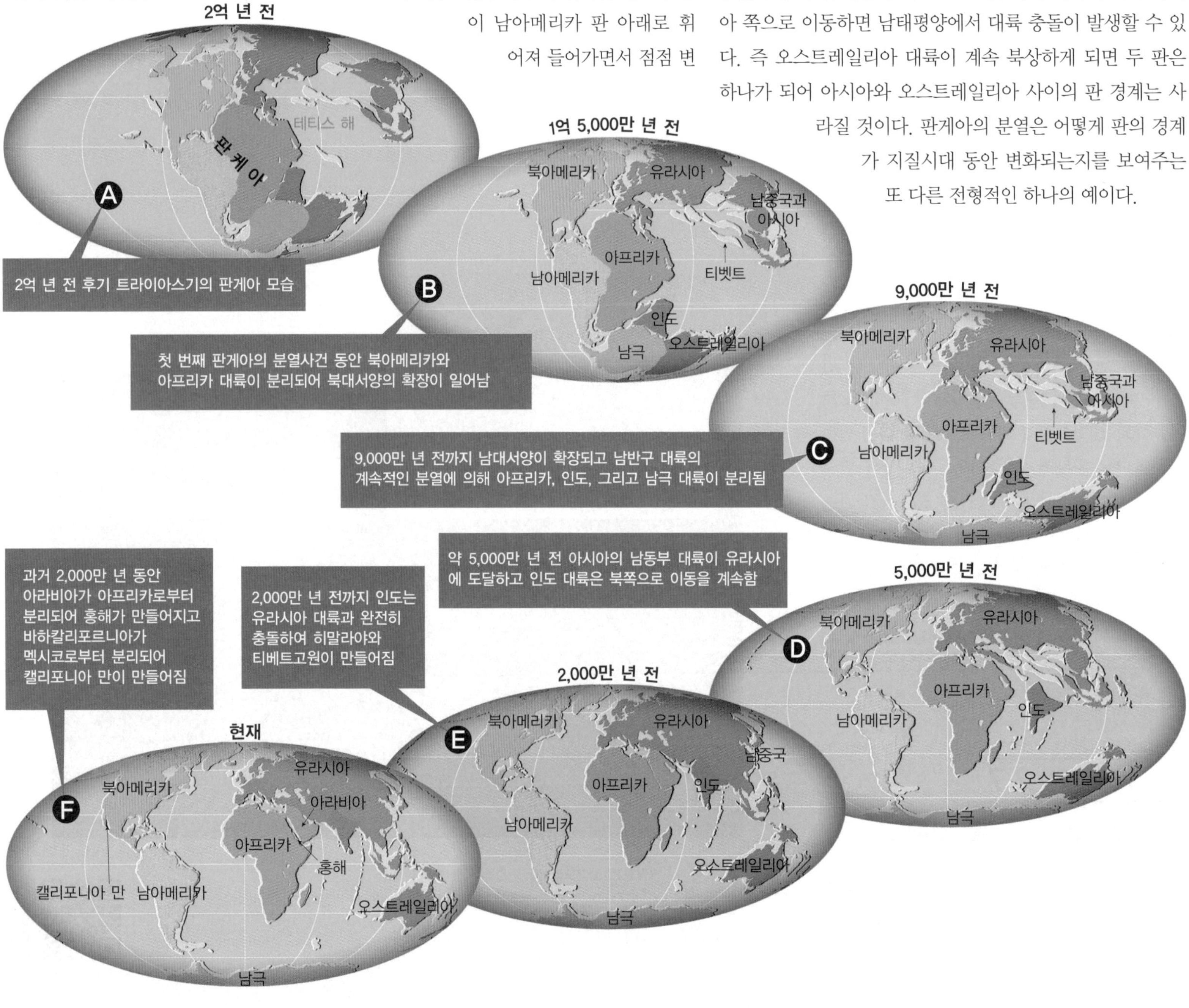
2억 년 전
테티스 해
판게아
A
2억 년 전 후기 트라이아스기의 판게아 모습
1억 5,000만 년 전
북아메리카
유라시아
남중국과 아시아
아프리카
남아메리카
티벳트
인도
남극
오스트레일리아
B
첫 번째 판게아의 분열사건 동안 북아메리카와 아프리카 대륙이 분리되어 북대서양의 확장이 일어남
9,000만 년 전
북아메리카
유라시아
남중국과 아시아
아프리카
티벳트
남아메리카
인도
오스트레일리아
남극
C
9,000만 년 전까지 남대서양이 확장되고 남반구 대륙의 계속적인 분열에 의해 아프리카, 인도, 그리고 남극 대륙이 분리됨
약 5,000만 년 전 아시아의 남동부 대륙이 유라시아에 도달하고 인도 대륙은 북쪽으로 이동을 계속함
5,000만 년 전
D
북아메리카
유라시아
아프리카
인도
남아메리카
오스트레일리아
남극
과거 2,000만 년 동안 아라비아가 아프리카로부터 분리되어 홍해가 만들어지고 바하칼리포르니아가 멕시코로부터 분리되어 캘리포니아 만이 만들어짐
2,000만 년 전까지 인도는 유라시아 대륙과 완전히 충돌하여 히말라야와 티베트고원이 만들어짐
2,000만 년 전
E
북아메리카
유라시아
남중국
아프리카
인도
남아메리카
오스트레일리아
남극
현재
F
북아메리카
유라시아
아라비아
아프리카
홍해
캘리포니아 만
남아메리카
오스트레일리아
남극

판게아의 분열

베게너는 흩어진 대륙들을 다시 맞추기 위해서 화석, 특징적인 암종, 그리고 고기후 자료들을 이용하였으며, 이를 통해 초대륙 판게아를 복원하였다. 오늘날 지질학자들은 방법적으로는 이와 유사하지만 베게너가 사용하지 않았던 보다 진보된 방법들을 이용하여 지금부터 약 1억 8,000만 년 전에 시작된 초대륙의 분열과정을 단계별로 복원하고 있다. 이러한 노력으로 개개 지각 조각들의 분열시기와 상대적인 운동속도가 잘 정립되고 있다(**그림 2.23**).

판게아가 분열되면서 만들어진 주요 결과는 대서양과 같은 새로운 해양분지의 탄생이다. 그림 2.23에서 볼 수 있듯이 대서양의 연변을 따라 처음부터 일제히 초대륙이 갈라진 것은 아니며, 처음에는 북아메리카와 아프리카 대륙 사이가 먼저 갈라졌다. 대륙이 갈라지면 대륙지각은 심각하게 파쇄되며, 이렇게 만들어진 파쇄대는 거대한 양의 용암류가 지표로 도달할 수 있게 하는 통로가 된다. 오늘날 당시의 용암류는 미국 동부 해안을 따라 발견되는 풍화된 화성암으로 관찰된다. 이 화성암은 먼저 대륙붕에 퇴적된 퇴적암에 의해 매몰된다. 이 용암류에 대한 방사성 동위원소 연대는 1억 8,000만 년에서 1억 6,500만 년 사이에 열개가 시작되었음을 지시하며, 이 시기는 북대서양이 탄생하는 시기라 할 수 있다.

1억 3,000만 년 전에 이르러 현재 남아프리카의 남쪽 끝 주변의 남대서양이 열리기 시작하며, 이 열개대가 북쪽으로 전파되면서 남대서양이 점진적으로 열리게 된다(**그림 2.23B, C**). 남쪽의 대륙들이 계속적으로 분열되면서 아프리카와 남극 대륙이 분리되었으며 인도 대륙은 북쪽으로 이동하게 된다. 신생대 초기인 약 5,000만 년 전에 이르러서는 오스트레일리아가 남극 대륙으로부터 분리되었으며, 남대서양은 충분히 확장된 해양이 된다(**그림 2.23D**).

오늘날의 세계지도(**그림 2.23F**)는 인도 대륙이 아시아와 충돌하고 있음을 보여주는데, 이 충돌은 약 5,000만 년 전에 시작되어 현재 히말라야 산맥과 티베트 고원을 만들었다. 이러한 시기에 그린란드는 유라시아로부터 분리되어 북쪽 대륙들의 분열도 완성된다. 과거 2,000만 년 동안에 아라비아 반도는 아프리카로부터 분리되어 홍해가 만들어지며 바하칼리포르니아는 멕시코로부터 분리되어 캘리포니아 만이 만들어진다(**그림 2.23E**). 한편 이러는 동안에 파나마 호상열도가 남북아메리카 대륙과 연결됨으로써 현재의 친숙한 지구 모습이 만들어졌다.

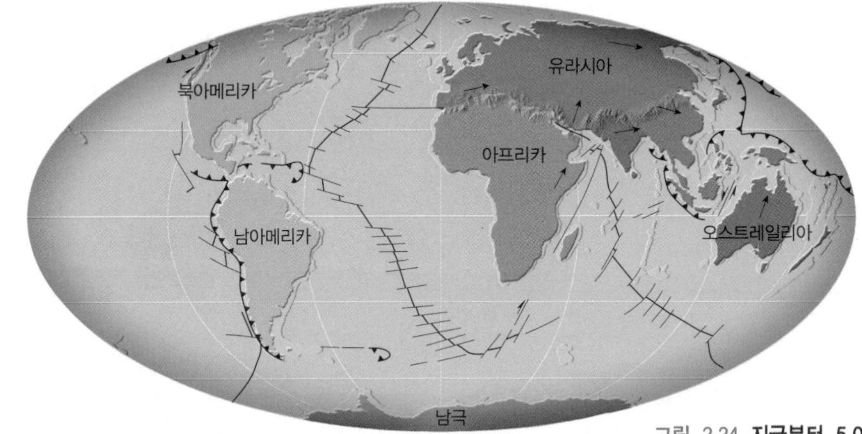

그림 2.24 지금부터 5,000만 년 이후 예상되는 지구의 대륙 분포 모습 이 지도는 판게아의 분열 과정이 미래에도 동일하게 계속 진행된다는 단순한 가정 하에서 만들어진 것임 *(Robert S. Dietz, John C. Holden, C. Scotese, and others)*

미래의 판구조

지질학자들은 오늘날의 판 이동 자료를 근거로 미래의 대륙 분포를 예상하고 있다. **그림 2.24**는 현재의 판 운동이 지속된다는 가정 하에 예상되는 약 5,000만 년 후의 지구 대륙 분포를 보여준다.

북아메리카에서 샌앤드리어스 단층 서편에 위치한 바자 반도와 캘리포니아 남부의 일부 지역은 북아메리카 판을 스치고 지나쳐 북으로 이동할 것이다. 이러한 이동이 진행되면 로스앤젤레스와 샌프란시스코는 약 1,000만 년 후에 만나게 될 것이며, 약 6,000만 년 후에는 로스앤젤레스는 알류샨 열도와 충돌하기 시작할 것이다.

만약 아프리카가 북쪽으로 계속 이동하면 유라시아와 충돌하게 될 것이며, 그 결과 한때 거대한 바다 테티스의 잔류물인 지중해가 닫히고 거대한 산맥이 형성되기 시작할 것이다(그림 2.24). 또한 오스트레일리아는 적도 위에 놓이게 되며 뉴기니 섬을 경계로 아시아와 충돌하려 할 것이다. 동시에 남북아메리카는 분리되기 시작하는 반면, 대서양과 인도양은 확장되어 태평양에 버금가는 크기가 될 것이다.

일부 지질학자들은 2억 5,000만 년 후의 지구 모습을 그려보고 있다. **그림 2.25**에서 보여주듯이 대서양 해저의 섭입에 의해 아메리카는 유라시아-아프리카 대륙 덩어리와 충돌하게 되어 새로운 초대륙이 만들어질 것이다. 대서양이 닫혀 사라질 가능성은 과거에 존재하였던 고대서양이 닫혀 판게아가 만들어진 사례로 예상할 수 있다. 또한 2억 5,000만 년 이후에는 오스트레일리아는 아시아 남부와 충돌하게 될 것이다. 이러한 시나리오가 정확하다면 판게아의 분열로 흩어진 대륙들은 새로운 초대륙의 형성으로 다시 모이게 된다.

이러한 예상은 비록 흥미롭기는 하나 여러 가정이 충족되어야만 가능하기 때문에 여러 가지로 신뢰하기 어려운 점이 있다. 그럼에도 불구하고 대륙의 모양과 위치의 변화는 수억

알고 있나요?

모든 대륙이 판게아로 뭉쳐 있을 때 지구 표면의 나머지는 판탈라사(Pan=모든, thalassa=바다)라는 거대한 하나의 바다였다. 현재 남아 있는 판탈라사가 태평양이다. 태평양은 판게아의 분열 이후에 크기가 줄어들고 있다.

알고 있나요?

과학자들은 약 5억 년을 주기로 대륙들이 모여 초대륙을 만드는 것으로 생각하고 있다. 약 2억 년 전에 판게아가 분열되었기 때문에 약 3억 년을 기다리면 새로운 초대륙을 볼 수 있을 것이다.

그림 2.25 **지금부터 2억 5,000만 년 이후 미래 지구의 대륙 분포**

년 후에는 의심할 필요도 없이 반드시 발생할 것이다. 다만 지구 내부의 매우 많은 양의 열이 소실되고 난 후에는 판 운동을 일으키는 지구의 엔진은 멈추게 될 것이다.

개념 점검 2.8

① 크기가 커지고 있는 판 2개와 줄어들고 있는 판 1개의 이름을 적어 보라.

② 판게아의 분열에 의해 만들어진 새로운 해양분지의 이름을 적어 보라.

③ 오늘날 확인되는 판 운동 양상이 5,000만 년 동안 계속 지속된다면, 현재 대륙의 위치는 어떻게 변화될까에 관해 간단히 설명하라.

2.9 판구조론의 증명

판구조론을 지지하는 증거들을 나열하고 이들에 관하여 설명하라.

대륙이동을 지지하는 일부 증거들은 이미 앞서 소개한 바 있다. 판구조론이 발전하면서 과학자들은 이 새로운 이론이 지구에 어떻게 적용될 것인가에 대한 연구를 시작하게 된다. 판구조론을 지지하고 발전시킨 증거들은 일부를 제외하고는 사실은 새로운 것이라기보다는 기존에 있었던 자료들을 재해석하여 적용한 것이 대부분임을 주목하자.

증거 : 해양 시추

해저확장을 뒷받침해 주는 가장 신뢰할 만한 증거들 중 일부는 1968년부터 1983년까지 진행되었던 심해시추사업(Deep Sea Drilling Project)을 통해 얻어진다. 이 사업의 초기 목표 중 하나는 심해저의 연령을 밝히기 위해 해저 바닥의 시료를 채취하는 데 있었다. 이 목표를 달성하기 위해 수천 미터의 심해까지 작업할 수 있는 시추선인 글로마챌린저 호가 건조되었으며, 해양지각을 덮고 있는 퇴적층과 그 아래의 현무암질 암석을 관통하는 수백 개의 시추공이 굴착되었다. 과학자들은 지각 암석의 나이를 알아내기 위해 지각 암석 자체의 방사성 동위원소 연령보다는 각 시추 지점의 암석 직상부에 놓여 있는 퇴적물에 포함된 미고생물을 이용하였다. 해수에 의해 현무암은 변질되므로 해양지각 암석의 방사성 동위원소 연령 측정은 신뢰성이 떨어지기 때문이다.

각 시추 지점에서 가장 오래된 퇴적물의 연령을 해령 중앙 융기부와의 거리에 대하여 도시하면, 퇴적물의 연령은 해령으로부터 멀어질수록 증가한다는 사실이 밝혀진다. 이 발견은 해저확장을 뒷받침하는 증거로서, 가장 젊은 해양지각이 해령의 중앙부에서 그리고 가장 오래된 지각이 대륙 연변과 인접한 곳에 존재하고 있음을 예견할 수 있게 한다.

그림 2.26 **심해 시추 결과** 심해 시추공에서 얻어진 자료들은 해저 바닥은 해령 중앙에서 실제로 가장 나이가 젊다는 것을 보여주고 있다.

해령 중앙부에서 멀어질수록 퇴적물의 두께가 두꺼워짐을 보여주는 시추공 자료

해저 연령

증가

증가

해저의 퇴적물과 현무암질 지각의 코어 시료를 채취하는 시추선

해양지각(현무암)

해저 바닥 아래 7,000m까지 시추가 가능한 최신 시추선인 치큐 호

해저 바닥의 퇴적물 두께는 해저확장의 또 다른 증거가 된다. 글로마챌린저 호를 이용해 얻어진 시추 코어들은 해령 중앙부에서 퇴적물이 거의 나타나지 않으며 해령에서부터 거리가 멀어질수록 퇴적물의 두께가 두꺼워짐을 보여준다(그림 2.26). 이러한 퇴적물의 분포 양상은 해저는 해령에서부터 확장되고 있음을 보여주는 증거이다.

심해굴착사업에 의해 얻어진 자료들은 1억 8,000만 년보다 오래된 해저 바닥은 없음을 보여주고 있어 해양지각은 지질학적으로 젊다는 사실을 확인시켜 준다. 대륙지각과 비교해 보면, 대륙지각은 대부분 수억 년 이상의 연령을 보여주고 있으며 일부 지역에서는 40억 년을 초과하는 암석 연령도 보고된 바 있다.

2003년 10월에 조이데스 레졸루션 호는 새로운 프로그램인 공동해양시추계획(integrated Ocean Drilling Program, IODP)의 일원으로 활동하게 된다. 이 새로운 프로그램은 2007년부터 활동하기 시작한 210m 길이의 대규모 탐사선인 치큐 호(그림 2.26)를 포함한 여러 탐사선을 이용하여 진행되고 있다. IODP의 주요 목적 중 하나는 해양지각의 표면에서부터 기저까지의 완전한 단면도를 만들어 내는 데 있다.

증거 : 맨틀 상승류와 열점

태평양의 해산(수저 화산체) 지도는 이곳에 몇 개의 선상의 화산군도가 존재하고 있음을 보여준다. 그중 가장 많이 연구된 것은 최소 129개의 화산체가 하와이에서 미드웨이 섬으로 연장되다 다시 북쪽으로 알류샨 해구 쪽으로 연장되는 군도이다(그림 2.27). 이 군도는 하와이-황제 군도라 부르는데, 선형의 섬들에 대한 방사성동위원소 연령은 하와이 빅아일랜드로부터 거리가 먼 섬일수록 나이가 많아짐을 보여준다. 군도의 섬들 중 가장 젊은 화산섬인 하와이는 지금부터 100만 년 이내의 시기에 해저에서 성장하여 만들어졌으나, 미드웨이 섬은 2,700만 년 그리고 알류샨 해구 인근의 디트로이트 해산은 8,000만 년 이상의 나이를 가진다.

대부분의 과학자들은 하와이 아래에 상승하는 원통형의 뜨거운 **암석기둥**, 즉 **맨틀 상승류**(mantle plume)가 존재할 것으로 생각하고 있다. 맨틀을 관통하는 이 뜨거우나 암석에 가까운 상승류는 지하 압력이 떨어지면 부분용융(이 과정은 감압용융으로도 불리며 이에 관해서는 제4장에서 논의하기로 하겠다)되게 된다. 이러한 활동이 지표에 표출된 것이 **열점**(hot spot)이다. 열점은 화산활동이 일어나고 높은 열류량과 수백 킬로미터를 가로지르는 지각의 융기가 발생하는 지역이다. 태평양 판이 이 열점 위를 지나감으로써 **열점 흔적**(hot-spot track)이라 하는 연속적인 화산구조가 만들어졌다. 그림 2.27에서 보여주듯이 각 화산체의 연령은 화산체가 맨틀 상승류 직상부에 놓여 있던 시기 이후 얼마나 시간이 경과되었는가를 알려주고 있다.

5개의 큰 하와이 섬들을 자세히 살펴보면, 현재 화산활동이 활발한 하와이로부터 멀어지면서 화산활동이 중단된 카우아이로 갈수록 연령이 증가함을 알 수 있다(그림 2.27). 약 500만 년 전 카우아이가 열점 위에 위치하였을 때는 지금의 하와이와 유사하였을 것이다. 카우아이의 연령은 침식되어 뾰족한 봉오리와 큰 계곡들이 만들어져 있는 사화산을 조사하여 얻어졌다. 이와 대조적으로 젊은 하와이에는 많은 신선한 용암류가 발견되고 현재 킬라우에아를 포함한 5개의 활화산체가 분포하고 있다.

증거 : 고자기

나침반을 이용하여 방향을 찾고자 하는 사람이라면 누구나 지구자기장은 북쪽과 남쪽의 자극을 가지고 있음을 알고 있다. 오늘날 자극들은 지리적인 극과 인접하게 배열되어 있으나 정확히 일치하는 것은 아니다. (지리적인 극은 지구의 자

알고 있나요?

화성에는 하와이 순상화산체와 매우 닮은 거대한 화산체인 올림푸스 산이 존재한다. 주변 지형에 비해 올림푸스는 약 25km 높이로 솟아 있다. 화성에는 판구조운동이 발생하지 않기 때문에 올림푸스는 거대한 화산체를 형성하고 있다. 하와이 군도의 화산체는 판운동으로 열점으로부터 점차 멀어지지만, 화성의 올림푸스는 고정되어 있어 거대한 크기로 성장할 수 있었다.

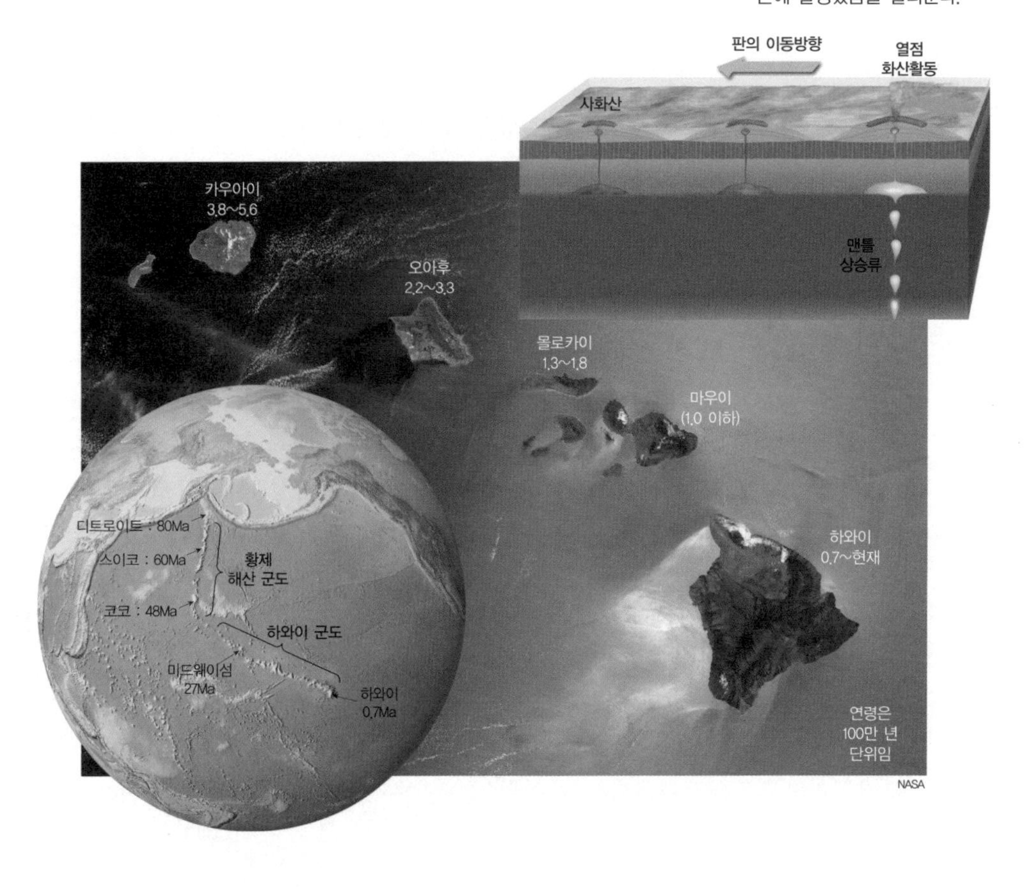

그림 2.27 **열점과 열점 흔적** 하와이제도의 방사성 동위원소 연령은 화산활동이 하와이의 빅아일랜드로 갈수록 보다 최근에 발생했음을 알려준다.

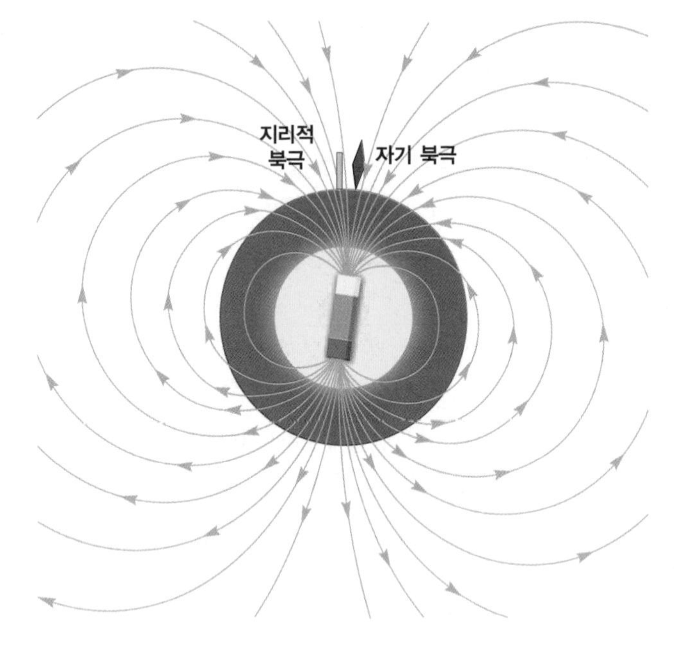

그림 2.28 **지구자기장** 지구 중심에 거대한 막대자석이 존재할 때 만들어지는 자력선과 매우 유사한 자력선 분포를 보여주는 지구자기장

전축과 지표가 교차하는 지점에 위치한다.) 지구자기장은 단순한 막대자석에서 만들어지는 자기장과 유사하다. 실제 눈으로는 볼 수 없지만 하나의 극에서 다른 극으로 지구를 가로지르는 자력선들이 존재한다(그림 2.28). 회전이 자유로운 작은 자석인 나침반의 바늘은 자력선에 끌려 자극을 향해 정렬된다.

중력과는 달리 우리는 지구의 자기장을 실제 느낄 수는 없지만, 나침반 바늘이 회전되어 정렬되는 것을 보며 그 존재를 인지할 수 있다. 또한 암석 내의 자연 광물들 중에는 자성을 띠는 것들이 있으며, 이들은 지구자기장의 영향을 받는다. 대표적인 자성광물로는 함철 광물인 자철석이 있으며, 이 광물은 현무암질 조성을 가지는 용암류에 다량 포함되어 있다.[4] 현무암질 용암류는 지표에 분출될 때 1,000°C 이상의 온도를 가지는데, 이 온도는 자철석이 자성을 잃게 되는 **큐리온도**(Curie point, 약 585°C)보다 높다. 결과적으로 자철석 입자는 용융된 용암류 내에서는 자성을 띠지 않는 반면, 용암류가 식게 되면 자화되어 지구자기장의 자력선의 방향으로 정렬하게 된다. 광물들이 한번 고화되면, 획득된 자성은 대개 고정되어 유지된다. 따라서 자성광물들은 나침반의 바늘과 매우 유사한 성질을 가지고 있어, 만들어질 당시의 자극 방향을 지시하게 된다. 수천 년 또는 수백만 년 전에 만들어진 암석들은 당시의 자극 방향의 기록을 가지고 있으며, 이를 **화석자기**(fossil magnetism) 또는 **고자기**(paleomagnetism)라고 부른다.

겉보기 지자극 이동 유럽 전역에서 수행된 과거 분출된 용암류에 대한 고자기학 연구를 통해 흥미로운 사실이 발견되었다. 서로 다른 연령의 용암류 내 고철질 광물의 자화방향은 서로 다르게 나타난다는 것이다. 이는 지질시대 동안 여러 개의 다른 자극이 존재하였을 가능성을 암시할 수도 있다. 유럽대륙의 지자기 북극의 위치를 도시하면, 과거 5억 년 동안 자극의 위치가 하와이 근처에서부터 북극해를 지나 최종적으로 현재 자극 위치로 점진적으로 변화된 것으로 나타난다(그림 2.29). 이러한 결과는 지자극이 시대에 따라 실제로 변화되었거나, 그렇지 않다면 지자극은 고정되어 있었으나 용암류, 즉 유럽대륙이 이동하였음을 지시하는 강력한 증거가 될 수 있다.

실제 자극은 지리적 극의 주변에서 비틀거리며 이동하고 있는 것은 사실이나, 고자기학적 연구에서는 최소한 수천 년 이상의 연령 차이를 가진 여러 암석 시료들을 대상으로 실험을 시행하기 때문에 구해진 평균 지자극의 위치는 지리적 극의 위치와 거의 일치하게 된다. 그러므로 겉보기 지자극 이동에 대한 보다 합리적인 설명은 베게너의 가설에서 찾을 수 있다. 만약 지자극이 고정되어 있다면, 이러한 겉보기 운동은 대륙의 이동에 의해서 만들어진 것이다.

대륙이동에 의해 지자극이 겉보기로 이동한다는 생각은 수년 후 북아메리카의 지자극 이동경로가 만들어짐으로써 보다 강력히 뒷받침되게 된다(그림 2.29A). 3억 년 이전의 북아메리카와 유럽의 지자극 이동경로를 서로 비교해 보면, 두 경로는 유사한 모양을 가지나 약 5,000km 떨어져 있음을 알 수 있다. 이후 중기 중생대 동안(1억 8,000만 년 전)에 두 자극은 현재 북극을 향해 수렴하기 시작한다. 이러한 북아메리카와 유럽의 지자극 이동 특징은 대서양이 확장되기 시작한 중생대 이전에는 두 대륙이 서로 붙어 있었으며, 이후 두 대륙은 지속적으로 분리되었음을 알려준다. 그림 2.29B에서 보여주는 바와 같이 두 대륙을 분리되기 이전으로 돌려놓으면, 두 겉보기 지자극 이동경로가 일치된다. 이는 북아메리카와 유럽 대륙이 한때 서로 붙어 있어 같은 운동경로를 가진 하나의 대륙 덩어리였음을 지시하고 있다.

자기역전과 해저확장 지구의 자기장이 수십만 년 이상의 주기를 가지며 **자기역전**(magnetic reversal), 즉 자기적 북극이 남극이 되고 반대로 남극이 북극이 된다는 사실이 지구물리

4 일부 퇴적물과 퇴적암 또한 충분한 양의 함철 광물입자를 포함하고 있어 측정 가능한 세기의 자성을 띤다.

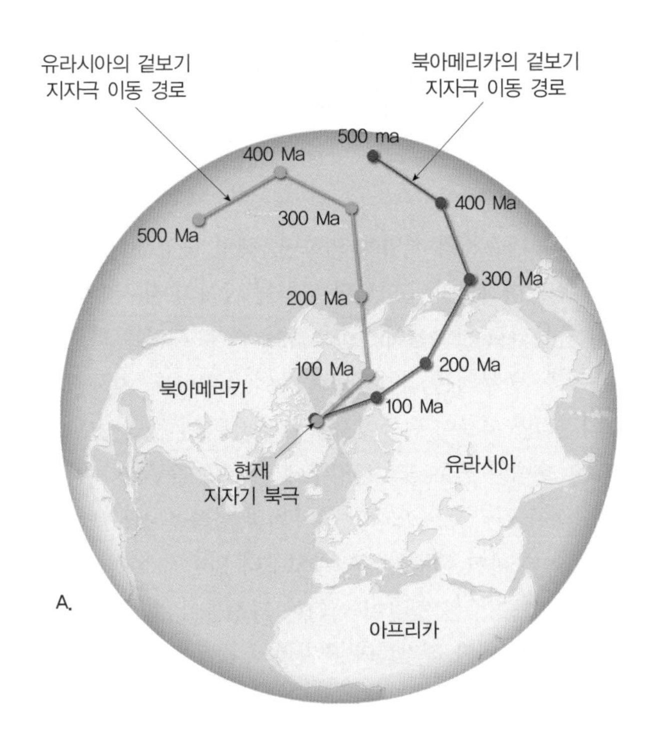

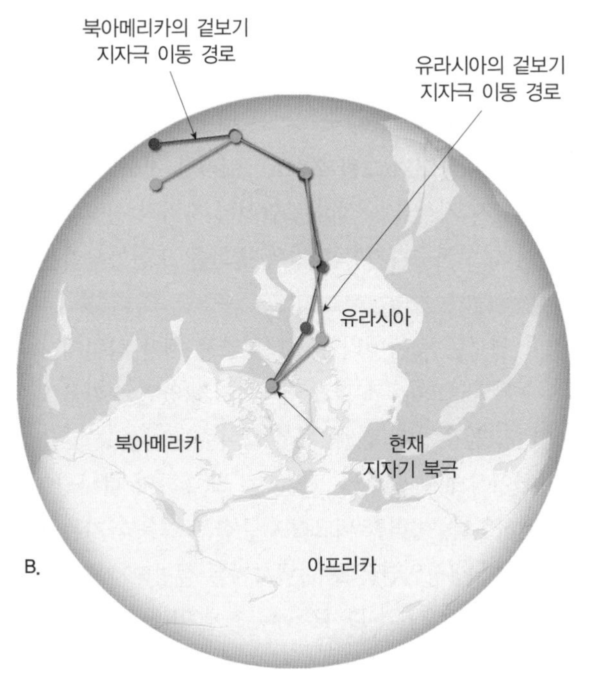

그림 2.29
겉보기 지자극 이동경로
A. 북아메리카에서 얻어진 이동경로가 보다 서쪽에 위치하는 것은 북아메리카가 유라시아에 비해 약 24° 보다 서쪽으로 이동한 결과로 판단된다.
B. 대륙을 이동하기 이전 위치로 복원한 경우의 지자극 이동경로

학자들에 의해 새로이 밝혀졌다. 이는 역자기 동안 용암류가 고화되면, 오늘날의 화산암류와는 반대의 극성으로 자화될 것임을 의미한다. 암석이 오늘날의 자기장과 동일한 극성으로 자화되면 **정자화**(normal polarity)라 하는 반면, 반대의 극성을 가질 경우에는 **역자화**(reverse polarity)라 말한다.

자기역전의 개념이 확립되자 과학자들은 지자기 연대표를 작성하고자 하였다. 이 작업은 수백 개 이상의 용암류의 자기극성을 측정하고 이들의 방사성 동위원소 연령도 알아내야 하는 일이다. 그림 2.30은 이와 같은 작업을 통해 얻어진 과거 수백만 년 동안의 **지자기 연대표**(magnetic time scale)를 보여준다. 지자기 연대를 나누는 주요 단위는 대략 100만 년 정도 지속되는 시간 단위인 크론(chron)이다. 보다 정밀한 측정이 가능해지면서, 과학자들은 한 번의 크론 동안에도 몇 번의 짧은 주기(20만 년 이하)의 역전이 발생함을 알게 되었다.

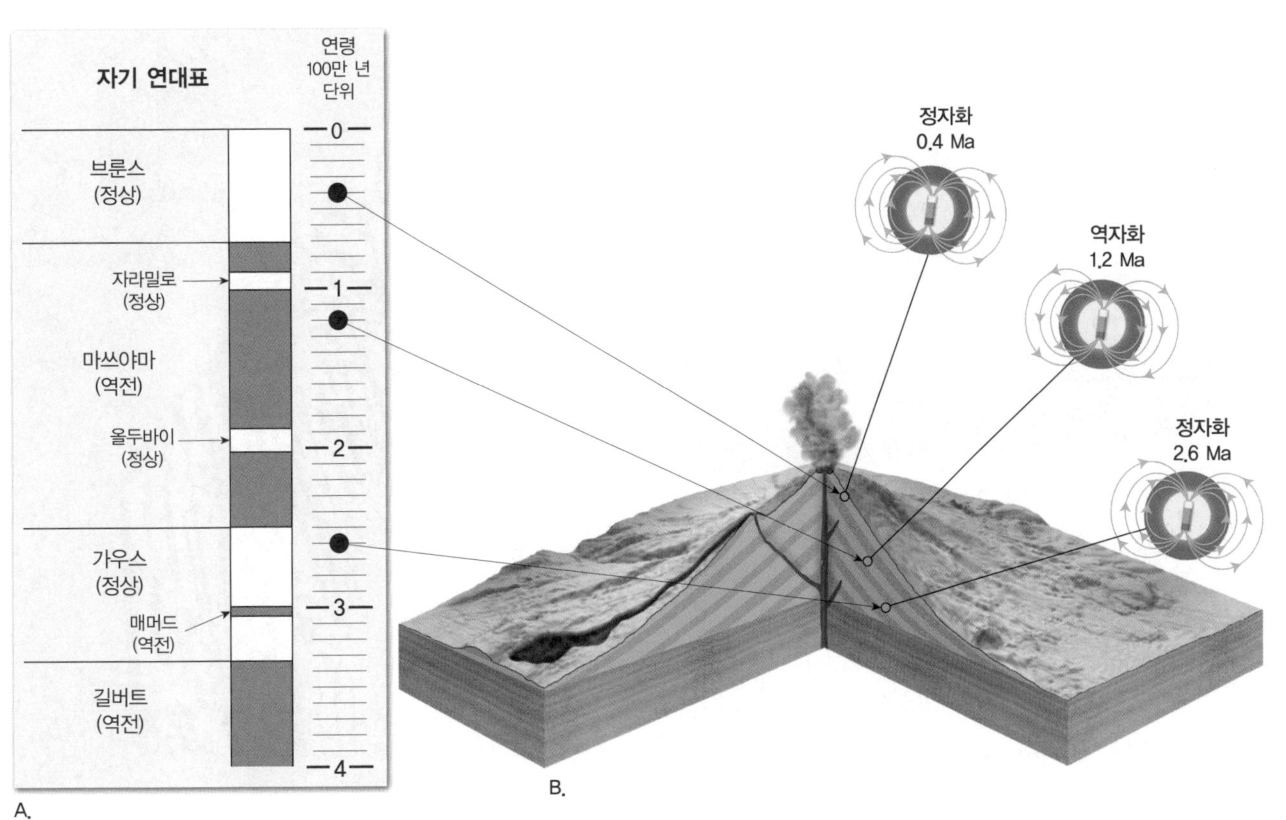

스마트그림 2.30
지자기 연대표 A. 최근 400만 년 동안의 지자기 연대표 B. 이 연대표는 시대가 알려져 있는 용암류의 자기극성을 밝혀냄으로써 만들어진다. *(Allen Cox and G. B. Dalrymple)*

한편 해양학자들은 자세한 해저 지형도를 만듦과 동시에 해저에 대한 자력탐사를 시작하였다. 자력탐사는 연구 선박의 후미에 **자력계**(magnetometer)라는 매우 민감한 장비를 끌고 다니면서 수행한다(**그림 2.31A**). 이러한 지구물리탐사의 목적은 해양저 지각을 구성하는 암석의 자기적 성질 차이에 따라 발생하는 지구자기장 세기의 변화를 도면화시키는 데 있다.

이러한 연구는 북아메리카의 태평양쪽 해안 일원에서 처음으로 수행되었으며, 그 결과 기대하지 않았던 수확을 얻게 된다. 연구자들은 **그림 2.31B**에서 보여주듯이 높고 낮은 세기의 자력이상대가 줄무늬 모양으로 교대하며 나타난다는 것을 발견하였다. 이러한 비교적 단순한 모양을 가지는 해양 자력이상대의 생성원인은 1963년까지는 설명되지 못하였으나, 그해 프레드 바인과 D. H. 매슈즈에 의해 높고 낮은 자력이상대의 줄무늬는 해저확장의 결과임이 밝혀진다. 바인과 매슈즈는 높은 자력이상 줄무늬는 그 아래 해양지각의 고자기 극성이 정자화임을 지시한다고 하였다(그림 2.29A). 결과적으로 정자화된 해양지각 암석은 지구자기장의 세기를 증가시키는 역할을 하며, 역으로 낮은 자력세기의 줄무늬가 나타나는 지역은 아래의 해양지각이 현재 자기장 방향과 반대인 역자화로 자화되어 있어 지구자기장 세기를 감소시키는 역할을 한다는 것이다. 그러나 어떻게 역자화와 정자화된 암석이 자력이상 줄무늬를 만들며 해양저를 가로지르며 분포하게 된 것일까?

바인과 매슈즈의 설명에 의하면, 해령 중앙부의 좁은 열곡을 따라 마그마가 고화되면 고화될 당시의 지구자기장 극성의 줄무늬로 자화되며(**그림 2.32**), 이후 해저는 확장하기 때문에 이 줄무늬는 점차적으로 폭이 넓어진다. 지구자기장이 역전되면 새로이 만들어지는 해양저는 반대 극성으로 자화되고 오래된 줄무늬의 중앙부에 새로운 줄무늬가 만들어진다. 점차 갈라지는 오래된 줄무늬의 양쪽은 서로 반대 방향으로 이동하여 해령의 중앙부로부터 멀어지게 된다. 그림 2.32에서 보여주는 것같이 이러한 과정들이 순차적으로 계속 발생하게 되면 정자화와 역자화의 줄무늬가 연속적으로 반복되는 것이다. 해저확장 축 양편에 동일한 양의 새로운 암석이 부가되기 때문에 줄무늬 모양(크기와 극성)은 해령을 중심으로 양쪽이 대칭적으로 나타나게 된다. 실제로 아이슬란드 남쪽의 대서양 중앙 해령을 가로지르며 실시된 탐사에서는 중앙 해령 축을 중심으로 양편의 자기이상 줄무늬가 매우 대칭적임을 보여주었다.

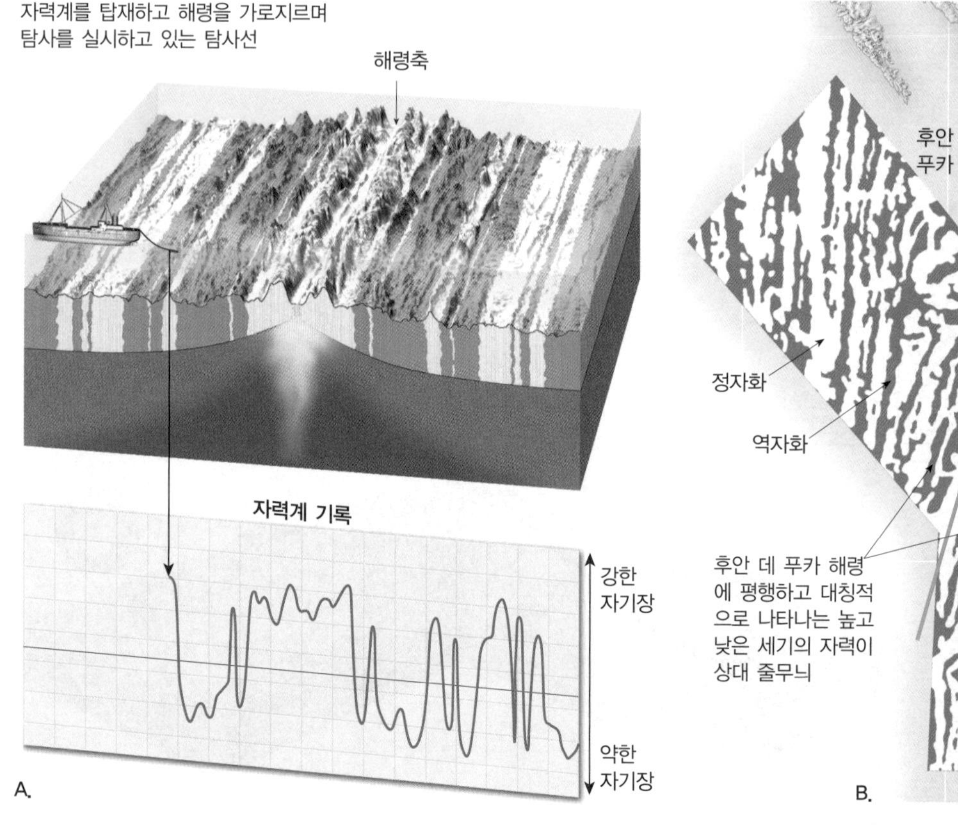

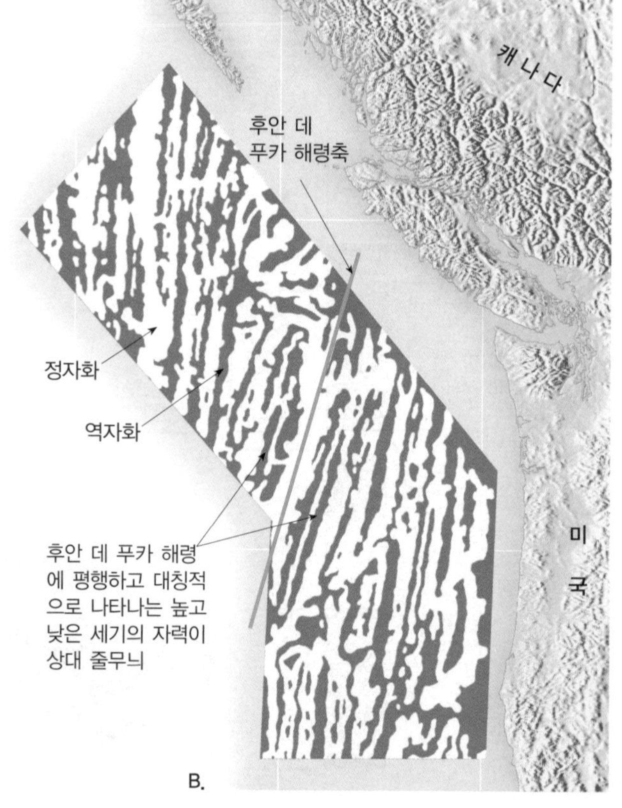

그림 2.31 **자기테이프 기록기로서의 해양저**
A. 자기장 세기는 자력계를 탑재한 탐사선이 해령을 가로질러 다니며 측정한다.
B. 높고 낮은 세기의 자력이상대 줄무늬가 후안 데 푸카 해령축과 평행하며 양편에 대칭적으로 나타남을 주목하자. 바인과 매슈즈에 의하면, 높은 자력이상대 줄무늬는 현재 지구자기장의 세기를 증가시키는 정자화된 해양지각 부분에서 나타나며, 반면 낮은 자력이상대 줄무늬는 현재 지구자기장의 세기를 약화시키는 역자화된 지각 부분에 나타난다.

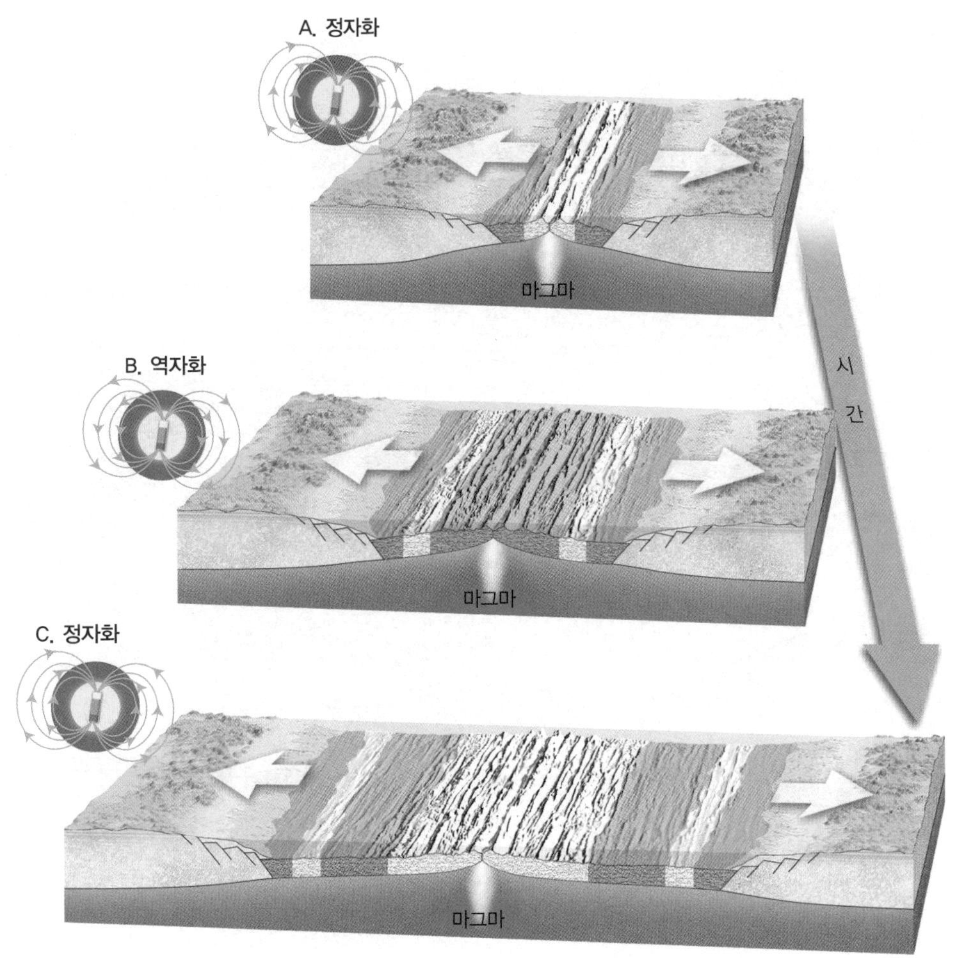

그림 2.32 **지자기 역전과 해저확장** 중앙 해령에서 새로운 현무암이 만들어지면, 현무암은 당시의 지구자기장에 의해 자화된다. 이러한 과정을 통해 해양지각은 과거 2억 년 동안의 지구자기장 역전 사건을 영구적으로 기록하게 된다.

개념 점검 2.9

① 심해시추를 통해 확인된 가장 오래된 퇴적물의 연령은 얼마인가? 또한 이 연령을 가장 오래된 대륙 암석의 연령과 비교하여 설명하라.

② 열점이 고정되어 있다고 가정하면, 하와이군도가 형성될 동안에 태평양 판의 이동 방향은 어떻게 되는가?

③ 해저에서 얻어진 퇴적물 시추 코어 자료는 해저확장을 설명하는 데 있어 어떻게 사용될 수 있는가?

④ 바인과 D. H. 매슈즈는 해저확장과 지자기 역전에 어떻게 연관시켜 설명하였는가?

2.10 판 이동의 측정

판의 상대운동을 알아내기 위해 사용되는 두 가지 주요 방법에 관하여 설명하라.

판의 이동속도와 방향을 알아내기 위해 여러 가지 방법들이 동원된다. 이러한 기술들의 일부는 암권 판이 이동하고 있다는 사실을 재확인시켜 줄 뿐만 아니라 지질시대 동안 판의 이동경로를 복원하는 데 유용하게 사용될 수 있다.

판 이동에 대한 지질학적 증거

과학자들은 심해 탐사선을 이용하여 해양저의 여러 지점들에서 방사성 동위원소 연대 자료를 획득하고 있다. 시료들에서 얻어진 연령과 시료채취 지점과 해령 축과의 거리를 이용하면 판의 평균 이동속도를 계산할 수 있다.

과학자들은 이러한 자료들과 함께 해양저의 고화된 용암류에 저장된 고자기 기록들을 종합하여 해저 바닥의 연령 분포를 보여주는 지도를 제작하고 있다. 그림 2.33의 지도에서 붉은 오렌지색 띠는 지금부터 약 3,000만 년 전까지의 해저지각 분포를 보여준다. 이 띠의 폭은 이 시기 동안 얼마나 많은 양의 새로운 지각이 만들어졌는가를 알려준다. 예를 들어 동태평양 해령을 따라 나타나는 붉은 오렌지색 띠는 대서양 중앙 해령을 따라 나타나는 동일한 색의 띠에 비해 3배의 큰 폭을 보여준다. 따라서 태평양 분지의 확장 속도는 대서양에 비해 거의 3배로 빨랐을 것이다.

이러한 지도는 또한 현재 판의 이동 방향에 대한 정보를 제공한다. 대양의 확장 중심인 해령을 변위시키는 변환단층은 해저확장 방향과 평행하게 배열하고 있음을 상기해 보자. 정확한 변환단층을 기재하게 되면, 판의 이동 방향을 알 수 있게 되는 것이다.

과거 판의 이동 방향을 알기 위해서 지질학자들은 해령으로부터 수백 또는 수천 킬로미터 이상 뻗어 있는 기다란 단열대를 조사할 수 있다. 이 비활동성 단열대는 변환단층에서 연장된 것이므로 과거의 판 이동 방향에 대한 기록이라 할 수 있다. 불행하게도 대부분의 대양저는 1억 8,000만 년보다 젊어 보다 오래된 과거의 기록은 이곳에서 찾을 수 없다. 때문에 과학자들은 대륙지각에서 얻어진 고자기학적 자료들을 통해 보다 오래된 판의 이동을 해석하고자 한다.

우주에서 판의 이동 측정

오늘날 대부분의 사람들은 자동차의 운행 방향을 알아내기 위해 개인의 위치를 알아내는 기술인 내비게이션시스템 내 GPS(global positioning system)에 관하여 잘 알고 있을 것이다. GPS는 위성에서 보내주는 전파신호를 지표에 설치된 수신기를 이용해서 수신하는 방식을 취한다. 어떤 지점의 정확한

알고 있나요?

수백만 년 후에 다른 행성에서 지구를 관찰한다면, 실제로 지구의 모든 대륙과 해양분지들이 이동한 것을 보게 될 것이다. 그러나 달은 지구조적으로 볼 때 죽은 행성이다. 미래 수백만 년이 지나도 우리는 변하지 않는 달만 보게 될 것이다.

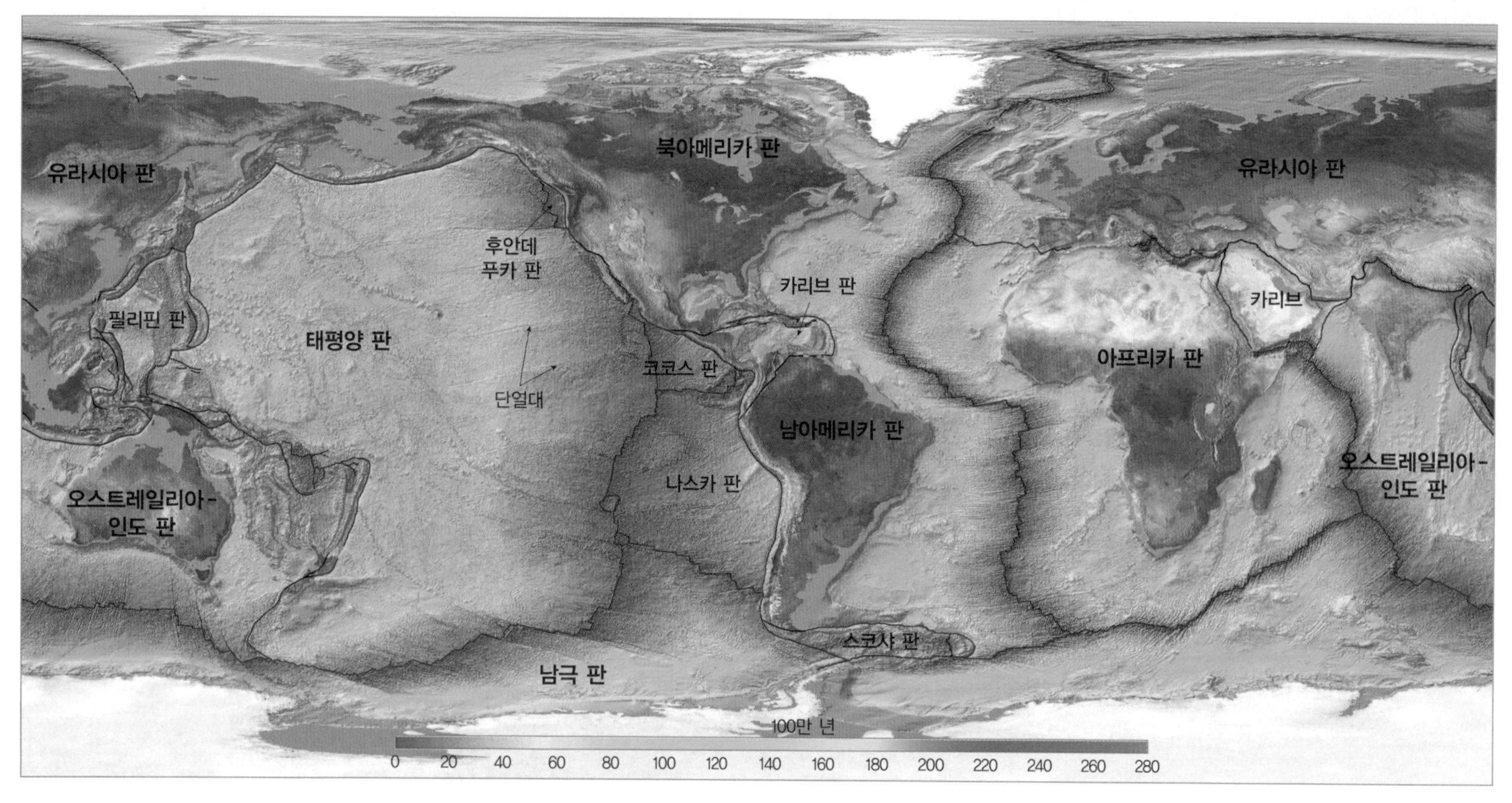

그림 2.33 **해양저의 나이**

위치는 4개 이상의 위성과 그 지점 간의 거리를 동시에 알아냄으로써 구할 수 있다. 최근에 과학자들은 수 밀리미터(완두콩의 직경) 내에서도 위치를 파악할 수 있는 매우 정밀한 장비를 사용하고 있다. 판의 이동을 알아내기 위해서 과학자들은 여러 해 동안 수많은 지점에서 반복적으로 GPS 자료들을 수집하고 있다.

그림 2.34는 이러한 기술과 함께 다른 여러 기술들을 이용해 얻어진 판들의 이동 방향과 속도를 보여준다. 하와이는 북서쪽으로 이동하고 있어 매년 8.3cm의 속도로 일본열도 쪽으로 이동하고 있다. 메릴랜드의 한 측정 지점은 매년

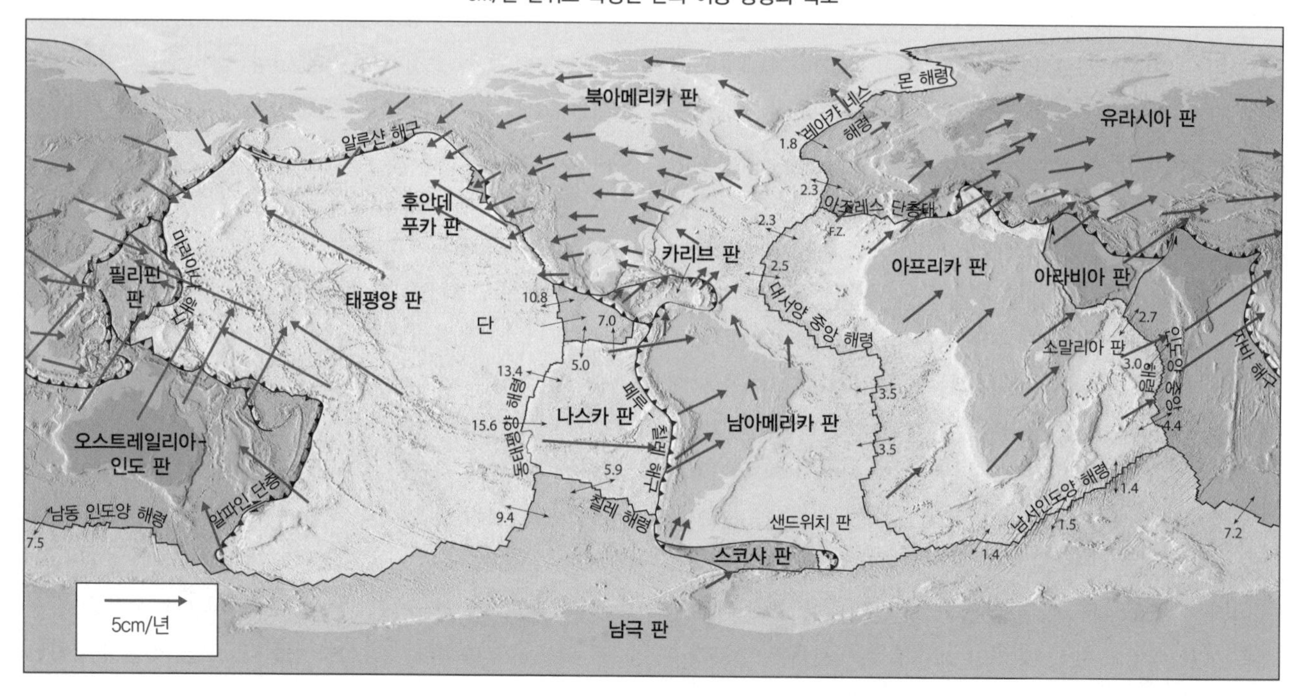

그림 2.34 **판의 이동속도** 붉은색 화살표는 GPS 자료를 통해 얻어진 특정 지역의 판의 이동 모습을 보여주고 있다. 작은 검은색 화살표와 숫자는 주로 고자기 자료를 통해 획득된 해저확장 속도를 나타낸다. (DeMets and others; GPS data from Jet Propulsion Laboratory)

1.7cm의 속도로 영국의 한 지점과 멀어지고 있다. 이 속도는 북대서양의 고자기 자료를 통해 구한 해저확장 속도 2.0cm/년과 거의 유사하다. GPS를 포함한 이러한 판의 이동 속도 측정 기술들은 샌앤드리어스 단층과 같은 지구조적으로 활동적인 지역의 단층을 따라 발생하는 소규모의 지각이동 특성을 알아내는 데도 유용하게 사용될 수 있다.

개념 점검 2.10

① 해령과 연결되어 있는 변환단층은 어떻게 판의 이동 방향을 알려주는가?

② 그림 2.34를 보고 가장 빠르게 이동하는 3개의 판을 골라보세요.

2.11 무엇이 판을 이동시키는가

판 운동의 근본적인 힘 두 가지를 설명하고 지판운동에서 맨틀대류의 의미에 관해 설명하라.

대부분의 과학자들은 뜨거운 맨틀 암석은 상승하고 차갑고 무거운 해양 암권은 가라앉은 일종의 대류가 판의 이동을 발생시키는 궁극적인 원인일 것으로 생각하고 있다. 그러나 지구 내부에서 발생하는 대류에 대한 상세한 내용은 아직도 밝혀지지 않아 아직 과학적 논란의 대상으로 남아 있다.

판의 운동을 발생시키는 힘

지구물리학 자료로부터 과학자들은 맨틀의 거의 전체가 비록 고체 암석으로 이루어져 있으나, 유체와 같은 대류가 발생할 수 있을 정도로 충분히 뜨겁고 약하다는 것을 알고 있다. 가장 단순한 형태의 **대류**(convection)는 서서히 데워지는 스토브 위에 놓인 냄비 안의 물에서 관찰할 수 있다(그림 2.35). 냄비가 데워지면 바닥의 물은 점점 밀도가 낮아져 얇은 천이나 방울들로 상승하여 표면으로 퍼져나간다. 반면 표면에 도달한 물은 상대적으로 차가워지고 밀도가 높아져 냄비의 바닥으로 가라앉게 되며, 냄비 바닥에 도달하면 뜨거워져 다시 상승을 반복한다. 맨틀의 대류도 이와 유사하나 훨씬 더 복잡하다.

차갑고 무거운 해양 암권 판의 섭입은 판이 이동하는 데 있어 중요한 힘을 제공한다(그림 2.36). 이러한 현상을 **판 당기기**(slab pull)라 하며, 섭입하는 해양 암권이 아래의 따뜻한 연약권에 비해 밀도가 높기 때문에 발생한다. 이는 '호수에 가라앉는 돌멩이와 같이' 중력에 의해 차가운 해양 암권 암석이 맨틀 내부로 가라앉는 현상이다.

판 운동의 원인이 되는 또 다른 힘으로는 **해령 밀기**(ridge push)가 있다(그림 2.36). 중력에 의해 발생하는 이 힘은 해령의 고도가 높아 암권 판을 해령의 사면을 따라 밀어내기 때

그림 2.35 **데워지는 냄비 내의 대류현상** 스토브 위의 냄비 바닥의 물은 데워져 부피가 팽창하여 가벼워지면(부력이 증가함) 상승한다. 동시에 표면의 상대적으로 차갑고 무거운 물은 냄비 바닥으로 가라앉는다.

그림 2.36
판에 작동하는 힘들

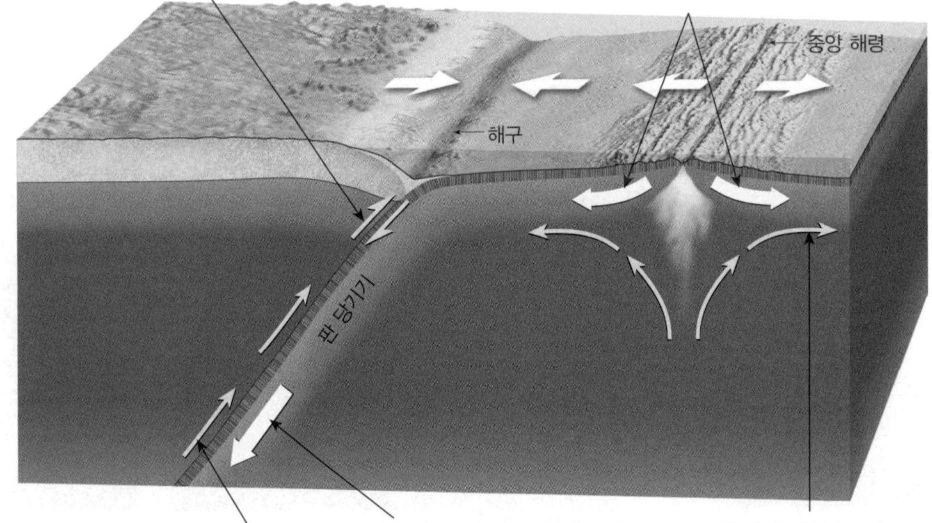

알고 있나요?

판구조 운동은 지구 내부의 열에 의해 발생하므로 미래에는 판을 움직이게 하는 근원적인 힘은 점차 사라질 것이다. 그러나 외부의 힘(바람, 물, 그리고 빙하)에 의한 지질작용은 계속적으로 지구 표면을 침식시킬 것이므로 결국 육지는 거의 평탄해질 것이다. 미래에는 다른 세상, 즉 지진, 화산, 그리고 산이 없는 지구가 될 것이다.

문에 발생한다. 이러한 해령 밀기는 판 당기기에 비해 판의 이동에 미치는 영향은 미미한 것으로 판단된다. 태평양, 나스카, 그리고 코코스 판과 같은 세상에서 가장 빠르게 이동하고 있는 판들의 경계부가 대부분 섭입대로 형성되어 있다는 사실은 이를 뒷받침해 주는 중요한 증거이다. 대조적으로 섭입대가 거의 없는 북대서양 분지의 확장 속도는 약 2.5cm/년으로 가장 느린 편에 속한다.

판 이동을 지배하는 주 힘은 차갑고 무거운 암권 판의 섭입으로 발생하나, 다른 힘도 함께 작용하고 있다. '맨틀 항력'으로 표현되는 맨틀 내의 흐름 또한 판의 이동에 영향을 미치는 것으로 생각된다(그림 2.36). 맨틀 내 흐름이 판의 이동 속도보다 빠르다면 이 항력은 판의 운동을 향상시키는 반면, 연약권의 이동속도가 판 이동속도보다 느리거나 반대 방향으로 작용하게 되면 판의 이동을 방해하게 될 것이다. 또 다른 형태의 저항력으로 일부 섭입대를 따라 나타나는 가라앉는 판과 상부 판의 경계에서 발생하는 마찰력이 있다. 이 마찰력은 지진을 발생시키는 중요한 요인이 된다.

판-맨틀 대류 모델

맨틀 내에서 발생하는 대류에 관한 우리의 지식은 아직 충분하지 않다. 그럼에도 불구하고 과학자들은 다음에 관해서는 대체로 일치된 견해를 가진다.

- 약 2,900km 두께의 암석질 맨틀에서는 뜨겁고 부양성이 있는 암석은 상승하고 보다 차갑고 무거운 물질은 가라앉는 대류가 발생하며, 이러한 대류현상은 판의 운동을 발생시키는 근본적인 힘이 된다.
- 맨틀 대류와 판의 운동은 하나의 시스템을 구성하는 상호 유기적인 요소들이다. 해양판의 섭입은 대류현상에서 차가워져 물질이 가라앉는 부분에 해당되는 반면, 해령이나 맨틀 상승류를 따라 뜨거운 암석이 올라오는 현상은 대류에서 뜨거운 물질이 상승하는 부분에 해당된다.
- 맨틀 내의 대류는 지구 내부에서 지표로 열을 전달시키는 주요 방식이다. 지표에 도달한 열은 결국 복사에 의해 우주로 방출된다.

오늘날 우리가 정확히 알지 못하는 것은 맨틀 대류의 정확한 구조이다. 판과 맨틀 대류의 상호관계에 관한 몇 가지 모델이 제시되고 있으며, 여기에서는 이들 중 중요한 두 가지를 살펴보도록 하겠다.

전체 맨틀 대류 대부분의 과학자들은 상승류(plume) 모델이라 부르는 전체 맨틀 내에서 발생하는 하나의 맨틀 대류를 선호한다. 이러한 전체 맨틀 대류 모델에서는 차가운 해양 암권 판이 매우 깊은 곳까지 가라앉아 전체 맨틀을 휘저을 것으로 생각하고 있다(**그림 2.37A**). 또한 섭입하는 해양 암권 판은 극단적으로 맨틀-핵의 경계까지 가라앉으며, 이러한 하강류는 지표로 올라오는 뜨거운 맨틀 물질의 상승류와 균형을 이룰 것으로 판단하고 있다.

과학자들은 두 가지 종류, 즉 좁고 튜브 형태의 상승류와 거대한 용승류 형태의 상승류를 제안하고 있다. 길고 좁은 튜브 형태의 상승류는 핵과 맨틀의 경계까지 연장되며 하와이, 아이슬란드, 그리고 옐로스톤과 같은 열점 화산활동을 발생시키는 것으로 생각된다. 그림 2.37A에서 보여주는 바

그림 2.37 **맨틀 대류를 설명하는 모델**

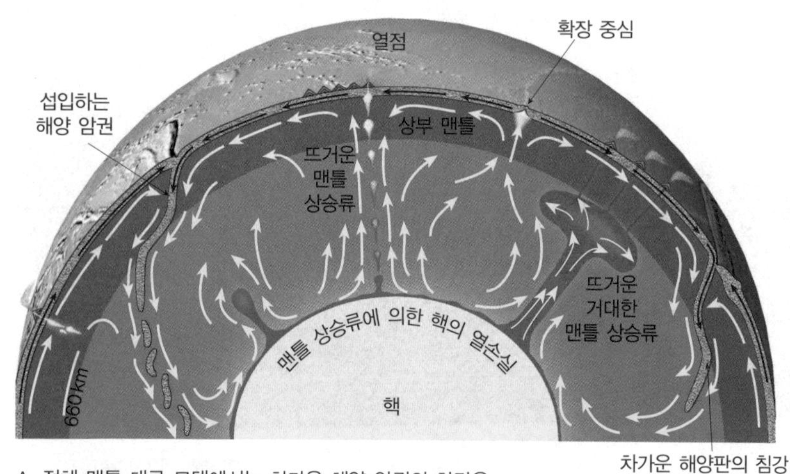

A. 전체 맨틀 대류 모델에서는 차가운 해양 암권의 하강은 거대 대류환의 하강류에 해당하며, 상승류는 맨틀-핵 경계에서 뜨거운 물질을 지표로 운반시킨다.

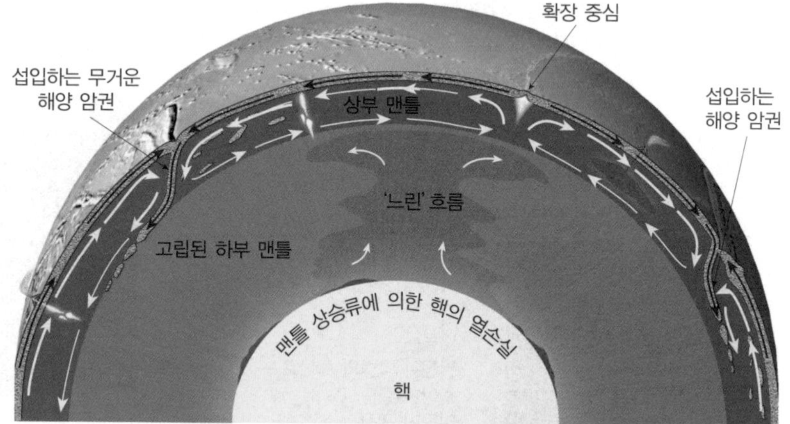

B. 층상 대류 모델은 2개의 독립적인 대류 층, 즉 차가운 해양 암권의 침강에 의해 만들어지는 역동적인 상부 층과 상부 층과의 혼합이 없이 상부로 느리게 열을 전달하는 하부 층으로 구분하여 제안하고 있다.

와 같이 대형 용승류는 태평양과 남아프리카 아래에 위치하는 것으로 판단된다. 일반적인 안정된 대륙 지괴에서 보여주는 것보다 훨씬 높은 고도를 가지는 남아프리카는 이러한 대형 용승류가 원인인 것으로 예견된다. 이들 두 종류의 상승류를 발생시키는 열은 대부분 핵에서 비롯된 것으로 생각되나, 화학적으로 독특한 조성의 마그마는 맨틀 심부 기원으로 해석된다.

층상 대류 모델 일부 학자들은 맨틀은 약 660km 깊이(1,000km보다는 깊지 않은)에서 둘로 구분되는 '층상 케이크'와 유사하다는 주장을 펼치고 있다. 그림 2.37A에서 보여주듯이 이 모델은 크게 2개의 대류 구역, 즉 상부의 얇고 역동적인 대류 층과 그 아래의 보다 두껍고 느린 대류 층으로 나누고 있다. 전체 맨틀 대류 모델과 같이 이 모델에서도 대류의 하강류는 차갑고 무거운 해양 암권의 섭입에 기인하는 것으로 설명한다. 그러나 해양 암권은 1,000km 이상 심도의 하부 맨틀까지 관통하지 못한다. **그림 2.37B**에서 보여주듯이 층상 모델에서 상부 층에 다양한 연령의 해양 암권이 놓여 있으며, 하와이와 같은 판 경계에서 떨어져 있는 화산지역의 마그마는 이러한 상부 층 내 암권 덩어리 일부가 용융되어 만들어지는 것으로 해석하고 있다.

이 모델은 활동적인 상부 맨틀과 달리 하부 맨틀에서는 지표에서 관찰되는 화산활동과는 무관한 느린 대류가 발생하며, 상하부 두 층 사이의 물질의 혼합은 거의 발생하지 않은 것으로 본다. 그러나 하부 층 내의 매우 느린 대류에도 불구하고 열은 상부 층으로 이동하는 것으로 해석한다.

맨틀 내 대류의 실제 모양이 어떠하냐에 대한 지질학자들의 논쟁은 현재에도 계속하고 있다. 이러한 논쟁과 연구가 계속되면서, 미래에는 어쩌면 층상 모델과 전체 맨틀 대류 모델이 조합된 하나의 새로운 가설이 탄생할 수도 있다.

개념 점검 2.11

① 판 당기기와 해령 밀기에 관해 설명하고, 이들 중 어떤 것이 판 운동을 발생시키는 보다 근본적인 힘이 되는지를 말하라.

② 맨틀 대류에서 상승류의 역할을 무엇인가?

③ 맨틀 대류와 판 이동의 상호관계를 설명하는 두 가지 판-맨틀 대류 모델을 간단히 설명하라.

개념 복습 판구조론 : 혁명적인 과학이론의 탄생

2.1 대륙이동설에서 판구조론으로

1960대 이전 대부분의 지질학자들은 해양과 대륙의 지리적 위치에 관해 어떠한 생각을 가지고 있었을까?

- 50년 전 대부분의 과학자들은 해양분지는 연령이 매우 오래되었고 대륙은 고정되어 있는 것으로 생각하였다. 이러한 생각은 하나의 과학적 혁명에 의해 폐기되었고 지질학은 판구조론에 의해 새롭게 태어나게 되었다. 다양한 증거들이 제시되면서 판구조론은 현대 지구과학의 근간을 이루게 된다.

2.2 대륙이동설 : 당시의 아이디어

베게너는 그의 대륙이동설의 근거로 어떠한 증거들을 제시하였는가?

핵심용어 : 대륙이동, 초대륙, 판게아

- 독일 기상학자인 알프레드 베게너는 1912년 대륙이동설을 제안하게 된다. 그는 대륙은 고정되어 있지 않으며 지질시대 동안 느리게 이동하였음을 주장하였다.
- 베게너는 약 2억 년 전 고생대 말에서 중생대 초의 초대륙 판게아를 복원하였다.
- 판게아가 존재하다 분열되어 여러 조각으로 나누어진 증거로 베게너는 (1) 대륙의 모양, (2) 대륙 간 고생물의 대비, (3) 특이 암석과 주요 산맥의 분포, (4) 판게아 남부에 분포하는 빙성층과 같은 고기후를 지시하는 퇴적층을 제안하였다.

? 베게너는 대륙이동의 증거로 왜 상어나 해파리가 아닌 글로소프테리스나 메소사우루스와 같은 고생물을 선택하였는가?

2.3 뜨거운 논쟁

대륙이동설의 두 가지 주요 약점에 관해 설명하라.

- 베게너의 가설은 두 가지 치명적인 약점을 가지고 있었다. 그는 대륙이동의 근본적인 힘으로 조석력을 제안하였으며, 대륙이 쇄빙기가 얼음을 자르고 지나가듯 약한 해양지각을 뚫고 지나갈 수 있다고 주장하였다. 당시의 지질학자들은 이로 인해 대륙이동설을 거세게 비난하였으며, 이후 약 50년 동안 이 가설은 받아들여지지 못한다.

? 오늘날 우리들은 대륙이동설을 비난한 20세기 초반 과학자들이 잘못되었음을 알고 있다. 그렇다면 당시의 과학자는 나쁜 과학자인가? 당신의 답의 이유는 무엇인가?

2.4 판구조론

암권과 연약권의 주요 차이점은 무엇이며, 판구조론에서 이들은 각각 어떠한 역할을 하고 있는가?

핵심용어 : 해령계, 판구조론, 암권, 연약권, 암권 지판

- 2차 세계대전 동안 수행된 연구들은 베게너의 가설인 대륙이동설을 부활시키는 새로운 자료들을 제시하였다. 당시의 해저에 대한 탐사를 통해 엄청나게 긴 중앙 해령계와 같은 기존에 알지 못했던 지식들을 얻게 되었으며, 이후 해양지각에 대한 시료채취를 통해 대륙에 비해 해양지각은 매우 젊다는 것을 알게 된다.
- 암권은 지구의 최외곽을 구성하는 암석층으로 여러 개의 판으로 나누어져 있다. 암권은 상대적으로 딱딱하고 변형에 의해 깨어지거나 구부러진다. 암권 아래의 연약권은 상대적으로 약한 층으로 변형에 의해 유동한다. 암권은 지각(해양 또는 대륙)과 상부 맨틀로 구성된다.
- 7개의 큰 판과 7개의 중간 크기의 판, 그리고 수많은 상대적으로 작은 미판들이 존재한다. 판의 경계는 발산경계(서로 멀어짐), 수렴경계(서로 충돌함), 변환단층경계(서로 측방으로 스쳐지나감)로 구분된다.

2.5 발산경계와 해저확장

새로운 해양 암권이 생성되는 발산경계를 따라 발생하는 판의 이동에 관해 설명하라.

핵심용어 : 발산경계(확장중심), 열곡, 해저확장, 대륙 열개

- 중앙 해령에서의 해저확장으로 새로운 해양 암권이 만들어진다. 해령계 양편의 두 판은 서로 멀어지면서 장력을 발생시켜 열려진 균열 내부로 마그마가 상승하고 새로운 해저 조각들이 만들어진다. 이와 같은 과정을 통해 매년 2~15cm의 속도로 새로운 해양 암권이 만들어진다.
- 연령이 증가하면 해양 암권은 차가워지며 밀도가 증가하여 중앙 해령에서 멀어지면서 침강하게 된다. 이와 동시에 해양 암권의 바닥에는 새로운 물질이 첨가되어 판은 점점 두꺼워진다.
- 발산경계는 해저에서만 존재하는 것이 아니며, 대륙이 분열되어 현재의 동아프리카와 같은 대륙에서도 열개가 발생할 수 있다. 또한 대륙이 열개되어 결국 새로운 해양분지가 열리게 된다.

2.6 수렴경계와 판의 섭입

세 가지 종류의 수렴경계를 비교하여 설명하고 각 경계가 발견되는 곳의 예를 들어 보라.

핵심용어 : 수렴경계(섭입대), 심해 해구, 부분용융, 육성 화산호, 화산도호(도호)

- 두 판이 서로 만나게 되면, 해양 암권은 섭입되어 다시 맨틀 속으로 사라지게 된다. 해양 암권의 섭입은 해저에 깊은 선형의 해구로 나타난다. 섭입되는 해양 암권 판의 구부러진 각도는 거의 수평에서 거의 수직에 이르기까지 다양하다.
- 물이 첨가되면 섭입하는 해양 암권은 맨틀에서 용융되어 마그마가 만들어진다. 마그마는 주변 암석에 비해 밀도가 낮아 상승하게 되며, 심부에서 냉각되어 지각을 두껍게 만들기도 하며, 지표로 분출되어 화산체를 만들기도 한다.
- 대륙지각을 뚫고 분출된 선상의 화산체를 육성 화산호라 하는 반면, 상부에 있는 해양 암권을 뚫고 분출된 것을 화산도호라 한다.
- 대륙지각은 상대적으로 밀도가 낮기 때문에 섭입되기가 쉽지 않다. 따라서 대륙지각들 사이에 놓여 있는 해양분지가 섭입에 의해 완전히 맨틀 속으로 가라앉게 되면 대륙은 충돌하여 새로운 산맥을 만들게 된다.

? 전형적인 육성 화산호와 해양 암권 위 화산도호를 각각 그림으로 그리고 주요 부분의 명칭을 표시하라.

2.7 변환단층경계

변환단층경계를 따라 발생하는 판의 상대이동을 묘사하고 이들 경계가 나타나는 곳의 예를 들어 보라.

핵심용어 : 변환단층경계(변환단층), 단열대

- 변환단층경계에서는 두 판이 수평으로 서로 스치며 미끄러진다. 새로운 암권이 생성되지 않으며 오래된 암권이 소멸되지도 않는다. 두 판의 암석이 서로 마찰되면서 천발지진이 발생한다.
- 캘리포니아의 샌앤드리어스 단층은 대륙지각에 위치한 변환단층의 한 예이며, 대서양 중앙 해령 분절들 사이의 단열대들은 해양지각에 위치한 변환단층의 예이다.

? **오른쪽의 카리브 일대의 지구조도에서 엔리키요 단층을 찾아 보라(노란색 별표는 2010년의 아이티 지진을 표시함). 엔리키요 단층은 어떤 종류의 판 경계이며, 이 지역에 엔리키요 단층과 동일한 운동감각을 보여주는 단층으로 어떤 것들이 있는가?**

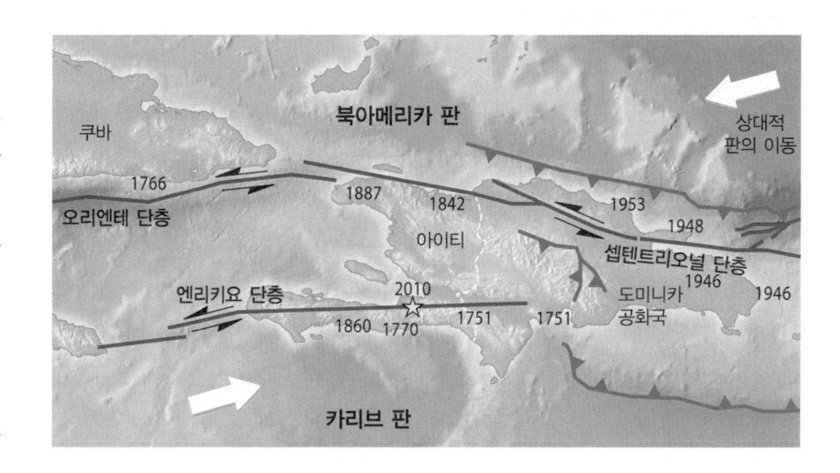

2.8 판과 판의 경계는 어떻게 변화되는가

아프리카와 남극 판은 왜 점점 넓어지는 반면, 태평양 판은 왜 점점 줄어드는가?

- 지구의 전체 표면적은 변화되지 않지만, 개별 판의 크기와 모양은 해저 확장과 섭입작용에 의해 계속적으로 변화된다. 또한 판의 경계는 암권에 작용하는 응력의 변화에 의해 새로이 생성되거나 사라질 수 있다.
- 판게아의 분열과 인도와 유라시아 대륙의 충돌은 지질시대 동안 어떻게 판이 변화되어 가는가를 보여주는 중요한 예이다.

2.9 판구조론의 증명

판구조론을 지지하는 증거들을 나열하고 이들에 관하여 설명하라.

핵심용어 : 맨틀 상승류, 열점, 열점흔적, 큐리온도, 고자기학(화석자기학), 자기역전, 정자기, 역자화, 자기연대표, 자력계

- 판구조론은 다양한 증거들에 의해 입증되었다. 예들 들어, 심해굴착사업에서는 해저의 연령이 중앙 해령으로부터 멀어질수록 증가함을 보여준다. 해저 바닥에 퇴적된 퇴적물의 두께 또한 해령과의 거리에 비례한다. 이는 오래된 암권일수록 퇴적물이 퇴적될 시간이 보다 길었기 때문이다.
- 지구상의 해양 암권은 1억 8,000만 년보다 오래된 것을 찾아보기 힘들 정도로 상당히 연령이 젊다.
- 열점은 맨틀 상승류가 지표에 도달하여 화산활동이 발생하는 지역이다. 열점 화산활동에 의해 만들어지는 화산암은 지질시대 동안 판의 이동속도와 방향을 알려주는 지시자이다.
- 자철석과 같은 자성광물은 암석이 형성될 당시 스스로 지구자기장 방향으로 배열된다. 따라서 이 화석자석은 과거의 지구자기장의 방향을 기록하는 기록기이다. 지질학자들은 자성광물의 특성을 다음과 같은 연구에 이용한다. (1) 지질시대 동안 특정 암층의 위치가 자극에 비해 어떻게 변해 왔는지를 해석하는 데 사용한다. (2) 지질시대 동안 지구자기장 방향의 역전 기록은 해양지각에 정자화와 역자화의 띠로 보존된다. 자력계로 중앙 해령과 평행한 대칭적인 자기이상대 줄무늬를 구하고 해저확장의 특성을 밝히는 데 이용한다.

2.10 판 이동의 측정

판의 상대운동을 알아내기 위해 사용되는 두 가지 주요 방법에 관하여 설명하라.

- 해양저에서 얻어진 자료들을 이용하여 암권 판의 운동 방향과 속도를 알아낸다. 변환단층은 판의 이동 방향에 정보를 제공하며, 유용한 화석을 포함하는 퇴적물과 화성암의 방사성 절대연대는 판의 이동속도를 알아내는 데 사용된다.
- GPS 위성은 수 밀리미터의 오차 내에서 수신기의 위치 변화를 정확히 알아내는 데 사용된다. 이러한 실시간 자료들은 해양저에서 얻어진 판의 운동 방향과 속도 자료의 신뢰도를 보완하는 데 사용된다. 판은 사람들의 손톱이 자라는 속도와 유사하게 평균 5cm/년의 속도로 이동한다.

2.11 무엇이 판을 이동시키는가

판 운동의 근본적인 힘 두 가지를 설명하고 지판운동에서 맨틀대류의 의미에 관해 설명하라.

핵심용어 : 대류, 판 당기기, 해령 밀기

- 가벼운 물질은 상승하고 보다 무거운 물질은 아래로 가라앉는 일종의 대류가 판의 이동을 발생시키는 원동력이 된다.
- 해양 암권 판은 하부의 연약권에 비해 밀도가 높아 섭입대에서 맨틀 속으로 가라앉는다. 이러한 과정을 판 당기기라 하며, 섭입되는 판은 중력에 의해 아래로 잡아당겨지게 되고 나머지 판들도 섭입대 쪽으로 끌려가게 된다. 암권은 중앙 해령에서 기울어져 있어 해령 중심에서 바깥으로 판을 밀어내는 부가적인 힘이 발생한다. 마찰 항력은 유동하는 맨틀에 의해 판의 바닥에서 작용되는 힘으로 판의 운동 방향과 속도에 영향을 미치는 또 다른 힘으로 작용되고 있다.
- 맨틀 대류의 정확한 형상은 아직은 명확히 밝혀지지 않고 있다. 전체 맨틀 대류 모델에서 제안된 바와 같이 대류는 맨틀 전체를 통해 일어나고 있을 가능성이 높으나, 층상 대류 모델에서 제안된 것과 같은 맨틀 내 2개의 층, 즉 역동적인 상부 맨틀과 느린 하부 맨틀 층에서 독립적으로 발생할 가능성도 있다.

Steve Bower/Shutterstock

? 맨틀에서 발생하는 대류와 오른쪽 그림의 라바 램프에서 일어나는 대류를 비교하여 설명하라.

복습문제

① 제1장의 '과학적인 탐구의 특성'의 내용을 참고하여 다음의 질문에 답하라.
 a. 알프레드 베게너가 대륙이동설을 주창하게 만든 관찰은 무엇인가?
 b. 당시 대부분의 과학자들이 대륙이동설을 반대한 이유는 무엇인가?
 c. 베게너는 과학적인 탐구의 기본 원칙을 따랐다고 생각하는가? 이 질문에 대한 당신의 대답의 이유는 무엇인가?

② 오른쪽 그림은 세 가지 종류의 수렴경계를 보여준다. 다음 질문에 답하라.
 a. 각각은 어떤 수렴경계인가?
 b. 화산도호가 만들어지는 경우는 어떤 것인가?
 c. 2개의 대륙 지괴가 충돌하는 곳에는 왜 화산이 나타나지 않는가?
 d. 해양과 해양이 수렴하는 곳과 해양과 대륙이 수렴하는 경계의 주요 차이점 두 가지를 설명하고, 유사한 점은 무엇인지도 설명하라.

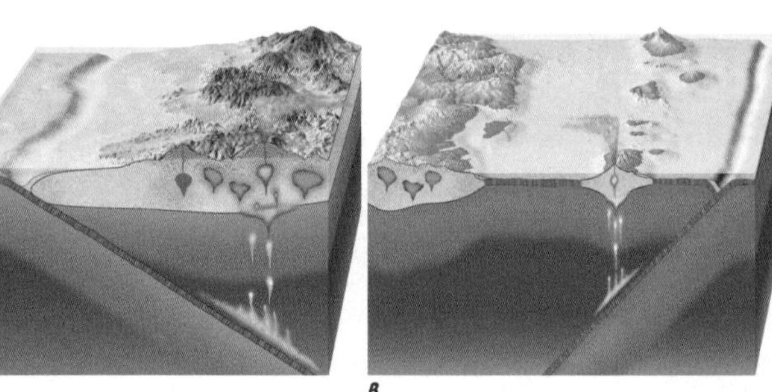

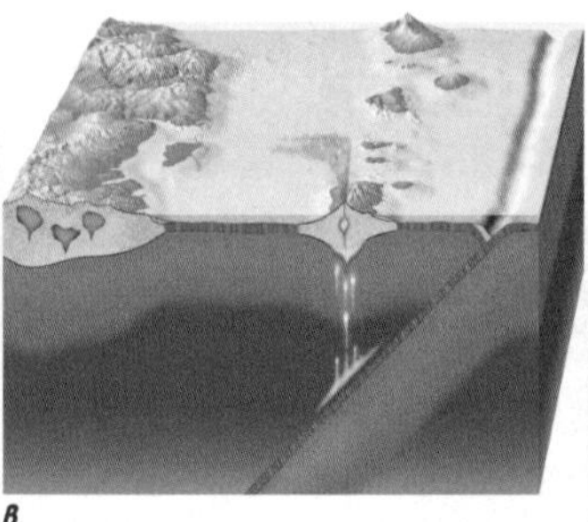

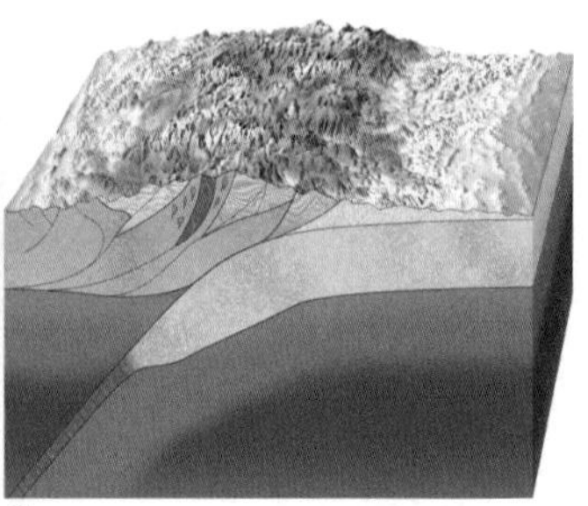

③ 일부 과학자들은 캘리포니아는 미래에 해양으로 가라앉을 것으로 예상하고 있다. 이러한 생각은 판구조론에 부합하는지에 관해 설명하라.

④ 오른쪽의 가상적인 지구조도를 참조하여 다음 질문에 답하라.
 a. 지도상에는 몇 개의 판이 존재하는가?
 b. 대륙 A, B, C는 서로 멀어지고 있는가? 당신의 대답의 이유는 무엇인가?
 c. C보다는 대륙 A와 B에서 현재 화산활동이 발생할 가능성이 높은 이유는 무엇인가?
 d. 대륙 C에서도 화산활동이 발생할 수 있는 시나리오를 1개 이상 제시해 보라.

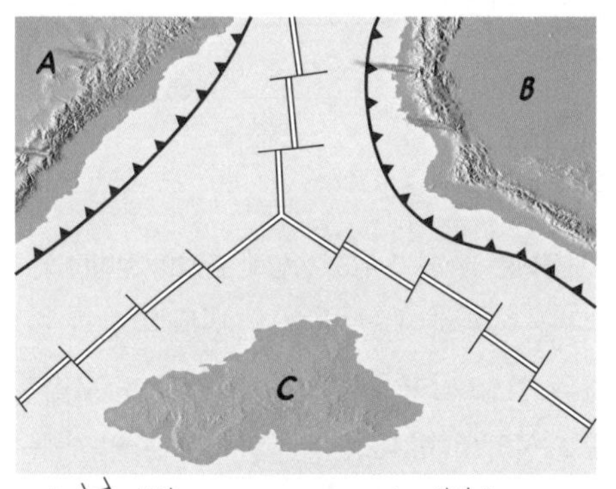

⑤ 맨틀 상승류 위에 있는 하와이군도와 같은 화산들의 일부는 지구상에서 가장 규모가 큰 순상화산체를 만들어 낸다. 그러나 화성에서는 일부 순상화산체의 경우 지구의 것에 비해 매우 엄청나게 큰 규모를 보인다. 이러한 차이가 판의 운동과 관련하여 우리에게 알려주는 시사점은 무엇인가?

⑥ 아래의 그림은 2개의 해령에서의 서로 다른 해저확장에 의해 만들어

진 자력이상대 띠들을 보여준다. 두 그림에서 알 수 있는 해저확장의 속도에 관하여 비교하여 설명하라.

확장 중심 A

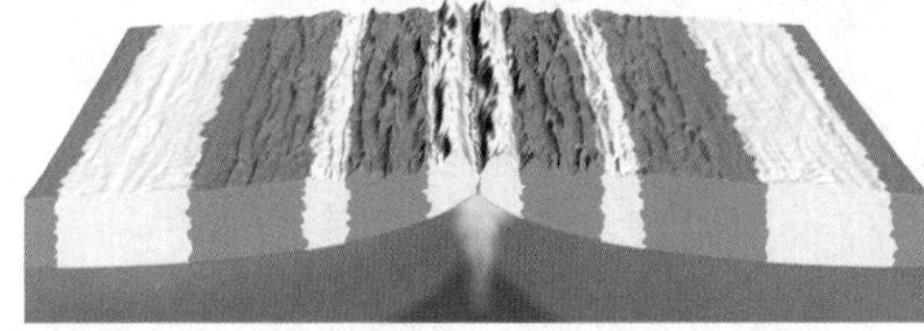
확장 중심 B

⑦ 오스트레일리아의 유대목 동물(캥거루, 코알라 등)은 화석적으로 아메리카에서 발견되는 유대목 주머니쥐와 직접 대비된다. 그러나 오늘날 오스트레일리아의 유대목 동물은 아메리카 관련 종과 매우 다른 특성을 보인다. 이러한 차이를 판게아의 분열과 관련하여 설명하라(그림 2.23 참조).

⑧ 밀도는 지구물질의 성질을 이해하는 데 중요하며, 판구조론 측면에서의 지구 형상을 이해하는 데 있어서도 매우 중요하다. 밀도 그리고/또는 밀도 차이가 판구조론에서 중요한 이유를 세 가지 측면에서 설명하라.

⑨ 아래의 지도와 짝지어진 두 도시를 참고하여 다음에 관하여 설명하라. (보스턴, 덴버), (런던, 보스턴), (호놀룰루, 베이징)

a. 판의 운동에 의해 서로 멀어지고 있는 도시끼리 짝지어진 것을 골라 보라.

b. 판의 운동에 의해 서로 가까워지고 있는 도시끼리 짝지어진 것을 골라 보라.

c. 현재 서로 상대적인 운동이 없는 두 도시끼리 짝지어진 것을 골라 보라.

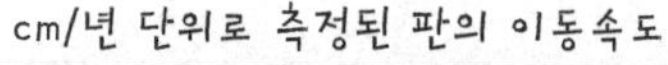

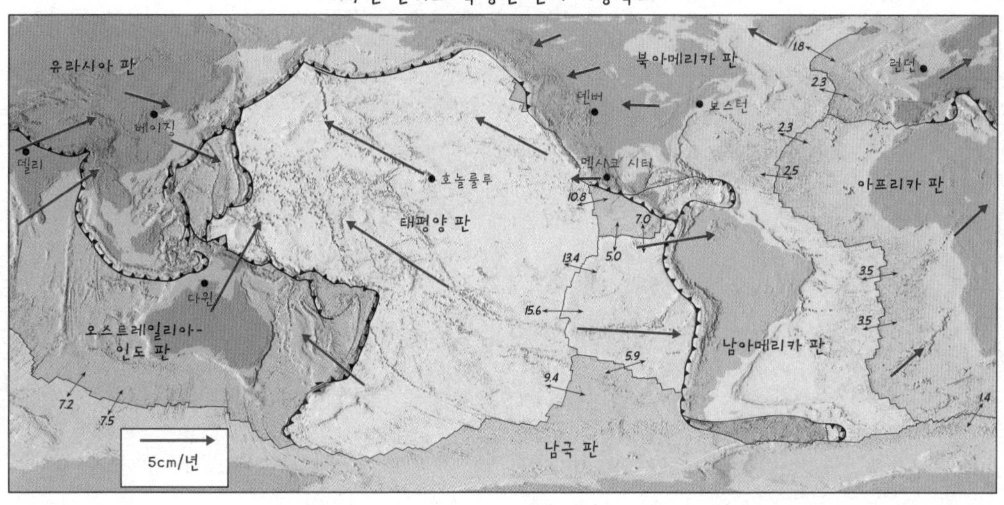

3
물질과 광물

핵심개념

다음은 이 장에서 다룰 주요 학습 목표이다.
이 장을 학습한 후 다음 질문에 답해 보도록 하자.

3.1 지구물질이 광물로 분류되기 위해 필요한 주요 특성을 열거하고, 각 특성에 대해 설명하라.

3.2 원자 내에 포함되는 3개의 기본입자들을 비교하여 그 차이를 설명하라.

3.3 이온결합, 공유결합, 금속결합의 차이를 구별하라.

3.4 광물식별에 이용되는 특성을 열거하고 설명하라.

3.5 광물들은 어떻게 분류하는지와 지구 지각에서 가장 풍부한 광물군을 들고 설명하라.

3.6 규산염사면체를 그려 보고, 이런 기본 블록들이 어떻게 조합되어 다른 여러 규산염 구조들을 만드는지 설명하라.

3.7 담색 규산염광물과 암색 규산염광물을 비교하여 차이를 설명하고, 이들 중에서 일반적인 광물 4개씩을 들어라.

3.8 일반적인 비규산염광물들을 열거하고, 각각의 중요성을 설명하라.

3.9 재생 가능성 측면에서 지구의 광물자원에 대해 토론하라. 광물자원과 광상의 차이를 설명하라.

멕시코 치후아후아에 있는 결정들의 동굴. 지금까지 발견된 것 중에서 가장 큰 자연 결정 (사진 : *Carsten Peter/Speleoresearch & Films/National Geographic Stock/Getty Images*)

지구의 지각과 해양에는 유용하고 필수적인 광물들이 다양하게 존재한다. 대부분의 사람들은 음료수 캔의 알루미늄이나 전선의 구리, 그리고 장신구의 금과 은 같은 일상생활에서 쉽게 접할 수 있는 기본적인 금속에 매우 익숙하다. 하지만 연필심이 매끄러운 촉감을 가진 흑연이라는 광물로 이루어져 있다는 것과 목욕 파우더와 많은 화장품이 활석이라는 광물을 함유하고 있다는 사실은 모르는 경우가 많다. 더 나아가 치과용 드릴의 날에는 단단한 치아를 뚫을 수 있도록 다이아몬드 코팅이 되어 있으며, 또한 컴퓨터 칩에 쓰이는 실리콘은 흔한 광물인 석영에서 얻을 수 있다. 실제로 모든 가공제품은 광물에서 얻은 물질들로 이루어져 있다.

암석과 광물의 산업적인 쓰임새 외에도 지질학자들이 연구하는 모든 과정들은 어떤 면에서는 이러한 기초 지구물질의 특성에 관련된다. 화산 분출로부터 조산운동, 풍화 및 침식작용, 그리고 지진까지도 암석과 광물이 관련되어 있다. 따라서 결과적으로 모든 지질학적 현상을 이해하기 위해서는 지구물질에 대한 기초지식이 필요하다고 볼 수 있다.

알고 있나요?

고고학자는 2,000년 전에 로마인들이 건물의 수도 파이프를 납으로 만들었다는 사실을 발견했다. 실제 기원전 500년과 기원후 300년 사이에 납과 구리의 로마식 방법의 제련에 의해 현저한 대기오염을 발생시켰는데, 이에 대한 증거가 그린란드의 빙하 시추 결과에서 나타났다.

3.1 광물 : 암석을 만드는 블록

지구물질이 광물로 분류되기 위해 필요한 주요 특성을 열거하고, 각 특성에 대해 설명하라.

광물은 마치 벽돌집을 이루는 벽돌처럼 암석을 이루는 기본 블록이기 때문에, 우선 **광물학**(mineralogy, mineral=광물, ology=학문) 관점에서 지구물질에 대해 알아본다. 사람들은 수천 년 동안 실용적이고 장식적인 목적으로 광물들을 사용해 왔다(**그림 3.1**). 처음으로 사용된 광물은 무기와 절단용 기구로 플린트(flint)와 처트(chert)였다. 기원전 3700년부터 이미 이집트인들은 금, 은, 구리를 채굴하였고, 기원전 2200년경 인간들은 구리와 주석을 혼합하여 단단한 합금인 청동을 만드는 방법을 발견하여 청동시대를 열었다. 그러나 청동시대는 적철석과 같은 광물들로부터 철을 추출해내는 방법을 개발함에 따라 쇠퇴하였다. 기원전 800년경에는 철을 만드는 기술이 발전하여 거의 모든 무기와 많은 생필품의 재료가 청동, 구리, 나무 등에서 철로 바뀌어 사용되었다. 그 이후 중세기 유럽에서는 다양한 광물들의 채굴이 일반적인 일이 되었고, 실제적인 광물학으로의 첫걸음을 내딛게 되었다.

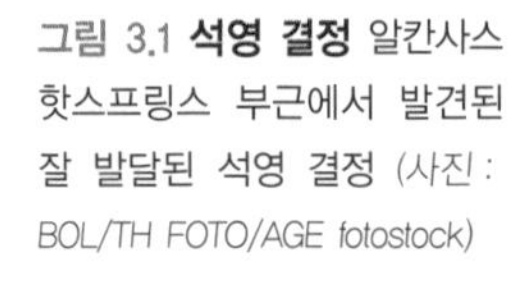

그림 3.1 **석영 결정** 알칸사스 핫스프링스 부근에서 발견된 잘 발달된 석영 결정 (사진 : *BOL/TH FOTO/AGE fotostock*)

광물(mineral)이라는 용어는 여러 가지 뜻으로 많은 분야에서 사용되고 있다. 예를 들어 건강을 중요시 여기는 사람들에게 비타민과 미네랄의 섭취는 극히 장려되고 있으며, 광산업에 종사하는 사람들에게 광물이라는 용어는 보통 땅속에서 나온 모든 것을 뜻한다. 그리고 스무고개라는 유명한 질문게임에서 자주하는 첫 번째 질문은 "그것은 동물, 식물, 혹은 광물 중에 무엇입니까?"이다. 그렇다면 지질학자들은 광물인지 아닌지 어떠한 기준으로 정하는지 알아보자.

광물의 정의

지질학자들은 **광물**을 '**규칙적인 결정구조와 일정한 화학성분을 가지며, 자연적으로 산출하는 무기적 고체**'로 정의한다. 따라서 광물로 정의되고 있는 지구물질은 다음 성질을 가지고 있다.

1. **자연적인 산출.** 광물은 자연적인 지질 과정을 통해 생성된다. 인조 다이아몬드나 루비같이 인공적으로 만들어진 물질들은 광물에 해당되지 않는다.
2. **일반적으로 무기질.** 보통 조리용 소금으로 쓰이는 암염은 자연적인 과정에서 형성되는 무기질의 결정질 고체이다. 반면에 유기질 화합물은 보통 이런 경우에 해당되지 않는다. 소금처럼 결정질 고체인 설탕은 사탕수수나 사탕무에서 만들어지는 유기질 물질에 해당된다. 많은 해양 동물들은 탄산칼슘(방해석)과 같은 무기질 화합물을 조개껍질과 산호와 같은 형태로 만든다. 만약 이러한 물질들이 퇴적되고 깊이 매몰되어 암석의 일부분이 된다면, 지질학자들은 이들을 광물로 간주한다.
3. **고체.** 오직 고체의 결정질 물질만이 광물로 간주된다. 따라서 얼음(얼은 물)은 광물로 분류되지만, 액체 상태의 물과 수증기는 그렇지 않다. 예외로 수은은 자연 상태에서 액체로 발견되지만 광물로 취급한다.
4. **규칙적인 결정구조.** 광물은 결정질 물질이며, 이것은 물질을 이루는 원자들(이온들)이 모여서 **그림 3.2**처럼 반

그림 3.2 **광물 암염을 구성하는 나트륨과 염소 이온들의 배열 모습.** 원자(이온)들의 배열에 의한 정육면체의 단위 구조블록이 규칙적으로 모여 정육면체의 결정을 만든다. *(사진 : Dennis Tasa)*

복적이고 질서정연하게 규칙적인 구조를 갖고 있다는 것이다. 이러한 원자들의 규칙적 배열 구조는 결정이라고 하는 규칙적인 형태로 나타난다. 자연적으로 생성되는 고체 중에서 화산유리(흑요석)는 규칙적인 원자배열 구조가 결핍되어 있어 광물로 간주하지 않는다.

5. **일부 편차가 허용되는 일정한 화학성분.** 광물은 화학식으로 표현할 수 있는 일정한 성분을 가지고 있다. 예를 들어, 흔한 광물 중 하나인 석영은 규소(Si) 원자 1개에 대하여 산소(O) 원자 2개의 비율로 결합되어 있는 SiO_2의 화학식을 가진다. 생성 조건에 상관없이 순수한 석영은 모두 이러한 산소와 규소의 비율로 구성되어 있다. 그러나 어떤 광물들은 구체적이고 잘 정의된 범위 내에서 성분의 변화를 가진다. 이것은 광물의 내부 구조의 변화 없이 어떤 원소들이 비슷한 크기를 가진 다른 원소들과 서로 치환될 수 있기 때문이다.

암석은 무엇인가

광물에 비하여 암석은 더 느슨하게 정의되어 있다. 간단히 말하면 **암석**(rock)이란 지구의 한 부분으로 자연적으로 산출하는 광물이나 광물과 유사한 물질들로 구성되는 고체 덩어리라고 할 수 있다. **그림 3.3**에 나타낸 화강암과 같이 대부분의 암석들은 여러 가지 다른 광물들의 집합체로 나타난다. 이러한 **광물집합체**는 그 속에 포함된 광물들의 각자 고유의 특성을 간직하며 결합되어 있다. 따라서 화강암을 구성하는 여러 다른 광물들을 쉽게 식별할 수 있게 된다. 그러나 일부 암석들은 거의 한 종류의 광물만으로 이루어진 것도 있다. 이러한 예로는 광물인 방해석으로만 주로 구성되는 퇴적암인 석회암이 있다.

몇몇 암석들은 광물이 아닌 물질들로 이루어져 있기도 하다. 즉 비정질 유리 물질로 구성된 화산암인 **흑요석**(obsidian)과 **부석**(pumice)이 포함되고, 고체의 유기질 부스러기들로 구성된 **석탄**(coal)도 있다.

비록 이 장에서 광물의 성질에 대해 우선적으로 알아보고 있지만, 대부분의 암석들은 광물의 집합체라는 사실을 잊지 말아야 한다. 왜냐하면 암석의 성질은 주로 그 속에 포함되는 광물들의 화학성분과 결정구조에 따라 정해지기 때문이다. 따라서 지구물질에 있어서 우선적으로 광물에 대해 공부한다.

개념 점검 3.1

① 어떤 지구물질이 광물로 간주되기 위한 다섯 가지 특성을 열거하라.
② 광물의 정의에 근거하여, 다음의 물질들 중에서 광물로 분류되지 않는 물질을 들고 그 이유를 설명하라. (금, 물, 합성다이아몬드, 얼음, 목재)
③ 암석의 용어를 정의하라. 암석은 광물과 어떻게 다른가?

스마트그림 3.3
대부분의 암석은 광물의 집합체이다. 화성암인 화강암은 샘플 사진과 같이 세 가지 주요 광물로 구성된다. *(사진 : E. J. Tarbuck)*

3.2 원소 : 광물을 만드는 블록

원자 내에 포함되는 3개의 기본입자들을 비교하여 그 차이를 설명하라.

광물을 자세히 조사할 때 광학현미경으로 관찰해도 그 내부 구조의 수없이 작은 입자들은 보이지 않는다. 그럼에도 과학자들은 광물을 포함하는 모든 물질들은 **원자**(atom, 화학적으로 더 이상 분리할 수 없는 최소의 입자)라고 부르는 미세한 블록들로 구성되어 있다는 것을 발견했다. 원자는 **원자핵**(nucleus)에 작은 입자들인 **양성자**와 **중성자**가 있고, 그보다 더 작은 입자의 전자들이 원자핵을 둘러싸고 있다(그림 3.4).

알고 있나요?

금의 순도는 캐럿이라는 단위로 표현되며, 24캐럿은 순금에 해당된다. 24캐럿보다 낮은 순도를 가지고 있는 금은 주로 구리나 은과 같은 다른 금속과 섞여있는 합금이다. 예를 들어 14캐럿의 금은 중량비로 전체의 14가 금이며, 나머지 10은 다른 금속이 된다.

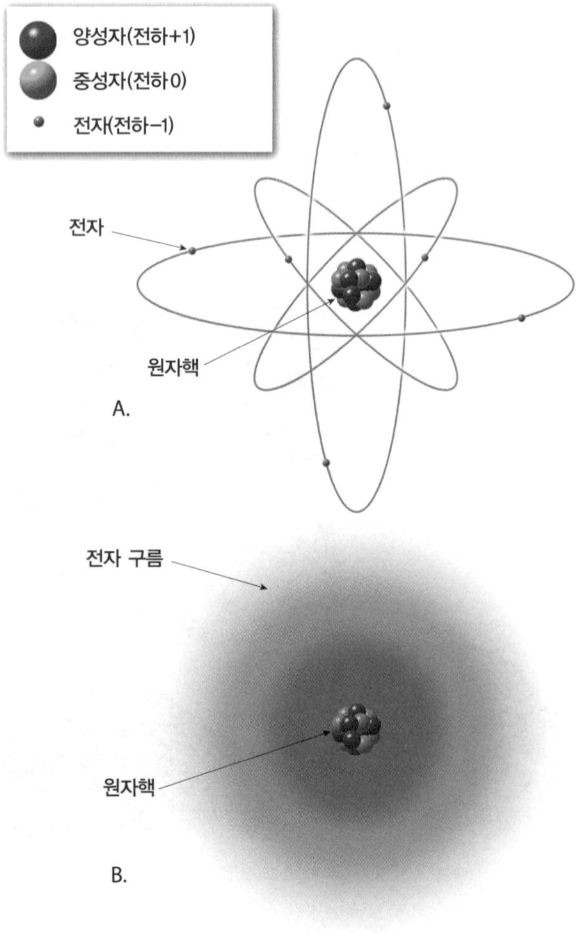

양성자, 중성자, 전자의 성질

양성자(proton)와 **중성자**(neutron)는 거의 비슷한 질량을 가지며 아주 치밀한 입자들이다. 이에 반하여 **전자**(electron)는 질량이 양성자의 약 1/2,000로 무시해도 될 정도로 매우 작다. 이런 질량 차이는 예를 들면 양성자가 야구공이라면 전자는 쌀알 1개와 비교된다.

양성자와 전자는 **전하**(electrical charge)를 가지는 특성이 있으며, 1개의 양성자는 +1의 전하를 가지고 1개의 전자는 −1의 전하를 가진다. 중성자는 이름으로 알 수 있듯이 전하를 가지지 않는다. 양성자와 전자의 전하는 크기가 같지만 반대 극성을 띠므로 이 두 입자가 쌍을 이룰 때는 전하가 서로 상쇄된다. 그래서 물질은 일반적으로 양전하의 양성자 수와 음전하의 전자 수가 같기 때문에 대부분의 물질들은 전기적으로 중성을 띤다.

예를 들어 태양을 중심에 두고 궤도를 도는 태양계의 행성들과 유사하게 전자들은 원자핵을 중심으로 돌아가는 궤도의 모습으로 볼 수 있다(그림 3.4A). 그러나 전자들은 실제적으로 이러한 거동은 하지 않는다. 더 실제적인 묘사는 원자핵 주변에 음전하의 구름으로 전자를 나타낼 수 있다(그림 3.4B). 전자의 배치에 대한 연구를 통하여 전자들은 각각의 에너지 준위(energy level)를 가지고 있는 **주껍질**(principal shells)이라고 하는 영역에서 원자핵 주위를 이동하는 것으로 나타냈다. 또한 이 전자껍질들은 각자 특정한 수의 전자들을 보유할 수 있으며, 가장 바깥에 있는 껍질에는 **원자가전자**(valence electron)를 지니고 있다. 이 원자가전자들은 화학결합에서 다른 원자와의 반응에 관여하게 된다.

우주에 존재하는 대부분의 원자(수소와 헬륨은 제외)들은 뜨겁고 불타는 초신성의 폭발 동안에 성간 공간에서 핵융합과 분열에 의해 무거운 별의 내부에서 만들어졌다. 이러한 분출물질이 냉각되면서 새롭게 생성된 핵이 원자구조를 완성하기 위해서 전자들을 끌어당기게 되었다. 지구 표면의 온도 정도에서는 모든 자유 원자들(다른 원자와 결합하지 않은 것)은 전자를 완전히 채우게 된다. 즉 원자핵의 각 양성자당 1개의 전자가 채운다.

양성자(전하+1)
중성자(전하0)
전자(전하−1)
전자
원자핵
A.
전자 구름
원자핵
B.

그림 3.4 **원자의 두 가지 모델**
A. 중심에 양성자와 중성자로 구성된 원자핵이 있고 그 주위를 빠른 속도로 돌고 있는 전자로 이루어진 원자 모델
B. 중심의 원자핵을 둘러싸는 구상 형태의 전자구름(전자껍질)을 나타내는 원자 모델. 이 원자핵은 원자 질량의 거의 모두를 포함한다. 그 나머지는 음전하를 띠는 전자들이 차지한다. (여기 그림에서 원자핵의 상대적인 크기는 크게 과장되어 있음)

원소 : 양성자 수에 의한 정의

가장 단순한 원자는 원자핵 내에 오직 1개의 양성자만을 가지지만, 다른 것은 100개 이상을 가지는 것도 있다. 원자의 원자핵 중 양성자수를 **원자번호**(atomic number)라고 부르며 화학적 성질을 결정한다. 양성자수가 같은 모든 원자는 화학적 그리고 물리적으로 같은 성질을 가진다. 같은 종류인 원자들의 무리를 원소(element)라고 부른다. 자연에서 산출하는 원소는 약 90개가 있으며, 실험실에서 합성한 원소도 몇 가지가 있다. 우리는 탄소, 질소, 산소를 포함하는 많은 원소의 이름에 익숙하다. 모든 탄소 원자는 6개의 양성자, 질소는 7

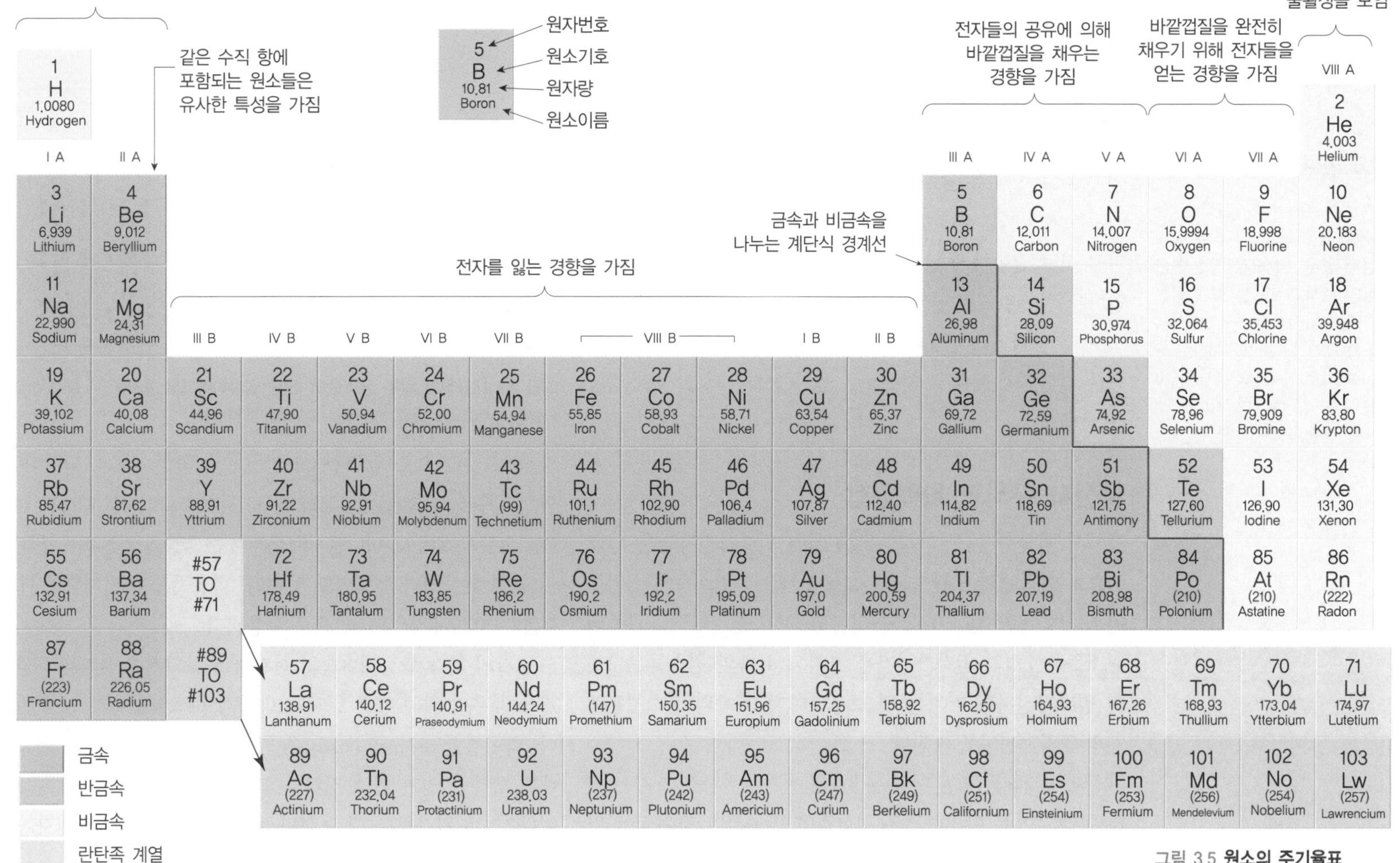

그림 3.5 **원소의 주기율표**

개의 양성자, 산소는 8개의 양성자를 가지고 있다.

원소들을 비슷한 성질을 가진 것들끼리 종으로 같은 행에 정열하고, 이들을 그룹으로 묶어 나타냈다. 이러한 배열을 **주기율표**(periodic table)라고 하며 **그림 3.5**에 제시하였다. 각 원소들은 1개 혹은 2개의 문자 기호로 나타낸다. 각 원소의 원자번호와 질량도 주기율표에 나타나 있다.

자연적으로 산출하는 원소의 원자들은 지구의 광물을 구성하는 기본 블록이라 볼 수 있다. 대부분의 원소들은 **화합물**(chemical compound)을 형성하기 위하여 다른 원소들의 원자들과 결합한다. 그러므로 대부분의 광물들은 2개나 그 이상의 원소들의 화학성분을 가진다. 이러한 것으로는 석영(SiO_2), 암염(NaCl), 방해석($CaCO_3$) 등이 있다. 그러나 자연동, 다이아몬드, 유황, 금 등과 같은 일부 광물들은 오직 한 가지 원소의 원자들로 만들어진다(**그림 3.6**).

개념 점검 3.2

① 원자 내에 포함된 3개의 주요 입자들을 열거하고, 그들의 차이점을 설명하라.

② 1개의 원자를 간단하게 스케치하고, 3개의 주요 입자들을 표시하라.

③ 원자가전자들의 중요성은 무엇인가?

그림 3.6 **한 가지 원소로만 구성된 광물들** (사진 : *Dennis Tasa*)

A. 석영 위의 금

B. 유황

C. 구리

3.3 원자는 왜 결합하는가

이온결합, 공유결합, 금속결합의 차이를 구별하라.

알고 있나요?

순수한 백금은 극히 희귀하며 매우 가치 높은 광물이다. 백금의 내구성과 쉽게 변색되지 않는 점은 최상의 보석을 만드는 데 적합하다. 또한 백금은 자동차 산업에서 자동차 배기가스를 변환시키는 산화 촉매제로 사용된다. 21.5의 비중을 가진 백금은 자연적으로 생성되는 광물 중에서 가장 밀도가 높다.

불활성 가스로 알려진 원소들을 제외하면, 다른 원자들은 지구에서 일어나는 온도 및 압력의 조건 아래에서 서로 결합한다. 일부 원자들은 이온결합의 **화합물**을 만들고, 일부는 **분자**를 만들고, 일부는 **금속물질**을 만든다. 왜 이러한 것들이 만들어지는 것일까? 실험적으로 전기적인 힘이 원자들을 잡아당겨서 서로 결합하게 된다는 것이 증명되었다. 이러한 전기적 인력은 결합된 원자들의 전체 에너지를 낮추게 하여 일반적으로 더 안정되게 만든다. 결과적으로 화합물로 결합된 원자들은 결합되지 못하고 자유로운 원자들보다 더 안정된 경향을 나타낸다.

팔전자 규칙과 화학결합

앞에서 언급한 대로 가장 바깥껍질의 원자가전자들은 일반적으로 화학결합에 관여한다. 그림 3.7은 각 원소족에서 일부 원소들에 대한 원자가전자들의 수를 기호로 나타냈다. I족의 원소들은 1개의 원자가전자를 가지고, II족의 원소들은 2개의 원자가전자를 가지는 것으로 하여, VIII족의 원소들은 8개의 원자가전자를 가진다.

불활성기체들(헬륨 제외)은 8개의 원자가전자를 가지는 전자배열로 아주 안정하므로 화학적인 반응성이 결여되어 있다. 다른 많은 원자들은 화학반응 동안에 전자를 얻든지, 잃든지, 아니면 나누든지 하면서 결국 불활성기체의 전자배열에 도달하게 된다. 이러한 연구 결과는 **팔전자 규칙**(옥텟규칙, octet rule)으로 알려진 화학적인 지침이 나오게 되었다.

대표적인 일부 원소들의 전자 점다이어그램

I	II	III	IV	V	VI	VII	VIII
H•							He:
Li•	•Be•	•B•	•C•	•N•	:O•	:F•	:Ne:
Na•	•Mg•	•Al•	•Si•	•P•	:S•	:Cl•	:Ar:
K•	•Ca•	•Ga•	•Ge•	•As•	:Se•	:Br•	:Kr:

그림 3.7 **대표적인 일부 원소들의 전자 점다이어그램** 표시된 각 점은 가장 바깥의 전자껍질에 존재하는 원자가전자를 나타낸다.

팔전자 규칙 : 원자들은 8개의 원자가전자로 둘러싸일 때까지 전자를 얻든지, 잃든지, 아니면 나누든지 하는 경향을 가진다는 규칙.

이 규칙에는 예외적인 면도 있지만, 화학반응을 이해하는 데 경험의 법칙(rule of thumb)으로 유용하다.

원자의 외각 껍질에 8개의 전자가 포함되지 않을 때 그 껍질을 채우기 위해 다른 원자와 화학적으로 결합하기 쉽게 된다. **화학결합**(chemical bonds)은 원자들이 이러한 안정된 전자배열 상태를 얻기 위해 전자들을 공유하거나 이동하는 현상이다. 일부 원자들은 내부 전자껍질이 완전히 채워진 원자가 되도록 다른 원자들에게 원자가전자를 전달하기도 한다.

원자가전자가 이온을 형성하는 원소들 사이에서 전달될 때 이 결합은 이온결합이다. 원자가전자들이 원자들 사이에서 공유할 때 이 결합은 공유결합이다. 원자가전자들이 한 물질 내에 있는 모든 원자와 공유할 때 이 결합은 금속결합이다.

이온결합 : 전자들의 이동

아마 가장 생각하기 쉬운 결합의 형태는 이온결합일 것이다. 이것은 하나의 원자가 1개 이상의 원자가전자를 다른 원자에게 내주어서 **이온**(ion, 양전하와 음전하를 띠는 원자)들을 만들도록 한다. 이때 전자를 잃은 원자는 양이온이 되고, 전자를 얻은 원자는 음이온이 된다. 반대의 전하를 가지는 이온들은 서로 강한 인력이 작용하여 이온결합을 형성하게 된다.

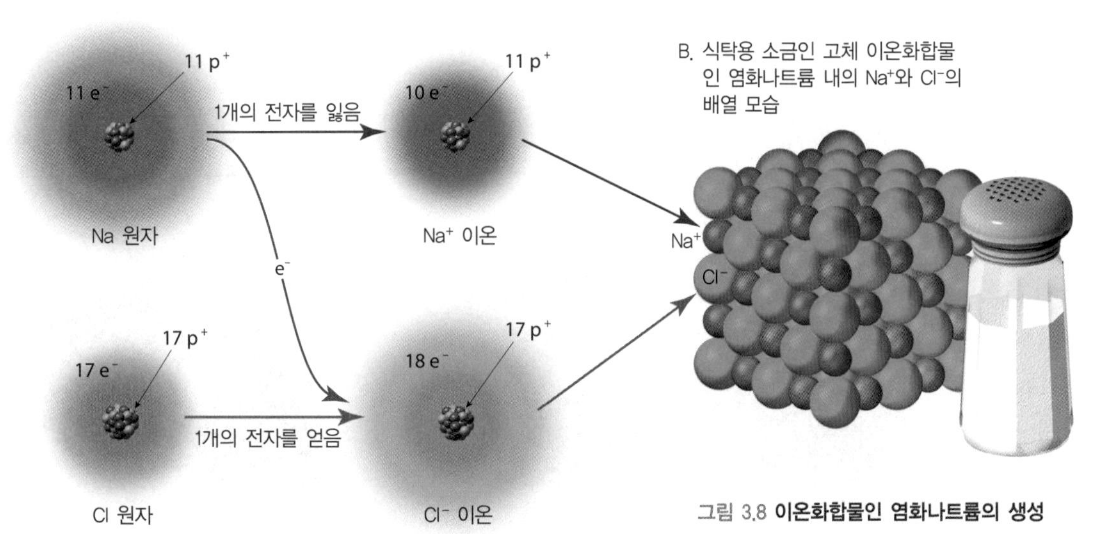

그림 3.8 **이온화합물인 염화나트륨의 생성**

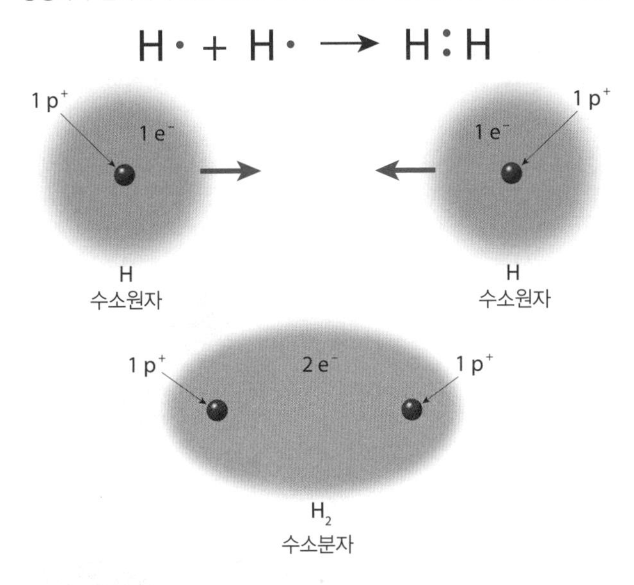

그림 3.9 공유결합의 형성
수소분자(H_2)는 2개의 수소(H)원자의 공유결합에 의해 형성된다. 수소원자들이 결합할 때 음전하의 전자들이 양쪽의 수소원자들을 공유하고, 각 원자 내의 원자핵에 들어 있는 양성자의 양전하에 의해 동시적으로 끌어 당겨진다.

광물인 암염(일반 식탁용 소금)의 고체 이온화합물인 염화나트륨을 만드는 나트륨(Na)과 염소(Cl) 사이에 나타나는 이온결합을 알아보자. **그림 3.8A**에 묘사되어 있듯이, 나트륨원자가 염소원자에게 원자가전자를 하나 내어줌으로서 나트륨원자는 양전하를 띠는 이온이 된다. 반면에 염소원자는 1개의 전자를 얻게 되어 음전하를 띠는 이온이 된다. 반대 전하를 가진 이온들은 서로 끌어당긴다는 것은 익히 알려져 있다. 따라서 **이온결합**(ionic bond)은 서로 반대 전하를 가진 이온들의 인력에 의한 결합이며, 이러한 결합에 의해 전기적으로 중성의 이온화합물을 만들게 된다.

그림 3.8B에는 소금에 들어 있는 나트륨과 염소 이온들의 배열 상태를 나타낸다. 그림에서 보듯이 양이온 주위는 음이온들이 둘러싸고 있고, 반대로 음이온 주위는 양이온들이 둘러싸고 있는 형태로 염소와 나트륨이 소금 입자 안에 배열되어 있다. 이 배열은 같은 전하를 가진 이온 사이의 거리를 최대화하면서 그와 동시에 반대의 전하를 가진 이온 사이의 거리를 최소화시켜, 반대 전하를 가진 이온 사이의 인력을 최대로 출력할 수 있도록 도와준다. 따라서 이온결합 물질은 이렇게 전체적으로 전하가 중성이 되도록 일정한 비율을 가지면서 서로 반대 전하를 가진 이온들끼리 질서정연한 배열을 이룬다.

화학물질의 성질은 그것을 이루는 각 성분들의 고유한 성질과는 극단적인 차이를 보일 수 있다. 예를 들어 나트륨은 굉장한 반응성을 가지고 있으며 또한 치명적인 독성을 띠고 있다. 만약 당신이 순수한 나트륨만을 조금이라도 섭취했다면 당장 응급 처치가 필요할 것이다. 그리고 초록색의 독성 가스인 염소도 1차 세계대전 때 무기로 쓰였을 만큼 위험한 성질을 가지고 있다. 그러나 이토록 위험한 두 가지 원소도 결합하면 인체에 전혀 해롭지 않는 염화나트륨, 즉 보통의 식탁용 소금이 된다. 이처럼 원소가 결합하여 새로운 화학물질을 만들어내면, 그 원소의 성질은 현저하게 변하게 된다.

공유결합 : 전자의 공유

때로는 반대 전하에 의한 이온결합의 관점에서는 이해할 수 없는 원자 간 결합력이 존재한다. 한 예로서 수소분자(H_2)가 있는데, 2개의 수소원자가 단단히 결합한 것으로 어떤 이온도 관여하지 않는다. 이와 같이 2개의 수소원자가 결합한 강한 인력은 공유결합에 의한 것이다. **공유결합**(covalent band)**은 원자들 사이에 전자쌍의 공유에 의해 형성되는 화학결합이다.**

그림 3.9와 같이 2개의 수소원자(각각 1개의 양성자와 1개의 전자를 가짐)들이 서로 접근하여 수소분자로 결합한다. 이들이 만나면 두 원자 사이의 공간에 전자가 점유하도록 전자 배열이 변하게 된다. 달리 말하면 이 2개의 전자들은 2개의 수소원자들과 공유하게 되고, 이때 동시적으로 각 원자의 원자핵에 들어 있는 양전하를 띠는 양성자의 인력이 작용하게 된다. 수소원자가 이온이 되지는 않지만, 양전하의 원자핵과 원자핵을 둘러싸는 음전하의 전자에 있어서 이 반대 전하의 입자들 사이 인력에 의해 두 원자 간의 결합력이 생긴다.

금속결합 : 자유전자

자연금, 자연은, 자연동과 같은 몇몇 광물들은 규칙적으로 치밀하게 결합된 금속원자들로만 이루어져 있다. 이러한 원자들의 결합은 각 원자의 원자가전자에서부터 전체 금속구조를 통하여 자유롭게 이동하는 전자들로 채워진 전자 연못에 기인된다. **그림 3.10**에 보이는 바와 같이 1개 이상의 원자가전자들이 모여서

그림 3.10 금속결합
금속결합은 금속원자의 원자가전자들이 전체 금속구조를 통하여 자유롭게 이동하는 전자들의 연못에 기인된다. 음전하의 전자 바다와 양이온들 사이의 인력이 금속 특유의 특성을 가지게 하는 금속결합을 형성한다.

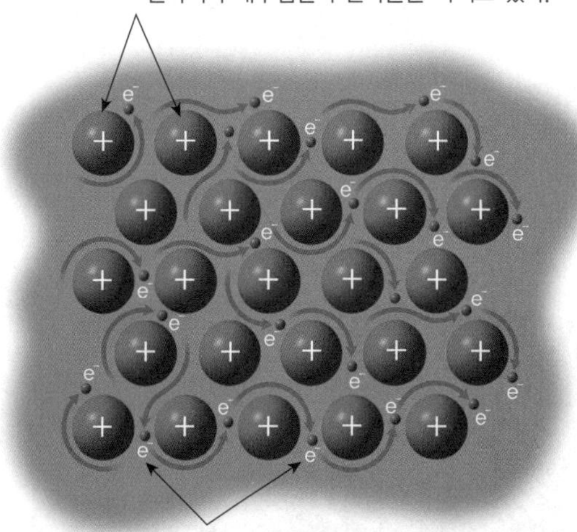

원자가전자들의 바다를 만들어 그 속에 양이온의 집합체를 빠뜨려 놓은 것 같은 형태이다.

음전하를 띠는 전자들의 바다와 양이온들 사이의 인력이 특징적인 금속만의 성질을 가지는 **금속결합**(Metallic bond)을 형성한다. 금속들은 원자가전자들이 한 원자에서 다른 원자로 자유롭게 이동하기 때문에 전기적으로 높은 전도성을 가진다. 금속들은 두드려서 얇은 판으로 느릴 수 있는 **전성**(malleable)을 가지며, 가는 철사처럼 길고 가늘게 뽑아낼 수 있는 **연성**(ductile)의 성질을 가진다. 반면에 이온결합과 공유결합의 고체들은 응력을 받을 때 잘 부러지고 갈라지는 성질을 나타내는 경향을 보인다. 콘크리트 바닥에 금속의 프라이팬과 자기접시를 떨어뜨렸을 때 그 차이를 생각해 보라.

개념 점검 3.3

① 원자와 이온의 차이는 무엇인가?

② 1개의 양이온이 만들어지기 위해서 원자에는 무슨 일이 일어나는가? 1개의 음이온은?

3.4 광물의 특성

광물식별에 이용되는 특성을 열거하고 설명하라.

광물들은 일정한 결정구조와 화학성분을 가지고 있으며, 이 때문에 각 광물에 따라 독특한 물리적 · 화학적 특성을 나타낸다. 예를 들어 암염의 모든 시료들은 같은 경도와 같은 밀도, 그리고 비슷한 쪼개짐의 성질을 가지고 있다. 광물의 내부구조와 화학성분은 특정한 장비와 세밀한 분석을 하지 않고서는 알기가 어렵기 때문에, 비교적 알기 쉬운 물리적 성질을 이용하여 간편히 식별하기도 한다.

시각적 특성

광물들의 여러 시각적 특성 중에 광택, 빛의 투과성, 색, 조흔색이 광물식별에 가장 흔히 이용된다.

광택 광물 표면에 반사되는 빛의 모습이나 성질을 **광택**(luster)이라고 한다. 금속성의 외관을 하고 있는 광물들은 그 색을 불문하고 **금속성 광택**을 낸다고 한다(그림 3.11). 자연구리나 방연석 같은 몇몇 금속성 광물들은 공기 중에 노출되면 광물 표면이 흐릿하게 피복되든지 퇴색되어 나타난다. 이처럼 이들 광물은 신선한 깨진 단면만큼 표면이 빛나는 광택을 내지 않기 때문에 이러한 시료는 가끔 아금속광택을 나타낸다.

그림 3.11
금속광택과 아금속광택
(사진 : E. J. Tarbuck)

방연석의 신선한 표품(오른쪽)은 금속광택을 나타내며, 반면에 왼쪽의 방연석 표품은 퇴색되어 아금속광택을 보인다.

대부분의 광물들은 **비금속광택**을 가지고 있으며, 이들은 유리광택과 같은 여러 가지 형용사를 사용하여 그 광택을 표현한다. 다른 것으로는 **무광** 혹은 **토상광택**(흙과 같은 광택), **진주광택**, **견사광택**(비단과 같은 광택), **지방광택**(기름이 피복된 것 같은 광택) 등이 있다.

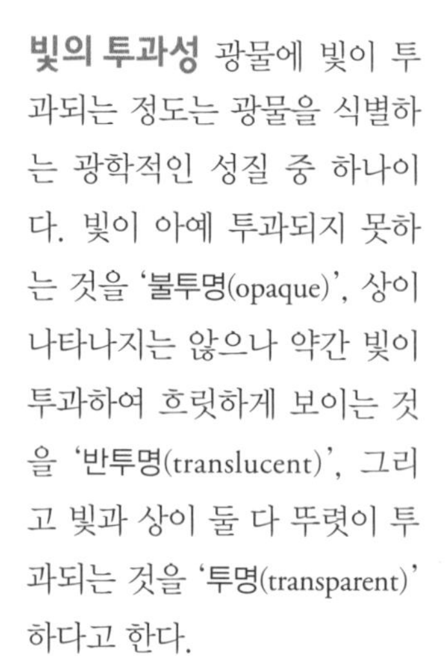

빛의 투과성 광물에 빛이 투과되는 정도는 광물을 식별하는 광학적인 성질 중 하나이다. 빛이 아예 투과되지 못하는 것을 '**불투명**(opaque)', 상이 나타나지는 않으나 약간 빛이 투과하여 흐릿하게 보이는 것을 '**반투명**(translucent)', 그리고 빛과 상이 둘 다 뚜렷이 투과되는 것을 '**투명**(transparent)' 하다고 한다.

A. 형석

B. 석영

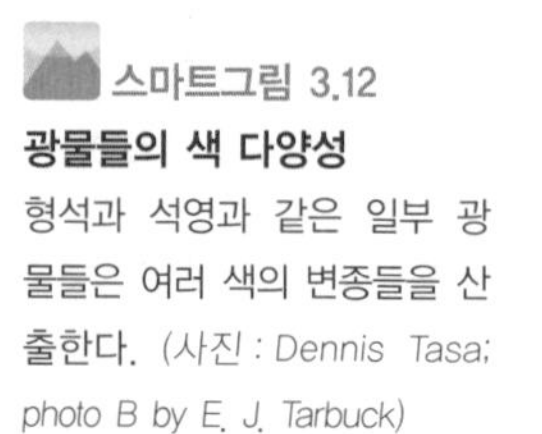

스마트그림 3.12
광물들의 색 다양성
형석과 석영과 같은 일부 광물들은 여러 색의 변종들을 산출한다. (사진 : Dennis Tasa; photo B by E. J. Tarbuck)

색 **색**(color)은 어떤 광물에서든 가장 뚜렷한 성질이기는 하지만, 실제로 색은 아주 적은 숫자의 일부 광물에게만 식별할 수 있는 성질에 해당된다. 특히 흔한 광물인 석영은 극히 소량의 불순물이 섞여 들어가도 분홍색, 보라색, 노란색, 흰색, 회색, 그리고 심지어 검은색까지 다양한 색상을 보인다(그림 3.12). 또한 전기석이라는 광물도 시료에 따라 여러 가지 색을 나타내며, 같은 시료 내에서도 다양한 색을 보이기도 한다. 그러므로 색만으로 광물을 감정하는 것은 굉장히 애매모호한 일이며 심지어 잘못된 결과를 초래하기도 한다.

조흔색 광물의 분말 색을 **조흔색**(streak)이라고 하며, 이것은 가끔 광물식별에 유용하게 이용된다. 광물의 조흔색은 조흔판(유약을 바르지 않은 자기판)에 광물을 긁어 나오는 가루

그림 3.13 **조흔색**
광물의 색은 광물식별에 항상 도움 되지는 않지만, 광물의 분말색인 조흔색은 아주 유용하게 이용된다.

그림 3.14
황철석의 일반적인 결정 형태

대부분의 광물들은 한 가지 결정 형태를 나타내지만, 황철석과 같은 일부 광물들은 2개 이상의 특징적인 정벽을 나타낸다.

흔적의 색으로 관찰한다(그림 3.13). 광물 자체의 색은 시료마다 다를 수 있지만, 조흔색은 보통 일관성 있게 나타난다.

조흔색은 금속성 광택을 가지고 있는 광물과 비금속성 광택을 가지고 있는 광물을 구별할 때도 쓰인다. 금속광물은 주로 조흔색이 짙고 어두운색을 띠며, 비금속성 광물은 전형적으로 밝은색을 띤다.

하지만 조흔판을 사용해서 모든 광물의 조흔색을 알 수 있는 것은 아니다. 예를 들어 석영은 경도가 조흔판보다 더 크기 때문에 조흔판으로는 조흔색을 관찰할 수 없다.

결정 형태 혹은 정벽 광물학자들은 1개 결정이나 결정 집합체의 일반적이거나 특징적인 형태를 말할 때 **결정 형태**(crystal shspe) 혹은 **정벽**(habit)이라는 용어를 사용한다. 어떤 광물들은 3차원적으로 고르게 성장하는 것이 있는 반면에, 한쪽 방향으로만 자라나거나 한쪽 방향으로 성장이 억압되어 길거나 납작하게 나타나는 경향이 있다. 일부 광물들은 광물식별에 도움이 되는 규칙적인 다면체를 가진다. 예를 들어 자철석 결정은 가끔 팔면체 형태로 산출되기도 하고, 석류석은 보통 십이면체의 형태를 나타내고, 암염과 형석의 결정들은 정육면체나 이에 가까운 형태로 성장하는 경향을 가진다. 대부분의 광물들은 오직 하나의 일반적인 결정 형태를 가지고 있지만, 황철석과 같은 일부 광물들은 그림 3.14에서와 같이 두 가지 이상의 특징적인 결정 형태를 가진다.

그리고 일부 광물 표품들은 특징적인 형태를 가지는 공생 성장의 많은 결정들로 구성되어 있으며, 이러한 형태도 광물 식별에 이용될 수 있다. 이러한 결정 형태와 그 외에 다른 결정들의 정벽을 칭하는 용어로는 입상, 도변상, 섬유상, 탁상, 주상, 판상, 괴상, 포도상 등이 있다. 이러한 정벽들의 일부를 그림 3.15에 나타냈다.

광물의 견고성

광물이 외부의 힘에 의해 얼마나 잘 깨지며 변형되는가는 광물의 결정을 형성하고 있는 화학결합의 형태와 강도에 관계된다. 광물학자들은 점착성, 경도, 벽개, 그리고 단구라는 용어를 사용하여 외력에 대해 광물들의 단단함과 깨지고 변형되는 정도를 표현한다.

경도 광물이 얼마나 마멸이나 긁힘에 강한지를 측정하는 기준인 **경도**(hardness)는 가장 유용하게 쓰이는 광물의 성질 중 하나이다. 경도를 알아내는 방법은 경도를 알고 있는 광물에 경도를 모르는 광물을 긁어보고, 또 그 반대로도 시행하여 상대적 경도를 측정한다. 경도를 나타내는 척도로는 모스경도

스마트그림 3.15
일부 광물결정의 정벽
A. 섬유상으로 쪼개지는 얇고 가느다란 결정
B. 한 방향으로 평편하게 긴 결정
C. 다른 색이나 조직의 차이에 의해 줄이나 띠 모양을 보이는 광물
D. 정육면체의 형태를 보이는 결정

A. 섬유상

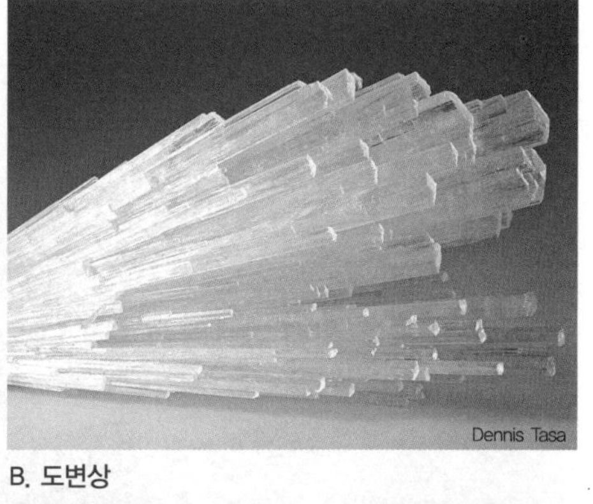

B. 도변상

C. 호상

D. 입방체 결정

스마트그림 3.16

경도계 A. 모스경도계와 일부 물건들의 경도. B. 모스상대경도와 절대경도와의 관계

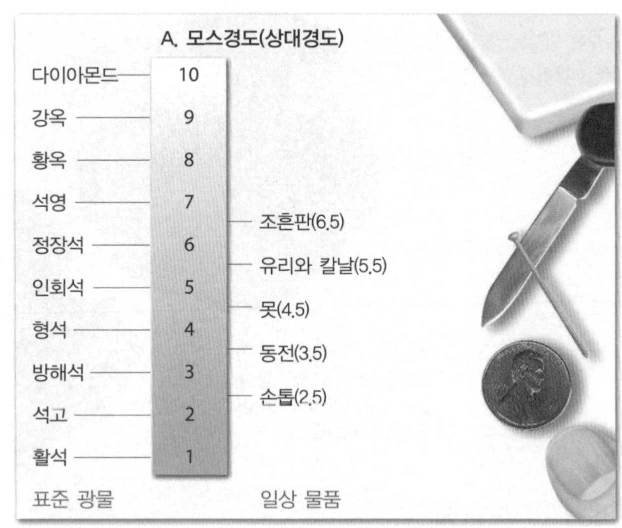

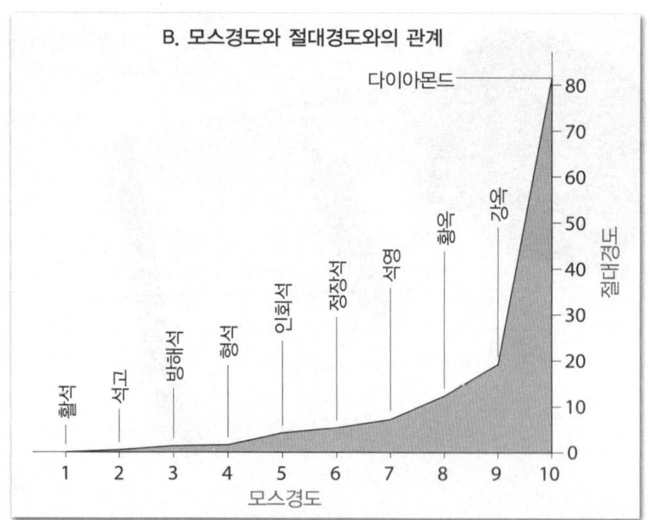

알고 있나요?

크리스탈이라는 명칭은 그리스어인 *krystallos*(얼음)에서 유래하여, 석영 결정에 먼저 사용하게 되었다. 이것은 고대 그리스인들이 석영은 지구 내부의 압력이 높고 깊은 곳에서 결정화된 물이었다고 믿었기 때문이다.

가 있는데, 모스경도는 **그림 3.16A**에 나타낸 것과 같이 가장 약한 1부터 가장 단단한 10까지의 10개 광물로 구성되어 있는 **모스경도계**(Mohs scale)로 측정한다. 이 경도를 측정할 때 유의해야 할 점은 모스경도는 언제까지나 상대적인 수치라는 것이다. 예를 들어 모스경도 2인 석고는 모스경도 1을 가진 광물보다 2배로 더 단단한 것이 아니고, **그림 3.16B**에서 볼 수 있듯이 실제로는 아주 약간 더 단단할 뿐이라는 것이다.

일상생활에서 볼 수 있는 흔한 물건들도 광물의 경도를 재는 데 쓰일 수 있다. 예를 들면 인간의 손톱은 약 2.5 정도의 경도를 가지고 있고, 1센트의 구리로 된 동전은 3.5, 그리고 유리 조각은 5.5이다. 경도 2인 석고는 손톱으로 잘 긁히지만, 경도 3인 방해석은 손톱에 긁히지 않고 오히려 손톱을 긁는다. 하지만 방해석도 경도 5.5를 가진 유리 조각은 긁지 못한다. 높은 숫자의 경도를 가진 광물 중 하나인 석영은 쉽게 유리를 긁을 수 있으며, 최고 경도를 가진 다이아몬드는 모든 것을 긁을 수 있다.

그림 3.17 **완벽한 벽개면을 보이는 운모광물** 한 방향의 벽개면을 나타내는 얇은 층들의 모습 (사진 : *Chip Clark/Fundamental Photos*)

벽개 많은 광물들의 결정구조 속에는 유난히 원자결합이 약한 부분이 있다. 광물이 외부적인 힘을 받으면 이 약한 부분을 따라서 부서지는데, 이것을 **벽개**(cleavage, 쪼개짐)라고 한다. 벽개는 광물의 약한 결합면을 따라 쪼개지는 성질이다. 모든 광물들이 벽개를 가지는 것은 아니지만, 광물이 깨질 때 생기는 비교적 매끈하고 평탄한 면으로부터 벽개를 식별할 수 있다.

가장 간단한 벽개형태를 가지고 있는 광물은 운모이다(**그림 3.17**). 운모는 다른 광물들보다 그 속의 약한 원자 결합이 한 방향으로 배열되기 때문에 아주 얇고 평탄한 면으로 곧잘 쪼개진다. 어떤 광물들은 한 방향, 두 방향, 세 방향과 그 이상의 방향으로 우세한 벽개를 나타내기도 하지만, 다른 광물들은 약간 양호 혹은 불명료의 형태를 보이는 것도 있으며, 또 다른 광물들은 전혀 벽개를 나타내지 않는다. 광물들이 한 가지 이상의 방향으로 벽개가 나타나면 발달되는 벽개 방향의 수와 벽개가 교차하는 각도로 벽개의 특성을 표현할 수 있다(**그림 3.18**).

다른 방향을 가진 각 벽개면은 다른 방향의 것으로 벽개수를 계산한다. 예를 들어 어떤 광물들은 6개의 결정면을 가진 정육면체에서 벽개가 나타날 수 있다. 이때 정육면체는 90도로 교차하는 평행한 3개의 다른 방향의 면으로 되어 있기 때문에 벽개는 90°에서 교차하는 3개의 벽개 방향을 가지는 것으로 본다.

하지만 벽개를 결정 형태와 혼동해서는 안 된다. 벽개를 가지는 광물이 쪼개질 때는 모두 같은 기하학적 형태의 조각으로 부서질 것이다. 반면에 그림 3.1에 나타낸 표면이 매끈한 결정면을 가진 석영 결정들은 벽개를 가지지 않는다. 이 결정면을 깨지게 한다면 더 이상 본래의 결정형태를 유지하지도 못할 뿐더러 깨진 조각들도 서로 비슷한 모양을 잘 나타내지 않는다.

단구 광물의 화학결합에서 모든 방향에서 결합력이 똑같든지 아니면 거의 비슷할 경우의 광물들은 **단구**(fracture, 깨짐)라는 특성을 나타낸다. 광물이 깨질 때 대부분 불평탄한 표면

A. 한 방향의 벽개
예 : 백운모

B. 90°각도로 교차하는 두 방향의 벽개
예 : 장석

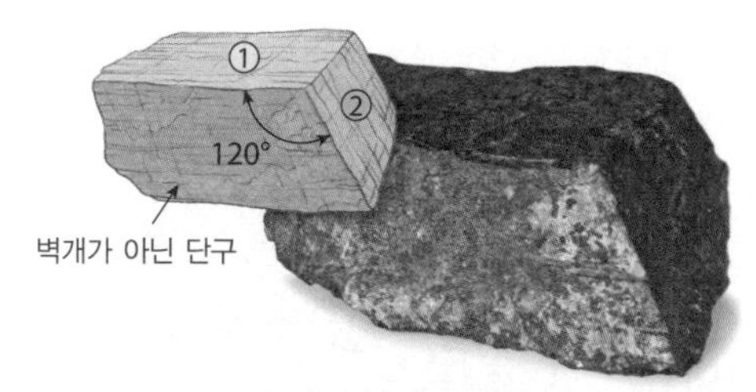

C. 90도가 아닌 각도로 교차하는 두 방향의 벽개
예 : 보통각섬석

D. 90°각도로 교차하는 세 방향의 벽개
예 : 암염

E. 90°가 아닌 각도로 교차하는 세 방향의 벽개
예 : 방해석

F. 네 방향의 벽개
예 : 형석

스마트그림 3.18
광물들에서 나타나는 벽개 방향 (사진 : E. J. Tarbuck and Dennis Tasa)

을 나타내는 데 이러한 경우를 **불규칙 단구**라고 한다. 그러나 석영과 같은 일부 광물들은 특정의 형태로 깨지는데, 석영의 경우는 깨진 유리와 비슷하게 매끄럽고 굴곡을 가진 표면을 나타낸다. 이러한 깨진 모습을 **패각상 단구**라 한다(**그림 3.19**). 이외에 다른 광물들 중에는 여러 파편으로 조각나는 **다편상 단구**와 섬유상을 나타내는 **섬유상 단구** 등이 나타난다.

점착성 **점착성**(tenacity)이란 광물의 깨짐, 구부림, 절단, 혹은 다른 형태의 변형에 대한 저항성을 말한다. 석영과 암염과 같은 비금속광물들은 힘을 받을 때 **부서지기 쉬워서** 단구나 벽개를 나타내는 경향이 있다. 반면에 구리와 금 같은 자연 금속들은 전성을 가지고 있어 망치로 두들겨 다른 형태로 쉽게 변형시킬 수 있다. 또한 석고와 활석과 같은 광물들은 칼로서 얇게 절단할 수 있는 성질이 있으며 이것을 **가절성**이라 한다. 그 외에 운모와 같은 광물들은 쉽게 구부려지지만 가해진 힘이 제거될 때는 다시 원래의 모양으로 되돌아가는 탄성의 성질을 가진다.

밀도와 비중

물질의 중요한 성질 중 하나인 **밀도**(density)는 단위 부피당 질량으로 정의된다. 광물학자들은 광물의 밀도를 나타내는 데 **비중**(specific gravity)이라는 척도를 가끔 사용한다. 비중은 광물의 무게와 그와 동등한 부피를 가진 물의 무게에 대한 비율로 나타낸다.

가장 일반적인 조암광물들은 2와 3 사이의 비중을 가지고 있다. 예를 들어 석영은 비중이 2.65이다. 이에 비하여 황철석, 자연구리, 자철석 같은 일부 금속광물은 석영보다 2배 이상의 비중을 가지고 있다. 납의 광석광물인 방연석은 약 7.5 정도의 비중을 가지고 있으며, 24캐럿 금의 비중은 20 정도이다.

약간 연습을 한다면 광물을 그냥 손에 올려서 대략적 무게를 가늠해 보는 것만으로도 광물의 비중을 알 수 있다. 손에 올려 있는 광물이 여태까지 들어본 비슷한 크기의 돌보다 더 무거운가라는 질문을 스스로에게 물었을 때, 대답이 긍정적이라면 그 광물 시료의 비중은 2.5와 3 사이일 것이다.

광물의 기타 특성

이미 앞에서 다룬 광물의 특성 외에도 어떤 광물들은 다른 특징적인 성질을 나타낸다. 예를 들면 보통의 소금으로 쓰이는 암염은 살짝 맛을 보는 것만으로도 식별이 가능하며, 활석은 비누 같은 촉감이 있고, 흑연은 기름기 있는 것처럼 번드르르하게 보이는 느낌을 잘 나타낸다. 또한 유황이 많이 첨가된 광물들은 썩은 달걀 같은 냄새를 풍기기도 한다. 자철석과 같이 자성이 강한 광물들은 철을 많이 함유하여 자석으로 끌어올릴 수도 있으며, 어떤 종류들

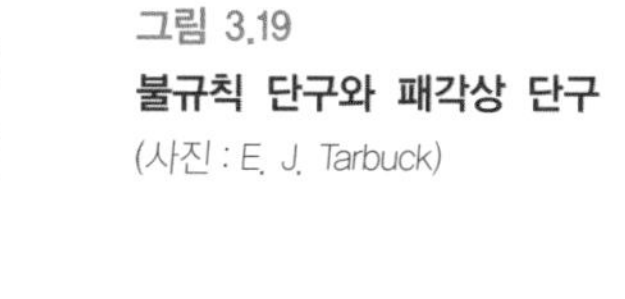
그림 3.19
불규칙 단구와 패각상 단구
(사진 : E. J. Tarbuck)

A. 불규칙 단구

B. 패각상 단구

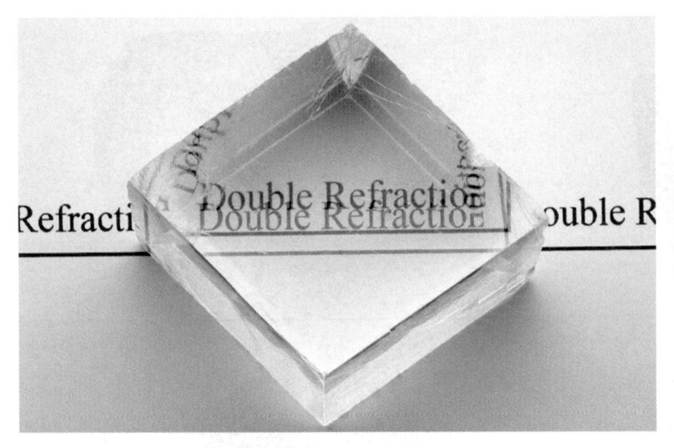

그림 3.20 **복굴절** 복굴절을 보이는 방해석 결정
(사진 : *Chip Clark/Fundamental Photos*)

그림 3.21 **묽은 산에 반응하는 방해석** (사진 : *Chip Clark/Fundamental Photos*)

(lodestone와 같은 것)은 천연자석으로 산출하여 핀이나 페이퍼클립 같은 작은 철제품을 끌어당기기도 한다(그림 3.32F).

그리고 일부 광물들은 시각적으로 특이한 특성을 지니기도 한다. 예를 들면, 투명한 방해석 결정을 인쇄된 종이 위에 올려놓으면 글자가 이중으로 보이게 된다. 이러한 광학적 특성을 **복굴절**이라 한다(**그림 3.20**).

염산을 광물의 깨진 표면 위에 한 방울 떨어뜨려, 그 반응을 관찰하는 간단한 화학 시험도 광물식별에 유용하다. 일부 탄산염광물들은 염산이 떨어진 표면에 이산화탄소를 배출하며 거품이 일어난다(**그림 3.21**). 이 방법은 탄산염광물인 방해석을 식별하는 데 특히 유용하다.

개념 점검 3.4

① 광택을 정의하라.
② 광물의 색이 광물식별에 항상 유용하다고 할 수 없는 이유는? 그리고 이 답을 뒷받침할 광물의 예를 들어라.
③ 벽개와 단구의 차이점은 무엇인가?
④ 광물의 점착성은 무슨 의미인가? 점착성을 기술하는 세 가지 용어를 들어라.
⑤ 방해석을 식별하는 가장 간단한 화학실험은 무엇인가?

3.5 광물의 종류

광물들은 어떻게 분류하는지와 지구 지각에서 가장 풍부한 광물군을 들고 설명하라.

4,000종 이상의 광물들이 이름 지어졌으며, 아직도 매년 몇 가지 새로운 광물들이 등록되고 있다. 광물 공부를 시작하는 학생에게는 다행스럽게도 몇 다스 정도의 광물들만이 풍부하게 산출된다. 이러한 일부 광물들이 지각의 암석을 구성하는 주요 광물이 되며, 이를 일컬어 **조암광물**(rock-forming minerals)이라 한다.

그리고 조암광물보다는 풍부하지 않지만, 현대 산업에 광범위하게 활용되는 광물들이 있는데, 이를 **경제광물**(economic mineral)이라고 한다. 비록 조암광물과 경제광물로 따로 분류되어 있기는 하지만, 결코 상호배타적인 관계는 아니다. 예를 들어 퇴적암인 석회암을 이루고 있는 구성광물인 방해석은 시멘트 제조에 중요한 재료로 사용된다.

광물의 분류

광물도 식물과 동물의 분류와 같은 방법으로 여러 종류로 분류한다. 광물학자들은 유사한 내부구조와 화학성분을 가진 시료들의 수집품에 대하여 **광물종**(mineral species)이라는 용어를 사용한다. 일반적인 광물종으로는 석영, 방해석, 방연석, 황철석 등이 있다. 그러나 식물과 동물의 같은 종 내에서도 개체에 따라 다소 다르게 나타나는 것과 마찬가지로, 광물도 같은 광물종 내에서도 시료에 따라 다소 다르게 나타난다.

어떤 광물종들은 여러 변종들로 더욱 세분되기도 한다. 예를 들어 순수한 석영(SiO_2)은 무색이고 투명하다. 그러나 소량의 Al(알루미늄)이 결정의 원자구조 내에 포함되면 아주 어두운색을 띠게 되어 **연수정**(smoky quartz)이라는 한 변종이 된다. **자수정**(amethyst)은 석영의 다른 변종으로, 미량의 Fe(철)이 존재하여 보라색을 띠는 것이다.

광물종은 **광물족**(mineral class)에 배정되어 구분된다. 일부 중요 광물족으로는 규산염광물(SiO_4^{4-}), 탄산염광물(CO_3^{2-}), 할로겐광물(Cl^{1-}, F^{1-}, Br^{1-}), 황산염광물(SO_4^{2-}) 등이 있다. 각 광물족 내에 속하는 광물들은 유사한 내부구조를 가져서 비슷한 특성을 나타낸다. 예를 들어 탄산염광물족에 속하는 광물들은 정도는 좀 다르지만 화학적으로 산과 잘 반응하며 비슷한 많은 벽개를 나타낸다. 더욱이 같은 족에 속하는 광물들은 가끔 같은 암석에서 발견된다. 예를 들어 할로겐족에 속하는 암염(NaCl)과 실바이트(KCl)는 증발암 광상으로 함께 산출된다.

알고 있나요?

광물인 황철석은 보통 '바보 금'으로 알려져 있는데, 이는 금빛의 황색을 띠고 있어 금으로 오인할 수 있기 때문이다. 황철석(pyrite)의 이름은 그리스어 *pyros*(fire)에서 유래됐는데, 이는 서로 세게 부딪칠 때 불꽃이 생기기 때문이다.

규산염광물과 비규산염광물

오직 8개 원소가 조암광물의 주성분을 이루고 있고, 대륙 지

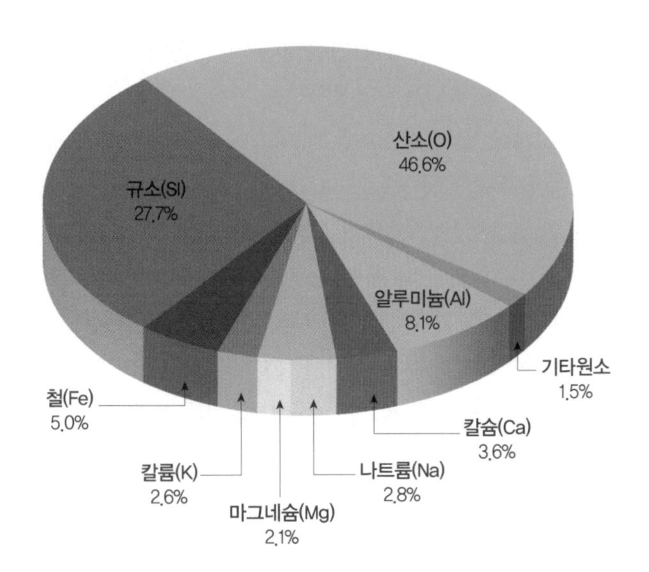

그림 3.22 **지각을 구성하는 8대 원소**

각의 98%(중량비)를 차지하고 있다(그림 3.22). 이들 원소들을 풍부한 것에서 적은 순서대로 나열하면 산소(O), 규소(Si), 알루미늄(Al), 철(Fe), 칼슘(Ca), 나트륨(Na), 칼륨(K), 마그네슘(Mg)이 된다. 그림 3.22에서 보듯이 규소와 산소가 가장 큰 비중을 차지하고 있다. 더욱이 이 두 원소들이 합쳐져 가장 흔한 광물족인 규산염광물족의 기본 블록을 형성한다. 현재 800개 이상의 **규산염광물**(silicates)이 알려져 있으며, 이들은 지각의 90% 이상을 차지한다.

규산염광물들이 지각에서 차지하는 비중이 너무나도 높은 데 반하여, 다른 광물군들은 미미하기 때문에 보통 이러한 다른 광물군들을 묶어서 **비규산염광물**(nonsilicates)이라고 부른다. 비록 규산염광물들보다는 흔하지 않지만, 몇몇 비규산염광물들은 경제적으로 아주 중요한 위치를 차지하고 있다. 대표적으로 자동차를 만들기 위한 철과 알루미늄, 집을 지을 때 쓰이는 석고보드를 만들기 위한 석고, 그리고 전기를 보낼 수 있는 전선을 이루는 구리 등이 있다. 일부 흔한 비규산염광물에는 탄산염광물, 황산염광물, 할로겐광물 등이 있다. 이들 광물들은 경제적 중요성 이외에도 퇴적물과 퇴적암을 이루는 주요 성분이 된다.

개념 점검 3.5

① 조암광물과 경제광물과의 차이를 구분하라.
② 지구 지각의 8개 주요 원소를 열거하라.

3.6 규산염광물

규산염사면체를 그려 보고, 이런 기본 블록들이 어떻게 조합되어 다른 여러 규산염 구조들을 만드는지 설명하라.

모든 규산염광물들은 지각을 구성하는 원소 중 가장 풍부한 규소와 산소를 포함하고 있다. 또한 대부분의 규산염광물은 하나 이상의 다른 지각 구성원소를 포함한다. 이러한 원소들이 모여 다양한 특성을 가지는 수백 개의 규산염광물들을 만든다. 예를 들어 단단한 석영, 연약한 활석, 얇은 판상의 운모, 섬유상의 석면광물, 초록색의 감람석, 피처럼 빨간 석류석 등이 있다.

규산염광물의 구조

모든 규산염광물들은 기본 구조물인 규소와 산소로 구성된 **규산염사면체**(silicon-oxygen tetrahedron)(SiO_4^{4-})를 가지고 있다. 이 구조는 4개의 산소이온들이 상대적으로 작은 규소이온과 공유결합을 하고 있으며, 4개의 같은 면으로 둘러싸인 피라미드 모양의 사면체를 형성한다(그림 3.23). 이 사면체는 화합물이 아니고 오히려 −4의 전하를 가지고 있어 착이온(SiO_4^{4-})에 가깝다. 광물은 전기적 균형을 가져야 하기 때문에, 규산염사면체는 다른 양전하의 금속이온과 결합하게 된다. 구체적으로 말하면 각 O^{2-}가 가지고 있는 원자가전자 중 하나는 사면체 중심에 위치한 Si^{4+}와 결합한다. 이로서 각각의 산소이온에 남는 −1의 전하는 다른 양전하의 이온이나 인접해 있는 다른 사면체 안의 규소이온과 결합한다.

독립규산염 구조의 광물 가장 단순한 규산염 구조 중 하나는 4개의 산소이온들이 Mg^{2+}, Fe^{2+} ,Ca^{2+}와 같은 양이온과 결합하는 독립규산염 구조이다. $(MgFe)_2SiO_4$의 화학식을 가지는 감람석이 좋은 예로 들 수 있다. 감람석은 비교적 큰 독립적인 사면체(SiO_4^{4-})들 사이에 Mg^{2+}나 Fe^{2+}의 양이온이 결합하여 3차원의 치밀한 구조를 형성한다. 또 다른 흔한 규산염광물들 중 하나인 석류석도 규산염사면체가 주변 양이온과 이온결합을 한 독립적 규산염사면체 구조를 이루고 있다. 이러한 감람석과 석류석은 둘 다

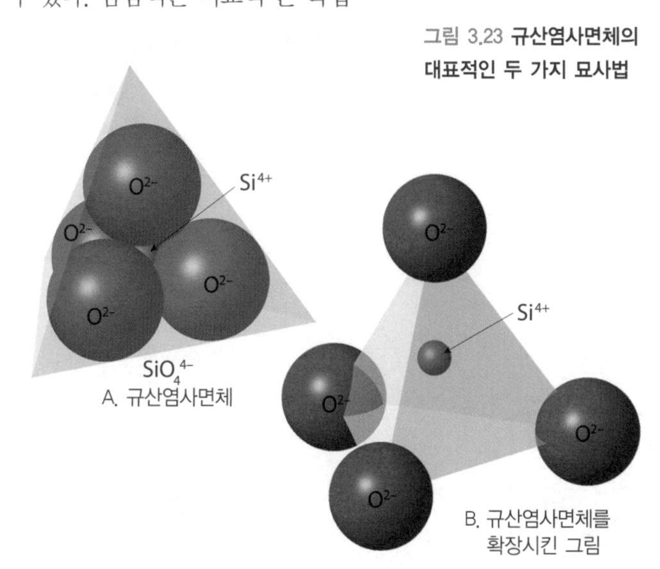

그림 3.23 **규산염사면체의 대표적인 두 가지 묘사법**

벽개면이 없는 치밀하고 견고한 등립상의 결정을 보인다.

쇄상 혹은 층상 규산염구조의 광물 규산염광물들이 다양한 종류로 나타나는 이유는 규산염사면체(SiO_4^{4-})가 다양한 배열을 만들 수 있기 때문이다. 단위체가 중복되는 **중합**(polymerization)이라고 부르는 중요한 현상은, 인접한 사면체의 산소원자들이 1개, 2개, 3개 혹은 4개의 공유를 통해 이루어진다. **그림 3.24**에 나타냈듯이 공유하는 사면체의 수가 많아짐에 따라 단쇄구조(단일사슬), 복쇄구조(이중사슬), 층상구조, 3차원망상구조를 형성한다.

산소원자들이 인접한 사면체 사이에 어떻게 공유되는지 알아보자. 먼저 그림 3.24B에 나타낸 단쇄구조의 중간에 가까운 한 규소이온(작은 청색구)을 선택해라. 그리고 이 규소이온이 완전히 4개의 큰 산소이온들로 둘러싸여 있는지 알아보라. 그러면 4개의 산소원자들의 반은 2개의 규소원자들과 결합하고 있으나 나머지 2개의 산소원자들은 공유되지 않음을 알 수 있다. 이것은 쇄상구조의 사면체가 공유하고 있는 2개의 산소이온들로 연결되어 있음을 나타낸다. 그리고 층상구조(그림 3. 24D)의 중간 부근에 있는 1개의 규소이온에 주목해 보고, 공유된 것과 되지 않은 산소이온의 수를 세어 보라. 관찰해 보면 층상구조는 4개의 산소원자 중에 3개가 인접한 사면체와 공유하고 있음을 알 수 있다.

3차원망상구조의 광물 가장 흔한 규산염구조로는 4개의 모든 산소이온들이 모두 공유되어 복잡한 3차원의 망상구조를 이루는 것이다. 석영과 가장 흔한 광물군인 장석이 모든 산소들과 공유되어 있는 망상구조를 이루고 있다.

규소이온에 대한 산소이온의 비율이 각 규산염구조에 따라 다르다. 독립규산염구조(SiO_4)에는 모든 규소이온에 대해서 4개의 산소이온이 있으며, 단쇄구조에서는 산소이온과 규소이온의 비가 3 : 1(SiO_3)이며, 3차원망상구조에서는 그 비가 2 : 1(SiO_2)로 된다. 산소이온의 공유가 많아질수록 구조 내에 규소의 퍼센트는 증가한다. 그러므로 규산염광물은 규소에 대한 산소의 비율에 근거하여, 낮거나 높은 규소 함량으로 구분하여 나타낸다. 3차원망상구조의 규산염광물은 가장 높은 규소 함량을 나타내며, 반면에 독립규산염구조의 광물은 가장 낮은 규소 함량을 가진다.

규산염구조의 결합방식

석영(SiO_2)을 제외한 거의 모든 규산염광물의 구조들(사슬구조, 층상구조, 3차원망상구조)은 음전하를 가진다. 따라서 양전하 이온은 전하의 균형을 유지하고, 이들 각 구조들을 접합시키는 접착제 역할을 위해 꼭 필요하다. 이러한 규산염구조 사이를 접합시키는 가장 일반적인 이온들로는 철(Fe^{2+}), 마그네슘(Mg^{2+}), 칼륨(K^{1+}), 나트륨(Na^{1+}), 알루미늄(Al^{3+}), 칼슘(Ca^{2+}) 등이 있다. 이러한 양이온들은 사면체의 꼭지에 위치하면서 공유되지 못한 산소원자들과 결합하게 된다.

일반적인 규칙에 따르면 산소와 규소 사이의 혼성 공유결합은 규산염구조 사이를 접합시키는 이온결합보다 더 강하게 결합되어 있다. 따라서 광물의 벽개나 경도 같은 특성은

알고 있나요?

시중에 팔고 있는 대부분의 고양이 배설물처리용 모래에는 벤토나이트(bentonite)라는 자연적으로 생성되는 물질이 들어 있다. 벤토나이트는 수분을 빨아들여 부풀어 올라 뭉쳐지는 높은 흡수성을 보이는 점토광물로 주로 구성되어 있다. 이 성질에 의해 고양이 배설물이 뭉쳐지게 되어 손삽으로 쉽게 떠내어 쓰레기통에 버릴 수 있게 된다.

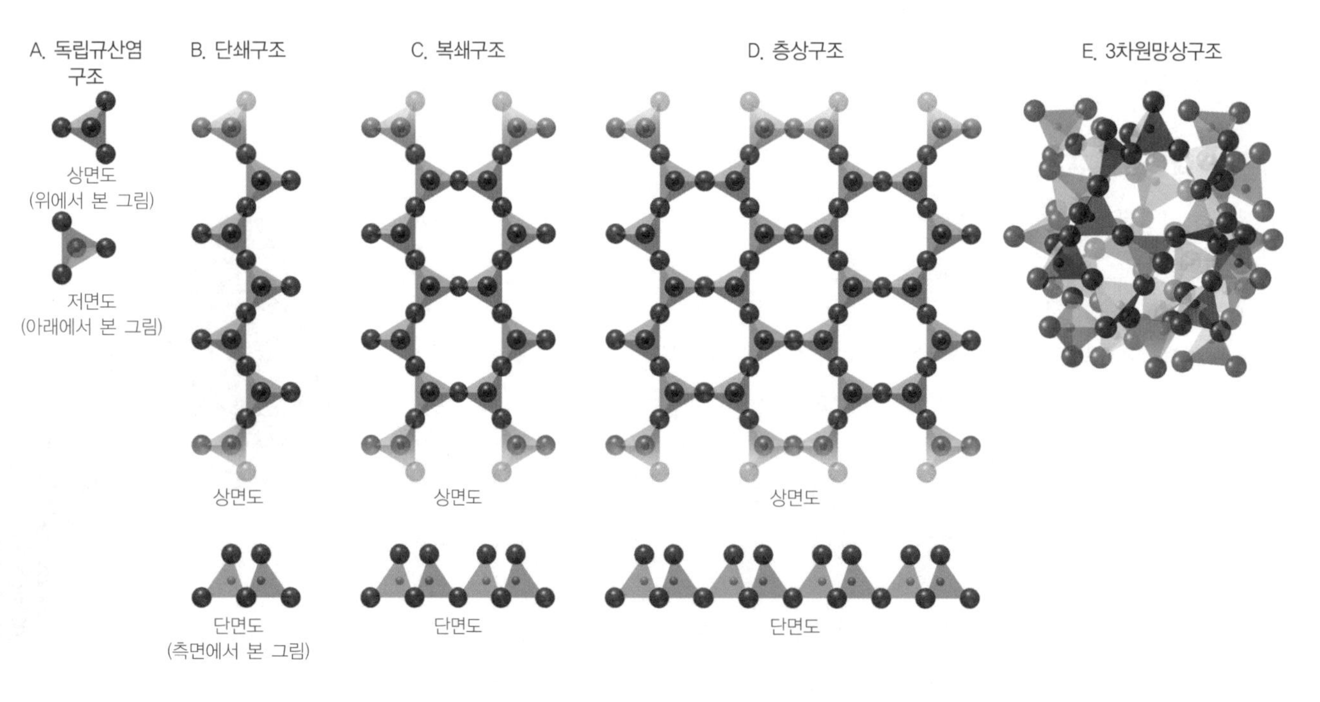

스마트그림 3.24
다섯 가지 규산염구조
A. 독립규산염 구조, B. 단쇄구조(단일사슬), C. 복쇄구조(이중사슬), D. 층상구조, E. 3차원망상구조

이 규산염구조의 결합방식에 기인된다. 규소와 산소의 결합만으로 이루어져 있는 광물인 석영(SiO_2)은 강한 경도를 가지고 있고 벽개가 나타나지 않는데, 이는 모든 방향에서 똑같은 강도로 결합된 구조를 가지고 있기 때문이다. 반면에 활석(땀띠약의 원료)은 층상 규산염구조를 가진다. 이러한 층과 층 사이에 마그네슘 이온들이 들어가서 서로 약한 결합을 하고 있다. 땀띠약 분말의 매끄러운 촉감은 층 사이의 약한 결합에 의해 이 방향으로 쉽게 미끄러지기 때문이다. 이와 유사하게 탄소원자들이 층상구조로 배열된 흑연도 층상 방향으로 잘 미끄러져서 윤활성의 특성을 나타낸다.

비슷한 크기의 원자들은 광물구조의 변화 없이 서로 자유롭게 치환될 수 있다. 예를 들면 감람석은 철(Fe^{2+})과 마그네슘(Mg^{2+})이 서로 잘 치환된다. 지각의 구성원소들 중 세 번째로 가장 많은 알루미늄(Al^{3+})은 규산염사면체 구조에서 규소(Si)와 자주 치환한다.

대부분의 규산염구조 내에는 어떤 이온의 결합장소에서 여러 다른 양이온을 끌어들여 치환할 수 있기 때문에, 어느 특정 광물에서도 각각의 시료에 따라 어떤 원소들의 함량이 다를 수 있다. 따라서 많은 규산염광물들은 2개의 단성분 사이에서 성분의 일정 범위를 나타내는 광물군을 만들기도 한다. 이러한 예로는 감람석, 휘석, 각섬석, 운모, 장석 등이 있다.

개념 점검 3.6

① 규산염사면체를 스케치하라.
② 다음의 내용을 설명하라. 3차원망상구조의 규산염광물들은 규소의 함량이 가장 높으며, 반면에 독립규산염의 광물들은 규소의 함량이 가장 낮다.
③ 석영과 활석의 특성 차이를 설명할 수 있는 규산염구조의 차이는 무엇인가?

3.7 일반 규산염광물

담색 규산염광물과 암색 규산염광물을 비교하여 차이를 설명하고, 이들 중에서 일반적인 광물 4개씩을 들어라.

규산염광물들의 주요 광물군들과 일반적인 예를 **그림 3.25**에 나타냈다. 장석은 가장 풍부한 규산염광물군으로서, 지구 지각의 50% 이상을 차지하고 있다. 두 번째로 풍부한 광물인 석영은 오직 규소와 산소만으로 이루어져 있다.

대부분의 규산염광물들은 암석이 녹은 용융체가 식으면서 결정화되어 만들어진다. 이러한 냉각은 낮은 온도와 압력에 해당되는 지구 표면에 가까운 곳과, 반면에 높은 온도와 압력이 작용하는 지각 깊숙한 곳의 모두에서 가능하다. 결정화되는 환경과 녹은 암석의 성분에 따라 어떠한 광물이 생성될지가 결정된다. 예를 들어 규산염광물인 감람석은 초기의 높은 온도에서 형성되는 데 비해, 석영은 아주 늦게 낮은 온도에서 결정화된다.

또한 어떤 규산염광물들은 풍화작용에 의해 지표에서 형성되는 것도 있다. 그리고 또 다른 규산염광물들은 조산운동에서 겪는 엄청난 압력으로 인해 형성되기도 한다. 따라서 각자의 규산염광물은 그것이 어떤 환경과 조건에서 만들어졌는지를 고스란히 알려주는 결정구조와 화학성분을 가지고 있다. 따라서 암석 속의 구성 광물들을 자세히 조사하게 되면 그 암석이 형성된 환경조건을 알 수 있다.

다음은 가장 일반적인 규산염광물들에 대해 알아본다. 우선 화학적 구성성분을 기준으로 담색 규산염광물들과 암색 규산염광물들의 두 가지로 나누어 설명한다.

담색 규산염광물

담색 규산염광물(light silicates, 혹은 nonferromagnesian silicates)은 주로 밝은 색상을 띠고 있으며, 비중은 암색 규산염광물의 것보다 상당히 낮은 2.7 정도이다. 이러한 차이는 철과 마그네슘의 존재에 주로 관계된다. 담색 규산염광물은 철과 마그네슘보다는 알루미늄, 칼륨, 칼슘, 나트륨을 더 많이 포함하고 있다.

장석 가장 흔한 광물군인 **장석광물**은 넓은 범위의 온도와 압력에서 형성되기 때문에 풍부하게 산출된다(**그림 3.26**). 장석은 크게 두 가지 다른 구조로 구분된다. 먼저 한 가지 그룹으로는 칼륨이온을 구조 안에 함유하고 있는 것으로 **칼륨장석**(potassium feldspar)이며, 여기에 속하는 것으로는 일반적으로 **정장석**(orthoclase)과 **미사장석**(microcline)이 있다. 나머지 한 그룹으로는 **사장석**(plagioclase)이며, 나트륨과 칼슘 이온을 둘 다 갖고 있는 것으로 이 이온들은 결정화 작용 중의 환경조건에 따라 서로 자유롭게 치환될 수 있다. 이러한 차이에도 불구

알고 있나요?

운모는 아주 큰 결정으로 잘 성장하는 것으로 알려져 있다. 러시아의 우랄 산맥에서 발견된 운모 결정은 무려 54평방피트의 넓이와 1.5피트의 두께를 가졌다.

그림 3.25 **일반적인 규산염광물** 위에서 아래로 갈수록 규산염구조가 복잡해짐에 주목하라. (사진 : Dennis Tasa and E. J. Tarbuck)

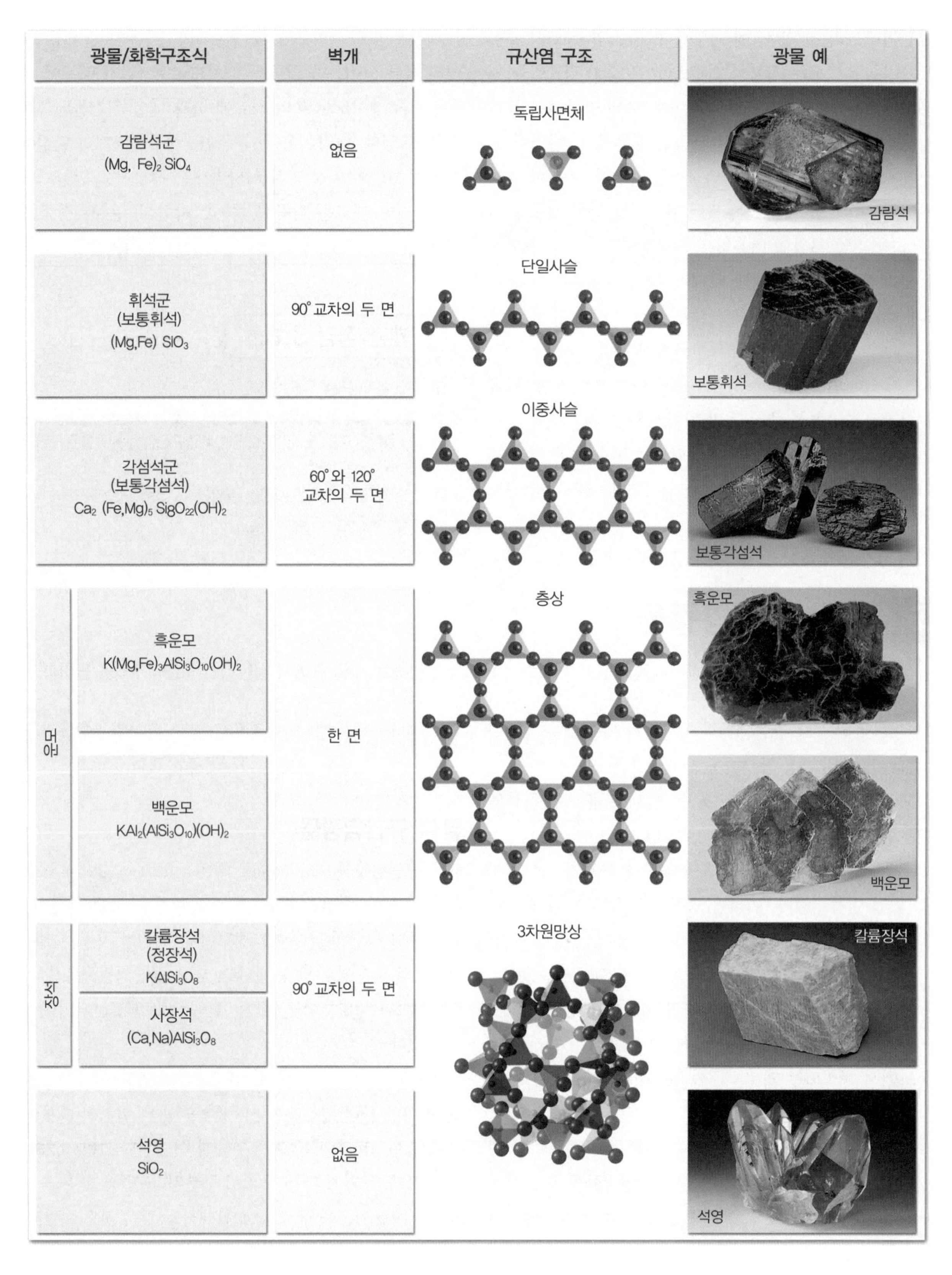

하고 모든 장석광물들은 유사한 물리적 성질을 가진다. 이들은 거의 90°에 가깝게 교차하는 두 방향의 벽개들을 가지고, 모스경도 6 정도로 비교적 단단하며, 유리광택에서부터 진주광택에 이르는 광택을 나타낸다. 화성암의 구성성분으로 산출하는 장석결정은 직사각형의 형태와 매끄럽고 반짝이는 결정면으로 구분이 가능하다(**그림 3.27**).

칼륨장석은 주로 옅은 크림색과 연어살빛 같은 담홍색을 띠며 드물게 청록색도 나타낸다. 반면에 사장석은 백색

칼륨장석

A. 칼륨장석의 결정 (정장석)

B. 벽개를 잘 보이는 칼륨장석 (정장석)

사장석

C. 나트륨이 많은 사장석 (알바이트)

D. 조선을 나타내는 사장석 (라브라도라이트)

그림 3.26 **장석광물** A. 칼륨장석의 특징적인 결정. B. 연어살색과 같은 담홍색을 띠는 장석들은 대부분 칼륨장석에 해당된다. C. 나트륨이 많은 장석들은 대부분 담색을 띠고 진주광택을 나타낸다. D. 칼슘이 많은 사장석은 회색, 청회색, 혹은 흑색을 띠는 경향이 있다. 라브라도라이트의 한 종류는 결정면의 일부에서 조선을 나타낸다.

에서 중간 회색까지의 색상 범위를 나타낸다. 하지만 색상은 이 그룹들을 구별하는 데 사용될 만큼 좋은 기준이 되지는 못한다. 가장 확실하게 물리적으로 구별하는 방법은 조선(striation)이라고 하는 촘촘히 새겨져 있는 가느다란 평행선을 찾는 것이다. 이러한 선구조는 사장석의 벽개면에서 발견 가능하지만 칼륨장석에서는 나타나지 않는다(그림 3.26B).

석영 석영(SiO_2)은 오직 규소와 산소만으로 만들어진 흔한 규산염광물이다. 그래서 실리카(silica)라는 용어도 사용한다. 석영은 하나의 규소이온(Si^{4+})에 대해 산소이온(O^{2-}) 2개의 비율로 구성되어 있기 때문에 전기적 중성을 만들기 위한 다른 양전하의 이온은 필요 없게 된다.

석영의 3차원적 구조는 인접하는 규소원자에 의한 모든 산소들의 완벽한 공유로 형성되어 있다. 따라서 석영 내의 모든 결합은 규소-산소의 강한 결합으로 이루어진다. 이 때문에 석영은 단단하고 풍화에 의한 저항성이 강하며 벽개면이 없다. 석영을 부수면 보통 조개껍질 모양의 깨짐(단구)을 나타낸다. 순수한 성분의 석영은 아주 투명하며, 결정이 성장하는 데 방해를 받지 않는다면 결정의 끝이 피라미드 모양이 되는 육각형의 결정 형태를 나타낸다. 하지만 거의 모든 투명한 광물들이 그렇듯이, 불순물인 다른 여러 이온들을 함유함으로써 가끔 색을 띠게 되며, 또한 좋은 결정면을 나타내지 못하는 형태를 형성하기도 한다. 가장 일반적인 석영의 변종으로는 백색(milky), 검은색(smoky), 담홍색(rose), 보라색(amethyst, 자수정), 그리고 투명(rock crystal, 수정)한 것들이 있다(그림 3.12B).

백운모 백운모(muscovite)는 운모광물 중 흔한 한 광물종이다. 이 광물은 대체로 밝은색을 띠고 진주 같은 광택을 낸다. 다른 운모들처럼 백운모도 한 방향의 완벽한 벽개면을 가지고 있다. 얇게 벗겨진 백운모의 벽개면 조각은 투명하여 중세 시대에 창문 유리로 사용한 적도 있다. 백운모는 아주 빛나기 때문에 암석 중에서 불꽃처럼 반짝거림으로 식별할 수도 있다. 만약 해변의 모래를 자세히 들여다본다면, 모래알 사이에 반짝 거리는 운모를 잘 볼 수 있을 것이다.

점토광물 점토(clay)라는 용어는 운모와 같은 층상구조를 가지는 여러 복합 광물들의 한 유형으로 사용된다. 일반적인 규산염광물들과는 달리, 대부분 다른 규산염광물들의 화학적인 붕괴(풍화작용, 변질작용)에 의해 생성된다. 따라서 점토광물은 우리가 토양이라고 부르는 지표 물질에서 높은 비율을 차지한다. 농업에서 흙의 중요성 때문에 또는 건물을 세우는 재료의 역할 때문에 점토광물은 인간에게 극히 중요한 존재이다. 또한 점토는 퇴적암을 이루는 체적 중 거의 절반을 차지한다. 점토광물은 일반적으로 매우 미세한 입자이므로 전자현미경으로 조사하지 않으면 식별이 어렵다. 이들은 층상구조이며 층 사이의 약한 결합력 때문에 물에 적셔질 때 독특한 성질을 나타낸다. 점토들은 일반적으로 이암과 같은 퇴적암에 많이 함유된다.

Dennis Tasa

카올린나이트

그림 3.28 **카올린나이트** 카올린나이트는 장석광물들의 풍화작용에 의해 형성되는 일반적인 점토광물이다.

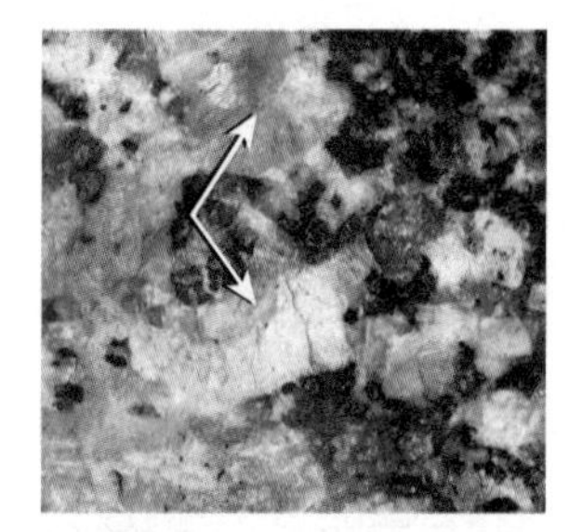
A. 칼륨장석

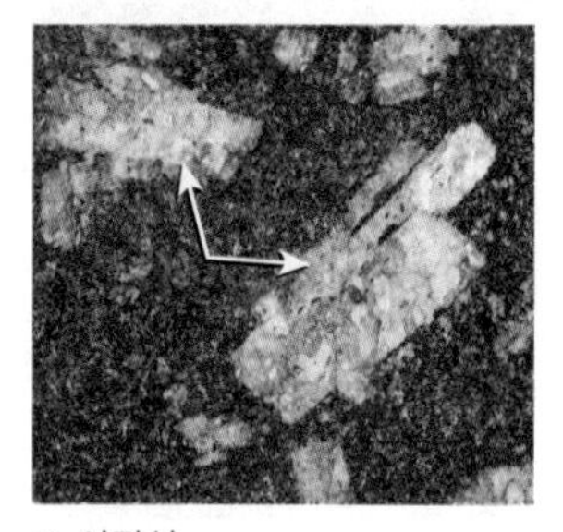
B. 사장석

그림 3.27 **화성암에 포함되는 장석** 화성암 내에 발견되는 장석들은 직사각형의 형태를 보이고 매끄럽고 빛나는 표면을 나타내는 경향이 많다. (사진 : E. J. Tarbuck)

알고 있나요?

목재의 펄프는 신문용지를 만드는 주요 성분이지만, 좋은 품질의 종이에는 다량의 점토광물이 포함되어 있다. 실제로 이 교과서 1장당 약 25%의 점토(카올린나이트)가 포함되어 있다. 이 책에 있는 점토를 공처럼 뭉친다면 거의 테니스공 정도의 크기가 될 것이다.

감락석을 다량 함유하는 감람암(dunite)

그림 3.29 **감람석** 감람석은 보통 흑색에서 올리브 초록색을 띠며, 유리광택과 입상의 형태를 나타낸다. 감람석은 주로 화성암인 현무암 내에서 산출한다.

A. 보통휘석　B. 보통각섬석

그림 3.30 **보통휘석과 보통각섬석** 이러한 암색을 띠는 규산염광물들은 여러 화성암들의 일반적인 성분으로 포함된다.

가장 일반적인 점토광물의 하나인 카올린나이트(kaolinite)(그림 3.28)는 고급도자기의 원료와 이 책처럼 고광택 종이의 코팅재료로 사용된다. 또한 일부 점토광물들은 많은 물을 흡수하여 몇 배의 부피로 팽창하기도 한다. 이러한 점토들은 패스트푸드 식당에서 밀크쉐이크를 걸쭉하게 만드는 데 첨가제로 사용하는 것과 같이, 상업적으로 독창적인 다양한 방법으로 사용되고 있다.

암색 규산염광물

암색 규산염광물(dark silicates, 혹은 ferromagnesian silicates)은 철이나 마그네슘 이온을 구조 안에 포함하고 있는 광물들을 말한다. 이들은 철이 함유되어 있기 때문에 어두운색을 띠고 있으며, 담색 규산염광물보다 높은 3.2에서 3.6 사이의 비중을 가지고 있다. 가장 흔한 암색 규산염광물로는 감람석, 휘석, 각섬석, 흑운모, 석류석 등이다.

감람석군 감람석(olivine)은 높은 온도에서 만들어지는 규산염광물 중 하나로, 올리브 초록색에서 검정까지의 색상을 띠며, 유리광택을 띠고 패각상 단구를 가지고 있다(그림 3.25). 투명한 감람석은 페리도트(peridot)라고 하는 보석으로 사용된다. 감람석은 큰 결정을 형성하는 것보다는 보통 작고 둥근 결정들로 주로 형성되어, 감람석이 다량 함유되는 암석 내에서 입상의 모습을 보인다(그림 3.29). 감람석은 화성암인 현무암 내에 보통 나타나며, 지구 상부맨틀의 50% 정도가 감람석으로 구성되는 것으로 생각되고 있다.

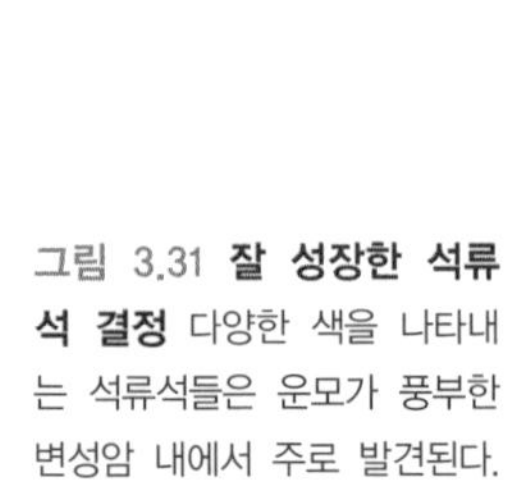

그림 3.31 **잘 성장한 석류석 결정** 다양한 색을 나타내는 석류석들은 운모가 풍부한 변성암 내에서 주로 발견된다. (사진 : E. J. Tarbuck)

휘석군 휘석(pyroxene)은 암색을 띠는 화성암의 중요한 성분으로서 다양한 광물종으로 구성되어 있다. 이 중에 가장 흔한 것으로는 보통휘석(augite)이 있는데, 이는 흑색을 띠고 있으며, 거의 90° 각도에서 교차하는 두 방향의 벽개면을 가지고 있다. 보통휘석은 해양지각과 대륙의 화산 지역에서 흔히 산출하는 암석인 현무암에 풍부하게 나타난다(그림 3.30A).

각섬석군 각섬석(amphibole)은 화학성분적으로 복합적인 광물군이며, 이 중에 보통각섬석(hornblende)이 가장 흔한 광물에 해당된다(그림 3.30B). 보통각섬석은 주로 짙은 초록색에서 흑색까지 나타내는데, 약 60°와 120°로 교차하는 두 방향의 벽개면을 가지고 있는 것을 제외하면 보통휘석과 매우 비슷한 모양을 하고 있다. 이러한 벽개면의 각도는 보통각섬석을 괴상의 휘석과 구분하는 데 도움이 된다. 보통각섬석은 화성암에 나타나며, 가끔 담색의 암석 중에서 암색부분으로 산출되기도 한다(그림 3.3).

흑운모 흑운모(biotite)는 운모광물군에서 암색을 띠며 철이 많이 함유된 광물이다. 다른 운모와 같이 완전한 한 방향의 벽개면을 보이는 층상구조를 가지고 있다. 흑운모는 빛나는 흑색의 모습을 나타내므로 다른 철고토질(ferromagnesian) 광물과 구별된다. 흑운모는 보통각섬석과 같이 화강암을 포함하는 화성암의 일반적인 광물로 흔히 산출한다.

석류석 석류석(garnet)은 금속이온들과 결합된 독립사면체의 구조로 감람석과 유사하다. 감람석과 같이 석류석도 유리광택을 가지고 벽개가 결여되고 패각상 단구를 나타낸다. 석류석의 색은 다양하게 나타나지만, 갈색에서 진한 적색을 주로 나타낸다. 잘 발달된 석류석 결정은 다이아몬드 형태의 12면을 나타내며, 변성암 내에서 주로 발견된다(그림 3.31). 투명한 석류석은 준보석으로서 가치가 있다.

개념 점검 3.7

① 대부분의 규산염광물은 어떻게 형성되는가?

② 색의 차이를 떠나 담색 규산염광물과 암색 규산염광물 사이의 중요한 차이점은 무엇인가? 이러한 차이점은 어떻게 설명할 수 있는가?

③ 그림 3.25에 나타낸 백운모와 흑운모 중 어느 것을 더 흔히 산출하는가? 이 두 광물들은 어떻게 다른가?

④ 정장석과 사장석을 구별하는 좋은 방법은 색깔인가? 만약 아니라면, 이들을 구별할 수 있는 효과적인 방법은 무엇인가?

3.8 주요 비규산염광물

일반적인 비규산염광물들을 열거하고, 각각의 중요성을 설명하라.

비규산염광물(nonsilicate mineral)은 음전하를 가지는 이온이나 착이온에 따라 여러 광물군으로 나누어진다. 예를 들면 산화광물은 음이온인 산소이온(O^{-2})을 포함하고 있고, 이것이 1개 이상의 양이온과 결합하는 것이다. 따라서 같은 광물군에 속하는 광물들은 기본적인 구조와 결합형태가 유사하다. 따라서 각 광물군에 속하는 광물들은 광물식별에 용이한 유사한 물리적 특성을 가지고 있다.

비록 비규산염광물들은 지각의 8% 정도밖에 차지하지 못하지만, 석고, 방해석, 암염과 같은 일부 광물들은 퇴적암에 상당히 많이 포함된다. 그리고 다른 광물들도 경제적 측면에서 매우 중요하게 이용된다. **표 3.1**은 비규산염광물의 종류와 주요 내용을 나타냈다. 다음은 일반적인 비규산염광물들의 일부에 대해서 간단히 설명한다.

가장 흔한 비규산염광물들로는 탄산염광물(carbonates), 황산염광물(sulfates), 할로겐광물(halides)의 세 가지가 있다. 탄산염광물은 규산염광물보다 훨씬 간단한 구조를 가지고 있다. 즉 이 광물군은 탄산이온(CO^{3-})과 1개 이상의 양이온으로 이루어져 있다. 탄산염광물 중에 가장 흔한 것은 $CaCO_3$ 성분인 **방해석**과 $CaMg(CO_3)_2$의 **돌로마이트**(dolomite)가 있다(**그림 3.32A, B**). 방해석과 돌로마이트는 석회암과 백운암과 같은 퇴적암의 초기성분으로 함께 잘 산출한다. 방해석이 우세하게 포함되는 퇴적암을 **석회암**(limestone)이라 하고, 돌로마이트가 우세한 퇴적암을 **백운암**(dolostone)이라 한다. 석회암은 도로 골재, 건축 석재, 시멘트 재료 등과 같이 많은 용도로 사용된다.

퇴적암에서 흔히 발견되는 다른 두 가지 비규산염광물들로는 **암염**과 **석고**가 있다(**그림 3.32C,D**). 두 광물 모두 이미 증발해 없어진지 오래된 고대 바다의 흔적인 두꺼운 퇴적층에서 발견된다(**그림 3.33**). 석회암과 같이 이들 광물도 상당히 중요한 비금속 광물자원이다. 암염은 보통 식탁용 소금(NaCl)의 광물명이며, 석고($CaSO_4 \cdot 2H_2O$)는 구조 내에 물을 포함하고 있는 칼슘황산염광물로서, 회반죽과 석고보드 등의 건축 재료에 주로 사용한다.

대부분의 비규산염광물들은 경제적 가치를 가지고 유용하게 활용되는 것이 많다. 산화광물에 속하는 **적철석**과 **자철석**은 철광석으로 중요한 광물이다(**그림 3.32E, F**). 또한 유황

표 3.1

일반적인 비규산염광물군

광물군(주요 이온이나 원소)	광물명	화학식	일반적인 용도
탄산염광물(CO_3^{2-})	방해석	$CaCO_3$	포클랜드 시멘트, 석회
	돌로마이트	$CaMg(CO_3)_2$	포클랜드 시멘트, 석회
할로겐광물(CO^{2-}, F^{1-}, Br^{1-})	암염	NaCl	보통 소금
	형석	CaF_2	제철용
	실바이트	KCl	비료
산화광물(O^{2-})	적철석	Fe_2O_3	철광석, 염료
	자철석	Fe_3O_4	철광석
	강옥	Al_2O_3	보석, 연마제
	얼음	H_2O	물의 고체상
황하광물(S^{2-})	방연석	PbS	납광석
	섬아연석	ZnS	아연광석
	황철석	FeS_2	황산 제조
	황동석	$CuFeS_2$	구리광석
	진사	HgS	수은광석
황산염광물(SO_4^{2-})	석고	$CaSO_4 \cdot 2H_2O$	회반죽 재료
	경석고	$CaSO_4$	회반죽 재료
	중정석	$BaSO_4$	시추점토
원소광물(단일원소)	금	Au	상거래, 장신구
	구리	Cu	전기 도체
	다이아몬드	C	보석, 연마제
	유황	S	설파제, 화공품
	흑연	C	연필심, 건식 윤활제
	은	Ag	보석, 사진
	백금	Pt	촉매제

알고 있나요?

진주가 나오는 진주조개의 진주층(mother-of-pearl)이라고 하는 물질은 아라고나이트(aragonite)라는 탄산염광물이다. 진주층은 보통 연체동물인 대합조개라고 하는 해양 생물군 내에서 생성된다.

그림 3.32 **중요한 비규산염 광물** (사진 : *Dennis Tasa and E. J. Tarbuck*)

알고 있나요?

백색 내지 투명한 광물인 석고는 기원전 6000년경 아나톨리아(현재의 터키)에서 처음으로 건축자재로 사용하였다. 또한 기원전 3700년경에 지어진 이집트의 거대한 피라미드 내부에서도 재료로 사용된 것이 발견되었다. 오늘날 보통의 미국식 주택을 지을 때 쓰이는 인조 벽판에는 넓이 6,000평방피트당 약 7톤 이상의 석고를 포함하고 있다.

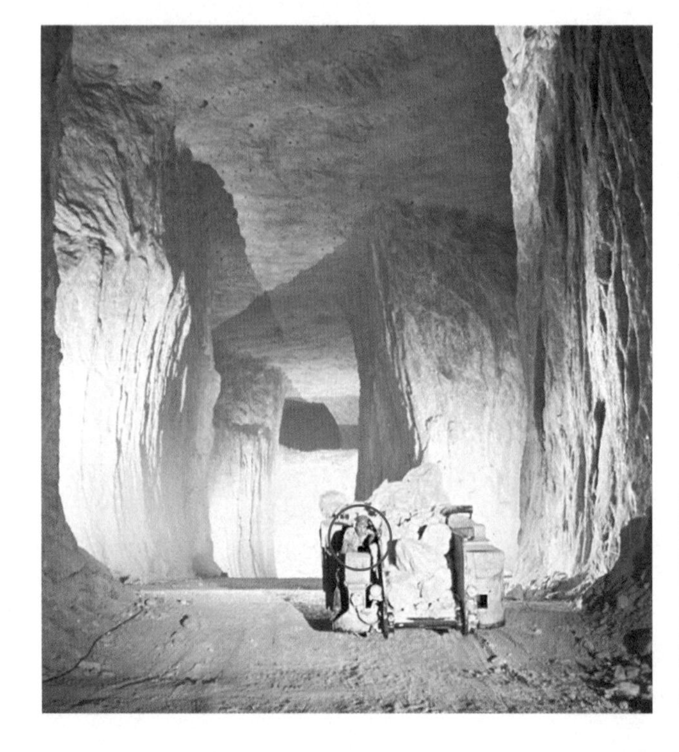

그림 3.33 **지하채굴 광산에 노출된 두꺼운 암염층** 텍사스 그랜드설린에 있는 암염(소금) 광산. 그 규모는 사람의 모습으로 짐작할 수 있다. (사진 : *Tom Bochsler*)

과 하나 이상의 금속이 결합된 화합물인 황화광물도 중요한 자원이다. 예를 들면 황화광물에는 방연석(납), 섬아연석(아연), 황동석(구리)등이 있다. 그리고 금, 은, 탄소(다이아몬드) 등과 같은 원소광물과 형석(제철공장의 융제), 강옥(보석, 연마제), 우라니나이트(uraninite, 우라늄 원광)와 같은 다른 비규산염광물들도 경제적으로 아주 중요하다.

개념 점검 3.8

① 비규산염광물들 중에서 가장 일반적인 6개 광물군을 들어라. 각 광물군은 무슨 이온이나 원소로 정의하는가?

② 가장 흔한 탄산염광물들은 무엇인가?

③ 일반적인 8개의 비규산염광물을 들고, 그들의 경제적 용도를 제시하라.

3.9 광물 : 비재생자원

재생 가능성 측면에서 지구의 광물자원에 대해 토론하라. 광물자원과 광상의 차이를 설명하라.

지구 지각과 해양은 유용하고 가치 있는 많은 자원들의 원천이다. 약 만 년 전에 도자기를 만든 점토의 최초 사용에서 부터 시작하여 지구물질의 활용은 크게 확대되었고, 더욱 복잡한 사회발전을 이루었다. 지구에서 추출된 모든 물질들이 현대문명의 기초가 되었다. 지구 지각에서 나온 광물들과 에너지 자원들은 우리가 사용하는 모든 생산품들의 원료이다.

천연자원은 (1) 재생 가능성(재생 혹은 비재생), 혹은 (2) 그 기원 혹은 형태에 따라서 광범위한 범주로 나누어진다. 여기서 우리는 광물자원을 고찰할 것이다. 그러나 공기, 물, 태양에너지를 포함하는 다른 필수적인 천연자원도 존재한다.

재생자원과 비재생자원

재생 가능한(renewable) 것으로 분류된 자원들은 비교적 단기간에 보충할 수가 있다. 일반적인 예로 식품과 에탄올을 생산하기 위한 옥수수, 의류를 위한 목화, 목재와 제지를 위한 삼림 등이다. 수력, 풍력, 태양에너지도 역시 재생 가능하다 (그림 3.34).

반면에 다른 많은 기본 자원들은 **재생 불가능한**(non-renewable) 것으로 분류된다. 철, 알루미늄, 구리와 같은 중요한 금속들은 석유, 천연가스, 석탄과 같은 가장 중요한 연료와 마찬가지로 비재생자원에 속한다. 비록 이러한 것들과 다른 자원들이 계속적으로 형성되고 있지만, 이를 만드는 과정이 너무 느려서 주요 광상이 형성되는 데 수백만 년이 걸릴 수 있다. 그래서 우리가 필요로 하는 이러한 물질들은 지구에서는 일정한 한계를 가지고 있다. 현재와 같이 계속적으로 지하자원을 채굴한다면 그 공급량은 감소할 것이다. 알루미늄과 같은 일부 비재생자원이 재활용이 가능하더라도 연료로 사용하는 석유와 같은 것들은 재생이 불가능하다.

광물자원과 광상

오늘날 실제적으로 생산된 모든 제품들은 광물로부터 나온 물질들을 포함하고 있다. 표 3.1에 산업적으로 중요한 광물들의 일부를 나타냈다. **광물자원**(mineral resource)은 최종적으로 상당한 채굴이 확실한 함량을 보이는 유용광물의 존재 상태를 말한다. 광물자원은 이윤이 발생할 수 있는 금속광물의 광상을 포함하며, 마찬가지로 경제적으로나 기술적으로 채굴이 아직 가능하지 않는 유용광물들의 집합체도 포함한다. 건축 석재, 도로 골재, 연마재, 세라믹, 비료와 같은 목적으로 사용하는 물질들은 보통 광물자원이라고 부르지 않고, 산업용 암석 및 산업광물로 분류한다.

광상(ore deposit)은 경제적으로 채굴이 가능한 1개 이상의 금속광물들이 자연적으로 농축된 것을 말한다. 일반적으로 광석(ore)이라는 용어는 형석이나 유황과 같은 일부 비금속광물에 대해서도 사용한다. 지구 지각의 98% 이상이 오직

알고 있나요?

세상에서 가장 크고 잘 다듬어지고 연마된 보석 중 하나는 22,892.5캐럿의 황금빛 황옥(topaz)이다. 현재 스미스소니언 연구소에 보관되어 있고, 무게가 10파운드 정도 나가는 이 보석은 자동차의 헤드라이트만큼 크다. 이 엄청난 크기 때문에 코끼리가 사용하면 몰라도 일반적인 치장용 보석으로는 사용이 불가능하다.

그림 3.34 **태양에너지는 재생 가능하다.** 스페인의 안달루시아에 있는 이 태양발전플랜트는 깨끗하고 태양으로부터 재생 가능한 열전기 전력을 생산한다. *(사진 : Kevin Foy/Alamy)*

알고 있나요?

가치 높은 보석들의 이름은 가끔 본래의 광물명과 다를 수가 있다. 예를 들어 사파이어는 강옥이라는 광물의 보석명 중의 하나이다. 강옥에 포함되어 있는 미량의 티타늄과 철에 의해 비싼 청색의 사파이어가 생성된다. 그리고 강옥에 미량의 크롬이 포함될 때는 아름다운 붉은 빛을 띠게 되어 루비라는 이름으로 불린다.

8개 원소로 되어 있고, 그중에서 산소와 규소를 제외하면 다른 원소들은 비교적 적은 함량을 나타낸다(그림 3.22). 이러한 다른 여러 원소들의 자연적인 농도는 실제로 극히 적다. 금과 같은 원소들의 평균 농도를 포함하는 광상은 금을 추출하는 데 많은 비용이 들기 때문에 경제적으로 가치가 없게 된다. 경제적인 가치를 갖기 위해서는 높은 농도를 가지는 광상이 되어야 한다. 예를 들어 구리는 지각에서 평균 약 0.0135%를 나타낸다. 구리광석으로 생각할 수 있는 광상이 되기 위해서는 이 평균 함량의 약 100배나 혹은 2.35% 이상이 되어야 한다. 한편 알루미늄은 지각에서 평균 8.13%인데, 이 함량의 약 4배 정도의 농도가 발견된다면 유용하게 채굴이 가능하다.

경제적 혹은 기술적 변화 때문에 광상의 수익성이 좋고 나쁘게 되는 것을 이해하는 것이 중요하다. 만약 한 금속에 대한 수요가 증가되고 그 가치가 충분히 상승한다면 그 전에 수익성이 없었던 광상의 등급이 보통의 광물에서 광석으로 승격될 수 있다. 또한 기술적인 면이 크게 발전되어 보다 적은 비용으로 효율적인 채굴이 가능해져도 광석으로 거듭날 수 있는 계기가 된다.

반대로 경제적인 요인의 변화로 인하여 수익성이 좋았던 광상도 수익성이 없는 광상으로 바뀔 수도 있다. 이러한 예로는 미국 유타 주의 빙햄캐니언에 있는 지구에서 가장 큰 노천채굴의 구리광산을 들 수 있다(**그림 3.35**). 이 광산의 채굴이 1985년에 일시 중지되었는데, 그 이유는 전부터 사용

그림 3.35 **유타 주 솔트레이크 시티 근교에 있는 빙햄캐니언 구리광산의 항공사진** 이곳 암석에 포함된 구리 함량은 0.5% 이하지만, 매일 약 25만 톤의 막대한 분량이 채굴되어 처리되면서 충분한 이윤을 내고 있다. 또한 이 광산은 금, 은, 몰리브덴 등도 생산한다. (사진 : *Michael Collier*)

해 온 구식장비에 드는 비용이 그 당시 구리의 가격을 훌쩍 뛰어 넘었기 때문이었다. 그 후 광산 주인은 노후화된 1,000개의 갱차 대신에 컨베이어 벨트와 파이프라인을 이용해 광석과 폐기물을 운반했다. 이러한 장비를 통하여 채굴비용을 30%나 줄이게 되었으며, 이로서 다시 광산이 이익을 내며 채굴하게 되었다.

오랜 동안 지질학자들은 어떠한 자연적인 작용이 유용한 광물들을 국부적으로 농축시키게 되었는지에 대해 많은 관심을 가져왔다. 그동안 제대로 확립된 하나의 사실은 가치 있는 광물자원의 산출이 암석순환과 밀접한 관련이 있다는 것이다. 즉 풍화와 침식 과정을 포함하여 화성암, 퇴적암, 변성암이 형성되는 과정이 유용 물질을 농축시키는 주된 역할을 했다는 것이다.

더욱이 판구조론의 발전은 하나의 암석이 다른 암석으로 변화되는 과정을 지질학자들이 이해하는 데 도움을 주게 되었다. 이러한 암석의 형성 과정에 대해서는 다음 장에서 공부하게 되는데, 이때 중요한 광물자원의 형성과의 관계도 알 수 있을 것이다.

개념 점검 3.9

① 재생자원의 세 가지 예와 비재생자원의 세 가지 예를 들어라.
② 광물자원과 광상의 차이점을 비교하라.
③ 이전에 채굴하는 데 수익성이 없었던 광물자원이 어떻게 하면 광상으로 승격될 수 있는지 설명하라.

개념 복습 물질과 광물

3.1 광물 : 암석을 만드는 블록

지구물질이 광물로 분류되기 위해 필요한 주요 특성을 열거하고, 각 특성에 대해 설명하라.

핵심용어 : 광물학, 광물, 암석

- 지구과학에서 광물의 용어는 규칙적인 결정구조와 특정한 화학성분을 가진 천연적으로 산출되는 무기질 고체로 정의된다. 광물을 연구하는 학문이 광물학이다.
- 광물은 암석을 구성하는 기본적인 블록들이다. 암석은 자연적으로 산출하는 광물이나 혹은 자연유리와 유기물질과 같은 광물과 유사한 물질들로 구성되는 고체 덩어리이다.

3.2 원소 : 광물을 만드는 블록

원자 내에 포함되는 2개의 기본입자들을 비교하여 그 차이를 설명하라.

핵심용어 : 원자, 원자핵, 양성자, 중성자, 전자, 원자가전자, 원자번호, 원소, 주기율표, 화합물

- 광물은 1개 이상의 원소로 구성되어 있다. 모든 원소들의 원자들은 양성자, 중성자, 전자의 세 가지 기본성분으로 이루어져 있다.
- 한 원자 내에 그 양성자 수가 원자번호이다. 예를 들어 산소원자는 양성자가 8개라서 원자번호가 8이다. 양성자와 중성자는 거의 같은 크기와 질량을 가지지만, 양성자는 양전하를 띠고 중성자는 전하를 띠지 않는다.
- 전자는 양성자와 중성자 보다 크기가 매우 작고, 질량도 약 2,000배로 작다. 각 전자는 음전하를 띠며 양성자 1개의 양전하와 전하량이 같다. 원자핵 주위를 둘러싸는 전자들의 무리는 주껍질이라고 하는 몇 개로 구별되는 에너지 준위로 존재한다. 가장 바깥껍질에 있는 전자들을 원자가전자라고 하며, 이들은 원자간 화학결합을 할 때 중요한 역할을 한다.
- 원자가전자들의 수가 비슷한 원소들은 유사한 거동을 보인다. 주기율표는 이러한 원소들의 유사한 성질을 도식적으로 배열한 것이다.

? 지질학적으로 중요한 원소인 다음의 양성자수에 대한 원소를 구분하는 데 주기율표를 사용하라. (a) 14, (b) 6, (c) 13, (d) 17, (e) 26

3.3 원자는 왜 결합하는가

이온결합, 공유결합, 금속결합의 차이를 구별하라.

핵심용어 : 팔전자 규칙, 화학결합, 이온, 이온결합, 공유결합, 금속결합

- 한 원자가 다른 원자를 끌어당겨 화학결합을 만들 때 일반적으로 원자가전자들의 이동이나 공유가 포함된다. 대부분의 원자들은 최외각 껍질에 8개의 전자들을 채워서 가장 안정된 배열을 만든다. 이러한 생각을 팔전자 규칙(옥텟규칙)이라 부른다.
- 이온결합은 한 원소의 원자들이 다른 원소의 원자들에게 전자를 줌으로써 이온이라 부르는 양전하와 음전하를 가진 원자들을 만든다. 이 양전하의 양이온과 음전하의 음이온이 결합하여 이온결합을 형성한다.
- 공유결합은 인접하는 두 원소 사이에서 서로 전자를 공유하여 이루어진다. 이들 원소들을 결합하는 힘은 원자들이 공유된 원자핵의 양성자와 음전하인 전자와의 사이에 반대 전하에 의한 인력에 의한다.
- 금속결합은 전자의 공유가 더욱 넓은 범위로 나타나는데, 전체 물질을 통하여 한 원자에서 다른 원자로 전자들이 자유롭게 이동하면서 결합된다.

? **이온결합의 상태를 나타내는 그림은 어느 것인가? 이들을 구분할 수 있는 특징은 무엇인가?**

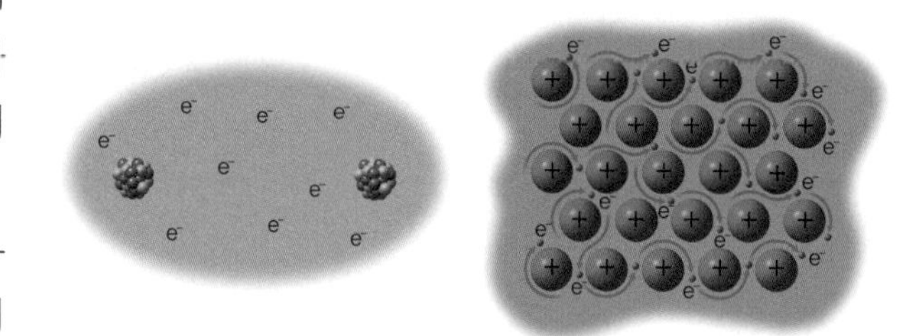

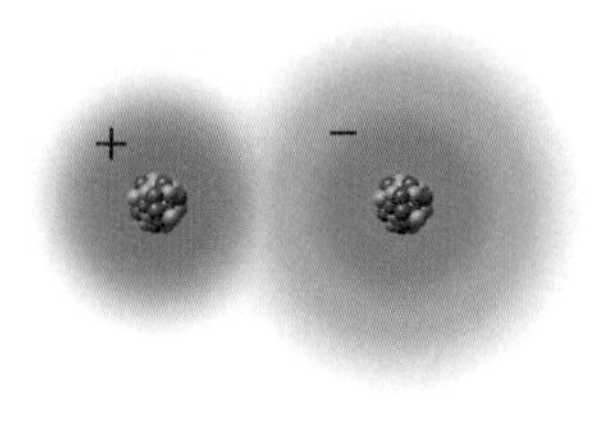

3.4 광물의 특성

광물식별에 이용되는 특성을 열거하고 설명하라.

핵심용어 : 광택, 색, 조흔색, 결정 형태(정벽), 경도, 모스경도계, 벽개, 단구, 점착성, 밀도, 비중

- 한 광물의 화학성분과 결정구조가 특정의 물리적 성질을 나타내게 한다. 이러한 성질들은 다른 것들과 구분하는 데 이용되며, 광물의 활용에도 이용된다.
- 광택은 빛을 반사시키는 광물의 성질이다. 투명, 반투명, 불투명의 용어는 광물이 빛을 투과할 수 있는 정도를 나타낸 것이다. 광물의 색은 약간의 불순물에 의해서도 색이 변하기 때문에 광물식별에 신뢰할 수 없는 성질이다. 신뢰할 만한 특성으로 조흔색이 있으며, 이는 조흔판에 광물을 긁어서 나타나는 분말의 색이다.

Dennis Tasa

석영

Dennis Tasa

방해석

- 성장하면서 같이 생성된 결정 형태들도 가끔 광물식별에 유용하다.
- 화학결합의 다양한 강도에 따라 점착성(광물이 힘을 받을 때 부스러지든지 휘든지 하는 성질)과 경도(긁힘에 대한 저항)와 같은 광물 특성이 다르다.
- 주어진 부피 내에 채워진 물질의 질량으로 밀도가 정해진다. 광물의 밀도를 비교하기 위하여 광물학자들은 광물과 물의 밀도 사이의 비율을 상대적으로 구하는 비중이라는 가장 단순한 방법을 발견하였다.
- 기타 특성 중에서는 어떤 특정 광물에 대해서는 식별에 도움이 되지만 대부분의 다른 광물에 대해서는 어렵다. 기타 특성의 예로는 냄새, 맛, 촉감, 염산에 대한 반응성, 자력, 복굴절 등이 있다.

? **석영과 방해석의 광물에 대해 조사하여, 이들을 구별할 수 있는 물리적 특성 세 가지를 들어라.**

3.5 광물의 종류

광물들은 어떻게 분류하는지와 지구 지각에서 가장 풍부한 광물군을 들고 설명하라.

핵심용어 : 조암광물, 경제광물, 규산염광물, 비규산염광물

- 4,000개 이상 광물종들의 산출이 확인되어 있으나, 지각에 보통 나타나는 광물들은 오직 몇 다스 정도의 수에 지나지 않는다. 이러한 광물들이 조암광물이다. 많은 광물들이 경제적으로 활용할 수 있는 가치를 가지고 있다.
- 비슷한 결정구조와 성분을 기준으로 광물들을 크게 광물족들로 나눈다. 같은 족에 속하는 광물들은 유사한 특성을 가지고, 지질학적 생성환경도 유사한 곳에서 발견되는 경향이 있다.
- 규소와 산소는 지구 지각에서 가장 많은 원소이고, 지각에서 가장 많은 광물은 규산염광물이다. 이에 비하여 비규산염광물들은 지각의 약 8% 정도로 산출한다.

3.6 규산염광물

규산염사면체를 그려 보고, 이런 기본 블록들이 어떻게 조합되어 다른 여러 규산염 구조들을 만드는지 설명하라.

핵심용어 : 규산염사면체, 중합

- 규산염광물들은 1개의 기본적인 블록을 가지고 있다—1개의 규소원자에 4개의 산소원자들이 둘러싸여 있는 1개의 작은 피라미드 구조. 이 구조가 4개의 면을 가지고 있기 때문에 규산염사면체라고 부른다. 각각의 사면체는 알루미늄, 철, 칼륨과 같은 다른 원소들과 결합할 수 있다. 인접한 사면체는 산소원자들의 일부가 서로 공유하게 되며, 이러한 공유가 쇄상구조나 혹은 층상구조로 발달할 수 있는 원인이 된다. 이것이 중합의 과정이다.
- 중합은 산소의 공유 정도가 높거나 낮음에 따라서 여러 규산염광물들의 구조를 만든다. 여기서 공유를 많이 할수록 산소에 대한 규소의 비율이 높아진다. 이러한 중합에 의하여 단쇄, 복쇄, 층상, 3차원망상 구조들이 나타난다.

3.7 일반 규산염광물

담색 규산염광물과 암색 규산염광물을 비교하여 차이를 설명하고, 이들 중에서 일반적인 광물 4개씩을 들어라.

핵심용어 : 담색 규산염광물, 암색 규산염광물

- 규산염광물은 지구에서 가장 많은 광물족이다. 이들은 철과 마그네슘을 포함하고 있는 암색 규산염광물과 포함하지 않는 담색 규산염광물로 나눈다.
- 담색 규산염광물들은 일반적으로 밝은색을 띠며 비교적 낮은 비중을 가진다. 예로는 장석, 석영, 백운모, 점토광물 등이 있다.
- 암색 규산염광물들은 일반적으로 어두운색을 띠며 비교적 높은 비중을 가진다. 예로는 감람석, 휘석, 각섬석, 흑운모, 석류석 등이 있다.

? 일반적으로 담색 규산염광물들은 담회색, 황갈색, 투명, 백색 등의 밝은색을 띤다. 일부 담색 규산염광물 중에는 사진에서 보듯이 연수정(smoky quartz)이 검은색을 띠는데, 이 사실을 어떻게 설명할 것인가?

연수정

3.8 주요 비규산염광물

일반적인 비규산염광물들을 열거하고, 각각의 중요성을 설명하라.

- 비규산염광물들은 기본구조로서 규산염사면체를 가지고 있지 않다. 대신에 이들 광물들은 다른 화학적 배열을 가진 다른 원소들로 구성되어 있다.
- 산화광물은 산소이온들과 다른 원소들(주로 금속)의 결합에 의한 광물이다. 탄산염광물은 결정구조에 CO_3를 포함하는 광물이다. 황산염광물은 SO_4를 기본 블록으로 가지고 있다. 할로겐광물은 나트륨 혹은 칼슘과 같은 1개의 금속이온과 염소, 브롬, 혹은 불소와 같은 1개의 비금속이온이 결합한 광물이다.
- 비규산염광물들은 경제성이 있는 광물들이 많다. 예를 들어, 적철석은 산업적으로 철의 원료로 매우 중요하다. 방해석은 시멘트의 필수적인 성분이다. 암염은 팝콘을 맛있게 만든다.

3.9 광물 : 비재생자원

재생 가능성 측면에서 지구의 광물자원에 대해 토론하라. 광물자원과 광상의 차이를 설명하라.

핵심용어 : 재생, 비재생, 광물자원, 광상

- 자원은 단기간에 다시 보충할 수 있을 경우의 재생자원과 그렇지 못할 경우의 비재생자원으로 나눈다.
- 광상은 현재의 기술로 경제성 있게 채굴할 수 있는 1개 이상의 금속광물이 자연적으로 산출되어 집중된 곳이다. 한 광물자원은 그 원자재의 가격이 충분히 인상된다든지 혹은 채굴원가가 감소할 경우에는 광상으로 승격될 수 있다.

복습문제

① 광물의 지질학적 정의에 따라 아래에 기록된 항목이 광물인지 아닌지 결정하고, 이 중에서 광물이 아니라면 그 이유를 설명하라.

a. 금덩어리
b. 바닷물
c. 석영
d. 큐빅 지르코니아(Cubic zirconia)
e. 흑요석
f. 루비
g. 빙하 얼음
h. 호박(amber)

아래 2와 3의 답을 구하는데 원소주기율표(그림3.5)를 참조하라.

② 1개의 중성원자 내에 양성자 수가 92개이고 질량번호가 238인 원소를 설명하라.

a. 이 원소의 이름은 무엇인가?
b. 얼마나 많은 전자들을 가지고 있나?
c. 얼마나 많은 중성자들을 가지고 있나?

③ 크세논(Xe)와 나트륨(Na)의 원소 중에서 어떤 것이 화학결합이 쉽게 잘되는가? 그 이유를 설명하라.

④ 아래의 5개 광물들을 보고, 어느 것이 금속광택을 나타내고, 어느 것이 비금속광택을 나타내는지 판단하라.

A.

B.

C.

D.

E.

⑤ 금의 비중은 약 20이다. 물 5갤런이 든 양동이의 무게는 40파운드이다. 금 5갤런이 든 양동이의 무게는 얼마인가?

⑥ 이 시료를 깨뜨렸을 때 매끈하고 평탄한 표면을 보이는, 아래 사진의 광물을 검토해 보라.

쪼개진 광물

a. 이 시료에 얼마나 많은 평탄한 표면들이 나타나는가?
b. 이 시료에 얼마나 많은 다른 방향의 벽개들이 나타나는가?
c. 벽개가 교차하는 각도는 90°가 되는가?

⑦ 아래의 내용들은 각각 규산염광물이나 혹은 광물군을 기술한 것이다. 각 경우에 있어서 적합한 이름을 나타내라.

a. 각섬석군에서 가장 흔한 광물
b. 운모광물 중에서 가장 흔하고 밝은색을 나타내는 광물
c. 규소와 산소로만으로 이루어진 흔한 규산염광물
d. 색을 기준으로 한 이름을 가진 규산염광물
e. 선구조인 조선에 의해 특징지어지는 규산염광물
f. 화학적 풍화작용의 생성물에서 기원되는 규산염광물

⑧ 아래의 사진으로 보아 무슨 광물 특성을 들 수 있나?

⑨ 아래의 생산품을 만들기 위하여 각각 무슨 광물을 채굴해야 하는지 알도록 인터넷 검색을 해 보라.

a.스텐리스 그릇
b.고양이 배설물처리 깔게(Cat litter)
c. 위장 제산제
d. 리튬 전지
e. 알루미늄 캔

⑩ 다음의 그림은 규산염사면체의 여러 다른 배열구조 중 1개를 나타낸다. 모든 배열구조들을 들고, 각각에 해당되는 1개의 광물의 예를 들어라.

백운모와 같은 광물(운모광물군)은 규산염사면체가 층상으로 배열된 층상구조를 보인다.

⑪ 대부분의 주는 그 주의 천연자원을 홍보하기 위해 주의 광물, 암석 및 보석을 지정한다. 현재 거주하고 있는 주가 지정한 광물, 암석 및 보석을 알아보고 왜 그것들이 지정되었는지 설명하라. 주에서 지정한 광물, 암석 및 보석이 없는 경우, 가장 가까운 주를 조사하라. 이상의 질문은 미국의 경우이지만, 우리나에 대해서도 조사해 보자.

4

화성암과 관입활동

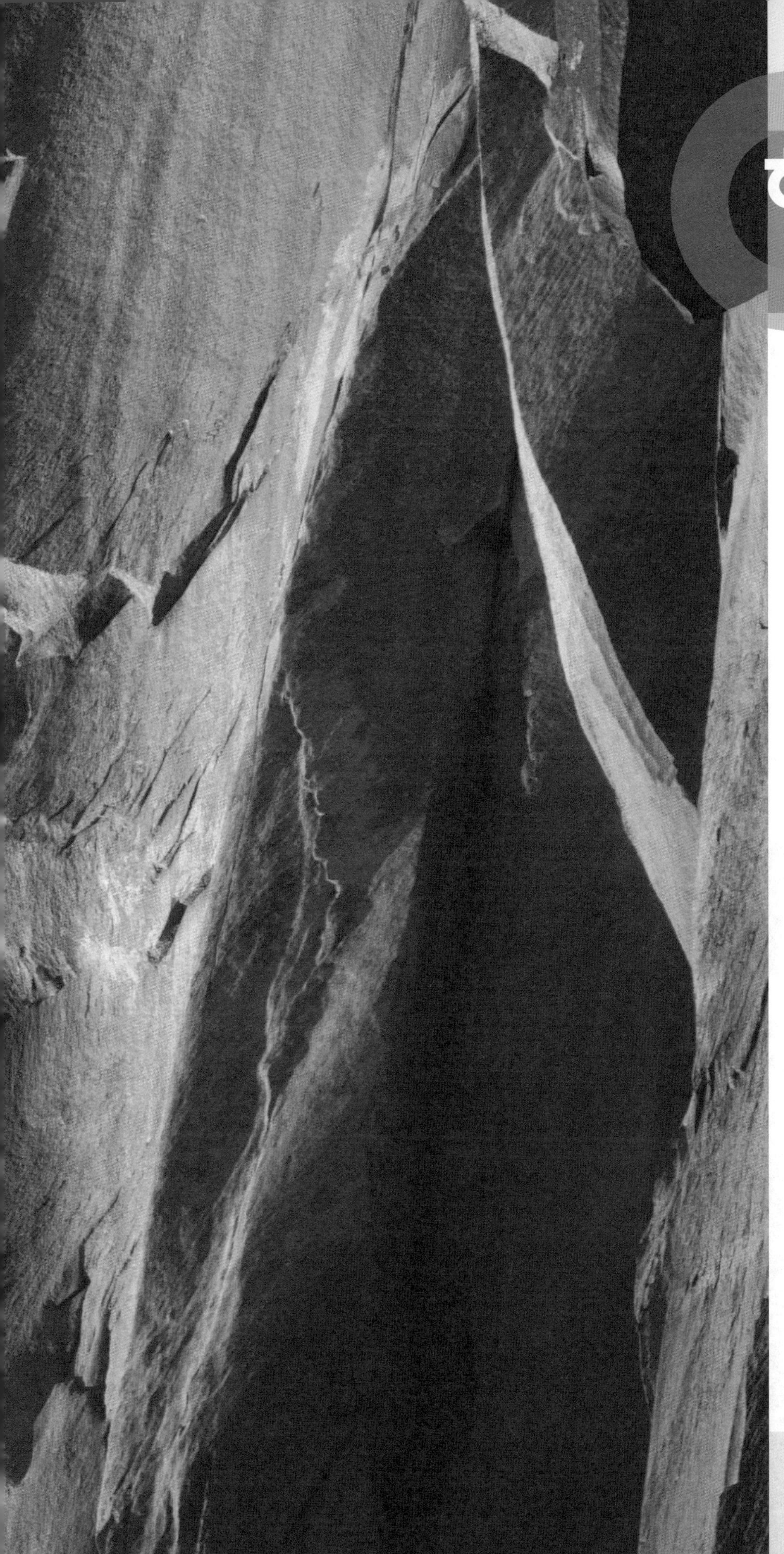

핵심개념

다음은 이 장에서 다룰 주요 학습 목표이다.
이 장을 학습한 후 다음 질문에 답해 보도록 하자.

4.1 마그마의 주성분 세 가지를 나열하고 설명하라.

4.2 현무암질(고철질), 화강암질(규장질), 안산암질(중성질) 및 초고철질 등 기본적인 네 가지 화성암의 조성을 비교 대조하라.

4.3 화성암의 여섯 가지 주요 조직을 구분하여 설명하라.

4.4 조직과 광물조성을 바탕으로 화성암을 세분하라.

4.5 암석에서 마그마가 만들어지는 주요 과정을 요약하라.

4.6 마그마 분별작용이 어떻게 동원마그마로부터 1차 또는 2차 마그마를 만들 수 있는지 서술하라.

4.7 맨틀을 구성하는 감람암의 부분용융이 어떻게 현무암질(고철질) 마그마를 생성하는지 그 과정을 설명하라.

4.8 관입화성 구조로서 암맥, 암상, 저반, 암주 및 병반을 비교하여 설명하라.

4.9 경제적 가치가 있는 금, 은 및 다양한 금속광상들이 어떻게 형성되는지 설명하라.

캘리포니아 요세미티 국립공원의 엘 카피탄(El Capitan) 수직 암벽을 오르는 암벽 등반가 (사진 : *Ron Niebruggel/Mira*)

지구에서 발생하는 지질학적 구조와 조성 그리고 지구 내부의 활동을 이해하기 위해서는 화성암에 대한 기본적인 지식이 필요하다. 화성암과 변성암은 지구의 지각과 맨틀 대부분을 구성하는 화성기원 물질에서 만들어진다. 따라서 지구는 얇은 퇴적암으로 덮여 있는 화성암 및 변성암과 상대적으로 철을 다량 함유하고 있는 작은 핵으로 설명할 수 있다.

일반적으로 레이니어 산과 같은 화산이나 시에라네바다, 블랙힐즈, 애디론댁 산맥과 같은 고지대 등을 형성하는 많은 지형들이 거대한 화성암으로 구성되어 있다. 또한 화성암은 훌륭한 건축재료이며, 기념물부터 가정용 작업대에 이르기까지 다방면에 활용된다.

알고 있나요?

서기 79년에 있었던 베수비오(Ves-uvius) 화산의 폭발에 의해 폼페이(이탈리아 나폴리 인근) 도시 전체가 수 미터의 부석과 화산재로 완전히 매몰되었다. 수 세기가 지난 후에야 베수비오 화산 주변에 새로운 마을이 형성되었고, 1595년이 되어서야 폼페이 유적이 빛을 보기 시작했다. 덕분에 오늘날에는 수많은 관광객이 폼페이 유적의 상가, 유흥가 및 주택가를 둘러볼 수 있게 되었다.

4.1 마그마 : 화성암의 근원물질

마그마의 주성분 세 가지를 나열하고 설명하라.

마그마(magma, 암석 용융체)가 냉각 및 고화되어 형성된 **화성암**(igneous rock, 라틴어로 *ignis*는 불을 의미함)은 암석의 순환과정에서 중요한 위치에 있는 암석이다. 화성암의 근원물질은 마그마로, 약 250km(약 150마일) 깊이까지 존재하는 상부 맨틀과 지각 속에서 다양하게 발생하는 암석의 부분용융에 의해 형성된다. 한번 형성된 마그마는 주변 암석들보다 밀도가 낮기 때문에 지표면으로 이동한다(따라서 암석이 용융되면서 더 넓은 공간을 형성하기도 한다). 때로는 용융된 암석이 지표로 분출되기도 하는 데 이를 **용암**(lava)이라 한다(그림 4.1). 또한 용암은 마그마 챔버에서 가스가 배출될 때 형성되기도 한다. 경우에 따라서 용암은 상당한 양의 수증기와 화산재를 분출하기도 하지만 모든 분출이 격렬하게 발생하는 것은 아니며, 많은 화산들은 유동성이 높은 용암을 조용한 분출을 통해 지표로 노출시키고 있다.

마그마 성질

마그마는 완전히 또는 부분적으로 용융된 암석 물질로, 고화되면서 주로 규산염 광물로 구성된 화성암을 형성한다. 대부분의 마그마는 액체, 고체, 기체의 세 가지 뚜렷한 성분을 가지고 있다.

용융체(melt)로 불리는 액체 성분은 주로 지각의 8대 구성원소에 해당하는 이동성 이온들로 구성되어 있다. 이 중 대부분은 규소와 산소이며, 이 외에 알루미늄, 칼륨, 칼슘, 나트륨, 철, 그리고 마그네슘을 함유한다.

USGS

그림 4.1 하와이 킬라우에아 화산에서 분출된 유동성이 큰 용암 하와이 빅아일랜드에 있는 킬라우에아 화산은 지구상에서 가장 활동적인 화산 중 하나이다.

마그마의 고체 성분은 주로 규산염 광물로 구성되어 있다. 마그마가 냉각되면서 결정의 개수와 크기가 증가하게 된다. 마지막 냉각 단계에서 마그마는 소량의 용융체만 남게 되며 마치 두툼한 귀리죽과 같은 결정 덩어리 상태가 된다.

마그마의 기체 성분은 대부분 **휘발성 물질**(volatiles)로, 지압력에 의해 가스 형태로 증발된다. 마그마에서 관찰되는 대표적인 휘발성 물질은 마그마 상부에 있는 암석이 가하는 거대한 압력에 의해 형성되며, 수증기(H_2O), 이산화탄소(CO_2) 및 이산화황(SO_2) 등으로 구성되어 있다. 휘발성 물질은 지표로 이동하면서(고압에서 저압 환경으로) 용융체에서 벗어나려 한다. 이러한 활동은 간혹 마그마의 분출을 동반한다. 지하 심부의 마그마가 결정화 될 때, 잔류 휘발성 물질은 주변 암석에 분포하는 뜨겁고 함수량이 높은 유체와 결합하기도 한다. 여기서 뜨거운 유체는 변성작용에 중요한 역할을 하며, 이에 관해서는 제8장에서 살펴볼 것이다.

마그마에서 결정질 암석으로

마그마에서 결정화가 어떻게 이루어지는지 이해하기 위해서 간단한 결정질 고체가 어떻게 용융되는지에 대해 살펴보자. 모든 고체는 이온들이 밀접하고 일정한 형태로 배열되어 있다. 그러나 경우에 따라 이온들은 일정 지점에서 제한적인 진동을 하는 등의 특정 활동을 한다. 온도가 증가함에 따라 이온들은 더욱 빠르게 진동하고 근접한 이온들끼리 서로 끊임없이 충돌한다. 열은 이온들의 활동 공간을 더욱 넓혀 고체가 팽창할 수 있게 한다. 이온 간 화학적 결합력을 초과할 만큼 충분히 빠르게 진동하면 용융이 발생하기 시작한다. 이 단계에서 이온들은 유지된 배열 상태를 벗어나게 되고 규칙적인 결정 구조가 무너지게 된다. 이처럼 용융이란 빽빽하고 균질하게 정렬된 이온들로 결합된 고체를 무질서하게 움직이는 이온들로 구성된 액체로 만드는 과정이다.

결정화 작용(crystallization)이라 부르는 이러한 과정에서 냉각이란 용융에 상반되는 과정을 뜻한다. 액체의 온도가 내려가면 이온들은 활동량이 감소하고 서로 더욱 가까워진다. 충분한 냉각이 이루어졌을 때, 이온들의 화학적 결합은 규칙적으로 배열된 결정이 된다.

일반적으로 마그마가 냉각될 때, 규소와 산소 원자들이 서로 결합되어 규산염 광물의 기본적인 형태인 규소-산소 사면체를 형성한다. 마그마는 주변 암석들과 반응하면서 열을 소모하게 되고, 규산염 사면체들은 각각 또 다른 사면체 또는 이온과 결합하여 새로운 결정핵을 형성한다. 이 결정핵들은 점점 움직임이 둔해지면서 결정질 망상조직을 형성한다.

가장 먼저 정출하는 광물은 성장에 필요한 공간을 가장 먼저 차지하므로, 이후에 남은 공간에서 정출되는 광물들보다 더 잘 발달된 결정면을 갖게 된다. 결과적으로 모든 용융체는 화성암을 구성하는 규산염 광물들이 상호 결합되어 있는 고체로 변하게 된다(그림 4.2).

그림 4.2 **서로 결합된 광물 결정들로 구성되어 있는 화성암** 가장 큰 결정은 약 1cm의 길이를 가진다.

화성작용

화성암은 두 가지 기본적인 조건에서 형성된다. 용융체는 지하 심부에서 결정화되거나 혹은 지표면에서 고결된다(그림 4.3).

마그마가 지하 심부에서 결정화될 때 **심성암**(plutonic rock)으로도 알려진 **관입암**(intrusive igneous rock)을 형성한다. 심성암은 로마 신화에서 지하 세계를 다스리는 신의 이름인 플루토(Pluto)에서 유래한 것이다.

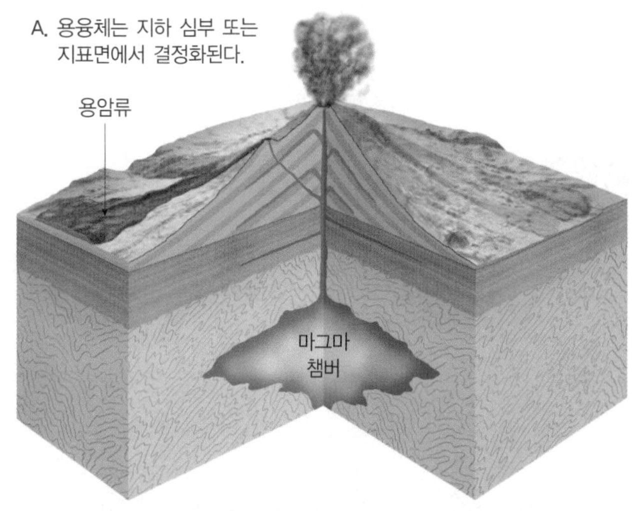

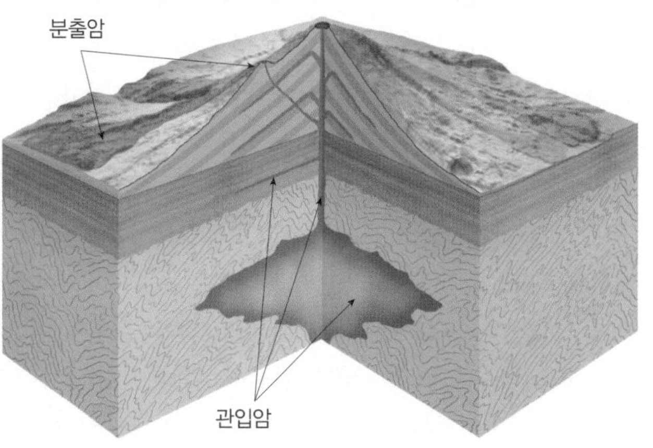

B. 마그마가 지하 심부에서 결정화될 때는 관입암이, 지표면에서 고결될 때는 분출암이 형성된다.

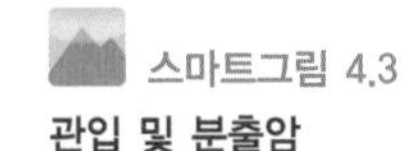

스마트그림 4.3
관입 및 분출암

그림 4.4
러시모어 산의 국립기념물
사우스다코타 주와 블랙힐즈에 걸쳐 분포하는 이 인물상은 관입암체를 조각하여 만든 것이다. (사진 : *Barbara A. Harvey/Shutterstock*)

심성암은 융기되고 침식되면서 지표면으로 노출된다. 미국 뉴햄프셔 주의 화이트 산, 조지아 주의 스톤 산, 사우스다코타 주와 블랙힐즈에 걸쳐 있는 러시모어 산, 그리고 캘리포니아 주의 요세미티 국립공원을 대표적인 심성암의 노출 지역으로 들 수 있다(그림 4.4).

한편 지표에서 형성된 화성암을 **분출암**(extrusive igneous rocks)으로 분류한다. 달리 **화산암**(volcanic rocks)이라고도 불리며, 이는 로마 신화에 등장하는 불의 신인 불칸(Vulcan)에서 유래한 암석명이며, 용암이 고결되거나 또는 화산쇄설물들이 지표에서 퇴적될 때 형성된다. 분출암은 아메리카 대륙 서부지역에 다량 분포하고 있으며, 캐스케이드 산맥(Cascade Range)과 안데스 산맥(Andes Mountains)의 화산지대를 형성하고 있다. 또한 하와이제도(Hawaiian chain)와 알래스카의 알류샨 열도(Aleutian islands)등을 포함한 많은 섬이 대체로 분출암으로 구성되어 있다.

개념 점검 4.1

① 마그마란 무엇인가? 마그마와 용암의 차이점은 무엇인가?
② 마그마의 세 가지 주요 구성성분을 열거하고 설명하라.
③ 결정화 작용을 설명하라.
④ 분출암과 관입암을 비교 설명하라.

4.2 화성암의 조성

현무암질(고철질), 화강암질(규장질), 안산암질(중성질) 및 초고철질 등 기본적인 네 가지 화성암의 조성을 비교 대조하라.

화성암은 주로 규산염광물로 구성되어 있다. 화성암을 화학 분석하면 규소와 산소가 대부분을 차지하는 것을 알 수 있다. 이 두 원소와 알루미늄(Al), 칼슘(Ca), 소듐(Na), 포타슘(K), 마그네슘(Mg), 그리고 철(Fe) 이온들이 일반적으로 마그마 중량의 약 98%를 차지한다. 또한 마그마는 티타늄(Ti), 망간(Mn)과 같은 다양한 종류의 미량 원소들을 함유하기도 하며 금(Au), 은(Ag) 및 우라늄(U)과 같은 희유원소들을 미량 포함하기도 한다.

마그마가 고결되면서 이러한 원소들은 서로 결합하여 크게 두 그룹의 규산염광물을 형성한다(그림 4.5). 어두운색을 띠는 규산염광물(유색광물)은 철이나 마그네슘의 함량이 높은 반면 규소 함량은 비교적 낮다. 감람석, 휘석, 각섬석 및 흑운모는 지각에서 일반적으로 어두운색을 보이는 규산염광물이다. 이에 반해 밝은색을 띠는 규산염광물(무색광물)은 철과 마그네슘보다는 포타슘, 소듐 및 칼슘을 더 많이 함유한다. 석영, 백운모, 그리고 가장 풍부한 광물군인 장석 등을 포함하는 밝은색의 규산염광물들은 어두운색의 규산염광물에 비해 규소 함량이 높다.

화강암질(규장질)과 현무암질(고철질)의 조성

마그마로부터 만들어진 화성암은 다양한 조성변화를 가짐에도 불구하고, 어두운색과 밝은색 광물의 비율에 따라 크게 몇 가지 그룹으로 분류할 수 있다(그림 4.5). 연속반응계열의 왼쪽 부분을 보면 밝은색 화성암을 구성하는 광물은 거의 전적으로 석영과 칼리장석으로 구성된다. 이 부분에서 생성되는 화성암은 대부분 **화강암질 조성**(granitic composition)을 갖는 광물들이다(그림 4.6A). 또한 지질학자들은 화강암질(granitic) 대신 **규장질**(felsic)이라는 용어를 사용하기도 하는데, 이는 장석(feldspar)과 이산화규소(silica, 석영)에서 유래한 용어이다. 대부분의 화강암질 암석은 석영과 장석뿐만 아

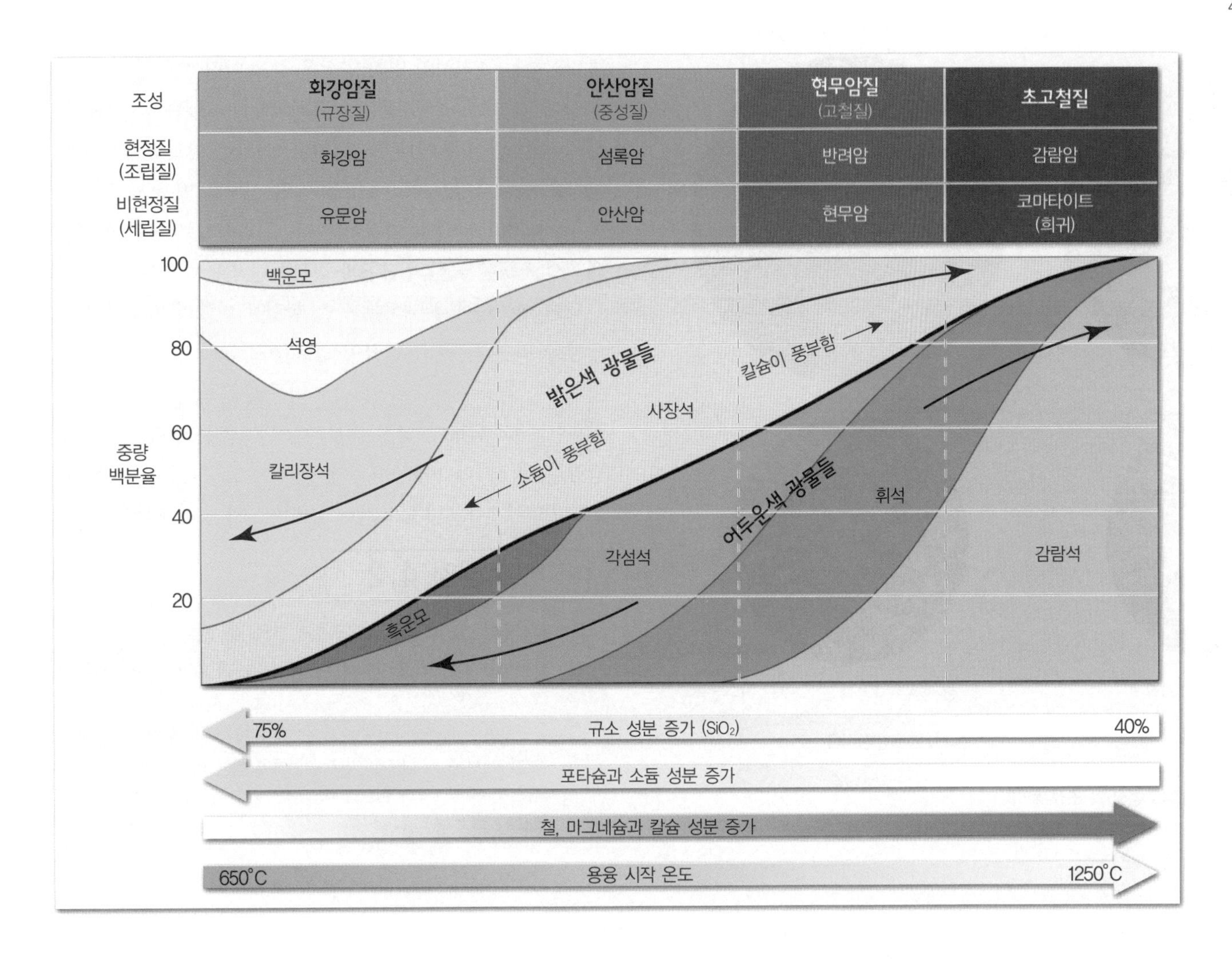

그림 4.5 일반적인 화성암의 광물 구성 *(Tarbuck & Lutgens, Earth, 11e, pp.128–129; Dietrich, Daily & Larson)*

니라 약 10% 정도의 어두운 규산염광물을 포함하고 있는데 이는 보통 흑운모와 각섬석이다. 화강암질 암석은 규소가 약 70%를 차지할 정도로 풍부하며 주로 대륙지각의 구성 암석이 된다.

최소 45% 이상의 어두운 규산염광물과 칼슘이 풍부하고 석영이 없는 사장석을 갖는 암석을 **현무암질 조성**(basaltic composition)을 보인다고 한다(**그림 4.6B**).

현무암질 암석은 유색광물 함량이 높아 지질학자들은 이를 **고철질**(mafic)이라 부르기도 하는데, 고철질이란 용어는 라틴어로 마그네슘(magnesium)과 철(ferrum)에서 유래하였다. 고철질 암석은 철 성분 때문에 어두운색을 띠고 화강암질 암석에 비해 밀도가 높다. 현무암질 암석은 해양분지에 분포하는 화산섬들뿐만 아니라 대양저를 구성하기도 한다. 또한 현무암은 대륙에 광범위한 용암류를 형성하기도 한다.

또 다른 조성의 화성암

그림 4.5에서 화강암질과 현무암질 사이의 조성을 보이는 암석은 **안산암질 조성**(andesitic composition) 혹은 **중성질 조성**(intermediate composition)을 띤다고 하며, 일반적으로 화산암의 일종인 안산암(andesite)이 여기에 속한다. 중성질 암석은 적어도 25%의 어두운색 광물을 함유하고 있으며 주요 구성 광물은 각섬석, 휘석, 흑운모 및 사장석 등이다. 화성암의 분류 체계에서는 대륙 가장자리나 알류샨 열도 같은 화산성 호상열도에서 발생하는 화산활동과 연관이 있다.

또 다른 중요한 화성암인 감람암(peridotite)은 대부분 감람석과 휘석을 함유하며, 화강암과는 정반대의 조성을 가진다(그림 4.5). 감람암은 유색광물들로만 구성되어 있으므로 **초고철질**(ultramafic)의 화학 조성을 띠게 된다. 비록 지표에서 초고철질 암석은 드물지만 감람암은 상부 맨틀을 구성하는 주 암석이다.

조성의 척도, 규소 함량

화성암의 화학조성에서 가장 중요한 요소는 규산(SiO_2) 함량이다. 일반적으로 지각 구성 암석에서 규산의 함량은 초고철질 암석에서 40%, 규장질 암석에서 70%의 범위를 보여 준다(그림 4.5). 화성암에서 규소의 함량은 다른 원소들의 함량에

알고 있나요?

지각에서 가장 풍부한 원소는 산소이다. 지각은 중량 대비 47%, 부피 대비 94%가 산소로 구성되어 있다. 사실 산소 원자는 일반적인 광물을 구성하는 대다수의 원자들에 비해 너무 크기 때문에 지각을 구성하는 산소 원자들 사이에는 주로 규소, 알루미늄 및 포타슘과 같은 작은 원자들이 서로 밀접하게 결합되어 있다.

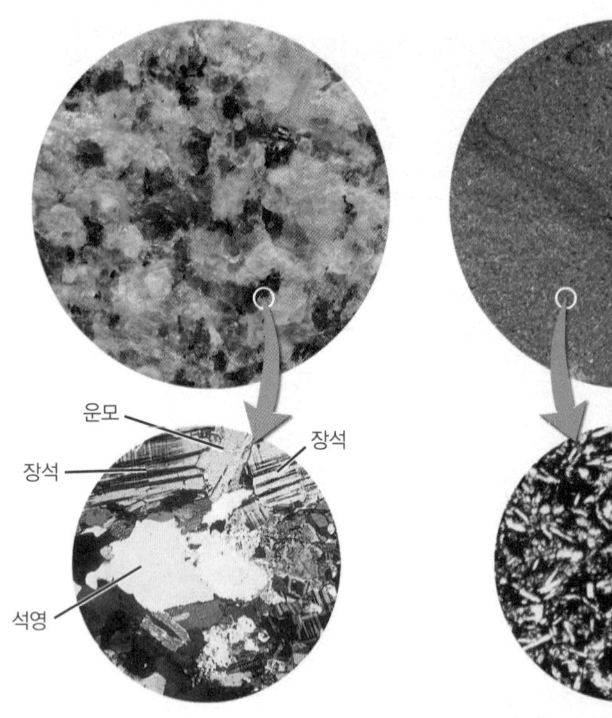

A. 화강암은 규장질로 석영과 칼리장석 등 밝은색의 규산염광물로 구성되어 있는 조립질 화성암이다.

B. 현무암은 사장석 및 다량의 어두운색 규산염광물로 구성되어 있는 세립의 고철질 화성암이다.

그림 4.6 **화강암질(규장질)과 현무암질(고철질)의 조성 차이**
화강암과 현무암을 구성하는 내부조직과 광물조성을 보여주는 편광현미경 사진 *(사진 : E. J. Tarbuck)*

반비례하는 규칙적인 변화 양상을 갖게 마련이다.

상대적으로 규소 함량은 낮으나 철, 마그네슘 및 칼슘 함량이 높은 암석을 예로 들 수 있다. 이와는 대조적으로 규소 함량은 높으나 철, 마그네슘 및 칼슘 함량은 매우 낮은 암석은 소듐과 포타슘의 함량이 높다. 결과적으로 보면 화성암의 화학조성은 규산의 함량과 직접적인 연관이 있다.

또한 마그마에 존재하는 규소 함량은 마그마의 성질에 큰 영향을 미친다. 규소 함량이 높은 화강암질 마그마는 점성이 크며, 최소 650°C(1,200°F) 이상의 온도에서 분출한다. 반면에 규소 함량이 낮은 현무암질 마그마는 일반적으로 화강암질 마그마에 비해 큰 유동성을 가지고 있으며 1,050°C(1,920°F)에서 1,250°C(2,280°F) 범위 내에서 분출한다.

개념 점검 4.2

① 화성암은 대체로 어떤 광물군으로 구성되어 있는가?
② 밝은색을 띠는 화성암과 어두운색을 띠는 화성암의 조성 차이는 무엇인가?
③ 화성암의 네 가지 기본적인 조성군에 대하여 구분하라.
④ 화성암에서 규소 성분이 다른 성분들에 비해 함량비가 높은 까닭은 무엇이며, 규소 함량은 마그마의 성질에 어떤 영향을 끼치는가?

4.3 화성암의 조직 : 우리에게 어떤 정보를 주는가

화성암의 여섯 가지 주요 조직을 구분하여 설명하라.

화성암에서 **조직**(texture)은 결정의 크기, 모양, 그리고 배열을 기초로 암석의 산출상태를 기술하는 하나의 도구이다. 조직은 또한 암석 형성 당시의 환경에 대한 정보를 내포하고 있는 중요한 요소이다(**그림 4.7**). 지질학자들은 암석의 특징 및 입자 크기 등을 관찰하고, 이를 기초로 암석의 기원을 추론하기도 한다.

화성암의 조직에 영향을 주는 세 가지 요인으로 (1) 마그마의 냉각속도, (2) 규소의 함량, (3) 마그마 내에 용해되어 있는 기체의 양 등이 있다. 이 중 마그마의 냉각속도가 가장 큰 요인이다.

지하 수 킬로미터 내에 있는 규모가 큰 마그마는 아마도 수만 혹은 수십만 년 동안에 냉각되었을 것이다. 냉각 초기에는 몇몇 결정핵들만이 형성되었다가 서서히 냉각이 진행되고, 이온들이 자유롭게 이동하면서 이미 존재하고 있는 결정들과 결합하게 된다. 결과적으로 느린 냉각은 적은 양이기는 하나 보다 더 큰 결정의 성장을 가져온다.

반면에 작은 규모의 용암류처럼 마그마의 냉각이 빨리 진행될 때는 이온들이 빠르게 이동성을 잃으며 보다 쉽게 결합하여 결정들을 형성한다. 이는 많은 양의 결정핵 성장을 초래하여 이온들 간의 경쟁을 유발한다. 이 결과가 작은 결정들로 구성된 암석을 만들게 된다.

화성암 조직의 유형

암석 조직에 영향을 미치는 마그마 냉각의 효과는 비교적 간단하다. 느린 냉각은 큰 결정성장을 가져오는 반면에 빠른 냉각은 작은 결정을 생성한다. 한편 마그마는 완전히 고화가 이루어지기 전에 새로운 위치로 이동하여 지표로 분출하게 된다. 결과적으로 화성암 조직의 유형으로는 비현정질(세립질), 현정질(조립질), 다공질, 반상, 유리질 및 화산쇄설성(암편질) 조직 등이 있다.(그림 4.7)

비현정질(세립질) 조직 마그마가 냉각되는 상부 지각에서 소규모 관입체 또는 지표에서 만들어진 화성암은 상대적으로 빠르게 형성되어 **세립질 조직**(fine-grained texture)을 갖게 되는데 이러한 조직을 **비현정질**(aphanitic)이라 한다. 라틴어로 a는 부정의 뜻을 가지며 *phaner*는 보인다는 뜻을 의미한다. 정의하자면 비현정질 암석의 결정은 너무 작아 각각의

광물을 편광현미경 혹은 그 이외의 정교한 기술적 도움 없이는 구별할 수 없다(그림 4.6B). 때문에 보통 비현정질 암석은 밝은색, 어두운색 혹은 그 중간색으로 나타난다. 이 방법을 사용하면 밝은색의 비현정질 암석은 주로 밝은색의 규산염 광물들을 포함하고 있음을 알 수 있다.

현정질(조립질) 조직 대규모의 마그마가 지하 심부에서 천천히 고결되면 **조립질 조직**(coarse-grained texture)의 암석을 형성하게 되며, 이런 조직을 **현정질**(phaneritic)이라 한다. 대체로 균질하고 크게 성장한 광물 결정을 가지고 있는 조립질 암석은 현미경의 도움 없이도 구별이 가능하다(그림 4.6A). 지질학자들은 현정질 암석을 구성하는 광물을 관찰하기 위하여 종종 작은 확대경을 사용하기도 한다.

반상조직 큰 규모의 마그마는 고결되는 데 수만 년에서 수십 만 년이 걸릴 수도 있다. 서로 다른 압력 및 온도조건 하에서 광물 결정들이 형성되기 때문에 어떤 결정은 다른 결정이 미처 생성되기도 전에 매우 큰 결정으로 성장할 수도 있다.

만약 몇몇 큰 결정을 포함하고 있는 마그마가 지표로 분출되는 등의 환경변화를 겪게 되면 남은 잔류마그마는 더욱 빠르게 냉각하게 된다. 이렇게 생성된 암석은 작은 결정으로 둘러싸인 큰 결정을 갖게 되는데 이를 **반상조직**(porphyritic texture)이라 한다(**그림 4.8**). 이때 암석의 큰 결정들은 **반정**(phenocrysts)이라 하고, 작은 결정들로 이루어진 기질은 **석**

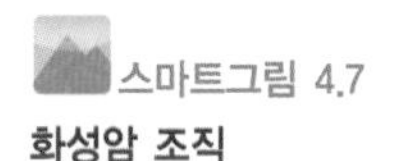
스마트그림 4.7
화성암 조직

그림 4.8 **반상조직**
반상조직을 갖는 암석 내에 큰 결정을 반정이라 하며, 작은 결정들로 이루어진 기질은 석기라 한다. (사진 : *Dennis Tasa*)

그림 4.9 **다공질 조직** 큰 사진은 하와이 킬라우에아 화산에서 관찰된 용암류의 모습이다. 좌측의 확대 사진은 고화된 용암에서 보이는 다공질 조직의 모습으로, 가스가 용암에서 빠져나가면서 형성된 작은 기공들이 관찰된다.

기(groundmass)라 한다. 반정은 라틴어로 '보여주다'라는 뜻의 *pheno*와 결정이라는 뜻의 *cryst*로 구성된다. 이러한 반상조직을 갖는 암석을 **반암**(porphyry)이라 한다.

다공질 조직 대부분의 분출암에 있어 공통적인 특징은 용암이 고결되면서 가스가 빠져나간 자리에 생긴 공동이라고 볼 수 있다. 거의 원형에 가깝게 형성되는 이 공동들은 기공(vesicle)이라 하며, 이를 포함한 암석은 다공질 조직(vesicular texture)을 갖는다고 한다. 다공질 조직을 갖는 암석들은 보통 용암류의 상부에서 형성되고, 용암의 급속한 냉각이 이루어지면서 팽창된 기포에 의해 기공이 만들어진다(그림 4.9). 다공질 조직을 갖는 대표적인 암석인 부석은 규소가 풍부한 용암의 분출로 형성된다(그림 4.7D).

유리질 조직 화산이 분출할 때 암석 용융체는 대기로 분출되면서 빠르게 냉각되어 고화된다. 이처럼 용암의 급속한 냉각이 진행되면 유리질 조직(glassy texture)을 갖는 암석이 생성된다. 유리는 불규칙한 이온들이 규칙적인 결정구조로 결합하기 이전에 고화되어 생성되는 것이다.

자연적으로 산출되는 대표적인 유리질 암석으로 검은색을 띠는 흑요암이 있다. 탁월한 패각상의 단구와 날카롭고 단단한 모서리 덕분에 흑요암은 미국 원주민들에게 화살촉 및 물건을 자르는 도구로 훌륭한 재료가 되었다(그림 4.10).

흑요암으로 구성된 용암류가 수백 피트의 두께를 갖는 것을 보면 용암의 급속한 냉각만이 유리질 조직을 형성하는 요인이 되는 것은 아니라는 것을 알 수 있다. 일반적으로 규산을 다량 함유하고 있는 마그마는 결정화 작용이 이루어지기 전에 긴 사슬 모양의 조직을 형성하는 경향이 있다. 이러한 조직은 교대로 이온의 변형을 방해하고 마그마의 점성을 증가 시킨다(여기서 점성은 유체가 이동할 때 유체의 저항도를 말한다). 따라서 규소 성분이 많은 화강암질 마그마는 점성이 매우 높은 용암으로 분출되어 흑요암을 형성하게 된다.

이에 반해 규소 성분이 적은 현무암질 마그마는 용암이 냉각되면서 세립질의 결정질 암석을 형성한다. 또한 현무암질 용암이 해양으로 들어가게 되면, 용암의 표면이 급속히 냉각되면서 미세한 유리질 표면을 형성한다.

그림 4.10 **흑요암제 화살촉**
흑요암은 미국 원주민들이 화살촉 및 물건을 자르는 도구로 사용했던 자연적으로 만들어진 유리이다. (사진 : *Mark Thiessen/Getty Images*)

화산쇄설성(암편질) 조직 일부 화성암은 화산이 격렬하게 폭발할 때 분출되는 암석 파편들이 다져지면서 형성되기도 한다. 화산 폭발로 분출되는 입자들은 화구의 벽에서 떨어져 나온 모가 난 큰 덩어리나 용융된 거품 혹은 매우 미세한 화산재 등이다(그림 4.11). 이러한 암편들로 구성된 화성암의 조직을 **화산쇄설성**(pyroclastic) 또는 **암편질 조직**(fragmental texture)이라 한다(그림 4.7E).

그림 4.11 **화산쇄설성 암석은 폭발적 분출의 산물이다.** 이 파편들은 결국 화산쇄설성 조직을 보이면서 암석으로 고화될 것이다. (사진 : Jorge Santos/AGE Fotostock)

용결응회암(welded tuff)은 일반적인 화산쇄설성 암석의 하나로 용융되기에 충분한 열을 갖는 세립의 유리질 암편으로 구성되어 있다. 암편질로 구성된 또 다른 화산쇄설성 암석은 화산에서 분출된 암편들이 서로 충돌하기 전에 결정화되거나 좀 더 시간이 흐른 뒤에 서로 결합된다. 화산쇄설성 암석은 서로 교대하여 성장한 암석보다 더욱 복잡한 입자와 암편으로 구성되어 있기 때문에 이 암석의 조직은 화성암보다는 퇴적암과 더욱 비슷한 모습을 보여 준다.

알고 있나요?

화성암의 한 종류인 페그마타이트(pegmatite)에서는 거대한 결정들이 관찰된다. 노스캐롤라이나 주와 노르웨이에서는 집채만한 크기의 단일결정 장석이 발견되었으며, 인도에서는 85톤의 거대한 판상 백운모(운모) 결정이 채굴되기도 하였다. 또한 전신주(길이 40피트 이상) 크기의 리튬이 함유된 리티아 휘석(spodumene) 결정이 사우스다코타 주 블랙힐스에서 발견된 바 있다.

개념 점검 4.3

① 화성암의 조직이란 무엇인가?

② 마그마의 냉각속도는 정출되는 광물 결정의 크기에 어떤 영향을 미치는가? 또한 화성암의 조직에 영향을 미치는 또 다른 요인은 무엇이 있는가?

③ 화성암의 중요한 조직 여섯 가지를 설명하라.

④ 화성암이 냉각되는 과정에서 반상조직이 지시하는 것은 무엇인가?

4.4 화성암의 명명

조직과 광물조성을 바탕으로 화성암을 세분하라.

일반적으로 화성암은 조직과 광물조성으로 분류할 수 있다(그림 4.12). 화성암 조직은 주로 용암의 서로 다른 냉각과정에 의해 다양하게 형성되는 반면, 화성암의 광물조성은 근원 마그마를 구성하는 물질의 화학적 종류에 따라 다르게 나타난다. 화성암은 조직과 광물조성에 따라 분류되기 때문에 비슷한 광물들로 구성되어 있지만 조직이 다른 경우에도 다르게 분류한다.

화강암질(규장질) 화성암

화강암 **화강암**(granite)은 화성암 전체에서 가장 잘 알려진 암석일 것이다(그림 4.2). 연마했을 때 나타나는 자연적인 아름다움과 대륙 지각에서 가장 풍부한 암석이기 때문일 것이다. 연마한 화강암 판은 건축석재로 기념비나 묘비 등으로 많이 사용하기도 한다. 미국 버몬트 주의 바레, 노스캐롤라이나 주의 에어리 산, 미네소타 주의 세인트클라우드 등이 화강암 지대로 잘 알려져 있다.

화강암은 10~20%의 석영과 약 50%의 칼리장석으로 구성된 조립질 암석이다. 확대하여 관찰하면 석영 입자는 다소 둥근 모양으로 유리광택을 띠며 투명한 회색빛을 보인다. 반면 일반적인 장석 입자는 백색, 회색 또는 담홍색을 띠며 뭉툭한 직사각형 형태를 보인다.

화강암의 부성분 구성광물에는 색이 어두운 규산염광물이 대부분이며, 소량의 흑운모, 각섬석 및 백운모 등이 있다. 일반적으로 화강암에서 어두운 광물들은 10% 미만이지만, 보통 부각되어 보여서 훨씬 많이 포함되어 있는 것으로 보이기도 한다.

대부분의 화강암은 회색을 띤다(그림 4.13). 그러나 진홍색 장석 입자를 포함하고 있는 경우에는 화강암도 붉은색을 띠게 된다. 또한 어떤 화강암은 반상조직을 갖기도 하는데 수

스마트그림 4.12
화성암의 분류 화성암은 조직과 광물조성을 바탕으로 분류한다. *(사진 : Dennis Tasa, E. J. Tarbuck)*

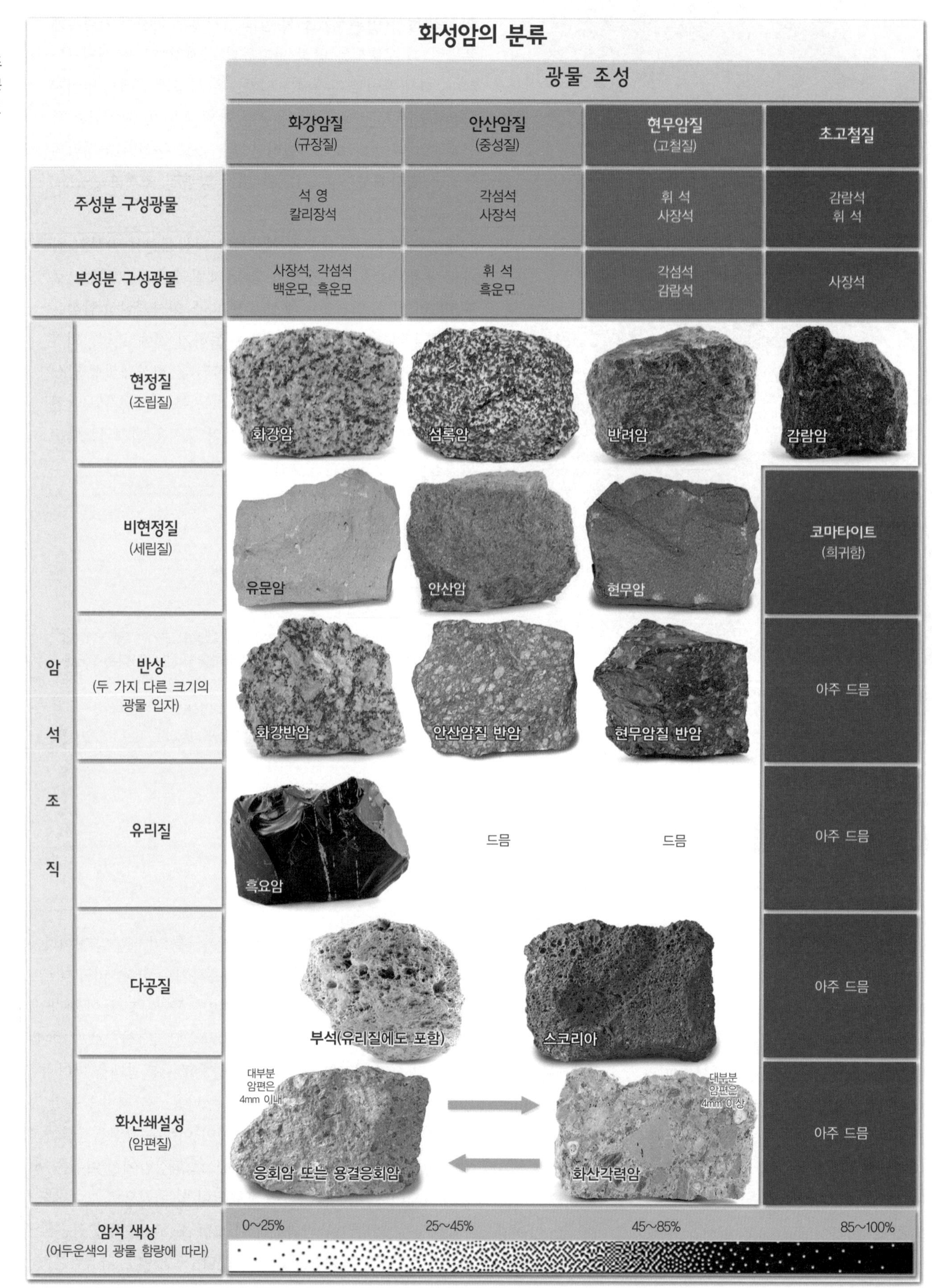

그림 4.13 **생성 과정에 관한 정보를 가지고 있는 암석들** 캘리포니아 주 요세미티 국립공원에 위치한 독립 화강암체인 엘 카피탄(El Capitan)은 한때 지구 심부에서 거대한 마그마로 존재했었을 것이다.

센티미터의 길쭉한 형태의 장석 입자들과 더 작은 석영 및 각섬석 입자를 포함하고 있기도 하다(그림 4.12).

유문암 **유문암**(rhyolite)은 세립질이지만 화강암과 비슷한 밝은색 규산염 광물로 구성되어 있다(그림 4.12). 이는 유문암의 색상에 원인이 되며, 보통 담황색에서 담홍색 또는 밝은 회색을 띤다. 유문암은 보통 세립질로 경우에 따라 유리질 파편과 기공을 포함하고 있는데, 이는 지표환경에서 급속히 냉각되어 생성되었음을 지시한다. 큰 관입체로 넓게 분포하는 화강암과는 달리 유문암의 분포는 일반적이지 않으며 부피 또한 크지 않다. 옐로스톤 국립공원이 대표적인 유문암 산출지로 유문암질 용암의 유동과 이와 유사한 성분으로 구성된 두꺼운 화산재가 넓게 분포하고 있다.

흑요암 **흑요암**(obsidian)은 보통 규소가 풍부한 용암이 지표에서 급속히 냉각되면서 형성된 어두운색을 띠는 유리질 암석이다(그림 4.12). 광물에서 이온들이 규칙적인 배열을 가지고 있는 것과는 달리 유리에서 이온들이 불규칙성을 띠기 때문에 흑요암 같은 유리질 암석은 대부분의 다른 암석들과는 다른 광물조성을 갖게 된다.

흑요암은 대체로 검은색 또는 적갈색을 띠지만 대표적인 검은 암석인 현무암과는 달리 밝은색을 띠는 화강암과 유사한 화학 조성을 가진다. 흑요암의 검은색 부분은 유리질 내에 포함되어 있는 미량의 금속이온이 색을 발현시키는 것으로 상대적으로 투명하다. 흑요암의 얇은 모서리 부분을 자세히 관찰해 보면 투명하게 보이는 것을 알 수 있다(그림 4.7A)

부석 **부석**(pumice)은 다공질 조직을 보이는 유리질 화산암으로 용암이 회색 거품 덩어리를 발생하면서 많은 양의 기체가 빠져나갈 때 형성된다. 어떤 부석에서는 기공이 현저하게 나타나지만, 또 다른 어떤 부석은 서로 얽혀 꼬인 유리질 구조를 갖기도 한다. 대부분의 부석은 높은 공극률 덕분에 물에서도 잘 뜬다(그림 4.14). 경우에 따라 부석에 유동흔적이 보이기도 하는데, 이는 결정이 완전히 형성되기 전에 움직임이 있었음을 지시하는 것이다.

또한 부석과 흑요암은 서로 교호하는 화산암층에서 하나의 암괴를 이루며 함께 발견되는 경우도 있다.

알고 있나요?

지구의 상부 맨틀은 종종 도표에서 높은 온도를 떠올리게 하는 붉은색 층으로 묘사되는데, 실제로는 어두운 초록색이다. 어떻게 상부 맨틀의 색을 알게 되었을까? 경우에 따라 맨틀암석에서 거의 용융되지 않은 파편들이 마그마를 따라 융기되거나 화산폭발에 의해 지표면으로 노출된 것이 있다. 이러한 맨틀암석이 감람암이며, 주로 감람석과 휘석으로 구성되어 있기 때문이다.

그림 4.14 다공질 및 유리질 특성을 보이는 화성암인 부석 많은 부석이 수많은 기공을 가지고 있어 물에 뜨는 특징을 보인다. (사진 : Chip Clark/Fundamental Photos)

안산암질(중성암질) 화성암

안산암 **안산암**(andesite)은 회색을 띠고 세립질 입자를 갖는 전형적인 화산암의 일종이다. 안산암이라는 이름은 남아메리카 안데스 산맥에서 유래한 것으로, 이 산맥의 거대한 화산체들은 대부분 안산암으로 구성되어 있다. 뿐만 아니라 캐스케이드 산맥을 비롯해 태평양 주변에 자리 잡고 있는 대륙 가장자리에 분포하는 많은 화산들도 안산암으로 되어있다. 안산암은 대체로 반상조직으로 산출된다(그림 4.12). 안산암의 반정은 밝은색의 장방형 사장석이 대부분이며, 그 외에 검은색의 길쭉한 각섬석 결정도 있다. 또한 안산암은 유문암과 비슷한 경우가 많은데 유문암과 구별하기 위해 현미경을 통해 광물 조성을 확인해 볼 필요가 있다.

섬록암 **섬록암**(diorite)은 안산암에 상응하는 심성암으로 다소 암회색 화강암과 비슷한 조립질 관입암이다. 하지만 석영 입자가 없거나 그 함유량이 매우 적다는 점과 유색 규산염광물의 함량이 더 높다는 점에서 화강암과 구분될 수 있다. 섬록암의 광물조성은 대부분 사장석이 차지하고 있으며, 그 외에 각섬석 등은 포함한다. 섬록암은 밝은색의 장석 입자와 어두운색의 각섬석 결정이 비슷한 함량을 갖기 때문에 회백색 바탕에 암흑색 반점들이 거뭇거뭇하게 분포하는 모양으로 산출된다(그림 4.12).

알고 있나요?

석기시대 동안 화산 기원 유리질 물질(흑요암)은 물건을 자르는 도구로 사용되었다. 오늘날에도 흑요암으로 만들어진 외과용 메스가 사용되고 있는데, 이는 쇠보다 흑요암으로 제작한 메스가 상처를 덜 남기기 때문이다. 미시간 의과대학의 의학박사 Lee Green 교수는 "강철로 제작한 메스는 쉽게 무뎌지는 반면, 흑요암으로 제작한 메스는 아주 매끄럽고 날카롭다."고 설명한 바 있다.

현무암질(고철질) 화성암

현무암 **현무암**(basalt)은 암초록색 내지 흑색을 띠는 세립질 화산암으로 휘석과 Ca-사장석 및 미량의 감람석과 감섬석으로 구성된 암석이다(그림 4.12). 반암질 현무암은 보통 밝은색의 작은 장석 반정을 함유하거나, 초록색의 유리광택을 보이는 감람석 반정이 암흑색의 기질에 포획되어 있는 것처럼 나타나기도 한다.

현무암은 가장 흔한 분출암으로 하와이 열도, 아이슬란드 등의 많은 화산섬을 구성하고 있다(**그림 4.15**). 더군다나 해양지각의 상부층 역시 현무암으로 이루어져 있다. 미국에서는 오리건 주 중부지역과 워싱턴 주에 현무암체가 넓게 분포하고 있다. 부분적으로 일부 지역에서는 현무암질 용암류가 3km(2마일) 정도의 두께로 쌓여 있기도 하다.

반려암 **반려암**(gabbro)은 현무암과 같은 조성을 갖는 심성암으로(그림 4.12), 암초록색에서 흑색을 띠며 휘석과 Ca-사장석으로 구성되어 있다. 대륙지각에서는 흔치 않은 암석이지만, 해양지각은 상당량이 반려암으로 구성되어 있다.

화산쇄설성 암석

화산쇄설성 암석은 화산이 폭발할 때 분출된 암편들로 구성되어 있다. 가장 흔한 화산쇄설성 암석인 **응회암**(tuff)은 주로 폭발 후에 결합된 작은 화산재 크기의 파편들로 구성되어 있다. 만약 화산재 입자들이 서로 응집될 수 있을 정도로 충분히 뜨거웠다면 **용결응회암**(welded tuff)을 만들 수 있다.

용결응회암은 대부분 작은 유리질 파편으로 구성되어 있지만 호두 크기의 부석 조각과 다른 암석 파편을 함유할 수도 있다.

그림 4.15 하와이 킬라우에아 화산에서 분출되는 현무암질 용암 (사진 : David Reggie/Getty Images)

용결응회암의 분포로 보아 한때 미국 서부지역에서 넓게 화산활동이 있었다는 것을 알 수 있는데(그림 4.16), 이 지역의 일부 응회암 퇴적층은 수십 미터 두께를 가지며 근원지로부터 100km(60마일) 이상까지 연장되어 있다. 수백만 년 전에 형성된 대부분의 화산재는 거대 화산구조(칼데라)로부터 분출된 것으로, 이는 대부분 시속 100km로 주변으로 퍼져나갔을 것이다. 일찍이 이러한 퇴적물에 대해 연구했던 전문가들은 이를 유문암질 용암류로 분류하였지만, 오늘날에는 규소가 풍부한 용암은 너무 점성이 강해서 화구로부터 수 킬로미터 정도밖에 흐르지 못한다는 것을 알고 있다.

화산쇄설암은 주로 **화산각력암**(volcanic breccia)이라는 화산재보다 큰 입자로 구성되어 있다. 화산각력암은 마그마가 고결되면서 형성된 유선형의 용암 거품과 화구벽에서 떨어져 나온 덩어리, 화산재 및 유리질 파편 등을 포함한다.

화강암이나 현무암 등의 다른 화성암들과는 달리 응회암과 화산각력암의 이름은 광물조성에서 비롯된 것이 아니며 구체적인 수식어를 갖고 있다. 예를 들어 유문암질 응회암(rhyolite tuff)은 규장질 조성을 갖는 화산재 크기의 입자들로 구성된 암석을 일컫는다.

그림 4.16 **화산쇄설암의 일종인 용결응회암**
뉴멕시코의 로스앨러모스 근처에 있는 발레스 칼데라에 분포하는 용결응회암 노두. 응회암은 주로 화산재 크기의 입자들로 구성되며 부석 또는 다른 암편을 포함하기도 한다. *(사진 : Marli Miller)*

개념 점검 4.4

① 화성암은 크게 두 가지 기준으로 분류한다. 그 두 가지 기준은 무엇인가?
② 화강암과 유문암은 어떻게 다른가? 또한 어떤 점이 비슷한가?
③ 반려암, 흑요암, 화강암 및 안산암은 규장질, 중성질, 고철질 중 각각 어느 특징에 해당하는가?
④ 섬록암, 유문암 및 현무암질 반암의 조성 및 조직에 관하여 기술하라.
⑤ 응회암과 화산각력암은 화강암 및 반려암 등의 화성암과 어떻게 다른가?

4.5 마그마의 기원

암석에서 마그마가 만들어지는 주요 과정을 요약하라.

지진파 연구를 통해 지각과 맨틀이 고체 암석으로 되어 있다는 사실을 알 수 있었다. 외핵은 용융체로 되어 있지만 철이 풍부해 밀도가 매우 높아 지하 심부에 있을 수 있다. 그렇다면 마그마는 어디에서 형성되는 것일까?

대부분의 마그마는 상부 맨틀에서 형성된다. 그중에서도 해저 확장을 야기하는 판의 발산경계에서 가장 많은 양이 형성되며, 해양판이 맨틀로 침강하는 섭입대에서 형성되는 마그마의 양은 소량에 불과하다. 또한 마그마는 지각을 구성하는 암석들이 충분히 용융되어야 만들어질 수 있다.

고체 암석에서의 마그마 발생

지하 광산에서 일하는 노동자들은 지하로 깊이 들어갈수록 온도가 점점 높아지는 것을 체감할 수 있다.

온도가 상승하는 비율은 장소마다 다르지만, 상부 맨틀에서는 킬로미터당 평균 25°C(75°F)의 온도 상승을 보인다. 이러한 깊이에 따른 온도 상승을 **지온구배**(geothermal gradient)

알고 있나요?

1930년대 이후 분말상 부석을 함유하고 있는 일명 용암비누(Lava soap)는 수작업을 많이 하는 목공, 기계공 및 여러 노동자들이 사용해 왔다. 부석의 세척성 때문에 용암비누는 기름기, 먼지, 페인트 및 접착제 등을 제거하는 데 용이하기 때문이다.

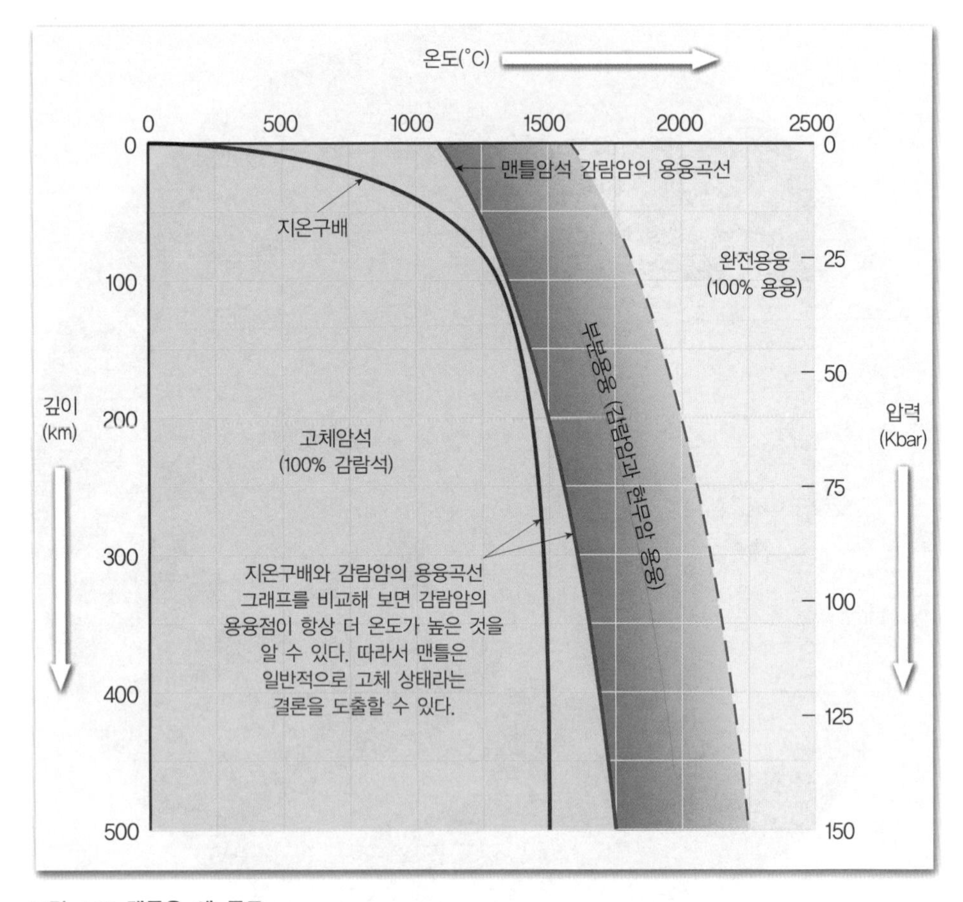

그림 4.17 **맨틀은 왜 주로 고체인가?** 이 그래프는 지각과 상부 맨틀에서의 지온구배(깊이에 따른 온도 증가)와 맨틀 구성암석인 감람암의 용융점 변화 양상을 보여준다.

라고 한다. **그림 4.17**을 보면 일반적인 지온구배가 맨틀 구성암석인 감람암의 부분용융(partial melting) 그래프와 비슷한 양상을 보이는 구간에서는 감람암의 용융온도가 지온구배보다 더 높은 것을 볼 수 있다. 따라서 일반적인 지하 환경에서 맨틀은 고체라는 결론이 나온다. 그러나 지구조적 작용은 맨틀암석의 용융점(온도) 저하 등 다양한 요인의 영향으로 암석의 용융을 유발하게 된다.

압력 감소 : 감압용융 만일 암석의 용융에 영향을 주는 요소가 온도뿐이라면, 지구는 고체로 된 얇은 껍질로 둘러싸인 하나의 거대한 액체 공이 되었을 것이다. 그렇지 않다는 것은 깊이에 따라 압력도 증가하며 압력 역시 암석의 용융온도에 영향을 미치기 때문이다.

부피 증가를 수반하는 용융체는 **구속압력이 증가할수록 깊이에 따른 온도도 증가한다.** 역으로 지압력이 낮아질수록 암석의 용융온도는 감소한다. 이 지압력이 충분히 감소했을 때 **감압용융**(decompression melting)을 일으킨다.

대류에 의해 상승이 일어나는 지역에서는 감압용융에 의해 맨틀암석은 압력이 더 낮은 곳으로 이동한다. 판이 서로 벌어지는 발산경계(해령)에서 이러한 작용에 따라 마그미가 생성된다(**그림 4.18**). 해령의 정상 부분 바로 아래에서는 뜨거운 맨틀암석이 용융 및 상승하며 해령의 중심축으로부터 수평적으로 이동함으로써 물질의 교대가 발생하게 된다. 또한 감압용융은 맨틀의 가장 상부에서 발생한다.

물의 역할 암석의 용융온도에 영향을 끼치는 또 하나의 중요한 요소가 물의 유입이다. 물과 휘발성 물질들은 염이 얼음을 용융하는 것처럼 작용한다. 따라서 물은 암석을 더 낮은 온도에서 용융시키는 원인이 된다. 마그마 형성에 관여

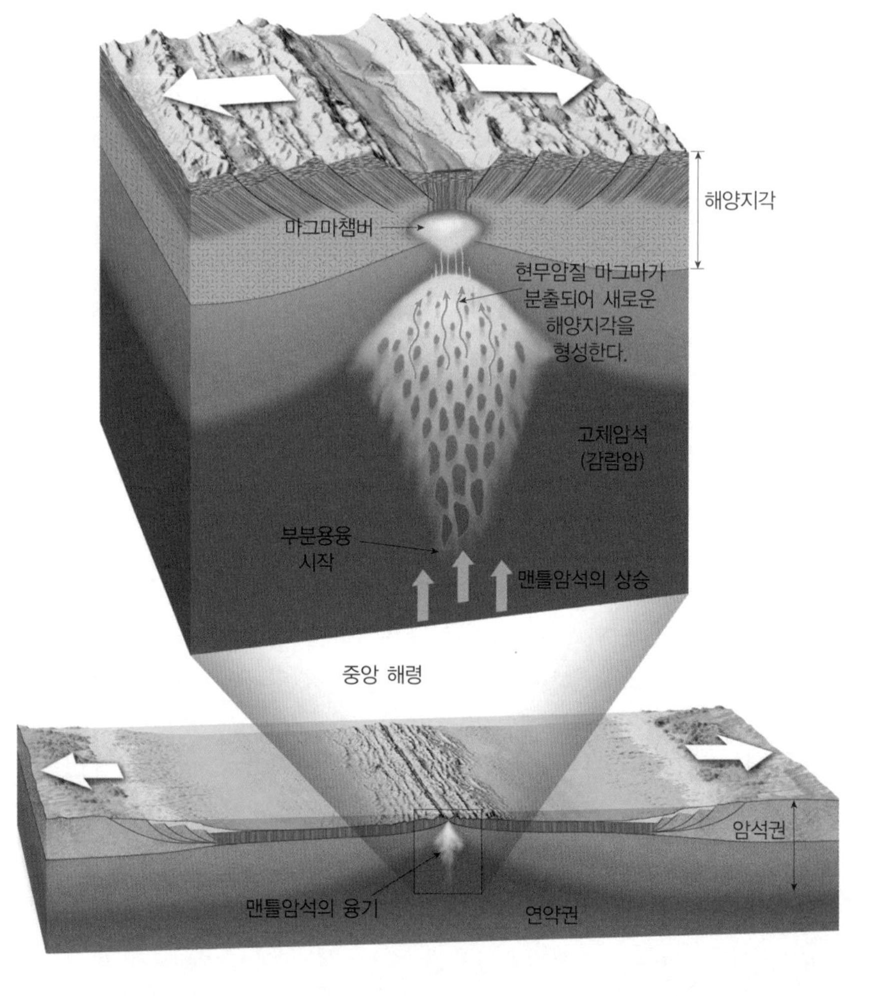

그림 4.18 **감압용융** 뜨거운 맨틀암석은 상승하면서 압력이 낮은 부분으로 지속해서 이동하게 된다. 이처럼 지압력의 감소는 상부 맨틀에서 감압용융이 발생한다.

하는 물은 주로 해양판이 맨틀로 침강하는 섭입경계에서 발생한다(**그림 4.19**). 해양판이 침강하면 해양지각과 그 위에 놓여 있는 퇴적물에 포함된 물이 열과 압력에 의해 유입된다. 이때 유입되는 물은 뜨거운 맨틀의 가장자리로 이동하게 된다. 지하 100km(60마일) 정도에서 맨틀암석의 가장자리 부분은 유입된 물이 암석의 용융에 관여하기 적합한 온도가 된다. 맨틀을 구성하는 감람암에서는 1,250°C(거의 2,300°F)까지 온도가 상승하여 부분용융에 의해 뜨거운 현무암질 마그마를 형성한다.

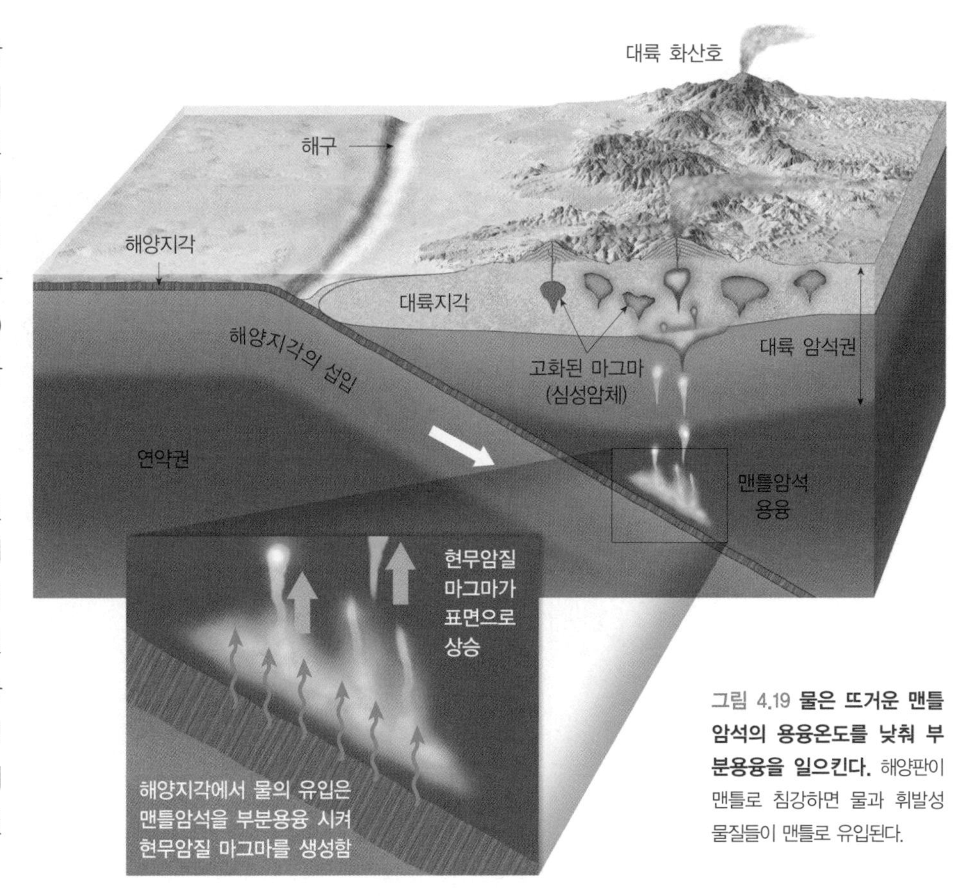

그림 4.19 **물은 뜨거운 맨틀 암석의 용융온도를 낮춰 부분용융을 일으킨다.** 해양판이 맨틀로 침강하면 물과 휘발성 물질들이 맨틀로 유입된다.

온도의 역할(지각을 구성하는 암석의 용융) 맨틀에서 현무암질 마그마가 충분히 형성되고 나면 표면으로 상승하게 된다. 대륙 환경에서 현무암질 마그마는 지각 아래에 연못처럼 고이게 되는데, 이미 용융점에 도달한 상태이며 낮은 밀도를 띠게 된다. 뜨거운 현무암질 마그마는 지각을 구성하는 암석과 만나면서 이차적으로 규소가 풍부한 마그마를 형성하게 된다. 이러한 저밀도의 규소가 풍부한 마그마가 지표에 도달하게 되면 격렬하게 분출하는 경향이 있으며, 이러한 현상은 판의 섭입경계와 연관이 있다.

또한 큰 산맥을 형성하는 지각 충돌이 발생하는 동안에도 지각은 용융될 수 있다. 그 동안 지각은 보다 두꺼워지며 일부 암석은 부분용융되기 적합한 온도의 깊이까지 침강하게 된다. 이때 형성된 규장질(화강암질) 마그마는 지표면에 도달하기 전에 고화되기 때문에 화산활동은 이때의 지각 충돌에는 영향을 받지 않는다.

마그마 형성에 영향을 주는 세 가지 요인을 요약하면 다음과 같다. (1) 온도 증가를 수반하지 않는 압력 감소는 감압용융의 원인이 된다. (2) 물의 유입은 마그마를 생성하는 뜨거운 맨틀암석의 용융온도를 낮출 수 있다. (3) 용융온도보다 더 가열된 지각을 구성하는 암석은 마그마를 생성할 수 있다.

개념 점검 4.5

① 지온구배란 무엇인가? 다양한 깊이에 따라 맨틀 구성암석인 감람암의 용융온도와 지온구배의 상관관계에 대하여 설명하라.
② 감압용융이 발생하는 과정을 설명하라.
③ 물과 휘발성 기체들이 마그마에 어떤 영향을 끼치는가?
④ 마그마를 생성할 수 있을 것으로 판단되는 두 가지 지질구조는 무엇인가?

4.6 마그마는 어떻게 진화하는가

마그마 분별작용이 어떻게 동원마그마로부터 1차 또는 2차 마그마를 만들 수 있는지 서술하라.

지질학자들은 하나의 화산에서 다양한 조성의 용암이 분출될 수 있다는 점을 거듭 연구해 왔다. 이와 같은 연구들은 마그마가 변화(진화)할 수 있으며, 따라서 하나의 마그마에서 다양한 조성의 화성암이 형성될 수 있다는 것을 증명해 왔다. 20세기 초 보웬(N.L. Bowen)은 최초로 마그마 결정분화 과정을 입증하였다.

보웬의 반응계열과 화성암의 조성

얼음은 특정 온도에서 어는 반면에 마그마는 적어도 200°C의 온도차(1,200°C에서 1,000°C로 되는)로 냉각되어야 결정화가 이루어진다.

실험실에서 보웬과 공동 연구자들은 현무암질 마그마가 냉각되면서 각각의 광물들이 본연의 용융온도에 따라 체계적으로 결정화되는 경향이 있다는 것을 증명하였다. **그림 4.20**을 보면, 가장 처음 결정화가 이루어지는 광물은 철과 마그네슘을 함유한 감람석이다. 냉각이

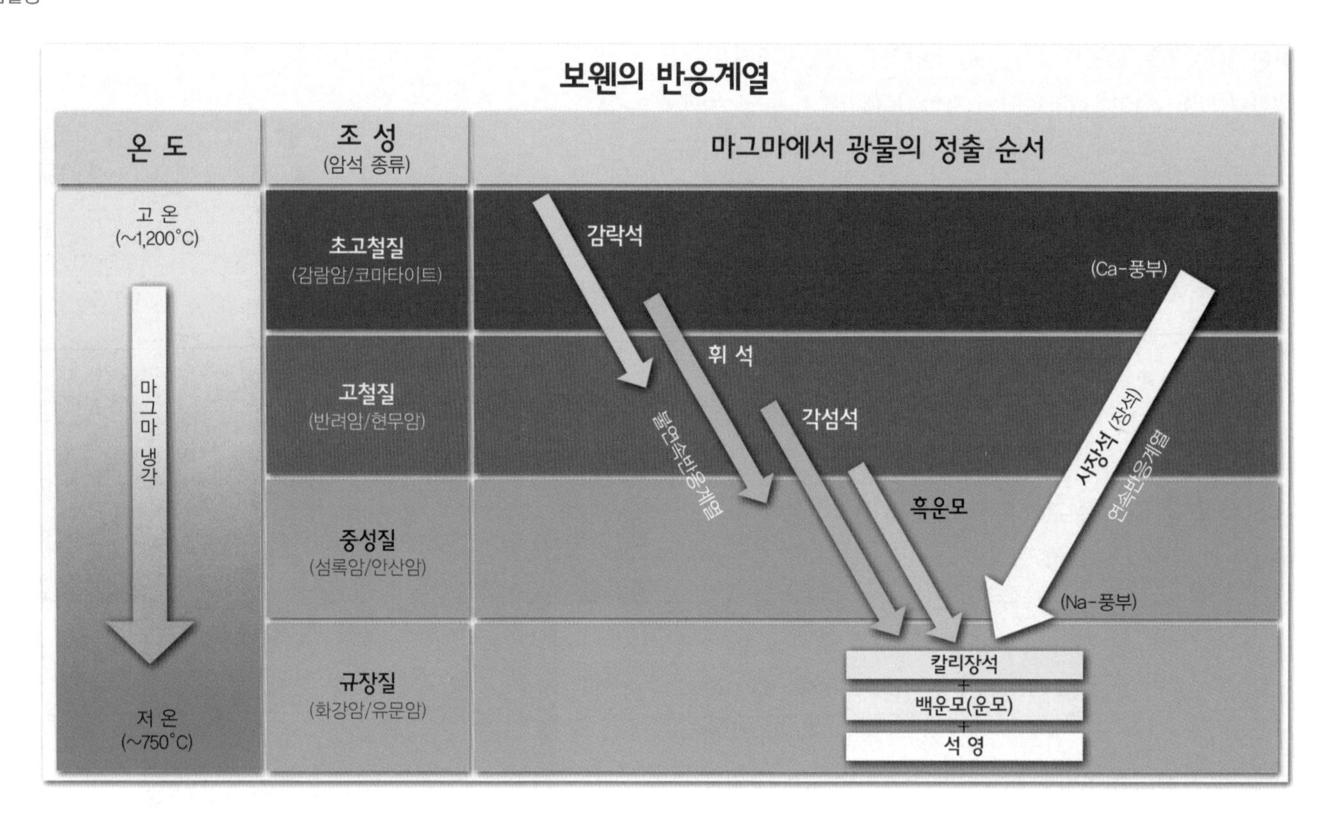

그림 4.20
보웬의 반응계열 고철질 마그마에서 광물들이 결정화되는 연속적인 계열을 나타낸다. 이 도표를 암석 분류에 따른 광물조성을 보여주는 그림 4.12와 비교해 보자. 각각의 암석 구분은 같은 온도 범위 내에서 결정화된 광물들을 포함하고 있다는 사실을 알려준다.

지속되면 휘석뿐만 아니라 칼슘이 풍부한 사장석이 형성되며, 그림과 같이 아래쪽으로 분화하는 양상을 보이게 된다.

마그마의 결정화 작용에서는 잔류 용융체의 조성 역시 연속적으로 변화한다. 예를 들어 전체 마그마에서 3분의 1 정도 고화가 이루어진 단계에서는 잔류 마그마에 철, 마그네슘 및 칼슘 등의 성분이 줄어드는데, 이 원소들은 초기 정출 단계에서 광물을 구성하는 주요 성분이기 때문이다. 이 원소들이 제거되면서 잔류 용융체에는 소듐과 포타슘이 풍부해지게 된다. 더 나아가 현무암질 근원마그마는 약 50%의 규소(SiO_2)를 함유하고 있기 때문에, 40%의 규소만을 함유하는 감람석과 같은 초기 정출광물의 결정화 작용은 잔류 용융체에 SiO_2 함량을 많이 남기게 된다. 따라서 마그마가 진화해 가면서 잔류 용융체의 규소 성분은 더 풍부해지게 되는 것이다.

또한 보웬은 마그마의 고체 성분이 잔류 용융체와 접촉해 있다면 고체 성분은 그림 4.20에서 보는 바와 같이 화학적으로 반응해 광물학적 성질이 변화한다는 것을 증명하기도 하였다. 이와 같은 광물의 정출 순서는 **보웬의 반응계열**(Bowen's reaction series)로 알려져 있다. 알고 있는 바와 같이 일부 자연적 조건에서 초기에 형성된 광물들은 화학반응이 불연속적으로 발생하며 용융체로부터 분리될 것이다.

그림 4.20에서 보웬의 반응계열은 인위적인 조건에서 마그마의 평균 조성으로부터 결정화되는 연속반응을 나타낸 것이다. 이는 아주 이상적인 결정화 작용의 모델로서 화성암의 분석에서 자연적으로 생성될 수 있는 과정과 거의 유사한 것이다. 특히 같은 온도에서 생성된 광물은 보웬의 반응계열에 따라 서로 같은 화성암에서 발견된다. 예를 들어 그림 4.20을 보면 같은 구역에 속해 있는 석영, 칼리장석, 백운모 등은 화강암의 주요 구성광물로 공존하며 나타날 수 있는 것이다.

마그마 분화와 결정 정출

보웬은 마그마로부터 체계적으로 광물이 결정화된다는 것을 증명하였다. 그러나 보웬의 발견으로 화성암의 광범위한 다양성을 어떻게 다 설명할 수 있겠는가? 이에 관해서는 마그마의 고체와 액체성분들의 분리가 일어나는 결정화 과정 동안에 하나 또는 그 이상의 단계를 통해 확인할 수 있다. 이 중 한 가지 예로 **결정 정출**(crystal settling)을 들 수 있다. **그림 4.21**에서 보듯이 결정 정출은 초기 정출광물들이 마그마 용액보다 밀도가 더 커서(더 무거워서) 마그마 챔버 아래로 가라앉으면서 발생하게 된다. (또한 결정화 작용은 마그마 가장자리의 온도가 낮은 부분에서도 발생한다.) 만약 잔류 용융체가 한 장소에서 고화되거나 또는 주변 암석의 균열을 따라 이동하여 또 다른 위치에서 고결될 때 근원 마그마와 다른

알고 있나요?

산소, 규소, 철과 같이 지구의 가장 일반적인 화학원소들은 수십억 년 전에 생성된 아주 먼 거리에 있는 별들의 내부에서 형성된 것이다. 이러한 별들은 수소 같은 가벼운 원소를 핵융합과 같은 다양한 과정을 통하여 무거운 원소로 변환시켰다. 사실상 우리 몸의 원자뿐만 아니라 태양계에서 발견되는 대부분의 무거운 원소들도 이전에 존재했던 별에서 분산된 파편으로부터 형성된 것으로 알려져 있다.

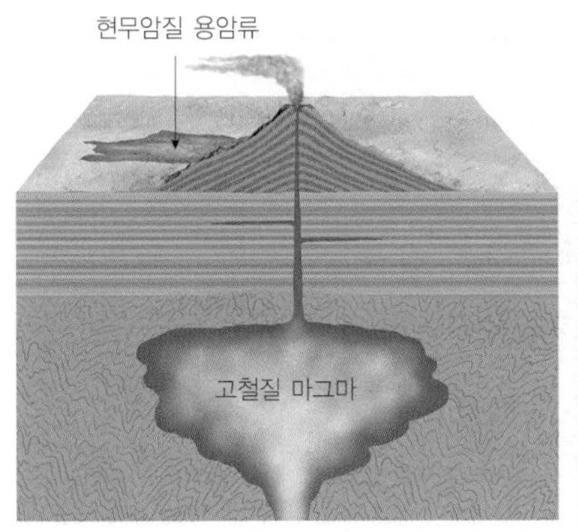

A. 고철질 조성을 갖는 마그마는 현무암질 용암으로 분출한다.

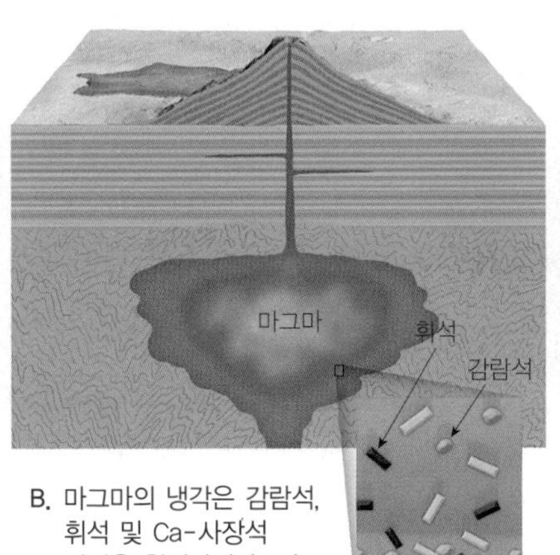

B. 마그마의 냉각은 감람석, 휘석 및 Ca-사장석 결정을 형성하거나 또는 마그마 가장자리의 냉각 및 결정화를 진행시킨다.

규소가 풍부한 마그마의 폭발적 분출

고체 암석

마그마

C. 잔류 용융체는 규소 성분이 풍부해지고 빈번한 분출을 하게 된다. 또한 생성된 암석은 규소 성분이 보다 풍부해 규장질에 가까워져 근원 마그마보다도 더 좁은 범위의 화학 조성을 갖게 된다.

그림 4.21 **결정 정출은 잔류 용융체의 화학 조성 변화의 원인에 된다.** 철, 마그네슘 및 칼슘이 풍부한 초기 정출 광물들이 결정화되면서 마그마는 진화하고, 마그마 챔버 바닥의 잔류 용융체에는 소듐, 포타슘 및 규소(SiO_2) 성분이 잔류하게 된다.

조성을 갖는 암석이 형성된다(그림 4.21).

동일한 근원 마그마에서 하나 또는 그 이상의 이차적인 마그마가 형성되는 것을 **마그마의 분화작용**(magmatic differentiation)이라 한다.

뉴욕을 가로지르는 허드슨 강 하류의 서쪽 제방에 노출되어 있는 300m(1,000피트)의 두꺼운 판상으로 나타나는 어두운 화성암체인 팰러세이즈 암상(Palisades Sill)이 마그마 분화작용의 전형적인 사례이다. 그 엄청난 두께와 느린 고화속도 때문에 감람석(가장 처음 생성된 광물)이 정출되어 팰러세이즈 암상 하부의 약 25%를 구성하게 되었다. 이와는 대조적으로 마지막으로 정출되는 화성암체의 꼭대기 부분에는 감람석이 전체 암석의 고작 1%를 차지하고 있다.

동화작용과 마그마 혼화

보웬은 마그마 분화작용을 통해 하나의 마그마가 광물학적으로 각각의 다른 화성암을 생성한다는 것을 성공적으로 증명해냈다. 그러나 최근의 연구 결과들을 살펴보면 화성암의 다양한 조성에 관여하는 것은 결정의 정출을 수반하는 마그마의 분화작용만이 아니다.

일단 한번 마그마가 형성되면 그 조성은 외부 물질의 유입에 따라 변할 수 있다. 예를 들어, 마그마가 상승하기에 취약한 암석이 있는 환경이라면, 마그마 위에 놓인 암석에는 수많은 균열들이 발생한다. 유입된 마그마의 힘은 기존에 있던 주변 암석들을 제거하거나 병합시키기에 충분하다. 이러한 암석의 용융 과정을 **동화작용**(assimilation)이라 하며, 이는 마그마의 조성을 변화시킬 수 있다(그림 4.22). 미처 다 용융되지 못한 암석편이 남아 있는 것을 **포획암**(xenoliths : *xenos*는 이상한 것, *lithos*는 돌을 의미한다)이라 하며 화성암체에서 주로 발견되는데, 이는 동화작용의 증거가 된다.

마그마의 구성성분을 변화시키는 또 하나의 작용으로 **마그마 혼화**(magma mixing)가 있다. 이 작용은 밀도가 작은 마그마가 밀도가 큰 마그마 위로 천천히 떠오르는 과정에서, 화학적으로 서로 다른 마그마가 함께 상승하게 되어 발생한다(그림 4.23). 두 마그마가 합쳐지면 대류가 발생해 두 마그마가 뒤섞이면서 중간 조성을 가지는 하나의 유체가 생성된다.

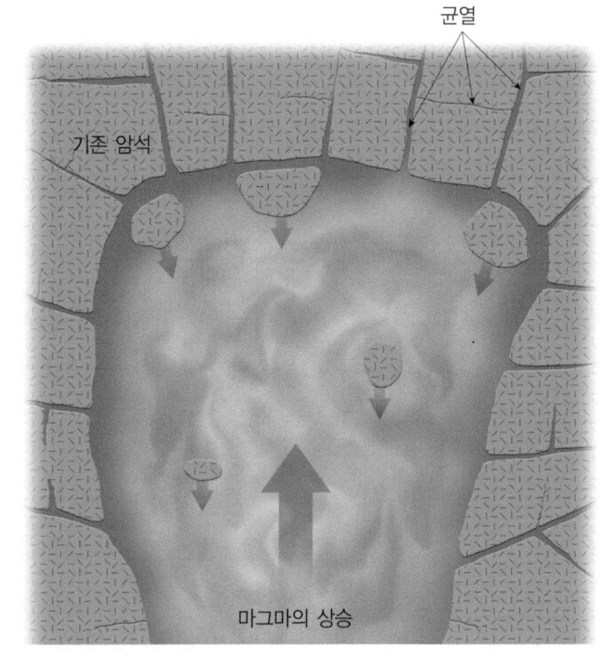

마그마가 취약한 지각 틈으로 상승하면서 주변 암석을 용융시킨다. 이러한 암석의 용융 과정을 동화작용이라 하며, 이는 상승하는 마그마 암체의 조성을 변화시킨다.

그림 4.22 **마그마 암체에서 기존 암석의 동화작용** 용융체가 주변에 있던 기존 암석들과 병합되어 나가는 동화작용이 발생하면서 마그마의 조성이 변하게 된다.

개념 점검 4.6

① 일반적으로 마그마 암체에서 광물의 결정화가 어떻게 마그마 조성에 영향을 미치는가?

② 보웬의 반응계열이란 무엇인가?

③ 결정의 정출 과정을 기술하고 마그마의 분화작용에 어떤 영향을 끼치는지 설명하라.

④ 동화작용과 마그마의 혼화작용을 비교하라.

그림 4.23 **마그마 혼화** 마그마 혼화는 마그마 암체에서 조성변화를 일으키는 요인 중 하나이다.

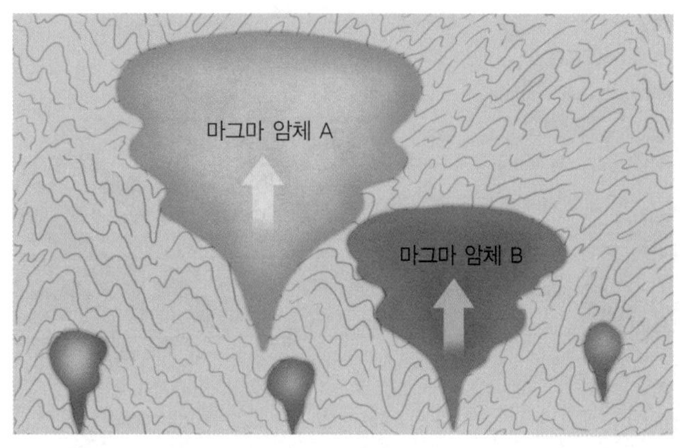

A. 화학적으로 다른 두 마그마 암체가 상승하면서 밀도가 더 작은 마그마가 큰 마그마 위로 천천히 상승하게 된다.

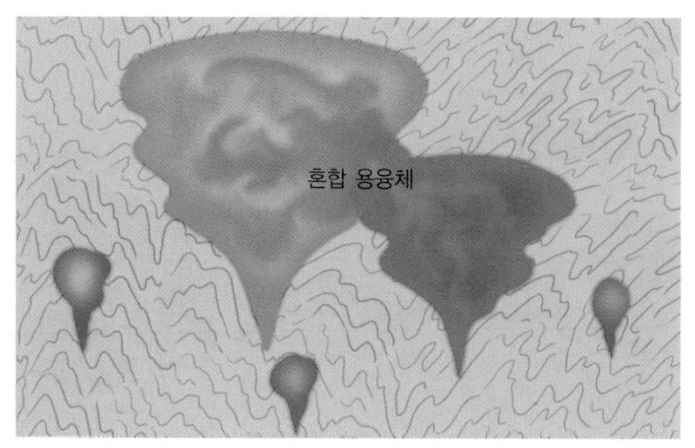

B. 두 마그마가 만나게 되면 대류가 발생하면서 혼합되어 혼합 용융체를 생성한다.

4.7 부분용융과 마그마 조성

맨틀을 구성하는 감람암의 부분용융이 어떻게 현무암질(고철질) 마그마를 생성하는지 그 과정을 설명하라.

화성암은 광물의 복합체이므로 적어도 200°C 이상에서 용융된다. 암석이 용융되기 시작하면 낮은 온도에서 정출되는 광물부터 용융된다. 용융이 계속 진행되면 고온에서 정출되는 광물들이 용융되며, 용융체의 조성은 모암의 조성에 가까워지게 된다. 그러나 대체로 완전용융은 일어나지 않으며, 암석의 불완전한 용융을 **부분용융**(partial melting)이라 한다. 대부분의 마그마는 부분용융에 의해 형성된다.

앞서 살펴보았던 보웬의 반응계열을 되짚어보면 화강암질 조성을 갖는 암석은 석영, 칼리장석(그림 4.20) 등의 저온에서 정출(결정화)되는 광물들로 구성되는 것을 알 수 있다. 또한 광물들은 보웬의 반응계열을 따라 순차적으로 정출하며, 그중에서도 감람석이 가장 높은 온도에서 정출된다. 부분용융이 시작되면 저온에서 정출되는 광물부터 용융되고, 용융된 이온들이 잔류 용융체 내에 풍부해지며, 따라서 아직 용융되지 못한 부분에는 고온에서 정출되는 광물들만 남게 된다(그림 4.24). 이와 같은 분리가 일어나면 모암보다 규소가 풍부한 규장질(화강암질)에 가까운 화학조성을 갖는 용융체를 형성한다. 특히 초고철질 암석의 부분용융은 고철질(현무암질) 마그마, 고철질 암석의 부분용융은 중성질(안산암질) 마그마, 중성질 암석의 부분용융은 규장질(화강암질) 마그마를 형성하게 된다.

현무암질 마그마의 형성

지표면으로 분출되는 마그마의 대부분은 현무암질 조성을 가지며 1,000~1,250°C의 온도 범위를 보인다. 상부 맨틀과 같은 고압환경을 인위적으로 조성하여 실험을 진행한 결과, 초고철질 암석인 감람암의 부분용융이 현무암질 조성의 마그마를 생성한다는 것을 알아냈다. 또한 감람암은 맨틀의 근원 암석으로도 알려져 있으며, 이 현무암질 마그마는 종종 맨틀에서 지표로 이동하기도 한다.

맨틀암석의 부분용융으로 생성된 현무암질(고철질) 마그마는 아직 진화단계를 거치지 않았기 때문에 1차 또는 초기 마그마(primitive magma)라고도 한다. 앞서 맨틀 기원 마그마를 형성하는 부분용융은 감압용융이 일어나는 동안 구속압력의 감소로 인해 발생한다고 배웠다. 이러한 작용이 발생하는 하나의 예시로 중앙 해령에서 대류에 의해 천천히 상승하는 뜨거운 맨틀암석을 들 수 있다(그림 4.18). 또한 현무암질 마그마는 섭입대에서도 발생하는데, 해양지각 판의 침강에 의해 물이 유입되는 곳에서 상부 맨틀암석의 부분용융이 발생한다(그림 4.19).

안산암질 및 화강암질 마그마의 형성

만약 맨틀암석의 부분용융이 대부분의 현무암질 마그마를 형성한다면 안산암질(중성질)과 화강암질(규장질) 마그마의 기원은 무엇인가? 규소 성분이 풍부한 마그마는 대체로 대륙 가장자리를 따라 분포한다는 것을 앞서 공부하였다. 이 사실은 해양지각에 비해 두껍고 밀도가 작은 대륙지각이 보다 진화된 마그마를 생성한다는 명백한 근거이다.

상승하는 맨틀에서 기원한 현무암질 마그마의 분별정출이 진행될 때, 대륙지각을 통해서 서서히 안산암질 마그마가 형

알고 있나요?

사람들은 적어도 약 2,000년 동안 동일한 방법으로 유리를 제작해 왔다. 지구의 구성물질을 용융시킨 다음 원자들이 규칙적인 결정구조를 형성하기 전에 급속하게 냉각시키는 과정으로 제작되어 왔는데, 이는 용암에서 생성되는 자연상태의 유리인 흑요암의 형성방식과 같다. 다양한 물질을 이용하여 유리를 제작할 수 있지만 우리가 상업적으로 사용하는 대부분의 유리는 규사와 그보다 적은 양의 탄산염 광물들로 만든 것이다.

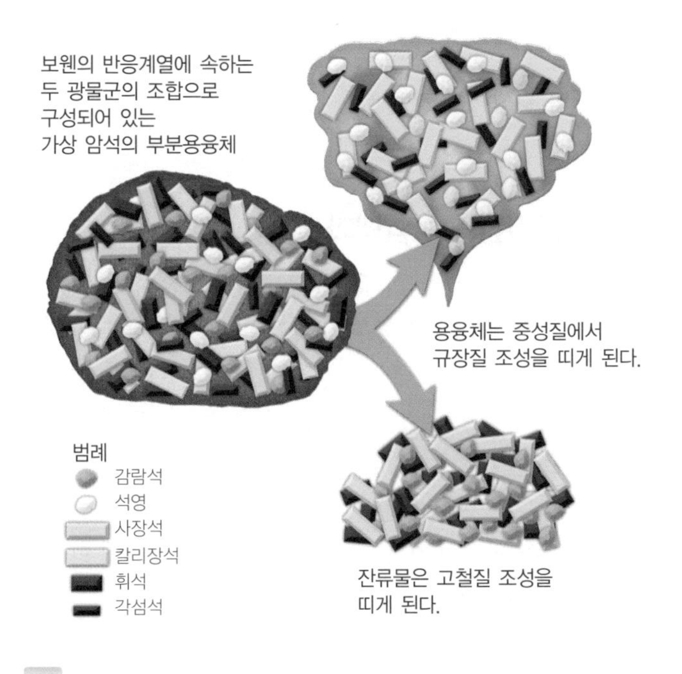

스마트그림 4.24 **부분용융**
부분용융은 그 성인이 되는 모암보다도 규장질(화강암질) 조성에 더 가까운 마그마를 생성하게 된다.

그림 4.25 **화강암질 마그마의 형성** 화강암질 마그마는 대륙지각의 부분용융에 의해 형성된다.

성된다.

앞서 살펴본 보웬의 반응계열에 따르면 현무암질 마그마가 고결될 때, 규소 성분이 적은 유색광물들이 가장 먼저 결정화된다. 이러한 유색광물이 정출되고 나면 잔류 용융체는 안산암질 조성을 갖게 된다(그림 4.21). 이처럼 진화한(변화된) 마그마를 **2차 마그마**(secondary magma)라 한다.

또한 안산암질 마그마는 현무암질 마그마의 상승 과정에서 지각을 구성하는 규소가 풍부한 암석과의 동화작용에 의해 형성되기도 한다. 현무암질 암석의 부분용융은 적어도 안산암질 마그마가 어느 정도 형성되어야 가능한 것이다.

화강암질 마그마는 안산암질 마그마의 분별 정출 과정에 의해 형성될 수 있지만, 대부분의 화강암질 마그마는 뜨거운 현무암질 마그마가 대륙지각 아래에 고여 있을 때 형성된다(그림 4.25). 뜨거운 현무암질 마그마에서 발생한 열은 위에 놓인 암석을 부분적으로 용융시킬 수 있다는 점을 생각해 보면, 규소 성분이 풍부하고 낮은 온도에서 용융되는 많은 양의 화강암질 마그마가 생성될 수 있다는 것을 추측해 볼 수 있다. 이러한 과정은 화산활동을 통해 이루어진다고 생각되어 왔으며, 가장 최근에 있었던 화산활동으로는 옐로스톤 국립공원을 예로 들 수 있다.

개념 점검 4.7

① 부분용융이 진행되는 동안 어떤 일들이 발생하는지 기술하라.
② 대부분의 현무암질 마그마는 어떻게 형성되는가?
③ 1차 마그마와 2차 마그마의 차이점은 무엇인가?
④ 대부분의 화강암질 마그마를 생성하는 과정은 무엇인가?

4.8 관입화성활동

관입화성 구조로서 암맥, 암상, 저반, 암주 및 병반을 비교하여 설명하라.

화산 분출이 격렬하고 극적으로 이루어질지라도 대부분의 마그마는 지하에서 큰소리 없이 결정화된다. 때문에 지하 깊은 곳에서 이뤄지는 화성활동을 이해하는 것은 화산활동 연구에 있어 지질학자들에게 중요한 문제이다.

관입암체의 성질

마그마는 지각으로 상승하면서 모암(host rock 또는 country rock)이라고 하는 기존의 지각 구성암석을 밀어내면서 대체한다.

마그마가 기존 암석에 관입하면서 형성하는 구조를 **관입암체**(intrusions) 또는 **심성암체**(plutons)라고 한다. 모든 관입암체는 지표 아래에서 형성되므로 융기나 침식으로 인해 노출되어야 연구가 가능하다. 때문에 지하 심부의 특수한 환경이나 수백만 년 전에 발생한 관입구조에 대한 연구만 진행되어 왔다.

관입은 다양한 크기와 모양으로 발생하는 것으로 알려져 왔다. **그림 4.26**은 일반적인 관입 양상들을 보여준다. 일부 심성암체는 납작한 판 모양으로 형성되는 반면 괴상(방울 형태)으로 생성되기도 한다. 또한 퇴적층처럼 심성암체를 가로지르는 구조를 관찰한 결과, 마그마가 퇴적층 사이로 주입되면서 형성된 것을 확인할 수 있었다. 이러한 차이점 때문에 일반적으로 관입암체는 **판상**(tabular) 또는 **괴상**(massive)과 같은 형태 및 모암이 배열된 방향에 따라 분류된다. 만약 화성암체가 기존 구조를 가로지르게 되면 이를 **부정합**(discordant, *discordare*는 '맞지 않다'는 뜻) 관계에 놓인다고 하며, 만약 퇴적층처럼 평행하게 되면 이를 **정합**(*concordare*는 '맞다'는 뜻) 관계에 놓인다고 할 수 있다.

판상 관입암체 : 암맥과 암상

암맥과 암상 판상 관입암체는 층리면과 같은 취약대를 따라 마그마가 주입될 때 형성된다(그림 4.26). **암맥**(dike)은 층리면 또는 모암에 있는 다른 구조들을 끊고 지나가는 부정합적 관계를 형성한다. 반면에 **암상**(sill)은 마그마가 퇴적층 및 다른 구조들의 취약대로 들어가면서 거의 수평에 가까운 정합 관계를 형성한다(**그림 4.27**). 일반적으로 암맥은 마그마가 이동하는 판상의 관과 같은 형태로 산출되는 반면 암상은 마그마가 축적됨에 따라 두께가 증가하는 경향이 있다.

일반적으로 암맥과 암상은 모암의 취약한 부분에서 얇게 나타나며, 두께는 1mm에서 1km까지 다양하게 발달한다.

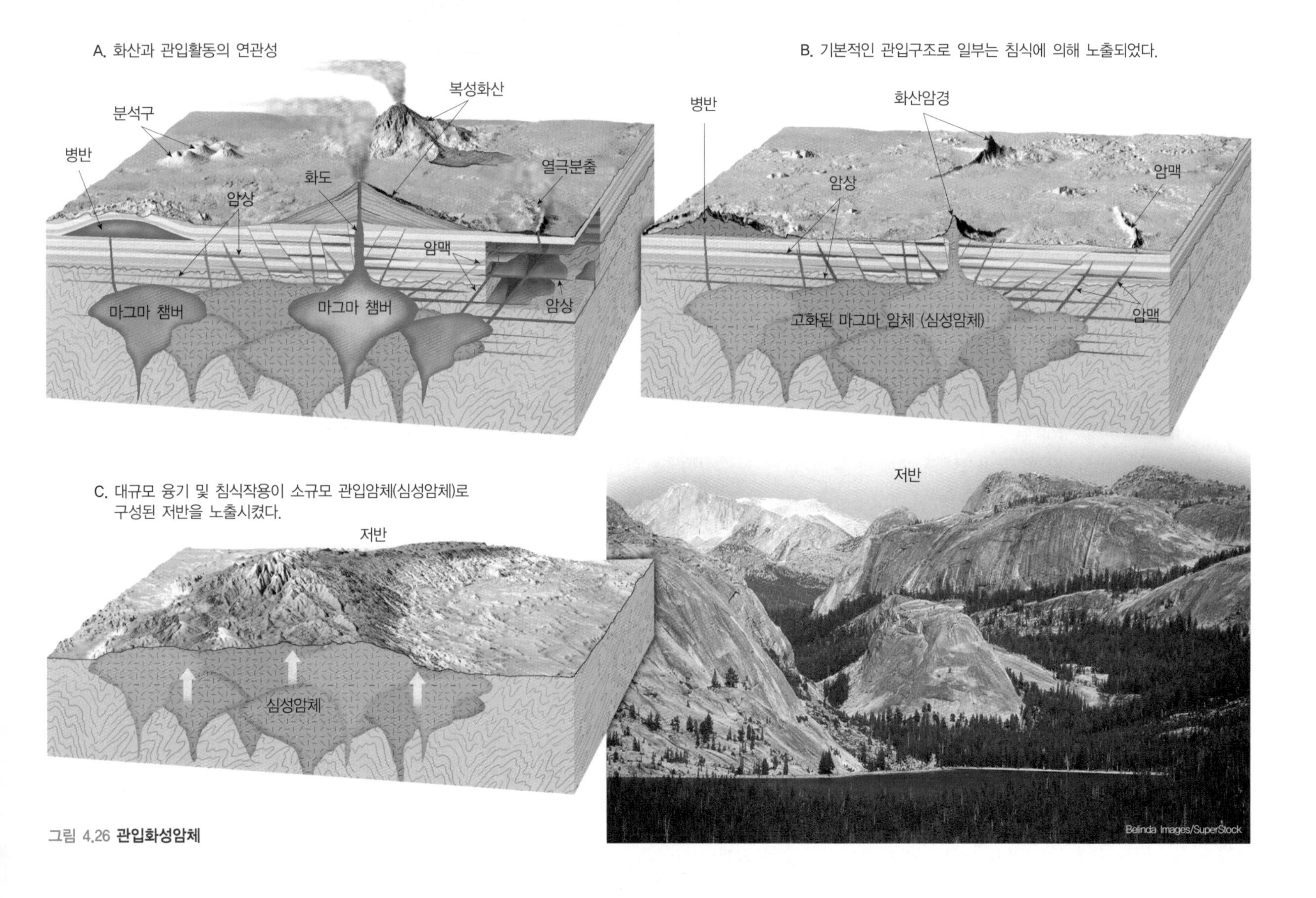

그림 4.26 **관입화성암체**

암맥과 암상이 각각 독립적으로 발생하는 동안, 암맥은 거의 평행한 구조를 보이는 **암맥군**(dike swarms)을 형성하려는 경향이 있다. 이러한 복합적인 구조들은 깨지기 쉬운 불안정한 모암에 장력이 작용할 때 균열을 동반하며 형성된다. 또한 암맥은 침식 받은 화산암경을 중심으로 마치 바퀴살처럼 방사상으로 놓이게 된다. 이때 마그마의 상승으로 인해 용암이 흘렀던 화구구에 틈이 생성된다. 암맥은 대체로 주변 암석보다 더디게 풍화되어 침식에 의해 노출되었을 때 **그림 4.28**에서 보이는 것처럼 벽과 같은 양상을 보이게 된다.

암맥과 암상은 상대적으로 두께가 일정하지 않고 수 킬로미터 단위로 신장될 수 있기 때문에 매우 유동성이 큰 용융체로부터 형성된 것으로 추정된다. 미국에서 가장 크고 연구가 많이 진행된 암상은 팰리세이드 암상(Palisades Sill)이다. 뉴저지 주 북동쪽과 뉴욕 남동쪽에 위치한 허드슨 강의 서쪽 지역을 따라 80km(50마일)가 노출되어 있는 이 암상의 두께는 약 300m(1,000피트)에 달한다. 침식에 대한 저항력이 있기 때문에 이 팰리세이드 암상은 허드슨 강 맞은편에서 보면 매우 인상적인 절벽을 형성하고 있다.

모바일 현장학습

그림 4.27 **유타 주 신바드 지역에 노출되어 있는 암상**
어둡고 수평적인 띠를 이루고 있는 부분은 퇴적암층에 수평적으로 관입한 현무암질 조성의 암상이다. (사진 : Michael Collier)

주상절리 다양한 관점에서 보았을 때, 암상은 매몰된 용암류와 닮아 있다. 두 가지 구조 모두 판상을 띠며 넓게 분포하고 주상절리를 가질 수 있다. **주상절리**(columnar jointing)는 화성암이 냉각되고 수축성 단열이 발달하면서 가늘고 긴 육각기둥 모양으로 형성된다(**그림 4.29**). 또한 암상과 암맥은 일반적으로 비슷한 환경에서 형성되며 수 미터 두께를 갖기 때문에 마그마는 빠른 속도로 냉각되어 종종 세립질 조직을 발달시킨다. (대부분의 관입암체는 조립질 조직을 가진다.)

괴상 관입암체 : 저반, 암주 및 병반

저반 가장 큰 규모의 화성 관입암체를 **저반**(batholiths, *bathos*는 깊이, *lithos*는 돌을 의미한다)이라 한다. 저반은 거대한 선형구조로 수백 킬로미터까지 발달하며 두께는 최대 100km(60마일)이다(**그림 4.30**).

예를 들어, 시에라네바다 저반은 연속적인 거대한 구조로

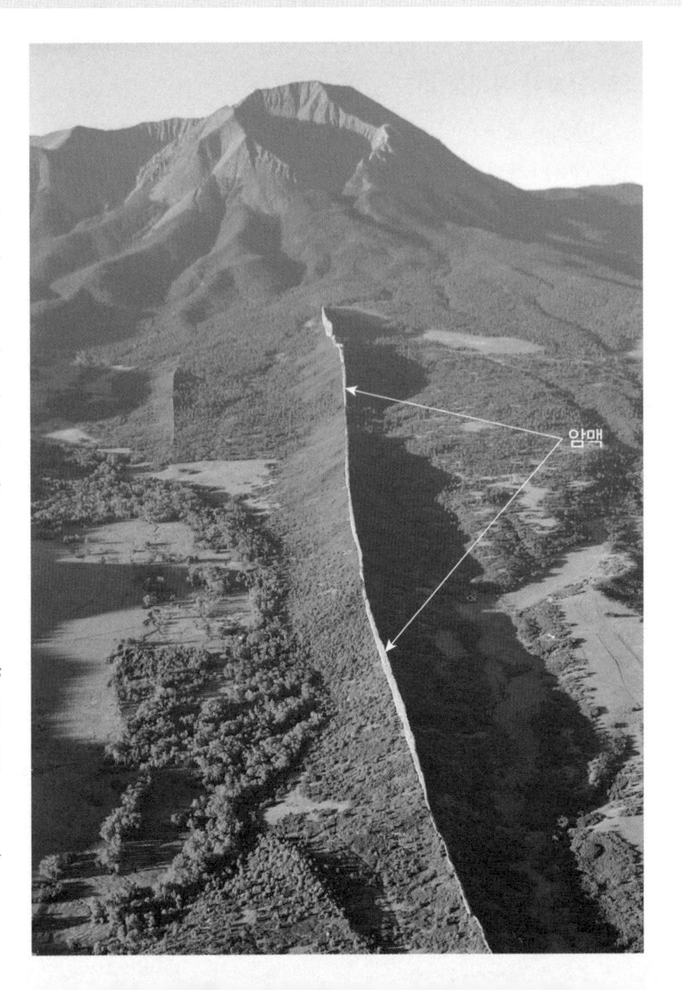

그림 4.28 **콜로라도 주 스패니시 봉우리에 노출된 암맥**
사진에서 보이는 벽과 같은 암맥은 화성암 조성으로 주변 암석보다 풍화에 더 강하다.
(사진 : Michael Collier)

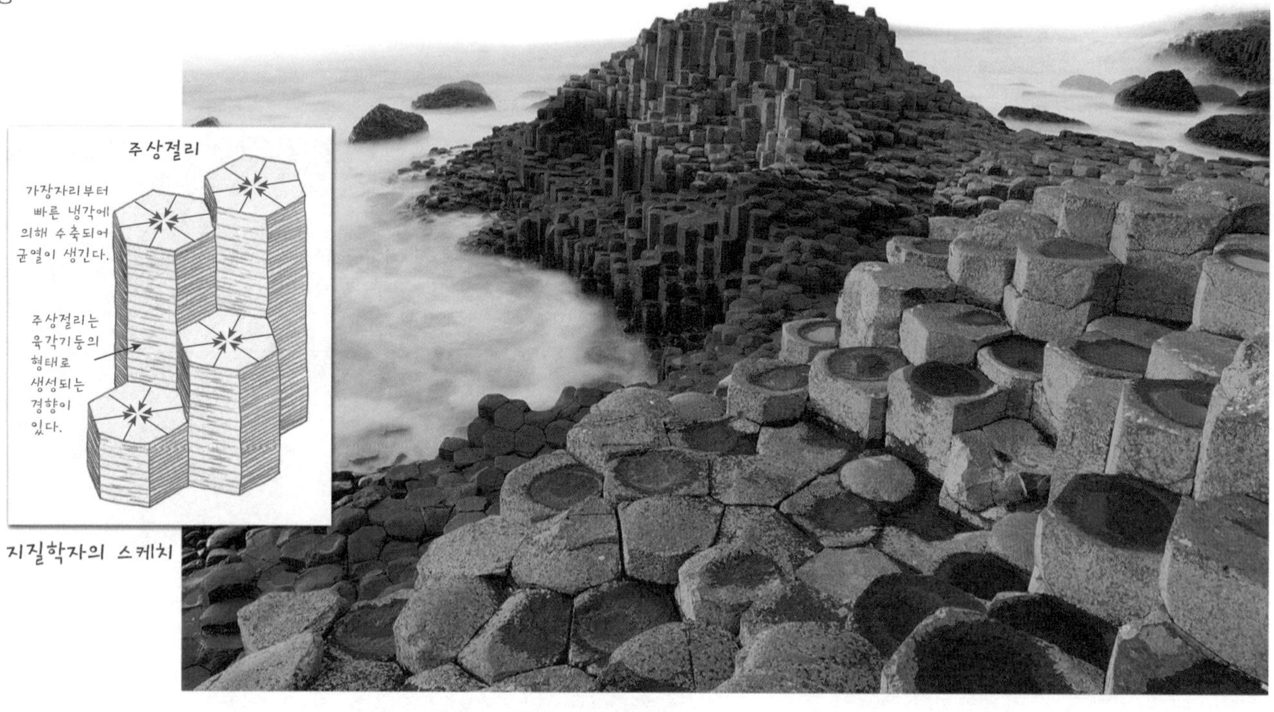

그림 4.29 **주상절리** 북아일랜드에 위치한 자이언츠 코즈웨이에는 훌륭한 주상절리가 발달해 있다. (사진 : John Lawrence/Getty Images)

서, 캘리포니아 주 시에라네바다 일대 대부분을 차지하고 있다. 하나의 거대한 저반이 캐나다 서부의 코스트 산을 따라 알래스카 서부 지역까지 1,800km(1,100마일) 이상 발달되어 있다. 최근의 중력 연구에 따르면 저반이 큰 범위에 분포한다 할지라도 최대 10km(6마일) 정도의 두께를 갖는 것으로 판명되었다. 또한 보다 얇게 발달되는 경우도 있는데, 예를 들어 페루 연안에 위치한 저반은 평균 두께가 2~3km에 불과한 납작한 형태를 띠고 있다.

일반적으로 저반은 규장질 내지는 중성질 암석으로 구성되어 있어 '화강암 저반'으로 불리는 경우가 많다. 규모가 큰 화강암 저반은 심성암체로 불리며, 수백 개의 심성암체로 구성되어 있고, 서로를 관통하는 양상으로 산출되기도 한다. 이러한 둥글납작한 저반들은 수백만 년에 걸쳐 형성되었다. 그 예로 시에라네바다 저반을 형성한 관입활동은 거의 1억 3,000만 년 이상 지속적으로 일어났으며, 지금으로부터 약 8,000만 년 전에야 끝이 났다(그림 4.30).

암주 저반의 정의에 따르면 심성암체는 100km²(40제곱마일)보다 더 크게 지표에 노출된 화성암체로 정의될 수 있다. 규모가 작은 심성암체는 **암주**(stock)로 정의할 수 있다. 그러나 많은 암주가 완전히 노출되어 있을 때는 저반으로 분류되기도 한다.

알고 있나요?

석영 시계는 시간을 기록하기 위해 실제로 석영 결정을 사용한다. 석영 시계가 개발되기 이전에는 시계에 진자나 소리굽쇠를 사용했었다. 이처럼 수동적이었던 시계 장치를 기계 장치로 바꾼 것은 톱니바퀴였다. 석영 결정에 전압이 가해지면, 일정하게 시간을 지시해 주는 진자 장치가 소리굽쇠보다 수백 배 더 유용하다. 이러한 특성과 현대적인 직접회로 기술을 활용한 석영 시계는 현재 그 가치에 비해 너무 저렴하게 제작되고 있다. 기계적인 장치를 장착하고 있는 현대 시계는 사실 더욱 비싸게 거래되어야 한다.

그림 4.30 **북아메리카 서쪽 해안을 따라 형성된 화강암 저반** 이 가늘고 긴 거대한 규모의 저반은 약 1억 5,000만 년 전부터 생성된 것이다.

병반 유타 주의 헨리 산에 있는 미국 지질조사소의 길버트(G. K. Gilbert)는 19세기에 관입암체가 퇴적층을 관통하여 들어 올릴 수 있다는 사실을 가장 처음 입증하였다. 길버트는 해당 관입암체를 **병반**(laccolith)으로 명명하였는데, 화성암체가 물리적인 힘에 의해 퇴적층 사이로 관입하는 것을 생각하고 정의를 내렸기 때문에 상대적으로 평평한 층 위로 호를 그리며 발달하게 된다. 헨리 산 5개의 주 봉우리가 이러한 과정에 의해 형성된 것으로 알려졌지만, 이들은 병반이 아닌 암주이다. 그러나 이 봉우리들은 Gilbert의 정의에 따른 병반의 파생물로 보이기도 한다(그림 4.31).

유타 주에서는 그 외에도 많은 화강암질 병반들이 발견되었다. 그중에서도 가장 큰 병반은 유타 주 세인트조지 북쪽에 위치하고 있는 파인밸리 산의 일부이다. 그 외에는 아치스 국립공원 근처에 있는 라살 산(La Sal Mountains)과 그 남쪽에 있는 아바조 산(Abajo Mountains)이 있다.

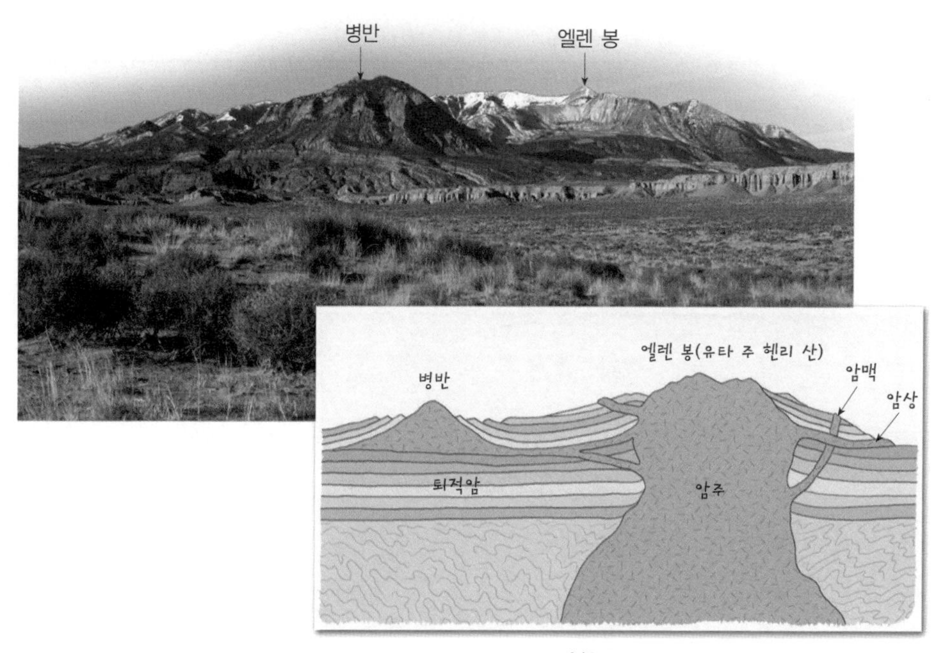

그림 4.31 **병반** 유타 주 헨리 산의 엘렌 봉은 헨리 산을 구성하는 5개의 봉우리 중 하나이다. 헨리 산의 중심 관입암체는 암주이지만, 많은 병반들이 파생되어 자리 잡고 있다. (사진 : *Michael Defreitas North America/Alamy*)

개념 점검 4.8

① 모암이란 무엇인가?

② 암맥과 암상을 '괴상', '부정합 및 정합', '판상' 등의 단어를 사용하여 기술하라.

③ 저반, 암주 및 병반을 크기와 모양에 따라 분류하고 비교하라.

4.9 광물자원과 화성활동

경제적 가치가 있는 금, 은 및 다양한 금속광상들이 어떻게 형성되는지 설명하라.

중국, 인도, 브라질 등의 국가에서는 최근 몇 년간 중산층의 증가와 더불어 금속자원에 대한 수요가 기하급수적으로 증가하였다. 금, 은, 구리, 수은, 납, 백금, 그리고 니켈 등 대부분의 주요 금속들은 화성활동에 의해 생성된다(표 4.1). 이러한 광물자원들은 상업적 가치를 가질만큼 집적된 결과이다. 따라서 광물자원이 어디에 어떻게 집적되는지 밝히는 것은 곧 우리의 생활에도 꼭 필요한 일이다.

마그마의 분결작용과 광상

주요 금속광상을 생성하는 화성활동은 비교적 간단하다. 예를 들어, 커다란 현무암질 마그마가 냉각되면서 초기에 정출되는 무거운 광물들을 마그마 챔버의 하부에 남기게 된다. 이러한 경우는 일부 금속의 집적을 수반하게 되며 크롬, 자철석, 백금 등의 광상을 형성하게 된다. 다른 무거운 광물들 사이에 농집된 크롬층이 미국 몬타나 주의 스틸워터(Stillwater) 복합체에서 채굴된 바 있다. 반면 남아프리카의 부슈벨드(Bushveld) 복합체는 전 세계 백금의 70% 이상을 생산하고 있다.

페그마타이트 광상 마그마의 분결작용은 마그마 활동의 마지막 단계에서 중요한 과정이다. 특히 화강암질 마그마에 있어 잔류 용융체에 희유원소와 중금속이 풍부해지는 과정이기도 하다. 더군다나 물과 다른 휘발성 물질들은 마그마 암체와 함께 결정화되지 못하기 때문에, 이들은 마지막 고화단계에서 잔류 용융체의 대부분을 차지하게 된다.

철이 풍부한 환경에서 진행되는 결정화 작용은 수 센티미

알고 있나요?

미국은 가장 큰 산업용 다이아몬드 소비국임에도 불구하고 관련 자원을 가지고 있지 않다. 따라서 많은 양의 산업용 합성 다이아몬드를 제조하고 있다.

표 4.1

금속광물의 산출상태

금속	주요 광석	지질학적 산출상태
알루미늄	보크사이트	풍화잔류광상
크롬	크롬철석	마그마 분결광상
구리	황동석 반동석 휘동석	열수광상, 접촉변성광상 및 풍화부화작용
금	자연금	열수광상, 사광상
철	적철석 자철석 갈철석	호상퇴적광상, 마그마분결광상
납	방연석	열수광상
마그네슘	마그네사이트 백운석	열수광상
망간	연망간석	풍화잔류광상
수은	진사	열수광상
몰리브덴	휘수연석	열수광상
니켈	펜틀란다이트	마그마 분결광상
백금	자연백금	마그마 분결광상, 사광상
은	자연은 휘은석	열수광상, 풍화부화작용
주석	석석	열수광상, 사광상
티타늄	티탄철석	마그마 분결광상, 사광상
텅스텐	철망간중석	페그마타이트, 접촉변성광상, 사광상
우라늄	우라니나이트(역청우라늄광)	페그마타이트, 퇴적광상
아연	섬아연석	열수광상

그림 4.32 **페그마타이트**
페그마타이트는 주로 석영(유리질), 칼리장석(연분홍색) 및 전기석(검은색)으로 구성되어 있다. 사진의 가장 위쪽에서 관찰되는 전기적 결정의 길이는 4cm(1.5인치) 이상이다. *(사진 : Harry Taylor/DK Images)*

터 내지 수 미터 길이를 갖는 결정층을 형성한다. 이 결과로 형성된 **페그마타이트**(pegmatite)는 유달리 큰 결정들로 구성된다(그림 4.32).

노스캐롤라이나에 있는 페그마타이트에서 집채만한 크기의 장석 덩어리가 채굴되었다. 또한 수 미터에 달하는 거대한 육각형 백운모 결정이 캐나다 온타리오 주에서 발견되기도 하였으며, 블랙힐스에서는 전신주만한 두께의 리티아 휘석 결정이 채굴되기도 하였다(그림 3.32). 이들 중 가장 큰 결정은 길이가 12m(40피트) 이상이다. 모든 페그마타이트가 이처럼 커다란 결정을 가지고 있는 것은 아니지만, 이러한 예는 형성 당시의 독특한 환경조건을 지시하는 것이다.

대부분의 페그마타이트는 화강암질 조성을 가지고 있으며 비정상적으로 큰 석영, 장석 및 백운모 결정 등을 가지고 있다.

장석은 도자기 제조에도 사용되며 백운모는 전기 단열재와 장신구로 사용된다. 더 나아가 페그마타이트는 일반적으로 유용한 미량원소들을 포함하기도 하는데, 리튬, 세슘, 우라늄, 그리고 희토류 원소를 함유하는 광물들이 발견되기도 한다. 또한 일부 페그마타이트는 녹주석, 황옥, 그리고 전기석과 같은 준보석류를 함유하기도 한다. 대부분의 페그마타이트는 커다란 화성암체나 마그마 챔버를 둘러싼 모암을 끊고 지나가는 암맥 또는 맥의 내부에 위치한다(그림 4.33).

모든 마그마가 후기 단계에서 페그마타이트를 형성하는 것은 아니며 또한 항상 화강암질 조성을 띠게 되는 것도 아니다. 오히려 어떤 마그마는 철이 풍부하며 때때로 구리 성분이 풍부한 경우도 있다. 예를 들어, 60% 이상이 자철석으로 구성된 스웨덴의 키라바 마그마는 고화되면서 전 세계에서 가장 큰 철광상을 형성하였다.

열수광상

가장 널리 알려진 주요 광상들은 열수(뜨거운 물) 용액이라고 불리는 뜨겁고 철 성분이 풍부한 유체에서 만들어진다.[1] 이렇게 형성된 광상으로는 사우스다코타 주의 홈스테이스 금광상, 아이다호 주 쾨르드알렌 근처의 은과 납 및 아연광상, 네바다 주 캄스톡 광맥의 은광상 및 미시간 주 키위노 반도의 구리광상 등이 있다.

열수맥상광상 열수광상의 주요 기원은 철이 풍부하고 뜨거운 후기 화성활동의 잔류물이다. 마그마가 고화되는 동안에 마그마 챔버 상부 근처에 용융체와 다양한 철 이온들이 집적된다. 왜냐하면 철이 풍부한 유체는 다양한 금속의 황화물로 침전되기 이전에 주변 암석을 통해 긴 거리를 이동할 수 있기 때문이다. 이러한 유체는 단열 또는 층리면을 따라 이동하게 되는데, 냉각 과정에서 금속이온이 침전되면서 **맥상광상**(vein deposit)을 형성하게 된다. 대부분의 금, 은 및 수은광상은 열수맥상광상으로 나타난다(그림 4.34).

광염상광상 열수활동으로 인한 집적으로 생성된 또 다른 중요한 유형의 광상으로 **광염상광상**(disseminated deposit)이 있다. 이들 광석은 좁은 맥이나 암맥에 농집되기보다는 암석 전체에 걸쳐 분포하는 양상을 보인다. 칠레의 추키카마타(Chuquicamata), 미국 유타 주의 빙햄 캐니언 구리광산 등 전 세계 대다수의 구리광산이 광염상광상에 속한다(그림 3.35). 125~250kg의 광석에 구리는 고작 0.4~0.8%가 집적되어 있기 때문에 금속의 회수율을 감안하여 채광이 가능하다. 또한 광산폐기물 처리문제와 채광에 따른 환경 문제 역시 고려 대상이다.

1 이렇게 뜨겁고 철이 풍부한 유체는 모암을 화학적으로 변화시키려고 하기 때문에 이 과정을 열수변질작용이라 하며, 이에 대한 자세한 설명은 제8장에서 다룰 것이다.

다이아몬드의 기원

다이아몬드는 경제적으로 중요한 화성기원의 광물이다. 보석으로 잘 알려진 다이아몬드는 연마제로도 널리 사용되고 있다. 다이아몬드는 거의 200km(120마일)에 가까운 지하에서 생성되는데, 이러한 깊이에서 작용하는 지압력은 다이아몬드를 형성할 수 있을 정도로 충분히 크다. 한번 결정화가 진행되면, 다이아몬드는 파이프상 광맥의 통로를 통해 위로 이동하는데, 지표면으로 갈수록 통로의 직경이 증가한다. 다이아몬드를 함유하고 있는 파이프상 광체에 포함되어 있는 다이아몬드 결정은 킴벌라이트(kimberlite)라는 초고철질 암석에 광염상으로 분포한다. 가장 생산성이 높은 킴벌라이트 파이프상 광체는 남아프리카에 있다. 미국에도 아칸소 주 머프리즈버로(Murfreesboro) 근처에서 다이아몬드가 생산되었었지만, 현재는 더 이상 생산되고 있지 않으며, 오늘날에는 단지 관광객의 이목을 끌고 있을 뿐이다.

개념 점검 4.9

① 열수광상의 두 가지 유형은 무엇인가?

② 킴벌라이트 파이프상 광체에 분포하는 초고철질 암석에서 채굴할 수 있는 광물은 무엇인가?

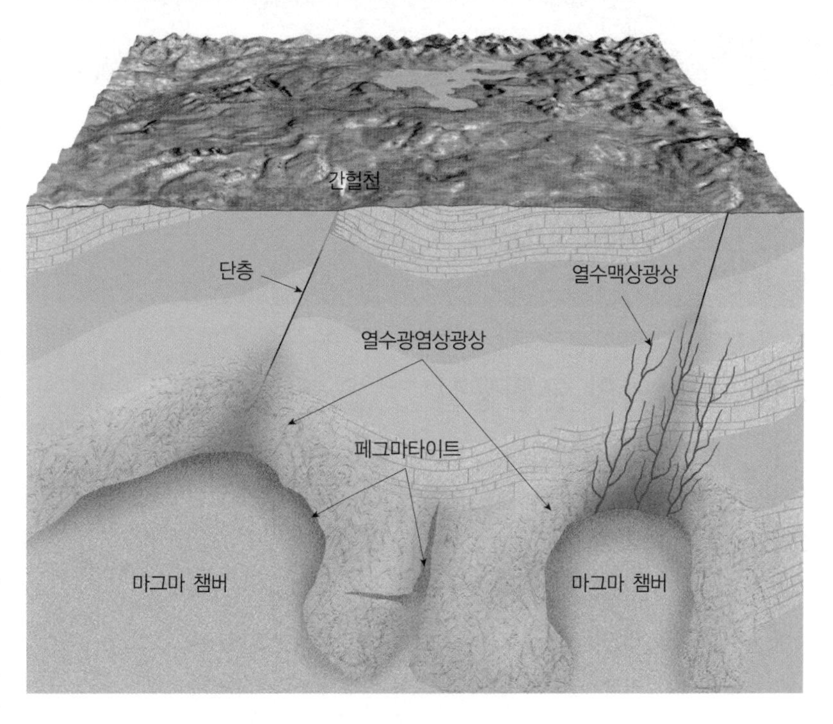

그림 4.33 **모암과 페그마타이트 및 열수광상의 관계**

그림 4.34 **맥상광상**
서아프리카 가나에 위치한 광산에서 산출되는 석영맥에 집적된 고농도의 금
(사진 : *Greenshoots Communications/Alamy*)

개념 복습 화성암과 관입활동

4.1 마그마 : 화성암의 근원물질

마그마의 주성분 세 가지를 나열하고 설명하라.

핵심용어 : 화성암, 마그마, 용암, 용융체, 휘발성 물질, 결정화 작용, 관입암(심성암), 분출암(화산암)

- 완전히 또는 부분적으로 용융된 암석이 지표 아래에 위치할 경우에 '마그마'라 부르며, 지표 밖으로 분출했을 경우에 '용암'이라 한다. 고체(광물결정)나 수증기 및 이산화탄소 같은 휘발성 기체 또한 용융체에 포함된다.
- 마그마가 냉각되면서 마치 칵테일처럼 섞인 이동성 이온들에 의해 규산염 광물의 생성이 시작된다. 생성된 작은 결정들은 이온들이 첨가되면서 성장한다. 냉각이 진행됨에 따라 결정화 작용은 마그마를 점진적으로 광물결정들이 맞물려 있는 고체로 변형시켜 화성암을 만든다.
- 지표 아래에서 냉각된 마그마는 관입암을 형성하는 반면, 지표 밖으로 분출한 마그마는 분출암을 형성한다.

? **물이 얼음이 되는 것 같은 마그마의 고화는 어떻게 발생하는가? 또한 두 가지 작용은 어떻게 다른가?**

4.2 화성암의 조성

현무암질(고철질), 화강암질(규장질), 안산암질(중성질) 및 초고철질 등 기본적인 네 가지 화성암의 조성을 비교 대조하라.

핵심용어 : 화강암질(규장질) 조성, 현무암질(고철질) 조성, 안산암질(중성질) 조성, 초고철질

- 화성암은 보통 규산염 광물로 구성되어 있다. 대부분 무색광물로 이루어진 화성암을 규장질이라 하며, 유색 광물의 함량이 많은 경우에는 고철질로 분류한다. 일반적으로 고철질암은 색이 어두우며 규장질암보다 큰 밀도를 가진다. 대체로 대륙지각은 규장질, 해양지각은 고철질의 조성을 띤다.
- 사장석이 우세한 중성질암은 규장질과 고철질 사이의 조성을 띠며, 대륙성 화산호에서 쉽게 찾아볼 수 있다. 감람석과 휘석이 풍부한 초고철질암은 상부 맨틀에서 우세하게 나타난다.
- 화성암에서 규소(SiO_2)의 함량은 곧 전반적인 조성을 지시한다. 화성암의 조성 분포도에서 양 끝부분은 각각 규장질과 초고철질을 의미하며, 규장질은 규소가 풍부한 경우(최대 70%)이고, 초고철질은 규소 성분이 적은(40% 이하) 경우이다. 마그마의 규소 함량이 마그마의 점성과 결정화 작용이 일어나는 온도에 영향을 미치기도 한다.

? 아래의 그림에서 A 암석과 D 암석의 조성에 대하여 기술하라. 같은 암석에서 석영과 감람석을 발견할 수 있다고 생각하는가? 그 이유는 무엇인가?

4.3 화성암의 조직 : 우리에게 어떤 정보를 주는가

화성암의 여섯 가지 주요 조직을 구분하여 설명하라.

핵심용어 : 조직, 비현정질(세립질), 현정질(조립질), 반상조직, 반정, 석기, 반암, 다공성 조직, 유리질 조직, 화산쇄설성(암편질) 조직

- 지질학자에게 '조직'이란 암석을 구성하는 광물들의 배열과 모양, 크기 등을 기술하는 용어이다. 화성암의 조직을 면밀히 관찰하면 형성 당시의 환경 조건에 대해 알 수 있다. 마그마나 용암이 냉각되는 속도는 암석 조직의 형성에 중요한 요인이다.
- 지표에서 용암의 냉각속도가 빠르면 급격한 결정화 작용으로 인해 매우 작은 수많은 결정들로 구성된 세립질 조직의 암석이 만들어진다. 지하에서 마그마가 냉각될 때는 주변 암석들이 차단막 역할을 하여 열 손실이 더욱 천천히 일어나게 된다. 덕분에 마그마의 이온들이 큰 결정을 형성하는 데 충분한 시간이 주어지기 때문에 조립질 조직의 암석이 형성된다. 만약 지하 깊은 곳에서 결정이 형성되고 나서 마그마가 지표 가까이로 이동하거나 또는 지표로 분출하게 된다면, 두 번째 단계의 냉각이 시작되며 그로 인해 반상조직의 암석이 형성된다.
- 화산암은 또 다른 조직들을 갖는데, 가스 함량이 높은 경우에는 다공질이, 규소 함량이 높은 경우에는 유리질이, 폭발적인 분출에 의해 형성된 경우에는 화산쇄설성 조직을 만들게 된다.

4.4 화성암의 명명

조직과 광물조성을 바탕으로 화성암을 세분하라.

핵심용어 : 화강암, 유문암, 흑요암, 부석, 안산암, 섬록암, 현무암, 반려암

- 화성암은 조직과 화학조성을 바탕으로 분류한다. 그림 4.12는 이 두 가지 요소를 바탕으로 한 화성암의 명명 체계를 간략히 보여주고 있다. 두 마그마의 조성이 같을지라도 냉각속도의 차이에 따라 결과적으로는 다른 조직이 형성될 수 있다. 반면 두 마그마의 조성이 다를지라도 비슷한 조건으로 냉각된다면 유사한 조직을 형성할 수도 있다.

? **화강암이 유문암으로 변형될 수 있는가? 만약 가능하다면 어떠한 작용에 의한 것인가?**

4.5 마그마의 기원

암석에서 마그마가 만들어지는 주요 과정을 요약하라.

핵심용어 : 지온구배, 감압용융

- 고체 암석은 다음의 세 가지 지질학적 환경 조건에 놓일 경우에 용융된다. 첫 번째, 암석에 열이 가해져 온도가 상승할 때이다. 두 번째, 이미 뜨거워진 암석이 낮은 압력을 받게 될 때이다(중앙 해령처럼 압력이 감소할 경우). 마지막으로 수분이 첨가될 때이다(섭입대에서 발생하는 작용처럼).

? **서로 다른 지구조적 환경에서 서로 다른 작용에 의해 마그마가 만들어지고 있다. 그림에서 A, B, C 모든 상황을 고려하여 각각의 경우에 일반적으로 어떠한 용융작용이 발생하는지 그 과정을 기술하라.**

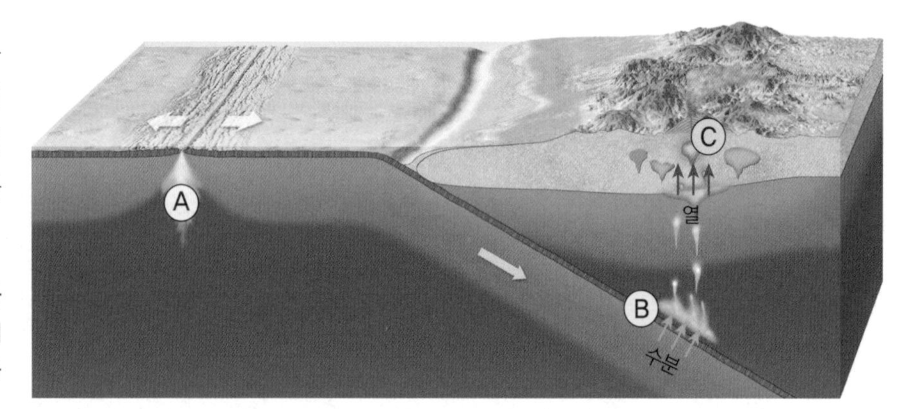

4.6 마그마는 어떻게 진화하는가

마그마 분별작용이 어떻게 동원마그마로부터 1차 또는 2차 마그마를 만들 수 있는지 서술하라.

핵심용어 : 보웬의 반응계열, 결정 정출, 마그마의 분화작용, 동화작용, 포획암, 마그마 혼화

- 보웬에 의한 선구적인 실험은 마그마가 냉각되면서 광물이 정출되는데 특정 순서가 정해져 있다는 사실을 밝혀냈다. 감람석 같은 유색광물은 고온(1,250°C)에서 먼저 정출되며, 석영 같은 무색광물은 저온(650°C)에서 나중에 정출되게 된다. 보웬은 고온과 저온 사이에서 화학적 조성 차이가 규산염 광물의 결정화 및 용융을 발생시켜 만들어지는 광물의 결정형과 조성에 영향을 미친다는 사실을 알아냈다.
- 다양한 물리적 과정에 의해 마그마의 조성변화가 일어난다. 예를 들어, 결정화된 규산염 광물이 잔류 마그마보다 밀도가 크다면 마그마 챔버의 바닥으로 가라앉게 된다. 초기에 정출된 광물들은 대게 유색광물이므로 잔류 마그마는 규장질 조성이라고 볼 수 있다.
- 이동과정을 거치면서 마그마는 모암 또는 다른 마그마 암체와 합쳐지게 된다. 모암과 동화되거나 마그마와 혼합되면 마그마의 조성이 변화한다.

? **가상의 심성암체에 대한 단면을 나타내고 있는 그림이다. 보웬의 반응계열 및 마그마 진화과정을 바탕으로 결정화 작용의 발생과정을 층상구조와 연관시켜 설명하라.**

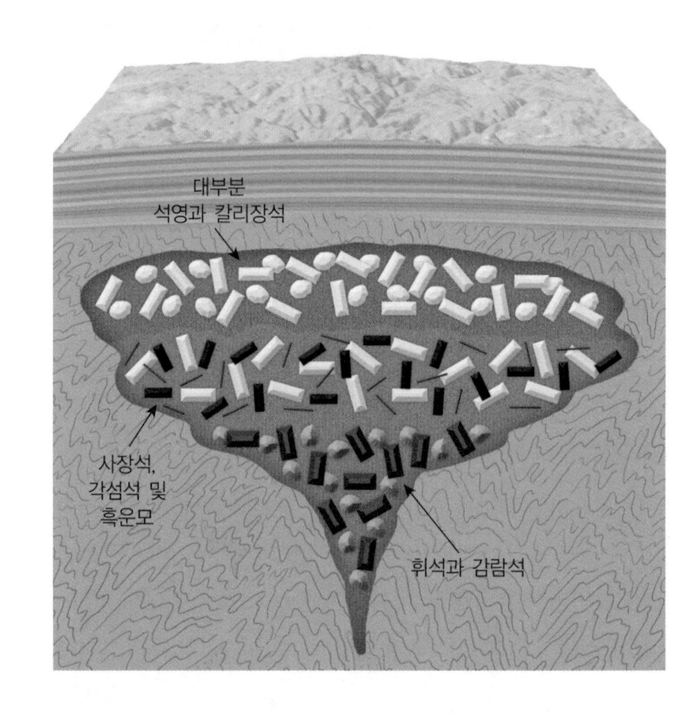

4.7 부분용융과 마그마 조성

맨틀을 구성하는 감람암의 부분용융이 어떻게 현무암질(고철질) 마그마를 생성하는지 그 과정을 설명하라.

핵심용어 : 부분용융

- 대부분의 환경에서 암석은 완전히 용융되지 못한다. 서로 다른 광물은 각기 다른 온도에서 고체에서 액체로(또는 액체에서 고체로) 상태변화가 이루어진다. 암석이 용융되면 용융점이 낮은 광물들이 먼저 용융된다.
- 초고철질 맨틀의 부분용융은 해양지각 같은 고철질 암석을 형성한다. 섭입대에서 하부 대륙지각의 부분용융은 중성질 또는 규장질 조성을 갖는 2차 마그마를 생성한다.

? **만약 모든 규산염 광물이 같은 온도에서 용융된다면, 서로 다른 조성을 갖는 마그마들이 존재할 수 있겠는가? 지구상에서 다른 종류의 암석들을 생성하는 데 부분용융이 어떠한 작용을 하는가?**

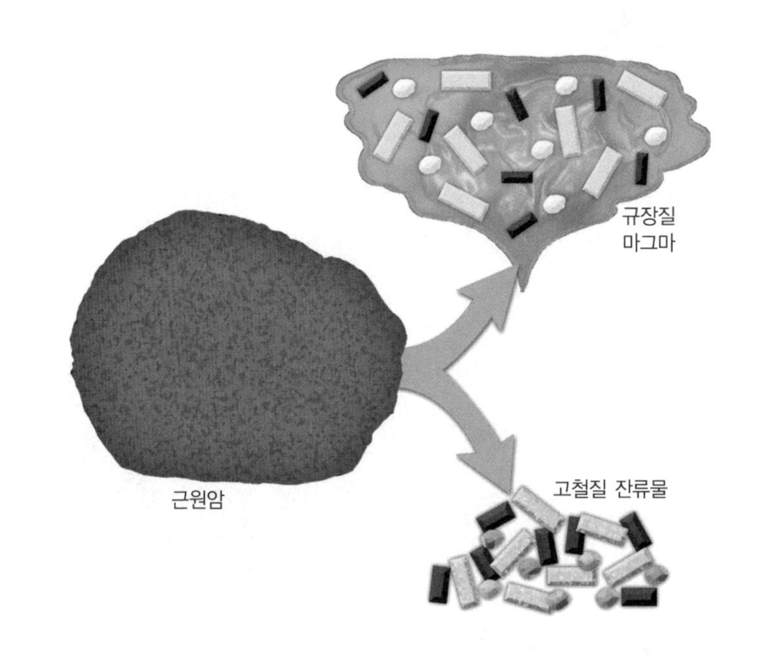

4.8 관입화성활동

관입화성 구조로서 암맥, 암상, 저반, 암주 및 병반을 비교하여 설명하라.

핵심용어 : 관입암체(심성암체), 판상, 괴상, 부정합, 정합, 암맥, 암상, 주상절리, 저반, 암주, 병반

- 다른 암석으로 관입하는 마그마는 표면에 도달하기 전에 냉각 및 결정화되어 심성암체라고도 부르는 다양한 형태의 관입암체를 형성한다. 기존에 있던 구조와 상관없이 모암을 끊고 지나가는 형태로 형성되거나, 퇴적 층리면과 같은 수평한 모암의 취약대를 따라 마그마가 흐르면서 형성되기도 한다.
- 판상 관입암체는 모암과 정합적(암상) 혹은 부정합적(암맥) 관계를 가진다. 괴상의 심성암체는 작은 것(암주)에서 매우 큰 것(저반)까지 규모가 다양하게 산출된다. 또한 물집처럼 생긴 관입암체(병반)도 있다. 화성암은 냉각되면서 부피가 감소하게 되는데, 이때 주상절리가 형성된다. 주상절리는 독특한 양상의 균열로, 전형적인 주상절리는 미국 와이오밍 주의 데빌스타워가 있다.

? **퇴적암으로 관입한 관입암체에 대하여 암맥, 암상, 암주, 저반, 병반 등을 포함하여 표나 그림으로 표현해 보라.**

4.9 광물자원과 화성활동

경제적 가치가 있는 금, 은 및 다양한 금속광상들이 어떻게 형성되는지 설명하라.

핵심용어 : 페그마타이트, 맥상광상, 광염상광상

- 금, 은, 납 및 구리와 같은 주요 금속자원의 집적 중 일부는 화성활동에 의한 것이다. 가장 잘 알려진 광상들은 열수(뜨거운 물) 작용에 의해 만들어진 것이다. 대부분의 열수광상이 마그마 활동의 후기 단계에서 금속성분이 풍부한 뜨거운 유체로부터 생성된 잔류물에 의해 형성된 것이다. 이온의 이동성이 강한 유체가 풍부한 환경에서의 결정화 작용은 대체로 큰 결정을 만들게 된다. 금과 은 같은 희유원소와 금속이 풍부한 암석을 페그마타이트라 한다.
- 열수는 균열이나 층리면을 따라 이동하고 냉각되며, 금속이온들이 맥상광상을 형성하는 데 도움을 준다. 광염상광상 중(세계 구리 광상의 대부분이 광염상광상이다) 열수용액에 의한 광석들은 암석 전체에서 일부에만 포함되어 있기 때문에 선광이 필요하다.

복습문제

① 관입암체의 모든 결정들이 크기가 같을 수 있다고 생각하는가? 그 이유는 무엇인가?

② 이 단원에서 화성암의 조직에 대해 공부한 내용을 바탕으로 다음 사진에서 각 암석들의 냉각 과정을 기술하라.

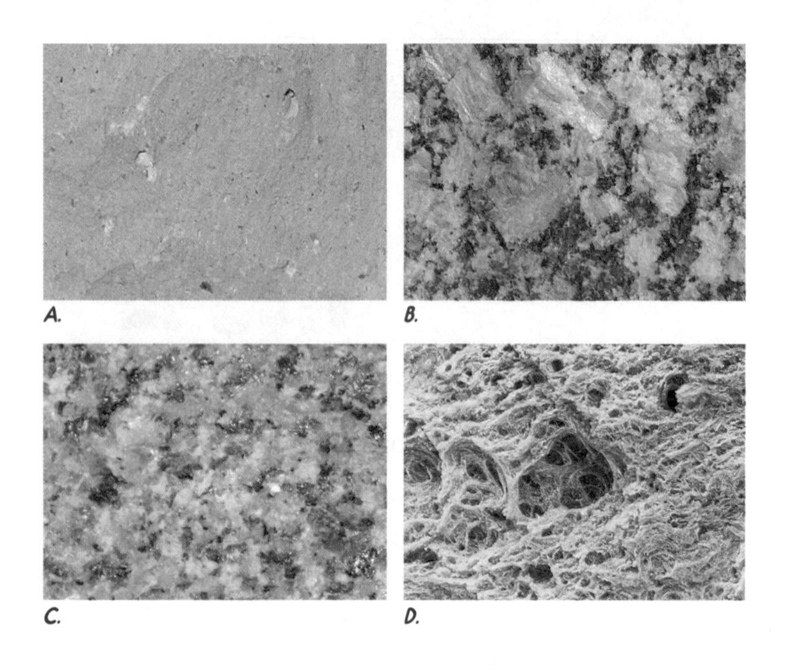

③ 같은 조성을 갖는 두 화성암이 서로 다른 암석일 수 있는가? 예를 들어 설명하라.

④ 그림 4.5를 참고하여 다음의 화성암이 무엇인지 답하라.

a. Ca-사장석 30%, 휘석 55%, 감람석 15%로 구성된 비현정질 암석

b. 석영 20%, 칼리장석 40%, Na-사장석 20% 및 소량의 백운모와 어두운 규산염 광물로 구성된 현정질 암석

c. 사장석 50%, 각섬석 35%, 휘석 10% 그리고 소량의 밝은색 규산염 광물들로 구성된 비현정질 암석

d. 대부분의 감람석과 휘석 및 소량의 Ca-사장석으로 구성되어 있는 현정질 암석

⑤ 다음은 화성암 조직을 기술할 때 사용하는 용어에 대한 설명이다. 각각의 설명에 적절한 용어는 무엇인가?

a. 가스가 빠져나가면서 생긴 공극

b. 흑요암 조직

c. 반정을 둘러싸고 있는 세립의 결정들로 구성된 기질

d. 결정의 크기가 너무 미세하여 현미경 없이는 볼 수 없는 조직

e. 뚜렷한 크기 차이가 있는 두 가지 결정으로 구성되어 있는 조직

f. 거의 동일한 크기의 결정들로 구성된 조립질 조직

g. 대부분 직경 1cm 이상의 큰 결정들로 구성된 조직

⑥ 하이킹을 하던 도중에 다음 사진과 같은 화성암을 발견하였다.

a. 이 암석에서 작고 모서리가 둥글며 유리광택을 보이는 초록색 광물결정의 이름은 무엇인가?

b. 이 암석을 형성한 마그마의 기원은 맨틀과 지각 중 어느 곳인지 설명하라.

c. 이 암석을 형성한 마그마는 고온 마그마와 저온 마그마 중 무엇일까?

d. 이 암석의 조직을 기술하라.

Unclesam/Fotolia

⑦ 상부 맨틀이 암석 용융체의 두꺼운 껍질이라는 생각은 잘못된 것이다. 사실 맨틀은 대부분의 환경에 있을 수 있는 고체임을 설명하라.

⑧ 맨틀암석이 온도 증가 없이 용융될 수 있는 두 가지 방법에 대해 기술하라. 또한 이러한 마그마의 생성 과정은 판구조론과 어떤 연관성이 있는가?

⑨ 보웬의 반응계열(그림 4.20)에서 이해한 것을 바탕으로 부분용융이 다른 조성을 갖는 마그마를 어떻게 형성하는지 설명하라.

⑩ 야외지질학 수업의 일환으로 야외조사를 나가서 다음 그림과 유사한 암석층의 노출면을 발견하였다. 다른 학생들은 현무암층이 암상이라고 주장하였지만, 당신은 동의하지 않았다. 당신은 왜 다른 학생들이 틀렸다고 생각하였는가? 또한 당신이라면 현무암층을 어떻게 설명하겠는가?

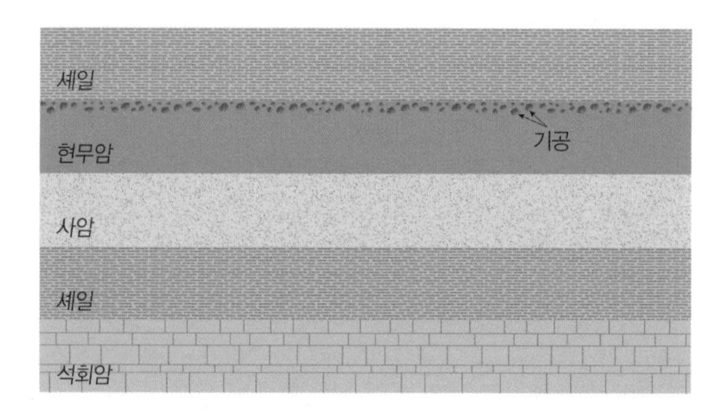

⑪ 다음은 침식에 의해 지표에 노출된 관입암체의 특징을 기술한 것이다. 각 설명에 맞는 구조는 무엇인가?

a. 퇴적암 층의 측면이 경사진 산과 같은 돔 형태의 구조

b. 수직으로 형성된 수 미터의 두께와 수백 미터의 길이를 갖는 벽처럼 생긴 구조

c. 수십 킬로미터 두께의 산악지형을 형성하고 있는 거대한 화강암체

d. 수평으로 발달한 퇴적암층 사이에 상대적으로 얇게 피복된 현무암층이 계곡의 양 측면을 따라 노출되어 있는 구조

⑫ 미국 인접 지역에서 가장 높은 봉우리(4,421m/14,505피트)를 자랑하는 휘트니 산은 시에라네바다 병반에 자리 잡고 있다. 위치상으로 보았을 때, 휘트니 산은 화강암질, 안산암질, 현무암질 중 어떤 조성에 가까울까?

Don Smith/Getty Images

5
화산과 화산재해

핵심개념

다음은 이 장에서 다룰 주요 학습 목표이다.
이 장을 학습한 후 다음 질문에 답해 보도록 하자.

5.1 1980년 세인트헬렌스 화산 분출과 1983년에 시작되어 현재까지 계속 활동 중인 킬라우에아 화산 분출을 비교 대조하라.

5.2 어떤 화산 분출은 폭발적인 반면 일부 화산 분출은 조용히 일어나는 이유를 설명하라.

5.3 화산폭발 동안 외부로 분출되는 물질들을 세 가지 범주로 나누어 나열하고 설명하라.

5.4 전형적인 화구구의 기본적인 특징을 그림으로 표현하여 설명하라.

5.5 순상화산의 특징을 요약하고, 한 가지 예를 들어 보라.

5.6 분석구의 크기와 조성 및 형성과정을 설명하라.

5.7 복성화산의 특징, 분포 및 형성과정을 설명하라.

5.8 화산에 수반되는 주요 지질재해에 대하여 토론하라.

5.9 화구구 이외의 화산지형을 나열하고 설명하라.

5.10 화산활동의 분포와 판구조론을 연관시켜 설명하라.

2012년에 화산탄과 강렬한 용암을 분출한 아낙 크라카타우(Anak Krakatau) 화산. 인도네시아 순다해협에 위치한 이 화산은 1883년에 있었던 폭발로 30,000명의 목숨을 앗아갔다. (사진 : Fotosearch/AGE Fotostock)

화성활동은 언뜻 보기에 중요해 보이지 않을 수 있다. 그러나 화산은 매우 깊은 곳에서 형성된 용융 암석을 지표로 밀어 내는데, 이는 지구의 표면으로부터 수 킬로미터 아래에서 발생하는 작용을 직접 관찰할 수 있는 유일한 단서를 제공한다. 또한 대기와 해양은 화산 폭발에서 방출되는 가스로부터 진화하였다. 이러한 사실이 우리가 화성활동에 주목해야 할 충분한 이유이다.

5.1 세인트헬렌스 화산과 킬라우에아 화산

1980년 세인트헬렌스 화산 분출과 1983년에 시작되어
현재까지 계속 활동 중인 킬라우에아 화산 분출을 비교 대조하라.

1980년 5월 18일 일요일, 인류 역사상 북아메리카에서 발생한 가장 큰 화산 폭발이 그림 같이 아름다운 산을 폐허로 만들었다(**그림 5.1**). 이날 워싱턴 주 남서부에 위치한 세인트헬렌스 화산이 엄청난 힘으로 폭발한 것이다. 폭발은 분화구를 남기면서 화산의 북쪽 사면을 완전히 날려버렸다. 눈 깜짝할 사이에 해발 2,900m 이상이었던 화산의 정상부분이 400m 이상 낮아졌다.

이 사건은 산의 북쪽 방면에 자리 잡은 넓은 산림지대를 황폐화시켰다(**그림 5.2**). 400km² 내에 있던 나무들이 서로 얽히고 쓰러졌으며, 부러진 나뭇가지는 공중에 흩뿌려진 이쑤시개처럼 보였다. 폭발에 수반된 화산이류(mudflow)는 화산재, 나무, 그리고 상당량의 수분을 포함한 암설류를 29km 떨어진 터틀 강으로 이동시켰다. 이 폭발로 59명이 목숨을 잃었다. 몇몇은 뜨거운 열기와 화산재, 유독가스에 의해 질식하였고, 일부는 폭발의 직접적인 영향으로 죽었다. 그리고 또 어떤 이들은 화산이류에 갇혀 사망하였다.

폭발은 1km³에 달하는 화산재와 암설을 분출했다. 거대한 폭발에 이어 세인트헬렌스 화산은 엄청난 양의 뜨거운 가스와 화산재를 계속해서 방출했다. 매우 강력한 폭발력으로 인해 일부 화산재는 18km 상공에 위치한 성층권까지 날아갔다. 이렇게 날아간 세립 입자들은 폭발 이후 며칠 동안 강한 상승기류를 타고 대기 중을 이동하였다.

이러한 화산 분출물은 오클라호마 주와 미네소타 주까지 영향을 미쳤으며, 몬타나 주 중심부에서 작물피해가 발생하

그림 5.1 세인트헬렌스 화산의 분출 전후 비교 사진 1980년 5월 18일 워싱턴 주 남서부에 위치한 세인트헬렌스 화산의 분출

400m

스피릿 호

USGS

폭발은 북쪽 사면을 완전히 날려버렸고, 거대한 분화구를 남겼다. 순식간에 산의 해발고도는 400m 이상 낮아졌다.

기도 하였다. 한편 인근지역에서는 화산재가 2m 넘게 쌓였다. 워싱턴 주 얘키모(Yakima, 동쪽으로 130km 거리에 위치) 상공은 화산재로 가득차서 주민들은 정오임에도 불구하고 칠흑 같은 어둠을 경험하였다.

모든 화산 분출이 1980년 세인트헬렌스 화산처럼 맹렬한 것은 아니다. 하와이의 킬라우에아 화산과 같은 일부 화산들은 비교적 조용하게 용암을 분출한다. 그러나 조용하게 분출한다고 해서 약간의 화염만이 보이는 것은 아니며, 때때로 작열하는 용암이 분수처럼 공중으로 수백 미터 뿜어져 나온다. 세인트헬렌스 화산처럼 맹렬한 분출은 아니지만 1983년에 시작된 킬라우에아 화산의 활동으로 180채 이상의 주택과 국립공원 관광안내소가 파괴되었다.

1823년 이래로 킬라우에아 화산의 분출형태에 대한 50여 차례 이상의 기록에도 불구하고, 조용한 분출에 대한 증거는 1912년 하와이 화산관측소가 산 정상에 세워지면서부터 알게 되었다.

개념 점검 5.1

① 1980년 5월 18일 분출한 세인트헬렌스 화산과 킬라우에아 화산의 분출을 간략히 비교하라.

그림 5.2 **세인트헬렌스 화산 폭발로 인해 부러지거나 뿌리 째 뽑힌 더글라스 전나무** (사진 : *Lyn Topinka/AP Photo/USGS; John M. Burnley/Science Source*)

5.2 화산 분출의 유형

어떤 화산 분출은 폭발적인 반면 일부 화산 분출은 조용히 일어나는 이유를 설명하라.

일반적으로 화산활동은 주기적으로 맹렬하게 폭발하는 아름다운 원뿔 형태의 구조를 형성하는 과정으로 인식된다. 그러나 많은 화산 분출은 폭발적이지 않다. 무엇이 화산의 분출 방식을 결정하는 것일까?

점성의 영향 요소

화산 분출의 근원물질은 **마그마**(magma)로, 이는 일반적으로 약간의 결정과 다양한 가스가 상당량 녹아 있는 용융된 암석이다. 분출된 마그마는 **용암**(lava)이라 불린다. 마그마와 용암의 움직임에 영향을 주는 가장 중요한 요소는 온도와 조성이며, 이외에 용해된 기체 함량 등이 있다. 앞서 나열한 요소들의 정도에 따라 다소 차이는 있지만, 이러한 요소들에 의해 마그마의 유동성 또는 **점성**(viscosity)이 결정된다(*viscos*는 끈적끈적한 성질을 뜻함). 물질의 점성이 커지면 그 물질의 유동을 방해한다. 예를 들어, 시럽은 물보다 점성이 더 크기 때문에 잘 흐르지 못한다.

마그마 온도 점성에 대한 온도의 영향은 쉽게 알 수 있다. 시럽을 따뜻하게 데우기만 해도 더 잘 흐르듯이(점성이 작아짐), 용암의 유동성 또한 온도에 큰 영향을 받는다. 용암이 냉각되고 굳기 시작하면, 점성은 증가하게 되고 결국 움직임은 멈추게 된다.

마그마 조성 화산활동에 영향을 미치는 또 다른 중요한 요인은 마그마의 화학조성이다. 다양한 화성암의 중요한 차이점은 규소(SiO_2) 함량임을 기억해야 한다(표 5.1). 현무암과 같은 고철질 암석을 구성하는 마그마의 규소 함량은 대략 50% 정도인 데 반해, 규장질 암석(화강암과 유문암)을 구성하

알고 있나요?

칠레, 페루, 그리고 에콰도르는 지구에서 가장 높은 화산이 솟아 있는 곳이다. 여기에는 6,000m가 넘는 수십 개 화산이 있다. 에콰도르에 있는 두 화산인 침보라소(Chimborazo)와 코토팍시(Cotopaxi)는 19세기 히말라야가 발견되기 전까지 세계에서 가장 높은 산으로 알려지기도 했다.

표 5.1

마그마의 조성에 따른 다양한 특징

조성	규소 함량	가스 함량	분출 온도	점성	화산쇄설물의 양	화산지형
현무암질(고철질)	적음(~50%)	적음(1~2%)	1,000~1,250℃	작음	적음	순상화산, 현무암대지, 분석구
안산암질(중성질)	중간(~60%)	중간(3~4%)	800~1,050℃	중간	중간	복성화산
유문암질(규장질)	많음(~70%)	많음(4~6%)	650~900℃	큼	많음	화쇄류, 용암 돔

는 마그마의 규소 함량은 70% 이상이다. 중성질 암석(안산암과 섬록암)은 약 60% 정도의 규소를 함유하고 있다.

마그마의 점성은 규소 함량과 직접적인 연관이 있으며, 규소 함량이 높을수록 점성 또한 커진다. 왜냐하면 결정화작용의 초기 단계에 긴 사슬 형태로 규산염 구조들이 연결되기 시작하면서 마그마의 흐름을 방해하기 때문이다. 따라서 규장질(유문암질) 용암은 매우 점성이 크고, 비교적 짧고 두꺼운 유동을 하는 경향이 있다. 이와 대조적으로 규소 함량이 낮은 고철질(현무암질) 용암은 상대적으로 유동성이 크며, 고화되기 전에 150km 이상을 이동하는 것으로 알려져 있다.

마그마에 용해된 기체 함량 마그마에 용해된 기체의 함량 중 제일 많은 것은 수증기이며, 이 또한 마그마의 유동성에 영향을 준다. 다른 조건이 동일하다면 마그마에 함유된 수분 함량이 증가할수록 유동성 또한 증가한다. 왜냐하면 마그마에 녹아 있는 물은 규소와 산소의 결합을 끊어 긴 규산염 사슬의 형성을 방해하기 때문이다. 용해된 가스의 손실은 마그마(용암)의 점성을 더 높인다. 따라서 마그마에 용해된 기체 또한 폭발 특성에 영향을 준다.

그림 5.3 **유동성이 큰 현무암질 용암에 녹아 있던 가스가 빠져나오면서 형성된 용암 분수** 이탈리아 에트나(Etna) 화산의 용암 분출
(사진 : D. Szczepanski terras/AGE Fotostock)

가스는 유동성이 큰 뜨거운 현무암질 용암에서 쉽게 빠져나가면서 용암 분수를 형성한다. 때때로 장관을 만들기도 하지만, 이러한 현상은 일반적으로 큰 인명 및 재산 피해를 입히지 않는다.

조용한 분출과 폭발적인 분출

우리는 제4장에서 대부분의 마그마가 맨틀 상부에 존재하는 암석의 부분용융에 의해 현무암질 마그마로 형성된다는 것을 공부하였다. 새로 형성된 마그마는 주변 암석보다 밀도가 낮아 서서히 지표로 올라간다. 일부 환경에서 고온의 현무암질 마그마가 지표에 도달하게 되면, 유동성이 큰 용암을 형성한다. 이러한 현상은 일반적으로 해저확장과 연관이 있는 바다 아래에서 발생한다. 그러나 대륙에서는 지각을 구성하는 암석의 밀도가 상승하려는 마그마의 밀도보다 더 작기 때문에 지각과 맨틀의 경계에 마그마가 고이게 된다. 뜨거운 마그마의 열로 인해 지각 구성물질은 부분적으로 용융되면서 규소의 함량이 높아지고 밀도가 작은 마그마가 형성된다. 밀도가 작아진 마그마는 계속 지표로 이동하게 된다.

조용한 하와이형 분출 유동성이 큰 현무암질 용암을 포함한 분출은 대체로 암석 용융체가 마그마 챔버의 표면에 도달하면서 발생한다. 하와이 빅아일랜드에 위치한 킬라우에아 화산이 그 대표적인 예이다. 이러한 화산 분출은 통상적으로 예측 가능하다. 왜냐하면 화산 정상부가 폭발 수개월 혹은 수년 전부터 부풀어 오르기 때문이다. 용융된 암석의 새로운 유입은 반 액체상태인 마그마 챔버를 달구고 재활동시킨다. 또한 마그마 챔버의 팽창은 상부의 암석을 쪼개고, 액체상태의 마그마가 새로 형성된 공간을 따라 상부로 이동할 수 있도록 해 준다. 또한 짧게는 수 주에서 수년 동안 용암이 분출한다. 1983년에 시작된 킬라우에아 화산 분출은 30년 이상 지속되었다.

폭발적인 분출 유발 모든 마그마는 약간의 수증기와 화산가스를 포함한다. 이들은 상부에 위치한 암석이 만든 엄청난 압력에 의해 용액 속에 녹아 있는 것이다. 마그마가 상승하면(또는 상부의 암석이 마그마를 가둬두는 데 실패하면) 구속

압력은 감소하고, 용해된 가스가 작은 거품의 형태로 마그마로부터 분리된다. 이러한 현상은 탄산음료를 개봉했을 때 이산화탄소 거품이 빠져나가려고 하는 것과 유사하다.

유동성이 큰 현무암질 마그마가 분출할 때, 화산가스는 쉽사리 빠져나간다. 종종 1,100℃(2,000℉) 이상의 온도에서 이러한 가스는 원래의 부피보다 수백 배로 팽창할 수 있다. 때때로 이렇게 팽창하는 가스는 공중으로 수백 미터 뿜어져 나오는 강렬한 용암 분수를 형성한다(그림 5.3). 비록 장관을 만들어 내기는 하지만, 이러한 용암 분수는 대부분 위협적이지 않으며, 일반적으로 수많은 생명과 재산에 피해를 입히는 화산 폭발과는 관련이 없다.

그와 반대로 점성이 큰 마그마는 화산쇄설물과 가스를 거의 초음속에 가까운 속도로 분출하면서 솟아오르는 **분출기둥**(eruption columns)을 형성한다. 분출기둥은 대기 중으로 거의 40km(25마일) 정도 솟아오를 수 있다(그림 5.4). 규소가 풍부한 마그마는 끈적끈적하기 때문에(점성이 크기 때문에), 마그마가 지표에 가까워지면서 작은 거품들이 형성되고 성장하기 전까지 잔존가스의 대부분은 용해되어 있다. 마그마의 팽창압력이 상부의 암석이 버틸 수 있는 강도를 넘어서게 되면 절리가 발생하게 된다. 마그마가 절리를 따라 이동하면서 구속압력은 점점 감소하고 더 많은 기포가 생성되며 성장한다. 이러한 연쇄반응은 고온의 가스에 의해 매우 높은 곳 까지 화산쇄설물(화산재나 부석)을 날려버릴 만한 폭발력을 만들 수 있다(1980년 세인트헬렌스 화산의 분출을 예로 들면, 화산의 측면 붕괴가 마그마의 압력 감소로 이어져 폭발적인 분출을 유발하였다.)

마그마 챔버의 최상부에 있는 마그마가 가스의 누출로 강력하게 분출할 때, 용융 암석의 구속압력은 갑자기 떨어진다. 때문에 화산 분출은 '쾅' 하고 한 번만 폭발하기보다는 연쇄적인 폭발이 일어난다. 폭발적인 분출 후 가스가 빠진 용암은 분화구에서 천천히 흘러나와 유문암질 용암류를 형성하거나 분화구 위로 성장한 돔 형태의 용암체를 형성한다.

개념 점검 5.2

① 점도를 정의하고, 마그마의 점도에 영향을 주는 세 가지 요소를 나열하라.
② 마그마의 점도가 화산의 폭발성에 어떠한 영향을 미치는지 설명하라.
③ 다음 세 가지 마그마를 규소 함량이 높은 것부터 낮은 순으로 배열하라.
고철질(현무암질) 마그마, 규장질(유문암질) 마그마, 중성질(안산암질) 마그마
④ 분출기둥을 형성할 수 있는 마그마는 어떤 유형인가?
⑤ 왜 유동성이 큰 마그마가 공급되는 화산보다 점성이 큰 마그마를 함유한 화산이 더 많은 인명 및 재산 피해를 내는가?

5.3 화산 폭발의 분출물질

화산 폭발 동안 외부로 분출되는 물질들을 세 가지 범주로 나누어 나열하고 설명하라.

화산은 용암, 다량의 화산가스, 그리고 화산쇄설물(부서진 암석, 화산탄, 화산재, 화산진)을 분출한다. 이 단원에서는 이러한 물질들에 대하여 학습할 것이다.

용암류

지구상에 존재하는 대부분의 용암(전체 부피의 약 90% 이상)은 현무암질 마그마의 조성을 갖는 것으로 알려져 있다. 안산암과 같이 중성질 조성을 갖는 것이 그다음으로 많으며, 유문암질 마그마의 조성을 갖는 것은 전체 1% 미만으로 추정된다.

대체로 유동성이 큰 뜨거운 현무암질 용암은 넓게 퍼지거나 물결무늬를 형성하면서 흐른다. 이러한 용암은 하와이 빅아일랜드의 경사진 내리막을 따라 시속 30km(19마일)로 이동하기도 하였다. 그러나 시간당 10~300m(30~1,000피트)의 속도로 흐르는 것이 일반적이다. 이와 대조적으로 규소의 함량이 높은 유문암질 용암은 이동 속도가 너무 느려 인지할 수 없을 정도이다. 또한 대부분의 유문암질 용암은 분화구로부터 수 킬로미터도 이동하지 못한다. 알고 있는 바와 같이 중성질 조성을 갖는 안산암질 용암은 양자의 중간 정도에 해당하는 특징을 갖는다.

점성이 큰 용암의 분출은 분출기둥이라 부르는 뜨거운 재와 가스로 이루어진 폭발적인 구름을 형성한다.

그림 5.4 **점성이 크고 규소 함량이 높은 마그마에서 형성되는 분출기둥** 알래스카 국민에 위치한 오거스틴 화산에서 분출된 수증기와 화산재로 구성된 버섯구름 (사진 : Steve Kaufman/Getty Images)

그림 5.5 **용암류**
A. 굳은 파호이호이 용암 위를 천천히 움직이는 현무암질 조성의 아아 용암
B. 전형적인 파호이호이(밧줄 모양) 용암. 이 두 가지 용암류는 하와이의 킬라우에아 화산과 관련이 있다.
(사진 : USGS)

A. 파호이호이 용암류 위를 움직이는 아아 용암류

B. 파호이호이 용암류에서 관찰할 수 있는 특징적인 밧줄 모양

아아와 파호이호이 용암류 유동성이 큰 현무암질 마그마는 하와이 원주민 언어로 알려진 두 가지 형태의 용암류를 형성한다. 첫 번째 형태는 **아아 용암류**(aa flow)라 부르며, 거칠고 삐쭉삐쭉한 블록형태의 위험한 날카로운 모서리와 가시 모양의 돌기로 이루어진 표면을 가진다(**그림 5.5A**). 굳어진 아아 용암류 위를 걸어가는 것은 매우 끔찍한 경험이 될 것이다. 두 번째 형태는 **파호이호이 용암류**(pahoehoe flow)이며, 때때로 꼬아진 밧줄 형태의 매끄러운 표면을 보인다(**그림 5.5B**). 파호이호이는 "걸어갈 수 있다." 라는 의미이다.

두 가지 유형의 용암 모두 같은 화산에서 분출될 수 있지만, 파호이호이 용암은 아아 용암보다 더 뜨겁고 유동성이 크다. 또한 파호이호이 용암은 때때로 아아 용암으로 바뀔 수 있지만, 역으로 아아 용암이 파호이호이 용암으로는 바뀔 수는 없다.

분화구로부터 멀리 이동하면서 발생한 냉각은 파호이호이 용암에서 아아 용암으로의 변화를 촉진하는 한 가지 요인이다. 온도의 감소는 점성의 증가와 기포의 형성을 촉진시킨다. 가스가 빠져나가면서 수많은 공극(다공질)과 응고된 용암의 표면에 날카로운 돌기를 형성한다. 용융된 내부는 계속 나아가고, 외곽은 상대적으로 부드러운 표면을 갖는 파호이호이 용암류에서 거칠고, 날카롭고, 조각난 용암 블록들로 구성된 아아 용암류로 변형되면서 부서지게 된다.

파호이호이 용암류는 종종 **용암튜브**(lava tube)라고 하는 동굴 같은 터널로 발전한다. 용암튜브는 화산 분화구에서 끝부분까지 용암을 이동시켜 주는 통로로 사용된 동굴 같은 구조의 터널이다(**그림 5.6**). 용암튜브는 표면이 냉각되어 굳어버린 후 높은 온도가 오랫동안 유지되는 용암류의 내부에서 형성된다. 왜냐하면 용암튜브는 외부 온도로부터 단열된 통로를 제공하기 때문에 용암의 근원지로부터 원거리 이동을 용이하게 만든다. 용암튜브는 유동성이 큰 용암류의 중요한 특징이다.

괴상용암 유동성이 커서 수 킬로미터를 이동할 수 있는 현무암질 마그마와는 달리 점성이 큰 안산암질 및 유문암질 마

그림 5.6 **용암튜브**
A. 용암류가 외곽에 고체 층을 형성하는 동안 내부에서는 용융된 용암이 용암튜브라고 하는 통로를 따라 계속 이동한다. 일부 용암튜브는 엄청난 크기를 자랑한다. 한 가지 예로 하와이의 마우나로아 화산의 남동쪽 사면에 위치한 카즈무라 동굴은 그 길이가 60km(40마일) 이상이다.
(사진 : Dave Bunell)
B. 용암 터널 천장의 붕괴로 천창이 만들어졌다.
(사진 : USGS)

A. 용암튜브는 화산 분화구에서 끝부분까지 용암을 이동시켜 주는 통로로 사용된 동굴 같은 구조의 터널이다.

B. 용암튜브 천장이 붕괴되어 튜브를 통해 뜨거운 용암류가 드러나게 된 천창

그마는 몇백 미터에서 길게는 몇 킬로미터에 이르는 짧고 두드러지는 용암류를 형성하는 경향이 있다. 이들의 상부면은 독립된 괴상암체로 이루어져 있어서 **괴상용암**(block lava)이라 부른다. 아아 용암류와 비슷할 수도 있지만, 괴상용암은 전형적인 아아 용암류의 거칠고, 날카롭고, 돌출된 표면보다 약간 굴곡지고 매끄러운 표면을 갖는 블록으로 구성되어 있다.

베개용암 앞서 살펴본 바와 같이, 지구에서 많은 양의 화산 분출이 해령(발산경계)을 따라 발생한다. 해저에서 용암이 분출할 때, 용암류의 표면은 빠르게 응고하여 흑요암을 형성한다. 그러나 내부의 용암은 굳어버린 표면의 균열을 통해 앞으로 이동할 수 있다. 이러한 과정이 반복되면서 용융된 현무암은 치약이 짜여나오 듯 밀려나온다. 이 결과에 따라 **베개용암**(pillow lava)이라 부르는 튜브형태의 구조로 구성된 다량의 용암류가 차곡차곡 쌓인 형태로 형성된다(**그림 5.7**). 베개용암은 지질역사를 해석하는 데 유용하다. 왜냐하면 베개용암의 존재는 용암류가 수중에서 형성되었음을 지시하기 때문이다.

그림 5.7 **베개용암** 하와이 해안에 형성된 베개용암의 모습 (사진 : USGS)

화산가스

마그마는 **휘발성 기체**(volatiles)라 부르는 다양한 용해가스를 포함한다. 이러한 휘발성 기체는 탄산음료 캔이나 병에 들어 있는 이산화탄소처럼 구속압력에 의해 용융된 암석에 녹아 있다. 탄산음료처럼 압력이 감소되면 가스는 탈출을 시작한다. 분출하는 화산에서 가스 시료를 획득하는 것은 어렵고 위험한 일이다. 때문에 지질학자들은 대개 원래 마그마에 함유되어 있는 가스의 양을 어림잡아 계산한다.

일반적인 마그마에 함유된 가스량은 전체 중량의 1~6%를 구성하는데, 이 중 대부분은 수증기이다. 비록 전체 중량에 대한 가스의 함량은 적을지라도 실제 방출되는 가스량은 하루에 수천 톤 이상이다. 때때로 화산 분출은 엄청난 양의 화산가스를 수년에 걸쳐 대기 중으로 내뿜는다. 이러한 폭발 중 일부는 지구의 기후에 영향을 줄 것이며, 이에 대한 자세한 내용은 이 장 후반부에서 다시 논의할 것이다.

화산가스의 조성은 지구 대기에 큰 영향을 미치기 때문에 중요하다. 하와이 화산이 분출하는 동안 채취한 가스 시료를 분석한 결과, 대략 전체의 70%가량이 수증기이며, 15%의 이산화탄소, 5%의 질소, 5%의 이산화황, 그리고 미량의 염소, 수소, 아르곤이 함유된 것으로 확인되었다. 황화합물은 자극적인 냄새로 인해 쉽게 인지할 수 있다. 또한 화산은 대기오염의 자연적 요인이며, 일부 다량의 이산화황을 분출하는데, 이는 즉시 대기가스와 결합하여 황산과 다른 황산화합물을 형성한다.

화산쇄설물

화산이 활동적으로 분출할 때, 분화구에서는 부서진 암석, 용암, 유리질 파편을 내뿜는다. 이렇게 형성된 입자를 **화산쇄설물**(pyroclastic materials) 또는 **테프라**(tephra)라고 부른다. 이러한 파편들의 크기는 극세립의 화산진이나 모래 크기의 화산재(2mm 미만)에서부터 수 톤에 이른다(**그림 5.8**).

화산재와 화산진은 가스 함량이 많고, 점성이 큰 마그마가 폭발적으로 분출할 때 형성된다(그림 5.8 참조). 마그마가 분화구에서 올라올 때 가스는 급속하게 팽창하고, 샴페인 병을 열었을 때 흐르는 거품과 같은 용융체를 형성한다. 뜨거운 가스가 폭발적으로 팽창하면서 용융체의 거품은 극세립의 유리질 파편으로 날아가 버린다. 뜨거운 화산재가 떨어질 때 유리질 파편이 녹아서 **용결응회암**(welded tuff)을 형성하기도 한다. 또한 용결응회암 층뿐만 아니라 후기에 굳은 화산재는 미국 서부 지역을 광범위하게 덮었다.

작은 구슬에서 호두알 크기의 범위를 갖는 약간 큰 화산쇄설물은 **라필리**(lapilli)라고 알려져 있다. 이러한 분출물은 일반적으로 **분석**(cinders)이라 부른다(2~64mm[0.08~2.5인치]). 입자의 직경이 64mm(2.5인치) 초과인 것 중 경화된 용암에 의해 형성된 것을 **화산암괴**(blocks)라 부르며, 타오르는 용암이

알고 있나요?

1815년 인도네시아 탐보라 화산의 분출은 현재까지의 화산활동 중에서 가장 컸던 것으로 알려져 있다. 이 화산활동은 약 20여 차례에 걸쳐 화산재와 암설을 폭발적으로 분출하였고, 이는 1980년에 있었던 세인트헬렌스 화산보다 더 격렬하였다. 이때 폭발음은 믿을 수 없을 정도로 커서 4,800km(3,000마일) 밖에서도 들을 수 있을 정도였다. 이 거리는 북미 대륙을 횡단할 수 있을 정도의 거리이다.

화산쇄설물(테프라)		
입자 이름	입자 크기	사 진
화산재*	2mm(0.08인치) 미만	USGS 0 30μ
라필리(분석)	2~64mm (0.08~2.5인치)	Dennis Tasa
화산탄	64mm(2.5인치) 초과	Dennis Tasa 0 30 mm 0 1 in.
화산암괴		미국 지질조사국

* 화산진은 0.063mm(0.0025인치) 미만의 세립질 화산재를 의미한다.

그림 5.8 **화산쇄설물의 종류** 화산쇄설물은 테프라라고도 한다.

분출할 때 형성된 것을 **화산탄**(bombs)이라 한다(그림 5.8 참조). 화산탄은 부분용융 상태로 분출되기 때문에 공기를 헤치며 나아가는 과정에서 대부분 유선형의 모양을 형성한다. 화산탄과 화산암괴는 크기 때문에 대부분 분화구 근처에 떨어진다. 그러나 때때로 먼 거리를 날아가기도 한다. 그 예로 일본 아사마 화산의 분출에서는 길이 6m(20피트), 무게 200톤의 화산탄이 600m(2000피트)를 날아갔다.

지금까지 다양한 화산쇄설물들은 대표적인 입자의 크기를

A. 스코리아는 보통 현무암질 또는 안산암질 조성을 갖는 다공질 암석이다. 완두콩에서 농구공 정도의 크기를 갖는 스코리아 파편은 대부분 분석구(또는 스코리아구)에서 생성된다.

B. 부석은 낮은 밀도를 갖는 다공질 암석으로 안산암에서 유문암의 조성을 갖는 점성이 높은 마그마의 폭발적 분출 동안에 만들어진다.

그림 5.9 **일반적인 다공질 암석** 스코리아와 부석은 다공질의 화산암이다. 공극은 가스가 빠져나가면서 남긴 작은 구멍이다. (사진 : E. J. Tarbuck)

기준으로 분류하였다. 또한 일부 화산쇄설물은 조직과 구성성분으로 식별할 수 있다. 특히 **스코리아**(scoria)는 현무암질 마그마에서 형성된 다공질의 분출물을 지칭하는 용어이다(그림 5.9A). 이러한 검은색부터 적갈색 암편은 일반적으로 라필리 크기로 관찰되며, 분석이나 철을 제련할 때 용광로에서 만들어진 석탄 찌꺼기와 유사하다. 중성질(안산암질) 또는 규장질(유문암질) 조성의 마그마가 폭발적으로 분출할 때는 화산재와 다공질의 **부석**(pumice)을 내뿜는다(그림 5.9B). 부석은 일반적으로 매우 밝은색이며, 스코리아 보다 밀도가 작다. 대부분의 부석은 수많은 공극을 가지고 있어서 물에 뜰 정도로 가볍다.

개념 점검 5.3

① 파호이호이 용암과 아아 용암을 설명하라.
② 용암 튜브는 어떻게 형성되는가?
③ 화산 분출 시 방출되는 주요 가스를 나열하라. 가스는 폭발에 어떤 역할을 하는가?
④ 화산탄과 화산암괴는 어떻게 다른가?
⑤ 스코리아란? 스코리아와 부석의 차이점은 무언인가?

5.4 화산의 구조

전형적인 화구구의 기본적인 특징을 그림으로 표현하여 설명하라.

우리에게 익숙한 화산의 모습은 미국 오리건 주 후드 산이나 일본 후지 산처럼 홀로 우아하게 서 있으면서 만년설이 덮여 있는 모습이다. 이러한 아름다운 원뿔형의 산들은 수천 년 또는 수십만 년의 세월에 걸쳐 발생한 간헐적인 화산활동에 의해 형성되었다. 그러나 많은 화산들은 이러한 모습과는 거리가 멀다. 분석구는 아주 작고 며칠에서 몇 년에 걸쳐 단 한 번의 분화단계를 걸쳐 형성된다. 알래스카에 위치한 만연의 골짜기(Valley of Ten Thousand Smokes)는 상부가 평평한 15km³의 화산재로 구성된 퇴적층으로, 그 부피가 1980년 세인트헬렌스 화산 분출물의 20배가 넘는다. 골짜기는 60시간 이내에 형성되었으며, 200m(600피트) 깊이의 계곡을 덮었다.

화산지형은 다양한 모양과 크기 그리고 각 화산의 독특한 분출 역사를 폭넓게 반영한다. 그럼에도 불구하고 화산학자들은 화산지형을 분류하고 그것들의 분출 양상을 해석할 수 있다. 이 단원에서는 이상적인 화산체의 일반적인 구조에 대하여 고찰할 것이며, 세 가지 중요한 유형(순상화산, 분석구, 혼성화산)의 화산체를 탐구하고 논의할 것이다.

마그마가 지표로 강하게 움직이면서 지각에 균열이 생길 때 화산활동이 빈번하게 발생한다. 가스가 다량 함유된 마그마는 균열을 따라 이동하게 되는데, 이때 지표와 연결된 입구인 **화구**(vent)와 연결된 원형의 **화도**(conduit)를 통해서만 이동하게 된다(**그림 5.10**). **화구구**(volcanic cone, 화산추라고도 함)라 부르는 원뿔형의 구조는 종종 용암의 연속적인 분출, 화산쇄설물 또는 두 가지 주기적인 조합에 의해 만들어지며, 때로는 오랜 휴식기간에 따라 분류되기도 한다.

대부분의 화산체 정상부는 깔대기 모양으로 침하되어 있는데, 이를 **분화구**(crater, *crater*는 그릇을 의미한다)라 한다. 주로 화산쇄설물에 의해 형성된 화산들은 주변에 점진적으로 축적된 화산암설에 의해 형성된 분화구를 가진다. 폭발적인 분출 동안 입자는 빠르게 분화구의 벽을 침식하여 또 다른 분화구를 형성한다. 또한 분화구는 뒤이은 폭발에 의해 화산 정상부 지역이 함몰할 때 형성된다. 몇몇 화산은 직경 1km(0.6마일) 이상, 어떤 경우에는 50km(30마일)에 달하는 칼데라라는 매우 큰 원형의 함몰지형을 만든다. 이 단원의 후반부에서 칼데라의 다양한 유형에 대해 다룰 것이다.

대부분의 화산은 성장 초기 단계에 화구 중앙에서 분출한다. 화산이 성숙해짐에 따라 용암 역시 화산의 기저부나 사면에서 발달하는 균열을 따라 방출하려는 경향을 보인다. 계속된 사면분출은 하나 또는 그 이상의 작은 **기생화산**(parasitic cone, *parasitus*는 기생을 뜻함)을 형성할 것이다. 그 예로 이탈리아의 에트나(Etna) 화산은 기생화산에 의한 200개 이상의 2차적인 화구를 가지고 있다. 그러나 대부분의 화구는 오직 가스만을 방출해서 **분기공**(fumaroles, *fumus*는 연기를 의미함)이라 부르는 것이 적절하다.

알고 있나요?

일본의 아사마 화산이 분출하는 동안 길이 6m(20피트), 무게 200톤 이상의 화산탄이 분화구로부터 600m(2,000피트, 축구경기장의 약 7배)나 날아갔다.

개념 점검 5.4

① 분화구와 칼데라의 차이점은 무엇인가?
② 화도, 화구, 분화구의 차이를 구별하라.
③ 기생화산은 무엇이며 어디에 발생하는가?
④ 분기공에서 분출되는 것은 무엇인가?

스마트그림 5.10

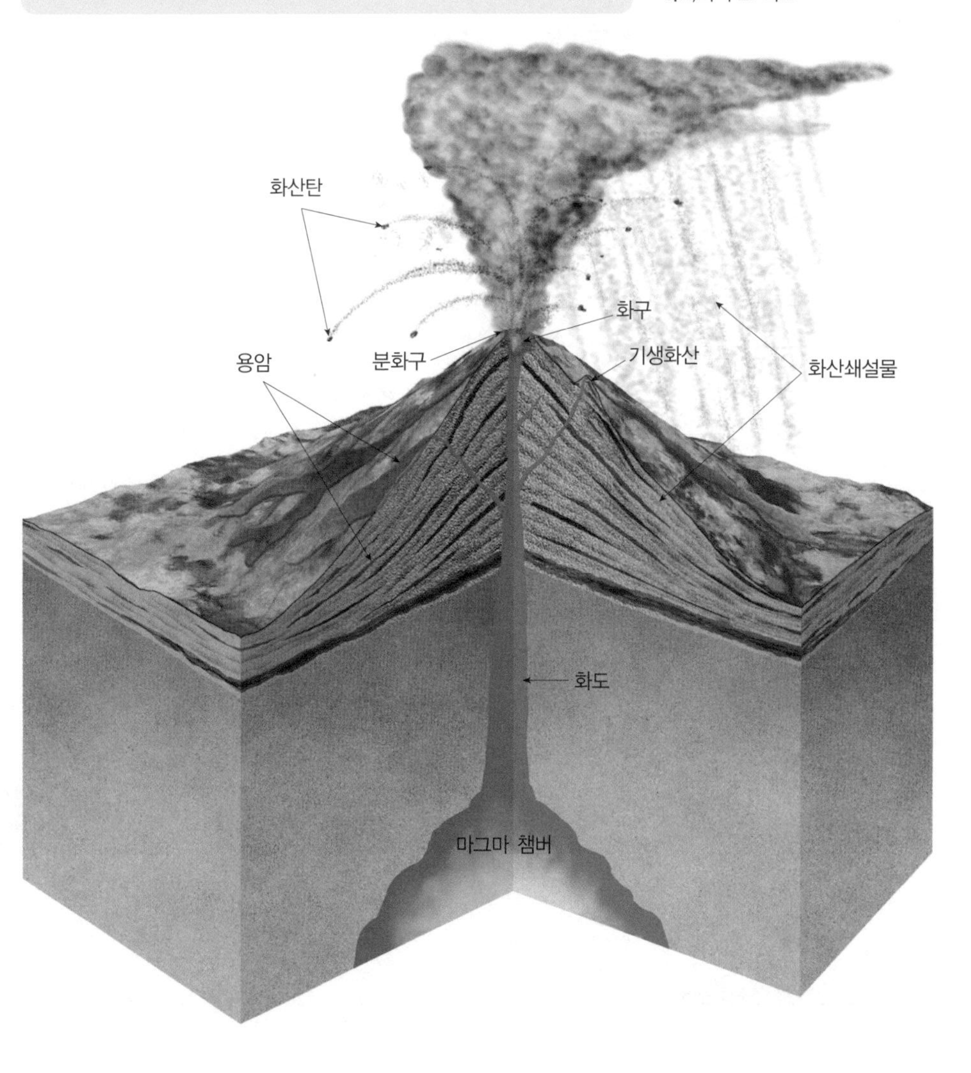

화산의 구조 전형적인 복성화산과 순상화산(그림 5.11) 및 분석구(그림 5.14)의 구조 비교

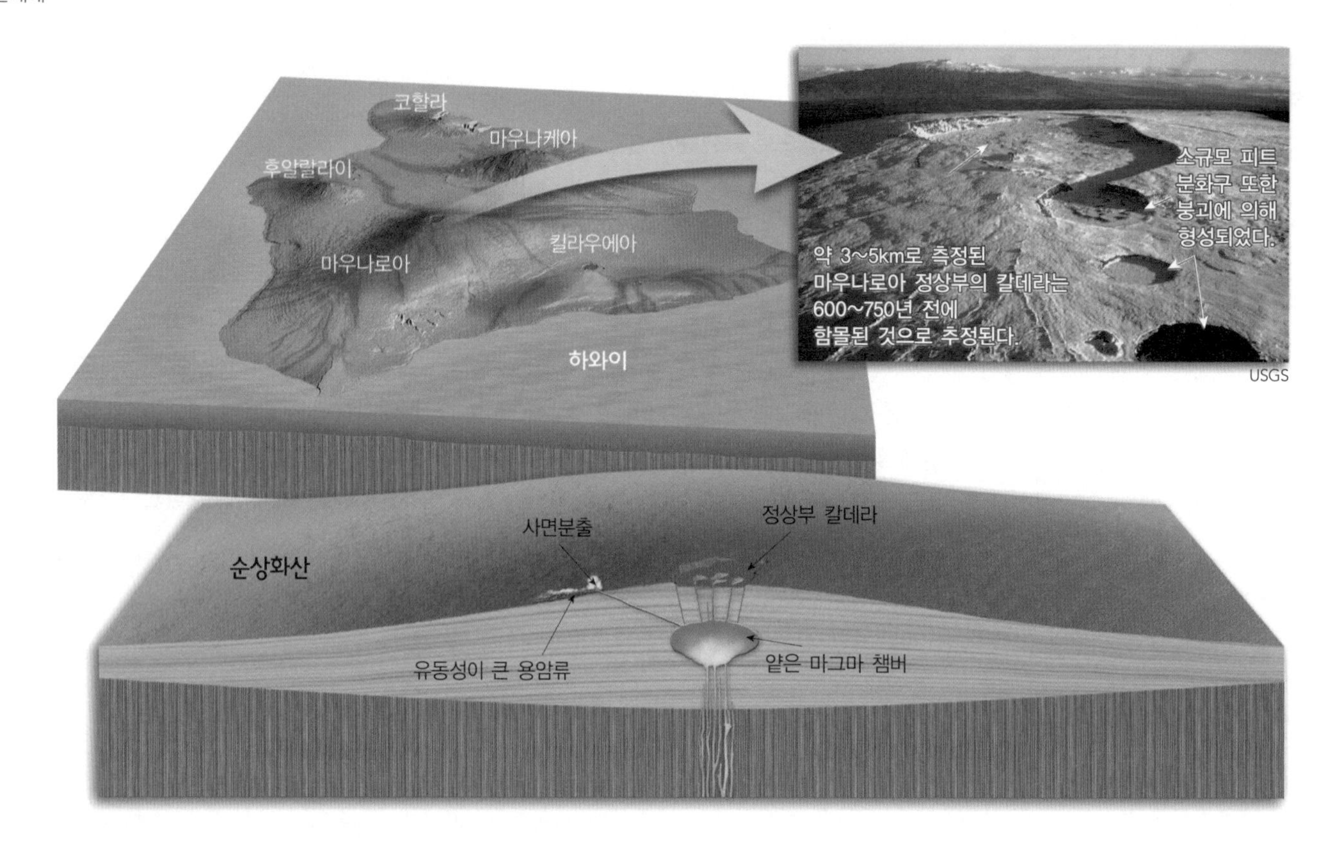

그림 5.11 **마우나로아 : 지구에서 가장 큰 화산** 마우나로아는 하와이의 빅아일랜드를 구성하는 5개의 순상화산 중 하나이다. 순상화산은 주로 유동성이 큰 현무암질 용암류로 만들어지며, 화산쇄설물의 함량이 적다.

5.5 순상화산

순상화산의 특징을 요약하고, 한 가지 예를 들어 보라.

순상화산(shield volcano)은 유동성이 큰 현무암질 용암이 누적되어 형성되며, 전사의 방패 모양과 유사한 미약한 돔 구조에 넓적한 형태를 보인다(그림 5.11). 대부분의 순상화산은 해저에서 해산의 형태로 시작해서 몇 개의 거대한 화산섬을 형성한다. 실제로 섭입대 위에 형성된 화산섬을 제외한 대부분 바다의 작은 섬은 하나의 작은 순상화산이거나, 엄청난 양의 베개용암으로 구성된 2개 이상의 순상화산 복합체이다. 이와 같이 형성된 섬에는 카나리아 제도, 하와이 제도, 갈라파고스, 이스터 섬 등이 있다. 또한 일부 순상화산은 대륙지각 위에서도 만들어진다. 아프리카에서 가장 활발한 화산인 니아물라기라(Nyamuragira) 화산과 오리건 주에 위치한 뉴베리 화산이 이 그룹에 속하는 것이다.

마우나로아 : 지구 최대의 순상화산

광범위한 연구를 통해 하와이 섬들은 평균 수 미터 두께의 얇은 현무암질 용암류가 여러 겹으로 구성되어 있고, 상대적으로 적은 양의 화산쇄설물과 혼합된 구조라는 것이 밝혀졌다. 마우나로아는 하와이 빅아일랜드를 구성하는 5개의 순상화산 중 하나이다(그림 5.11 참조). 마우나로아 산은 태평양 기저에서부터 산 정상까지 높이가 9km(6마일) 이상으로, 에베레스트 산보다 높다. 마우나로아를 구성하는 화산체의 부피는 레이니어 산과 같은 거대한 성층화산의 대략 200배 이

순상화산
하와이 마우나로아
북동-남서 단면
칼데라
해수면
A.
0 10 20 km
4 km
분화구
성층화산
워싱턴 주 레이니어 산
북서-남동 단면
B.
분화구
분석구
애리조나 주 선셋분화구
북-남 단면
C.

그림 5.12 **화산의 크기 비교**
A. 하와이 제도에서 가장 큰 순상화산인 마우나로아의 단면. 워싱턴 주에 위치한 거대한 복성화산인 레이니어 산과 비교해 보라.
B. 워싱턴 주에 있는 레이니어 산의 단면. 분석구가 매우 왜소하게 보인다.
C. 애리조나 주에 있는 선셋분화구의 단면. 전형적인 분석구로서 경사가 가파르다.

상이다(그림 5.12).

마우나로아의 사면은 몇 도에 지나지 않는 완만한 경사를 가지고 있다. 이렇게 완만한 경사가 만들어지는 것은 유동성이 큰 아주 뜨거운 용암이 분화구에서부터 빠르게 멀리 이동하기 때문이다. 또한 대부분의 용암은(대략 80% 정도) 잘 발달된 용암튜브를 통해 흐른다. 활동 중인 여러 순상화산의 또 다른 일반적인 특징은 정상부에 형성된 급경사로 둘러싸인 커다란 칼데라이다. 일반적으로 칼데라는 마그마 챔버 상부를 덮고 있는 고체 암석이 붕괴될 때 형성된다. 이는 일반적으로 큰 분출이 일어나면서 마그마가 저장되어 있던 공간이 비워지기 때문에 발생하거나, 열극분출에 의해 화산의 사면으로 마그마가 이동하면서 형성되기도 한다.

순상화산은 화산 성장의 마지막 단계에서 더욱 산발적으로 폭발하며, 분출되는 화산쇄설물의 양은 더욱 증가한다. 또한 용암의 점성이 증가하여, 두께가 두꺼워지고 이동거리가 짧아진다. 이러한 분출은 분석구들을 덮고 있는 정상부의 경사를 더욱 가파르게 만드는 경향이 있다. 이 사실은 역사시대에 분출이 없었던 아주 성숙한 화산인 마우나케아 화산이 1984년에 분출한 마우나로아 화산보다 더 가파른 정상부를 갖는 이유를 설명할 수 있을 것이다. 천문학자들에게 있어 마우나케아 화산 정상부는 한때 천문관측에 적합한 명소였으나, 세계 곳곳에서 비싼 천체망원경들이 등장하게 되면서 오늘날에는 과거의 명성만이 남아 있다.

킬라우에아 : 순상화산의 분출

세계에서 가장 활동적이며 집중적으로 연구된 순상화산인 킬라우에아 화산은 하와이의 마우나로아 화산 근처에 있으며, 1823년에 관측 기록을 시작한 이래로 50회 이상의 분출이 있었다. 각각의 분출이 일어나기 몇 달 전부터 킬라우에아 화산의 마그마는 점진적으로 상부로 이동하였고, 산 정상에서 하부 수 킬로미터에 위치한 중심부 부분에 축적되어 팽창하였다. 폭발 전 24시간 동안 소규모 지진이 다발적으로 발생하여 화산활동이 임박했음을 알렸다.

킬라우에아 화산의 최근 활동 중 대부분은 동부 열극대라 불리는 화산의 측면을 따라 발생하였다. 가장 길고 큰 열극분출은 킬라우에아 화산에서 1983년에 시작되어 오늘날까지 여전히 지속적으로 발생하고 있다. 첫 분출은 길이 6km(4마일)의 열극을 따라서 시작되었는데, 높이 100m(300피트)에 달하는 붉고 뜨거운 용암이 하늘을 향해 솟구치며 '불의 커튼'을 형성하였다(그림 5.13). 국부적인 화산활동이 일어날 때, 하와이 원주민 언어로 *Puu Oo*라고도 불리는 분석과 스패터콘이 형성된다. 그 후 3년 정도는 풍부한 가스 성분이 대기로 퍼져나가게 되는데, 이때 단기간(수 시간 내지는 수일) 동안에 일어나는 일반적인 분출 양상을 확인해 볼 수 있다. 각각의 분출이 있은 후 거의 한 달 동안은 활동이 없었다.

그림 5.13 **하와이 킬라우에아 동부 열극대를 따라 분출하는 용암 커튼** (사진 : Greg Vaughn/Alamy)

1986년 여름, 지표 아래 3km(약 2마일)까지 새로운 화구가 형성되면서 부드러운 표면을 갖는 파호이호이 용암이 용암호수를 형성하였다. 호수는 때때로 범람하였지만, 더 많은 용암이 용암 터널을 통해서 화산의 남동쪽 측면을 따라 내려가 바다로 빠져나갔다. 이러한 흐름은 거의 100채에 달하는 가옥을 파괴하고 주요 도로를 뒤덮으면서 결국 바다로 흘러나갔다. 이후에도 용암은 간헐적으로 뿜어져 나와 바다로 들어가면서 하와이에 새로운 땅을 형성하였다.

개념 점검 5.5

① 순상화산과 연관이 있는 용암의 성분과 점도에 대하여 설명하라.
② 화산쇄설물은 순상화산에 중요한 요소인가?
③ 순상화산은 해저와 대륙 중에서 주로 어디에 형성되는가?
④ 용암튜브에 대해 순상화산과 연관이 있는 용암류와 관련지어 설명해 보라.
⑤ 미국에서 가장 잘 알려진 순상화산은 무엇인가? 또한 다른 나라의 경우에는 어떠한가?

알고 있나요?

하와이 화산의 여신 펠레의 전설에 따르면, 킬라우에아 화산의 정상에 그녀의 집이 있다고 한다. 그녀의 존재에 대한 증거로는 '펠레의 머리카락'이 있는데, 이는 가늘고 섬세한 한 가닥의 유리와 같고 부드럽고 유연하며, 황갈색을 띤다고 한다. 이러한 실과 같은 화산 유리는 뜨거운 용암 거품에서 가스가 빠져나가면서 만들어진 것이다.

5.6 분석구

분석구의 크기와 조성 및 형성 과정을 설명하라.

이름에서도 알 수 있듯이 **분석구**(cinder cones)(또는 **스코리아구**라 부른다)는 용암편들이 공중에서 경화되어 다공질의 스코리아(scoria)를 형성하면서 만들어진다(**그림 5.14**). 이러한 화산쇄설성 암편들은 세립의 화산재에서부터 직경 1m(3피트) 이상의 화산탄까지 다양하게 구성된다. 그러나 분석구는 대부분 콩알에서 호두 크기로 검은색 내지 적갈색을 띠는 다공질 암편들로 구성되어 있다. 또한 이 화산쇄설물들은 현무암질 조성을 띤다.

비록 분석구는 대부분 느슨한 스코리아 편들로 구성되어 있지만, 때로는 아주 넓은 용암 대지를 형성하기도 한다. 이러한 용암류는 일반적으로 마그마 암체의 가스가 대부분 빠져 나가 화산의 수명이 거의 끝난 시점에 형성된다. 왜냐하면 분석구는 단단한 바위보다는 느슨한 암편으로 구성되어 있으며, 일반적으로 용암은 분화구보다는 덜 단단한 화구에서 흘러나오기 때문이다.

분석구는 화산쇄설물의 이동에 따라 사면에 형성되어 단순하고 독특한 모양을 가진다(그림 5.14 참조). 분석구는 큰 안식각(물체가 사면 위에 머무를 수 있는 최대 각도)을 가지며, 그 측면의 각도가 30°~40°이다. 또한 분석구는 구조 전체의 크기와 연관이 있는 매우 크고 깊은 분화구를 갖는다. 비록 상대적으로 대칭일지라도 일부 분석구들은 측면의 높은 곳에서 마지막 분출 동안에 바람 부는 방향을 따라 넓어진다.

대부분의 분석구는 단독적이고 짧은 기간 동안의 분출로 형성된다. 하나의 연구 사례로 볼 때, 분석구의 50%는 한 달 이내에 형성되었으며 95%는 1년 내에 형성되었다. 일단 한 번 분출이 중단되면 마그마의 근원지와 연결된 화도 내에 잔류하는 마그마가 고화되고, 화산은 더 이상 분출하지 않는다[한 가지 예외는 니카라과에 있는 분석구인 세로 네그로(Cerro Negro) 산 분석구이다. 1850년에 형성된 이래로 20회 이상의 분출이 있었다]. 분석구는 수명이 짧기 때문에

모바일 현장학습

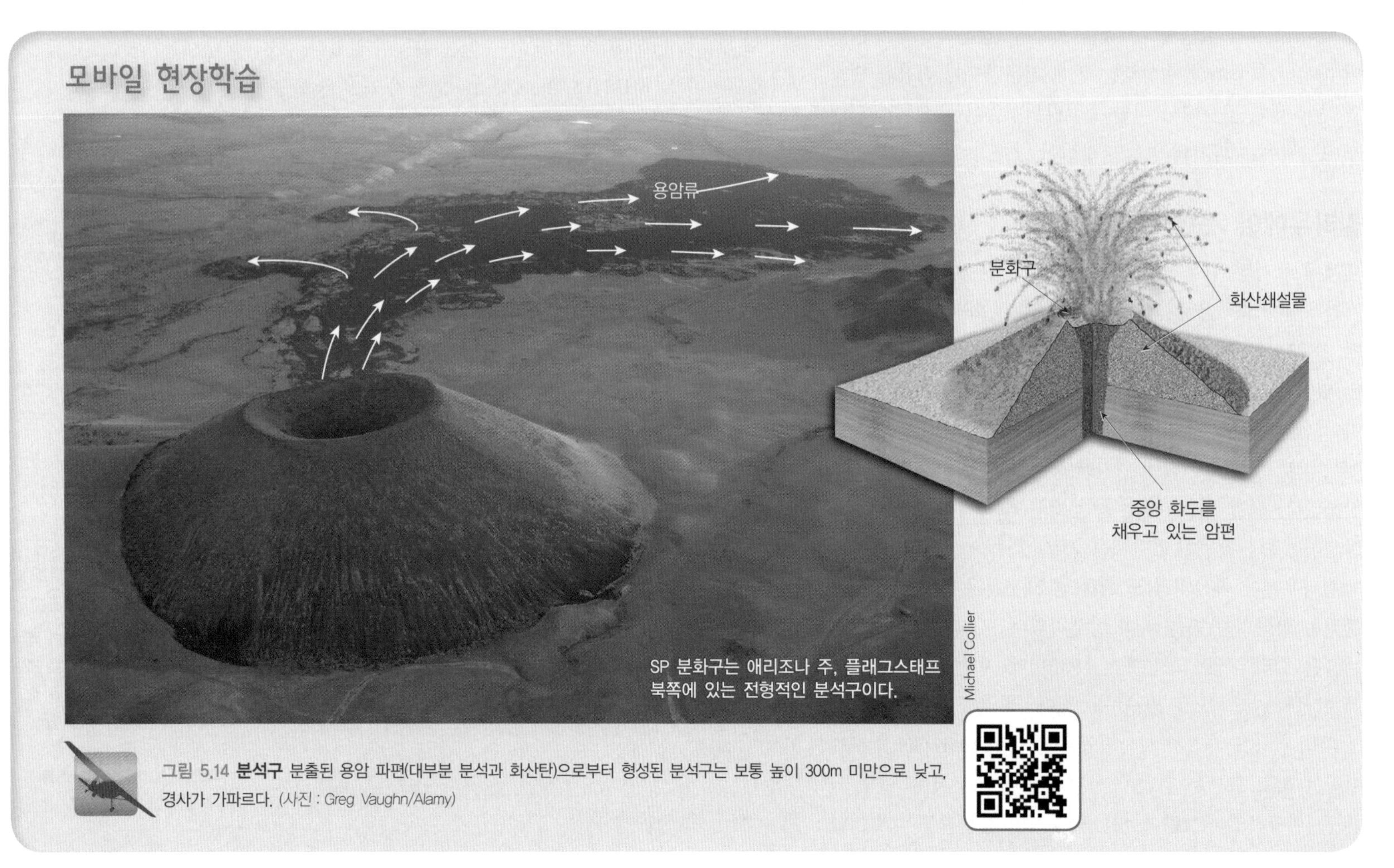

그림 5.14 **분석구** 분출된 용암 파편(대부분 분석과 화산탄)으로부터 형성된 분석구는 보통 높이 300m 미만으로 낮고, 경사가 가파르다. (사진 : Greg Vaughn/Alamy)

30m(100피트)에서 300m(1,000피트) 사이의 낮은 높이를 보인다. 드물게는 700m(2,100피트)를 초과하기도 한다.

분석구는 지구 곳곳에서 수천 개가 발견되었다. 일부는 애리조나 주 플래그스태프 근처에 600여 개 이상으로 구성된 화산 지대처럼 무리지어 발생한다. 그 외의 것은 거대한 화산의 측면 또는 칼데라 근처에서 관찰할 수 있는 기생화산이다.

파리쿠틴 분석구 : 분석구의 특별한 일생

멕시코시티에서 서쪽으로 320km(200마일) 떨어진 곳에 위치한 파리쿠틴이라 불리는 분석구는 화산의 시작부터 끝까지 지질학자들에 의해 연구된 몇 안 되는 화산 중 하나이다. 1943년 이 화산의 분출상이 디오니시오 풀리도라는 사람 소유의 옥수수 밭에서 시작되었다. 그는 옥수수 밭에서 파종을 준비하면서 이 장면을 목격하게 되었다.

첫 분출이 일어나기 2주 전부터 수많은 약한 지진이 발생하여 파리쿠틴 인근 마을의 주민들은 두려움에 떨었다. 이후 2월 20일, 오래전부터 마을 주민들이 알고 있던 작은 함몰된 지반으로부터 유황 가스가 피어오르기 시작했다. 밤 동안에는 뜨겁고 빨갛게 달궈진 암석 파편들이 특별한 불꽃놀이와 같은 장관을 연출하면서 화구로부터 뿜어져 나왔다. 폭발적인 분출은 계속되었고, 뜨거운 파편과 화산재는 때때로 6,000m 상공까지 날아올랐다. 큰 파편들은 분화구 근처에 떨어졌으며, 밝게 빛나는 일부 잔류물들은 사면을 따라 굴러 내려갔다. 미세한 화산재가 넓은 지역에 날려 파리쿠틴의 마을을 불태우고 덮어버리는 동안 큰 파편들은 아름다운 화산추를 형성하였다. 첫날 분석구는 40m(130피트)로 성장하였으며, 닷새에 걸쳐 100m(330피트) 이상 성장하였다.

첫 번째 용암류는 분석구 바로 북쪽의 열극에서 발생하였으나, 몇 달 후 이 용암류는 분석구 자체의 기저부에서 나오기 시작했다. 1944년 6월, 10m 두께의 덩어리 상태의 아아 용암류가 산 후안 파란하리쿠티로(San Juan Parangaricutiro) 마을을 덮쳐, 남은 것이라곤 오직 교회의 첨탑뿐이었다(그림 5.15). 간헐적인 화산쇄설성 폭발과 화구의 기저부에서 지속적으로 형성된 용암이 분출한 지 9년 후 이 화산의 활동성은 시작된 것만큼 빠르게 중단되었다. 오늘날 파리쿠틴 화산은 멕시코 지역에 산재해 있는 분석구 중 하나일 뿐이다. 다른 분석구처럼 이 분석구 역시 다시 분출하지 않을 것이다.

개념 점검 5.6

① 분석구의 구성 요소를 설명하라.
② 분석구의 크기와 사면의 경사를 순상화산과 비교하라.
③ 전형적인 분석구의 형성은 얼마만큼의 시간이 소요되는가?

9년 동안 분출한 멕시코의 파리쿠틴 분석구

용암류

Michael Collier

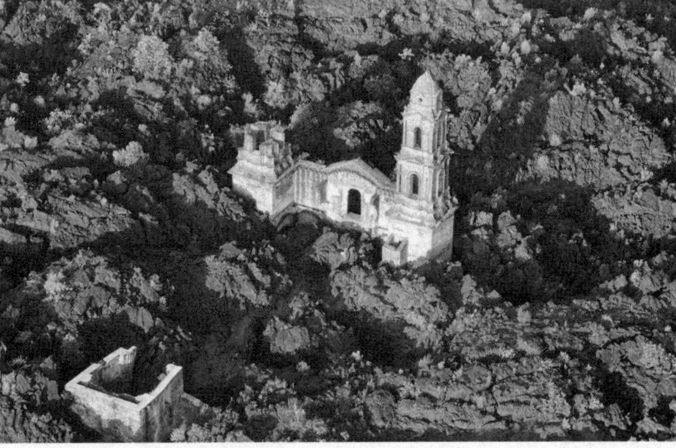

분석구의 기저부에서 나온 아아 용암류는 산 후안 파란하리쿠티로 마을을 덮어 버렸고, 남은 것이라곤 교회의 첨탑뿐이었다.

그림 5.15 **잘 알려진 분석구인 파리쿠틴** 파리쿠틴에서 분출된 아아 용암은 산 후안 파란하리쿠티로 마을을 덮쳤고, 현재 교회의 첨탑만이 남아 있다.

5.7 복성화산

복성화산의 특징, 분포 및 형성 과정을 설명하라.

지구상에서 가장 그림같이 아름답지만 여전히 잠재적 위험성이 있는 화산은 **성층화산**(strato volcano)으로도 알려진 **복성화산**(composite volcano)이다. 대부분은 **불의 고리**(ring of fire)라고 하는 태평양 주변부에 상대적으로 좁은 지역에 위치한다(그림 5.28 참조). 이와 같은 활성지역은 아메리카 대륙의 서쪽 해안을 따라 화산들이 사슬처럼 광역적으로 분포하며, 남아메리카 안데스의 거대한 산체와 미국과 캐나다의 서부에 위치한 캐스케이드 산맥을 포함한다.

전형적인 복성화산은 거대하고 거의 대칭적인 구조이며, 폭발적인 분출에 의한 분석과 화산재가 용암류와 교호하여 호층을 이룬다. 이탈리아의 에트나(Etna) 화산과 스트롬볼리(Stromboli) 화산처럼 눈에 띄는 특징을 가지는 몇몇 복성화산은 매우 지속적이고 활동적인 분출을 보여주며, 용융된 용암이 수십 년 동안 산 정상의 분화구에서 관찰되기도 하였다. 스트롬볼리 화산은 밝게 빛나는 용암 방울의 분출로 인해 '지중해의 등대'라는 명칭으로 너무 잘 알려져 있다. 반면에 에트나 화산은 1979년 이후 평균적으로 2년에 한 번 꼴로 분출하였다.

순상화산이 유동성이 큰 현무암질 용암에 의해 모양이 만들어진 것처럼, 복성화산 역시 이를 구성하는 물질의 점성을 반영한다. 일반적으로 복성화산은 안산암질 조성을 보이는 규소 함량이 높은 마그마로부터 형성된다. 그러나 다수의 복성화산은 유동성이 큰 현무암질 용암 또한 분출하며, 때때로 화산쇄설물은 규장질(유문암질)의 조성을 갖는다. 규소가 풍부한 복성화산의 전형적인 마그마는 몇 킬로미터 이동하지 못하는 두껍고 점성이 큰 용암을 생성한다. 또한 복성화산은 엄청난 양의 화산쇄설물을 내뿜는 폭발적인 뷴출을 초래하는 것으로 유명하다.

정상부는 급경사이며 측면의 완만하게 기울어진 원뿔 형태는 대형 복성화산의 전유물이다. 달력이나 엽서를 돋보이게 하는 화산의 대표적인 옆모습은 점성이 큰 용암과 화산쇄설물의 분출이 화산체의 성장에 기여한 결과이다. 정상의 분화구로부터 분출한 조립질 암편은 근처에 쌓이는 경향이 있어서 정상부를 급경사로 만드는 데 관여한다. 반면에 세립의 분출물은 넓은 지역에 얇은 층의 형태로 퇴적되고, 화산체의 측면을 평탄하게 만든다. 또한 화산 역사의 후기보다 성장의 초기 단계에서 용암은 더 풍부하고 분화구에서 더 멀리까지 흘러가는 경향이 있는데, 이는 매우 넓은 화산체의 기저부를 형성하는 데 기여한다. 화산이 성숙해짐에 따라 중앙 화구에서 나온 짧은 용암류는 정상부를 보호하고 강화하는 역할을 한다. 결과적으로 경사각이 40°를 초과하는 것은 가능하다. 완벽한 형태의 화산인 필리핀에 마욘(Mayon) 화산과 일본에 후지 산은 우리가 생각하는 가파른 정상부와 완만한 측면을 가진 완벽한 형태의 복성화산을 보여준다(**그림 5.16**).

대부분의 복성화산이 대칭 형태임에도 불구하고, 대체로 복잡한 역사를 가지고 있다. 많은 복성화산은 분석구나 사면에 발달한 보다 더 큰 화산구조로 형성된 2차적인 화구를 가진다. 이러한 구조들을 둘러싸고 있는 화산암설로 구성된 거대한 언덕은 이 화산에서 큰 부분이 괴상으로 경사면을 미끄러져 내려와 형성되었다는 것을 입증하는 것

그림 5.16 **전형적인 복성화산, 후지 산** 일본의 후지 산은 경사가 가파른 정상부와 완만한 사면을 갖는 전형적인 복성화산이다. (사진 : Koji Nakano/Getty Images/Sebun)

이다. 1980년에 분출한 세인트헬렌스 화산의 분출에서 발생한 것과 같이 일부는 폭발적인 측면분출의 결과로 정상부가 원형경기장 형태로 침하하였다. 일부 2차적인 화구의 생성은 이러한 분출 동안 발생되었기 때문에, 원형경기장 형태의 흔적이 나타나지는 않는다. 그 밖에 화구호 같은 구조는 정상부의 붕괴로 형성된 것이다(그림 5.22 참조).

개념 점검 5.7

① 지구에서 복성화산이 가장 많이 집중 분포하고 있는 곳은 어디인가?
② 복성화산의 구성 물질에 대해 설명하라.
③ 복성화산과 순상화산에서 조성과 용암류의 점성에 차이점은 무엇인가?

5.8 화산재해

화산에 수반되는 주요 지질재해에 대하여 토론하라.

10,000년 전부터 오늘날까지 최소한 한 번 이상 분출했던 화산은 약 1,500채이다. 활화산 연구와 역사적 기록을 바탕으로 살펴보면 매년 70회의 분출이 발생했으며, 10년 단위로 한 번의 거대 폭발이 있었다. 거대 폭발은 다수의 사망자가 생겼는데, 예를 들어 1902년에 있었던 플레 산(Mount Pelée)의 폭발로 28,000명이 사망하였으며, 생 피에르 도시 일대가 완전히 파괴된 바 있다.

오늘날에는 일본과 인도네시아에서부터 이탈리아와 미국의 오리건 주에 이르기까지 약 5억 명에 달하는 사람들이 활화산 인근에서 화쇄류, 화산이류, 용암류, 화산재 및 화산 가스 등의 화산재해와 직면한 채로 살아가고 있다.

화쇄류 : 치명적인 자연의 위력

자연의 파괴력은 때로는 타오르는 화산재와 거대한 용암파편에 의한 뜨거운 가스를 포함하는 **화쇄류**(pyroclastic flow)를 형성한다. **열운**(nuée ardentes는 성장하는 산사태라는 뜻이다)이라고도 불리는 화쇄류는 시속 100km(60마일)로 사면을 따라 불꽃을 튀기며 흐른다(**그림 5.17**). 화쇄류의 조성은 크게 세립의 화산재 입자를 포함하는 저밀도의 뜨거운 팽창성 가스와 종종 부석과 그 외 다른 다공질 화산쇄설물로 구성된 둥근 입자 등 두 가지로 분류된다.

중력의 영향 화쇄류는 중력에 의해 앞으로 나아가며 눈사태와 유사한 규칙성을 띠면서 움직이려는 경향이 있다. 이는 앞쪽에 갇히게 된 가열된 공기의 팽창과 용암편에 의한 화산가스의 팽창으로 이동하게 된다. 이러한 가스들은 화산재와 부석편 사이에 발생하는 마찰을 감소시켜, 중력이 화쇄류를 마찰이 거의 없는 환경에서 화산 경사를 따라 이동시키게 된다. 이는 일부 화쇄류 퇴적물이 근원지로부터 수 마일 떨어진 곳에서도 발견되는 이유이기도 하다.

또한 적은 양의 화산재를 이동시키는 강력한 폭발은 화쇄류를 주 화산체에서 분리시키기도 한다. **화산폭풍**(Surge)이라고도 부르는 저밀도의 구름은 치명적일 수 있지만 진행 중에 빌딩들을 파괴할 만큼의 위력을 가지고 있지는 않다. 그럼에도 불구하고 1991년에 일본의 운젠 화산 폭발로 인한 화산재 구름이 수백 채의 가구를 둘러싸 불태웠고 자동차들도 80m(250피트) 이상 이동시키기도 하였다.

화쇄류는 다양한 종류의 화산에서 발생할 수 있다. 일부는 강력한 폭발이 화산체 밖으로 화산쇄설성 물질들을 날려 보내면서 생기기도 한다. 대부분의 경우에는 폭발이 발생하는 동안에 길게 형성되는 분출기둥의 붕괴에 따라 발생한다. 결국에는 중력이 달아나려는 가스를 위쪽으로 보내면서 여러 물질들이 아래로 떨어지기 시작하고, 상당한 양의 타오르는 화산암괴와 화산재 및 부석이 계속해서 아래로 이동하게 되는 것이다.

그림 5.17 **가장 파괴적인 화산재해 중 하나인 화쇄류** 사진의 화쇄류는 1991년에 필리핀 피나투보 화산에서 발생한 폭발에 의한 것이다. 화쇄류는 뜨거운 화산재와 부석, 그리고 화산 사면을 따라 내려오는 용암편들로 구성되어 있다. (사진 : Alberto Garcia/Corbis)

1902년 폭발 전 생 피에르의 모습

플레 산 폭발 후 생 피에르의 모습

그림 5.18 파괴된 생 피에르
좌측 사진은 1902년에 플레 산이 폭발한 지 얼마 지나지 않은 생 피에르의 모습을 보여준다(미국 의회도서관 소장 수집품 중에서 복사). 우측 사진은 폭발 전의 생 피에르의 모습이다. 이 사진 덕분에 오늘날에는 폭발이 발생할 경우 많은 선박들이 연안에 배를 정박하지 않게 되었다.
(사진 : *Photoshot*)

파괴된 생 피에르 1902년에 카리브 해의 마르티니크에 있는 작은 플레 화산의 악명 높은 화쇄류가 마르티니크의 항구도시 생 피에르를 파괴시켰다.

주요 화쇄류는 히비에흐 블렁슈(Riviere Blanche) 계곡에 국한되었음에도 불구하고, 저밀도의 화산폭풍은 강의 남측면으로 불꽃을 튀기며 퍼져나가 눈 깜짝할 사이에 도시 전체를 둘러싸버렸다. 순식간에 일어난 이 화산재해는 너무나도 파괴적이어서 약 28,000명의 목숨을 앗아갔다. 마을 변두리에 있는 지하 감옥에 있던 한 명의 수용수와 항구에 정박해 있는 배 안에 있던 몇 명의 사람들만이 살아남았다(**그림 5.18**).

오늘날에는 이와 같은 재앙을 초래하는 분출이 일어날 경우 과학자들이 현장에 출동하게 된다. 비록 생 피에르는 얇은 화산 파편들에 의해 뒤덮였지만, 과학자들은 그곳에서 거의 1m(3피트) 두께의 석벽이 도미노처럼 쓰러져 있는 것과 큰 나무들이 뿌리 채 뽑히고 대포들이 부서져 있는 광경을 볼 수 있었다.

파괴된 폼페이 역사적으로 잘 기록된 화산재해 중 하나가 기원 후 79년에 있었던 이탈리아 베수비오 산의 폭발이다(**그림 5.19A**). 폭발이 일어나기 전 수 세기 동안 베수비오 산은 햇빛이 잘 드는 경사면에 포도밭이 있던 휴화산이었다. 그러나 폭발이 시작된 지 채 24시간이 지나지 않아 폼페이(이탈리아 나폴리 근처) 전체를 비롯하여 그 곳에 거주하고 있던 수천 명의 사람들이 비처럼 내리는 부석과 화산재 층에 매몰되었다. 도시와 폭발의 희생자들은 거의 17세기 가깝도록 그 자리에 그대로 남아 있었다. 폼페이 유적의 발굴은 고고학자들에게 고대 로마인의 삶을 가장 잘 보여주는 사례가 되었다(**그림 5.19B**).

이 지역의 구체적인 특징을 연구한 사례들을 잘 분석하여 화산학자들은 베수비오 화산 활동의 순서 체계를 새로 세웠다. 폭발 첫째 날, 비처럼 내리는 화산재와 부석들이 시간당 12~15cm(5~6인치) 비율로 집적되어 내부분의 지붕들은 끝내 무너져 버렸다. 그 후 갑작스럽게 뜨거운 화산재와 가스로 이루어진 화산 폭풍이 빠른 속도로 베수비오 화산 사면을 따라 내려왔다. 이 끔찍한 화쇄류는 그나마 살아 있던 생명체들을 화산재와 부석으로 매몰시켰다. 남은 부분들마저도 떨어지는 화산재에 의해 빠르게 매몰되어 갔으며, 뒤이어 내린 비는 화산재를 경화시키기까지 했다. 수 세기가 지나는 동안에 잔류물은 부패되어 공동을 형성하였고, 19세기에 들어서야 발굴되었다. 형성된 공동에 석고를 붓는 방식으로 모형을 제작하기도 하였다(**그림 5.19C**). 베수비오 산은 기원 후 79년 이래로 24번 이상의 폭발이 있었는데 대부분은 1944년에 발생하였다. 오늘날 나폴리 베수비오 타워가 있는 지역에는 거의 300만 명의 사람들이 살고 있다. 이는 미래에 화산이 우리에게 어떤 영향을 미칠지 생각해 보게 한다.

화산이류 : 활화산과 휴화산의 이류

거대한 성층화산의 격렬한 분출은 인도네시아어로 **화산이류**(lahar)라고 알려져 있는 전형적인 이류를 발생시킨다. 화산재 및 화산 잔해들이 물에 의해 포화되어 화산의 경사면을 따라 빠르게 내려갈 때, 이러한 파괴적인 흐름이 발생하게 된다. 어떤 경우에는 마그마가 화산 정상부의 만년설에 가까워질 때 많은 얼음과 눈이 용융되어 화산이류를 유발하기도 한다. 또는 풍화된 화산퇴적물이 폭우로 포화되었을 때도 발생하게 된다. 결과적으로 화산이류는 화산이 분출하지 않을 때 발생한다고 볼 수 있다.

1980년에 세인트헬렌스 산이 분출했을 때도 부분적으로 화산이류가 발생하였다. 화산이류와 동반된 홍수는 시간당 30km(20마일) 속도로 계곡 근처로 흘러들어갔다. 이류가 지나가는 길을 따라 들어서 있던 거의 모든 집과 다리가 파괴되거나 일부 손상되었다(**그림 5.20**). 불행 중 다행히도 해당 피해 지역은 인구 밀도가 낮은 곳이었다.

1985년에는 콜롬비아의 안데스 산맥에 있는 5,300m

폼페이는 기원후 79년에 분출된 이후 거의 17세기가 지나서야 발굴되었다.

일부 베수비오 산 폭발 희생자들의 석고 모형

그림 5.19 **기원후 79년에 있었던 베수비오 산의 폭발** 거의 300만 명의 사람들이 잠재적 위험성이 있는 화산 주변 지역에 살고 있다.

(17,400피트) 높이의 네바도 델 루이스 화산이 소규모 분출하는 동안 심각한 화산이류가 발생하기도 하였다. 뜨거운 화산쇄설물은 산을 뒤덮고 있는(*nevado*는 스페인어로 '눈'을 의미한다) 얼음과 눈을 녹였으며, 화산재 및 화산 암석로 구성된 급류가 화산 사면에 형성되어 있던 3개의 큰 강으로 흘러 들어갔다. 그 속도가 시간당 100km(60마일)에 달하자 비극적이게도 이들 화산이류가 25,000명의 목숨을 앗아갔다.

대다수의 사람들이 워싱턴에 있는 레이니어 산을 아메리카에서 가장 위험한 화산으로 평가하는데 네바도 델 루이스 화산처럼 그 두께가 두껍고 연중 눈과 빙하로 덮여 있기 때문이다. 또한 레이니어 산 주변 계곡에 100,000명 이상의 사람이 거주하고 있으며, 많은 집들이 수백 또는 수천 년 전에 있었던 화산이류로 이루어진 퇴적층 위에 지어졌다는 점이 큰 위험 요소이다. 후에 폭발이 발생하거나 또는 특정 기간 평균 이상의 집중 호우가 쏟아지기만 해도 화산이류로 인한 재해와 비슷하게 이 지역이 파괴될지도 모르는 일이다.

또 다른 화산재해

화산은 인간의 건강뿐만 아니라 다양한 부분에 대해 악영향을 끼칠 수 있다. 화산재 및 그 외 화산쇄설물은 건물의 천장을 붕괴시키거나 사람의 폐 기능을 떨어뜨리고, 다른 동물들, 혹은 비행기 엔진에까지도 영향을 미칠 수 있다(그림 5.21). 또한 화산은 대부분 이산화황으로 이루어진 가스를 방출하는데, 이는 대기를 오염시키며 빗물과 혼합돼 식물에 악영향을 끼치거나 지하수를 오염시킨다. 이렇게 잘 알려진 위험 요소들이 있음에도 불구하고 수백만 명의 사람들이 오늘날에도 활화산 인근에 거주하고 있다.

화산활동에 의한 쓰나미 화산활동의 위험성 중 하나는 쓰나미를 발생시킬 수도 있다는 것이다. 대체로 쓰나미는 규모가 큰 지진에 의해 발생하지만, 강력한 화산 폭발에 의해서도 파괴적인 파도의 움직임이 발생하며, 해양에서 화산 사면이 갑자기 붕괴되는 경우에도 발생할 수 있다. 1883년 인도네시아에 있는 크라카타우 산은 문자 그대로 섬이 분해되면서 쓰나미를 발생시켰고, 이에 따라 36,000명만이 살아남게 되었다.

화산재와 항공문제 지난 15년 동안 최소 80기 이상의 제트기가 무심코 화산재 구름 속으로 들어갔다가 손상을 입었다. 예를 들어 1989년에 300명 이상의 승객이 탑승하고 있던 보잉 747기는 알래스카의 리다우트 화산에서 방출된 화산재 속을 지나가게 되었는데, 4개의 엔진이 모두 꺼져버렸다. 다

그림 5.20 **화산의 경사면에서 발생하는 화산이류** 1980년 5월 18일에 있었던 폭발에 의해 세인트헬렌스 산의 남동쪽 지역에 위치한 머디 강을 따라 화산이류가 하류로 흘러 내려가고 있다. 나무에 남은 흔적을 보면 화산이류가 얼마나 높이까지 찼었는지 알 수 있다. 사진 속의 사람(동그라미 부분)을 참고하면 그 높이가 어느 정도인지 알 수 있을 것이다. (사진 : *Lyn Topinka/USGS*)

그림 5.21 **화산재해** 화산은 화쇄류와 화산이류를 발생시키기 때문에 사람의 건강을 비롯한 다양한 부분에 위험을 초래할 수 있다.

화산재는 식물을 시들게 하고,
사람 및 동물들의 폐에 악영향을 끼칠 수 있다.

화산재 및 또 다른 화쇄류들은
지붕을 파괴하거나 건물을 완전히 뒤덮을 수 있다.

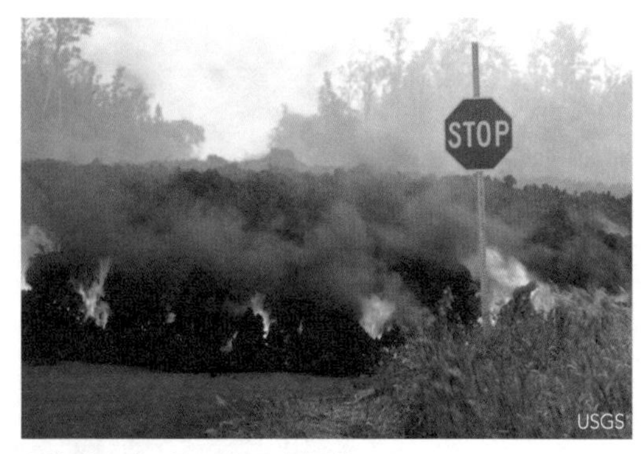

용암류는 집, 길, 그리고 길에 있는
다른 구조물들을 파괴할 수 있다.

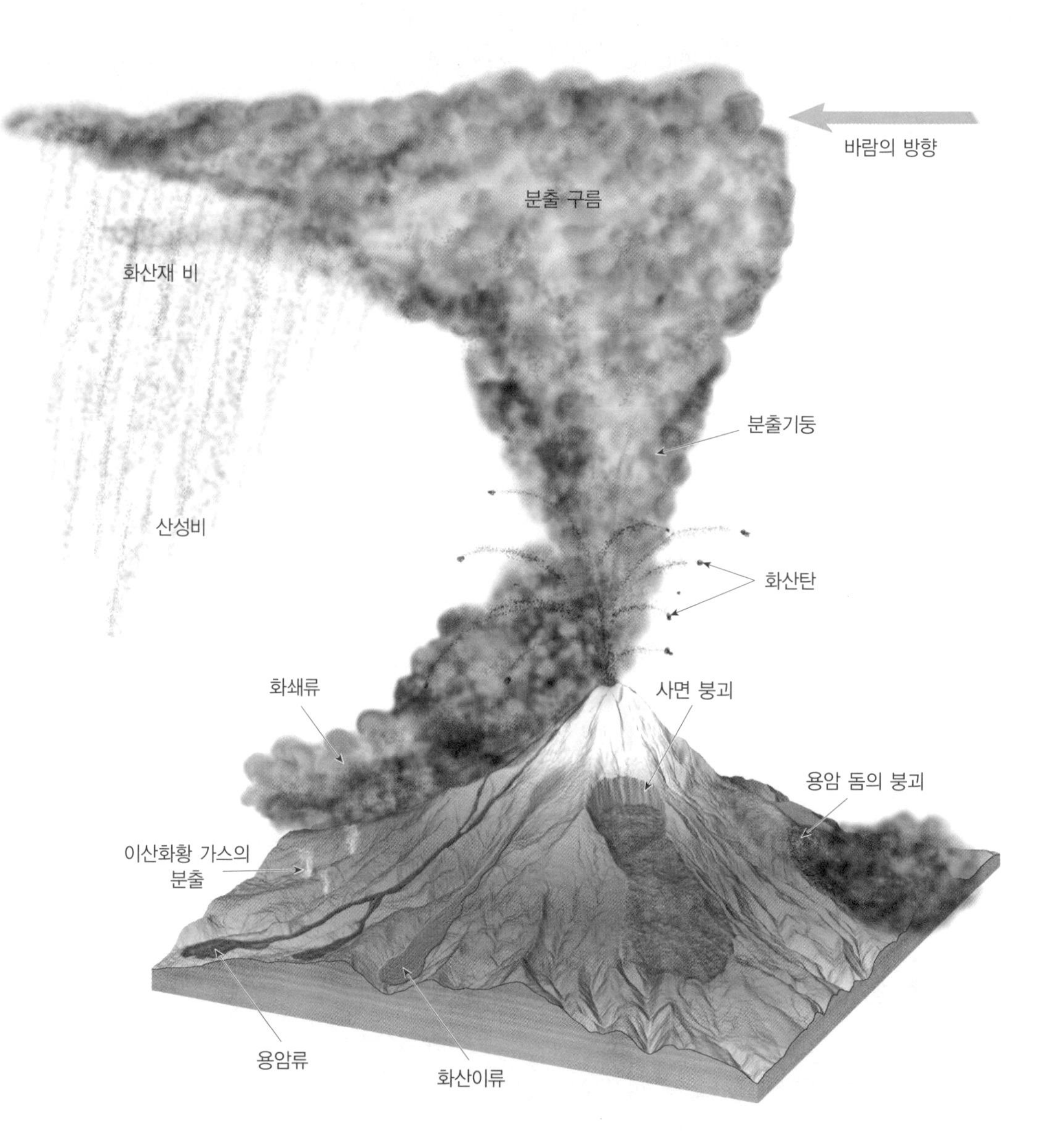

행스럽게도 조종사가 엔진을 다시 재가동시켜 비행기는 무사히 정착지에 안전하게 착륙할 수 있었다.

아주 최근인 2010년에 아이슬란드 에이야퍄들라이외퀴들(Eyjafjallajokull)의 화산 폭발에 의해 대기 중으로 화산재를 발산하였다. 두터운 화산재 기둥은 유럽을 뒤덮어 수천 대의 비행기가 결항되어 수백, 수천 명의 여행자들의 발이 묶이게 되었다. 비행기가 본래 예정대로 정상 운행할 때까지는 몇 주 정도의 시간이 걸렸다.

화산가스와 호흡기 건강 가장 파괴적인 화산활동 중 하나는 라키 폭발이라고도 불리는, 1783년에 아이슬란드 남쪽에서 커다란 균열을 따라 시작된 것이다. 총 14km³(3.4세제곱마일)을 덮은 현무암질 용암은 1억 3,000만 톤의 이산화황과 그 이외의 유독 가스들을 방출하였다. 이산화황은 흡입하게 되면 폐 속에 있는 수분과 반응하여 황산을 만들어낸다. 때문에 이때의 폭발로 배출된 이산화황에 의해 아이슬란드 생명체의 50% 이상이 죽음을 맞이하였으며, 이어진 기근으로 인구의 25%가 사망하였다. 더군다나 이 거대한 폭발은 유럽 전역을 위험에 처하게 만들었다. 서유럽에서는 작물피해가 발생하였고 수천 명의 사람들이 폐 질환으로 사망하였다. 최근 이루어진 조사에 의하면 오늘날에 있었던 유사한 폭발로 인해 유럽에서만 140,000명의 심폐질환 사망자가 발생하였다.

화산재 및 가스가 날씨와 기후에 미치는 영향 화산 폭발은 먼지 크기의 화산재와 이산화황 가스를 대기권 높이 날려 보낸다. 화산재 입자들은 우주로부터 들어오는 태양 에너지를 차단하여 지구 대기의 온도를 낮춘다. 1783년에 아이슬란드에서 있었던 폭발에 의해 지구 주위의 대기 순환이 영향을 받은 것으로 알려져 있다. 나일 강 계곡과 인도에서는 건조한 기후가 만연한데, 1784년의 겨울 같은 경우에는 뉴잉글랜드 역사상 영하의 온도가 길게 유지되는 현상이 일어나기도 하였다.

세계 기후에 상당한 영향을 미쳤던 또 다른 화산 폭발로는 '여름 없는 해(1816)'를 만들었던 1815년의 인도네시아 탐보라 산의 폭발과 1982년 멕시코의 엘 치촌 폭발이 있다. 엘 치촌 폭발은 소규모임에도 불구하고 많은 양의 이산화황을 방출하여 대기 중에서 수증기와 반응해 구름이 형성되면서 황산 비를 내리게 했다. **에어로졸**(aerosol)이라는 이러한 입자들은 몇 년 동안 대기 중에 남아 있게 된다. 화산재나 이러한 에어로졸은 태양 방사선을 우주로 다시 내보내면서 대기 중의 온도를 낮추는 역할을 하게 된다.

개념 점검 5.8

① 화쇄류에 대하여 기술하고, 화쇄류가 먼 거리까지 이동할 수 있는 이유를 쓰라.
② 화산이류란 무엇인가?
③ 화쇄류 및 화산이류보다 더 위험한 화산재해를 적어도 세 가지 이야기해 보라.

알고 있나요?

1902년에 플레 산이 폭발하였을 때의 일이다. 미국 상원은 태평양과 대서양을 연결할 운하의 위치를 정하는 투표를 준비 중이었고, 그 후보지로 파나마와 니카라과가 올라가 있었다. 니카라과의 우표에는 연기를 내뿜는 화산의 그림이 그려져 있는데, 일부 의원들은 니카라과에 있는 잠재적인 화산 분출을 근거로 파나마를 지지하였다. 마침내 미국 상원은 파나마에 운하를 건설하는 것으로 결론을 내렸다.

5.9 또 다른 화산지형

화구구 이외의 화산지형을 나열하고 설명하라.

가장 널리 알려진 화산구조는 지표에 점처럼 찍혀 있는 복성화산이 보이는 원추 형태의 구조일 것이다. 그러나 화산활동에 의해 형성된 또 다른 특징적이고 중요한 지형들 또한 지구상에 존재한다.

칼데라

칼데라(Calderas, *caldaria*는 요리용 그릇이라는 뜻이다)는 직경 1km(0.6마일) 이상이며 측면은 가파르고 보통 원형의 형태를 띠고 있다(대각선 길이는 1km 미만이며 *collapse pits* 혹은 *craters*라고도 한다). 대부분의 칼데라들은 다음의 과정 중 하나를 거쳐 형성된다. (1) 규소가 풍부한 부석과 화산재들의 폭발적 분출에 의해 형성된 커다란 복성화산의 정상부가 붕괴되면서 생성(화구호형 칼데라), (2) 마그마 챔버의 중심부에 발생한 지하 배수구에 의해 야기된 순상화산의 정상부가 붕괴되면서 생성(하와이형 칼데라), (3) 환상구조를 따라 규소가 풍부한 부석과 화산재의 거대한 체적이 감소하면서 넓은 지역이 붕괴되면서 생성(옐로스톤형 칼데라).

화구호형 칼데라 오리건 주에 있는 화구호는 대략 10km(6마일)의 너비와 1,175m(3,800피트 이상)의 깊이를 갖는 칼데라이다. 이 칼데라는 약 7,000년 전에 복성화산인 마자마 산이 50~70km³(12~17세제곱마일)의 화산쇄설물을 격렬하게 분출하면서 형성되었다(그림 5.22). 정상부의 1,500m(거의 1마일)가 붕괴되고 그곳으로 빗물이 채워지면서 칼데라가 형성되었다. 후에 화산활동으로 인해 칼데라에 작은 화산체들이 부가적으로 형성되었다. 오늘날에는 이를 위저드 아일랜드(Wizard Island)라 부르며 과거 화산활동의 조용한 흔적으로 남아 있다(그림 5.22).

하와이형 칼데라 화구호형 칼데라와는 달리 화산 정상부 밑에 놓인 얕은 마그마 챔버에서 발생한 용암이 손실되면서 점진적으로 많은 칼데라들이 형성된다. 예를 들어 하와이에서 활동 중인 순상화산인 마우나 로아와 킬라우에아는 둘 다 정상부에 커다란 칼데라를 가지고 있는 화산이다. 그중에서도 킬라우에아의 칼데라는 3.3×4.4km(약 2×3마일)에 150m(500피트)의 깊이를 가지고 있다.

이 칼데라의 벽은 보통 수직이고 그 규모가 어마어마하며 바닥이 평평한 구덩이 같은 모양새를 띠고 있다. 킬라우에아의 칼데라는 마그마 챔버 측면으로 마그마가 천천히 빠져나가는 점진적인 침하로 인해 산의 정상부만 남겨놓게 되면서 형성된 것이다.

옐로스톤형 칼데라 화산쇄설물이 분출하여 형성된 약 1,000km³(240세제곱마일)의 옐로스톤 국립공원 지역에서 63만년 전에 있었던 일과 베수비오와 세인트헬렌스 산과 같은 역사적으로 기록이 남은 파괴적 분출을 비교해 볼 필요가 있다. 당시 있었던 대폭발은 화산재를 멕시코 만까지 날려 보냈으며 70km(43마일) 두께의 칼데라 층을 형성하였다(**그림 5.23**). 이 사건의 흔적으로 많은 온천과 간헐천들이 옐로스톤 지역에 남아 있다.

화산 폭발 물질의 엄청난 제적을 바탕으로 살펴보았을 때, 연구자들은 옐로스톤형 칼데라와 연관된 마그마 챔버가 터무니없다고 생각해 왔다. 마그마가 더욱 더 집적될수록 마그마 챔버 내부 압력이 위에 놓인 암석이 가하는 압력보다 커지기 시작한다. 가스가 풍부한 마그마가 표면까지 닿는 수직

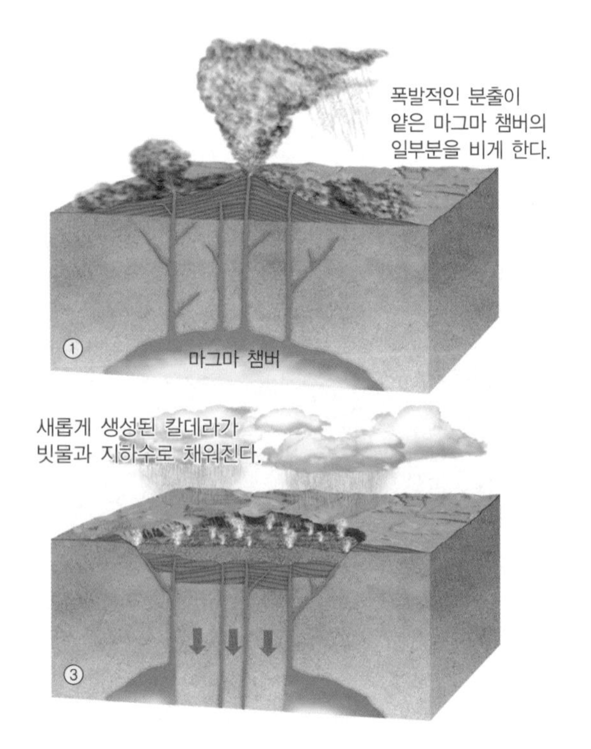

그림 5.22 **화구호 칼데라** 약 7,000년 전에 격렬한 분출이 마자마 산의 마그마 챔버를 부분적으로 비게 하였고, 이는 산 정상부가 함몰하는 원인이 되었다. 빗물과 지하수 역시 화구호 형성에 기여하였으며, 이 화구호는 깊이 594m(1,949피트)로 미국에서 가장 깊은 호수이자 전 세계에서 아홉 번째로 깊은 호수가 되었다. *(H. Williams, The Ancient Volcanoes of Oregon, 1953)*

단열을 형성하기에 충분할 정도로 상승하게 될 때 분출활동이 일어나게 된다.

밀려드는 마그마는 이러한 균열을 따라 위로 상승하여 고리 모양의 폭발을 일으키고, 지지하고 있던 부분이 사라진 마그마 챔버는 천장부터 붕괴된다.

칼데라를 형성하는 폭발은 거대한 폭발로 화산재와 부석편을 중심으로 한 다량의 화산쇄설물을 방출하게 된다. 전형적으로 그 지역을 휩쓸면서 이동한 화쇄류에서 나온 화산쇄설물들은 지나가는 길에 있는 대부분의 생명체들을 파괴하였다. 화쇄류의 흐름이 멈추게 되면, 화산재 및 부석의 뜨거운 파편들이 함께 녹아 고화된 용암류 근처에 모여 용결응회암을 형성한다. 칼데라의 크기는 어마어마하지만 생성 원인이 되는 폭발은 수 시간 내지 며칠 사이에 간단하게 일어난다.

커다란 칼데라는 복잡한 분출 역사를 가진다. 예를 들어 옐로스톤 지역의 칼데라 형성 요인은 크게 세 가지로 2,100만 년 전부터 활동해 온 것으로 알려져 있다. 가장 최근(63만 년 전)에 있었던 활동은 가스가 제거된 유문암질 및 현무암질 용암의 분출에 의한 것이다. 마그마 저장소가 옐로스톤 아래에 있다는 것을 대변해 주는 지질학적 근거들이 있다. 따라서 칼데라를 형성하는 또 다른 폭발에 대해서는 반드시 살펴볼 필요는 없을 것이다.

칼데라를 형성하는 큰 폭발의 독특한 특징은 **재충전 돔**(resurgent dome)이라고 하는 구조로, 칼데라 바닥이 격변에 의해 중앙이 상승한 구조이다(그림 5.23). 순상화산 혹은 복성화산과 연관이 있는 칼데라들과는 달리 옐로스톤 유형은 너무 크고 터무니없게 정의되어 고품질의 안테나 및 위성사진으로 볼 수 있을 때까지 많은 구조들이 감지되지 못하였다. 미국에 위치하고 있는 커다란 칼데라의 또 다른 예로는 사우스콜로라도에 있는 산 후안 산에 있는 라 가리타(La Garita) 칼데라와 캘리포니아 주의 롱벨리 칼데라, 그리고 뉴멕시코의 로스 앨러모스(Los Alamos) 서쪽에 있는 발레스(Valles) 칼데라 등이 있다.

지구를 둘러싸고 있는 이러한 또는 이와 유사한 칼데라들은 지구상에서 최대의 화산구조이며 이를 '초화산(supervolcanoes)'이라 한다. 화산학자들은 화산의 파괴적인 힘을 소행성 충돌에 비유하곤 한다. 운 좋게도 칼데라를 형성하는 폭발은 역사 시대에 들어서 한 번도 일어나지 않았다.

열극분출과 현무암 대지

가장 큰 부피의 화산물질은 **열극**(fissures, *fissura*는 갈라지다는 의미)이라는 지각에 나타난 균열을 통해 배출된다. 화산체를 형성하기 이전에 **열극분출**(fissure eruptions)은 종종 넓은 지역을 뒤덮는 현무암질 용암체를 방출하기도 하였다(**그림 5.24**). 킬라우에아 화산의 최근 활동이 동쪽 단층대에 생긴 열극들을 따라 발생하였다는 사실을 떠올려 보자.

어떤 지역에서는 대단히 많은 양의 용암이 지질학적으로는 짧은 시간 내에 열극을 따라 배출되어 왔다. 그로 인해 생성된 큰 체적의 구조를 **현무암 대지**(basalt plateaus)라 부르는데, 이는 대부분이 현무암질 조성으로 되어 있으며 납작하고 편평하기 때문이다. 미국 북서부

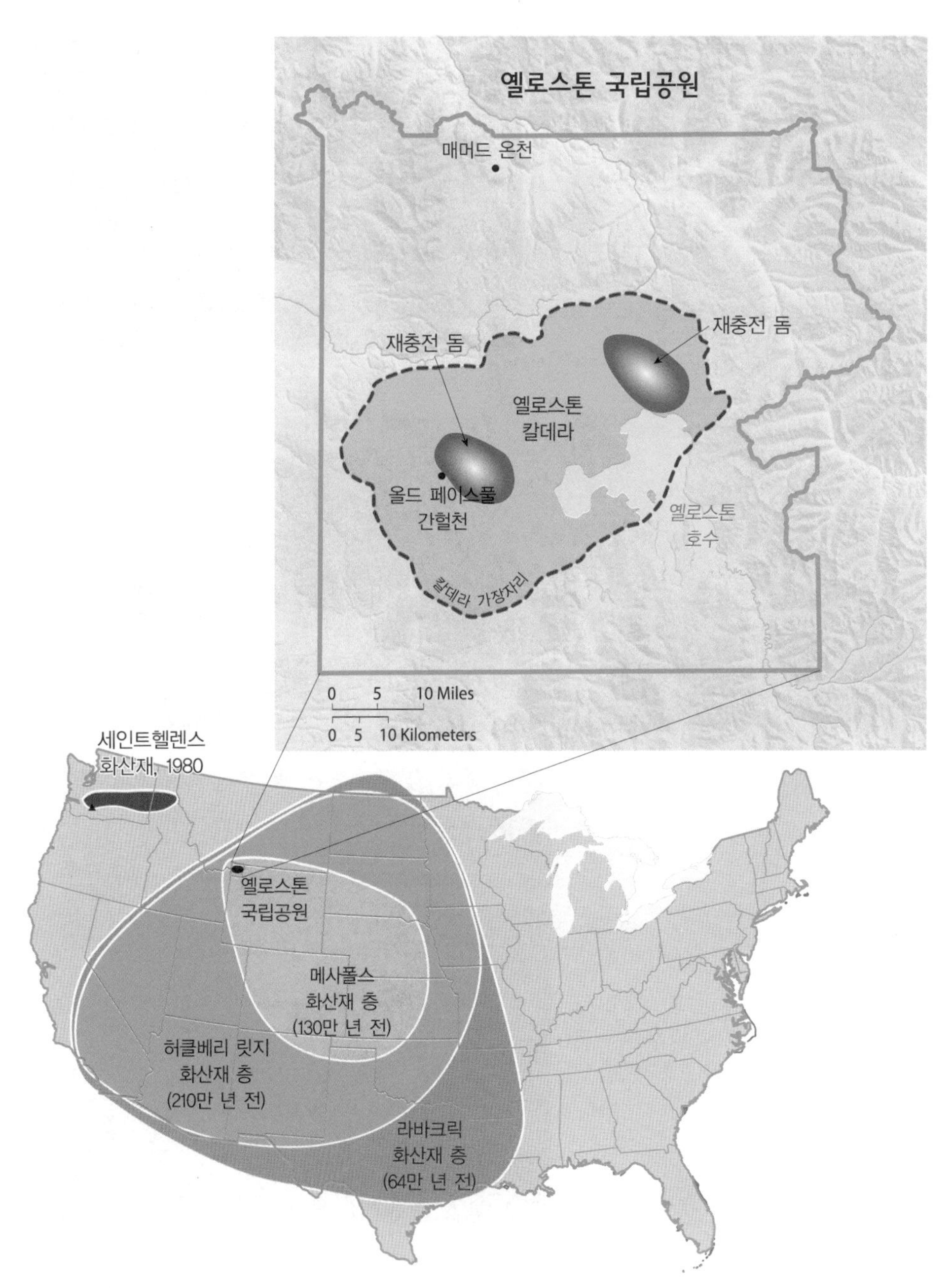

스마트그림 5.23 **옐로스톤의 초대형 폭발** 위쪽 지도는 옐로스톤 국립공원을 보여주고 있다. 옐로스톤 칼데라의 폭발은 아래 지도에 보이는 화산재 층을 형성하였다. 이런 폭발은 상대적으로 약 70만 년 간격으로 있어 왔으며, 1980년에 있었던 세인트헬렌스 화산 폭발보다 10,000배는 더 큰 폭발이었다.

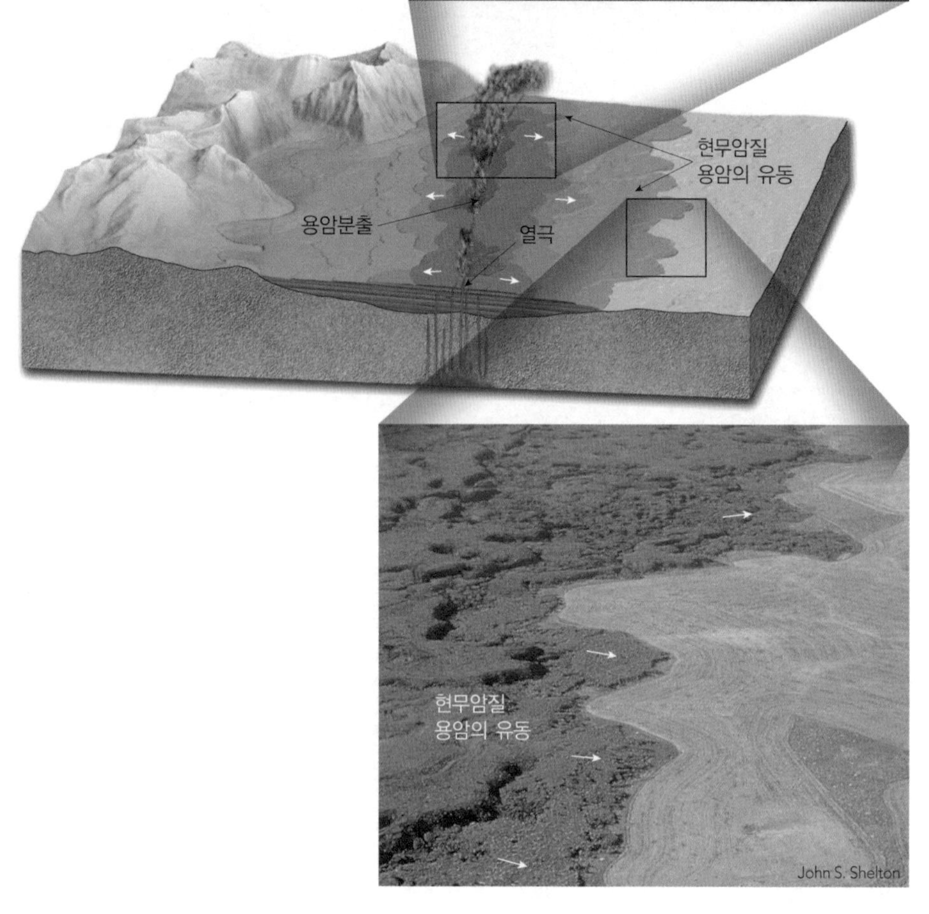

그림 5.24 **현무암질 열극분출** 열극에서 나온 용암분출과 용암류의 흐름에 의해 형성된 지형을 범람현무암이라 한다. 가장 아래쪽 사진은 아이다호 플스 근처에 있는 범람현무암의 흐름을 보여준다.

지역에 컬럼비아 강을 포함하고 있는 컬럼비아 고원은 화산 활동에 의해 형성된 지형이다(**그림 5.25**). 많은 수의 열극분출은 주변 지형을 덮어 거의 1,500m(1마일) 두께의 용암대지를 형성하게 된다. 일부 용암은 근원지에서 150km(90마일)를 흐르기에 충분히 긴 형태로 남는데, 범람현무암(flood basalts)이라는 용어가 이러한 분출구조를 설명하기에 적절하다.

컬럼비아 고원과 흡사한 현무암질 용암의 괴상 축적은 세계 어느 곳에서나 발생한다. 그중에서도 가장 큰 경우는 데칸 용암대지(Deccan Traps)로 거의 서인도 중앙의 500,000km^3(195,000세제곱마일)를 덮는 두껍고 편평한 현무암질 용암류가 만든 구조이다. 데칸 용암대지가 대략 6,600만 년 전에 형성되었을 때, 거의 200만 km^3(480,00세제곱마일)에 달하는 용암이 약 100만 년 동안 분출된 것이다. 온통-자바 고원(Ontong Java Plateau)을 포함한 또 다른 범람현무암의 거대한 퇴적층들이 대양저에서도 발견된다.

알고 있나요?

1783년에 아이슬란드에서 24km(15마일)의 단층을 따라 끔찍한 열극분출이 발생해 12km^3(3세제곱마일)의 현무암질 용암이 분출했다. 또한 황산가스와 화산재가 방출되어 초원을 파괴하고 많은 생명체의 목숨을 앗아갔다. 곧이어 닥쳐온 기근으로 10,000명의 사망자가 발생하였는데 이는 5명당 1명이 사망한 셈이었다. 최근 이 사건에 관하여 화산학자들은 오늘날에도 유사한 폭발에 의해 몇 달 동안 북쪽 대기권 상공에서는 항공운항이 방해받을 수 있다고 판단하였다.

용암 돔

뜨거운 현무암질 용암과는 대조적으로 규소가 풍부한 유문암질 마그마는 점성 때문에 유동성이 떨어진다. 두꺼운 용암이 화구 밖에서 압축되면, **용암 돔**(lava dome)이라는 돔형태의 구조를 생성한다. 용암 돔은 대체로 수십 미터 높이를 가지며, 팬케이크처럼 얇은 흐름부터 피스톤처럼 밀려 올려 가파른 경사면을 이루는 화구까지 다양한 모양으로 나타난다. 대부분의 용암 돔은 몇 년에 걸쳐 성장하게 되고, 그 이후에 규소가 풍부한 마그마의 폭발적 분출이 일어나게 된다. 1980년에 있었던 폭발 이래로 용암 돔으로 성장하기 시작한 세인트헬렌스 화산의 분화구를 최근의 예로 들 수 있다(**그림 5.26A**).

복성화산의 측면을 따라 또는 그 정상부에 형성되는 용암 돔의 붕괴는 막강한 화쇄류를 발생시킨다(**그림 5.26B**). 이때 화쇄류는 점성이 큰 마그마가 천천히 용암 돔 내부로 들어갈 수 있게 만들어 측면을 더 가파르게 만든다. 그 이후 용암 돔의 외부 층이 냉각될수록 바스러지기 시작해 용암의 암괴들을 포함하는 상대적으로 작은 규모의 화쇄류를 형성하게 된다. 또한 외부 층의 빠른 제거는 용암 내부에 있는 뜨겁고 가스가 많은 마그마에 가해지는 압력을 상당히 감소시킨다. 내부 마그마에서 가스가 제거되는 과정 동안 불꽃을 튀기며 화산의 측면을 따라 내려가는 화쇄류가 유발된다(그림 5.26B).

1995년 이래로 화쇄류는 사람이 살지 않는 몬트세라트의 섬들 중 반 이상에 걸쳐 있는 수프리에르 힐즈(Soufriere Hills) 화산의 일부 용암 돔들이 붕괴하면서 발생하였다. 수도 플리머스는 파괴되었고, 2/3에 해당하는 인구가 대피하였다. 몇 년 전에 붕괴된 일본의 운젠 산 정상부에 있던 용암 돔에서 발생한 화쇄류는 42명의 목숨을 앗아갔다. 희생자 중 대부분은 사진을 찍고 사건을 기록하기 위해 화산에 너무 가까이 다가가 있었던 영화 제작자들과 기자들이었다.

화산암경과 화산관

대부분의 화산 폭발은 얕은 마그마 챔버에서 지표에 위치한 화구로 이어지는 화도를 통하여 용암을 분출하게 된다. 화산

그림 5.25 **컬럼비아 강의 현무암 대지**

A. 컬럼비아 강의 현무암 대지는 거의 164,000km^3(63,000세제곱마일)을 차지하고 있는데, 이를 컬럼비아 고원이라 부른다. 1,700만 년 전에 용암이 거대한 열극 밖으로 분출되면서 시작된 이 화산활동은 결과적으로 평균 두께 1km 이상의 현무암 대지를 형성하였다.

B. 컬럼비아 강의 현무암 대지는 워싱턴 주 남서쪽에 위치하고 있는 팰루즈 강 협곡에 노출되어 있다. *(사진 : Williamborg)*

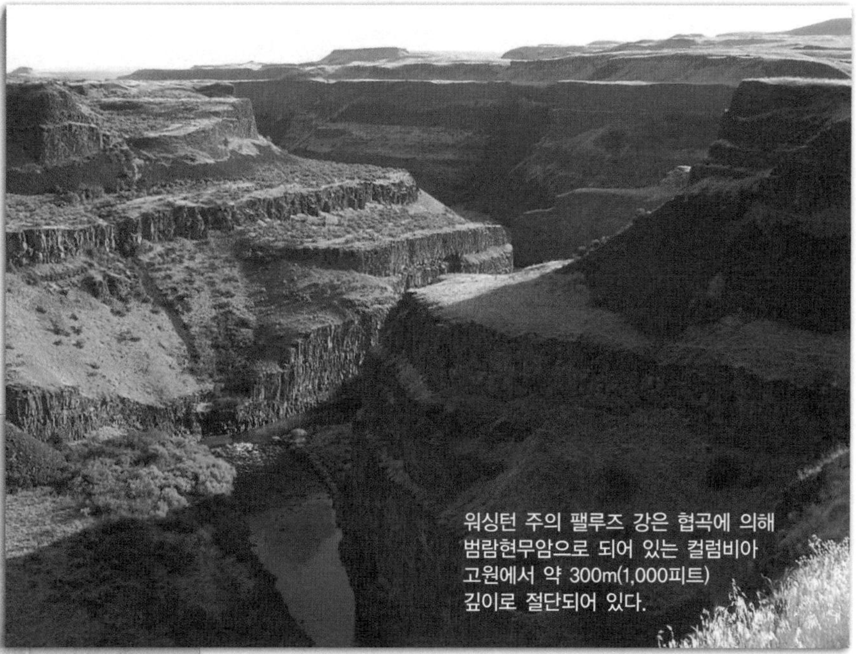
워싱턴 주의 팰루즈 강은 협곡에 의해
범람현무암으로 되어 있는 컬럼비아
고원에서 약 300m(1,000피트)
깊이로 절단되어 있다.

B.

워싱턴 주
몬타나 주
캐스케이드 산맥
컬럼비아 강
현무암 대지
옐로스톤
국립공원
스네이크 강 평원
오리건 주
아이다호 주
범례
컬럼비아 강 현무암 대지
기타 현무암
대형 캐스케이드 화산

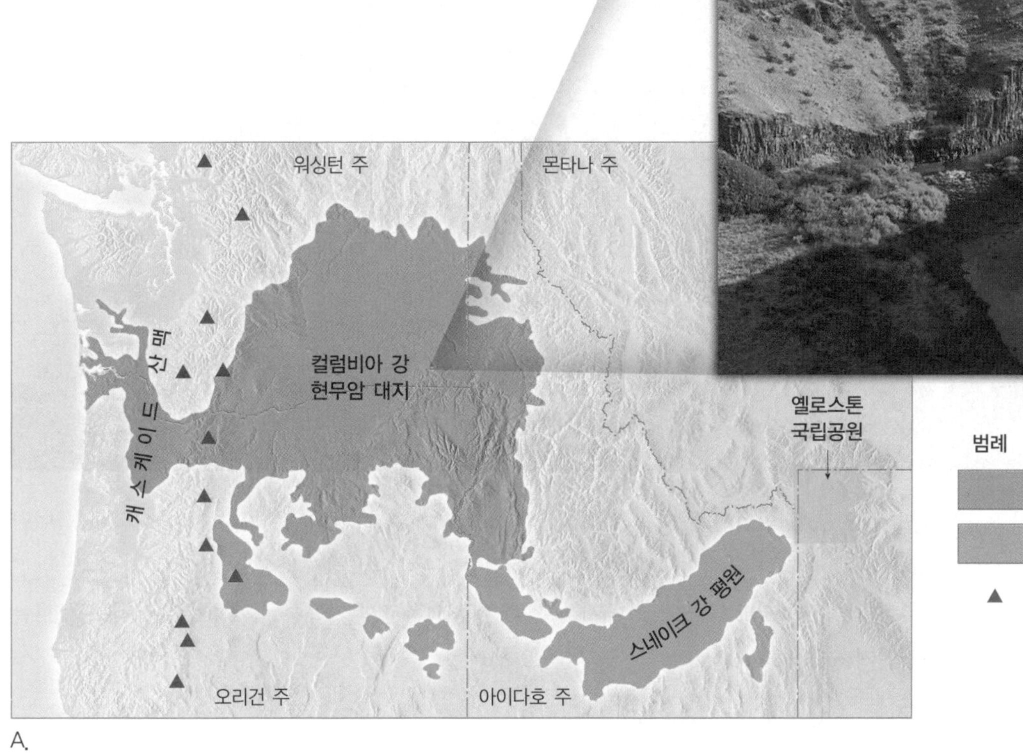

A.

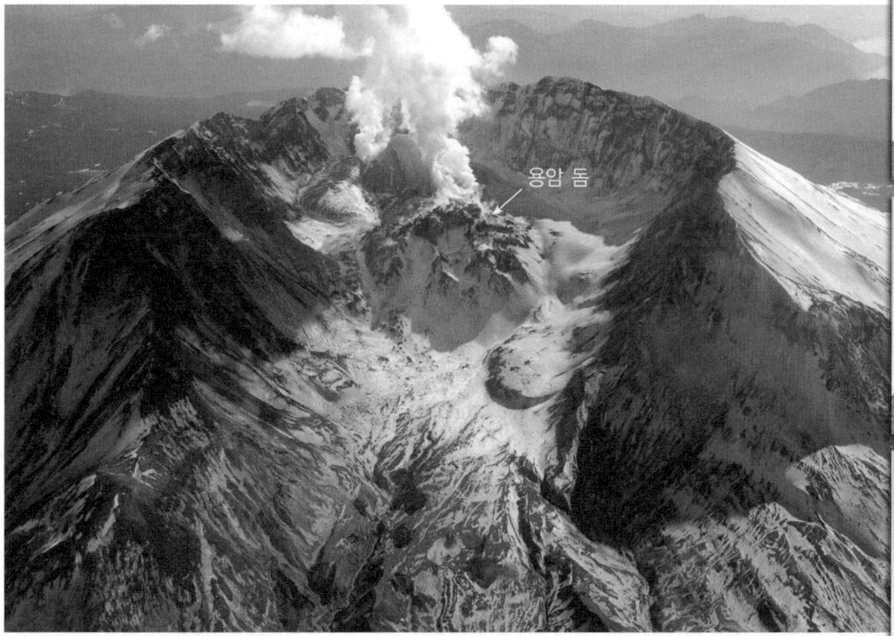
용암 돔

A.

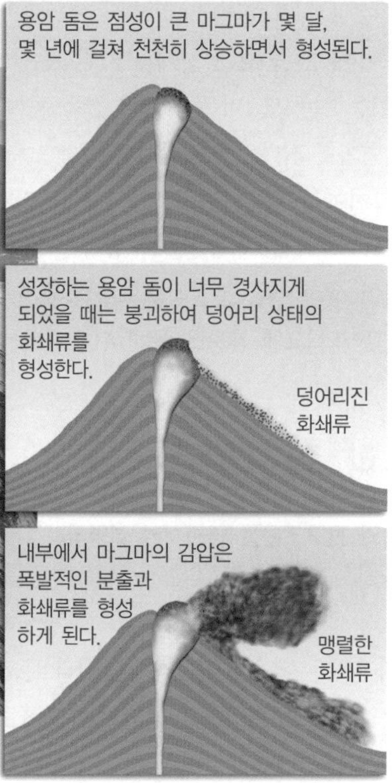
용암 돔은 점성이 큰 마그마가 몇 달,
몇 년에 걸쳐 천천히 상승하면서 형성된다.
성장하는 용암 돔이 너무 경사지게
되었을 때는 붕괴하여 덩어리 상태의
화쇄류를
형성한다.
덩어리진
화쇄류
내부에서 마그마의 감압은
폭발적인 분출과
화쇄류를 형성
하게 된다.
맹렬한
화쇄류

B.

그림 5.26 **화쇄류를 발생시킬 수 있는 용암 돔**

A. 이 용암 돔은 1980년 5월에 있었던 세인트헬렌스 화산 분출로 인해 화구에서 발달하기 시작하였다.

B. 용암 돔의 붕괴는 보통 강한 화쇄류를 형성하기도 한다.

(사진 : Lyn topinka/USGS)

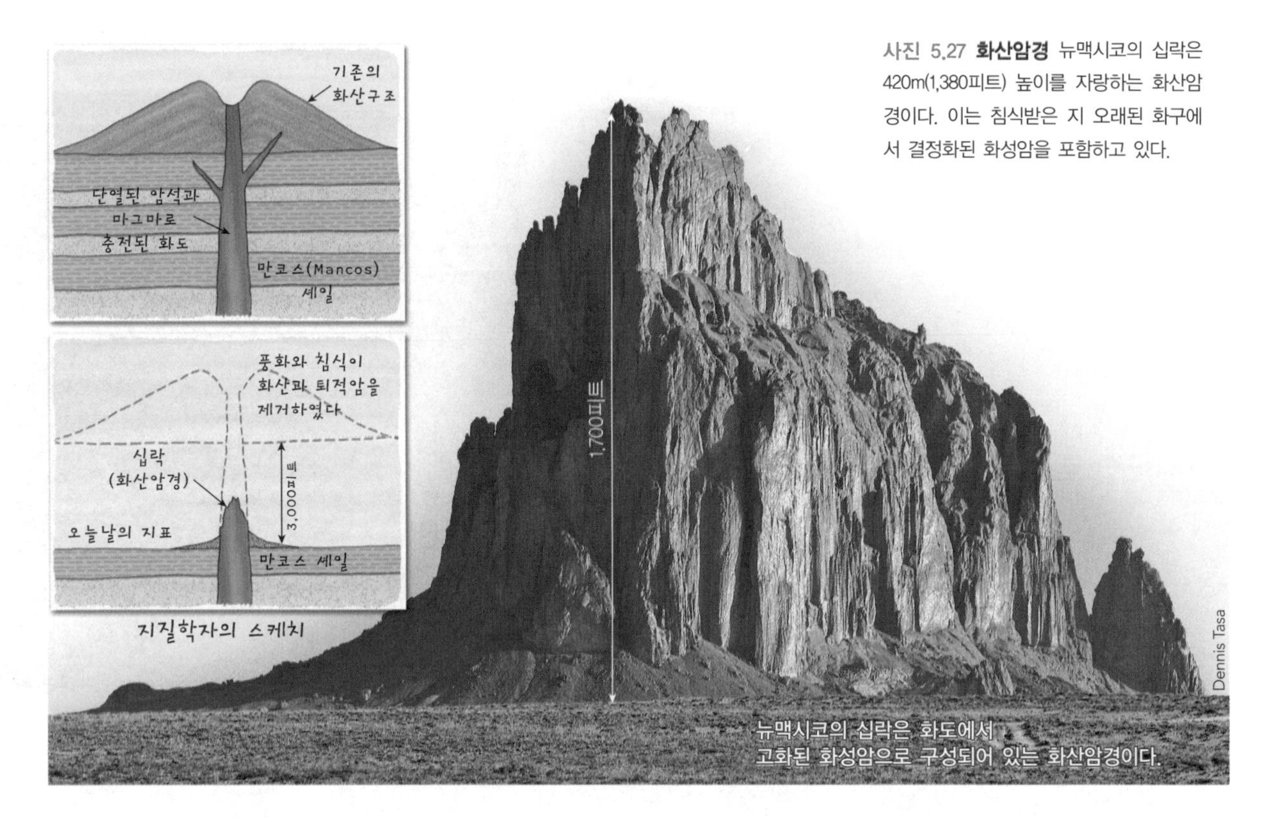

사진 5.27 **화산암경** 뉴맥시코의 십락은 420m(1,380피트) 높이를 자랑하는 화산암경이다. 이는 침식받은 지 오래된 화구에서 결정화된 화성암을 포함하고 있다.

알고 있나요?

비록 쓰나미가 해저에 위치한 단층의 이동에 연관되어 있지만 일부는 화산체의 붕괴에 의해 발생한다. 이는 1883년 화산의 북쪽 절반이 순다 해협으로 떨어져 들어가며 크라카타우가 분출하는 동안 높이 30m(100피트)가 넘는 쓰나미를 발생시킨 것으로 입증되었다. 크라카타우 섬은 무인도였지만 인도네시아 자바와 수마트라에서는 해안을 따라 살고 있는 36,000명의 사람들이 사망하였다.

이 활동하고 있지 않을 때는 굳은 마그마가 조잡한 원통형 덩어리로 화도에 위치하게 된다. 그러나 모든 화산은 풍화와 침식에 약하다. 침식을 받으면 보통 풍화에 강한 암석으로 구성된 화도는 화산체가 사라진 후에도 주변 지형에 남아 있을 수 있다. 뉴맥시코의 십락(Shiprock)이 잘 알려져 있으며 지질학자들은 이러한 구조를 **화산암경**(volcanic neck) 또는 **화산전**(plug)이라 부른다(그림 5.27). 510m(1,700피트) 이상의 높이를 갖는 십락은 고층건물보다도 높으며, 아메리카 대륙의 남서쪽에 있는 적색 사막에서 두드러지게 돌출된 많은 지형들 중 하나이다.

화산관(pipe)은 특이한 화도이며, 맨틀 깊은 곳에서 기원하는 마그마를 150km(93마일)나 운반한다. 화산관을 따라 이동하는 마그마는 가스가 잔뜩 용해되어 있으며, 충분히 빠른 속도로 상승하여 최소한의 변화를 견디기에 적합하다.

가장 잘 알려진 화산관은 다이아몬드를 가지고 있는 남아프리카의 킴벌라이트 화산관이다. 다이아몬드와 그 밖에 다른 고압 정출 광물들도 생성될 정도로 고압인 지하 깊은 곳에서 화산관을 구성하는 암석이 생성된다. 본질적으로 변질되지 않은 마그마(다이아몬드를 함유한)가 150km(93마일) 깊이의 고체 암층을 통하여 운반되는 것은 지극히 예외적인 일이며, 이 사실은 천연 다이아몬드가 희귀한 이유를 설명할 수 있다. 지질학자들은 이 화산관이 우리에게 지하 깊은 곳에서 암석이 형성되는 것을 볼 수 있게 해 주는 지구를 보는 '창'이라고 생각한다.

개념 점검 5.9

① 화구호의 형성 과정을 기술하고 킬라우에아와 같은 순상화산에서 발견되는 칼데라와 비교하라.
② 분석구 이외에 화쇄류와 연관이 있는 화산구조는 무엇인가?
③ 커다란 복성화산을 형성하는 폭발과 컬럼비아 고원을 형성하는 폭발 간의 차이점은 무엇인가?
④ 전형적인 용암 돔과 전형적인 열극분출의 성분을 대조해 보라.
⑤ 뉴맥시코의 십락은 어떤 화산구조이며 어떻게 형성되는가?

5.10 판구조론과 화산활동

화산활동의 분포와 판구조론을 연관시켜 설명하라.

지질학자들은 수십 년 전부터 전 세계 화산의 분포가 임의로 발생하는 것이 아님을 규명해왔다. 육상에서 가장 활발한 화산들은 대양분지의 경계를 따라 분포한다. 대부분 **불의 고리**(Ring of Fire)로 알려진 환태평양 벨트 주변에서 나타난다(그림 5.28). 여기에 분포하는 화산들의 대부분은 안산암질(중성질) 조성을 갖고 휘발성 기체를 다량 함유한 마그마를 내뿜고, 가끔 장엄한 분출을 보이는 복성화산으로 구성되어 있다.

또 다른 화산의 부류는 중앙 해령의 정상을 따라 형성된 무수히 많은 해산을 포함한다. 이 깊이에서는(해수면으로부터 1~3km 아래) 압력이 너무 강해서 가스는 분출되지 못하고 바닷물에 빠르게 용해되어 해수면에 도달하지도 못한다.

그러나 전 세계적으로 광범위한 범위에 다소 무작위로 나타나는 일부 화산구조가 있다. 이러한 화산구조는 대부분 심해 분지의 섬으로 구성되어 있다. 하와이, 갈라파고스 섬, 이스터 섬이 이 부류에 포함된다.

판구조론이 발전되기 전, 지질학자들은 전 세계 화산의 분포에 대한 납득할 만한 설명을 할 수 없었다. 대부분의 마그마가 용융상태가 아닌 고체상태의 상부 맨틀암석으로부터 기원되었다고 생각했다. 판구조론과 화산활동 간의 기본적인 관계는 판의 움직임이 마그마를 형성하는 맨틀 암석의 부분용융에 의해 발생한다는 것이다.

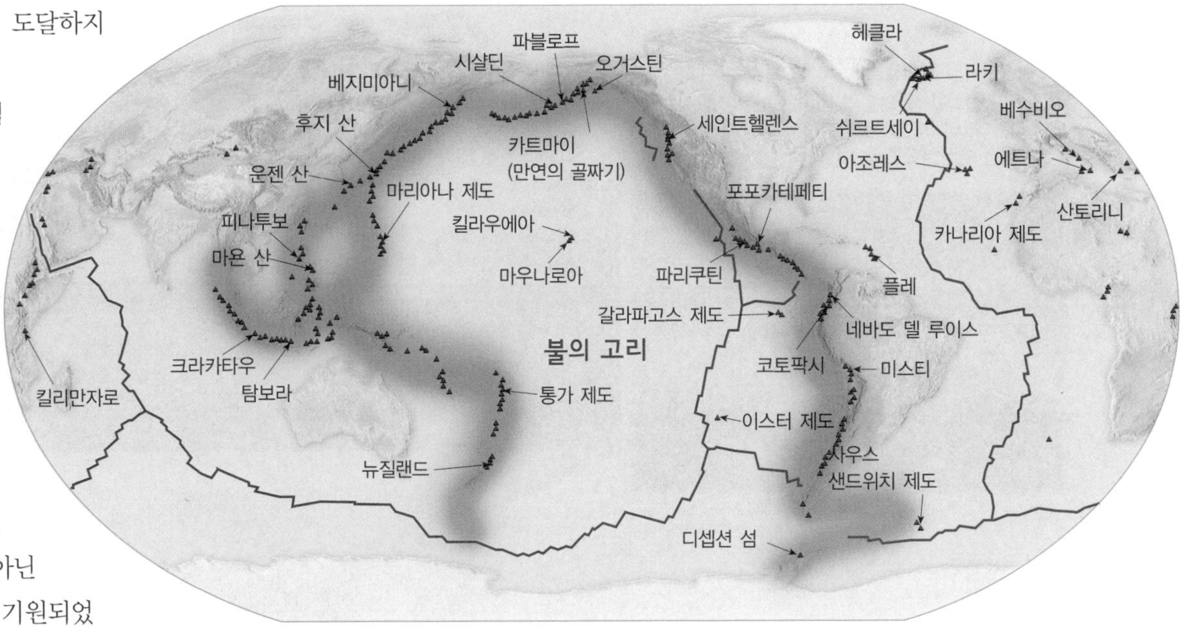

그림 5.28 불의 고리 전 지구적으로 중요한 화산의 대부분은 불의 고리라고 부르는 환태평양에 위치한다. 활동 중인 화산의 또 다른 큰 부류는 주로 중앙 해령을 따라 분포한다.

수렴경계에서의 화산활동

판의 수렴경계를 따라 두 판이 서로를 향해 움직이고, 해양지각 판은 맨틀로 침강하여 해구를 형성한다는 것을 앞 단원에서 공부하였다. 해양판이 맨틀로 깊게 침강함에 따라 온도와 압력은 증가하게 되고, 물과 이산화탄소가 빠져나온다. 이러한 유체는 위쪽으로 이동하고, 맨틀암석이 충분히 용융될 수 있을 정도로 용융점을 감소시킨다(**그림 5.29A**). 맨틀암석(주로 감람암)의 부분용융은 현무암질 조성을 갖는 마그마를 생성한다. 이후 충분한 양의 암석이 용융되면 부유성을 가지고 있는 마그마는 천천히 상부로 이동한다.

수렴경계에서의 화산활동은 다소 휘어진 형태의 선상구조를 띠는 화산들을 형성하는데 이를 화산호(volcanic arc)라 부른다. 이러한 화산호는 해구와 평행하게 약 200~300km (100~200마일)의 길이로 발달한다. 화산호는 해양지각뿐만 아니라 대륙지각에서도 형성될 수 있다. 화산호는 바닷속에서 해수면 위로 나올 정도로 충분히 크게 성장하는데, 대부분의 지형도에 **열도**(archipelagos)로 표기된다. 지질학자들은 이를 **화산 호상열도**(volcanic island arc) 또는 간단히 **호상열도**(island arc)라 한다(그림 5.29A 참조). 일부 젊은 호상열도는 알류샨 열도, 통가 제도, 그리고 마리아나 제도를 포함하는 서태평양 분지와 접하고 있다.

수렴경계에서는 해양판이 대륙판 하부로 섭입하면서 **대륙 화산호**(continental volcanic arc)를 형성할 수 있다(**그림 5.29E**). 이러한 맨틀 기원의 마그마가 형성되는 과정은 근본적으로 호상열도의 생성과 동일하다. 이 둘의 가장 큰 차이점은 대륙지각이 해양지각보다 훨씬 더 두껍고 규소 함량이 높은 암석들로 구성되어 있다는 것이다. 따라서 맨틀 기원 마그마는 규소가 풍부한 지각 암석과의 동화작용을 거쳐 화학 성분이 변한다. 그와 동시에 넓은 범위에서 마그마의 분화작용이 발생한다(마그마의 분화작용은 근원 마그마로부터 이차 마그마를 형성한다는 사실을 기억하라). 다시 말하면 맨틀 기원 마그마는 대륙지각을 뚫고 올라가는 과정에서 유동성이 큰 현무암질 마그마에서 규소 함량이 높은 안산암질 혹은 유문암질 마그마로 변한다.

불의 고리는 태평양 주변을 둘러싸고 있는 폭발적인 화산 구역이다. 불의 고리는 해양지각이 태평양 주변의 거대한 육괴 아래로 섭입하면서 형성된다. 미국 북서부에 위치한 캐스케이드 산맥의 후드 산, 레이니어 산, 섀스타 산은 판의 수렴경계를 따라 형성된 화산의 예이다(**그림 5.30**).

발산경계에서의 화산활동

가장 큰 규모의 마그마(지구 전체 연간 분출량의 60%가량)는 해저 확장과 연관이 있는 해령을 따라 형성된다(**그림 5.29B**). 해령축 아래에 있는 판은 계속 당겨져서, 여전히 움직이는 고체 맨틀은 해령을 채우기 위해서 위로 솟아오르는 반응을 한다. 우리는 앞 단원에서 뜨거운 암석이 상승하면, 구속압력이 감소하면서 추가적인 열의 공급 없이도 암

알고 있나요?

워싱턴 주에 위치한 해발 4,392m (14,411피트)의 레이니어 산은 캐스케이드 산맥의 중추를 이루는 15개의 대형 화산 중 가장 높다. 비록 레이니어 산은 활화산으로 추정되지만 산의 정상부는 25개 이상의 산악빙하로 덮여 있다.

A. 수렴경계의 화산활동
해양판이 섭입할 때 맨틀의 용융은 마그마를 형성하는데, 이 마그마는 상승하여 해양지각 위에 화산 호상열도를 형성한다.

알류샨 열도 클리블랜드 화산(USGS)

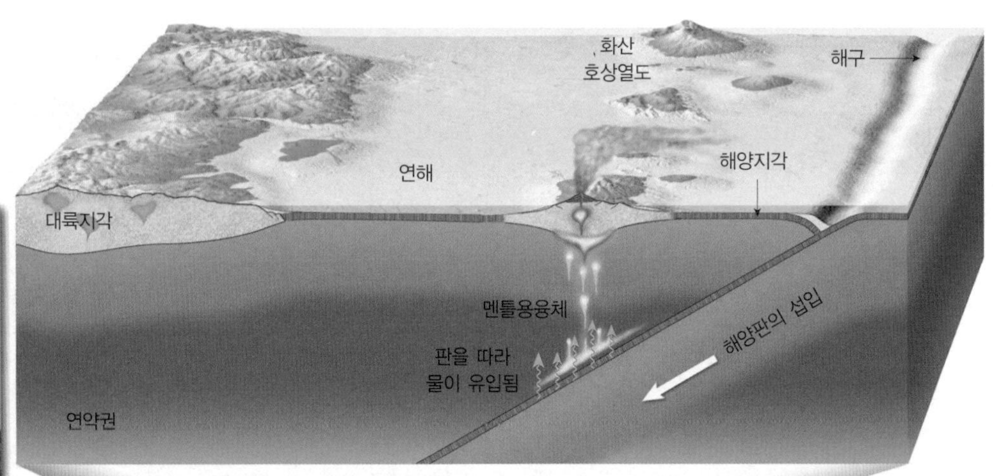

C. 판 내부의 화산활동
해양판이 열점 위를 이동할 때 하와이 열도와 같은 선상의 화산구조가 형성된다.

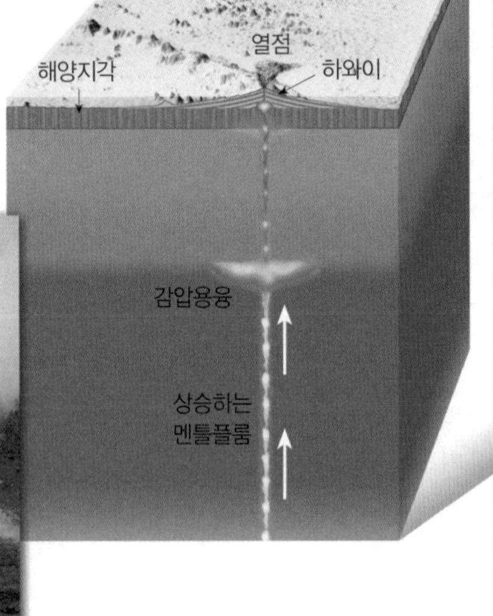

하와이 킬라우에아(USGS)

E. 수렴경계의 화산활동
해양판이 대륙의 아래로 침강할 때 맨틀에서 형성된 마그마는 상승하여 대륙 화산호를 형성한다.

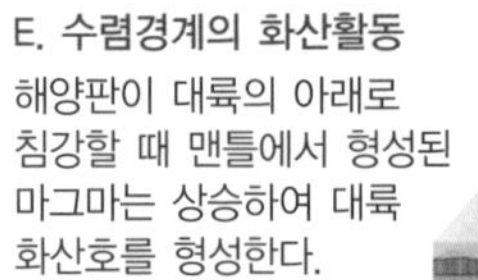

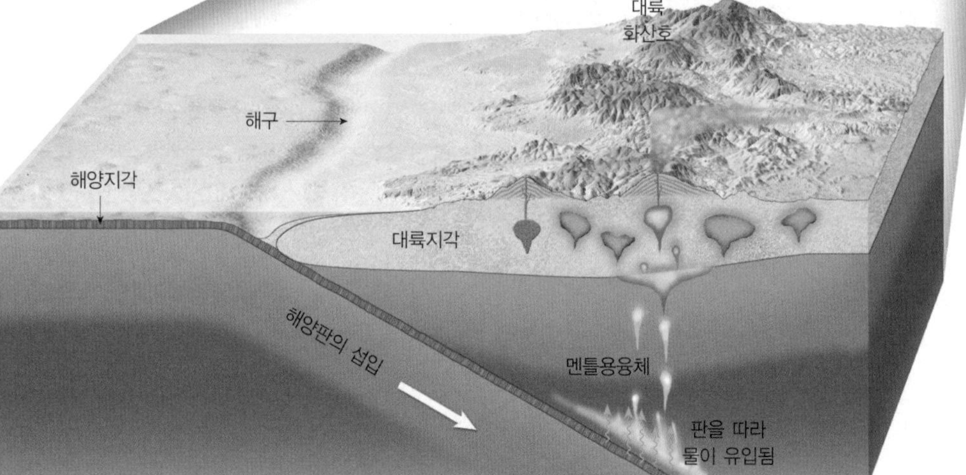

스마트그림 5.29
지구의 화산활동 구역

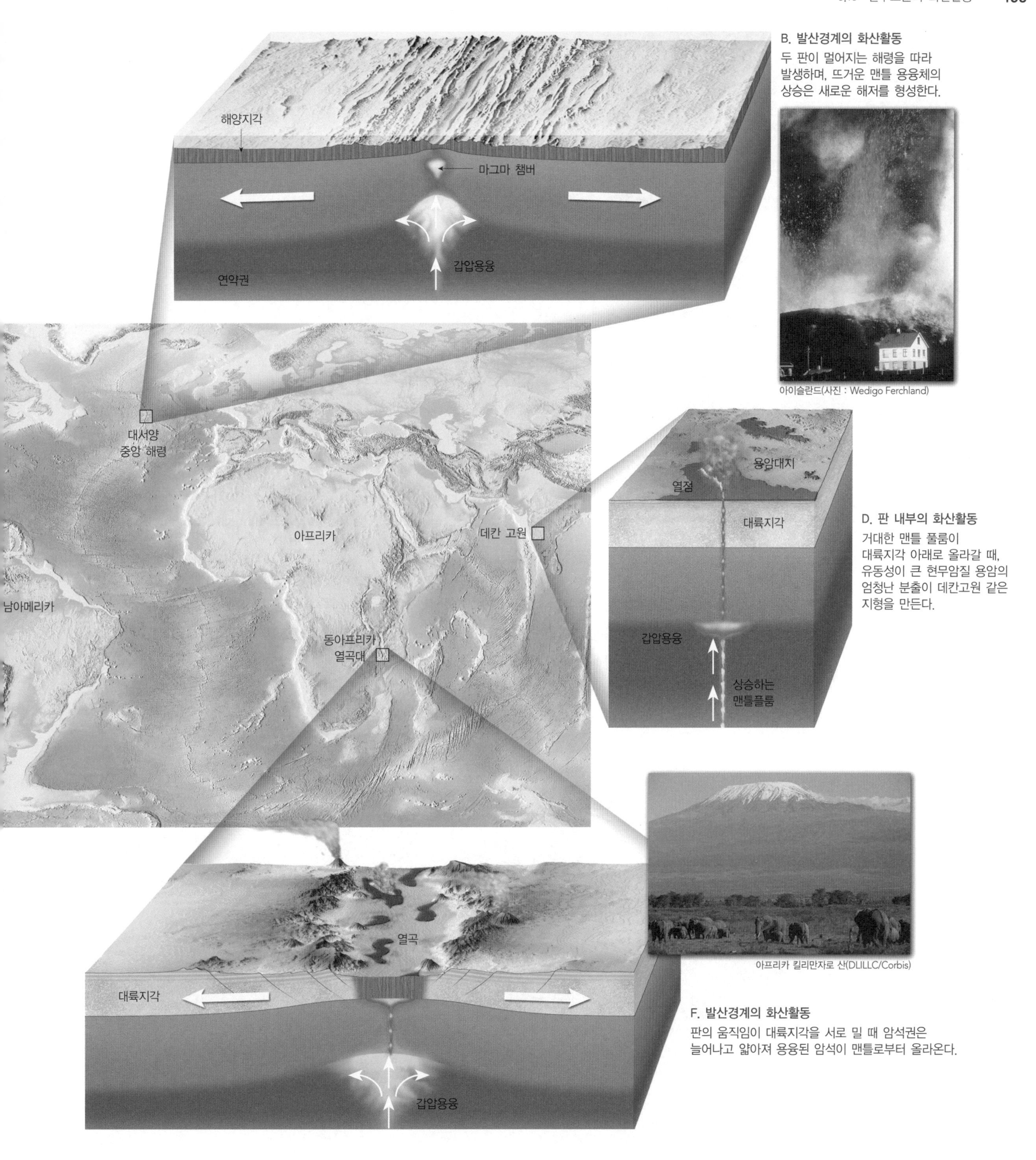

B. 발산경계의 화산활동
두 판이 멀어지는 해령을 따라 발생하며, 뜨거운 맨틀 용융체의 상승은 새로운 해저를 형성한다.

아이슬란드(사진 : Wedigo Ferchland)

D. 판 내부의 화산활동
거대한 맨틀 플룸이 대륙지각 아래로 올라갈 때, 유동성이 큰 현무암질 용암의 엄청난 분출이 데칸고원 같은 지형을 만든다.

아프리카 킬리만자로 산(DLILLC/Corbis)

F. 발산경계의 화산활동
판의 움직임이 대륙지각을 서로 밀 때 암석권은 늘어나고 얇아져 용융된 암석이 맨틀로부터 올라온다.

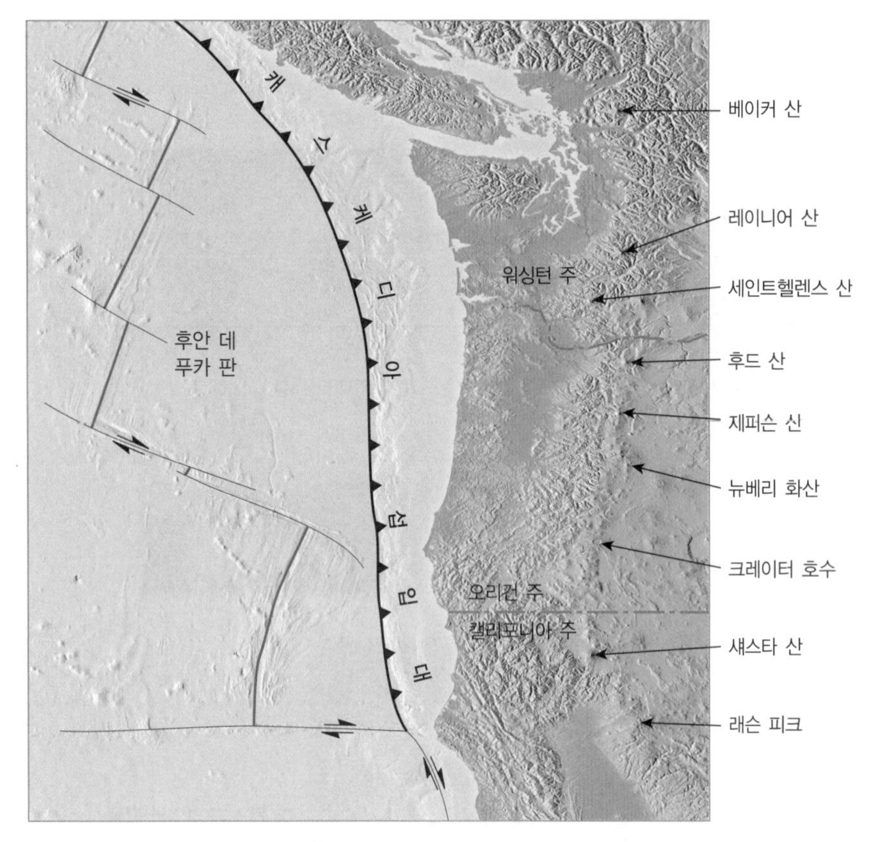

스마트그림 5.30 **후안 데 푸카 판의 섭입으로 형성된 캐스케이드 화산대** 캐스케이드 산맥의 주요 화산구조들은 북미 태평양 연안에 위치한 판의 수렴경계(캐스케디아 섭입대)를 따라 형성되었다.

석이 용융될 수 있다는 것을 공부하였다. 이 과정을 **감압용융**(decompression melting)이라 한다.

확장의 중심에 있는 맨틀 구성암석의 부분용융은 현무암질 마그마를 형성한다. 왜냐하면 이렇게 새로이 형성된 마그마는 그것이 형성된 곳에 존재하는 맨틀암석보다 밀도가 낮기 때문에 솟아올라 해령 정상 바로 아래에 위치한 저장소에 모인다. 이러한 활동은 지속적으로 현무암질 암석을 생성하며 벌어진 틈을 임시적으로 봉합하고 오직 확장이 지속될 때 다시 분리된다. 일부 해령에서는 베개용암이 수많은 화산구조를 형성하는데, 가장 크게 형성된 경우가 아이슬란드이다.

비록 판의 확장은 해령의 축을 따라 진행되지만, 그렇지 않은 경우도 있다. 특히 동아프리카 열곡대는 대륙판이 벌어지는 곳에 위치한다(그림 5.29F). 유동성이 큰 현무암질 용암의 격렬한 분출뿐만 아니라 몇몇 활동적인 복성화산은 전 지구적으로 이러한 곳에 분포한다.

판 내부의 화산활동

우리는 화산활동이 판 경계를 따라 발생하는 이유는 알고 있지만, 폭발이 왜 판 내부에서 발생하는지는 알지 못한다. 세계에서 가장 활동적인 화산 중 하나인 하와이의 킬라우에아 화산은 태평양 중앙에 위치하며, 가장 가까운 판 경계에서부터 수천 킬로미터 떨어져 있다(그림 5.29C). **판 내부 화산활동**(intraplate volcanism, '판의 내부에서'를 의미한다)은 서태평양에 위치하고 있는 온통-자바 고원을 포함한 몇몇 규모가 큰 해양성 고원들과 인도의 데칸 고원, 러시아의 시베리아 트랩 및 컬럼비아 강 현무암 대지 등과 같은 현무암질 용암의 분출현상을 말한다(그림 5.31). 이러한 괴상의 구조들은 10~40km(6~25마일)의 두께를 가지는 것으로 알려져 있다.

대부분의 판 내부 화산활동은 지표를 향하여 상승하는 **맨틀플룸**(mantle plume)이라고 하는 평균 이상의 열을 가진괴상의 맨틀 물질이 있는 곳에서

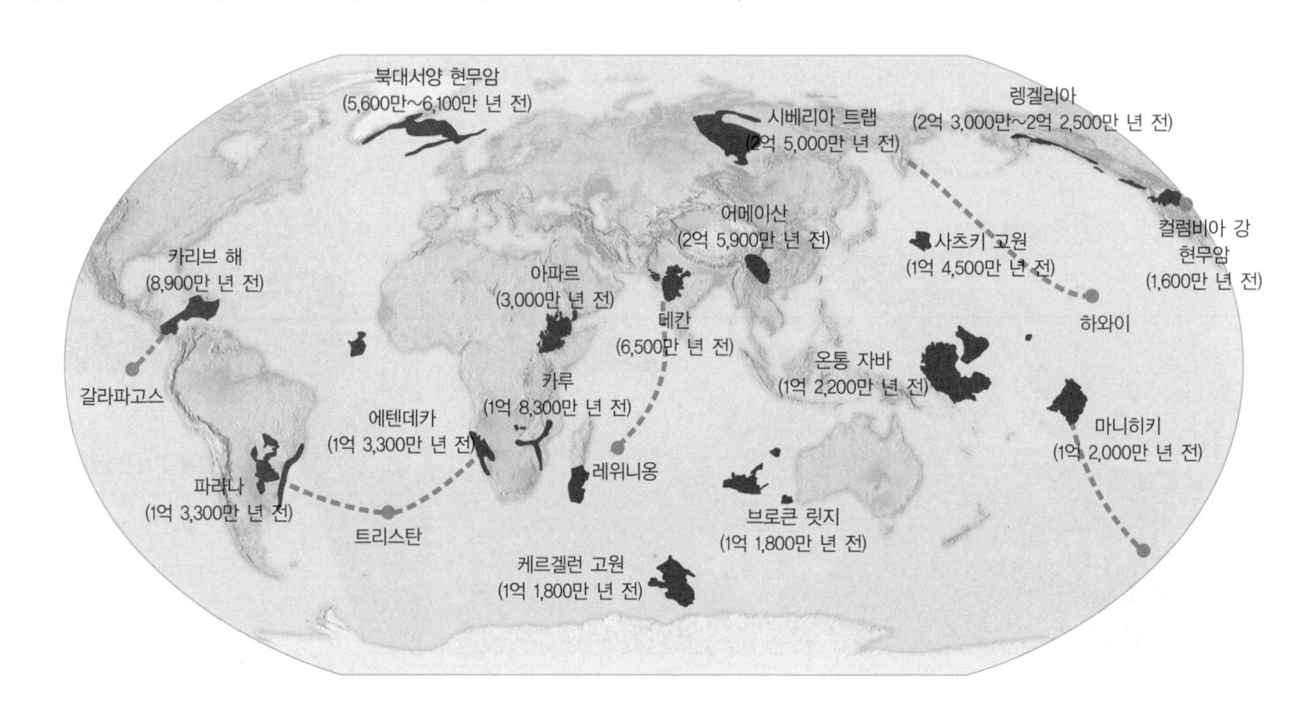

스마트그림 5.31 **넓은 현무암 대지들** 넓은 현무암 대지의 세계적 분포

A. 커다란 거품 구조로 나타나는 맨틀풀룸의 상승으로 인해 넓은 현무암 대지가 생성된다고 여겨진다.

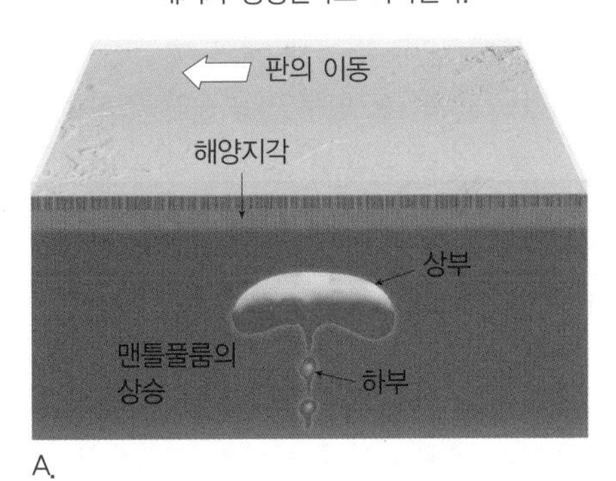

A.

B. 풀룸 상부의 빠른 감압용융은 상대적으로 짧은 시간 동안에 현무암질 유체의 분출 양상을 넓혀나가게 된다.

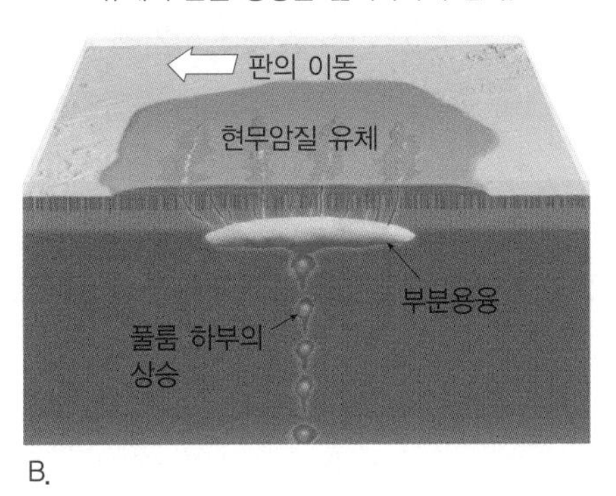

B.

C. 판의 이동에 의해 풀룸 하부에서 상승으로 발생하는 화산활동을 따라 보다 작은 화산구조들이 일직선으로 배열되는 구조를 형성하게 된다.

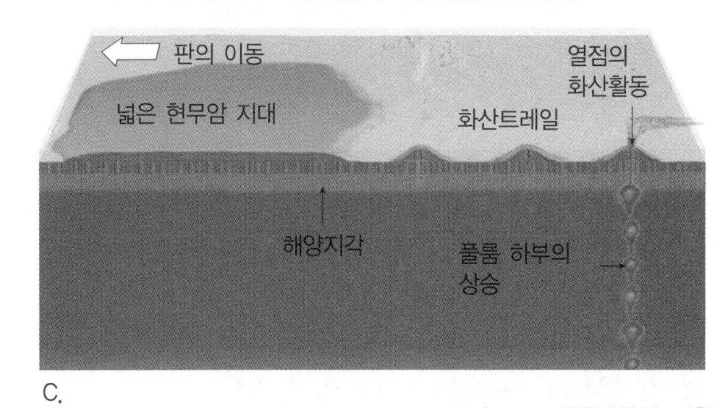

C.

그림 5.32 맨틀풀룸과 대형 현무암 대지들 열점과 같은 화산활동 모델은 대형 현무암 대지의 형성과 이와 관련된 화산섬들의 분포 양상을 설명할 수 있다.

발생한다. 맨틀풀룸이 어느 깊이에 위치하고 있는지는 아직도 논쟁중인데, 어떤 경우에는 핵과 맨틀 경계에서 형성되기도 한다. 이동성을 갖지 못한 고체인 맨틀풀룸은 용암 램프 내에 형성되는 방울들과 비슷한 방법으로 지표로 향하게 된다. (용암 램프는 유리 용기 안에 2개의 혼합되지 않는 액체를 넣어 만든 장식 램프이다. 램프의 아랫부분에 열을 가하면 바닥 부분에 있던 고밀도의 액체가 떠오르면서 위로 향하여 방울을 형성하게 된다.) 용암 램프의 방울들처럼, 맨틀풀룸은 둥글납작한 모양을 띠고 있으며, 위로 상승하면서 아래쪽으로 좁은 줄기 모양을 형성하게 된다.

슈퍼풀룸(superplume)이라고 하는 규모가 큰 맨틀풀룸은 넓은 현무암 대지를 생성하는 현무암질 용암의 거대한 분출의 원인이 된다고 여겨진다(그림 5.32A). 슈퍼풀룸의 상부가 암석권의 기저부에 도달했을 때, 감압용융 작용이 빨라진다. 이는 수백만 년 또는 수년 동안에 거대한 현무암 대지를 형성하는 용암의 큰 방출을 야기하게 된다(그림 5.32B). 몇몇 연구자들은 큰 규모의 현무암 대지를 형성할 만큼의 거친 분출활동으로 인해 지구상에 많은 생명체들의 생활상이 변화하였다고 믿고 있다.

비교적 짧은 초기 폭발상은 풀룸의 하부가가 지표로 천천히 상승하면서 보다 크기가 작은 폭발들이 수백만 년 동안 이어지게 된다. 일부 커다란 현무암 대지의 계속된 확장은 화와이 열도와 유사한 화산 구조가 나타나는 것이다(그림 5.32C).

개념 점검 5.10

① 일반적으로 불의 고리에 있는 화산들은 조용한 분출과 격렬한 분출 중 어느 유형에 속하는가? 구체적인 예를 들어 설명하라.
② 수렴경계를 따라 마그마가 어떻게 발생하는가?
③ 발산경계에서 일어나는 화산활동은 대체로 어떤 암석 유형과 연관이 있는가? 또한 이 경우에 무엇이 암석 용융의 원인이 되는가?
④ 판 내부 화산활동에 작용하는 마그마의 근원은 무엇인가?
⑤ 세 가지 판 경계 중에서 가장 많은 양의 마그마가 발생하는 판 경계는 무엇인가?

개념 복습 화산과 화산재해

5.1 세인트헬렌스 화산과 킬라우에아 화산

1980년 세인트헬렌스 화산 분출과 1983년에 시작되어 현재까지 계속 활동 중인 킬라우에아 화산 분출을 비교 대조하라.

- 화산 분출은 1980년에 있었던 세인트헬렌스 화산 같은 폭발적인 분출에서 킬라우에아 화산의 조용한 분출에 이르기까지 다양한 범위로 발생할 수 있다.

? **킬라우에아 화산은 대체로 조용한 분출을 함에도 불구하고, 인근에 거주하는 사람들에게 어떠한 위험을 가하게 되었는가?**

5.2 화산 분출의 유형

어떤 화산 분출은 폭발적인 반면 일부 화산 분출은 조용히 일어나는 이유를 설명하라.

핵심용어 : 마그마, 용암, 점성, 분출기둥

- 다양한 용암의 구분에 적용되는 중요한 특징 중 하나는 점성도(흐름에 대한 저항)이다. 일반적으로 용암에 규소 성분이 많을수록 점성도도 커진다. 규소 성분이 적은 용암은 유동성이 커진다. 점성도에 영향을 미치는 또 다른 요인으로는 온도가 있다. 뜨거운 용암은 더 큰 유동성을 갖는 반면에 온도가 낮은 용암은 점성이 커진다.
- 규소가 풍부하고 온도가 낮은 용암들은 대부분 점성을 띠고 있으며, 분출되기 이전에 엄청난 압력을 받고 있다. 반면에 규소 성분이 적고 온도가 높은 용암들은 대부분 유동성을 띤다. 현무암질 용암의 경우에는 비교적 점성이 낮기 때문에 상대적으로 조용한 분출을 하는 반면에 규장질 용암(유문암질과 안산암질)으로 구성된 화산들은 보다 폭발적으로 분출하는 경향이 있다.

5.3 화산 폭발의 분출물질

화산 폭발 동안 외부로 분출되는 물질들을 세 가지 범주로 나누어 나열하고 설명하라.

핵심용어 : 아아 용암류, 파호이호이 용암류, 용암튜브, 괴상용암, 베개용암, 휘발성 기체, 화산쇄설물, 스코리아, 부석

- 화산들은 용암과 가스 및 지표를 구성하는 고체 덩어리들을 방출한다.
- 낮은 점성 때문에 현무암질 용암류는 화산에서 멀리 떨어진 곳까지도 흘러가게 되는데, 아아 용암류와 파호이호이 용암류가 그러하다. 용암류의 표면은 때때로 응고되기도 하며, '용암튜브'라고 부르는 터널로 계속해서 흘러들어가기도 한다. 용암이 지하에서 분출될 때, 바깥쪽 표면은 급속히 냉각되어 흑요암을 생성하는 반면에 내면은 계속해서 흘러 '베개용암'이라 부르는 관 모양으로 생긴 구조를 형성하게 된다.
- 화산에서 방출되는 가스의 대부분은 수증기와 이산화탄소이다. 화산 가스들은 지표 밖으로 분출되면서 급속히 팽창하기 때문에 분출기둥을 만들고 '화산쇄설물'로 불리는 용암편 덩어리를 생성하게 된다.
- 화산쇄설물은 고체 조각이나 액체 방울 등으로 나타나며, 다양한 크기를 가진다. 가장 작은 것에서부터 가장 큰 것까지 순서대로 화산재, 화산력, 화산암괴 또는 화산탄이 있다.
- 만약 용암의 가스 방울들이 용암이 고화되기 이전에 밖으로 빠져나오지 못하면 기포 상태로 용암 내에 잔존하게 된다. 가스 방울을 조금 가지고 있고 규소가 풍부한 용암은 냉각되어 물에 떠오르는 부석을 생성하며, 많은 가스 방울을 가지고 있는 현무암질(고철질) 용암은 냉각되어 스코리아를 생성한다.

5.4 화산의 구조

전형적인 화구구의 기본적인 특징을 그림으로 표현하여 설명하라.

핵심용어 : 화도, 화구, 화구구, 분화구, 기생화산, 분기공

- 화산은 그 형태에 따라 다양하게 분류되지만 몇 가지 공통적인 특징이 있다. 대부분의 화산은 중앙에 위치한 화구 주위로 모여든 물질들이 쌓여 만들어진 원뿔 형태를 띠고 있다. 대체로 화구는 정상 분화구 또는 칼데라로 되어 있다. 우측 그림의 빈칸은 작은 기생화산이나 분기공, 가스가 분출되는 곳 등을 지시하고 있다.

? **우측의 그림에 다음 용어들을 적절히 배치하라.**
화도, 화구, 화산탄, 용암, 기생화산, 화산쇄설물

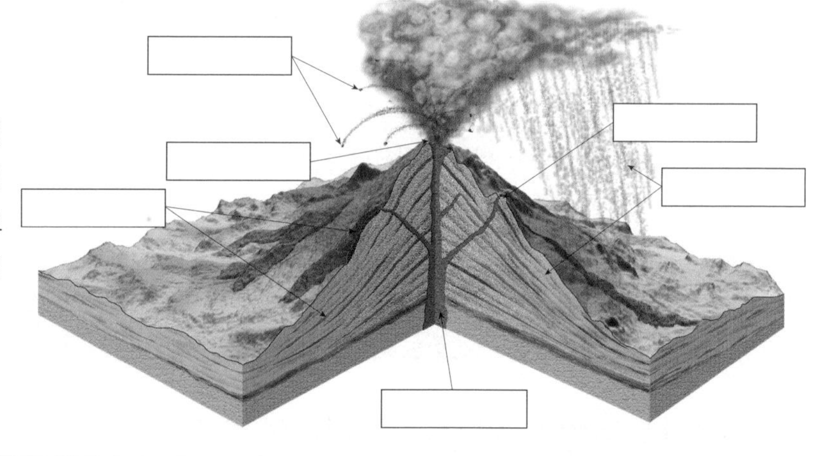

5.5 순상화산

순상화산의 특징을 요약하고, 한 가지 예를 들어 보라.

핵심용어 : 순상화산

- 순상화산은 연속적인 현무암질 용암층으로 구성되며, 화산쇄설물을 소량 배출한다. 용암은 용암튜브를 통해 화구에서 멀리 떨어진 곳까지 이동하며, 결과적으로 매우 조용한 분출을 하는 방패 모양의 화산을 형성하게 된다.
- 대부분의 거대한 순상화산들은 열점분출과 연관이 있다. 하와이의 킬라우에아, 마우나로아 및 마우나케아 화산은 낮은 점성 때문에 넓게 퍼진 모양을 가지는 대표적인 화산들이다.

5.6 분석구

분석구의 크기와 조성 및 형성 과정을 설명하라.

핵심용어 : 분석구(스코리아구)

- 분석구는 주로 전형적으로 현무암질 조성을 갖는 화산암설로 구성된 가파른 경사구조를 가진다. 보통 용암류가 분석구에서 흘러나오기도 하지만 일반적으로 분화구 밖으로는 흐르지 않는다.
- 분석구는 다른 주요 화산구조들에 비하면 상대적으로 그 규모가 작으며 독립적인 폭발로 빠르게 형성된다. 분석구는 풍화와 침식에 약하다.

5.7 복성화산

복성화산의 특징, 분포 및 형성 과정을 설명하라.

핵심용어 : 복성화산(성층화산)

- 복성화산은 화산쇄설물과 용암류를 함께 포함하고 있기 때문에 '복합체'라고도 한다. 복성화산은 일반적으로 냉각되어 안산암 혹은 유문암을 형성하게 되는 규소가 풍부한 용암을 분출하며, 분석구보다 크기가 크며 수백만 년 또는 그 이상의 시간 동안 이어지는 복합적인 분출로 형성된다.
- 복성화산에서 분출된 안산암질 또는 유문암질 용암은 현무암질 용암에 비해 점성이 더 높기 때문에 순상화산보다 더 가파른 각도로 쌓인다. 시간이 지날수록 용암과 화산재 등이 복합되어 있는 복성화산은 전형적인 대칭 모양으로 쌓여간다.
- 레이니어 산과 미국 북서쪽 지역에 위치한 캐스케이드 산맥에 있는 화산들은 복성화산의 좋은 예이며, 그 밖에도 태평양 불의 고리 지역에 위치한 화산들이 이에 속한다.

? 만약 여러분의 가족들이 화산 근처에 살고 있다면, 그 화산이 순상화산, 분석구 또는 복성화산인지 설명해 보라.

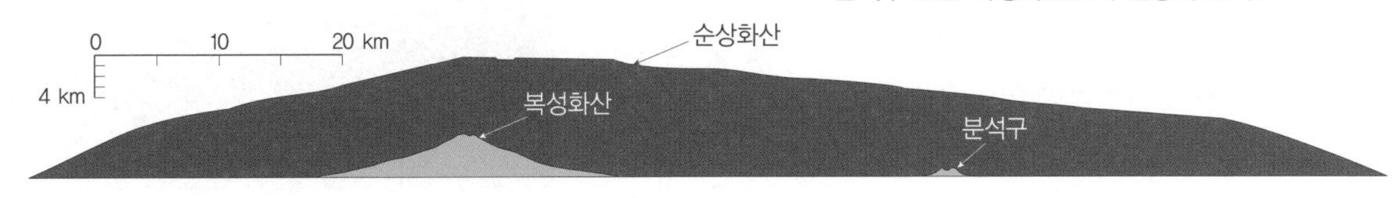

5.8 화산재해

화산에 수반되는 주요 지질재해에 대하여 토론하라.

핵심용어 : 화쇄류(열운, nuée ardente), 화산이류, 에어로졸

- 인간의 생활에 큰 영향을 미치는 화산재해는 화산쇄설류에 의한 것이다. 뜨거운 가스와 화산쇄설성 물질들의 조합은 화산 비탈을 빠르게 내려가면서 주변의 모든 것들을 태워버린다. 화산쇄설류는 그 근원이 되는 화산에서 멀리 떨어진 곳까지도 영향을 미칠 수 있다. 또한 화산쇄설류는 뜨겁기 때문에 퇴적될 경우에는 종종 용결되어 용결응회암을 형성한다.
- 화산이류는 화산 기원의 이류이다. 화산 분출이 활발하게 일어나지 않을 때, 수분에 의해 엉겨 있는 화산 잔해와 화산재들의 빠른 움직임에 의해 발생할 수 있다. 또한 화산이류는 계곡을 형성하기도 하며 지나가는 곳에 상당한 손상을 가져다주며 생물들의 목숨을 앗아가기도 한다.
- 화산재는 대기 중에서 비행기 엔진에 쌓이게 되면 위험을 초래할 수 있다. 해양에서 화산의 사면이 붕괴하거나 분출하게 되면 쓰나미를 발생시켜 해수면에 영향을 줄 수도 있다. 더군다나 이산화황과 같은 가스를 다량으로 분출하는 화산들은 인간의 호흡기 질환에도 영향을 미친다. 만일 화산가스가 성층권에 도달하게 되면, 지구로 들어오는 태양광선을 차단하여 단기간 지표면의 냉각을 초래할 수도 있다.

? 화산이류와 화산쇄설류의 공통점은 무엇인가? 화산재해를 피하기 위한 가장 최선의 방안은 무엇인가?

5.9 또 다른 화산지형

화구구 이외의 화산지형을 나열하고 설명하라.

핵심용어 : 칼데라, 열극, 열극분출, 현무암 대지, 범람현무암, 용암 돔, 화산암경(화산전), 화산관

- 칼데라는 가장 커다란 화산구조 중 하나이다. 칼데라는 마그마 챔버 위쪽에 위치한 냉각된 암석이 붕괴되면서 넓고 그릇 같은 구조를 만들면서 형성된다. 순상화산에서는 칼데라가 마그마 챔버에서 용암이 천천히 빠져나가면서 형성된다. 한편 복성화산에서 칼데라는 종종 붕괴되면서 폭발적인 분출을 야기시켜 많은 생물들의 목숨을 앗아가고 재산피해를 발생시키는 등 여러 가지 문제를 초래하게 된다.
- 열극분출은 지각 틈으로 흘러나온 점성이 낮으며 규소 성분이 적은 용암의 거대한 흐름을 형성한다. 컬럼비아 고원이나 데칸 고원에서처럼 형성된 범람현무암들은 상당한 두께를 자랑한다. 범람현무암의 기본적인 특징은 넓은 지역을 덮는다는 것이다.
- 용암 돔은 복성화산의 칼데라나 정상 분화구에 집적되는 규소가 풍부

하고 점성이 높은 용암이 괴상의 형태로 두껍게 쌓여 형성된다. 용암돔은 붕괴하면서 화산쇄설류를 형성할 수 도 있다.

- 화산암경의 한 가지 예로 뉴맥시코의 십락을 들 수 있다. 고대 화산들의 '목구멍(화도)'에 있던 용암들은 결정화되어 고체 암석의 '화산전(화산암경)'을 형성하게 되는데, 이는 기존에 있던 화산보다 더 느리게 풍화된다. 화산암설이 침식된 후에는 화산암경이 독특한 지형을 이룬다.

5.10 판구조론과 화산활동

화산활동의 분포와 판구조론을 연관시켜 설명하라.

핵심용어 : 불의 고리, 화산 호상열도(호상열도), 대륙성 화산호, 판 내부 화산활동, 맨틀풀룸

- 화산은 발산 및 수렴 경계뿐만 아니라 판 내부에서도 발생한다.
- 해양지각의 섭입을 수반하는 수렴경계는 태평양 불의 고리에 위치한 폭발적인 분출을 하는 화산들이 자리 잡고 있는 곳이다. 판의 섭입에 의해 방출된 물이 맨틀 용융을 유발하게 되며, 형성된 마그마는 상승하는 동안에 판의 하부 지각과 반응하게 되어 결과적으로 지표에 화산섬을 형성하게 된다.
- 발산경계에서는 감압용융이 마그마 형성의 주된 요인이다. 뜨거워진 암석이 상승하면 추가적인 열의 유입 없이도 용융이 일어난다. 만일 대륙판 위라면 열곡이 형성되고, 해양판 위라면 중앙 해령이 형성된다.
- 판 내부의 화산활동에서 마그마의 원천은 맨틀풀룸이다. 맨틀풀룸은 상부 맨틀에서 용융되기 시작한 고체의 맨틀 암석이 상승한 뜨거운 기둥이다.

? 아래의 그림은 화산활동이 현저하게 발생하고 있는 지구조적 상황 중 한 가지를 보여준다. 각 지구조적 작용에서 어떻게 마그마가 형성되는지 간략히 설명하라.

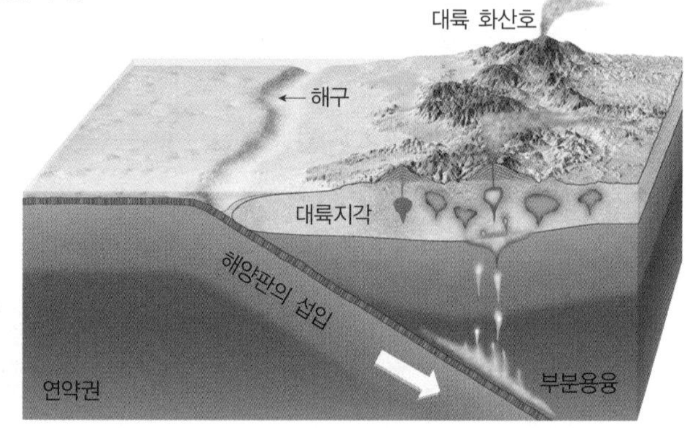

복습문제

① 다음의 화산 지역들을 세 가지 화산 지역 중 적절한 곳에 배치하라.(섭입경계, 발산경계, 판 내부 화산활동)
  a. 크레이터 호수
  b. 하와이 킬라우에아
  c. 세인트헬렌스 산
  d. 동아프리카 열곡대
  e. 옐로스톤
  f. 베수비오
  g. 데칸 고원
  h. 에트나 산

② 아래의 사진을 보고 다음의 물음에 답하라.

  a. 이 화산의 유형은 무엇인가? 어떠한 특징을 보고 그렇게 답하였는가?
  b. 이 화산의 분출유형은 무엇인가? 이 화산을 형성한 마그마의 조성과 점성을 기술하라.
  c. 세 가지 화산활동 구역 중에서 이러한 화산 유형이 발생하는 곳은 어디인가?
  d. 이러한 화산에 쉽게 영향을 받는 도시는 어디인가?

③ 대서양 중앙 해령과 같은 발산경계는 현무암질 용암의 분출로 형성되었다. 발산경계와 그와 연관된 용암에 대한 다음의 질문들에 답하라.
  a. 이 용암들의 근원은 무엇인가.
  b. 암석을 용융시키는 원인은 무엇인가?
  c. 현무암질 용암보다 더 발산경계와 연관이 있는 용암에 대해 기술하시오. 왜 그것을 선택했으며, 어떠한 유형의 용암이 분출될 것으로 예상되는가?

④ 화산활동의 발생이 판의 경계에서 일어나는 이유를 설명하라.

⑤ 다음의 네 가지 그림을 보고, 어떠한 유형의 지질학적 구조(화산활동 지역)인지 써 보라. 이 중에서 폭발적인 분출을 하는 경우는 어느 것인가? 또 현무암질 용암을 분출하는 것은 어느 것인가?

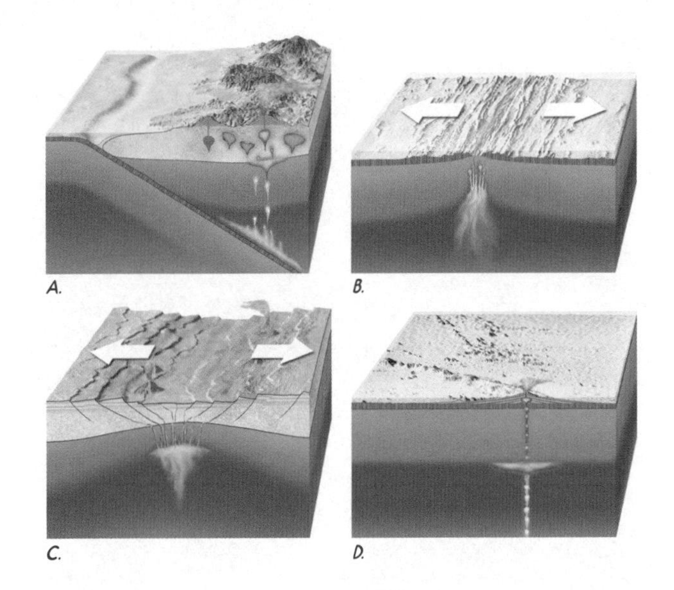

⑥ 이 사진은 미얀마(버마) 중앙에 위치한 통카랏 불교 사원이다. 이 사원은 오래된 화산의 화도 내에 고화된 마그마에 의해 만들어진 몹시 가파른 암석 높은 곳에 자리 잡고 있다. 이 화산은 현재 활동이 끝난 상태이다.

a. 이 사진에 어떠한 화산구조가 보이는가?

b. 그 화산구조가 대체로 복성화산 혹은 분석구에 연관이 있다고 여겨지는가? 왜 그렇게 답하였는가?

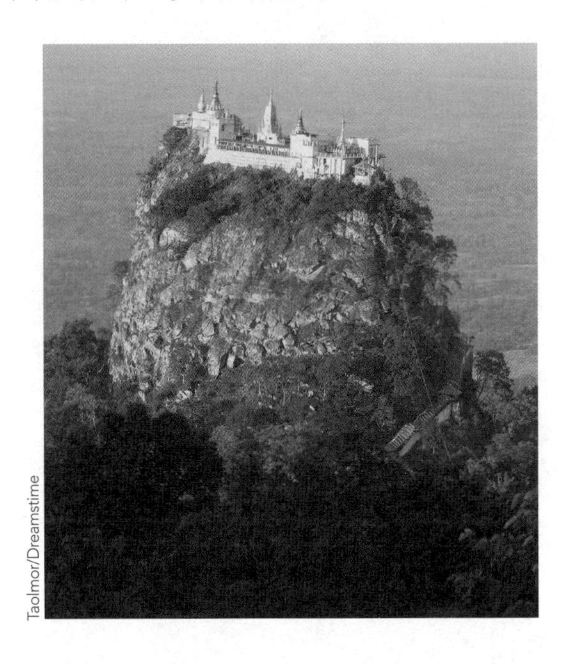
Taolmor/Dreamstime

⑦ 당신은 지질학자이고 화산을 모니터링할 수 있는 최신식 장비를 세 장소에 설치할 수 있다. 그 장비는 세계 어디에나 설치할 수 있지만, 작동시킬 수 있는 비용과 개수는 제한적이다. 어떤 기준으로 그 장소를 선택했는가? 몇 개의 후보지를 뽑고 그 이유를 설명하라.

⑧ 아래의 사진에서 하얀 화살표가 지시하는 화산지형에 이름을 붙여 보라.

USGS

⑨ 레이니어 산의 분출이 1980년 발생한 세인트헬렌스 화산의 분출보다 상대적으로 더 파괴적인 이유를 설명하라.

⑩ 아래의 사진은 오거스틴 산의 사면을 따라 내려온 용암 암괴를 포함한 대형 용암류의 끝자락에 서있는 지질학자의 모습이다.

a. 이 용암류를 뭐라고 부르는가?

b. 화산학자들은 화산 정상부 근처에 나타나는 부서진 용암 암괴(아직 연기가 나는)로 구성된 이러한 구조를 뭐라고 부르는가?

USGS

6
풍화작용과 토양

핵심개념

다음은 이 장에서 다룰 주요 학습 목표이다.
이 장을 학습한 후 다음 질문에 답해 보도록 하자.

- **6.1** 풍화작용을 정의하고, 풍화작용의 주요한 두 가지 종류를 구분하라.
- **6.2** 물리적 풍화작용의 예시를 4개 열거하고 설명하라.
- **6.3** 화학적 풍화작용에서 물과 탄산의 중요성을 설명하라.
- **6.4** 암석 풍화의 방식과 속도에 영향을 끼치는 요인을 요약하라.
- **6.5** 토양을 정의하고, 왜 토양이 하나의 계면으로 취급되는지 설명하라.
- **6.6** 토양 형성에 관여하는 다섯 가지 조건을 열거하고 간단히 설명하라.
- **6.7** 이상적인 토양단면을 스케치하고 각 층의 이름을 붙여 설명하라.
- **6.8** 토양의 분류가 필요한 이유를 설명하라.
- **6.9** 인간활동이 토양에 끼치는 해로운 영향에 대해 논하라.
- **6.10** 풍화작용과 광상 형성과의 관계를 설명하라.

유타 주 브라이스캐니언국립공원의 풍화과정에 의해 형성된 여러 형태의 암석들 (사진 : Michael Collier)

지구 표면은 끊임없이 변하고 있다. 암석은 부서지고 분해되어 중력에 의해 낮은 곳으로 이동하며, 물, 바람, 얼음에 의해 운반된다. 이러한 작용에 의해 지표지형은 계속 변화한다. 이 장에서는 이렇게 끝없이 되풀이되는 지질작용의 첫 단계인 풍화작용에 대해 설명한다. 무엇이 단단한 암석을 부스러지게 만들며, 왜 풍화작용은 장소에 따라 그 속도가 다른 것일까? 더불어 풍화작용에서 생성되는 중요한 산물이자 필수적 자원인 토양에 대해서도 알아본다.

6.1 풍화작용

풍화작용을 정의하고, 풍화작용의 주요한 두 가지 종류를 구분하라.

풍화작용(weathering)은 지구 표면 혹은 그 근처에서 일어나는 암석의 물리적인 분리(파괴)와 화학적인 변질(분해)을 포함한다. 풍화작용은 항상 우리 주변에서 일어나고 있지만, 감지하기 힘들 정도로 속도가 느리고 변화가 뚜렷하지 않은 특성 때문에 그 중요성을 과소평가하기가 쉽다. 그러나 풍화작용은 암석순환의 초기 부분으로 지구시스템에서 핵심적인 과정이다. 또한 풍화작용은 지질학과 관련 없는 사람들에게도 매우 중요하다. 예를 들면 생명을 유지시키는 많은 광물질과 원소들이 토양에서 발견되며, 이들이 우리의 식탁으로 올라와 먹게 되는데, 이들은 고체암석이 풍화작용의 과정에서 생성되어 나온 것이기 때문이다. 또한 **그림 6.1**과 같이 이 책에 나오는 사진들에서 볼 수 있듯이 풍화작용은 지구의 멋진 경관을 만드는 데 큰 몫을 한다. 물론 한편으로는 인공구조물들을 붕괴시키는 원인이 되기도 한다.

그림 6.1 **아치즈 국립공원** 물리적·화학적 풍화작용이 유타 주의 아치즈 국립공원에 있는 여러 암석들과 아치형 구조의 형성에 큰 역할을 하였다. (사진 : Whit Richardson/Aurora Open/SuperStock)

풍화작용에는 크게 두 가지가 있다. **물리적 풍화작용**(mechanical weathering)은 암석의 광물성분을 변화시키지 않고 물리적인 힘에 의해 암석이 작게 부서지는 작용을 수반한다. **화학적 풍화작용**(chemical weathering)은 하나 이상의 새로운 화합물을 만드는 암석의 화학적 변화를 포함한다. 이 두 가지 종류의 풍화작용은 커다란 통나무에 비유할 수 있다. 통나무가 작은 나무조각으로 쪼개지는 것은 물리적 파괴에 해당되고, 통나무에 불이 붙어 타는 것은 화학적 분해에 해당된다.

왜 풍화가 일어나는가? 단순히 보면 풍화는 환경변화에 대한 지구물질의 반응이라 볼 수 있다. 수백만 년 동안 융기와 침식에 의해 상부의 암석이 제거되어 하부에 있던 관입암체가 지표에 노출되었다고 하자. 온도와 압력이 높은 지하 깊이 형성되었던 결정질 암석은 조건이 그 전과 아주 다른 상대적으로 반대적인 지표환경에 놓이게 된다. 이에 따른 반응에 의해 그 암석은 점차 변하게 될 수밖에 없게 된다. 이러한 암석의 변화과정을 풍화작용이라고 한다.

다음에는 물리적 및 화학적 풍화작용의 여러 가지 형태에 대해 알아보고자 한다. 비록 이 두 가지 작용들을 별도로 구분해서 설명하지만, 실제로 자연 상태에서는 물리적 및 화학적 풍화작용이 보통 동시에 일어나며 상호보완적인 관계에 있음을 알아야 된다.

알고 있나요?

산불로 인한 강렬하고 뜨거운 열기가 기반암이나 바위를 깨뜨리고 조각낸다. 암석의 표면이 강하게 가열되면 얇은 표층이 팽창하여 쉽게 산산조각난다.

개념 점검 6.1

① 풍화작용의 두 가지 기초적 분류는 무엇인가?

② 각 분류별 풍화작용의 산물은 어떻게 다른가?

6.2 물리적 풍화작용

물리적 풍화작용의 예시를 4개 열거하고 설명하라.

암석이 물리적 풍화작용을 받게 될 때 본래 물질의 특성은 그대로 가지고 있으면서 더욱 작은 조각들로 깨어지게 된다. 이러한 결과 1개의 큰 덩이가 아주 많은 작은 조각들로 나누어진다. **그림 6.2**와 같이 한 암석이 작은 조각들로 부서지게 되면 전체 표면적이 크게 증가하게 되어 화학적 반응이 더 잘 일어날 수 있게 된다. 이것은 설탕을 물에 넣을 때와 유사한 조건이 된다. 즉 큰 각설탕은 같은 부피의 보통 설탕보다는 표면적이 작기 때문에 더 늦게 녹게 되는 것과 같다. 그러므로 암석을 작은 조각들로 부서지게 하는 물리적(기계적) 풍화작용은 화학적 풍화작용을 잘 일어날 수 있도록 하는 표면적을 증가시키게 된다.

자연에서 암석이 작은 파편으로 부서지는 물리적 과정으로는 주로 네 가지가 중요한데, 즉 동결쐐기작용, 염의 결정성장, 하중 제거에 의한 팽창, 생물의 작용이다. 덧붙여 바람, 빙하, 강, 파도와 같은 침식 요인에 의한 작용이 물리적 풍화작용과는 보통 분리하여 생각하기 쉽지만, 이런 동적 요인이 암석 부스러기들을 이동시키고 더욱 잔혹하게 분리시킨다는 사실을 알 필요가 있다.

물리적 풍화작용에 의해 암석이 더 작게 부서질수록 화학적 풍화작용에 노출되는 표면적이 더욱 증가한다.

2 2
4 평방단위
4 평방단위 ×
6 면 ×
1 입방체 =
24 평방단위

1 1
1 평방단위
1 평방단위 ×
6 면 ×
8 입방체 =
48 평방단위

.5 .5
표면적의 증가
.25 평방단위 ×
6 면 ×
64 입방체 =
96 평방단위

그림 6.2 **물리적 풍화작용은 표면적을 증가시킨다.** 화학적 풍화작용은 노출된 표면에서만 일어나기 때문에 물리적 풍화작용은 노출된 표면의 총 표면적을 늘림으로써 화학적 풍화작용의 효과를 높인다.

동결쐐기작용

그림 6.3에서 볼 수 있듯이 냉동실에 물이 든 유리병을 너무 오래 넣어두면 병이 깨지게 된다. 그 이유는 액체인 물이 동결되면 약 9% 정도로 팽창하는 독특한 성질을 가지고 있기 때문이다. 이러한 현상은 제대로 단열처리가 되지 않았거나 외부에 노출된 배수관이 추운 날씨에 파열되는 경우에도 해당된다. 이와 같이 자연환경에서도 암석에 금이 가고 깨지는 과정이 생길 수 있다. 사실상 이것이 **동결쐐기작용**(frost wedging)으로 설명된다. 물이 암석의 깨진 틈 사이로 흘러들어가 얼게 되면 그 틈이 벌어져 암석이 깨지면서

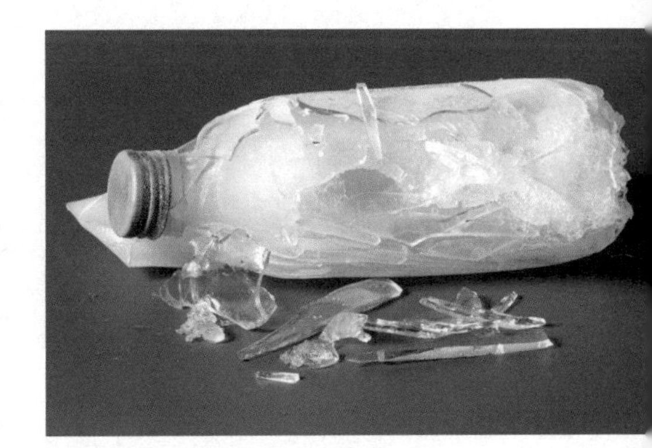

그림 6.3 **동결로 인해 깨진 유리병** 물이 동결되면 약 9% 정도로 부피가 팽창하기 때문에 물이 든 유리병이 깨진다. (사진 : *Bill Aron/Photo Edit*)

스마트그림 6.4 **얼음으로 인해 부서지는 암석** 산악지역에는 동결쐐기작용으로 인해 부서진 각진 암석부스러기들이 생기고, 이들이 퇴적되어 애추(talus) 형태의 사면을 만든다. (사진 : Marli Miller)

그 결과로 각진 암석조각들이 만들어지게 된다(**그림 6.4**).

수년간 대부분의 동결쐐기작용은 이런 식으로 이루어진다는 것이 보편적인 생각이었다. 하지만 실제로는 다른 과정으로 일어난다는 연구 결과가 나오게 되었다. 즉 수분을 머금은 토양이 얼게 되면 얼음이 렌즈상으로 성장하여 팽창하든지 서릿발이 생기는 것으로 알려져 왔다.[1] 이러한 얼음 덩어리는 얼지 않은 지역에서 얇은 액체 필름상으로 점차 물이 공급되어 얼어 조금씩 더 커지게 된다. 물이 더 공급되고 얼수록 토양은 위쪽으로 올라오게 된다. 이와 비슷한 과정이 암석에 있는 균열과 작은 공극 안에서도 일어나는데, 주변에 있는 공극에서 액체인 물을 끌어내리면서 얼음 덩어리가 차츰 커지게 된다. 이러한 얼음 덩어리의 성장이 암석을 약하게 만들고 결국 부서지게 한다는 것이다.

염의 결정 성장

암석을 분리시키는 팽창력의 다른 한 가지로는 염의 결정 성장을 들 수 있다. 암반으로 구성되는 해안선의 건조지역에서 이러한 현상이 보통 잘 나타난다. 바닷물이 파도에 의해 암반에 분무되든지 염분이 많은 지하수가 암석의 열극이나 공극에 침투하면서 이런 현상이 시작된다. 그 후 물이 증발하

1 Bernard Hallet, "Why Do Freezing Rocks Break?" *Science* 314(17): 1092-1093, November 2006.

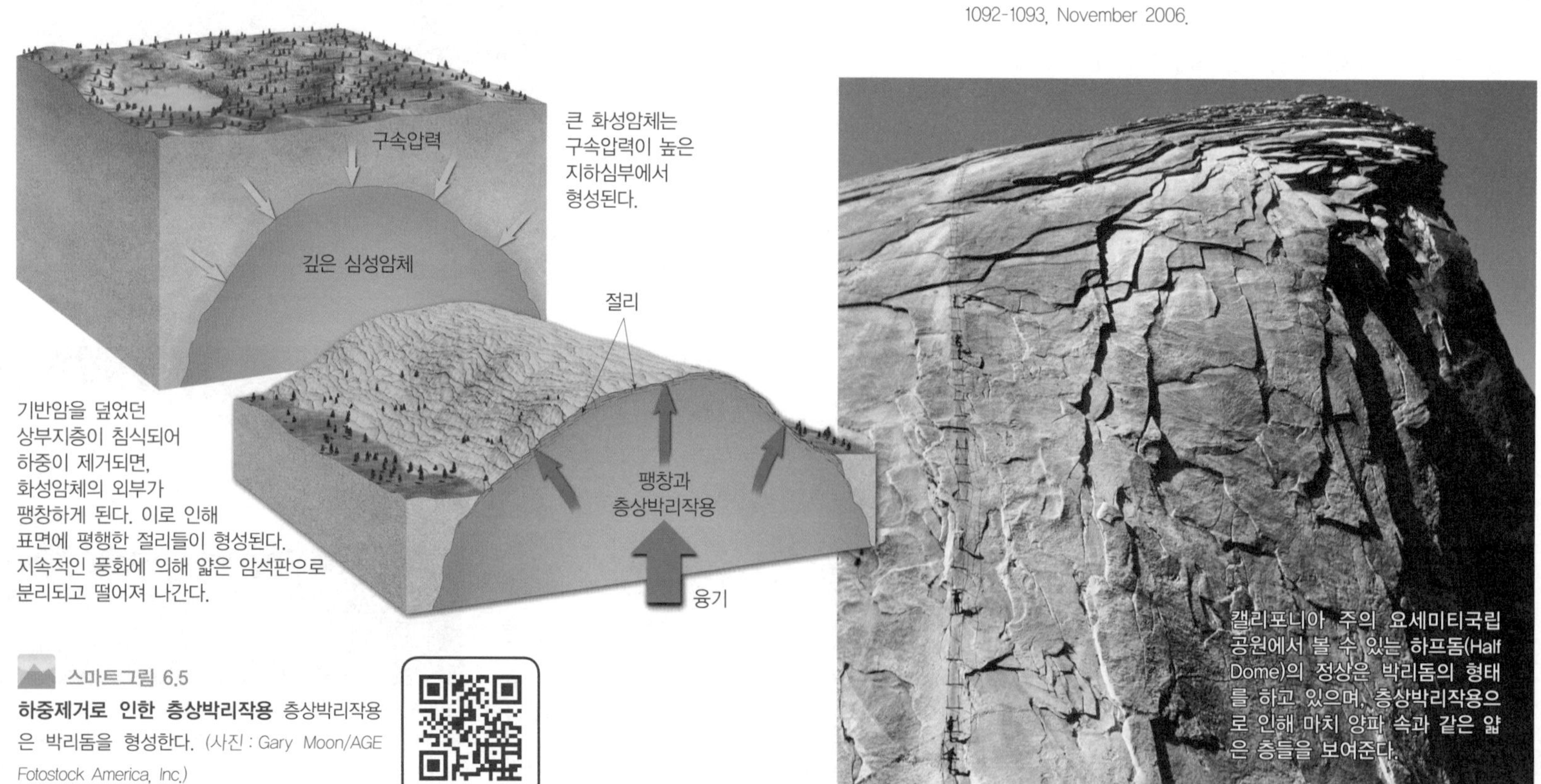

스마트그림 6.5 **하중제거로 인한 층상박리작용** 층상박리작용은 박리돔을 형성한다. (사진 : Gary Moon/AGE Fotostock America, Inc.)

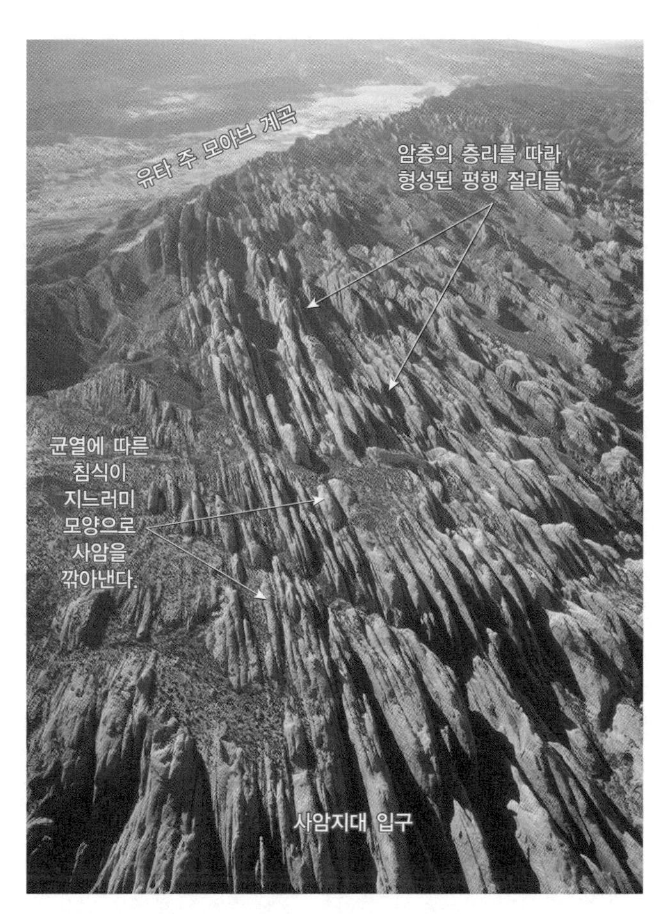

그림 6.6 **절리들은 풍화작용을 돕는다.** 유타 주 모아브 부근의 거의 평행한 절리를 보이는 암석의 항공사진 (사진 : *Michael Collier*)

게 되면 염의 결정이 형성된다. 이렇게 형성된 결정들은 점차 크게 성장하게 되어 미세한 균열을 형성시키고 입자 사이를 벌려 밀어 올림으로서 암반을 약화시킨다.

이와 유사한 현상으로는, 겨울철 도로에 쌓인 눈과 얼음을 녹이기 위해 뿌리는 염이 도로를 파괴하는 원인이 되는 것이 있다. 염이 물에 녹아 동결작용으로 생긴 균열을 따라 스며 든다. 그 후 물이 증발하게 될 때 염의 결정 성장이 일어나서 도로포장을 파괴시킨다.

층상박리작용

화강암과 같은 화성암의 큰 암체가 침식에 의해 지표에 노출되면, 동심원상의 판상으로 절리가 발달하게 된다. 이러한 양파껍질 모양의 절리를 생성시키는 과정을 **층상박리작용**(sheeting)이라 부른다. 이것은 상부를 덮고 있던 암체가 침식에 의해 제거되므로 그만큼 압력이 감소되기 때문에 하중제거(unloading)라고 볼 수 있다. 하중제거에 의해 바깥 부분의 암석층이 안쪽보다 더 많이 팽창하게 되어 암석이 분리된다(그림 6.5). 계속적인 풍화작용에 의해 층상의 암층을 따로 분리시켜서 **박리돔**(exfoliation dome)을 만든다. 박리돔의 아주 좋은 예로는 미국 조지아 주의 스톤마운틴과, 요세미테 국립공원의 하프돔과 리브티캡을 들 수 있다.

암석이 깊은 곳에서 받은 구속압력이 지층의 융기에 따라 크게 감소하게 되는데, 이때 하중제거의 과정에서 층상박리작용이 어떻게 일어나는지는 여러 예들로도 알 수 있다. 얕은 곳에 비해 깊은 곳의 광산에서는 새로운 갱도채굴을 위한 폭파 후에 비교적 큰 암석 덩이들이 나온다. 또한 채석장에서는 큰 암석 덩이들이 제거된 후에는 암반의 균열들이 바닥과 거의 평행하게 나타난다.

많은 절리들이 이러한 압력 감소에 의한 팽창에 의해 형성될 수 있지만, 그 외에도 화성암의 냉각이나 조산운동 기간 중의 구조적 힘에 의해서도 생성될 수 있다. 이런 여러 작용에 의해 형성되는 균열작용은 어떤 일정한 패턴을 보이는데 이를 절리(그림 6.6)라고 하며, 풍화과정이 시작되는 중요한 암석구조이다.

생물학적 작용

풍화작용은 식물, 천공동물 및 인간을 포함한 생물체의 활동에 의해서도 이루어질 수 있다. 영양분과 물을 찾아 암석의 틈 속으로 식물의 뿌리가 뚫고 들어가게 되고, 뿌리가 성장하면서 암석을 쐐기 형태로 분리하게 된다(그림 6.7). 굴을 파는 동물들은 지하의 신선한 물질을 지표로 이동시키게 되며, 이러한 곳에서는 물리적 및 화학적 풍화가 더욱 효과적으로 진행될 수 있다. 또한 부패하는 생물체는 산을 생성하여 화학적 풍화작용에 일조한다. 광물 탐사나 도로건설을 위해 암석들이 파괴되는 경우와 같이 인간에 의한 영향도 현저하게 나타난다.

그림 6.7 **암석을 쪼개는 식물들** 콜로라도 주 볼더 지역 근교의 나무뿌리가 암석에 쐐기작용을 하고 있다. (사진 : *Kristin Piljay*)

개념 점검 6.2

① 암석이 물리적 풍화작용을 받을 때 그 표면적은 어떻게 변하는가? 그리고 이것은 화학적 풍화작용에 어떠한 영향을 미치는가?
② 물이 어떻게 물리적 풍화작용을 일으키는지 설명하라.
③ 박리돔은 어떻게 생성되는가?
④ 절리들은 어떻게 풍화작용을 촉진시키는가?
⑤ 생물학적 활동이 풍화작용에 어떠한 영향을 미치는가?

6.3 화학적 풍화작용

화학적 풍화작용에서 물과 탄산의 중요성을 설명하라.

앞서 설명했듯이 물리적 풍화작용으로 암석이 잘게 부서지면, 화학적 반응이 일어날 수 있는 표면적이 증가하여 화학적 풍화작용을 촉진시키게 된다. 또한 동시에 화학적 풍화작용이 물리적 풍화작용에 기여하는 점도 역시 고려해야 한다. 즉 암석의 바깥부분이 연약해지면 기계적 풍화작용으로 인해 더 쉽게 깨질 수 있다는 것이다.

화학적 풍화작용은 암석성분과 광물의 내부구조를 변화시키는 복합적 과정을 포함하고 있다. 이러한 과정은 새로운 광물들을 만들어 성분을 변하게 하거나, 주변 환경에 분해된 성분을 유출시키기도 한다. 이 과정 동안에 본래 암석은 지표 환경에 안정한 물질들로 분해된다. 결국 화학적 풍화작용의 생성물은 만들어질 때의 조건과 유사한 환경에 존재하는 한 근본적으로 변하지 않고 안정된다.

물과 탄산

물은 화학적 풍화작용에 단연코 가장 중요한 재료이다. 비록 순수한 물은 반응성이 없다 할지라도 극히 적은 용해물질을 활성화시키는 데 충분히 이용된다. 물에 용해되어 있는 산소는 다른 물질들을 산화시킬 것이다. 예를 들어 철 못이 축축한 흙속에 발견된다면 녹(철산화물)으로 피복되어 있을 것이고, 지표에 노출된 시간이 매우 오래된다면 못이 아주 약해져서 이쑤시개처럼 쉽게 부서지게 될 것이다. 철을 많이 함유한 광물들이 산화되면 황색 내지 적갈색의 녹이 표면에 생기게 된다(그림 6.8).

물(H_2O) 속에 녹아 있는 이산화탄소(CO_2)는 탄산(H_2CO_3)을 형성하며, 이 정도의 약한 산은 탄산음료가 탄산화될 때 생성되는 것과 같다. 비가 대기로 떨어지면서 비에 약간의 이산화탄소가 녹아들어가게 되고, 또한 토양에 스며들 때 유기물의 분해에 의해 배출되는 이산화탄소가 일부 추가될 수 있다. 이 탄산은 아주 활성적인 수소이온(H^+)와 중탄산이온(HCO_3^-)으로 이온화된다.

알고 있나요?

일반적인 광물 중에서 물리적 및 화학적 풍화작용 모두에 저항성이 아주 큰 것은 오직 석영뿐이다.

그림 6.8 **산화작용** 녹슨 깡통과 같이 철이 산소와 반응하여 산화철광물을 만든다. (사진 : *Vladimir Melnik/Shutterstock*)

탄산과 같은 산은 많은 암석들을 쉽게 분해시키고, 수용성인 반응생성물들을 만들게 된다. 예를 들어 건축재료로 사용되는 대리암과 석회암을 구성하는 광물인 방해석($CaCO_3$)은 아주 약한 산성용액에 의해서도 쉽게 분해될 수 있다.

방해석이 이산화탄소를 포함하는 물에 녹는 전체 화학반응식은 다음과 같다.

$$\underset{\text{방해석}}{CaCO_3} + \underset{\text{탄산}}{(H^+ + HCO_3^-)} \longrightarrow \underset{\text{칼슘이온}}{Ca^{2+}} + \underset{\text{중탄산이온}}{2HCO_3^-}$$

이 과정 동안에 탄산칼슘은 수용성 생성물로 변화하게 된다. 실제로 자연에서 수천 년 동안에 막대한 석회암이 용해되었고, 지하수에 의해 멀리 이동하여 제거되었다. 이러한 작용의 증거는 많은 지하의 석회동굴들의 존재로 알 수 있다(그림 6.9).

화강암의 풍화

암석이 탄산과 반응하여 화학적 풍화가 어떻게 일어나는지를 알아보기 위해서, 대륙에서 가장 풍부한 암석인 화강암의 풍화에 대해 고찰해 본다. 화강암 중 칼륨장석의 풍화작용은 다음과 같은 반응으로 진행된다.

$$\underset{\text{칼륨장석}}{2KAlSi_3O_8} + \underset{\text{탄산}}{2(H^+ + HCO_3^-)} + \underset{\text{물}}{H_2O} \longrightarrow$$

$$\underset{\text{점토광물}}{Al_2Si_2O_5(OH)_4} + \underbrace{\underset{\text{칼륨이온}}{2K^+} + \underset{\text{중탄산이온}}{2HCO_3^-} + \underset{\text{실리카이온}}{4SiO_2}}_{\text{(용액 중)}}$$

이 반응식에서 수소이온(H^+)이 장석의 결정구조 내에 있는 칼륨이온(K^+)과 치환하게 되는데, 이에 따라서 결정구조가 흩트러지게 된다. 이때 용출된 칼륨은 식물의 영양분으로 이용되든지 아니면 탄산수소칼륨($KHCO_3$)의 수용성염이 만들어지는데, 이들은 다른 광물에 병합되든지 아니면 용해된 상태로 하천을 따라 바다까지 운반된다.

장석의 분해에 의해 생성되는 가장 흔한 생성물로는 점토광물이다. 점토광물은 풍화작용의 최종산물로, 지표의 환경조건에서 매우 안정된 상태의 광물이다. 따라서 토양 속에서 무기물질로서 점토광물이 높은 비율로 포함되어 있다. 또한 가장 풍부한 퇴적암인 이암에도 많은 점토광물을 함유하고 있다.

장석의 풍화 동안에 점토광물의 형성과 함께 일부 실리카가 용출되어 지하로 멀리 이동된다. 이렇게 용해된 실리카는 처트 혹은 프린트의 결핵체로 침전하든지, 아니면 퇴적물 입자 사이를 채우기도 하고, 바다로 그대로 이동될 수 있는데, 그곳에서 규조와 같은 현미경적인 작은 동물들이 단단한 실리카 껍질을 만들기도 한다.

요약하면 칼륨장석의 풍화는 점토광물을 만들고, 수용성염(탄산수소칼륨)과 용액에 포함되는 일부 실리카를 생성시킨다.

화강암의 다른 주성분 광물인 석영은 화학적 풍화작용에 아주 저항성이 강하기 때문에 약한 산성용액에서는 본질적으로 변하지 않고 그대로 남게 된다. 그 결과 화강암이 풍화되면 장석 결정들은 무디어지며 천천히 점토광물로 바뀌게 된다. 이에 따라 한때 맞물려 공존했던 석영 입자들이 독립적으로 떨어져 나가게 되는데, 이때에도 석영들은 신선하여 유리와 같은 모양을 나타낸다. 비록 일부 석영들이 토양 속에 남게 되지만, 대부분의 것들은 바다로 운반되든지 어떤 장소에 퇴적되어, 모래해안과 모래언덕을 구성하는 주성분이 된다. 시간이 흘러 이러한 석영입자들이 모여 퇴적암인 사암(sandstone)으로 바뀌게 된다.

규산염광물의 풍화

표 6.1에 가장 일반적이고 대표적인 규산염광물의 풍화생성물을 나타냈다. 규산염광물이 지각에서 가장 많은 광물이며, 이러한 광물들은 주로 여덟 가지 원소들로 구성되어 있음을 기억해 보자. 화학적으로 풍화될 때 규산염광물들은 나트륨, 칼슘, 칼륨, 마그네슘 등을 용해하여 지하수를 통해 제거된다. 철 원소는 산소와 결합하여 비교적 불용성인 철산화물을 만들며, 이것이 적갈색이나 황색의 토양을 만든다. 대부분의 조건 하에서 알루미늄, 규소, 산소의 3원소들은 물과 반응하여 점토광물들을 만들어 잔류하게 된다. 그러나 불용성이 큰 점토광물들도 지하수에 의해 아주 느리게 이동되어 제거될 수도 있다.

그림 6.9 **산성수가 동굴을 만든다.** 탄산의 용해능력은 거대한 석회암 동굴을 만든다. 사진은 뉴멕시코의 칼스배드 동굴 안의 중국극장 모습이다. (사진 : Dennis MacDonald/AGE Fotostock)

구상풍화

많은 암석의 노두들은 둥그런 모양을 하고 있는데, 이것은 화학적 풍화작용이 노출된 표면에서부터 안쪽을 향해 일어나기 때문이다. **그림 6.10**은 뾰족하게 각진 절리를 가진 암석이 시간이 지나면서 어떻게 변하는지 보여준다. 이러한 과정을 **구상풍화**(spheroidal weathering)라고 부른다. 풍화가 모서리에서는 2면에 작용하고 꼭지에서는 3면에 작용하므로 이렇게 모난 부분들은 하나의 평평한 면이 풍화되는 속도보다 훨씬 빨리 그 표면이 둥글게 닳게 된다. 뾰족한 모서리와 꼭지들의 모양이 점점 부드럽고 둥글게 변하면서, 결국 모난 바위는 거의 구상 형태를 가지게 된다. 한 번 이렇게 변한 바위는 그 형태를 유지한 채로 크기만 작아진다.

개념 점검 6.3

① 자연 상태에서 탄산은 어떻게 만들어지는가?
② 탄산이 석회암과 같은 방해석이 풍부한 암석과 반응할 때 어떤 현상이 일어나는가?
③ 탄산이 칼륨장석과 반응할 때 생성물은 무엇인가?
④ 뾰족하게 각진 바위가 어떻게 둥그런 형태로 변하는지 설명하라.

표 6.1
화학적 풍화작용에 의한 생성물질

광물	잔류 생성물	용액 내 물질
석영	석영입자	실리카
장석	점토광물	실리카, K^+, Na^+, Ca^{2+}
각섬석	점토광물	실리카, Ca^{2+}, Mg^{2+}
	갈철석	
	적철석	
감람석	갈철석	실리카
	적철석	Mg^{2+}

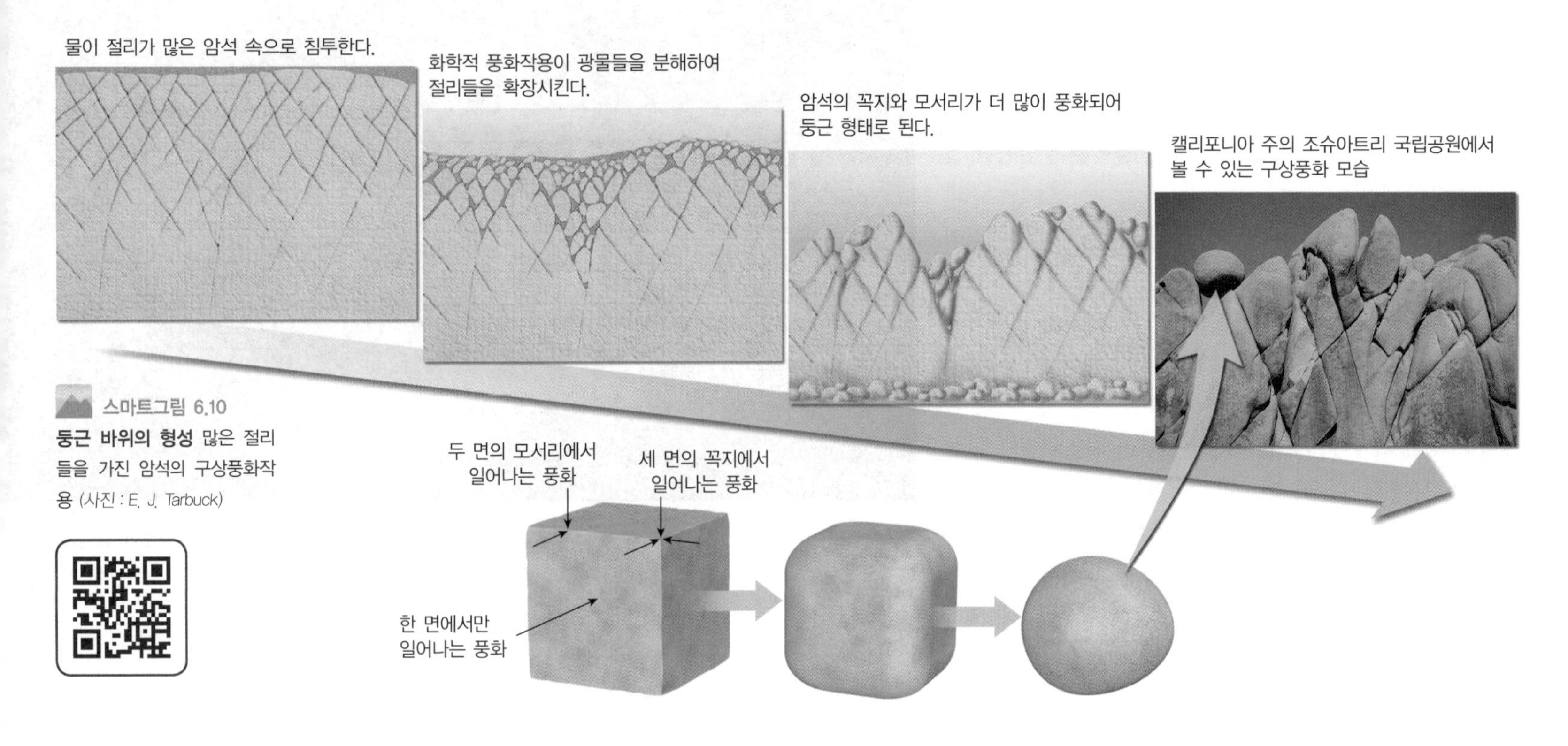

스마트그림 6.10
둥근 바위의 형성 많은 절리들을 가진 암석의 구상풍화작용 (사진 : E. J. Tarbuck)

6.4 풍화작용의 속도

암석 풍화의 방식과 속도에 영향을 끼치는 요인을 요약하라.

스마트그림 6.11
암석의 종류에 따른 풍화작용 암석의 종류에 따른 화학적 풍화속도의 차이를 보이는 비석의 일례 (사진 : E. J. Tarbuck)

암석의 풍화 속도에는 여러 가지 요인이 영향을 미친다. 우리는 이미 물리적 풍화작용이 풍화 속도에 어떤 영향을 미치는지 공부했다. 암석이 작은 조각으로 부서지게 되면 화학적 풍화작용에 노출되는 표면적이 증가한다. 여기서는 그 외에 다른 중요한 요인인 암석 특성과 기후의 역할에 대해 알아본다.

이 화강암 비석은 1868년에 세워진 것으로 새겨진 문구가 아직 뚜렷하다.

이 비석은 방해석을 주성분으로 하는 변성암인 대리암으로 이루어져 있으며, 1872년에 세워졌다. 옆의 화강암 비석보다 4년 후에 세워졌음에도 불구하고 새겨진 문구는 거의 지워져 판독이 불가능하다.

암석 특성

여기서 암석 특성은 구성광물과 용해도와 같은 암석의 화학적 성질을 포함한다. 그리고 절리와 같은 물리적 특성은 물이 암석에 쉽게 침투할 수 있도록 영향을 끼치기 때문에 중요하다.

암석의 광물성분에 따른 풍화속도의 차이는 여러 종류의 오래된 비석을 비교해 보면 잘 알 수 있다. 규산염광물로 주로 구성되어 있는 화강암의 비석인 경우는 화학적 풍화작용에 대한 저항이 비교적 크게 나타난다. 이것은 그림 6.11에 보이는 화강암 비석의 비문을 봐도 잘 알 수 있다. 반면 대리암으로 만들어진 비석의 경우는 상대적으로 단기간 내에 심하게 화학적 풍화를 받는다. 대리암은 방해석으로 구성되어 있어 약한 산성용액에서도 쉽게 용해될 수 있기 때문이다.

가장 흔한 광물군에 속하는 규산염광물들은 생성될 때 결정화되는 순서와 같은 순서로 풍화가 잘 일어난다. 앞서 공부한 보웬의 반응계열(Bowen's reaction)과 같이 가장 먼저 결정화되는 감람석은 화학적 풍화에 대한 저항성이 가장 낮으며, 결정화가 가장 늦게 일어나는 석영은 풍화에 대한 저항성이 가장 크다.

기후

특히 온도와 습도에 대한 기후 요인은 암석의 풍화속도에 아주 큰 영향을 미친다. 한 가지 중요한 예로 물리적 풍화작용에서 동결쐐기작용의 반복 빈도가 동결쐐기의 정도에 영향을 크게 미친다는 것이다. 또한 온도와 습도는 화학적 풍화작용의 속도와 식생의 존재 등에도 많은 영향을 끼친다. 식물이 우거진 지대에서는 유기물의 분해에 의해 탄소와 부식산(humic acid)과 같은 화학적으로 활성적인 용액이 풍부한 두꺼운 토양층을 형성하게 된다.

화학적 풍화에 대한 최적의 환경조건은 따뜻한 온도와 풍부한 수분이 함께하는 것이다. 극지방에 있어서 화학적 풍화작용이 잘되지 않는 것은, 이용 가능한 수분이 극한의 온도에 의해 얼음으로 굳어져 있기 때문이다. 마찬가지로 건조지역에서도 화학적 풍화를 촉진시키는 수분이 결핍되기 때문에 화학적 풍화작용이 잘 일어나지 않는다.

인간 활동이 대기성분을 변화시켜 화학적 풍화작용에 영향을 줄 수도 있다. 이에 대한 좋은 예는 산성비이다(그림 6.12).

차별적 풍화작용

암체의 모든 부분들이 똑같이 풍화가 일어나지 않는다. 앞에서 나온 그림 5.27에 있는 뉴멕시코 십록의 사진을 돌아보자. 주변 지형에 비해 불쑥 솟아 나온 예전 화산의 화도를 잘 볼 수 있다. 또한 이 장의 첫 페이지에 나온 브라이스캐니언 국립공원 사진도 **차별풍화작용**(differential weathering)으로 볼 수 있는 좋은 예가 된다. 이러한 차별적 풍화작용은 거칠고 불평탄한 표면을 보이는 대리암 비석(그림 6.11)에서부터 뉴멕시코 비스티배들랜즈의 방대하게 깎인 노두(그림 6.13)에 이르기까지 다양한 규모의 형태로 변화시킨다.

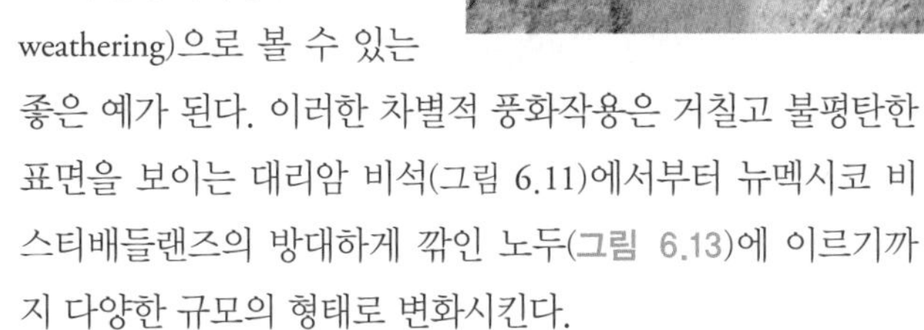

암석의 풍화속도에는 많은 요인이 영향을 미친다. 그중에서 가장 중요한 요인은 암석의 성분 특성이다. 상대적으로

그림 6.12 **산성비는 석재문화재의 화학적 풍화작용을 촉진시킨다.** 석탄과 석유의 막대한 소비에 의해 미국에서는 연간 2,000만 톤 이상의 황과 질소 산화물이 대기 중에 배출되고 있다. 이들이 화학반응을 통하여 산성의 비나 눈으로 변하여 지표면에 떨어진다. 사진은 독일의 라이프치히에 있는 건물의 풍화된 정면외벽이다. *(사진 : Doug Plummer/Science Source)*

모바일 현장학습

그림 6.13 **풍화작용의 기념물**
차별적 풍화작용에 의한 이 사진은 뉴멕시코 주 비스티배들랜즈 지역이다. 풍화작용이 암석에 차별적으로 적용될 때 이러한 멋진 경관이 생기게 된다. *(사진 : Michael Collier)*

알고 있나요?

달에는 공기도 없고, 물도 없고, 생물학적 작용도 없다. 그러므로 지구와 같은 풍화작용을 달에서는 볼 수 없다. 그러나 달의 지형은 회색의 암석부스러기로 된 토양과 같은 표층물질로 덮여 있다. 이것을 '달 표토(lunar regolith)'라고 하며, 이는 수십억 년 동안 운석에 의한 충돌에서 만들어진 것이다. 달 표면의 변화속도는 너무 느리기 때문에 아폴로 우주인들이 남긴 빌자국은 수백만 년 동안 그대로 신선한 상태로 남게 될 것이다.

저항성이 큰 암석은 능선, 산봉우리 혹은 가파른 절벽과 같이 불쑥 튀어나온 형태를 보인다. 그리고 절리들의 수와 간격도 중요한 요인이 된다(그림 6.10). 차별적 풍화와 지속적인 침식작용은 가끔 색다르고 아주 장관의 기암괴석과 지형들을 만든다.

개념 점검 6.4

① 그림 6.11의 비석들은 왜 다르게 풍화되었는가?
② 기후가 풍화작용에 미치는 영향은 무엇인가?

6.5 토양

토양을 정의하고, 왜 토양이 하나의 계면으로 취급되는지 설명하라.

풍화작용은 토양의 형성에 있어 핵심 과정이다. 공기와 물과 같이 토양은 우리에겐 없어서는 안 될 자원 중 하나이다. 하지만 동시에 공기와 물처럼 마치 당연한 것처럼 여겨지는 것도 사실이다. 다음의 인용문을 통해 필수적인 토양층의 의미를 알아보자.

> 최근 들어 과학은 행성으로서의 지구에 더욱더 초점을 맞추고 있다. 지구에는 담요와 같은 얇은 층의 공기, 필름 같이 더 얇은 층의 물, 그리고 가장 얇은 층의 토양이 있고, 이들이 서로 결합하여 놀랍도록 다양한 생명체의 시스템을 끊임없는 변화 속에서 이어져나가도록 유지해 준다는 사실을 우리는 알게 되었다.[2]

토양은 '생물과 무생물 사이의 교량'으로 불리어 왔다. 전체 생물권의 모든 생명체들은 궁극적으로 지구 지각으로부터 유래하는 여러 원소들에서 은혜를 입고 있다. 먼저 풍화작용을 통하여 토양이 형성되면, 그곳에서 식물들은 필요한 원소들을 흡수하여 인간을 포함한 동물들이 그것을 이용할 수 있도록 중간매개체의 역할을 해 준다.

그림 6.14 **토양은 무엇인가?** 여기 원형 차트는 식물의 성장에 좋은 조건인 토양에 대한 구성성분(체적비)을 보여준다. 구성비는 다를 수 있지만, 토양은 광물, 유기물, 수분 및 공기로 구성된다. (사진: *i love images/gardening/Alamy Images*)

지구시스템에서의 계면

지구를 하나의 시스템으로 봤을 때 토양은 한 시스템의 다른 부분이 상호작용하는 일반적인 경계면에 해당되는 하나의 계면으로 간주될 수 있다. 그 이유는 토양은 지권, 기권, 수권, 생물권이 만나는 곳에서 생성되기 때문이다. 토양은 지구시스템의 각기 다른 부분이 복합적인 환경의 상호작용에 의해 변화되는 물질이다. 시간에 따라 토양은 환경과 평형상태나 균형을 맞추도록 점차적으로 성숙하게 된다. 토양은 주변 환경의 거의 모든 것에 대해 민감하고 역동적이다. 그러므로 기후, 식생, 동물(인간 포함)의 활동 등과 같은 환경적 변화가 발생되면 이에 따라 토양은 반응하게 된다. 이러한 변화는 새로운 균형이 이루어질 때까지 점진적으로 토양 특성의 변화를 야기한다. 비록 지표면에 얇게 분포하고 있지만, 토양은 지구시스템의 여러 부분을 통합하는 좋은 예로서 근본적인 계면으로의 기능을 다하고 있다.

토양이란 무엇인가

아주 드문 일부 예를 제외하고, 지구의 표면은 풍화작용에 의해 형성된 암석과 광물의 부스러기들로 이루어진 층인 **표토**(regolith)로 덮여 있다. 일부 사람들은 이러한 물질을 토양이라 부르지만, **토양**(soil)은 풍화된 부스러기들의 축적물 이상의 의미를 가진다. 토양은 식물 성장을 유지해 주는 표토의 부분으로 광물과 유기물, 물과 공기의 복합물이다. 이러한 토양의 주요 구성물의 비율은 경우에 따라 다를 수 있지만, 이 4개의 구성요소는 항상 일정 범위를 가지고 존재한다(그림 6.14). 양질의 토양은 전체 부피의 약 절반이 암석이 분리되고 분해된 광물과 동식물이 분해된 잔류물인 **부식물질**(humus)로 구성된다. 그리고 나머지 절반은 공기와 물이 순환할 수 있는 고체 입자 사이의 공극으로 구성되어 있다.

비록 토양에서 광물의 함량은 보통 유기물 함량보다 월등히 많지만, 부식물질은 필수적인 한 구성요소이다. 그리고 이 부식물질은 식물 영양분의 중요한 원천이 될 뿐만 아니라

2 Jack Eddy, "A Fragile Seam of Dark Blue Light," in *Proceedings of the Global Change Research Forum*, U.S. Geological Survey Circular 1086, 1993, p. 15.

토양에 수분을 보유할 수 있는 능력을 증가시킨다. 식물이 생존하고 성장하기 위해서는 공기 및 수분이 필요하기 때문에 이러한 유체들의 순환을 위해 필요한 공극을 포함하는 부분은 고체 성분과 같이 매우 중요하다.

토양수는 순수한 물과는 달리 많은 수용성 영양성분들을 함유하는 복합적인 용액이다. 토양수는 생명을 유지시키는 화학반응에 필수적인 수분을 공급할 뿐만 아니라 식물이 사용할 수 있는 형태로 영양분을 공급한다. 물로 채워지지 않는 공극은 공기를 포함한다. 이러한 공기는 토양 속에 살고 있는 식물과 미생물에게 필요한 산소와 이산화탄소의 공급원이 된다.

개념 점검 6.5

① 지구시스템 내에서 토양이 하나의 계면으로 여겨지는 이유는 무엇인가?

② 표토(regolith)는 토양과 어떻게 다른가?

알고 있나요?

토양은 가끔 매몰되어 보존되기도 한다. 만약 이러한 고토양(paleosols)이라고 하는 고대토양이 후에 노출된다면, 수천 내지 수백만 년 전의 기후와 주변 환경을 알 수 있는 유용한 실마리를 제공하게 된다.

6.6 토양 형성의 조건

토양 형성에 관여하는 다섯 가지 조건을 열거하고 간단히 설명하라.

토양은 모질물질, 시간, 기후, 식생, 동물 및 지형과 같은 여러 가지 조건들이 만들어 내는 복합적인 상호작용의 산물이다. 비록 이러한 조건들은 상호 의존적이지만, 여기서는 각각의 역할에 대해 따로 알아보도록 한다.

모질물질

토양을 구성하는 풍화생성 광물질의 근원을 **모질물질**(parent material)이라고 하며, 새로 생성되는 토양에 가장 많은 영향을 미치는 조건이다. 모질물질은 토양 형성 과정이 진행됨에 따라 점진적으로 물리적 및 화학적인 변화를 겪게 된다. 모질물질은 아래에 놓여 있는 기반암이 될 수도 있고, 또는 계곡과 하천에 있는 것과 같은 미고결된 퇴적물층이 될 수도 있다. 모질물질이 기반암인 경우의 토양을 **잔류토양**(residual soils)이라고 한다. 반면 미고결된 퇴적물에 형성된 경우에는 **이동토양**(운적토, transported soils)이라고 한다(그림 6.15). 이동토양은 모질물질이 있는 장소에서 생성된 후 중력, 물, 바람, 빙하 등에 의해 다른 곳으로 이동되어 퇴적된 것이라는 사실에 유념해야 한다.

모질물질의 특성은 토양에 두 가지 영향을 미친다. 첫 번째는 모질물질의 종류가 풍화속도와 토양 형성 속도에 영향을 미치는 것이다. 미고결된 지층에서는 이미 부분적으로 풍화되어 있기 때문에 일반적으로 기반암에 비해 토양의 발달이 비교적 빠르게 진행된다. 두 번째로 모질물질의 화학성분은 토양의 비옥도에 영향을 미친다. 이것은 자연적인 식생의 특성에 크게 영향을 끼치게 된다.

한때 모질물질은 토양의 차이를 만드는 제일 중요한 요인으로 생각되었다. 그러나 토양학자들은 특히 기후와 같은 다른 요인이 더 중요하다는 것을 이해하게 되었다. 즉 다른 모질물질에서도 유사한 토양이 생성될 수도 있고, 같은 모질물질에서도 상이한 종류의 토양이 생성될 수도 있다는 사실을 알게 되었다. 이러한 발견으로 토양 생성에 있어서 다른 요인의 중요성도 부각되었다.

시간

시간은 모든 지질학적 과정에서 중요한 요소이며, 토양 생성에도 예외가 아니다. 토양의 특성은 과정을 겪었던 시간의 길이에 크게 영향을 받는다. 만약 풍화작용이 상대적으로 짧

그림 6.15 **경사에 따른 토양의 발달** 잔류토양의 모질물질은 하부에 놓여 있는 기반암이다. 반면 이동토양은 미고결의 퇴적층에서 형성된다. 사면의 경사가 심해질수록 토양층은 더욱 얇아진다. *(왼쪽 그리고 가운데 사진 : E. J. Tarbuck; 오른쪽 사진 : Lucarelli Temistocle/Shutterstock)*

은 시간 동안 일어났다면 모질물질은 토양의 특성에 강하게 영향을 미친다. 풍화과정이 오래 계속될수록 모질물질이 토양에 미치는 영향은, 특히 기후와 같은 다른 토양 생성 조건에 점진적으로 가려지게 된다. 여러 토양에 따라 생성될 수 있는 시간의 길이가 특정지어질 수 없는데, 왜냐하면 토양 생성 과정은 각 주변 환경의 차이에 따라 그 속도가 다르게 일어나기 때문이다. 그러나 일반 원칙적으로 토양이 생성되는 과정이 길어질수록 토양층의 두께는 두꺼워지며 모질물질과의 공통점이 희박해진다.

기후

기후는 토양 생성에 있어 가장 큰 영향을 주는 조건이다. 기온과 강수량은 기후 요소 중에서도 가장 큰 영향을 미친다. 기온과 강수량의 변화 정도는 화학적 풍화작용과 물리적 풍화작용 중 어느 것이 더 우세한가를 결정하게 된다. 기후는 또한 풍화의 속도와 심도에 큰 영향을 미친다. 예를 들어 고온다습한 기후에서는 화학적 풍화작용에 의해 두꺼운 토양층이 생성되지만, 이와 같은 기간 동안에도 한랭하고 건조한 기후에서는 물리적 풍화에 의해 아주 얇은 층을 만들게 된다. 또한 강수량은 스며드는 물로 인해 토양으로부터 다양한 물질들이 제거(용탈이라는 과정)되는 정도에 영향을 미치게 되는데, 이로 인해서 토양의 비옥도에 영향을 준다. 결국 기후조건은 서식하는 식생과 동물의 종류를 지배하는 중요한 인자가 된다.

식물과 동물

식물과 동물들도 토양 생성에 필수적인 역할을 한다. 생물체의 종류와 풍부함에 따라 토양의 물리학적·화학적 특성에 큰 영향을 미친다(그림 6.16). 사실상 많은 지역의 잘 발달된 토양에 있어서, 토양 종류에 영향을 주는 식생의 중요성에 대해 토양학자들의 많은 연구가 이루어졌다. 이에 관한 토양 종류로는 **목장토양**(prairie soil), **삼림토양**(forest soil), **툰드라토양**(tundra soil)이 있다.

식물과 동물들은 유기물을 토양에 공급한다. 어떤 습지의 토양은 거의 대부분이 유기물들로 구성되어 있는 반면 사막의 토양은 극소량만을 함유한다. 비록 유기물의 양은 토양에 따라 다양하게 나타나지만, 유기물이 전혀 없는 토양은 극히 드물다.

동물과 수많은 미생물들도 토양 유기물의 원인이 되지만, 무엇보다도 가장 주요한 근원은 식물이다. 유기물이 분해된 중요한 영양분들이 식물에 공급되고, 또한 토양에서 생존하는 동물 및 미생물들에도 공급된다. 따라서 결과적으로 토양의 비옥함은 유기물의 양에 좌우된다. 더욱이 식물과 동물들의 부패는 다양한 유기산을 형성시키는 원인이 된다. 이렇게 생성된 복합적인 산은 풍화과정을 촉진시킨다. 또한 유기물질들은 높은 수분의 보유능력을 가지고 있어 토양 내 수분 유지에 도움을 준다.

조류, 박테리아, 그리고 단세포 원생동물 등의 미생물들은 토양 내에 있는 식물과 동물들의 부패에 중요한 역할을 한다. 이렇게 형성된 최종산물이 부식물질이며, 이 물질은 이를 형성시킨 식물과 동물과는 전혀 유사하지 않는 물질이다. 그리고 어떤 미생물들은 대기 중 질소를 토양질소로 변환시키는 능력을 가지고 있기 때문에 토양의 비옥도에 도움이 되기도 한다.

지렁이와 같은 굴을 파는 동물들은 토양 중 광물과 유기물을 혼합시키는 역할을 한다. 예를 들어 지렁이는 유기물을 섭취하며 그들이 살고 있는 토양을 혼합시키는데, 보통 1년에 1에이커당 수 톤의 토양을 이동시키고 비옥하게 만든다.

그림 6.16 **식물이 토양에 미치는 영향** 초목의 종류는 토양 형성에 큰 영향을 미친다. (사진 : Bill Brooks/Alamy Images, Nickolay Stanev/Shutterstock, and Elizabeth C. Doerner/Shutterstock)

북부 침엽수림의 유기질 낙엽들은 강한 산성 물질로 토양에 산을 다량 축적하게 된다. 이러한 산의 용출작용이 이곳 토양 형성의 중요한 과정이 된다.

사막의 변변찮은 비는 풍화작용 속도를 감소시키고 빈약한 식생을 만든다. 사막 토양은 아주 얇으며 유기물이 결핍되어 있다.

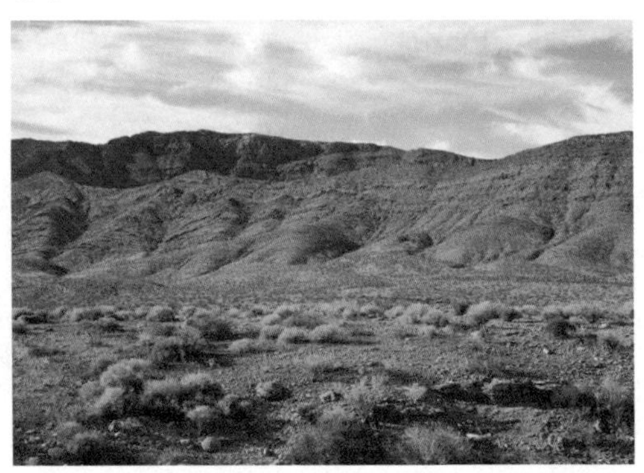

배수가 양호한 대초원지역의 토양은 칼슘과 마그네슘이 풍부하고 부식물질이 풍부한 토양층을 가지고 있다. 보통 비옥도가 매우 우수하다.

이들에 의한 굴과 구멍들은 토양으로 물과 공기가 통할 수 있는 통로가 된다.

지형

육지의 형태는 아주 좁은 지역에서도 매우 다를 수 있다. 이러한 지형상의 차이는 지역적으로 토양 종류를 다양하게 발달시킨다. 이러한 차이점은 사면의 길이와 경사도가 침식의 정도와 토양의 수분량에 중대한 영향을 미치기 때문이다.

가파른 경사면에서는 토양은 잘 발달되지 않는데, 이러한 경우에는 스며드는 물이 거의 없어서 결과적으로 식물이 성장하기에 필요한 토양수분이 부족하게 된다. 더욱이 가파른 경사면에서는 침식이 잘 일어나기 때문에 토양층은 매우 얇거나 아예 존재하지 않게 된다(그림 6.15).

대조적으로 배수가 잘되지 않는 평지에 있는 수분이 많은 토양은 매우 다른 특성을 가진다. 이러한 토양은 대체로 두꺼우며 검은색을 띤다. 검은색을 띠는 것은 식물의 분해가 포화상태로 유지되도록 집적된 유기물이 많기 때문에 나타난다. 좋은 토양이 발달되는 데 최적의 지형은 평평하면서 약간 굴곡진 산지이다. 즉 배수가 잘되며, 침식이 최소화되고 수분이 충분히 흡수될 수 있는 곳이다.

경사의 방향 또한 고려해야 할 사항이다. 북반구의 중위도 지역에서 남쪽 방향의 경사면은 북쪽인 경사면보다 더 많은 햇빛을 받는다. 사실상 가파른 북쪽 방향의 경사면은 직접적인 햇볕을 거의 받을 수 없다. 이러한 일조량의 차이는 토양의 온도와 수분에 차이를 발생시키고, 이것이 식생에 영향을 주고 결국 토양의 특성에 영향을 끼친다.

비록 우리는 토양생성의 조건들을 각각 분리하여 취급하였지만, 이들의 모든 조건들은 토양을 형성하는 데 있어 다 함께 작용한다는 것을 기억해야한다. 한 가지의 조건만이 토양의 특성에 영향을 미치는 일은 없다. 즉, 모질물질, 시간, 기후, 식생과 동물, 지형 등의 복합적 조건들이 토양의 특성을 결정한다.

알고 있나요?

상부토양 1cm가 만들어지는 토양 형성 과정은 약 80년과 400년 사이의 시간이 걸린다.

개념 점검 6.6

① 토양 형성에 있어 가장 기초적인 다섯 가지 조건을 열거하라.
② 토양 형성에 가장 큰 영향을 미치는 요인은 무엇인가?
③ 경사의 방향이 토양 형성에 미치는 영향은 무엇인가?

6.7 토양단면

이상적인 토양단면을 스케치하고 각 층의 이름을 붙여 설명하라.

토양의 형성 과정은 지표의 아래쪽으로 진행되기 때문에 깊이에 따라 토양의 성분, 조직, 구조, 그리고 색이 점차적으로 변하게 된다. 보통 시간이 경과될수록 더 깊어지는 이러한 수직적인 차이는 **층위**(horizons)라고 하는 토양층으로 구분된다. 토양에 구덩이를 파본다면 그 벽면에 층상의 모양을 보게 될 것이다. 이러한 모든 토양의 층위가 나타나는 수직적인 단면이 **토양단면**(soil profile)이다.

그림 6.17은 5개의 층위로 구분되는 아주 잘 발달된 토양단면을 이상화한 그림이다. 이 층위들은 지표에서 아래로 각각 O, A, E, B, C의 층으로 나타난다. 이러한 5개의 층위들은 보통 온대지역의 토양에서 잘 나타난다. 층위의 특징과 발달 범위는 환경에 따라 달라진다. 따라서 지역에 따라서 상대적으로 다른 토양단면을 나타낸다.

- O층은 유기물질을 많이 포함하고 있다. 이 층의 아래에서

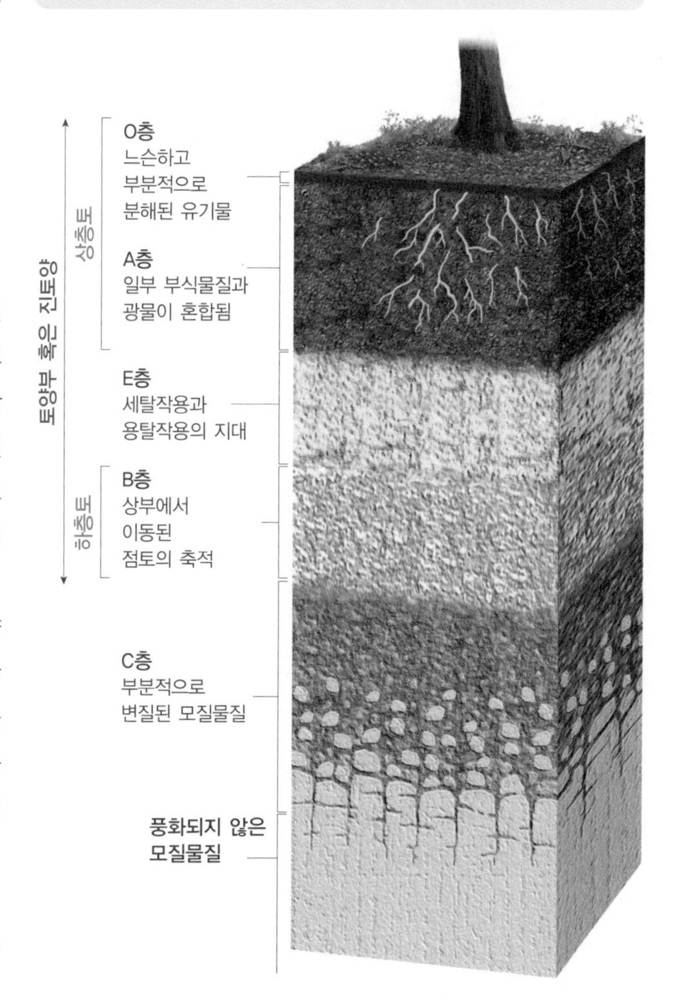

그림 6.17 **토양의 층위들**
이 그림은 중위도지역의 습한 기후대에 나타나는 이상적인 토양단면이다.

푸에르토리코의 한 토양단면으로, 토양층위 사이의 경계는 뚜렷하지 않으며 외관상 유사하게 보인다.

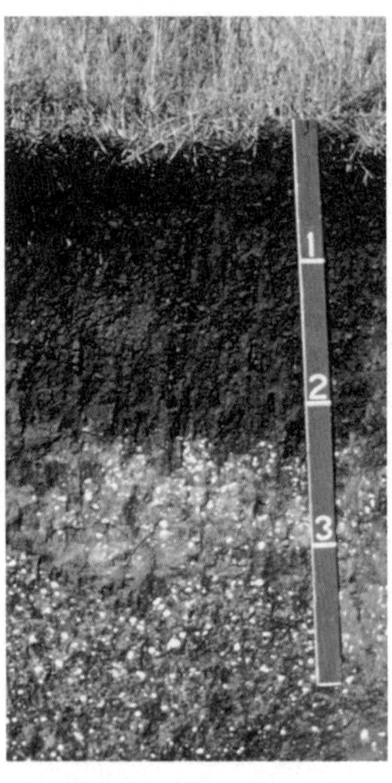

이 토양단면은 사우스다코타의 남동부에 잘 발달된 토양층을 보여준다.

그림 6.18 **토양단면의 비교** 토양의 특성과 발달 유형은 환경에 따라 크게 다르게 나타난다. (사진 : USDA; E. J. Tarbuck)

는 대부분 광물질로 구성되는 것과 대조를 이룬다. O층의 상부에서는 육안으로 잘 구분될 수 있는 낙엽과 같은 식물들의 파편 등의 일차적 유기물질이 포함된다. 반면에 O층의 하부에서는 식물의 구조를 구분할 수 없을 정도로 부분적으로 분해된 유기물질로 구성되어 있다. O층은 식물뿐만 아니라 박테리아, 균류, 조류, 곤충을 포함하는 미생물들이 다량 존재한다. 이런 생명체들은 산소, 이산화탄소, 유기산을 토양에 제공한다.

- A층은 다량의 광물질로 이루어져 있지만, 아직 생물학적 작용이 높고 부식물질이 30% 정도까지 나타난다. O층과 A층을 포함하여 보통 상층토(topsoil)이라 부른다.
- E층은 밝은색을 띠며 거의 유기물을 포함하지 않는다. 이 층을 통하여 아래로 물이 침투하게 되면서 미립자들이 아래쪽으로 운반된다. 이와 같이 미립의 토양성분들이 씻겨 내려가는 것을 **세탈작용**(eluviation)이라 한다. 물이 아래로 침투하면서 용해성의 무기질 토양성분을 용해시켜서 더 깊은 층으로 이동시킨다. 이러한 상부토양으로부터 나온 용해물질의 제거현상을 **용탈작용**(leaching)이라 한다.
- B층 혹은 **하층토**(subsoil)에는 E층으로부터 세탈작용으로 인해 씻겨 내려온 물질들이 집적된다. 따라서 이 층을 종종 **축적지대**(zone of accumulation)라 부르기도 한다. 이러한 미립 점토입자들의 축적은 B층(하층토)의 수분 보유량을 증가시킨다. 그러나 극히 드물게 점토의 축적에 의해 아주 단단하게 압착된 불투수층을 만들어 **경반**(hardpan)이라 부르는 층을 만들 때도 있다.
- O, A, E, B층을 합쳐서 **토양부**(solum) 또는 '진토양(true soil)'이라 한다. 이러한 토양층은 토양 형성 과정이 왕성하고, 식물 뿌리나 기타 동식물들이 살 수 있는 구역에 해당된다.
- C층은 부분적으로 풍화된 보암을 특징으로 들 수 있다. O, A, E, B층은 모암물질과 거의 유사성이 없는 반면 C층은 유사해서 구분이 쉽다. 이 층은 결국 토양으로 바뀌겠지만, 아직 표토가 토양으로 분리되는 한계점을 넘지 않은 상태에 있다.

토양층의 특징과 발달 범위는 토양의 환경에 따라 매우 다르게 나타난다(그림 6.18). 각 토양층 사이의 경계는 아주 뚜렷이 구분이 잘되든지, 아니면 두 층이 점차적으로 변하는 특성을 보인다. 결과적으로 잘 발달된 토양단면은 환경조건이 오랜 기간 안정되었다는 것과 토양이 잘 **성숙**되었다는 사실을 보여준다. 반면 일부 토양은 수평적인 토양층이 결핍되어 나타나기도 한다. 이러한 토양을 **미성숙**(immature)되었다고 하는데, 이는 토양 형성이 짧은 기간에 이루어졌기 때문이다. 미성숙 토양은 계속되는 침식으로 토양이 소실되어 토양발달이 방해되는 가파른 경사지에 특징적으로 나타난다.

개념 점검 6.7

① 이상적인 토양단면을 스케치하고 각 주요 토양층을 표시하라.
② 세탈작용, 용탈작용, 축적지대, 그리고 경반에 대해 설명하라.

6.8 토양의 분류

토양의 분류가 필요한 이유를 설명하라.

토양 형성을 제어하는 요인은 장소와 시간이 바뀜에 따라 많은 차이를 나타낸다. 이러한 차이는 엄청나게 다양한 토양의 종류를 만들어 낸다. 이러한 토양의 다양성에 대처하기 위하여 방대한 연구자료들을 분류하는 방법을 고안해 낼 필요가 있다. 어떤 중요한 특성을 가지는 항목들을 포함하는 집단을 설정하기 위해서 일정 규칙과 단순화가 만들어져야 된다. 많은 양의 정보들을 정리하는 것은 내용의 함축성과 이해를 도울 뿐만 아니라 분석과 해석을 용이하게 한다.

미국의 토양학자들은 **토양분류법**(soil taxonomy)이라고 알려진 토양을 분류하는 시스템을 고안하였다. 이 시스템은 토

표 6.2

기본 토양목

토양목	설명	분포비율(%)*
알피졸	한대 산림지역 또는 활엽수림지역에서 형성되고, 철과 알루미늄이 풍부한 중간 정도로 풍화받은 토양이다. 습윤한 환경의 용출작용에 의해 점토입자들이 지표면 아래에 축적되어 있다. 습기가 적당하여 비옥하고 생산성이 좋은 토양이다.	9.65
앤디졸	모질물질이 최근의 화산활동에 의해 퇴적된 화산재와 분석인 젊은 토양이다.	0.7
애리도졸	건조한 지역에서 발달한 토양. 수용성 광물질을 용해시킬 수 있을 정도의 물이 부족하여 탄산칼슘, 석고, 염이 집적되어 있고 유기물 함량이 낮다.	12.02
엔티졸	모질물질의 특성을 유지하고 있으며 덜 성숙된 젊은 토양. 최근의 하상퇴적물 기원으로 생산성이 높은 토양에서부터 이동성 모래나 암석사면에서 기원한 생산성이 낮은 토양의 범위를 포함한다.	16.16
겔리졸	영구동토지역에서 생성된 토양단면의 발달이 거의 없는 토양. 낮은 온도와 동결이 다년간 토양 생성 과정을 느리게 한다.	8.61
히스토졸	기후와 거의 관련이 없는 유기질 토양. 습지의 유기물이 많이 집적된 곳에서는 기후와 상관없이 발견된다. 검은색을 띠며, 부분적으로 분해된 유기물질은 가끔 토탄이라고 한다.	1.17
인셉티졸	단면발달의 초기 상태를 보이는 미약하게 발달된 젊은 토양. 습한 기후에서 가장 흔하며, 극지방에서 열대지방까지 존재한다. 자연적인 식생은 숲을 잘 형성한다.	9.81
몰리졸	초원지대에서 발달되는 검고 부드러운 토양. 부식물질이 많은 표면 토양에는 칼슘 및 마그네슘이 풍부하다. 토양 비옥도가 매우 우수하다. 지렁이의 활동이 활발한 활엽수림에서도 발견된다. 한대 혹은 고산지역에서부터 열대기후지역까지 분포한다. 건조한 계절이 일반적이다.	6.89
옥시졸	모질물질이 강하게 풍화되기 전에 퇴적되어, 오랜 기간이 경과된 지표면에 나타나는 토양. 일반적으로 열대와 아열대지역에 분포한다. 강한 용탈작용을 받았고, 철산화물과 알루미늄산화물이 풍부하여 농업에 다소 부적합한 토양이다.	7.5
스포도졸	모래가 많은 습한 기후 지역대에서만 발견되는 토양. 북부의 침엽수림지역과 한랭하고 습기가 많은 삼림지역에서 일반적이다. 풍화된 유기물질이 많아 검은색을 띠는 상부층 아래에 밝은색을 띠는 용탈된 층이 존재하는데, 이는 이 토양을 구분하는 명확한 특징이다.	2.56
울티졸	오랜 기간의 풍화생성물로 이루어진 토양. 토양을 침투하는 물에 의해 하부 층에 점토입자들이 농축된다(점토질층). 식물 성장 기간이 긴 온대와 열대 기후 지역에 국한된다. 풍부한 물과 장기간 동결되지 않는 점 때문에 강한 용탈작용이 일어나게 되어 토양의 질이 저하된다.	8.45
버티졸	점토 함량이 높은 토양으로, 건조기에는 수축되고 물이 공급되면 팽창한다. 건조기 이후에 토양을 포화시킬 수 있는 적합한 물의 공급이 될 수 있는, 아습지역에서 건조기후대에 걸쳐 발견된다. 토양의 팽창과 수축은 인공 구조물에도 응력을 주어 영향을 끼친다.	2.24

* 분포비율은 빙하지역을 제외한 전 세계 육지 면적과 비교한 백분율이다.

양단면의 물리화학적 특성을 부각시키고, 관찰 가능한 토양 특성에 기초하여 만들어졌다. 여기에는 가장 광범위한 분류체계인 목(order)에서부터 가장 세부적인 분류인 통(series)에 이르기까지 6단계의 계통으로 분류된다. 이 분류체계에는 12개의 토양목과 19,000개 이상의 토양통을 포함한다.

각 분류단위의 이름은 대부분 라틴어와 그리스어에서 유래된 문자의 조합으로 이루어진다. 이름에는 각 의미가 내포되어 있는데, 예를 들어 Aridosol의 토양목은 라틴어의 *aridus*(dry)와 *solum*(soil)에서 유래한 것으로 건조지역에서 나타나는 특징적인 건조토양이다. Inceptisols의 토양목은 라틴어의 *inceptum*(beginning)과 *solum*(soil)에서 유래한 것으로 토양단면의 시초 또는 초기 발달 단계의 토양이다.

기본적인 12개의 토양목에 대한 간략한 설명을 **표 6.2**에 나타냈다. **그림 6.19**에는 토양분류법의 12개 토양목에 대한 전 세계의 복잡한 분포패턴을 보여준다. 많은 다른 분류체계들과 같이 토양분류법도 모든 목적에 다 적합하지는 못한다. 이러한 분류는 특히 농업이나 이에 관련된 토지이용에 대한 목적에는 유용하지만, 공학기술자가 계획된 건설지구의 평가에 대해서는 별로 유용하지 못하다.

개념 점검 6.8

① 토양을 분류하는 이유는 무엇인가?

② 그림 6.19를 참조하여 미국 48개 주에 인접하여 특히 광범위하게 나타나는 3개의 토양목을 열거하라. 알래스카 주에 나타나는 2개의 토양목도 열거하라.

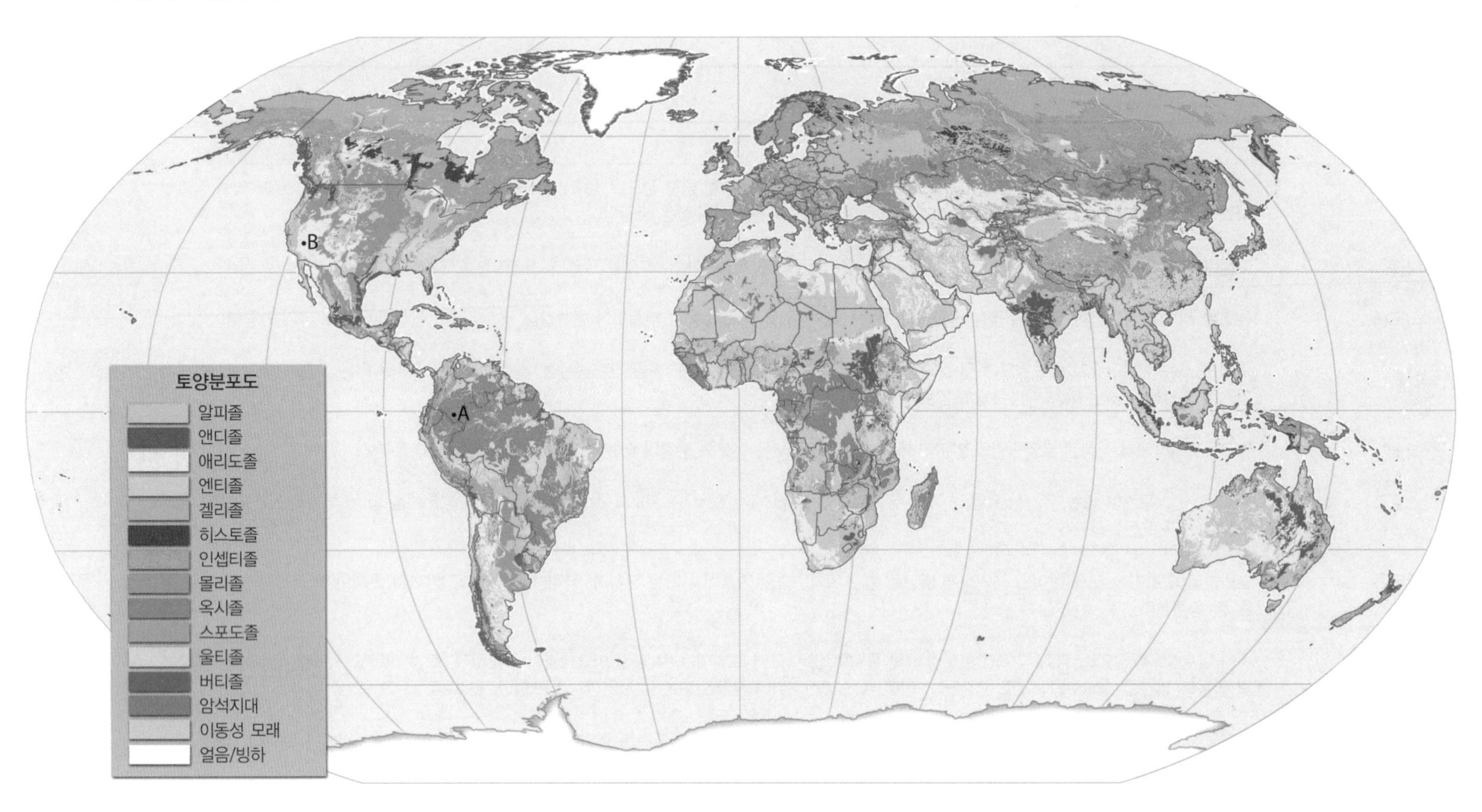

그림 6.19 **세계의 토양분포**
토양분류법에 의한 12종의 토양목들로 구분된 세계 토양분포도이다. 표시된 A점과 B점은 이 장 끝부분에 있는 '복습문제'를 위한 부분이다.
(Natural Resources Conservation Service/USDA)

6.9 인간활동이 토양에 미치는 영향

인간활동이 토양에 끼치는 해로운 영향에 대해 논하라.

비록 토양은 전체 지구물질의 작은 부분을 차지하지만, 그 중요함은 이루 말할 수 없다. 토양은 뿌리식물의 성장에 필수적인 만큼 결과적으로 인간 생명을 유지시키는 시스템의 기본 바탕이라고 할 수 있다. 토양은 형성되는 속도가 매우 느리기 때문에 재생이 불가능한 자원이라고 봐도 무방하다. 인간활동이 토양개량과 관개방법의 발전을 통해 농업 생산성을 증가시킬 수 있는 만큼 부주의한 활동으로 인해 토양이 더럽혀지거나 파괴될 수도 있다. 식량 및 섬유와 같이 필수적인 기초자원을 생산하는 토양은 그 역할에 비해 쉽게 남용될 수 있는 자원 중 하나이기도 하다.

그림 6.20 **열대우림의 벌채**
수리남 지역 아마존 우림의 개발 현장. 강한 용탈작용에 의한 두꺼운 토양층(옥시졸)이 보인다. 이러한 열대우림의 파괴는 심각한 환경 문제 중 하나이다. *(사진 : Wesley Bocxe/Science Source)*

열대우림의 개발–토양이 인간생활에 미치는 영향 연구의 일례

최근 수십 년간 열대우림의 파괴는 심각한 환경문제로 대두되어 왔다. 매년 수백만 에이커의 열대우림이 농경지와 목재사업을 위해 사라져간다(그림 6.20). 이러한 파괴로 인해 토양은 악화되고 다양한 생물들이 사라지며 기후 변화까지 생기고 있다.

두꺼운 적색토양(oxisols)은 보통 습윤한 열대 및 아열대 지방에서 잘 나타난다(그림 6.19). 이러한 토양은 화학적 풍화작용의 최종 생성물에 해당한다. 무성한 열대다우림지역에 나타나기 때문에 이 토양은 비옥하여 농업에 많은 잠재력을 가진 것으로 생각할 수 있다. 그러나 진실은 그 반대로 그 토양은 농경에는 가장 안 좋은 토양에 속한다. 그 이유는 무엇일까?

다우림지역의 토양은 고온과 많은 강우 조건에서 발달되기 때문에 아주 심한 용탈작용을 받게 된다. 탄산칼슘과 같은 용해성 물질을 제거하는 용탈뿐만 아니라 다량으로 침투하는 물에 의해 실리카도 용출시키게 되는데, 이에 따라 철과 알루미늄의 불용성 산화물이 농축된다. 이러한 산화철이 특징적인 적색의 토양을 만든다. 열대지방에서는 박테리아 활동이 매우 활발하기 때문에 다우림지역의 토양은 실제로 부식물질을 거의 포함하지 않는다. 더욱이 하부로 침투하는 많은 양의 물에 의해서 식물에 필요한 영양분의 대부분을 제거하게 되기 때문에 이러한 용탈작용은 토양의 비옥도를 파괴하게 된다. 그러므로 식물이 밀집되어 울창할지라도 그곳의 토양 자체는 영양분을 거의 가지고 있지 않게 된다.

다우림을 지탱시키는 대부분의 영양분은 나무 자체에서 공급된다. 식물이 죽어 분해될 때 나오는 영양분을 다우림 나무들의 뿌리들이 토양으로 빠져나가기 전에 빨리 흡수한다. 이러한 영양분은 나무들이 죽고 분해되면서 계속적으로 순환된다. 따라서 경작이나 목재의 수확을 위해 삼림을 개간할 때는 영양분의 대부분이 제거된다. 이때 남아 있는 것은 농작물 수확에 필요한 영양분이 거의 없는 토양뿐이다.

다우림의 개발은 식물 영양분이 제거되는 것뿐만 아니라 침식을 가속화시킨다. 식물이 많이 존재할 때 식물의 뿌리는 토양을 잡아주고, 식물의 잎과 가지는 자주 내리는 폭우의 강한 힘으로부터 땅을 보호해 주는 덮개 역할을 한다. 이렇게 보호 역할을 하는 식물이 사라지면 토양의 침식이 증가한다.

식물이 제거되면 햇빛의 강한 직사광선에 땅이 노출된다. 햇볕에 의해 구워지게 되면 열대 토양들은 벽돌과 같이 단단해져 실제적으로 물이나 곡식 뿌리가 침투할 수 없게 되기도 한다. 새롭게 개발된 지역의 토양에서는 수년 동안 경작이 잘 이루어지지 않는다.

그림 6.21 **빗방울의 충돌** 빗방울의 충돌로 밀려난 토양입자들은 표층침식에 의해 더욱 쉽게 이동한다. *(사진 : U.S. Department of the Navy/Soil Conservation Service/USDA)*

토양침식 : 소중한 자원의 손실

많은 사람들이 토양침식을 심각한 환경문제로 인식하지 못한다. 이는 아마도 토양침식이 심각한 곳에서도 꽤 많은 양의 토양이 남아 있는 것처럼 보이기 때문일 것이다. 하지만 비전문가의 눈에 보이는 것과 달리 인간활동이 확장되면서 점점 더 넓은 지구 표면이 훼손되고 있다.

토양침식은 자연적인 과정이다. 이것은 암석의 순환이라고 부르는 지구물질의 순환 과정의 일부분이다. 토양이 형성되면 특히 물과 바람과 같은 침식 능력이 토양 구성물을 이곳저곳으로 이동시킨다. 비가 올 때마다 빗방울은 놀랄 만한 힘으로 땅을 강타한다(그림 6.21). 각 물방울은 작은 폭탄처럼 활동하여 폭발하듯이 토양입자를 다른 곳으로 움직이게 한다.

그림 6.22 **토양침식** 예방조치가 되지 않은 토양에서 보이는 표층침식, 세류, 구곡침식의 모습 *(사진 : Lynn Betts/NRCS and D. P. Burnside/Science Source)*

그림 6.23 바람에 의한 침식 건조하고 초목이 없는 땅에서는 바람에 의한 토양침식이 더욱 심각하다. (사진 : *Natural Resources Conservation Service/USDA*)

그 후에 지표면을 따라 흐르는 물은 제거된 토양입자들을 이동시킨다. 이 경우에 토양이 물의 얇은 층에 의해 이동하기 때문에 이 과정은 **표층침식**(sheet erosion)이라고 한다.

이렇게 얇고 제한되지 않은 표층을 따라 비교적 짧은 거리를 이동한 후, 실 같은 흐름이 발달되어 **세류**(rills)라고 하는 작은 수로가 형성되기 시작한다. 그리고 세류가 확장되어 만들어진 **구곡침식**(gullies) 형태로 토양이 깊게 파이게 된다(**그림 6.22**). 정상적인 경작활동으로 그 흐름을 막지 못하면, 구곡침식이라 할 만큼 세류가 충분히 크게 확장될 수 있다. 대부분의 분리된 토양입자들은 비가 오는 동안에만 짧은 거리를 이동하지만, 이들이 반복되어 결국에는 상당한 분량이 들판으로 넓게 이동되며, 또한 개울로 내려오도록 경사지게 이동된다. 개울의 수로로 이동되어 온 토양입자들은 **퇴적물**(sediment)이라 부를 수 있는 것으로, 이들은 하류의 하천으로 이동되어 결국 퇴적된다.

침식 속도 우리가 알고 있듯이 토양침식은 실제적으로 모든 토양들의 궁극적인 운명이다. 과거에는 현재보다는 침식이 느리게 진행되었는데, 이는 대부분의 육지가 나무, 관목, 초원 및 다른 식물들로 덮여 보호되었기 때문이다. 그러나 농경, 벌목, 건설 등의 자연적인 식생을 제거하는 인간의 활동이 토양의 침식 속도를 가속화시키고 있다. 식물에 의한 안정화 효과가 없다면, 토양은 바람에 의해 쉽게 쓸려 제거되든지 혹은 표층에서 씻겨 아래로 이동된다.

자연적인 토양의 침식 속도는 기후, 지형, 식생 종류 등과 같은 요인과 마찬가지로 장소와 토양 특성에 따라 많은 차이가 발생한다. 넓은 지역에 대한 지표의 침식 정도는 그 지역에서 배수되는 하천의 퇴적물 함량에 의해 평가될 수 있다. 광역적인 규모의 이러한 연구에 의하면 인류가 출현하기 이전에는 매년 90억 톤 이상의 퇴적물이 강에서 바다로 이동된 것으로 알려졌다. 대조적으로 현재는 1년에 240억 톤 이상의 퇴적물이 바다로 공급되고 있는데, 이는 예전의 것에 비해 2.5배 이상에 해당된다.

미국 전체 토양침식의 3분의 2는 흐르는 물에 의해 일어나고 있으며, 나머지 대부분은 바람에 의한 침식이다. 건조한 조건이 우세한 경우에 강한 바람은 노출된 지역의 많은 토양을 유실시킬 수 있다(**그림 6.23**). 현재 전 세계 경작지의 1/3 이상이 상층토(topsoil)에서 토양의 생성보다 유실이 더 빠르게 진행되는 것으로 평가되고 있다. 이러한 결과는 생산성 감소, 농작물의 품질 저하, 농경수입 감소와 암울한 미래를 초래하게 된다.

알고 있나요?

미국에서 일등급 농경지의 300만~500만 에이커가 매년 관리부실과 토양침식으로 소실되고 비농업적 용도로 바뀌고 있다. UN에 의하면 1950년 이래로 세계 농경지의 1/3 이상이 토양침식으로 유실되었다고 한다.

1930년대 더스트볼 1930년대에 거대한 여러 모래 폭풍이 그레이트플레인즈를 덮쳤다. 그 규모와 강도로 인해 해당 지역을 **더스트볼**(Dust Bowl)이라 부르게 되었고, 그 시대를 통틀어 'Dirty Thirties(더러운 30년대)'라고 칭하기도 했다. 더스트볼의 중심은 텍사스 주 및 오클라호마 주의 돌출부와 콜로라도 주, 뉴멕시코 주 및 캔자스 주가 인접한 지역이었다. 모래폭풍이 너무나도 심해 몇 미터 앞의 거리도 보이지 않는 수준이었기 때문에 '검은 눈보라(black blizzard)'나 '검은 너울(black rollers)' 등으로 부르기도 했다(**그림 6.24**).

그렇다면 무엇이 이 더스트볼을 일으켰을까? 그레이트플레인즈의 상당부가 북미 대륙에서 가장 강한 바람이 부는 지역이라는 점을 원인으로 들 수 있다. 더불어 우기가 많지 않았던 이곳에 급격히 확장된 농경활동이 이 무시무시한 토양

그림 6.24 1930년대 더스트볼 콜로라도 지역의 하늘을 모래폭풍이 뒤덮는 역사적인 영상. 당시 약 10년간 가뭄이 이어진 그레이트플레인즈의 일부 지역에서 흔히 나타났다. (*USDA/Natural Resources Conservation Service*)

침식이라는 재앙의 토대를 마련해 준 것도 커다란 몫을 했다. 이 반건조성 지역이 산업화가 되면서 풀로 덮여 있던 초원지대가 농장지대로 급격히 바뀌게 되었다. 강수량이 적절한 경우 큰 문제는 없었지만, 1930년대에 들이닥친 장기간의 가뭄으로 인해, 식물로 보호되지 않고 노출된 토양들은 바람에 의해 쉽게 날아가 버릴 수 있는 상태가 되었다. 그 후에 심각한 토양손실과 흉작, 경제적 어려움이 뒤따랐다.

토양침식의 예방 많은 곳에서 적절한 보존대책이 취해지지 않은 탓에 불필요한 토양 손실이 끊이지 않고 있다. 비록 토양침식을 완전히 없애는 것은 불가능하지만, 토양보존 프로그램을 통하여 지구의 소중한 기초 자원이 손실되는 것을 줄일 수는 있다.

경사도는 토양침식의 중요한 요인 중 하나이다. 경사가 급할수록 물이 빠른 속도로 흐르게 되어 토양도 함께 많이 유실되기 때문이다. 가장 좋은 방법은 이러한 경사면을 원래의 자연상태 그대로 보존하는 것이다. 경사면을 농작지로 바꾸는 경우에는 계단식 형태를 택하는 것이 좋다. 중간 중간의 평평한 표면은 물이 천천히 흐르도록 하면서, 동시에 많은 물이 토양에 스며들도록 해 주어 결과적으로 토양의 유실을 줄여준다.

토양침식은 완만한 경사에서도 일어난다. 그림 6.25는 경사의 등고선을 따라 경작함으로써 토양을 보존하는 방식을 보여준다. 이러한 패턴은 물이 느리게 흘러 토양 손실을 줄인다. 또한 풀이나 건초 등으로 토양을 피복시키는 방법도 물이 흐르는 속도를 더욱 늦춰 주며 더불어 물의 침투를 돕고 침전물을 가두기도 한다.

잔디나 풀로 된 수로를 만드는 것 또한 흔한 방식 중 하나이다(그림 6.26). 이런 자연적 배수로는 부드럽고 얕은 수로를 만든 후 잔디 등의 풀을 심는 방식으로 만들어진다. 표면의 풀은 배수로의 바닥이 더 깊이 파지지 않도록 해 주며, 경작지에서 씻겨 내려온 토양을 가두는 역할을 한다. 종종 작물잔해가 밭에 남아 있을 때가 있는데, 이 잔해들은 토양 표면을 물과 바람으로부터 보호해 준다. 또한 나무를 일렬로 심으면 나무들이 바람막이 역할을 하여, 바람의 속도를 늦추고 방향을 바꾸어 줌으로써 바람으로 인한 과도한 토양침식을 막을 수 있다(그림 6.27).

그림 6.25 **토양의 보존** 물로 인한 토양침식을 줄이기 위한 아이오와 주 북동지역 농작물들의 독특한 경작 모습 (사진 : Erwin C. Cole/USDA/NRCS)

개념 점검 6.9

① 열대우림의 토양이 농사에 적절하지 않은 이유는 무엇인가?

② 토양침식과 관련된 다음 현상을 일어나는 순서대로 열거하라 −표층침식, 배수로, 빗방울 충돌, 세류, 구곡침식, 개울

③ 인간활동이 토양침식의 속도에 어떠한 영향을 끼치는가?

④ 상층토의 손실 외에 토양침식으로 인한 유해한 효과 두 가지는 무엇인가?

⑤ 토양침식을 예방할 수 있는 세 가지 방법을 간단히 설명하라.

알고 있나요?

미국에서는 매년 농지로부터 유실되는 토양의 양이 생성되는 토양의 양보다 20억 톤 이상 초과하고 있는 것으로 평가되었다.

그림 6.27 **바람에 의한 침식의 방지** 노스다코타 주의 밀밭에 심어진 나무들이 바람막이 역할을 하고 있다. (사진 : Natural Resources Conservation Service/USDA)

그림 6.26 **물에 의한 침식의 방지** 펜실베니아 주의 한 농장에서 만든 잔디로 된 배수로 (사진 : Bob Nichols/NRCS/USDA)

6.10 풍화작용과 광상

풍화작용과 광상 형성과의 관계를 설명하라.

그림 6.28 **보크사이트**
보크사이트는 알루미늄 광석으로 열대기후에서 풍화작용의 생성물이다. 이것은 적색이나 갈색으로부터 거의 흰색에 이르기까지의 다양한 색깔을 띤다. (사진 : E. J. Tarbuck)

풍화되지 않은 암석 내에 산재해 있던 미량의 금속들이 풍화작용에 의해 경제적으로 가치 있는 농도로 농축되어 중요한 광상을 만들기도 한다. 이러한 변화 과정을 **이차적 부화작용**(secondary enrichment)이라 일컫기도 하며, 아래의 두 가지 방법 중 한 가지 방법으로 형성된다. 첫 번째 방법으로는 아래로 침투하는 물에 의한 화학적 풍화작용이 암석에서 분해되는 성분 중에 유용하지 못한 성분을 제거시키는 반면에 유용 성분을 상부 토양층에 남겨두어 부화되는 것이다. 두 번째 방법으로는 근본적으로 첫 번째 방법의 반대에 해당된다. 그것은 표층에서 낮은 농도의 유용원소들이 제거되어 하부층으로 이동되어 그곳에서 재퇴적되고 더욱 농축되어 형성되는 것이다.

보크사이트

알루미늄의 주요 광석인 **보크사이트**(bauxite)는 풍화과정에 의한 부화작용 결과로 형성되는 광석 중의 중요한 예가 된다 (**그림 6.28**). 비록 알루미늄이 지각 중에 세 번째로 많은 함량이라고 해도 경제적 가치가 있는 금속으로 농축된 부분은 흔하지 않은데, 왜냐하면 대부분의 알루미늄은 규산염 광물 내에 구조적으로 단단히 결합되어 있어 이를 추출해 내기가 극히 어렵기 때문이다.

보크사이트는 비가 많이 오는 열대성 기후에서 생성된다. 알루미늄이 풍부한 모암이 열대지방에서 장기간의 강력한 화학적 풍화를 받게 되면 칼슘, 나트륨, 칼륨 등의 거의 모든 일반원소들이 용탈작용에 의해서 제거된다. 알루미늄은 용해도가 극히 낮기 때문에 토양에 남아 보크사이트나 수화된 산화알루미늄의 형태로 농축된다. 보크사이트의 형성은 화학적 풍화와 용출작용의 정도에 관계되는 기후조건에 좌우되고, 또한 당연하게도 모암에 함유된 알루미늄의 함량과도 관계된다. 이와 유사하게 니켈과 코발트의 광체도 감람석과 같은 규산염광물이 풍부한 화성암으로부터 형성된다.

알고 있나요?

보크사이트는 과거의 기후를 알 수 있는 유용한 지시자이다. 왜냐하면 지질시대에서 열대습윤 기후의 기간을 기록하고 있기 때문이다.

보크사이트와 다른 잔류광상의 채광작업은 열대지방의 환경적으로 민감한 지역에서 일어나기 때문에 이에 관해서 고려해야 될 문제가 있다. 채광작업은 먼저 열대초목이 제거되게 되므로 열대다우림의 생태계를 파괴하게 된다. 뿐만 아니라 유기물질들로 구성된 표층의 얇은 함수층이 교란된다. 이곳 토양이 뜨거운 태양에서 건조가 되면 블록처럼 단단해지고 수분을 보유하는 능력을 잃게 된다. 이러한 토양은 생산적인 경작이 불가능하게 되고, 삼림도 유지되지 못하게 된다. 이처럼 장기간에 걸친 보크사이트 채광의 결과는, 이러한 광석을 채굴하는 열대의 개발도상국에 있어서 분명히 우려스러운 문제로 볼 수 있다.

기타 광상

많은 구리와 은 광상들은 본래 낮은 품위의 광석들이 산재되어 있는 곳에서, 풍화과정에 의해 금속들이 농축되어 형성된다. 이러한 부화작용은 가장 흔하면서 널리 분포하는 황화광물인 황철석(FeS_2)을 보통 함유하는 광상에서 나타난다. 황철석이 화학적으로 풍화되면 황산을 만들게 되어, 침투하는 물에 금속을 잘 용해시킬 수 있기 때문에 중요한 역할을 하게 된다. 용해된 금속들은 상부의 본래 광석에서부터 점차 하부로 이동하여 침전된다. 침전작용은 금속을 포함하는 용액이 모든 공극이 물로 포화된 지하수면에 도달할 때 용액의 화학성이 변하기 때문에 일어난다. 이와 같이 많은 부피의 암체 내 미량으로 분산되어 있던 금속들이 용출 제거될 수 있고, 작은 부피의 암석 내에 높은 품위로 재침전될 수 있다.

개념 점검 6.10

① 풍화작용은 어떻게 광상을 형성하는가?
② 풍화작용 과정과 연계되어 나타나는 중요한 광석의 이름은 무엇인가?

개념 복습 풍화작용과 토양

6.1 풍화작용

풍화작용을 정의하고, 풍화작용의 주요한 두 가지 종류를 구분하라.

핵심용어 : 풍화작용, 물리적 풍화작용, 화학적 풍화작용

- 풍화작용은 지구 표면에서 일어나는 암석의 분리 및 분해 현상을 말한다. 암석은 물리적 과정으로 인해 더 작은 조각으로 깨질 수 있는데 이를 물리적 풍화작용이라 한다. 또한 지구 표면에서 안정적인 새로운 물질을 만들도록 산소와 물과 같은 환경적 성분과 광물이 반응하여 암석이 분해되는 현상을 화학적 풍화작용이라 한다.

6.2 물리적 풍화작용

물리적 풍화작용의 예시를 4개 열거하고 설명하라.

핵심용어 : 동결쐐기작용, 층상박리작용, 박리돔

- 물리적 풍화작용을 일으키는 힘에는 얼음의 팽창, 염의 결정화 작용, 식물 뿌리의 성장 등이 포함된다. 이러한 힘은 입자들 사이를 비집어 파고들어 균열들을 확장시킨다.
- 지구의 깊은 곳에서 높은 압력으로 만들어진 암석은 표면에 노출되면 팽창하는데, 가끔 팽창하는 힘이 강하여 양파 껍질 같은 얇은 층상으로 암석이 깨지는 경우가 있다. 이러한 층상박리작용은 박리돔이라고 하는 넓은 돔 모양으로 암석이 노출되도록 만든다.

? 이 사진은 캘리포니아 주 시에라네바다 지역에서 볼 수 있는 큰 화강암체의 모습이다. 암체에서 분리되어 있는 화강암의 얇은 층상의 암석 조각들에 주목하라. 이러한 형태를 만든 과정을 기술하라. 이러한 돔 형태를 표현하는 용어는 무엇인가?

Marli Miller

6.3 화학적 풍화작용

화학적 풍화작용에서 물과 탄산의 중요성을 설명하라.

핵심용어 : 구상풍화

- 물은 화학적 풍화작용에 있어 가장 중요한 역할을 한다. 물에 녹아 있는 산소가 철이 풍부한 광물들을 산화시킨다. 또한 물에 녹아든 이산화탄소(CO_2)가 탄산을 만들어 암석을 변질시킨다.
- 규산염광물들의 화학적 풍화는 용액 중에 Na, Ca, K, Mg, Si를 포함하는 용해성 물질을 형성하고, 또한 갈철석과 적철석을 포함하는 불용성 철산화물 및 점토광물을 형성한다.
- 구상풍화는 암석의 날카로운 모서리와 꼭지가 평평한 면에 비해 더 빨리 화학적 풍화가 일어나면서 생겨나는 결과이다. 암석의 모서리와 꼭지에서 부피에 대한 표면적의 비율이 높기 때문에 화학작용을 받는 광물질 부분들이 더 많아지게 된다. 꼭지 부분에서 풍화작용이 더 빨리 일어나면서 암석이 점점 둥근 모양으로 변하게 된다.

? 사진 속 화강암은 칼륨장석과 석영이 풍부하며, 소량의 보통각섬석도 포함하고 있다. 만약 이 암석에 화학적 풍화작용이 일어난다면 이 광물들은 어떻게 변할까? 이 풍화작용으로 인해 생겨날 산물들을 열거하라. 이 광물들은 모두 분해될까? 만약 그렇지 않다면, 그중 어떤 광물이 손상 없이 비교적 온전한 상태로 남아 있을까?

E.J. Tarbuck

6.4 풍화작용의 속도

암석 풍화의 방식과 속도에 영향을 끼치는 요인을 요약하라.

핵심용어 : 차별풍화작용

- 몇몇 종류의 암석들은 그 속에 함유된 광물들 때문에 다른 암석에 비해 지구 표면에서 훨씬 더 안정적인 상태를 유지한다. 같은 조건에서도 광물들은 각각 다른 속도로 풍화된다. 감람석과 같이 보웬의 반응계열에서 가장 위에 나타나는 광물들은 더 빨리 분해되는 경향을 보이는 것에 반해, 석영은 가장 안정적인 규산염광물이다.
- 암석의 풍화는 반응을 촉진시키는 열과 반응을 가능하게 해 주는 물이 있는 환경에서 더 빠르게 일어난다. 따라서 암석은 덥고 습한 기후에서는 빨리 분해되고, 춥고 건조한 조건에서는 느리게 분해된다.
- 지구 표면에 노출된 암석들은 모두 같은 속도로 풍화되지는 않는다. 이러한 암석의 차별적 풍화는 광물성분과 절리 발달 정도와 같은 요인들에 의해 영향을 받는다. 더불어 만약 한 암석 덩어리가 더 저항성이 강한 다른 암석에 의해 풍화로부터 보호되는 경우에는 완전히 노출된 같은 암석 덩어리에 비해 훨씬 느리게 풍화될 것이다. 우리가 볼 수 있는 특이하고 멋진 지형들의 많은 경우가 이러한 차별적 풍화에 의해 만들어졌다.

6.5 토양

'토양'을 정의하고, 왜 토양이 하나의 계면으로 취급되는지 설명하라.

핵심용어 : 표토, 토양, 부식물질

- 토양은 지권, 대기권, 수권, 생물권이 만나는 계면에서 나타나는 유기물과 무기물의 필수적인 조합이다. 이러한 역동적인 지대는 지구시스템 속 다른 부분들과 중복되어 있다. 따라서 토양은 부식물질이 섞인 표토의 암석 부스러기들과 물 그리고 공기를 포함한다.

? 옆 원형 차트에 토양을 이루는 네 가지 성분을 써넣어라.

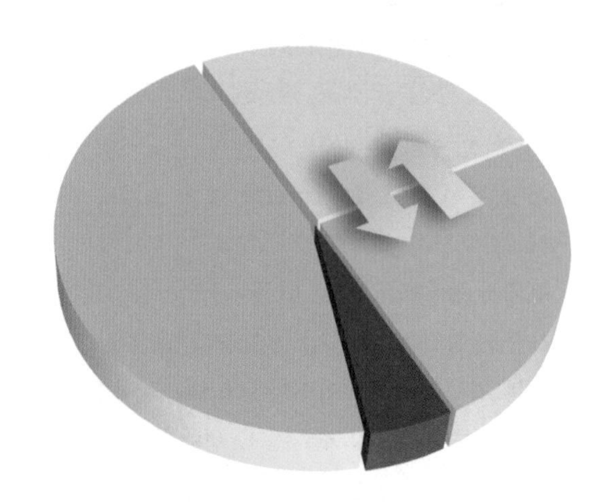

6.6 토양 형성의 조건

토양 형성에 기여하는 다섯 가지 요인을 열거하고 간단히 설명하라.

핵심용어 : 모질물질

- 잔류토양은 기반암의 풍화로 인해 생겨나며, 반면에 미고결된 퇴적물에 형성되는 경우에는 이동토양(운적토)이라고 한다.
- 토양 형성에는 많은 시간이 걸린다. 오랜 시간에 걸쳐 발달된 토양은 만들어진 지 얼마 되지 않은 토양과는 다른 특성을 가진다. 또한 어떤 광물들은 다른 광물에 비해 비교적 빨리 분해된다. 따라서 각기 다른 모암의 풍화로 만들어지는 토양들은 모암에 따라 다른 속도로 생성된다.
- 다른 기후 아래 형성되는 토양은 기온과 습도의 차이 때문에 그 특성이 다르며, 또한 그러한 다른 환경에서 살고 있는 생물체들도 토양의 특성에 영향을 미친다. 이러한 생물체들은 토양에 유기물이나 화학적 물질을 더해주거나 그 생물체의 성장 또는 이동에 따라 토양이 잘 섞일 수 있도록 해 준다.
- 토양의 형성에 있어 경사는 중요한 변수이다. 낮은 경사에서는 토양이 잘 유지되고, 경사가 급할수록 토양이 저절로 흘러내려가 다른 곳에 쌓이게 된다.

? 침엽수에서 생성되는 산은 토양 형성에 어떤 영향을 끼치는가?

6.7 토양단면

이상적인 토양단면을 스케치하고 각 층의 이름을 붙여 설명하라.

핵심용어 : 층위, 토양단면, 세탈작용, 용탈작용, 토양부

- 세계의 매우 다양한 토양들이 분포함에도 불구하고 토양층의 수직적 유사성으로부터 일부 패턴을 찾을 수 있다. 부식물질이라고 하는 유기물질은 토양층의 가장 위층인 O층에 포함되며, 주로 식물에서 유래된다. 이들이 그 아래에서 광물질과 섞여 A층을 만든다. 가장 밑에는 기반암이 풍화되어 광물질로 된 C층이 있다. 이들 사이에서 일부 물질들은 더 높은 E층으로부터 용탈되거나 세척되어 낮은 B층으로 이동되는데, 여기서 아주 단단하게 압착되어 경반이라 하는 불투수층을 만들기도 한다.

6.8 토양의 분류

토양의 분류가 필요한 이유를 설명하라.

핵심용어 : 토양분류법

- 토양에 관한 거대한 양의 정보를 정리하기 위하여 세계 토양분류를 위한 제도가 만들어졌으며, 이에 따른 토양분류법은 12개의 토양목들로 분류하고 있다.

? 인셉티졸과 히스토졸 중 어느 토양목이 부식물질을 더 많이 함유하고 있는가? 겔리졸과 옥시졸 중 브라질에서 쉽게 찾을 수 있는 토양목은 어느 것인가?

6.9 인간활동이 토양에 미치는 영향

인간활동이 토양에 끼치는 해로운 영향에 대해 논하라.

- 열대우림의 파괴는 최근 대두되는 환경 이슈 중 하나이다. 열대우림의 생태계 속 대부분의 영양소는 토양이 아닌 나무 자체에 있다. 따라서 나무가 제거되면 대부분의 영양소가 사라지게 되는 것이다. 또한 초목의 결핍은 토양의 침식을 가속화시킨다. 한 번 초목이 사라지면 토양은 햇볕에 구워져 벽돌같이 단단해져버린다.
- 토양침식은 자연스러운 현상으로, 우리가 암석의 순환이라고 하는 지구물질의 지속적인 재순환과정의 일부이다.
- 인간활동으로 인해 과거 몇백 년간 토양침식 속도가 증가해 왔다. 자연적인 토양 형성 속도가 일정하기 때문에 매년 지구상에 기록적인 숫자의 인구가 증가하여 활동하고 있는 이상 토양은 손실될 수밖에 없다. 바람막이, 계단식 밭, 잔디 수로, 등고선을 따른 경작 등으로 토양침식을 최소화하고자 하는 노력이 행해지고 있다.

? 인디애나 지역의 농장에 사진과 같이 상록수를 줄지어 심어놓은 이유는 무엇인가?

Edwin C. Cole/NCRS

6.10 풍화작용과 광상

풍화작용과 광상 형성과의 관계를 설명하라.

핵심용어 : 2차 부화작용

- 풍화작용은 미량의 금속들을 농축시켜 경제적으로 가치가 있는 광상을 만들기도 한다. 2차 부화작용이라고 하는 이 과정은 상부에서 유용하지 못한 성분을 제거시키는 반면, 유용원소들을 남겨서 상부 토양층이 부화되는 것과 또는 상부의 유용원소들이 제거되어 아래로 이동되어 그곳에서 재퇴적되고 더욱 농축되어 하부 토양층이 부화되는 것이 있다.
- 알루미늄의 주요 광석인 보크사이트는 풍화과정에 의한 부화작용의 결과로 생성되는 중요한 광석 중 하나이다. 또한 많은 구리와 은의 광상들은 본래 저품위의 광체로 분산되어 존재하는 금속들이 풍화작용에 의해 농축되어 생성된 것도 있다.

복습문제

① 식물이 어떻게 물리적 · 화학적 풍화작용을 도우면서 동시에 지표면의 침식을 방지하는지 설명하라.

② 화강암과 현무암이 덥고 습한 지역의 지구 표면에 노출되어 있다. 물리적 풍화작용 혹은 화학적 풍화작용 중 어느 것이 더 우세하게 나타날까? 어느 암석이 더 빨리 풍화될 것인가? 그 이유는 무엇인가?

③ 다음은 뉴멕시코 주 북서쪽에 위치한 유명한 랜드마크인 십록의 사진이다. 이 화성암체는 예전에 사라진 화산의 특징을 보여준다. 또한 사진에서 왼쪽 위로 뻗어나가는 벽처럼 보이는 화성암의 구조는 암맥이다. 이러한 화성암체들은 주변에 퇴적암에 의해 둘러싸여 있다. 한때 땅 깊숙이 묻혀 있었을 이 화성암체들이 지금은 왜 주위의 지형보다 더 높게 솟아올라 있는지 설명하라. 이러한 현상은 앞서 6.4절에서 학습했던 '풍화작용의 속도'에서 적합한 용어는 무엇인가?

Michael Collier

④ 석탄과 석유 같은 화석 연료의 소비로 인해 지난 150년간 대기 중의 이산화탄소 농도가 높아지고 있다. 이러한 농도의 증가는 지구 표면에 있는 암석의 화학적 풍화 속도를 빠르게 하는가 아니면 느리게 하는가? 그 답에 대하여 이유를 설명하라.

⑤ 다음은 보통 '달 토양(lunar soil)'이라고 하는 물질로 덮인 달 표면에 남아 있는 아폴로 11호 우주비행사의 발자국 사진이다. 이 달 토양이 지구의 토양을 정의하는 조건에 부합하는가? 그 답의 이유를 설명하라. 그림 6.14를 참고할 수 있음.

NASA

⑥ 같은 종류의 모질물질에서 서로 다른 종류의 토양들이 형성되거나, 다른 모질물질로부터 같은 종류의 토양이 형성되는 원인은 무엇인가?

⑦ 그림 6.19의 세계 토양분포도를 참고하여 남미대륙의 아마존강(지도상의 A점) 인접 지역의 주요 토양목과, 미국 남서부 지역(B점)에서 우세하게 나타나는 토양목을 알아보라. 이 토양들을 간단히 비교하라. 이들 사이에 어떤 공통점이 있는가? 표 6.2를 참고하면 도움이 될 것이다.

⑧ 다음은 미국 중서부 한 농장에서 나온 토양시료의 사진이다. 이 시료는 A층, E층, B층, C층 중 어느 층위에 해당되는가? 그 이유를 설명하라.

Lynn Betts/NRCS

7
퇴적암

핵심개념

다음은 이 장에서 다룰 주요 학습 목표이다.
이 장을 학습한 후 다음 질문에 답해 보도록 하자.

7.1 지질학 연구와 일반 대중에게 왜 퇴적암이 중요한지를 논하라.

7.2 퇴적물과 퇴적암에 관련된 암석 순환을 요약하여 제시하고 세 부류의 퇴적암을 구분하라.

7.3 쇄설성 퇴적암을 구분하는 기준을 논하고 쇄설성 퇴적암의 기원과 형성과정을 어떻게 결정하는지 기술하라.

7.4 화학적 퇴적암이 형성된 과정을 설명하고 예를 제시하라.

7.5 석탄을 형성한 과정을 개략적으로 설명하라.

7.6 퇴적물이 퇴적암으로 변하는 과정을 기술하라. 그리고 매몰과 관련되어 일어나는 다른 변화도 설명하라.

7.7 퇴적암을 분류하는 기준을 요약하여 제시하라.

7.8 세 부류의 주요 퇴적환경을 구분하고 각각의 예를 제시하라. 퇴적 구조를 여러 개 제시하고 그들이 지질학자들에게 왜 유용한지를 설명하라.

7.9 두 부류의 비금속 자원의 차이점과 퇴적암 내에 나타나는 3개의 주요 화석 연료를 논하라.

7.10 풍화과정 및 퇴적암과 탄소 순환 간의 관련성을 설명하라.

퇴적암이 자연에 의해 조각되어 만들어진 유타 주 캐니언랜드 국립공원의 아치, 계곡 그리고 암석군 (사진 : *S. Sailer/A, Sailer/AGE Fotostock*)

제7장에서는 퇴적암의 기원을 이해하기 위한 기본 개념을 제시한다. 앞에서 언급되었듯이 암석의 풍화에 의해 퇴적암 형성 작용이 시작된다. 그다음 단계로 중력과 유수, 바람, 빙하와 같은 침식 요인에 의해 풍화된 부분이 암석으로부터 떨어져 나와 새로운 곳으로 이동하여 퇴적된다. 풍화물들은 이동하면서 더 작은 입자로 파쇄된다. 이렇게 이동 퇴적된 물질을 퇴적물이라 하며 이들은 고화되어 암석이 된다. 지질학자들은 퇴적암을 이용하여 많은 지구 역사를 복원해낸다. 퇴적물은 지표의 여러 다른 환경에서 퇴적되기 때문에 퇴적물이 고화되어 만들어진 퇴적층은 과거 지표환경에 대한 많은 정보를 포함하고 있다. 퇴적층은 사막의 사구, 습지의 진흙층 혹은 열대 산호초, 그리고 그 외에도 여러 다른 많은 환경을 지시할 수 있다. 많은 퇴적암은 중요한 에너지 및 광물 자원을 포함하고 있어 경제적으로도 중요하다.

7.1 퇴적암의 중요성

지질학 연구와 일반 대중에게 왜 퇴적암이 중요한지를 논하라.

고체 지구의 대부분은 화성암과 변성암으로 구성되어 있다. 지질학자들은 지구 표면으로부터 16km 지하까지 지각의 90~95%가 이 두 암석으로 구성되어 있다고 추정한다. 그럼에도 불구하고 지구 표면의 대부분은 퇴적물이나 퇴적암으로 덮여 있다! 지표면의 약 75%가 퇴적물과 퇴적암으로 덮여 있다. 지구 표면의 70%를 점유하는 대양의 바닥은 퇴적물로 덮여 있으며 화성암은 중앙 해령의 상부나 일부 화산 지역에서만 노출되어 있다. 따라서 퇴적물과 퇴적암은 지각의 작은 부분만을 구성하고 있지만 지표와 지표 부근, 즉 지권, 수권, 대기권, 생물권이 서로 접하는 부분에 집중되어 분포한다. 이와 같은 상황 때문에 퇴적물과 퇴적층은 과거 지표의 상태와 지표에서 일어난 사건들에 대한 증거를 포함하고 있다. 더욱이 퇴적암은 지질학적 과거에 대한 연구에 중요한 도구인 화석을 포함하고 있다. 따라서 퇴적암은 과거 지구 역사를 자세히 밝히는 데 필요한 기본 정보를 지질학자들에게 제공한다(**그림 7.1**).

알고 있나요?

2011년 미국에서 생산된 전기의 46%가 석탄을 이용해서 생산되었다.

퇴적암에 대한 연구는 지구 역사 연구에 중요할 뿐 아니라 실생활에도 매우 중요한 정보를 제공한다. 전력 생산에 매우 중요한 원료인 석탄은 퇴적암의 일종이다. 또한 석유, 가스 그리고 우라늄과 같은 다른 주요 에너지 자원도 퇴적암으로부터 공급된다. 철, 알류미늄, 망간, 인, 그리고 시멘트와 콘크리트 혼합재와 같은 건설 재료도 역시 퇴적암으로부터 공급된다. 퇴적물과 퇴적암은 지하수의 주요 저장소이기도 하다. 따라서 퇴적암과 이들이 형성되고 변화되는 과정을 이해하는 것은 많은 중요한 자원 확보에 매우 중요하다.

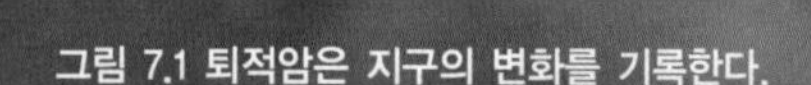

그림 7.1 퇴적암은 지구의 변화를 기록한다. 퇴적암은 지구의 과거에 대한 정보를 제공하는 화석 등 여러 정보를 포함하고 있어 지구 역사를 연구하는 데 매우 중요하다. 수직적인 퇴적암상의 변화는 환경의 변화를 지시한다. 그림에서는 웨일즈 해변에 위치한 던레이븐(Dunraven) 만에 나타나는 지층을 보여주고 있다. (사진 : *Adam Burton/Alamy Images*)

개념 점검 7.1

① 지각에서 화성암과 변성암의 체적에 대한 퇴적암의 체적 비율은?

② 퇴적암이 중요한 두 가지 이유를 설명하라.

7.2 퇴적암의 기원

퇴적물과 퇴적암에 관련된 암석 순환에 대해 요약하여 제시하고 세 부류의 퇴적암을 구분하라.

우리가 주변에서 흔히 보이며 여러 다른 방법으로 사용되는 **퇴적암**(sedimentary rock)은 다른 암석들과 마찬가지로 암석 순환 과정에서 만들어진다. **그림 7.2**는 퇴적물과 퇴적암에 관련된 지표면에서의 암석 순환 부분을 보여주고 있다. 이 순환 과정에 대한 개략적인 검토를 통해 중요한 여러 내용을 알 수 있다.

- 풍화작용에 의해 순환이 시작된다. 풍화는 화성암, 변성암 그리고 퇴적암을 물리적으로 화학적으로 분해하여 여러 고체 입자와 용액 내 이온 등을 포함한 다양한 풍화물을 발생시킨다. 이러한 풍화물들이 퇴적암을 형성시키는 재료가 된다.
- 물에 용해될 수 있는 물질들은 지표수와 지하수에 의해 멀리 이동된다. 그리고 고체 입자들은 지표수, 지하수, 바람, 그리고 빙하 등에 의해 이동되기 전에 자주 중력에 의해 경사면을 따라 이동하면서 사태를 일으킨다. 풍화물

스마트그림 7.2

전반적인 그림 퇴적암 형성에 관련된 암석 순환을 제시한 개략도

E. J. Tarbuck

Bob Gibbons/Alamy Images

Jenny Elia Pfriffer/CORBIS

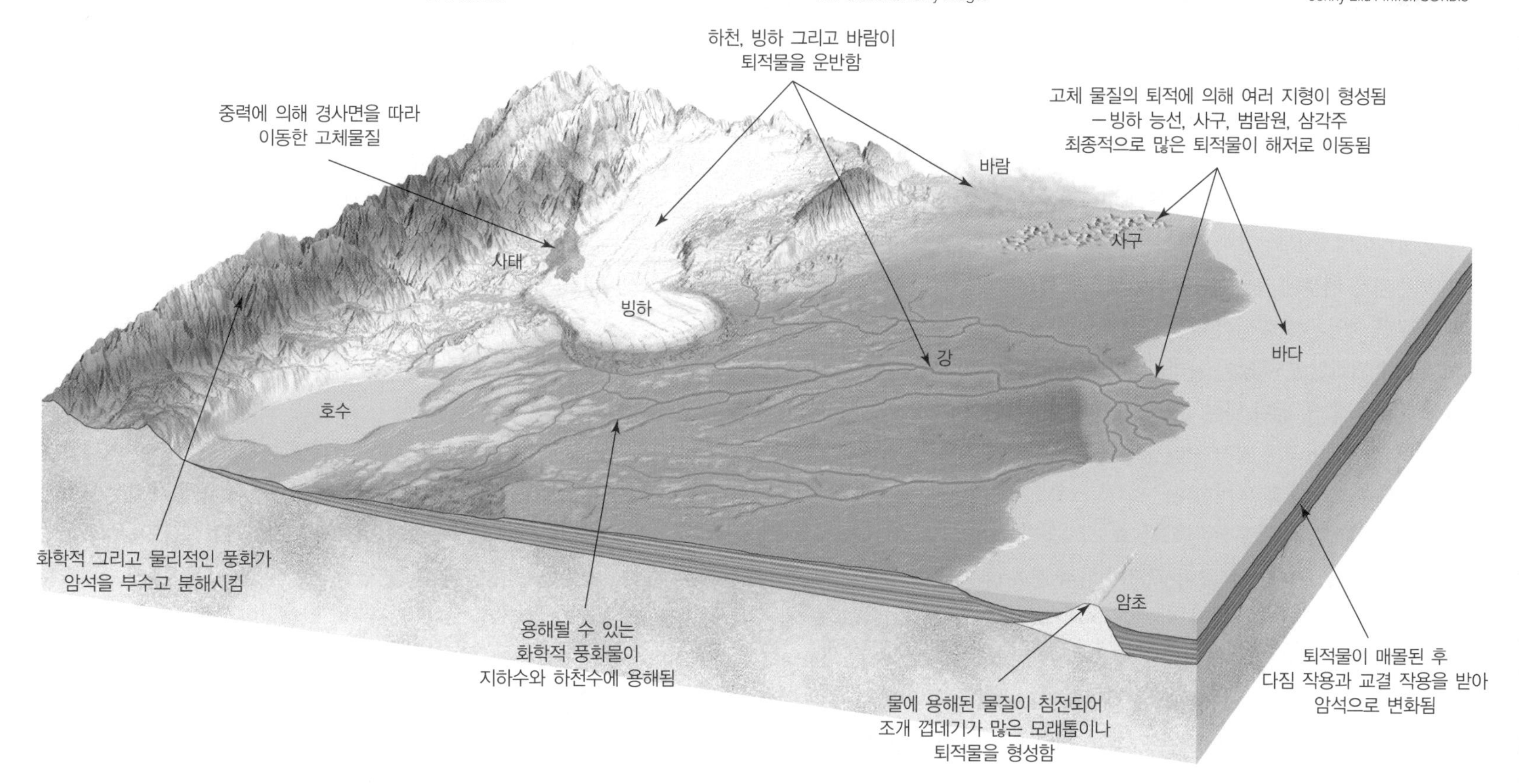

들은 만들어진 장소에서 이동되어 다른 곳에 집적된다. 운반과정은 자주 중단된다. 예로 홍수가 일어나면 많은 양의 모래와 자갈이 강에 의해 이동되며 홍수가 끝나면 이들 고체 입자들은 임시 퇴적된다. 그리고 다음 홍수에 의해 다시 다른 곳으로 이동된다.

- 바람이나 물의 흐름이 약화되거나 얼음이 녹으면 이들에 의해 운반되던 고체 입자들이 퇴적된다. 퇴적이라는 단어는 이 과정을 의미한다. 퇴적이라는 단어는 유체(물 혹은 공기)로부터 고체가 가라앉는다는 의미의 라틴어인 *sedimentium*으로부터 유래되었다. 호수 바닥이나 강 하구 삼각주 지역의 진흙, 강 바닥의 자갈, 사막의 모래 언덕 내 입자, 그리고 심지어 집안의 먼지가 퇴적된 예이다.
- 물에 용해된 물질의 퇴적은 바람이나 물 흐름의 강도와 관련이 없다. 물속 용해된 이온들은 물의 화학 성분이나 온도의 변화에 의해 결정화되어 침전되거나 유기체들의 껍질이 만들어지는 데 사용됨으로써 퇴적된다.
- 퇴적이 계속됨에 따라 오래된 퇴적물이 새로운 퇴적물 밑에 매몰되면서 다짐작용과 암석화 작용을 받아 점진적으로 암석화되어 퇴적암이 형성된다. 이러한 퇴적암화 작용을 속성작용(diagenesis, *dia*=변화, *genesis*=기원)이라 하며, 이는 퇴적물이 퇴적된 후 퇴적물 내 조직, 성분, 그리고 그 이외의 물리적인 특성 변화를 모두 포함한다.

풍화물의 운반, 퇴적, 암석화 작용에는 여러 방법이 있으며, 이에 따라 퇴적암을 크게 세 종류로 분류한다. 퇴적에는 2개의 주요 형태가 있다. 첫 번째 기원은 물리적 · 화학적 풍화에 의해 형성된 고체가 운반 · 퇴적되는 것이다. 이와 같은 퇴적 형태를 쇄설성이라 하며, 이런 과정을 거쳐 만들어진 퇴적암은 **쇄설성 퇴적암**(detrital sedimentary rock)이라 한다.

두 번째로 중요한 퇴적물의 종류는 화학적 풍화에 의해 형성된 용해 물질이다. 이러한 용해 물질들이 무기적 그리고 유기적 과정을 통해 침전될 경우 이를 화학적 퇴적물이라 하며, 이들로부터 만들어지는 암석은 **화학적 퇴적암**(chemical sedimentary rock)이라 한다.

세 번째 퇴적암 종류는 탄소가 풍부한 유기물의 잔해로부터 만들어지는 **유기적 퇴적암**(organic sedimentary rock)이다. 가장 대표적인 예가 석탄이다. 석탄은 죽은 후 늪지에 묻힌 나무의 잔해로부터 공급된 유기적 탄소로 구성된 연소성의 검은 물질이다. 석탄 내에 나타나는 분해되지 않은 식물의 잔해는 쇄설성 그리고 화학적 퇴적암을 만든 풍화물과는 상당히 다르다.

개념 점검 7.2

① 지표에 노출된 화강암이 여러 퇴적암으로 변환되는 단계를 개략적으로 설명하라.
② 3개의 주요 퇴적암을 기술하고 차이점을 간단히 설명하라.

7.3 쇄설성 퇴적암

쇄설성 퇴적암을 구분하는 기준을 논하고 쇄설성 퇴적암의 기원과 형성 과정을 어떻게 결정하는지 기술하라.

쇄설성 퇴적암 내에서 매우 많은 종류의 광물, 암편이 발견되지만 점토광물과 석영이 대부분의 쇄설성 퇴적암의 주 구성 성분이다. 제6장에서 언급되었듯이 점토광물은 규산염광물, 특히 장석의 화학적 풍화에 의해 형성되는 가장 흔한 화학적 풍화 산물이다. 점토광물은 세립질이며 운모와 같이 판상의 결정조직을 갖는다. 석영은 화학적 풍화에 강하고 매우 잘 보존되기 때문에 퇴적암 내에 풍부하게 나타난다. 즉 화강암과 같은 화성암이 풍화를 받게 되면 석영은 풍화되어 다른 광물로 변하지 않고 단순히 화강암으로부터 분리된다.

쇄설성 퇴적암에서 많이 나타나는 또 다른 광물은 장석과 운모이다. 이들 광물들은 화학적 풍화를 쉽게 받아 다른 물질로 변화된다. 따라서 이들 광물이 나타나는 것은 근원암 내의 일차 광물이 퇴적되기 전에 풍화되지 않고 살아 남아 있을 수 있을 만큼 침식 및 퇴적 작용이 매우 빨랐음을 의미한다.

쇄설성 퇴적암을 구분하는 기본 요소는 입자 크기(입도)이다. 쇄설성 퇴적암을 구성하는 입자는 그림 7.3에서와 같이 크기에 따라 분류된다. 구성 입자의 크기는 쇄설성 퇴적암 구분에만 유용한 것이 아니라 퇴적 환경에 대한 중요한 정보를 제공한다. 물과 공기의 흐름은 입자를 분급시킨다. 흐름이 강할수록 큰 입자를 이동시킨다. 예로 자갈은 급류나 사태 혹은 빙하에 의하여 이동된다. 이에 반해 모래를 운반시키는 데는 자갈에 비해 에너지가 덜 들기 때문에 풍적 사구, 강 퇴적물, 해변 등이 모래로 형성된다. 점토 운반에는 매우 작은 에너지만이 필요하며 점토는 매우 천천히 가라앉는다. 이와 같은 작은 입자의 퇴적은 매우 조용한 호수, 갯벌, 늪지 혹은 해저 환경에서 일어난다.

쇄설성 퇴적암은 입자 크기가 증가함에 따라 셰일, 사암, 그리고 역암이나 각력암으로 바뀐다. 지금부터 각각의 퇴적암에 대하여 알아보고 이들이 어떻게 형성되었는가를 설명한다.

셰일

셰일은 실트나 점토 크기의 입자로 구성된 퇴적암이다(그림 7.4). 모든 퇴적암의 반 이상이 이러한 세립질 쇄설성 퇴적암들이다. 이들 암석들의 입자는 너무 작아 배율 높은 확대경 없이는 관찰되지 않는다. 이러한 이유 때문에 셰일은 다른 쇄설성 퇴적암에 비해 연구하고 분석하기가 어렵다.

셰일을 어떻게 형성되었는가 셰일이 형성된 과정에 대한 지식의 많은 부분은 입자 크기와 관련성이 있다. 셰일 내 아

입자 범위 (mm)	입자 이름	일반적 퇴적물	퇴적암
>256	거력	자갈	역암, 각력암
64~256	굵은 자갈		
4~64	자갈		
2~4	잔 자갈		
1/16~2	모래	모래	사암
1/256~1/16	실트	진흙	셰일, 이암 혹은 실트암
<1/256	점토		

그림 7.3 **입자 분류** 입자 크기는 쇄설성 퇴적암을 구분하는 주요 기준이다. *(각력암 사진 : E. J. Tarbuck, 그 외 사진 : Dennis Tasa)*

주 세립인 입자는 상대적으로 조용하고 난류가 없는 곳에서 서서히 일어난 침전에 의해 셰일이 만들어졌음을 지시한다. 그와 같은 환경은 호수, 범람원, 갯벌, 그리고 심해저의 일부이다. 이러한 조용한 환경에서도 점토 입자들을 부유시킬 수 있는 정도의 난류는 발생한다. 따라서 점토 입자들은 서로 결합하여 큰 집합물이 된 이후 침전한다.

때로는 암석의 화학적 성분이 추가적인 정보를 제공한다. 한 예는 흑색 셰일이다. 흑색 셰일은 많은 유기물(탄소)이 포함되어 있어 흑색을 나타낸다. 따라서 흑색 셰일이 발견된 경우 늪지와 같이 산소가 부족하여 유기물이 쉽게 산화되거나 분해되지 않는 퇴적환경에서 퇴적이 일어났음을 알 수 있다.

박층 실트와 점토가 퇴적되면서 **엽층리**(laminae; *lamin*=얇은 판)라는 매우 얇은 층을 형성한다. 처음에는 엽층리 내에 있는 입자들은 방향성 없이 배열되어 있다. 이러한 무질서한 배열은 물로 채워진 열린 공간(공극)의 비율을 매우 높게 한다. 그러나 이러한 상황은 추가적인 퇴적물이 그 위에 계속 쌓여 하부의 퇴적물을 압착하면서 서서히 변화한다.

이 과정에서 점토와 실트 입자는 대체적으로 평행하게 배열되며 매우 치밀하게 다져진다. 이러한 입자 배열의 변화는 공극의 크기를 줄이면서 그 안에 물을 밖으로 밀어낸다. 일단 입자들이 단단히 압착되면 입자 사이의 공간은 작아져서 교결물질은 갖고 있는 용액이 존재하기 힘들다. 그 결과 셰일은 일반적으로 약한 고결작용만을 받은 약하게 암석화된 연약한 암석으로 잘 알려져 있다.

이러한 물이 통과하기 힘든 특성 때문에 셰일은 지하에서 물이나 석유의 이동을 막는 장벽 역할을 한다. 지하수를 함유하고 있는 암석층 밑에는 셰일 층이 존재하여 지하수가 더 이상 지하로 침투하지 못하는 역할을 한다. 석유의 경우에는 반대로 석유 저장층 상부에 셰일이 존재하여 석유가 지표로 빠져나가지 못하고 저장되도록 한다.[1]

셰일, 이암 혹은 실트암? 셰일은 일반적으로 모든 세립질 퇴적암에 적용한다. 하지만 때로는 셰일이라는 용어는 매우 제한된 의미로 사용된다. 협의의 셰일은 매우 조밀하게 잘 발달된 면을 따라 잘 쪼개지는 특성을 갖는 암석을 의미한다. 이러한 특성을 **쪼개짐**(fissility; fissilis, 쪼개지거나 분리되는 특징)이라 한다.

알고 있나요?

점토라는 명칭은 여러 다른 의미를 가지고 있다. 쇄설성 입자를 기술할 때 점토란 1/256mm보다 작은 입자를 의미한다(그림 7.3). 그러나 점토는 규산염 광물의 이름으로도 사용된다(제3장, 81쪽). 비록 대부분의 점토광물이 점토 크기이지만 모든 점토 크기의 퇴적물이 점토 광물은 아니다.

그림 7.4 **셰일 – 퇴적암 중 가장 흔한 암석** 식물 화석을 포함하는 어두운 셰일이 자주 나타난다. *(사진 : E. J. Tarbuck)*

1 불투수층과 지하수의 부존과 이동 간의 관계는 제14장에서 설명된다. 셰일층은 석유 저장고의 덮개암이 될 수 있다.

그림 7.5 **셰일은 쉽게 부숴진다.** 풍화에 강한 사암층과 석회암층은 단단한 절벽을 형성한다. 이에 반해 약한 교질 작용을 받아 풍화에 약한 셰일은 풍화된 암설로 이루어진 완만한 경사 지형을 보여준다. (사진 : Dennis Tasa)

반면 암석이 덩어리나 블록으로 부수어지는 세립질 퇴적암은 이암이라 한다. 또 다른 세립질 퇴적암에는 셰일로 분류되기는 하나 셰일보다 쪼개짐이 약한 실트암(siltstone)이 있다(그림 7.3). 이 암석은 대부분 실트 크기의 입자로 구성되어 있으며 셰일이나 이암보다 점토광물의 양이 적다.

완만한 경사 비록 셰일이 다른 퇴적암에 비해 많이 나타나는 암석이지만 셰일보다 덜 나타나는 암석들에 비해 더 많은 관심을 얻지 못한다. 그 이유는 셰일이 사암이나 석회암과 달리 잘 발달된 노두를 형성하지 못하기 때문이다. 이들은 쉽게 부숴져서 풍화되지 않은 하부 암석을 덮어 노출되지 않게 한다. 이러한 상황은 그랜드캐니언에서 잘 관찰된다. 그랜드캐니언에서는 셰일층은 쉽게 풍화되어 완만한 경사 지형을 보여주며 뚜렷이 드러나지 않고 식물에 덮여 있어 절벽을 만든 더 단단한 암석과 잘 대비된다(**그림 7.5**).

그림 7.6 **석영 사암** 사암은 셰일 다음으로 가장 흔히 나타나는 퇴적암이다. (사진 : Dennis Tasa)

셰일 층은 인상적인 절벽이나 잘 발달된 노두를 만들지는 못하지만 때로는 높은 경제적 가치를 갖는다. 일부 셰일은 도기, 벽돌, 타일, 자기 등의 원료 확보를 위해 개발된다. 이 외에도 석회암과 섞여서 포트랜드 시멘트를 만드는 데도 사용된다. 그리고 미래에 오일 셰일이라고 하는 셰일은 중요한 에너지 자원이 될 것이다.

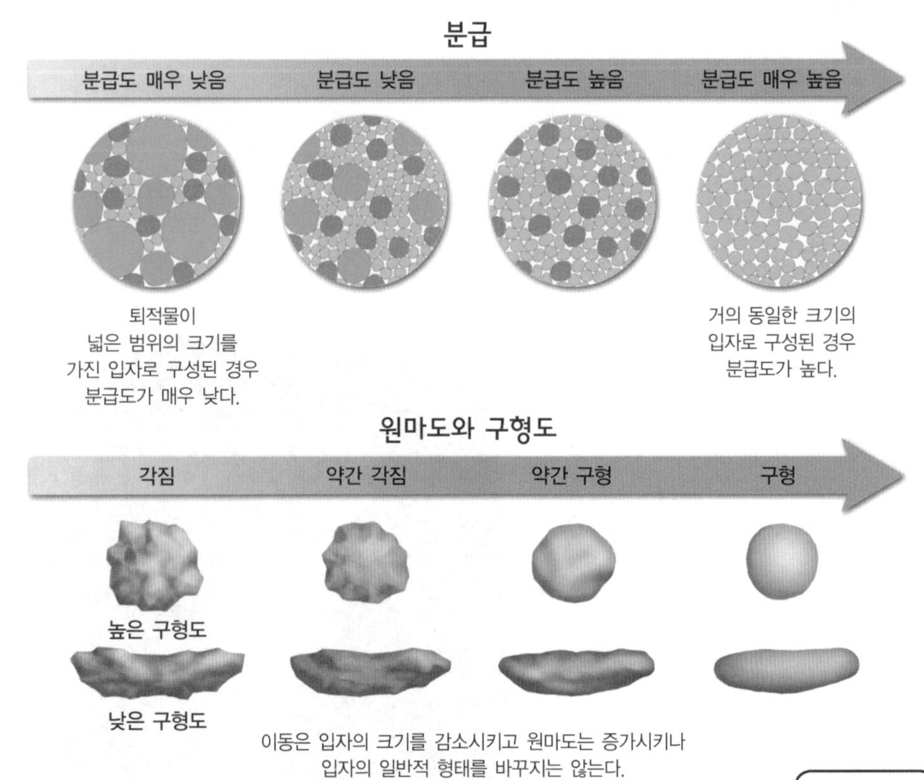

스마트그림 7.7 **분급과 입자 형태** 분급은 암석 내의 입자 크기 범위를 의미한다. 지질학자들은 입자의 형태를 원마도(입자의 모서리가 둥글게 된 정도)와 구형도(입자가 얼마나 원에 가까운가)로 표시한다.

사암

사암은 모래 크기의 입자로 주로 이루어진 퇴적암이다(**그림 7.6**). 사암은 셰일 다음으로 많이 나타나는 퇴적암으로서 전체 퇴적암의 약 20%를 차지한다. 사암은 여러 다른 환경에서 퇴적되며 분급도, 입자 형태, 성분과 같이 그들이 생성된 환경에 알아내는 데 중요한 증거를 자주 포함하고 있다.

분급 쇄설성 퇴적암은 항상 동일한 크기의 입자로 구성되지 않는다. **분급**(sorting)은 퇴적암 내에서 입자 크기의 유사도를 나타낸다. 예로 거의 동일한 크기의 입자로 구성된 경우 잘 분급되었다고 한다. 반대로 여러 다른 크기의 입자로 구성된 경우 분급이 나쁘다고 한다(**그림 7.7**). 분급 정도를 연구함으로써 우리는 퇴적 시 유체의 흐름에 대해 알 수 있다. 일반적으로 바람에 의해 날려와 퇴적된 퇴적물은 파도에 의해 분급된 퇴적물보다 더 좋은 분급도를 보여준다(**그림 7.8**). 그리고 파도에 의해 퇴적된 입자들은 하천에 의해 퇴적된 입자들보다 분급도가 높다. 분급도가 낮은 퇴적물은 일반적으로 상대적으로 짧은 시간 동안에 이동되어 빠르게 퇴적되는 환경에서 만들어진다. 예로 저탁류가 가파른 경사지를 지나 완만한 경사 지역에 도달하면 속도가 급격히 감소하면서 분급도가 낮은 모래와 자갈이 퇴적된다.

입자 형태 입자의 형태 또한 사암이 퇴적된 환경 해석에 중요한 정보를 제공한다(그림 7.7). 하천, 바람, 파도에 의해 모래나 그보다 큰 입자들이 이동될 때 입자들이 서로 충돌하여 날카로운 입자 가장자리가 마모되어 입자의 둥글기 정도를 나타내는 원마도가 증가한다. 따라서 둥근 입자는 바람이나 하천에 의해 운반된 것이다. 그리고 원마도의 정도는 바람이나 하천에 의해 퇴적물이 이동된 거리나 시간에 대한 정보를 제공한다. 원마도가 매우 좋은 입자는 운반 도중 많은 마모가 일어났음을, 즉 오랜 이동 과정이 있었음을 지시한다.

이에 반해 매우 각진 입자는 두 가지를 의미한다. 즉 입자가 퇴적되기 전에 짧은 거리를 이동하였거나 물, 바람, 파도 이외의 수단에 의해 이동되었음을 의미한다. 예로 빙하에 의해 운반된 퇴적물 내 입자는 얼음에 의한 분쇄 및 갈아짐에 의해 일반적으로 불규칙한 형태를 갖는다.

광물성분에 대한 이동의 영향 대기 난류나 유수에 의해 운반된 거리는 원마도와 분급도에 영향을 미칠 뿐 아니라 퇴적물의 광물 성분에도 영향을 준다. 오랜 풍화와 장거리 운반의 경우 장석과 같이 풍화에 약하거나 철마그네시아 광물과 같이 지표에서 불안정한 광물들이 점차적으로 분해된다. 이와 달리 석영은 풍화에 강하기 때문에 장거리 운반 후에도 분해되지 않고 남아 있다.

앞에서 언급된 것처럼 사암의 기원과 형성 과정이 분급도, 원마도, 광물의 성분에 의해 밝혀질 수 있다. 예로 분급도가 높고 원마도가 높은 석영을 많이 포함한 사암은 먼 거리를 이동한 후 퇴적되어 만들어진 것을 알 수 있다. 그와 같은 암석은 여러 번의 풍화, 운반, 퇴적작용에 의해 만들어졌을 수도 있다. 그리고 많은 양의 장석과 각진 철마그네시아 광물을 포함하고 있는 사암은 풍화작용을 적게 받았으며 짧은 거리 이동 후, 즉 퇴적물 공급지에 가까운 곳에 퇴적되어 만들어졌음을 알 수 있다.

사암의 종류 석영은 풍화에 강하기 때문에 대부분의 사암에서 가장 우세하게 나타나는 광물이다. 이러한 석영이 우세한 암석을 석영 사암이라 한다. 사암이 상당량의 장석(25% 이상)을 포함할 경우 장석질 사암이라 한다. 장석질 사암은 장석 이외에 석영과 반짝이는 적은 양의 운모를 포함하고 있다. 장석 사암의 광물 성분은 이 암석이 화강암으로부터 유래되었음을 지시한다. 이 암석 내 입자들이 일반적으로 분급도가 낮고 각진 것은 이 암석이 건조한 기후 하에서 화학적 풍화작용을 적게 받았으며 짧은 거리 이동 후 빠르게 퇴적되어 만들어졌음을 지시한다.

세 번째 사암 종류는 그레이와케(graywacke)이다. 이 암석은 석영, 장석과 함께 많은 암편과 기질을 포함하고 있으며 어두운색을 띤다. 그레이와케 15% 이상이 기질로 구성되어 있다. 그레이와케의 낮은 분급도와 각진 입자들은 입자들이 공급지로부터 짧은 거리만을 이동하여 빨리 퇴적되었음을 나타

알고 있나요?

그림 7.8에 나타난 Navajo 사암은 한때 캘리포니아의 넓이에 해당하는 40만 km²(156,000제곱피트)를 덮고 있었던 매우 넓은 사구 지역이 있었음을 지시한다.

알고 있나요?

유리를 만드는 데 사용되는 가장 중요한 광물은 규소이며, 이는 깨끗하게 잘 분급된 석영으로부터 얻어진다.

그림 7.8 **분급도가 좋은 사구** 과거와 현재의 사구
(사진 : Dennis Tasa; George H. H. Huey/Alamy Images)

유타 자이언 국립공원 내 오렌지색과 노란색을 띠는 절벽은 수천 피트 두께의 줘라기 Navajo 사암을 보여준다.

바람에 의해 퇴적된 Navajo 사암을 구성하고 있는 석영입자는 콜로라도 그레이트 사구 국립공원에 나타나는 석영입자와 유사한다. 사구는 모든 입자 크기가 거의 같은 잘 분급된 특징을 보여준다.

낸다. 그리고 이들 퇴적물들은 재동되어 추가적인 분급작용을 받기 이전에 새로이 공급된 퇴적물에 의해 덮인다. 그레이와케는 많은 경우 퇴적물의 밀도가 높은 급류인 저탁류에 의해 형성된 해저 퇴적물과 함께 나타난다.

그림 7.9 **역암** 이 암석 내에 자갈 입자는 높은 구형도를 보여준다. (사진 : E. J. Tarbuck)

역암과 각력암

역암은 대부분 자갈로 구성되어 있다(**그림 7.9**). 그림 7.3에서 보인 바와 같이 역암 내 입자들의 크기는 큰 거력(boulder)으로부터 완두콩 정도로 작은 크기까지 다양할 수 있다. 역암 내 입자들은 가끔 암석의 종류를 구별할 수 있을 정도로 커서 퇴적물의 공급지를 밝히는 데 중요한 역할을 할 수 있다. 대부분 역암에서는 큰 입자 사이가 모래나 점토로 채워져 있어 분급도가 매우 낮다(**그림 7.10**).

자갈의 퇴적은 여러 환경에서 형성될 수 있으며 일반적으로 매우 급한 경사지가 있었거나 매우 강한 저탁류가 발생되었음을 지시한다. 역암 내의 조립질 입자는 역암이 에너지가 강한 계곡수에 의하여 운반 퇴적되었거나 빠른 침식이 일어나는 해안에서의 강한 파도 활동에 의해 형성되었음을 지시한다. 일부 빙하나 산사태에 의해 운반 생성된 퇴적물 역시 많은 자갈을 포함하고 있다.

만약 큰 입자들이 둥글지 않고 각져 있다면 그 암석은 각력암이라 한다(그림 7.3에 각력암과 역암이 비교되어 있음). 큰 입자들은 운반되는 과정에 빠르게 마모되어 둥글어지기 때문에 각력암 내 각진 큰 자갈과 자갈은 이 암석이 공급지로부터 멀리 떨어지지 않은 곳에서 퇴적됨을 의미한다. 즉 다른 퇴적암들과 마찬가지로 역암과 각력암 역시 그들의 기원에 대한 증거를 갖고 있다. 이들 암석을 구성하는 입자의 크기는 이들이 운반될 때의 유수 흐름의 세기를, 그리고 원마도는 이들 입자가 얼마나 먼 거리를 이동하였는가를 나타낸다. 암석 내 나타나는 암편들은 이들 퇴적물의 원암이 무엇이었는가를 확인할 수 있는 정보를 제공한다.

그림 7.10 **분급도가 낮은 퇴적물** 그랜드캐니언 내 카본 계곡을 따라 퇴적된 분급도가 매우 낮은 자갈 퇴적층 (사진 : Michael Collier)

개념 점검 7.3

① 쇄설성 퇴적암 내에 가장 많이 나타나는 광물들은 무엇인가? 그리고 이들 광물들로 주로 구성된 암석은?
② 쇄설성 퇴적암을 구분하는 주요 기준은?
③ 어떻게 퇴적물이 분급되는지를 기술하라.
④ 역암과 각력암의 차이점을 기술하라.

7.4 화학적 퇴적암

화학적 퇴적암이 형성된 과정을 설명하고 예를 제시하라.

풍화에 의해 생성된 고체 퇴적물에 의해 만들어진 쇄설성 퇴적암과는 달리 화학적 퇴적암은 물에 용해되어 호수나 바다로 이동된 이온에 의해서 만들어진다. 물속에 용해된 이온들은 영구히 용해되어 있을 수 없으며, 이들 중 일부가 침전되어 화학적 퇴적물을 형성하고 이는 석회암, 쳐트, 암염과 같은 퇴적암으로 변한다.

침전은 두 가지 방식으로 일어난다. 한 방식은 증발이나 화학적 환경의 변화에 의해 일어나는 무기화학적 침전작용이다. 다른 방식은 물속에 살고 있는 생명체의 유기적 활동에 의해 일어나는 **생화학적**(biochemical) 침전작용이다.

무기화학적인 침전작용에 의한 한 예는 석회 동굴에 발달된 종유석이다(**그림 7.11**). 또 다른 예는 바닷물이 증발된 후 침전되는 소금이다. 이에 반해 많은 바다 동물과 식물은 물속에 용해된 물질을 추출하여 껍질이나 다른 단단한 부분을 만든다. 그리고 이들 바다 생물이 죽으면 이들의 골격이 생화학적 퇴적물이 되어 호수나 바다 밑바닥에 퇴적되어 쌓인다(**그림 7.12**).

석회암

석회암은 화학적 퇴적암 중 가장 많이 나타나며 전체 퇴적암

음료수 빨때 모양의 종유석 끝부분에서 떨어지는 물방울에서 형성되는 미세한 광물의 결정작용은 물방울로부터 이산화탄소가 빠져나가면서 시작된다.

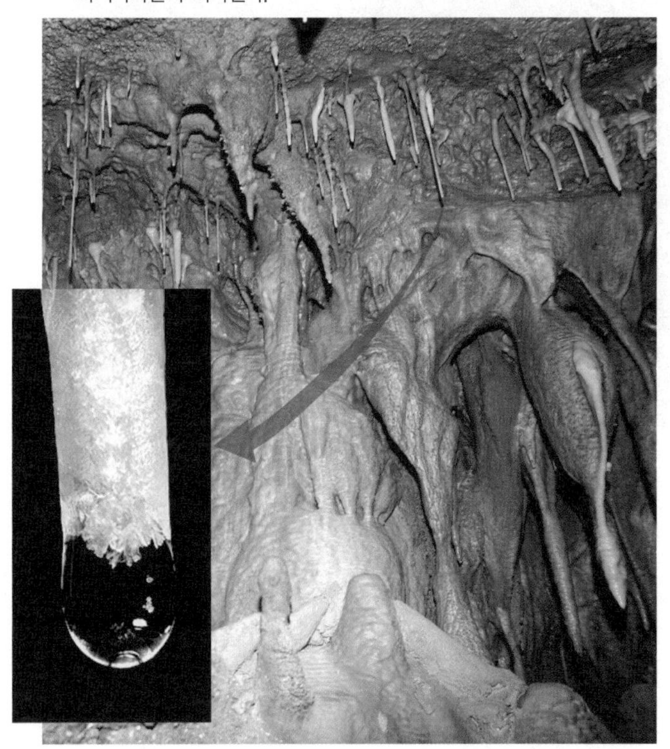

그림 7.11 **동굴 침전물** 무기화학적 기원의 화학적 퇴적암 예 (사진 : Guillen Photography/Alamy Image; Dante Fenolio/Science Source)

의 약 10%을 차지한다. 석회암은 주로 방해석($CaCO_3$)으로 구성되며 무기화학적 혹은 생화학적으로 생성된다. 생성 방법에 관계없이 대부분의 석회암의 광물 성분은 유사하지만 광물 형태가 여러 가지이다. 이는 석회암이 여러 다른 환경에서 퇴적됨을 고려할 때 당연한 것이다. 석회암 중 바다에서 생화학적으로 퇴적된 석회암이 가장 흔하다.

탄산질 산호초 산호는 많은 양의 해양기원 석회암을 만드는 중요한 생명체이다. 다소 단순한 무척추 동물인 산호는 탄산물질을 분비하여 외부 골격을 만든다. 비록 산호는 크기는 작지만 산호초(그림 7.13)라는 큰 규모의 구조를 만들 수 있다. 산호초는 동물들에 의해 분비된 방해석 구조 위에 함께 사는 많은 수의 산호로 구성된 산호 집단들로 구성되어 있다. 산호와 함께 살고 있는 탄산칼슘을 분비하는 조류는 산호 집단들 전체를 하나의 단단한 물체로 결합시킨다. 산호초 주변에는 이외에도 여러 다른 생물들이 살고 있다.

가장 잘 알려진 산호초는 2,000km에 걸쳐 생성되어 있는 오스트레일리아의 그레이트 배리어 산호초이며 이보다 작은 규모의 산호초가 도처에 생성되어 있다. 산호초는 적도와 위도 30도 사이의 열대와 아열대 지역의 얕고 따뜻한 바다에서 발달된다. 대표적인 예가 바하마, 하와이, 그리고 플로리다 키스 지역에서 나타난다.

현생 산호가 지구상의 첫 번째 산호초를 만들지 않았다. 지구상의 첫 번째 산호초를 형성한 생명체는 20억 년 전인 선캄브리아기에 살면서 광합성을 했던 박테리아이다. 화석을 통해 여러 다양한 생명체가 산호초를 만들었음을 알 수 있다. 그들 중에 쌍각류 조개(조개, 굴), 태형 동물(산호와 유사한 동물), 그리고 해면동물이 포함된다. 산호는 5억 년 전 산호초 화석으로부터 발견되었으며, 현생 산호와 비슷한 산호는 단지 6,000만 년 전부터 산호초를 형성해 왔다.

미국에서 실루리안 시기(4억 1,600만 년 전~4억 4,400만 년 전)의 산호초가 위스콘신 주, 일리노이 주, 인디애나 주에 우세하게 나타난다. 그리고 텍사스 주 서부와 인근에 있는 뉴멕시코 주 남동부에 있는 과달루페 산맥 국립공원에는 페름기(2억 5,100만 년 전~2억 9,900만 년 전)에 형성된 대규모 산호초 복합체가 나타난다(그림 7.13).

패각암과 백악 비록 많은 석회암이 생화학적 과정에 의해 형성되지만 껍데기와 골격이 암석으로 고화되기 전에 상당하게 변화하기 때문에 쉽게 생화학적 기원이 인지되지 않는 경우가 많다. 그러나 패각암은 생화학적 기원이 쉽게 인지되는 석회암으로 약하게 결합된 껍질들로 구성된 조립질 암석이다(그림 7.12). 백악은 패각암보다는 못하지만 생화학적 기원이 인지될 수 있는 잘 알려진 암석으로 대부분 현미경으로나 볼 수 있는 미세한 해양 미생물의 단단한 부분으로 이루어진 다공질의 부드러운 암석이다. 가장 유명한 백악 퇴적암은 영국 남동해안에 노출되어 있다(그림 7.14).

무기질 석회암 무기질 기원의 석회암은 화학적 변화나 물의 온도가 증가에 의해 탄산칼슘의 농도가 침전될 정도까지 증가하여 생성된다. 석회동굴에서 자주 관찰되는 트래버틴(석회 침전

그림 7.12 **패각암** 이 종류의 석회암은 조개 껍데기로 구성되어있다. 따라서 이 퇴적암은 생화학적으로 형성되었음을 알 수 있다. (사진 : Donald R. Franzier Photolibrary, Inc./Alamy Images; E.J. Tarbuck)

텍사스 주 과달루페 산맥 국립공원 내 전경으로 과거(페름기) 달라웨어 분지 주변을 둘러싸며 형성된 대규모 산호초가 암석화된 일부분을 보여 주고 있다.

그림 7.13 **석회질 산호초** 산호초를 형성하는 생명체에 의해 만들어진 대규모 생화학적 석회암 (사진 : *JC Photo/Shutterstock and Micheal Collier)*

오스트레일리아 그레이트 배리어 산호초의 일부 지역 전경 사진. 이 산호초는 2,600km 정도 뻗어 있으며, 2,900개의 개별적인 산호초로 이루어졌고 퀸슬랜드 해안가에서 멀리 떨어진 지역에서 나타난다.

그림 7.14 **백악절벽** 남부 영국의 넓은 지역과 프랑스 북부 일부분에서 퇴적되어 형성된 백악 노두 (사진 : *David Wall/Alamy Image)*

괴상의 백악절벽
백악은 주로 프랑크톤으로 이루어진 미세한 해양 생물의 단단한 부분에 의해 형성된 생화학적 석회암이다.

주사현미경에 의해 촬영된 코코리소포어(*coccolithophores*)라고 하는 프랑크톤 그룹. 타이어의 휠캡처럼 생긴 판 모양의 개개 프랑크톤은 직경이 수천만 분의 1mm이다. 크기가 매우 작아 바늘 귀를 통과할 수 있다.

물)이 그 예이다(그림 7.11). 동굴 안의 트래버틴은 지하수에 의해 운반된 탄산칼슘에 의해 형성된다. 탄산칼슘을 포함한 지하수가 물방울로 떨어져서 동굴 대기에 노출되면 물속에 녹아 있던 이산화탄소의 일부가 대기로 방출되면서 탄산칼슘이 침전된다.

또 다른 형태의 무기질 석회암은 어란상 석회암이다. 이 암석은 어란이라고 하는 작은 구형의 입자들로 구성된다. 어란은 얕은 바다에서 작은 중심체(일반적으로 작은 조개 조각)로부터 만들어져서 물의 이동에 의해 앞뒤로 이동한다. 작은 중심체가 탄산칼슘에 의해 과포화된 따뜻한 물속에서 앞뒤로 구르면서 화학적으로 침전된 여러 겹의 탄산염암 층으로 피복된다(그림 7.15).

백운암

백운암은 석회암과 매우 밀접한 관련을 갖는 암석이며 돌로마이트라고 하는 칼슘-마그네슘질 탄산염 광물 [$CaMg(CO_2)$]로 구성되어 있다. 비록 석회암과 백운암은 가끔 매우 비슷해 보이나 묽은 염산용액에 대해 서로 다른 반응을 보인다. 석회암에 묽은 염산 용액을 떨어뜨리면 거품을 발생시키며 활발하게 반응한다. 이에 비해 백운암은 분말 형태가 아니면 염산에 눈에 띄게 반응하지 않는다.

백운암의 기원은 분명하게 알려져 있지 않으며 아직도 지질학자간의 논쟁거리로 남아 있다. 어떠한 해양 생물도 백운암으로 구성된 단단한 부분을 형성하지 않는다. 그리고 근해의 특별한 환경에서만 해수로부터 화학적 침전에 의해 백운암이 형성된다. 그럼에도 불구하고 많은 오래된 퇴적암층군에서 백운암이 많이 발견된다.

많은 백운암은 마그네슘 성분을 많이 함유한 물이 석회암

어란이라고 하는 작은 타원체 입자들은 작은 핵 주변에 탄산칼슘이 화학적으로 침전하여 형성되었으며, 이들에 의해 어란상 퇴적암을 형성된다.

그림 7.15 **어란상 석회암**
어란상 석회암은 어란으로 구성된 무기질 석회암이다. 10센트짜리 동전이 축척으로 제시됨 *(사진 : Marli Miller)*

내을 이동하면서 칼슘을 마그네슘으로 치환하여 석회암 내 방해석을 돌로마이트로 변화시켜 만들어진다. 이러한 과정을 백운암화 작용이라고 한다. 그러나 어떤 백운암에는 이러한 치환의 증거가 나타나지 않으며 그 기원이 불명확하다.

처트

처트는 미립질의 석영(SiO_2)으로 이루어진 매우 치밀하고 단단한 암석들이다. 그림 7.16은 여러 종류의 처트를 보여준다. 가장 잘 알려진 처트는 플린트(flint)이며 이 암석의 검은 색은 함유하고 있는 유기물에 기인한다. 또 다른 처트인 **벽옥**(jasper)은 암석 내 철산화물에 의해 붉은색을 띤다. 줄무늬 형태의 조직을 보여주는 처트는 아게이트(agate)라 한다. 아게이트는 암석의 빈 공간에 환형 형태로 침전되어 형성되었다. 처트가 보여주는 줄무늬는 침전이 일어나는 동안 함께 침전된 여러 불순물 때문에 형성되었다. **규화목**은 화산재와 같은 규소가 풍부한 물질 내에 나무가 묻혀 만들어진 처트이다. 규소가 많이 용해된 지하수가 나무를 침투하여 나무를 규소 성분으로 치환한다. 때로는 나무의 나이테 모양과 구조가 잘 보존되기도 한다. 대부분의 처트는 유리와 같이 패각상의 균열을 보여준다. 처트는 쉽게 깎을 수 있을 정도의 굳기를 가졌으며 뾰족한 끝부분을 잘 유지하는 특성이 있어 미국 인디언들에 의해 칼이나 화살촉으로 많이 사용되었다. 풍화에 강한 처트의 성질과 광범위한 사용 덕에 처트로 만들어진 화살촉이 북미 많은 지역에서 나타난다.

처트 퇴적암은 두 가지 형태로 나타난다. 층의 형태를 보이는 **층상 처트**가 그 하나이고, 다른 형태는 수 밀리미터나 수 센티미터의 지름을 갖는 둥근 형태인 **단괴형 처트**이다. 대부분의 수생 생명체는 단단한 골격부를 탄산칼슘으로 만든다. 하지만 규조류와 방산충과 같은 수생 생명체는 유리질 형태의 규질 골격을 만든다. 해수는 매우 적은 양의 규소 용해 물질을 갖고 있지만 이 생물들은 해수로부터 규소를 용출시킬 수 있다. 대부분의 층상 처트는 이들 생명체의 골격이 퇴적되어 만들어졌다. 일부 층상 처트는 용암이나 화산재 층과 함께 나타난다. 이 경우 규질은 생화학적 과정에 의해 공급된 것이 아니라 화산재가 분해되면서 공급되었을 가능성이 높다. 단괴형 처트는 가끔 2차 혹은 **치환 처트**라고 하며 대부분 석회암층 내에 나타난다. 이들은 규소가 한곳에 퇴적된 후 용해 이동되어 다른 곳에서 침전되면서 기존 물질을 치환하여 형성된다.

알고 있나요?

미국 서부와 남서부 지역에 나타나는 퇴적암은 수많은 색을 보여준다(예로 제6장 시작부 사진, 그림 6.1, 제7장 시작부 사진, 그림 7.22 참조). 애리조나 주 그랜드캐니언의 절벽에는 붉은색, 오렌지색, 보라색, 회색, 갈색, 담황색 층이 나타난다. 유타 주 브라이스캐니언의 퇴적암은 은은한 분홍색을 띤다. 좀 더 습한 지역의 퇴적암이 역시 많은 색을 보여주나 대부분의 경우 토양이나 식물에 의해 덮여 잘 보이지 않는다.

암석이 색을 나타내는 데 산화철이 매우 중요하며 암석이 색을 띠게 하는 데는 아주 적은 양만이 필요하다. 적철광은 암석을 붉은색 혹은 홍색을 띠게 하며 갈철광은 노란색이나 갈색을 띠게 한다. 퇴적암이 유기물을 포함할 경우 검은색이나 회색을 띠게 된다(그림 7.4).

아게이트

화살촉

규화목

플린트

벽옥

그림 7.16 **색깔 있는 처트**
미립질의 석영으로 구성된 밀도가 높고 단단한 여러 화학적 퇴적암을 처트라 한다.
(아게이트 사진 : Natural History Museum/Alamy Images; 규화목 사진 : Gracious tiger/Shutterstock, 플린트와 벽옥 사진 : E. J. Tarbuck; 화살촉 사진 : Daniel Sambraus/Science Source)

이 광범위한 증발 광상은 3만 에이커 정도로 넓으며 2m 정도로 두껍고 단단한 흰 소금으로 구성되어 있다.

스마트그림 7.17 **보네빌 소금 평원** 이 유명한 유타 지역은 한때는 대규모 염수호였다.
(사진 : *Stock Connection/Glow Images*)

증발암

지금은 건조한 육지인 많은 지역이 지질학적 과거에 대양과 매우 좁은 통로에 의해 연결된 얕고 좁은 만 밑에 잠겨있었다. 이러한 환경에서 증발이 일어나고 이에 의해 부족해진 물을 공급해주기 위해 대양으로부터 해수가 만으로 유입되었다. 최종적으로 만의 해수가 염 물질에 의해 포화되고 이에 따라 염이 침전되기 시작하였다. 이러한 과정에 의해 생성된 퇴적암을 **증발암**(evaporites)이라 한다.

이러한 상황에서 침전된 대표적인 광물에는 암염암의 주 구성분인 암염(Halite, NaCl), 석고암의 주성분인 석고(gypsum, $CaSO_4 \cdot 2H_2O$)가 있다. 두 광물 모두 중요한 상품성을 갖고 있다. 암염은 요리나 음식 양념에 많이 사용되기 때문에 일반인들에게 잘 알려져 있으며, 도로에 쌓인 눈을 녹이거나 염산은 만드는 데도 사용된다. 따라서 인류는 오랜 역사 동안 암염을 찾아서 무역을 하고 이를 차지하기 위하여 전쟁을 하기도 하였다. 석고는 파리의 벽치장에 기본 성분으로 사용되었다. 석고는 건설 사업에서 벽이나 실내 장식 재료로 많이 사용된다.

해수가 증발할 때 침전하는 광물의 순서는 그들의 용해도에 의해 결정된다. 염도가 증가하면서 용해도가 낮은 광물이 먼저 침전되고 용해도가 높은 광물은 나중에 침전된다. 예로 석고는 해수의 80%가 증발되었을 때 침전하며 암염은 90%가 증발되었을 때 침전한다. 이러한 증발에 의한 침전의 마지막 단계에서는 칼륨과 마그네슘을 포함한 염이 침전한다. 이들 중 하나가 칼리암염이라는 광물이며 이는 비료에 필요한 칼륨의 중요한 원료로 채광된다.

캘리포니아 데스밸리와 같은 지역에서 작은 규모의 증발 광상이 나타난다. 여기서는 강우 시기나 눈이 녹는 시기에 형성된 하천이 주변 산악지역으로부터 폐쇄된 분지로 흘러들어오고 건조 시기가 되면 물이 증발하여 물에 녹아 있던 염들이 침전되어 지반을 하얗게 덮는 **소금 평원**(salt flat)이 형성된다(그림 7.17).

알고 있나요?

매년 세계 소금 공급의 30%가 바닷물로부터 공급되고 있다. 바닷물을 퍼 올려 고여놓은 후 증발시키면 인공적인 증발암인 소금이 만들어져 수확된다.

개념 점검 7.4

① 생화학적 퇴적암의 형성 과정이 무기화학적 퇴적암이 형성되는 과정과 어떻게 다른지를 예를 들어 설명하라.
② 석회암, 백운암, 쳐트의 차이점을 설명하고 각 암석들의 종류에 대해 기술하라.
③ 어떻게 증발암이 형성되는가? 증발암의 예에는 어떤 것이 있는가?

7.5 석탄 : 유기적 퇴적암

석탄을 형성한 과정을 개략적으로 설명하라.

석탄은 다른 퇴적암과 매우 다르다. 석회질이나 규질이 풍부한 석회암이나 쳐트와 달리 석탄은 대부분 유기물로 구성되어 있다. 현미경이나 확대경으로 석탄을 자세히 관찰해 보면 비록 화학적으로 변형은 되었지만 잎, 나무껍질, 나무와 같은 식물 조직이 여전히 구분 가능하게 관찰된다. 이는 석탄이 수백만 년 동안 묻힌 많은 식물 잔해로부터 형성된 것임을 입증한다(그림 7.18).

1. **식물 잔해의 집적.** 석탄이 형성되는 초기 단계는 많은 양의 식물 잔해의 집적이다. 이러한 집적을 위해서는 특별한 환경이 필요하다. 왜냐하면 식물의 잔해는 대기나 산소를 함유한 환경에 노출되면 부패하여 없어지기 때문이다. 습지는 대규모 식물 잔해의 집적이 가능하도록 해주는 중요한 환경 중 하나이다. 물이 고여 있는 습지에서는 산소가 부족하여 식물의 잔해가 완전히 분해되지 못한

다. 대신 식물은 특정 박테리아에 의해 부분적으로 분해되어 산소와 수소를 배출한다. 이러한 배출 물질이 이탈하면서 탄소의 상대적인 양이 계속 증가한다. 박테리아는 분해 작업을 완료하지 못하고 식물 잔해의 분해 과정에 생성된 유기산에 의해 제거된다.

2. **토탄의 형성.** 산소가 부족한 습지에서는 부분적인 식물의 분해에 의해 아직 식물의 조직이 잘 관찰되는 연성의 갈색 물질로 구성된 토탄층이 형성된다. 토탄은 얕은 깊이에 묻히면서 연성의 갈색 석탄인 갈탄으로 변화한다. 퇴적물이 매몰 깊이가 증가할수록 퇴적물에 대한 압력뿐 아니라 온도도 증가한다.
3. **갈탄과 역청탄의 형성.** 온도가 더 높아지면 식물 잔해 내에서 화학작용이 일어나 물과 휘발성 유기질 가스가 발생한다. 점차 상부에 쌓인 퇴적물의 무게가 증가하면서 물과 휘발성 유기질 가스가 외부로 빠져나가고 그 결과 탄소량(연소성 물질)은 증가한다. 탄소량이 증가할수록 석탄의 에너지로서의 가치는 높아진다. 매몰 깊이가 증가하면서 석탄은 점점 단단해진다. 즉 깊은 곳에서 갈탄은 더 단단하고 압착된 검은 암석인 역청탄으로 변한다. 토탄층이 역청탄 층으로 변하면서 층의 두께가 최초 두께의 1/10로 줄어든다.
4. **무연탄의 형성.** 갈탄과 역청탄은 퇴적암이다. 이들 퇴적암이 조산운동에 관련된 습곡이나 변형을 받으면 이때 발생한 열과 압력에 의해 퇴적암 내의 물이나 휘발성 물질들이 더 빠져나감으로써 퇴적암 내 탄소량은 더욱 증가한다. 이러한 변성과정에 의해 역청탄은 매우 단단하고 광택이 있는 검은 변성암인 무연탄으로 변한다. 비록 무연탄이 완전 연소하는 연료이긴 하지만 매우 적은 양이 채굴된다. 무연탄은 많이 나타나지 않으며 상대적으로 수평한 층 형태로 나타나는 역청탄 층에 비해 채굴이 어렵고 비용이 많이 든다.

석탄은 주 에너지 원이다. 에너지로서의 석탄과 석탄을 연소시킴으로써 발생하는 문제에 대해서는 이 책의 뒤에서 설명하기로 하겠다.

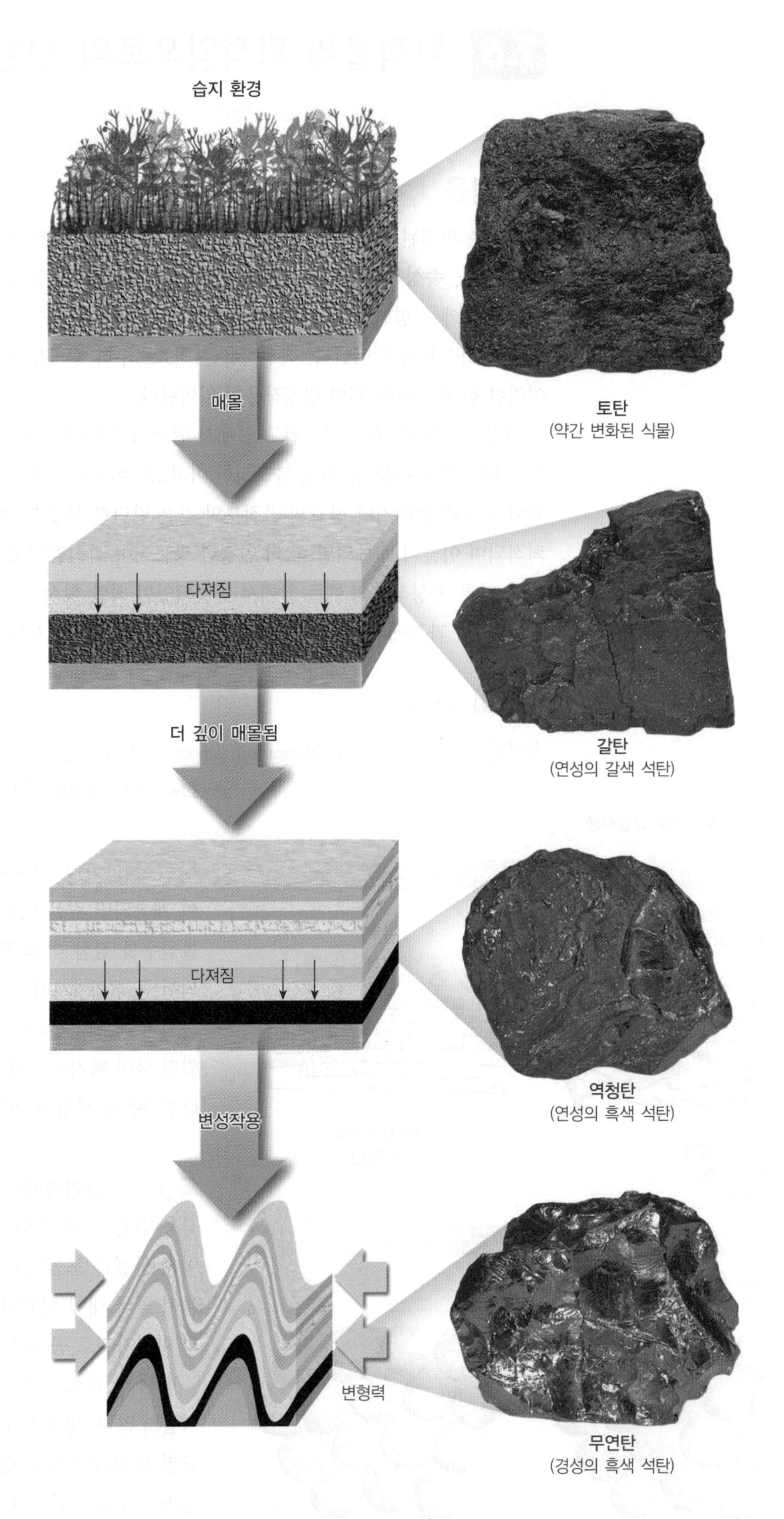

그림 7.18 **식물로부터 석탄으로** 석탄이 형성되는 과정 (사진 : E. J. Tarbuck)

개념 점검 7.5

① 석탄은 무엇으로부터 형성되는가? 어떤 환경에서 석탄이 집적되는가?

② 석탄이 형성되는 과정을 기술하라.

7.6 퇴적물의 퇴적암으로의 전환 : 속성작용과 암석화 작용

퇴적물이 퇴적암으로 변하는 과정을 기술하라. 그리고 매몰과 관련되어 일어나는 다른 변화도 설명하라.

속성작용

퇴적물은 퇴적된 시기부터 퇴적암으로 형성될 때까지 많은 변화를 겪으며 퇴적암은 다시 높은 온도와 압력을 받아 변성암으로 바뀐다. **속성작용**(diagenesis; *dia* = 변화, *genesis* = 기원)이라는 단어는 퇴적물이 퇴적된 후 암석화되는 과정 중에 그리고 암석화 이후에 경험한 모든 화학적, 물리적, 생물학적 변화를 포함한다. 매몰에 의해 퇴적물이 더 높은 온도와 압력을 받게 되면서 속성작용이 일어난다. 속성작용은 지표로부터 수 킬로미터 이내 지역에서 150~200℃ 이하 온도 조건일 때 일어난다. 이러한 한계 이상이 되면 변성작용이 일어난다.

속성작용의 한 예는 변화된 조건에서 안정되지 못한 광물로부터 좀 더 안정한 새로운 광물이 만들어지는 재결정작용이다. 이는 탄산칼슘 광물 중 다소 불안정한 아라고나이트의 경우로부터 잘 인지된다. 아라고나이트는 많은 해양 동물로부터 분비되어 이들의 껍데기나 산호의 골질부와 같은 단단한 부분을 형성한다. 특정 환경에서는 많은 양의 아라고나이트가 퇴적물로 퇴적되며 이들이 매몰되면 좀 더 안정한 광물이며 석회암의 주 구성 광물인 방해석으로 전환된다.

또 다른 속성작용의 예는 앞에서 언급되었던 석탄 형성 과정에서 일어난 산소가 부족한 환경에서의 유기물질의 화학적 변화이다. 이 과정에서는 유기물질이 산소가 풍부한 상태에서와 같이 완전히 분해되지 않고 천천히 고체 탄소로 전이된다.

암석화 작용

속성작용은 암석화 작용(lithification; *lithos* = 암석, *fic* = 만듬)을 포함하며 이는 고화되지 않은 퇴적물을 단단한 퇴적암으로 변화시킨다. 암석화 작용은 다짐작용과 교결작용을 포함한다(그림 7.19).

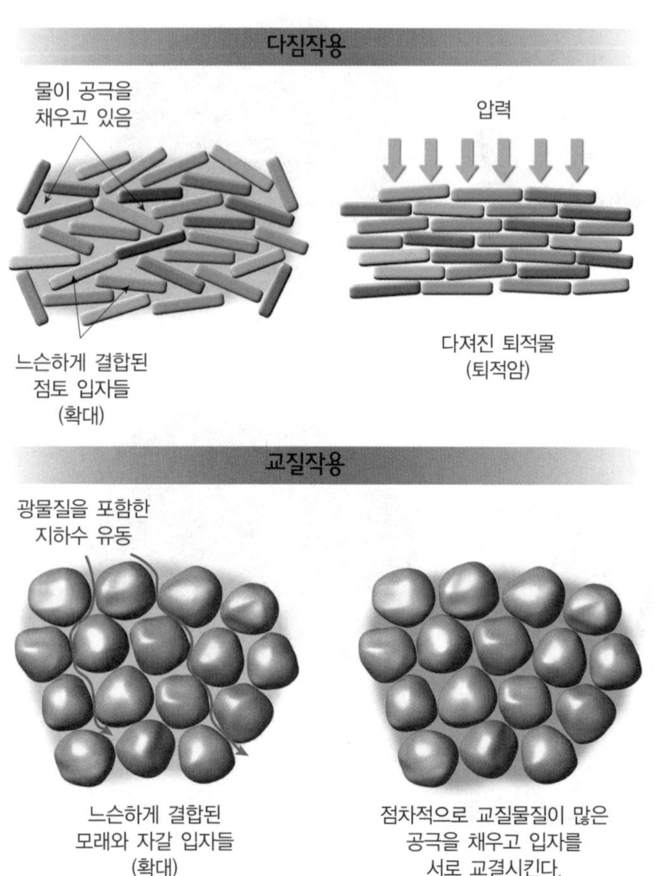

그림 7.19 **다짐작용과 교질작용**

다짐작용 가장 일반적인 물리적 속성작용은 **다짐작용**(compaction)이다. 매몰 작용이 계속되면 깊은 곳의 퇴적물은 상부의 퇴적물에 의해 압착된다. 퇴적물이 깊이 매몰될수록 점점 더 퇴적물은 압착되어 단단해진다. 이로 인해 입자들이 점점 더 근접되어 공극(입자사이의 빈 공간)이 상당히 줄어든다. 예로 점토가 수천 미터 지하에 매몰되면 점토의 부피는 40% 감소하며 다져진다. 공극이 줄어들면서 퇴적물 내에 잡혀 있던 물이 빠져나가게 된다. 모래나 다른 조립질 퇴적물에서는 다짐률이 낮기 때문에 다짐작용은 세립질 퇴적암을 만드는 과정에서 가장 중요한 역할을 한다.

교결작용 **교결작용**(cementation)은 퇴적물이 퇴적암으로 전화되는 데 가장 중요한 작용이다. 이 과정에서는 퇴적 입자 사이에서 광물들이 결정화된다. 지하수는 용해된 이온 물질을 포함하고 있으며, 이들 용해된 이온 물질로부터 결정화된 새로운 광물들이 공극 내에 침전되며 쇄설성 퇴적물을 결합시킨다. 이러한 교결작용은 다짐작용과 마찬가지로 공극을 감소시킨다.

방해석, 규소, 산화철은 가장 일반적인 교결 물질이다. 교결 물질은 구별하는 일은 어렵지 않다. 방해석 교결 물질은 묽은 염산과 반응하여 약해진다. 규소는 가장 강한 교결 물질이며 가장 단단한 암석을 형성한다. 퇴적암의 주황색 혹은 검붉은색은 철 산화물이 교결 물질로 존재함을 지시한다.

대부분의 퇴적암은 다짐작용과 고결작용에 의해 암석화된다. 그러나 일부 퇴적암은 독립적인 쇄설성 입자의 집합체로 시작하기보다는 상호 결합된 결정들의 집합체로 시작된다. 또 다른 결정질 퇴적암들은 결정질 형태로 시작되지는 않지만 퇴적된 이후에 상호 결합된 결정들의 집합체로 변화한다.

예로 미세한 칼슘질 골격 파편들로 엉성하게 구성된 퇴적물이 오랜 기간에 걸쳐 매몰이 계속 진행되면서 상대적으로 밀도가 높은 결정질 석회암으로 재결정된다. 결정들은 모든 빈 공간이 채워질 때까지 계속 성장하기 때문에 결정질 퇴적암에는 자주 공극이 발달되지 않는다. 이들 퇴적암에 암석 형성 이후 절리나 열극이 발달되지 않으면 이들 퇴적암은 물이나 석유와 같은 유체에 대해 불투수성이 된다.

개념 점검 7.6

① 속성작용이란 무엇인가?

② 다짐작용은 어떤 크기의 퇴적물 입자의 암석화 과정에 가장 중요한가?

③ 3개의 일반적인 교질 물질들을 열거하라. 이들 교질 물질들은 어떻게 구분되는가?

알고 있나요?

특정 용어들은 퇴적암을 구성하고 있는 광물에 대한 정보를 제공한다. 예로 규질암 내에는 석영이 풍부하며 점토질암은 풍부한 점토를 포함하고 있으며 탄산염암은 방해석이나 백운석을 포함하고 있다.

7.7 퇴적암의 분류

퇴적암을 분류하는 기준을 요약하여 제시하라.

그림 7.20에서와 같이 퇴적암은 크게 쇄설성 퇴적암과 화학적/유기적 퇴적암으로 분류된다. 쇄설성 퇴적암은 다시 입자의 크기에 의해서 그리고 화학적/유기적 퇴적암은 광물 성분에 의하여 세분된다.

다른 자연현상의 분류에서와 마찬가지로 퇴적암은 그림 7.20에 나타난 분류에 의해 명확히 구분되지 않는다. 실제로 화학적 퇴적암으로 분류되는 많은 퇴적암들은 적어도 약간의 쇄설성 물질을 포함하고 있다. 예로 많은 석회암은 다양한 양의 점토와 모래를 포함하여 셰일질 혹은 모래질의 특징을 보여준다. 역으로 실제 모든 쇄설성 퇴적암은 물에 녹아 있던 화학물질에 의해 교결되어 있어 순수한 쇄설성 퇴적암이 아니다.

제5장에서 소개한 화성암에서와 같이 퇴적암은 조직에 의해서 분류되기도 한다. 퇴적암 분류에 사용되는 2개의 주요 조직은 쇄설성 조직과 비쇄설성 조직이다. **쇄설성**(clastic)의 어원은 '부서진 암석'이라는 그리스어에서 유래되었으며, 쇄설성 조직이란 서로 분리된 파편

쇄설성 퇴적암

쇄설성 조직 (입자크기)	퇴적물명	암석명
조립 (2mm 이상)	자갈 (둥근)	역암
조립 (2mm 이상)	자갈 (각진)	각력암
중립 (1/16~2mm)	모래 (장석이 풍부할 경우 장석 사암이라 한다)	사암*
세립 (1/16~1/256mm)	진흙	실트암
극세립 (1/256mm이하)	진흙	셰일 혹은 이암

* 장석이 많이 나타나는 쇄설성 퇴적암은 장석질 사암이라고 명한다.

화학적 및 유기적 퇴적암

성분	조직	암석명	
방해석, $CaCO_3$	비쇄설성 : 세립에서 조립질 결정질	결정질 석회암	
방해석, $CaCO_3$	비쇄설성 : 세립에서 조립질 결정질	트래버틴	
방해석, $CaCO_3$	쇄설성 : 조개나 조개의 파편이 약하게 결합되어 있는 것이 관찰됨	패각암	생화학적 석회암
방해석, $CaCO_3$	쇄설성 : 여러 다른 크기의 조개나 조개 파편이 방해석 교결물질로 결합되어 있음	화석질 석회암	생화학적 석회암
방해석, $CaCO_3$	쇄설성 : 현미경으로 관찰 가능한 조개와 점토로 구성	백 악	생화학적 석회암
석영, SiO_2	비쇄설성 : 극세립 결정질	처트 (밝은색) 프린트 (어두운색) 마노 (층상구조)	
석고, $CaSO_4 \cdot 2H_2O$	비쇄설성 : 세립에서 조립질에 걸친 결정질	석고암	
암염, NaCl	비쇄설성 : 세립에서 조립질에 걸친 결정질	암 염	
변질된 식물 잔해	비쇄설성 : 세립의 유기 물질	역청탄	

그림 7.20 **퇴적암의 분류** 쇄설성 퇴적암은 주로 구성 입자의 크기로 분류되며, 화학적 퇴적암은 주로 성분에 의해 구분된다.

그림 7.21 **암염** 다른 증발암과 마찬가지로 암염은 서로 맞물려 자란 결정으로 구성되어 있는 비쇄설성 조직을 보여준다. (사진 : E. J. Tarbuck)

이나 입자들이 교결작용과 다짐작용에 의해 하나의 암체로 합쳐진 형태이다. 비록 교결물질이 공극을 채우지만 모든 공극이 완전히 교결물질로 채워지는 경우는 매우 드물다. 모든 쇄설성 퇴적암은 쇄설성 조직을 보여준다. 쇄설성 조직은 쇄설성 퇴적암 이외에 특정 화학적 퇴적암에서도 나타난다. 예로 조개나 조개의 파편으로 구성된 석회암인 패각암은 역암이나 사암처럼 쇄설성 조직을 보여준다. 일부 어란상암에서도 쇄설성 조직이 관찰된다.

일부 화학적 퇴적암은 **비쇄설성**(nonclastic) 혹은 **결정질**(crystalline) 조직을 보여준다. 이 조직에서는 결정들이 상호 맞물리며 결합되어 있다. 결정들은 현미경으로만 볼 수 있을 정도로 세립일 수도 있고 육안으로도 구별할 수 있을 정도로 조립일 수도 있다. 대표적인 비쇄설성 조직을 보이는 암석은 염수가 증발해서 만들어지는 퇴적암이다(그림 7.21). 많은 비쇄설성 조직을 보이는 퇴적암을 구성하는 퇴적물은 최초에는 쇄설성 기원으로부터 시작되었다. 즉 조개 파편이나 탄산칼슘이나 규질을 주성분으로 하는 단단한 부분과 같은 퇴적물의 쇄설성 입자의 특성이 퇴적 이후 석회암이나 쳐트로 변화해 가는 과정에서 재결정 작용을 받으면서 없어지거나 불명료해진다.

비쇄설성 퇴적암은 서로 맞물린 결정으로 구성되어 있으며 일부는 역시 결정질로 이루어진 화성암과 비슷하게 보인다. 하지만 결정질을 보이는 비쇄설성 퇴적암은 화성암으로부터 쉽게 구별된다. 그 이유는 비쇄설성 퇴적암에 나타나는 광물들이 화성암에는 거의 나타나지 않기 때문이다. 예로 암염암, 석고암, 그리고 일부 석회암은 서로 맞물린 결정으로 이루어진 결정질 조직을 보여주나 이들 암석을 구성하는 광물(암염, 석고, 방해석)은 화성암에는 거의 나타나지 않는다.

개념 점검 7.7

① 화학적 퇴적암을 구분하는 기준은 무엇인가? 쇄설성 퇴적암의 분류는 어떻게 하는가?

② 쇄설성과 비쇄설성 조직을 구분하라. 어떤 조직이 쇄설성 퇴적암에 나타나는가?

7.8 퇴적암은 과거 환경의 지시자이다

세 부류의 주요 퇴적환경을 구분하고 각각의 예를 제시하라. 퇴적 구조를 여러 개 제시하고 그들이 지질학자들에게 왜 유용한지를 설명하라.

퇴적암은 지구의 역사를 해석하는 데 매우 중요하다(그림 7.22). 퇴적암이 어떤 환경에서 퇴적되었는가를 이해하는 과정을 통해 지질학자들은 퇴적암을 형성한 퇴적물의 기원, 퇴적물 운반 방법, 그리고 퇴적된 환경 등을 포함한 암석의 역사에 대한 정보를 얻게 된다.

퇴적환경의 중요성

퇴적환경(sedimentary environment)은 퇴적물이 퇴적되는 지리적 환경이다. 각 퇴적지는 지질학적인 과정과 주변 환경의 특별한 조합으로 특징지어진다. 물로부터 침전되어 형성된 화학적 퇴적물과 같은 퇴적물들은 퇴적환경에만 영향을 받는다. 즉 퇴적물을 구성하는 광물들이 형성된 자리에서 퇴적된다. 다른 퇴적물들은 그들의 퇴적된 위치로부터 먼 곳에서 형성된다. 이들 퇴적물들은 중력, 물, 바람, 그리고 빙하에 의해 그들이 만들어진 지역으로부터 멀리 이동된다.

언제나 지리적인 위치와 퇴적환경은 집적될 퇴적물의 종류를 결정한다. 그러므로 지질학자들은 현재의 여러 퇴적환경에서 퇴적되는 퇴적물에 대한 연구를 주의 깊게 수행한다. 그 이유는 그들이 관찰한 특징이 과거에 만들어진 퇴적암에서도 관찰될 수 있기 때문이다.

지질학자들은 현재 일어나고 있는 퇴적 현상으로부터 얻은 지식을 이용하여 특정 퇴적층들이 퇴적되던 시기의 과거 환경과 지리적인 정보를 확인할 수 있다. 이와 같은 연구를 통하여 과거 육지, 바다, 산, 계곡, 사막, 빙하 등의 퇴적환경

모바일 현장학습

그림 7.22 **유타 주 캐피톨 리프 국립공원** 경사진 퇴적층들은 홀스 크릭의 워터포켓 습곡의 일부로서 중생대 시기의 환경 변화를 잘 기록하고 있다. (사진 : Michael Collier)

들의 지리적 분포도를 작성할 수 있다. 이는 '현재는 과거의 열쇠'[2] 라는 현대 지질학의 기초 원리를 잘 설명해 준다. 퇴적환경은 일반적으로 대륙, 해양, 점이대(해안)의 세 종류로 분류되며 이들은 다시 여러 종류로 세분된다. 그림 7.23는 여러 중요한 퇴적 환경을 잘 보여주는 모식도이다. 제13장에서부터 제17장까지 이러한 퇴적환경들이 자세히 설명될 것이다. 각 퇴적환경에서 퇴적물이 퇴적될 뿐 아니라 많은 생명체가 태어나고 죽는다. 그리고 각 퇴적환경에서는 특징적인 퇴적암이나 암석군이 형성된다.

퇴적상

퇴적층을 연구해 보면 특정 장소에서 시간에 따라 환경이 변화하는 것을 인지할 수 있다. 과거의 환경변화는 동일한 시기의 퇴적암층을 측면으로 조사할 때도 인지될 수 있다. 이는 어떤 시대든 넓은 지역에 서로 다른 퇴적환경이 존재함을 지시한다. 예로 해변가에서는 모래가 집적되고 있을 때 조용한 연안 지역에서는 세립의 진흙이 퇴적되고 있다. 해안에서 더 멀고 생명체의 활동이 많고 육지에서 공급된 퇴적물이 적은 지역에서의 퇴적암은 주로 작은 생명체들이 남긴 칼슘 성분의 잔해로 구성되어 있다. 이러한 예는 동시기에 서로 다른 퇴적물이 서로 인접해서 만들어질 수 있음을 지시한다. 각 퇴적층의 서로 다른 부분은 서로 다른 환경에서 퇴적된 특징을 갖고 있다. 서로 다른 환경에서 퇴적된 퇴적물을 언급하는 데 **퇴적상**(facies)이란 용어를 사용한다. 퇴적층을 단면상에서 한쪽 끝에서 다른 쪽 끝까지를 조사해 보면 각 퇴적상은 측면으로 가면서 동시기에 퇴적되었으나 다른 특징을 보여주는 다른 퇴적상으로 변화한다(그림 7.24). 이러한 퇴적상 간의 변화는 대체로 점이적이나 가끔은 매우 급격하게 일어난다.

2 이에 대해 더 알고 싶다면 "The Development of Geology"의 1장을 읽어 보라.

그림 7.23 **퇴적환경** 각 환경은 특정한 물리적, 화학적, 생물적 환경을 갖는다. 퇴적암은 그들이 퇴적된 환경을 지시하는 정보를 갖고 있기 때문에 지구 역사를 연구하는 데 중요하다. 여러 중요한 예가 모식도에 표시되어 있다.

사구 바람에 의해 퇴적된 분급도가 좋은 모래로 구성되어 있다.

동굴 석회암 지역에 형성되며 그 안에서 탄산칼슘이 석순으로 퇴적된다.

해변 파도의 활동이 강한 곳에 형성되며 주로 큰 자갈과 자갈로 이루어져 있다.

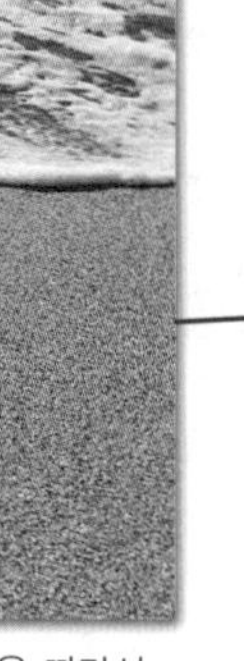

해변, 사주, 그리고 충적사주 저지대의 해안지역을 따라서 혹은 조용한 만에 형성되며 잘 분급된 모래와 조개 파편으로 구성된다.

갯벌과 석호 세립의 점토 입자 혹은 석회질 진흙이 퇴적되는 지역

심해저환경 대륙사면에 인접해 있으며 부유 퇴적물을 포함하는 수중 밀도류에 의하여 운반된 물질들을 포함하고 있다. 각 층에서 조립질 입자가 바닥에 세립질 입자가 상부에 나타난다.

천해 환경 모래, 진흙, 그리고 석회질 진흙이 퇴적되는 곳이며 파도에 의해 만들어진 연흔이 나타난다.

내륙해 및 호수 강수량보다는 증발량이 더 많은 건조한 환경 지역에서 암염과 석고와 같은 증발 퇴적물이 형성된다.

선상지 계곡 내 하천이 평평한 저지대에 도착했을 때 퇴적된 조립질 퇴적물로 구성되어 있다.

빙하퇴적물 낮은 분급도를 보이는 점토에서 거력에 이르는 여러 크기의 퇴적물의 혼합체로 구성되어 있다.

습지나 소택지 조용한 수생환경 하에서 진흙이나 분해된 식물질이 집적된다.

하천 상류인 산간지역에서는 침식을 일으키며 많은 종류의 퇴적물을 퇴적시키며 하류에서는 대부분 진흙(실트나 점토)과 모래를 퇴적시킨다.

사태 분급되지 않은 여러 다른 크기의 퇴적물로 구성된 혼합체를 형성한다.

산호초 따뜻하고 얕으며 깨끗한 바다에서 형성된 대규모의 석회암 구조이며, 산호나 다른 해저 생물이 분비한 물질로 구성되어 있다.

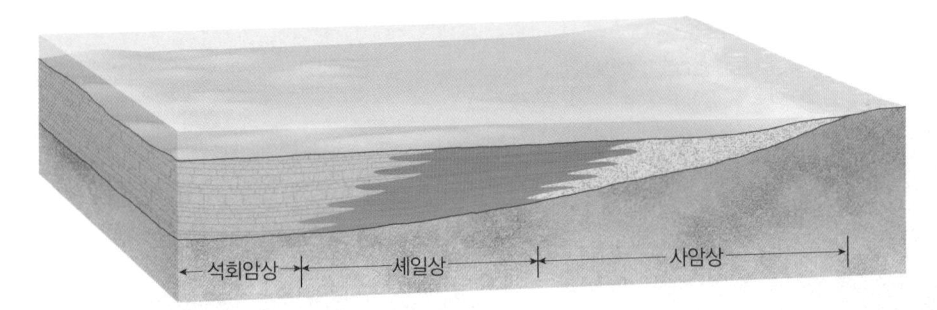

스마트그림 7.24 **측면 변화** 퇴적층을 측면을 따라 조사해 보면 퇴적층이 여러 다른 퇴적암으로 구성되어 있음을 확인할 수 있다. 이러한 현상이 일어나는 이유는 동시기에 넓은 지역에서 서로 다른 퇴적 환경이 존재하기 때문이다. 퇴적상은 이들 여러 다른 퇴적암들을 언급할 때 사용된다. 각 퇴적상은 측면을 따라 동시기에 다른 환경에서 퇴적된 퇴적상으로 변화한다.

퇴적 구조

퇴적물은 입자 크기, 광물 성분, 조직의 변화 외에도 그들이 퇴적암으로 형성될 때 종종 보존되는 여러 퇴적 구조도 보여준다. 퇴적암의 구조 중 하나인 점이층리는 퇴적물이 퇴적될 때 만들어지며 운반 매체에 대한 정보를 제공한다. 그리고 또 다른 예인 건열은 퇴적된 이후 환경의 변화에 의해 만들어진다. 따라서 퇴적암의 구조 역시 지구의 역사를 해석하는 데 중요한 정보를 제공한다.

퇴적암은 여러 다른 환경에서 퇴적된 퇴적물 층들로 구성된다. 이러한 층들의 집합을 **지층**(strata) 혹은 **층리**(beds)라 하며 어느 퇴적암에서나 관찰되는 특징이다. 각 층은 조립질 사암, 화석이 풍부한 석회암, 흑색 셰일 등의 서로 다른 퇴적암으로 구성된다. 이러한 서로 다른 여러 층을 **그림 7.25**, 이 장의 시작부 그림, 그리고 그림 7.1과 7.5에서 잘 볼 수 있다. 각 층에 나타나는 조직, 성분 두께의 변화는 각 층이 퇴적된 서로 다른 환경을 지시한다.

그림 7.25 **지층** 이 퇴적 층리 노두는 특징적인 층상 구조를 잘 보여준다. 이 노두는 뉴욕 샤완건크 산에 나타난다. (사진 : Colin D. Young/Shutterstock)

지층의 두께는 현미경으로나 관찰이 가능할 정도로 얇은 경우에서부터 수십 미터의 두께를 갖는 경우까지 있다. 각 지층을 구분하는 면을 **층리면**(bedding plane)이라 하며 층리면은 평평하고 그 면을 따라 암석이 잘 분리되거나 부수어진다. 퇴적되는 동안 퇴적물의 입자 크기나 성분의 변화는 층리면을 만든다. 퇴적 작용의 중단 역시 층리면을 만들 수 있다. 왜냐하면 한 번 퇴적이 중단된 후 다시 퇴적이 시작될 때 동일한 퇴적물이 다시 퇴적될 확률이 낮기 때문이다. 일반적으로 각 층리면은 한 퇴적 사건이 끝나고 또 다른 퇴적 사건이 시작됨을 나타낸다.

퇴적물은 유체로부터 입자가 침전하여 생성되기 때문에 대부분 지층은 평평한 층으로 형성된다. 그러나 가끔은 퇴적물이 평평하게 퇴적되지 않고 수평면에 경사지게 퇴적된다. 이러한 층을 **사층리**(cross-bedding)라 하며 사구, 강 하구 델타, 하상 퇴적물에서 특징적으로 나타난다(**그림 7.26**).

점이층리(graded beds)는 또 다른 특징적인 층리이며 1개의 층 안에서 입자 크기가 아래쪽으로부터 위쪽으로 조립질에서 세립질로 변화한다. 점이층리는 여러 다른 크기의 퇴적물을 포함하고 있는 물로부터 빠른 퇴적이 일어나면서 형성된다. 퇴적물 운반 매체의 에너지가 급격히 감소하면 가장 큰 입자가 먼저 퇴적되고 그다음으로 점점 더 작은 입자들의 퇴적이 계속된다. 점이층리는 저탁류 발생 지역에서 많이 나타나며 저탁류는 일반 물보다 많은 퇴적물을 포함하고 있으며 호수나 바다의 바닥을 따라 낮은 쪽으로 이동한다(**그림 7.27**).

지질학자들은 퇴적암을 연구함으로써 여러 정보를 얻을 수 있다. 예로 역암은 연안 쇄파 지역이나 빠르게 흐르는 하천과 같이 에너지가 매우 높은 퇴적환경을 지시한다. 이러한 환경에서는 조립질 물질은 침전하나 세립질 물질은 계속 부유하게 된다. 장석 사암이 발견될 경우 이 암석의 퇴적 시기의 기후는 장석의 풍화가 매우 약하게 일어나는 건조한 기후였음을 알 수 있다. 탄산질 셰일의 존재는 형성 당시 대상 지역이 습지나 석호와 같이 에너지가 매우 낮고 유기물이 풍부한 지역이었음을 지시한다.

이외에도 과거 환경을 지시하는 여러 다른 퇴적암의 특징이 있다. **연흔**(ripple mark)은 물이나 공기에 의해 퇴적층 윗면에 형성되는 작은 모래 물결자국이다(**그림 7.28A**). 볼록한 부분은 유체 이동 방향에 수직으로 생성된다. 연흔이 한쪽 방향으로 움직이는 물이나 바람에 의해 생성되었을 경우에는 비대칭 형태를 보이며 이를 수류 연흔이라고 한다. 이들

그림 7.26 **사층리** 사구는 주층리에 사교하는 얇은 층들을 특징적으로 보여준다.

연흔은 하류 쪽으로 급한 경사를 보이며 상류 쪽으로 완만한 경사를 보인다. 모래질 하상 위를 하천이 흐를 때 만들어지는 연흔과 사구위로 바람이 불 때 형성되는 연흔이 수류 연흔의 대표적이 두 예이다. 퇴적암에서 관찰되는 수류 연흔은 과거 바람이나 물이 어느 방향으로 흘렀는가를 결정하는 데 사용된다. 또 다른 연흔은 대칭 구조를 갖는다. 이러한 연흔을 **진동 연흔**이라고 하며 얕은 연안 환경에서 앞뒤로 움직이는 파도에 의해 형성된다.

건흔(mud crack)(그림 7.28B)은 퇴적암이 습하고 건조한 기후가 반복되어 일어나는 환경에서 형성됨을 지시한다. 건

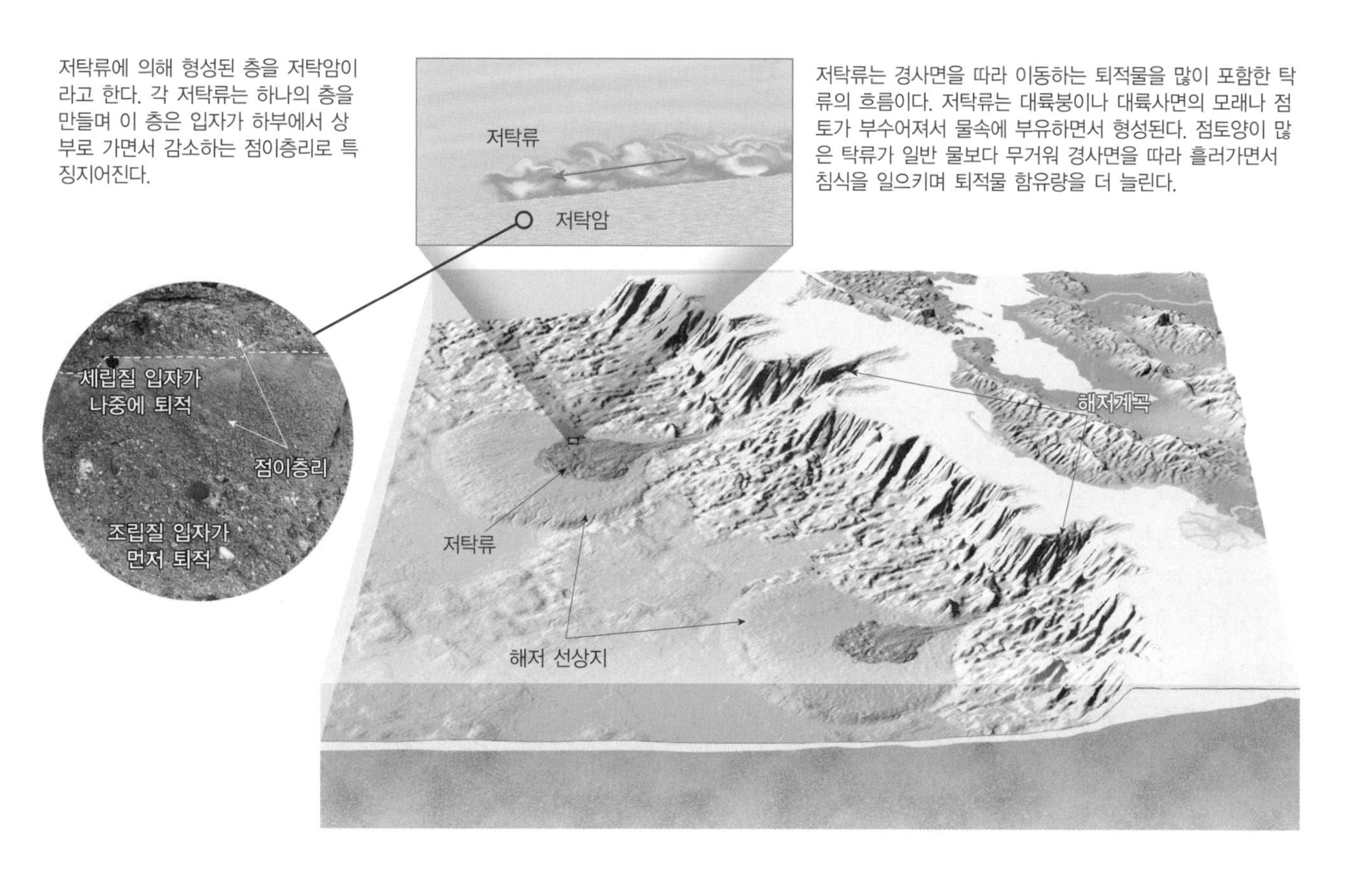

그림 7.27 **점이층리** 점이층리는 하부에서 상부로 가면서 퇴적물의 입자가 감소하는 특징을 보여준다. 점이층리는 저탁류라고 하는 해저 흐름과 관련되어 나타난다.
(사진 : Marli Miller)

그림 7.28 **암석 내에 보존됨**

A. 이 수류 연흔들은 사질 퇴적물 내에 형성되어 퇴적암에 보존되었다. (사진 : Tim Graham/Alamy Image)

B. 진흙 퇴적물이 건조되면 수축하면서 갈라져 균열을 만든다. 이러한 퇴적물이 암석화될 때 보존되어 건흔이 형성되었다. (사진 : Marli Miler)

조한 대기에 노출된 습한 진흙은 마르면서 갈라져 균열을 만든다. 건흔은 간조대, 얕은 호수, 그리고 사막 분지에서 만들어진다.

화석(fossil)은 과거 생물체의 잔해나 흔적인 화석은 퇴적물이나 퇴적암에 나타나는 중요한 포획물이다. 이들은 과거 지구 환경을 해석하는 데 중요한 정보를 제공한다. 과거 특정 시기에 살았던 생명체에 대한 지식은 생명체가 살던 시기의 환경 해석에 많은 도움이 된다. 더 나아가 화석은 중요한 퇴적 시기 지시자이며 비슷한 시기에 서로 다른 지역에서 형성된 암석을 내비하는 데 중요한 역할을 한다. 화석은 제18장에서 자세히 소개될 것이다.

개념 점검 7.8

① 세 부류의 주요 퇴적환경은 무엇인가? 각 부류에 해당하는 예를 제시하라. (그림 7.23 참조)

② 왜 한 퇴적층 안에 서로 다른 퇴적암이 나타나는가? 각 층 안에 서로 다른 부분을 언급할 때 어떤 용어를 사용하는가?

③ 퇴적암의 가장 일반적인 특징은 무엇인가?

④ 사층리와 점이층리의 차이점은 무엇인가?

⑤ 건흔과 연흔은 과거의 어떤 지질환경을 해석하는 데 도움이 되는가?

7.9 퇴적암에 나타나는 자원

두 부류의 비금속 자원의 차이점과 퇴적암 내에 나타나는 3개의 주요 화석 연료를 논하라.

퇴적암은 지구 역사 해석에 매우 중요할 뿐 아니라 경제적으로도 매우 중요하다. 퇴적암은 중요한 광물 및 에너지 자원과 함께 나타난다.

비금속 광물 자원

연료로 사용되지 않거나 금속이 아닌 지구물질을 **비금속 광물 자원**(nonmetallic mineral resource)이라 한다. 경제 분야에서의 광물이라는 단어의 의미는 매우 넓은 의미로 사용되며 제3장에서 배웠던 지질학적인 정의와 매우 다르다. 비금속 광물자원은 비금속 원소를 얻기 위해서 혹은 비금속 원소가 갖고 있는 물리 화학적인 성질을 이용하기 위해서 개발된다(표 7.1). 비록 비금속 광물 자원은 여러 기원을 가지고 있지만 대부분 퇴적물이나 퇴적암으로부터 기원된다.

우리는 자주 비금속 광물의 중요성을 인식하지 못한다. 그 이유는 우리 생활에 비금속 광물 자원 자체가 직접 사용되지 않고 그것을 이용하여 만든 물건들이 주로 사용되기 때문이다. 즉 많은 비금속 광물은 다른 물건을 만드는 과정에서 사용된다. 예로 형성과 석회암은 철을 만드는 과정에 사용되고 비금속 물질로 만든 연마재는 기계의 부품을 만드는 데 사용되며 비료는 작물을 키우는 데 사용된다.

1년에 사용되는 비금속 광물의 양은 굉장히 많다. 미국에서 1인당 사용되는 비연료 자원은 거의 11톤이며 이들 중 95%가 비금속 광물 자원이다. 비금속 광물 자원은 일반적으로 크게 **건축 자재**(building material)와 **산업 자재**(industrial mineral) 두 종류로 분류된다. 어떤 비금속 광물 자원은 여러 용도로 사용되기 때문에 두 분류에 모두 해당되기도 하며 석회암이 좋은 예이다(그림 7.29). 석회암은 가장 많은 용도로 사용되는 암석이며 건축에 부수어진 암석 형태나 석재 형태로

알고 있나요?

철 1톤을 만들기 위해 1/3톤의 석회암과 2~20파운드의 형석이 필요하다.

표 7.1

비금속 광물의 사용 용도

광물	사용용도
인회석	인산 비료
석면 (크리소틸)	방화재
방해석	콘트리트 혼합제, 철 생산, 토양 개선, 화학물질, 시멘트, 석재
점토광물 (카올리나이트)	도기 및 자기 제작
경옥	보석, 연마재
다이아몬드	보석, 연마재
형석	철 생산, 알루미늄 정화제, 유리, 화학물질
석류석	연마제, 보석
흑연	연필심, 윤활제, 내화 벽돌
석고	소석고
암염	소금, 화학약품, 얼음 관리
백운모	전기 제품내 절연재
석영	유리의 주원료
황	화학물질, 비료 제조 공정에 사용
석리염(실바이트)	칼륨 비료
활석	페인트내 분말, 화장품 등

사용될 뿐 아니라 시멘트를 만드는 데도 사용된다. 또한 석회암은 제철과정에 혼합 재료로 사용되기도 하며 산성화된 토양을 중화시키는 데도 사용된다.

다른 중요한 건축 자재는 석재, 골재(모래, 자갈, 암편), 회반죽이나 벽 천정 재료로 사용되는 석고, 타일이나 벽돌에 사용되는 점토, 석회암과 셰일로 만들어지는 시멘트가 있다. 시멘트와 골재는 모든 건축에 중요한 콘크리트 혼합체를 만드는 데 사용된다.

그림 7.29 **석회암 채석장** 석회암은 건축 및 산업에 모두 사용된다. 사진의 채석장은 인디애나 주 암스테르담 근처에 위치한다.
(사진 : Daniel Dempster/Alamy Images)

많은 종류의 비금속 광물 자원이 산업 자재로 분류된다. 어떤 경우에는 비금속 광물들이 특별한 화학적인 원소와 화합물의 원료가 되기 때문에 중요하다. 이러한 광물들은 화학제품이나 비료를 생산하는 데 사용된다. 또한 이들이 가지고 있는 물리적 성질이 이용되기도 한다. 예로 강옥이나 석류석은 강도가 높아 연마재로 사용된다. 비록 산업 자재로서의 비금속 광물이 다양하게 사용되나 건축 자재로 사용되는 비금속 광물보다는 적게 사용된다.

비금속 광물 자원은 매우 제한된 장소에서 제한된 양이 생산된다. 그 결과 많은 비금속 자원들은 장거리로 운송되어야 하며 운송비가 가격에 포함된다. 대부분 간단한 처리만을 필요로 하는 건축 자재와 달리 많은 산업 자재용 비금속 광물 자원은 사용 용도에 맞도록 순도를 높이는 상당한 재처리 과정을 필요로 한다.

알고 있나요?

4차선 고속도로 2km를 만드는 데 85톤의 골재가 사용된다. 그리고 미국에서는 매년 20억 톤의 골재를 생산한다. 이는 미국 내에서 연료와 관련되지 않는 자원 개발 생산량의 반을 차지한다.

에너지 자원

석탄, 석유, 가스는 현대 산업경제에 주축을 이루는 에너지이다. 현재 미국에서 사용되는 에너지의 85%가 화석 연료로부터 얻어진다(그림 7.30). 비록 태양, 풍력, 지열, 그리고 수력에너지를 많이 사용하고는 있으나 미국 에너지국은 앞으로 수십 년 이후까지도 화석연료가 여전히 매우 중요할 것으로 예상하고 있으며 2035년 미국에서 사용하는 에너지의 75%가 화석연료에 의해 제공될 것으로 발표하였다.

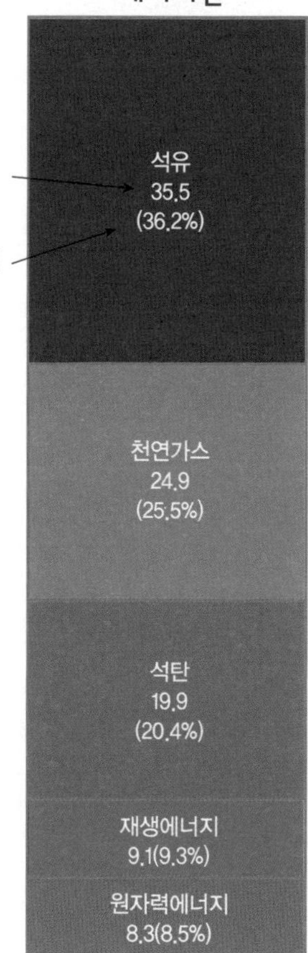

그림 7.30 **2012년도 미국 에너지 소비** 총 에너지 사용량은 97.5 조 Btu이다. 조 단위는 10^{12}에 해당하는 값이며 미국 에너지 전체 사용량을 표시하기에 적합한 단위이다. (*U.S. Department of Energy/Energy Information Agency*)

석탄 석유 그리고 가스와 함께 석탄은 **화석연료**(fossil fuel)이다. 화석연료라는 명칭은 적절하다. 왜냐하면 석탄을 사용할 때 수백만 년 전에 나무에 저장되었던 태양에너지가 사용되는 것이기 때문이다. 우리는 진짜 화석을 태우는 것이다.

미국에는 석탄 자원이 넓게 분포되어 나타나며 수백 년 동안 사용할 양이 저장되어 있다(그림 7.31). 비록 석탄은 매장량이 많으나 석탄의 사용과 폐광의 복구는 여러 문제를 발생시킨다. 노천 채굴은 조심스럽고 돈이 많이 드는, 지형 및 자연 복원이 이루어지지 않을 경우 손상된 황무지를 만들게 된다. 지하 채굴은 노천 채굴처럼 지형 파괴가 심하지는 않지만

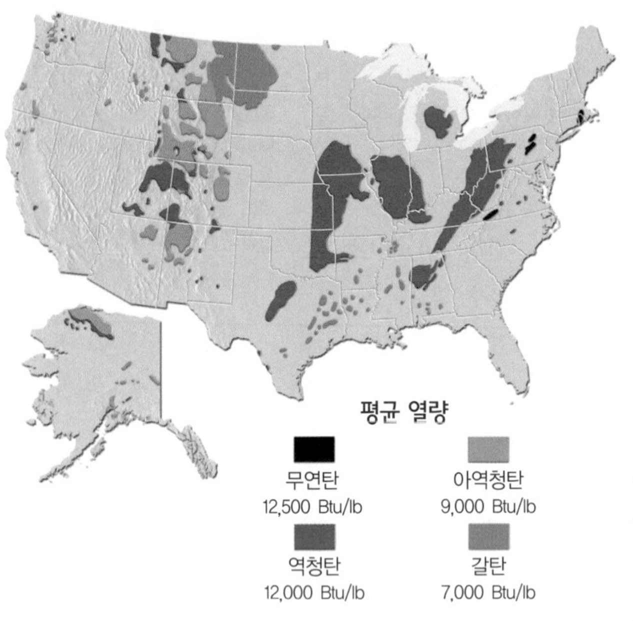

그림 7.31 **미국 내 석탄 광상의 위치** 채굴되는 석탄의 대분은 아역청탄이나 역청탄이다. 와이오밍 주에서 석탄이 가장 많이 생산되며 미국 전체 생산량의 41%가 생산된다. 서버니지아 주가 석탄을 두 번째로 많이 생산하는 주이며 전체 생산량의 12.5%를 생산한다.
(데이터 : USGS)

광부의 건강과 안전에 큰 위험 요인을 제공한다.

석탄을 태울 때 발생하는 가장 큰 문제는 대기오염이다. 대부분의 석탄은 많은 양의 황을 포함하고 있다. 석탄을 사용하기 전에 황을 제거하려는 노력에도 불구하고 황을 완전히 제거하지 못하고 있다. 석탄이 타게 되면 황이 유독한 이산화황 가스로 변한다. 그 후 대기 중에서의 여러 단계의 복잡한 반응을 거쳐 이산화황은 황산으로 바뀌고 이는 비나 눈과 함께 지표로 떨어진다. 이와 같이 형성된 산성 낙하는 넓은 지역의 생태계에 유해한 영향을 미친다.

다른 화석연료와 마찬가지로 석탄의 연소는 이산화탄소를 발생시킨다. 이 온난화 가스는 지구 대기의 온도를 높이는 데 중요한 역할을 한다. 제20장에서 이에 대한 자세한 내용이 제공될 것이다.

알고 있나요?

와이오밍 주에는 미국에서 가장 석탄이 많이 생산되는 곳이다. 미국 석탄 생산량의 41%가 생산되며 와이오밍 주에는 여덟 개의 큰 석탄광산이 있다. 미국에서 생산되는 석탄의 90%가 전력생산에 사용된다.

석유와 천연가스 석유와 천연가스는 미국에서 사용되는 에너지의 60% 이상을 제공한다. 석탄과 마찬가지로 석유와 천연가스는 유기체의 잔해로부터 만들어진 생물학적 생산물이다. 그러나 그들이 만들어지는 환경은 석탄이 만들어진 환경과 매우 다르다. 특히 기원이 되는 생물이 다르다. 석탄은 그림 7.18에서처럼 대개 늪지 환경에서 퇴적된 식물로부터 만들어진다.

석유와 가스는 수백만 년 전 바다에서 죽은 주로 미화석으로 구성된 해양 기원의 식물과 동물의 잔해로부터 만들어진다. 이들 생명체들은 산화작용이 일어나지 않는 퇴적분지 내에 진흙, 모래, 그리고 다른 퇴적물들과 함께 퇴적된다. 매장깊이가 증가하면서 온도가 증가하고 그 결과 일어난 화학작용에 의해 유기물들이 석유와 천연가스라고 하는 탄화수소 형태의 액체나 기체로 전환된다.

알고 있나요?

석유의 최초 개발은 1859년 8월 27일 펜실베이니아 주 티투스빌(Titusville) 근처 석유 계곡(Oil Creek)에서 에드윈 드레이크(Edwin Drake)에 의해 이루어졌다. 석유를 함유한 층은 69피트 지하에서 확인되었다.

석유나 가스는 이들의 근원 물질인 유기 고체 물질과 달리 유동성을 갖고 있다. 이들은 이들이 생성된 **근원암**(source rock)인 셰일이 풍부한 층이 다져지면서 셰일층으로부터 점차적으로 짜여져 나와 인근에 사암과 같이 공극이 큰 암석으로 이동된다. 이러한 모든 과정은 해저에서 일어나므로 석유와 가스가 이동되어 저장될 수 있는 층은 이미 해수로 채워져 있다. 하지만 석유와 가스는 물보다 밀도가 낮아 물로 채워진 공극을 따라 상부로 이동한다.

이러한 이동을 막아 주는 것이 없다면 이들은 최종적으로 지표까지 이동되어 증발하여 없어질 것이다. 경제적으로 개발 가치가 있을 만큼 양의 석유와 가스가 지표로 이동되어 증발되지 않고 지하에 누적시킬 수 있는 지질학적 환경을 **저유 구조**(oil trap)라고 한다. 여러 지질구조가 저유 구조의 역할을 할 수 있다. 저유 구조 역할을 하는 여러 지질구조는 두 가지 기본 특징을 갖고 있다. 첫째는 공극이 많고 투수성이 높은 **저유암**(reservoir rock) 내에 경제적으로 가치가 있을 만큼의 석유와 가스가 존재해야 하며, 둘째로 셰일과 같이 석유와 가스에 대해 불투수성을 갖는 **덮개암**(cap rock)이 필요하며 이는 석유와 가스가 위로 이동하여 지표면을 통해 증발하여 없어지는 것을 방지한다. **그림 7.32**에는 여러 일반적인 석유와 천연가스 저유 구조가 제시되어 있으며 이들에 대한 설명은 다음과 같다.

- **배사형 저유 구조** 가장 간단한 저유 구조는 퇴적층이 굽어진 배사 구조이다(그림 7.32A). 층이 굽어져 있기 때문에 상승하는 석유와 천연가스가 습곡의 축(정상부)에 집적된다. 밀도 차에 의해 천연가스가 석유 위에 집적된다. 둘 다 저유암을 포화시키고 있는 상대적으로 무거운 물위에 집적된다.
- **단층형 저유 구조** 이 형태의 저유 구조는 그림 7.23B에서와 같이 저유층이 단층을 따라 이동하여 불투수층과 만난다. 그 결과 상부로 움직이던 석유와 가스가 단층에서 멈추어 집적된다.
- **암염돔형 저유 구조** 미국의 멕시코 연안 지역에서 중요한 석유 집적이 암염돔과 연관되어 나타난다. 이 지역에서는 암염층을 포함한 두꺼운 퇴적층이 쌓여 있다. 지하 깊은 곳의 암염은 상부 층의 압력에 의해 소금 기둥형태로 상승하게 되어 상부 층을 변형시킨다. 석유와 가스는 최대한 상부로 이동하려 하기 때문에 이들은 암염 기둥 옆에 변형된 사암층에 집적되게 된다(그림 7.32C).

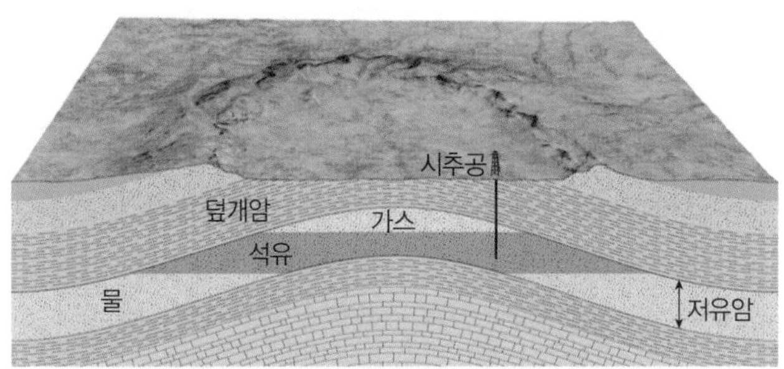

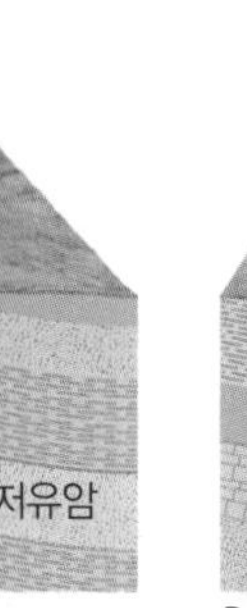
A. 배사형 저유 구조

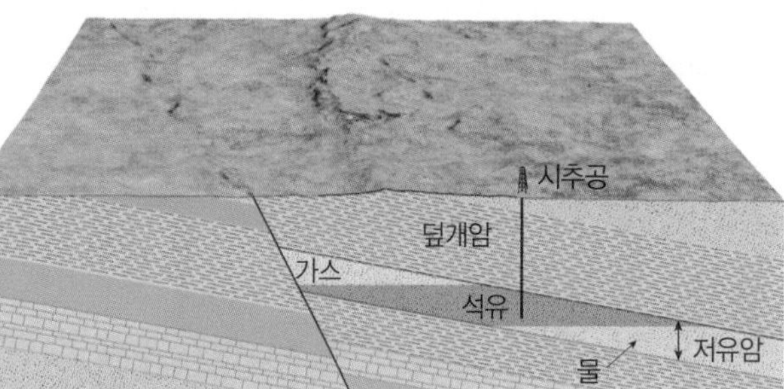

B. 단층형 저유 구조

스마트그림 7.32
일반적인 저유 구조

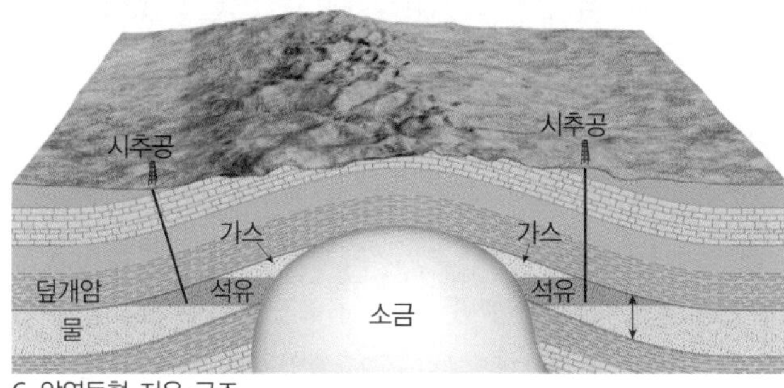

C. 암염돔형 저유 구조

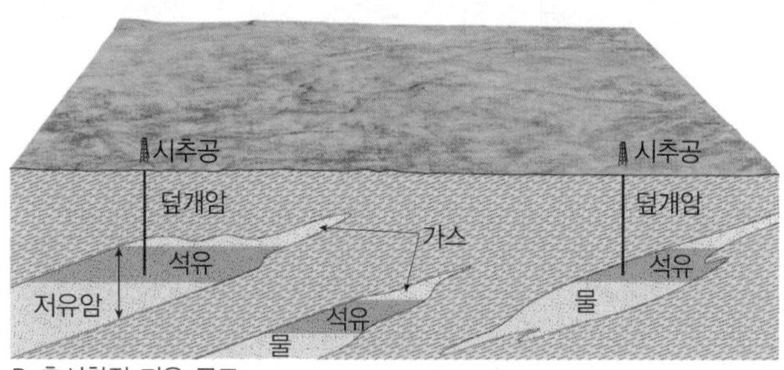

D. 층서학적 저유 구조

- **층서학적 구조** 또 다른 중요한 저유 구조는 층서학적 저유 구조이다. 이는 구조적인 변형이 아니라 원래의 퇴적 형태에 의해 만들어진다. 그림 7.32D에 보이는 층서학적 저유 구조는 기울어진 사암층이 상부로 가면서 좁아져서 없어지면서 형성된다.

덮개암에 구멍을 뚫고 시추공을 설치하면 압력을 받고 있던 석유와 천연가스는 저유암의 공극으로부터 빠져나와 시추공으로 이동한다. 가끔은 압력이 커서 석유나 천연가스가 시추공을 통해 지표로 분출하여 분출 유정이 형성된다. 하지만 대부분의 경우 석유를 빼내기 위해서는 펌핑을 해야 한다.

수리학적 파쇄 어떤 셰일층 내에는 많은 양의 천연가스가 들어 있으나 매우 낮은 투수성 때문에 암석을 빠져나오지 못한다. **수리학적 파쇄**(hydraulic fracturing, 셰일가스 시추 기술이라고도 함)를 수행하면 셰일 내의 천연가스를 시추공으로 이동시켜 지표로 유출시킬 수 있다. 매우 높은 압력의 유체를 지하에 투입함으로써 셰일이 파쇄된다. 유체는 대부분 물로 구성되어 있으나 파쇄를 도와주는 화학적 물질도 포함된다. 이들 화학물질의 일부는 유독하며 지역 주민에게 담수를 공급하는 대수층으로 흘러들어가서 문제를 일으킬 수 있다. 유입되는 유체에는 모래도 포함된다. 이 모래는 셰일 내에 균열이 생기면 그 균열을 채워 유지시키면서 천연가스가 계속 흐를 수 있도록한다. 지하수 오염과 지진 유발의 문제 때문에 수리학적 파쇄는 아직도 논란 중에 있다.

개념 점검 7.9

① 비금속 광물 자원은 일반적으로 두 부류로 나뉜다. 두 부류를 기재하고 그 부류에 속한 광물의 예들을 제시하라.
② 석탄, 석유, 그리고 천연가스를 왜 화석연료라고 하는가? 미국 에너지 소비에 이들이 어느 정도 기여하는가?
③ 석탄은 그 양이 매우 풍부하다는 것이 장점이다. 석탄의 단점은 무엇인가?
④ 저유 구조란 무엇인가? 2개의 예를 그리고 설명하라.

7.10 탄소 순환과 퇴적암

풍화과정 및 퇴적암과 탄소 순환 간의 관련성을 설명하라.

지구시스템 내에서 각 권 간의 물질과 에너지의 흐름을 이해하기 위해 **탄소 순환**(carbon cycle)을 살펴보기로 하자(그림 7.33). 대부분의 탄소는 다른 원소와 결합하여 이산화탄소, 탄산칼슘, 그리고 석탄과 석유 내에 탄화수소 등의 복합체를 형성한다. 또한 탄소는 수소 및 산소와 결합하여 생명체를 형성하는 기초적인 유기물을 형성함으로써 생명체의 기본 골격을 형성하고 있다.

탄소 순환의 가장 활발한 부분 중 하나는 이산화탄소가 대기권에서 생물권으로 이동되었다가 다시 대기권으로 돌아오는 과정이다. 대기 중에서는 탄소가 이산화탄소로 주로 존

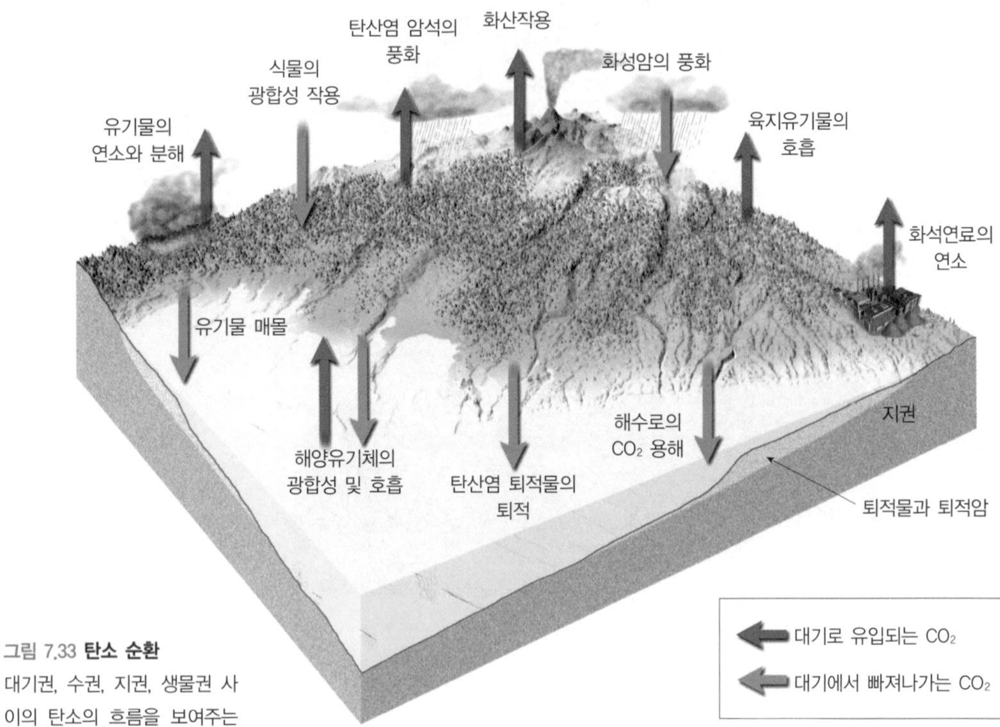

그림 7.33 **탄소 순환**
대기권, 수권, 지권, 생물권 사이의 탄소의 흐름을 보여주는 개략적인 탄소 순환도. 화살표는 탄소가 대기로 이동해 들어오거나 대기로부터 나가는 경로를 보여준다.

재한다. 대기 중 이산화탄소는 지구가 방출하는 열을 흡수하여 대기의 온도에 영향을 주는 대표적인 온실 가스이기 때문에 매우 중요하다. 지구에서 일어나는 많은 과정에 이산화탄소가 포함하고 있기 때문에 이 과정을 통해 이산화탄소는 계속적으로 대기 밖에서 유입되고 다시 대기 밖으로 유출된다. 예를 들어 탄소동화작용을 통하여 식물이 대기로부터 이산화탄소를 흡수하여 성장에 필요한 필수 유기물을 형성한다. 이들 식물을 섭취하는 동물들은 (혹은 초식동물을 먹고 사는 동물들은) 식물에 의해서 만들어진 유기물을 에너지원으로 이용하며 호흡하면서 이산화탄소를 대기로 돌려보낸다(식물도 호흡작용을 통해 일부 이산화탄소를 대기로 방출한다). 이 외에도 식물이 죽어서 분해되거나 태워지면 식물자원은 산화되고 이 과정에서 이산화탄소가 대기로 환원된다.

모든 식물의 사체가 즉각 분해되어 이산화탄소가 되지는 않는다. 적은 양의 사체가 분해되지 않고 퇴적물로서 퇴적된다. 오래 지질 시간이 지나는 동안 상당한 양의 식물자원이 퇴적암 내에 묻히게 된다. 조건이 적절할 경우 이들 탄소가 풍부한 퇴적물은 석탄, 석유, 가스와 같은 화석연료로 변화하게 된다. 최종적으로 이들 화석연료의 일부가 개발되어 (채굴이나 펌핑을 통해) 전기를 만들거나 교통수단을 움직이는데 사용된다. 이러한 화석연료 사용에 의해 엄청난 양의 이산화탄소가 대기로 공급된다.

탄소는 지권과 수권에서 대기권으로 이동했다가 다시 지권이나 수권으로 돌아오기도 한다. 예로 지구 초기의 화산 작용이 지구 대기 내 대부분의 이산화탄소를 공급했다고 생각된다. 이들 이산화탄소는 수권을 통해서 지권으로 다시 돌아간다. 그 과정의 첫 번째 단계로 대기의 이산화탄소는 물과 결합하여 탄산(H_2CO_3)을 형성하며 이는 지권을 구성하고 있는 암석을 풍화시킨다. 이러한 풍회산물 중 하나가 중탄산염($2HCO_3^-$)이며 이는 지하수나 하천에 의해 바다로 운반된다. 바다에 사는 생명체는 해수에 녹아 있는 중탄산염 성분을 이용하여 탄산칼슘으로 만들어진 단단한 부분을 형성한다. 그리고 이 생명체가 죽은 후 이 골격부위는 남아서 해저로 침전하여 유기화학 퇴적물이 되고 이는 이후 퇴적암으로 변화한다. 즉 지권은 지구상에서 가장 큰 탄소 저장고로서 이곳에서는 탄소가 여러 종류의 암석의 구성 성분으로 존재하며 그 대표적인 암석이 석회암이다. 석회암은 이후 융기 작용에 의해 지표로 노출되어 풍화되고 이 과정을 통해 석회암 내의 이산화탄소가 대기로 방출된다.

요약하면 탄소는 지구를 구성하는 4개의 권 사이를 순환한다. 탄소는 생물권의 모든 생명체에 필요한 원소이며 대기에서는 중요한 온실 가스이다. 수권에서는 호수, 강, 바다에 이산화탄소가 녹아 있으며 지권에서는 탄소가 탄산염 퇴적물과 퇴적암 내에 그리고 퇴적물 내의 유기물 형태나 석탄이나 석유와 같은 자원으로 존재한다.

개념 점검 7.10

① 화학적 풍화와 생화학적 퇴적암 형성 과정 중 어떻게 대기권에서 이산화탄소가 제거되어 암권에 저장되는지를 설명하라.

② 탄소가 지권에서 암권으로 이동하는 예를 제시하라.

개념 복습 퇴적암

7.1 퇴적암의 중요성

지질학 연구와 일반 대중에게 왜 퇴적암이 중요한지를 논하라.

- 화성암과 변성암이 지각의 대부분을 구성하고 있지만 퇴적물과 퇴적암은 지표에 집중되어 있다. 지구의 4개의 권이 상호 만나는 지역에서 퇴적물과 퇴적층이 형성되면서 과거 지표 환경과 지표에서 일어난 사건을 기록한다.
- 석탄, 석유, 우라늄, 그리고 여러 주요 금속 광석을 포함한 여러 지질 자원이 퇴적암 안에 나타난다.

7.2 퇴적암의 기원

퇴적물과 퇴적암에 관련된 암석 순환을 요약하여 제시하고 세 부류의 퇴적암을 구분하라.

핵심용어 : 퇴적암, 쇄설성 퇴적암, 화학적 퇴적암, 유기적 퇴적암

- 퇴적물은 퇴적암을 만드는 재료이다. 퇴적물은 기존 암석의 풍화에 의해 생성된다. 여러 크기의 고체 입자와 용액 안의 이온을 포함한 화학적 잔류물들이 퇴적물에 해당한다.
- 퇴적물은 생성된 후 물, 바람에 의해 이동되거나 중력에 의해 경사지 아래쪽으로 이동한다. 궁극적으로 그들은 새로운 장소에 퇴적된다. 그리고 그곳에서 다짐작용과 교결작용에 의해 퇴적물들이 서로 결합되어 퇴적암을 형성한다.
- 퇴적암은 크게 세 가지로 분류된다 ― 쇄설성, 화학적, 유기적 퇴적암

? **가구 위에 쌓이는 먼지는 매일 일어나는 퇴적작용의 예이다. 당신 주변에서 관찰되는 퇴적작용의 예를 하나 제시하라.**

7.3 쇄설성 퇴적암

쇄설성 퇴적암을 구분하는 기준을 논하고 쇄설성 퇴적암의 기원과 형성 과정을 어떻게 결정하는지를 기술하라.

핵심용어 : 쪼개짐, 분급

- 쇄설성 퇴적암은 주로 석영과 미정질의 점토 광물로 구성된 고체 입자로 만들어진다. 석영과 점토 광물은 다른 광물과 달리 지표면에서 안정하기 때문에 퇴적물에 많이 나타난다. 장석과 운모가 어떤 쇄설성 퇴적암에서는 많이 나타나며 이는 화학적 풍화를 짧은 기간 받았음을 의미한다. 이들 광물은 풍화된 후 상대적으로 짧은 거리를 이동하여 최소한의 분해만을 받고 퇴적되었다.
- 쇄설성 퇴적암들은 그들을 구성하는 퇴적물 입자의 크기에 의해 분류된다. 큰 입자는 강한 운반 매체의 존재를 지시하며 작은 입자는 이동 에너지가 상당히 낮은 환경에서 퇴적될 수 있다. 따라서 입자 크기는 쇄설성 퇴적암이 형성된 환경이 얼마나 활동적이었는가를 지시해 주는 인자이다.
- 셰일은 입자가 매우 작은 점토 광물로부터 만들어진다. 점토 광물은 심해나 호수 바닥, 강 주변 범람원과 같은 저에너지 퇴적환경에서 퇴적된다. 셰일은 층에 평행하게 배열된 미정질의 점토 때문에 잘 쪼개지는 열개성을 보여준다. 저산소 환경에서 축척된 유기물을 많이 포함하고 있는 셰일은 검은색이 특징적이다.
- 사암은 모래 크기의 입자로 주로 구성되어 있다. 분급도는 퇴적암을 구성하는 입자들의 크기의 유사성을 말하며 사암들은 여러 다른 분급 정도를 보여준다. 분급은 물과 바람의 흐름이 약화될 때 얼마나 급하게 혹은 천천히 모래 입자들이 퇴적되었는가를 알려준다. 각 모래 입자의 원마도 역시 사암 내 나타나는 조직에 중요한 요소이다. 각진 입자는 짧은 거리를 이동하였음을 지시한다. 사암의 성분은 다양하다. 만약 장석과 같이 지표에서 상대적으로 불안정한 광물들이 나타난다면 모래 입자들이 퇴적되어 퇴적암으로 고화되기 이전에 화학적 풍화작용을 많이 받지 않았음을 지시한다. 석영의 양이 많을수록 퇴적물들은 퇴적 전에 화학적 풍화를 더 많이 받았음을 의미한다. 사암 중 중요한 세 종류는 석영 사암, 장석질 사암, 그리고 그레이와케이다.
- 역암과 각력암은 자갈 입자를 많이 포함하고 있는 것이 특징이다. 만약 물에 의해 퇴적되었다면 역암은 역을 움직일 수 있는 에너지가 매우 높은 물의 흐름이 있었음을 의미한다. 각력암 내의 입자가 각진 것은 이들이 퇴적물을 발생한 지역에서 가까운 곳에 퇴적되었음을 의미한다. 역암은 퇴적되기 전 긴 거리를 이동했음을 의미한다.

? **아래 퇴적 입자를 관찰한 후 A, B, C 중 어떤 입자가 퇴적물 발생지로부터 가장 멀리 이동하였는지를 답하고 그리고 그 이유를 설명하라.**

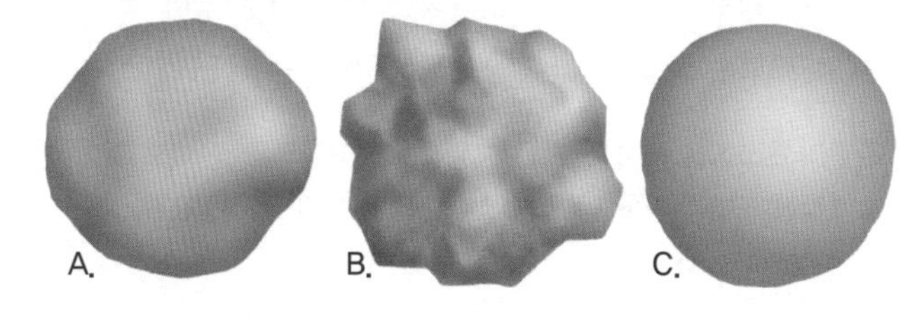

7.4 화학적 퇴적암

화학적 퇴적암이 형성된 과정을 설명하고 예를 제시하라.

핵심용어 : 생화학적, 증발암, 소금 평원

- 화학적 퇴적암은 용액 안에 녹아 있는 이온들이 서로 결합하여 광물 결정을 형성함으로써 만들어진다. 이러한 과정은 무기적으로 일어나기도 하며 (생명체 활동이 포함되지 않은) 살아 있는 생명체가 생화학적으로 용액 속에 이온을 활용하여 만든 뼈나 껍데기의 형태로 광물질을 침전시켜 일어나기도 한다.
- 석회암이 가장 대표적인 화학적 퇴적암이다. 이 암석은 주로 얕고 따뜻한 바다에서 만들어진다. 석회암은 탄산칼슘으로 주로 구성되어 있다. 이 물질은 산호가 암초를 만드는 데 사용된다.
- 백운암은 주로 백운석으로 주로 구성된 화학적 퇴적암이다. 방해석과 마찬가지로 백운석은 탄산염 광물이나 칼슘 이온의 반 이상이 마그네슘 이온으로 치환되어 있다.
- 처트는 미정질 규소로 만들어진 암석이다. 처트가 붉은 색을 띠면 홍옥이라하며 검은 색 처트는 프린트라고 한다. 마노는 여러 가지 색깔을 보여준다. 규소가 나무의 조직을 치환해서 규화목이 만들어지며 규화목은 여러 색을 보여준다.
- 증발암 광상은 이온이 용해된 용액으로부터 광물이 침전되면서 형성된다. 이와 같은 방법에 의해 미국 서부의 소금 평원들이 형성되었다. 이들 광상을 시추하면 암염, 석고, 갈륨소금, 그리고 석리염이 나타날 것이다.

? 아래의 암염암은 생화학적 기원인가 무기적 기원인가?

7.5 석탄 : 유기적 퇴적암

석탄을 형성한 과정을 개략적으로 설명하라.

- 늪지나 소택지와 같이 저산소 환경에 묻힌 많은 식물들로부터 만들어진다. 토탄은 압력을 받아서 석탄의 초기 형태인 갈탄으로 변환되었다. 갈탄이 압력을 더 받게 되면 휘발성 성분이 빠져나가면서 탄소 성분이 늘어나 좀 더 좋은 석탄인 역청탄이 만들어진다. 조산운동과 함께 일어나는 변성작용 동안 석탄이 만들어지는 과정이 계속 진행되어 고성능 석탄인 무연탄이 만들어진다.

? 석탄이 식물로부터 만들어진 것을 고려해 볼 때 석탄으로부터 얻어지는 에너지는 궁극적으로 무슨 에너지인가?

7.6 퇴적물의 퇴적암으로의 전환 : 속성작용과 암석화 작용

퇴적물이 퇴적암으로 변하는 과정을 기술하라. 그리고 매몰과 관련되어 일어나는 다른 변화도 설명하라.

핵심용어 : 속성작용, 암석화 작용, 다짐작용, 교질작용

- 퇴적물이 상대적으로 낮은 깊이(지각 상부 수 킬로미터 범위)에 매몰되어 속성작용이라는 여러 과정을 겪는다.
- 퇴적물이 퇴적암이 되는 과정을 암석화 작용이라고 한다. 암석화 작용에 속하는 두 중요 과정은 다짐작용(입자들을 좀 더 빽빽이 배열하여 공극을 줄이는 작용)과 교질작용(입자와 입자를 서로 묶어 주는 접착제 역할을 하는 새로운 물질을 공급하여 공극을 줄이는 작용)이다.

? 한줌의 초코칩을 꽉 쥐는 것은 교질작용과 다짐작용 중 어느 것에 가까울까? 초코칩과 도넛 과자를 함께 꽉 쥔다면 어떤 일이 일어날까?

7.7 퇴적물의 분류

퇴적암을 분류하는 기준을 요약하여 제시하라.

핵심용어 : 쇄설성, 비쇄설성, 결정질

- 퇴적암은 먼저 쇄설성 퇴적암, 화학적 퇴적암, 유기적 퇴적암 중 하나로 분류된다. 그리고 쇄설성 퇴적암은 다시 입자 크기에 의해 분류되며 화학적 퇴적암에서는 광물 성분이 분류에 중요하다. 쇄설성 조직과 비쇄설성 조직 또한 퇴적암 분류에 중요하다.
- 결정질 조직은 비쇄설성 퇴적암와 화성암에서 일반적으로 나타나며 돋보기로 보면 잘 관찰된다. 하지만 두 암석에 나타나는 광물이 현저히 달라 두 암석이 잘 구분된다.

? 조개 파편으로 만들어진 석회암은 쇄설성 퇴적암인가 아니면 화학적 퇴적암인가? 그리고 관찰되는 조직이 쇄설성 조직과 결정질(비쇄설성) 조직 중 어느 것일까?

7.8 퇴적암을 과거 환경의 지시자이다

세 부류의 주요 퇴적환경을 구분하고 각각의 예를 제시하라. 퇴적 구조를 여러 개 제시하고 그들이 지질학자들에게 왜 유용한지를 설명하라.

핵심용어 : 퇴적환경, 퇴적상, 층리(지층), 층리면, 사층리, 점이층리, 연흔, 건열, 화석

- 지구조적, 기후적, 그리고 생물학적 환경의 여러 다른 조합으로 서로 다른 형태의 퇴적물이 퇴적된다. 동일과정의 법칙은 퇴적암 내 기록이 현재의 퇴적환경을 활용하여 해석될 수 있음을 의미한다. 대륙, 해양, 그리고 점이지역(해안선) 환경은 퇴적암석학자들이 이 환경에서 만들어진 퇴적암을 구별할 수 있는 특징을 제공한다.
- 퇴적상은 동일한 시기에 인접 지역에 만들어진 여러 다른 퇴적환경을 나타내는 측면적 변화이다. 예로 해변에는 모래가 퇴적되는 동안 1~2 km 떨어진 연안에서는 진흙만이 퇴적되고 더 먼 바다로 나가면 탄산염 광물이 침전된다. 이들 모두 동일 시기에 퇴적되면서 인접한 지역에서 다른 퇴적환경이 형성됨을 보여준다.
- 퇴적 구조는 퇴적물이 고화되기 전인 퇴적 시기나 퇴적 후 바로 만들어진 퇴적암 내의 패턴이다. 퇴적 구조는 퇴적물이 집적된 퇴적 환경 해석에 매우 중요한 증거를 제시한다.
- 층리는 대체적으로 연속성이 좋은 형태로 퇴적된 퇴적체이다. 퇴적암 내에 보존된 사층리가 지질학자들에게 물이 흐른 방향을 알려준다. 연흔은 움직이는 물이나 바람에 의해 퇴적층 상부에 만들어진 작은 물결자국이며 역시 중요한 정보를 제공한다. 점이층리는 에너지를 빠르게 잃어버린 유수가 있었음을 지시하며 이 과정에서 큰 입자들이 먼저 침전하고 가장 작은 입자들은 마지막에 퇴적된다. 건열은 건조한 환경에서 진흙이 수축하면서 만들어진 것이며 이는 퇴적물이 공기 중에 노출되어 있었음을 지시한다. 화석은 과거 생물체의 잔해나 활동 흔적으로서 그 자체로도 중요할 뿐 아니라 지질학자들이 퇴적암이 형성된 과거 조건을 알아내는 데 중요한 역할을 한다.

? 퇴적층을 무엇이라 부르며 각 층을 분리하는 평평한 면을 기술하는 데는 어떤 용어가 사용되는가?

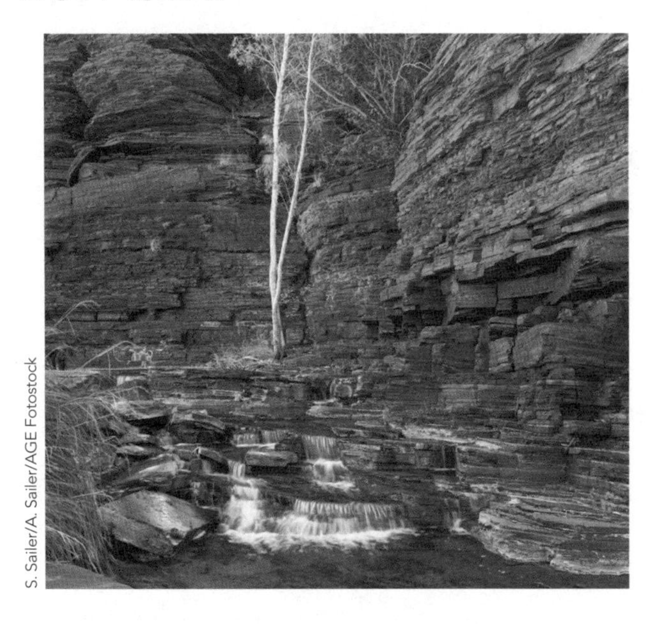
S. Sailer/A. Sailer/AGE Fotostock

7.9 퇴적암에 부존하는 자원

두 부류의 비금속 자원의 차이점과 퇴적암 내에 나타나는 3개의 주요 화석 연료를 논하라.

핵심용어 : 비금속 광물 자원, 건축 자재, 산업 광물, 화석연료, 근원암, 저유구조, 저유암, 덮개암, 수리학적 파쇄

- 연료로 사용되지 않거나 금속을 포함하지 않는 광물을 비금속 자원이라 한다. 비금속 자원은 퇴적물이거나 퇴적암이다. 비금속 자원 내 큰 두 부류는 건축자재와 산업광물이다. 석회암은 모든 암석 중 가장 많이 그리고 넓은 범위에 활용되며 앞의 두 부류에 모두 속한다.
- 석탄, 석유, 그리고 천연가스는 모두 화석연료이다. 이들은 과거 태양에너지가 광합성을 통해 식물이나 생명체를 구성하는 탄화수소에 저장된 후 퇴적물에 의해 매몰되어 형성된 것이다.
- 석탄은 과거 습지에 퇴적된 식물이 압력을 받아 만들어진다. 미국에서 사용되는 에너지의 약 20%가 석탄을 태워서 얻어진다. 석탄 채굴은 위험하며 환경피해를 발생시킬 뿐 아니라 태워진 석탄은 여러 오염을 발생시킨다.
- 석유과 천연가스는 해양 플랑크톤 잔해가 열을 받아 만들어진다. 이들은 미국에서 사용되는 에너지의 60%를 제공한다. 석유와 천연가스는 근원암(셰일이 대표적임)에서 빠져나와서 저유암이라고 하는 다공질의 암석으로 구성되며 적절한 불투수 암석으로 덮인 저유 구조로 이동하여 집적된다.
- 수리학적 파쇄는 불투수성이 높은 암석을 파쇄하여 공극을 만들어 천연가스가 빠져나오도록 하는 기술이다.

? 아래에서 보는 바와 같이 Sinclair 석유회사의 상표가 그들이 판매하는 연료의 화석 기원을 잘 대변해 주고 있다. 하지만 과연 공룡 내의 탄소가 Sinclair 석유회사에서 판매하는 기름으로 변하였을까? 이에 대해 설명하라.

7.10 탄소 순환과 퇴적암

풍화과정 및 퇴적암과 탄소 순환 간의 관련성을 설명하라.

핵심용어 : 탄소 순환

- 탄소는 대기권, 생물권, 지권, 수권에 중요한 성분이다. 현재 당신 코를 구성하고 있는 동일한 탄소 원자가 당신이 먹는 빵을 통해 당신 몸으로 들어왔을 것이다. 그리고 빵의 원료인 식물이 포함하고 있는 탄소는 이전에는 대기 중의 이산화탄소였을 것이다. 그러면 탄소는 어떻게 대기로 돌아갈까? 아마 석회암의 풍화와 유수의 이동에 의해 바다에 도달하여 바닷물에 용해된 탄소가 대기로 돌아갈 수 있다. 탄소 순화 과정은 매우 복잡하나 중요한 점은 탄소가 암석, 물, 공기, 그리고 생명체 조직에 매우 중요한 활성이 높은 원소라는 점이다.

? 1개의 탄소 원자가 지구시스템의 한 부분에서 다른 부분으로 이동하는 과정을 살펴보라. 가능하면 동굴, 강, 공룡, 석탄을 이용한 발전소, 화산 분출, 습지, 맥주 한 캔, 그리고 옆 그림에 보이는 산호초 등의 요소를 최대한 고려하여 이동 과정을 살펴보라.

Exactostock/SuperStock

복습문제

① 퇴적암의 지질학적 역사를 구성해 보라. 산맥 지역의 화성암체로부터 시작해서 미래의 학생들이 수집하는 퇴적암이 될 때까지 과정을 가능한 한 완성도가 높게 구성해 보라.

② 광물을 설명하는 부분에서의 점토 용어의 의미가 그림 7.3에서 사용되는 점토의 의미와 어떻게 다른가? 이 두 정의는 어떻게 연결되는가?

③ 아래 그림에 나타나는 쇄설성 퇴적암은 각진 입자로 구성되어 있으며 정장석과 석영을 많이 포함하고 있다. 각진 입자는 퇴적물이 운반된 거리에 대해 어떤 정보를 제공하는가? 이 암석을 구성한 퇴적물은 화성암으로부터 공급되었다. 암석의 이름을 정해 보라. 이 시료 내의 퇴적물은 많은 풍화작용을 받았는가? 이에 대해 설명하라.

E.J. Tarbuck

④ 당신이 등산을 하다가 산 꼭대기에서 석회암을 발견했다면 이는 산 꼭대기 암석의 지질학적 역사가 어떠했음을 지시하는가?

⑤ 그림 7.20에 제시된 퇴적암 분류표에서 왜 쇄설성 퇴적암의 조직이 중요하지 않은가?

⑥ 유타 주 자이언 국립공원에서 퇴적암 시료를 채취하였다. 돋보기로 관찰해 보니 암석은 석영처럼 보이는 둥근 유리 같은 입자로 주로 구성되어 있었다. 입자 확인을 위해 2개의 기초 조사를 수행하였다. 굳기를 조사해 본 결과 암석은 석영처럼 유리질에 쉽게 흠집을 발생시켰다. 허나 산을 떨어뜨렸을 때 암석에서 거품이 발생하였다. 왜 석영이 풍부해 보이는 암석이 산과 반응할 수 있는지 설명하라.

⑦ 아래에 보이는 3개의 퇴적층을 보여주는 해양저 퇴적암 스케치를 관찰하라. 각 층에 해당하는 지질학적 용어는? 어떤 과정에 의해 이 층들이 만들어졌을까? 이 층들은 연해 석호 지역과 심해 선상지 중 어떤 환경에서 퇴적되었을까?

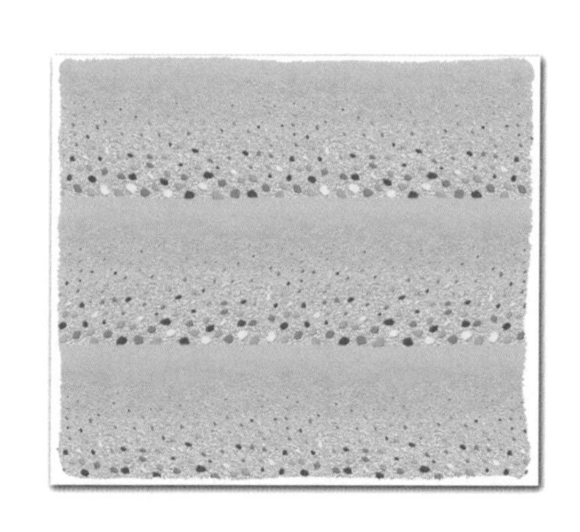

⑧ 아래 사진은 모래 언덕 표면을 보여준다. 표면에 나타난 물결 모양의 골을 설명하는 지질학적 용어는? 가능한 한 가장 정확한 지질학적 용어를 제시하라. 이 구조는 왼쪽과 오른쪽 중 어느 방향에서 바람이 주로 불어오는 것을 지시하고 있는지 설명하라.

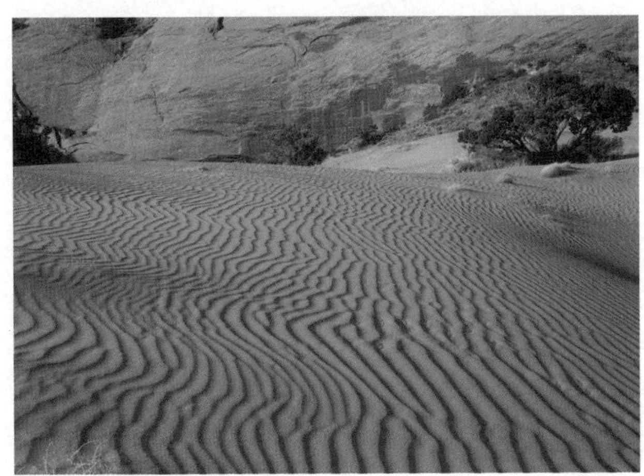

Michael Collier

⑨ 당신은 야외 지질 조사 중 사암 노두에 도달했다. 돋보기로 조사해 본 결과 암석의 분급도가 매우 낮고 장석과 석영이 많이 나타났다. 지도 강사가 다음 두 지역 중 한 지역으로부터 이 암석을 만든 퇴적물이 공급되었다고 말해 주었다.

1지점 : 인근에 위치한 풍화된 현무암질 용암 유동체

2지점 : 현재 노두 바로 전에 방문한 화성암 노두

퇴적물 공급지로 두 지점 중 하나를 선택하고 그 이유를 설명하라. 이 형태의 사암의 암석명은?

⑩ 아래 암석 시료는 서로 맞물려 성장한 결정으로 구성되어 있다. 이 암석이 퇴적암인지 화성암인지 어떻게 구별할 것인가? 만약 이 암석이 퇴적암이라면 이러한 조직을 설명하는 용어는?

E.J. Tarbuck

⑪ 미국에서 사용되는 에너지에서의 석탄 비율은 앞으로 현재보다 줄어들 것이다. 그런데 석탄 생산량은 계속 늘어날 것으로 예상되고 있다. 이러한 역설적 상황이 왜 일어나는지 설명하라.

⑫ 이 장에서는 산업 광물에 대한 설명을 포함하고 있다. 이들 산업 광물은 실제 광물인가? 즉 산업 광물들은 제3장에서 제시한 광물의 정의에 부합하는가? 이에 대해 설명하라.

8

변성작용과 변성암

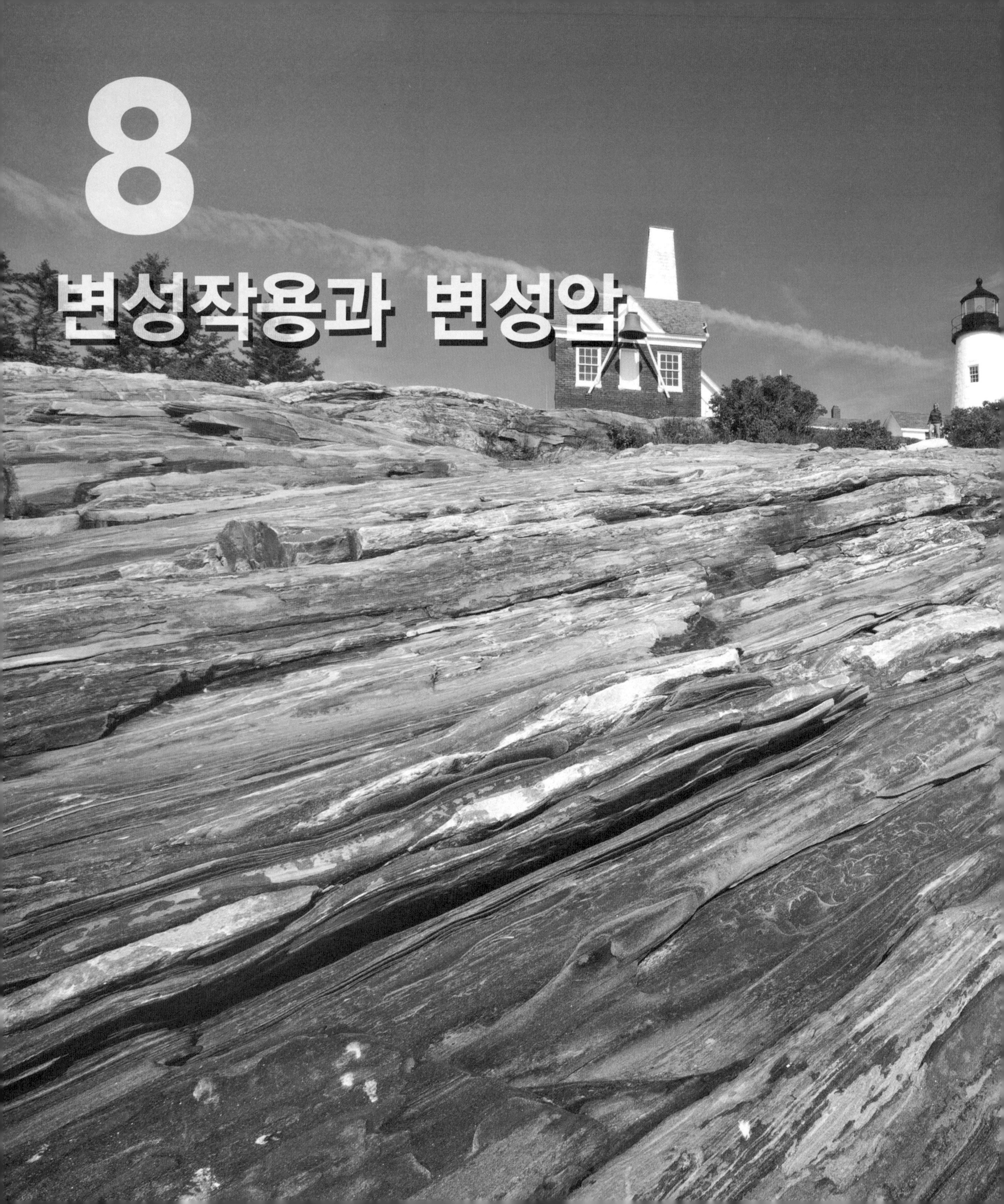

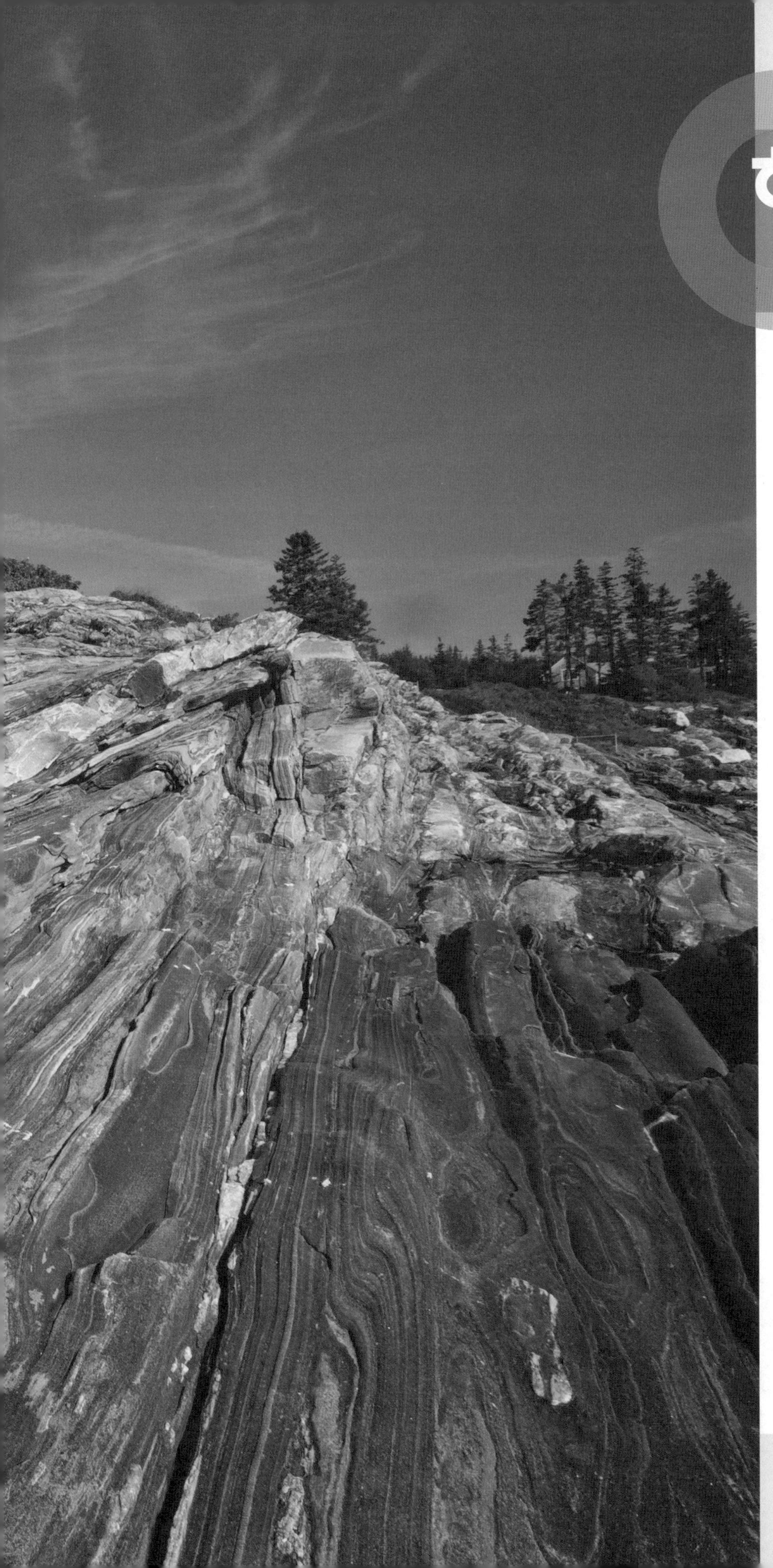

핵심개념

다음은 이 장에서 다룰 주요 학습 목표이다.
이 장을 학습한 후 다음 질문에 답해 보도록 하자.

8.1 변성암, 퇴적암, 화성암을 형성하는 환경을 비교하고 그 차이점을 살펴보라.

8.2 변성작용을 일으킨 4개의 주요 요소를 제시하고 설명하라.

8.3 엽리 조직과 비엽리 조직이 어떻게 형성되는지 설명하라.

8.4 가장 흔하게 나타나는 변성암을 열거하고 설명하라.

8.5 다음에 제시된 변성작용의 환경을 기재하라 – 접촉변성작용, 열수변성작용, 섭입대 변성작용, 광역변성작용

8.6 어떻게 지시광물을 이용하여 변성암체의 변성도를 결정하는지 설명하라.

메인 주 브리스톨에 위치한 Permaquid point의 변성암
(사진 : George Oze Photography/SuperStock)

이 장 시작부 사진에 소개된 **습곡되고 변성된 암석**은 처음에는 수평한 퇴적층이었다. 상상할 수도 없는 큰 압축력과 지표보다 수백도가 높은 온도가 수천 년에서 수백만 년 동안 작용한 결과 그러한 암석이 형성되었다. 이와 같이 환경에서 고체 암석은 습곡이 되거나 갈라지고 혹은 유동한다. 이 장에서는 변성암을 형성시키는 지구조적 힘을 알아보고 변성작용 시 암석의 형태와 광물, 때로는 성분이 어떻게 변화되는지를 설명한다.

8.1 변성작용이란 무엇인가

변성암, 퇴적암, 화성암을 형성하는 환경을 비교하고 그 차이점을 살펴보라.

제1장에서 설명된 암석 순환에서 언급되었듯이 변성작용은 한 암석을 다른 암석으로 변화시키는 것이다. 변성암은 기존의 화성암, 퇴적암 혹은 다른 변성암으로부터 형성된다. 따라서 모든 변성암의 변성 전 암석을 **모암**(parent rock)이라 한다.

변성작용(metamorphism)은 변화된 형태란 의미를 가지며 암석의 기존 광물, 조직, 때로는 화학성분이 바뀌는 과정이다. 광물학적(mineralogy) 변화는 기존 암석이 자신이 원래 형성된 환경과 상이한 일반적으로 온도와 압력이 상승한 새로운 환경에 접하면서 일어난다. 예로 점토 광물은 퇴적암에서 매우 흔한 광물이며 지표면에서만 안정하다(카올리나이트가 점토 광물의 한 예이다. 그림 3.28 참조). 이러한 점토 광물이 매몰되어 온도가 200℃(거의 400°F)보다 높은 환경에 이르게 되면 녹니석, 백운모 등으로 변화된다(녹니석은 변성작용에 의해 생성되는 운모류 광물과 유사한 철과 마그네슘을 많이 함유한 규산염광물이다). 좀 더 온도가 상승하면 녹니석은 흑운모로 변화된다. 변성작용은 암석의 조직도 변화시킨다. 예로 거정질 입자나 층상이나 줄무늬 형식의 조직을 형성시킨다.

모암이 변성작용 동안에 변화되는 정도를 **변성도**(metamorphic grade)라고 한다. 변성도는 저변성도(저온, 저압)에서 고변성도(고온, 고압)에까지 다양하다. 예로 저변성 환경에서는 퇴적암인 셰일이 좀 더 압축된 점판암이 되며 이 과정에서 점토 광물들이 세립의 녹니석이나 백운모로 전환된다. 이 두 암석의 야외 시료는 서로 구별하기가 힘들며 이는 퇴적암이 변성암으로 변하는 과정이 초기에는 점진적이고 변화는 매우 미약함을 의미한다(**그림 8.1A**).

온도와 압력이 매우 높은 환경에서는 변성작용이 강하게 일어나서 모암을 잘 구별하기가 쉽지 않다. 고변성작용 시에는 모암에서 나타났던 층리면, 화석, 기공이 없어진다. 특히 암석들이 지하 깊은 곳에 들어가 강한 변형력을 받게 되면 암체는 일반적으로 습곡에 의해 변형된다(**그림 8.1B**).

최대 높은 변성조건에서는 온도가 암석이 용융되는 온도에 가깝다. 하지만 변성작용 동안 암석은 고체로 남아 있다. 만약 완전히 용융이 일어나면 제4장에서 언급되었듯이 암석은 화성암의 영역으로 들어간다. **그림 8.2**는 변성, 퇴적, 그리고 화성 환경 간의 관계를 보여준다.

그림 8.1 **변성도** A. 대표적인 퇴적암인 셰일이 좀 더 압착되어 변성암인 점판암으로 변화된 모습을 보여준다. B. 고변성도의 변성작용은 기존의 조직을 없애 버리고 모암의 광물군을 바꾼다. 고변성도의 변성작용은 암석이 녹아서 마그마가 되는 온도에 접근했을 때 일어난다. (사진 : *Deninis Tasa*)

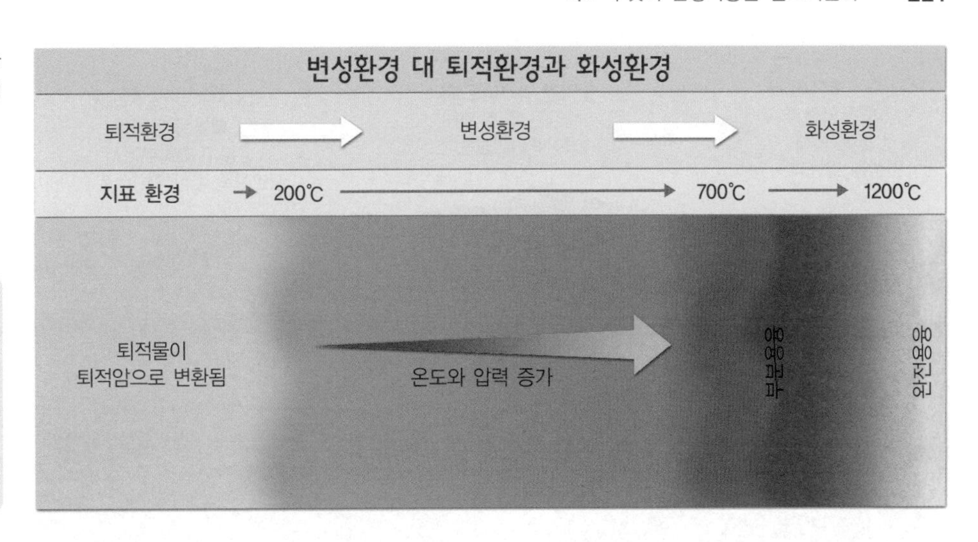

그림 8.2 **변성환경** 변성작용은 퇴적암이 만들어지는 온도와 암석이 용융되는 온도 사이에 해당하는 넓은 범위에서 일어난다. 압력에는 정압과 편압이 있으며 압력도 역시 변성작용을 일으키는 주요 요인이다.

개념 점검 8.1

① 변성작용은 무엇으로부터의 변화를 의미한다. 변성작용 동안 암석이 어떻게 변화하는지를 기술하라.

② 모든 변성암은 모암을 가지고 있다는 기술은 무엇을 의미하는가?

③ 변성도를 정의하라.

8.2 무엇이 변성작용을 일으키는가

변성작용을 일으킨 4개의 주요 요소를 제시하고 설명하라.

변성작용을 일으키는 요인에는 열, 압력, 편압, 그리고 화학적으로 활성인 유체가 포함된다. 변성작용 동안 암석은 이 모든 요인에 동시에 노출된다. 하지만 변성작용의 정도와 각 변성 요인의 공헌도는 환경에 따라 각각 다르다.

변성 요인으로서의 열

열은 변성작용에 가장 중요한 요인으로 기존 광물의 재결정작용이나 새로운 광물을 형성하는 화학적 반응을 일으키는 에너지를 제공한다. 화성암을 설명한 제4장에서 언급되었듯이 온도가 올라가면 광물 내 이온들이 좀 더 빠르게 진동한다. 심지어 이온들이 강하게 결합되어 있는 결정질 고체에서도 높은 온도가 가해지면 광물 내 원자가 광물 구조 내 여러 위치를 자유롭게 이동한다.

열에 의한 변화 새로 만들어지는 광물이 원래 입자보다 커지는 것을 **재결정 작용**(recry stallization)이라고 한다. 이 과정에서는 광물군은 변할 수도 있고 변하지 않을 수도 있다. 예로 석영 사암이 규암으로 변성될 때 광물군은 변하지 않는다. 즉 석영 입자는 그대로 석영 입자로 남아 있다. 이에 반해 셰일이 변성을 받아 점판암으로 변할 때 점토 광물은 재결정 작용을 받아 녹니석, 백운모와 같은 새로운 광물로 변한다.

셰일에서 점판암으로 변할 때 광물군은 바뀌나 암석 성분은 변하지 않는다. 즉 변성 과정에서 암석 안에 존재하는 원자들이 새로운 환경에 좀 더 안정한 광물의 구조 안으로 이동하여 재배열된다. (특정한 환경에서는 이온들이 암석 안으로 이동되어 들어오거나 암석 밖으로 유출되어 암석 성분이 바뀌기도 한다.)

열의 근원은 무엇인가 지구 내부에는 두 종류의 열의 근원이 있다. 하나는 지구 내부로 들어갈수록 증가하는 온도이고 또 하나는 마그마가 냉각되면서 주변 암석에 제공하는 열이다.

지구 내부는 매우 뜨겁다. 그 주원인은 지구 형성 초기에 반복되며 일어났던 소행성의 충돌 시 발생한 열과 방사능 원소의 붕괴에 의한 열이다. 깊이의 증가에 따른 지구 내부의 온도 상승률은 **지온상승률**이라 한다. 상부 지각에서는 지하로 깊이가 1km 깊어질 때마다 온도가 25℃(45°F)씩 증가한다(그림 8.3). 따라서 지구 표면에서 만들어진 암석들이 지하로 이동되면서 점점 더 높은 온도에 노출될 것이다(그림 7.2). 온도가 200℃까지 증가하는 8km 정도의 깊이에 도달하면 점토 광물은 불안정하게 되어 새로운 조건에서 안정한 광물인 녹니석, 백운모로 재결정된다. 그러나 이 깊이에서 화성암 내에 나타나는 석영, 장석과 같은 광물들은 여전히 안정하다. 이들 광물들의 변성학적 변화는 좀 더 높은 온도에서 일어난다.

암석들이 지하 깊은 곳으로 이동되어 열을 받게 되는 환경 중 하나는 판이 수렴하는 경계이며 이곳에서 해양지각과 그 위에 쌓인 퇴적암이 지하 깊은 곳으로 섭입된다. 또한 두꺼운

알고 있나요?

지각의 온도는 깊어지면서 증가하며 이는 지하로 내려갈수록 점점 더 더워짐을 의미한다. 이는 지하 광상 개발에 큰 문제를 발생시킨다. 남아프리카의 2.5마일 깊이에 위치한 웨스턴 딥 레벨 광산에서는 암석의 온도가 피부에 화상을 발생시킬 수 있을 정도로 높다. 따라서 이 광산에서는 광부들이 2인 1조로 작업을 한다. 한 명이 채굴하는 동안 다른 한 명은 팬으로 암석을 식히는 일을 한다.

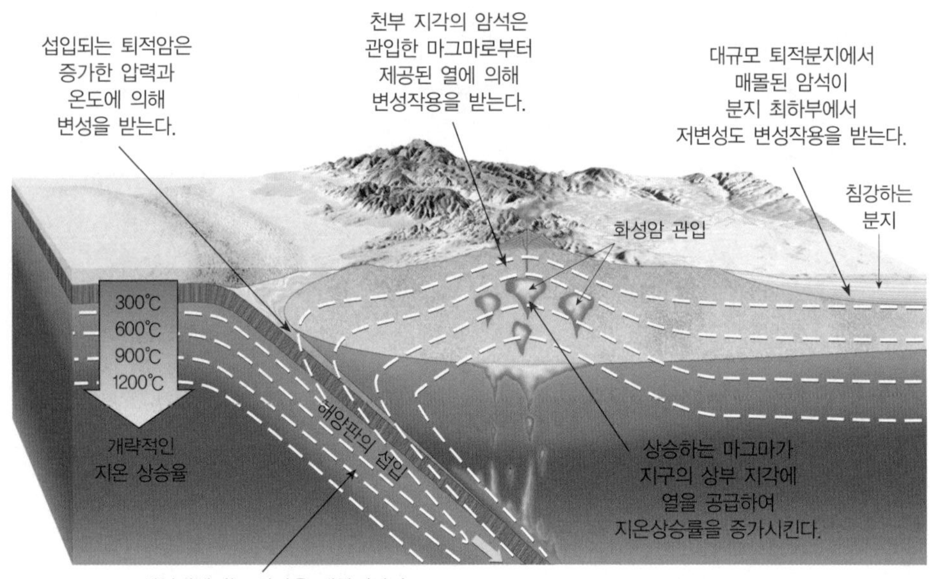

스마트그림 8.3 변성작용을 일으키는 열의 근원 변성작용을 일으키는 열의 2개의 주 근원은 지하로 들어가면서 증가하는 온도와 마그마가 관입하여 식어가면서 주변에 공급하는 열이다.

퇴적층이 쌓여 침강하는 커다란 분지에서도 암석들이 깊은 곳으로 매몰된다(그림 8.3). 그와 같은 분지의 예는 걸프 만이며 이 분지의 퇴적층 최하부에서 저변성도의 변성작용이 일어나고 있다. 산맥을 만드는 대륙 충돌대에서는 일부 암석이 지표로 상승되며 다른 암석은 트러스트 운동에 의해 깊은 곳으로 이동되어 그곳에서 높은 온도와 압력을 받아 변성된다.

맨틀의 열은 지각 천부로 전달된다. 기둥 형태의 맨틀 상승, 대양저 산맥에서의 마그마 상승, 섭입대에서의 맨틀의 부분용융에 의해 생성된 마그마의 천부로의 관입 등이 그 예이다(그림 8.3). 마그마는 천부에 관입한 후 식어가면서 열을 전달하여 주변암을 변성시킨다.

정압

압력 역시 온도처럼 상부의 암석이 두께가 증가하면서, 즉 깊이가 증가하면서 증가한다. 매몰된 암석은 수압과 유사한 **정압**(confining pressure)을 받게 되며, 이때 모든 방향으로부터 받는 압력이 동일하다(그림 8.4A). 잠수부가 바다 깊은 곳으로 들어갈수록 더 큰 정압을 받는다.

정압은 광물 입자 간의 간격을 더 가깝게 하며 그 결과 암석은 좀 더 단단해지며 밀도가 증가한다. 만약 정압이 매우 높아지면 광물 내 원자가 더 가깝게 묶여 밀도가 높아진 새로운 광물이 만들어진다. 그러나 정압은 습곡이나 암석 파쇄를 일으키지 않는다.

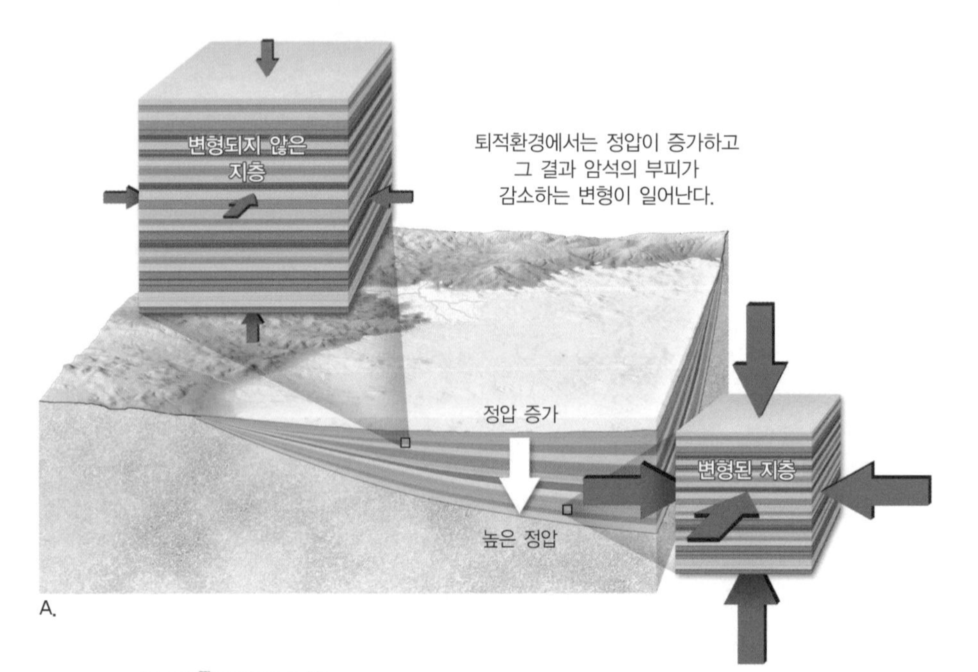

편압

암석들은 정압 이외에 방향성 있는 압력을 받는 경우가 있다. 예로 지판이 충돌하는 수렴대에서 이러한 방향성 있는 압력이 생성된다. 이런 경우 방향에 따라 암석의 변형을 일으키는 압력의 크기가 다르며 이러한

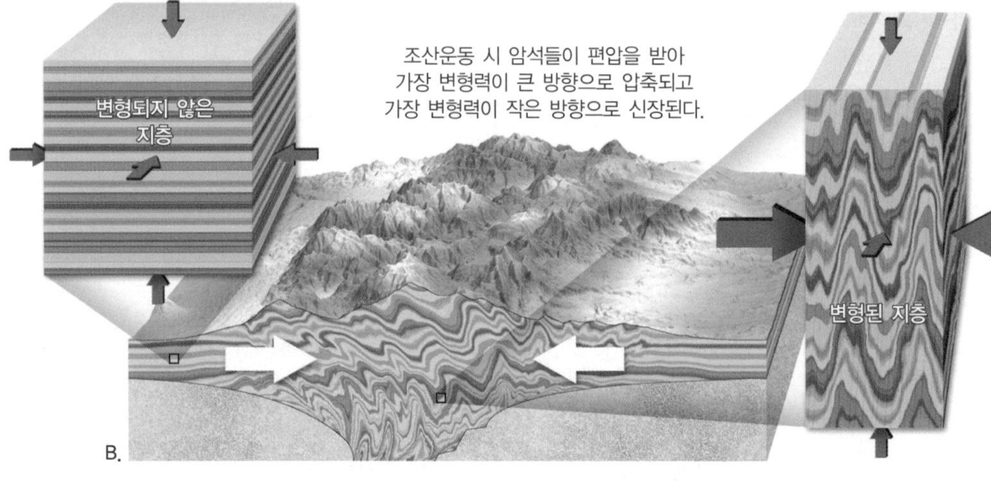

스마트그림 8.4
정압과 편압

압력을 **편압**(differential stress)이라 한다. (제11장에서 여러 형태의 편압이 설명된다.) 모든 방향에서 동일한 변형력을 가하는 정압과 달리 편압이 주어질 경우 어떤 한 방향으로 다른 방향보다 큰 변형력이 작용한다.

암석이 바이스에 물려진 것과 같이 편압이 작용할 경우 이를 **압축력**(compressional stress)이라고 한다. **그림 8.4B**에서 보듯이 암석이 편압을 받으면 가장 압력이 큰 방향으로 줄어드는 반면 그 압력에 수직 방향으로 신장된다. 판의 수렴대를 따라 판이 움직이는 방향에 수평하게 가장 큰 압력이 작용하게 된다. 그 결과 지각의 수평적으로는 수축하고 수직적으로는 두꺼워져 산맥을 형성한다.

온도와 압력이 높은 환경에서는 암석이 연성을 보인다. 연성의 암석의 경우 편압이 가해지면 (마치 점토 덩어리를 밟았을 때처럼) 광물 입자들의 모양이 납작해진다. 이런한 특성에 의해 암석이 파쇄보다는 흐름에 의해 변형되며 그 결과 복잡한 습곡이 만들어진다(**그림 8.5**). 이와 반대로 온도가 상대적으로 낮은 지표 부근 환경에서는 암석이 단단한 취성을 보여주며 압력을 받으면 암석 내 균열이 생성된다. 계속적으로 변형력이 가해지면 광물들이 분쇄되어 작은 파편으로 부서진다.

화학적으로 활성화된 유체

물은 지각에 풍부하다. 상부 지각에서 물은 지하수로 존재한다. 심부에서는 마그마가 냉각되어 암석화되어 가면서 열수를 주변암에 공급한다. 이외에 점토, 운모, 감섬석을 포함한 많은 광물이 수화되어 결정 내에 물을 포함하고 있다. 온도와 압력이 증가하면 이들 광물에서 물이 탈수작용을 통해 추출된다.

화학적으로 활성도가 높은 뜨거운 물인 열수는 결정 내의 이온을 용해하거나 결정 내에서 이온을 다른 곳으로 이동시킴으로써 재결정 작용이 잘 일어나게 하여 변성작용을 도와준다. 온도가 높은 환경일수록 유체의 활성도는 더 높아진다.

특정 변성환경에서는 열수가 광물질을 매우 먼 거리까지 이동시킨다. 예로 마그마가 식으면서 암석화되는 과정 중에 이온이 풍부한 열수를 주변암에 공급할 때 먼 거리 이동이 일어난다. 만약에 심성암 주변의 암석 화학성분이 심성암으로부터 공급된 열수의 화학성분과 크게 다를 경우 열수와 주변암 사이에는 이온 교환이 일어날 것이다. 다시 말하면 유체들은 주변암에 단순한 원자의 재배열을 유발시키는 것이 아니라 주변암에 새로운 원자를 공급하거나 주변암 내에서 원자를 추출하게 된다. 이럴 경우 주변암의 화학성분이 변화하며 이를 **변성교대작용**이라 한다. 변성교대작용의 예는 석회암의 주요 구성 성분인 방해석($CaCO_2$)으로부터 규회석($CaSiO_3$)이 형성되는 것이다. 규소 성분이 많은 열수가 석회암에 침투하면 방해석이 규소(SiO_2)와 반응하여 규회석을 형성하면서 이산화탄소(CO_2)가 빠져나간다.

알고 있나요?

일부 저변성 암석은 화석을 포함하고 있다. 만약 화석이 변성암에 나타나는 경우 이들을 변성암의 모암이 어떤 암석이었으며 어떤 환경에서 만들어졌는지에 대한 정보를 제공한다. 또한 변성작용 시 변형된 화석들의 모양은 변성암의 변형 정도에 대한 정보를 제공한다.

그림 8.5 **캘리포니아 주 안자보레고 사막 국립공원에 나타나는 변형되고 습곡된 편마암** (사진 : A. P. Trujillo/APT Photos)

알고 있나요?

빙하는 지각의 깊은 곳에 위치한 암석과 같이 연성 변형을 하는 변성암이다. 비록 빙하는 차갑기는 하지만 얼음이 녹는 온도보다는 높은 온도의 변성작용을 받으면 연성이 된다. 그러므로 빙하 내의 얼음이 점차적으로 중력에 의해 경사가 낮은 곳으로 유동하는 것은 놀라운 일이 아니다.

모암의 중요성

모든 변성암은 물(H_2O)과 이산화탄소(CO_2)와 같은 휘발성 물질의 손실 및 첨가 외에는 변성암으로 형성되기 이전의 모암과 전반적으로 동일한 화학성분을 갖는다.

남부 유럽 알프스 고산 지역에 나타나는 변성암인 대리석을 생각해 보자. 대리석과 가장 일반적인 퇴적암인 석회암이 동일한 광물(방해석)로 구성되어 있음은 대리석의 모암을 석회암으로 유추하는 것이 합당함을 지시한다. 더 나아가 석회암은 따뜻하고 얕은 해양 환경에서 만들어지기 때문에 얕은 바다의 석회질 퇴적물이 알프스 고봉의 험준한 대리석 바위로 변화하기까지 상당한 변형을 받았음을 추측할 수 있다.

각 변성요인이 변성작용을 일으키는 정도가 모암을 구성하고 있는 광물에 의해 결정된다. 예로 마그마가 관입하였을 경우 높은 온도와 열수에 의해 주변암이 변질 혹은 변성된다. 이때 주변암이 석영과 같이 상대적으로 반응성이 낮은 광물로 구성되어 있다면 변질은 화성암 관입체 주변 좁은 지역에만 일어날 것이다. 하지만 주변암이 반응성이 높은 석회암인 경우 변성대는 관입체로부터 먼 거리까지 형성된다.

개념 점검 8.2

① 변성작용을 일으키는 네 가지 요인을 열거하라.
② 왜 열이 변성작용을 일으키는 가장 중요한 요인인가?
③ 정압은 편압과 어떻게 다른가?
④ 활성도가 높은 유체는 변성작용 시 어떤 역할을 하는가?
⑤ 모암이 어떤 방법으로 모암으로부터 형성된 변성암의 특징에 영향을 주는가?

8.3 변성조직

엽리 조직과 비엽리 조직이 어떻게 형성되는지 설명하라.

앞에서 언급되었듯이 **조직**(texture)이란 암석 내 입자들의 크기, 형태, 배열을 기술하는 데 사용된다. 대개 화성암과 많은 퇴적암내 입자들은 특정한 방향성을 보이지 않으며, 따라서 멀리 떨어져서 관찰할 때 균질하게 보인다. 이에 반해 운모류와 같은 판상 광물이나 각섬석과 같이 한쪽이 긴 광물을 포함한 변성암에서는 이들 광물들이 평행하게 배열되어 일정한 방향성을 보인다. 한줌의 연필처럼 길쭉한 광물들이 서로 평행하게 배열된 암석은 측면과 정면에서 관찰되는 형태가 각각 다르다. 암석 내 광물이 일정한 방향성을 보이는 경우 엽리가 발달했다고 말한다.

알고 있나요?

미국에서 일어난 최악의 토목 재해 중 하나는 1928년에 사우스캘리포니아에서 세인트프란시스 댐이 붕괴하면서 일어났다. 거대한 급류가 샌프란시스코 계곡을 따라 흘러내려가면서 900채의 가옥이 파괴되었고 약 500명의 사상자가 발생하였다. 댐의 동측이 건설된 지반은 미끄러지기 쉬운 강한 엽리가 발달된 운모 편암으로 구성되어 있었고 미끄러짐이 강하게 일어날 수 있음은 과거 이 지역에 일어난 산사태를 통해서도 잘 인지될 수 있었다. 댐 바닥에 가해진 엄청난 수압과 연약한 편암 지반이 이 사고의 원인으로 생각된다.

엽리

엽리(foliation)는 암석 내 광물이나 구조가 판상으로 배열된 것을 지칭한다. 비록 엽리가 일부 퇴적암과 화성암에서 관찰되기도 하지만 이는 주로 습곡에 의해 변형된 변성암에 주로 나타나는 특징이다. 변성환경에서 엽리는 암석에 가해지는 압축력에 의해 암석 내 광물이 평행 혹은 거의 평행하게 배열되어 형성된다. 엽리의 예는 판상이나 길쭉한 광물의 평행한 배열 혹은 납작해진 광물이나 자갈의 평행한 배열이다. 또 다른 엽리의 예는 어둡고 밝은 광물이 분리된 성분 띠와 암석이 얇게 쪼개지는 벽개이다. 이러한 여러 엽리는 여러 방법에 의해 형성된다.

판상 광물 입자의 회전 기존 광물들의 회전이 가장 쉽게 이해될 수 있는 엽리 형성 방법이다. **그림 8.6**은 판상 및 길쭉한 광물 입자가 회전하는 방법을 보여준다. 새로운 광물들의 방향성은 대략적으로 최대 변형력에 수직한 방향이다. 판상 광물의 물리적인 회전이 저변성작용 시 엽리 형성에 매우 중요하나 좀 더 변성 정도가 높아지면 다른 방법에 의해 엽리가 형성된다.

새로운 광물을 만드는 재결정 작용 재결정 작용은 기존 광물로부터 새로운 광물을 만드는 현상이다. 암석이 편압을 받는 상태에서 재결정이 일어날 경우 각섬석과 같이 길쭉한 광물과 운모와 같은 판상의 광물은 최대 변형력이 가해지는 방향에 수직으로 재결정되어 형성된다. 그 결과 새로이 형성된 광물 입자들은 뚜렷한 층상 구조를 보여주고 이들을 포함한 변성암들은 엽리를 보여준다.

타원체 광물의 납작해짐 기존 광물 입자가 납작해지는 방법은 석영, 방해석, 감람석과 같은 광물을 포함한 암석의 변성작용에 중요하다. 이 광물들은 대략 타원체의 형태를 보여주며 단순한 화학 성분을 갖고 있다.

입자 형태의 변화는 **그림 8.7**에서 보는 바와 같이 광물 결정질 구조의 기본 단위가 분리된 면을 따라 상대적으로 미끄

엽 리

변성작용 이전 (정압)

변성작용 이후 (편압)

변성작용

방향성 없는 판상 그리고 길쭉한 광물 입자

최대 변형력이 가해진 방향에 대략 수직하게 배열된 광물 입자들

그림 8.6 **판상 광물 입자의 회전에 의한 엽리 형성**

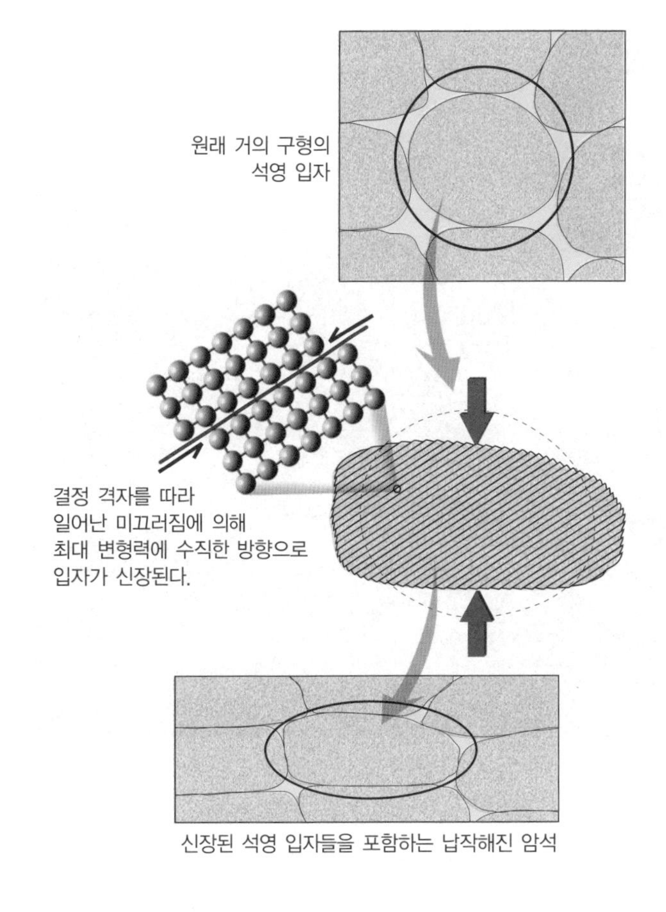

그림 8.7 **광물 입자의 고체상 흐름** 광물 입자들은 광물 결정 구조의 기본 단위가 서로 상대적으로 이동하는 고체상 흐름에 의해 납작해진다. 이 현상이 일어나면 기존의 화학 결합이 파괴되고 새로운 화학 결합이 형성된다.

러짐으로써 일어난다. 이러한 형태의 점진적인 고체상 흐름은 기존에 존재하던 화학 결합을 파괴하고 새로운 화학 결합을 만들면서 원자가 위치 이동을 함으로써 결정격자가 파괴되는 미끄러짐 현상에 의해 일어난다.

광물의 형태 변화는 동일 입자 안에서 변형력을 많이 받은 부분으로부터 변형력을 적게 받은 부분으로의 원자 이동에 의해서도 일어난다. 이러한 현상을 **압력용해**(pressure solution)라고 하며 뜨겁고 이온이 많은 물이 이러한 현상이 일어나는 데 큰 도움을 준다. 광물질(이온)은 입자가 서로 접촉한 부분(변형력이 높은 부분)에서 용해되어 공극(변형력이 낮은 부분)에 퇴적된다. 그 결과 광물 입자는 가장 큰 변형력이 가해지는 방향으로 짧아지고 가장 변형력이 약한 방향으로 신장된다. 이 두 작용들에 의해 광물 입자는 납작해지나 광물은 변하지 않는다.

엽리 조직

변성 정도나 모암의 광물 조성의 차이에 따라 여러 다른 종류의 엽리가 나타난다. 여기서는 세 가지 엽리 조직인 암석 혹은 점판 벽개, 편리, 편마조직 혹은 줄무늬 구조에 대해 알아본다.

암석 혹은 점판 벽개 큰 망치로 암석을 때리면 암석이 얇고 판판하게 쪼개지는데 이 쪼개지는 면을 **암석 벽개**(rock cleavage)라 한다. 암석 벽개는 여러 변성암에서 형성되나 점판암에서 가장 명확히 관찰된다. 점판암에서는 아주 잘 쪼개지는 벽개가 발달하며 이를 **점판 벽개**(slaty cleavage)라 한다(**그림 8.8**). 점판암은 매우 잘 쪼개지기 때문에 지붕이나 마루 타일과 같은 건축 자재로 많이 사용되며 당구대 상판을 만드는 데도 사용된다.

저변성 환경에서 셰일(과 그에 관련된 퇴적암)이 강하게 습곡되어 점판암으로 변성되면서 점판 벽개가 형성된다(**그림 8.9**). 벽개가 형성되는 과정은 광역적인 습곡 형성을 포함한 암석 변형을 일으키는 압축력이 가해지면서 시작된다. 변형이 더 진행되면 층리면에 수평하게 배열된 셰일 내의 점토 광물들이 세립의 녹니석과 운모로 재결정되기 시작한다. 하지만 새로 만들어진 판상의 광물 입자들은 **그림 8.9B**에서와 같이 최대 변형력이 가해지는 방향에 대략 수직하게 배열되도록 성장한다.

점판암은 셰일이 저변성을 받아 만들어지기 때문에 점판암 내에 퇴적 층리면이 가끔 보존된다. 하지만 **그림 8.9C**에서 보이듯이 점판암의 벽개는 일반적으로 퇴적층에 경사진

그림 8.8 **잘 발달된 점판 벽개** 채석장에 나타나는 벽개가 발달된 점판암. 점판암은 평평한 석판으로 잘 쪼개지기 때문에 많은 용도로 사용된다. (사진 : Fred Bruemmer/Photolibrary) 삽입된 사진은 스위스에서 점판암을 기와로 사용하는 예를 보여주고 있다. (사진 : E. J. Tarbuck)

방향으로 형성된다. 그 결과 층리 방향으로 쪼개지는 셰일과 달리 점판암은 자주 층리를 가로지르는 방향으로 쪼개진다. 편암이나 편마암과 같은 다른 변성암도 가끔 평면으로 쪼개지며 벽개를 보여준다.

편리 매우 높은 온도-압력 영역에서는 점판암 내 세립질의 운모와 녹니석 입자가 조립질의 백운모와 흑운모로 재결정되기 시작한다. 이들 입자가 맨눈으로 구별될 수 있을 정도로 크게 성장하여 판상 혹은 층상의 구조를 보여줄 때 이를 **편리**(schistosity)라고 한다. 이러한 편리를 보여주는 암석을 편암이라 부른다. 편암에서는 판상이나 렌즈상으로 변형된 석영이나 장석도 운모와 함께 나타난다.

편마 조직 고변성을 받을 때는 **그림 8.10**에서와 같이 이온의 움직임에 의해 광물들이 서로 다른 층으로 분리된다. 즉 어두운 흑운모와 각섬석 광물과 밝은 규소 광물인 석영과 장석이 분리되어 **편마 조직**(gneissic texture) 혹은 **편마 줄무늬**(gneissic banding)라고 하는 줄무늬를 형성한다. 이와 같은 조직을 보여주는 암석을 편마암이라 한다. 편마암은 엽리를 보여주나 점판암이나 일부 편암처럼 쉽게 쪼개지지 않는다.

다른 변성 조직

엽리 조직을 보여주지 않는 변성암을 **비엽리**(nonfoliated) 변성암이라 한다. 변형을 매우 약하게 받고 모암이 석영이나 방해석과 같은 등립질 광물로 구성된 경우 비엽리 변성암이 만들어진다. 예로 세립의 석회암(방해석으로 구성됨)이 뜨거

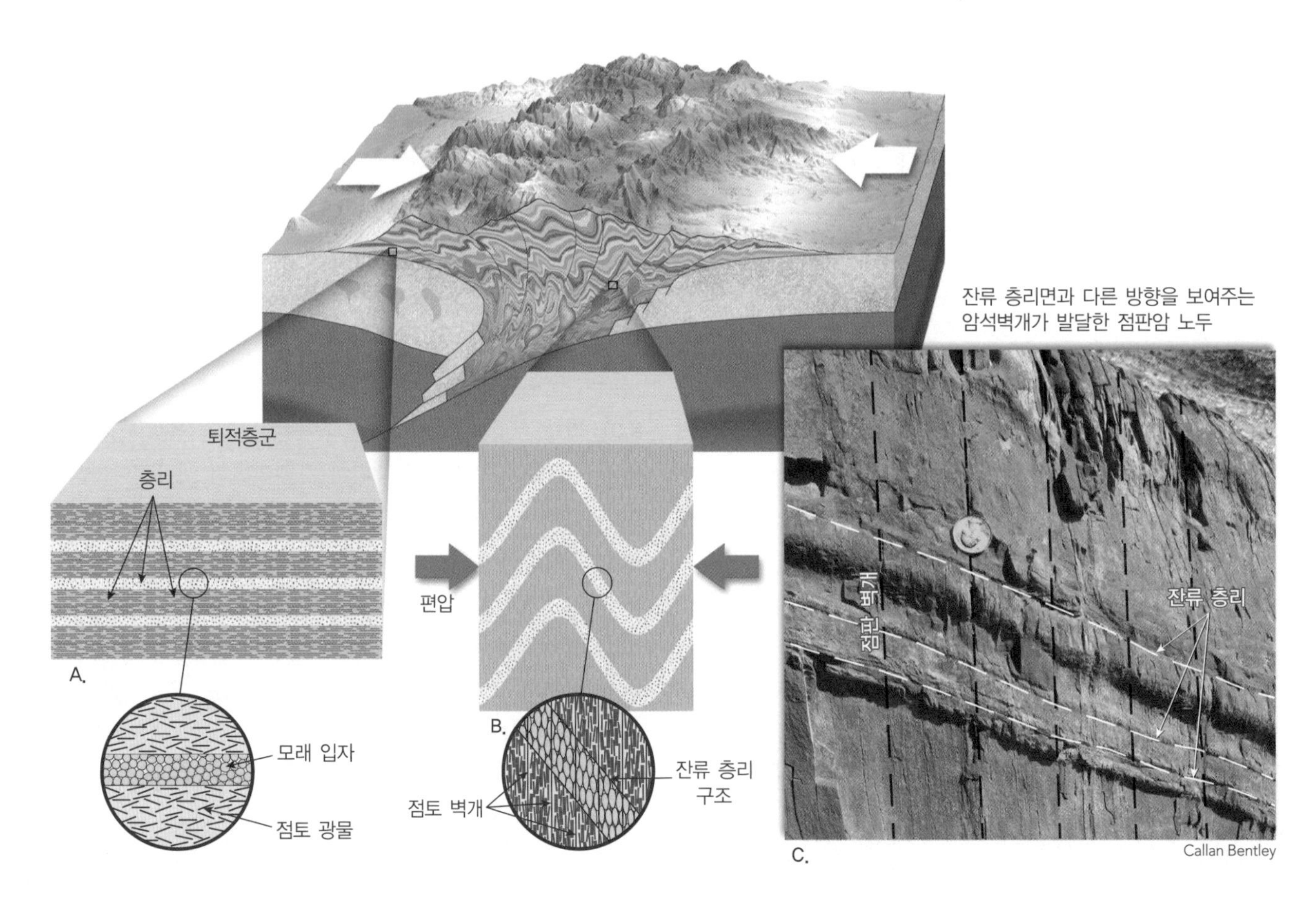

그림 8.9 **암석 벽개의 형성** 사암과 교호된 셰일이 강하게 습곡되고 변성되면서 점토 광물들이 세립의 녹니석과 운모로 재결정되기 시작한다. 이들 새롭게 만들어진 판상의 광물들은 변형력에 수직한 방향으로 배열되도록 성장하여 점판암내 엽리를 형성한다.

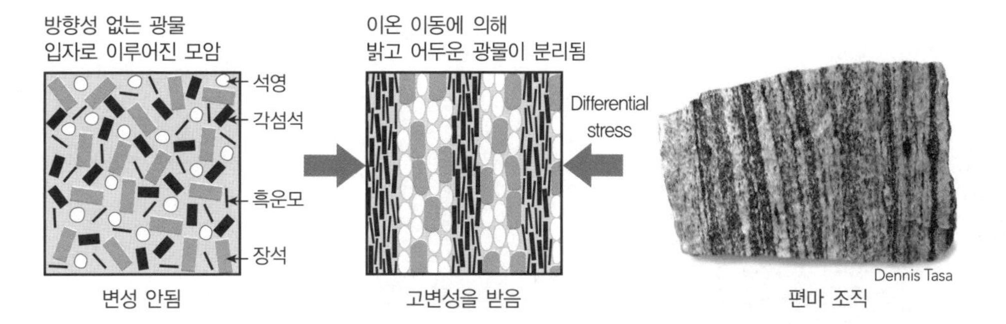

그림 8.10 **편마 줄무늬 형성** 편마 줄무늬는 이온의 이동에 의해 밝고 어두운 광물이 서로 분리된 층에서 성장함으로써 형성된다.

그림 8.11 **석류석-운모 편암** 어두운 적색 석류석 결정(변성반정)이 세립질의 운모로 구성된 기질에 박혀서 나타난다. (사진 : E. J. Tarbuck)

운 마그마에 의해 변성을 받으면 세립질의 방해석 입자가 서로 맞물리며 조립질 방해석 결정으로 성장한다. 그 결과 조립질의 화성암과 같이 방향성 없이 서로 맞물린 조립질의 입자로 구성된 대리암이 형성된다.

변성암은 보통 **변성반정**이라고 하는 거정질 입자를 포함하며 이들은 세립질의 다른 광물로 구성된 기질에 의해 둘러싸여 있다. **변성반정질 조직**(porphyroblastic texture)은 여러 종류의 암석에서 모암내 기존 광물이 새로운 광물로 재결정되면서 형성된다. 재결정 작용 시 석류석과 같은 변성 광물은 수는 적지만 큰 광물로 성장한다. 이에 반해 백운모와 흑운모와 같은 광물은 숫자는 많지만 작은 크기 입자로 성장한다. 그 결과 세립질의 흑운모와 백운모로 이루어진 기질에 둘러싸인 거정의 석류석 반정이 나타나는 변성암이 흔하다(그림 8.11).

개념 점검 8.3

① 엽리를 정의하라.
② 점판 벽개, 편리, 편마 조직을 구분하고 설명하라.
③ 암석 내에 광물들이 방향성(엽리)을 형성하는 3개의 방법을 간단히 설명하라.
④ 비엽리 조직이란 무엇인가? 이 조직을 보이는 암석명을 하나 제시하라.

8.4 일반적인 변성암

가장 흔하게 나타나는 변성암을 열거하고 설명하라.

지구 표면에서 관찰되는 대부분의 변성암은 3개의 주요 퇴적암인 셰일, 석회암, 석영 사암으로부터 만들어졌다. 셰일은 대부분의 점판암, 천매암, 편암, 그리고 편마암의 모암이다. 이들 일련의 변성암들은 변성도의 증가에 따른 입자 크기의 증가, 암석 조직의 변화, 그리고 광물군의 변화를 보여준다.

석회암은 방해석($CaCO_3$)으로 구성되어 있으며, 대리암의 모암이고 석영(SiO_2) 사암은 규암의 모암이다. 방해석과 석영은 점토 광물에 비해 단순한 화학 성분으로 구성되어 있기 때문에 변성작용 동안에 광물이 바뀌지 않는다. 즉 방해석과 석영은 변성을 받아도 방해석과 석영으로 남아 있다. 이 광물들은 변성작용을 받으면 서로 합쳐져서 조립질의 입자를 형성하며 대리석과 규암은 각각 이들 조립질의 방해석과 석영으로 구성되어 있다.

가장 일반적인 변성암의 주요 특징은 **그림 8.12**에 요약되어 있다. 변성암들은 일반적으로 엽리 형태로 분류되며 덜 일반적으로 모암의 화학성분에 의해 분류된다. 그리고 특정 암석명(점판암, 편암, 편마암)은 변성암의 조직을 기술하는 데 사용된다.

엽리성 변성암

점판암 점판암은 매우 세립질(0.5mm 이하)의 엽리성 암석으로 육안으로 구별될 수 없는 세립의 녹니석과 운모로 구성되며 세립의 장석과 석영도 포함한다. 그 결과 점판암은 일반적으로 둔탁해 보이며 셰일과 매우 비슷하게 보인다. 점판암의 가장 중요한 특징은 잘 발달된 벽개를 갖고 있거나 얇은 석판으로 잘 쪼개지는 것이다(그림 8.8).

점판암은 대부분 셰일, 이암, 실트암이 저변성을 받아서 형성된다. 그리고 때로는 화산재가 변성되어 형성되기도 한다. 점판암의 색은 구성 성분에 의해 결정된다. 검은색(탄소질) 점판암은 유기물질을 포함하고 있으며 붉은색 점판암은 철산화물에 의해 색을 발생시키며 녹색 점판암은 녹니석을 포함하고 있다.

알고 있나요?

매우 고가의 당구대가 아주 무거운 이유는 당구대 면이 두꺼운 점판암 석판으로 만들어졌기 때문이다. 점판암은 쉽게 판상의 석판으로 쪼개지기 때문에 당구대 면을 만드는 데 그리고 마루나 기와와 같은 건축자재로 사용된다.

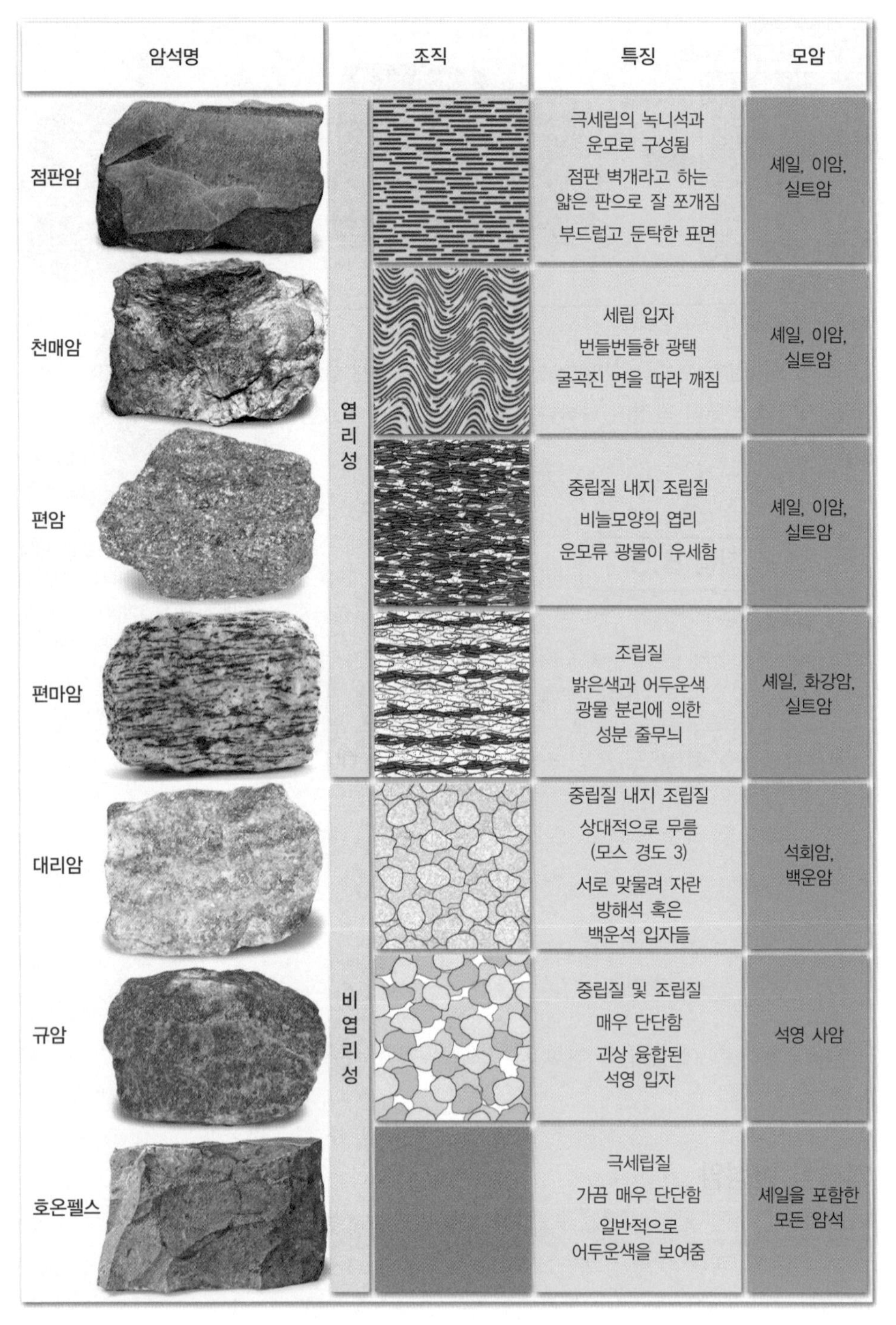

그림 8.12 **일반적인 변성암의 분류** (사진 : E. J. Tarbuck)

천매암 천매암은 점판암과 편암 사이의 변성 정도를 보여준다. 천매암은 점판암보다는 입자가 큰 판상 광물로 구성되어 있지만 육안으로 쉽게 구분될 정도로 입자가 크지 않다. 천매암은 점판암과 매우 비슷해 보이지만 번들번들한 광택과 파도 모양으로 휘어진 면에 의해 점판암과 구별된다(그림 8.12). 천매암은 벽개를 보이며 주로 세립의 백운모나 녹니석 혹은 이 두 광물 모두로 구성된다.

편암 편암은 중립질 내지 조립질의 변성암이며 주로 판상 광물로 구성된다. 이들 판상 광물들은 백운모와 흑운모를 포함하며 평행하게 배열되어 편리를 형성한다. 편암은 석영, 장석과 같은 다른 광물도 포함한다. 각섬석과 같은 어두운 광물로 이루어진 편암도 있다. 점판암과 마찬가지로 대부분의 편암의 모암은 셰일이며 셰일이 조산운동 등에 수반된 중변성 혹은 고변성을 받아 형성된다.

편암은 암석의 조직을 기술하는 데 사용되기 때문에 편암으로 명명된 암석은 여러 다른 성분을 갖는다. 따라서 편암의 성분을 나타나기 위해 광물이 이름에 추가된다. 예로 주로 백운모와 흑운모로 구성된 편암을 **운모 편암**이라 한다(그림 8.13). 운모 편암은 부수적인 광물을 포함하며 이들 중 일부는 거의 모든 변성암에 나타난다. 반정으로 나타나는 부수 광물로는 **석류석**, **십자석**, **홍주석** 등이 있으며, 이들을 포함한 암석을 **석류석-운모 편암**, **십자석-운모 편암**, 그리고 **홍주석-운모 편암**으로 명명한다.

주로 녹니석 혹은 활석으로 구성된 편암은 **녹니석 편암**, **활석 편암**으로 각각 명명된다. 이 두 암석은 현무암질 성분을 갖는 암석이 변성되어 형성된다.

편마암 편마암은 등립질과 신장된 광물로 주로 구성되며 줄무늬를 보여주는 중립질에서 조립질의 변성암이다. 편마암에서 가장 많이 나타나는 광물은 석영, 정장석, 사장석이다. 대개 편마암은 흑운모, 백운모, 각섬석도 포함한다. 어떤 편마암은 판상광물이 집중된 부분을 따라 쪼개지기도 하나 대부분 편마암은 불규칙하게 부서진다.

앞에서 언급되었듯이 고변성을 받을 때 밝은색과 어두운색의 광물이 서로 분리되어 편마암의 특징인 줄무늬를 형성한다. 따라서 편마암에서는 대부분 흰색 혹은 붉은색을 띠는 장석이 풍부한 층과 철-마그네슘 광물과 어두운 광물로 이루어진 층이 교호된 호상의 줄무늬가 나타난다. 이러한 호상 편마암은 습곡이나 단층 작용 등의 변형 작용에 대한 증거를 보여준다.

밝은 광물들이 많은 편마암은 화강암이나 유문암으로부터 만들어진다. 하지만 대부분의 편마암들은 셰일이 고변성 작용을 받아 형성된다. 셰일은 변성도가 증가하면서 점판암, 천매암, 편암, 그리고 최종적으로 편마암으로 변성된다(**그림 8.14**). 편암과 마찬가지로 편마암은 석류석, 십자석 등과 같은 거정의 부수 광물을 포함한다. 일부 편마암은 어두운 광물로 주로 구성되기도 한다. 그 예인 감섬암은 각섬석이 풍부하며 편마 조직을 보여준다.

그림 8.13 **운모 편암** 엽리를 보여주는 주로 백운모와 흑운모로 구성된 편암 (사진 : E. J. Tarbuck)

비엽리성 변성암

대리암 대리암은 석회암이나 백운암이 변성된 결정질 변성암이다(그림 8.12). 순수한 대리암은 백색이며 방해석으로만 구성되어 있다. 대리암은 다른 암석에 비해 연성이기 때문에 (모스 경도 3) 쉽게 잘라서 여러 모양을 만들 수 있다. 백색 대리암은 특히 기념비나 조각을 만드는 데 잘 사용되며 그 예가 원싱턴 DC의 링컨 기념관과 인도 타지마할이다(**그림 8.15**). 하지만 안타까운점은 대리암이 탄산 칼슘으로 구성되어 있기 때문에 산성비에 의해 쉽게 손상된다는 것이다.

대리암을 형성시킨 모암은 자주 불순물을 갖고 있으며 이로 인해 대리암에 색이 나타난다. 대리암은 분홍, 회색, 녹색 혹은 검은색을 띠며 여러 보조 광물(녹니석, 운모, 석류석, 규회석)을 포함한다. 셰

모바일 현장학습

그림 8.14 **Adironbacks에 나타나는 석류석 반정을 포함하는 편마암** (사진 : Michael Collier)

그림 8.15 **대리석은 사용의 편리성 때문에 건축 자재로 널리 사용된다.** 타지마할 건물의 외벽은 주로 변성암인 대리석으로 건축되었다. (사진 : Steve Vider/Superstock)

그림 8.16 **규암** 규암은 석영 사암으로부터 만들어진 비엽리성 변성암이다. 접사된 그림들은 석영 사암 내에서는 입자들이 느슨하게 결합되어 있는 반면 규암 내의 석영 입자들은 서로 맞물려 있는 특징을 보여준다. (사진 : *Dennis Tasa*)

일과 교호된 석회암으로부터 만들어진 대리암은 호층 구조와 엽리를 보여준다. 이러한 층상 대리암이 강하게 변형 받으면 운모가 풍부한 층이 심하게 습곡되어 예술적인 무늬를 형성한다. 이렇게 아름답게 장식된 대리석은 선사시대부터 건물 자재로 사용되어 왔다.

규암 규암은 석영 사암으로부터 만들어진 매우 단단한 변성암이다(그림 8.16). 중변성 혹은 고변성에 의해 사암 내의 석영 입자들이 함께 융합된다(그림 8.16에 삽입된 그림). 때로는 재결정 작용이 너무 완벽하게 일어나서 규암은 입자의 경계면을 따라 깨지지 않고 석영 입자를 가로지르며 깨진다. 가끔 사층리와 같은 퇴적구조가 보존되어 호층 구조를 보여주기도 한다. 순수한 규암은 흰색이나 산화철이 포함된 경우 붉은색 혹은 분홍색을 띠기도 하며 어두운 광물을 포함한 경우 녹색이나 회색으로 보이기도 한다.

호온펠스 호온펠스는 세립질의 비엽리성 변성암이며 여러 종류의 광물이 나타나는 점이 대리석이나 규암과 다르다. 대부분 호온펠스의 모암은 셰일이나 점토가 풍부한 암석이며 이들 모암이 관입한 뜨거운 마그마에 의해 구워져 호온펠스가 형성된다. 호온펠스는 회색에서 흑색을 보여주며 매우 단단하며 패각상의 균열을 보여줄 수 있다.

개념 점검 8.4

① 점판암과 천매암은 서로 비슷하다. 어떻게 이 두 암석을 구별할 수 있을까?
② 운모 편암에서 운모와 편암은 무엇을 의미하는가?
③ 변성암인 편마암의 형태를 간단히 기술하고 그 형태가 어떻게 형성되었는지 설명하라.
④ 점판암, 천매암, 그리고 편마암의 조직과 입자 크기를 기술하라.
⑤ 대리석과 규암을 비교하고 차이점을 찾아보라.

8.5 변성환경

다음에 제시된 변성작용의 환경을 기재하라 – 접촉변성작용, 열수변성작용, 섭입대 변성작용, 광역변성작용

변성암이 만들어질 수 있는 여러 환경이 있다. 대부분의 변성환경은 판의 경계부에서 나타나며 많은 변성환경이 화성암 활동과 연계되어 나타난다. 주요 변성 환경으로 접촉 혹은 열 변성작용, 열수 변성작용, 매몰 및 섭입대 변성작용, 광역 변성작용이 있으며, 이에 포함되지 않지만 상대적으로 적은 양의 변성암을 형성하는 다른 변성작용도 있다.

그림 8.17에서 보이듯이 각 형태의 변성작용은 특정 온도와 압력 범위에서 일어난다. 그림 8.17 상부에 나타난 축에서는 표면 조건에서 1,000℃(1,800℉)까지의 온도 조건이, 수직축에는 압력 조건이 표시되어 있다. 이 그림에서 나타나있듯이 열수 변성작용은 저온 저압 환경에서 일어나는 데 반해 매몰 및 섭입 변성작용은 저온 고압 환경에서 일어난다. 비록 그림에 표시되지는 않았지만 광역 및 섭입 변성작용에서는 압력이 편압이며, 이에 반해 열수 및 접촉 변성작용에서는 압력은 편압이 아니다.

알고 있나요?

비록 드물기는 하지만 아주 작은 크기의 다이아몬드를 포함한 변성암이 지표에서 발견된다. 이 변성암 내에 다이아몬드가 포함된 것은 이 암석이 최소 60마일(100km) 깊이에서 형성되었음을 지시한다. 아직까지 이러한 변성성 작용이 어떻게 그와 같은 깊은 지하에 도달하였으며 어떻게 지표로 노출되었는지가 확실히 밝혀져 있지 않다.

접촉 혹은 열 변성작용

접촉 변성작용 혹은 **열 변성작용**(thermal metamorphism)은 상부 지각(저압 환경)에서 용융 상태의 마그마 주변에서 암석들이 구워질 때(고온 환경) 발생한다. 접촉변성 작용 시에는 편압이 발생하지 않기 때문에 접촉변성대 내에 나타나는 변성암에는 엽리가 형성되지 않는다.

이러한 변성작용이 일어나는 지역을 **접촉변성대**(metamorphic aureole)라 한다 (그림 8.18). 암맥이나 암상과 같은 작은 규모의 마그마 관입시 그 주변에 수 센티미터 폭의 좁은 접촉변성대가 형성되나 저반을 형성하는 대규모의 마그마 관

입 시 접촉변성대가 관입체 주변에 수 킬로미터에 걸쳐 발달하기도 한다. 이러한 넓은 접촉변성대에는 여러 다른 변성대가 형성될 수 있다. 마그마 근처에는 석류석과 같은 고온 광물이 만들어질 수 있으며 마그마에서 멀리 떨어진 곳에서는 녹니석과 같은 저변성 광물이 만들어진다.

동일한 환경 하에서도 모암의 성분에 따라 여러 종류의 변성암이 형성된다(**그림 8.19**). 예로 이암이나 셰일이 접촉 변성작용을 받으면 이 암석 내 점토광물이 벽돌 가마 내 점토처럼 구워진다. 그 결과 세립질이며 매우 단단한 **호온펠스**가 만들어진다(그림 8.12). 호온펠스는 화산재, 현무암을 포함한 다양한 암석이 접촉 변성작용을 받아 만들어진다. 접촉변성작용으로 형성되는 다른 변성암은 규암과 대리암이다(그림 8.19). 이들 변성암의 모암은 각각 석영 사암과 석회암이다.

열수 변성작용

암석 내에 발달된 균열을 따라 뜨겁고 원소가 풍부한 유체가 순환할 때 **열수 변성작용**(hydrothermal metamorphism)이라고 하는 화학변질 작용이 일어난다(**그림 8.20**). 열수라고 하는 광물성분이 풍부한 뜨거운 유체는 기존 광물의 재결정에 중요한 역할을 한다. 그리고 뜨거운 이온이 풍부한 용액은 광물질이 암석 내로 들어오거나 빠져나갈 수 있도록 도와줌으로써 암석의 전반적 화학성분을 변화시킨다.

열수 변성작용을 일으키는 물은 지표에서 지하로 이동되어 온도가 상승한 후 상부로 다시 올라온 지하수일 수도 있다. 이 형태의 변성작용은 저압(천부)과 저온 내지 중온의 환경에서 일어난다.

열수 변성작용을 일으키는 물은 화성작용에 의해 공급될 수도 있다. 대규모 마그마가 식어서 암석화되면서 마그마로부터 이온이 풍부한 물이 주변암으로 공급된다. 주변암이 공극률이 높거나 균열이 많이 발달되어 있는 경우 열수 내에 포함되어 있는 광물질이 주변암 내에 침전하여 동, 은, 금과 같은 중요한 광상을 형성한다. 이와 같이 이온이 풍부한 유체는 조립질의 화강암질(우백질) 화성암인 페그마타이트를 형성한다.

판구조에 대한 이해가 확대되면서 대부분의 열수 변성작용은 주로 해령 축을 따라 일어남이 확인되었다(**그림 8.21**). 판이 갈라지는 해령 축에서는 맨틀로부터 생성된 마그마가 상승하여 새로운 해양지각을 만든다. 이때 젊고 뜨거운 해양지각 내로 침투한 바닷물이 뜨거워지며 새로 만들어진 현무암과 화학적으로 반응한다. 그 결과 해양지각 내 현무암과 상부 맨틀은 수화된 암석인 동석이나 사문암(soapstone)으로 변화된다.

해저를 순환하는 열수 용액은 새로이 만들어진 해양지각으로부터 많은 양의 철, 코발트, 니켈, 은, 금, 동과 같은 금속들을 용해하여 유출시킨다. 이러한 뜨겁고 금속 성분이 풍부한 유체는 열극을 따라 상승하여 350℃의 온도로 해저면 위로 분출되어 블랙스모커라고 하는 연무를 만든다. 블랙스모커가 차가운 바닷물과 혼합되면서 이들 내 중금속이 황화 광물이나 탄산염

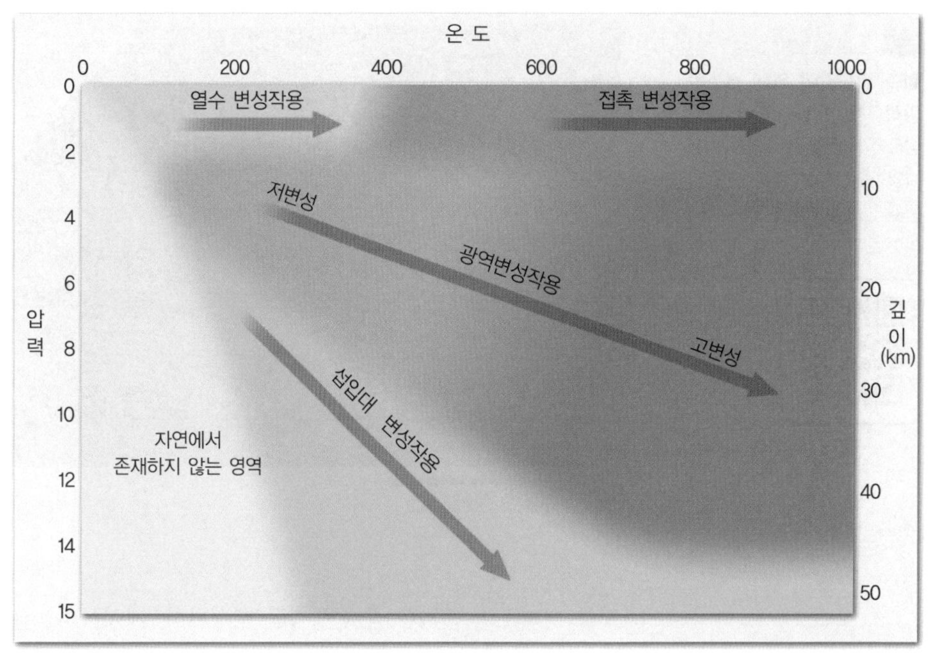

그림 8.17 변성환경 주요 변성환경 형태가 일어나는 온도와 압력 조건을 보여준다.

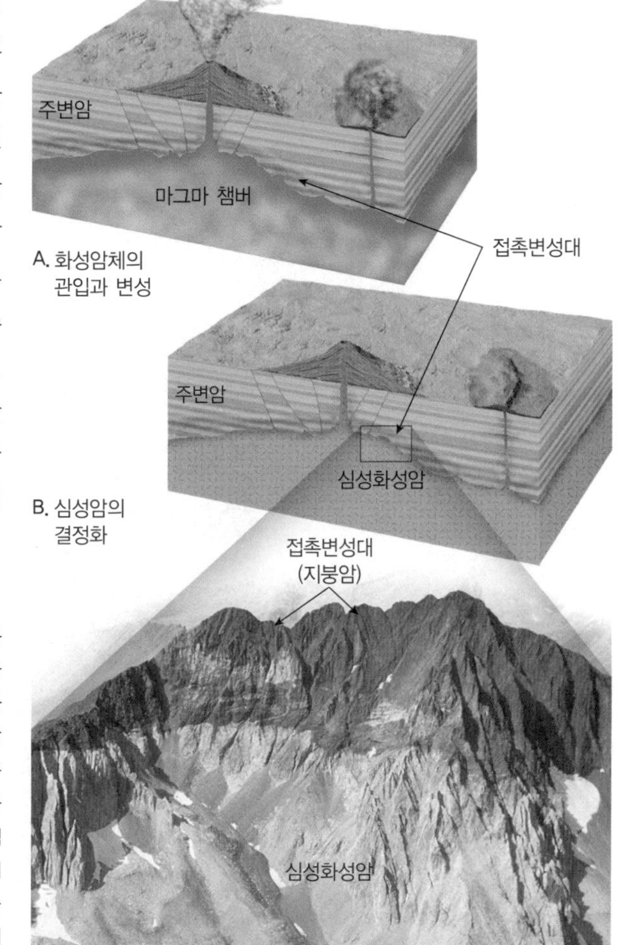

그림 8.18 접촉 변성작용 관입한 화성암 주변에 접촉 변성작용이 일어나 접촉 변성대라는 변질대가 형성된다. 사진에서 어둡게 보이는 부분은 지붕암(roof pendant)이라 하며 변성암으로 구성되어 있고 밝은색의 심성암의 상부와 접해 있다. 지붕암이란 한때 마그마 챔버의 지붕을 구성하고 있던 암석을 의미한다. 이 그림은 캘리포니아 주 비숍 근처에 나타나는 시에라네바다 산맥의 일부이다. (사진 : John S. Shelton)

스마트그림, 8.19

접촉 변성암에 의해 생성된 암석 셰일이 접촉 변성작용을 받으면 호온펠스가 되고 석영 사암과 석회암이 접촉 변성작용을 받으면 각각 규암과 대리암이 된다.

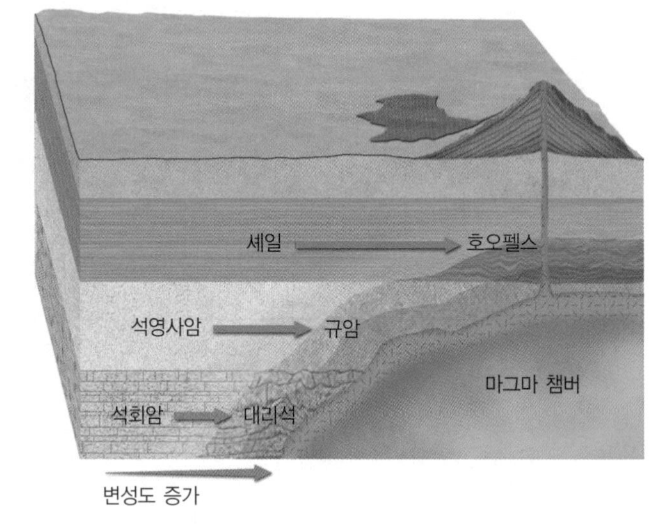

광물 형태로 침전하여 금속 광상을 형성한다. 지질학자들은 현재 사이프러스 섬에서 채굴되고 있는 구리 광상이 이러한 방식으로 만들어졌다고 믿고 있다.

알고 있나요?

색을 칠하거나 덧칠을 하는 데 사용되는 대부분의 안료가 여러 자연 물질로부터 공급된다. 예로 밤색 안료인 엄버는 사이프러스 섬에서 생산된다. 이 물질은 철과 마그네슘이 풍부한 현무암질 용암이 과거 해저에서 열수 변성작용을 받을 때 만들어졌다.

매몰 및 섭입대 변성작용

매몰 변성작용(burial metamorphism)은 멕시코 만과 같이 침강하는 분지 내에 퇴적암과 화산암 물질이 두껍게 퇴적되는 곳에서 발생한다(그림 8.3). 분지 내 가장 깊은 곳에 위치한 퇴적층에 저변성작용이 일어날 수 있는 환경이 조성되며 이곳의 정압과 지열이 구성광물을 재결정시켜 큰 변형을 수반하지 않은 상태에서 조직 혹은 광물 때로는 2개 모두를 변화시킨다.

암석과 퇴적물은 해양 지판이 섭입되는 수렴대를 따라 깊은 지역까지 운반될 수 있다(그림 8.3). 이러한 지역에서는 차갑고 밀도가 높으며 열전도가 낮은 해양지각과 퇴적물이 빨리 섭입하여 온도보다 압력이 더 빠르게 증가한다. 이러한 환경에서 발생하는 변성작용을 **섭입대 변성작용**(subduction zone metamorphism)이라 하며 변성 시 편압이 중요한 변성 요인이 되는 점이 매몰 변성작용과 다르다.

그림 8.20 **관입암체에 수반된 열수 변성작용** 화성암 관입체(심성암) 주변에 나타나는 페그마타이트와 열수 광물 광상 (사진 : *Pavel Svofoda/Fotolia*)

광역 변성작용

광역 변성작용(regional metamorphism)은 가장 많이 일어나는 변성작용 형태로 2개의 대륙이 충돌하여 지각이 광역적으로 강하게 변형되는 조산운동 과정에서 일어난다(그림 8.22). 대륙 충돌 시 대륙 충돌부의 끝에 분포하는 퇴적암과 지각 구성 암석들은 습곡되거나 단층작용을 받으면서 구겨진 카페트처럼 수축되고 두꺼워진다. 대륙 충돌은 기저암을 변성시킬 뿐 아니라 한때는 해양에 존재하던 해양지각의 일부를 융기시키고 변형시킨다.

조산운동 결과로 지각이 두꺼워지면 부력에 의한 상승이 일어나고 이로 인해 변형된 암석이 높은 고도로 상승하여 산맥을 형성한다. 또한 트러스트 단층 작용에 의해 지각의 일부가 다른 지각 위로 올라가면서 지각이 두꺼워지며 많은 암석들이 깊은 곳에 매몰되게 된다. 따라서 충돌 시 형성된 산맥의 하부에서는 심부 매몰에 의해 온도와 압력이 증가하여 조산대내에서 가장 강한 변성작용을 일어난다.

가끔 이렇게 깊이 매몰된 암석은 용융이 일어날 정도의 열을 받아 마그마를 형성한다. 생성된 마그마가 충분히 모여 부력에 의해 상승할 수 있는 규모가 되면 상승하면서 상부의 변성암이나 퇴적암을 관입한다(그림 8.22). 결론적으로 충돌 산맥의 중심부는 습곡과 단층작용을 받은 변성암과 변성작용에 수반된 화성암으로 구성된다. 오랜 기간에 걸쳐 이들 변형된 암석이 융기하고 상부의 암석이 침식되면 조산대의 중심부를 구성하는 화성 및 변성암이 지표에 노출된다.

광역 변성작용은 가장 흔한 변성암을 형성시킨다. 광역 변성작용은 셰일을 변성시켜서 점판암, 천매암, 편암, 그리고 편마암을 형성시키며 석영 사암과 석회암을 규암과 대리석으로 변성시킨다.

다른 변성 환경

상대적으로 덜 일반적인 변성작용은 지역적으로 국한되어 나타나는 상대적으로 적은 양의 변성암을 형성시킨다.

단층지역의 변성작용 지표 근처에서는 암석이 취성을 보이며 단단하다. 따라서 단층 균열대를 따라 일어나는 움직임에 의해 암석이 파쇄되고 분쇄된다(그림 8.23A). 그 결과 부서지거나 분쇄된 암편으로 구성되며 결합력이 약한 변성암인 단층 각력암이 형성된다. 캘리포니아의 샌앤드리어스 단층의 이동에 의해 1,000km에 걸쳐 3km의 폭으로 단층 각력암과 그에 수반된 암석으로 구성된 지역이 형성되었다.

단층대에서 일어나는 대부분의 변형은 온도가 높은 심부에서 일어난다. 이 환경에서는 기존 광물들이 연성 흐름에 의해 변형을 받는다(그림 8.23B). 대규모의 암체가 서로 다른 방향으로 이동하면서 두 암체 경계부의 광물들이 길게 신장되어 엽리나 선구조를 형성한다. 이러한 강한 연성 변형 환경에서 만들어진 변성암을 압쇄암이라고 한다.

충격 변성작용 **충격 변성작용**(impact metamorphism)은 운석이 고속으로 지구와 충돌할 때 일어난다. 충돌 시 고속으로 이동하던 운석의 운동에너지가 열에너지와 충격파로 바뀌어 주변암으로 전달된다. 그 결과 충돌부 암석들이 파쇄되거나 산산이 분쇄되며 어떤 경우에는 암석이 용융되기도 한다.

이 충격으로 만들어진 암석을 충격암(impactiles)이라 하며 이 암석에서는 용융을 받은 암편들이 화산탄과 비슷하며 주로 유리질로 구성된 분출물들과 섞여 나타난다. 어떤 경우에는 석영의 밀도가 매우 높은 형태인 코에사이트와 세립의 다이아몬드가 함께 나타나기도 한다. 이들 높은 압력에서 만들어지는 광물들의 존재는 충돌 변성작용 시 온도와 압력 조건이 상부 맨틀에 해당하는 온도와 압력만큼 높았음을 잘 증명해 준다.

개념 점검 8.5

① 어떤 형태의 변성작용에 압축력이 중요한 역할을 하는가?
② 접촉 변성작용에 의해 형성된 암석명 세 가지를 기재하라.
③ 접촉 변성대란 무엇인가?
④ 열수 변성작용의 요인은 무엇인가?
⑤ 섭입 변성작용을 기술하라.
⑥ 어떤 형태의 판의 경계가 광역 변성작용과 관련되어 있는가?
⑦ 광역 변성작용에 의해 형성된 변성암을 제시하라.

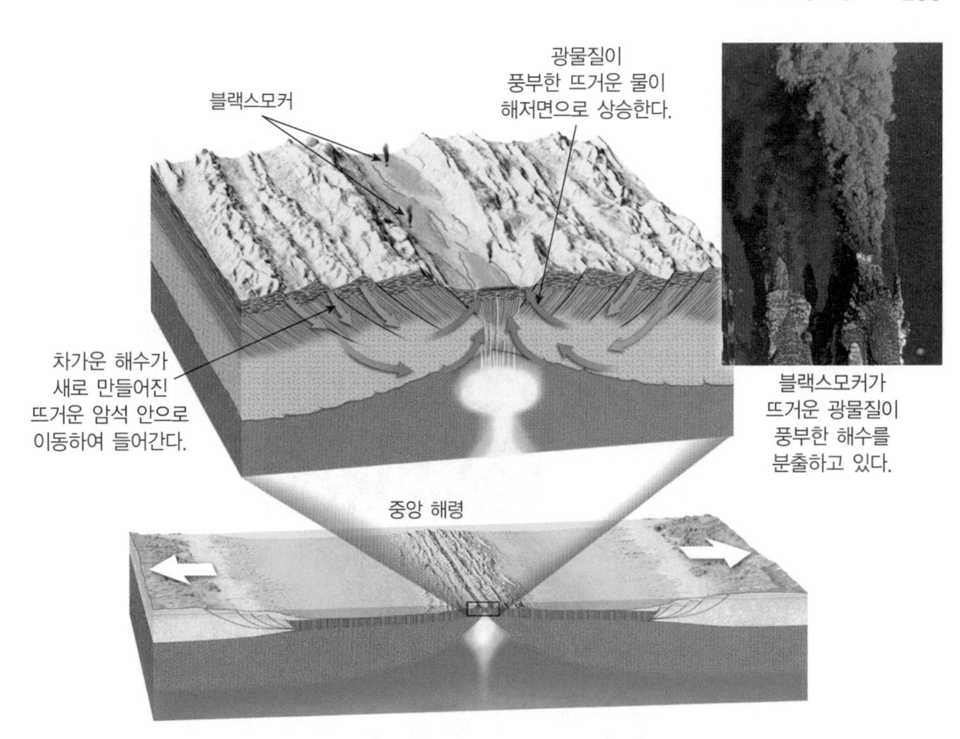

그림. 8.21 **해령에서 일어나는 열수 변성작용** (사진 : Fisheries and Oceans/Uvic-Verena Tunnicliffe/Newtsom)

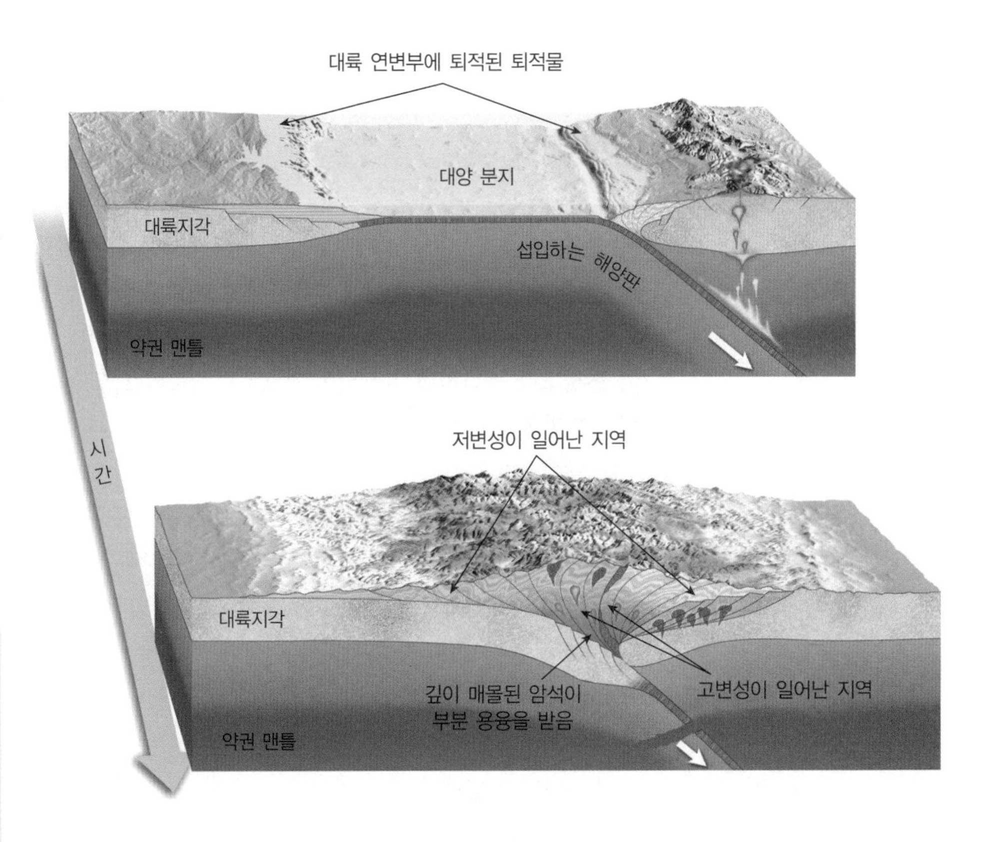

그림. 8.22 **광역 변성작용** 광역 변성작용은 대륙 충돌과 연관되어 있으며 대륙 충돌부에서는 두 수렴하는 판 사이의 암석이 압축되어 산맥이 형성된다. (사진 : Fisheries and Oceans/Uvic-Verena Tunnicliffe/Newtsom)

스마트그림 8.23 **단층대에서 일어나는 변성작용**
(사진 : A. P. Trujillo, Ann Bykerk-Kaffman)

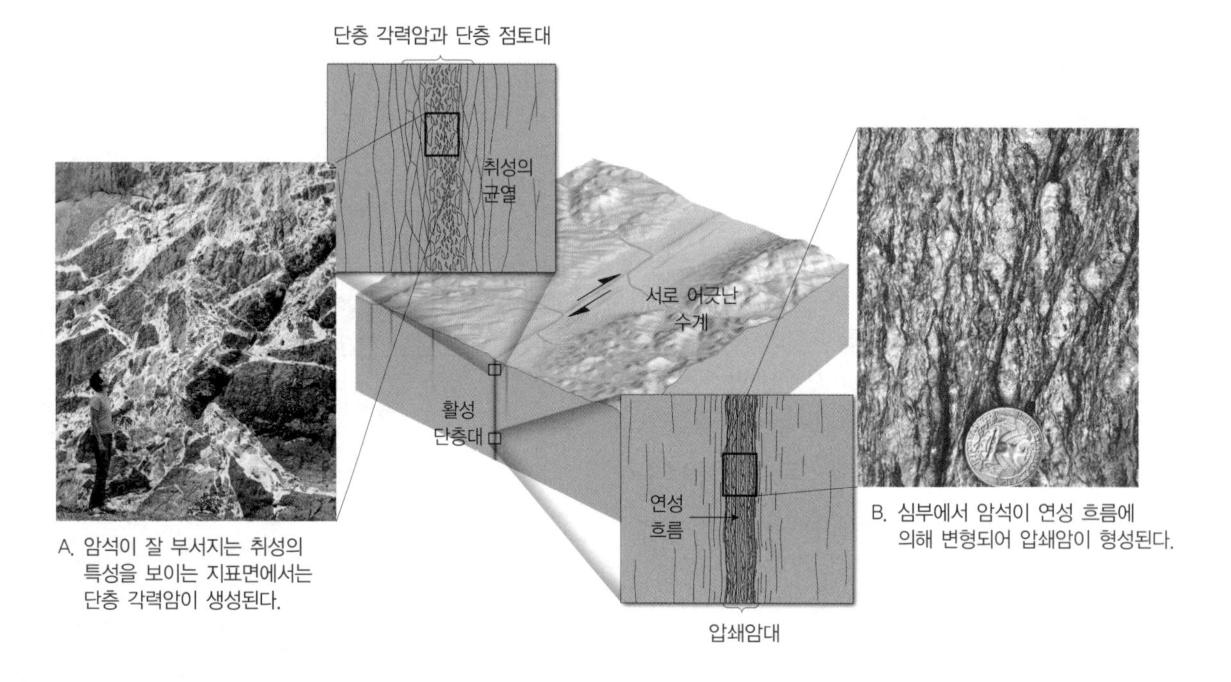

A. 암석이 잘 부서지는 취성의 특성을 보이는 지표면에서는 단층 각력암이 생성된다.

B. 심부에서 암석이 연성 흐름에 의해 변형되어 압쇄암이 형성된다.

8.6 변성대

어떻게 지시광물을 이용하여 변성암체의 변성도를 결정하는지 설명하라.

변성작용을 받은 지역에서는 암석의 광물과 조직이 체계적으로 변화하는 것이 인지된다. 이러한 변화는 각 변성대가 경험한 변성도의 차이에 관련되어 있다.

알고 있나요?

캐나다 북서부에 있는 그레이트 슬레이브 호수 동쪽에 노출된 Acasta 변성 복합체 내 암석에 대한 방사성 동위원소 측정 결과 40억 3,000만 년 전 연령이 얻어졌다. 이는 현재까지 알려진 가장 오래된 암석이다.

조직 변화

변성작용을 받은 지역을 가로질러 이동해 보면 암석의 조직이 변성도에 따라 다르게 나타난다. 이암, 셰일과 같은 점토광물이 풍부한 퇴적암이 점차적으로 높은 변성작용을 받으면 입자의 크기가 점차적으로 증가한다. **그림 8.24**에서와 같이 변성도가 증가하면서 셰일이 세립질의 점판암으로 변화되고 점판암은 다시 천매암으로 변화하며 변성도가 더 증가하면 중립질의 편암이 만들어진다. 변성도가 더 증가하면 유색광물과 무색광물의 줄무늬를 보이는 편마 구조가 만들어진다. 이러한 체계적인 조직의 변화는 미국 동부 애팔레치아 산맥 지역을 서쪽에서 동쪽으로 이동하면서 관찰할 수 있다. 한때 미국 동부 넓은 지역에 걸쳐 형성된 셰일 층이 오하이오 주에서 거의 수평한 상태로 나타난다. 하지만 펜실베이니아 주 중앙에 발달된 애팔레치아 습곡대에서는 수평했던 층들이 습곡되어 있으며 판상 광물들이 한 방향으로 배열되어 발달된 점판암 벽개가 나타난다. 동쪽으로 더 이동하면 강하게 변형된 애팔레치아 결정질대에 도달하며 이곳에서 편암으로 이루어진 대규모 노두를 관찰할 수 있다. 가장 높은 변성대는 버몬트와 뉴햄프셔 주에서 나타나며 이곳에서는 편마암 노두가 나타난다.

지시광물과 변성도

조직의 변화 외에 저변성 지역에서 고변성 지역으로 가면서 광물의 변화가 인지된다. 셰일이 광역 변성작용을 받을 때 변성 정도가 증가하면서 발생하는 광물군의 변화가 **그림 8.25**에 잘 나타나 있다. 셰일이 점판암으로 바뀌면서 처음 만들어지는 변성광물은 녹니석이다. 변성 온도가 증가하면 백운모와 흑운모가 생성되어 주 광물이 되며 변성도가 더 증가하면 석류석이나 십자석과 같은 광물이 형성된다. 암석이 용융되는 온도에 가까워지면 규선석이 형성된다. 규선석은 고온의 변성광물로서 점화 플러그와 같은 극한 환경에 사용되는 자기 제품으로 활용된다.

야외 조사 혹은 실내 실험을 통한 변성암 연구를 통해 지질학자들은 그림 8.25에서 제시된 광물들이 변성암이 형성된 조건을 잘 지시해 준다는 것을 발견하였다. 지질학자들은 이러한 **지시광물**(index mineral)을 이용하여 광역 변성작용을 받은 지역을 여러 개의 변성대로 구분하였다. 예로 녹니석은 온도가 200℃(400°F)보다 낮은 환경에서 만들어진다(그림 8.25). 따라서 녹니석을 포함한 암석(주로 점판암)은 저변성 환경을 지시한다. 이에 반해 규선석은 600℃(1100°F) 이상의 고온 조건에서 만들어지며 규선석을 포함한 암석은 고변성 환경을 지시한다. 지질학자들은 지시광물을 이용하여 연구 지역에서 서로 다른 변성도를 보여주는 여러 개의 변성대를 인지할 수 있다.

혼성암 변성도가 최고로 높은 환경에서는 고변성을 받은 변성암도 변화한다. 예로 편마암이 충분히 열을 받으면 용융되기 시작한다. 그러나 앞에서 알아보았듯이 각각의 광물은 서로 다른 온도에서 용융된다. 석영이나 정장석과 같은 무색의 규산염 광물은 가장 낮은 용융 온도를 갖고 있기 때문에 가장 먼저 용융된다. 이에 반해 각섬석이나 흑운모와 같은 어두운 광물은 녹지 않고 잔류물로 남는다. 이러한 부분 용융을 받은 암석이 냉각되어 밝은 띠는 화성암 혹은 화성암과 유사한 성분을 갖게 되고 어두운 띠는 용융되지 않은 변성 잔류물로 이루어진다. 이와 같은 암석을 **혼성암**(migmatite; *migma*=혼합, *ite*=암석)이라고 한다(**그림 8.26**). 혼성암 내 줄무늬 띠는 가끔 구불구불한 습곡을 형성하며 어두운 성분으로 구성된 판상형태의 포획물을 포함하고 있기도 한다. 혼성암의 일부는 화성암과 변성암의 점이대에 해당하며 화성, 변성과 퇴적암 중 하나로 분명하게 구분할 수 없다.

개념 점검 8.6

① 서쪽에서 동쪽으로 이동하여 오하이오에서 애팔레치아 결정질대 중심부고 가면서 어떤 변성도의 변화가 일어나는지 기술하라.

② 지질학자들은 어떻게 지시광물을 이용하는가?

③ 왜 혼성암은 3개의 주요 암석 분류 중 하나로 판단하기 힘든가?

스마트그림 8.24 점진적 변성작용을 보여주는 개괄적 그림 저변성작용(점판암)에서 고변성작용(편마암)으로 변화하는 광역 변성작용에 의해 생성되는 조직의 변화를 보여주는 모식도 (사진 : E. J. Tarbuck)

그림 8.25 **변성대와 지시광물** 셰일이 저변성도에서 고변성도 방향으로 점진적인 변성작용을 받을 때 나타나는 여러 지시 광물들의 특징적인 변화

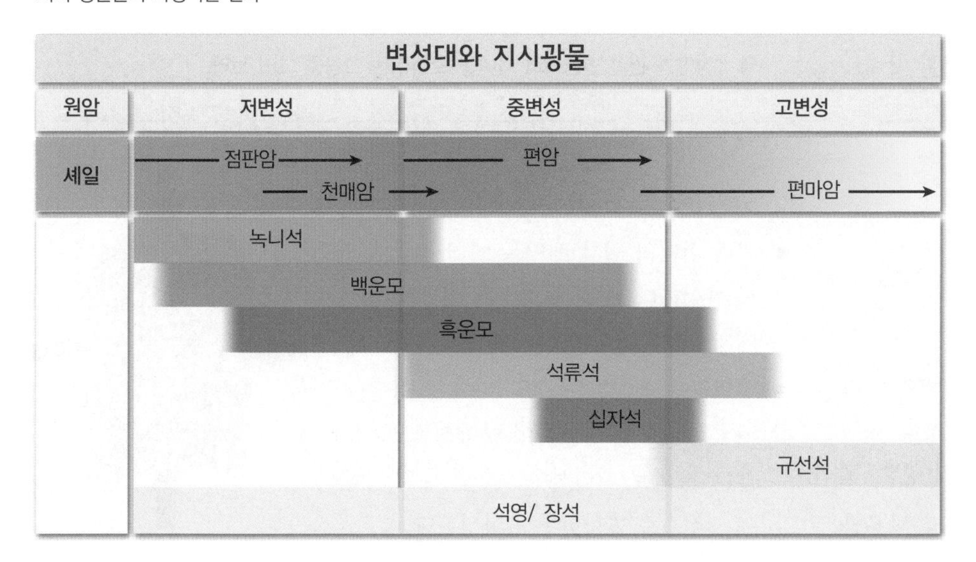

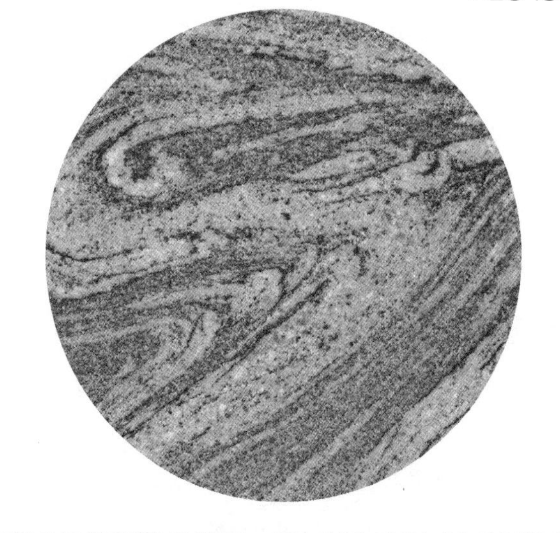

그림 8.26 **변성대와 지시광물** 고변성 하에서 편마암 내에 밝은색(우백질) 광물이 녹기 시작하는 반면 어두운색(우흑질) 광물은 고체로 남아 있는다. 우백질 광물이 녹아 형성된 용융체가 생성된 자리에서 굳어져 만들어진 혼성질암 내에는 밝은색의 화성암이 어두운색(우흑질) 광물로 구성된 변성암과 서로 섞여 나타난다.

개념 복습 변성작용과 변성암

8.1 변성작용이란 무엇인가

변성암, 퇴적암, 화성암을 형성하는 환경을 비교하고 그 차이점을 살펴보라.

핵심용어 : 모암, 변성작용, 광물학, 변성도

- 암석이 상승된 온도와 압력 조건에 놓이면 반응을 하여 변성암으로 변화한다. 모든 변성암은 변성 이전 형태인 모암을 갖고 있다. 모암 내에 존재하던 광물들은 상승된 온도와 압력 하에서 새로운 광물로 변화한다. 변성작용은 입자의 크기를 증가시키며 동일한 방향으로 배열된 광물의 층이나 줄무늬를 형성한다.
- 변성도는 암석이 약하게 변성을 받았는가 아니면 강하게 변성을 받았는가를 기술하는 것이다. 저변성도 변성암은 모암과 매우 유사하다. 하지만 고변성도 변성암에서는 화석과 같은 모암에 존재했던 조직이 파괴되어 없어진다.
- 변성작용은 고체상태에서 일어나며 대부분의 경우 용융체를 포함하지 않는다.

? **변성암을 형성하는 과정을 화성암이나 퇴적암이 형성되는 과정과 비교하라. 변성작용은 암석의 순환도에서 어떤 부분에 해당하는가?**

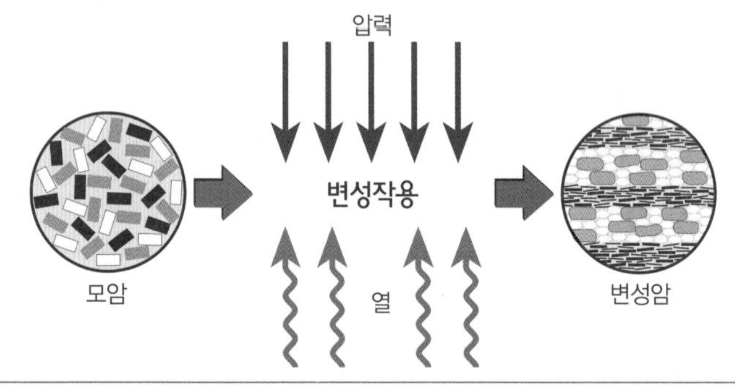

8.2 무엇이 변성작용을 일으키는가

변성작용을 일으킨 4개의 주요 요소를 제시하고 설명하라.

핵심용어 : 재결정 작용, 정압, 편압, 압축력

- 열, 압력, 편압, 그리고 화학적으로 활성인 유체가 변성작용을 일으키는 주 요인이다. 이들 중 하나가 변성작용을 일으키거나 4개 요인이 동시에 변성작용을 일으킨다.
- 암석의 매몰이나 마그마의 관입이 암석의 온도를 증가시킨다. 열은 화학반응과 기존 광물의 재결정작용을 일으키는 에너지를 제공한다. 광물들의 재결정 작용에 대한 반응이 서로 다르다. 어떤 결정은 단순히 입자가 커지기만 하나 다른 결정은 반응하여 새로운 광물로 바뀐다. 석영은 매우 넓은 온도 범위에서 안정한 반면 점토광물은 낮은 온도(지표 근처)에서만 안정하다.
- 정압은 매몰에 의하여 발생한다. 정압은 모든 방향에서 동일한 압력으로 작용하며 이는 수영장 바닥으로 다이빙할 때 수영자가 경험하는 압력과 같다.
- 편압 변형력은 지구조 활동의 결과이다. 편압 환경에서는 압력이 다른 방향보다 특정 방향으로 강하다. 지각의 깊은 곳에서 편압을 받은 암석에서는 입자들이 변형력이 가장 큰 방향으로 수축되며 변형력이 가장 작은 방향으로 신장되어 판상이나 신장된 형태로 변한다. 만약 천부 지각에서 동일한 편압 변형력을 받으면 암석은 취성 변형을 하여 여러 조각으로 파쇄될 것이다.
- 물은 지각에서 일어나는 화학작용에 매우 중요하다. 뜨거운 물은 여러 화학반응을 일으킬 수 있으며 용해된 광물질을 멀리 떨어진 새로운 장소로 이동시킬 수 있다. 이러한 활동에 의해 특정 원소가 유입되거나 빠져나감으로써 변성암 성분이 변화될 수 있다.

? **정압과 편압 변형력의 차이를 보여주는 그림을 그려 보라.**

8.3 변성조직

엽리 조직과 비엽리 조직이 어떻게 형성되는지 설명하라.

핵심용어 : 조직, 엽리, 암석 벽개, 점판 벽개, 편리, 편마 조직(편마 줄무늬), 비엽리, 변성반정질 조직

- 조직은 변성암을 만든 변형력이 작용한 방향을 알려준다. 일반적인 변성 조직은 광물 입자의 판상 배열인 엽리이다. 엽리는 최대 편압 변형력에 수직으로 형성되며 광물의 회전, 재결정, 새로운 광물의 성장, 그리고 입자의 고체상태 흐름 혹은 압력 용해 과정이 복합적으로 작용하여 만들어진다.
- 여러 형태의 입자 배열은 여러 종류의 엽리를 형성한다. 여러 엽리에는 점판(암석) 벽개, 편리, 편마 줄무늬가 있다.
- 비엽리성 변성암은 정압 하에서 형성되었기 때문에 광물들이 방향성을 보이지 않는다. 예로 대리석은 석회암 내의 방해석이 결정질로 변화하면서 형성된다.

Dennis Tasa

- 변성반정은 변성암 내에 나타나는 석류석과 같은 거정의 결정이다. 이들은 동일한 암석 내 다른 광물보다 입자가 크며 초콜릿 안에 초콜릿 칩처럼 서로 일정한 거리로 떨어져서 나타난다.

? 사진을 잘 관찰한 후 암석이 엽리성인지 비엽리성인지를 확인하고 이를 바탕으로 이 암석이 정압 하에서 만들어졌는지 아니면 편압 변형력 하에서 만들어졌는지를 결정하라. 어떤 화살표 쌍이 최대 변형력 방향을 보여주는가?

8.4 일반적인 변성암

가장 흔하게 나타나는 변성암을 열거하고 설명하라.

- 일반적인 엽리형 변성암에는 점판암, 천매암, 편암, 그리고 편마암이 포함된다. 암석을 소개한 순서가 변성도가 증가하는 순서이다. 점판암은 가장 약한 변성작용을 받았으며 편마암은 가장 높은 변성작용을 받았다.
- 일반적인 비엽리형 변성암에는 규암, 대리석, 그리고 호온펠스가 포함되며 이들은 각각 석영 사암, 석회암, 그리고 셰일로 만들어졌다.

? 만약 당신이 야외 조사를 하다 밝은색의 비엽리성 암석 노두를 발견했다면 이 암석이 규암인지 대리석인지 어떻게 구분할 것인가? 그리고 규암을 석영 사암과 어떻게 구분할 것인가?

Dennis Tasa

8.5 변성 환경

다음에 제시된 변성작용의 환경을 기재하라 — 접촉변성작용, 열수변성작용, 섭입대 변성작용, 광역변성작용

핵심용어 : 접촉(열) 변성작용, 접촉변성대, 열수 변성작용, 매몰 변성작용, 섭입대 변성작용, 광역 변성작용, 충격 변성작용

- 화학적 반응과 광물들의 물리적 재배열을 수반하는 변성작용은 다양한 지질 환경에서 일어난다. 비활성 대륙 연변부에서 두꺼운 퇴적암이 쌓이듯 수렴 경계와 발산 경계에서 모두 변성작용이 일어난다.
- 접촉 변성작용은 열이 중요한 변성 요인일 때 일어난다. 주변 마그마로부터 발생한 열은 가까운 거리에 있는 주변암을 구워버린다.
- 열수 변성작용은 상대적으로 제한된 장소에서 발생하며 열의 전도 보다는 뜨거운 물에 의해서 발생한다. 뜨거운 물은 여러 종류의 원소를 쉽게 용해하여 이동시키며 이들 원소는 주변암과 화학반응을 하여 새로운 광물을 형성한다.
- 매몰 변성작용 수 킬로미터 두께의 암석으로 덮였을 때 발생한다. 정압 환경 하에서 온도의 상승이 변성작용을 일으킨다. 섭입대 변성작용도 비슷하나 추가로 편압 변형력이 작용하는 점이 다르다.
- 판이 충돌하는 지역에서는 광역 변성작용이 일어난다. 지각이 두꺼워지는 이 장소에서의 암석은 높은 온도와 편압을 받게 된다. 그 결과 형성된 변성암대(화성암 관입이 수반된)는 산맥을 만든 대륙 충돌이 일어난 지역을 지시해 준다. 산맥이 사라진 후 많은 시간이 흘렀어도 충돌이 있었던 지역은 점판암, 편암, 대리석, 그리고 편마암으로 구성된 광역 변성암들의 변형대에 의해 인지될 수 있다.
- 다른 종류의 특별한 변성작용은 단층, 운석 충돌 구조 등과 함께 나타난다.

8.6 변성대

어떻게 지시광물을 이용하여 변성암체의 변성도를 결정하는지 설명하라.

핵심용어 : 지시광물, 혼성암

- 변성작용에 의해 암석이 변하며 변화의 정도는 암석이 좀 더 높은 온도와 압력에 노출될수록 증가한다. 토스터 기계에 집어넣은 빵이 오래 구워질수록 더 까맣게 되듯이 변성암의 변성 정도는 변성암 내의 조직과 광물에 의해 인지될 수 있다.
- 입자 크기는 변성도가 증가할수록 커진다. 점차적으로 온도와 압력이 증가하면서 셰일은 처음에는 점판암으로 그 후 천매암, 편암, 편마암으로 변성된다.
- 어떤 광물들은 변성암이 경험한 조건(온도/압력)의 지시자 역할을 한다. 녹니석은 저변성과 관련된 광물인 데 반해 석류석과 십자석은 중간 정도의 변성작용을 지시하는 광물이다. 규선석은 상대적으로 고변성도를 지시한다.
- 극한 변성 상황에서는 용융온도가 낮은 석영과 정장석과 같은 밝은색의 규산염 광물이 녹아서 마그마가 될 수 있다. 이런 환경에서 만들어진 암석을 혼성암이라 하며, 이들 암석에서는 부분 용융의 증거인 밝은색의 규산염 광물로 이루어진 층이 용융되지 않은 어두운 광물로 이루어진 층과 섞여 나타난다.

? 셰일이 충분한 시간 동안 변성조건에 노출되면 편암이 된다. 아래 보이는 편암은 규선석 변성 반정을 포함하고 있다. 규선석 변성반정은 저변성작용, 중변성작용, 고변성작용 중 어느 것을 지시하는가?

Marli Miller

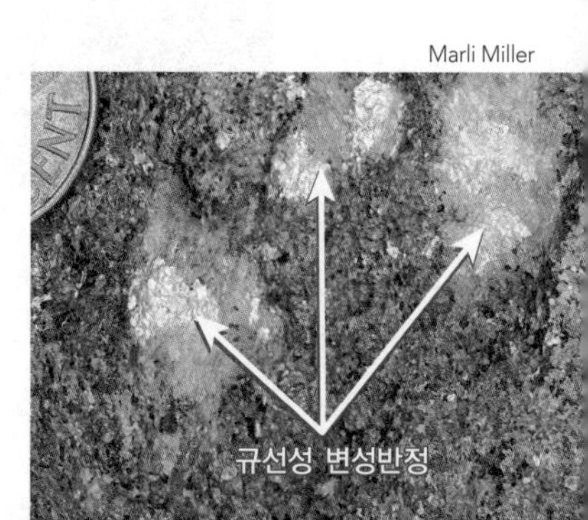

복습문제

① 아래의 설명들은 특정한 변성암의 하나 혹은 그 이상의 특징을 기술하고 있다. 각 설명에 부합하는 변성암을 기재하라.

a. 방해석이 풍부하고 비엽리성이다.

b. 단층대를 따라 형성되며 느슨하게 결합되어 있으며 부서진 암편으로 구성되어 있다.

c. 점판암과 편암 사이의 변성도를 보여준다.

d. 세립의 녹니석과 운모 입자로 구성되어 있으며 잘 발달된 벽개를 보여준다.

e. 엽리를 보여주며 주로 판상의 광물로 구성되어 있다.

f. 밝고 어두운 규산염 광물로 구성된 층들이 교호되어 나타난다.

g. 단단하며 비엽리성이며 접촉 변성작용에 의해 형성된다.

② 아래 노두 사진 중 하나는 변성암으로 구성되어 있다. 어느 것인가? 왜 다른 노두를 제외시켰는지 이유를 설명하라.

A.

B.

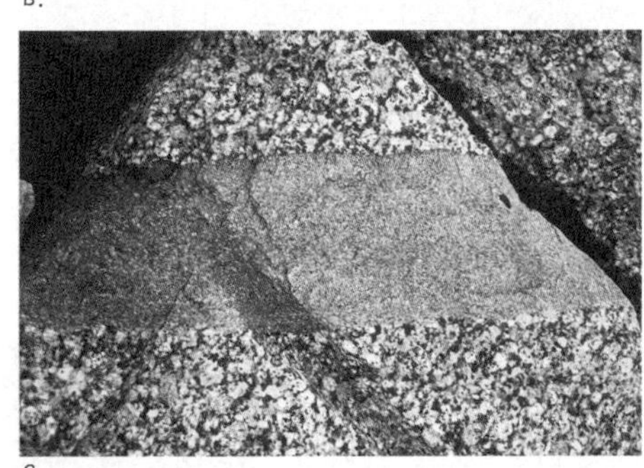

C.

③ 셰일이 저변성도에 고변성도로 가면서 점판암, 편암, 그리고 편마암으로 변하는 과정에서 일어나는 조직 변화를 기술하라.

④ 그랜드캐니언의 지질을 보여주는 아래 그림을 잘 살펴보라. 대부분의 계곡은 퇴적암 층으로 구성되어 있으나 협곡 안으로 들어가보면 변성암인 Vishnu 편암을 만나게 된다.

a. Vishnu 편암이 형성시킨 과정은 무엇인가?

b. Vishnu 편암은 계곡이 형성되기 이전에 일어난 그랜드캐니언의 지질 역사에 대해 무엇을 이야기해 주는가?

c. 왜 Vishnu 편암이 지표에서 보이는가?

d. Vishnu 편암과 유사한 암석이 어디엔가 존재할 것으로 예상되나 지표면에 나타나지 않는 이유는? 설명하라.

A. 그랜드캐니언의 협곡내부

B. Vishnu 편암(어두운색)의 근접 사진

⑤ 아래에 제시된 역암과 변성 역암의 근접 사진을 관찰하라.

a. 역암을 변성 역암과 어떻게 구분하는지를 기술하라.

b. 변성 역암은 강한 편압을 받았던 것으로 보이는가? 설명하라.

A. 역암

B. 변성역암

Dennis Tasa

⑥ 아래 그림의 밑줄 친 부분에 아래 제시된 환경 중 적절한 것을 골라 적으라.

a. 접촉 변성작용
b. 섭입 변성작용
c. 광역 변성작용
d. 매몰 변성작용
e. 열수 변성작용

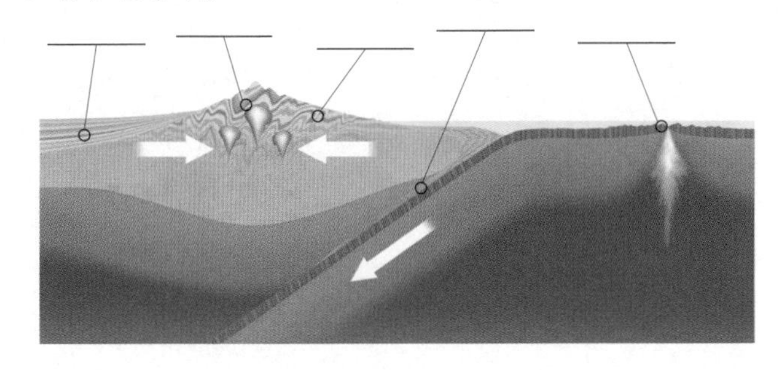

⑦ 아래 A에서 F로 표시된 6개의 암석 근접 사진을 살펴보고 조직을 이용하여 이들이 화성암인지, 퇴적암인지, 아니면 변성암인지 구분하라. (힌트 : 각 종류의 암석이 2개씩 있음)

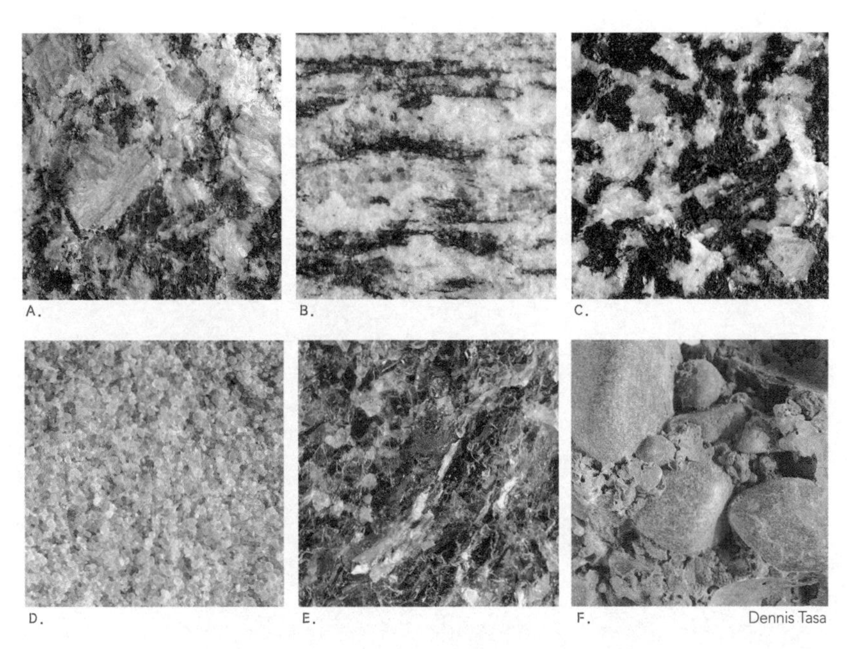

Dennis Tasa

⑧ 당신이 금속 광물 개발 가능성을 결정하기 위해 2개의 섬에 나타나는 변성암들을 해석하도록 고용된 탐사 지질학자라고 생각해 보라. 당신은 금속 광석의 일반적인 형태인 열수 광상을 찾고 있다. 섬 1에서는 코에사이트(밀도가 높은 석영의 형태), 세립질 다이아몬드, 그리고 유리질로 구성된 암석이 환형 형태로 나타나며 분출 물질로 둘러 싸여 있다. 섬 2에서는 평행한 천매암과 석류석-운모 편암이 주로 나타난다. 두 섬의 암석 중 어느 것이 열수 변성작용을 받았는가? 설명하라.

⑨ 아래 사진은 신장된 자갈 역암이라고도 하는 변성역암을 보여주고 있다. 이 암석의 모암은 역암이며 높은 온도 환경에서 변성을 받았고 이 때 원래는 원 모양이었던 자갈이 편압에 의해 변형을 받았다.

a. 어느 화살표 조합(빨간색 혹은 파란색)이 최대 편압 변형력이 가해진 방향을 가장 잘 나타내는가?
b. 이와 같은 변형은 연성 변형인가 아니면 취성 변형인가?

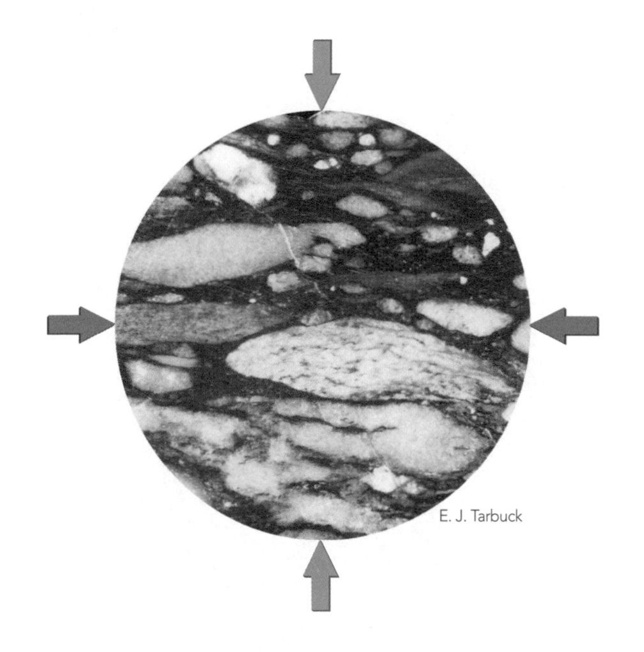
E. J. Tarbuck

9 지진과 지구 내부의 구조

핵심개념

다음은 이 장에서 다룰 주요 학습 목표이다. 이 장을 학습한 후 다음 질문에 답해 보도록 하자.

9.1 지진 발생 메커니즘에 대해 그림으로 그리고 설명하라.

9.2 지진파의 종류를 비교 대비하고 지진계의 원리를 설명하라.

9.3 진앙을 찾는 데 지진계가 어떻게 사용되는지 설명하라.

9.4 지진의 진도 척도와 규모 척도를 구분하라.

9.5 지진동이 유발시킬 수 있는 주요 파괴력을 나열하고 설명하라.

9.6 세계지도에 주요 지진대와 최대지진 발생 지역을 표기하라.

9.7 지진의 단기 예보와 장기 예측을 비교 대비하라.

9.8 지구의 내부 구조는 어떻게 형성되었으며, 지구 내부를 조사하는 데 지진파가 어떻게 사용되는지를 간략히 설명하라.

9.9 지구 내부의 주요 층상구조를 나열하고 설명하라.

2011년 3월 11일 일본 해안을 강타한 쓰나미
(사진 : Sadatsugu Tomizawa/AFP/Getty Images)

2010년 1월 12일, 규모 7의 강한 지진은 서반구에서 가장 가난한 카리브 만의 작은 국가 아이티를 강타하여 약 31만 6천여 명의 목숨을 앗아갔다. 이 엄청난 사망자 수와 더불어 30만 명 이상의 부상자와 28만 채 이상의 가옥이 파괴되거나 손상을 입었다. 진앙은 인구가 밀집된 이 나라의 수도 포르토프랭스로부터 불과 25km 지점이며, 샌앤드리어스 단층대처럼 진원지 깊이도 불과 10km밖에 안 된다(**그림 9.1**). 지원 깊이가 얕아 지표에서의 지진동이 훨씬 더 컸던 것이다.

포르토프랭스에서의 이러한 재난에는 이곳의 지질과 건물의 특성이 한몫을 했다. 이 도시는 지진동에 취약한 퇴적층 위에 세워졌다. 더 중요한 것은 구조물 설계요건이 부적절하거나 아예 없었다는 점이다. 본진 후 며칠 동안 규모 4.5 이상의 52개 여진이 이 지역을 흔들며 피해 주민들의 공포를 가중시켰다. 지진의 규모(M)는 지진 세기의 척도인데 이 장에서 구체적으로 다룰 예정이다.

9.1 지진이란 무엇인가

지진 발생 메커니즘에 대해 그림으로 그리고 설명하라.

알고 있나요?

하루에도 거의 수천 회의 지진이 발생한다. 다행히 그 대부분은 우리가 느낄 수조차 없을 정도로 작고, 나머지 큰 지진은 우리와 먼 곳에서 발생한다. 정밀한 지진계로만 이들 지진이 발생한 것을 알 수 있다.

지진(earthquake)은 지각 내부의 단열인 **단층**(fault)을 중심으로 한쪽의 암체가 다른 한쪽과 반대로 순간적으로 빠르게 미끄러지면서 발생하는 지반의 진동이다. 지진 파열과 수반되어 순간적으로 움직일 때를 제외하고는 대부분의 단층이 닫혀 있다. 단층이 닫혀 있는 이유는 지각 내의 하중에 의한 엄청난 압력이 단층면을 눌러 꼼짝 못 하게 하기 때문이다. 내재된 응력이 암체를 2개 이상으로 분리시켜 단층을 만들고 지진은 이렇게 만들어진 기존의 단층을 따라 발생하는 경향이 있다. 암체의 미끄러짐이 발생한 위치가 **진원**(hypocenter or focus)이다.

지진파는 진원에서 주변 지각의 전 방향으로 방사된다. 진원을 수직으로 끌어올려 지표면과 만나는 점을 **진앙**(epicenter)이라 부른다(**그림 9.2**).

큰 지진은 지각과 지구 내부를 통해 전파되는 에너지 형태인 **지진파**(seismic wave)는 엄청난 양의 축적된 에너지를 발산한다. 지진파의 에너지는 파가 통과하는 물질을 흔들어 놓는다. 이 파동은 고요한 연못에 떨어진 돌이 만드는 물결과 흡사하다. 돌이 물결을 만들 듯이 지진은 진원으로부터 모든 방향으로 지구를 방사상으로 통과하는 지진파를 만든다. 비록 진원으로부터 멀어지면서 에너지가 급속히 작아지지만 전 세계에 설치된 정밀한 지진계를 이용하여 지구 반대편에서도 지진을 감지할 수 있다.

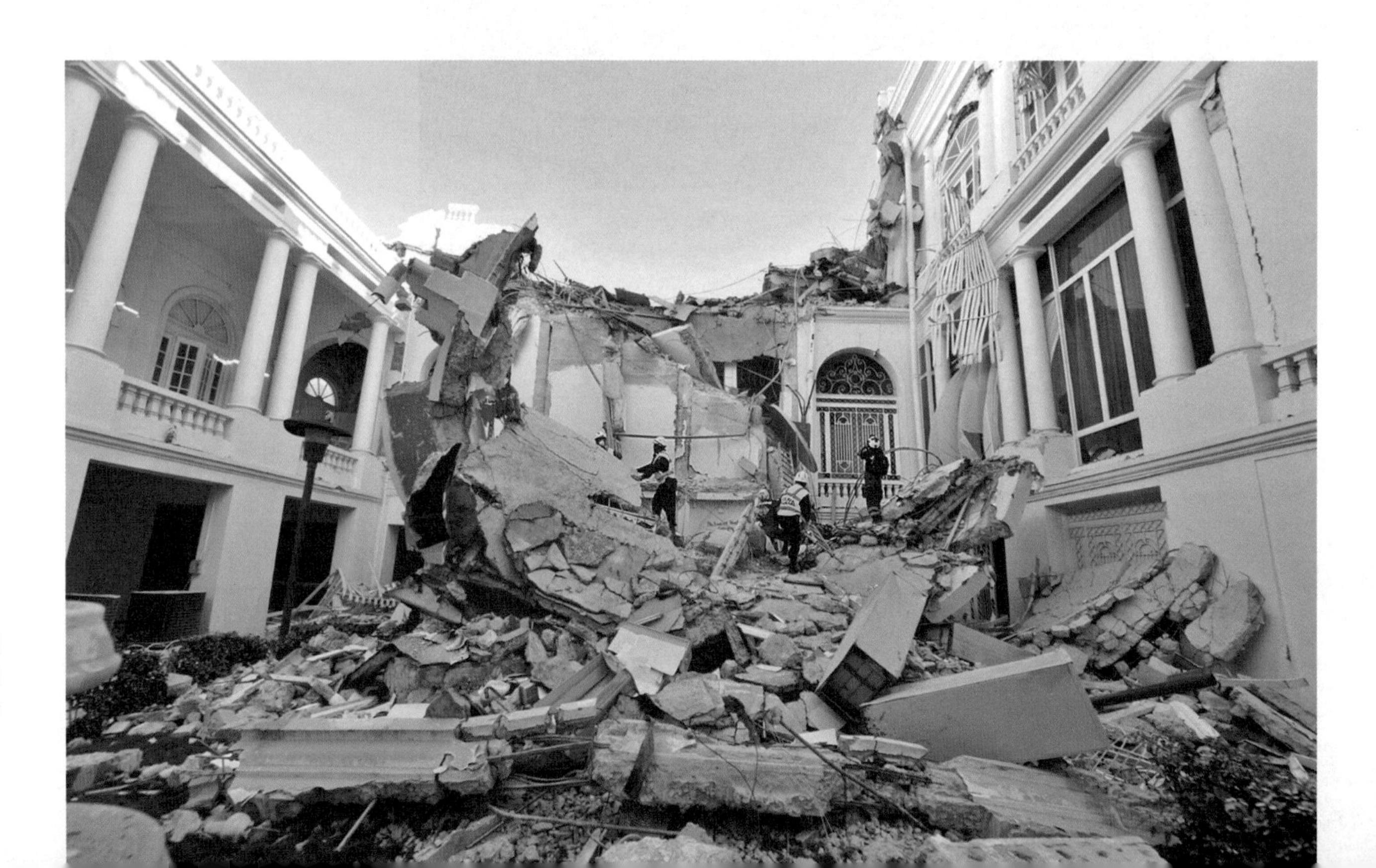

그림 9.1 2010년 아이티 지진에 의해 파괴된 대통령 궁 (사진 : Luis Acosta/AFP/Getty Images)

하루에도 수천 번의 지진이 발생한다. 다행히도 대부분은 너무 작아서 우리가 느낄 수도 없고, 물론 규모 7 이상의 강진도 매년 15회 정도 기록은 되지만 그 중 상당수가 오지에서 발생한다. 그러나 가끔은 대규모 지진이 대도시 주변에 발생한다. 이 경우 지진은 지구상에서 가장 파괴적인 자연의 힘 중 하나가 된다. 땅의 진동은 토양의 액상화와 함께 빌딩, 철도 그리고 그 밖의 건물을 파괴한다. 게다가 지진이 인구 밀집지역에서 발생할 경우 전기선과 가스관을 파단시켜 곳곳에 화재를 발생시킨다. 1906년 샌프란시스코 지진 시 피해의 상당부분이 화재에 의한 것이었는데, 이때 주요 상수관 파단으로 화재진압 용수가 유실되어 상황은 걷잡을 수 없게 되었다(그림 9.3).

지진의 원인 찾기

화산분출, 대규모 산사태, 운석충돌 등도 상대적으로 약하지만 지진과 유사한 파를 발생시킨다. 무엇이 파괴적인 지진을 발생시킬까? 우리가 배운 것처럼 지구는 죽은 행성이 아니다. 해발 수천 미터 지역에서 해저 생물화석이 발견되는 것으로 보아 지각의 상당부분이 상승해 왔음을 알 수 있다. 캘리포니아 데스밸리와 같은 지역은 상당한 깊이로 침강한 증거를 보인다. 수직적인 변위에 더하여, 수평적인 이동에 의해 울타리, 도로 등에 옵셋도 흔히 발생한다(그림 9.4).

존스홉킨스대학의 H. F. 리드가 1906년 샌프란시스코 대지진에 대한 획기적인 연구 결과를 발표하기 전 까지 지질학자들은 지진발생의 실제 메커니즘을 몰랐다. 이 지진은 샌앤드리어스 단층의 북부 분절을 따라 수 미터에 달하는 수평변위를 수반하였다. 야외조사 결과 태평양 판이 북미 판을 기준으로 북쪽으로 9.7m 이동한 것으로 나타났다. 이 현상을 좀 더 사실적으로 나타내기 위하여 단층의 한쪽에 서서 반대편 사람이 9.7m를 오른쪽으로 갑자기 수평이동 한다고 상상해 보라.

그림 9.5는 리드가 조사를 통하여 발견한 사실을 잘 보여준다. 수천 년에 걸쳐 차응력이 천천히 단층의 양쪽 암체를

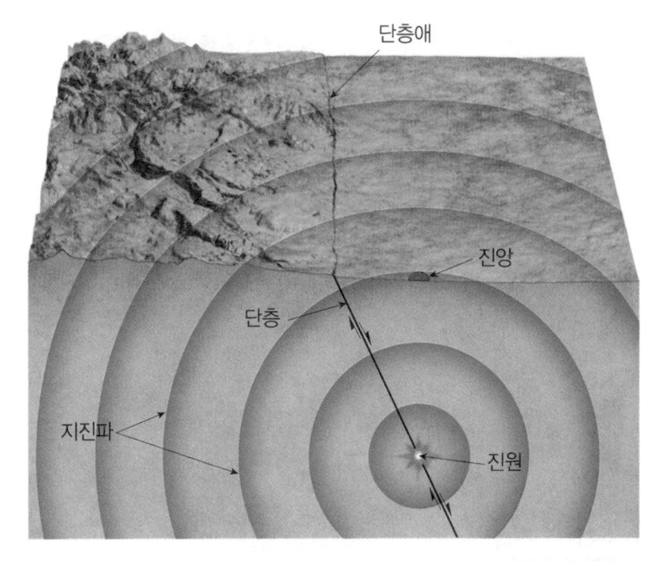

그림 9.2 **지진의 진원과 진앙** 진원은 지진이 발생한 지점을 말하며, 이를 직 상부의 지표로 끌어올린 한 점이 진앙이다.

그림 9.3 **지진에 의한 화재** (의회 도서관 자료 전재)
(사진 : Hal Garb/AFP/Getty Images)

그림 9.4 단층을 따라 변위된 구조물 (컬러 사진 : John S. Shelton/University of Washington Libraries; 흑백 사진 : G. K. Gilbert/USGS)

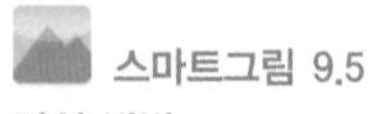

스마트그림 9.5
탄성 반발

A. 단층 양쪽 암석의 원래 위치

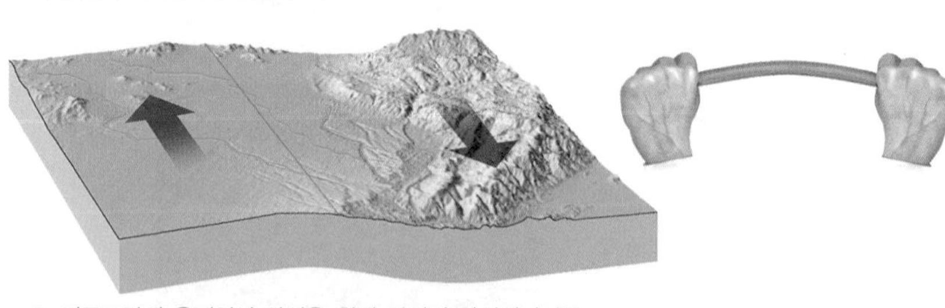

B. 지구조판의 움직임이 암석을 휘게 하면서 탄성에너지를 축적시킨다.

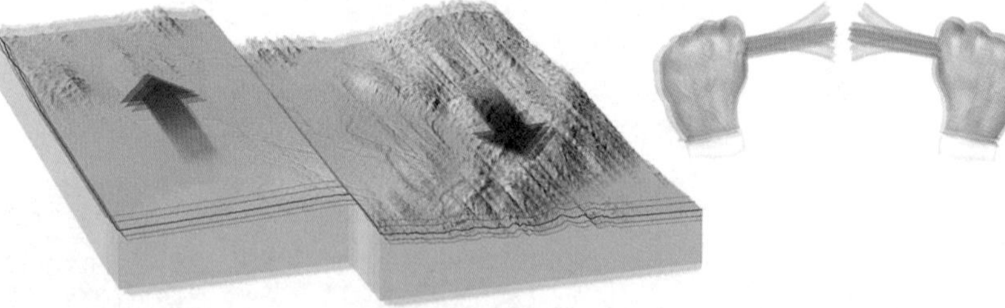

C. 암석의 강도를 초과하는 순간 단층을 따른 미끄러짐이 지진을 발생시킨다.

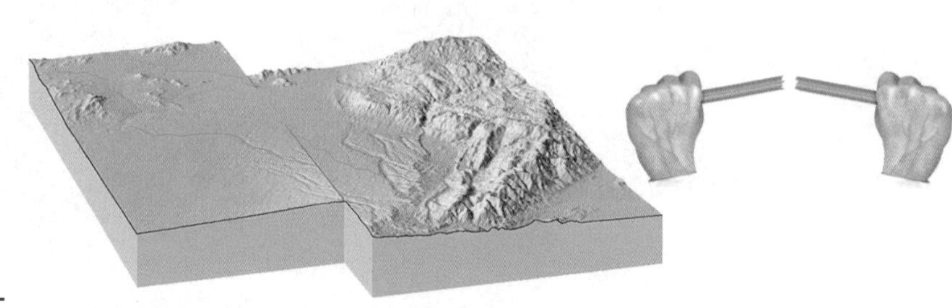

D. 암체는 원래 모양으로 회복되지만 위치는 다른 곳에 놓이게 된다.

구부린다. 이것은 마치 양손으로 긴 나무 막대기를 휘는 것과 흡사하다(그림 9.5A, B). 마찰저항 때문에 단층면을 따른 파열과 미끄러짐은 아직 일어나지 않는다(마찰력은 미끄러짐에 반하며 단층면이 불규칙할수록 그 강도는 커진다). 응력이 단층면의 마찰력을 초과하게 되는 순간 단층면을 따라 미끄러짐이 시작된다. 단층면을 따른 미끄러짐이 그동안 축적된 에너지를 발산하면서 휘어 있던 암반은 원래 모양대로 되돌아오게 되고, 일련의 지진파가 미끄러짐과 함께 방사하게 된다(그림 9.5C, D). 리드는 고무 밴드를 당겼다 놓을 때와 흡사하다 하여 이를 **탄성 반발**(elastic rebound)이라 명하였다.

여진과 전진

큰 지진 발생 이후에 따라오는 상대적으로 보다 많은 지진들을 **여진**(aftershock)이라 하는데, 이는 본진을 발생시킨 변위를 단층 주변의 암석과 파쇄면이 수용하는 과정에서 나타나는 현상이다. 여진의 강도와 주기는 지진 발생 후 수개월 동안 점진적으로 줄어든다. 2010년 아이티 지진 후 약 1개월가량 미국지질조사소는 거의 60여 건에 달하는 규모 4.5 이상의 여진을 관측하였다. 이들 중 가장 큰 여진은 규모 6.0과 5.9로 피해를 주기에 충분히 큰 것이었다. 수백 건의 미소 지진동도 물론 관측되었다.

비록 여진이 본진에 비해 약하다고는 하나 본진에 의해 이미 취약해진 구조물을 파괴하기도 한다. 예를 들면, 이러한 현상이 아르메니아에서 1988년도 지진 시에 발생했다. 규모 5.8의 강한 여진이 본진에 의해 약해져 있는 건물의 상당수를 파괴했다. 여진과 반대로 **전진**(foreshock)이라는 작은 지진들이, 항상 그런 것은 아니나 종종 본진이 발생하기 수일에서 어떤 경우 빠르게는 수년 전부터 나타나기 시작한다. 지진예측에 전진을 사용하고는 있으나 아직 성공적이라고 할 수는 없는 상태이다.

단층과 대규모 지진

단층을 따라 발생하는 미끄러짐은 판구조 이론으로 설명할 수 있는데, 지각의 거대한 판들이 움직이면서 인접한 판들과 서로 마찰하며 지나간다. 이들 움직이는 지각 판들은 상호 연동하며 서로의 가장자리에 변형을 가하게 된다. 판 경계에 발달하는 단층이 대부분의 큰 지진을 발생시킨다.

변환 판 경계 수평적이고 단층면의 **주향**과 나란한 방향으로 움직이는 단층을 **주향이동단층**(strike-slip fault)이라 부른다. 암권을 가르며 2개의 지구조판 사이에서 이들의 상대적인 이동을 수용하는 대규모 주향이동단층을 **변환단층**(transform fault)이라 한다. 예를 들면, 샌앤드리어스 단층은 북미 판과 태평양 판을 가르는 대규모 주향이동단층이다. 샌앤드리어스 단층을 포함한 대부분의 변환단층들은 완전하게 직선적이거나 연장성이 좋거나 하지 않고 여러 조의 분절과 이들을 잇는 킹크나 옵셋과 같은 작은 단열들로 이루어져 있다(**그림 9.6**). 더욱이 변환단층을 따른 변위작용은 분절화되어 종종 서로 다른 시간과 방식으로 움직인다는 것을 알 수 있다. 샌앤드리어스 단층의 어떤 분절은 **단층포행**(fault creep)으로 알려진 느리면서도 점진적으로 이동하는 양상을 보여 작은 지진동만 발생시킨다. 반면 어떤 분절은 중소규모의 지진을 자주 많이 발생시키는가 하면, 또 다른 분절은 지난 수백 년 동안 닫힌 상태로 탄성 에너지를 축적해 오면서 대규모의 지진 파열을 기다리고 있다.

샌앤드리어스 단층의 닫혀 있는 분절들은 주기적으로 지진을 발생시킨다. 지속적인 판의 운동이 지진발생 직후 곧바로 다시 변형을 축적하기 시작한다. 수십 년 또는 수 세기에 걸쳐 단층은 파열운동을 반복한다.

충돌 판 경계와 관련된 단층 충돌 판 경계와 관련된 단층들이 역시 강진을 발생시킨다. 조산운동을 발생시키는 대륙판 충돌과 관련된 압축력은 많은 **충상단층**(thrust fault)을 형성시킨다. 충상단층을 따른 변위로 인해 단층면 아래 암체 위로 또 다른 암체가 밀려올라가게 된다(**그림 9.7**).

더욱이 해양판이 대륙판 아래로 섭입하는 판의 경계에는 **메가스러스트 단층**(megathrust fault)이 형성된다(그림 9.7). 이 대규모의 충상단층의 일부는 해양저 아래에 노출되므로, 단층 파열은 곧 파괴적인 쓰나미를 발생시킬 수 있다. 메가스러스트 단층이 지구 역사상 가장 강력하고 파괴적인 지진을 발생시켜 왔는데, 2011년 일본 지진(M 9.0), 2004년 수마트라 지진(M 9.1), 1964년 알래스카 지진(M 9.2), 그리고 최대 규모의 1960년 칠레 지진(M 9.5)이 그 예이다.

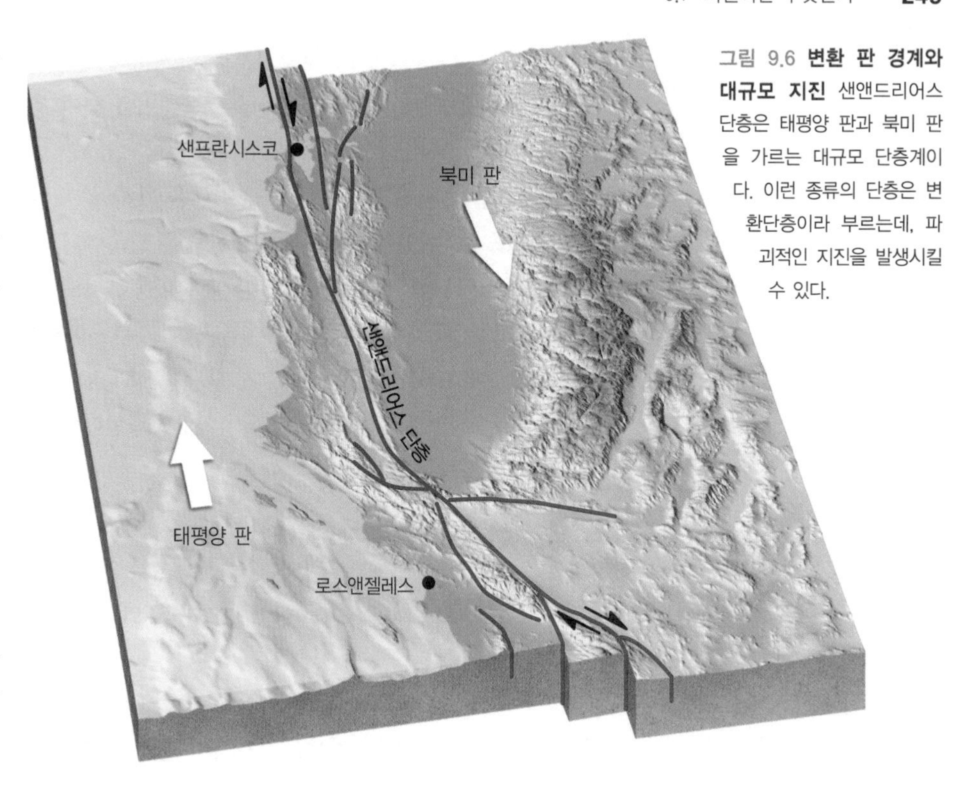

그림 9.6 **변환 판 경계와 대규모 지진** 샌앤드리어스 단층은 태평양 판과 북미 판을 가르는 대규모 단층계이다. 이런 종류의 단층은 변환단층이라 부르는데, 파괴적인 지진을 발생시킬 수 있다.

그림 9.7 **지구상의 최대 지진발생원 메가스러스트 단층** 충돌 판 경계는 하나의 판이 다른 하나의 아래로 섭입 하는 곳으로서 지구상의 최대 지진들을 발생시키고 있다.

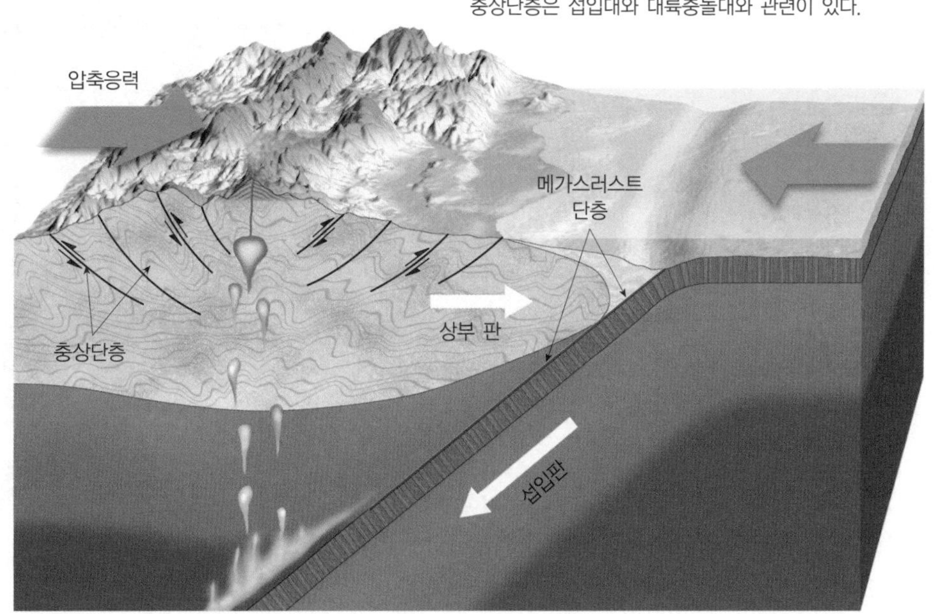

단층의 전파 큰 단층을 따른 미끄러짐은 한꺼번에 발생하지는 않는다. 처음에는 진원에서 시작하여 단층면을 따라 총알보다 빠르게 약 2~4km/sec의 속도로 전파된다. 단층의 한 분절에서 시작한 슬립이 인접한 분절에 변형을 가하여 또 다른 슬립을 일으킬 수 있다. 이에 더하여 슬립은 감속이나 가속 또는 인근의 연결되어 있지 않은 분절로 이동하기도 한다. 단층을 따른 파열대의 전파는, 예를 들어 1분 30초에 300km를 30초에 100km를 갈 수 있다. 단층면 상에서 미끄러짐이 생성된 지점이면 어디에서든 지진파가 발생된다.

개념 점검 9.1

① 지진은 무엇인가? 가장 큰 지진은 어떤 조건에서 발생하나?
② 단층, 진원, 그리고 진원은 어떤 관계가 있는가?
③ 지진발생 메커니즘을 처음 설명한 사람은?
④ 탄성 반발을 설명하라.
⑤ 300km 길이의 단층의 슬립이 발생하는 지진의 시간은?
⑥ 단층포행을 겪지 않은 단층이 안전하다에 대해 변론이나 반론하라.
⑦ 가장 파괴적인 지진을 발생시키는 경향이 있는 단층의 종류는?

9.2 지진학 : 지진파 연구

지진파의 종류를 비교 대비하고 지진계의 원리를 설명하라.

그림 9.8 **고대 중국의 지진계** 땅이 흔들리는 동안 진동의 주방향 쪽에 놓인 용의 주둥이에 있던 쇠구슬이 아래의 개구리 입으로 떨어지도록 되어 있다. (사진 : James E. Patterson Collection)

지진파를 연구하는 **지진학**(seismology)은 거의 2,000년 전 중국인들이 각 지진의 근원지 방향을 알아내려는 시도로 거슬러 올라간다. 가장 오래된 것으로 알려진 장 헝(Zhang Heng)의 지진계는 꼭대기에 추를 매단 큰 항아리 같은 것이었다(그림 9.8). 매달린 추(시계추와 비슷한)는 항아리 외벽에 빙 둘러 붙어 있는 여러 개의 용 인형의 주둥이에 연결되어 있다. 각각의 용은 입에 쇠구슬을 하나씩 물고 있다. 지진파가 이 장치에 도달하면 매달려 있는 추와 단지의 상대적인 움직임으로 인해 특정 방향에 있는 용들의 주둥이로부터 쇠구슬이 떨어져 그 아래에 있는 개구리 모양의 용기 속으로 들어가게 된다.

지진을 기록하는 장치

현대의 **지진계**(seismograph 또는 seismometer)는 고대 중국이 사용하던 것과 원칙적으로는 유사하다. 지진기록계는 기반암에 단단히 고정된 지지대로부터 완전히 분리된 추를 사용한다(그림 9.9). 지진동이 도달하면, 관성에 의해 추는 그대로 있고 기반암과 지지대만 흔들린다. 관성을 간단히 설명하면, 외부의 힘을 가하지 않는 한 멈춰 있는 물체는 멈춰 있고

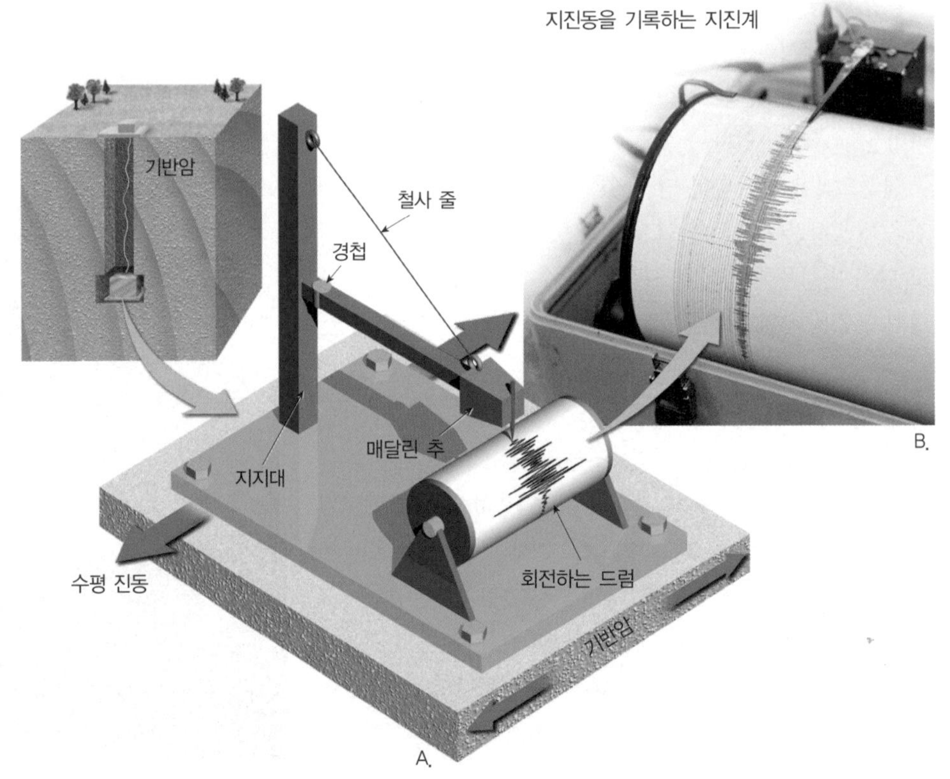

그림 9.9 **지진계의 원리** 기반암에 고정된 기록용 드럼은 지진파에 의한 진동을 하는 동안 매달려 있는 추는 관성에 의해 움직이지 않는다. 정지해 있는 추는 기준점을 제공하여 기반암을 타고 전달된 지진파가 발생시키는 변위량을 측정할 수 있게 된다. (사진 : Zephyr/Science Source)

알고 있나요?

인간의 실수로도 지진은 발생한다. 1962년 덴버에서 잦은 진동이 발생하기 시작하였다. 그 지진들은 지하로 폐기물을 주입해 온 군부대의 폐기물 처분정(waste-disposal well) 부근에서 나타났다. 조사자들은 압력을 가해 유체를 주입할 때 토양층 아래에 묻혀 있던 단층면을 따라 유체가 이동하면서 단층면의 마찰력을 저하시켰고 그 결과 단층운동과 지진을 발생시켰던 것으로 결론을 내렸다. 물론 펌프를 멈추자 진동도 잦아들었다.

움직이는 물체는 움직이려는 경향이다. 여러분도 자동차가 갑자기 멈출 때 몸이 앞으로 쏠리는 것을 통해 이 같은 관성을 경험했을 것이다.

미소 지진이나 멀리 떨어진 곳의 큰 지진을 계측하기 위하여 대부분 지진계는 지진동을 증폭시키도록 설계되었다. 지진이 자주 발생하는 지역에서는 진앙 부근에서 발생할 수 있는 격렬한 진동에도 견딜 수 있게 지진계측 장비를 설계한다.

지진파

지진계로 얻은 기록, 즉 **지진기록**(seismogram)은 지진파의 특성을 파악하는데 유용하다. 지진기록은 암체가 미끄러질 때 두 가지의 파형을 만들어낸다는 사실을 알려주었다. 그 하나가 **표면파**(surface waves)이며 지표 바로 아래 암층을 따라 전파된다(**그림 9.10**). 나머지 하나는 **실체파**(body waves)인데, 지구 내부를 통과한다.

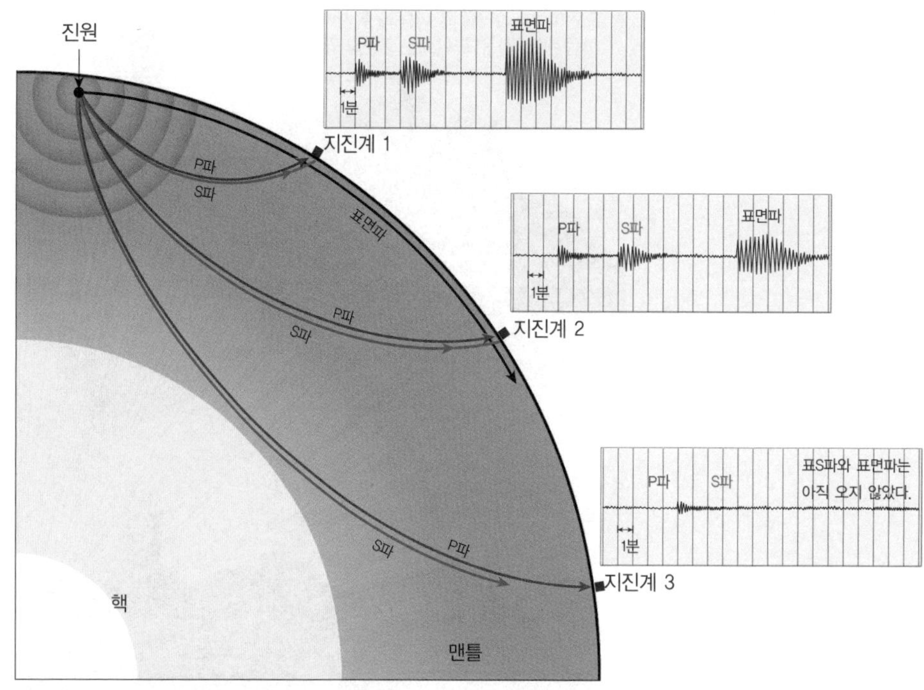

스마트그림 9.10 실체파(P파와 S파) 대 표면파 P파와 S파가 지구 내부를 이동하는 반면, 표면파는 지표 바로 아래의 지층을 따라 이동한다. P파가 제일 먼저, 그리고 S파와 표면파가 순서대로 지진계에 도달한다.

실체파 실체파는 다시 **P파**(primary waves, P waves)와 **S파**(secondary waves, S waves)로 구분되는데 이들은 매개 물질을 통하여 이동하는 특성을 갖는다. P파는 '밀고 당기는' 파로서 파의 진행방향으로 밀고(압축) 당기는(인장) 방식으로 이동한다(**그림 9.11A**). 이는 마치 사람이 성대로 공기를 앞뒤로 움직여 소리를 내는 방식과 유사하다. 고체, 액체, 기체는 압축될 때 체적 변화가 일어나고 그 힘이 제거되는 순간 스프링처럼 원래의 체적으로 돌아온다. 따라서 P파는 이 세 가지 물질 형태를 통하여 이동한다.

반대로 S파는 입자를 파의 진행방향에 직각 방향으로 흔든다. 이는 **그림 9.11B**에서와 같이 벽에 줄을 묶어 놓고 다른 끝을 흔드는 것으로 나타낼 수 있다. 반복적인 압축-인장을 통해 매질의 체적에 일시적인 변화를 주는 P파와 달리, S파는 모양에 일시적인 변화를 주면서 매질을 이동한다. 기체, 액체와 같은 유체는 모양의 변화에는 탄성반응을 하지 않기 때문에 S파가 유체를 통과하지 못한다.

표면파 표면파에는 두 가지 종류가 있다. 하나는 해수면을 따라 위아래로 움직이는 배와 같이 지표와 그 위에 놓인 것을 움직인다(**그림 9.12A**). 나머지는 지구 물질을 좌우로 움

A. 장난감 스프링 그림에서와 같이 P파는 스프링을 반복적으로 압축-팽창시키며 통과한다.

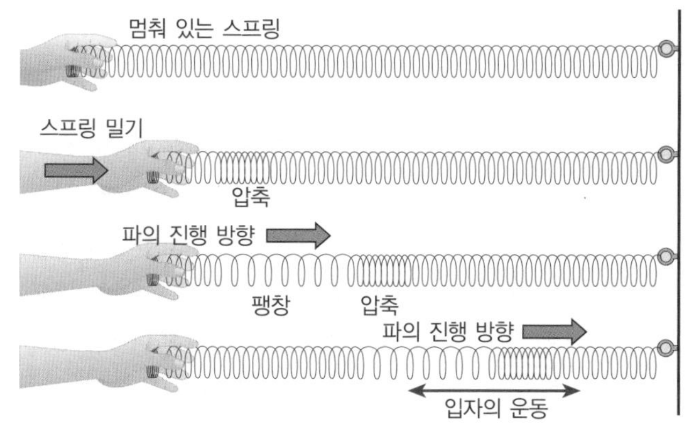

B. S파는 파의 진행에 직각 방향으로 물질을 진동시킨다.

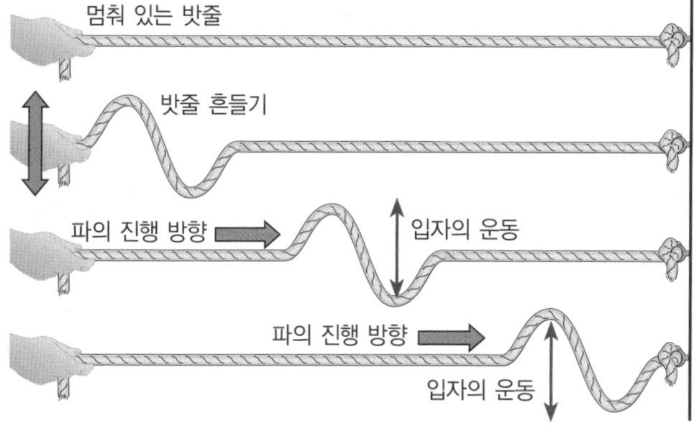

그림 9.11 **P파와 S파의 특징적인 거동** 강진 발생기간 동안 땅의 진동은 다양한 지진파의 조합으로 이루어져 있다.

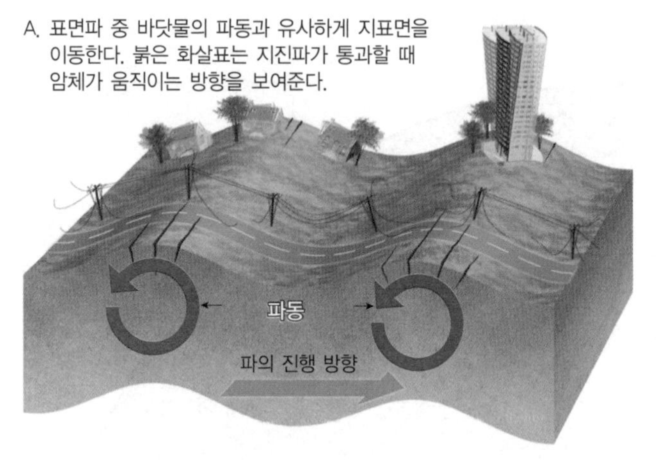

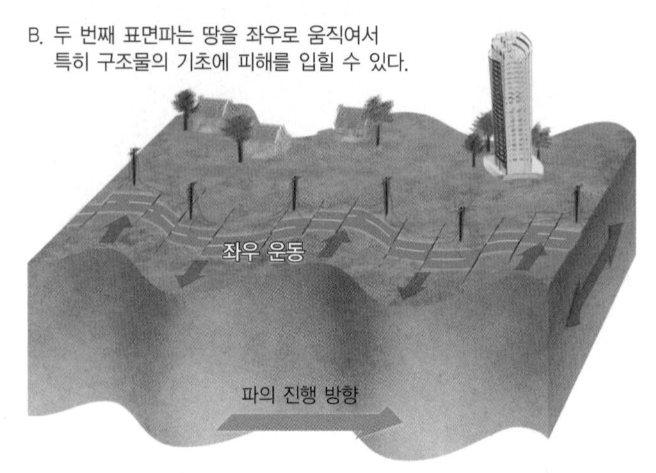

그림 9.12 **두 종류의 표면파**

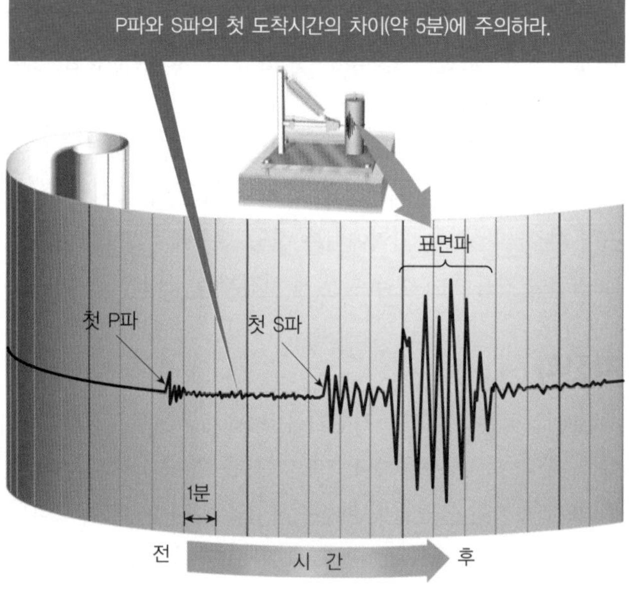

그림 9.13 **전형적인 지진기록**

직이는데 구조물의 기초에 특히 더 피해를 준다(그림 9.12B).

알고 있나요?

비록 지진계가 지진파를 기록할 수 있게 만들어졌다고는 하지만, 정교하여 핵실험, 화산분출, 그리고 심지어는 인근 해안이 파도에 의한 진동을 포함한 다양한 종류의 진동을 기록한다.

실체파 대 표면파 그림 9.13의 지진기록을 관찰하면 지진파들 사이에는 전파 속도가 다르다는 중요한 사실을 알게 된다. P파는 기록계에 처음 도달하고, 그다음에 S파와 표면파 순으로 도달한 것을 볼 수 있다. 일반적으로 어떠한 형태의 지구 내 물질을 통과하든지 P파가 S파보다 약 1.7배 빠르고, S파는 표면파 보다 대략 10배 정도 빠르다.

지진파 간의 속도 차에 더하여, 그림 9.13에서와 본 바와 같이 파고(amplitude)도 서로 다르다. S파는 P파보다 약간 더 크고, 표면파는 그보다 훨씬 더 큰 파고를 보인다. 표면파는 또한 더 오랫동안 최대 파고를 유지한다. 그 결과 표면파는 다른 두 파에 비해 땅을 더 크게 흔들어 큰 피해를 주는 경향이 있다.

개념 점검 9.2

① 지진계의 원리를 설명하라.
② P파, S파 및 표면파의 주요한 차이를 기술하라.
③ 어떤 지진파가 건물에 가장 큰 피해를 주는가?

9.3 지진원의 위치 결정

진앙을 찾는 데 지진계가 어떻게 사용되는지 설명하라.

지진학자가 지진을 분석할 때 처음 하는 일이 진앙, 즉 지진 발생지점을 수직으로 끌어올린 지표면상의 한 지점을 찾는 것이다(그림 9.2). 이때 P파가 S파보다 지구 내부를 빠르게 이동한다는 사실을 이용한다. 마치 다른 속도의 자동차 두 대가 하는 경주와 유사하다. 빠른 차와 같이 P파가 항상 S파보다 먼저 도착하여 경주에서 이긴다. 경주 거리가 길수록 결승점(지진관측소)에 도착하는 두 자동차 간의 시간차도 커진다. 다시 말하면, P파와 S파의 도착시간 차이가 클수록 그만큼 지진관측소가 진앙으로부터의 멀다는 의미인 것이다. 그림 9.14는 동일한 지진에 대한 3개의 지진기록을 보여준다. P-S시(P파와 S파의 도달 시간차)에 따르면 나그푸르, 다윈, 파리 중 어디가 진앙과 가장 가까운 도시인가?

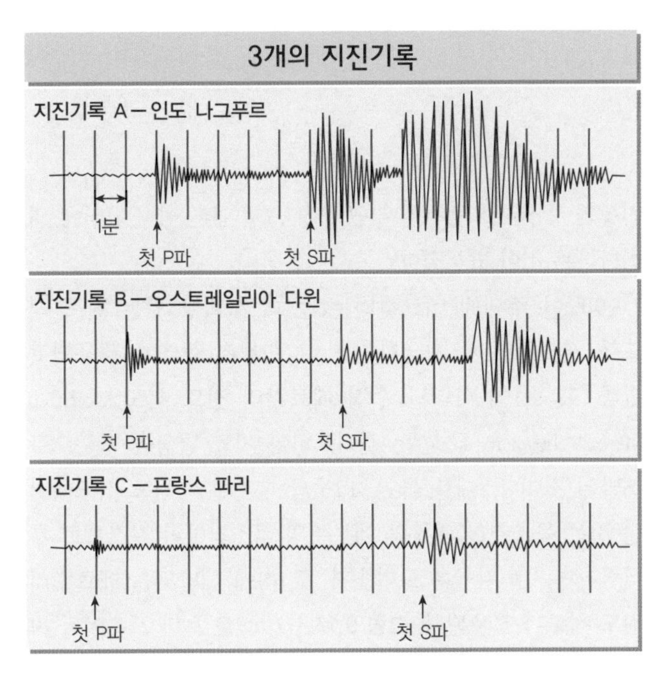

그림 9.14 **세 곳에서 기록된 동일한 지진의 지진기록**

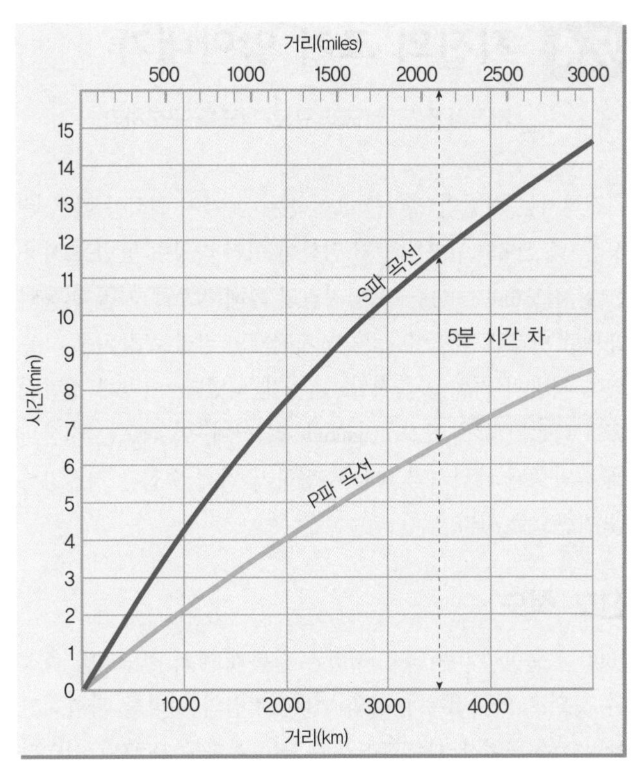

그림 9.15 **거리-시간 그래프** 거리-시간 그래프는 진앙거리 측정에 사용된다. 예제에서 첫 번째 P파와 S파의 도착시간 차이는 5분이다. 따라서 진앙은 대략 3,400km 거리에 있다.

진앙의 위치를 결정하는 시스템은 물리적 증거로부터 진앙의 위치를 정확히 알 수 있었던 지진의 기록을 이용하여 개발되었다. 이들 지진기록을 이용하여 거리-시간 그래프를 그린다(그림 9.15). 그림 9.14A의 인도 나그푸르의 지진기록 샘플과 그림 9.15의 거리-시간 곡선을 이용하여 두 단계에 걸쳐 지진으로부터 지진관측소까지의 거리를 결정할 수 있다. (1) 지진기록을 이용하여 P파와 S파의 도달시간의 차이를 결정하고, (2) 거리-시간 곡선에서 수직축의 P-S시에 해당하는 지점을 찾아 수평축과 만나는 곳에서 진앙 거리를 읽으면 된다. 이 절차를 따라 인도 나그푸르는 진앙으로부터 3,400km 떨어져 있다는 것을 알 수 있다.

이제 거리를 알았으니 방향은 어떤가? 진앙은 지진관측소로부터 어느 방향에도 있을 수 있다. 진앙과의 거리를 알고 있는 지진관측소가 세 곳 이상이면 삼각법을 이용하여 정확한 진앙위치를 알아낼 수 있다(그림 9.16). 지구본 위에 각 지진관측소를 중심으로 진앙거리를 반지름으로 한 원을 그린다. 세 개의 원이 만나는 한 점이 바로 진앙이다.

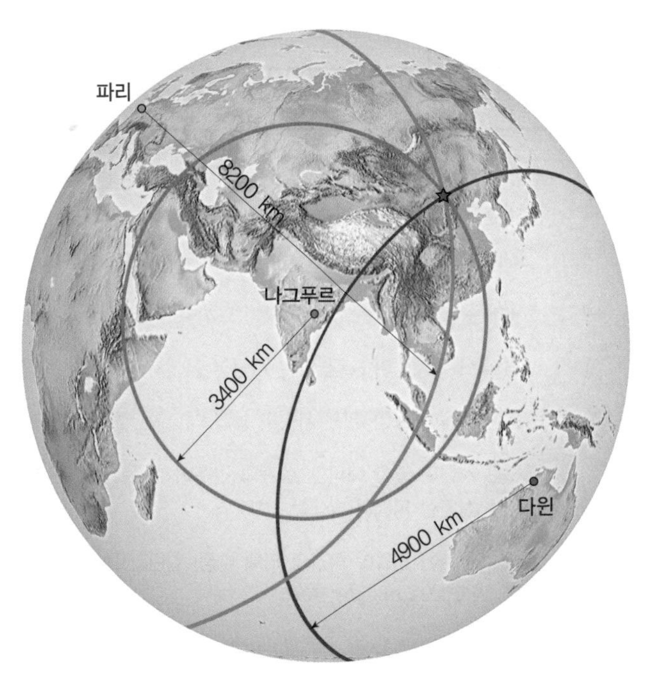

그림 9.16 **삼각법을 이용한 지진위치 결정** 이 방법으로 세 곳 이상의 지진관측소로부터 얻은 진앙거리를 이용하여 지진의 위치를 설정한다.

개념 점검 9.3

① 거리-시간 그래프로 얻을 수 있는 정보는?
② 지진의 진앙 위치를 찾는 삼각법에 대해 간략히 설명하라.

알고 있나요?

흥미로운 사실은 항공기 추락, 파이프라인 폭발, 광산 붕괴 등과 같은 불의의 사고를 재구성하는 데 지진계가 사용된다는 것이다. 예를 들어, 1988년 팬암기 103호가 폭탄 테러로 스코틀랜드 라커비 상공에서 추락한 사건 조사에 지진학자가 도움을 주었다. 사고지점 주변 지진계에 6개의 서로 다른 위치에서의 충격이 기록되어 비행기는 이미 공중에서 6개의 조각으로 분리되었음을 추정할 수 있었다.

알고 있나요?

1811~1812년 미주리 주 뉴마드리드 지진에 의해 지반이 약 5m 내려앉아 미시시피 강 서쪽에 세인트 프란시스 호를 생성시켰고, 동쪽에서는 릴풋 호의 크기를 확장시켰다. 다른 지역은 상승하여 일시적으로 미시시피 강에 폭포가 생기기도 하였다.

9.4 지진의 크기 알아내기

지진의 진도 척도와 규모 척도를 구분하라.

지진학자는 지진의 크기를 표현하는 두 가지 원리상 다른 측정값, 즉 진도와 규모를 얻기 위하여 여러 다양한 방법을 사용한다. **진도**(intensity)란 특정 지점의 피해 정도를 지반 진동의 양으로 나타낸 척도이다. 후에 지진계의 발달로 장비를 사용하여 지반의 거동을 측정할 수 있게 되었다. 이렇게 정량적으로 측정된 값을 **규모**(magnitude)라 하며, 이 척도는 지진원에서 방출된 에너지의 양을 추정하기 위해 수집된 지진기록을 기반으로 한다.

진도 척도

1800년 중반까지만 해도 지진은 진동과 파괴 정도로만 측정된 것으로 역사기록에 나와 있다. 지진의 여파를 과학적인 방법으로 표현하려는 최초의 시도는 아마도 1857년 이탈리아 지진부터였을 것이다. 지진의 영향을 체계적으로 지도에 표시하는 방법으로 지진동의 진도 척도가 발간되었다. 이 연구에 의해 생성된 지도에는 동일한 피해지를 하나의 선으로 연결하여 동일한 지진동으로 표시되어 있다. 이 방법으로 진도 대(zone of intensity)가 정의되었고, 최대 진도대가 최대 지진동의 중심부, 즉 진앙 부근(항상 그런 것은 아니지만)에 위치한다는 것이 밝혀졌다.

1902년 주세페 메르칼리는 좀 더 신뢰성 있는 진도 척도를 개발하였고, 지금까지도 그 변형된 형태가 사용되고 있다. **표 9.1**에 나타난 **수정 메르칼리 진도 척도**(Modified Mercalli Intensity scale)는 캘리포니아 지역 빌딩을 기준으로 개발된 것이다. 예를 들면, 12등급 메르칼리 진도 척도에서 잘 지은 목조건물 일부와 대부분의 석조건물이 지진으로 무너졌다면, 그 지역은 로마숫자 Ⅹ(10)에 해당되는 메르칼리 진도 척도가 적용된다. **그림 9.17**은 1989년 로마 프리에타 지진으로 파괴된 지역을 보여주는데, 수정 메르칼리 진도 척도를 기반으로 지진동의 세기를 나타내었다.

규모 척도

지구상에 발생하는 지진을 보다 정확히 비교하기 위하여 과학자들은 지역에 따라 차이가 큰 건물 양식을 척도로 사용하지 않고 지진에 의해 방출되는 에너지를 표현할 수 있는 방법을 찾았다. 그 결과 몇 가지 규모 척도가 개발되었다.

알고 있나요?

지진으로 인해 인명피해가 가장 컸던 것은 중국 북부의 황하 지역이다. 그곳에서는 황사로 잘 알려져 있는 바람에 의해 날려와 쌓인 미고결의 황토층에 굴을 뚫어 만든 주거형태(혈거, 穴居)가 많았다(그림 16.20B). 1556년 1월 23일 이른 아침에 지진이 그 지역을 강타하여 혈거형 주거지를 붕괴시켜 대략 83만 명의 목숨을 앗아갔다. 1920년에도 유사한 형태의 지진과 피해로 약 20만 명이 사망했다.

표 9.1

수정 메르칼리 진도 척도

Ⅰ	특별히 좋은 상태에서 극소수의 사람만이 느낌
Ⅱ	건물의 위층에 있는 소수의 사람만 느낌
Ⅲ	실내에서, 특히 건물의 위층에 있는 사람이 뚜렷이 느낌. 하지만 많은 사람이 그것이 지진이었는지를 인지하지 못함
Ⅳ	낮에는 실내에 있는 많은 사람이 느끼나, 야외에서는 거의 느끼지 못함. 대형트럭이 벽에 부딪힌 듯한 충격을 느낌
Ⅴ	거의 모든 사람이 느낌. 많은 사람이 잠에서 깸. 나무, 기둥과 같은 물체의 동요가 목격됨
Ⅵ	모든 사람이 느낌. 많은 사람이 놀라 대피함. 무거운 가구가 움직이기도 하며, 회벽이 떨어지거나 굴뚝이 파손되기도 함
Ⅶ	모든 사람이 놀라 대피함. 설계와 건축이 잘 된 건물은 피해가 거의 없으나, 일반 건물에는 약간의 피해가 발생하며, 부실한 건물에는 상당한 피해가 발생함
Ⅷ	특수 설계된 건물에 약간의 피해 발생. 일반 건물에도 부분적인 붕괴 등 상당한 피해 발생. 부실한 건물에는 극심한 피해 발생. 굴뚝, 기둥, 기념비 등이 쓰러짐
Ⅸ	특수 설계된 건물에도 상당한 피해 발생. 기초지반으로부터 건물들의 이격 발생. 지표면 균열 발생
Ⅹ	잘 지은 목조건물이 파괴됨. 대부분의 석조물과 구조물들이 파괴됨. 지표면에 심한 균열 발생
Ⅺ	남아 있는 건물이 거의 없음. 교량이 파괴됨. 지표면에 광범위한 균열 발생
Ⅻ	전반적인 파괴. 지표면의 파동이 관찰됨. 물건들이 하늘로 튀어 오름

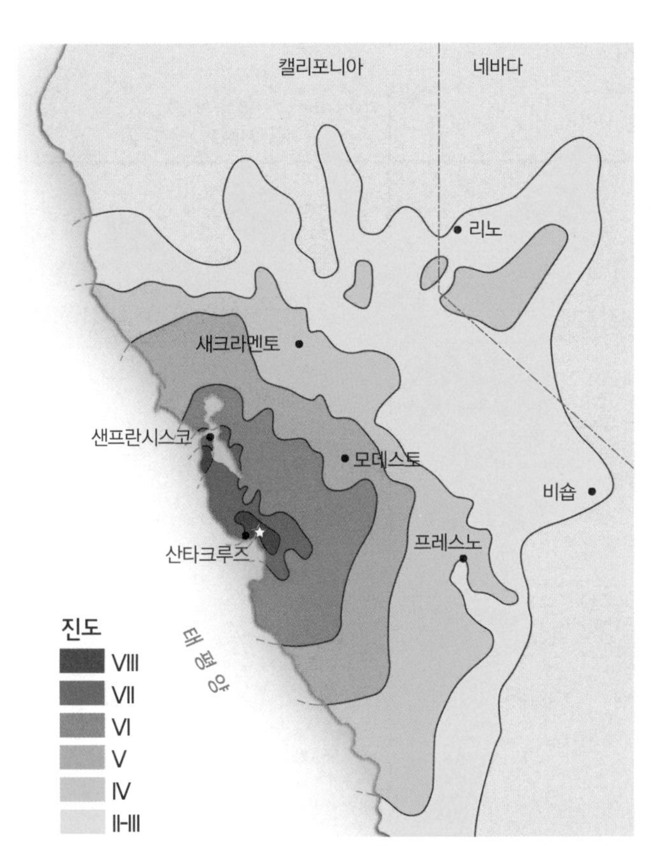

그림 9.17 **1989년 로마 프리에타 지진의 진도 분포도** 지진의 강도는 수정 메르칼리 진도 척도에 근거하며 로마숫자로 등급을 표시한다. 최대 진도는 항상 그런 것은 아니지만 대략 진앙과 일치한다. (자료 : USGS)

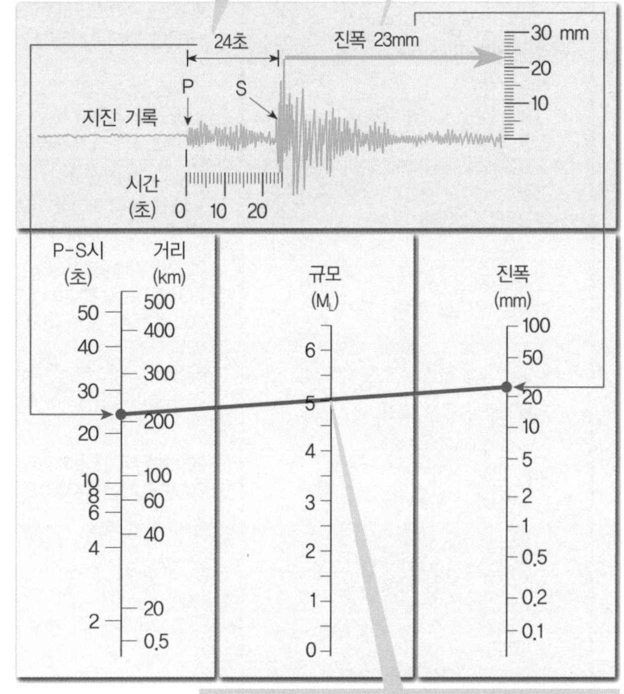

그림 9.18 **어떤 지진의 리히터 규모 구하기**

리히터 규모 1935년 캘리포니아 공대의 찰스 리히터가 지진 기록을 이용한 규모 척도를 최초로 개발하였다. **그림 9.18**(위)에서 보듯이 **리히터 척도**(Richter scale)는 지진기록에서 가장 큰 지진파(보통 S파나 표면파)의 진폭으로 계산된다. 지진파는 진원으로부터 지진관측소가 멀어질수록 약해지기 때문에 리히터는 거리의 증가에 대한 지진파의 진폭의 감소의 관계를 이용한 방법을 개발하였다. 이론적으로 동일한 계측기를 사용한다면 다른 위치의 관측소는 하나의 지진에 대해 동일한 리히터 규모를 얻을 것이다. 그러나 실제로는 동일한 지진에 대해 관측소들마다 조금씩 다른 규모 값을 보이는데 이는 지진파가 지나온 매질의 물성 차이 때문이다.

지진들 간에는 강도의 차이가 엄청나며, 큰 지진들은 미소진동에 비해 수천 배 큰 진폭을 발생시킨다. 이러한 큰 격차를 해소하기 위하여 리히터는 **로그 축척**을 이용하여 지진파의 진폭이 10배 증가함에 따라 규모는 1씩 증가하도록 나타내었다. 따라서 규모 5의 지진에 의한 지진동의 진폭은 리히터 규모 4의 지진에 의한 지진동보다 10배 크다(**그림 9.19**).

리히터 규모 1등급 커지면 대략 32배의 에너지가 증가한다. 따라서 규모 6.5의 지진은 규모 5.5 지진의 약 32배, 규모 4.5 지진의 약 1,000배(32×32)에 달하는 에너지를 방출시킨다. 규모 8.5의 대규모 지진은 최소 규모의 유감지진에 비해 100만 배 이상의 에너지를 방출한다(**그림 9.20**).

지진기록으로부터 신속하게 하나의 수치로 지진의 크기를 나타낼 수 있다는 편리함이 리히터 축척을 강력하게 만들었다. 지진학자들은 리히터 축척을 변경하여 또 다른 리히터와 닮은 규모 척도를 개발하였다.

규모 대 지진동과 에너지

규모 변화	지진동 변화 (진폭)	에너지 변화 (대략)
4.0	10,000배	1,000,000배
3.0	1000배	32,000배
2.0	100배	1000배
1.0	10배	32배
0.5	3.2배	5.5배
0.1	1.3배	1.4배

그림 9.19 **규모 대 지진동과 방출 에너지** 지진 규모가 한 등급 더 크면(M 6 대 M 5) 진폭은 10배, 방출 에너지는 약 32배가 더 커진다.

알고 있나요?

중규모 지진은 동일 지역에서 대규모 지진의 발생 확률을 낮춘다고 일반적으로 알려져 있는데, 이것은 오해이다. 서로 다른 규모의 지진에 의해 방출되는 에너지의 총량을 비교해 보면 1개의 큰 지진과 맞먹는 에너지를 방출시키기 위해서 수천 개의 중규모 지진이 필요하다는 것을 알게 될 것이다.

지진 규모별 빈도와 방출 에너지

규모 (Mw)	연평균 발생횟수	설명	지진 발생 사례	방출 에너지 (폭약 킬로그램 당량)
9	<1	기록상 최대 지진 광범위한 지역 파괴 대규모 인명 피해	1960년 칠레(M 9.5) 1964년 알래스카(M 9.0) 2011년 일본(M 9.0)	56,000,000,000,000
8	1	대형 지진 경제적으로 심각한 악영향 많은 인명 피해	2006년 수마트라(M 8.6) 1980년 멕시코시티(M 8.1)	1,8000,000,000,000
7	15	주요 지진 경제손실(수 십 억 달러) 인명 피해	1812년 뉴마드리드(M 7.7) 1999년 터키(M 7.6) 1886년 사우스캐롤라이나 주 찰스턴(M 7.3)	56,000,000,000
6	134	강진 인구밀집지 피해	1995년 고베(M 6.9) 1989년 로마프리에타(M 6.9) 1994년 노스리지(M 6.7)	1,800,000,000
5	1319	중규모 지진 취약한 구조물 피해	2011년 미네랄(M 5.8) 1994년 뉴욕 북부(M 5.8) 2011년 동부 오클라호마시티(M5.6)	56,000,000
4	13,000	약진 물체의 진동 건물 내부, 재산 피해	1975년 미네소타 주 서부(M 4.6) 2011년 아칸소 주(M 4.7)	1,800,000
3	130,000	소규모 지진 지진 감지, 경미한 재산 피해	2009년 뉴저지(M 3.0) 2006년 메인 주(M 3.8)	56,000
2	1,300,000	미소지진 지진 감지, 재산 피해 없음		1,800
	알 수 없음	미세지진 무감 지진, 지진계에 기록됨		56

자료 : USGS

그림 9.20 **규모별 연간 지진발생 횟수**

리히터 규모가 이렇게 유용함에도 불구하고 아주 큰 지진에는 적합하지 않다. 예를 들어, 1906년 샌프란시스코 지진과 1964년 알래스카 지진이 리히터 척도로는 대략 비슷한 크기인 것으로 기록되었다. 하지만 피해지역의 범위와 지체 구조적 변화를 보면 알래스카 지진이 엄청나게 더 큰 에너지를 방출한 것을 알 수 있었다. 따라서 리히터 척도는 대규모 지진 평가에는 분별력이 떨어져 적용되지 않는다. 이러한 결점에도 불구하고 계산의 신속성 때문에 리히터 류의 척도는 오늘날까지도 널리 사용되고 있다.

모멘트 규모 중규모 이상의 지진에 대해 지진학자들은 **모멘트 규모**(moment magnitude, M_w)라는 새로운 척도를 사용해 왔으며, 이 방법으로 지진발생 기간 동안 방출되는 총 에너지량을 측정한다. 모멘트 규모는 단층면 상의 모든 변위의 평균값, 단층운동이 발생한 면적, 그리고 단층 파열된 암석의 강도를 계산하여 얻어진다.

모멘트 규모는 지진기록 자료를 모델링하여 얻을 수도 있다. 계산 결과는 다른 규모 척도처럼 규모 등급으로 변환된다. 리히터 척도처럼 한 등급 간의 에너지 차이는 역시 32배이다.

모멘트 규모는 총 방출 에너지로 계산하기 때문에 대규모 지진에는 리히터 척도보다 더 적합하다. 지진학자들은 모멘트 규모 척도를 이용하여 기존의 리히터 규모를 재계산하였다. 예를 들어, 1964년 알래스카 지진은 리히터 규모로 8.3이었으나 모멘트 규모 9.2로 상향 평가되었다. 반대로 1906년 샌프란시스코 지진은 리히터 규모 8.3이었던 것을 모멘트 규모로 7.9로 낮게 평가 되었다. 기록상 가장 큰 지진인 1960년 칠레 지진은 모멘트 규모로 9.5이다.

개념 점검 9.4

① 수정 메르칼리 진도 척도가 지진에 대해 의미하는 바는?

② 메르칼리 척도에서 낮은 숫자를 만드는 데 필요한 정보는 무엇인가?

③ 규모 7이 규모 6의 지진에 비해 어느 정도의 에너지를 더 발산하는가?

④ 대규모 지진에 리히터 척도보다 모멘트 규모를 선호하는 이유는?

9.5 지진에 의한 파괴

지진동이 유발시킬 수 있는 주요 파괴력을 나열하고 설명하라.

북미에서 발생한 가장 격렬한 지진은 1964년 3월 27일 오후 5시 36분에 발생한 알래스카 지진이다. 알래스카 주 전역에서 느낄 수 있었던 이 지진은 모멘트 규모 9.2에 3, 4분간 지속된 것으로 보고되었다. 이 지진으로 인해 128명이 사망했고, 수천 명의 이재민이 발생했으며, 알래스카 주의 경제에 심각한 타격을 주었다. 초기 지진동 발생 후 24시간 내에 28개의 여진이 기록되었고, 이들 중 10개가 리히터 규모 6을 초과했다. 큰 타격을 입은 도시들과 진앙의 위치가 **그림 9.21**에 나타나 있다.

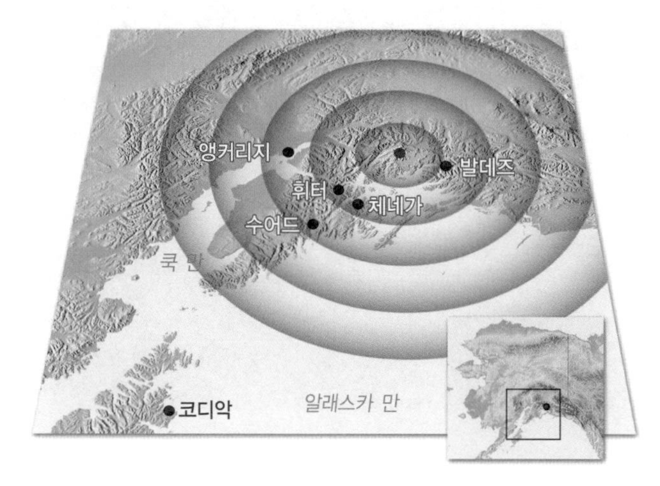

그림 9.21 1964년 알래스카 지진의 영향이 가장 컸던 지역

지진에 수반되는 파괴의 정도를 결정하는 요인들이 많이 있다. 그중에서도 **지진의 규모**와 **인구밀집지와의 근접성**이 가장 확실한 요인이다. 지진 발생 시 진앙 주변 반경 20km에서 50km 이내 지역은 대략 비슷한 지진동을 경험하게 되며, 그 바깥에서는 급격히 약해진다. 1811~1812년 미주리 주의 뉴마드리드 지진처럼 안정적인 대륙 내부에서 발생하는 지진은 일반적으로 캘리포니아와 같은 지진빈발지역보다 훨씬 큰 지역에 걸쳐 감지되는 경향이 있다.

지진동에 의한 파괴

1964년 알래스카 지진은 지질학자에게 지진동의 파괴력으로서의 역할에 관한 통찰을 주었다. 지진에 의해 발산된 에너지가 지구 표면을 이동할 때 상하좌우의 복합적인 진동을 발생시킨다. 구조물에 가해지는 피해량에 기여하는 여러 요소가 있는데, (1) **강도** (2) **진동의 지속시간**, (3) **구조물 기초지반의 특성**, (4) **그 지역 구조물의 재료와 설계 특성**이 포함된다.

앵커리지의 모든 다층 건물이 지진동 피해를 입었다. 상대적으로 느슨한 주거용 목조건물에 피해가 더 컸다. **그림 9.22**는 건축 설계에 따른 지진피해 정도가 얼마나 극심하게 차이가 있는지를 보여주는 놀라운 사례를 보여준다. 왼쪽의 철골구조 건물은 진동을 견뎌냈지만, 설계가 허술한 J. C. 페니 빌딩은 피해가 심각했다. 공학자들은 보강재가 없는 석조건물이 지진 시 안전성이 가장 취약하다는 사실을 배우게 되었다. 불행하게도 개발도상국의 대부분 구조물들은 보강재 없는 콘크리트 지붕이나 흙벽돌로 만들어져 이것이 비슷한 규모의 지진에 아이티 같은 가난한 국가가 미국에 비해 대규모의 사망자를 내는 이유가 된다.

1964년 알래스카 지진은 표준내진설계기준에 따라 지어진 건물은 물론이고 앵커리지의 큰 구조물 대부분에 피해를 주었다. 아마도 이러한 피해에는 지진 지속 시간이 길었던 것이 중요한 역할을 했을 것이다. 대부분 지진동의 지속시간은 1분을 넘지 않는다. 1994년 노스리지 지진은 40초였고, 로마프리에타 지진은 15초 미만이었다. 그러나 알래스카 지진은 3~4분 동안 지속되었다.

그림 9.22 구조물 피해 비교 알래스카 앵커리지의 5층짜리 허술한 설계의 J. C. 페니 빌딩은 파괴가 심각했다. 바로 옆에 철골 구조의 빌딩에는 피해가 거의 없었다. *(자료 : NOAA/Seattle)*

1964년 알래스카 지진 발생 후 앵커리지 도심

그림 9.23 알래스카 앵커리지의 거리를 붕괴시킨 지반침하 (사진 : USGS)

지진파의 증폭 진앙 주변 지역이 비슷한 강도의 지진동을 겪기는 하지만, 파괴 정도는 지역에 따라 차이가 클 수 있다. 이러한 차이는 구조물 기초지반의 특성에 의해 좌우된다. 예를 들어, 단단한 암반지역보다는 미고결 퇴적층에서 지진동의 증폭이 커진다. 따라서 미고결 퇴적층 위에 지어진 앵커리지의 구조물들은 심각한 구조적 피해를 입게 되었다(**그림 9.23**). 반면 휘티어 마을은 진앙과 훨씬 더 가까이 있었지만 견고한 화강암 기초 위에 지어져 피해도 훨씬 적었다.

액상화 지진에 의한 강한 진동은 하천 모래층과 같이 물로 포화된 느슨한 퇴적물을 유체 상태로 바꿔버릴 수 있다. 안정화 상태의 퇴적층을 유동적인 상태의 물질로 바꾸어 지표로 분출시키는 현상을 **액상화**(liquefaction)라 한다. 액상화가 발생하면 지반은 지상 구조물을 안전적으로 지탱할 수 없게 되고, 지하 저장탱크, 하수관로 등은 액화된 물질 속에서 부유하면서 지표로 떠오르게 된다(**그림 9.24**).

1989년 로마프리에타 지진 발생 시 샌프란시스코 마리나 자치구에서는 기초지반이 붕괴되고 물과 모래로 이루어진 간헐천이 지면 위로 솟구쳐 오르는 등 액상화가 발행했음을 알 수 있다(**그림 9.25**). 액상화는 또한 1906년 지진 때 샌프란시스코의 용수공급 시스템에도 피해를 주었다. 2011년 일본 지진 때는 액상화로 인하여 빌딩 전체가 수 미터 가라앉기도 했다.

사태와 지반 붕괴

지진과 연관된 가장 큰 구조물 피해는 지진동에 의해 촉발된 사태와 지반침하이다. 1964년 알래스카 지진 때 밸디즈와 수어드의 항만에서는 격렬한 진동이 물에 포화된 퇴적층에 액상화를 일으켰고 연이은 지반붕락으로 인해 해안지역은 바다 쪽으로 밀려들어갔다. 밸디즈에서는 지반이 바다 쪽으로 미끄러져 들어가면서 부두에 있던 31명이 사망했다. 동일한 재해를 겪지 않기 위해 마을 전체를 7km 떨어진 안정적인 암반지역으로 옮겼다.

앵커리지 피해의 가장 큰 원인은 지반의 진동과 사태였다. 점토층이 점착력을 잃자 200에이커 이상이나 되는 지역이 바다 쪽으로 미끄러져 이동하면서 턴어게인 하이츠의 많은 집들이 파괴되었다(**그림 9.26**). 이 사태로 인한 피해지역 일부는 그 당시의 상황을 기억하기 위하여 '지진공원'으로 이름붙여 그대로 보존시켜 오고 있다. 앵커리지 도심지역 역시 중앙의 상업 구역이 3m가량 내려앉은 피해를 입었다.

화재

100년 전 샌프란시스코는 금은 광으로 미국 서부의 경제 중심지였다. 1906년 4월 18일 새벽에 갑자기 닥친 격렬한 지진동이 무시무시한 화재를 일으켰다(그림 9.3). 도시의 많은 부분이 재와 얼룩으로 사라져 갔다. 3,000명이 죽고 40만 시민의 절반 이상이 집을 잃었던 것으로 추정된다.

역사적인 샌프란시스코 지진은 수많은 가스관과 전기선이 지진발생 시 무서운 화재의 위험을 가져다준다는 사실을 일깨워 주었다. 최초 지진동이 도시를 강타했을 때 용수관 수백 곳이 파단되고 이것은 화재 진압이 사실상 불가능하게 만들었다. 화염은 3일간 걷잡을 수 없을 정도였고 결국 산불진

1964년 일본 니가타 지진으로 기울어진 건물들이 퀵샌드처럼 거동한 미고결 퇴적층 위에 쓰러져 있다.

그림 9.24 액상화가 구조물에 미친 영향 (사진 : USGS)

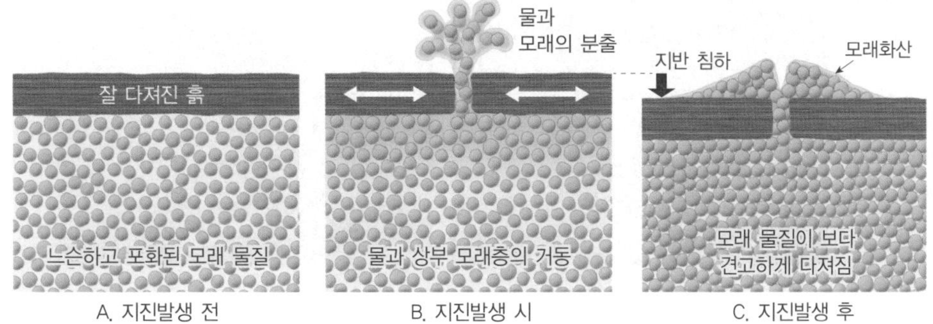

그림 9.25 **액상화** 이 '모래화산(sand volcanoes)'은 2011년 뉴질랜드 크라이스처치 지진 때 모래와 물이 땅속에서 '간헐천(geysers)'처럼 솟아올라 만들어진 것으로서 액상화가 있었다는 증거를 보여준다. (사진 : Alamy)

압 때처럼 반네스 에비뉴를 따라 다이너마이트로 호화주택을 폭파시켜 불길을 끊어 화재를 진압할 수 있었다.

샌프란시스코 화재로 소수의 사망자만 발생했지만, 지진에 의해 화재가 발생한 다른 지역에서는 더 많은 재산과 인명의 피해가 있었다. 예를 들어, 1923년 일본의 지진은 250건의 화재가 발생하여 요코하마 시를 황폐화시켰고 동경에 있는 가옥 절반 이상을 파괴하였다. 이상 강풍에 의해 강해진 화재에 의해 10만 명 이상이 사망하였다.

쓰나미란 무엇인가

대규모의 해저 지진은 종종 일본어로 **쓰나미**(tsunami, 항구의 파도)라 부르는 거대한 파도를 연속적으로 발생시킨다. 대부분 쓰나미는 대양저의 큰 판을 갑자기 들어 올리는 메가스러스트 단층에 의해 형성된다(**그림 9.27**). 한번 생성된 쓰나미는 연못에 돌을 던진 것처럼 연속적으로 물결을 발생시킨다. 다만 쓰나미는 연못의 물결과 달리 시속 800km의 속도로 바다를 가로질러 전진한다. 그럼에도 불구하고 공해상에서 발생한 쓰나미는 파고가 1m 미만에 파장이 100km에서 700km 정도로 길어서 일반적으로 감지되지 않은 채 지나가 버린다. 그러나 그런 쓰나미가 얕은 해안으로 접근하면서 바닥을 긁으면서 느려지는 동안 정체되어 쌓이게 된다(그림 9.27). 어떤 쓰나미는 높이가 30m를 넘기도 한다. 쓰나미의 물마루가 해안선 가까이까지 왔을 때는 거칠고 불규칙한 형상을 보이며 해수면을 급속하게 상승시키는데, 부서지는 일반적인 파도와는 다르다(**그림 9.28**). 첫 번째로 나타나는 쓰나미의 징후는 보통 해안에서 물이 급속히 빠져나가는 현상이다. 첫 번째 물마루가 형성되면서 만들어진 최저점인 것이다. 태평양 해안에 살고 있는 주민은 이러한 징후에 대해 주의 깊게 배워 바로 높은 곳으로 대피한다. 대략 5분에서 30분이면 내륙으로 수백 미터까지 바닷물이 밀려든다. 이러한 큰 파도 뒤에 물은 다시 바다 쪽으로 빠졌다 다시 밀려들기를 여러 차례 반복한다. 따라서 쓰나미를 경험한 사람들은 첫 번째 파도가 물러났다고 바닷가로 되돌아오지 않는다.

스마트그림 9.26
1964년 알래스카 지진에 의해 발생한 턴어게인 하이츠 사태
(사진 : USGS)

A. 알래스카 지진의 진동이 턴어게인 하이츠 절벽 주변부에 균열을 발달시켰다.

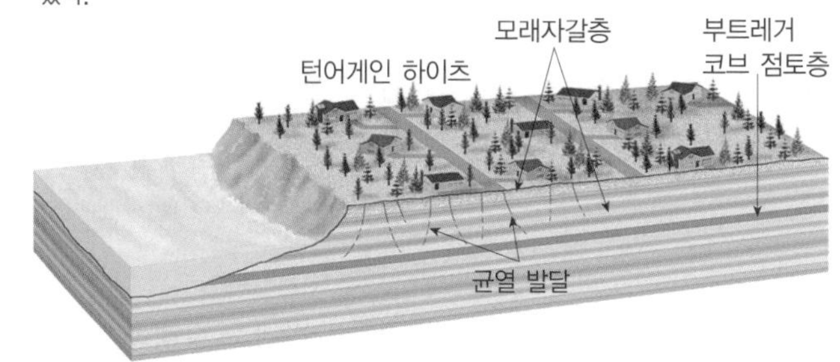

B. 분리되어 떨어져나간 암반 블록들은 부트레거 코브 점토층이라는 약한 지층을 따라 바다 쪽으로 미끄러져갔고, 5분도 안 되어 턴어게인 하이츠의 200여 미터 정도가 파괴되었다.

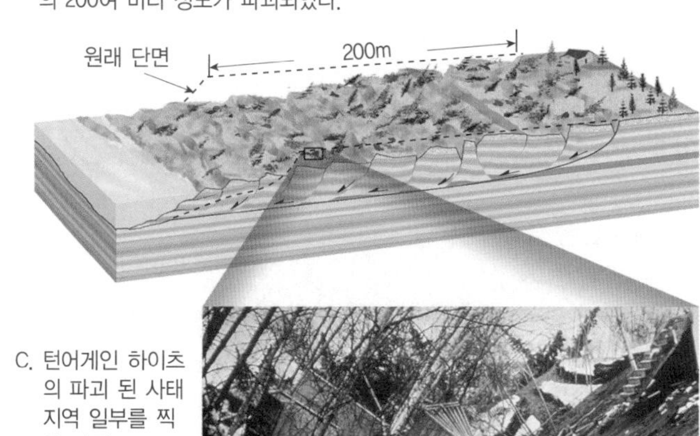

C. 턴어게인 하이츠의 파괴 된 사태 지역 일부를 찍은 사진

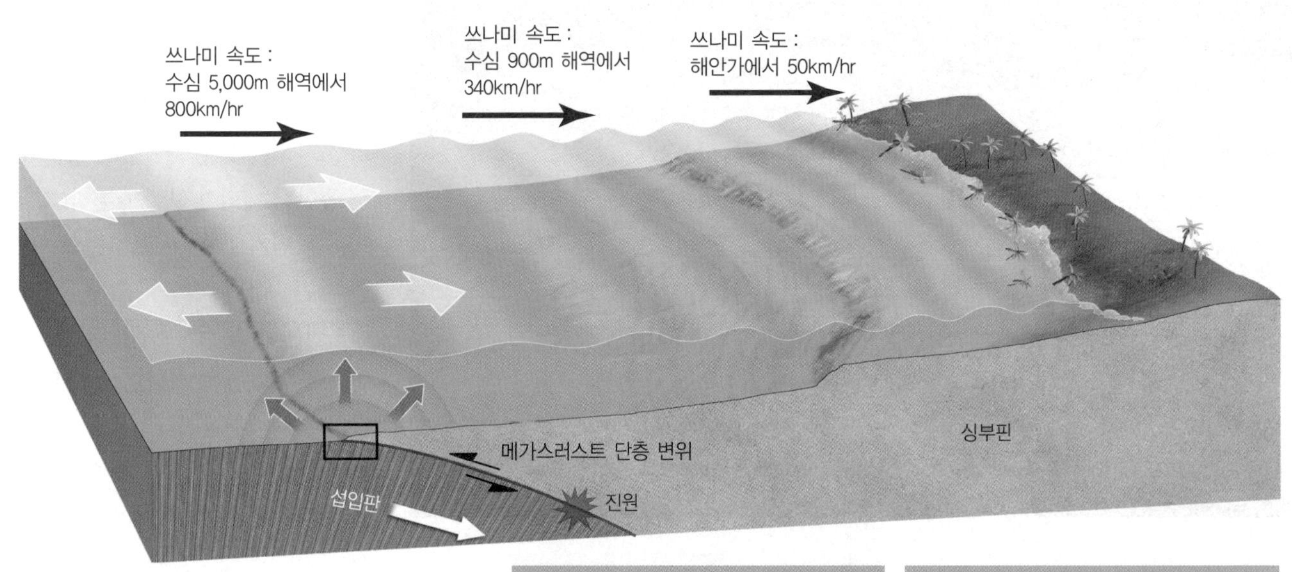

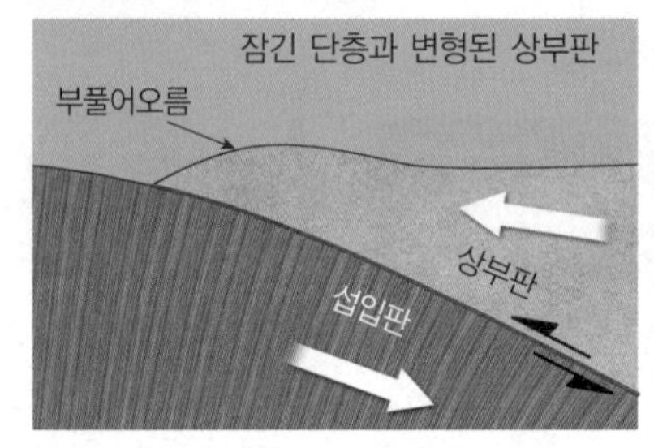

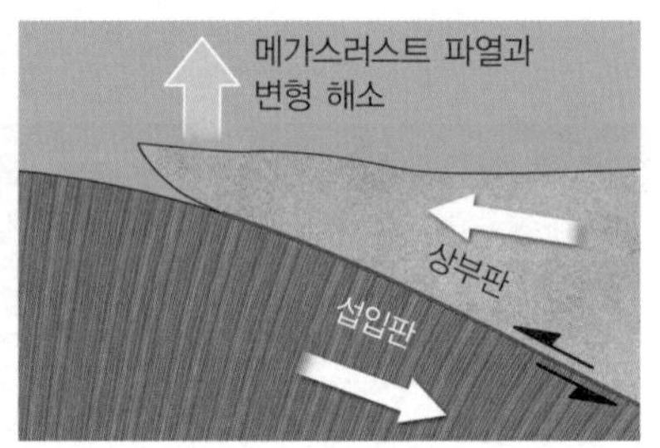

그림 9.27 **대양저의 변위에 의한 쓰나미** 해파의 이동 속도는 수심과 관련 있다. 심해에서 이동하는 해파는 그 속도가 시속 800km/hr를 초과한다. 수심 약 20m 해역에서의 속도는 50km/hr로 점차 줄어든다. 해파의 속도가 천해에서 느리기 때문에 엄청난 힘으로 해변에 들이닥치기 전에 높이를 증가시키게 된다. 그림의 파도 크기와 간격은 축척 없이 작성되었다.

2004년 인도네시아 지진으로 인한 쓰나미 피해 2004년 12월 26일 수마트라 섬 인근 해저에서 발생한 모멘트 규모(M_w) 9.1의 강력한 지진은 인도양과 벵골 만을 가로질러 쓰나미를 전파시켰다(그림 9.28). 이 쓰나미는 현대에 발생한 자연재해 중 가장 많은 인명피해를 발생시킨 사건으로서 23만 명 이상의 목숨을 앗아갔다. 바닷물이 해안선으로부터 수 킬로미터 밀려들어오면서 자동차와 트럭은 욕조의 장난감처럼 떠다녔고, 고깃배들은 가옥으로 돌진했다. 어떤 지역에서는 역류로 인해 시체와 거대한 양의 잔해들이 바다로 끌려 들어갔다.

호화 리조트와 가난한 어촌을 가릴 것 없이 인도양 해안지역을 무차별적으로 파괴하였다. 진앙으로부터 4,100km나 떨어져 있는 아프리카의 소말리아에서도 피해가 보고되었다.

일본 쓰나미 일본이 환태평양 대를 따라 위치해 있고, 해안선이 넓게 분포하고 있어 쓰나미 피해에 특히 취약하다. 일본을 강타한 근세기 최대 지진은 2011년 도호쿠 지진(M_w 9.0)이다. 이 역사적 지진과 강력한 쓰나미는 사망 15,861명, 실종 3,000명, 부상 6,107명을 기록하였다. 거의 400,000채의 건물, 56개의 다리, 그리고 26개 철로가 파괴되거나 손상을 입었다.

사상자와 피해 대부분은 일본 센다이 지역에 최대 40m 높이에 내륙으로 10km나 밀고 들어온 태평양 규모의 쓰나미가 원인이었다(그림 9.29). 이 장의 표지사진이 이 극적인 사건을 잘 보여주고 있다. 게다가 후쿠시마 다이치 원자력 발전소에 있는 세 기의 원자로가 녹아내렸다. 캘리포니아, 오리건, 페루, 칠레 등 태평양 연안 지역에서는 약간의 사망자와 수 채의 집과 배와 선착장이 파괴되었다. 쓰나미는 일본 동쪽 해안으로부터 60km 떨어진 지역의 해양지각 판이 갑자기 5~8m 들어 올려졌다.

쓰나미 경보 시스템 1946년 커다란 쓰나미가 하와이 섬에 경보도 없이 들이닥쳤다. 15m도 넘는 쓰나미에 해안도시 몇

알고 있나요?

비록 해양 운석충돌로 인한 쓰나미에 관한 역사기록은 없지만, 그와 같은 현상은 있어 왔다. 가장 최근의 사건으로는 약 1,500년 전에 오스트레일리아의 해안선 상당 부분을 황폐화 시킨 메가쓰나미가 있었다는 지질학적 증거가 있다. 6,500만 년 전 멕시코 유카탄 반도에는 최대의 유성충돌에 의한 쓰나미가 발생하였다. 거대한 쓰나미 파도는 멕시코 만 주변 해안지역에 내륙 쪽으로 수백 킬로미터까지 밀고 들어온 흔적이 있다.

그림 9.28 **2004년 수마트라 해역에서 발생한 쓰나미** (사진 : AFP/Getty Images, Inc.)

그림 9.29 **2011년 3월 일본 쓰나미의 여파** 이 쓰나미는 나토리 시 여러 곳을 폐허로 만들었다. (사진 : Mike Clark/AFP/Getty Images)

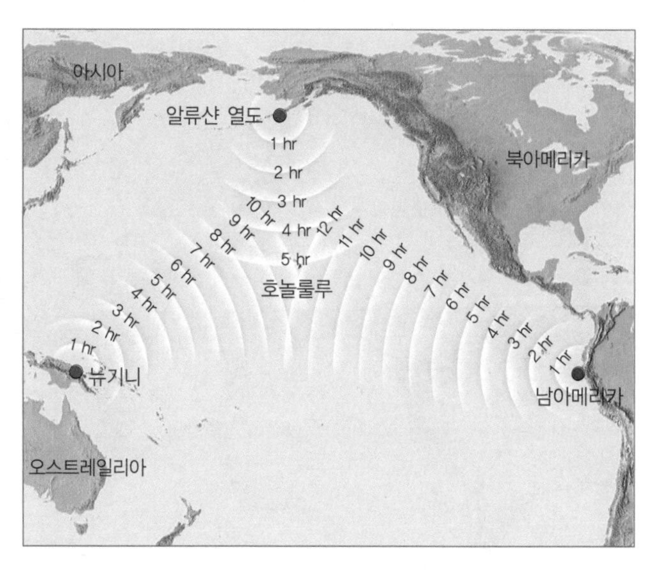

그림 9.30 **쓰나미 이동시간** 선택된 지점에서 하와이 호놀룰루까지 이동시간 (자료 : NOAA)

개가 아수라장이 되었다. 이 일로 미연방 해안/측지 조사소는 태평양연안 현재까지 26개국을 포함하는 쓰나미 경보 시스템을 구축하였다. 이 지역 관측소들은 대규모 지진 발생 시 호놀룰루의 쓰나미 경보 센터에 알린다. 그곳의 과학자들은 해수위 측량계를 이용하여 지진에 의해 발생되는 에너지를 계측하고 쓰나미 생성 여부를 확인한다. 게다가 조류 계측기는 쓰나미에 동반된 해수 위 변동을 측량하고 한 시간 이내에 이를 통지한다. 비록 쓰나미의 전파 속도가 굉장히 빠르지만 바로 인접한 지역을 제외하고는 대피에 충분할 정도의 경보를 발령할 수 있다. 예를 들어, 알류샨 열도 부근에서 발생한 쓰나미는 하와이까지 오는 데 5시간이 걸릴 것이고, 칠레 해안에서 발생한 쓰나미는 하와이까지 15시간이 걸린다(그림 9.30).

개념 점검 9.5

① 지진동이 구조물을 파괴시킬 때 그 정도에 영향을 주는 네 가지 요소를 나열하라.
② 지진동이 직접적으로 발생시키는 파괴적인 현상 이외에 지진과 관련되어 발생하는 파괴적인 현상 세 가지를 나열하라.
③ 쓰나미는 무엇인가? 쓰나미는 어떻게 발생하는가?
④ 규모 7의 지진이 규모 8의 지진보다 더 많은 사망자와 피해를 발생시킬 수 있는 이유를 최소 세 가지 나열하라.

9.6 지진은 대부분 어디에서 발생하는가

세계지도에 주요 지진대와 최대지진 발생 지역을 표기하라.

지진으로 인한 에너지의 약 95%는 그림 9.31에서와 같이 몇 안 되는 좁은 지역들에서 방출된다. 이와 같은 활동적인 지진발생 지역은 충돌, 발산 및 변환단층 판 경계 중 하나에 위치하는데, 대개 판 경계가 서로 부딪히며 지나는 단층면을 따라 지진활동이 활발히 일어난다.

흔치는 않지만 판 경계에서 먼 곳에서도 강한 지진이 발생할 수 있다. 2001년 인도의 구자라트 지진, 1811년과 1812년 미국 미주리 주 뉴마드리드 지진과 1886년 사우스캐롤라이나 주 찰스턴 지진이 그 예이다. 판 내부 지진은 인접 판의 작용으로 인해 축적된 응력에 기인하거나 빙하 등으로 인하여 지반하중이 가중되거나 제거됨으로써 발생한다. 이러한 응력은 일시적으로 비활동적인 단층대를 재활시키면서 에너지를 방출시킨다.

판의 경계와 연관된 지진

가장 큰 지진 활동대인 **환태평양 대**(circum-Pacific belt)는 아메리카, 인도네시아, 일본 해안과 알류샨 열도를 포함한다(그림 9.31). 환태평양 대의 대부분 지진은 하나의 판이 다른 판

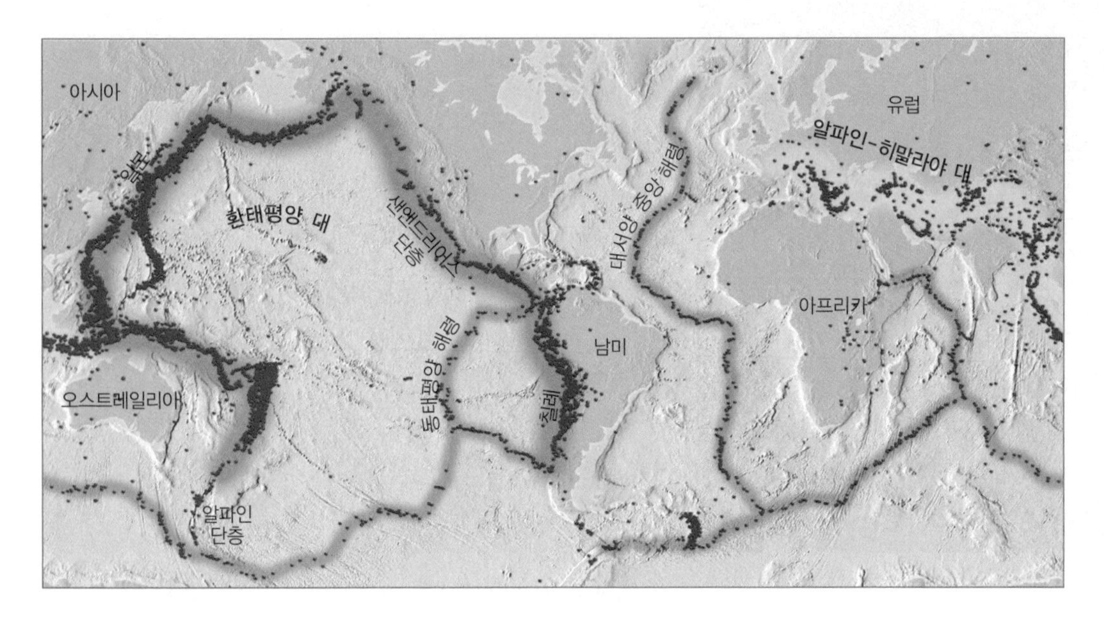

그림 9.31 **전 세계 지진대** 지난 10년 동안 규모 5나 그 이상의 지진이 거의 15,000회 발생하였다. (자료 : USGS)

그림 9.31은 대양저에 수천 킬로미터 연결되어 있는 지진대를 보여준다. 이 지진대는 해령 시스템과 일치하며, 이곳에서는 약한 지진이 빈번하게 발생한다. 해양판이 갈라져 발산하는 동안 인장력이 인접한 두 판을 밀어내어 정단층을 따른 변위가 이 지역 대부분의 지진을 발생시킨다. 남은 한 가지 지진활동은 해령을 분절시키는 변환단층을 따른 변위와 관련되어있다.

변환단층과 보다 작은 주향이동단층 역시 대륙지각을 가로질러 발달하는데, 주기적으로 대규모 지진을 발생시키는 경향이 있다. 미국 캘리포니아 주의 샌앤드리어스 단층, 뉴질랜드의 알파인 단층, 그리고 1999년의 치명적인 지진을 발생시킨 터키의 북부 아나톨리아 단층이 그 예이다.

의 아래로 미끄러져 들어가는 충돌경계에서 발생한다. 섭입대 두 지각 판의 경계는 메가스러스트이며 지구상의 가장 큰 지진을 발생시킨다(그림 9.7).

환태평양 대에서 섭입대의 길이가 40,000km 이상이며 충상단층변위가 주로 발생한다. 거의 1,000km 정도의 메가스러스트가 한꺼번에 파열되면서 대략 M_w 8 또는 그 이상의 파괴적인 지진을 발생시킨다. 또 다른 지진 활동지역은 알파인-히말라야 대인데, 지중해와 맞닿은 산악지역에서부터 히말라야 산맥까지 연결되어 있다(그림 9.31). 이 지역의 지구조활동은 주로 유라시아 판과 아프리카 판, 그리고 남부아시아와 인도 판 사이의 충돌에 의한 것이다. 이들 판 사이의 상호작용으로 많은 활성의 충상단층과 주향이동 단층을 만들어낸다. 게다가, 인도 판은 북쪽으로 계속해서 움직여 판 경계로부터 아주 멀리 떨어져 있는 수많은 단층을 재 활동 시켜왔다. 그 예로, 2008년에 중국 쓰촨 성의 복잡한 단층 시스템에서 발생한 지진은 최소 70,000명의 사상자와 150만의 이재민을 발생시켰다. 이 지진은 인도 판이 계속해서 티베트 평원을 쓰촨 분지가 있는 동쪽으로 밀어서 발생하였다.

로키 산맥 동쪽의 지진 피해

지진을 생각할 때 대개 캘리포니아와 일본을 생각할 것이다. 그러나 식민지시대 이래 6개의 큰 지진이 미국 중부와 동부에서 발생했다. 이 중 리히터 규모 7.5, 7.3, 7.8로 추정된 3개의 지진은 미주리 주 남동부의 미시시피 강 계곡 인근에서 발생했다. 수많은 여진을 동반한 이들 지진은 1811년 12월 16일, 1812년 1월 23일, 그리고 1812년 2월 7일에 발생하여 미주리 주의 뉴마드리드를 파괴시켰고, 대규모 사태를 일으켰으며, 6개 주에 피해를 입혔다. 미시시피 강의 유로가 바뀌었고, 테네시 주의 릴풋 호를 확장 시켰다. 이들 지진이 감지된 거리가 실로 놀랍다. 오하이오 주의 신시내티와 버지니아

알고 있나요?

일본에서는 지면 아래에 살고 있는 거대한 메기가 지진을 발생시키는 것으로 이야기가 전해져 내려온다. 메기가 지느러미를 흔들 때마다 땅이 흔들린다는 이야기다. 반면 러시아의 캄차카 반도에서는 전능한 개 코제이가 코트에 쌓인 눈을 털어낼 때 지진이 발생한다고 믿었다.

그림 9.32 **1886년 8월 31일 발생한 미국 사우스캐롤라이나의 찰스턴 지진에 의한 피해** (사진 : USGS)

주의 리치몬드에서 굴뚝이 쓰러졌고, 진앙에서 1,770km 북동쪽으로 떨어진 보스턴 시민이 지진동을 느꼈을 정도였다.

뉴마드리드 지진의 뼈저린 경험에도 불구하고 테네시 주의 최대 인구 중심지였던 멤피스의 건축 기준에 지진 대비 조항이 없었다. 더욱이 멤피스가 범람원 퇴적층 위에 있어 건물들은 기반암 위에 건설된 동일 구조의 건물에 비해 더 큰 피해에 노출되어 있었다. 만약 1811~1812 뉴마드리드 지진 정도의 지진이 10년 후 발생했더라면, 사상자의 수는 수천 명이었고, 재산 피해는 수백억 달러에 이르렀을 것으로 추정되었다. 일리노이 주 오로라(1909년)와 텍사스 주의 발렌타인(1931년)에서 발생했던 지진은 미국 중부지역에서도 그와 같은 지진이 발생할 수 있다는 생각을 각인시켰다.

미국 동부지역에서 기록된 가장 큰 지진은 1886년 8월 31일 발생한 사우스캐롤라이나 주의 찰스턴 지진이다. 그 지진은 1분 정도 지속되었는데, 그로 인해 60명이 사망했고 수많은 부상자가 속출했으며, 반경 200km이내 지역에 엄청난 경제적 손실을 주었다. 지진 발생 8분 안에 시카고와 세인트루이스에서도 지진동을 느꼈을 정도인데, 이곳에서는 빌딩의 고층부에서는 진동에 의해 사람들이 바깥으로 신속히 대피할 정도였다. 찰스턴에서만도 100개의 빌딩이 무너졌고 남은 구조물의 90%에 피해가 발생했다(그림 9.32).

여러 강진동이 미국 동부에서 기록되었다. 뉴잉글랜드와 인근 지역에서는 식민지 시대 이래 경험한 가장 큰 지진이 기록되었다. 북동부에서 최초로 기록된 지진은 1683년 매사추세츠 주의 플레이마우스 지진이었고, 이어서 1775년 발생한 매사추세츠 주의 캠브리지 지진이었다. 더욱이 기록이 보존된 기간 동안에만 뉴욕 주에서만도 유감지진이 300건 이상 발생했었다.

미국 중부와 동부는 지진의 발생 빈도에서 캘리포니아 지역보다 훨씬 낮았지만, 역사 기록에 따르면 여전히 지진에 취약한 곳이었다. 더욱이 로키 산맥 동부의 지진은 동일한 규모로 발생한 캘리포니아 지역의 지진에 비해 구조물에 대해 더 큰 피해를 발생시켰다. 그 이유는 미국 중부와 동부의 기반암이 상대적으로 오래되었고 단단하기 때문이다. 결과적으로 지진파는 미국 서부지역보다 적은 감쇠로 더 먼 지역까지 전파될 수 있다. 동일한 규모의 지진에 의한 최대지반가속도의 영향권이 서부 쪽보다 동부 쪽이 10배 정도 큰 것으로 측정되었다. 중요한 것은 미국 서부에서는 지진이 자주 발생하는 특징을 보인다고 한다면, 동부에서는 피해 지역이 서부지역보다 훨씬 더 크다고 할 수 있다.

개념 점검 9.6

① 가장 크고 활발한 지진활동이 일어나는 구역은?
② 지구상의 가장 큰 지진과 관련된 판 경계 종류는?
③ 강한 지진 활동이 밀집해 있는 또 다른 형태의 구역의 이름을 말하라.
④ 1811~1812년 2회 연속적으로 발생했던 미국 미주리 주 뉴마드리드 지진이 테네시 주 광역도시 멤피스에서 다시 발생한다면 피해가 더 클 것으로 예상되는 이유 두 가지를 들라.
⑤ 같은 규모의 지진이 캘리포니아 지역보다 로키 산맥 동쪽에서 더 큰 피해를 줄 수 있는 이유를 설명하라.

알고 있나요?

1964년 알래스카 지진 때 발생한 쓰나미로 인해 알래스카 만의 도시들이 심하게 피해를 입었고 107명의 사망자가 발생했다. 반면 앵커리지에서 지진동 자체에 의한 직접적인 사망자는 9명밖에 없었다. 더욱이 한 시간 전에 발생된 경보에도 불구하고 캘리포니아의 크레센트 시에서는 이 지진에 의해 발생된 가장 큰 다섯 번째 쓰나미 파도에 의해 12명이 사망했다.

9.7 지진 예측은 가능한가

지진의 단기 예보와 장기 예측을 비교 대비하라.

1989년 샌프란시스코를 강타했던 지진으로 63명이 사망하고, 항구지역은 심각하게 파괴되었으며, 캘리포니아 주 오클랜드의 주간고속도로 I-880의 2층교 구간이 붕괴되었다(그림 9.33). M_w 6.9 지진의 파괴력이다. 지진학자들은 이 이상 규모의 또 다른 지진이 거의 미국 서부의 해안 3분의 1에 해당되는 1,300km 길이의 샌앤드리어스 단층을 따라 발생할 것이라고 경고한다. 그렇다면, 지진 예측은 가능한가?

단기 예보

단기 지진 예보의 목표는 짧은 시간 안에 대규모 지진의 발

그림 9.33 **주간고속도로 I-880의 붕괴된 2층교 구간** 사이프러스 고가도로 알려진 이 구간의 고속도로는 1989년 로마프리에타 지진에 의해 붕괴되었다. (사진 : *Paul Sakuma/AP Photo*)

표 9.2

주목할 만한 지진들

연도	위치	사망(추정)	규모*	설명
856	이란	200,000		
893	이란	150,000		
1138	시리아	230,000		
1268	소아시아	60,000		
1290	중국	100,000		
1556	샨시 성 중국	830,000		아마도 가장 컸던 자연재해
1667	코카서스	80,000		
1727	이란	77,000		
1755	포르투칼 리스본	70,000		심한 쓰나미 피해
1783	이태리	50,000		
1908	이태리 메시나	120,000		
1920	중국	200,000	7.5	마을이 산사태로 묻힘
1923	일본 동경	143,000	7.9	화재에 의해 집중적으로 피해
1948	투르크메니스탄	110,000	7.3	진앙 부근의 거의 모든 벽돌 구조물 붕괴
1960	칠레 남부	5,700	9.5	기록된 가장 큰 규모의 지진
1964	알래스카	131	9.2	북미에서 가장 큰 지진
1970	페루	70,000	7.9	대규모 산사태
1976	중국 당산	242,000	7.5	655,000명 이상이 사망한 것으로 추정
1985	멕시코시티	9,500	8.1	진앙 반경 400km까지 이르는 대규모 피해
1988	아르메니아	25,000	6.9	허술한 구조물
1990	이란	50,000	7.4	산사태와 허술한 구조물에 의한 대규모 피해
1993	인도 라투르	10,000	6.4	안정적인 대륙 내부에서 발생
1995	일본 고베	5,472	6.9	1,000억 달러 이상 피해
1999	터키 이즈밋	17,127	7.4	거의 44,000명 부상, 250,000명 이상 이주
2001	인도 구자라트	20,000	7.9	수백만 이재민 발생
2003	이란 밤	31,000	6.6	허술한 구조물로 구성된 고대 도시
2004	인도양(수마트라)	230,000	9.1	쓰나미 피해로 초토화
2005	파키스탄 카시미르	86,000	7.6	수많은 산사태, 400만 이재민 발생
2008	중국 쓰촨 성	87,000	7.9	수백만 이재민, 일부 마을 재건 불가
2010	아이티 포르토프랭스	316,000	7.0	30만 명 이상 부상, 130만 이재민
2011	일본	20,000	9.0	사망자 대부분이 쓰나미로 사망

* 지진규모는 지역에 따라 다양하게 측정되었음. 가능한 한 모멘트 규모 사용

출처 : USGS

생 위치와 규모에 대한 경보를 제공하는 것이다(**표 9.2**). 일본, 미국, 중국, 그리고 러시아와 같은 지진의 위험이 높은 곳에서는 이러한 목표를 얻기 위해 엄청난 노력을 해오고 있다. 이러한 연구는 다가올 지진이 발생시키는 전조 현상에 의한 사전 징후를 감시하는 데 초점이 맞추어져 있다. 캘리포니아의 예를 들면 활성 단층 주변의 변형 수준에서 지반의 고도와 다양한 지표들의 변화를 관측한다. 어떤 학자들은 지하수위의 변화를 측량하기도 하고, 또 어떤 학자는 전진의 발생빈도 증가를 계측하여 본진을 예측하려는 시도를 한다.

일본과 중국의 과학자들은 동물의 이상행동을 감시해 왔다. 2008년 5월 12일 중국의 쓰촨 성 지진이 있기 며칠 전에 단층 주변 마을의 거리에는 산지를 떠나 이주하는 두꺼비 떼가 목격되었다. 아마도 이것이 하나의 전조인가? 미국지질조사소의 지진학자 월터 무니는 이 현상에 대해 이렇게 설명하였다. “사람들은 우리가 알 수 없는 것을 동물이 알려줄 수는 있지만 동물의 행동 방식에 전적으로 의지할 수는 없다.” 비록 전조현상이 있다하더라도 아직까지는 이것을 해석하여 사용을 결정할 정도는 아니다.

1975년 2월 4일 랴오닝 성 지진 발생 후 중국 정부는 전진이 증가하는 양상을 근거로 지진의 단기 예보에 성공했다고 주장하였다. 보고에 따르면 진앙 주변에는 100만 명 이상이 살고 있었으나 그 지진이 '예측되어' 주민을 대피시켰기 때문에 아주 적은 수의 사람만 사망했다는 것이다. 서양의 일부 지진학자들은 이러한 주장에 의문을 제기하였고 지진발생 24시간 전부터 시작한 격렬한 전진들 때문에 주민들 스스로 대피했었을 수 있다고 제안하였다.

랴오닝 성 지진 1년 후 중국의 당산 지진에 대해서는 예측하지 못하였고 결과적으로 24만 명이 매몰되어 죽었던 것으로 추산되었다. 전진은 없었다. 예측은 잘못된 경보를 낼 수도 있다. 홍콩 인근의 자치구에서는 주민들이 한 달 이상이나 거주지로부터 대피했었으나 지진은 발생하지 않았던 것으로 알려졌다.

단기 지진 예보 계획이 수용되려면 정확하고 믿을 만해야 한다. 따라서 위치와 시간 예보의 불확실성 오차 범위가 반드시 작아야 함은 물론이고 실패나 잘못된 경보를 보낼 확률도 극히 낮아야 한다. 로스앤젤레스나 샌프란시스코와 같은 미국의 대도시에 대피명령을 내리기에 앞서 벌이게 될 논쟁을 상상할 수 있겠는가? 수백만을 대피시키시고, 피난처를 준비하고, 낭비된 일과시간과 임금을 보상해 주는 데 드는 비용은 실로 엄청날 것이다.

현재까지 지진에 대한 신뢰할 만한 단기 예보 방법은 없다. 사실 지난 100년의 세월 동안 선도 지진학자들은 일반적으로 지진의 단기 예보가 어렵다고 결론 내리고 있다.

장기 예측

몇 시간 또는 길어야 수일 앞선 예보를 목적으로 하는 단기 지진예보와 달리, 장기 지진예측은 30년에서 100년 또는 그 이상의 재발주기를 갖는 특정 규모의 지진이 발생할 가능성을 알려준다. 달리 표현하면 이러한 예보는 특정의 시간범위에 어떤 지역에서 예상되는 지반거동을 통계적으로 산정한 값을 제공한다. 비록 장기예보가 주는 정보가 우리의 기대에 미치지는 못할지라도 미국 전역의 내진구조물 설계에 적용되는 건축 기준에 의미 있는 가이드를 제공하여, 건물, 댐, 철도 등이 예상되는 지진동에 견딜 수 있도록 건설되도록 하고 있다.

대부분 장기 예측 전략은 많은 대규모 단층들이 주기적으로 파열하면서 대략 비슷한 간격의 지진을 발생시킨다는 증거에 기반을 두고 있다. 다시 말해 단층의 한 부분이 파열된 직후 지각 판은 그곳에서 다음번 단층작용이 발생할 때 까지 계속해서 변형을 축적시킨다. 지진학자들은 역사지진기록을 이용하여 재발 확률을 알아낼 수 있도록 어떤 식별 가능한 패턴을 찾아내는 연구를 한다.

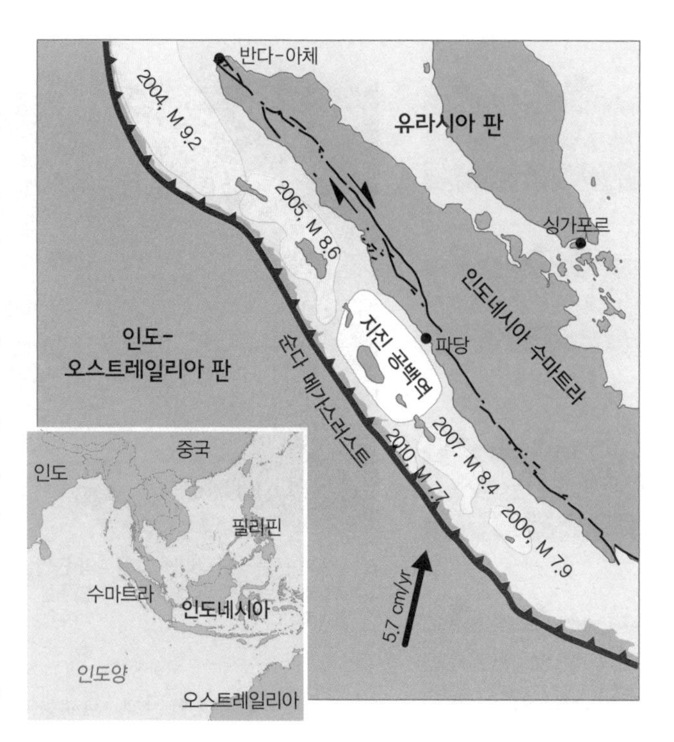

스마트그림 9.34 지진 공백역 : 지진 예측을 위한 도구 지진 공백역은 '조용한 구역'이며, 결국에는 대규모 지진을 발생시킬 강력한 탄성 변형을 내재한 비활성 지역으로 알려져 있다. 이 지진 공백역은 80만 주민의 해안가 저지대인 파당 근처에서 수마트라 아래로 해양판이 섭입하고 있는 메가스러스트의 한 구역을 따라 위치하고 있다.

지진 공백역 지진학자들은 지구상의 대규모 지진과 연관된 파열대의 분포도를 만들기 시작했다. 그 지도를 통하여 개개의 파열대는 서로 인접하여 나타나며 인지할 만한 중첩 없이 판 경계를 따라 발달함을 알 수 있게 되었다. 지각 판들은 알려진 속도에 따라 움직이므로 그로인해 축적되는 변형률도 측정할 수 있다.

역사지진을 연구하면서 지진학자들은 어떤 지진대는 한 세기 또는 그 이상 몇 세기 동안 단 한 차례의 대규모 지진을 발생시키지 않았다는 것을 알게 되었다. 이와 같이 조용한 구역이 **지진 공백역**(seismic gap)인데, 미래의 어느 한 순간에 그동안 축적된 강력한 변형을 방출시킬 것이다. **그림 9.34**는 1797년 이후 움직인 적이 없는 메가스러스트의 한 구역(지진 공백역)이 수마트라 해변의 인구 80만의 저지대 파당 앞바다에 자리 잡고 있음을 보여준다. 과학자들은 특히 이 지진 공백역에 주의를 기울이고 있는데, 그 이유는 바로 2004년에 23만 명의 목숨을 앗아간 쓰나미를 발생시킨 메가스러스트가 바로 북쪽에 있기 때문이다.

고지진학 장기적인 지진 예측의 또 다른 방법이 고지진학

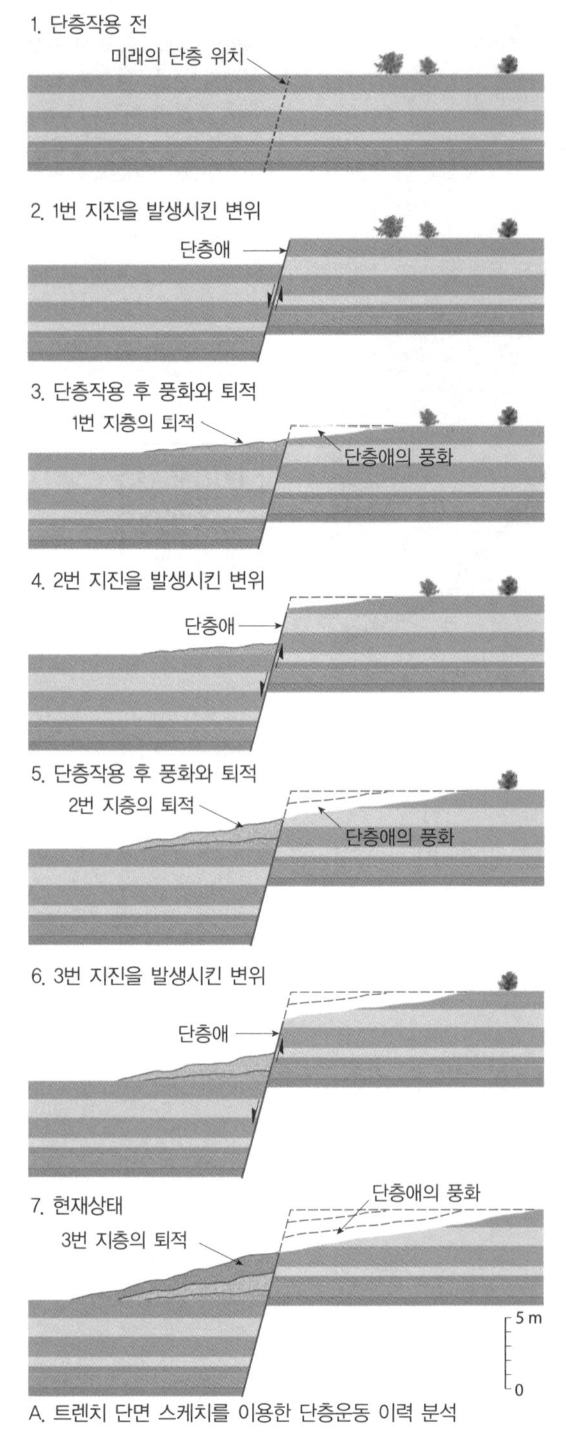

A. 트렌치 단면 스케치를 이용한 단층운동 이력 분석

B. 단층의 운동사를 나타낸 그림 A의 단면들은 단층대를 가로질러 트렌치를 파고 퇴적층의 변위를 조사하여 유추한 결과물이다.

그림 9.35 **고지진학 : 역사시대 전에 발생한 지진 연구** 이 연구는 종종 단층대를 가로질러 트렌치를 파서 퇴적층의 옵셋 등 과거의 단층변위 증거를 찾는 방법으로 이루어진다. 간략한 그림에서 이 단층이 세 번의 수직변위를 일으켰고 지진을 각각 동반했다는 것을 알 수 있다. 수직변위의 크기로 과거의 지진 규모가 6.8과 7.4 사이였음을 알 수 있다. (사진 : USGS)

(paleoseismology, *paleo*=고대, *seismos*=진동, *ology*=연구)인데, 역사 이전에 발생한 지진의 시기, 위치 및 크기를 연구한다. 고지진학 연구는 종종 추정 단층대를 가로질러 트렌치를 파고 퇴적층이나 화산 퇴적층의 옵셋과 같은 고대의 단층운동 증거를 찾는 것에서 시작한다(그림 9.35). 퇴적층의 수직변위가 크다는 것은 큰 지진을 의미한다. 어떨 때는 묻혀 있는 식물조각으로 탄소연대를 알 수 있고 그것으로 단층의 재래주기를 알아내기도 한다.

로스앤젤레스 북쪽에 있는 샌앤드리어스 단층의 한 분절에 대해 이 방법으로 연구해 오고 있다. 이 지역에서 팰럿 크릭의 수계가 단층대를 따른 연속적인 단층 파열로 인해 반복적으로 교란되어있다. 개천의 퇴적층을 가로질러 트렌치를 하여 약 1,500년 동안 몇 번의 큰 지진 단층작용에 의해 퇴적층이 변위된 것을 밝혀내었다. 이 자료로 평균 135년에 한 번씩 강한 지진이 발생한다는 것을 밝혀내었다. 마지막 지진이 1857년 샌앤드리어스 단층에서 발생한 포트 테혼 지진이 대략 150년 전에 발생했다. 지진은 주기적으로 발생하므로 남부 캘리포니아에 대규모 지진이 임박했을지도 모른다.

고지진학의 다른 기술을 이용하여 과거 수 천 년에 거쳐 태평양 연안 북서부를 반복적으로 강타해온 몇 개의 강력한 지진(규모 8 이상)이 있었다는 것을 밝혀내었다. 가장 최근의 지진은 약 300년 전에 있었는데, 파괴적인 쓰나미를 발생시켰다. 이 연구 결과로 정부는 기존의 빌딩, 댐, 교량, 용수 시스템을 보강하기 위한 조치를 취하고 있으며, 사유재산에 대해서도 일련의 대응이 이루어지고 있다. 오리건 주 포틀랜드에 있는 U.S. 뱅코프 빌딩은 800만 달러를 들여 보강하였다.

개념 점검 9.7

① 현대의 지진 장비를 이용하여 정확한 단기 지진 예보를 할 수 있는가? 설명하라.

② 장기 지진 예측의 가치는 무엇인가?

9.8 지구의 내부

지구의 내부 구조는 어떻게 형성되었으며, 지구 내부를 조사하는 데 지진파가 어떻게 사용되는지를 간략히 설명하라.

만약 지구를 반으로 자를 수 있다면 첫 번째로 확인할 수 있는 것이 뚜렷한 층상구조일 것이다. 가장 무거운 물질(금속)이 중심에 있을 것이다. 보다 가벼운 고체(암석)가 중간에, 그리고 물, 가스 순서로 가장자리를 채울 것이다. 지구 내부에는 철성분의 핵, 암석 성분의 맨틀과 지각, 액체인 해양, 그리고 기체인 대기층이 가장자리 쪽으로 차례로 분포한다. 지구 내부의 화학성분과 온도의 다양성은 95% 이상이 이 층상구조에 기인한다. 그러나 이것이 끝이 아니다. 이러한 분화가 없었다면, 지구는 생명체 없이 우주를 떠다니는 덩어리에 불과했을 것이다.

지구 내부는 깊이에 따라 성분과 온도가 다양하며, 이는 또한 지구의 내부가 상당히 역동적임을 의미한다. 맨틀과 지각을 이루는 암석은 지속적으로 움직이는데, 지구표면을 떠다니기도 하지만 지표와 내부 사이도 지속적으로 순환한다. 더욱이 지구 깊숙한 곳으로부터 공급되는 물질로부터 지구상의 물과 공기가 보충되어 생명이 가능하게 된다.

지구의 층상구조의 형성

우주의 물질이 모여 지구를 형성하던 기간과 조금 후의 기간 동안 높은 속도로 충돌하는 성운 파편들과 방사성 원소의 붕괴는 지구의 온도를 서서히 증가시켰다. 온도가 집중적으로 상승하는 동안 지구는 철과 니켈이 용융되기에 충분한 정도가 되었다. 용융과정에서 중금속 용융체는 지구의 중심부로 가라앉았다. 이러한 과정은 지질학적으로 짧은 시간에 이루어져 지구 중심부에 고철질의 고밀도 핵을 형성시켰다.

이 기간 동안의 화학적 분화도 함께 진행이 되어 용융된 암석 성분의 용융체는 지구의 외곽부로 떠올라 원시 지각을 형성시켰다. 암석 물질에는 산소와 특히 '산소-친화' 원소들이 풍부했으며, 여기에는 특히 실리콘과 알루미늄이 많았고 그 밖에 칼슘, 나트륨, 칼륨, 철과 마그네슘도 적은 양이지만 포함되어 있었다. 이에 더하여 금, 납, 우라늄과 같이 용융점이 낮거나 용융성이 높은 일부 중금속도 지구 내부로부터 빠져나와 지각 물질에 섞여 들어왔다. 초기의 화학적 분화로 인해 지구 내부는 기본적으로 3개의 구역으로 나뉘게 된다. (1) 고철질 핵, (2) 얇은 원시 지각, (3) 지구의 가장 큰 지층 구조이자 핵과 지각 사이에 위치하는 맨틀

지구 내부 조사 : 지진파 '보기'

지구 심부의 구조와 성질을 알아내기는 쉽지 않았다. 빛은 암석을 통과하지 못하므로 지구 내부를 들어다볼 수 있는 무엇인가를 찾아내야만 했다. 가장 좋은 방법이 땅을 파거나 시추를 하는 것이지만 그 깊이는 너무나 제한적이다. 가장 깊이 뚫은 시추는 12.5km인데 이는 지구중심까지 거리의 500분의 1밖에 안 된다. 깊이에 따라 온도와 압력이 급속히 증가하기 때문에 이정도도 굉장한 성과였다.

지구 반대편에서도 기록될 수 있을 정도의 큰 지진(약 M_w 6)이 대략 일 년에 100에서 200회 발생한다(**그림 9.36**). 이러한 지진들은 마치 엑스레이처럼 지구의 내부를 '볼 수' 있게 해 주었다. 지진파를 이용한 정밀한 연구를 통하여 지구 내부에 대해 한 층 더 많은 것을 이해할 수 있게 되었다.

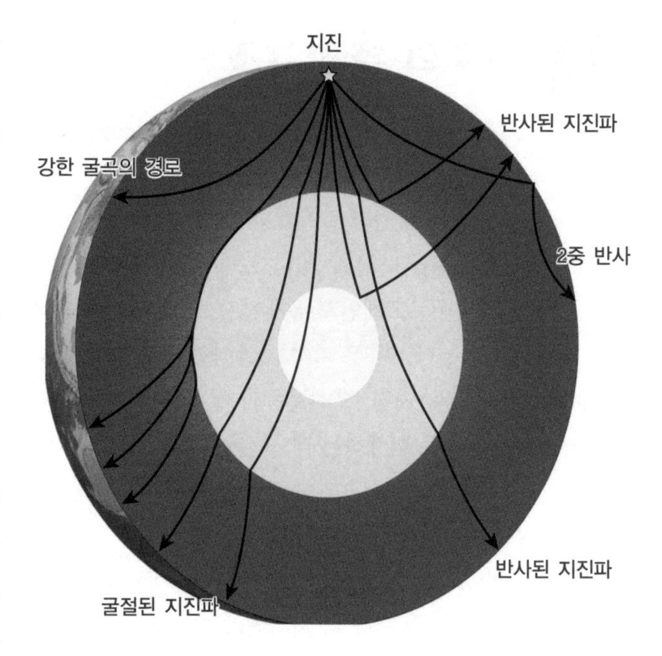

그림 9.36 **지구 내부를 통과하는 지진파의 추정 괘도** 맨틀에서 지진파는 직선이 아닌 곡선적인 괘도를 그리는데, 이는 깊이에 따라 압력이 증가하여 암석의 지진파 속도도 증가하기 때문이다.

지구 내부 구조를 알아내기 위하여 지진계에 기록된 지진파를 해석하는 것은 쉽지 않은 일이다. 지진파는 지구 내부를 통과할 때 직선으로 움직이지 않고 반사, 굴절, 회절된다. 지진파는 이질적인 층의 경계에서는 반사되고 통과하더라도 굴절되며, 장애물을 만나면 그 주변으로 회절된다(그림 9.36). 이러한 지진파의 서로 다른 속성을 이용하여 지구 내부 여러 경계부를 찾아내어 왔다.

지진파의 가장 두드러진 특성 중 하나가 강하게 굴곡된 경로를 이동한다는 것이다(그림 9.36). 이는 심도와 함께 일반적으로 증가하는 지진파의 속도 때문이다. 더욱이 지진파는 암석이 단단하거나 압축 가능성이 낮을수록 빠르게 통과한다. 이 단단함과 압축 가능성에 따른 지진파의 특성을 이용하여 암성의 성분과 온도를 해석한다. 예를 들어, 암석은 뜨거워질수록 단단한 성질이 무뎌지고(얼린 초콜릿을 가열할 때처럼) 지진파의 속도는 느려진다. 지진파는 또한 매질의 성분에 따라 이동 속도가 달라진다. 따라서 지진파의 이동 속도는 지구 내부 암석의 종류와 온도를 알아내는 데 도움을 줄 수 있다.

개념 점검 9.8

① 지구의 내부 층상구조는 어떻게 생겨났는가?

② 지진파를 이용하여 지구내부를 볼 수 있는 방법을 간략하게 기술하라.

9.9 지구의 층상구조

지구 내부의 주요 층상구조를 나열하고 설명하라.

화학적 성분에 의해 세 층으로 나눈 것에 더해 물리적 성질에 따라 지구의 내부를 나눌 수 있다. 층들을 나누는 데 사용되는 물리적 성질에는 고체인지 유체인지, 또 얼마나 강한지 약한지 등이 포함된다. 이 두 가지 기본적인 층의 형태에 대한 지식은 화산작용, 지진, 조산운동과 같은 지질학에 있어서의 기본적인 과정을 이해하는 데 근간이 된다(그림 9.37).

지각

암석으로 된 지구의 얇은 표피인 **지각**(crust)은 대륙지각과 해양지각의 두 종류가 있다. 둘 다 지각이라는 용어를 사용하지만 그 이상의 공통점은 별로 없다. 해양지각은 어림잡아 7km의 두께에 어두운색의 화성암인 현무암으로 구성되어 있다. 반면 대륙지각은 평균 35km에서 40km 두께이고 로키 산맥이나 히말라야 산맥처럼 산지지역에서는 70km를 초과할지도 모른다. 상대적으로 균질한 화학조성을 갖는 해양지각과는 달리 대륙지각은 여러 종류의 암석으로 구성되어 있다. 비록 상부 지각이 화강섬록암으로 부르는 화강암질 암의 평균 조성을 갖지만 지역마다 아주 다양한 성분과 형상을 보인다.

대륙의 암석은 $2.7g/cm^3$의 평균밀도를 보이며, 어떤 것은 40억 년 정도로 오래된 것도 있다. 해양지각의 암석은 대륙지각에 비해 젊고(1억 8,000만 년 이전) 밀도($3.0g/cm^3$)가 높다(물의 밀도가 $1g/cm^3$이므로 현무암의 밀도는 이보다 3배 높다).

맨틀

지구 전체의 82%에 달하는 체적을 차지하는 **맨틀**(mantle)은 고체이며 약 2,900km 깊이까지 분포한다. 지각과 맨틀 사이의 경계에서 화학조성의 변화가 뚜렷이 나타난다. 맨틀 최상부의 암석 대부분은 감람암이며, 이는 대륙과 해양지각 모두에서 나타나는 광물들 보다 더 많은 마그네슘과 철을 함유하고 있다.

상부맨틀은 지각과 맨틀의 경계에서부터 약 660km 깊이에 발달하는 하부 경계 사이에 존재한다. 상부맨틀은 두 개의 서로 다른 층으로 나뉠 수 있다. 상부맨틀의 상부는 단단한 암권, 그 아래는 그보다 약한 연

그림 9.37 **지구 내부의 층상구조** 지진파 연구와 여러 다른 지구물리학적 기술을 통하여 지구는 내부적으로 상호작용이 활발한 역동적인 행성임을 알게 되었다. 지구의 내부 층상구조의 특성은 물리적 상태(고체, 액체 또는 기체)와 밀도(암권과 연약권의 예에서처럼)로 구성된다. 연구를 통하여 지구 내부의 층상구조는 주로 밀도에 의해 결정되는데, 가장 무거운 물질(철)은 중심부에, 가장 가벼운 것(물과 가스)은 가장자리에 위치한다.

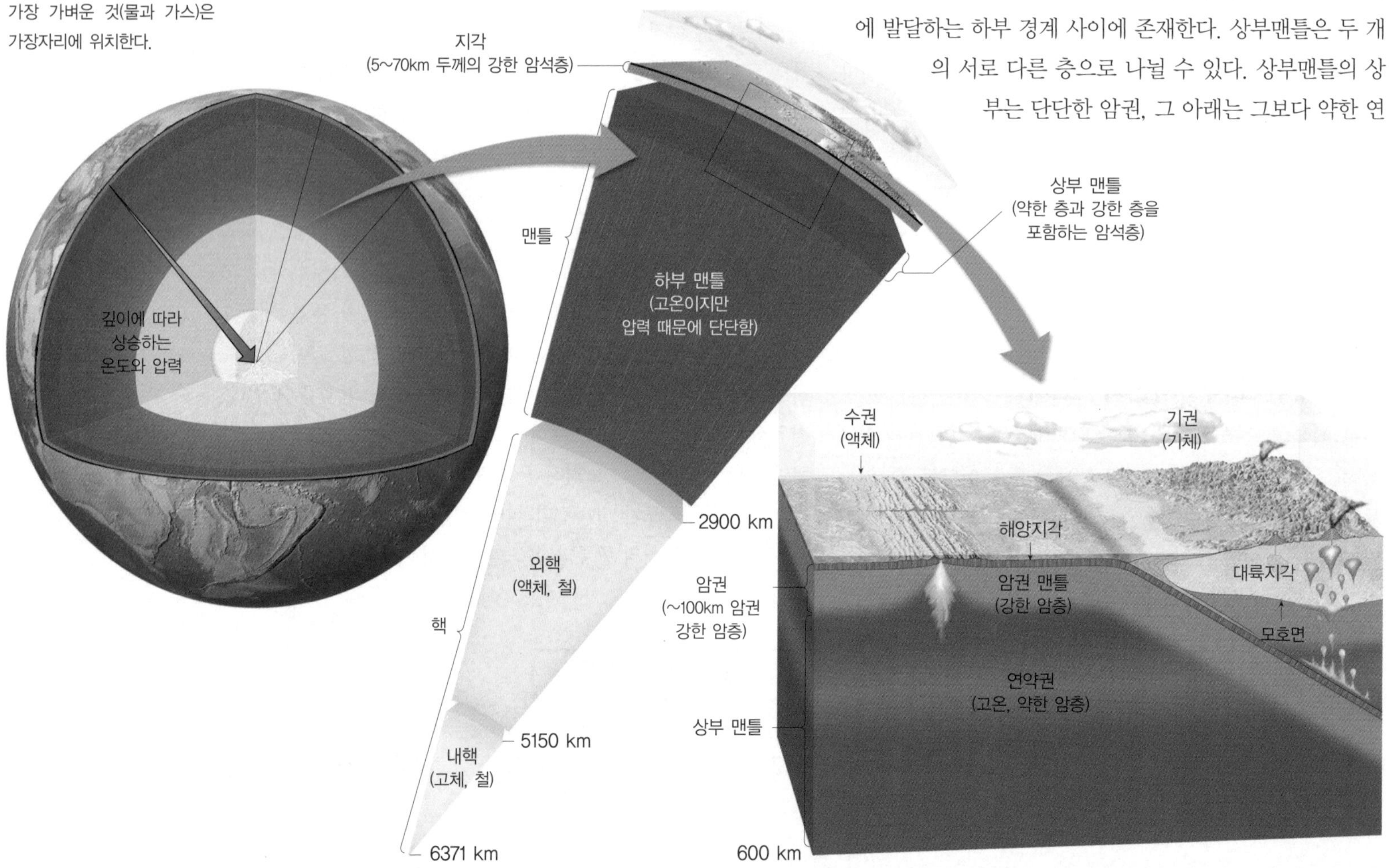

약권이다. **암권**(lithosphere)은, 구 모양의 암석을 의미하는데, 지각 전체와 맨틀의 최상부로 구성되며, 지구 최외곽의 차갑고 단단한 껍질 역할을 한다. 암권은 평균 두께 약 100km에 오래된 지각 아래에서는 250km 이상의 두께를 보인다(그림 9.37). 깊이 약 350km 부터는 단단한 암권 아래에 상대적으로 무른, 약한 구라는 뜻의 **연약권**(asthenosphere)이 시작된다. 연약권의 상부는 소규모의 용융을 발생시키는 온도/압력 체제를 갖고 있다. 이렇게 하여 극도로 약해진 이 영역을 중심으로 암권은 아랫부분과 역학적으로 분리된다. 그 결과 암권이 연약권과는 독립적으로 움직일 수 있게 되는 것이다. 이와 관련된 구체적인 내용은 다음 장에 설명되어 있다.

반드시 기억해야 할 중요한 사실은 다양한 지구 구성물질의 강도는 그 물질의 성분과 주변의 온도와 압력에 의해 지배를 받는다는 것이다. 암권 전체가 지표면 상의 돌멩이처럼 취성을 갖는 단단한 상태로 존재하는 것은 아니다. 오히려 암권의 암석은 지하로 내려갈수록 점차적으로 뜨거워지고 약해져서 보다 쉽게 변형된다. 연약권의 최상부에서 암석은 용융점에 가까워져서 아주 쉽게 변형을 일으키고, 일부에서는 용융도 발생한다. 따라서 뜨거운 왁스가 차가운 것보다 약하듯이 최상부의 연약권은 용융 환경에 접해 있기 때문에 약하다.

심도 660km에서부터 핵의 최상부가 시작되는 2,900km까지가 하부맨틀이다. 위에 놓인 암석의 무게가 주는 압력의 증가로 인하여, 맨틀은 깊이를 더해가면서 점차적으로 강해진다. 그러나 증가하는 강도에도 불구하고 하부맨틀은 아주 뜨거우며 상당히 느리지만 유동이 가능하다.

핵

핵(Core)은 대부분 철-니켈 합금으로 이루어져 있고 미량의 산소, 규소, 황이 철과의 화합물 형태로 존재하는 것으로 알려져 있다. 아주 큰 압력 하에서 대부분 철로 이루어진 핵의 평균 밀도는 거의 10g/cm³에 달하며(물의 10배), 지구 중심부에서는 약 13g/cm³에 달한다. 핵은 서로 다른 역학적 강도를 갖는 2개의 층으로 나뉜다. **외핵**(outer core)은 두께가 2,270km인 유체로 된 층이다. 이곳에 있는 금속철의 유동이 지구의 자기장을 만들어낸다. **내핵**(inner core)은 반경 1,216km의 구체이다. 외핵보다 높은 온도에도 불구하고 지구 중심부에 존재하는 엄청난 압력 때문에 내핵 속의 철은 고체 상태이다.

개념 점검 9.9

① 대륙지각과 해양지각은 어떤 차이가 있는가?
② 연약권과 암권의 구성을 비교하라.
③ 지구의 내핵과 외핵은 어떻게 다른가? 유사점은?

개념 복습 지진과 지구 내부의 구조

9.1 지진이란 무엇인가

지진 발생 메커니즘에 대해 그림으로 그리고 설명하라.

핵심용어 : 지진, 단층, 진원, 진앙, 지진파, 탄성 반발, 여진, 전진, 주향이동단층, 변환단층, 단층포행, 충상단층, 메가스러스트 단층

- 지진은 단층을 사이에 두고 두 암괴가 서로 다른 방향으로 갑자기 움직임으로 인해 발생한다. 암석이 움직이기 시작한 지점을 진원이라 한다. 지진파는 이 점에서 바깥의 모든 방향으로 암석을 통과하며 방사된다. 진원의 직상부에 위치한 지표면의 지점을 진앙이라 한다.
- 탄성 반발은 지진이 왜 발생하는지를 설명한다. 암석은 지각의 움직임에 의해 변형된다. 그러나 마찰 저항력이 암석을 움직이지 못하도록 잡아당기는 힘이며 그동안 암석 내에 변형이 축적된다. 변형은 마찰 저항력을 초과할 때까지 축적되다가 그 한계를 넘어서는 순간 파열이 발생하면서 쌓여 있던 에너지를 방출한다. 탄성 반발이 발생한 후 암석은 새로운 위치에서 원래의 모양으로 복원된다.
- 전진은 본진에 앞서 발생하는 다수의 작은 지진이다. 여진은 본진 후에 암석이 새로운 환경에 적응하면서 나타나는 다수의 작은 지진이다.
- 판 경계와 연계된 단층은 대부분 큰 지진의 근원이 된다.
- 캘리포니아 샌앤드리어스 단층은 파괴적인 지진을 발생시킬 수 있는 변환단층 경계의 예이다.
- 섭입대는 역사에 기록된 가장 큰 지진을 발생시킨 메가스러스트로 표시된다. 메가스러스트는 쓰나미도 발생시킬 수 있다.

? 지진과 단층의 관계를 보여주는 그림에서 빈칸에 이름을 써 보라.

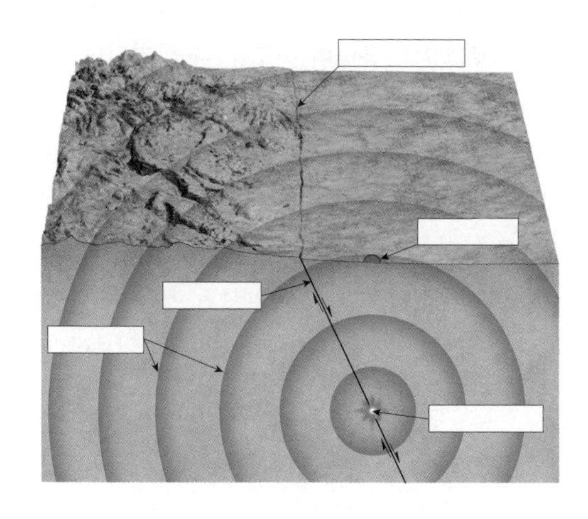

9.2 지진학 : 지진파 연구

지진파의 종류를 비교 대비하고 지진계의 원리를 설명하라.

핵심용어 : 지진학, 지진계(지진기록계), 관성, 지진기록, 표면파, 실체파, P파(1차파), S파(2차파)

- 지진학은 지진파를 연구하는 학문이다. 지진계는 관성을 이용하여 지진파를 기록한다. 장비의 몸체가 지진파로 흔들릴 때 매달린 추는 관성으로 멈춰있어 거기에 달린 펜(또는 센서)은 두 물체간의 상대적인 움직임을 기록하게 된다. 그 결과물이 지진기록이다.
- 지진기록으로 지진파에는 두 가지 종류가 있다는 것을 알게 되었는데, 지구의 내부를 관통할 수 있는 실체파(P파와 S파)와 지각의 상부 층만을 따라 이동할 수 있는 표면파가 그것이다. P파가 가장 빠르고 S파가 그 다음, 그리고 표면파가 가장 느리다. 그러나 진폭은 표면파가 가장 크고, S파와 P파 순서이다. 지진발생 시 대부분의 진동은 진폭이 큰 표면파가 발생시키며 대부분의 피해의 원인이 된다.
- P파와 S파는 서로 다른 움직임을 보인다. P파는 압밀운동을 보이는데, 파의 진행방향을 따라 체적의 변화를 일으킨다. 반면 S파는 진행방향의 수직방향으로 암석을 흔든다. 암석의 체적은 변하지 않지만 모양을 바꿔놓는다. 그 결과 P파는 액체를 통과하나 S파는 그렇지 못하다. 액체는 압밀은 되나 전단력을 받지 않기 때문이다.

? P파와 S파의 차이점을 지질학을 모르는 친구에게 실험으로 보여줄 수 있는가? (부상 주의)

9.3 지진원의 위치 결정

진앙을 찾는 데 지진계가 어떻게 사용되는지 설명하라.

- 지진 발생지점의 지표상 직 상부 지점의 위치를 진앙이라 한다. P파와 S파의 도달속도 차를 이용하여 진앙과 지진관측소 사이의 거리를 구할 수 있다. 세 곳 이상의 관측소에서 동일 지진의 진앙거리를 알 수 있다면, 삼각법을 사용하여 진앙의 위치를 알 수 있다.

9.4 지진의 크기 알아내기

지진의 진도 척도와 규모 척도를 구분하라.

핵심용어 : 진도, 규모, 수정 메르칼리 진도 척도, 리히터 척도, 모멘트 규모

- 진도와 규모는 지진의 세기를 측정하는 방법이다. 진도는 지진을 겪은 특정 지점에서의 지반 진동의 양을 기록하고, 규모는 지진에 의해 방출되는 실제 에너지의 양을 산정한다.
- 수정 메르칼리 진도 척도는 서로 다른 지점에서 어떤 지진의 진도를 측정하는 도구이다. 진동의 세기를 정량화할 수 있는 물리적 증거에 근거하여 만든 12단계의 척도이다. 그러나 사람이나 건물이 없는 지역에서는 이 방법을 적용하기 어렵다.
- 리히터 척도는 지진의 규모를 측정하기 위하여 만들어졌다. 지진계에 기록된 지진파의 최대진폭과 진앙거리를 고려한 척도를 사용하였다. 리히터 척도는 로그를 사용하여 척도 하나당 지진파 진폭이 10배씩의 차이가 나도록 되어 있다. 지진파는 진폭이 클수록 더 큰 에너지를 갖고 있으며, 리히터 척도 하나당 32배의 에너지 차이가 난다.
- 리히터 척도는 대규모 지진에는 분별력이 낮아서 모멘트 규모가 개발되었다. 모멘트 규모 척도는 파열된 암석의 강도, 변위량, 그리고 단층 파열 면적이 고려되어 지진발생 시 발산된 에너지의 총합을 나타낸다. 모멘트 규모는 지진의 크기를 나타내는 현대적 기준이다.

? 리히터 척도 지표에서 400km 떨어진 곳에서 발생한 지진으로 최대진폭 0.5mm가 기록되었을 때 리히터 규모(M_L)를 우선 구하라. 두 번째로 동일한 지진(동일한 M_L)으로 40km 떨어진 지점에서 기록될 최대 진폭을 구하라. (그림내. 거리; 규모; 진폭)

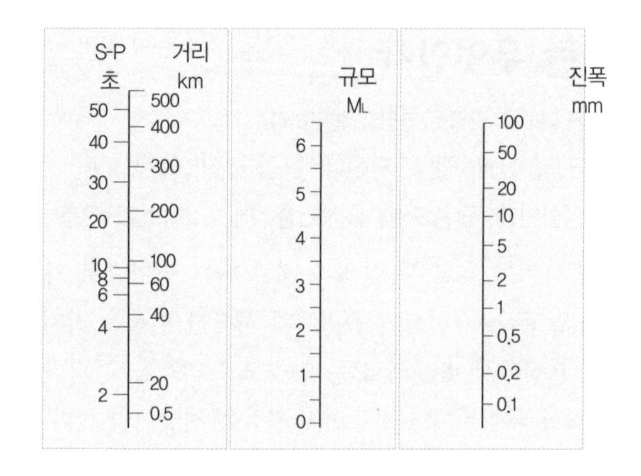

9.5 지진에 의한 파괴

지진동이 유발시킬 수 있는 주요 파괴력을 나열하고 설명하라.

핵심용어 : 액상화, 쓰나미

- 몇 가지 요인이 지진의 파괴력을 결정짓는다. 지진의 규모와 진앙 거리가 가장 중요하지만 함께 고려해야 할 것들이 있는데, (1) 진동의 강도, (2) 진동의 지속시간, (3) 건물 아래 기초의 특성, (4) 구조물 건축 기준이 그것이다. 보강재 없이 벽돌 등으로 만든 석조건물이 지진에 더 취약하다.
- 지진파는 느슨한 퇴적물을 통과하면서 증폭되므로 단단한 암반 위에 세운 구조물이 일반적으로 지진에 잘 견딘다. 물에 포화된 퇴적물이나 토양 지역에 특히 발생하는 재해가 있다. 물체는 특정 진동 주파수에서 마치 유체와 같이 거동한다. 이것을 액상화라 부르는데, '모래화산'을 생성시키기도 한다. 액상화가 발생한 지역에서 건물이 지표면 아래로 가라앉거나, 지하 구조물이나 하수도관이 지표 위로 떠오르기도 하고, 가스관을 파단시켜 엄청난 화재를 촉발시킬 수도 있다.
- 쓰나미는 보통 해저에서 메가스러스트 단층의 파열로 바닷물이 변위되면서 발생하는 바다의 물결이다. 민간 항공기의 속도로 대양을 가로지를 때도 심도가 깊은 바다에서는 인지하기 어렵다. 그러나 수심이 얕은 해안에 도달하면서 쓰나미는 느려지면서 바닷물을 쌓아 올려 높게는 30m 이상의 파도를 형성시키기도 한다. 쓰나미는 마루가 말리면서 부서지는 일반 파도와 달리 해수면을 급속히 상승시키고 퇴적물과 표류물로 막아버린다. 쓰나미 경보 시스템이 태평양을 포함하여 몇몇 해양분지에 설치 운영되고 있다.

? 이 절에서 배운 2차적인 지진재해 중 여러분의 거주 지역의 경우 가장 위험한 것은 무엇인가? 이유는?

9.6 지진은 대부분 어디에서 발생하는가

세계지도에 주요 지진대와 최대지진 발생 지역을 표기하라.

핵심용어 : 환태평양 대

- 지진에너지의 대부분은 태평양 연안지역의 메가스러스트 단층의 고리인 환태평양 대에서 방출된다. 또 하나의 지진대는 알파인-히말라야 대인데, 유라시아 판이 인도-오스트레일리아 판 및 아프리카 판과의 충돌경계를 따라 발달한다.
- 해령의 발산경계 시스템은 또 다른 활성 지진대를 형성시키는데, 해양지각이 발산하면서 수많은 소규모의 지진을 발생시킨다. 샌앤드리어스 단층을 포함하여 대륙지각 내의 변환단층도 큰 지진을 발생시킬 수 있다.
- 비록 대부분의 파괴적인 지진이 판 경계지역에서 발생한다 하지만 파괴적인 지진은 판 경계에서 멀리 떨어진 안정한 판 내부 지역에서도 발생한다. 1811~1812년 미국 미주리 주의 뉴마드리드의 개척 마을을 파괴한 지진과 1886년 사우스캐롤라이나의 찰스턴 지진이 대표적인 예이다.

? 아래의 지도에 주요 지진대를 표시하라. 각 지진대의 원인이 되는 판 경계의 종류를 기술하라.

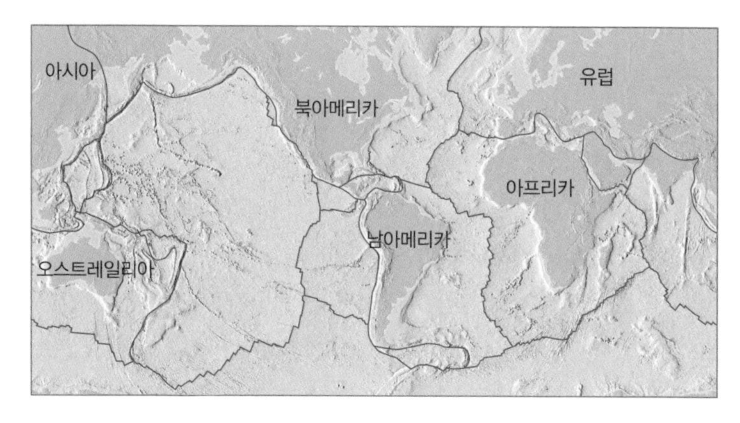

9.7 지진 예측은 가능한가

지진의 단기 예보와 장기 예측을 비교 대비하라.

핵심용어 : 지진 공백역

- 수많은 세월 동안 지진학자들에게 성공적인 지진 예보는 이루기 어려운 목표였다. 단기 예보(수 시간에서 수일)는 단층 주변 지반의 고도가 상승하거나 변형의 수위에 변화와 같은 전조 현상에 근거한다. 불행히도 이러한 예보가 지속적인 신뢰를 얻지는 못하고 있다.
- 장기 예측(30~100년)은 특정 규모의 지진이 발생할 수 있는가를 통계적으로 추정하는 것이다. 장기예측은 건축 기준과 기반시설 개발에 지침으로 사용되므로 유용하다.
- 과학자들은 오랜 기간 움직이지 않고 조용히 변형을 축적시켜 온 단층의 일부 구간을 지진 공백역으로 정의하였다. 지진 공백역의 위치를 알면 지진의 장기 예측에 도움을 줄 수 있다. 지진의 장기 예측을 위한 또 다른 방법은 고지진학인데, 역사 이전에 발생한 지진을 연구하는 학문이다. 지진은 순환적으로 발생하므로 지진의 재래주기를 결정할 수 있다면 언제 다시 발생할 수 있을 것인지를 예측할 수 있을 것이다.

? 만약 지진 공백역이 위치한 도시로 이주를 생각한다면, 그 계획이 안전한지 아니면 무모한지를 어떤 방법으로 알 수 있겠는가? 당신의 결정에 결정적인 요인은 무엇인가?

9.8 지구의 내부

지구의 내부 구조는 어떻게 형성되었으며, 지구 내부를 조사하는 데 지진파가 어떻게 사용되는지를 간략히 설명하라.

- 지구 생성 초기 중력에 의한 분대로 지구 내부에 층상구조가 형성되었다. 고밀도의 물질이 지구의 중심부로 가라앉고 저밀도의 물질은 가장 자리로 밀려 올라갔다.
- 지구과학자들은 지진파 덕에 지구의 내부를 '들여다볼 수' 있었다. 인체를 검사하는 엑스레이처럼 큰 지진이 생성시킨 지진파를 이용하여 지구 내부에 층상구조가 존재함을 밝혀내었다.

9.9 지구의 층상구조

지구 내부의 주요 층상구조를 나열하고 설명하라.

핵심용어 : 지각, 맨틀, 암권, 연약권, 핵, 외핵, 내핵

- 지구에는 두 종류의 해양지각과 대륙지각을 갖고 있다. 해양지각은 대륙지각보다 얇고 조밀하며 젊다. 해양지각은 상대적으로 밀도가 낮은 대륙지각 아래로 섭입한다.
- 지구의 맨틀은 밀도에 따라 상부와 하부 맨틀로 나뉜다. 최상부 맨틀은 단단한 암권 판을 이루며, 상대적으로 약한 연약권 위에 위치한다.
- 지구 핵의 성분은 철, 니켈, 그리고 그보다 가벼운 원소들로 이루어져 있다. 철과 니켈은 '지구 형성에 참여하지 못한' 유성에서 발견되는 무거운 원소이다. 외핵은 밀도가 높지만(물의 10배) S파가 통과하지 못하여 유체로 알려져 있다. 내핵은 고체이며 고밀도이다(물의 13배 이상).

복습문제

① 탄성 반발 개념을 묘사하는 그림을 그려 보라. 이 개념을 설명하기 위하여 고무 밴드 외에 것을 개발해 보라.

② 이 지도는 1900년 이후 발생한 세계적으로 큰 지진을 보여준다. 그림 2.11의 판 경계 지도를 인용하여 이들 파괴적인 지진과 연관된 판 경계의 종류를 알아내 보라.

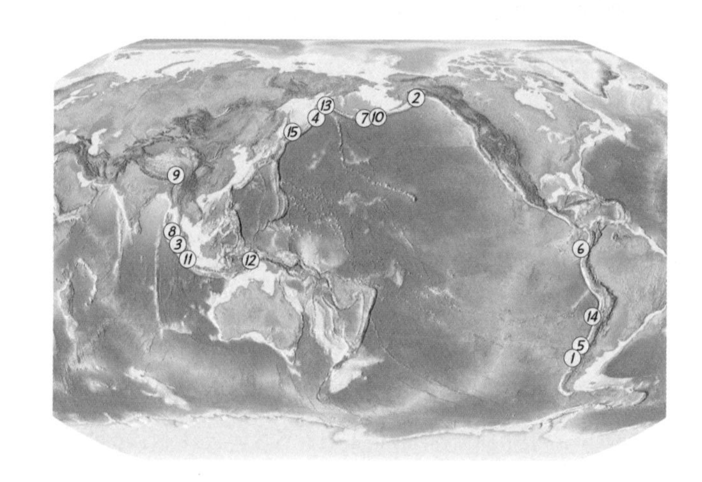

③ 지진기록을 이용하여 다음 질문에 답해 보라.

a. 지진계에 처음 도달한 지진파의 종류는?

b. 첫 P파와 첫 S파의 도달시간 차이는?

c. 질문 b에 대한 답과 그림 9.15의 거리-시간 그래프를 이용하여 지진과 관측소까지의 거리를 구하라.

d. 지진 관측소에 도착한 지진파의 진폭이 가장 큰 것은 셋 중 어느 것인가?

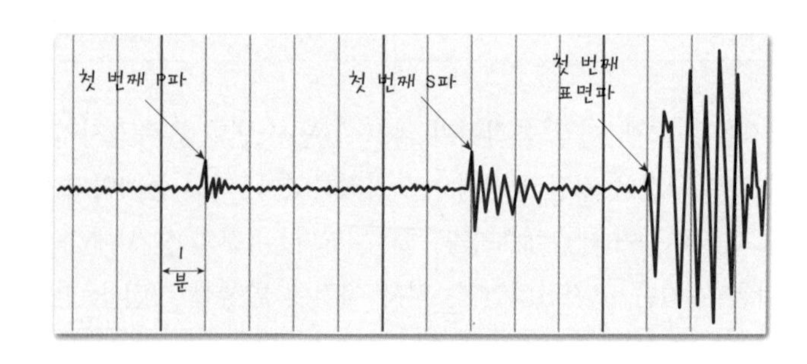

④ 해변을 따라 조깅을 한다. 모래는 단단하게 잘 다져져 있다. 발을 뗄 때마다 발자국에 빠르게 물이 차는 것을 볼 수 있다. 이 물은 어디서 오는 것인가? 지진과 수반된 어떤 재해가 이 현상에 잘 비유되겠는가?

⑤ 쓰나미가 올 때 첫 번째 파도 전에 해변으로부터 바닷물이 급히 빠져나가는 이유를 묘사하는 그림을 작성하라.

⑥ 임박한 지진에 대한 경보는 못하지만 쓰나미 경보는 가능한 이유는 무엇인가? 쓰나미 경보가 별 효과가 없을 만한 시나리오를 기술하라.

⑦ 샌앤드리어스 단층 지도를 이용하여 다음 질문에 답하라.

a. 샌앤드리어스 단층의 네 분절(1~4) 중 어느 것에서 단층포행을 경험할 수 있겠는가?

b. 고지진학 연구를 통하여 샌앤드리어스 단층에서 포트 테혼 지진을 발생시킨 3번 분절이 평균 135년에 한 번씩 큰 지진을 발생시키는 것으로 밝혀내었다. 이 정보를 이용하여 앞으로 30년 이내에 큰 지진이 발생할 확률을 어떻게 구할 것인가? 설명해 보라.

c. 샌프란시스코나 로스앤젤레스에서 가까운 미래에 대규모 지진을 경험할 위험이 더 크다고 생각하는가? 선택을 방어해 보라.

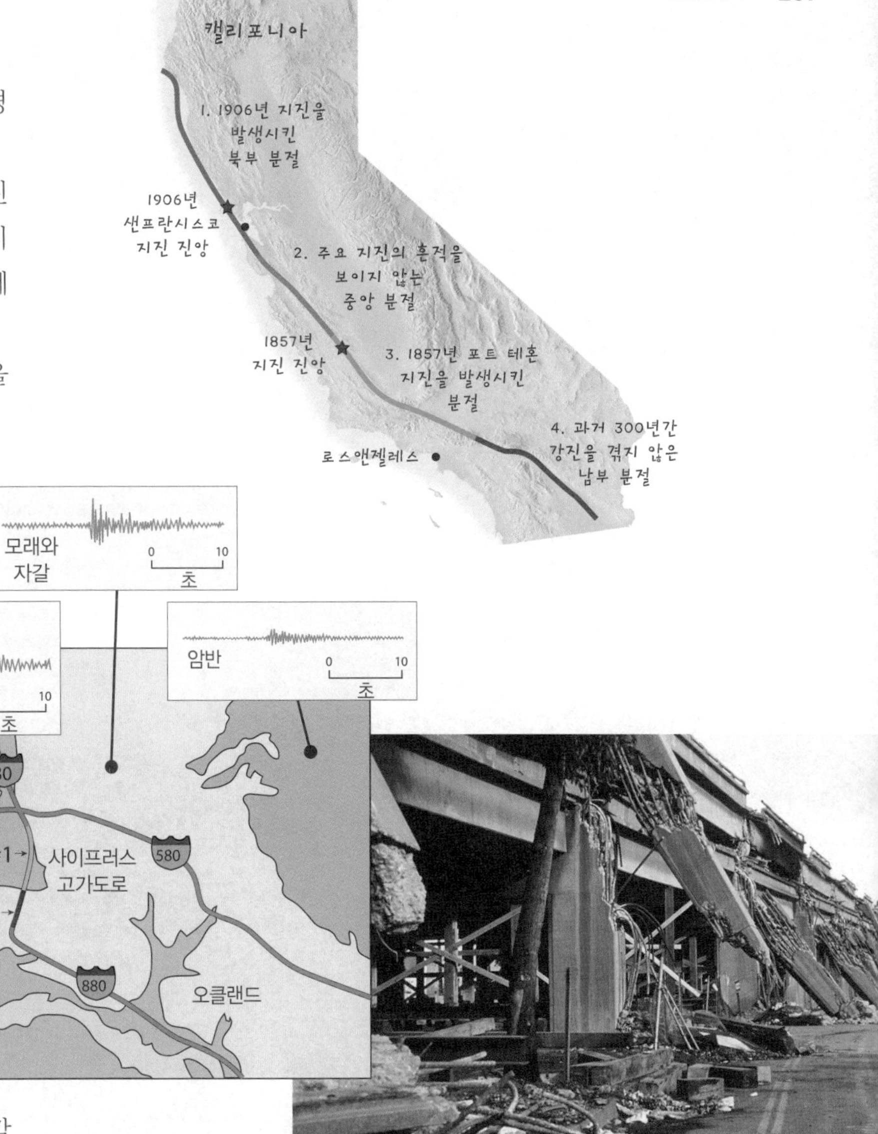

⑧ 다음은 1989년 로마프리에타 지진으로 붕괴되어 42명의 사망자를 내었던 880번 주간고속도로(니미츠 프리웨이)의 2층교 구간의 사진이다. 흔히 사이프러스 고가도로 불리는 약 1.4km의 이 프리웨이 구간은 붕괴되었고, 이와 유사한 다른 구간은 진동으로부터 살아남았다. 이 두 구간은 12억 달러를 들여 바로 철거하고 단일 데크 구조로 교체하였다. 주변에 위치한 세 곳의 지진관측소에서 기록된 진동의 세기를 보여주는 여진의 지진기록과 지도를 관찰하여 다음의 질문에 답하라.

a. 여진 발생 동안 최소 진동이 기록된 지역의 지반 물질은 무엇인가?

b. 같은 지진에 의해 최대 진동이 기록된 지역의 지반물질은 무엇인가?

c. 사이프러스 고가도로의 두 구간 중 어느 곳이 붕괴되었다고 생각하는가? 이유를 설명하라.

⑨ 샌앤드리어스 단층 같은 주향이동단층은 완전히 직선적이지는 않고 좌우로 조금씩 굽는다. 어떤 구간에서는 휜 부분이 그림과 같이 서로 반대 방향으로 당겨 열리기도 한다. 그 결과로 그곳은 내려앉아 저지대나 분지가 되고 물이 차게 된다.

a. 사진 속의 저지대를 무엇이라 부를 것인가?

b. 2개의 블록이 반대방향으로 움직이기 시작한다면 어떤 일이 생길지 기술하라.

10
대양저의 기원과 진화

핵심개념

다음은 이 장에서 다룰 주요 학습 목표이다.
이 장을 학습한 후 다음 질문에 답해 보도록 하자.

10.1 수심 측량술을 정의하고 대양저에 대한 지도를 그릴 때 이용될 수 있는 다양한 수심 측량기술들에 대하여 설명하라.

10.2 활동성 대륙주변부와 비활동성 대륙주변부를 비교하여 설명하고 각 지역에서 나타나는 주요한 지형들을 열거하라.

10.3 심해 분지의 주요한 지형들을 나열하고 각각에 대하여 설명하라.

10.4 대서양 중앙 해령의 단면도를 그리고 각 지형을 명명하라. 그리고 동태평양 해팽의 단면은 어떻게 다른가에 대하여 설명하라.

10.5 판의 확장 속도가 해령의 지형에 어떠한 영향을 미치는가를 설명하라.

10.6 해양지각을 이루는 네 종류의 층을 열거하고 어떻게 해양지각이 생성되는지 설명하라. 그리고 대륙지각과의 차이점을 설명하라.

10.7 대륙 열개로부터 새로운 해양분지가 형성되는 과정에 대하여 설명하라.

10.8 자발적인 섭입과 강제적인 섭입을 비교하여 설명하라.

미국 워싱턴 주에 위치한 올림픽 국립공원 내 리알토 해변에서 본 해상일몰 (사진 : *Barry Hamilton/Superstock/Alamy*)

해양은 지구의 가장 두드러진 지형이며, 70% 이상의 지표면을 덮고 있다. 그러나 1950년 이전까지는 대양저에 대한 정보는 극히 제한적이었다. 근대적인 기기의 발전과 더불어 대양저의 다양한 지형들은 빠르게 알려지기 시작했다. 특히 전 지구적으로 분포하고 있는 해령계의 발견이 가장 두드러진 성과이다. 이러한 해령계는 인접하고 있는 심해 분지보다 2~3km나 높게 솟아오른지구상에서 가장 길게 뻗어 있는 지형이다. 이 장에서는 대양저의 다양한 지형들을 살펴보고 그러한 지형들이 생성된 과정에 대하여 고찰한다.

10.1 대양저의 생생한 모습

수심 측량술을 정의하고 대양저에 대한 지도를 그릴 때 이용될 수 있는 다양한 수심 측량기술들에 대하여 설명하라.

알고 있나요?

미 해군은 선체를 방어하기 위하여 청백돌고래의 생물학적 음파 탐지기를 이용한다. 선체 파괴를 목적으로 설치된 기뢰를 감지하기 위하여 특별히 돌고래들을 훈련시킨다. 해군 함선이 기뢰가 설치된 지역에 진입하기 전에 훈련된 돌고래들을 먼저 풀어 그들의 음파 탐지기를 이용하여 기뢰들의 위치를 찾는다.

만약에 해양분지로부터 모든 물들을 배수시킬 수 있다면 광대한 화산 봉우리, 깊은 해구, 광활한 평원, 선형의 산맥, 그리고 거대한 대지와 같은 보다 더 다양한 지형들을 볼 수 있을 것이다. 실제로 해저에서도 대륙과 거의 유사하게 다양한 경관들이 있다.

해저 지도

대양저 지형의 복잡한 특성은 챌린저 호(HMS Challenger)의 역사적인 3년 반의 항해가 있기 전까지는 알려지지 않았다(**그림 10.1**). 1872년 12월부터 1876년 5월까지의 챌린저 호 탐사는 그 전에는 없었던 지구 해양에 대한 최초의 종합적인 연구였다. 127,500km의 항해 동안 과학자들로 이루어진 선원들은 북극을 제외하고는 모든 대양을 탐험했다. 항해 내내 수심을 포함한 다양한 해양 특성이 조사되었는데 힘들게 고생하며 추가 달린 긴 줄을 바닷속으로 내리면서 측정하였다. 챌린저 호는 1875년에 해저에서 가장 깊은 지점의 깊이를 측정하였다. 오늘날 그 지점을 챌린저 해연이라고 부른다.

근대적인 수심 측량기술 해양의 깊이를 측정하고 대양저의 모양이나 지형을 도식화하는 기술을 **수심 측량술**(bathymetry)이라고 하는데 이 용어는 깊이와 측정의 합성어이다. 오늘날에는 음파 에너지가 수심을 측정하는 데 사용된다. 기본적인 방법은 일종의 **수중음파 탐지기**(sonar)를 이용하는 것인데 이 용어는 음향 항해와 거리관측 등으로부터 조합된 것이다. 음파를 이용해서 수심을 측정하기 위한 최초의 장비인 **음향 측심기**(echo sounder)는 20세기 초에 개발되었다. 음향 측심기는 **핑**(ping)이라고 하는 음파를 수중에 전달하여 큰 해양 생물이나 대양저와 같은 물체에 부딪쳐서 되돌아오는 음향을 이용하여 작동된다(**그림 10.2**). 민감한 수신기가 바닥으로부터 반사되어 오는 음향을 감지하고 시계를 이용하여 이동 시간을 초 단위까지 정확하게 측정한다.

수중 음파의 전달속도가 약 초속 1,500m라는 사실을 이용하고 또 에너지 펄스가 대양저에 도달한 후 되돌아오는 데 필요한 시간을 측정하면 수심을 계산할 수 있다 — 깊이 =1/2(1,500m/sec×음향 도달시간). 이러한 음향들을 연속적

그림 10.1 챌린저 호 최초의 체계적인 해양 수심 측정은 챌린저 호의 역사적인 3년 반의 항해 동안에 이루어졌다. *(Library of Congress)*

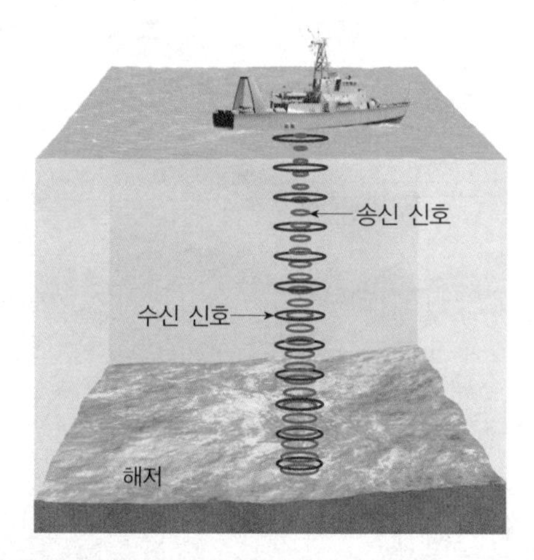

그림 10.2 음향 측심기 음향 측심기는 음파가 선체로부터 해저까지 도달했다가 되돌아올 때까지 걸린 시간을 측정함으로써 수심을 결정한다.

으로 감지함으로써 결정되는 수심들을 도면에 나타내서 대양저의 단면을 얻게 된다. 인접한 지역에 대한 여러 개의 횡단면들을 조합하여 힘이 들긴 하지만 전체적인 단면도를 만들 수 있고 최종적으로 해저 지도를 완성할 수 있다(22~23쪽에 있는 그림 1.22 참조).

제2차 세계대전을 거치면서 미국 해군은 항로에 설치된 폭발물들을 탐지하기 위하여 측면주사 수중음파 탐지기를 개발하였다(**그림 10.3A**). 어뢰처럼 생긴 이 기기는 배 뒤쪽에 설치되어 배 옆쪽으로 부채꼴 모양의 음파를 방사한다. 측면주사 수중음파 탐지기로부터 얻은 일련의 데이터를 조합함으로써 관측자들은 최초로 사진과 같은 해저 영상을 얻을 수 있었다. 측면주사 수중음파 탐지기 덕분에 해저의 모습에 대한 귀중한 자료를 얻을 수 있었지만 수심에 대한 데이터는 얻을 수 없었다.

A. 동일한 선체로부터 운전되고 있는 측면주사 수중음파 탐지기와 다중빔 수중음파 탐지기

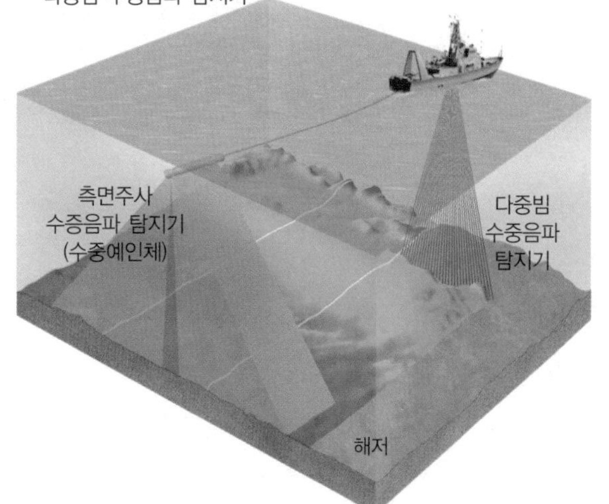

B. 미국 캘리포니아 로스앤젤레스의 해저와 해안 지형을 보여주는 색채 투시도

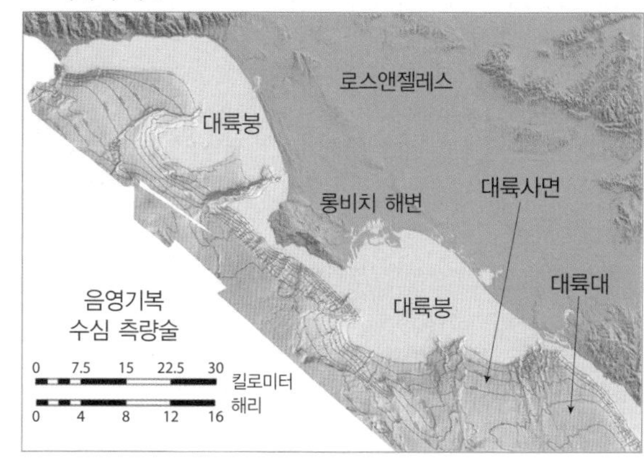

그림 10.3 **측면주사와 다중빔 수중음파 탐지기**

이러한 단점은 **고해상 다중빔 음향 측심기**의 개발에 의해서 해결되었다(그림 10.3A 참조). 이 기기는 선체에 탑재된 음원으로부터 부채꼴 모양의 음파들이 방사되고 해저로부터 반사되어 오는 음파들은 다양한 각도를 갖고 좁은 영역으로만 초점이 맞춰진 일련의 수신기들에 의하여 기록된다. 매초 동안 한 지점의 수심을 얻는 대신 이 기술을 이용함으로써 탐사선의 항로를 따라 수십 킬로미터의 폭에 걸친 대양저의 지형들에 대한 관측이 가능해졌다. 게다가 이 시스템을 이용하면 1m 이하의 정확도를 가질 정도의 고해상도로 수심에 대한 데이터도 확보할 수 있다. 해저 단면도를 얻기 위해서 다중빔 음향 측심기를 이용할 때는 탐사선은 '잔디깎기'와 같은 형태로 일정한 공간을 전후 방향으로 반복적으로 왕복하며 항해한다.

고성능이면서 향상된 세부 기능을 갖춘 기술임에도 불구하고 고해상 다중빔 음향 측심기를 탑재한 탐사선은 기껏해야 시속 10~20km의 속도로 항해할 수밖에 없다. 따라서 전체 해저 지도를 그리기 위해서는 이러한 장비를 갖춘 탐사선 100대가 수백 년 동안 탐사해야 한다. 이러한 이유 때문에 음향 측심기를 이용하여 전체 해저의 5%에 대한 상세 지도가 완성되었다(**그림 10.3B**).

우주로부터 대양저 지도 그리기 해저에 대한 진일보한 이해를 가능하게 한 또 다른 기술적인 비약적 발전은 우주로부터 전 지구의 해양 표면의 모습을 관측할 수 있게 되었다는 것이다. 파도, 조류, 해류, 그리고 대기 효과 등을 보정한 후에도 수면은 완전하게 편평하지 않다는 것이 밝혀졌다. 해저 산맥들이나 해령들과 같은 대규모의 구조들은 평균적인 중력보다 더 큰 인력으로 작용하기 때문에 해수면의 높이를 증가시킨다. 이와는 정반대로 해저 협곡이나 해구 등은 수면의 높이를 낮춘다.

레이더 고도계를 갖춘 인공위성은 수면으로부터 되돌아오는 전자파를 이용하여 이러한 미묘한 차이의 수면의 높이를 측정할 수 있다(**그림 10.4**). 이 장치는 수 센티미터 정도의 작은 변화도 측정할 수 있다. 그러한 자료들은 대양저 지형에 대한 지식을 엄청나게 확장하였다. 이렇게 얻어진 자료들을 기존의 수중음파 탐지기에서 측정한 수심 자료들과 종합하여 해석함으로써 그림 1.22에서 보는 바와 같이 상세한 대양저 지도를 작성할 수 있다.

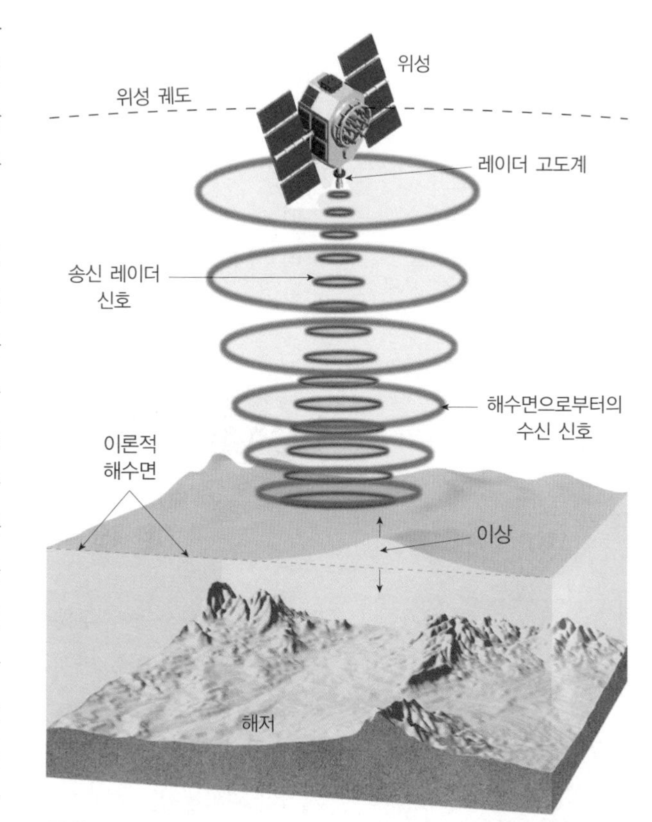

스마트그림 10.4 **위성 고도계** 위성 고도계는 해수면 고도의 변화를 측정한다. 이러한 해수면 고도는 중력의 영향으로 변하고 해저 지형을 반영한다. 해수면 이상(anomaly)은 측정된 해수면 고도와 이론적으로 계산된 해수면 고도 사이의 차이를 일컫는다.

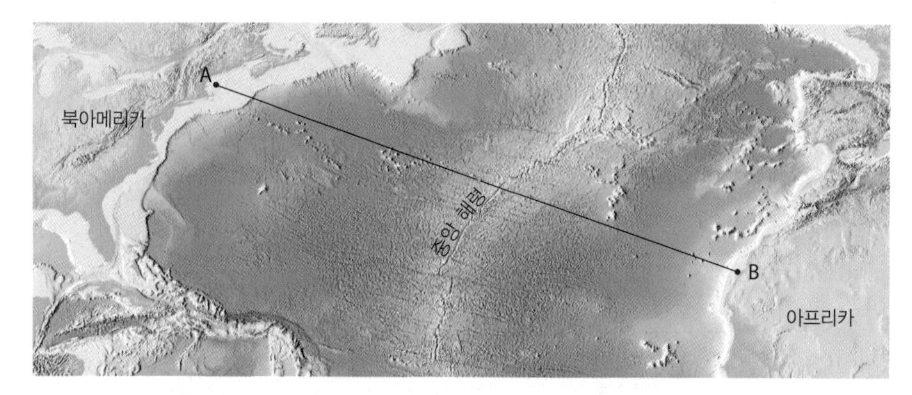

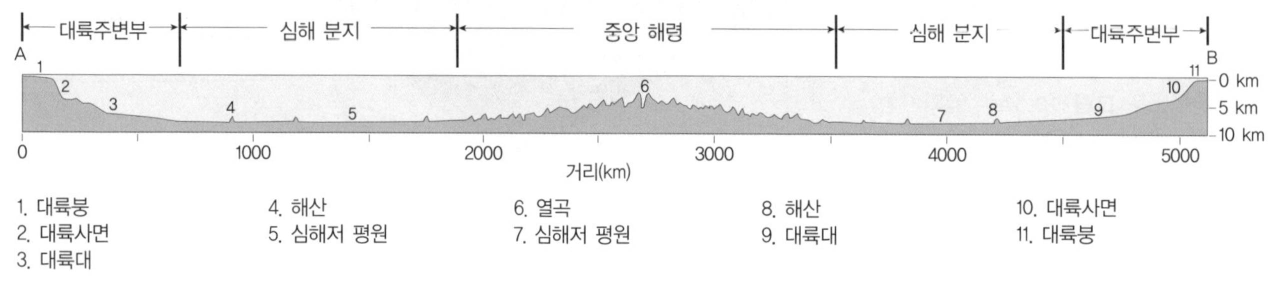

1. 대륙붕
2. 대륙사면
3. 대륙대
4. 해산
5. 심해저 평원
6. 열곡
7. 심해저 평원
8. 해산
9. 대륙대
10. 대륙사면
11. 대륙붕

그림 10.5 **북대서양의 주요한 지형학적인 분기점** 그림은 뉴잉글랜드로부터 북아프리카 해안까지의 횡단면도이며 대서양 분지를 가로질러 나타나는 다양한 해저지형 구조를 한눈에 알아볼 수 있게 한다.

대양저의 구역

대양저의 지형을 연구하는 해양학자들은 대양저를 크게 대륙주변부, 심해 분지, (중앙) 해령 등의 세 가지 구역으로 나누어 설명한다. **그림 10.5**의 지도는 북대서양의 이러한 구역들을 개략적으로 나타낸 것으로 단면도에서 다양한 지형들을 볼 수 있다. 이러한 단면도를 작성할 때는 지형적인 특징이 뚜렷하게 보일 수 있도록 수직적인 수치를 좀 과장해서 나타내는데 이 경우에는 40배 정도로 과장되어 있다. 이렇게 해저단면을 수직적으로 과장하여 나타내기 때문에 실제보다 훨씬 더 가파르게 보인다.

알고 있나요?

사해의 물 염도는 일반적인 해수의 염도보다 거의 10배 높다. 그 결과 사해의 물은 밀도가 매우 높고 부력이 커서 사람들과 물체들이 쉽게 뜰 수 있다.

개념 점검 10.1

① 수심 측량술을 정의하라.

② 수중에서 음파의 평균 전달속도가 초당 1,500m라고 가정하고, 음향 측심기로부터 발생된 신호가 해양 바닥에서 반사되어 수신기까지 도달하는 데 총 6초가 소요되었을 때 수심을 계산하라.

③ 지구 궤도 위성들은 직접적으로 관찰하지 않고 해수면으로부터 수 킬로미터 깊이에 있는 해양저의 지형들을 어떻게 알아내는지 설명하라.

④ 대양저를 세 가지 주요한 지형학적 구역들로 구분하라.

10.2 대륙주변부

활동성 대륙주변부와 비활동성 대륙주변부를 비교하여 설명하고 각 지역에서 나타나는 주요한 지형들을 열거하라.

명칭에서 암시하듯이 **대륙주변부**(continental margin)는 대륙지각이 해양지각으로 바뀌는 대륙의 가장자리를 일컫는다. 대륙주변부는 크게 활동성과 비활동성의 두 가지 형태로 구분할 수 있다. 대서양의 거의 모든 지역과 인도양의 대부분의 지역이 비활동성 대륙주변부로 둘러싸여 있다. 그와는 대조적으로 **그림 10.6**에서 보는 바와 같이 태평양의 대부분은 활동성 대륙주변부(섭입대)에 의해서 경계지어 있다. 몇 개의 활동성 섭입대는 대륙의 경계로부터 상당히 떨어져서 위치하고 있는 것에 주목하라.

알고 있나요?

일본은 인구가 밀집된 해안지역의 부지 부족 문제를 해결하기 위하여 대륙붕 인근에 인공 섬들을 건설해 왔다. 이러한 섬들 중 하나는 오사카 해안으로부터 약 4.8km 떨어진 지점에 위치하고 있는데 그 곳에 간사이공항이 들어서 있다.

비활동성 대륙주변부

비활동성 대륙주변부(passive continental margin)는 판의 경계들로부터 다소 떨어져 위치한 지질학적 작용이 활발하지 않은 지역이다. 그 결과 비활동성 대륙주변부에서는 강한 지진이나 화산활동이 발생하지 않는다. 이러한 비활동성 대륙주변부는 대륙이 분기하거나 해저확장에 의하여 지속적으로 멀어지는 곳에서 발달한다. 분기한 대륙들은 결국에는 주변의 해양지각과 합쳐진다.

대부분의 비활동성 대륙주변부는 폭이 크고 다량의 퇴적

물들이 쌓여 있다. 비활동성 대륙주변부에서 나타나는 주요한 지형들은 대륙붕, 대륙사면, 그리고 대륙대 등이다(그림 10.7).

대륙붕 해안선으로부터 심해 분지까지 넓게 분포하는 물속에 잠겨 있는 경사가 완만한 표면을 **대륙붕**(continental shelf)이라고 한다. 대륙붕은 주로 퇴적암과 주변 육지로부터 침식되어 생성된 퇴적물들로 덮여 있는 대륙지각으로 이루어져 있다. 대륙붕의 폭은 지역에 따라 매우 다양하다. 어떤 대륙 가장자리를 따라서는 거의 나타나지 않을 수도 있는 반면 다른 대륙에서는 바다 쪽으로 1,500km 이상까지 뻗어 있다. 대륙붕의 평균 경사는 단지 0.1° 정도로 매우 완만해서 관측자에게는 수평면으로 보일 수도 있다.

대륙붕에는 복잡하거나 특징적인 지형들이 비교적 드물지만, 어떤 지역들에서는 빙하 퇴적물들이 넓게 덮고 있어서 대륙붕 표면이 심하게 굴곡져 있다. 또한 어떤 대륙붕 지역들은 해안으로부터 심해로 뻗어 있는 큰 계곡들에 의해서 절단되어 있기도 한다. 이러한 많은 대륙붕 계곡들은 인접한 대륙으로부터 바다 쪽으로 연장된 하천 계곡이다. 그러한 계곡들은 마지막 빙하기(4기)에 침식되어 형성되었다. 이 기간 동안에는 엄청난 양의 물이 대륙에 있는 거대한 빙상에 저장되어 있었기 때문에 해수면이 100m 이상 내려갔고 넓은 면적의 대륙붕이 노출되었다. 해수면 높이가 감소하였기 때문에 하천들의 길이는 연장되었으며 육지에 서식하는 식물이나 동물들은 새롭게 노출된 대륙붕까지 서식처를 확장해 나갔다. 북미 해안 바닥을 준설하였을 때 맘모스, 마스토돈, 말 등과 같은 다양한 육지 동물들의 오래된 잔해들이 나왔는데 이는 일부 대륙붕은 예전에 해수면 위에 있었다는 것을 입증한다.

대륙붕들이 차지하는 면적은 전체 해양 면적의 7.5%에 불과하지만, 대륙붕은 석유와 천연가스의 보고일 뿐만 아니라 대륙붕 지역에는 귀중한 어장들이 많이 분포하고 있기 때문에 경제학적인 관점이나 정치적인 면에서 매우 중요하다.

대륙사면 대륙붕의 바다 쪽 끝이 **대륙사면**(continental slope)으로 알려져 있는데 대륙사면은 대륙붕에 비해 상대적으로 경사가 급한 구조이고 대륙지각과 해양지각의 경계이다. 대륙사면의 경사는 지역에 따라 매우 다르게 나타나지만, 평균 5° 정도이고 어떤 지역에서는 25°가 넘는다.

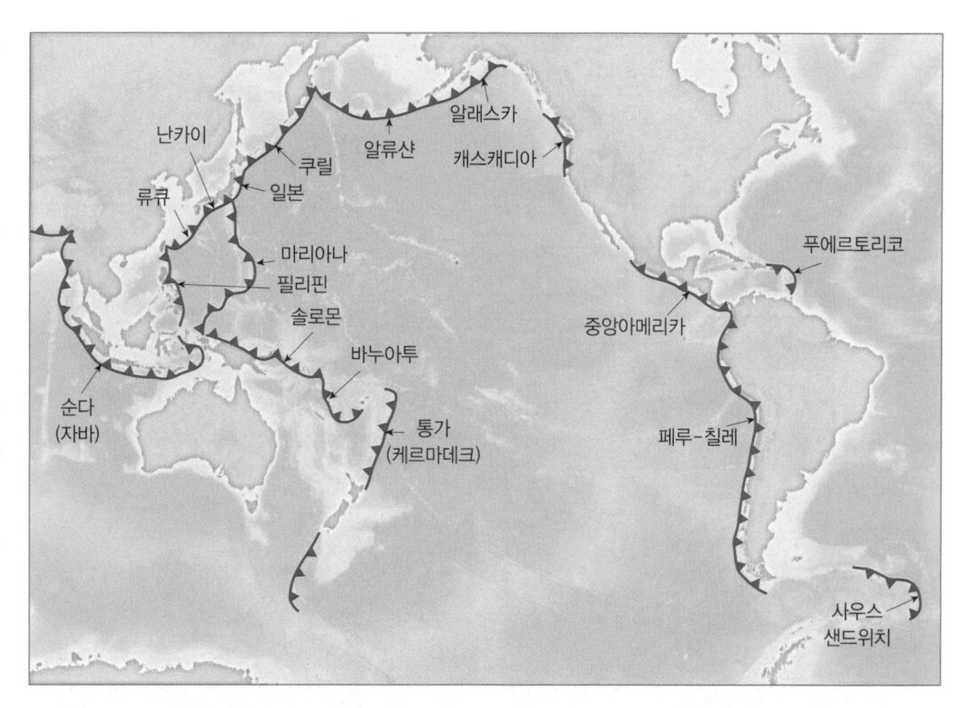

그림 10.6 **지구의 섭입대 분포** 지구에 존재하는 활성화된 섭입대의 대부분은 태평양 주변에 위치하고 있다.

대륙대 대륙사면은 **대륙대**(continental rise)라고 알려진 경사면으로 점진적으로 변한다. 대륙대는 해양 쪽으로 수백 킬로미터로 확장되어 있다. 대륙대에는 대륙사면을 따라 내려와서 심해 분지까지 이동된 퇴적물들이 두껍게 쌓여 있다. 이러한 퇴적물들은 해저 협곡을 따라 주기적으로 흘러내리는 퇴적물과 물이 혼합된 **저탁류**(turbidity current)에 의해서 해저까지 운반된다(그림 10.7). 이러한 이류들이 협곡으로부터 비교적 편평한 해저 분지로 쏟아지면 퇴적물들이 쌓여서 **심해 선상지**(deep-sea fan)를 형성한다(그림 10.7). 인접한 해저 협곡들에 의해서 심해 선상지들이 성장함에 따라 수평적으로 서로 병합되어 많은 퇴적물들이 대륙사면의 기저를 계속 덮게 되면서 대륙대가 형성된다.

활동성 대륙주변부

활동성 대륙주변부(active continental margin)는 해양암권이

그림 10.7 **비활동성 대륙주변부** 대륙붕과 대륙사면에 대한 경사가 매우 과장되게 나타나 있다. 대륙붕의 평균 경사는 0.1°이지만, 대륙사면의 평균 경사는 약 5°이다.

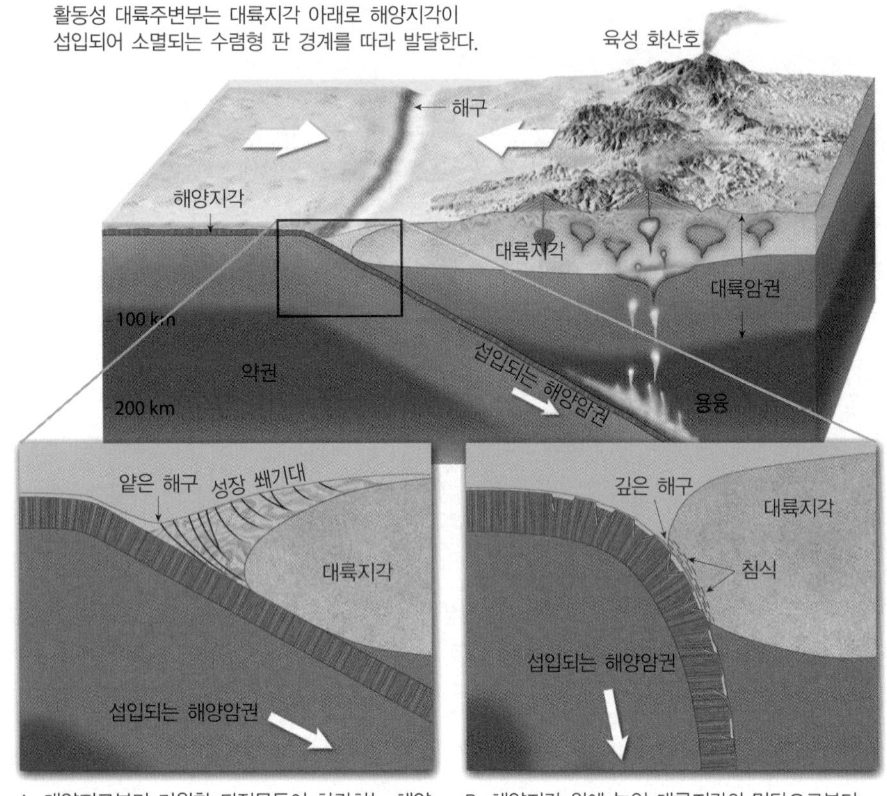

A. 대양저로부터 기원한 퇴적물들이 하강하는 해양지각으로부터 부스러져서 떨어져 나온 후 위에 놓인 대륙지각 끝단에 눌려서 만들어진 성장쐐기들이 섭입대를 따라 발단한다.

B. 해양지각 위에 놓인 대륙지각의 밑단으로부터 떨어져 나온 퇴적물과 암석들이 섭입되는 판에 의하여 맨틀로 옮겨짐으로써 섭입에 의한 침식이 발생한다.

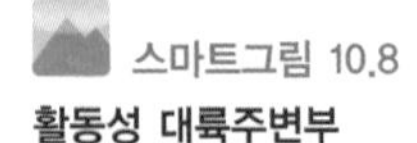

활동성 대륙주변부

대륙 끝단 아래로 섭입되는 수렴경계를 따라 나타난다(**그림 10.8**). 이러한 수렴경계의 특징적인 지형은 깊고 좁은 심해 해구인데, 대부분의 태평양 가장자리에 이러한 해구들이 분포하고 있다. 하나의 예외적인 지역이 푸에르토리코 해구인데 이 해구는 카리브 해와 대서양의 경계부에서 형성되었다.

섭입대를 따라 대양저로부터 기원한 퇴적물들과 해양지각 일부가 하강하는 판으로부터 부스러지거나 위에 놓인 대륙 끝단에 접합하게 된다(그림 10.8A). 이러한 변형된 퇴적물들과 해양지각의 파편들로 이루어진 복잡한 퇴적층을 **성장 쐐기대**(accretionary wedge)라고 하는데, 이 용어는 '향하다'와 '성장하다'의 합성어이다. 이렇게 해구의 대륙 쪽 가장자리에서 퇴적물들이 성장함과 더불어 판이 지속적으로 섭입되면서 대륙주변부를 따라 많은 양의 퇴적물들이 쌓인다.

섭입에 의한 침식작용(subduction erosion)이라고 하는 정반대 현상이 다수의 섭입대에서 관찰된다(그림 10.8B). 위에 놓인 대륙 끝단에 퇴적물들이 쌓이는 대신에 퇴적물들과 암석들이 대륙암권의 기저부를 부스러뜨려서 섭입되는 판에 의해서 맨틀로 이동되기도 한다. 섭입에 의한 침식은 특히 완전히 냉각되고 밀도가 큰 해양암권이 마리아나 해구처럼 매우 경사가 급한 지역에서 섭입될 때 일어난다. 그림 10.8B에서 보는 바와 같이 급경사로 구부러진 섭입되는 판은 해양지각에 단층을 유발할 뿐만 아니라 표면을 매우 거칠게 만든다.

개념 점검 10.2

① 비활동성 대륙주변부의 세 가지 주요한 지형들을 나열하고 그 중 어떤 지형이 범람에 의하여 대륙으로부터 만들어진 것인지 말하라. 그리고 그중 가장 경사가 급한 곳은 어디인가?

② 활동성 대륙주변부와 비활동성 대륙주변부의 차이점을 말하고 각 지역에서 나타나는 대표적인 지형들을 말하라.

③ 활동성 대륙주변부를 판구조론과 연관지어 설명하라.

④ 성장 쐐기대가 어떻게 형성되는지 간단하게 설명하라.

⑤ 섭입에 의한 침식작용에 대하여 설명하라.

10.3 심해 분지의 지형

심해 분지의 주요한 지형들을 나열하고 각각에 대하여 설명하라.

대륙주변부와 해령 사이에 **심해 분지**(deep-ocean basin)가 놓여 있다(그림 10.5). 이 지역의 크기는 대략 지구 표면의 30%에 해당되는데 이는 거의 해수면 위에 있는 육지가 차지하는 비율에 견줄 만하다. 이 지역에는 여러 지형들이 나타나는데, 대양저에서 매우 깊은 선형 함몰지인 심해 해구, 심해저 평원이라고 알려진 뚜렷하게 편평한 지역들, 해산과 기요라고 하는 높은 화산 봉우리들, 해양대지라고 하는 대규모 현무암 대지 지역 등이다.

심해 해구

심해 해구(deep-ocean trench)는 해저에 있는 길고 비교적 좁은 굴곡진 지역으로 대양저에서 가장 깊은 부분을 형성한다. 대부분의 해구들은 태평양 주변부를 따라 위치하는데, 깊이가 10,000m가 넘는 것들로 있다(22~23쪽에 있는 그림 1.22 참조). 마리아나 해구의 첼린저 해연(海淵)과 같은 해구의 일부분은 해수면으로부터 깊이가 10,994m로 측정되었고 전체 해양에서 가장 깊은 부분으로 알려져 있다(**그림 10.9**). 대서양에는 단지 2개의 해구만 존재하는데, 소앤틸리스 열도 근처에 위치한 푸에르토리코 해구와 사우스샌드위치 해구 등이다.

심해 해구들은 전체 대양저 지역의 단지 일부분만을 차지하지만 매우 중요한 지질학적 지형이다. 해구는 판들이 수렴하는 곳으로 해양판들이 섭입

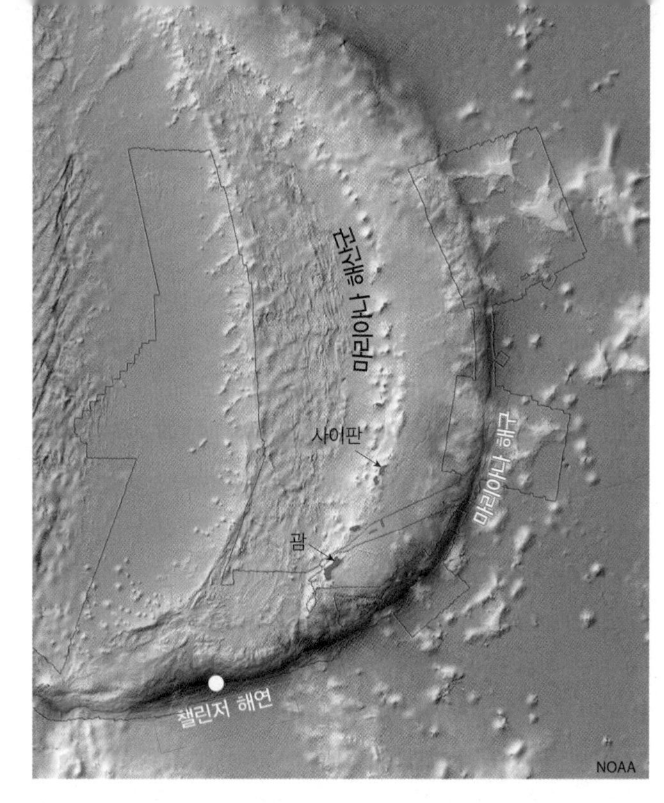

그림 10.9 **챌린저 해연** 마리아나 해구의 남쪽 끝에 위치하고 있는 챌린저 해연은 깊이가 약 10,916m로 세계에서 가장 깊은 곳이다. 영화 타이타닉과 아바타로 유명한 제임스 카메론 감독은 2012년 3월에 세계 최초 탐사가 이루어진 이후 50년 만에 챌린저 해연 바닥까지 도달하였다.

되어 맨틀로 잠긴다. 이 지역에서는 판들 사이의 충돌에 의해 발생하는 지진과 더불어 판의 섭입에 의해 촉발되는 화산활동도 수반된다. 그 결과 어떤 해구들은 **화산도호**(volcanic islandarc)라고 하는 호(弧) 모양으로 열을 지어 있는 활화산들과 나란하게 분포한다. 뿐만 아니라 안데스와 캐스케이드의 일부분으로 구성된 **육성 화산호**(continental volcanic arc)라고 하는 지형이 대륙주변부 근처에 위치한 섭입대를 따라 평행하게 나타난다. 태평양 주변부를 따라 분포하고 있는 수많은 해구들과 이에 수반되는 화산활동으로 말미암아 이 지역을 환태평양 화산대라고 한다.

심해저 평원

심해저 평원(abyssal plain)은 '가지고 있지 않다(無)'와 '바닥(기저)' 등으로부터 조합된 용어로, 심해 분지의 편평한 지형이다. 사실 이 지역들은 지구상에서 가장 기복이 없는 편평한 곳이다(24~25쪽에 있는 그림 1.22 참조). 예를 들어 아르헨티나 해안으로부터 기원한 심해저 평원은 1,300km가 넘는 거리 동안 3m 이하의 기복을 보인다. 심해저 평원의 단조로운 지형은 가끔씩 부분적으로 매몰된 화산 봉우리(해산)가 불쑥 튀어나와 나타나는 화산 꼭대기에 의해서 교란된다.

반사법 탄성파 단면도(seismic reflection profiler)를 이용하여 수행된 연구 결과들로부터 심해저 평원이 상대적으로 특징 없는 지형을 지닌 이유는 하부에 놓인 굴곡진 다른 대양저 위에 퇴적물들이 두껍게 쌓였기 때문인 것으로 알게 되었다(**그림 10.10**). 이 퇴적물의 특성을 분석해 본 결과, 이러한 심해저 평원은 주로 세 종류의 물질들로 구성되어 있는데, (1) 저탁류에 의해서 해양에서 먼 곳으로부터 이동된 세립질의 퇴적물들, (2) 해수로부터 침전된 광물질들, (3) 해양 미생물들의 껍질 내지는 유골 등이다.

심해저 평원은 모든 해양에 분포한다. 하지만 특별히 대서양에 가장 넓은 심해저 평원이 나타나는데 이는 대서양에는 해구가 없어 대륙사면의 하향 경사를 따라 발생하는 퇴적물의 운반이 해구에 의해서 방해받지 않기 때문이다.

대양저 내 화산지형

다양한 크기의 수많은 화산지형들이 대양저 위에 점처럼 나타난다. 그중 많은 지형들은 육지 위의 화산구처럼 고립되어 나타난다. 다른 지형들은 수천 킬로미터까지 뻗은 거의 직선형의 고리모양으로도 분포한다. 반면에 텍사스 주 크기만큼의 광범위한 지역을 덮고 있는 대규모의 구조로 나타나는 지형들도 많다.

해산과 화산섬 해저 화산을 **해산**(seamount)이라고 부르는데, 주변 지형보다 수백 미터 높게 솟아 있다. 수백만 개의

알고 있나요?

오늘날 산호초는 전 세계 해양 면적 중 약 590,000km²를 덮고 있다. 인간의 활동이나 지구온난화로 비롯된 해수면 상승과 같은 다양한 종류의 스트레스에 의해서 산호초는 파괴될 수 있다.

반사법 탄성파 단면도

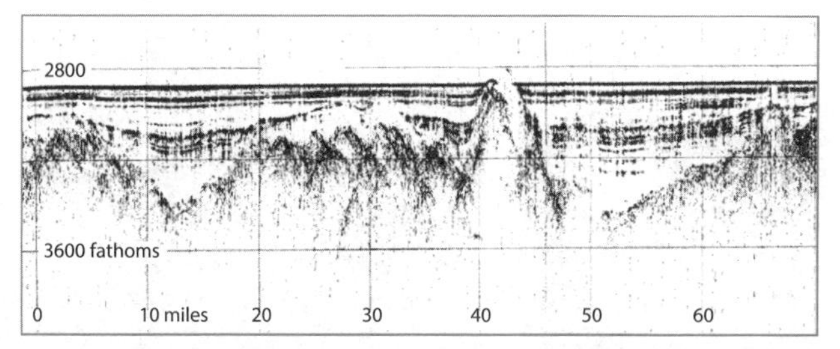

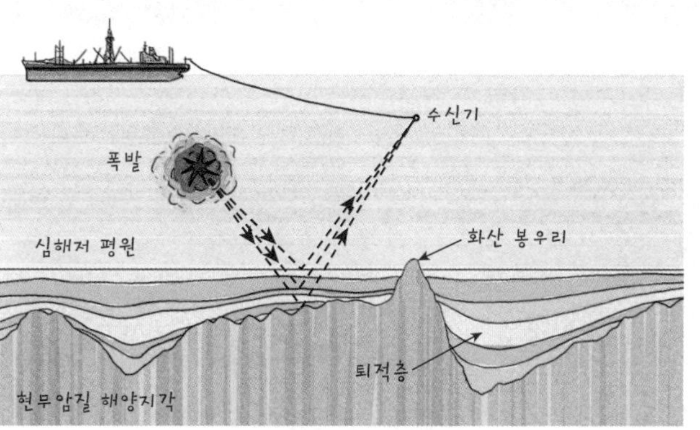

지질학자의 스케치

그림 10.10 **해저 탄성파 단면도** 대서양 동부에 위치한 마데이라 심해저 평원 일부에 대한 탄성파 단면도와 그에 대한 스케치로서 퇴적물에 의해서 매몰된 불규칙한 해양지각을 보여주고 있다. (Charles Hollister, Woods Hole Oceanographic Institution)

해산들이 존재하는 것으로 추정된다. 몇몇 해산들은 해수면 위로 들어나는 섬들이 될 정도로 높지만 이러한 경우는 매우 드물고, 대부분의 해산들은 해수면 위까지 솟아오를 수 있는 지형이 만들어질 정도로 충분히 긴 분출 기간을 갖지 못한다. 이러한 해산들은 모든 대양저에서 발견되지만, 특히 태평양에 가장 일반적으로 나타난다.

태평양의 하와이 열도로부터 알류샨 해구 쪽으로 뻗어 있는 하와이-엠퍼러 해산군과 같은 해산들은 맨틀 플룸과 관련 있는 화산성 열점에 의해서 형성된다(51쪽에 있는 그림 2.27 참조). 다른 해산들은 해령 부근에서도 생성된다.

판의 움직임에 의해서 마그마가 공급되는 지점으로부터 이동되기 전에 충분한 크기로 성장하는 지형은 **화산섬**(volcanic island)의 형태로 출현할 수 있다. 대서양에 있는 이러한 예들로는 이스터 섬, 타이티, 보라보라, 갈라파고스 군도, 그리고 카나리 군도 등이다.

기요 이러한 해산들이 화산섬의 형태로 존재하는 동안 이들 화산 구조의 일부는 풍화와 침식에 의해서 해수면 부근까지 낮아진다. 이와 더불어 움직이는 판들이 섬들이 생성된 높은 해령이나 열점으로부터 천천히 운반함에 따라 이러한 섬들은 점차적으로 가라앉고 해수면 아래로 사라진다. 이러한 과정으로 형성된 물속에 잠겨 있고 편평한 봉우리를 가지고 있는 해산들을 **기요**(guyot)[1]라고 한다.

해양대지 대양저에는 많은 수의 대규모 **해양대지**(oceanic plateau)가 분포하고 있는데, 육상에서 나타나는 범람 현무암 대지와 유사하다. 해양대지는 두께가 30km를 넘을 수도 있는데, 현무암질 용암이 방대하게 대양저 표면을 흘러내려서 생성된다.

어떤 해양대지들은 지질학적 시간에서 볼 때 매우 빠르게 형성되어 나타나기도 한다. 그러한 예들로 온통자바(Ontong Java) 대지와 케르겔렌(Kerguelen) 대지는 각각 300만 년과 450만 년 이내에 형성되었다(22~23쪽에 있는 그림 1.22 참조). 육상에 있는 범람 현무암 대지와 같이, 해양대지는 둥글납작한 맨틀상승류가 방대한 양의 현무암질 용암을 쏟아 낼 때 형성된다고 알려져 있다.

산호 환초에 대한 설명－다윈의 가설

산호 **환초**(環礁)는 종종 해수면으로부터 수천 미터 깊이까지 연장되어 있는 환(環)형 구조이다. 환초를 생성시킨 원인은 무엇이고 어떻게 그렇게 엄청난 두께를 가지게 되었을까?

산호는 일반적으로 개체수가 많고 군락을 이루어 사는 매우 작은 동물이다. 대부분의 산호들은 체외에 탄산칼슘으로 이루어진 튼튼한 골격을 형성한다. 몇몇 산호들은 **산호초**라고 하는 탄산칼슘으로 만들어진 대규모의 구조를 형성하는데, 이러한 구조는 이전 세대의 산호 군락들의 유골이 뭉쳐져서 생성되고 그 위에서 새로운 군락이 성장한다. 해면류와 조류도 산호초에 부착하기 시작하면서 산호초는 더욱더 커진다. 최종적으로는 어류, 해양 복족류(달팽이류), 문어, 그리고 다른 생물들이 가지각색의 비옥한 서식처에 자리 잡는다.

산호초를 형성하는 산호들은 연평균 수온이 약 24℃인 곳에서 가장 잘 성장하고 18℃보다 낮거나 30℃보다 높은 온도에서는 오랫동안 생존하지 못한다. 이와 더불어 산호초를 만드는 산호들에게는 햇볕이 드는 맑은 물이 필수적이다. 결론

1 기요라는 용어는 프린스턴대학교 최초의 지질학 교수의 이름을 따서 붙여졌다. 'g'는 'give'에서와 같이 경음으로 '기요(Gee-oh)'로 발음한다.

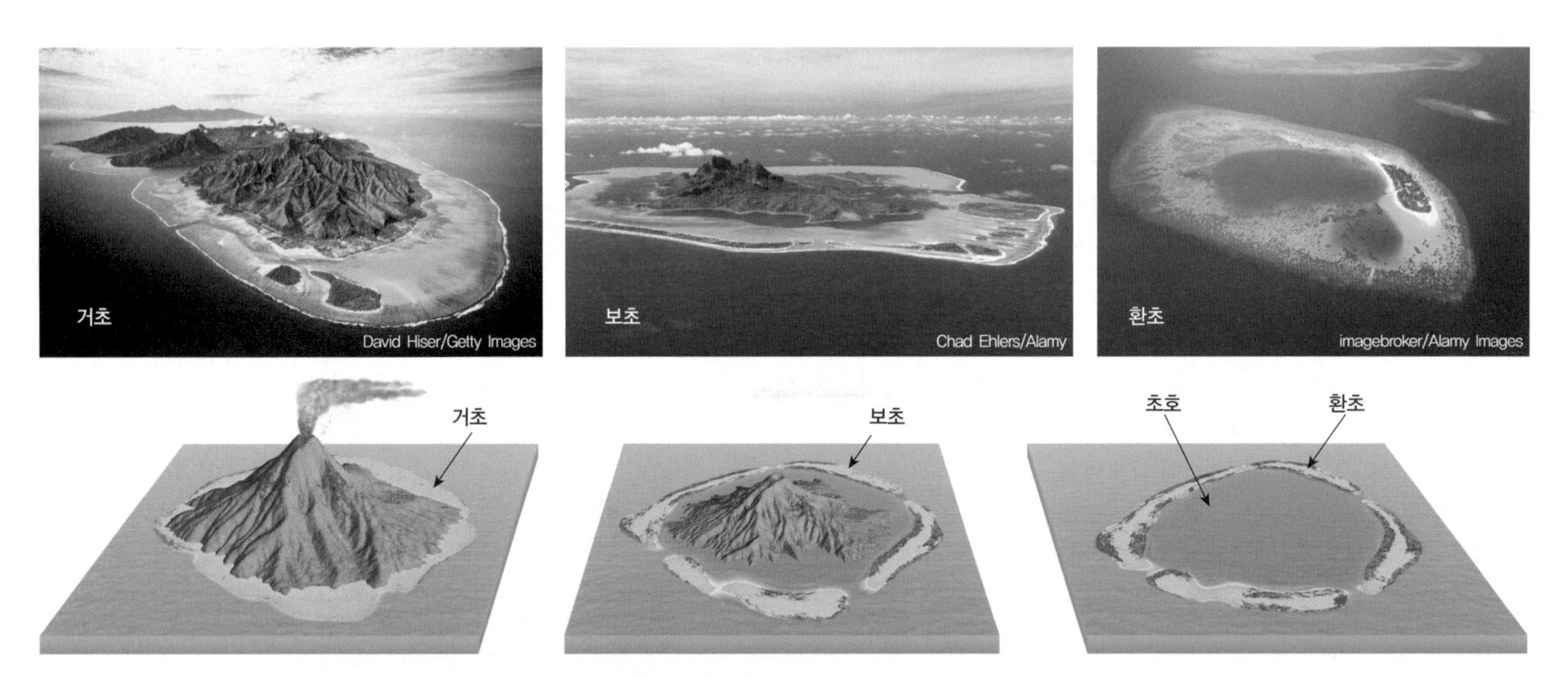

그림 10.11 **다윈의 가설** 다윈의 가설은 침식에 의하여 높이가 낮아질 뿐만 아니라 많은 화산섬들이 점진적으로 침강한다고 주장한다. 또한 다윈은 암초복합체의 상향 성장에 의하여 화산섬이 침강하면서 수심이 점진적으로 변하는데 산호들은 이러한 수심의 변화에 반응한다고 제시하였다.

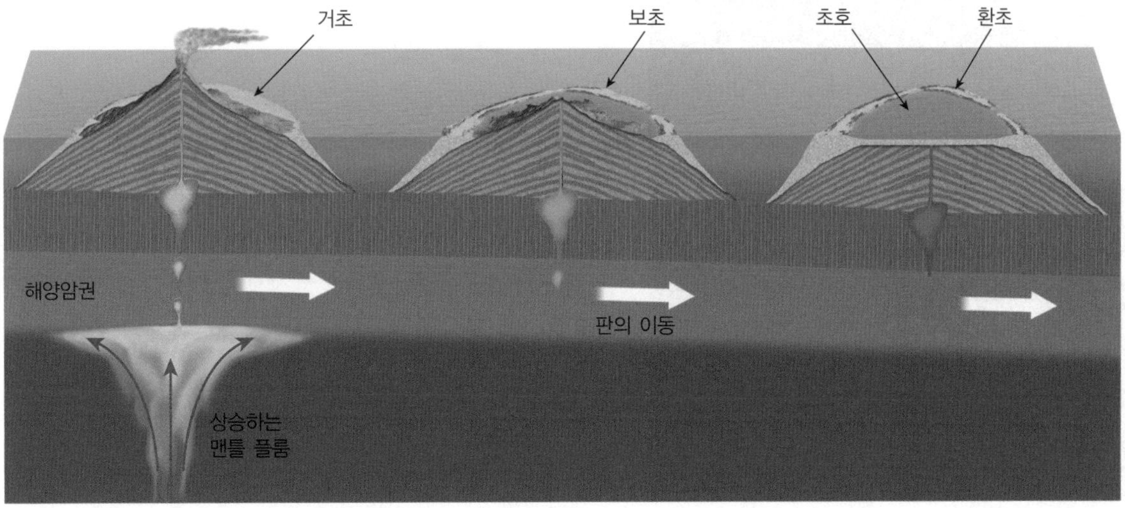

그림 10.12 **판구조론과 환초** 판구조론은 화산섬이 어떻게 소멸되고 또한 오랜 기간 큰 깊이로 침강될 수 있는지에 대한 가장 최신의 과학적 설명을 제공한다. 암권의 부력성 융기를 초래하는 비교적 정적인 맨틀 플룸 위에서 화산섬들은 형성되고 그 이후 수백만 년 동안 서서히 침강된다. 그리고 그러는 동안 움직이는 판들에 의하여 원래 생성된 열점으로부터 멀리 이동된다.

적으로 말하자면 산호초가 가장 활발하게 성장할 수 있는 깊이는 대략 45m로 제한된다.

산호초의 성장에 요구되는 이러한 제한적인 환경 조건들은 다음과 같은 흥미로운 의문점을 불러일으킬 수 있다—이렇게 따뜻하고, 깊지 않고, 햇볕이 들 수 있는, 불과 수십 미터 깊이에서만 살 수 있는 산호들이 어떻게 깊은 수심까지 뻗어 있는 산호 환초와 같은 두꺼운 구조들을 형성할 수 있을까?

생물학자 찰스 다윈은 환초의 기원에 대한 가설을 최초로 제시하였다. 그가 영국 배인 비글 호를 타고 그의 유명한 세계 일주 항해 기간 중이었던 1831년부터 1836년까지 5년 동안에 그러한 가설을 제시하였다. 다윈이 방문하였던 많은 곳들에서 그는 산호초 형성에 있어서 다음과 같은 발달 단계가 있다는 것을 알게 되었다. (1) 화산 주변부의 거초로부터 성장하기 시작하여, (2) 중앙에 화산이 있는 보초가 생성되고, (3) 마지막으로는 중심부에 초호가 위치하고 그 주위에 연결되거나 끊겨 있는 고리 모양의 산호초로 구성된 환초로 발달한다(그림 10.11).

다윈이 제시한 가설의 핵심은 침식작용에 의하여 고도가 낮아짐과 더불어 화산섬이 천천히 침강한다는 것이다. 뿐만 아니라 다윈은 암초복합체의 상향 성장에 의하여 화산섬이 침강하면서 수심이 점진적으로 변하는데 산호들이 이러한 수심 변화에 반응한다고 주장하였다.

결국에는 화산섬들은 해수면 아래로 가라앉고 그 잔재가 환초라고 하는 암초 형태로 남아 있게 된다. 그러나 다윈의 시대에는 많은 화산섬들이 가라앉는 방법과 이유를 설명할 수 있는 그럴듯한 메커니즘이 없었다.

판구조론은 어떻게 화산섬이 오랜 기간 동안에 거쳐 소멸되거나 매우 깊은 곳까지 침강될 수 있는지에 대한 가장 최신의 과학적 설명을 제공한다. 화산섬들은 상대적으로 정체된 맨틀 플룸 위에서 형성됨으로써, 암권이 데워지고 또 맨틀 위에 떠서 융기되게 만든다. 수백만 년이 흐른 뒤에는 이러한 화산섬들은 움직이는 판들에 의하여 그들이 형성된 화산활동이 일어나는 열점으로부터 멀리 운반됨에 따라서 서서히 냉각되면서 무거워지고 침강되기 때문에 점진적으로 가라앉게 된다(그림 10.12). 분기점 위에서 형성된 화산섬도 또한 맨틀 상승류가 있는 지역으로부터 멀어짐에 따라서 가라앉게 된다.

개념 점검 10.3

① 심해 해구가 판의 경계와 어떻게 연관되는지 설명하라.
② 태평양 지역에서보다 대서양 지역에서 심해저 평원이 더 넓게 확장되어 있는 이유에 대하여 설명하라.
③ 편평한 봉우리를 가지고 있는 해산인 기요는 어떻게 생성되는가?
④ 대양저에 나타나는 지형들 중 대륙에 있는 현무암 대지와 유사한 것들은?
⑤ 다윈의 가설을 이용하여 다음 주어진 산호초들을 생성된 순서대로 나열하라(보초, 환초, 거초).

10.4 해령에 대한 해부

대서양 중앙 해령의 단면도를 그리고 각 지형을 명명하라. 그리고 동태평양 해팽의 단면은 어떻게 다른가에 대하여 설명하라.

잘 발달된 판의 발산경계를 따라 해저가 높아지면서 **해령**(oceanic ridge) 또는 **중앙 해령**(mid-ocean ridge) 또는 **해팽**(rise)이라고 하는 선형으로 길게 뻗은 돌출부가 생성된다. 대양저로부터 얻어진 음향 자료, 심해 시추로부터 획득된 코어 시료, 심해 무인 잠수정을 이용한 시각적인 관찰(그림 10.13), 그리고 대륙판과 충돌하면서 물이 없는 육지 쪽으로 휘어진 대양저의 조각들에 대한 직접적인 관찰을 통하여 우리는 해령계에 대한 지식을 습득하고 있다.

그림 10.13 심해 무인잠수정 알빈 이 잠수정은 길이가 7.6m, 무게가 16톤이며 1knot로 항해할 수 있으며 4,000m 깊이까지 잠수할 있다. 한 명의 조종사와 두 명의 과학자가 함께 6시간에서 10시간 동안 잠수할 수 있다. (사진 : Rod Catanach KRT/Newscom)

알고 있나요?

1960년 1월, 미국 해군 대위 돈 월시와 탐험가 자크 피카르는 마리아나 해구의 챌린저 해연 바닥으로 내려갔다. 출발 후 5시간이 지난 후에야 그들은 10,916m 깊이의 바닥에 도달하였다. 이 잠수 기록은 그로부터 50년 뒤에 유명한 영화감독인 제임스 카메룬이 인류 최초로 혼자서 잠수하여 그 깊이까지 도달하기 전까지는 깨지지 않고 있었다.

해령계는 야구공의 이음매와 같이 모든 주요한 대양들에서 굴곡져 나타나고 지구 표면에서 가장 길게 연장된 지형으로, 길이가 70,000km가 넘는다(그림 10.14). 해령의 정상은 대개 인접한 심해 분지 위로 약 2~3km 높이로 솟아 있고, 새로운 해양지각이 생성되는 판의 경계부이다.

그림 10.14에서 보는 바와 같이 대부분의 해령계 이름은 여러 해양분지 안에서 그들이 어느 위치에 있는가에 따라서 붙여진다. 어떤 해령이 해양분지의 중앙부를 따라 분포하면 중앙 해령이라 한다. 대서양 중앙 해령과 인도양 중앙 해령이 그 예이다. 하지만 동태평양 해팽은 '해양의 중앙부'가 아니다. 오히려 그 이름에서 알 수 있듯이 해양의 중앙과는 동떨어진 태평양 동쪽에 위치하고 있다.

산등성(ridge)이라는 용어는 오해의 소지가 있는데, 용어가 의미하듯이 좁고 가파른 지형이 아니고 오히려 폭이 1,000~4,000km나 되고 매우 다양한 각도로 굴곡져 있는 선형으로 길게 뻗은 돌출부 형태로 나타나기 때문이다. 게다가 해령계는 수십에서 수백 킬로미터의 길이를 갖는 여러 개의 마디로 분할되기도 한다. 각 마디는 변환단층에 의하여 인접한 마디와 엇갈려 있다.

해령들은 육상에 존재하는 산들만큼 높다. 그러나 유사성은 그 정도뿐이다. 대륙에 있는 대부분의 산들이 판의 수렴경계를 따라 발생하는 횡압력에 의하여 두껍게 쌓인 퇴적암들이 습곡 작용을 받거나 변성되어 생성되는 반면, 해령들은 장력에 의하여 해양지각들이 깨지거나 분기할 때 생성된다. 해령은 주로 새롭게 생성된 현무암질 암석들로 구성되어 있는데, 이들 암석들은 맨틀로부터 생성된 후 맨틀 위를 떠서 이동하면서 단층 작용에 의해 길게 연장된 블록들로 쪼개지기도 한다.

해령계의 일부 마디의 중심부를 따라 골이 깊은 단층구조가 분포한다. 이러한 구조는 동아프리카 열곡대와 두드러진 유사성을 보이기 때문에 **열곡**(rift valley)이라 한다(그림 10.15). 대서양 중앙 해령 등과 같은 해령계를 따라서 분포하는 몇몇 열곡들은 폭이 30~50km가 넘고 측벽이 열곡 기저로부터 약 500~2,500m 높이까지 솟아 있다. 이러한 규모는 애리조나 그랜드캐니언의 가장 깊고 넓은 부분과 견줄 만하다.

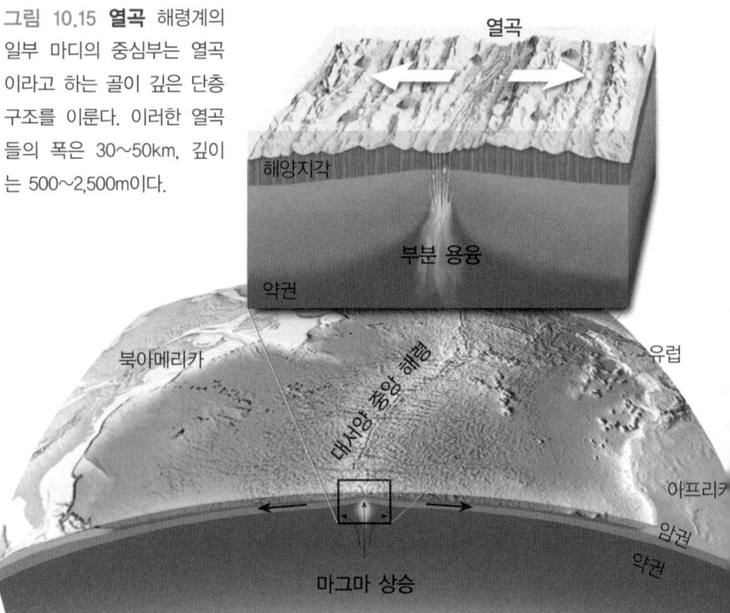

그림 10.15 **열곡** 해령계의 일부 마디의 중심부는 열곡이라고 하는 골이 깊은 단층 구조를 이룬다. 이러한 열곡들의 폭은 30~50km, 깊이는 500~2,500m이다.

그림 10.14 **해령계의 분포**

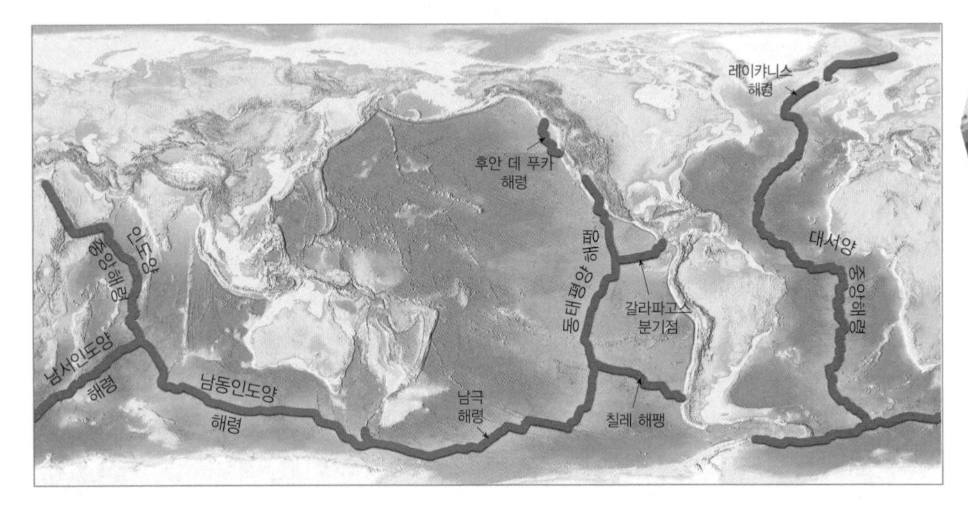

개념 점검 10.4

① 해령계에 대하여 간단하게 설명하라.
② 해령이 대륙에 있는 산들과 유사하게 높게 솟아올라 있지만 두 지역 간 지형적인 차이점을 열거하라.
③ 해령계의 어느 부분에서 열곡들이 형성되는가?

10.5 해령과 해저확장설

판의 확장 속도가 해령의 지형에 어떠한 영향을 미치는가를 설명하라.

지구상에서 가장 큰 부피를 가지는(지구의 총 연간 산출량의 60% 이상을 차지하는) 마그마는 해저확장설과 관련하여 해령계를 따라 생성된다. 판들이 발산하면서 해양지각 내에는 균열들이 발생되는데 이러한 균열들은 하부 고온의 약권으로부터 올라오는 용융된 암석들에 의해서 채워진다. 이 용융된 암석들은 단단한 암석들로 서서히 냉각되어 새로운 해저 조각을 이룬다. 이러한 과정이 반복적으로 일어나면서 컨베이어 벨트와 유사한 방식으로 해령 정상부로부터 이동되는 새로운 암석권이 생성된다.

해저확장설

프린스턴대학의 해리 헤스는 1960년대에 해저확장에 대한 개념을 제시하였다. 나중에야 지질학자들은 고온의 맨틀 암석들이 상승해 올라와서 수평적으로 이동하는 암석들을 대체하는 해령 정상부를 따라 해저확장이 발생한다는 헤스의 주장을 증명할 수 있었다(그림 10.15). 제4장에서 암석이 하부로부터 상승할 때 응력이 감소함에 따라 **감압용융**이 발생함을 배웠다.

초염기성 맨틀 암석이 부분 용융되면서 놀라울 정도도 일정한 조성을 갖는 현무암질 마그마가 생성된다. 이렇게 새롭게 생성된 마그마는 맨틀 암석에서 떨어져 나와 지표면 쪽으로 상승한다. 몇몇 해령에서는 이러한 마그마의 대부분은 해령 중심부 직하부에 위치한 길게 연장된 저장소(마그마 챔버)에 모인다. 결국 그중에 약 10% 정도는 용암류 형태로 열극을 따라 상향 이동하여 결국에는 해저 위까지 도달하는 반면 그 나머지는 심부에서 결정화되면서 지각을 형성한다. 이러한 과정을 통하여 새로운 현무암질 암석이 판 주변부에 지속적으로 첨가되는데 때로는 그들이 합쳐지기도 하고 확장이 계속되면서 깨지기도 한다. 일부 해령들 주위에는 용암 덩어리들이 뒤덮어서 물속에 순상화산(해산)을 생성시키기도 하고 길게 연장된 용암 봉우리들을 형성하기도 한다. 어떤 지역에서는 좀 더 부피가 큰 대량의 용암류가 흘러서 상대적으로 편평한 지형을 만들기도 한다.

해령은 왜 높은가

해령계가 높아진 근본적인 이유는 새롭게 생성된 해양암권은 고온이고 부피가 커서 심해 분지를 이루는 냉각된 암석들보다 밀도가 작기 때문이다. 새롭게 생성된 현무암질 지각이 해령 정상부로부터 멀어지면서 암석 내 존재하는 공극이나 균열 등을 통하여 해수가 유입되어 순환하면서 암석의 위쪽부터 냉각된다. 이와 더불어 새로운 암석들은 마그마가 상승하는 지점으로부터 멀어지면서 냉각된다. 그 결과 암권은 점차적으로 냉각되고 수축되어 밀도가 커진다. 이러한 열적 수축으로 인하여 해령으로부터 멀리 떨어진 지점의 수심이 매우 깊다. 냉각과 수축이 일어나는 대략 8,000만 년 후에는 과거 한때 해령계의 고지대 일부분으로 존재했던 암석은 심해 분지의 일부로 변한다.

암권이 해령 정상부로부터 멀어짐에 따라 더욱 냉각되면서 암권의 두께는 점점 두꺼워지는데 이러한 현상은 암권과 약권의 경계부가 열(온도)의 경계이기 때문에 초래된다. 암권은 지구의 가장 차갑고 단단한 외곽층인 반면 약권은 비교적 뜨겁고 약한 층이라는 사실을 상기하자. 약권의 가장 위쪽에 있는 물질들은 냉각되면서 단단해지고 딱딱해진다. 따라서 약권의 위쪽 부분은 냉각됨에 따라 점진적으로 암권으로 변한다. 해양암권은 80~100km 두께가 될 때까지 계속 두꺼워진다. 그런 다음에는 섭입되어 사라질 때까지 해양암권의 두께는 변하지 않고 비교적 일정하게 유지된다.

해저확장 속도 및 해령의 지형

해령계의 다양한 마디들을 연구해 본 결과 지형학적인 차이점을 발견할 수 있었다. 그리고 이러한 지형학적인 차이들은 확장 속도의 차로부터 기인한다는 것이 알려졌는데 이러한 확장 속도는 열곡지대에서 생성되는 용융체의 양을 결정한다. 빠르게 확장하는 분기점에서는 느리게 확장하는 곳보다 훨씬 더 많은 마그마가 상승한다. 이러한 생산량의 차이로부

A. 확장 속도가 느린 해령에서는 정상부를 따라 열곡이 잘 발달하고 지형은 심하게 굴곡져 있다.

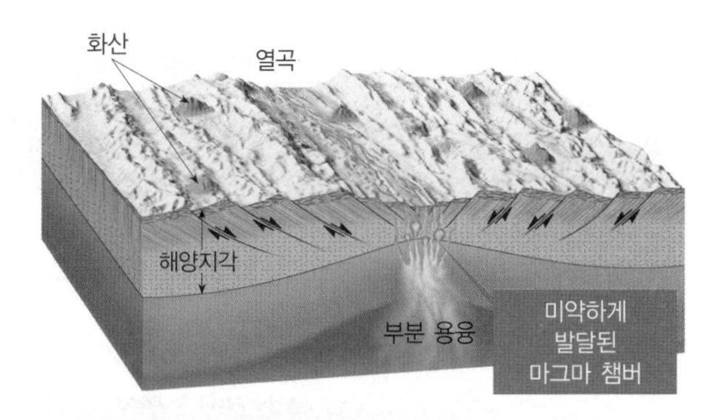

B. 확장 속도가 빠르면 해령 중앙부에 열곡이 발달하지 못하고 지형은 비교적 완만하다.

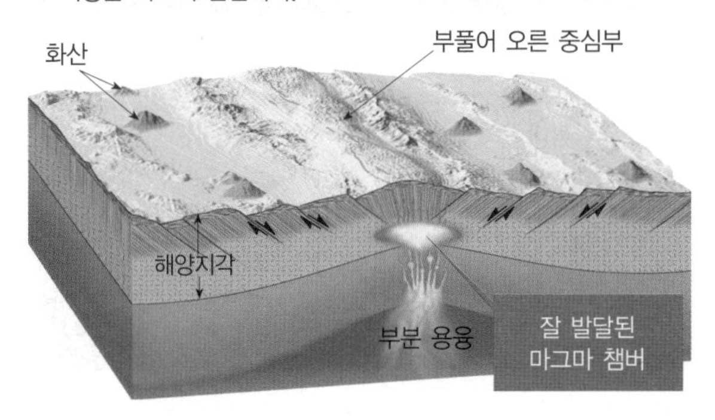

그림 10.16 **확장 속도가 느리고 빠른 분기점**

알고 있나요?

만약 당신이 은신처로 적당한 섬을 매입하는 것을 생각한다면 인도양이 살펴볼 만한 장소이다. 몰디브 제도와 같은 수많은 작은 산호섬들이 인도양 전역에 흩어져 있다. 몰디브 제도는 1,000여 개가 넘는 섬들로 이루어져 있는데 대부분이 무인도들이다.

알고 있나요?

1958년 7월, 알려진 기록에는 찾아볼 수 없는 가장 대규모의 파도(쓰나미)가 알래스카 주의 주노로부터 166km 떨어진 리투야 만에서 발생하였다. 지진에 의해서 촉발된 암석 미끄럼 사태로 인하여 약 9,000만 톤의 암석이 만으로 쏟아져서 엄청난 규모의 흙탕물 파도를 발생시켰다. 파도는 산 정상까지 쓸어버렸고, 만으로부터 530m 위에 있던 나무조차도 뿌리째 뽑아서 휩쓸고 지나갔다.

확장 속도가 빠른 해령들은 평탄한 지형, 완만한 경사의 측면, 부풀어 오른 중심부가 특징적이다.

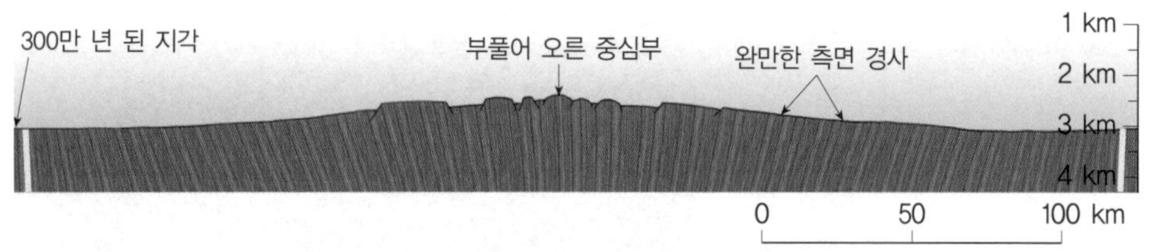

확장 속도가 중간 정도인 해령들은 소규모의 열곡(500m 이하의 깊이)과 중간 정도의 경사를 갖는 측면이 특징적이다.

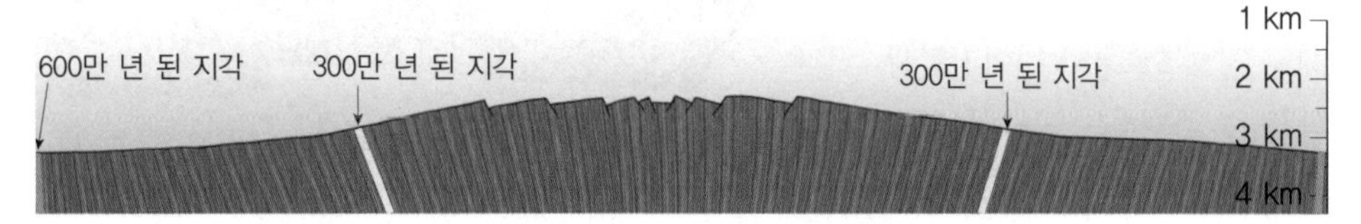

확장 속도가 느린 해령들은 심하게 굴곡진 지형, 잘 발달된 열곡(500~2,500m 깊이)과 가파른 경사의 측면이 특징적이다.

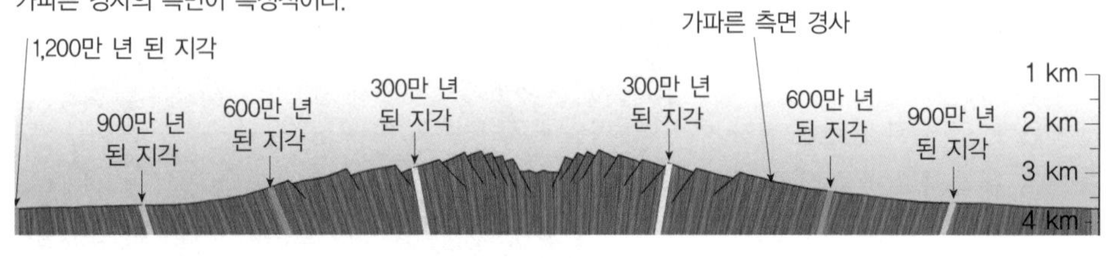

스마트그림 10.17
확장 속도가 빠른, 중간인, 느린 해령들

터 해령계의 구조와 지형이 달라진다.

해저확장이 1~5cm/yr 정도의 속도로 비교적 느리게 일어나는 해령에서는 열곡이 두드러지게 발달하고 지형이 매우 굴곡져 있다(**그림 10.16A**). 대서양 중앙 해령과 인도양 중앙 해령 등이 그 예들이다. 해양지각의 큰 조각이 정단층면을 따라 수직적으로 이동하는데 이는 열곡의 측면이 매우 가파르기 때문에 발생한다. 게다가 화산활동이 활발하여 열곡 내에 수많은 구를 만들기 때문에 해령 정상부의 지형은 매우 굴곡져 있다.

이와는 대조적으로 갈라파고스 해령에서는 해저 확장 속도가 5~9cm/yr로 중간 정도의 속도가 전형적이다. 그러한 지역에서 발달되는 열곡은 깊이가 200m 이하로 얕다. 뿐만 아니라 이 지역의 지형은 상대적으로 느리게 확장되는 해령에 비해서 굴곡이 없는 다소 편평한 경향을 보인다.

동태평양 해팽의 대부분 지역에서처럼 빠른 속도(9cm/yr 이상)로 확장되는 해령에서는 열곡들은 대개 존재하지 않는다(**그림 10.16B**). 그 대신 해령 정상부가 솟아 있다. 이러한 고도가 높은 지형을 **팽창부**라고 하는데 10m 두께의 용암류에 의해서 생성된 지형으로 이러한 용암류로부터 기인한 화산암에 의하여 해령 정상부는 덮인다(그림 10.16B). 이와 더불어 해양의 수심은 해저 나이의 영향을 받기 때문에 빠른 확장 속도를 보이는 해령 주위 지형은 느리게 확장되는 해령 지역보다 좀 더 점진적으로 변하는 단면을 나타낸다(**그림 10.17**). 지형상의 이러한 차이로 인하여 상대적으로 완만한 경사를 보이고 덜 굴곡져 있는 해령의 일부를 **해팽**이라고 한다.

개념 점검 10.5

① 해저확장을 일으키는 마그마의 근원은?
② 해령계가 높아지는 근본적인 이유는 무엇인가?
③ 해저확장에 의하여 해양지각이 해령으로부터 멀어지면서 두꺼워지는 이유는?
④ 대서양 중앙 해령과 같이 천천히 확장되는 곳과 동태평양 해팽처럼 빠르게 확장되는 곳의 차이점을 비교하여 설명하라.

알고 있나요?

해양지각 내 해수의 순환에 의해서 화산 작용으로 생성된 물질들로부터 열이 빠져 나가고 지각이 냉각되는 주요한 과정이다.

10.6 해양지각의 특성

해양지각을 이루는 네 종류의 층을 열거하고 어떻게 해양지각이 생성되는지 설명하라. 그리고 대륙지각과의 차이점을 설명하라.

해양지각의 흥미로운 특성 중 한 가지는 해저 분지의 전 영역에 거쳐 놀랍게도 일정한 두께와 구조를 보인다는 것이다. 탄성파 탐사로부터 해양지각의 평균 두께는 약 7km 정도라고 밝혀졌다. 게다가 해양지각의 거의 전체가 염기성 암석들로 이루어져 있는데, 이러한 암석들 하부에는 암권에 속한 상부 맨틀을 형성하는 초염기성 페리도타이트 층이 존재하고 있다.

대부분의 해양지각이 눈으로 볼 수 없는 해수면 아래 깊은 곳에서 형성되지만, 지질학자들은 직접적으로 대양저의 구조를 관찰해 오고 있다. 뉴펀들랜드, 사이프러스, 오만, 그리고 캘리포니아 등지에서는 해양지각의 일부 조각들이 해수면 위로 높게 뻗어 나와 있다. 이러한 노출된 해양지각들을 관찰함으로써 연구자들은 해양지각은 다음과 같은 네 종류의 독특한 층들로 구성되어 있다는 것을 알게 되었다(**그림 10.18**).

- **제1층** : 최상부 층으로 고결되지 않은 퇴적물들로 구성된다. 이러한 퇴적물들은 해령 중심부에 가까울수록 얇아

지고 멀어질수록 두꺼워져 대륙 바로 옆에서는 두께가 수 킬로미터에 달한다.

- **제2층** : 최상부 퇴적층 바로 아래에 있는 층으로 베개 현무암이라고 하는 베개 모양의 구조가 많은 현무암질 용암으로 이루어진 암석층이다.
- **제3층** : 중간에 위치한 암석층으로 판상 암맥 복합체라고 일컬어지는 거의 수직방향으로 배열되어 있으면서 서로 연결된 수많은 암맥들로 구성된다.
- **제4층** : 최하부 층으로 분출되지 않고 지각의 심부에서 정출된 반려암 내지 조립질의 현무암질 암석들로 이루어진다.

육상에서 발견된 해양지각의 일부나 그 하부의 맨틀 물질들을 **오피올라이트 복합체**(ophiolite complex)라고 한다. 지구상에 존재하는 다양한 오피올라이트 복합체와 그와 연관된 자료들을 연구함으로써 지질학자들은 대양저의 형성을 설명할 수 있는 시나리오 조각들을 맞추어 가고 있다.

해양지각은 어떻게 생성되는가

새로운 해양지각을 형성하는 용융된 암석은 초염기성 맨틀 암석의 부분용융에 의해서 만들어진다. 이렇게 만들어진 염기성 용융체는 주변의 굳어진 암석들에 비해 밀도가 낮다. 이러한 새롭게 만들어진 용융체는 수천 개의 미세한 통로를 따라 맨틀 상부로 이동하는데 이러한 작은 통로들은 그들보다 규모가 수십 배 크고 길게 연장된 100m 내지 그 이상의 폭을 갖는 채널들에 이러한 용융체를 공급한다. 또한 이러한 채널들을 따라 상승한 용융체는 해령 정상부 바로 아래에 있는 렌즈 모양의 마그마 챔버를 채운다. 지속적으로 용융체가 공급됨에 따라 마그마 챔버 내의 압력은 점차적으로 증가한다. 그 결과 마그마 챔버 위해 놓인 암석들에 균열이 발생하고, 이러한 과정으로 발달된 해양지각 내 수많은 수직적인 균열을 통하여 용융체는 상승한다. 일부 용융체는 냉각되어 암맥들과 같은 형태로 굳어진다. 새로 형성된 암맥들은 아직까지는 완전히 냉각되지 않고 약한 상태로 있는 좀 더 오래된 암맥들을 관입함으로써 **판상 암맥 복합체**(sheeted dike complex)를 형성한다. 해양지각 내에서 이런 복합체의 두께는 보통 1~2km이다.

챔버로 유입되는 용융체의 약 10~20% 정도가 최종적으로 대양저 위까지 분출된다. 해저 용암류의 표면은 해수에 의해서 빨리 식기 때문에 완전히 굳어지기 전까지 고작해야 수 킬로미터 정도밖에 이동하지 못한다. 먼저 굳어진 용암 가장자리 뒤쪽에 용암이 쌓였다가 굳어진 앞쪽 부분을 깨면서 앞으로 흐른다. 이러한 과정이 반복적으로 일어나면서 마치 꽉 짜인 튜브로부터 치약이 흘러나오듯이 용융된 현무암이 분출되어 나온다. 그 결과 굳어진 다른 용암들 꼭대기에 차곡차곡 쌓여지면서 큰 침대 베개 여러 개가 쌓여 있는 것과 같은 튜브 형태의 돌기가 생성되기 때문에 **베개 현무암**(pillow basalt)이라 한다.(그림 10.19).

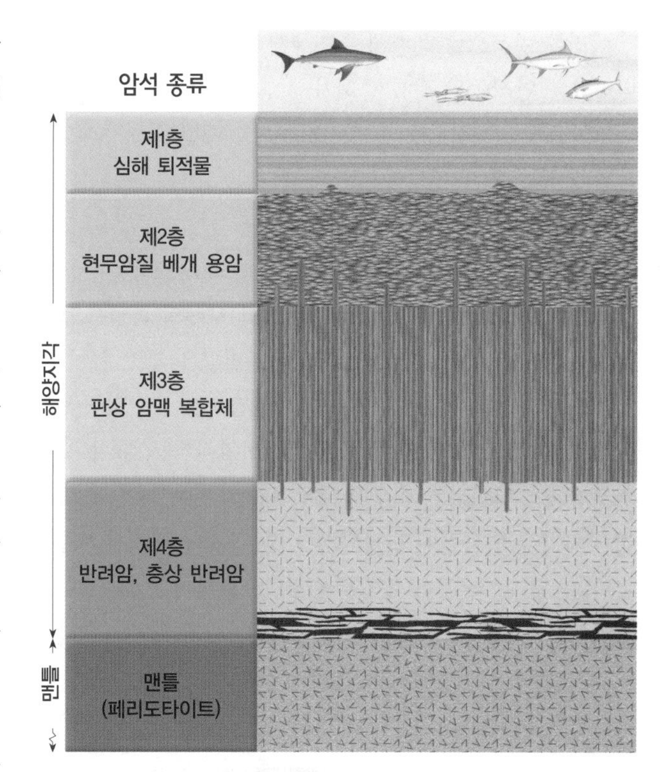

그림 10.18 **오피올라이트 복합체 : 해양지각의 구조** 해양지각이 층상 구조를 갖는다는 견해는 오피올라이트 복합체, 탄성파 단면도, 심해 시추탐사 코어 시료들로부터 얻어진 자료에 기반을 두고 있다.

어떤 환경에서는 베개 용암들이 순상화산들을 닮은 화산 크기의 두꺼운 무더기를 만드는 반면 다른 지역에서는 길이가 수십 킬로미터 이상 연장된 산등성이들을 형성하기도 한다. 해저가 확장되면서 해령 중앙부로부터 멀리 운반됨에 따라 이러한 구조들은 결국에는 마그마 공급지로부터 단절된다.

해양지각에서 가장 깊은 층은 마그마 챔버의 중앙부에 있는 마그마 자체가 결정화되면서 형성된다. 초기에 정출되는 광물들은 감람석, 휘석 등이고 때때로 크롬철석(크롬 산화물)이 정출되는데 크롬철석은 마그마 밑으로 가라앉아 챔버 기저 부근에 층을 이룬다. 잔류 마그마는 챔버 벽을 따라 냉각되면서 대량의 조립질 반려암을 형성한다. 이러한 암석 단위들이 해양지각의 대부분을 구성하는데, 전체 해양지각의 두께인 7km 중 약 5km 두께에 해당되는 양을 차지한다.

용융된 암석이 지속적으로 맨틀로부터 지표면으로 상승하더라도 해저확장은 충격파가 전달되는 방식으로 발생한다. 용융체가 렌즈 모양의 마그마 챔버에 집적되기 시작하면 챔버 상부에 놓인 단단하게 굳어진 암석들에 의하여 용융체는 더 이상 상승하지 못한다. 이후 마그마 챔버에 유입되는 용융체의 양이 증가함에 따라 챔버 내 압력은 증가한다. 따라서 주기적으로 챔버 내 압력이 위에 놓인 암석의 하중보다 더 커지게 되는데 이에 따라 균열이 발생하고 그러한 균열을 통하여 해저확장이 시작된다.

그림 10.19 **베개 용암의 횡단면도** 뉴질랜드, 케이프 완브로우의 해안 절벽을 따라 노출된 베개 용암. 각각의 베개 용암을 관찰하면 어두운 회색의 현무암으로 이루어진 내부를 급속하게 냉각된 어두운 유리질의 외부가 둘러싸고 있음을 알 수 있다. (사진 : GR Roberts/Science Source)

이러한 방식으로 해령계 주변에서 일어나는 과정들에 의해서 오피올라이트 복합체에서 나타나는 암석들의 전체 층서가 형성된다. 마그마 챔버는 약권으로부터 상승하는 새로운 마그마들에 의해서 주기적으로 보충되기 때문에 해양지각은 지속적으로 형성될 수 있다.

해수와 해양지각의 상호작용

해수와 새롭게 생성된 현무암질 지각 간의 상호작용은 지구 내부 열을 소실시키는 메커니즘으로 언급되기도 하지만 해수와 지각 자체의 특성을 변질시키기도 한다. 상부 해양지각 내 용암은 투수성이 양호하고 많은 균열들을 갖고 있기 때문에 해수는 2~3km 깊이까지 침투할 수 있다. 해수가 식지 않은 지각으로 유입되어 순환하면서 해수는 데워지고 열수 변성작용에 의하여 현무암질 암석을 변질시킨다(제8장 참조). 이러한 변질작용으로 인하여 현무암에서 나타나는 어두운색의 규산염 광물들(감람석과 휘석)로부터 녹니석과 사문석과 같은 새로운 광물들이 형성된다. 이와 동시에 데워진 해수가 규소, 철, 구리, 그리고 때때로 은과 금 등의 이온들을 뜨거운 현무암으로부터 용해시킨다. 해수가 수백 ℃까지 뜨거워지면 균열들을 따라 상승하고 결국에는 대양저까지 뿜어 나온다.

다수의 해령 주변에서 무인 잠수정을 이용하여 수행된 연구들에 의해서 이러한 금속 성분이 다량 부화된 용액을 촬영할 수 있었고 이러한 용액들이 해저로부터 흘러나오면서 **블랙스모커**(black smoker)라는 입자들을 다량 함유한 매연을 형성한다는 것을 확인하였다. 뜨거운(약 400℃) 열수와 광물질이 다량 부화된 차가운 해수와 섞이면 용해된 광물질들은 침전되어 대규모의 금속 황화물 광상을 형성하는데 그중 일부는 경제적으로 중요하다. 종종 이러한 광상은 위로 성장하여 마천루와 같이 매우 높은 굴뚝 모양의 대규모 구조를 형성하기도 한다.

개념 점검 10.6

① 해양지각의 네 종류의 층들에 대하여 간단히 설명하라.
② 판상 암맥 복합체는 어떻게 형성되는가?
③ 열수 변성작용에 의하여 해양저를 구성하는 현무암질 암석은 어떻게 변질되는가? 이러한 열수 변성작용에 의하여 해수의 특성은 어떻게 변하는가?
④ 블랙스모커는 무엇인가?

10.7 대륙의 열개 : 새로운 해양분지의 탄생

대륙 열개로부터 새로운 해양분지가 형성되는 과정에 대하여 설명하라.

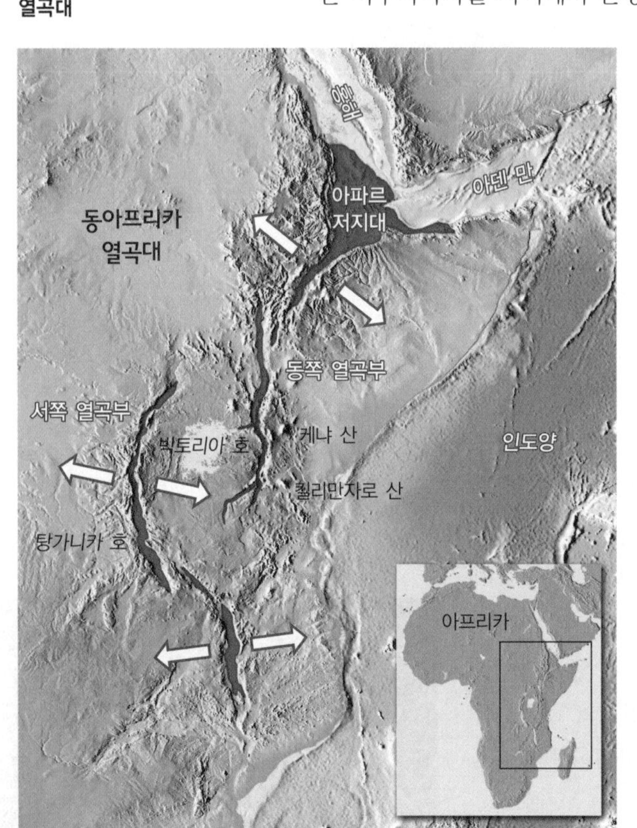

그림 10.20 **동아프리카 열곡대**

대략 2억 년 전에 초대륙인 판게아가 분리되기 시작한 이유는 지구과학자들 사이에서 논쟁거리가 된 주제이다. 하지만 그런 이유와는 무관하게 판게아의 분열과 같은 사실은 대륙이 분열될 때 대서양과 같은 대양이 생성된다는 것을 뒷받침한다.

해양분지의 진화

새로운 해양분지의 발달은 암권 전체가 변형되는 길게 연장된 거대한 함몰대인 **대륙 열개부**(continental rift)가 형성되면서 시작한다. 암권이 충분히 냉각되고 두껍고 강한 지역에서는 열개부는 수백 킬로미터 이하의 폭을 갖는 정도로 매우 좁게 형성되는 경향이 있다. 비교적 최근에 생성된 이러한 좁은 대륙 열개부의 대표적 예는 동아프리카 열곡대, 리오 그랜드 열곡대(미국 남서부), 바이칼 열곡대(시베리아 남중부), 그리고 라인 열곡대(유럽 북서부) 등이다. 이에 비해 지각이 얇고 충분히 냉각되지 않은 약한 지역에서는 미국 서부의 분지와 산맥지대의 예들처럼 폭이 1,000km 이상이 되는 대규모의 열개부가 생성된다.

대륙 열개작용이 지속되는 지역에서는 현재의 홍해와 같은 예처럼 열곡계가 젊고 좁은 해양분지로 진화한다. 이러한 과정으로 생성된 해저는 확장하게 되고 결국에는 대륙 열곡 주변부에 의해서 둘러싸인 완전한 해저분지가 형성된다. 대서양이 그렇게 생성된 지형이다.

지금부터는 대륙 열개작용의 다양한 발전 단계를 보여주는 현재의 사례들을 이용하여 해양분지의 진화 과정을 설명할 수 있는 모델들을 살펴보자.

동아프리카 열곡대 동아프리카 열곡대는 동아프리카를 따라 대략 3,000km 정도 연장되어 있는 대륙 열곡이다. 동아프리카 열곡대는 빅토리아 호 주변을 따라 동서로 분기하는 서로 연결된 여러 개의 열곡들로 이루어져 있다(**그림 10.20**). 이 열곡대가 소말리아 하부판이 아프리카 대륙으로부터 분

그림 10.21 **해양분지의 형성**

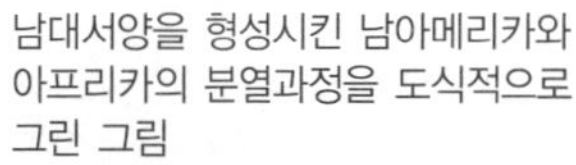
남대서양을 형성시킨 남아메리카와 아프리카의 분열과정을 도식적으로 그린 그림

A. 장력과 뜨거워진 암권의 부력성 융기에 의하여 지각의 상부는 정단층을 따라 갈라지게 되는 반면, 지각의 하부는 연성 신장에 의하여 변형된다.

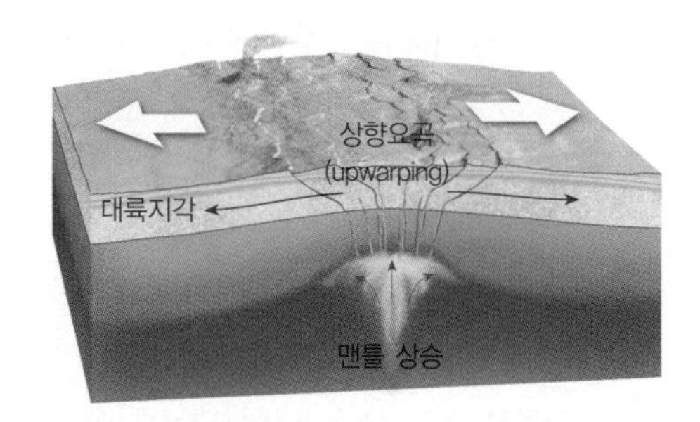

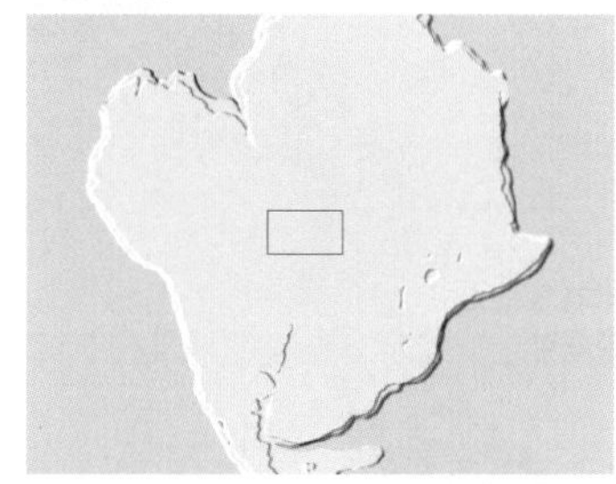

B. 지각이 서로 분열됨에 따라 대규모 암석 판들이 가라앉게 되어 열곡대를 형성한다.

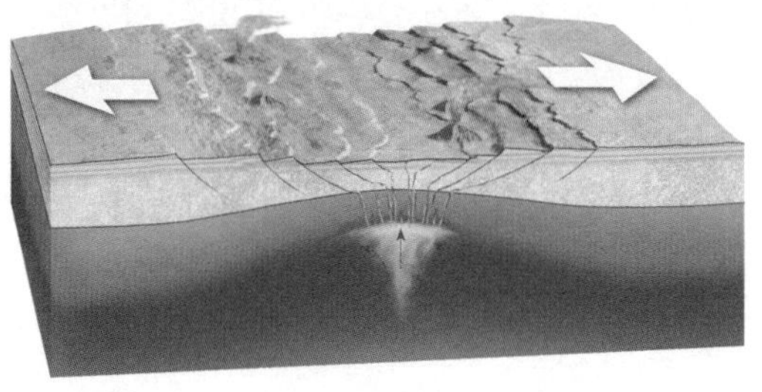

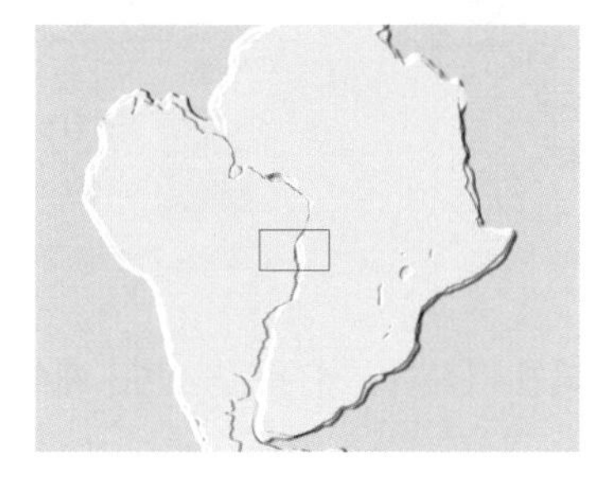

C. 대륙이 더 분열하게 되면 작은 해양이 형성되기 시작한다.

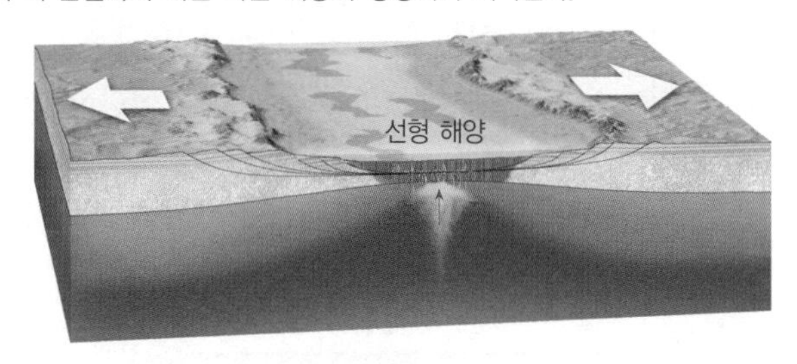

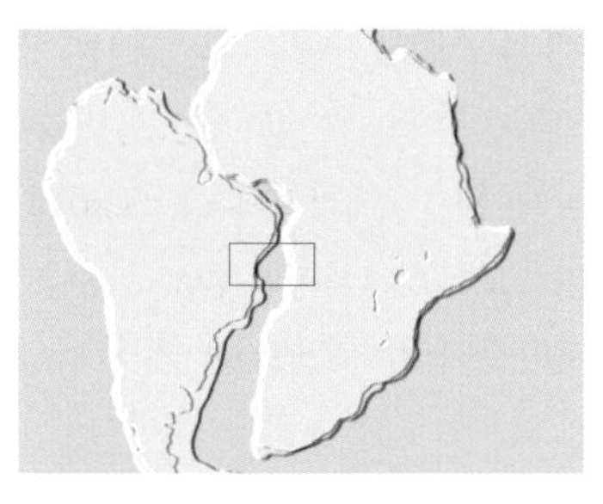

D. 최종적으로 넓은 해양분지와 해령계가 생성된다.

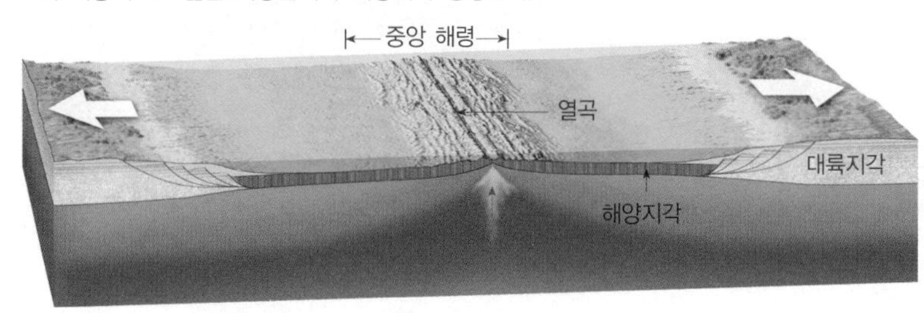

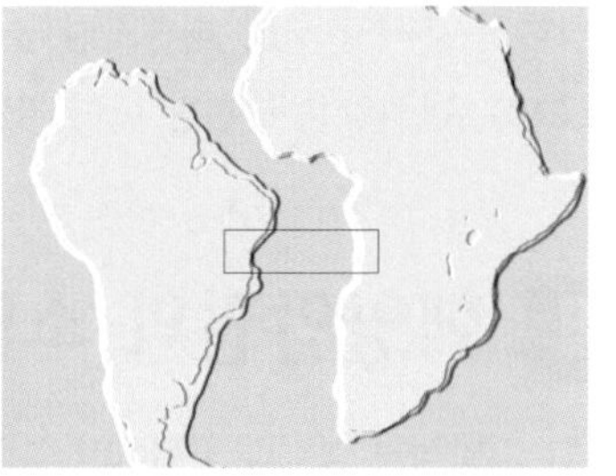

알고 있나요?

생명체 군집은 광합성 작용이 일어날 수 없는 어둡고 뜨거우며, 황이 높게 부화된 환경인 열수 분출구(블랙스모커) 주변을 따라 서식할 수 있다. 이 환경에서 먹이 사슬의 출발점은 화학합성이라고 하는 과정을 이용하고 분출구로부터 나오는 열에너지를 이용하는 박테리아 종의 생명체에 의해서 시작되는데, 이들이 생산하는 식량 자원들이 이러한 극한의 환경에서도 그들뿐만 아니라 많은 다른 생명체들이 생존할 수 있게 한다.

기해 나오는 발산경계로 발달할 수 있을지에 대해서는 아직도 논란의 여지가 많다.

가장 최근의 대륙 열개작용은 약 2,000만 년 전에 시작되었는데 상승하는 맨틀이 암권의 기저를 강제적으로 관입하면서 비롯되었다(**그림 10.21A**). 뜨거워진 암권이 맨틀 위에 떠서 들려지면서 지각이 돔 형태로 변하였다. 그 결과 지각의 상부는 가파른 각도의 정단층을 따라 갈라지게 되면서 단층 아래에는 **지구**라고 하는 낮은 지역이 형성되는 반면 지각의 하부는 연성 신장에 의하여 변형된다(**그림 10.21B**).

이러한 초기 형성 단계에서는 상승하는 맨틀 플룸의 감압용융에 의하여 생성된 마그마가 지각을 관입한다. 때때로 그러한 마그마 중 일부는 균열들을 따라 상향으로 이동하고 지표로 분출되기도 한다. 이러한 활동에 의하여 화산 분화구뿐만 아니라 열곡 주위에 광활한 현무암류가 나타나기도 하는데, 어떤 것들은 열곡 중심부로부터 100km 이상까지 형성되기도 한다. 이와 같은 좋은 예들로 케냐 산과 킬리만자로 산을 들 수 있는데, 특히 킬리만자로 산은 아프리카에서 제일 높은 지점으로 세렝게티 평원보다 약 6,000m 높다.

홍해 점진적으로 열곡은 더 길어지고 더 깊어져서, 두 대륙은 인접부로부터 점점 더 멀어지게 되어 결국에는 2개로 분열된다고 알려졌다(**그림 10.21C**). 이 시점에서는 대륙 열곡은 홍해와 유사하게 출구는 해양과 연결되어 있는 좁은 직선형의 바다로 바뀐다.

홍해는 지금으로부터 약 3,000만 년 전에 아라비아 반도가 아프리카로부

스마트그림 10.22
중앙대륙 열개부 오대호 지역으로부터 캔자스까지 연장되어 있는 진화하지 못한 열개부를 보여주는 지도

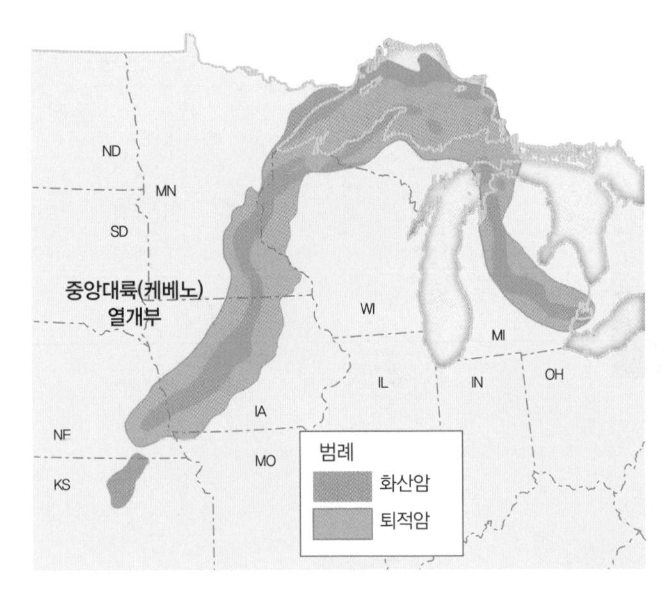

터 분리되기 시작되면서 형성되었다. 해수면으로부터 3km나 높게 솟은 가파른 단층 사면들이 이 수역의 주위를 둘러싸고 있다. 따라서 홍해를 에워싸고 있는 급경사의 벼랑들은 동아프리카 열곡대를 둘러싸고 있는 절벽들과 유사하다. 홍해의 일부 지점들에서만 해양 수심(약 5km)에 달하지만, 대칭적인 지자기 띠들로부터 이 지역에서도 지난 500만 년 동안 전형적인 해저확장이 지속되었다는 것이 밝혀졌다.

알고 있나요?

베링 해는 태평양의 가장 북쪽에 있는 해양으로 베링 해협에 의하여 북극해와 연결되어 있다. 베링 해는 알류산 열도에 의하여 태평양 분지로부터 효과적으로 격리되어 있는데 알류샨 열도는 태평양 분지가 북쪽 방향으로 섭입되면서 발생하는 화산활동에 의해서 생성되었다.

대서양 대륙 열곡작용이 지속되면 홍해는 좀 더 넓은 해양으로 성장하고 대서양 중앙 해령처럼 높은 해령이 발달한다(그림 10.21D). 대서양은 수천만 년이 지난 후에 홍해가 결국에는 어떻게 변할 것인가를 보여준다.

대서양이 생성됨에 따라 새로운 해양지각이 발산하는 두 판들에 더해지고 분열된 대륙주변부들은 상승하는 곳으로부터 서서히 멀어진다. 그 결과 분기된 대륙주변부들은 냉각되고 수축되어 침강한다.

시간이 더 경과하면 대륙주변부는 해수면 아래로 가라앉고 인근 고지대로부터 침식을 받아 생성된 물질들이 한때 굴곡져 있던 지형들을 덮는다. 최종적으로 대서양 양쪽에는 비활동성 대륙주변부가 생성되는데 이 지역은 두껍고 큰 쐐기 모양의 비교적 교란을 덜 받은 퇴적물 또는 퇴적암이 덮고 있는 분기된 대륙지각으로 구성되어 있다.

진화하지 못한 열곡

모든 대륙 열곡들이 발달하여 완전한 분기점으로 진화하는 것만은 아니다. 미국 중부에는 진화하지 못한 열곡들이 슈피리어 호로부터 시작하여 캔자스까지 연장되어 있다(그림 10.22). 한때 활동성이었던 이 열곡은 10억여 년 전에 지각 위로 분출한 화산암들로 채워져 있다. 어떤 열곡들은 완전히 성장한 활동성 분기점으로 발전하고 다른 열곡들은 그렇지 못하는지에 대한 이유는 잘 알려지지 않았다.

개념 점검 10.7

① 대륙 열개작용에 의하여 비교적 최근에 생성된 곳들을 예시하라.
② 해양분지의 네 단계의 형성과정을 간단하게 설명하라.

10.8 해양암권의 소멸

자발적인 섭입과 강제적인 섭입을 비교하여 설명하라.

새로운 암권이 발산형 판 경계부로부터 지속적으로 생성된다고 할지라도 지구의 표면적이 계속 커지는 것은 아니다. 새롭게 생성되는 암권의 크기와 균형을 이루기 위해서는 해양판이 소멸되는 과정이 있어야만 한다.

알고 있나요?

바다거북, 연어, 그리고 다른 동물들은 드넓은 해양을 가로질러 매우 먼 거리를 여행해서 자기들이 부화했던 장소와 동일한 지점에서 산란한다. 최근 연구에 의하면 이러한 동물들은 여행하는 데 있어서 지구의 자기장을 이용하는 것이 아닌지 추정된다. 흥미롭게 귀소성을 지닌 많은 동물들은 체내에 자성광물인 자철석을 소량 함유하고 있다.

왜 해양암권은 섭입되는가

판의 섭입 과정은 복잡하고, 해양암권의 최종적인 운명에 대해서는 아직도 논란의 여지가 많다. 섭입된 해양지각은 상부와 하부 맨틀 경계에서 쌓이고 거기서 맨틀과 융합되는가? 그렇지 아니면 판들은 핵과 맨틀 경계부까지 하강한 후 데워진 다음 맨틀 플룸과 함께 지표면으로 다시 상승하는가?

확실하게 알려진 바는 해양암권의 밀도가 아래 위치한 약권의 밀도보다 크지 않다면 해양암권은 섭입될 수 없다. 젊은 해양판의 밀도가 약권의 밀도보다 더 커질 만큼 충분히 냉각되는 데 걸리는 시간은 최소한 1,500만 년 이다.

자발적 섭입 섭입되는 판의 특성에 따라 섭입대는 크게 두 가지 유형으로 구분된다. 마리아나형 섭입대라고 알려진 첫 번째 유형의 섭입대는 오래되고 밀도가 큰 암권이 자체의 하중에 의하여 맨틀로 하강하는 것이 특징적이다. 마리아나 해구로 섭입되는 암권은 오늘날 해양에서 가장 오래되고 밀도가 큰 약 1억 8,500만 년 된 것들이다. 이 해구를 따라 섭입되는 판은 90°에 근접하는 각도로 맨틀로 하강한다(**그림 10.23A**). 가파른 섭입각은 깊은 해구를 생성하는데 마리아나 해구의 남쪽 가장자리에 위치한 챌린저 해연이 이에 해당한다. 마리아나뿐만 아니라 태평양 서쪽 지역에 있는 대부분의 섭입대는 차갑고 밀도가 큰 암권들로 이루어져 첫 번째 유형의 섭입대에 해당되는데 이러한 유형의 섭입대에서 암권은 **자발적 섭입**(spontaneous subduction) 특성을 보인다.

섭입을 발생시키는 것은 침강하는 해양판의 약 80%를 차지하는 암권 맨틀이라는 것을 기억하는 것이 중요하다. 해양지각이 꽤 오래되었다 하더라도 밀도는 여전히 하부에 위치한 약권의 밀도보다 작다. 따라서 하부 약권보다 더 차갑기 때문에 밀도도 더 큰 암권 맨틀에 의해서 섭입이 발생하게 된다.

해양판이 대략 400km 정도 하강하면 저밀도 광물로부터 고밀도 광물로 광물상이 변하는데 이러한 광물상의 변화는 섭입을 더 증강시킨다. 이러한 깊이에서는 감람석으로부터 스피넬 구조를 갖는 밀도가 큰 광물로 바뀌는데 그에 따라 판의 밀도가 커지고 그 결과 섭입대에서 판을 아래로 더 끌어당기게 된다.

강제적 섭입 두 번째 유형의 섭입대를 페루-칠레형 섭입대라고 부르는데 이 지역에서는 젊고 뜨거운 밀도가 작은 암권이 작은 각도로 섭입된다(**그림 10.23B**). 페루-칠레형 경계부에서 암권들은 떠 있기 때문에 자발적으로 섭입될 수 없고 오히려 압력에 의하여 상부에 위치한 판 아래로 강제적으로 섭입된다.

강제적 섭입(forced subduction)이 발생되는 지역에서는 자발적인 섭입대보다 상대적으로 상부판과 섭입되는 판 사이가 좀 더 밀접하게 연결되어 있는데 그로 말미암아 강한 지진들이 빈번하게 발생한다. 다르게 말한다면 판이 움직임에 따라 하부판과 상부판 사이에 횡압력이 발생하고 이로 인해 두 판은 서로 갈리게 된다. 그 결과 습곡이 생겨나고 상부판은 두꺼워진다. 때로는 오늘날 우리가 보고 있는 안데스와 같은 산악지형이 생성되기도 한다. 이러한 얕은 섭입과 두 판 사이의 밀접한 연관성은 순다 섭입대, 수마트라 해안 부근, 그리고 많은 대규모 지진이 발생하고 있는 지역들에서 지난 수십 년 동안 관찰되어 왔다.

그리고 일반적으로 두께가 30km에 다다르는 해양판들은

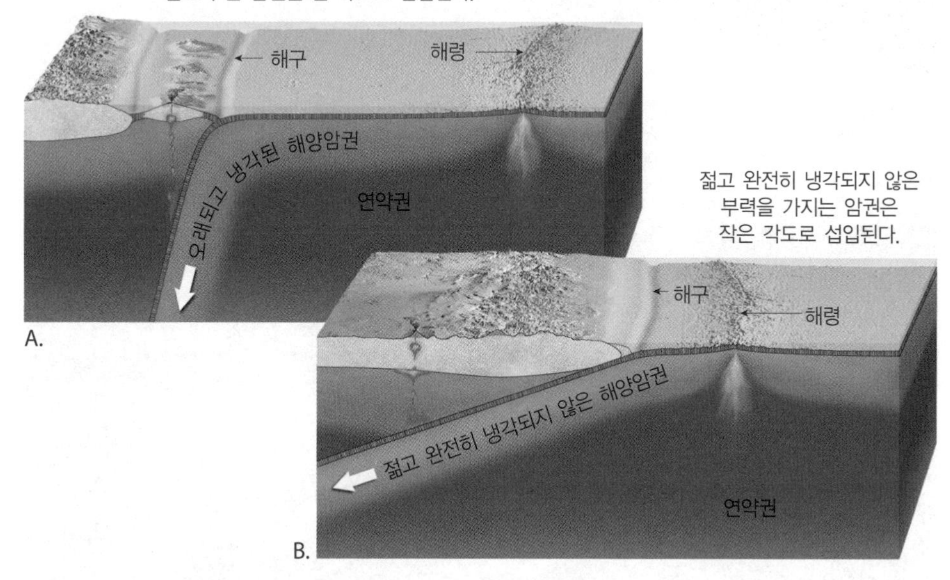

그림 10.23 판의 섭입 각도는 밀도에 따라 다르다 A. 태양평 일부 지역에서는 몇몇 해양암권들의 나이가 1억 8,000만 년 이상이며 이들 암권들은 거의 90°에 가까운 각도로 맨틀로 하강한다. B. 젊은 해양암권은 아직 뜨겁고 부력을 가지기 때문에 작은 각도로 섭입된다.

스마트그림 10.24
패럴론 판의 소멸 패럴론 판은 생성되는 속도보다 더 빠르게 섭입되었기 때문에 점점 더 작아졌다. 한때 거대했던 패럴론 판의 현재 남아 있는 일부 흔적들은 후안 데 푸카, 코코스, 나스카 판들이다.

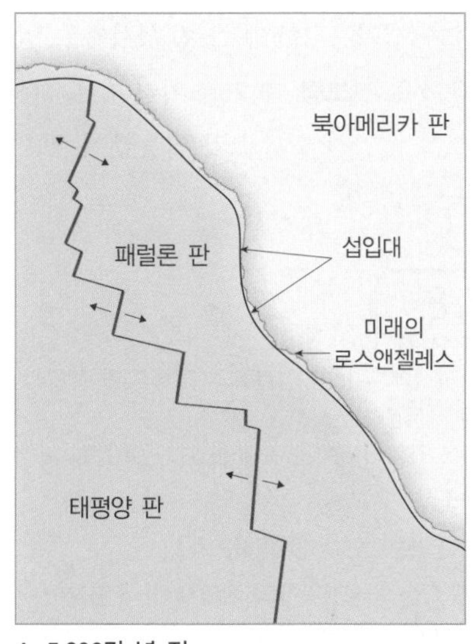

A. 5,600만 년 전

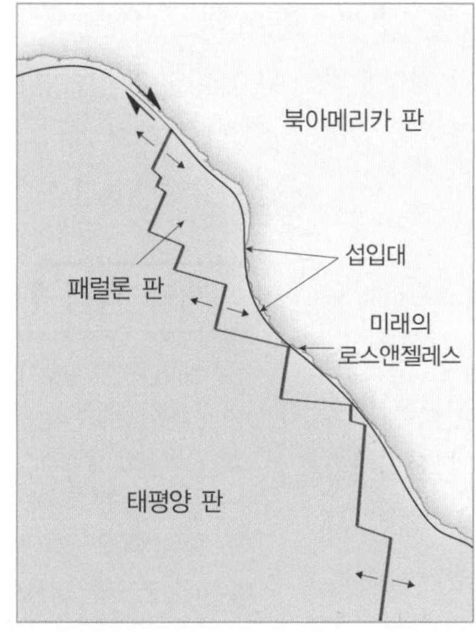

B. 3,000만 년 전

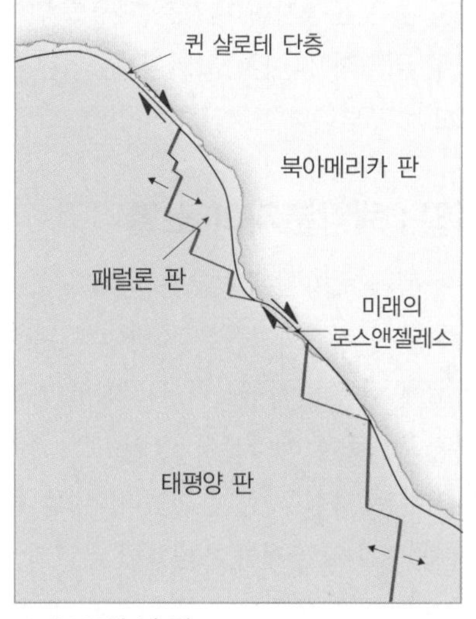

C. 2,000만 년 전

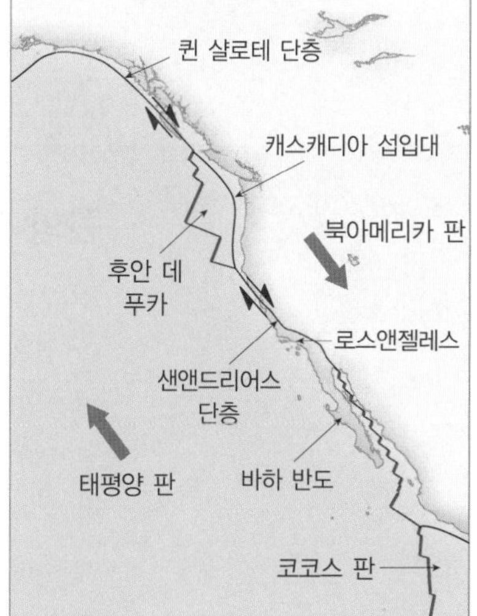

D. 오늘날

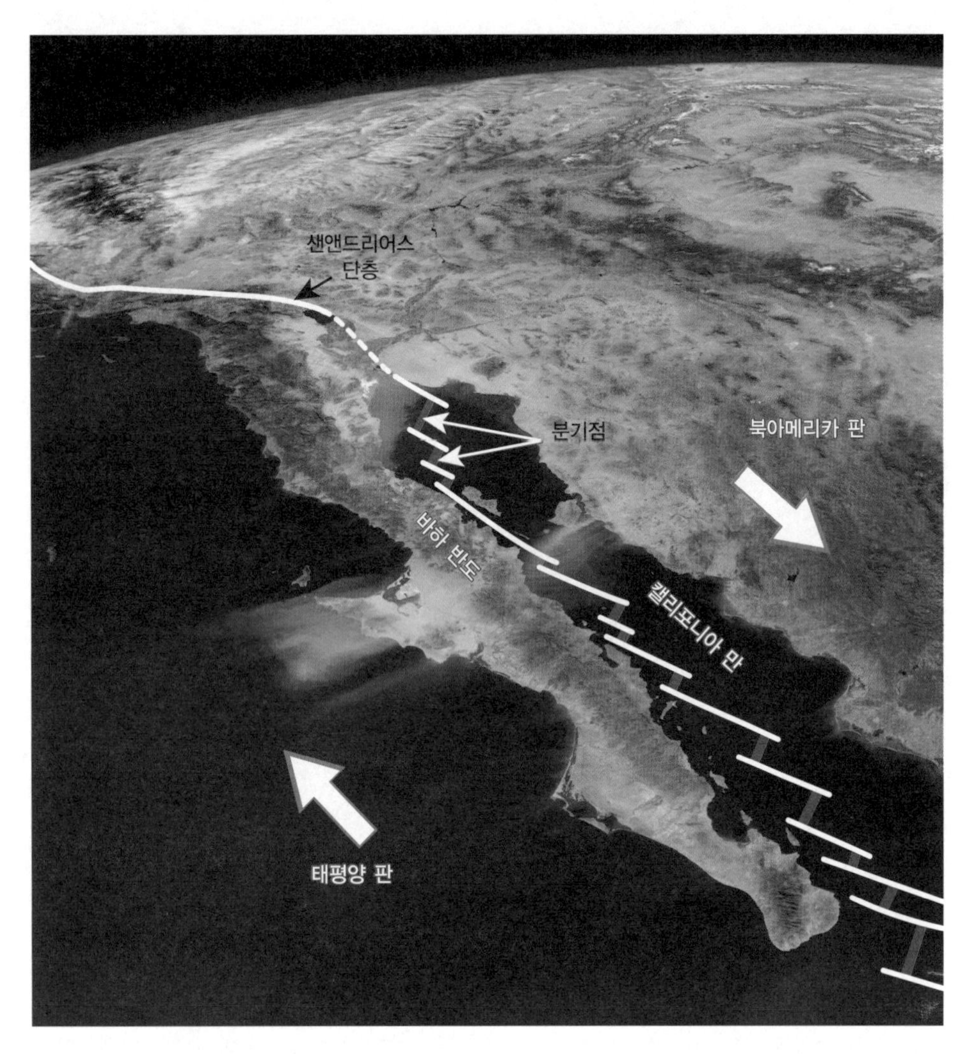

그림 10.25 바하 반도와 북아메리카의 분리 *(SeaWiFS Project/ORBIGMAGE/NASA/Goddard Space Flight Center)*

섭입에 대한 저항성이 크다는 사실 또한 알려져 왔다. 예로 온통자바 대지는 두꺼운 해양대지로 크기가 알래스카 정도 되며 태평양 서쪽에 위치한다. 대략 2,000만 년 전에 이 대지는 섭입하는 태평양 판과 상부에 놓인 오스트레일리아-인도 판의 경계가 되는 해구에 도달했다. 너무 밀도가 낮아서 섭입이 되지 않은 온통자바 대지는 해구를 막아버렸다. 다음 장에서 너무 밀도가 낮아서 섭입될 수 없는 지각 일부분의 운명에 대하여 공부한다.

판의 섭입 : 해양분지의 소멸

1970년대에 들어 해양저에 분포하는 지자기 띠와 단열대 등을 관찰함으로써 지질학자들은 지난 2억 년 동안 이루어진 판들의 이동에 대하여 복원하기 시작하였다. 이러한 작업으로부터 지질학자들은 해양분지 일부 또는 전체가 섭입대를 따라 사라진다는 사실을 알게 되었다. 예들 들어 그림 2.23에 나타난 바와 같이 판게아 초대륙이 분열되는 동안에 아프리카 판은 회전하여 북쪽으로 이동한다. 결국에는 아프리카 판의 북쪽 부분이 유라시아 판과 충돌한다. 이러한 사건이 일어나는 동안에 두 판 사이에 있었던 테티스 해양저는 거의 전부 맨틀로 사라져서 작게 남아 있는 일부가 현재의 지중해 동쪽 지역과 흑해이다.

분열된 판게아 대륙을 복원함으로써 한때 동태평양 분지의 대부분을 차지했던 대규모의 해양판인 패럴론 판이 소멸되는 과정에 대해서도 이해하게 되었다. 판게아가 분열되는 시기에는 패럴론 판은 **그림 10.24A**에서 보는 바와 같이 분기점의 동쪽에 위치하고 있었다. 패럴론 판과 태평양 판을 생성시켰던 이러한 발산경계의 현재 남아 있는 흔적이 동태평양 해팽이다.

약 1억 8,000만 년 전 판게아가 분열되고 대서양이 열리기 시작함에 따라 아메리카 대륙은 서쪽 방향으로 점진적으로 이동되었다. 그 결과 생성되는 속도보다 더 빠르게 아메리카 판들 아래로 섭입되었던 패럴론 판은 점점 더 작아지게 되었다(**그림 10.24B**). 한때 거대했던 패럴론 판의 남아 있는 3개의 조각들이 후안 데 푸카, 코코스, 그리고 나스카 판들이다.

북아메리카 판이 서쪽 방향으로 움직임에 의하여 동태평양 해팽의 일부가 한때 캘리포니아 해안에 위치했던 섭입대로 유입되었다(그림 10.24B). 이 확장 중심부가 섭입되면서 양쪽 지형 구조가 서로 파괴되었거나 현재 북아메리카 판과 태평양 판의 각기 다른 이동 양상을 초래한 변환단층대에 의하여 대체되었다. 이렇게 판의 지형학적 구조가 변하여 태평양 판은 북아메리카 판의 일부 조각(바하 반도와 캘리포니아 남부 일부 지역)을 흡수하였고 현재는 약 6cm/year의 속도로 태평양 판은 알래스카 쪽으로 북서진하고 있다.

해령이 점점 더 섭입되면서 지금 샌앤드리어스 단층대로 알려진 변환단층대가 확장되었다(**그림 10.24C**). 오늘날 샌앤드리어스 단층대의 남단은 캘리포니아 만을 생성시키고 있는 젊은 분기점에 연결되어 있다(**그림 10.25**). 이러한 유사한 과정에 의해서 캐나다 서쪽 해안과 알래스카 남동부에 위치한 퀸샬럿 변환단층이 생성되었다.

개념 점검 10.8

① 해양암권의 밀도가 아래쪽에 위치한 약권보다 더 작지만 해양지각이 섭입되는 이유를 설명하라.

② 자발적인 섭입과 강제적인 섭입을 비교 설명하고 각각의 예가 되는 지역들을 제시하라.

③ 섭입대에서 광물의 상변화는 어떤 역할을 하는가?

④ 패럴론 판을 형성시킨 확장 중심부가 북아메리카 판과 충돌하였을 때 어떤 일이 발생하였는지 설명하라.

개념 복습 대양저의 기원과 진화

10.1 대양저의 생생한 모습

수심 측량술을 정의하고 대양저에 대한 지도를 그릴 때 이용될 수 있는 다양한 수심 측량기술들에 대하여 설명하라.

핵심용어 : 수심 측량술, 수중음파 탐지기, 음향 측심기

- 해양저의 지도는 선박에 설치할 수 있고 바닥에 도달한 후 되돌아오는 음파를 발생하는 수중음파 탐지기를 이용하여 그릴 수 있다. 또한 인공위성을 이용하여 해저지도를 얻을 수 있는데 인공위성에 구비된 기기들은 해저지형들의 인력에 의하여 초래되는 해수면의 미세한 변화도 감지할 수 있다.
- 해저지형을 알아내기 위한 노력의 결과, 대양저는 세 가지 주요한 구역들(대륙주변부, 심해 분지, 해령)로 이루어졌음이 밝혀졌다.

10.2 대륙주변부

활동성 대륙주변부와 비활동성 대륙주변부를 비교하여 설명하고 각 지역에서 나타나는 주요한 지형들을 열거하라.

핵심용어 : 대륙주변부, 비활동성 대륙주변부, 대륙붕, 대륙사면, 대륙대, 저탁류, 해저 협곡, 심해 선상지, 활동성 대륙주변부, 성장 쐐기대, 섭입에 의한 침식작용

- 대륙주변부는 대륙지각과 해양지각의 경계부이다. 활동성 대륙주변부는 대륙지각 하부로 해양지각이 섭입되는 수렴경계를 따라 분포한다. 비활동성 대륙주변부는 대륙지각의 끝자락으로서 판의 경계와는 무관하다.
- 해안선으로부터 바다 쪽으로 활동성 대륙주변부을 따라 이동하면 처음 나타나는 지형이 완만한 경사의 대륙붕이고, 그다음에 좀 더 경사가 급한 대륙사면인데 대륙지각의 끝단이자 해양지각이 시작되는 곳이다. 대륙사면을 지나면 저탁류에 의하여 이동된 퇴적물로 이루어진 대륙대가 나타난다. 그리고 마지막으로 가장 깊은 곳에 심해저 평원이 분포한다.
- 활동성 대륙주변부에는 성장 쐐기대(보통 완만한 경사의 섭입대에서 나타남)라는 형태로 대륙지각의 전면부에 물질들이 쌓이거나 섭입에 의한 침식작용(주로 급경사의 섭입대에서 나타남)에 의하여 대륙지각의 앞쪽이 부서진다.

? **아래 그림은 어떤 형태의 대륙주변부를 나타내고 있는가? 물음표로 표시된 지형의 이름을 말하라.**

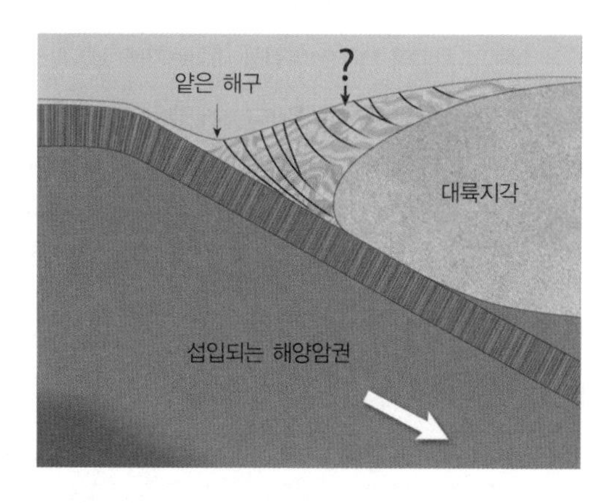

10.3 심해 분지의 지형들

심해분지의 주요한 지형들을 나열하고 각각에 대하여 설명하라.

핵심용어 : 심해 분지, 심해 해구, 화산도호, 육성 화산호, 심해저 평원, 반사법 탄성파 단면도, 해산, 화산섬, 기요, 해양대지

- 심해 분지는 대양저 지역의 약 절반을 차지하고 있다. 그중 대부분은 심해저 평원(깊고 평판한 퇴적물로 덮인 지각)이다. 섭입대와 심해 해구도 또한 심해 분지에서 나타나는 지형이다. 해구와 평행하게 화산도호(섭입이 해양암권 아래로 일어나는 경우) 또는 육성 화산호(위에 놓인 판의 전면부가 대륙암권인 경우)가 분포하기도 한다.
- 심해저 평원으로부터 화산활동에 의하여 생성된 다양한 구조들이 솟아 있다. 해산은 해저 화산이다. 만약 해산이 해수면 위로 솟구쳐 있으면 화산섬이라고 한다. 기요는 해수면 아래로 잠기기 전에 정상부가 침식되어 사라진 오래된 화산섬이다. 해양대지는 해저 범람 현무암 대지로서 대개 해저에서 다량의 용암이 분출하여 형성된 두꺼운 해저지각의 일부이다.
- 생물학자인 찰스 다윈은 영국의 비글 호를 타고 항해하는 동안 고리 모양의 환초 형성 과정에 대한 가설을 최초로 제시하였다. 다윈의 가설에 따르면 암초 복합체의 상향 성장은 산호초를 서서히 수면 아래로

가라앉게 하는데 이에 따라 수심은 점진적으로 변하고 산호들은 이러한 미세한 수심의 변화에 반응한다.

? 아래 그림은 심해 분지의 단면도이다. 다음 주어진 용어에 해당되는 각 지형을 명명하라 – 해산, 기요, 화산섬, 해양대지, 심해저 평원

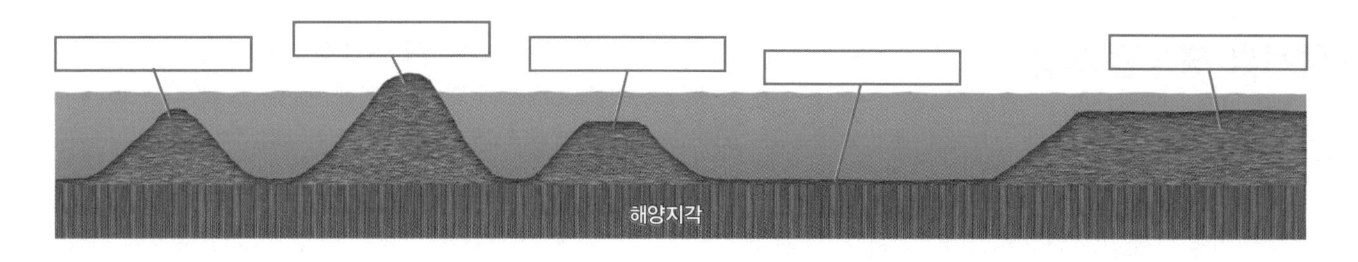

10.4 해령에 대한 해부

대서양 중앙 해령의 단면도를 그리고 각 지형을 명명하다. 그리고 동태평양 해팽의 단면은 어떻게 다른가에 대하여 설명하라.

핵심용어 : 해령(중앙 해령 또는 해팽), 열곡

- 해령계는 지구상에서 가장 긴 지형으로 주요한 해양분지를 통하여 지구 전체를 에워싸고 있다. 해령의 높이는 수 킬로미터이고, 폭은 수천 킬로미터이며, 길이는 수만 킬로미터이다. 해령의 정상부에서는 새로운 해양지각이 생성되고 대부분의 해령에서 열곡이 나타난다.

? 모든 해령이 중앙 해령으로서의 자격조건을 갖출 수 있는가? 그 이유를 설명하라.

10.5 해령과 해저확장설

판의 확장 속도가 해령의 지형에 어떠한 영향을 미치는가를 설명하라.

- 해령은 해저확장에 의하여 생성된다. 해양암권으로 이루어진 판들이 분기함에 따라 하부의 따뜻한 맨틀이 상승하고 감압용융의 과정을 겪는다. 그에 따라 생성된 마그마는 현무암질 조성으로 되어 있고 그중 일부는 해령 축을 따라 분출되지만 대부분은 심부에서 결정화된다.
- 해령은 심해 분지를 구성하는 상대적으로 오래되고 차가운 해양암권보다 뜨겁기 때문에 밀도가 낮아서 위로 솟아 오르는 지형이다. 냉각되면서 해양지각은 가라앉고 매몰된다. 8,000만 년 정도 지나면 한때 해령이었던 해양지각은 심해저 평원으로 바뀐다.
- 해저확장이 일어나는 속도는 해령의 크기와 모양을 결정한다. 느리게(1~5cm/yr) 확장하는 해령에는 열곡이 뚜렷하게 나타나고 지형이 굴곡져 있다. 빠르게(9cm/yr) 확장하는 곳에서는 열곡은 잘 나타나지 않고 지형이 완만하고 편평하다.

? 해령 정상부로부터 약간 떨어져 있는 측면부에 위치한 해양지각의 나이는 어떻게 얘기할 수 있는가?(힌트 : 해양지각의 최대와 최소 나이를 생각하라.)

10.6 해양지각의 특성

해양지각을 이루는 네 종류의 층을 열거하고 어떻게 해양지각이 생성되는지 설명하라. 대륙지각과의 차이점을 설명하라.

핵심용어 : 오피올라이트 복합체, 판상 암맥 복합체, 베개 현무암, 블랙스모커

- 오피올라이트 복합체는 해수면 위로 노출된 해양지각의 일부이다. 상부에서 하부 쪽으로 다음과 같은 네 종류의 독특한 층으로 구성되어 있다. (1) 심해 퇴적물, (2) 베개 현무암으로 구성된 용암류, (3) 판상 암맥 복합체, (4) 반려암으로 구성된 최하부층
- 두 판들이 서로 분기함에 따라 이동방향에 수직으로 균열들이 발달한다. 그리고 용암은 이러한 균열을 따라 해저 쪽으로 상승한다. 용암이 냉각되면서 균열들을 막아버리는데 이렇게 해서 만들어진 것이 판상 암맥 복합체를 이루는 각각의 암맥들이다. 심부에서 냉각된 마그마로부터 반려암이 생성된다. 해저까지 분출된 용암으로부터 베개 현무암이 만들어진다(베개 현무암은 심해 퇴적물에 의하여 서서히 매몰된다).
- 중앙 해령 부근에서는 해수가 해양지각 내 분포하는 열극 내부로 유입되면 주변 마그마에 의해 데워진다. 해수는 데워질수록 화학적으로 더 활성화된다. 이러한 해수가 해양지각 내부로 흐르면 열수 변성작용을 일으키고 금속 이온들을 용해시킨다. 뜨겁고 짙은 색의 용액이 블랙스모커가 분출되는 지역에서 뿜어져 나온다. 이러한 과정에 의하여 다량의 금속자원이 부화된 경제적 가치가 높은 황화 광체가 생성된다.

10.7 대륙의 열개 : 새로운 해양분지의 탄생

대륙 열개로부터 새로운 해양분지가 형성되는 과정에 대하여 설명하라.

핵심용어 : 대륙 열개부

- 대륙 열개작용에 의하여 새로운 해양분지가 형성된다. 동아프리카 열곡대가 대륙이 분열되는 초기 단계를 보여주는 하나의 사례인데, 이 열곡대에는 현무암질 화산작용과 쇄설성 퇴적물의 퇴적이 수반된다. 홍해는 해저확장이 진행 중이고 열곡이 해수면 아래로 가라앉고 있는 좀 더 진행된 단계의 대륙 열개에 대한 예이다. 시간이 더 경과하면 열개부는 해저확장에 의하여 더욱 더 넓어지고 측면부에 비활동성 대륙주변부를 갖는 해양분지가 형성된다. 이러한 단계의 대륙 열개에 해당되는 예가 대서양이다.

? 바하 반도를 참고하라(그림 10.25). 캘리포니아 만은 어느 단계의 대륙 열개작용과 가장 잘 맞는가?

10.8 해양암권의 소멸

자발적인 섭입과 강제적인 섭입을 비교하여 설명하라.

핵심용어 : 자발적 섭입, 강제적 섭입

- 대체적으로 해저확장에 의하여 생성된 해양암권의 양과 소멸되는 양은 균형을 이룬다. 섭입에 의하여 해양암권은 맨틀로 들어가는데 그 이후 최종적인 운명에 대해서는 아직도 불확실하다.
- 해양암권이 충분히 오래되면(따라서 충분히 냉각되면) 밀도의 증가에 따라 가라앉기 시작한다. 이렇게 생성된 자발적인 섭입대에서는 90°에 근접하는 각도로 섭입되고 깊은 해구가 발달한다. 마리아나 해구가 그 예이다.
- 강제적인 섭입에 의하여 부유된 해양암권이 다른 판 밑으로 떠밀려 들어간다. 이러한 섭입대에서는 섭입이 완만한 각도로 이루어지고 거대한 단층을 따라 규모가 큰 지진들이 빈번하게 발생한다. 페루-칠레 해구가 대표적인 예이다.
- 섭입이 발생하는 최초 원인과는 무관하게 섭입에 의하여 해양분지는 닫히기 시작한다. 종국에는 한때 광활했던 2개의 거대한 암권이 서로 부딪치게 된다.

? 아래 그림에서 어떤 유형의 섭입이 발생하고 있는지 설명하라. 해령에 있는 해양암권과 심해 해구 쪽에 있는 해양암권의 나이에 대하여 설명하라.

복습문제

① 음향 측심기의 핑이 탐사선으로부터 챌린저 해연(10,994m 깊이)의 바닥까지 전달되었다가 되돌아오기까지 걸리는 시간은 몇 초인가? 깊이=1/2(1,500m/sec×음향 도달시간) 임을 이용하라.

② 미국 동부해안을 보여주고 있는 아래 그림을 참고하여 다음 물음에 답하라.

a. A~D까지의 지형 중 대륙붕, 대륙대, 대륙붕단에 해당되는 곳은?

b. 플로리다 반도의 크기와 비교하여 플로리다 주를 에워싸고 있는 대륙붕의 크기는 어떤가?

c. 이 그림에서 심해 해구가 없는 이유는?

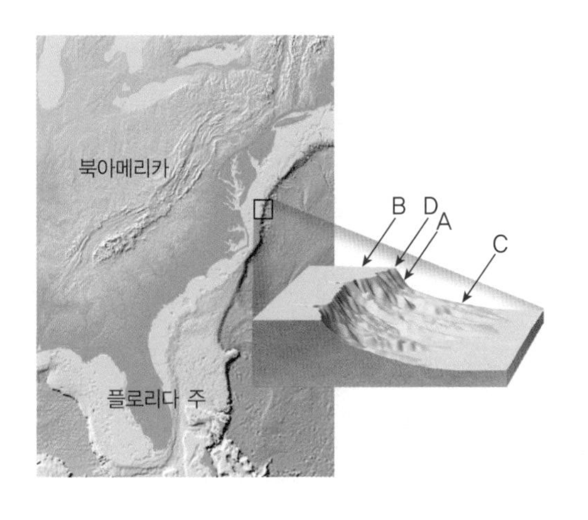

③ 프랑스령 폴리네시아에 속하는 투아모투 군도에 있는 작은 환초인 '마타이바'에 대해서 위키피디아 사이트에서 검색하라. 위키피디아 사이트에 올려진 지도를 이용하여 서태평양의 이 작은 지역에 있는 환초의 개수를 대략적으로 세어보라. 서태평양 지역의 풍부하게 분포한 환초로부터 내릴 수 있는 결론은?

④ 그림 10.16을 참고하여 느리게 확장하는 해령 정상부에서 나타나는 지형과 빠르게 확장하는 곳의 지형을 비교 설명하라. 그리고 각 지역에 해당되는 구체적인 예를 들어 보라.

⑤ 해령 중심부로부터 멀어질수록 해양저의 수심이 일반적으로 깊어지는 이유에 대하여 간단히 설명하라.

⑥ 아래 사진은 분기점에 있는 해령 중심부(선형의 분홍색 지역)를 보여주는 적외선 수중음파 탐지기 영상이다.

a. 해령 중심부의 구조는 빠른 확장속도를 갖는 분기점의 특징인가 아니면 느린 곳의 특징인가? 그 이유를 설명하라.

b. 이 영상의 좌측 하단에 나타난 해저에 잠겨 있는 원뿔 모양의 구조를 명명하라.

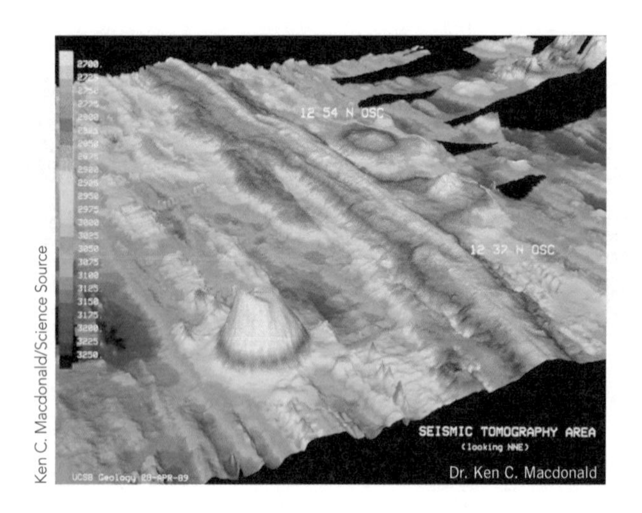

Ken C. Macdonald/Science Source

⑦ 미래에 새로운 해양분지가 발달할 수 있는 지역을 말하고, 그 지역을 선택한 이유에 대해서 설명하라.

⑧ 어떤 대륙 열개부는 활동성 판의 경계로 진화할 수 있지만, 다른 것들은 그렇게 될 수 없는 이유를 설명할 수 있는 한두 가지 아이디어를 제안하라.

⑨ 그림 10.24를 참고하여 후안 데 푸카 판의 미래 운명을 예측하라. 그리고 미래에 캐스캐디아 섭입대는 어떤 형태의 경계가 될 수 있는지 예측하고 그 이유를 설명하라.

⑩ 다음과 같은 사실을 설명하라. 해양의 나이는 최소한 40억 년인데 가장 오래된 해양분지의 나이는 단지 2억 년 정도이다.

⑪ 아래 사진은 통가 해구 서쪽의 해양저 위로 분출한 온도가 약 1,200℃인 용암을 보여주고 있다. 수중에서 분출한 이와 같은 용암류를 무엇이라 부르는가?

NOAA

11 지각의 변형과 조산운동

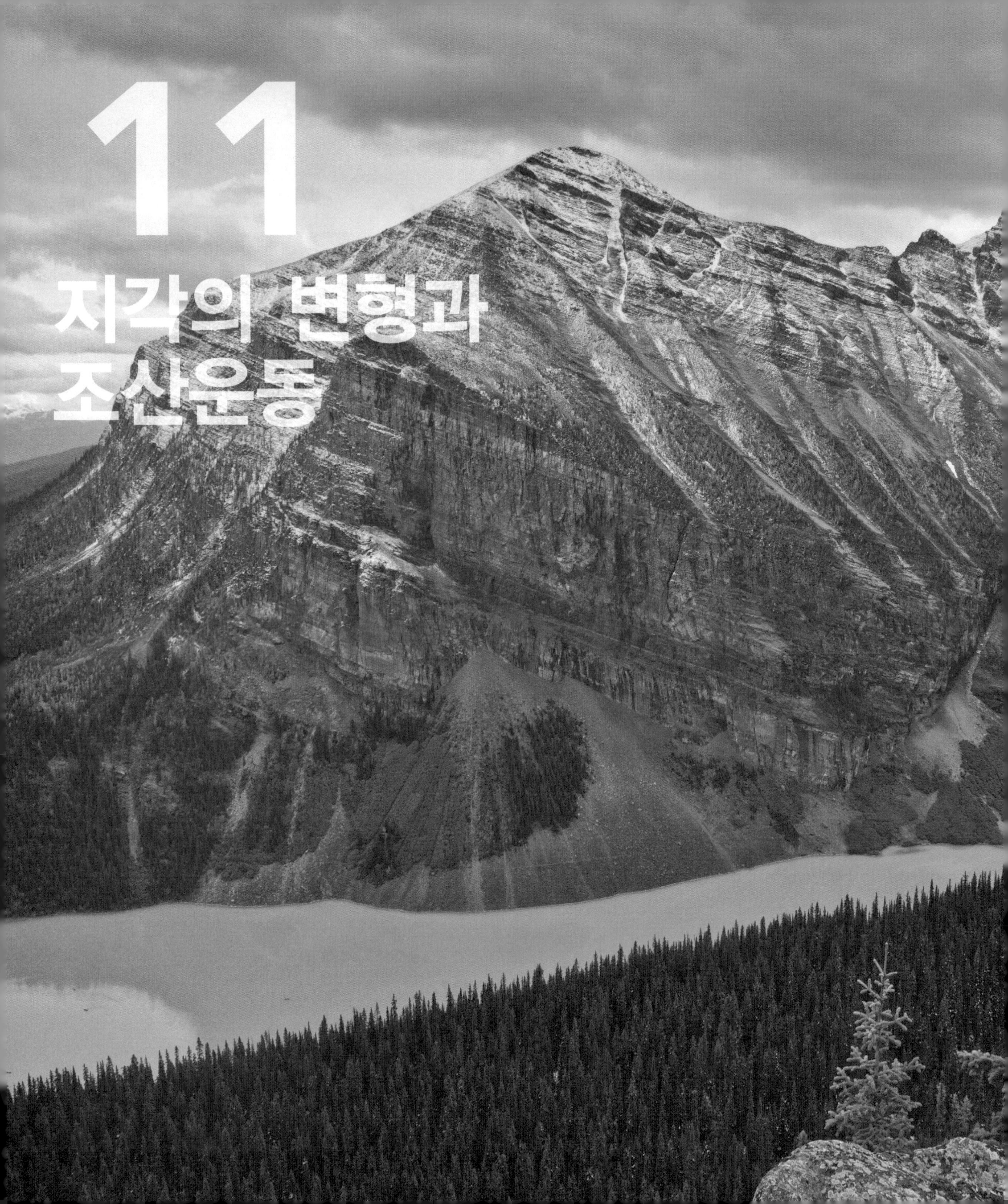

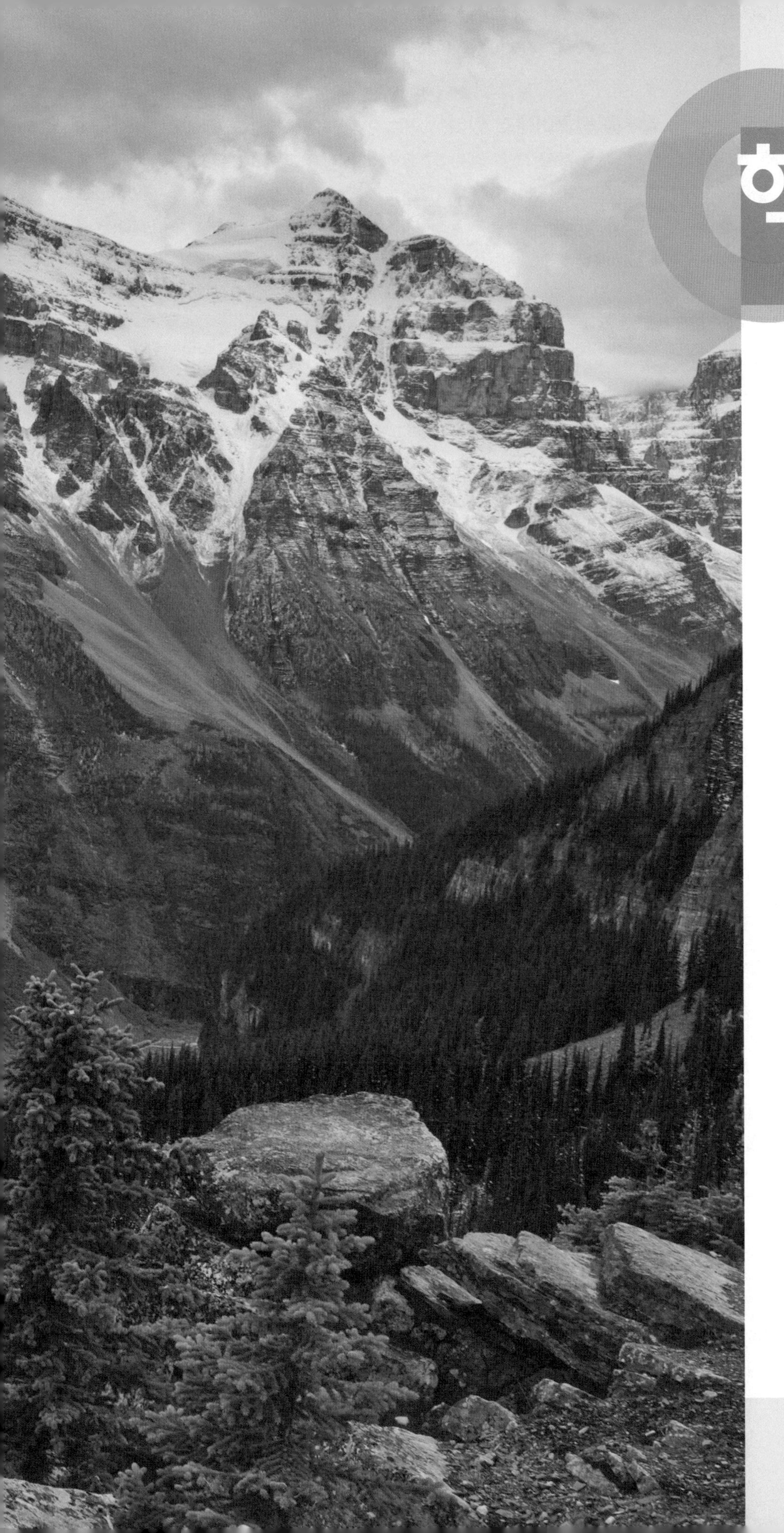

핵심개념

다음은 이 장에서 다룰 주요 학습 목표이다.
이 장을 학습한 후 다음 질문에 답해 보도록 하자.

11.1 세 가지 종류의 차등응력에 관하여 설명하고, 응력과 응력변형, 그리고 취성변형과 연성변형의 차이에 관하여 각각 구별하여 설명하라.

11.2 습곡의 다섯 가지 종류를 나열하고 각각에 관해 설명하라.

11.3 정단층, 역단층, 충상단층, 그리고 두 가지 종류의 주향이동단층 양편 지괴의 상대적인 운동에 관하여 그림을 그려 간단히 설명하라.

11.4 세계지도에 나타나는 주요 산맥들의 이름과 위치를 적어 보라.

11.5 안데스형 산맥의 단면을 그림으로 그리고 이곳의 주요 특징이 어떻게 만들어지는지에 관하여 설명하라.

11.6 애팔래치아 산맥과 같은 알파인형 산맥의 형성과정에 관하여 설명하라.

11.7 지각균형설에 관해 설명하고, 이 이론이 히말라야와 같은 젊은 산맥들이 높은 지형을 유지하는 데 있어 어떠한 영향을 미치는가?

캐나다 앨버타 밴프 국립공원 루이즈 호에서 바라본 마운트 애버딘
(사진 : Tom Nevesely/Glow Images)

산은 지구상에서 가장 장관의 풍경 중 일부를 만들어내고 있다. 이러한 산의 화려함은 시인, 화가, 그리고 작곡가들의 마음을 한결같이 사로잡고 있다. 지질학자들은 한때 모든 대륙 지역은 산의 일부였을 때가 있었으며, 대륙은 주변부에 새로운 산들이 만들어지면서 성장한다고 믿고 있다. 따라서 지질학자들은 산이 만들어지는 과정의 비밀을 풀어내면 대륙의 진화사를 보다 심도 있게 이해할 수 있을 것으로 생각하고 있다. 만약 실제로 대륙이 가장자리에 새로운 산이 만들어지면서 성장한다면, 현재 대륙 내부에 위치하는 산맥은 어떻게 설명될 수 있는가? 이번 장에서는 이에 대한 해답과 관련된 질문들에 대한 해답을 얻기 위해 거대한 산맥이 만들어지는 일련의 사건들에 관해 공부할 것이다.

11.1 암석의 변형

세 가지 종류의 차등응력에 관하여 설명하고, 응력과 응력변형, 그리고 취성변형과 연성변형의 차이에 관하여 각각 구별하여 설명하라.

스마트그림 11.1

변형된 퇴적층 캘리포니아 팜데일 인근 도로 절개면에서 관찰된 변형된 퇴적층. 확연히 보이는 습곡과 함께 사진의 오른편에는 밝은색 지층들이 단층에 의해 변위되어 있음이 관찰된다. *(사진 : E. J. Tarbuck)*

지구는 역동적인 행성이다. 암권 판의 이동에 의해 대륙도 이동하면서 우리 행성의 모습은 점차 변화하고 있다. 지구상의 주요 산맥들은 이러한 지구조운동에 의해 만들어진 가장 눈에 띄는 하나의 결과물이다. 해발 수천 미터 고도의 높이에 위치한 암석 내에 해양 생명체의 화석이 발견된다. 또한 단단하게만 보이는 암석들이 휘어지거나 비틀어지고 뒤집혀 있으며 때때로 무수한 균열들로 깨어져 있음이 확인된다.

예를 들어 캐나다 로키 산맥에서는 암층들이 하부의 암층 위로 충상되어 수백 킬로미터 이동되어 있으며, 이보다 작은 규모로 지진이 발생하는 동안 만들어진 단층을 따라 수 미터의 지각이 이동한 모습도 관찰된다. 비록 판구조론적으로 안정하다 할 수 있는 대륙 내부의 암석일지라도 과거 한때 산맥이 만들어지던 지역에 위치했기 때문에 과거 변형의 역사 기록이 발견된다.

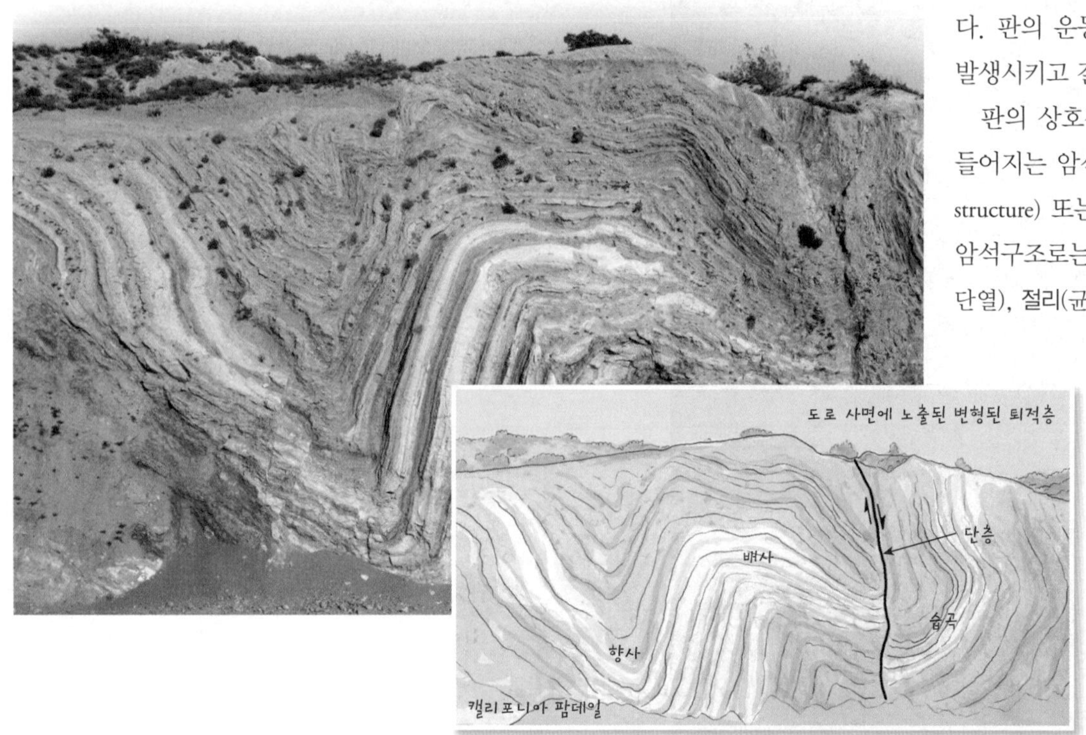

무엇이 암석을 변형시키는가

아무리 단단한 암석일지라도 특정 조건에 도달하면 휘어지거나 깨어져 변형될 수 있다. **변형**(deformation)은 포괄적인 용어로 차등응력에 의해 암석의 모양이나 위치 등이 변화됨을 일컫는다. 대부분의 지각변형은 판의 경계를 따라 발생한다. 판의 운동과 판 경계에서의 상호작용은 지구조적 힘을 발생시키고 결국 암석을 변형시킨다.

판의 상호작용에 의해 발생하는 힘이 작동된 결과로 만들어지는 암석 내 지질학적 특징을 총칭하여 **암석구조**(rock structure) 또는 **지질구조**(geologic structure)라 한다(**그림 11.1**). 암석구조로는 **습곡**(파형의 물결구조), **단층**(변위를 발생시키는 단열), **절리**(균열)가 포함된다.

응력 : 암석을 변형시키는 힘 흔히 경험하듯이 단단히 닫혀 있는 문이라도 우리가 힘이라는 에너지를 사용하면 열리게 할 수 있다. 지질학자들은 암석을 변형시키는 힘을 **응력**(stress)이라 하며, 응력이 암석의 강도를 초과하면 암석은 흔히 습곡, 흐름, 단열작용 또는 단층운동 중 하나 이상의 작용에 의해 변형된다.

제3장에 다루어졌던 바와 같이, 응력이 모든 방향으로 동일하게 작용되면 **봉압**(confining

pressure)이라 하는 반면, 방향에 따라 크기가 다른 응력이 작용하게 되면 **차등응력**(differential stress)이라는 용어를 사용한다. 다음은 세 가지 종류의 차등응력에 관한 설명이다.

1. **압축응력.** 바이스에 의해 조여지는 것과 같이 암석을 압착시키는 차등응력을 **압축응력**(compressional stress)이라 한다(**그림 11.2B**). 압축응력은 수렴경계에서 가장 흔히 나타나는 응력으로, 판이 충돌할 때 지각은 일반적으로 수평으로 수축되고 수직으로 두꺼워진다. 수백만 년 동안 지각에 작동된 압축응력은 산맥을 만들어 낸다.
2. **인장응력.** 암석을 잡아당기거나 길게 늘이는 차등응력을 **인장응력**(fensional stress)이라 한다(**그림 11.2C**). 판이 서로 멀어지는 발산경계를 따라 인장응력이 발생하여 암석을 잡아당기게 된다. 예를 들어 미국 서부의 분지와 산맥 지역의 지각은 인장력이 작용되어 균열이 발생하고 신장되어 원래 지각보다 2배 이상 수평으로 늘어났다.
3. **전단응력.** 차등응력은 암석이 비틀어져 찌그러지는 **전단**(shear)을 발생시킬 수 있다(**그림 11.2D**). 전단은 놀이용 카드 한 벌의 제일 윗부분을 밀면 개별 카드 면을 따라 미끄러지는 것과 유사하다(**그림 11.3**). 전단응력에 의한 소규모의 암석 변형은 주로 엽리와 미세 균열과 같은 암석 내 약대를 따라 발생하며, 이로 인해 암석의 모양이 변화된다. 한편 샌앤드리어스 단층과 같은 변환단층경계에서는 전단응력에 의해 대규모의 지각 덩어리들이 단층을 따라 수평으로 서로 미끄러진다.

응력변형 : 응력에 의한 모양의 변화 편평하게 쌓여 있던 퇴적층이 융기되거나 경동되면 이들의 방향성은 변화되나 모양은 잘 변화되지 않는다. 한편 차등응력은 암석의 **응력변형**(strain)을 통해 암석을 모양을 변화시킬 수 있다. 그림 11.3에 변형되기 전에 표시된 원은 변형과정 동안 그 모양이 유지할 수 없게 된다. 다시 말해 응력은 암석을 변형시키기 위해 작용되는 힘인 반면, 응력변형은 변형의 결과로 나타나는 암석의 모양 변화를 말한다.

변형의 종류

암석 강도를 초과하는 응력이 암석에 가해지면, 대개 암석은 휘어지거나 부러진다. 일반적으로 사람들은 암석이 단단한 취성체인 것으로 생각하므로 응력이 가해지면 부러질 것으로 상상한다. 그렇다면 어떻게 거대한 암석 덩어리가 부러지지 않고 복잡한 습곡형태로 휘어질 수 있을까? 이에 대한 해답은 지각 내 다양한 심도에서 나타날 수 있는 환경을 고려한 암석 내 차등응력을 가하는 실험을 통해 밝혀지고 있다. 이러한 실험을 통해 지질학자들은 비록 암종에 따라 변형의 환경과 변형률에서 다소의 차이를 가질 수는 있으나 암석은 크게 세 가지 종류의 변형(탄성, 취성, 연성변형)이 발생한다는 사실을 알아냈다.

탄성변형 점진적으로 응력을 증가시키면 처음에 암석은 탄성체와 같은 변형을 일으킨다. **탄성변형**(elastic deformation)을 하는 물질은 회복성 변형을 한다. 즉 고무판과 같이 외력을 제거하면 변형된 암석은 거의 원래 크기와 모양으로 되돌아온다. 탄성변형 동안에는 암석 내 광물의 화학적 결합이 당겨져 신장되지만 깨어지지는 않는다. 응력을 제거하면, 늘어진 광물의 화학 결합은 원래의 길이로 회복된다. 제8장에서 살펴본 바와 같이 대부분의 지진에너지는 지각 내 축척된 탄성에너지가 암석의 원래 모양으로 회복될 때 방출된 것이다.

취성변형 암석이 탄성한계(강도)를 넘어서면 휘어지거나 부러진다. 암석이 보다 작은 조각으로 깨어지는 것을 **취성변형**(brittle deformation)이라 한다. 우리가 일상적으로 경험하지만, 유리, 나무 연필, 도자기 그리고 우리 몸의 뼈와 같은 것은 강도를 초과하는 외력을 받으면 부러지는 취성변형을 일으킨다. 취성변형은 과도한 응력에 의해 물질을 고정하고 있는 화학결합이 깨어질 때 발생한다.

A. 비변형 암석

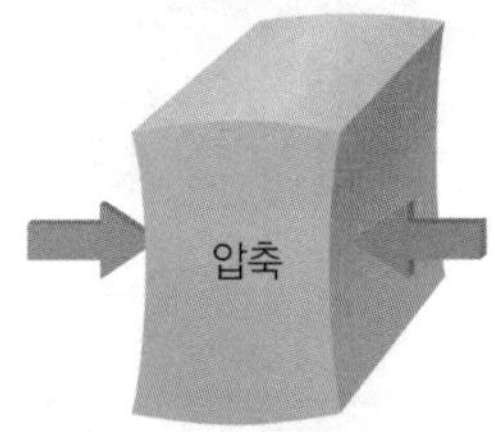

B. 압축응력(수축)

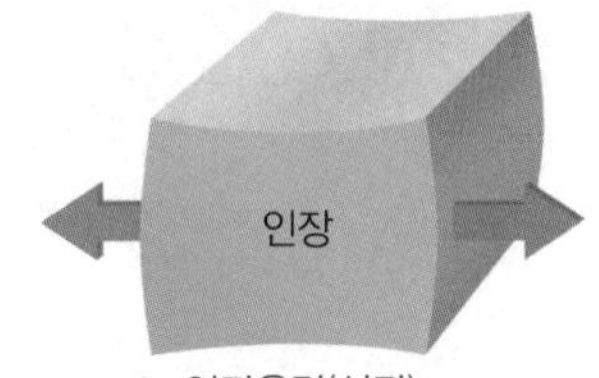

C. 인장응력(신장)

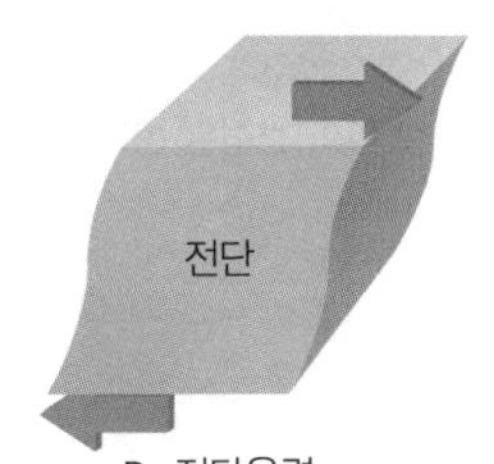

D. 전단응력
(미끄러지고 찢어짐)

그림 11.2
세 가지 종류의 응력 : 압축, 인장, 그리고 전단응력

놀이용 카드 한 벌의 윗부분을 밀어 일반적으로 암석 내에 있는 밀집된 약대를 따라 발생하는 전단작용을 실지로 보여줄 수 있다.

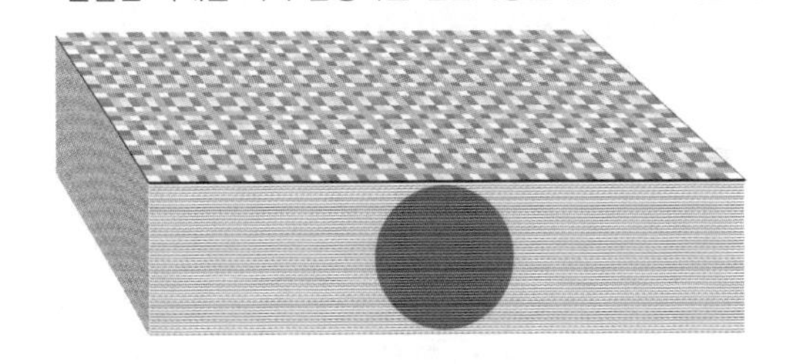

전단응력에 의해 측면에 그려진 원은 타원으로 변하며, 이 타원은 응력변형의 종류와 크기를 알아내는 데 사용할 수 있다.

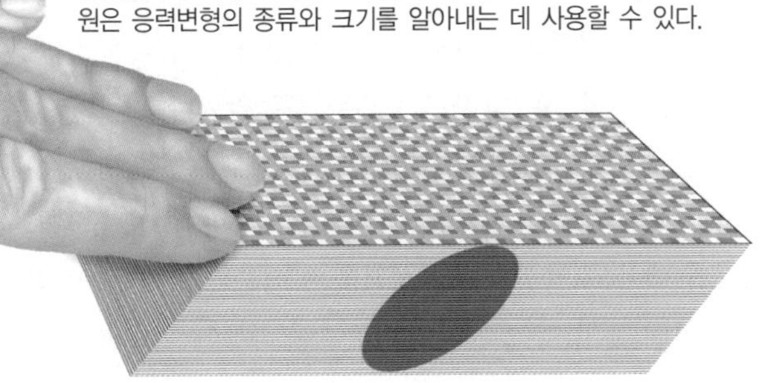

그림 11.3 **전단작용에 의한 변형(응력변형)** 측면에 원을 그려놓은 놀이용 카드 한 벌을 통해 전단작용과 이로 인한 응력변형의 결과를 가시적으로 보여줄 수 있다.

그림 11.4 **기차가 지나간 후 기찻길 위의 변형된 동전**
(사진 : Anthony Pleva/Alamy)

연성변형 **연성변형**(ductile deformation)은 고체 상태에서 흐름이 발생하여 어떤 물질이 깨어지지 않고 모양이 변화되는 것을 말한다. 소상용 점토, 밀랍, 엿 그리고 일부 금속물질은 연성변형의 성질을 보여준다. 예를 들어 기찻길에 놓아둔 동전이 열차의 하중에 의해 깨어지지 않고 납작해지는 것과 같다(그림 11.4).

암석 강도에 영향을 미치는 요인

암석의 강도와 변형 양상에 영향을 미치는 주요 요인으로는 온도, 봉압, 암종, 그리고 시간이 있다.

온도의 역할 물질의 강도에 영향을 미치는 온도의 효과는 화학실험실에 흔히 볼 수 있는 유리관으로 쉽게 증명할 수 있다. 유리관을 딱딱한 실험실 바닥에 그냥 떨어뜨리면 깨어지는 반면, 분젠버너에서 열을 가하면 다양한 모양으로 쉽게 휘어질 수 있다. 암석도 유사하게 열의 영향을 받는다. 높은 온도(지각 심부)에서는 암석은 물러져 늘어날 수 있으며, 이로 인해 암석은 습곡되거나 흐를 수 있다. 또한 낮은 온도(지표 근처)에서 암석은 단단한 취성체인 고체로 대개 단열을 만들며 변형된다.

봉압의 역할 온도와 같이 지하로 깊이 들어갈수록 상부의 암석 두께가 두꺼워져 압력도 증가한다. 매몰된 암석은 물속의 수압과 같이 모든 방향에서 동일한 힘이 작용되는 봉압의 영향을 받는다. 봉압에 의해 지각 내 물질이 압착되면 보다 강도가 증가하여 쉽게 깨어지지 않게 된다. 이로 인해 암석이 깊게 매몰되면 거대한 압력에 의해 단단히 뭉쳐져 깨지기보다는 잘 휘어진다.

암종의 영향 물리적인 환경과 더불어 암석을 구성하는 광물의 조성과 조직도 변형 양식을 결정하는 중요한 요인 중 하나이다. 예를 들어, 화성암과 일부 변성암(예를 들어 규암)은 강한 내부 화학결합을 가지는 광물들로 구성된다. 이와 같이 강한 취성의 암석들은 외부 응력이 암석 강도를 초과하게 되면 단열작용에 의해 깨어지는 경향이 있다.

이와 대조적으로 약하게 교결된 퇴적암이나 엽리와 같은 약대를 포함하는 변성암은 연성변형이 보다 쉽게 발생한다. 암염, 셰일, 석회암, 편암과 같은 약한 암석은 차등응력이 주어지면 대부분 연성변형의 성질을 보여준다. 실제로 암염은 매우 약해 마치 마그마가 지표로 상승하듯이 거대한 덩어리로 상부의 퇴적층을 뚫고 올라오기도 한다. 한편 자연에서 고체 상태로 연성 흐름을 보이는 가장 약한 물질로는 빙하가 해당된다.

일부 노두는 약하고 강한 층상의 지층들(예를 들어 셰일과 강하게 교결된 사암의 호층)이 습곡에 의해 변형된 양상을 보여준다. 이러한 경우에는 강한 사암층은 흔히 단열들이 발달하는 반면, 약한 셰일층은 넓은 진폭을 가지는 습곡을 만든다. 냉장고 속에서 얼린 캐러멜 사탕에 덮인 초콜릿 바와 밀키웨이처럼 같은 암체 내에서도 취성과 연성의 서로 다른 지질구조가 같이 만들어질 수 있다. 얼린 캔디 바를 서서히 휘게 하면 초콜릿은 취성변형을 일으키나 캐러멜은 연성변형을 하게 된다.

시간 지질학자들이 실험실에서 재현할 수 없는 것 중 하나는 매우 긴 지질시대 동안 꾸준히 작동된 작은 힘들이 암석을 변형시키는 데 어떠한 역할을 하는가를 알아보는 것이다. 그러나 시간이 물질의 변형에 미치는 효과는 일상생활에서 찾아볼 수 있다. 예를 들어, 대리석 벤치는 약 100년 동안 가해진 자신의 무게에 의해 휘어질 수 있다. 또한 나무로 만든 책장은 수 개월 내에 책의 하중에 의해 구부러진다.

일반적으로 지구조적 힘이 오랜 시간 서서히 작용되면, 암석은 연성변형을 하게 되어 휘어지거나 흐르게 된다. 그러나 동일한 암석일지라도 빠르게 힘이 작용되면 파괴될 수 있다. 유사한 경우로, 설탕을 녹여 만든 무른 막대사탕의 양 끝을 마주보며 서서히 누르면 습곡과 같이 변형된다. 그러나 이 막대사탕을 책상 모서리에 빠르게 내리치면 취성변형에 의해 두 동강 이상으로 깨어지게 된다.

알고 있나요?

북아메리카에서 가장 높은 산은 20,321피트의 높이를 가진 매킨리 산이다. 이 산 주변 지역은 1917년 매킨리 국립공원으로 지정되었으며, 1980년 이 공원은 확대되어 데날리 국립공원 및 보존구역으로 재지정되었다. 데날리는 '높은 곳'이라는 뜻으로 아다바스칸 토착민들이 길이 약 600마일의 알래스카 산맥의 꼭대기에 위치한 거대한 매킨리 산을 부를 때 사용한 이름이다.

개념 확인 11.1

① 변형이란 무엇인가? 변형 동안 암체는 어떻게 변화되는가?
② 차등응력의 세 가지 종류를 나열하고 각 응력에 의해 암체는 어떻게 변화되는지를 간단히 설명하라.
③ 압축응력이 가장 일반적으로 작용되는 판의 경계는 어떤 종류인가?
④ 응력과 응력변형의 차이를 설명하라.
⑤ 탄성변형에 관하여 설명하라.
⑥ 연성변형과 취성변형의 차이를 설명하라.
⑦ 암석의 강도에 영향을 주는 네 가지 주요 요인에 관해 설명하라.

11.2 습곡 : 연성변형에 의해 만들어지는 암석구조

습곡의 다섯 가지 종류를 나열하고 각각에 관해 설명하라.

수렴경계를 따라 편평하게 놓여 있던 퇴적암, 판상의 관입체, 그리고 화산암에는 **습곡**(fold)이라 부르는 파동과 같은 일련의 요곡이 흔히 만들어진다. 퇴적층에 습곡이 만들어지는 방식은 종이꾸러미의 양 끝을 서로 마주보며 미는 것과 매우 유사하다. 자연에서 관찰되는 습곡은 매우 다양한 크기와 모양을 보여준다. 어떤 경우에는 수백 미터 두께의 퇴적층들이 살짝 휘어져 넓은 굴곡을 만드는 반면, 변성암의 현미경 관찰에서 발견되는 습곡은 매우 빡빡하게 조여진 굴곡을 보여주기도 한다. 습곡의 크기 변화와는 상관없이, 대부분의 습곡은 압축력의 결과이며 지각을 수축시키고 두껍게 만든다.

습곡과 습곡작용을 이해하기 위해서는 먼저 습곡과 관련된 용어들에 친숙해지는 것이 필요하다. 습곡은 하나의 지질구조로 퇴적층과 같은 원래 수평이었던 면들이 영구변형의 결과로 휘어진 것을 말한다. 각 층은 **힌지선** 또는 간단히 **힌지**라 부르는 가상의 축을 중심으로 구부러진다(그림 11.5).

습곡은 습곡된 지층들에 나타나는 모든 힌지들을 연결한 면인 **습곡축면**에 의해 표현되기도 한다. 단순한 습곡의 축면은 수직이며 2개의 거의 대칭적인 습곡을 날개로 나눈다. 그러나 습곡축면은 대개 어느 한쪽 방향으로 기울어져 있어 한쪽 날개가 다른 한쪽 날개에 비해 고각이며 짧다.

배사와 향사

가장 흔한 두 가지 습곡형태로 배사와 향사가 있다(그림 11.6). **배사**(anticline)는 대개 지층이 휘어져 활모양으로 위로 볼록해진 것으로, 때때로 변형된 지층이 고속도로 절개지를 따라 노출되면서 장관을 이루기도 한다.[1] 대부분 배사와 수반되어 나타나는 여물통같이 아래로 볼록해진 습곡을 **향사**(syncline)라 한다. 그림 11.6에서 보여주듯이 배사의 한쪽 날개는 또한 인접한 향사의 한쪽 날개가 된다.

습곡의 자세를 근거로, 두 날개가 대칭적인 모양을 가지면 **대칭습곡**이라 하는 반면, 그렇지 않은 경우를 **비대칭습곡**이라 한다. 비대칭습곡 중 한쪽 또는 양쪽 날개가 90° 이상 회전되면 **역전습곡**이라 하며(그림 11.6), 역전습곡은 한쪽으로 뉘어져 축면이 거의 수평하게 될 수 있다. 이러한 습곡을 **횡와습곡**이라 하며 알프스와 같은 매우 변형된 산맥지역에서 흔히 관찰된다.

습곡은 지구조적 힘에 의해 기울어져 힌지선이 경사질 수 있다. 이러한 습곡은 지구 표면을 관통하는 힌지선을 가지고 있어 **선경사 습곡**이라 부르며(그림 11.7A), 와이오밍의 십마운트가 좋은 예이다. 그림 11.7B는 선경사 습곡의 상부 층이 침식으로 제거된 모습을 보여준다. 십마운트와 같은 모든 배사 습곡은 지표에 노출된 쐐기 모양의 지층 노두의 뾰족한 끝부분이 습곡의 경사 방향을 가리킨다(그림 11.7C). 반면 향사일 경우에는 이와 반대이다.

습곡된 퇴적층이 광범위하게 침식되어 만들어진 지형을 잘 보여주는 곳으로는 애팔래치아 산맥의 벨리앤리지 지역이 있다(그림 11.31). 배사를 따라 반드시 고지가 형성되는 것은 아니며 또한 향사가 특징적으로 계곡을 만들지는 않는다. 이보다는 고지와 계곡은 차별 풍화와 침식의 결과이다. 예들

알고 있나요?

고도가 높아지면 바람의 세기가 강해지는 경향이 있으므로, 높은 산악환경에서 일반적으로 바람이 강하다. 지표에서 측정된 가장 강한 바람의 속도는 시간당 231마일로 뉴햄프셔의 워싱턴 산에서 관측되었다.

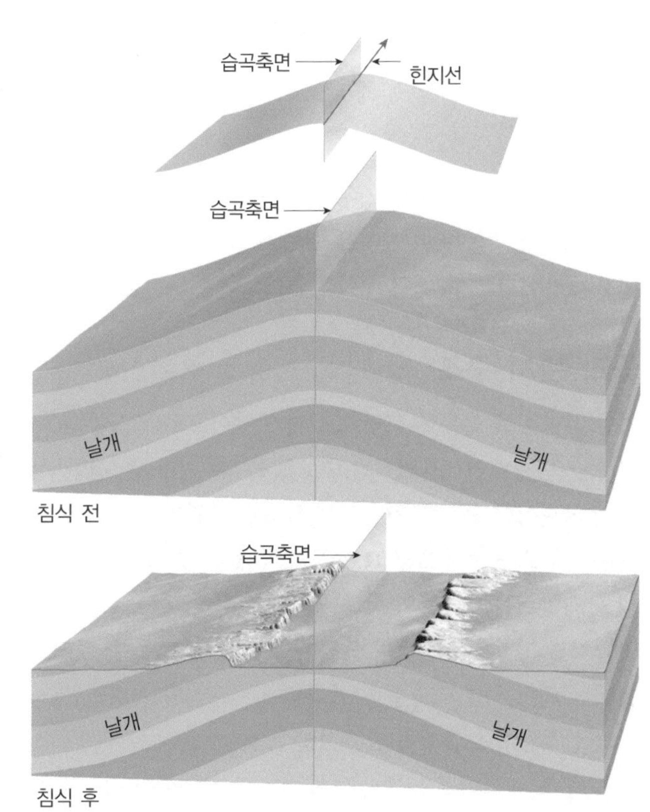

그림 11.5 **대칭습곡에서 나타나는 특징** 습곡축면은 습곡을 대칭적으로 나누며, 힌지선은 각 층의 최대 곡률이 나타나는 지점들을 연결한 선이다.

1 엄격히 정의하면, 배사는 가장 오래된 암석이 습곡의 중앙부에서 발견되는 구조를 말하는 반면, 향사는 가장 젊은 지층이 중앙에 발견되는 구조를 말한다.

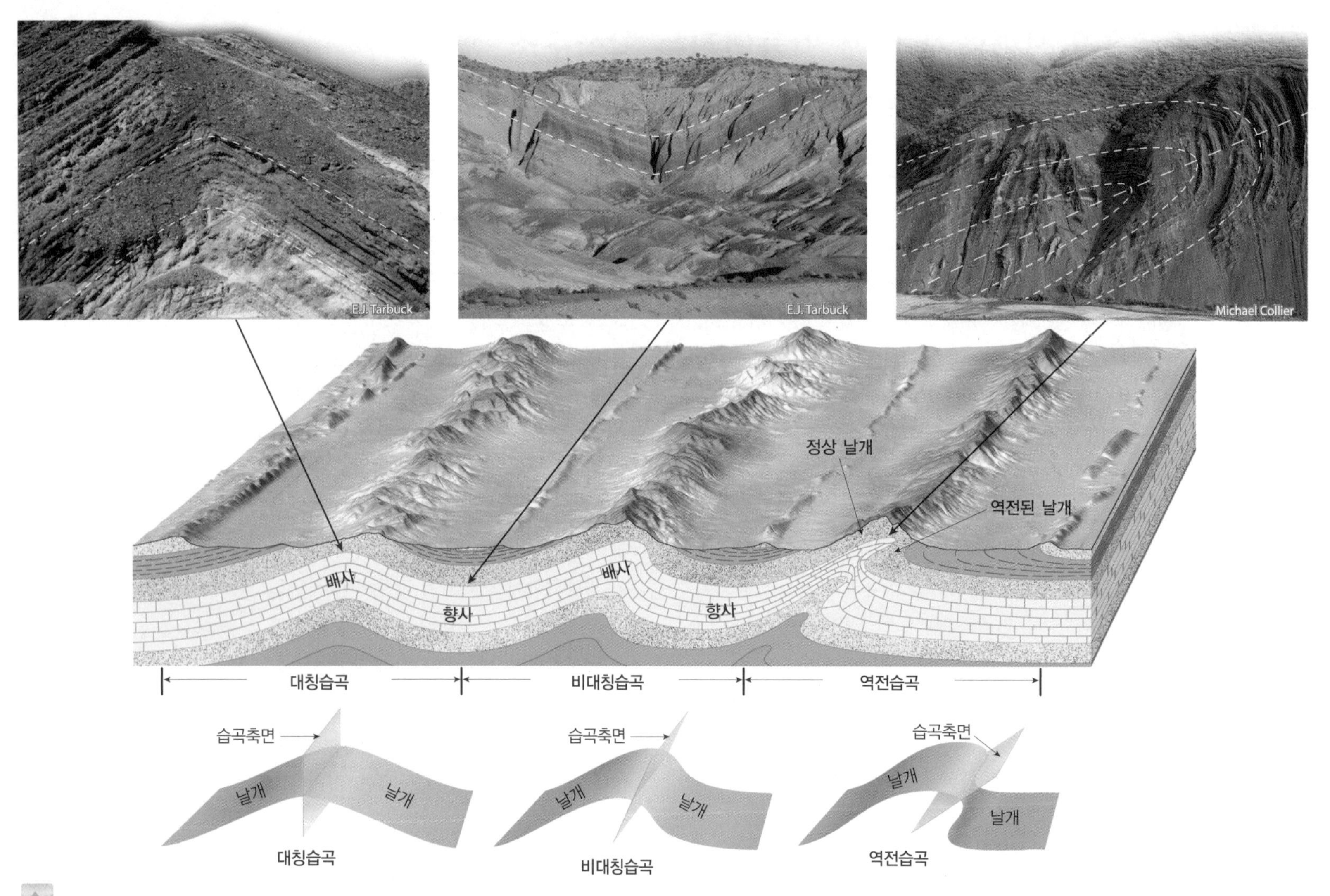

스마트그림 11.6
일반적인 습곡의 종류 위로 볼록한 활모양의 구조를 배사라 하며, 아래로 볼록한 여물통 모양의 구조를 향사라 한다. 배사의 날개는 또한 인접한 향사의 다른 한쪽 날개가 된다.

들어, 밸리앤리지 지역의 경우에는 풍화에 저항력이 큰 사암층이 고지를 만들며, 고지들은 쉽게 침식이 발생하는 셰일과 석회암 층이 만드는 계곡에 의해 분리되어 있다.

돔과 분지 구조

기반암이 위로 볼록한 모양으로 넓게 솟아오르며 상부의 퇴적층을 변형시켜 거대한 습곡을 만들 수 있다. 이러한 상향 굴곡현상이 원형이거나 약간 길쭉한 타원형이면 이를 **돔**(dome) 구조라 한다(**그림 11.8A**). 미국 사우스다코타 주 서부의 블랙힐스에는 지층의 상향 굴곡에 의해 거대한 돔 구조가 만들어져 있다. 이 산지의 중심부 고지에 있던 상부 퇴적층은 침식되어 사라지고 현재 중심부에는 오래된 연령의 화성암과 변성암이 노출되어 있다(**그림 11.9**).

돔 구조는 그림 4.26에서 보여주는 마그마의 관입(병반)에 의해서도 만들어질 수 있다. 또한 멕시코 만 주변에서 나타나는 것과 같은 매몰된 암염이 상승하면서 암염 돔을 형성하기도 한다. 암염 돔은 암염이 상부로 이동하면서 주변의 원유를 배태한 퇴적층을 변형시켜 원유가 저장될 수 있는 구조를 형성하기 때문에 경제적인 측면에서도 중요하다(그림 7.32).

돔과 유사한 모양이나 아래로 볼록한 구조를 **분지**(basin) 구조라 한다(**그림 11.8B**). 미국에는 몇 개의 큰 분지 구조가 관찰된다(**그림 11.10**). 미시건과 일리노이 주의 분지들 내 퇴적층은 받침접시 모양과 유사하게 지층이 매우 완만하게 경사져 있다. 이러한 분지 구조는 분지 내에 많은 양의 퇴적물이 퇴적되어 그 하중으로 지각이 침강된 결과이다(이 장의 지각균형의 원리를 참고). 한편 다른 몇 개의 분지 구조는 대규모 운석 충돌의 결과일 수 있다.

대규모 분지는 대개 저각도의 경사를 가진 퇴적물로 채워져 있기 때문에, 퇴적물을 구성하는 지층의 나이를 살펴보면 분지 구조의 존재를 인지할 수 있다. 즉 가장 젊은 암석은 분지의 중앙부에서 관찰되는 반면, 가장 오래된 암석은 분지의 외곽 측방에서 관찰된다. 이러한 지층의 출현 순서는 중앙부스마트그림 11.7 **와이오밍의 십마운트** 십마운트와 같은 침식된 선경사 배사는 노출된 퇴적층 노두의 뾰쪽한 부분이 습곡의 경사방향을 가리킨다. (사진 : *Michael Collier*)

C. 십마운트 배사

에 가장 오래된 암석이 나타나는 블랙힐스와 같은 돔 구조와는 완전히 반대이다.

단사

우리는 이 책에서 습곡과 단층을 분리하여 다루고 있지만, 실제 자연에서는 습곡과 단층이 동반되어 나타나는 경우가 많다. 이러한 동반출현의 예로 넓고 광역적인 지형 특징을 형성하는 단사가 있다. 특히 콜로라도 고원에 나타나는 **단사**는 수평으로 편평하던 퇴적층이 큰 계단모양으로 휘어져 만들어진 일종의 습곡이다(**그림** 11.11). 이 습곡은 고원 아래의 기반암 내에 존재하던 고경사의 역단층대가 재활되면서 만들어졌다. 즉 기존의 단층대를 따라 거대한 기반암 지괴가 융기함으로써 상대적으로 연성도가 높은 상부의 퇴적층이

스마트그림 11.8 **돔과 분지 구조** 완만하게 위로 솟아오르거나 가라앉으면 각각 돔(A)과 분지(B) 구조를 만든다. 이들 구조가 침식되면 대략 원형 또는 약간 길쭉한 암석 분포가 만들어진다.

A. 상향굴곡이 만든 돔 구조

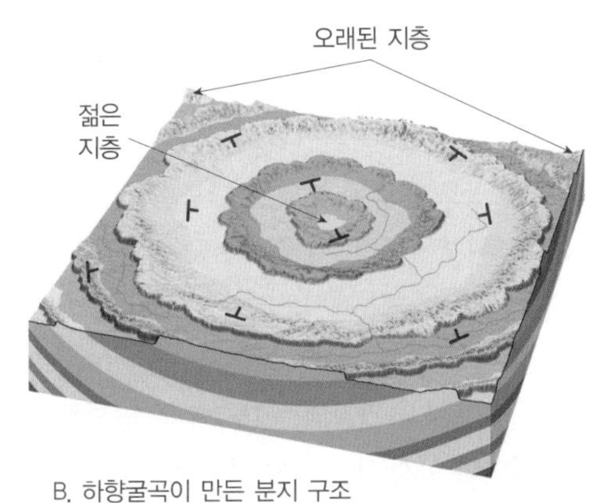

B. 하향굴곡이 만든 분지 구조

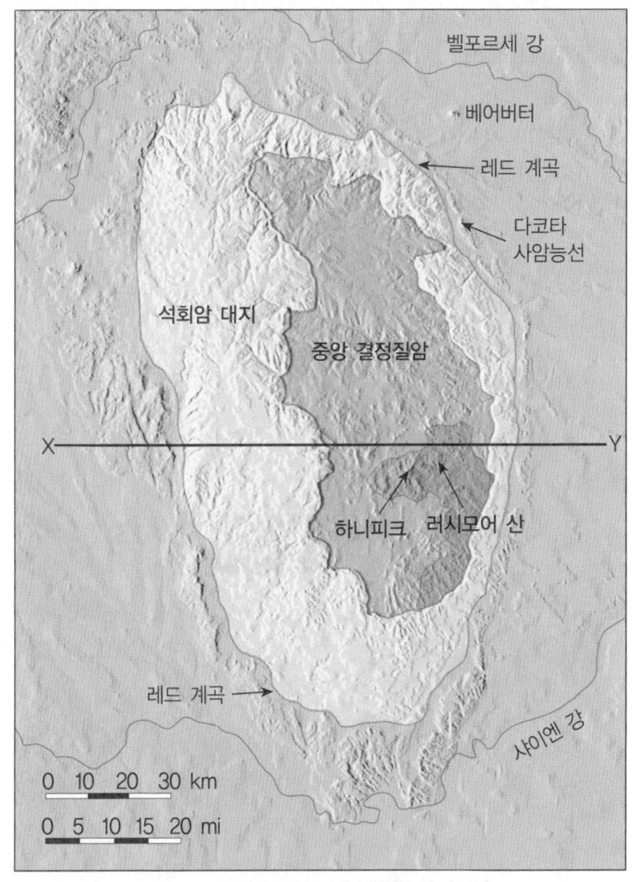

그림 11.9 **사우스다코타의 블랙힐스에 발달하는 대규모 돔 구조** 블랙힐스 중앙부는 풍화에 강한 선캄브리아 화성암과 변성암으로 구성되는 반면, 주변에는 대부분 젊은 석회암과 사암이 분포한다.

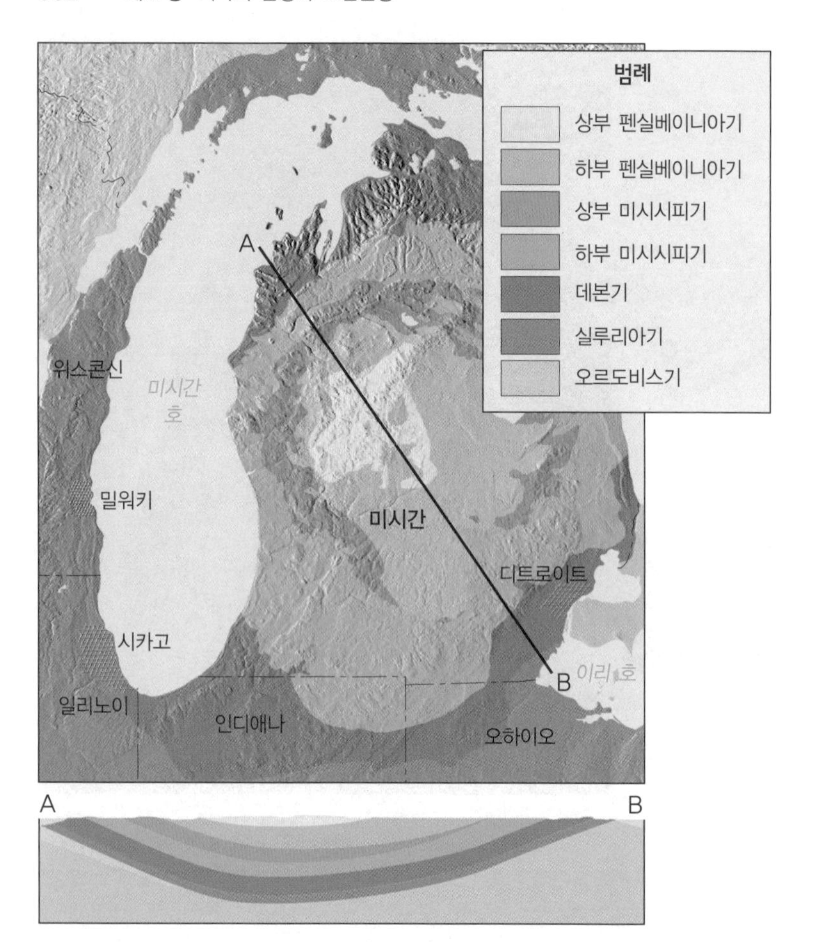

그림 11.10
미시간 분지의 지질도
가장 젊은 지층이 중앙에 분포하는 반면, 가장 오래된 지층은 분지의 측면 가장자리에 위치한다.

단사
애리조나 동카이바브 단사
단사
침식에 의해 제거된 퇴적층
기반암 내 단층
Michael Collier

그림 11.11 **애리조나 동카이바브 단사** 이곳에는 하부의 단층활동에 의해 변형되어 휘어진 퇴적층이 관찰된다. 하부의 충상단층은 지표에 노출되지 않아 은닉 충상단층이라고도 불리어진다.

습곡된 것이다. 이러한 재활단층들을 따라 발생한 변위는 흔히 1km를 초과하기도 한다.

콜로라도 고원에서 발견되는 단사로는 동카이바브 단사, 라플리 배사, 워트포킷 습곡, 샌라파엘 융기부 등이 포함된다. 그림 11.11에서 보여주는 경사진 지층들은 한때 현재 분포 지역 너머까지 넓게 연장되어 있었으며, 이는 이 지역에 매우 많은 양의 암석이 침식되었음을 알려주는 증거이다.

개념 확인 11.2

① 배사와 향사, 돔과 분지 구조 그리고 배사와 돔 구조의 차이를 설명하라.
② 대칭 배사의 단면을 그리고 습곡축면을 선으로 그리고 양쪽 날개를 표시해 보라.
③ 사우스다코타의 블랙힐스는 지질구조들 중 어떤 구조의 대표적인 사례인가?
④ 침식된 분지 구조에서 가장 젊은 암석은 중앙과 가장자리 중 어디에 나타나는가?
⑤ 단사의 형성에 관하여 설명하라.

11.3 단층과 절리 : 취성변형에 의해 만들어지는 암석구조

정단층, 역단층, 충상단층, 그리고 두 가지 종류의 주향이동단층 양편 지괴의 상대적인 운동에 관하여 그림을 그려 간단히 설명하라.

알고 있나요?

실제 단층애가 만들어지는 것을 목격한 사람도 있으며, 생생하게 이를 증언하기도 한다. 1983년 아이다호 주에서 발생한 대규모 지진은 약 10피트 높이의 단층애를 만들었다. 이 광경을 여러 사람들이 목격했으며, 이들 중 많은 사람은 단층애가 만들어질 때 넘어지기도 하였다. 그렇지만 대부분의 단층애는 만들어지고 난 이후에 발견되는 것이 일반적이다.

단층(fault)은 취성변형에 의해 단열이 발생해 지각이 변위된 곳에 만들어진다. **그림 11.12**와 같이, 우리는 때때로 수 미터의 변위를 보이며 퇴적층을 절단하는 단층들을 도로 사면에서 관찰할 수 있다. 이러한 크기의 단층은 대부분 하나의 불연속면을 따라 나타나나, 이와 대조적으로 캘리포니아의 샌앤드리어스 단층과 같은 대규모 단층의 경우에는 수백 킬로미터의 변위를 가지며 상호 연결된 수많은 단층면들로 구성되기도 한다. 단층면들이 밀집되어 나타나는 **단층대**는 수 킬로미터 이상의 폭을 가지며, 지상에서보다는 대체로 항공사진에서 더 쉽게 인지된다. 단층을 따라 발생하는 갑작스런 운동은 지진을 발생시키나, 실제 관찰되는 대부분의 단층들은 과거 지각변형의 흔적이며 현재 활동 중인 단층은 아니다.

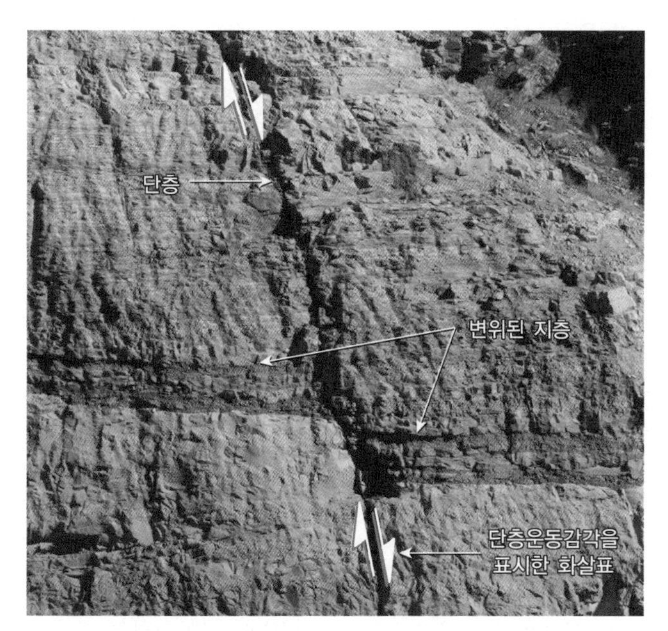

그림 11.12 **단층은 변위(단층이동)를 발생시키는 일종의 단열이다.**
(사진 : E. J. Tarbuck)

경사이동단층

단층면의 경사방향과 평행하게 지괴의 이동이 발생한 경우를 **경사이동단층**(dip-slip fault)이라 한다. 일반적으로 단층면 바로 위의 암괴를 **상반**(hanging wall block)이라 하며, 단층면 아래의 암괴를 **하반**(footwall block)이라 부른다(**그림 11.13**). 열수 용액으로부터 침전되는 금과 같은 금속광상은 비활동성 단층대를 따라 형성되는 경우가 많아, 이들 용어는 광산 탐사자와 광부들에 의해 처음 사용되었다. 광산 노동자들은 터널에서 작업을 할 때, 작업용 랜턴을 광화된 단층대 상부 암석에 걸어두고(상반) 단층대 하부 암석 위를 걸어(하반) 다녀야 하기 때문이다.

경사이동단층을 따라 발생하는 수직 변위에 의해 **단층애**(fault scarp)라 부르는 길고 나지막한 절벽이 형성되기도 한다. **그림 11.14**에서 보여주는 단층애는 지진과 함께 단층면을 따라 지괴의 빠른 수직 이동에 의해 만들어졌다.

그림 11.14 **단층애** 이 단층애는 1964년 알래스카 지진 동안에 만들어졌다. (사진 : USGS)

정단층 경사이동단층 중 상반이 하반에 비해 상대적으로 아래로 이동한 단층을 **정단층**(normal fault)이라 한다(**그림 11.15**). 정단층은 다양한 크기를 보여주는데, 일부 단층은 그림 11.12와 같이 단지 1m 내외의 작은 변위를 보여준다. 그러나 수십 킬로미터까지 연장되며 산 전면의 경계를 따라 꾸불꾸불하게 나타나는 단층들도 있다. 대부분의 대규모 정단층은 상대적으로 고각의 경사를 보이며 지하로 갈수록 경사가 얕아지는 경향이 있다. 인장응력에 수반되는 정단층은 지각을 잡아당겨 신장시킨다. 이러한 지각 신장은 지괴의 융기 또는 양쪽으로 당기는 수평력에 의해 지각이 늘어나고 깨지면서 발생한다.

미 서부지역에는 **단층지괴산맥**(fault-block mountain)이라 부르는 구조와 수반한 대규모 정단층들이 관찰된다. 매우 전형적인 단층지괴산맥은 미국의 분지와 산맥 지역에서 나타난다(**그림 11.16**). 이곳에는 지각이 신장되고 깨어져 200개 이상의 상대적으로 규모가 작은 산맥들이 만들어졌다. 이 산맥들은 평균 약 80km의 길이를 가지며 인접한 단층운동 의해 가라앉아 만들어진 분지들에 비해 900~1500m 보다 높은 지형을 형성하고 있다.

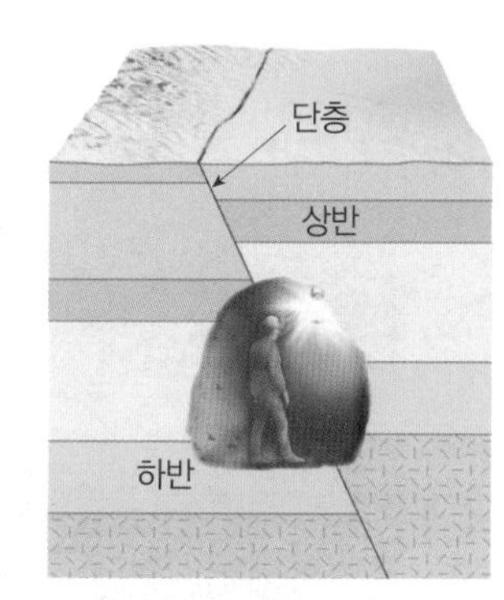

그림 11.13 **단층의 상반과 하반** 단층면 직상부의 암석을 상반 그리고 직하부의 암석을 하반이라 한다. 이들 용어는 단층을 따라 만들어진 금속광상을 채굴하는 광부에 의해 유래되었다. 광부들은 작업용 랜턴을 단층면 상부에 걸어두고(상반) 단층면 하부의 암석 위로 걸어 다녔다(하반).

스마트그림 11.15 **정 경사이동 단층** 위의 그림은 단층 양편 지괴 사이에 발생한 상대적인 변위를 나타내며, 아래 그림은 침식작용에 의해 변화되는 상승한 단층 지괴의 모습을 보여준다.

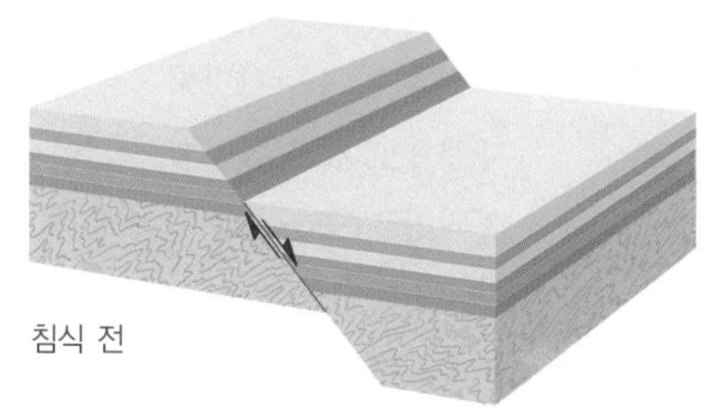

침식 전

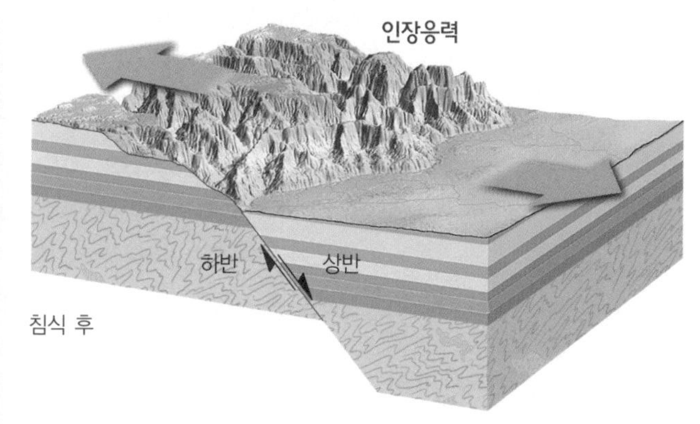

침식 후

정단층은 하반에 비해 상반이 상대적으로 가라앉은 경사이동단층이다.

모바일 현장학습

지구 지루 단층지괴산맥 지각신장 지루 반지구 지루 지구 분리단층

그림 11.16 **미국의 분지와 산맥 지역의 정단층운동** 이곳 지각은 인장응력에 의해 여러 개의 암괴 조각들로 나누어지며 신장되었다. 단층운동에 의해 지괴는 경동되어 단층지괴산맥으로 불리는 평행한 산악 지형들이 만들어졌다. 단층운동에 의해 가라앉은 지역(지구)에는 분지가 만들어지는 반면, 상승한 지괴(지루)에는 침식되어 울퉁불퉁한 산악지형이 형성된다. 이와 더불어 여러 개의 경동된 지괴(반지구)도 분지와 산악지역이 만들어지는 주요 원인이 된다. (사진 : *Michael Collier*)

미국 분지와 산맥 지역의 지형은 대략 남북 방향인 하나의 정단층계와 관련되어 진화되었다. 즉 단층운동에 의해 상대적으로 위로 융기된 지괴인 **지루**(horst)와 아래로 가라앉은 지괴인 **지구**(graben)의 반복에 의해 특이한 지형이 만들어졌다. 지루에는 산악지역이 형성되어 지구 내 분지에 퇴적되는 퇴적물의 공급지가 된다. 한편 그림 11.16에서 보여주는 바와 같이, **반지구**(half-graben)라 하는 구조 또한 이곳 분지와 산맥 지역의 저지와 고지가 반복되는 특이한 지형의 한 원인이 된다.

그림 11.16은 분지와 산맥 지역 내 대규모 정단층의 경사각이 지하로 들어가면서 점차 작아짐을 보여준다. 지하에서 경사가 얕아지는 정단층은 결국 거의 수평에 가까운 단층인 **분리단층**(detachment fault)과 연결된다. 이들 분리단층은 연성변형이 발생하는 하부 암석과 취성변형을 겪은 상부 암석 사이의 주 경계가 된다.

알고 있나요?

많은 단층들은 지표까지 도달하지 못하기 때문에 지진이 발생하는 동안 단층애가 만들어지지 않는다. 이러한 단층을 은닉단층이라 한다. 1994년 로스앤젤레스 지역의 노스리즈 지진은 은닉충상단층을 따라 발생한 지진이다.

역단층과 충상단층 상반이 상대적으로 하반보다 위로 운동한 경사이동단층을 **역단층**(reverse fault)이라 한다(**그림 11.17A**). **충상단층**(thrust fault)은 역단층의 한 종류로 경사가 45°보다 작은 단층을 말한다. 역단층과 충상단층은 압축응력의 결과로 지각을 수평으로 수축시킨다.

고각도의 역단층은 규모가 작으며 다른 종류의 단층운동이 우세한 지역에서 국지적 변위를 수용하는 경우가 대부분이다. 한편 충상단층은 매우 다양한 규모로 나타나며, 일부 지역에서는 수십에서 수백 킬로미터 규모의 변위가 동반된다. **그림 11.17B**에서 보여주듯이, 어떤 충상단층의 경우에는 상반을 하반 위로 거의 수평으로 밀어 올리기도 한다.

충상단층 운동은 수렴경계에서 가장 활발히 발생한다. 충돌하는 판들에 수반된 압축력은 습곡과 함께 충상단층을 만들어 지각을 수축시키고 두껍게 만들어 산악지형을 형성하기도 한다(**그림 11.18**). 알프스, 로키 북부, 히말라야 그리고 애팔래치아를 포함한 산맥들은 이러한 압축 지구조 환경에서 만들어진 사례이다.

주향이동단층

주로 단층면의 주향방향과 평행하게 수평의 변위를 가지는 단층을 **주향이동단층**(strike-slip fault)이라 한다(**그림 11.19**). 초창기 주향이동단층에 관한 과학적인 기록은 대규모 지진에 수반되어 나타나는 지표 변위를 관찰하면서 수집되었다. 이러한 기록들 중 가장 주목할 만한 것 중 하나는 1906에 발생한 샌프란시스코의 대지진에서 찾을 수 있다. 이 대지진 동안 샌앤드리어스 단층을 가로지르며 설치된 담장 같은 구조물들이 4.7m 이상 변위되었다. 이때 샌앤드리어스 단층을 따라 발생한 단층운동은 우리가 단층을 바라볼 때 맞은편 지괴가 오른쪽으로 이동하는 운동이었다. 이러한 운동을 하는 단층을 우수향 주향이동단층이라 한다.

한편 스코틀랜드의 그레이트그렌 단층은 이와 반대로 맞은편 지괴가 왼쪽으로 운동하는데, 이러한 운동을 하는 단층을 좌수향 주향이동단층이라 한다. 그레이트글렌 단층을 따라 발생한 총 변위는 100km 이상으로 계산된다. 또한 이 단층을 따라 전설의 괴물이 살고 있다는 네스호를 포함한 수많은 호수들이 형성되어 있다.

일부 주향이동단층은 지각을 절단하며 두 판 사이에서 이들의 운동이 쉽게 일어날 수 있도록 만들어주고 있다. 이러한 특별한 종류의 주향이동단층을 **변환단층**(transform fault)이라 한다. 많은 수의 변환단층들은 해양 암권을 절단하고

있으며, 분절된 해령들 사이를 연결시키고 있다. 어떤 단층은 두 대륙 지괴 사이에서 판이 서로 수평으로 움직여갈 수 있도록 한다. 이러한 단층 중 매우 유명한 단층으로는 캘리포니아의 샌앤드리어스 단층, 뉴질랜드의 알파인 단층, 중동의 사해 단층, 그리고 터키의 북아나톨리아 단층이 있다(그림 11.19). 이들 단층과 같은 거대한 변환단층들은 변위가 수백 킬로미터 이상을 보여준다.

대륙에서 나타나는 대부분의 변환단층들은 하나의 단열면을 따라 변위가 발생하기보다는 대체로 평행한 수많은 단열들의 군집(단열대)을 이루고 있다. 이러한 단열대는 수 킬로미터 이상의 폭을 가지기도 한다. 그러나 가장 최근 단층운동은 대부분 수 미터의 폭을 가진 하나의 가닥 단층을 따라 발생하며, 하천 수로와 같은 현생 지형을 변위시키기도 한다. 또한 단층운동 동안 깨지고 분쇄된 암석은 보다 쉽게 침식되기 때문에 단층을 따라 선상의 계곡이나 저지가 만들어진다.

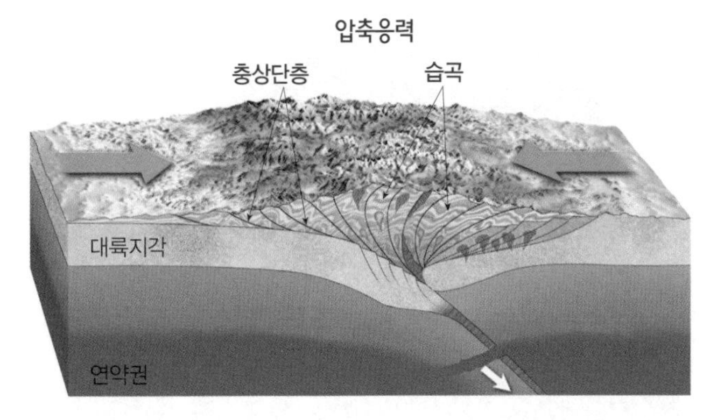

그림 11.18 **습곡과 충상단층을 만드는 압축응력** 수렴경계에서 압축응력은 지각을 두껍게 만들고 수축시켜 결과적으로 산악지형을 형성한다.

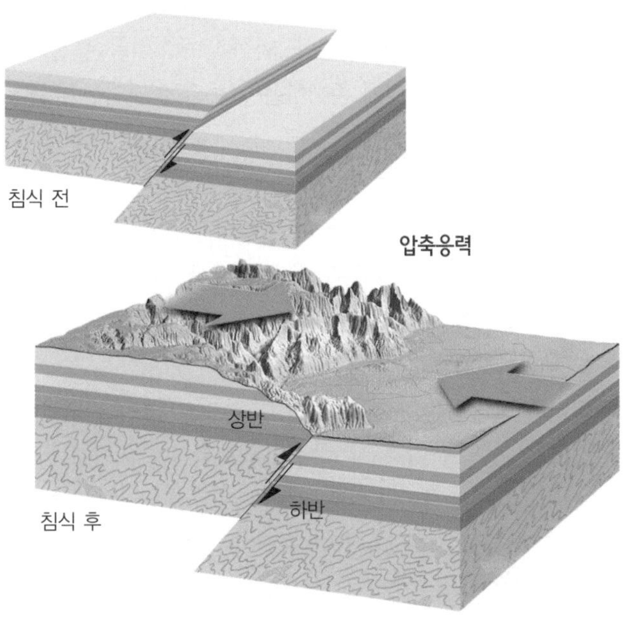

A. 역단층은 상대적으로 상반이 하반 위로 이동하는 경사이동단층이다.

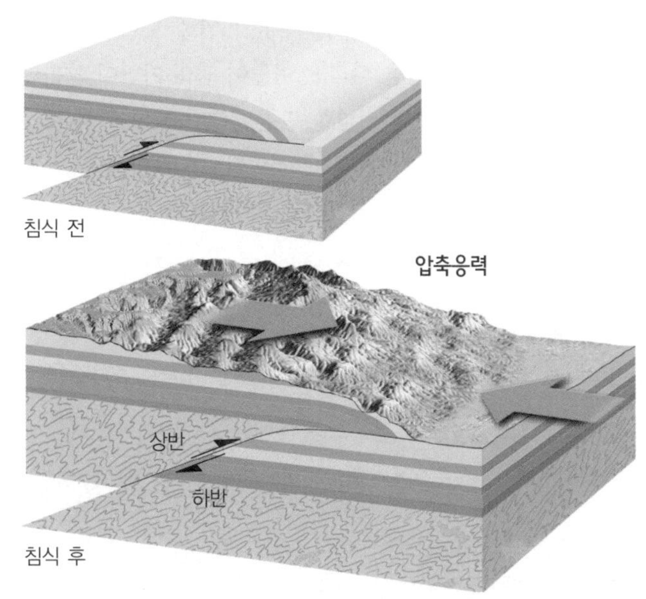

B. 충상단층은 상반을 하반 위로 거의 수평으로 밀어 올리는 저각의 역단층이다.

그림 11.17 **역단층과 충상단층** 역단층과 충상단층은 암괴를 다른 암괴 위로 밀어 올리는 압축응력에 의해 만들어진다.

알고 있나요?

전설의 괴물로 유명한 네스호는 스코틀랜드 북부를 가로지르는 그레이트그렌 단층을 따라 위치한다. 이 단층대를 따라 발생한 주향이동단층 운동에 의해 암석들은 넓게 파쇄되어 있으며, 이은 빙하작용으로 침식되어 길쭉한 계곡이 형성되었다. 네스호는 이 계곡에 위치한다. 파쇄된 암석은 쉽게 침식되어 네스호는 해수면보다 600피트 이상 깊은 수심을 가진다.

절리

암석 내에 나타나는 지질구조 중 가장 흔한 것이 **절리**(joint)라 부르는 단열이다. 단층과 달리 절리는 변위가 인지되지 않는 단열이다. 일부 절리들은 무질서한 방향성을 보이지만, 대부분의 절리는 대체로 방향성이 유사한 군집으로 나타난다.

우리는 두 가지 종류의 절리를 이미 살펴본 바 있다. 제4장에서 화성암이 냉각에 의해 수축되어 만들어지는 길쭉한 기둥모양의 주상절리에 관하여 공부하였다(그림 11.20). 또한

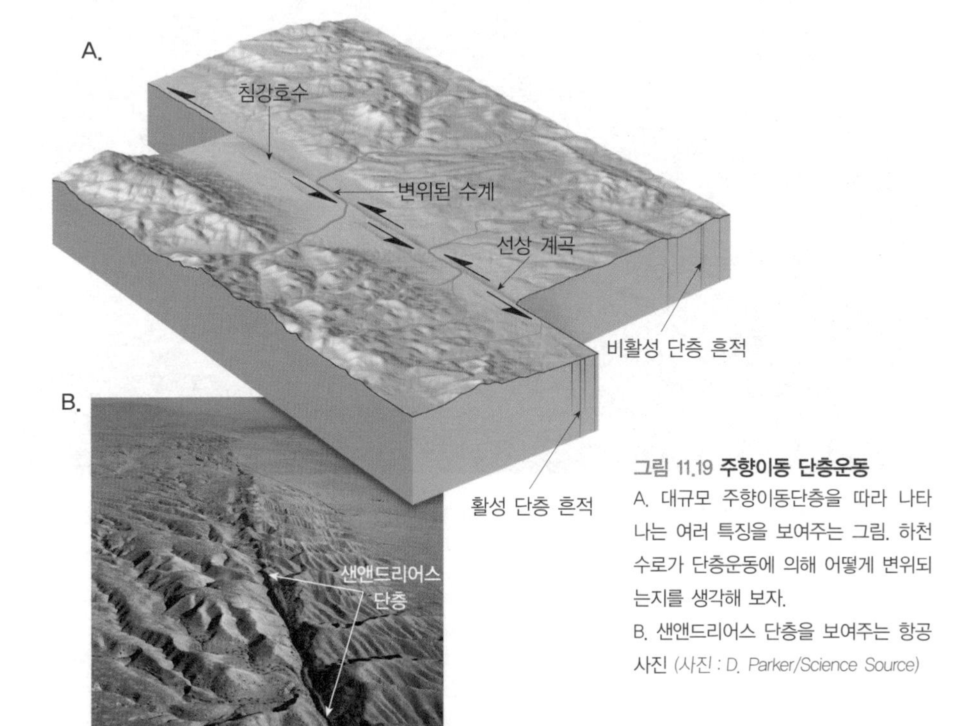

그림 11.19 **주향이동 단층운동**
A. 대규모 주향이동단층을 따라 나타나는 여러 특징을 보여주는 그림. 하천 수로가 단층운동에 의해 어떻게 변위되는지를 생각해 보자.
B. 샌앤드리어스 단층을 보여주는 항공사진 *(사진 : D. Parker/Science Source)*

와이오밍 주 악마의 탑은 1906년 9월 미국의 국립명승지로 지정되었다. 이 거의 수직하고 거대한 돌기둥은 주변 초원과 송림 속에서 380m 이상 높이로 솟아있다.

그림 11.20 **미국 와이오밍 주의 국립명승지 악마의 탑** 이곳에는 웅장한 주상절리가 발달한다. 주상절리는 5개 내지 7개의 면을 가진 기둥 모양의 구조로 화성암이 식으면서 수축되어 만들어지는 단열이다. (사진 : *Michael Collier*)

그림 11.21 **유타 주의 아치스 국립공원 나바호 사암 내에 발달하는 거의 평행한 절리들** 절리를 따라 풍화와 침식이 진행되어 물고기의 지느러미와 같은 지형이 만들어졌다. (사진 : *Michael Collier*)

제6장에서 지표로 노출된 저반과 같은 대규모 화성암체의 표면과 대체로 평행하게 완만하게 경사지며 발달하는 판상절리도 공부하였다. 이러한 절리는 침식에 의해 상부의 하중이 제거됨으로써 점진적인 부피 팽창에 의해 만들어진다(그림 6.5).

대부분의 절리들은 암석이 지각의 최외각에서 변형될 때 취성 단열작용에 의해 만들어진다. 인장 절리들은 상대적으로 미약한 지각의 광역적인 상향 또는 하향 굴곡에 의해서 흔히 만들어진다. 이러한 경우에는 특정 지역에서의 절리 조사만으로는 그 원인을 알아내기 쉽지 않다.

많은 암석은 2개 이상의 서로 교차하는 절리군에 의해 깨어져 있어 규칙적인 모양의 여러 암괴 조각들로 나누어져 있다. 이러한 절리군들은 흔히 다른 지질학적 작용들에 중요한 영향을 미치게 된다. 예를 들어, 화학적 풍화작용은 절리를 따라 집중되고 지각 내에 존재하는 지하수는 절리를 유동통로로 흘러간다(**그림 11.21**).

절리는 경제적인 측면에서도 또한 중요할 수 있다. 세계에서 가장 크고 매우 중요한 몇 개의 광상은 절리계를 따라 발달해 있다. 열수 용액(광화 유체)은 암석 내 단열로 유입되어 경제적으로 유용한 양의 구리, 은, 금, 납, 아연 그리고 우라늄을 침전시킨다.

절리가 발달하는 암석은 교각, 고속도로 그리고 댐과 같은 건설 구조물을 건축 시 하나의 위험인자가 되기도 한다. 1976년 7월 5일 아이다호에 위치한 테톤 댐이 붕괴되어 14명이 목숨을 잃고 약 10억 달러의 재산피해가 발생하였다. 이 댐의 동부는 침식되기 쉬운 점토와 실트로 건설되었는데, 파쇄가 심한 화산암 위에 놓여 있었다. 건설과정에서 절리가 발달하는 암석 내 빈 공간들을 채우기 위해 노력하였으나, 물이 점차 지하 단열들을 따라 스며들어 댐의 기반이 약화되었다. 결국 물은 하나의 터널을 만들면서 침식되기 쉬운 점토와 실트 내로 흘러들어가게 된 것이다. 이후 수 분만에 댐은 붕괴되고 20m 높이의 물기둥은 테톤과 스테이크 강으로 쏟아져 들어갔다.

개념 확인 11.3

① 정단층과 역단층 운동의 차이와 이들 단층이 각각 어떤 응력에 의해 만들어지는가를 설명하라.

② 단층지괴산맥과 관련한 단층의 종류를 적어 보라.

③ 충상단층과 역단층의 차이를 적어 보라.

④ 주향이동단층을 따라 발생하는 상대적인 지괴의 이동에 관해 설명하라.

⑤ 단층과 절리의 차이는?

11.4 산의 생성

세계지도에 나타나는 주요 산맥들의 이름과 위치를 적어 보라.

최근 지질시대 동안에도 세계 곳곳에는 산들이 만들어지고 있다. 이러한 상대적으로 젊은 산악지역으로는 케이프 혼에서 아메리카 서부 경계를 따라 알래스카까지 안데스와 로키 산맥을 포함하는 아메리카 코르디예라 벨트, 지중해의 경계를 따라 이란과 인도 북부를 거쳐 인도차이나까지 뻗어 있는 알프스-히말라야 벨트 그리고 일본, 필리핀, 수마트라와 같은 화산도호를 포함하는 태평양 서부의 산악지역이 해당된다. 대부분의 이들 젊은 산악지역은 지난 1억 년 내에 만들어지기 시작했으나(**그림** 11.22), 히말라야와 같은 일부 산맥은 약 5천만 년 전부터 성장하기 시작하였다.

이러한 상대적으로 젊은 산악지역과 함께, 지구에는 보다 오래된 고생대 연령의 산악지역도 존재한다. 오래된 산악지역은 심하게 침식되어 지형적인 특징이 덜 현저하지만, 이곳에도 젊은 산악지역에서 관찰되는 지질구조와 동일한 특징이 관찰된다. 미국 동부의 애팔래치아와 러시아의 우랄 산맥은 이러한 오래된 산맥의 전형적인 것에 해당된다.

산이 만들어지는 총체적인 과정을 **조산운동**(orogenesis)이라 한다. 주요 대산맥들은 지각을 수평으로 수축시키고 수직으로 두껍게 만드는 거대한 압축력이 존재한다는 사실을 알려주는 중요한 가시적인 증거이다. 이러한 **압축 산맥**(compressional mountain)은 단층으로 절단되고 일련의 습곡작용에 의해 변형된 엄청난 양의 퇴적암과 결정질 암석으로 이루어져 있다(그림 11.18). 조산운동을 알려주는 가장 분명한 증거는 습곡과 충상단층들이지만, 다양한 정도의 변성작용과 화성활동도 항상 수반되어 나타난다.

어떻게 거대한 산맥이 만들어지는 것일까? 이러한 질문은 과거 그리스 시대 이래로 철학자와 과학자들에겐 항상 흥미로운 사색거리였다. 초기 과학자들은 산맥은 원래 용융체에 가까웠던 지구가 냉각되어 만들어진 지각의 주름으로 단순히 생각하기도 하였다. 이에 따르면, 마치 건조되는 오렌지 껍질에 주름이 생기는 것과 같이 지구는 식어가면서 수축되고 오그라들어 지각이 변형되는 것으로 생각할 수 있다. 그러나 이러한 제안을 포함한 초창기 가설들은 증명되지 못하였으며, 현재 과학자들에게 받아들여지지 않고 있다.

한편 오늘날 판구조론은 현재와 과거의 거의 모든 산맥들의 기원과 생성 과정을 명쾌하게 설명할 수 있는 새로운 근사한 조산운동의 모델을 제시하고 있다. 이 모델에 따르면, 지구의 주요 산악지역을 만드는 지구조 활동은 해양 암권이 맨틀 속으로 섭입되는 수렴경계를 따라 발생한다. 따라서 우리는 먼저 수렴경계의 특성에 관하여 살펴보고, 이곳에서의 섭입활동이 어떻게 지구 곳곳에 거대한 산악지역을 형성하게 되는지에 관하여 공부하기로 하자.

개념 확인 11.4

① 조산운동을 정의하라.
② 판구조론에서 어떤 판의 경계가 지구의 주요 산악지역과 가장 직접적으로 관련되어 있는가?

알고 있나요?

찰스 다윈의 유명한 H.M.S. 비글호 항해 동안, 그는 칠레 콘세프시온만 주변에서 땅이 갑자기 솟아오르는 강력한 지진을 경험하게 된다. 이러한 경험과 여타 관찰들을 바탕으로 다윈은 자신이 산맥이 만들어지는 하나의 중요한 과정을 목격한 것으로 결론지었다.

알고 있나요?

뉴질랜드 산악인인 에드먼드 힐러리 경과 네팔인인 텐징 노르가이는 1953년 5월 29일 최초로 에베레스트 정상을 등정하였다. 힐러리 경은 이에 만족하지 않고 이후 최초로 남극을 종주하고자 하였다.

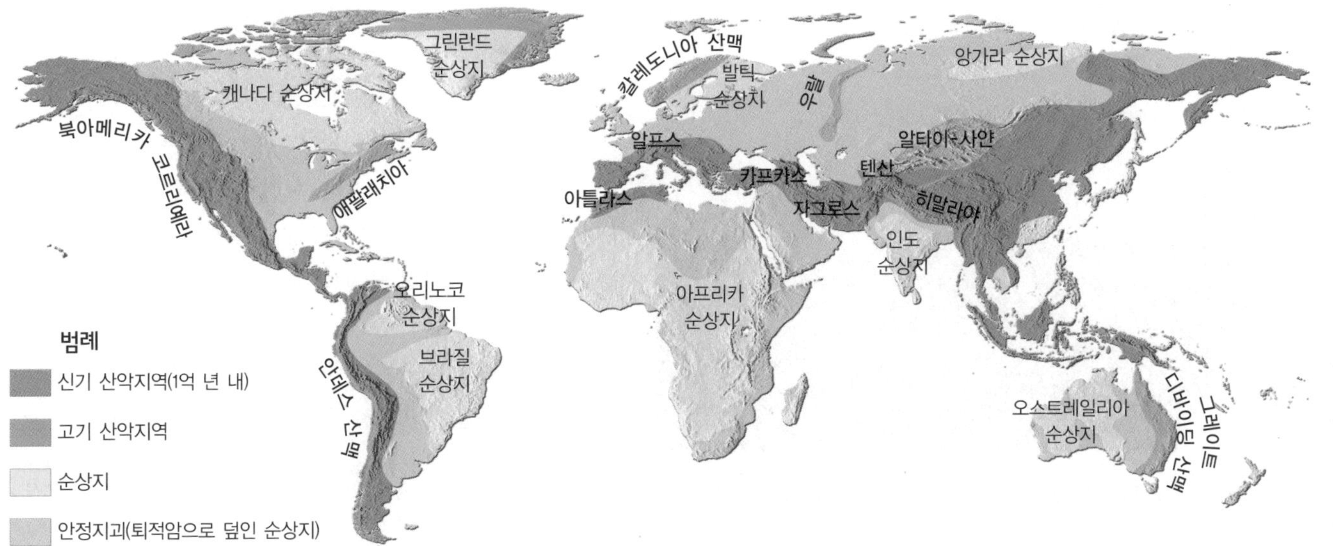

그림 11.22 **지구의 주요 산악지역** 유라시아에는 동서 방향의 산악지역이 발달하는 반면, 아메리카 코르디예라에는 남북 방향으로 발달한다는 점에 주목하자.

11.5 섭입작용과 산의 생성

안데스형 산맥의 단면을 그림으로 그리고 이곳의 주요 특징이 어떻게 만들어지는지에 관하여 설명하라.

해양 암권의 섭입은 산의 생성(조산운동)의 근본적인 원인이 된다. 해양판 아래로 해양 암권이 섭입하면 **화산도호**와 이와 관련된 특징적인 구조가 발달한다. 한편 대륙 지괴 아래로 해양 암권이 섭입하면 **대륙 화산호**가 만들어지며 대륙의 가장자리를 따라 산악지형이 형성되기 시작한다. 또한 화산도호와 다른 지각 조각이 해양분지를 가로지르며 이동하여 섭입대에 도달하면 다른 지각 조각 또는 보다 큰 대륙 지괴와 충돌하여 뭉쳐지게 된다. 만약 이러한 섭입작용이 충분한 시간 동안 진행되면 결국은 두 개 이상의 대륙이 충돌하기도 한다.

도호형 산의 생성

도호는 지난 2억 년 또는 그 이상까지도 지속된 해양 암권의 섭입의 결과이다. 주기적인 화산활동, 지하 심성암의 정치 그리고 섭입하는 판으로부터 부가된 퇴적물은 상부 판 위의 지각 물질의 부피를 증가시킨다(**그림 11.23**). 일본과 같은 일부 화산호는 큰 대륙 덩어리로부터 분리된 대륙지각 조각 또는 여러 도호가 중첩된 곳 위에 만들어져 다른 도호에 비해 상대적으로 큰 규모를 가진다.

화산도호의 지속적인 성장은 거의 평행하게 배열된 화성암과 변성암 벨트로 구성된 산악지역을 형성할 수 있다. 그러나 이러한 활동은 지구의 주요 대산맥이 발달하는 전체 과정으로 볼 때 하나의 단계에 불과하다. 뒤에 논의되겠지만, 일부 화산호는 섭입하는 판에 의해 큰 대륙 암괴의 경계부까지 운반되어 보다 큰 규모의 산악지형을 만들게 된다.

알고 있나요?

세계에서 가장 높은 고지의 도시는 해수면보다 11,910피트 높은 곳에 위치한 볼리비아의 라파스이다. 이곳은 미국에서 가장 고지의 도시인 콜로라도의 덴버에 비해 2배 이상 높은 곳이다.

지속적인 해양 암권의 섭입은 상부 판에 대륙과 유사한 두꺼운 지각을 만든다.

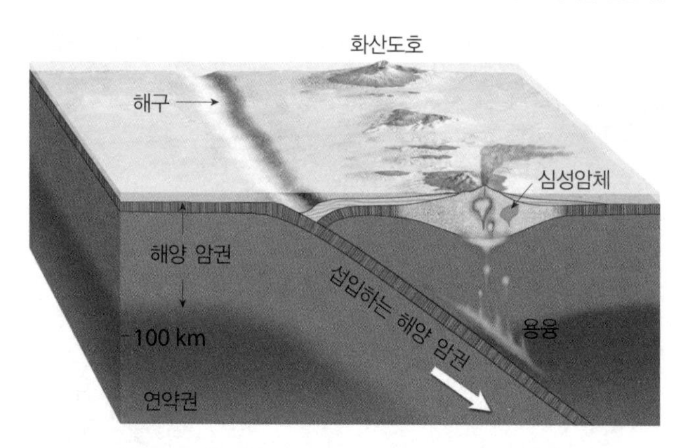

그림 11.23 **화산도호의 발달** 화산도호는 해양 암권이 다른 해양판 아래로 섭입하는 곳에서 만들어진다.

안데스형 산의 생성

안데스형 산지는 해양 암권이 아니라 대륙암권 아래로 해양 암권이 섭입할 때 만들어진다. 이러한 **활동성 대륙경계**를 따라 발생하는 섭입작용은 오랫동안 마그마활동을 지속시켜 대륙 화산호를 만들어낸다. 이로 인해 시각은 두꺼워져 70km 이상의 두께를 가진 지각이 만들어진다.

남아메리카의 안데스 산맥에서 유래된 안데스형 산맥의 발달은 일차적으로 **수동형 대륙경계**를 따라 시작된다. 오늘날 북아메리카의 동부 해안은 이러한 수동형 대륙연변부의 전형적인 사례이다. 이곳 대륙연변부에는 천해성 사암, 석회암, 그리고 셰일로 구성된 두꺼운 퇴적층이 형성되어 있다(**그림 11.24A**). 일정 시점이 되면, 판을 움직이는 힘이 변화되어 대륙 연변을 따라 섭입대가 만들어진다. 새로운 섭입대가 만들어지기 위해서는 해양 암권의 연령이 증가하고 밀도가 충분히 높아져 암권 내에 전단작용이 발생할 수 있을 정도의 판을 아래로 잡아당기는 힘이 작용되어야 한다. 다시 말해 대륙경계로부터 해양 암권을 분리시킬 수 있을 정도의 강한 압축력이 작동할 때 섭입은 시작된다.

화산호의 형성 맨틀 내로 해양 암권이 가라앉게 되면 온도와 압력이 증가하여 지각 암석으로부터 휘발성 물질(주로 물과 이산화탄소)이 빠져나오게 된다는 것을 앞서 공부하였다. 이러한 유동성 휘발성 물질은 가라앉는 판과 상부 판 사이의 쐐기 부분으로 상승한다. 약 100km 깊이에서 이러한 물이 풍부한 휘발성 유체는 뜨거운 맨틀 암석의 용융점을 떨어뜨려 암석을 용융시키게 된다(**그림 11.24B**). 초고철질의 감람암이 부분 용융되면, **원시 마그마**로 불리는 고철질의 현무암질 조성의 마그마가 만들어진다. 새로이 만들어진 현무암질 마그마는 주변 기원암에 비해 가볍기 때문에 부력에 의해 상승하게 된다. 밀도가 낮은 물질로 구성된 대륙 지각의 기저에 마그마가 도달하면 뭉쳐지기나 일종의 마그마 호수를 만들게 된다.

이들 마그마가 두꺼운 대륙지각을 뚫고 계속 상승하면, 마그마 분화작용을 겪어 무거운 철마그네시아 광물들은 결정화되어 마그마로부터 분리 정출되고 잔류 마그마는 점차 규소와 밝은색 광물의 함량이 증가하게 된다(제4장 참조). 이러한 마그마 분화작용을 통하여 상대적으로 밀도가 높은 현무암질 마그마는 저밀도의 높은 부력을 가진 이차 마그마인 중성 내지 화강암질(규장질) 조성으로 변화하게 된다.

저반의 형성 두껍고 낮은 밀도의 대륙지각은 마그마의 상승을 방해한다. 이 때문에 지각을 관입한 마그마는 지표에 도달하지 못하고 대부분 지하 심부에서 결정화되어 저반이라는 거대한 괴상의 심성암체를 만든다. 이러한 활동은 결과적으로 지각을 두껍게 만든다.

뒤따른 지각의 융기와 침식은 여러 개의 심성암체로 연결된 저반들을 지표에 노출시키게 된다. 아메리카 코르디에라에는 캘리포니아의 시에라네바다, 캐나다 서부의 코스트 산맥의 저반 그리고 안데스의 일부 화성암체를 포함한 대규모의 저반들이 노출되어 있다. 관입상의 화성암으로 구성되는 이 저반들은 화강암에서 섬록암의 조성을 대부분 보여준다.

성장쐐기대의 발달 화산호가 발달하는 동안, 섭입하는 판에 의해 운반되어 온 미고결된 퇴적물은 해양지각 조각과 함께 벗겨져 상부 판(해구의 육지부)에 발리게 된다. 이런 방식으로 해양지각 조각과 충상단층에 의해 잘려지고 변형된 퇴적물이 무질서하게 부착된 것을 **성장쐐기대**(accretionary wedge)라 부른다(그림 11.24B). 이러한 모습은 전진하는 불도저의 전면에서 벗겨져 밀려가는 쐐기 형태의 흙더미와 유사하다.

성장쐐기대를 구성하는 퇴적물 중 일부는 해양저에서 퇴적된 이암들이며 판의 이동에 의해 섭입대로 서서히 운반되어 온 것이다. 또한 인접한 대륙과 화산호에서 유래된 화산 잔해와 풍화와 침식에 의한 물질이 포함된다.

퇴적물이 풍부한 지역에는 지속적인 섭입으로 성장쐐기대가 두껍게 성장하여 해수면 밖으로 드러나게 된다. 이러한 성장쐐기대는 베네수엘라의 오리노코 강이 위치한 푸에르토리코 해구의 남단을 따라 관찰된다. 이 쐐기대는 해수면 밖으로 드러나 바베이도스 섬을 만들었다.

전호분지 성장쐐기대가 계속 성장하게 되면 해수면 밖으로 돌출되게 되어, 화산호에서 해구로 운반되는 퇴적물의 이동을 방해하는 장애물이 되게 된다. 이로 인해, 퇴적물은 성장쐐기대와 화산호 사이에서 주로 퇴적되며, 이곳에는 **전호분지**(forearc basin)라는 상대적으로 변형을 받지 않은 퇴적물과 퇴적암이 퇴적되는 분지가 만들어진다(그림 11.24B, C). 전호

그림 11.24
안데스형 산의 생성

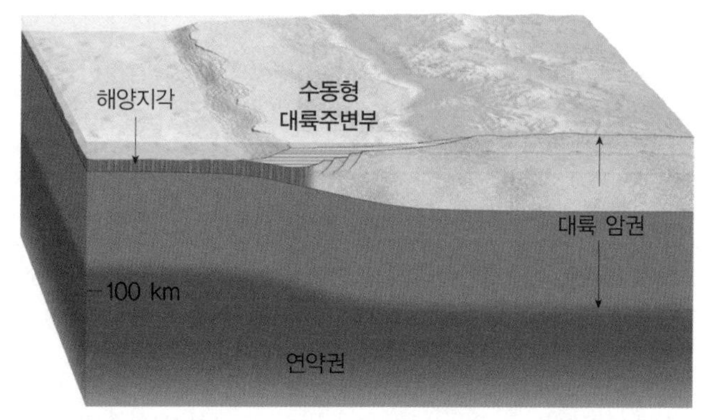

A. 거의 편평한 퇴적물과 퇴적암들이 넓게 퇴적되어 있는 수동형 대륙주변부

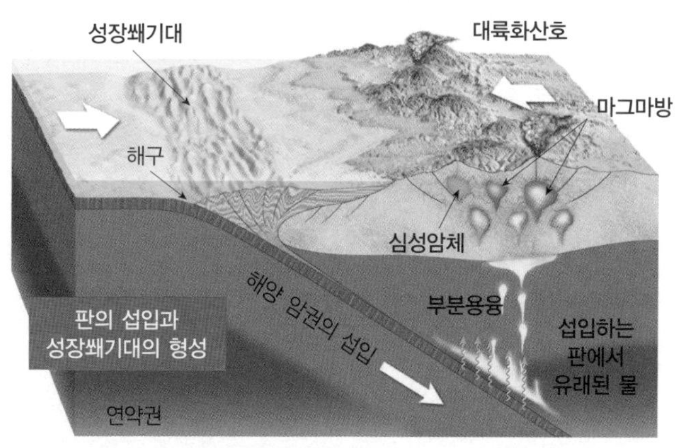

B. 판의 수렴은 섭입대를 만들고 부분용융에 의해 대륙화산호가 만들어진다. 계속된 압축력과 화성활동은 지각을 보다 변형시키고 두껍게 만들며 융기시켜 산악지형을 형성한다.

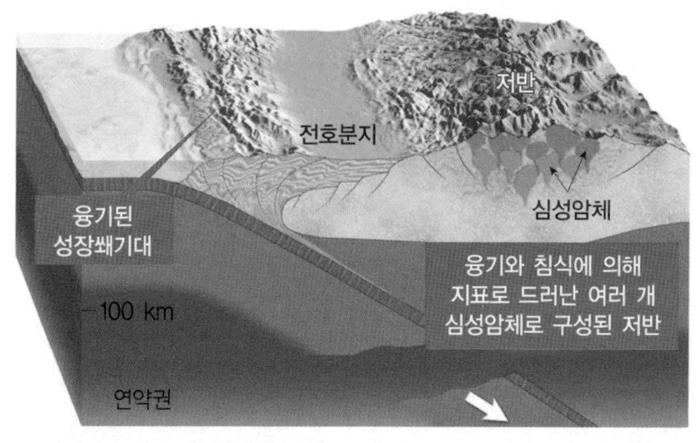

C. 섭입이 끝나면 지각은 융기된다.

분지에는 침강과 계속된 퇴적작용에 의해 거의 수평에 가까운 일련의 퇴적층이 수 킬로미터의 두께로 퇴적될 수 있다.

시에라네바다, 코스트 산맥, 그레이트 밸리

캘리포니아의 시에라네바다와 코스트 산맥 그리고 그레이트 밸리는 안데스형 섭입대에서 만들어지는 전형적인 지구조 구조물에 해당된다. 이 구조들은 태평양 분지의 일부(패럴론 판)가 캘리포니아 서쪽 경계 아래로 섭입되면서 만들어졌다(그림 11.24B). 시에라네바다 저반은 1억 년이 넘는 시간

동안 여러 번의 마그마가 관입하여 만들어진 대륙화산호의 잔류체이다. 코스트 산맥은 대륙 연변부를 따라 엄청난 양의 퇴적물(성장쐐기대) 또는 연안에 위치한 화산도호가 부착된 결과로 해석된다.

북아메리카 연변의 섭입활동은 패럴론 판을 확장시킨 해령이 캘리포니아 해구 아래로 들어감으로써 약 3천만 년 전부터 점차 중단되기 시작하였다. 뒤따른 지각의 융기와 침식작용은 과거 화산활동의 흔적들을 대부분 지웠으며 지하 결정질 화성암과 이에 수반된 변성암을 노출시켜 현재의 시에라네바다가 만들어졌다(그림 11.24C). 코스트 산맥을 덮고 있는 지층은 젊고 고화가 덜된 퇴적물로 구성되어 있어, 이 산맥은 아주 최근에 융기되었음을 알 수 있다.

캘리포니아의 그레이트 밸리는 시에라네바다와 부가 쐐기대 그리고 연안에 위치한 해구 사이에서 형성된 과거 전호분지에 해당된다. 이곳은 오랜 시간 대부분 해수면 아래 놓여 있었기 때문에, 두꺼운 해양성 퇴적물과 인접한 대륙 화산호의 침식으로 유래된 쇄설물로 채워져 있다.

개념 확인 11.5

① 화산도호에서의 산악지형 형성은 주요 산맥의 전체 발달 과정 중 단지 하나의 단계로 취급된다. 이에 관해 설명하라.
② 수동형 대륙경계의 예를 들고 이에 관하여 설명하라.
③ 시에라네바다와 안데스는 어떤 점에서 유사성이 있는가?
④ 성장쐐기대란 무엇이며, 형성과정에 관하여 간단히 설명하라.
⑤ 저반이란 무엇이며, 현재 어떤 지구조 환경에서 저반이 만들어지고 있는가?
⑥ 중성 내지 규장질 조성의 마그마는 어떻게 맨틀에서 유래된 현무암질 마그마로부터 만들어지는가?

11.6 충돌에 의한 산맥

애팔래치아 산맥과 같은 알파인형 산맥의 형성과정에 관하여 설명하라.

알고 있나요?

판게아가 만들어지는 동안 유럽과 시베리아가 충돌하여 우랄 산맥이 만들어졌다. 광범위한 침식을 받은 이 산맥은 판구조론이 제시되기 오래전에는 유럽과 아시아의 경계로 여겨 왔다.

대부분의 주요 산맥들은 섭입작용에 의해 하나 이상의 보다 부력이 큰 지각 조각들이 대륙 가장자리와 충돌하면서 만들어진다. 상대적으로 무거운 해양 암권은 쉽게 섭입되는 반면, 대륙암권은 매우 많은 양의 가벼운 지각 암석을 포함하고 있어 섭입되기 어렵다. 따라서 해구에 대륙 지괴가 도달하게 되면 충돌이 일어나며, 대개 더 이상 섭입이 진행되지 못한다.

코르디예라형 산의 생성

북아메리카의 코르디예라에서 유래된 코르디예라형 조산운동은 대서양보다는 태평양과 같은 해양의 운동과 밀접히 관련된다. 태평양 분지의 빠른 확장 속도는 빠른 섭입 속도와 균형을 이루고 있다. 이러한 환경에서 해양분지 내 도호나 작은 지각 조각들은 운반되어 활동성 대륙연변부와 충돌할 가능성이 높다. 이러한 상대적으로 작은 지각 조각들이 대륙 가장자리에 충돌하고 부가되는 과정을 통해 태평양을 둘러싸고 있는 산악지역이 만들어졌다. 지질학자들은 이렇게 부착된 지각 덩어리를 지괴라 부른다. **지괴**(terrane)는 판구조 운동에 의해 운반되어 인접한 암괴에 비해 지질학적으로 뚜렷이 구별되는 지각 조각을 말한다. 한편 지형학적인 지괴(terrain)는 지표의 지형 모양 또는 지세를 표현하는 데 쓰이는 용어이다.

지괴의 성질 대륙에 부착된 지각 조각, 즉 지괴는 어디에서 기원되었으며, 어떤 근본적 성질을 가지고 있을까? 과학자들은 대륙에 부착되기 전에 이 지각 조각들의 일부는 현재 아프리카 동부 인도양에 위치하고 있는 마다가스카르 섬과 유사한 **작은 대륙**(microcontinent)이었을 것으로 생각하고 있다. 또한 다른 많은 것들은 일본, 필리핀, 그리고 알류샨 섬과 유사한 도호였을 것이다. 그리고 나머지는 맨틀 상승류에 수반된 대량의 현무암질 용암류가 유출되어 만들어진 수저의 해양고원으로부터 유래되었을 것으로 생각하고 있다(그림 11.25). 100개 이상의 이러한 상대적으로 작은 수저의 지각 조각들 중 대부분은 태평양 내에 존재하고 있음이 알려져 있다.

부가와 조산운동 해양판이 이동함으로써 해양 내의 고원, 화산도호 그리고 작은 대륙들은 안데스형의 섭입대로 운반된다. 작은 해산은 해양판이 섭입될 때 대개 같이 섭입될 수 있다. 그러나 알래스카와 크기가 비슷한 온통자바 고원과 같은 두꺼운 해양지각 부분이나 주로 가벼운 화성암으로 구성되어 있는 도호의 경우에는 섭입되기가 쉽지 않다. 따라서 이러한 지각조각들은 결국 대륙과 충돌하게 된다.

작은 지각 조각이 코르디예라형 대륙경계에 도달했을 때 발생하는 사건의 순서를 그림 11.26에 나타내었다. 두꺼운 지

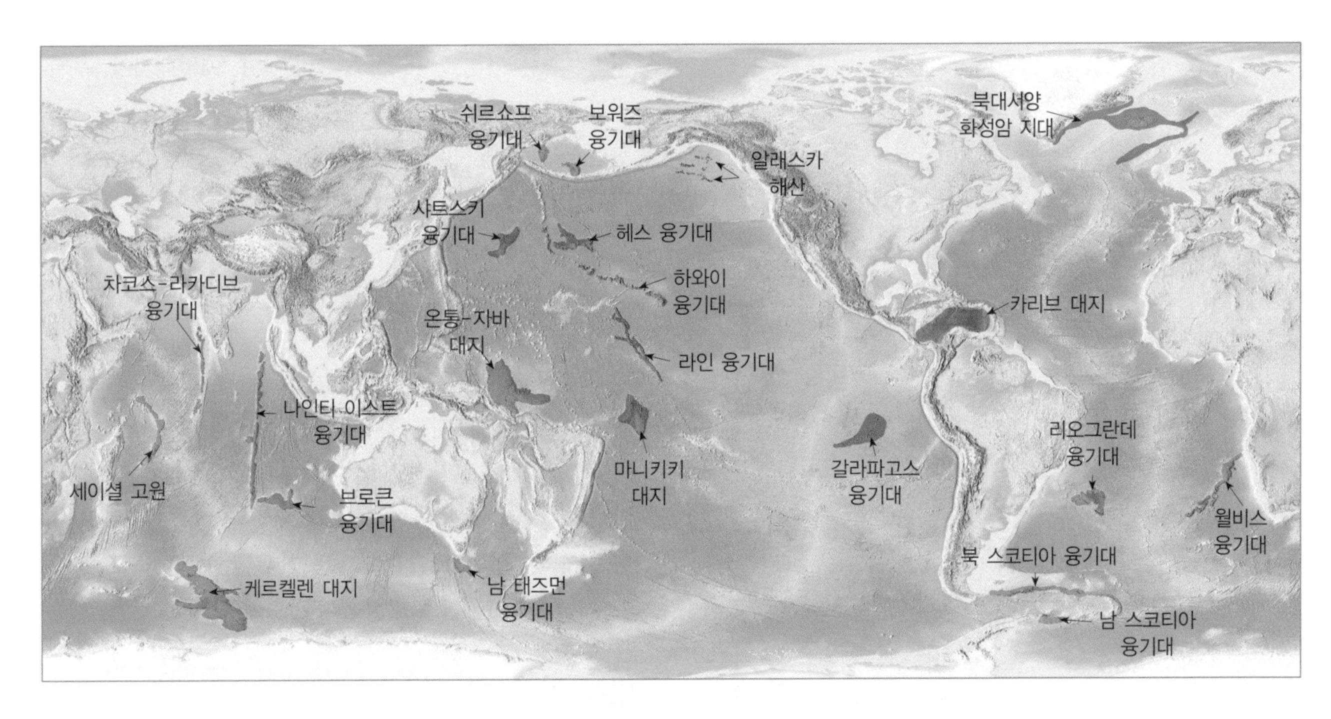

그림 11.25 **오늘날의 해양고원과 기타 수저의 지각 조각들의 분포** *(Zvi Ben-Avraham and others)*

각의 상부 부분은 섭입되지 못하고 섭입하는 판으로부터 벗겨져 얇은 판상으로 인접한 대륙지괴 위로 밀려 올라간다. 어떤 지각 조각이 한 번 부가되었다 하여 판의 수렴이 완전히 중단되는 것은 아니다. 이보다는 계속적인 새로운 섭입에 의해 또 다른 화산도호나 작은 대륙조각이 대륙 경계부로 이동하여 충돌하게 된다. 이러한 후기 충돌은 기존에 부착된 도호를 보다 육지 쪽으로 밀어 이동시킴으로써, 대륙 경계부는 보다 두꺼워지고 측방으로 넓어지면서 변형대도 성장하게 된다.

북아메리카의 코르디예라 지각 조각들이 대륙에 부가됨으로써 산이 만들어진다는 생각은 주로 북아메리카의 코르디예라 산맥에 관한 연구를 통하여 정립되었다(그림 11.27). 알래스카와 브리티시컬럼비아 조산대의 일부 암석 내에는 한때 적도 인근에 위치했음을 지시하는 화석과 고자기 증거들이 발견되었다.

북아메리카의 코르디예라를 구성하는 여러 지괴들은 오늘날 우리가 알고 있는 태평양 서부에 분포하고 있는 도호와 해양고원들과 같이 한때 태평양 동부지역에 넓게 흩어져 있

스마트그림 11.26 **대륙 경계부에 작은 지각 조각들이 충돌하여 부가되는 모습**

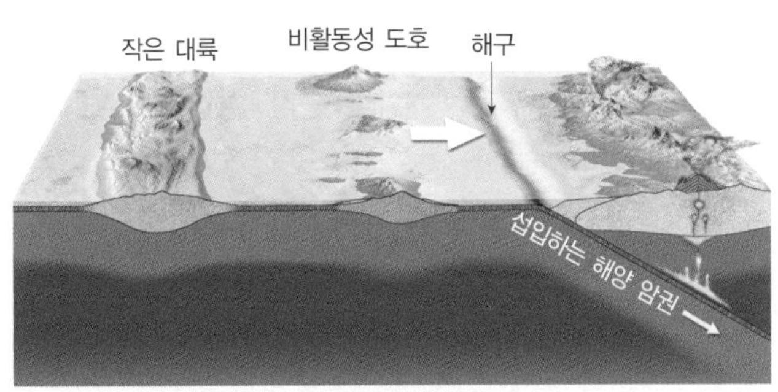

A. 작은 대륙과 화산도호는 섭입대로 운반된다.

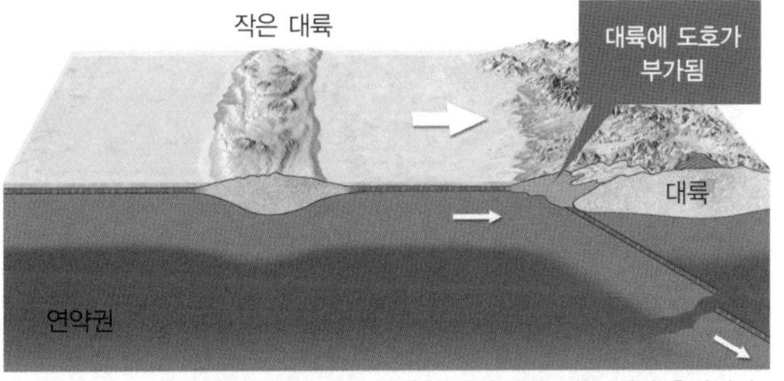

B. 화산도호는 섭입하는 판으로부터 얇게 벗겨져 대륙 위로 밀려 올라간다.

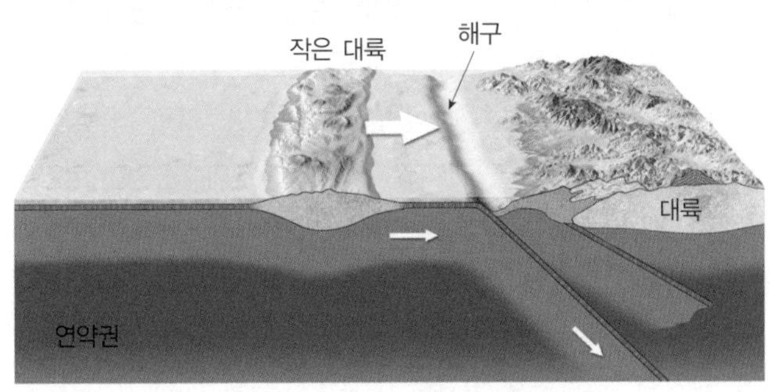

C. 새로운 섭입대가 이전의 섭입대보다 해양 쪽에 형성된다.

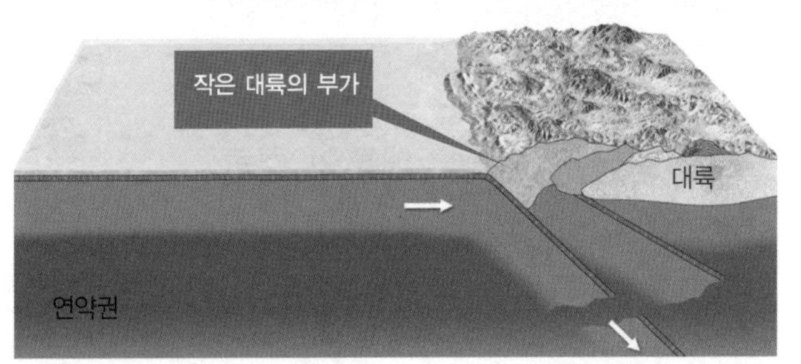

D. 대륙 연변부에 새로운 작은 대륙조각이 부가되면 기존에 부가된 도호를 보다 육지 쪽으로 밀어 올리고 대륙 연변부는 해양 쪽으로 성장하게 된다.

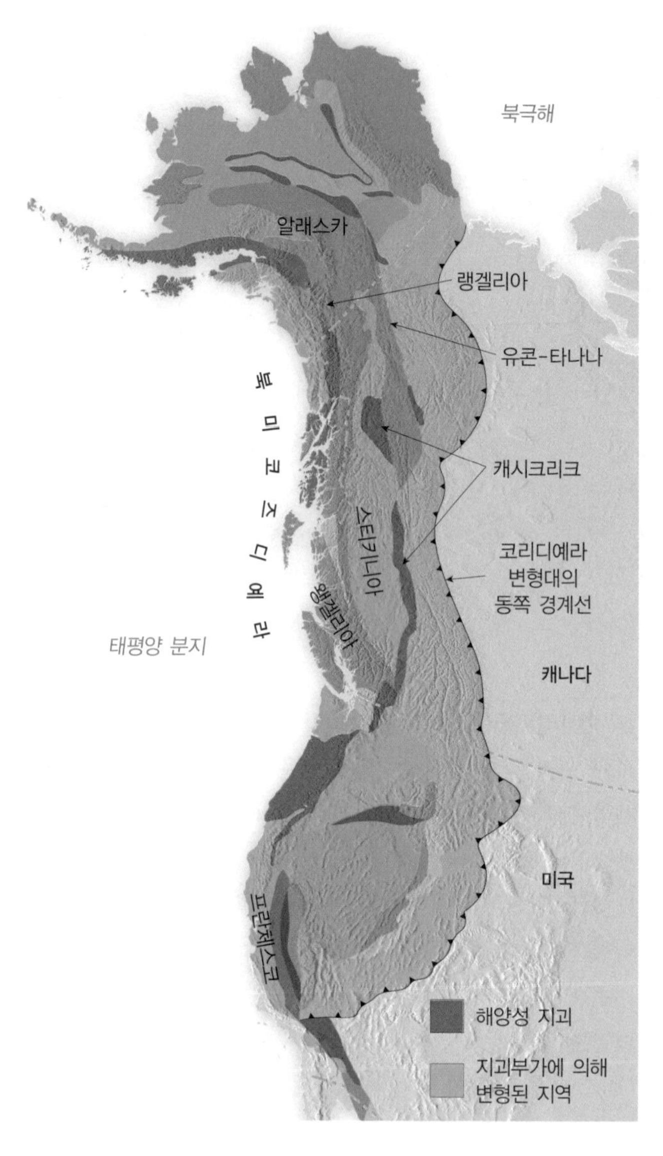

그림 11.27 **과거 약 2억 년 동안 북아메리카 서부에 부가된 지괴들을 보여주는 지도** 고자기와 화석 연구는 이들 지괴 중 일부는 현재 위치에서 수천 킬로미터 떨어진 남쪽에서 이동되어 왔음을 알려준다. *(D. R. Hutchinson and others)*

었다. 판게아의 분열 동안에 태평양분지의 동부(패럴론 판)는 북아메리카의 서쪽 경계부 밑으로 섭입되기 시작하였다. 이러한 섭입활동에 의해 멕시코 바자반도에서 알래스카 북부에 이르는 태평양 쪽 대륙 경계부에는 지각 조각들이 하나둘씩 충돌하여 부가되었다(그림 11.26). 지질학자들은 이러한 방식으로 현재 흩어져 있는 해양 내 여러 개의 작은 대륙 조각들도 결국은 태평양을 둘러싸고 있는 활동성 대륙주변부에 부가되어 미래에 새로운 조산대가 만들어질 것으로 예상하고 있다.

알프스형 산의 생성 : 대륙의 충돌

알프스에서 유래된 알프스형 조산운동은 200년 이상 심도 있게 연구된 주제로, 두 대륙의 충돌의 결과이다. 이 조산운동 또한 한때 두 대륙 사이의 해양분지에 존재했던 도호나 대륙조각의 부가과정을 겪었을 것이다. 해양분지가 완전히 닫히면서 만들어진 산맥으로는 히말라야, 애팔래치아, 우랄, 그리고 알프스가 해당된다. 대륙의 충돌은 습곡과 대규모의 충상단층을 통해 지각을 수축시키고 두껍게 만들어 높은 산악지역을 만들어 낸다.

두 대륙이 충돌하여 뭉쳐진 곳을 **봉합대**(suture)라 한다. 이곳 산맥 내 봉합대에는 충돌한 두 판 사이에 끼어 있는 해양 암권의 조각들이 발견되기도 하며, 이 해양 암권 조각들은 이곳이 충돌 경계임을 알려주는 좋은 증거이다.

지금부터 우리는 대륙 충돌에 의해 만들어진 산맥들 중 히말라야와 애팔래치아 산맥의 사례를 자세히 살펴볼 것이다. 히말라야는 지구에서 가장 젊은 충돌 산맥으로 현재 계속 융기하고 있다. 반면 애팔래치아는 매우 오래된 산맥으로 약 2억 5천만 년 전에 산맥의 성장이 종결되었다.

히말라야 산맥

히말라야 산맥의 생성은 약 5천만 년 전에 인도가 아시아 대륙과 충돌함으로써 시작되었다. 판게아가 분열되기 전에 인도는 남반구의 아프리카와 남극 대륙 사이에 위치해 있었다. 판게아가 분열되면서 인도 대륙은 지질학적으로 빠른 속도로 수천 킬로미터 북쪽으로 이동하였다.

인도의 북상을 가능케 한 섭입대는 아시아 대륙의 남쪽 경계 부근에 위치했을 것이다(**그림 11.28A**). 아시아의 남쪽 경계를 따라 섭입이 계속되면서 전형적인 대륙 화산호와 성장쐐기대가 발달한 안데스형 판 경계가 만들어졌다. 한편 인도 대륙의 북쪽 경계는 수동형 대륙경계로 천해성 퇴적물과 퇴적암이 두껍게 퇴적되었다.

지질학자들은 인도와 아시아 대륙 사이 해양 어딘가에 최소 하나 이상의 작은 지각 조각이 존재했던 것으로 생각하고 있다. 두 대륙 사이의 해양분지가 닫히는 동안 작은 지각 조각 하나가 해구가 도달하여 현재 티베트 남부를 형성하였다. 이후 뒤따르던 인도 대륙 자체가 충돌하였으며, 이 사건으로 거대한 지구조 힘이 발생하여 해양 가장자리에 놓여 있던 물질들은 습곡과 단층작용에 의해 심하게 변형되었다(**그림 11.28B**). 이러한 지각의 수축으로 인한 두께의 증가는 엄청난 양의 지각 물질을 높이 융기시켰으며, 이로 인해 장관의 히말라야 산맥이 만들어졌다. 그 결과 대륙붕을 따라 퇴적된 열대성 해양 석회암이 현재 에베레스트 산의 정상에 놓여있게 된다.

융기와 함께 지각이 수축되면, 산맥 기저의 암석들은 온도와 압력이 높은 깊은 지하로 매몰된다(그림 11.28B). 거대한 산맥 아래의 깊고 변형이 극심한 곳에서는 부분 용융이 발생하여 마그마가 만들어지며, 이 마그마는 상부의 암석을 관입하게 된다. 이러한 환경에서 산맥 중심부 지하에는 변성암과 화성암의 복합체가 만들어진다.

히말라야가 형성된 이후 티베트 고원의 융기가 발생하였다. 지진파 자료들은 인도 대륙의 일부가 약 400km 티베트 아래로 밀려들어갔음을 보여준다. 이러한 결과로 지각의 두께가 증가하여 티베트의 남부가 매우 높이 솟아오르게 된다. 티베트 남부는 미국 본토에서 가장 높은 곳인 휘트니 산 정상보다 높은 평균 고도를 가진다.

북쪽으로 이동하는 인도 대륙의 충돌은 느리지만 계속 진행되고 있으며, 인도는 최소한 2,000km 아시아 대륙 쪽으로 뚫고 들어가 있다. 이로 인한 지각의 수축은 소위 **대륙탈출** 과정을 통해 아시아 대륙지각의 대규모 지괴들을 측방으로 변위시키고 있다. **그림 11.29**는 인도가 북쪽으로 지속적인 이동을 하면서 아시아 대륙의 일부가 쥐어짜져 충돌대 동편으로 돌출되는 모습을 보여준다. 이러게 돌출되는 지괴로는 동남아시아(인도와 중국 사이의 지역) 대부분과 중국의 일부 지역이 해당된다.

인도 대륙은 거의 변형되지 않는 반면, 왜 아시아의 내부 지역은 광범위한 변형이 발생하는 것일까? 이에 대한 해답은 각 지괴의 고유한 성질과 깊이 관련되어 있다. 대부분의 인도 대륙은 주로 선캄브리아 암석으로 구성된 대륙 순상지로 이루어져 있다(그림 11.22). 두껍고 차가운 지각물질로 이루어진 순상지는 역학적으로 강해 20억 년 이상 거의 변형을 받지 않았다. 이와 대조적으로 동남아시아는 보다 최근에 몇 개의 보다 작은 지각 조각들이 충돌하여 뭉쳐져 만들어졌다. 결과적으로 이곳은 아직 온도가 높아 최근의 조산운동에 저항하기에는 상대적으로 약하다(그림 11.29).

애팔래치아 산맥

애팔래치아 산맥은 앨라배마에서 뉴펀들랜드에 이르는 북아메리카 동부 해안 근처에서 매우 아름다운 경치를 보여주고 있다. 이 산맥은 영국제도, 스캔디나비아, 북서부 아프리카 그리고 그린란드에서 발견되는 산맥들과 동일한 시기에 만들어졌으며, 이들 산맥들은 한때 모두 인접하게 붙어있었다(그림 2.6 참조). 이 장대한 산맥들을 만든 조산운동은 대륙이 모여 판게아가 만들어지는 과정의 하나로 수억 년 동안 지속되었다. 애팔래치아 산맥의 자세한 생성과정에 관한 연구들은 이 산맥이 세 번의 뚜렷이 구분되는 단계를 거쳐 복잡하게 만들어졌음을 알려준다.

이 산맥의 생성 시나리오는 약 7억 5천만 년 전 판게아 이전의 초대륙인 로디니아의 분열과 함께 시작된다. 판게아의 분열과 유사하게, 로디니아의 분열 사건으로 대륙의 열개와 이후 열개된 대륙 지괴들 사이에서의 해저확장으로 인해 새로운 대양이 만들어졌다. 새로운 대양이 만들어지고 난 후, 북아메리카 해안의 앞바다에는 하나의 활동성 화산호가 만들어졌으며, 아프리카와 인접한 바다에는 작은 대륙 하나가 놓여 있었다(**그림 11.30A**).

A. 인도와 유라시아 대륙이 충돌하기 이전, 인도의 북쪽 경계부에는 대륙붕 퇴적층이 편평하고 두껍게 쌓여 있는 반면 아시아 쪽에서는 성장쐐기대와 화산호가 발달한 활동성 대륙경계가 발달하고 있었다.

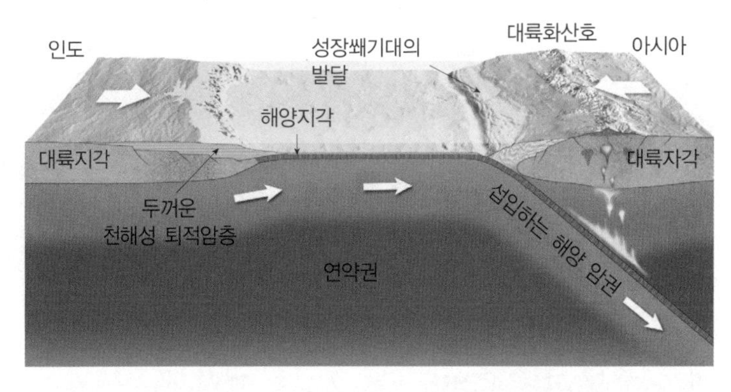

B. 대륙 간의 충돌로 인해 두 대륙 경계부의 암석들이 습곡과 단층으로 변형되면서 히말라야가 형성되었다. 이후 인도가 아시아 대륙 아래로 파고들면서 티베트 고원이 점차 융기되었다.

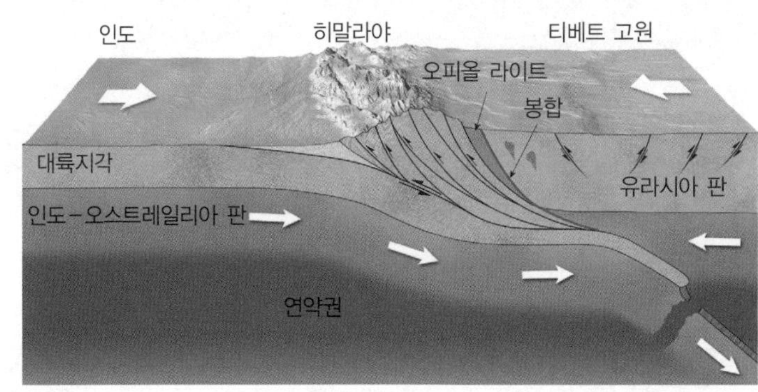

그림 11.28 **대륙의 충돌 : 히말라야의 형성** 이 모식도는 인도와 유라시아 대륙의 충돌에 의해 거대한 히말라야 산맥이 만들어지는 과정을 보여주는 그림이다.

인도가 아시아의 대륙을 밀어붙임으로써 동남아시아와 중국의 지괴들이 남동쪽으로 밀려가는 모습을 보여주는 지도

스마트그림 11.29

인도 대륙이 지속적으로 북쪽으로 이동함으로써 동남아시아와 중국의 많은 지역이 심각하게 변형되었음을 보여준다.

스마트그림 11.30

애팔래치아 산맥의 형성 과정
애팔래치아 산맥은 고-대서양이 닫히는 동안 만들어졌다. 이 조산운동은 3억 년 이상 지속되었으며, 3단계로 구분된다. *(Zvi Ben-Avraham, Jack Oliver, Larry Brown, and Frederick Cook)*

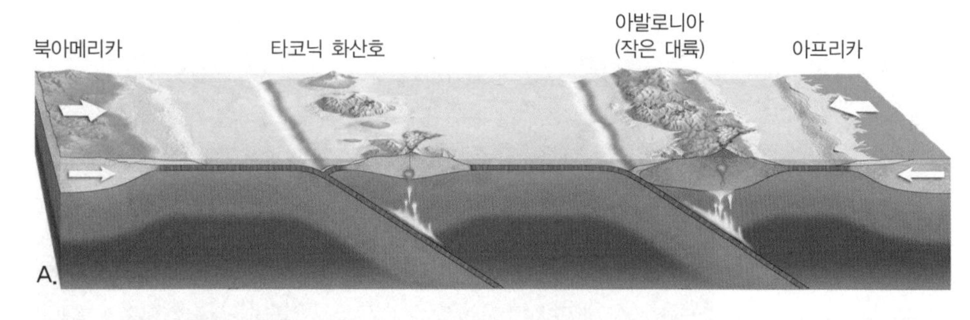

해양분지의 소멸
약 6억 년 전 고-북대서양이 닫히게 되면서 북아메리카 앞바다에 활동성 화산호가 만들어졌으며, 아프리카 인접부에는 작은 대륙이 놓여 있었다.

북아메리카 타코닉 조산운동 아발로니아 아프리카
B.

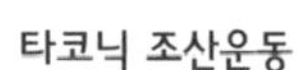

타코닉 조산운동
약 4억 5,000만 년 전, 화산호와 북아메리카 사이의 바다가 닫히게 되면서 타코닉 조산운동으로 불리는 충돌이 발생해 화산호가 북아메리카의 동쪽 경계부 위로 밀려 올라갔다.

아카디안 조산운동
아카디안 조산운동으로 불리는 두 번째 단계의 조산운동은 약 3억 5,000만 년 전 북아메리카와 아프리카 앞바다의 작은 대륙의 충돌로 시작된다.

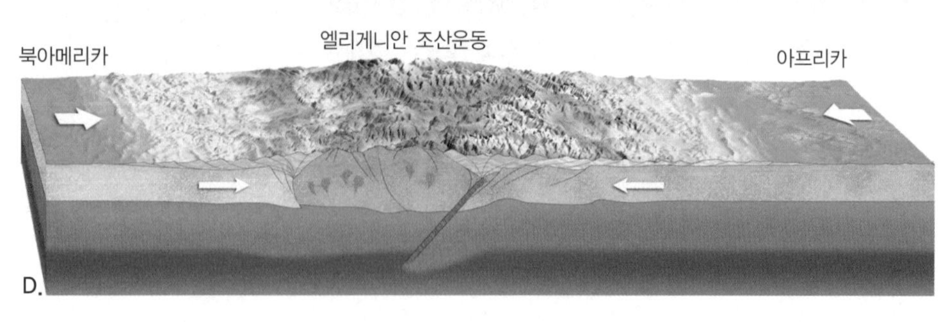

엘리게니안 조산운동
마지막 단계인 에리게니안 조산운동은 2억 5,000만 년과 3억 년 전 사이에 아프리카와 북아메리카가 충돌하면서 발생하였다. 이로 인해, 새로운 초대륙 판게아의 중앙부에 한때 히말라야에 버금가는 웅장한 애팔래치아 산맥이 형성되었다.

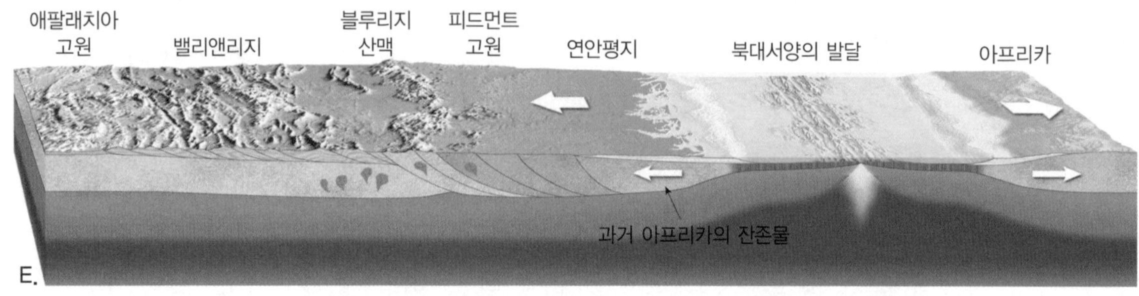

판게아의 열개
약 1억 8,000만 년 전, 판게아가 보다 작은 대륙들로 분열되면서 현재의 대서양이 만들어졌다. 새로이 만들어진 열개의 중심축은 과거 아프리카와 북아메리카가 충돌한 봉합선보다 동편에 위치하고 있어, 과거 아프리카 대륙 일부는 북아메리카 판에 아직 남아 있다.

아직도 정확히 원인은 알 수 없지만, 약 6억 년 전 지판 운동이 갑작스럽게 변화되면서 로디니아의 분열에 의해 만들어진 과거 해양분지(고-대서양)가 닫히기 시작하였다. 이 사건은 세 번의 구별되는 조산운동을 발생시켰으며, 조산운동은 북아메리카와 아프리카 대륙이 충돌하면서 정점에 이르게 된다.

타코닉 조산운동 약 4억 5천만 년 전, 당시의 북아메리카와 동편의 화산호 사이의 연변해가 닫히기 시작했으며, 타코닉 조산운동이라는 뒤따른 충돌로 인해 상부 판의 해양 퇴적물과 화산호가 보다 큰 대륙 지괴 위로 밀려 올라가게 된다. 이 화산호와 해양 퇴적물은 오늘날 특히, 뉴욕을 포함한 애팔래치아 서부 지역의 대부분을 가로지르며 분포하는 변성암으로 남아 있다(그림 11.30B). 또한 광범위한 변성작용과 함께 많은 양의 마그마가 대륙 경계부를 따라 지각을 관입하였다.

아카디안 조산운동 산맥 생성의 두 번째 단계인 아카디안 조산운동은 약 3억 5천만 년 전에 발생하였다. 당시의 해양분지(고-북대서양)가 계속 닫히면서 아프리카 앞바다에 놓여 있던 작은 대륙조각이 북아메리카와 충돌하게 된다(그림 11.30C). 이 사건으로 충상단층운동, 변성작용과 함께 몇 개의 큰 화강암체가 관입했으며, 북아메리카의 폭이 상당히 넓어지게 된다.

엘리게니안 조산운동 마지막 조산운동인 엘리게니안 조산운동은 3억 년에서 2,500만 년 전 사이에 아프리카와 북아메리카가 충돌하면서 발생하였다. 이 사건으로 기존에 부가되어 있던 물질들이 약 250km 북아메리카 내부로 이동되었으며, 또한 북아메리카의 동쪽 경계부에 한때 놓여 있던 대륙붕 퇴적물과 퇴적암은 보다 심하게 변형되고 내륙으로 이동되었다(그림 11.30D). 당시에 습곡과 충상단층운동을 겪은 사암, 석회암 그리고 셰일은 오늘날 벨리앤리지 지역에 심하게 변성 받지 않은 암층으로 남아 있다(그림 11.31). 충돌 산맥의 특징인 습곡과 충상단층을 보여주는 노두들은 상당히 내륙에 해당되는 펜실베이니아 중앙부와 버지니아 서부에서 발견된다.

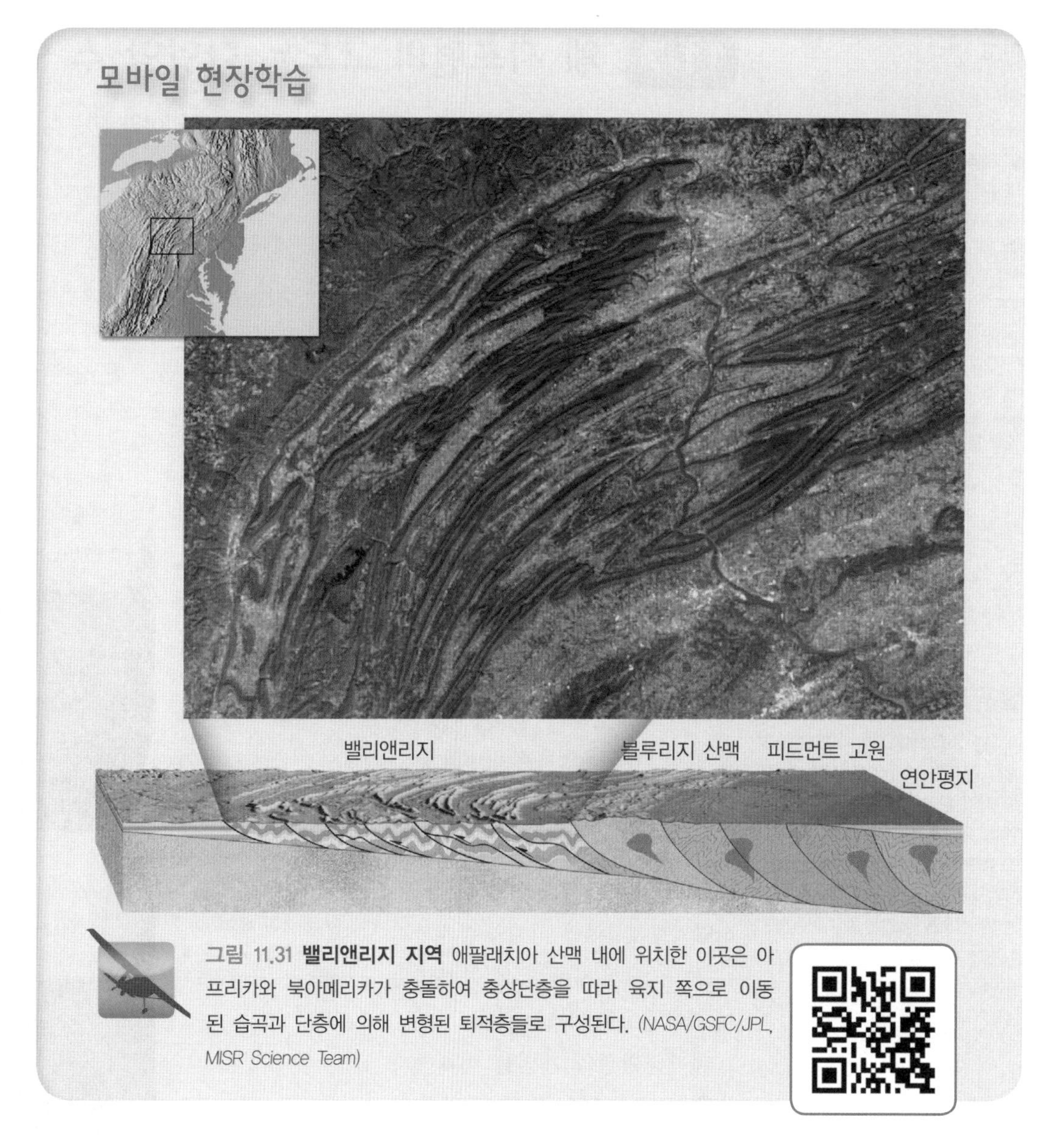

그림 11.31 **밸리앤리지 지역** 애팔래치아 산맥 내에 위치한 이곳은 아프리카와 북아메리카가 충돌하여 충상단층을 따라 육지 쪽으로 이동된 습곡과 단층에 의해 변형된 퇴적층들로 구성된다. *(NASA/GSFC/JPL, MISR Science Team)*

아프리카와 북아메리카의 충돌로 판게아의 내부에 현재 히말라야와 같은 웅장한 애팔래치아 산맥이 만들어졌다. 이후 약 1억 8천만 년 전, 새로이 형성된 초대륙 판게아는 다시 보다 작은 대륙 조각들로 분열되면서 현재의 대서양이 만들어지는 과정이 시작되었다. 당시 초대륙의 열개는 아프리카와 북아메리카의 충돌대보다 동쪽에서 발생하여 과거 아프리카 대륙의 잔존물이 현재 북아메리카에 부착되어 남아 있게 된다(그림 11.30E). 그 예로 플로리다는 과거 아프리카에 속한다.

애팔래치아와 같이 대륙 간의 충돌에 의해 만들어진 또 다른 산맥으로는 알프스와 우랄 산맥이 있다. 알프스는 테티스해가 닫히면서 아프리카와 최소 두 개의 작은 지각 조각이 유럽 대륙과 충돌하면서 만들어졌으며, 우랄 산맥은 판게아가 만들어질 때 현재 유라시아의 대부분을 차지하는 북유럽과 북아시아가 충돌하여 융기된 곳이다.

개념 확인 11.6

① 모두 '지괴'로 해석되는 *terrane*과 *terrain*의 차이에 관해 설명하라.

② 히말라야가 형성되는 동안 아시아의 대륙 지각은 인도 대륙에 비해 심하게 변형되었다. 그 이유는 무엇인가?

③ 새로이 만들어지는 충돌 산맥의 어디에서 마그마가 만들어질 수 있는가?

④ 압축력에 의해 만들어진 산의 정상부 암석 내에 해양 생명체의 화석이 존재하는 이유를 판구조론 관점에서 설명하라.

알고 있나요?

일반적으로 가장 큰 적설량은 산악지역에서 기록된다. 미국 시애틀 북쪽 마운트베이커 스키장에서 1998~1999년 한해 겨울 동안 1,140인치의 적설량이 기록되었다.

11.7 왜 지표면의 고도는 다양할 수 있는가

지각균형설에 관해 설명하고, 이 이론이 히말라야와 같은 젊은 산맥들이 높은 지형을 유지하는 데 있어 어떠한 영향을 미치는가?

지구 표면의 모양이 다양한 이유는 복잡하며, 여러 이유들이 복합된 결과이다. 지질학자들은 판의 충돌에 의해 발생하는 힘에 의해 지각의 암석이 두꺼워지고 고도가 상승하여 산이 만들어진다는 사실을 알고 있다. 이와 동시에 지표에서는 풍화와 침식작용이 발생하여 매우 다양한 지형이 만들어지며, 맨틀 내의 상승류와 하강류에 의해 지표의 고도가 광역적으로 변화될 수 있다.

지각균형의 원리

1840년대에 과학자들은 가벼운 지각이 밀도가 높고 변형되기 쉬운 맨틀 암석 위에 떠 있음을 발견하게 된다. 지각이 중력에 의해 균형을 이루며 떠 있다는 개념이 **지각균형설**(isostasy)이다. 지각균형설의 원리는 산악지형에서부터 심해의 분지까지 대규모 지표의 지형 변화를 이해하는 데 있어 중요한 기초가 된다.

알고 있나요?

1953년 처음 성공적인 에베레스트 정상 등정이 이루어진 이래로 수천 명의 산악인이 이 영광을 얻기 위해 도전하였다. 그러나 노력에도 불구하고 불행하게도 140명 이상의 사람들이 목숨을 잃었다. 또한 빈 산소통과 같은 폐기물은 고지에서 분해되지 않으며 매립도 불가능하기 때문에 오늘날 심각한 문젯거리가 되고 있다.

지각균형설의 개념을 이해하기 위해, 그림 11.32와 같이 물 위에 떠 있는 서로 다른 높이의 나무토막들을 상상해 보자. 물 위에 떠 있는 나무토막들 중 두꺼운 나무토막이 얇은 것에 비해 높이 솟아 있을 것이다. 이와 유사하게, 압축력을 받은 산맥들은 두께가 두껍기 때문에 주변 지형에 비해 고도가 높으며 하부 물질이 보다 깊은 곳까지 뿌리를 내리게 되어 주변에 비해 부유력이 크다. 따라서 히말라야와 같이 우뚝 솟은 산맥은 그림 11.32과 같이 보다 두꺼운 나무토막과 유사

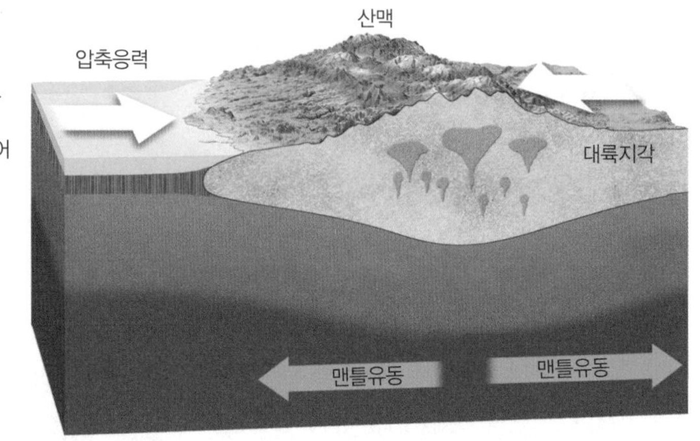

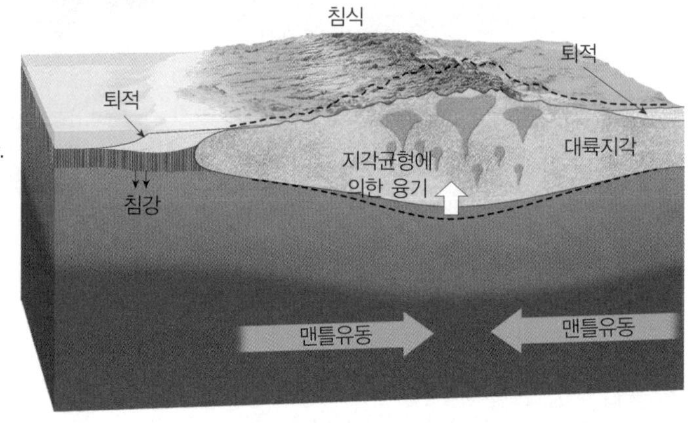

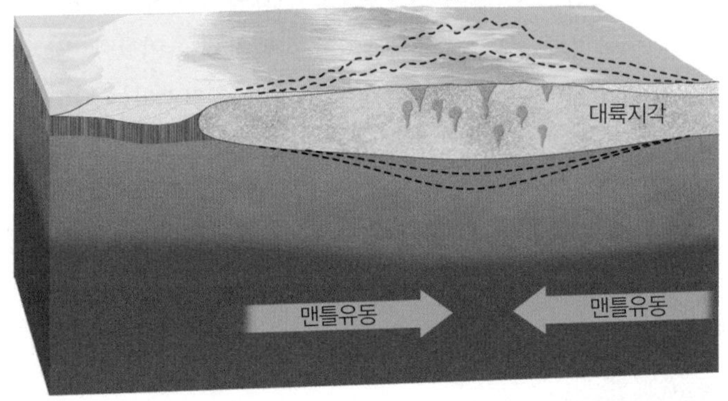

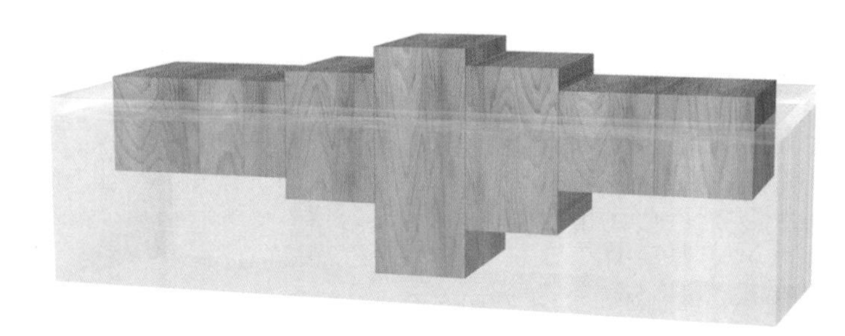

그림 11.32 **지각균형설의 원리** 이 그림은 서로 다른 두께의 나무토막들이 물 위에 어떤 방식으로 떠 있는가를 보여주는 그림. 이와 유사하게 지각의 두꺼운 부분은 얇은 것에 비해 높은 지형 고도를 유지하게 된다.

스마트그림 11.33 **산악지역의 침식과 지각균형조종의 효과** 침식과 지각균형조정 과정을 통하여 산악지역 지각의 두께가 얇아지는 과정을 순차적으로 보여주는 그림

하다 할 수 있다.

지각균형설과 지표의 고도 변화는 어떠한 관계를 가질까? 그림 11.32의 한 나무토막 위에 다른 작은 나무토막을 올려놓았다고 생각해 보자. 이러한 경우 나무토막은 중력에 의해 새로운 균형에 도달할 때까지 가라앉게 될 것이다. 그러나 올려놓은 나무토막의 최대고도는 올려놓기 전보다 높아질 것이며, 아래 나무토막 바닥은 보다 깊이 놓이게 된다. 이렇게 중력에 의해 새로운 높이로 평형을 찾는 과정을 **지각균형조정**(isostatic adjustment)이라 한다.

이러한 지각균형조정 개념을 적용하면, 하중이 더해진 지각은 가라앉을 것이며 하중을 제거하면 다시 융기할 것임을 예상할 수 있다(유사하게 선박에 짐을 실을 때와 내릴 때를 상상해보자). 이와 같은 지각의 침강과 뒤이은 융기의 증거는 빙하시대의 기록들에서 찾을 수 있다. 대륙 빙하가 북아메리카의 여러 지역을 덮고 있었던 홍적세 동안 약 3km 두께의 얼음 무게로 인해 지각이 수백 미터 아래로 휘어져 있었다. 이 빙하가 완전히 녹은 이후 약 8,000년 동안 가장 두꺼운 빙하가 덮여 있었던 캐나다의 허드슨 만 지역은 약 330m 융기하였다.

산악지역의 상부가 침식되면 하중이 제거되어 지각균형조정의 한 결과로 지각이 융기된다(그림 11.33). 이러한 산맥의 침식과 융기의 반복은 산맥이 일반적인 지각의 두께에 도달할 때까지 계속되며, 이런 과정을 통해 한때 산맥 아래 중심부에 깊이 매몰되어 있던 암석들이 지표로 노출된다. 더불어 산맥의 침식으로 만들어진 퇴적물은 인근 저지에 퇴적됨으로써 그 하중으로 지각의 침강이 발생한다(그림 11.33).

산맥은 얼마나 높아질까

인도와 아시아 대륙이 충돌하는 경우와 같이, 압축력이 매우 큰 지역에서는 히말라야 산맥과 같은 대규모 산맥이 만들어진다. 그런데 산맥이 높아지는데 있어 한계는 없는 것일까? 산정상부가 높아지면, 암반 붕락과 침식 같은 중력 작용이 가속화되어 변형된 지층들이 잘려지고 산세가 험해진다. 그러나 정작 중요한 점은 산의 내부 암석들도 중력의 영향을 받는다는 사실이다. 산이 보다 높을수록 기저 근처의 암석들에 작용하는 하중은 커진다. 그러다 어떤 시점에 오면 대규모 산맥 내 깊은 곳의 암석은 상대적으로 온도가 높고 약하기 때문에 그림 11.34와 같이 측방으로 흐르기 시작한다. 이러한 현상은 매우 두꺼운 팬케이크 버터 덩어리를 뜨거운 철판에 부은 것과 유사하다. 그 결과 산맥은 상부에서

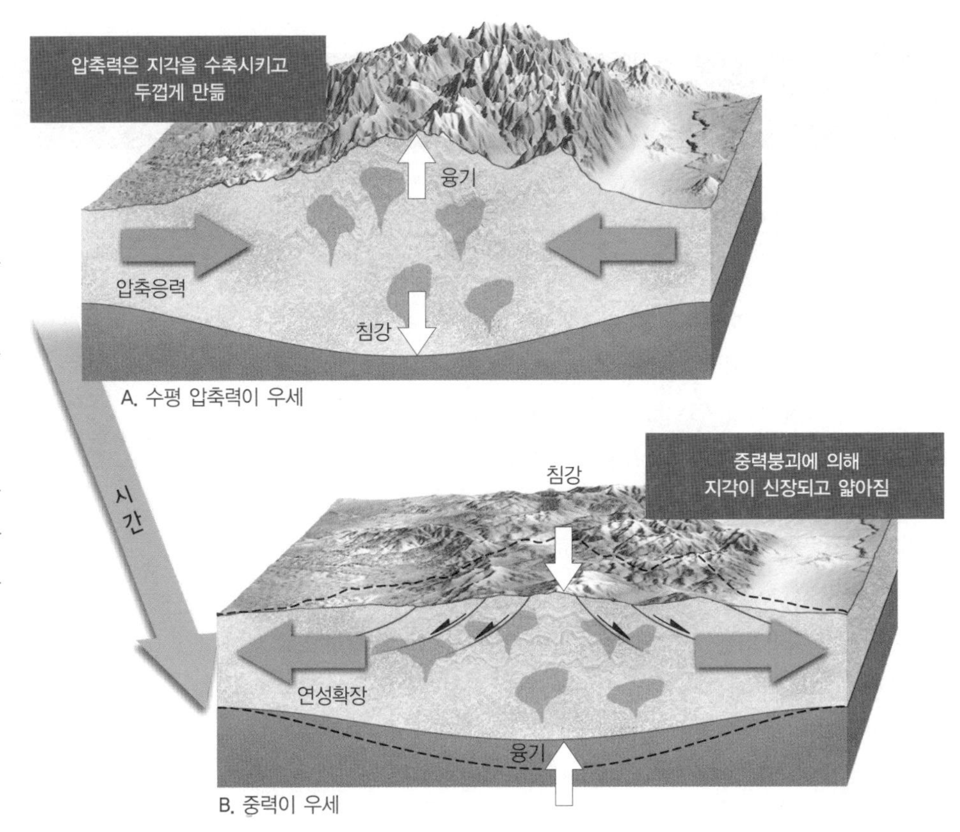

그림 11.34 **중력붕괴** 산악지역의 측방에 가해지는 압축력이 제거되면, 고지는 자신의 하중에 의해 점차 붕괴된다. 중력붕괴는 상부 지각의 취성파괴에 의한 정단층운동과 심부의 온도가 높고 약한 암석 내의 연성변형에 의한 지각확장으로 발생한다.

는 취성변형에 의한 정단층운동과 침강으로 그리고 지하 깊은 곳에서는 연성변형에 의한 지각확장으로 인해 **중력붕괴**(gravitational collapse)를 겪게 된다.

그렇다면 히말라야는 어떻게 현재 고도를 유지하고 있는 것일까? 단순히 말하면, 인도 대륙이 아시아 쪽으로 이동하면서 발생하는 횡압축력이 중력에 의한 수직응력보다 크기 때문이다. 그러나 인도 대륙의 북향 이동이 끝나게 되면, 풍화와 침식작용과 함께 히말라야에 작동되는 주 힘은 중력에 의해 아래로 당기는 힘으로 변하게 될 것이다.

개념 확인 11.7

① 지각균형설이란 무엇인가?
② 지각균형에 의해 광역적인 지각 융기가 발생한 한 가지 사례를 들어 보라.
③ 유체 위에 떠 있는 물체에 하중이 증가하거나 감소하면 어떤 현상이 발생하는가?
④ 지각균형조정 원리를 이용해 산악지역의 고도 변화를 간단히 설명하라.
⑤ 산악지역에서 발생하는 중력붕괴 과정에 관하여 설명하라.

개념 복습 지각의 변형과 조산운동

11.1 암석의 변형

세 가지 종류의 차등응력에 관하여 설명하고, 응력과 응력변형, 그리고 취성변형과 연성변형의 차이에 관하여 각각 구별하여 설명하라.

핵심용어 : 변형, 암석구조(지질구조), 응력, 봉압, 차등응력, 압축응력, 인장응력, 전단, 응력변형, 탄성변형, 취성변형, 연성변형

- 암석구조는 차등응력에 의해 암석이 휘어지거나 부러질 때 만들어진다. 지각의 변형은 습곡, 단층 그리고 절리와 같은 지질구조를 만들어 낸다.
- 응력은 암석을 변형시키는 힘이다. 응력은 봉압이라는 모든 방향으로 동일하게 작용되는 경우가 있는 반면, 어느 특정 한 방향으로 보다 큰 응력이 작용될 때는 차등응력이라 한다. 차등응력은 세 가지 종류, 즉 압축, 인장, 전단응력이 있다.
- 응력이 암석의 강도보다 클 때, 암석은 일반적으로 습곡이나 단층작용에 의해 변형된다.
- 탄성변형은 암석 내 화학결합이 일시적으로 늘어난 것을 말한다. 응력이 제거되면 화학결합은 원래 길이로 복원된다. 응력이 화학결합력 보다 클 때는, 암석은 취성 또는 연성변형을 일으킨다. 취성변형은 암석이 깨어져 보다 작은 조각으로 나누어지는 변형인 반면, 연성변형은 모델링 점토나 따뜻한 왁스와 같이 유동에 의한 변형을 말한다.
- 변형의 종류(취성 또는 연성변형)는 다음 네 가지에 의해 제어된다. 1) 온도 : 암석은 온도가 높아지면 깨어지기 보다는 유동에 의한 변형이 일어난다. 2) 봉압 : 봉압이 높을수록 암석은 깨어지기보다는 유동에 의한 변형이 일어난다. 따라서 지각 천처에서는 취성변형이 그리고 심부에서는 연성변형이 보다 쉽게 발생한다. 3) 암종 : 암종은 변형의 종류에 영향을 미치는 중요한 인자이다. 화성암은 비교적 난단하기 때문에 취성변형이 잘 일어나는 반면, 많은 퇴적층은 보다 약하기 때문에 쉽게 연성변형을 일으킨다. 4) 시간 : 응력이 순간적으로 가해지면, 암석은 깨어지기 쉬운 반면, 동일한 응력일지라도 오랜 시간 천천히 가해지면 암석은 연성변형에 의해 유동되기 쉽다.

? **아래의 지구조 압축력이 주어지는 환경에서, A와 B 지점에서 예견되는 변형의 차이를 설명해 보라.**

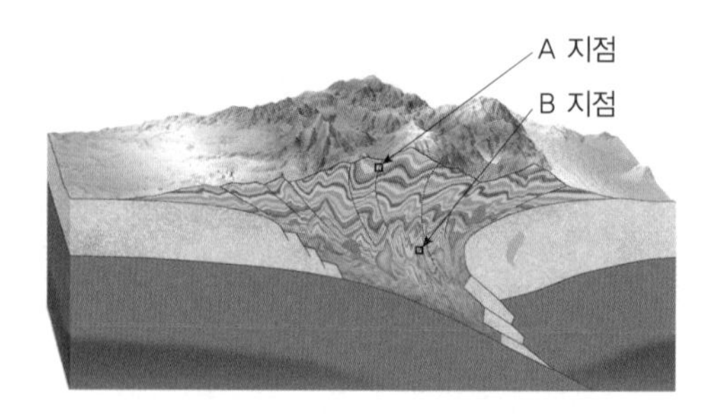

11.2 습곡 : 연성변형에 의해 만들어지는 암석구조

습곡의 다섯 가지 종류를 나열하고 각각에 관해 설명하라.

핵심용어 : 습곡, 배사, 향사, 돔, 분지, 단사

- 습곡은 층상의 암석이 파동 모양으로 휘어진 것으로 암석에 압축응력이 가해질 때 연성변형에 의해서 만들어진다.
- 습곡은 기하학적 특징에 따라 분류될 수 있다. 두 습곡 날개가 힌지 바깥으로 경사지고 전체적인 모양이 위로 볼록한 아치 형태를 보일 때 배사라 하며, 두 습곡 날개가 힌지 쪽으로 경사지며 여물통과 같은 모양을 할 때 향사라 한다. 배사와 향사는 대칭, 비대칭, 역전, 횡와 습곡 등으로 다시 나눌 수 있다.
- 습곡의 모양은 반드시 지형과 부합되지는 않는다. 이보다는 지형은 대부분 차별 풍화작용의 결과이다. 습곡의 축이 지하로 경사져 있을 경우에는 습곡된 층은 V-자의 노두 분포를 보여준다.
- 돔과 분지 구조는 대략 원형의 노두 분포를 보여주는 대규모 습곡구조로, 커피잔 또는 사발 형태를 보이며 돔은 위로 볼록하고 분지는 아래로 볼록하다.
- 단사는 수평 층 아래의 지하 단층운동의 결과로 만들어진 큰 계단 모양의 습곡이다. 계단을 덮은 카펫이 수평으로 있다가 경사지고 다시 수평하게 되는 것을 상상해 보라.

? **돔 구조와 배사의 공통점은 무엇이며, 차이는 무엇인가? 또한 향사와 분지 구조의 공통점과 차이도 설명하라.**

11.3 단층과 절리 : 취성변형에 의해 만들어지는 암석구조

정단층, 역단층, 충상단층, 그리고 두 가지 종류의 주향이동단층 양편 지괴의 상대적인 운동에 관하여 그림을 그려 간단히 설명하라.

핵심용어 : 단층, 경사이동단층, 상반, 하반, 단층애, 정단층, 단층지괴산맥, 지루, 지구, 반지구, 분리단층, 역단층, 충상단층, 주향이동단층, 변환단층, 절리

- 단층과 절리는 암석 내 단열로, 취성변형에 의해 만들어진다.
- 단층의 변위는 단층면 양편 지괴의 상대적 위치를 비교하여 결정될 수 있다. 단층의 경사방향으로 변위가 발생한 단층의 경우에는 단층면 위 지괴를 상반이라 하며 아래 지괴를 하반이라 한다. 상반이 하반에 비해 상대적으로 아래로 이동한 단층을 정단층이라 하며, 하반이 상반에 비해 상대적으로 아래로 이동한 단층을 역단층이라 한다. 저각도의 단층면을 가지는 거대한 정단층을 분리단층이라 하며, 저각의 거대한 역단층을 충상단층이라 한다.
- 지표를 절단하고 있는 단층은 단층애라는 계단상의 지형을 만든다. 분지와 산맥 지역과 같은 지구조적으로 신장된 지역에서는 인접한 지구 또는 반지구에 의해 분리된 지루에 의해 단층지괴산맥이 만들어진다.
- 산악지역과 같은 지구조적 압축 지역에서는 지각을 수평으로 수축시키고 수직으로 두껍게 만드는 역단층이 우세하게 나타난다.
- 주향이동단층은 단층의 주향 방향으로 수평하게 대부분의 변위가 발생한 단층이다. 변환단층은 주향이동단층으로 암권 판 사이의 지구조 경계를 형성한다.
- 절리는 암석이 취성변형을 일으키는 지각 천부에서 만들어진다. 절리는 지하수의 유동과 경제적으로 유용한 자원을 만드는 광화작용을 용이하게 하지만, 인간에게 재난을 발생시키기도 한다.

? 아래 그림은 동아프리카와 캐나다 로키 산맥을 나타낸 것으로, 이 두 곳에서 발견되는 단층과 응력의 종류를 설명하라. 또한 이 두 곳의 지질구조 특징은 어떤 형태의 판 경계에서 주로 발견될 수 있는가?

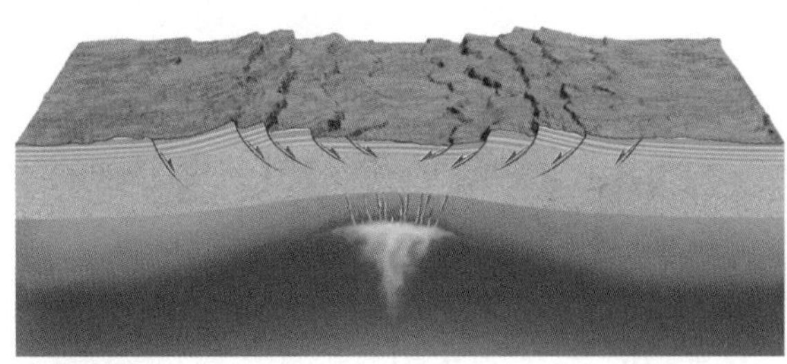

동아프리카

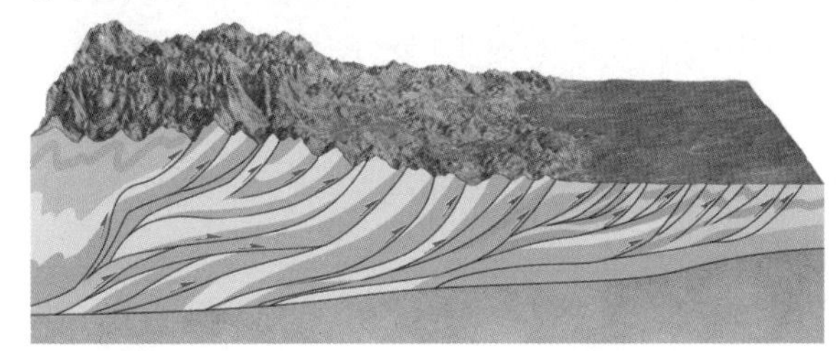

캐나다 로키

11.4 산의 생성

세계지도에 나타나는 주요 산맥들의 이름과 위치를 적어 보라.

핵심용어 : 조산운동, 압축 산맥

- 조산운동은 산이 만들어지는 과정을 말한다. 대부분의 조산운동은 압축력에 의해 습곡과 단층운동과 함께 지각이 수직으로 두꺼워지고 수평으로 수축되는 수렴경계를 따라 발생한다. 일부 산맥들은 지질학적으로 오래전에 만들어진 반면, 일부는 현재에도 활동적으로 만들어지고 있다.

? 오른쪽 그림은 남아메리카 판을 보여주는 지도이다. 남아메리카의 동쪽 경계부가 아니라 서쪽 경계부에 안데스 산맥이 만들어지는 이유를 설명하라.

11.5 섭입작용과 산의 생성

안데스형 산맥의 단면을 그림으로 그리고 이곳의 주요 특징이 어떻게 만들어지는지에 관하여 설명하라.

핵심용어 : 성장쐐기대, 전호분지

- 섭입작용은 조산운동을 발생시킨다. 해양 암권 아래로 판이 섭입하면, 두껍게 퇴적된 화산 분출물과 섭입하는 판으로부터 분리되어 부가된 퇴적물로 구성된 도호형 산악지형이 만들어진다. 안데스형 산악지역은 대륙암권 아래로 판이 섭입될 때 만들어진다.
- 섭입하는 판 내부로부터 물이 빠져나옴으로써 섭입 판 상부의 맨틀 쐐기부에는 용융이 발생한다. 이렇게 만들어진 일차 마그마는 현무암질 조성을 가지며, 대륙지각의 지저로 상승해 마그마 호수를 만든다. 이은 차별 결정화작용에 의해 마그마로부터 철마그네시아 광물들이 분리되어 정출되고 잔류 마그마는 점점 화강암질(규장질) 조성으로 변화된다.
- 분화작용에 의해 진화된 마그마는 지하에서 냉각되고 결정화되어 저반을 형성하거나 지표로 분출되어 대륙 화산호를 만든다.
- 섭입하는 판으로부터 분리되어 부가된 퇴적물은 성장쐐기대를 만든다. 쐐기대의 두께는 부가되는 퇴적물을 양에 따라 다양할 수 있다. 성장쐐기대와 화산호 사이에는 상대적으로 조용한 전호분지가 형성되어 퇴적물이 퇴적된다.
- 캘리포니아 중앙부에는 성장쐐기대(코스트 산맥), 전호분지(그레이트 밸리) 그리고 대륙 회산호의 뿌리 부분(시에라네바다)이 노출되어 있다.

? 지질학적 시간 동안, 현재 캘리포니아의 지형과 유사한 남아메리카 서부의 안데스 지형이 만들어지기 위해서는 어떤 지구조 사건들이 발생하였을까?

11.6 충돌에 의한 산맥

애팔래치아 산맥과 같은 알파인형 산맥의 형성과정에 관하여 설명하라.

핵심용어 : 지괴, 작은 대륙, 봉합대

- 지괴는 상대적으로 작은 지각 조각(작은 대륙, 화산도호 또는 해저고원)을 말한다. 지괴는 섭입작용에 의해 해구로 운반되어 상대적으로 낮은 밀도에 의해 섭입되지 못하고 대륙에 부가될 수 있다. 이러한 지괴는 섭입하는 판으로부터 벗겨져 나와 대륙의 가장자리로 밀려 올라가기도 한다.
- 히말라야와 애팔래치아는 모두 해양분지에 의해 분리되어 있었던 대륙들이 해양분지가 섭입되고 난 후 충돌하여 만들어진 산맥이다. 애팔래치아는 2억 5천만 년 이전에 고 북아메리카와 아프리카 대륙이 충돌한 결과인 반면, 히말라야는 약 5천만 년 전 인도와 유라시아 대륙이 충돌하여 현재까지 융기되고 있는 보다 젊은 산맥이다.

11.7 왜 지표면의 고도는 다양할 수 있는가?

지각균형설에 관해 설명하고, 이 이론이 히말라야와 같은 젊은 산맥들이 높은 지형을 유지하는 데 있어 어떠한 영향을 미치는가?

핵심용어 : 지각균형설, 지각균형조정, 중력붕괴

- 지각균형설은 지각의 지표 고도는 중력에 의해 평형을 맞추는 방식으로 조정됨을 설명해 준다. 만약 지각에 현무암질 용암류의 분출, 두꺼운 퇴적층의 퇴적 또는 빙하에 의해 새로운 하중이 부가되면, 지각은 부가된 하중으로 인한 새로운 평형을 유지하기 위해 맨틀 속으로 가라앉게 된다. 만약 새로이 부가된 하중이 제거되면, 지각은 다시 융기할 것이다.
- 산악지역이 형성되어 암괴가 히말라야와 같은 젊은 압축 산맥의 고도로 솟아오르면, 산맥 기저의 암석은 온도가 상승하고 약해진다. 상승된 암괴는 중력에 의해 밀려 내려가게 되고 심부의 암석은 유동되어 퍼져나간다. 이로 인해 산맥 지역은 붕괴되어 보다 넓어지고 고도가 낮아지게 된다.

? 하천이나 빙하에 의해 산악지역에 깊은 골짜기가 만들어지고 많은 양의 암석이 제거된다면, 산악지역의 최고 정상부의 고도는 어떻게 변화될 것인지에 관해 지각균형설에 근거하여 예견해 보라.

복습문제

① 화강암이나 운모편암에 차등응력이 주어지면, 어떤 것이 단열보다 습곡 또는 유동에 의해 변형될까?

② 아래 그림을 보고 답하라.

a. 그림 1은 어떤 종류의 경사이동단층인가? 또한 단층운동 동안에 인장, 압축, 전단응력 중 어떤 차등응력이 우세하게 작용하였는가?

b. 그림 2는 어떤 종류의 경사이동단층인가? 또한 단층운동 동안에 인장, 압축, 전단응력 중 어떤 차등응력이 우세하게 작용하였는가?

c. 그림 3의 두 짝의 화살표와 어울리는 단층 그림 1과 2를 연결하라.

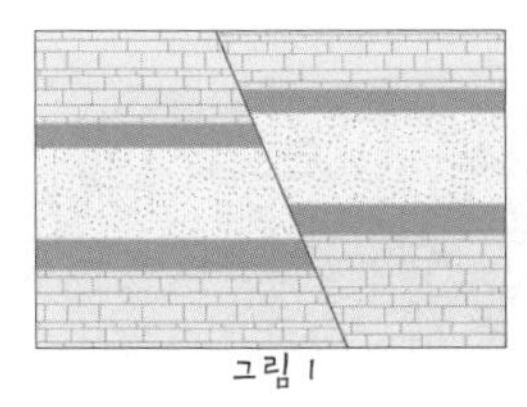
그림 1

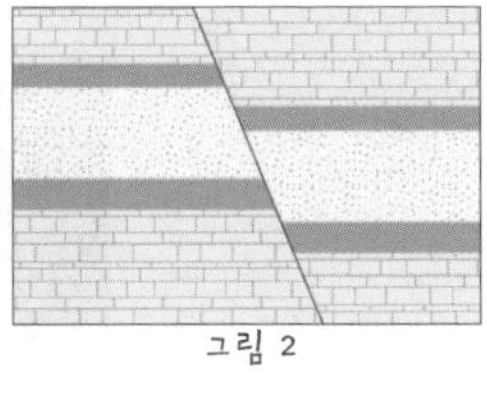
그림 2

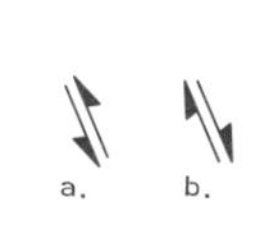

그림 3

③ 오른쪽 사진을 보고 답하라.

a. 쟁기로 만든 밭고랑을 변위시킨 단층의 윤곽을 흰 점선으로 표시하였다. 이 단층은 어떤 종류의 단층인가?

b. 우수향 또는 좌수향 주향이동단층 중 어느 것에 해당되는가?

④ 세 가지 종류의 판의 경계에서 우세하게 나타나는 단층운동에 관하여 각각 설명하라.

⑤ 아래 두 그림에서 나타나는 단층운동을 주향이동, 경사이동, 정단층, 역단층, 좌수향, 우수향의 용어들을 사용하여 설명하라.

A.

B.

⑥ 아래 그림은 그랜드캐니언 기저에서 발견되는 변형된 석영 맥의 사진이다.

a. 취성과 연성 중 어떤 종류의 변형이 관찰되는가?

b. 이러한 변형은 지각 천부와 심부 중 어떤 곳에서 발생하였을까?

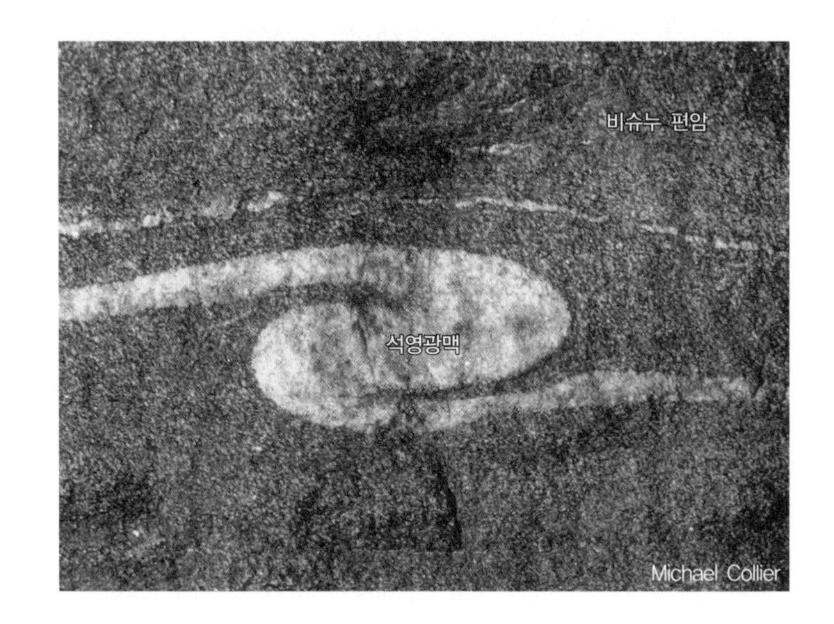

⑦ 아래 그림을 보고 답하라.

a. 어떤 종류의 습곡이 관찰되는가?

b. 이 습곡은 대칭습곡인가 비대칭습곡인가?

c. A가 표시된 지점은 습곡의 어떤 부분에 해당되는가? 이름을 적어 보라.

d. B는 습곡의 어떤 부분에 위치하고 있는가?

⑧ 해양지각 조각이 대륙의 내부에서 발견되었다. 이를 판구조론 관점에서 설명하라.

⑨ 아래의 지도는 갈라파고스와 리오그란데 융기대를 보여준다. 아래의 질문에 답하라.

a. 남아메리카 서부와 동부의 대륙 경계부의 차이를 설명하라.

b. 위 질문의 답에 근거하여 갈라파고스와 리오그란데 융기대 중 어느 것이 대륙에 부가될 가능성이 높은가를 설명하라.

c. 먼 미래 지질학자는 원래 대륙지각과 부가된 암괴를 어떻게 구별해낼 수 있을까?

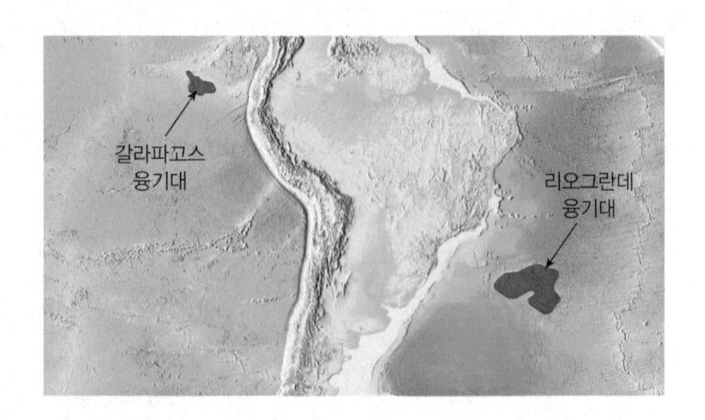

⑩ 우랄 산맥은 남북 방향으로 유라시아 내부를 가로지르고 있다. 판구조론은 이렇게 거대한 대륙 덩어리 내부에 나타나는 산맥의 존재를 어떻게 설명하고 있는가?

⑪ 애팔래치아와 북아메리카 코르디예라의 진화과정의 차이점을 간단히 설명하라.

⑫ 다음 그림들 중 안데스형, 코르디예라형 그리고 알프스형 조산운동을 가장 잘 나타내는 그림을 각각 골라 보라.

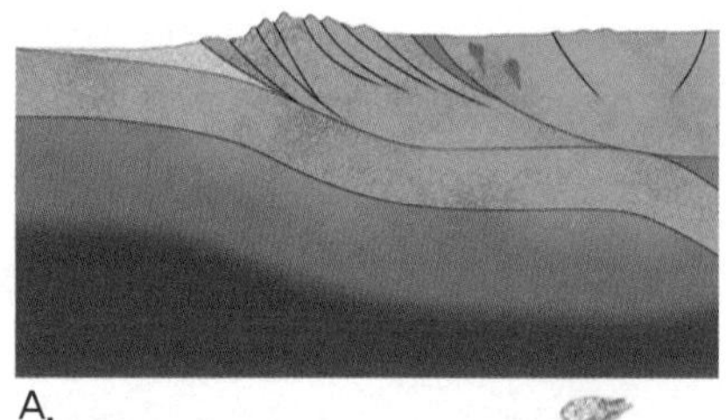
A.

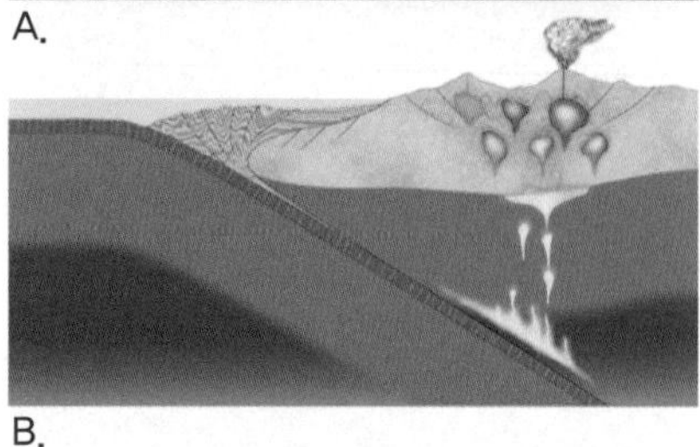
B.

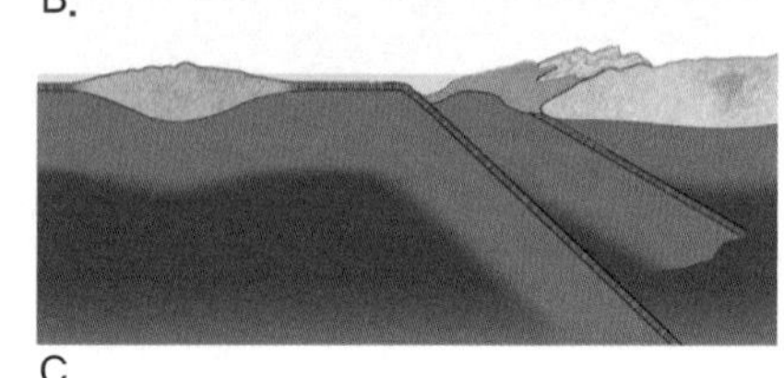
C.

12 사면활동 : 중력의 작용

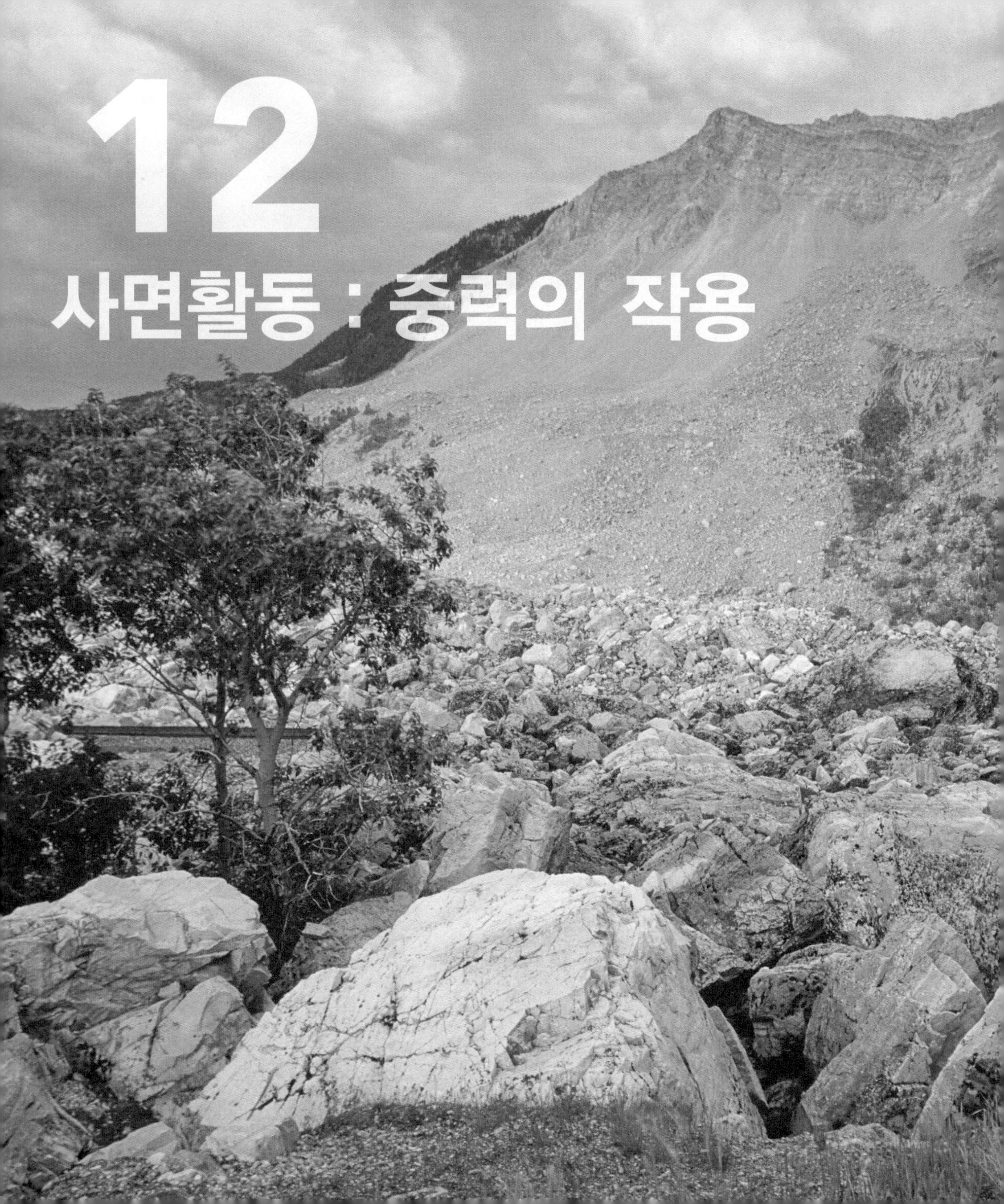

핵심개념

다음은 이 장에서 다룰 주요 학습 목표이다.
이 장을 학습한 후 다음 질문에 답해 보도록 하자.

12.1 사면활동 과정이 자연재난으로 이어지는 상황과 사면활동이 지형발달 과정 중 수행하는 역할에 대하여 토론하라.

12.2 사면활동 과정의 지배요인과 유발요인을 요약하라.

12.3 사면활동을 분류하는 기준을 열거하고 설명하라.

12.4 함몰, 암석미끄럼사태, 토석류, 토류를 구분하라.

12.5 저속 사면활동의 일반적 특징을 살펴보고, 영구동토 환경과 관련된 독특한 주제에 대하여 기술하라.

캐나다 로키 산맥에 속해 있는 앨버타 프랭크 지역에서 발생한 대형 산사태의 결과 (사진 : *Ian Cook/Glow Images*)

지구 표면은 일반적으로 평탄하지 않으며 다양한 형태의 사면으로 구성되어 있다. 사면은 급경사의 절벽을 이루기도 하고 완만하기도 하다. 또한 길이가 길면서 점진적으로 급해지기도 하고, 짧으면서 갑자기 급해지기도 한다. 사면은 표면이 흙으로 덮여 있으면서 식생이 분포하기도 하지만, 암석이나 암편으로만 구성되어 있는 경우도 있다. 사면은 지형을 이루는 가장 기본적인 요소이다. 대부분의 사면은 안정되어 있어 변화가 없는 것처럼 보이지만 중력에 의해 물질의 이동이 발생한다. 이러한 이동은 점진적이고 매우 느려서 인지할 수 없는 경우도 있지만, 토석류나 암사태와 같이 순간적으로 발생하기도 한다. 산사태는 전 세계적으로 흔히 발생하는 자연재해 현상 중 하나이며, 이러한 자연재해에 의해 인명이나 재산손실이 발생하면 자연재난으로 이어지기도 한다.

12.1 사면활동의 중요성

사면활동 과정이 자연재난으로 이어지는 상황과 사면활동이 지형발달 과정 중 수행하는 역할에 대하여 토론하라.

일부 사면활동은 위험한 현상이며 대표적인 지질재해 중 하나이다. 또한 잘 알려져 있지는 않지만 사면활동은 지형의 발달과 변화과정에서 중요한 역할을 수행한다.

지질재해로서의 산사태

산사태는 사면활동이라는 기본적인 지질활동의 대규모 활동 사례이다. **사면활동**(mass wasting)은 암석, 표토, 흙 등이 중력의 직접적인 영향을 받아 사면 아래로 움직이는 현상을 말한다. 이것은 다음 장에서 논의될 풍화작용과 분명한 차이가 있다. 왜냐하면 사면활동은 물, 바람 또는 빙하 등과 같은 운반 매체를 필요로 하지 않기 때문이다.

산사태는 깊은 산속이나 협곡 등에서만 일어나는 현상은 아니다. 빠른 사면활동 현상이 발생하는 곳에 사람들이 거주하는 경우도 많다. 그렇지만 급경사 사면이 분포하는 인구밀집 지역이라도 대규모 산사태는 일반적으로 잘 일어나지 않는다. 따라서 산사태 발생에 취약한 지역에 살고 있는 사람들도 종종 산사태 발생을 잘 인식하지 못한다. 하지만 우리는 전 세계에서 어느 정도 규칙적으로 발생하는 산사태를 언론매체를 통해서 듣고 있다. **그림 12.1**은 두 가지 사례를 보여주고 있다. 첫 번째는 브라질에서 폭우에 의해 발생한 이류가 도시의 거리를 뒤덮은 산사태 사례이며, 두 번째는 엘살바도르의 사례로, 지진 충격에 의해 가파른 사면지역에서 발생한 비극적인 산사태이다.

A.

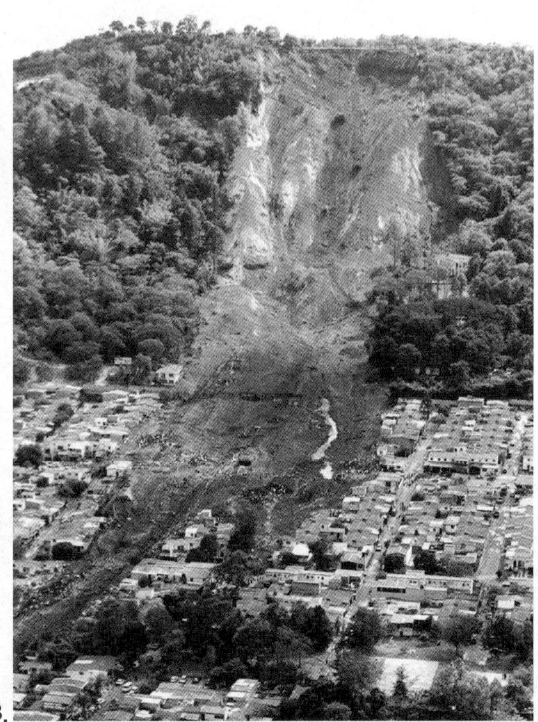
B.

그림 12.1 **산사태는 지질재해이다.** A. 2011년 1월 브라질의 노바 프리부르고 지역에서 발생한 이류. 폭우가 쏟아진 직후 이류가 발생하여 거리가 침수되었다. (ZumaPress.com/Newscom) B. 엘살바도르 산타 테시아 지역에서 발생한 치명적인 산사태. 지진에 의해 유발되었으며, 300채 이상의 가옥이 매몰되었다. (사진 : *Ed Harp/USGS*)

스마트그림 12.2 **침식을 받고 있는 그랜드캐니언** 이 계곡의 양쪽 절벽은 콜로라도 강의 하상보다 매우 넓다. 그 이유는 사면활동으로 인하여 풍화 쇄설물이 강과 그 지류로 유입되었기 때문이다.
(사진 : Bryan Brazil/Shutterstock)

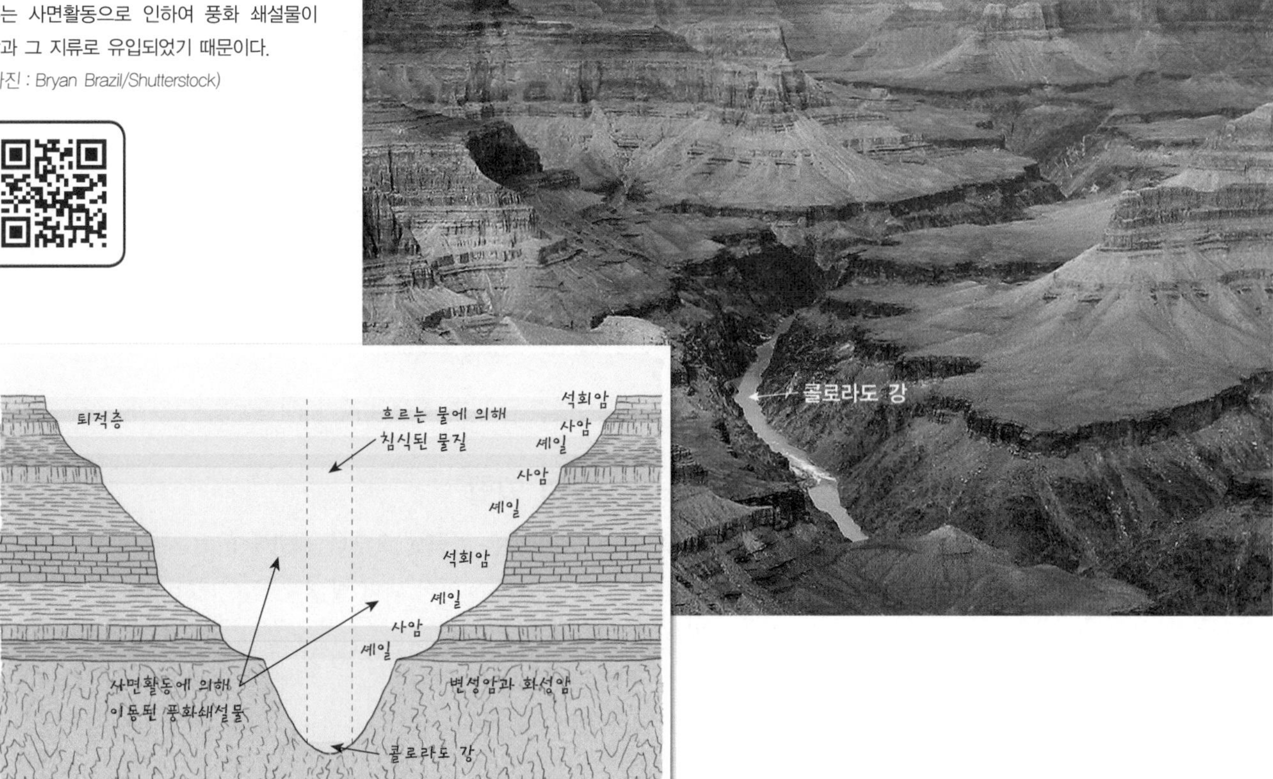

지형발달 과정 중 사면활동의 역할

지형발달 과정에서 사면활동은 풍화작용에 이어지는 과정이다. 풍화는 그 자체만으로 대규모 지형 변화를 일으키지 못하며, 풍화물질이 원위치에서 이동됨으로써 지형 변화를 초래한다. 풍화에 의해 암석이 분리되고 깨어지면 사면활동은 이러한 암설들을 사면 아래로 이동시키며, 하천이나 빙하는 컨베이어 벨트 작용으로 더 멀리 운반한다. 퇴적물은 이동 중에 많은 중간 퇴적 지점을 거치지만 퇴적물은 결국 최종 목적지인 바다까지 운반된다.

사면활동과 유수의 흐름은 가장 일반적이고 뚜렷한 지형에 속하는 하곡(stream valley)을 형성시킨다. 만약 하천의 흐름만이 계곡 형성에 기여한다면 계곡은 매우 좁게 형성될 것이다. 하지만 많은 하곡들이 깊이보다 넓은 이유는 사면활동에 의해 퇴적 물질이 하천으로 공급되기 때문이다. **그림 12.2**는 그랜드캐니언을 나타낸 것이다. 이 계곡의 양쪽 절벽은 콜로라도 강의 폭보다 매우 넓은데, 그 이유는 사면활동의 과정에서 발생한 풍화된 토석들이 강과 그 지류로 흘러들었기 때문이다. 이와 같이 하천과 사면활동은 함께 지구 표면을 변화시키고 만들어 간다. 물론 빙하, 지하수, 파도 및 바람 등도 지형을 결정짓고 변화시키는 중요한 요인이다.

시간에 따른 사면 변화

사면활동이 발생하면 암석, 흙, 표토 등이 사면을 따라 아래로 이동한다. 지구의 조산운동과 화산활동은 이따금 대륙이나 해양저의 고도를 변화시키면서 사면을 형성시킨다. 만약 지구 내부의 동적 에너지 순환 과정 속에서 고도가 높아지는 지역이 지속적으로 생성되지 않으면, 쇄설물을 낮은 지역으로 이동시키는 작용은 점점 느려질 것이고 결국에는 중단될 것이다.

대부분의 빠르고 거대한 사면활동은 지질학적으로 젊은 험준한 산지에서 발생한다. 새롭게 생성된 산들은 하천이나 빙하에 의해 빠르게 침식되어 급하고 불안정한 사면이 분포하는 지역으로 변화된다. 본 장의 서두에 언급한 사례들과 같이 대규모이면서 파괴력이 강한 산사태는 이와 같이 발생

알고 있나요?

지질학자를 포함하여 많은 사람들이 산사태라는 용어를 자주 사용하고 있지만, 이 용어는 지질학에서 정확하게 정의되어 있지 않다. 오히려 비교적 빠른 사면활동을 설명하는 데 사용되는 대중적인 비전문 용어이다. (역주 : 산사태는 최근 유네스코에서 모든 사면활동을 포함하는 의미, 즉 모든 사면활동을 총칭하는 용어로 사용되고 있다.)

한다. 조산운동의 침식 단계에서와 같이, 사면활동과 침식작용은 지면의 고도를 저하시킨다. 시간이 경과함에 따라 급하고 굴곡이 심하던 산지의 사면이 부드럽고 평탄한 지형으로 변화되는 것이다. 따라서 지형학적 나이가 오래될수록 대규모의 빠른 사면활동은 종종 인지할 수 없을 정도로 소규모화되고 느리게 진행된다.

개념 점검 12.1

① 사면활동을 정의하라. 사면활동은 하천, 빙하, 바람에 의한 침식과정과 어떻게 다른가?
② 빠른 사면활동 과정은 어떤 환경에서 주로 일어나는가?
③ 사면활동이 계곡의 발달에 영향을 끼치는 과정을 스케치하거나 설명하라.

12.2 사면활동의 지배요인과 유발요인

사면활동 과정의 지배요인과 유발요인을 요약하라.

중력은 사면활동을 일으키는 지배력이다. 그러나 관성을 극복하고 사면활동을 유발시키는 요인에는 여러 가지가 있다. 산사태가 발생하기 오래전부터 다양한 작용들은 사면 구성물질을 약화시켜 점점 중력에 의한 사면활동에 취약하게 만든다. 이러한 기간 동안 사면은 비록 안정 상태를 유지하지만 점점 약화된다. 결국 사면의 강도는 안정과 불안정의 경계를 이루는 임계점까지 약화된다. 사면활동을 시작하게 하는 요인을 유발요인이라고 한다. 유발요인은 사면활동을 일으키는 유일한 원인은 아니며, 많은 원인 중 마지막 원인에 속한다. 산사태의 유발요인에는 물에 의한 사면물질의 포화, 사면의 급경사, 식생의 제거, 지진동 등이 있다.

물의 역할

사면활동은 가끔씩 폭우나 해빙에 의해 지표면 물질이 포화되는 것이 원인이 되어 발생한다. 이러한 물은 물질을 이동시키지는 못하지만, 중력에 의해 물질이 쉽게 이동될 수 있는 환경을 만든다. 이러한 사례로는 2005년 1월 캘리포니아 북서부의 작은 해안 마을인 라 콘치타를 덮친 대규모 토석류[점토미끄럼사태(mudslide)라고도 함]가 있다(그림 12.3).

퇴적물의 공극에 물이 차면 입자 간의 점착력은 없어지

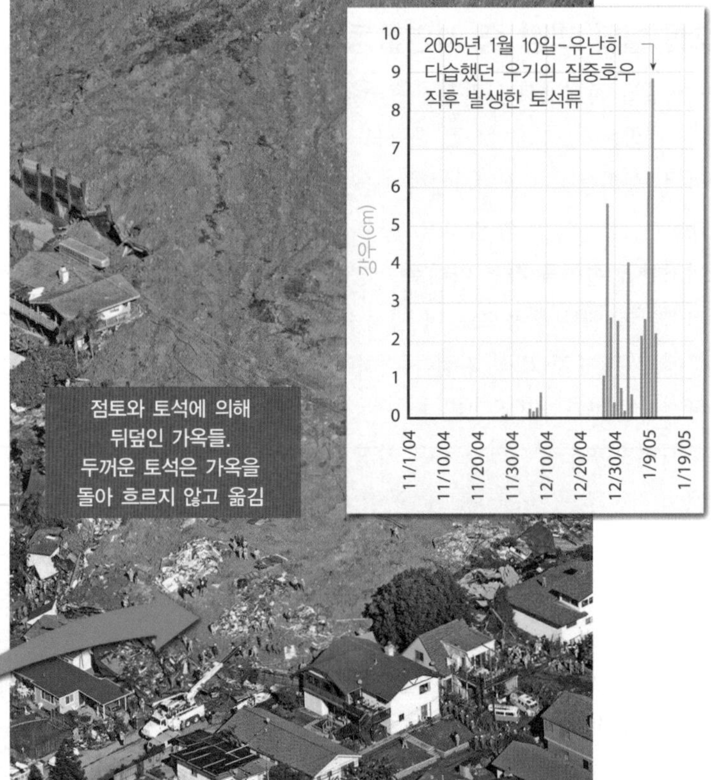

그림 12.3 **폭우에 의해 발생한 토석류** 2005년 1월 10일 캘리포니아 북서부의 작은 해안 마을인 라 콘치타에서 대규모 토석류가 마을을 덮쳤다. 이 마을은 해안선과 가파른 절벽사이의 좁고 긴 연안에 위치한다. 이 산사태는 기록적인 강우가 내린 직후 발생했다. (사진 : Kevork Djansezian/AP Images)

고 비교적 쉽게 입자 간 변위가 발생한다. 예를 들어 약한 습윤 상태의 모래는 서로 잘 붙어 있다. 하지만 입자 간 공극이 물로 충분히 채워지면 입자들이 사방으로 흐를 수 있다(그림 8.4). 따라서 포화에 의해 물질의 내부 저항력이 약화되면 물질은 중력에 의해 쉽게 움직이게 된다. 점토가 젖게 되면 매우 미끄러운 상태가 되는데, 이것은 물의 윤활효과를 보여주는 사례이다. 또한 물은 사면물질의 무게를 상당히 증가시킨다. 증가한 무게는 그 자체로서 물질을 아래쪽으로 미끄러지게 하거나 흐르게 할 수 있다.

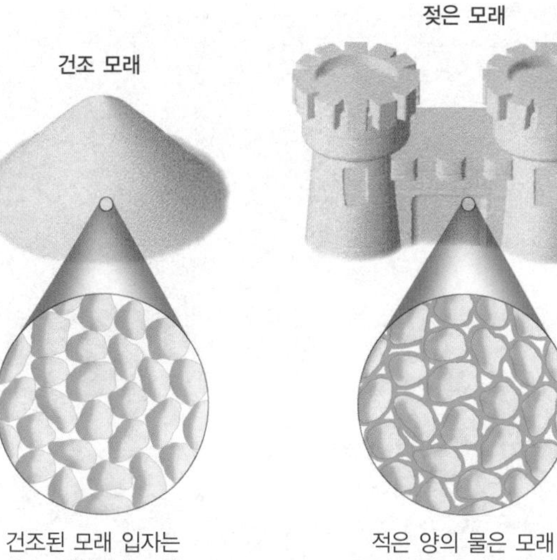

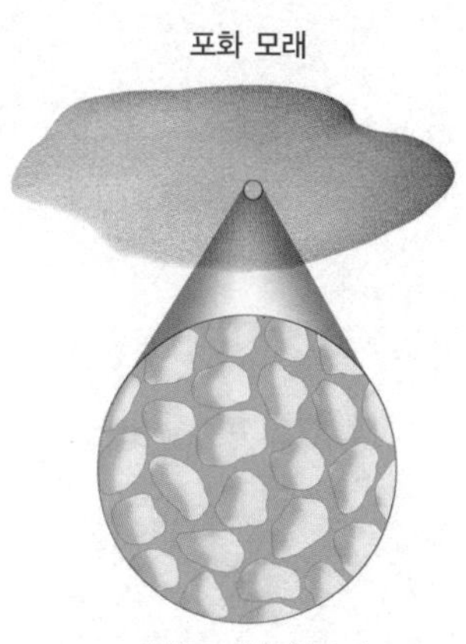

그림 12.4 **포화는 마찰력을 감소시킨다.** 퇴적물이 물에 의해 포화되면, 입자 간 마찰력은 감소되고, 퇴적물은 아래로 움직이게 된다.

급경사 사면

사면의 급경사는 많은 사면활동의 또 다른 유발요인이다. 급경사지는 자연적으로 많이 생성된다. 예를 들어 하천의 흐름이 침식 작용으로 계곡의 측벽을 만들면 측벽 기저부의 물질이 제거되며, 결국 측벽은 더욱 가파르게 되고 측벽의 물질들이 계곡으로 미끄러지거나 낙하한다. 또한 인간의 활동에 의해 불안정한 급경사지가 만들어지기도 하며, 이들은 사면활동에 가장 취약한 지역이 된다(그림 12.5).

느슨한 모래 이상의 크기를 가지는 입자들은 **안식각**(angle of repose)이라는 안정한 각도를 가지고 있다. 안식각은 물질이 안정한 상태를 유지하는 가장 큰 각도를 의미한다(그림 12.6). 입자의 크기와 형태에 따라서 이 각도는 25°~40°까지 변화한다. 크고 각진 입자일수록 급한 사면을 형성한다. 사면의 각도가 증가하면 암설들이 사면 아래로 활동함으로써 사면의 안정한 각도를 유지하게 된다.

급경사는 미고결된 입상토로 형성된 사면의 활동뿐만 아니라 점착력이 있는 흙, 표토, 기반암으로 형성된 사면의 활동도 유발시킨다. 사면활동은 구성물질이 느슨하고 입상일수록 즉각 일어나지는 않는다. 그러나 시간의 차이는 있지만 사면활동에 의해 급경사지는 점점 사라지고 안정된 사면이 형성된다.

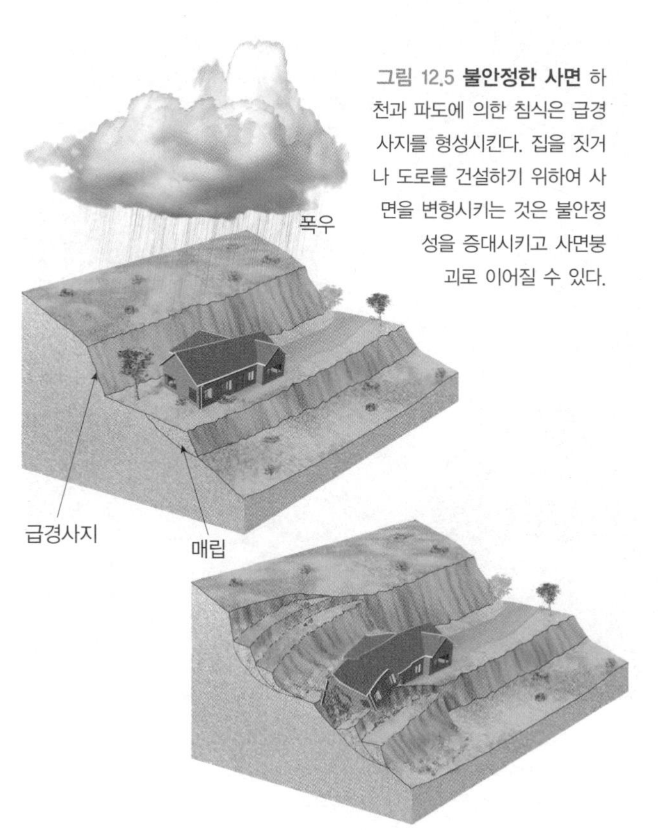

그림 12.5 **불안정한 사면** 하천과 파도에 의한 침식은 급경사지를 형성시킨다. 집을 짓거나 도로를 건설하기 위하여 사면을 변형시키는 것은 불안정성을 증대시키고 사면붕괴로 이어질 수 있다.

식생의 제거

식물은 침식을 방지하며 뿌리가 흙과 표토의 상호 결합력을 증가시켜 사면을 안정시킨다. 또한 식물은 강우 충격에 의한 지표면의 침식을 방지하는 효과가 있다. 식생이 분포하지 않는 지역에서는 사면활동이 증가하며, 특히 경사가 급하거나 물이 풍부한 곳에서는 더욱 그러하다. 산불이나 인간활동(벌

그림 12.6 **안식각** 안식각은 입상 퇴적물이 안정한 상태를 유지하는 가장 큰 각도이다. 구성물질이 크고 각진 입자일수록 더 급한 사면이 형성된다. (사진 : G. Leavens/Science Source)

그림 12.7 **산불에 의한 사면활동** 여름철 미국 서부지역에서는 산불이 흔하게 발생하며, 매년 수백만 에이커의 면적을 태운다. 이러한 지표면 고정 식생의 손실은 사면활동을 가속화시킨다. (사진 : Raymond Gehman/National Geographic Stock)

목, 농장, 개발 등)에 의해 고정식물이 제거되면 표면물질은 쉽게 사면 아래로 활동하게 된다.

프랑스 멘톤 인근의 급사면에서 식생의 고정 효과와 관련된 특별한 사례가 수십 년 전 발생하였다. 농부들이 수입을 증대시키기 위하여 뿌리가 깊은 올리브 나무를 베어내고 얕은 뿌리의 카네이션으로 교체하자 사면이 불안정해져 산사태가 발생하였으며, 이 산사태로 11명이 희생되었다.

1994년 7월 콜로라도 주 글렌우드 스프링스 서쪽에 위치한 스톰 킹 마운틴 지역에 대형 산불이 발생해서 사면의 식생이 제거되었다. 두 달 후 폭우가 내려 물로 포화된 흙과 돌들이 빨리 이동하는 토석류 산사태가 다수 발생하였다. 그중 하나는 70번 주간 고속도로를 막아 버렸고, 콜로라도 강의 댐을 위협하였다. 밀려든 수 톤의 암석, 진흙 및 불에 탄 나무에 의해 70번 주간 고속도로 5km 구간이 뒤덮여 교통통제로 인한 값비싼 대가를 치러야 했다.

미국 서부에서는 산불이 흔하게 발생한다. 그리고 집중강우가 내리면 빨리 이동하면서 매우 파괴적인 토석류가 발생하는데, 이것은 산불 후에 찾아오는 가장 위험한 자연재해이다(그림 12.7). 이러한 재해는 사전 예고 없이 찾아오기 때문에 특히 위험하며, 그 규모가 크고 속도가 빠르기 때문에 매우 파괴적이다. 산불 이후의 토석류는 산불이 발생하고 2년 후에 가장 많이 발생한다. 가장 크게 발생한 토석류 중 일부는 산불이 발생한 직후의 집중강우에 의해 유발되기도 하였다. 산불 발생지역에서는 비 발생지역과 비교할 때 더 적은 양의 강우에 의해서도 토석류가 발생한다. 캘리포니아 남부에서는 30분간 내린 7mm의 강우에도 토석류가 발생하였다.

산불은 토양을 결합시키는 식생을 제거할 뿐만 아니라 사면활동의 또 다른 원인을 제공한다. 화재 후 토양의 표면은 건조해지고 느슨해진다. 따라서 건조한 날씨에도 흙이 경사면 아래로 움직이게 된다. 또한 산불에 의해 지면이 달궈지면 지표 가까이에 방수층이 형성된다. 이는 거의 불투수층의 역할을 하게 되어 물의 침투를 막고, 결국 강우 시 지표면을 흐르는 물의 양을 증가시킨다. 이러한 작용에 의해 점토와 암석 쇄편을 포함하는 토석류가 형성된다.

유발인자로서의 지진

오랫동안 사면활동이 발생하지 않은 지역에서도 사면활동은 발생할 수 있다. 사면이 활동하기 위해서는 가끔 또 다른 유발인자가 필요한데, 지진은 그중 매우 중요하고 극적인 유발인자이다. 지진은 여진과 더불어 막대한 양의 암석과 미고결 물질들을 제거할 수 있다(그림 12.8).

캘리포니아와 중국의 사례 지진에 의해 유발된 산사태로 기억될 만한 미국의 사례로는 1994년 1월에 캘리포니아 남부의 로스앤젤레스 지역에서 발생한 사례가 있다. 진앙이 노스리지 타운으로 알려진 규모 6.7의 지진으로 인하여 200억 달러 이상의 재산피해가 발생하였으며, 이 중 일부는 지진으

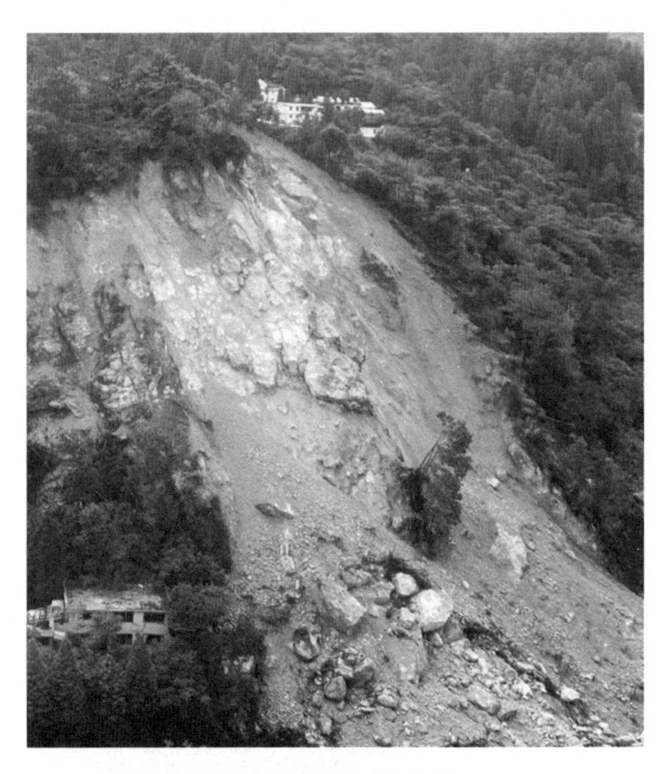

그림 12.8 **유발인자로서의 지진** 2008년 5월 중국의 산악지역인 쓰촨성에서 발생한 대형 지진으로 수백 회의 산사태가 발생하였다. 사진 속 산사태로 51명의 사망자가 발생하였다. (사진 : Lynn Highland/USGS)

로 인해 유발된 11,000회 이상의 산사태에 의해 발생하였으며, 산사태 발생 면적은 10,000km²에 달했다. 이 산사태의 대부분은 천부의 암석 낙하나 미끄러짐이었지만, 토석 및 식생이 계곡을 매울 정도의 대규모 활동도 있었다. 계곡 바닥의 토석 및 식생들은 호우 시 재활동함으로써 토석류를 발생시켜 이차적인 위험 요인이 되었다. 이러한 유형의 토석류는 남부 캘리포니아에서 흔한 재해 유형이다.

2008년 5월 12일 중국 쓰촨성 청두시 인근에서 규모 7.9의 지진이 발생하였다. 이 지진과 여진에 의해 매우 심한 지각의 흔들림이 있었고, 수백 회의 산사태가 발생하였다. 암사태와 토석미끄럼사태가 가파른 사면에서 발생하여 건물을 뒤덮었고, 도로와 철도 등이 두절되었다. 또한 이 사태 물질들이 강을 막아서 20여 개 호수를 만들었다. 이와 같이 지진에 의해 만들어진 호수(언색호)는 두 가지 위험성을 내포하고 있다. 자연 댐의 배후에 만들어진 호수로 인해 상류지역에 홍수가 발생할 수 있고, 느슨하게 쌓인 암석더미로 이루어진 댐은 불안정한 상태에 놓이게 된다. 따라서 또 다른 지진이나 수압에 의해 댐이 무너져 하류에 홍수를 유발시킬 수 있다. 하류의 홍수는 자연댐의 상류를 월류하면서 발생할 수도 있다. 이 지진에 의해 만들어진 가장 큰 언색호인 탕지아샤호는 약 130만 명을 위험에 처하게 했다. 하지만 중국 기술자들이 언색호를 성공적으로 파괴하여 안전하게 배수시킴으로써 큰 재난을 막을 수 있었다.

액상화 현상 조밀한 지반이 지진동에 의해 함수상태가 되면 강도를 잃게 되어 액체와 같이 유동하게 된다(그림 9.24, 000페이지). 이러한 현상을 액상화라고 하며, 20세기 북아메리카에서 발생한 가장 큰 규모의 지진인 1964년 성 금요일 지진 시 알래스카 앵커리지 지역 피해의 주요 원인으로 알려져 있다.

유발인자가 없는 산사태?

사면활동은 항상 집중호우나 지진과 같은 유발인자가 있어야 발생할까? 아니다. 사면활동 등은 특정 유발인자가 없어도 발생할 수 있다. 예를 들면 1999년 5월 9일 오후, 하와이 오아후 북쪽 해변에 있는 하울라 근처의 새크리드 폭포 주립공원에서 발생한 산사태가 그 사례이다. 이 산사태로 자전거를 타던 10명이 사망하고 많은 사람이 부상당하였다. 150m 높이의 수직에 가까운 계곡측벽에서 계곡바닥으로 암반이 붕괴되는 산사태가 발생한 것이다. 안전 문제를 염려하여 공원은 폐쇄되었고 미국 지질조사소의 산사태 전문가들이 이 지역을 조사하였다. 그 결과에 의하면 이 산사태를 촉발시킨 눈에 띄는 외부 유발인자는 없었다.

많은 경우 빠른 산사태는 유발인자 없이 일어난다. 사면을 구성하는 물질은 장기간의 풍화, 투수 및 여러 물리적 과정을 거치면서 시간이 경과함에 따라 약해진다. 즉 사면의 안정을 유지할 수 없을 정도로 강도가 낮아지면 산사태가 발생

알고 있나요?

미국 지질조사소에 의하면 남부캘리포니아와 서부 여러 주에서 조사된 토석류(언론에서 종종 점토미끄럼사태라고 부름)의 매몰 규모는 작게는 800yds³에서 크게는 400,000yds³에 이른다. 이것은 풋볼 운동장을 215피트 높이로 덮을 수 있는 큰 체적이다.

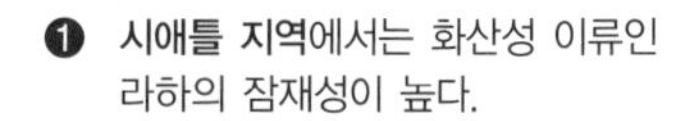

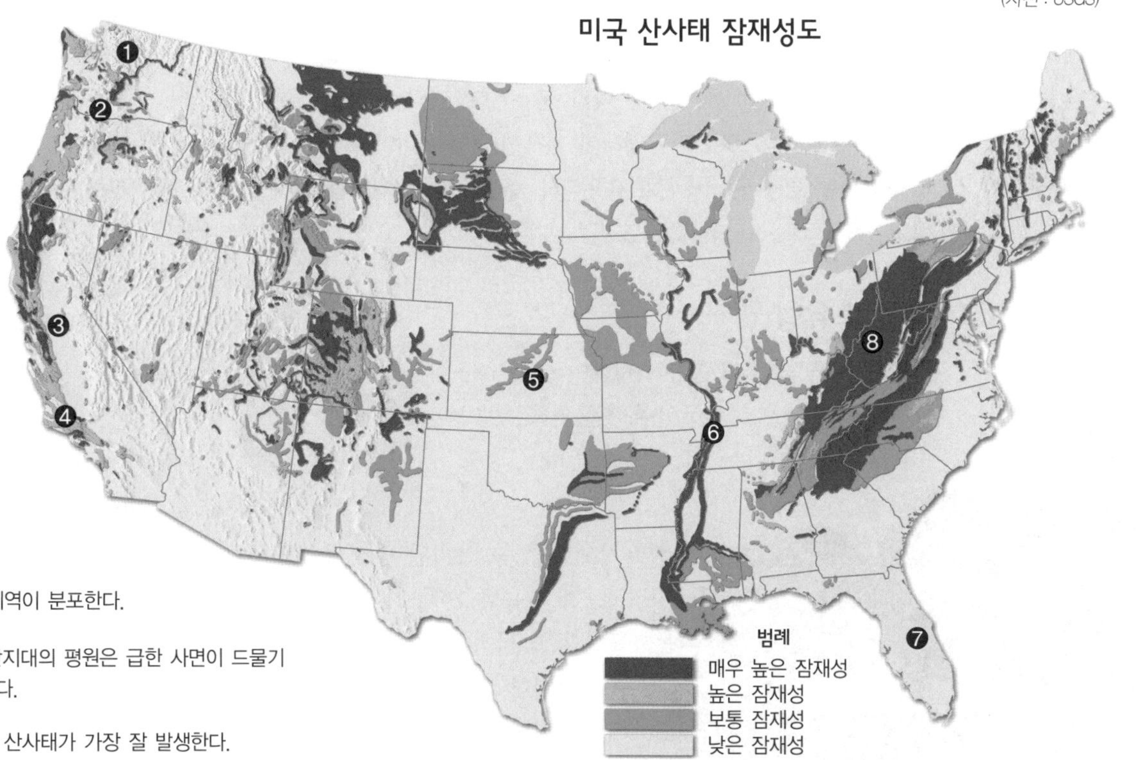

그림 12.9 **미국 본토 48개 주의 산사태 잠재성도**
(사진 : USGS)

알고 있나요?

미국 지질조사소에 의하면 미국 내 산사태로 인한 재산 손실액은 연간 20억 달러에서 40억 달러 정도로 추산된다. 이 수치는 보수적인 추산액이며, 산사태 손실에 관하여 정기적으로 조사하거나 보고하는 기관 또는 통일된 산정방법은 없다. 산사태에 의한 막대한 금전적 손실은 다른 나라에서도 마찬가지로 발생하지만 신뢰할 만한 정량적인 통계는 없다.

하는 것이다. 산사태의 발생은 시간 간격에 상관없이 일어나기 때문에 정확한 예측은 거의 불가능하다.

산사태의 잠재성

그림 12.9는 미국 본토의 산사태 잠재성을 나타낸 것이다. 모든 주에서 빠른 사면활동에 의해 크고 작은 피해가 발생한다. 하지만 모든 지역이 동일한 산사태의 잠재성을 가지고 있는 것은 아니다. 독자가 예상하는 바와 같이 산악지역에서의 산사태 위험도가 더 높다. 동부에서는 애팔래치아 산맥 지대에서 산사태가 가장 잘 발생한다. 태평양 연안의 북서부 산악지역에서는 집중강우와 융설에 의해 고속의 사면활동이 유발된다. 캘리포니아 해안지역의 급사면은 높은 산사태 잠재성을 가지고 있다. 이 지역의 산사태는 겨울철 폭풍우나 지진동에 의해 유발된다. 또한 산사태는 강한 파도가 해안절벽 하단부를 침식하여 가파르게 만듦으로서 유발되기도 한다.

플로리다, 애틀랜타, 멕시코 만 해안지대의 평원은 급한 사면이 드물기 때문에 산사태의 잠재성이 가장 낮은 것을 지도에서 쉽게 찾아볼 수 있다. 미대륙의 중앙부에서는 평탄한 평원지대라서 산사태의 잠재성이 낮거나 보통이다. 그리고 하곡의 절벽을 따라 높은 잠재성 지역이 분포한다.

개념 점검 12.2

① 물은 사면활동에 어떻게 영향을 미치는가?
② 안식각의 중요성을 설명하라.
③ 산불은 산사태에 어떻게 영향을 미치는가?
④ 지진과 산사태의 상관성을 설명하라.
⑤ 산사태의 위험도를 높이는 요소에는 어떤 것이 있는가?

12.3 사면활동의 분류

사면활동을 분류하는 기준을 열거하고 설명하라.

지질학자들은 여러 가지 유형의 지질과정을 **사면활동**이라 한다. 일반적으로 산사태의 분류는 구성물질의 종류, 운동의 형태, 활동의 속도를 기준으로 이루어진다.

구성물질의 종류

구성물질의 종류에 따른 사면활동 분류는 활동물질이 미고결 상태인지, 모암 상태인지에 따라 분류된다. 만약 구성물질이 주로 흙이나 표토로 구성되어 있으면, 산사태 기술 시 토석류, 이류, 토류 등의 용어가 사용된다. 반대로 기반암이 붕괴되었다면 기술 시 암이라는 용어가 포함될 것이다.

운동의 유형

사면활동 구성물질의 종류와 더불어 물질의 운동 유형도 중요하다. 일반적으로 운동의 유형은 낙하, 미끄러짐, 흐름 등으로 기술된다.

그림 12.10 **몬타나 고속도로를 봉쇄시킨 낙석** (사진 : AP/Wide World Photo)

낙하 사면활동 중 분리된 암석의 일부가 자유낙하하는 활동을 표현할 때 **낙하**(fall)라는 용어를 사용한다. 낙하는 급경사지에서 이완된 암석이 사면 표면에 붙어 있지 못할 때 일어나는 사면활동의 일반적인 유형이다. 암석은 사면의 기저부로 직접 떨어지거나, 도중에 다른 암석에 부딪혀 도약하면서 떨어진다. 낙하는 **애추사면**(talus slope)이 형성되고 유지되는 데 가장 크게 기여하는 사면활동이다(그림 6.4). 많은 경우 낙하는 동결융해작용과 식물 뿌리의 이완작용에 의해 암석의 강도가 약화되었을 때 중력에 의해 발생한다. 고속도로상의 사면 근처에는 암석 낙하에 대한 경고표지판이 많이 설치되어 있지만, 진행 중인 암석 낙하를 인지할 수 있는 사람은 거의 없다. 그러나 **그림 12.10**에서 보는 바와 같이 낙하는 발생한다.

대규모의 암석이 높은 곳에서 떨어지면 큰 힘으로 지면을 강타하고, 또 다른 사면활동을 유발시키기도 한다. 페루에서 발생한 사례를 살펴보면 1970년 5월, 지진에 의해 페루 안데스 산맥에서 가장 높은 봉우리인 네바도 와스카란의 가파른 북벽으로부터 대규모 암석과 빙하가 떨어져 나왔다. 이 물질들은 거의 1km 정도를 낙하하여 큰 충격을 일으켰다. 뒤이어 산비탈에서 발생한 암사태 물질은 공기 및 얼음과 뒤섞여 흐름을 형성하였고, 유동경로상의 느슨한 토석들이 수백만 톤이나 더해짐으로써 결국에는 윤가이와 란라히르카 마을 주민 2만여 명을 매몰시켰다. 낙하에 의해 발생한 또 다른 사례로는 1996년 7월 10일 요세미티 국립공원에서 발생한 사례가 있다. 2개의 대규모 암석 블록이 절벽에서 떨어져 서 약 500m를 낙하한 후 요세미티 계곡의 바닥에 부딪혔다. 이 충격은 200km 떨어진 지진관측소에서 감지될 정도로 대단했다. 이 암석 블록이 지면에 떨어지면서 토네이도나 허리케인의 속도에 맞먹는 기압파를 만들었다. 이러한 폭풍에 의한 힘은 1,000그루 이상의 나무를 뿌리째 뽑아 버렸으며, 뽑힌 나무 중에는 높이가 40m에 달하는 것도 있었다.

미끄러짐 많은 사면활동은 **미끄러짐**(slide)으로 기술된다. 이 용어는 활동하는 층과 하부의 안정한 지층 사이에 연약한 층이 존재할 때 사용된다. 미끄러짐은 두 가지 유형으로 구분된다. 회전형 미끄러짐(원호파괴)은 파괴면이 스푼과 같이 위로 오목한 형태로 사면 하부를 향해 발생한다. 반대로 병진형 미끄러짐(평면파괴)은 활동물질이 절리, 단층, 층리면 등과 같은 평평한 파괴면을 따라 움직이는 활동이다. 이러한 미끄러짐은 회전이나 반대 방향으로의 기울어짐이 없는 것이 특징이다.

흐름 사면활동에서 일반적인 세 번째 유형은 **흐름**(flow)이다. 점성이 강한 유체와 같은 물질이 사면 하부로 흘러갈 때 흐름이라는 용어를 사용한다. 대부분의 흐름은 물에 의해 포화되어 있으며, 나뭇잎이나 혀의 모양을 이루며 이동한다.

활동 속도

이 장에서 기술된 사면활동의 일부는 매우 빠른 속도로 이동한다. 예를 들면 페루의 네바도 와스카란의 사면에서 흘러내린 토석의 속도는 시속 200km를 초과하였다. 이와 같이 속도가 가장 빠른 사면활동을 **암사태**(rock avalanche)라고 한다. 학자들은 암사태를 그림 12.11에서 보는 바와 같이 문자 그대로 '공기 위에 떠서' 이동하는 사면활동으로 이해한다. 즉 활동하는 토석 하부에서 공기가 갇혀 압축되기 때문에 바닥면을 따라 부력을 가지면서 유연한 평면이 형성되어 속도가 빨라진다.

그림 12.11 **블랙호크 암사태** 이 선사시대의 활동은 북아메리카에서 발생한 가장 큰 규모의 산사태 중 하나로 알려져 있다. (사진 : *Michael Collier*)

하지만 많은 대규모 산사태는 암사태와 같이 고속으로 이동하지는 않는다. 사실 많은 사면활동은 인지할 수 없을 정도로 느리게 발생한다. 나중에 학습하게 될 포행(creep)이라는 산사태는 1년에 수 밀리미터나 수 센티미터 정도 이동한다. 따라서 사면활동의 속도는 아주 빠른 경우에서부터 느린 경우까지 다양하다. 다양한 유형의 사면활동은 종종 고속 또는 저속으로 구분되지만, 워낙 넓은 범위에 걸쳐서 발생하므로 이러한 구분은 매우 주관적일 수 있다. 심지어 어떤 지역의 특정 산사태의 속도도 그 과정 중에 상당히 변화할 수 있다.

개념 점검 12.3

① 사면활동 중 물질의 운동 유형을 나타낼 때 사용되는 용어는?
② 암사태는 왜 고속으로 움직이는가?

알고 있나요?

미국 지질조사소에 의하면 산사태로 인한 미국 내 연간 사망자는 25명에서 50명에 달한다. 전 세계적으로는 사망자가 더욱 많다.

12.4 고속 사면활동

함몰, 암석미끄럼사태, 토석류, 토류를 구분하라.

이 절에서 다루는 일반적인 고속 사면활동은 함몰, 암석미끄럼사태, 토석류, 토류이다. 이것들은 사면의 경사가 급한 곳에서 가장 흔히 발생하는 사면활동이다. 이동속도는 인지하기 어려울 정도의 느린 속도로부터 매우 빠른 속도까지 다양하다.

함몰(slump, 원호파괴)은 암석이나 미고결 물질이 오목한

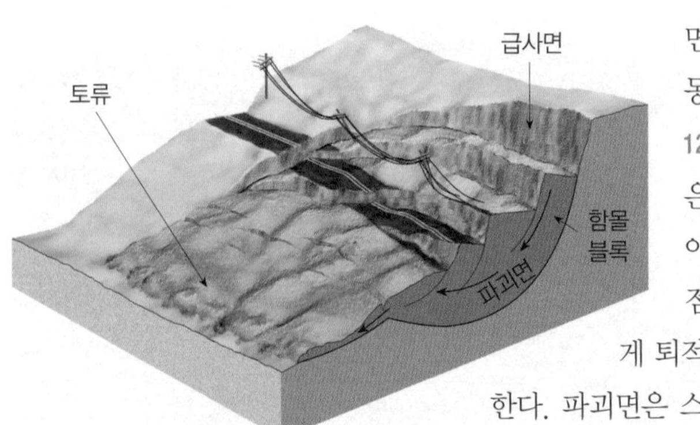

그림 12.12 **함몰** 함몰은 곡면 형태의 파괴면을 따라 사면 물질이 미끄러질 때 발생한다. 이것은 회전 미끄러짐의 일종이다. 함몰의 기저부에서는 자주 토류가 형성된다.

면을 따라 사면 아래쪽으로 활동하는 미끄러짐을 말한다(**그림 12.12**). 보통 함몰사태의 물질들은 빠르게 이동하지도 않고 멀리 이동하지도 않는다. 이 파괴는 점토와 같은 점착성 물질이 두껍게 퇴적되어 있는 곳에서 특히 잘 발생한다. 파괴면은 스푼 형태로서 사면 바깥쪽 또는 위쪽으로 오목한 형태이다. 파괴지역의 두부는 초승달 모양을 보이며, 파괴부의 상부 표층은 종종 활동면의 경사와 반대의 역경사를 이룬다. 함몰은 단일 암체에서 일어나지만 여러 개의 소블록으로 나누어져 발생하기도 한다. 두부에 나타나는 급사면의 하부와 경사진 파괴 블록의 상부 사이에 물이 고이기도 하며, 이 물은 파괴면을 따라 사면 하부로 유동하여 사면의 불안정을 초래하고, 추가 변위를 유발시키기도 한다.

함몰은 일반적으로 사면이 급경사를 이룰 때 일어난다. 사면의 상부에 위치하는 물질은 사면의 하부에 있는 물질에 의해 지지되어 있다가, 하부의 물질이 제거되면 불안정하게 되어 중력의 작용으로 움직이게 된다. 그 좋은 예는 사행천에 의해 형성된 급경사의 계곡절벽이다. **그림 12.13**은 파도에 의해 하부가 침식된 해안절벽이다. 함몰은 사면에 과하중이 가해져 사면 구성물질 하부에 내부 응력이 생길 때도 발생한다. 이러한 종류의 함몰은 전단강도가 약하고 점토성분이 풍부한 물질이 비교적 강하고 저항력이 높은 사암의 하부에 놓일 때 발생한다. 상부층을 통과한 물이 하부에 놓인 점토층의 강도를 저하시켜 사면파괴를 일으키는 것이다.

그림 12.13 **캘리포니아 포인트 퍼민에서 발생한 함몰** 파도가 급경사면의 하부를 침식하여 사면을 불안정하게 만든다.
(사진 : Johns, Shelton/University of Washington Libraries)

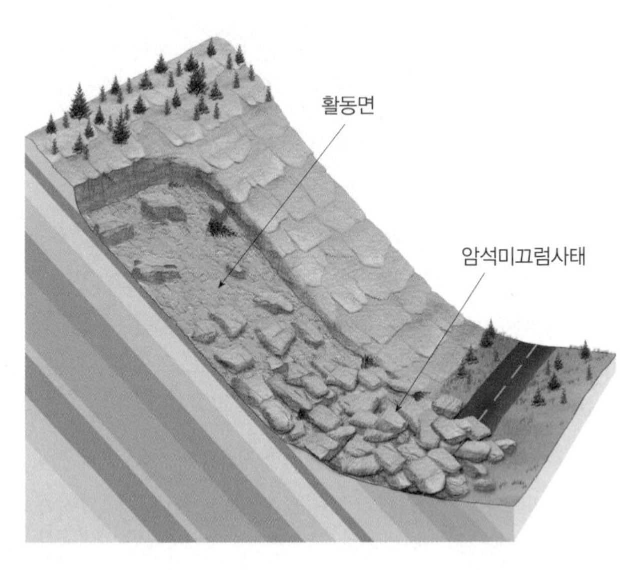

그림 12.14 **암석미끄럼사태** 이러한 유형의 고속 활동은 병진형 평면활동으로 분류되며, 활동면 상부의 물질은 평면형 활동면을 따라 회전하지 않고 이동한다.

암석미끄럼사태

암석미끄럼사태(rockslide, 평면파괴)는 기반암으로부터 분리되어 느슨해진 암괴가 사면하부로 이동할 때 발생한다(**그림 12.14**). 이동 물질이 압밀되어 있지 않다면 **토석미끄럼사태**(debris slide)라고 한다. 이러한 사태는 가장 빠르고 파괴적인 사면활동에 속한다. 보통 암석미끄럼사태는 퇴적암에서 층리가 경사져 있는 경우나 절리 등의 불연속면들이 사면과 평행할 때 잘 일어난다. 위와 같은 지층에서 사면의 하부가 굴착되면 지지력이 상실되어 파괴가 발생한다. 가끔 암석미끄럼사태는 비나 녹은 눈이 활동면의 마찰력을 저하시켜 활동력이 증가하면 유발되기도 한다. 따라서 암석미끄럼사태는 집중강우나 눈이 녹는 봄철에 잘 발생한다.

앞에서도 언급한 바와 같이 지진에 의해서도 암석미끄럼사태 등이 발생한다. 이러한 사례는 여러 가지 있다. 미주리주 뉴마드리드에서는 1811년 지진에 의해 미시시피 강을 따라 13,000km²에 달하는 면적에서 미끄러짐이 발생하였다. 1959년 8월 17일 옐로스톤 공원의 서부에서 발생한 지진에 의해 몬태나 남서부에 있는 매디슨 강 계곡에서 대규모 활동이 유발되어 약 2,700만 m³의 암석, 흙, 잡목 등이 계곡으로 미끄러져 흘러들었다. 이 토석들은 강을 막았고 캠프지와 고속도로를 뒤덮었다. 이 사태로 20명 이상의 야영객들이 매몰되었다.

지진과 더불어 집중강우나 융설에 의해서도 옐로스톤 지역에서 또 다른 암석미끄럼사태가 유발되었다. 매디슨 캐니언 활동지로부터 멀지 않은 곳인 전설적인 그로스 벤트레에서 34년 전에 암석미끄럼사태가 발생하였다. 그로스 벤트레 강은 북서 와이오밍 지역 윈드 강 유역의 북단으로부터 서쪽으로 흘러서 그랜드 테톤 국립공원을 거쳐 스네이크 강으로 흘러들어 간다. 1925년 6월 23일 대규모 암석미끄럼사태가 켈리의 작은 마을 동쪽에 있는 계곡에서 발생하였다. 단 몇 분 사이에 계곡의 남측에서 대규모의 사암, 셰일, 흙 등이 울창한 소나무 숲을 가로지르며 붕괴되었다. 3,800만 m^3에 달하는 토석들에 의해 그로스 벤트레 강에는 높이 70m의 댐이 형성되었고, 이로 인하여 강이 완전히 차단되어 빠른 속도로 호수가 생성되었다. 이 때문에 산사태 발생 18시간 후에 강보다 18m나 높은 위치에 있던 가옥이 떠다니게 되었다. 또한 1927년 강물이 이 호수를 흘러 넘쳐 하류지역에 엄청난 홍수가 발생하였다.

경사진 사암층이 강에 의해 침식되어 포화된 이암층 상부에서 불안정해짐으로써 산악지역에서 파괴가 발생하였다.
그로스 벤트레 산사태의 토석
파괴 전 지표면
급사면
호수
이암층
활동면
사암층
석회암
0 0.5 1 Kilometer

1925년 그로스 벤트레 산사태가 발생했음에도 불구하고 십마운틴(sheep mountain)의 좌측 절벽은 형상을 유지하고 있다.

스마트그림 12.15 **그로스 벤트레 암석미끄럼사태** 이 대규모 활동은 1925년 6월 23일 워밍에 있는 켈리의 작은 마을 동쪽에서 발생하였다. (사진 : *Michael Collier*)

그로스 벤트레 암석미끄럼사태는 왜 발생했을까? **그림 12.15**는 이 계곡의 지질단면 모식도이다. 이 그림으로부터 다음과 같은 점을 알 수 있다. (1) 퇴적암의 층리면이 15° ~21° 로 경사져 있다. (2) 사암의 하부에 비교적 얇은 이암층이 존재한다. (3) 강의 흐름에 의해 계곡 바닥부의 사암층이 심하게 침식되어 있다. 1925년 봄에 집중강우와 녹은 눈이 사암층을 통과해 하부의 이암층을 포화시켰다. 또한 그로스 벤트레 강은 사암층의 하부를 더욱 더 침식시켜 저항력을 감소시켰기 때문에 사암층은 함수된 이암층의 상부에서 불안정해졌고 중력 작용에 의해 활동이 시작되었다. 이 지역의 지질환경은 암석미끄럼사태가 필연적으로 발생할 수밖에 없는 조건이었다.

그림 12.16 **토석류** 토석류는 점토, 흙, 암, 물의 혼합체로 유동한다. (사진 : *Michael Collier*)

토석류

토석류(debris flow)는 비교적 빠른 사면활동의 한 종류로, 많은 양의 물을 포함한 흙과 표토로 구성된다(**그림 12.16**). 라 콘치타 토석류(그림 12.3)가 그 좋은 예이다. 토석류는 구성입자가 세립질인 경우 이따금씩 **이류**(mudflows)라고도 한다. 다양한 기후조건에서 발생하지만, 반건조 산악지역에서 흔하게 발생한다. 그리고 화산지역의 급경사면에서 흔히 발생하는 토석류를 라하라고 한다. 유동성이 강한 성질 때문에 토석류는 계곡과 하도를 따라 종종 흘러가며, 인구밀집 지역에서는 심각한 인명 및 재산피해를 초래한다.

반건조지역의 토석류 반건조지역에서 갑작스런 폭우나 융설에 의해 홍수가 발생하면 지표면의 물질을 고정시켜 주는 식생도 잘 발달되어 있지 않기 때문에 많은 양의 토석들이 하천으로 유입된다. 토석류는 최종적으로 혀 모양의 진흙, 토사, 암 및 물의 혼합체가 된다. 이것의 연경도는 함수 상태의 콘크리트에서부터 흙탕물보다 약간 농도가 높은 수프 같은 혼합물 사이에 분포한다. 따라서 유동 속도는 사면의 경사 및 함수비에 의해 결정된다.

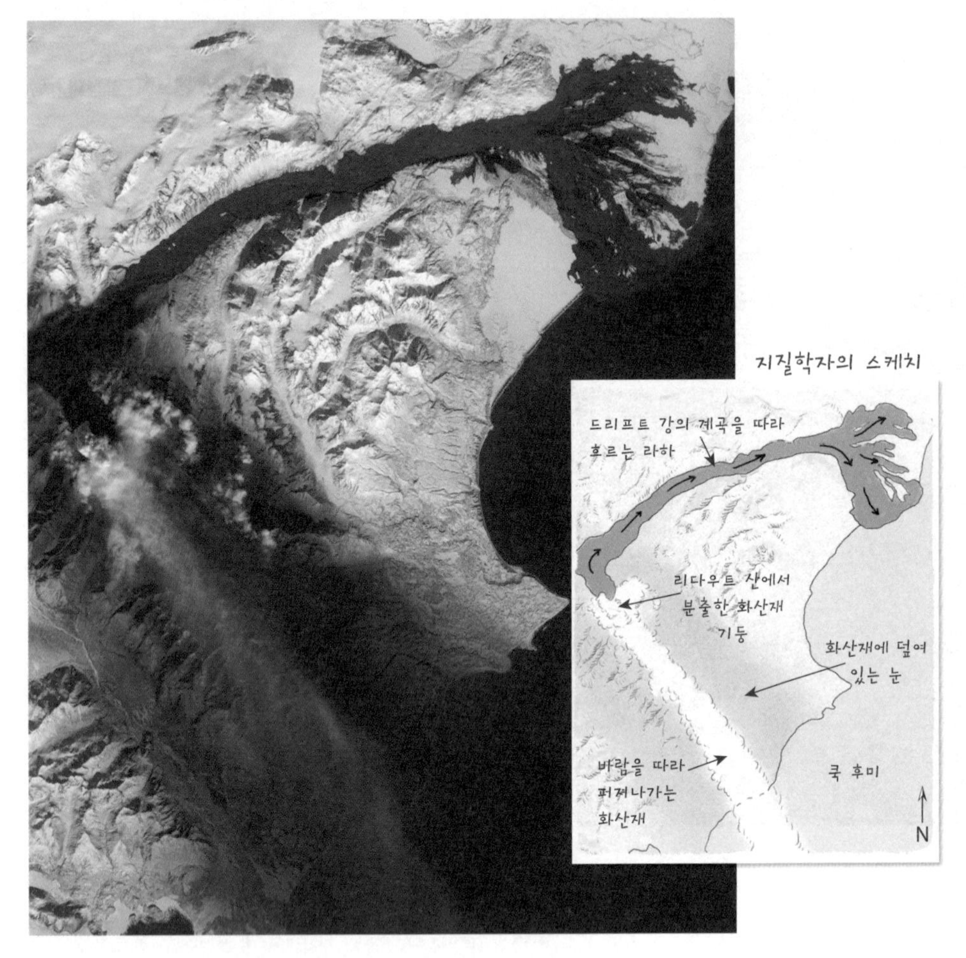

그림 12.17 **리다우트 화산의 라하** 알래스카 케나이 반도에 있는 이 화산은 2009년 4월에 분출했으며, 이때 발생한 라하는 드리프트 강 계곡을 따라 흘러내렸다. 사진에서 검은색의 라하는 눈이 덮인 지역과 명확하게 구분된다. (NASA)

밀도가 큰 토석류는 거력, 나무는 물론 심지어 가옥도 쉽게 이동시켜 버린다.

토석류는 남부 캘리포니아 같은 반건조 산악지역의 개발지에 심각한 재해를 발생시킨다. 계곡 언덕부에서의 가옥 건축, 산불로 인한 식생 제거 등과 같은 인간활동은 산사태 발생을 증가시킨다. 또한 토석류가 경사가 급하고 좁은 계곡의 끝자락에 도달하면 퍼져 나가면서 계곡의 입구를 뒤덮게 되며, **선상지**라는 부채꼴의 퇴적지를 계곡 입구에 형성시킨다. 이러한 선상지는 비교적 쉽게 형성되며, 멋진 경관을 보이기도 하고 산에 근접해서 위치한다. 사실 계곡 인근지역은 사람들이 개발하기를 선호하는 경우가 많다. 토석류는 산발적으로 일어나기 때문에 이러한 지역이 재해취약지구인 것을 인지하지 못하기 때문이다.

라하 화산지역의 화산쇄설물로 구성되어 있는 토석류를 **라하**(lahar)라고 한다. 이 용어는 화산지역이면서 토석류가 많이 발생하는 인도네시아에서 유래되었다. 역사적으로 라하는 사망자를 가장 많이 발생시키는 재해로 알려져 있다. 이러한 라하는 화산활동이 활발할 때도 일어나지만 비활성기에도 발생하며, 매우 불안정한 화산회나 화산쇄설물이 함수될 때 잘 발생한다. 이들은 급경사를 이루는 화산지역의 사면을 따라 하강하여 하도를 따라 이동한다(**그림 12.17**). 폭우는 종종 이러한 토석류를 유발시킨다. 또한 화산 내부로부터의 열 분출이나 가스 및 녹은 화산쇄설물의 격렬한 분출에 의해 빙하나 눈이 녹을 때 발생한다.

1980년 5월 세인트헬렌스 산이 분출할 때 여러 개의 라하가 발생하였다. 이때 토석류와 이에 수반된 홍수가 터틀 강의 북쪽과 남쪽 지류의 계곡을 따라 시속 30km가 넘는 속도로 격렬하게 흘러내렸다. 다행히도 영향 지역 내에는 거주지가 많지 않았다. 그렇지만 200채가 넘는 가옥과 많은 교량이 파괴되거나 손상되었다.

1985년 11월 콜롬비아 안데스 산맥에 위치하는 5,300m 높이의 화산인 네바도 델 루이스 산이 폭발했을 때 라하가 발생하였다. 이 폭발로 인하여 산 정상부 약 600m에 걸쳐 덮여 있던 눈과 얼음이 녹아내려 고온의 점토, 화산재, 토석으로 구성된 토석류가 발생하였다. 라하는 화산 중심에서부터 이동을 시작했으며, 정상부에서 방사상으로 발달해 있는 3개 하천의 계곡을 따라 이동하였다. 하천에는 비로 인하여 물이 많이 불어 있었다. 이때 라구니라 강의 계곡을 따라 흘러내린 토석류가 가장 파괴적이었다. 이 토석류는 산에서 48km 떨어진 곳에 위치하면서 농업이 발달한 아메로 마을을 황폐화시켰으며, 25,000명이 넘는 사망자를 발생시켰다.

라하로 인한 인명과 재산피해는 180km^2 면적에 흩어져 있는 13개의 또 다른 마을에서도 발생하였다. 네바도 델 루이스 산의 폭발에 의해 대규모 화산쇄설물이 분출하였지만, 정작 대형 재해를 가져온 것은 화산폭발에 의해 유발된 라하였다. 이 재해는 1902년 28,000명의 사망자를 발생시킨 마르티니크의 카리브 해 지역에 있는 플레 산 분출 이래로 가장 큰 화산성 재해였다.[1]

토류

지금까지 우리는 토석류가 주로 반건조지역 계곡부에서 발생한다는 것을 살펴보았다. 이와는 반대로 **토류**(earthflow)는 집중강우나 융설기에 습윤지역의 언덕 비탈에서 잘 발생한다. 언덕 비탈의 흙과 표토가 포화되면 두부에 수직 파괴면

1 라하에 대한 추가 자료와 플레 산 분출에 대한 자세한 학습은 제5장에서 이루어진다.

그림 12.18 **토류** 이 작은 혀 모양의 토류는 일리노이 중부에 새롭게 건설된 고속도로 사면의 점토가 풍부한 퇴적층에서 집중강우기에 발생하였다. 토류의 두부에 형성된 작은 함몰에 주목하라. (사진 : E. J. Tarbuck)

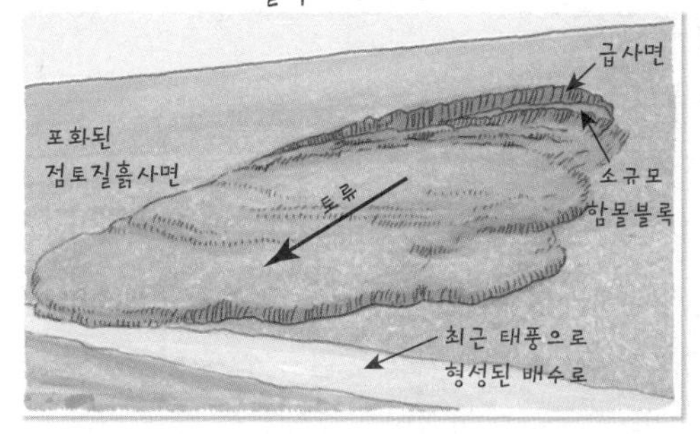

을 남기면서 붕괴되며, 혀 또는 눈물방울 모양의 집합체로 흘러내린다(**그림 12.18**).

구성물질은 점토와 실트가 주를 이루며, 모래 크기 이상의 입자는 낮은 비율로 섞여 있다. 토류의 규모는 수 미터의 길이 및 폭과 1m 이하의 깊이를 가지는 토체로부터 1km 이상의 길이, 수백 미터의 폭, 그리고 10m 이상의 깊이를 가지는 토체까지 다양하게 발생한다. 토류는 점성이 높기 때문에 이동 속도에 있어 앞에서 살펴본 물이 많이 포함된 토석류보다 느린 편이다. 토류의 특징은 느린 속도와 점진적인 이동이며, 수일에서 수년에 걸쳐 활동하는 경우도 있다. 사면의 경사도와 구성물질의 연경도에 따라 이동 속도가 달라지는데, 대개 1mm 이하/일에서 수 미터/일까지 분포한다. 그리고 건조 시기보다는 습윤 시기에 상대적으로 이동 속도가 빨라진다. 언덕 비탈에서 단독으로 발생하기도 하고, 대규모 함몰이 발생할 때 수반되어 나타나기도 한다. 함몰 수반형인 경우 주로 함몰 블록의 기저부에서 혀 모양의 집합체로 흘러내린다.

개념 점검 12.4

① 그림 12.12와 12.13을 보지 않고 함몰의 측면 단면도를 간단히 그려 보라.

② 함몰과 암석미끄럼사태는 미끄러짐에 의해 움직인다. 두 활동의 차이는 무엇인가?

③ 와이오밍의 그로스 벤트레에서 발생한 암석미끄럼사태를 유발시킨 요인은 무엇인가?

④ 캘리포니아 남부에서 발생한 토석류와 라하의 차이점은 무엇인가?

⑤ 토류와 토석류를 비교하여 설명하라.

12.5 저속 사면활동

저속 사면활동의 일반적 특성을 살펴보고, 영구동토 환경과 관련된 독특한 주제에 대하여 기술하라.

암석미끄럼사태, 암사태, 라하는 빠르고 피해 규모가 큰 사면활동에 속한다. 이러한 산사태는 효과적인 예측, 경보, 인명피해 저감대책 등을 위해서 많은 연구가 필요하다. 그러나 대규모로 갑자기 발생하는 특성 때문에 그 중요성을 깨닫지 못하는 경우가 많다. 또한 고속 활동은 저속도로 미세하게 움직이는 포행 등에 비하여 운반물질의 양이 적은 편이다. 고속 사면활동은 산악지역과 급경사지에서 잘 발생하는 데 비해, 포행은 급경사지와 완경사지 양쪽에서 다 발생하며 잘 확산되는 특성이 있다.

포행

포행(creep)은 흙과 표토가 점진적으로 활동하는 사면활동의 한 유형이다. 포행을 일으키는 중요한 요인은 동결융해 작용이나 건조습윤 작용에 의해 발생하는 지표물질의 반복적인 팽창과 수축현상이다. **그림 12.19**에서 보는 바와 같이 동결과 습윤작용이 구성물질을 사면에 수직으로 들어 올리면 융해

스마트그림 12.19 **포행** 반복되는 팽창과 수축작용은 흙과 암편으로 구성된 지표물질을 사면 하부로 이동시킨다.

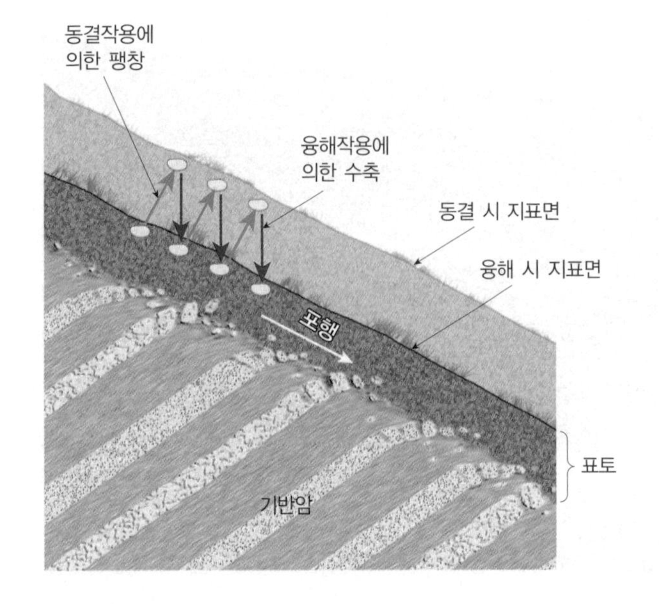

와 건조작용은 물질을 약간 낮은 부분으로 이동시켜 내려놓는다. 이러한 반복작용에 의해 사면물질은 약간씩 하부로 이동하게 된다. 포행은 흙이 교란됨으로써 촉진될 수 있는데, 빗방울의 충격, 식물 뿌리나 동물의 활동 등에 의한 교란이 그 좋은 예이다. 또한 포행은 표토물질이 포화될 때 촉진된다. 집중강우나 융설에 의해 표토층이 포화되면 내부 점착력을 잃게 되고 중력에 의해 사면 하부로 활동하게 된다. 포행은 인지하기 어려울 정도로 매우 느리므로 실제로 관찰할 수는 없으나, 포행의 효과는 관찰이 가능하다. 예를 들면 기울어진 담장, 전봇대나 변위가 발생한 옹벽 등이 포행의 좋은 증거가 된다.

토양류

물에 의해 포화된 토양체가 하루 또는 연간 수 밀리미터에서 수 센티미터 정도 아주 느리게 이동하는 현상을 **토양류**(solifluction, 또는 soil flow)라고 한다. 토양 속에 상대적으로 깊이 침투한 물이 포화된 층으로부터 더 깊은 심도로 빠져나가지 못하는 곳에서 잘 발생하며, 밀도가 높은 니질 토층이나 불투수 기반암층이 토양류를 생성시킬 수 있다.

또한 토양류는 **영구동토층**(permafrost)이 지표 아래 분포하는 곳에서 잘 발생한다. 영구동토란 영구히 얼어 있는 지반을 뜻하며, 매우 추운 툰드라 및 아북극 기후와 밀접한 관련이 있다(영구동토에 대해서는 다음 절에 좀 더 상세히 기술되어 있다). 토양류는 영구동토 상부에 **활동층**이라는 영역에서 발생한다. 이 활동층은 고위도지방에서 심도 1m 정도까지 분포하며, 여름철에는 융해되고 겨울철에는 재동결되는 지층이다. 여름철에 지표면 근처에서 녹은 토층 내 물은 불투수층인 영구동토층으로 침투하지 못한다. 따라서 활동층은 포화되어 천천히 이동하게 된다. 이러한 활동은 경사가 2°~3°정도의 완경사 사면에서도 발생할 수 있다. 식생이 잘 분포하는 곳에서는 일련의 엽상 또는 부분적으로 습곡 형태를 보이며 이동한다(그림 12.20).

민감한 영구동토

이 장에서 다루고 있는 여러 가지 사면활동에 의한 재해들은 갑자기 사람들에게 피해를 끼친다. 하지만 인간활동이 영구동토의 얼음을 녹게 하면 그 영향은 매우 점진적으로 나타나기 때문에 인명피해를 적게 발생시킨다. 그럼에도 불구하고 영구동토 지역의 지반은 민감하고 변위가 쉽게 발생하기 때문에 난개발로 발생된 수직 파괴면은 오랫동안 남게 된다.

영구동토(permafrost)로 알려진 영구히 얼어 있는 지층은 여름철이 매우 짧고 추워서 천부 지층이 녹지 않는 지역에서 발생한다. 비교적 깊은 지층은 연중 언 상태를 유지한다. 영구동토는 북극해를 둘러싸고 있는 지역까지 연장된다. 엄밀히 말해서 영구동토는 기온에 의해서만 정의된다. 즉 연속적으로 2년 이상 0℃ 이하를 유지하는 지반이다. 지표에 얼음이 분포하는 정도는 지표물질의 거동에 크게 영향을 미친다. 영구동토지역에서 도로건설, 건축 등 다양한 건설 프로젝트를 수행할 때에는 지반에 분포하는 얼음의 양과 위치를 파악하는 것이 매우 중요하다.

식생의 제거, 도로건설 또는 건축 등과 같은 인간 활동에

그림 12.20 **알래스카 북극권 근처에 분포하는 엽상의 토양류** 토양류는 영구동토 지역에서 활동층이 융해되는 여름철에 잘 일어난다. (사진 : James E. Patterson Collection)

스마트그림 12.21 **영구동토의 융해** 알래스카 페어뱅크스 남부에 위치한 이 건물은 영구동토의 융해에 의해 침하되었다. 가열된 건물의 우측부는 가열되지 않은 좌측의 현관쪽 보다 더 많이 침하되었다.
(사진 : Steve Mc-Cutcheon, U.S. Geological Survey)

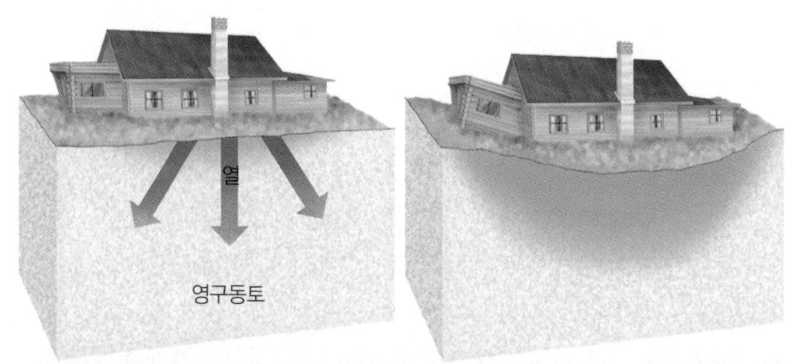

의해 지층이 교란되면 민감한 온도 균형이 깨져 영구동토가 녹게 된다. 이러한 융해작용은 미끄러짐, 함몰, 침하 및 동결융기 등과 같은 지반의 불안정 현상을 초래한다. 많은 양의 얼음이 포함된 영구동토 지반 위에 온도가 높은 구조물을 직접 건설하면 지반이 함수 상태가 되고 구조물의 침하가 발생한다(**그림 12.21**). 이에 대한 해결책 중 하나는 기초 말뚝 위에 구조물을 건설하는 것이다. 이러한 말뚝은 빙점 이하의 공기가 지표면과 구조물 바닥 사이를 순환할 수 있게 함으로써 지표면이 녹는 것을 방지한다.

개념 점검 12.5

① 포행을 일으키는 기본 메커니즘을 설명하라. 포행이 발생하는 것을 어떻게 인지할 수 있는가?

② 북극지방에서 토양류가 발생하는 계절은 언제인가? 그리고 왜 그 계절에만 토양류가 발생하는지 설명하라.

③ 영구동토란 무엇인가? 교란된 영구동토는 어떻게 미끄러짐, 흐름, 침하 등이 발생하는 불안정한 지반이 되는가?

개념 복습 사면활동 : 중력의 작용

12.1 사면활동의 중요성

사면활동 과정이 자연재난으로 이어지는 상황과 사면활동이 지형발달 과정 중 수행하는 역할에 대하여 토론하라.

핵심용어 : 사면활동

- 풍화작용으로 암석이 부서진 후 중력에 의해 부서진 토석이 경사면 아래로 이동되는 현상을 사면활동이라고 한다. 어떤 때는 이러한 현상이 매우 빨리 발생하고, 어떤 때는 매우 천천히 움직인다. 이러한 산사태는 대표적인 지질재해이며, 인명과 재산피해를 초래한다.
- 사면활동은 지형발달에 중요한 역할을 수행한다. 하천 계곡을 확장시키기도 하고, 판구조운동에 의한 충상단층작용으로 높아진 산을 깎아 내리기도 한다.

DunnRight Photography

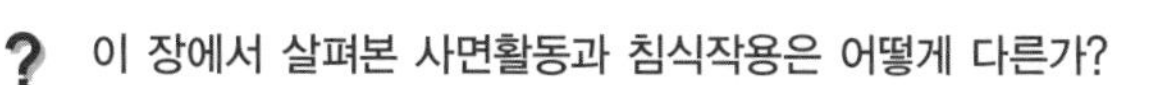

? 이 장에서 살펴본 사면활동과 침식작용은 어떻게 다른가?

12.2 사면활동의 지배요인과 유발요인

사면활동 과정의 지배요인과 유발요인을 요약하라.

핵심용어 : 안식각

- 사면활동을 시작하게 만드는 사건을 유발요인이라 한다. 물에 의한 포화, 사면의 급경사, 식생의 제거, 지진동 등이 중요한 유발요인에 속한다. 모든 산사태가 이들 네 가지 요인에 의해 유발되지는 않지만 많은 경우에 유발요인으로 작용한다.
- 사면에 물이 포화되면 입자들을 분리시켜 입자 간의 점착력을 잃게 한다. 또한 입자 간 접촉면을 매끄럽게 하며, 젖은 사면의 무게를 상당히 증가시킨다.
- 모래 이상의 조립질 물질은 사면에서 특정각까지 쌓인다. 이 물질들이 임계각 이상으로 고각으로 쌓이면 자연스럽게 붕괴되어 완만한 사면을 이룬다. 대부분의 지질물질은 안식각이 25°～40° 사이에 분포한다. 급경사 사면은 산사태가 발생하면서 잘 붕괴된다.
- 식물의 뿌리, 특히 깊은 뿌리는 3차원적인 그물로 작용하여 토양과 표토입자를 고정하는 역할을 수행한다. 식생이 제거되면 토양은 중요한 보강재를 잃게 된다. 식물은 산불 등에 의해 자연적으로 제거되기도 하고, 벌목, 경작, 개발 등의 인간활동에 의해서도 제거된다.
- 지진은 붕괴 직전의 사면에 충격을 가하는 중요한 유발요인이다.

? 모든 사면활동은 유발요인을 가지고 있는지 설명하라.

12.3 사면활동의 분류

사면활동을 분류하는 기준을 열거하고 설명하라.

핵심용어 : 낙하, 애추사면, 미끄러짐, 흐름, 암사태

- 지질물질은 암석, 흙, 표토 등과 같이 다양하며 사면활동의 속도도 다양하다. 사면활동의 유형은 구성물질의 종류와 운동의 특성이 동시에 고려되어 분류된다.
- 낙하는 모암의 일부가 분리되어 자유낙하하는 것이며, 지면에 큰 충격을 가한다. 낙하활동이 반복되면 절벽 하부에 각력이 쌓여 있는 에이프런 모양의 애추사면을 형성시킨다. 미끄러짐은 분리된 암석이나 미고결 물질이 평면 또는 곡면 상부에서 미끄러질 때 발생한다. 낙하와는 달리 미끄러지는 물질은 공기 중으로 떨어지지 않는다. 흐름은 점성이 강하고 유체와 같은 포화된 물질 속의 개별 입자들이 이동할 때 발생한다.
- 암사태는 매우 빠르게 수 분 내 수십 킬로미터 이상의 거리를 이동한다. 왜냐하면 압축된 공기층을 따라 떠서 이동하기 때문이다. 이것은 공기부양선이 지면 위를 최소의 마찰력으로 미끄러지는 것과 같은 원리이다. 이와는 달리 1년에 수 밀리미터 정도만 이동하는 매우 느린 사면활동도 있다.

? 뾰쪽한 산봉우리 아래 부분에 쌓여 있는 각력 퇴적물을 표현하는 용어는 무엇인가? 이러한 형상이 만들어지는 과정을 설명하라. 이러한 형상은 빨리 만들어지는가? 혹은 점진적으로 만들어지는가? 이 책의 어느 장에서 이 형상에 관하여 다시 논하는가?

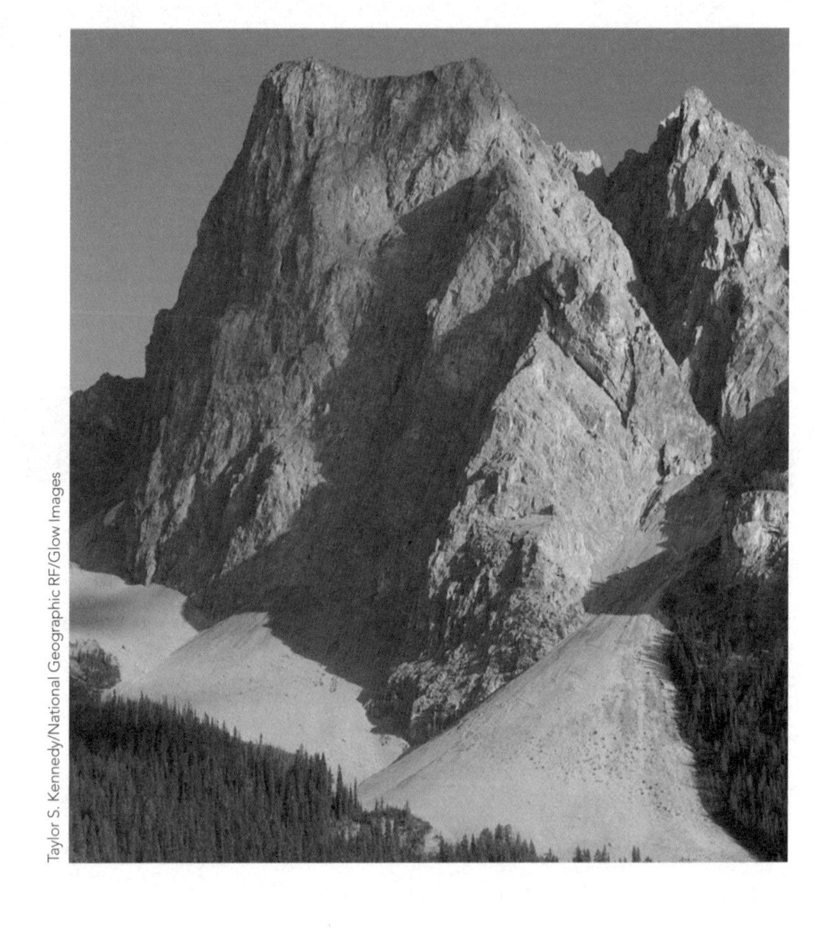

Taylor S. Kennedy/National Geographic RF/Glow Images

12.4 고속 사면활동

함몰, 암석미끄럼사태, 토석류, 토류를 구분하라.

핵심용어 : 함몰, 암석미끄럼사태, 토석미끄럼사태, 토석류, 이류, 라하, 토류

- 함몰은 스푼형의 파괴면을 따라 점착성 물질의 블록이 사면 아래쪽으로 활동하는 사면활동의 대표적인 유형 중 하나이다. 함몰은 두부(윗부분)에 곡면의 급사면을 흔히 생성시킨다. 이것은 하천의 침식을 받은 계곡 측벽과 같이 사면이 급경사를 이룰 때 잘 일어난다.
- 암석미끄럼사태는 고속 사면활동의 일종이며, 점착성 암석블록이 평면을 따라 사면하부로 이동할 때 발생한다. 보통 이미 존재하는 절리면이나 층리면이 활동면이 된다. 활동면이 계곡 쪽을 향해 경사져 있는 경우 특히 위험하다.
- 토석류는 미고결 흙이나 표토가 물에 의해 포화되어 슬러리 형태로 사면하부로 흘러갈 때 발생한다. 토석류는 이동과정 중에 나무, 가옥, 가축 등을 포획하며 흘러간다. 토석류에서 구성입자가 세립인 경우 이류라고 하며, 화산쇄설물로 구성되면 라하라고 한다. 토석류는 시속 30km에 달할 정도로 빨리 움직인다.
- 토류는 미고결 퇴적물에서 입자간의 점착력이 낮아지면서 발생하는데, 토석류보다 이동속도가 느린 것이 특징이다. 토류 발생지역은 두부에서 급경사를 이루며, 기저부에는 점성토가 혀 모양을 이룬다.

? 이 암석미끄럼사태는 인도 북부의 험준한 히말라야에서 발생하였다. 사진 상에서 미끄러짐에 기여한 요소를 찾아라. 그리고 이 활동의 유발요인을 추론하라.

Michael Collier

12.5 저속 사면활동

저속 사면활동의 일반적 특성을 살펴보고, 영구동토 환경과 관련된 독특한 주제에 대하여 기술하라.

핵심용어 : 포행, 토양류, 영구동토

- 포행은 저속 사면활동의 중요한 유형 중 하나이다. 이것은 흙 입자가 동결과 습윤작용에 의해 사면에서 밀려 올라가고 융해와 건조작용에 의해 약간 낮은 부분으로 이동되어 내려옴으로써 일어난다. 이와는 반대로 토양류는 불투수층 상부에 놓인 포화된 토층이 점진적으로 이동하는 흐름이다. 북극지역에서는 영구동토층이 불투수층 역할을 수행한다.
- 영구히 얼어 있는 지반인 영구동토는 북아메리카와 시베리아의 넓은 영역에 걸쳐 있다. 이러한 지역에서 건축이나 사회기반시설을 건설할 때에는 특별한 계획이 필요하다. 열의 유출은 영구동토를 녹일 수 있으며, 체적을 감소시키고, 얼어 있던 토층의 흐름을 유발시킬 수 있다. 이러한 결과로 발생되는 지반침하는 엄청난 피해를 초래한다.

Michael Collier

? 이 파이프라인은 가열된 오일을 알래스카 북부 사면에서 남부의 항구로 이송하는 데 사용된다. 이것은 땅속에 묻혀 있지 않고 지면으로부터 띄워서 건설되어 있는데 그 이유를 설명하라.

복습문제

① 여러분이 거주하고 있는 지역에서 발생할 수 있는 사면활동의 유형을 설명하라. 이때 기후, 지표물질, 사면의 경사 등을 꼭 고려하라. 여러분의 거주지 사례에는 유발요인이 포함되어 있는가?

② 하천, 지하수, 빙하, 바람, 그리고 파도는 모두 퇴적물을 이동시킬 수도, 퇴적시킬 수도 있다. 지질학자들은 이러한 현상을 침식요인이라고 부른다. 사면활동은 역시 퇴적물의 이동과 침식을 포함하고 있지만 침식요인을 따라 분류되지는 않는다. 사면활동은 침식과정과 어떻게 다른가?

③ 그림 1.1은 지구의 내적 과정과 외적 과정에 대하여 간단히 소개하고 있다. 내적 과정은 지진, 조산운동, 화산활동 등의 현상을 말하며, 외적 과정은 지구 표면을 변화시키는 풍화, 사면활동, 침식 등을 말한다. 아래의 사진에서는 외적 과정이 활발히 일어나고 있음을 알 수 있다. 사면활동이 담당하고 있는 역할에 대하여 설명하라. 사면활동의 결과물인 형상을 찾아보라.

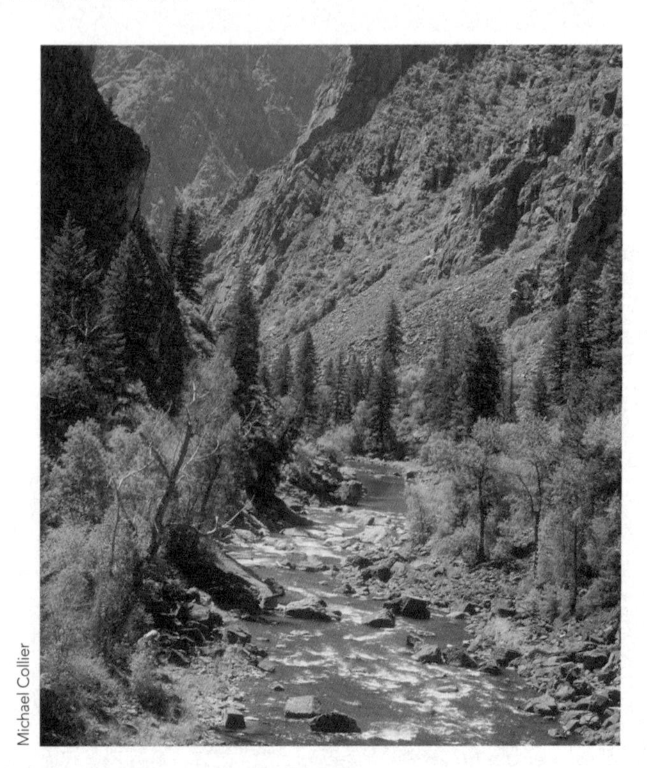
Michael Collier

④ 내적 과정이 사면활동을 일으키거나 영향을 끼치는 경우를 한 가지 이상 설명해 보라.

⑤ 달에서는 산사태가 빈번히 발생할 수 있을까? 없을까?

⑥ 이 사진은 중앙아시아의 키르기스스탄 산악지역에서 발생한 암사태의 결과를 보여주고 있다. 이 퇴적물은 애추사면과 흡사하다. 이 사면의 형성 과정이 애추사면과 다른 점은 무엇인가?

Marli Miller

⑦ 2010년 7월 하순경 집중강우에 의해 콜로라도 주 두란고 인근의 산악계곡에서 사면활동이 발생하였다. 많은 토사들에 의해 철도의 선로가 막혔으며, 인근 하천에 퇴적된 토사들은 하천의 폭을 좁게 만들었다. 이 산사태의 유형은 낙하, 포행, 토석류 중에 어디에 가까운가? 우리들은 "한 가지 일이 다음 일로 자연스럽게 이어진다."라는 말을 알고 있다. 이 말은 지구계에도 당연히 적용된다. 이 산사태 물질들이 하천을 완전히 막았다고 상상해 보라. 어떤 자연재해가 이어서 발생했을까?

Soaring Tree Adventures

⑧ 사면활동은 지구계를 구성하는 네 권역(sphere)과 관련된 많은 작용에 의해 영향을 받는다. 아래에 나열된 요소 중 두 가지를 선택하라. 각각의 요소를 다양한 권들 및 사면활동과 관련지어 일련의 현상을 설명해 보라. 아래에 나열된 요소에서 동결쐐기작용을 선택했다고 가정하면 다음과 같이 설명할 수 있을 것이다. 동결쐐기작용은 물(수권)이 얼 때 쪼개지는 암석(지권)을 포함한다. 동결쐐기작용에 의해 급경사지에서 암석이 분리되면, 암편은 절벽의 바닥으로 떨어진다. 이러한 현상, 즉 낙하는 사면활동의 한 사례이다. 이제 상상력을 동원하여 아래에서 요소를 선택하여 스스로 설명해 보도록 하자.

- 삼림벌채
- 봄철 융해/융설
- 고속도로 사면 절취
- 파도의 부딪침
- 지하공간 조성

⑨ 1930년대 알래스카의 시골지역 사진 속 철로가 건설되었을 당시 이 지역은 비교적 평탄한 곳이었다. 철로의 완공 후 오래지 않아 심한 지반침하와 지반변위가 발생하여 사진에서 보는 바와 같이 철로는 롤러코스터와 같이 변형되어 폐기되었다. 이 지반이 불안정해지고 변형된 이유를 설명하라.

L. A. Yehle/O.J. Ferrians, Jr./USGS

⑩ 사진은 험준한 알래스카 산맥에 위치한 데날리 국립공원의 벅스킨 빙하의 정상부에 있는 산사태 토석들이다. 이 빙하는 강을 이루어 앵커리지 시의 서쪽에 있는 쿡 후미로 흘러든다. 쿡 후미는 북태평양에 있는 만 중 하나이다.

a. 제7장(그림 7.7)에서 배운 퇴적물의 분급을 기초로 하여 이 산사태 암설의 분급은 좋을까? 나쁠까? 그 이유는 무엇인가?
b. 그림 7.7을 참고하여 산사태 암설의 원마도는 어떨지 설명하라.
c. 이 산들은 분명히 빙하작용에 의해 형성되었다. 그러나 또 다른 작용들도 중요한 역할을 담당했다. 이 산악지대의 지형 형성과 관련된 여러 작용들과 그 역할을 설명하라.

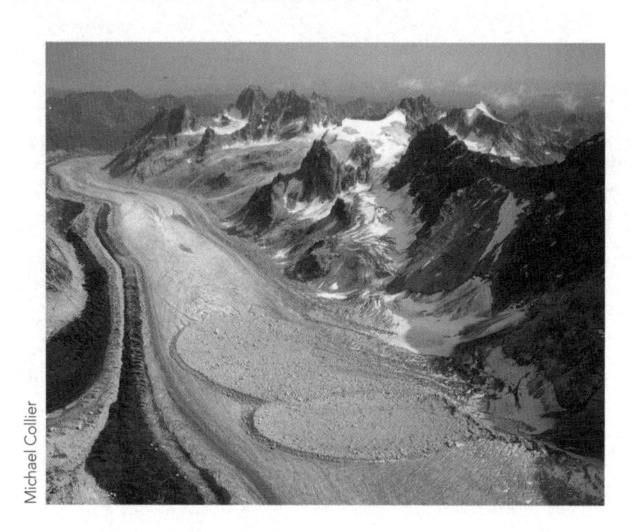

Michael Collier

13 유수

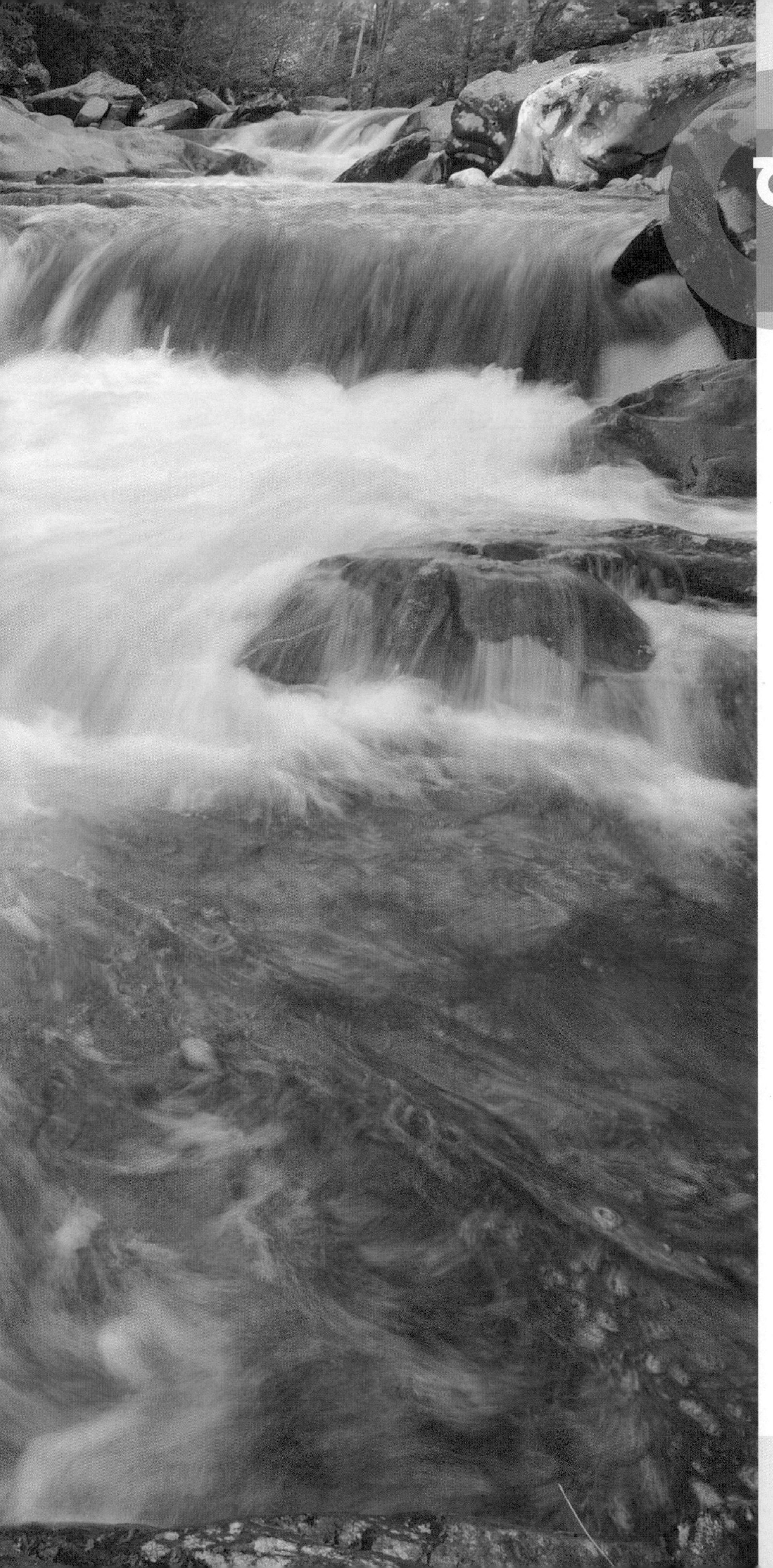

핵심개념

다음은 이 장에서 다룰 주요 학습 목표이다.
이 장을 학습한 후 다음 질문에 답해 보도록 하자.

13.1 수권의 주요 물 저장소를 열거하고 수문순환계를 통하여 물이 지나는 다양한 경로에 대하여 설명하라.

13.2 유역과 하천 시스템의 특성을 설명하라. 기본적인 네 가지 하천 형태를 설명하고 도시하라.

13.3 하천의 흐름과 흐름의 변화에 영향을 주는 요인에 대하여 토론하라.

13.4 하천이 입자들을 침식하고 운반하며 퇴적시키는 과정을 설명하라.

13.5 암반 및 충적 하도의 차이를 비교해 보라. 서로 다른 두 충적 하도를 구분하라.

13.6 V자형 계곡, 범람원이 있는 넓은 유역, 그리고 감입곡류 또는 하천 단구를 보이는 유역을 비교하라.

13.7 하천과 관련된 다양한 퇴적지형을 열거하고 이러한 지형의 형성을 기술하라.

13.8 홍수의 다양한 규모와 홍수 통제를 위한 일반적인 방법을 정리하라.

앨라배마 북동쪽 리틀 강의 난류 흐름 (사진 : *Michael Collier*)

유익하면서 동시에 해로운 관계를 떠올려 보자. 우리 주변에는 강이 있다. 강은 대량의 상품을 빠르게 운송하는 도로이며 관개수와 에너지의 원천이 되는 등 매우 중요한 경제적 도구이자 여가활동의 주요 장소이다. 지구시스템의 부분으로 생각했을 때, 강과 하천은 지속적인 물 순환에 있어 매우 주요한 연결고리이다. 유수는 다른 어떤 것들보다 지형을 더 많이 침식하고 또 더 많은 퇴적물을 운반하여 지형을 변화시키는 주된 요인이다. 많은 사람들의 주거지가 마치 중력에 이끌리듯 강 주변으로 모여들면서, 홍수는 거대한 파괴 잠재력을 지니게 되었다.

이 장은 전반적인 수문순환 개요, 자연적 하천 시스템, 하도의 종류와 이들을 만드는 요인, 유수가 지형에 미치는 영향, 그리고 홍수의 특성 및 사람에 미치는 영향에 대한 개관을 제공한다.

13.1 하나의 시스템인 지구 : 수문순환

수권의 주요 물 저장소를 열거하고 수문순환계를 통하여 물이 지나는 다양한 경로에 대하여 설명하라.

우리는 태양계 내에서 적절한 위치와 적당한 크기를 지닌 독특한 행성에 살고 있다(제19장 참조). 만약 지구가 태양에 조금 더 가까이 위치했다면, 지구의 물은 증기상으로만 존재하였을 것이다. 반대로 우리 행성이 지금보다 태양으로부터 훨씬 멀리 떨어져 있었다면 물은 지속적인 동결상태로 존재했을 것이다. 지구는 대류하는 뜨거운 맨틀을 가질 정도로 충분히 큰 크기를 지니고 있어 화산활동을 통해 지구 내부의 물이 지표 상부로 공급된다. 맨틀의 대류에 의해 유발되는 직구 깊숙한 곳으로부터의 물 공급은 현재 지구의 바다와 대기를 만들었다. 결과적으로 적당한 태양계 내 위치와 적절한 크기는 지구가 행성 전역에 걸친 대양과 수문순환을 가진 유일한 행성이 되도록 만들었다.

물은 바다, 빙하, 강, 호소, 대기, 토양, 생명체 등 그 어디든지 존재한다. 언급한 모든 물 저장소(reservoir)는 지구의 수권을 구성한다. 이런 수권의 모든 물을 합하면 대략 13억 9,000만 km^3가 된다. 그중 대부분에 해당하는 96.5%는 해수로 바다에 존재한다. 빙상과 빙하는 1.74%에 해당하므로 단 2% 이하의 물이 호소, 하천, 지하수, 대기에 걸쳐 분포한다(**그림 13.1**).

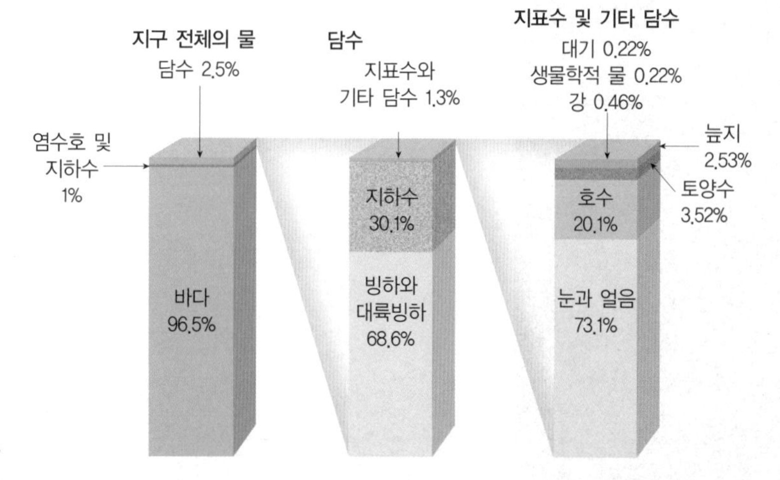

그림 13.1
지구상 물의 분포

물은 **수권**(hydrosphere), **대기권**(atmosphere), **암권**(geosphere), **생물권**(biosphere)을 끊임없이 순환한다. 이런 끊임없는 물의 흐름을 **수문순환**(hydrologic cycle)이라 하며, 해양, 식물, 토양으로부터 물이 증발하고 강수가 되는 다양한 과정 전반을 설명한다(**그림 13.2**). 바다로 떨어지는 강수는 순환과정을 마치게 되며 또 다른 순환을 겪게 된다.

지표상의 강수가 있을 때 그 물은 토양에 흡수되어 지하로 **침투**(infiltration)하거나, **지표유출**(runoff) 형태로 땅 위를 흐르거나, 혹은 즉각적으로 증발(evaporation)한다. 이러한 물 대부분은 인근 하천, 호소, 또는 직접 바다에 들어가게 된다. 지하로 침투하거나 지표를 흐르는 물들의 대부분은 토양, 호소, 하천 등으로부터 일어나는 증발을 통해 대기로 돌아간다. 또한 지하로 침투한 물 중 일부는 식물에 의해 흡수되고 다시 대기 중으로 방출된다. 이러한 과정을 **증산**(transpiration)이라고 한다. 보통 증발과 증산에 의하여 대기 중으로 돌아가는 물의 양을 정확히 구분할 수 없으므로 이 둘을 합쳐 **증발산**(evapotranspiration)이라고 한다.

일반적으로 증발산 양보다 더 많은 물이 강수에 의해 지표로 떨어진다. 따라서 여분의 물은 주로 하천을 통해 바다로 돌아가며 약 1% 이하의 물이 지하수가 되어 바다로 돌아간다. 하천을 흐르는 많은 물들이 강수로부터 직접 만들어지는 것은 아니다. 하천의 많은 부분은 지표에 우선 침투했다가 지하수 형태를 거쳐 하천에 공급된다. 지하수는 이러한 방식을 통해 가뭄 동안에도 하천이 지속적으로 흐르도록 물을 공급하여 하천을 유지하는 역할을 한다.

강수는 매우 추운 지역(위도가 매우 높거나 고도가 매우 높은 지역)에 떨어질 경우 즉각적인 침투, 지표흐름, 또는 증발이 발생하지 않는다. 대신 물은 설원 또는 빙하의 일부가 되어 지표에 저장된다. 이러한 방식으로 빙하는 방대한 양의 물을 저장한다. 만약 현존하는 모든 빙하가 녹아 저장된 물이 방출될 경우 지구 전역에 걸쳐 해수면은 수십 미터 정도 상승할 것이며, 이러한 상승으로 연안에 위치한 많은 큰 도시들은 물속에 잠기게 될 것이다. 제15장에서 다루어질 내용과 같이 지난 200만 년 동안 거대한 규모의 빙상이 형성되고 다시 녹으면서 수문순환의 균형을 변화시켜 왔다.

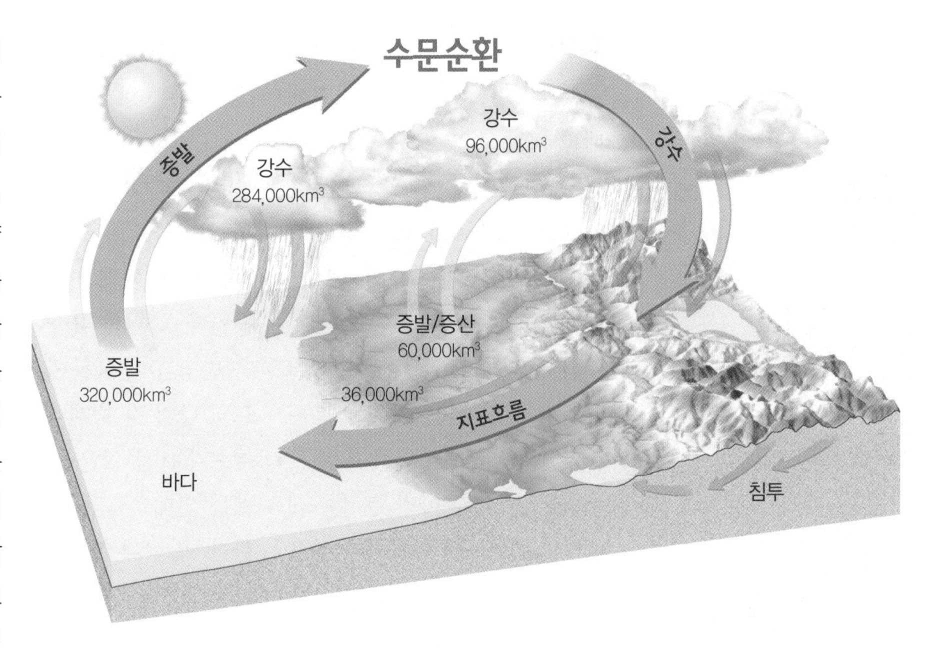

스마트그림 13.2

수문순환 순환계에서 주요한 물의 움직임은 큰 화살표로 표시되어 있다. 숫자는 연간 특정 경로를 따라 움직이는 물의 양이다.

그림 13.2는 지구의 수문순환계가 균형을 이루고 있다는 것을 보여준다. 이는 비록 물이 지속적으로 하나의 저장소에서 또 다른 저장소로 흐르고 있다 하더라도 바다와 육지상의 합산된 물의 양은 항상 일정함을 의미한다. 매년 태양에너지는 320,000km³의 물을 바다로부터 증발시키며 이 중 284,000km³의 물만 바다로 직접 강수된다. 이러한 차이에 균형을 가져오는 것은 연간 36,000km³의 양으로 바다로 흐르고 있는 지표상의 흐름이다. 비록 전체 수문순환에서 차지하는 양은 크지 않지만, 지표 위를 흐르는 물은 지구 표면을 깎아내는 여러 요인 중 가장 중요한 침식인자라고 할 수 있다.

알고 있나요?

매년 경작지로부터 0.6m 정도 수위의 물이 대기 중으로 증산되고 있다. 나무가 같은 면적이었을 경우 이 보다 2배 더 많은 물이 대기 중으로 증산될 것이다.

개념 점검 13.1

① 수문순환계를 통한 물의 움직임을 설명하거나 그려 보라. 물이 지표에 떨어질 경우 어떤 경로를 선택하게 될까?
② 증발산의 의미는 무엇일까?
③ 바다의 증발량은 강수량보다 더 많음에도 불구하고 수위는 항상 일정하게 유지된다. 왜 그런지 설명하라.

13.2 유수

유역과 하천 시스템의 특성을 설명하라. 기본적인 네 가지 하천 형태를 설명하고 도시하라.

지표에 내린 강수 대부분이 지표 아래로 침투하거나, 지표 위에 머무르거나, 낮은 경사를 따라 지표흐름이 된다는 사실을 상기해 보자. 지표 하부로 침투하지 않은 채 지표 위에서 흐름을 형성하는 물의 양은 (1) 강우의 강도 및 기간, (2) 토양 내 잔류 수분 함량, (3) 지표 물질의 특성, (4) 지형 경사, (5) 식생의 종류 및 분포의 다섯 가지 요인에 의해 결정된다. 지표 물질의 투수성이 매우 낮거나 이미 물로 포화되어 있을 경우 지표흐름이 지배적으로 나타난다. 지표흐름은 도시화가 이루어진 곳에서도 빈번히 발생하며, 이는 건물이나 불투수성 물질로 피복된 건물, 도로 혹은 주차장에 의한 영향이다.

초기에 나타나는 지표유출인 **판상류**(sheet flow)는 경사면을 따라 넓고 얇은 흐름의 특성을 가진다. 이런 판상류들이 모여 물줄기를 만들어내며 물길을 따라 흘러 매우 작은 **세류**(rill)를 형성한다. 이들이 만나 도랑(gully)을 만들고 개울을 만들며 하천이 된다. 이러한 하천이 어느 정도 규모를 갖게 되면 이를 강(river)이라 부른다. 일반적으로 하천과 강은 상호 혼용되는 개념이지만 지질학적으로 **하천**(stream)은 규모에 상관없이 부르는 이름인 반면 **강**(river)은 많은 지류를 가지며 상당한 물이 흐르는 큰 하천을 의미한다.

습한 지역에서 하천의 흐름을 유지하기 위한 물의 공급처는 두 종류를 들 수 있으며, 이들은 간헐적으로 하천으로 유입되는 지표흐름과 지속적으로 하도로 유입되는 지하수이다. 기반암이 석회암과 같이 용해될 수 있는 성분으로 이루어진 지역에서는 지하수의 하천 유입을 용이하게 하는 큰 틈이 지하에 존재할 수 있다. 습윤한 지역과 정반대로 건조한 지역에서는 지하수의 수위를 의미하는 **자유면**(water table)이 하천보다 매우 낮게 형성되기 때문에 하천으로부터 지하수로 물의 공급이 발생한다.

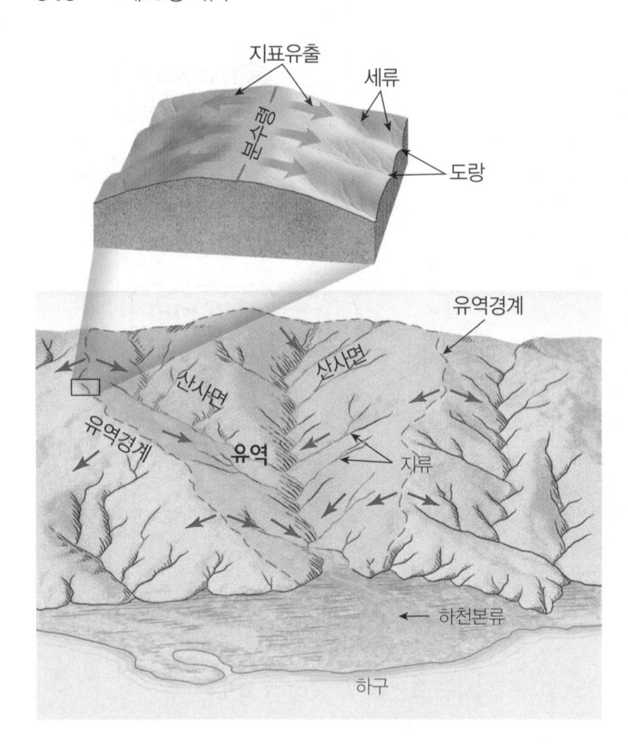

그림 13.3 **유역과 분수령** 유역은 하나의 하천과 지류들에 의하여 배수되고 있는 지역을 의미한다. 유역과 유역의 경계를 분수령이라 한다.

유역

모든 하천은 일정 면적의 땅에 대한 배수로 역할을 하며, 이런 하천을 둘러싼 지역을 **유역**(drainage basin) 또는 **분수계**(watershed)라 한다(**그림 13.3**). 하나의 하천에 대응되는 유역은 주변 유역들과 **분수령**(divide)이라는 가상의 선에 의해 구분된다. 산악지역에서의 분수령은 뚜렷한 능선을 따라 분명하게 나타나지만, 구릉지에서는 분수령이 불분명한 경우가 많다. 유역 출구(basin outlet)는 유역에서 하천이 빠져나가는 부분을 일컬으며 유역 내에서 가장 낮은 고도를 가진다.

분수계는 작게는 작은 도랑을 나누는 언덕으로부터 크게는 전체 대륙을 수 개의 광역적 유역으로 나누는 **대륙경계**(continental divide)까지 다양하다. 북아메리카 지역에서는 미시시피 강이 가장 넓은 유역을 갖는다. 미시시피 유역 내 물의 흐름은 미국 내 전체 지표상 흐름 중 40%를 담당한다(**그림 13.4**).

그림 13.3의 그림에서 알 수 있듯이 유역의 대부분은 경사지로 이루어져 있다. 따라서 떨어지는 빗방울과 하천을 향한 판상류 및 세류 등에 의해 물에 의한 침식작용이 나타나게 된다. 사면 침식은 하천에 의해 운반되는 점토나 세립질 모래 등 작은 입자들의 주요 기원이 된다.

하천 수계

하천은 극도로 건조한 지역이나 지속적 동결상태가 유지되는 극지역을 제외한 대부분의 지표에서 물의 배수역할을 담당한다. 하천의 다양한 형태는 하천이 존재하는 지역의 환경을 반영한다. 예를 들어 남미의 Paraná-La Plata 수계는 이집트의 나일 강 수계와 거의 유사한 면적을 갖지만 나일 강 수계보다 10배 많은 물을 바다로 배출한다. Paraná-La Plata 수계는 열대우림 기후에 속하기 때문에 많은 양의 물을 배수한다. 반면에 건조지역에서 유래하는 나일 강 수계는 광활한 건조기후 환경으로 인하여 매우 많은 물이 증발하거나 농업을 위하여 취수된다. 즉 기후적 차이 및 인간의 간섭은 하천의 특성에 큰 영향을 미칠 수 있다. 이 장의 뒤에서 우리는 하천의 다양성에 영향을 미치는 보다 다양한 요인에 대하여 다루게 될 것이다.

하천 수계는 하도 네트워크 외에 유역 전체를 아우르는 개념이다. 수계 내에서 일어나는 주도적 프로세스에 기초하여 침식이 주도적인 **퇴적물 공급 지역**, **퇴적물 운반지역**, **퇴적지역**으로 나눌 수 있다(**그림 13.5**). 그러나 퇴적물이 침식되어 발생하고 운반되며 퇴적되는 현상은 어떠한 프로세스가 주도적이냐에 상관없이 하천 전반을 통해 발생한다.

퇴적물 공급 대부분의 퇴적물이 발생하는 **퇴적물 공급지역**은 하천의 상류부(headwater region)에 존재한다. 하천에 의해

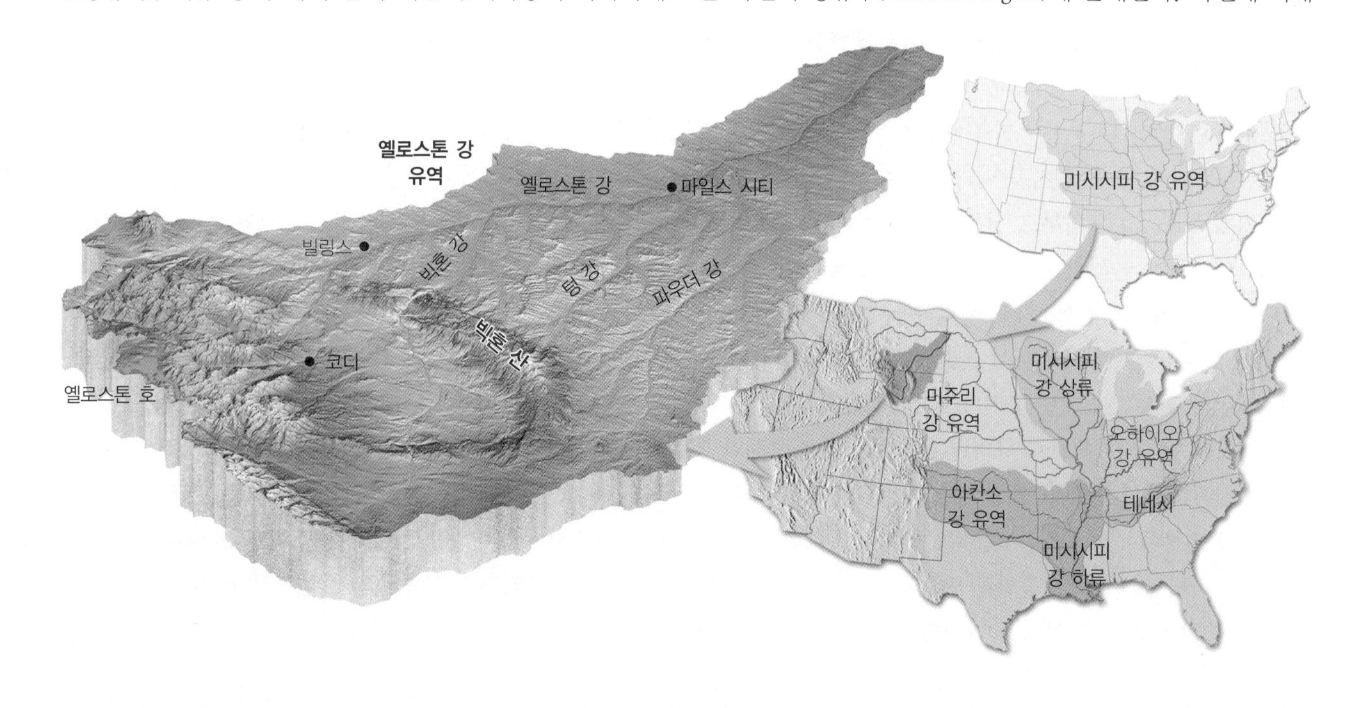

스마트그림 13.4
미시시피 강 유역 북미에서 가장 큰 미시시피 강 유역은 300만 km^{2}의 면적을 가지며 많은 작은 유역으로 구성되어 있다. 그 중 하나가 옐로스톤 강 유역으로 미주리 강에 물을 공급하며 미주리 강은 미시시피 강에 물을 공급하는 지류이다.

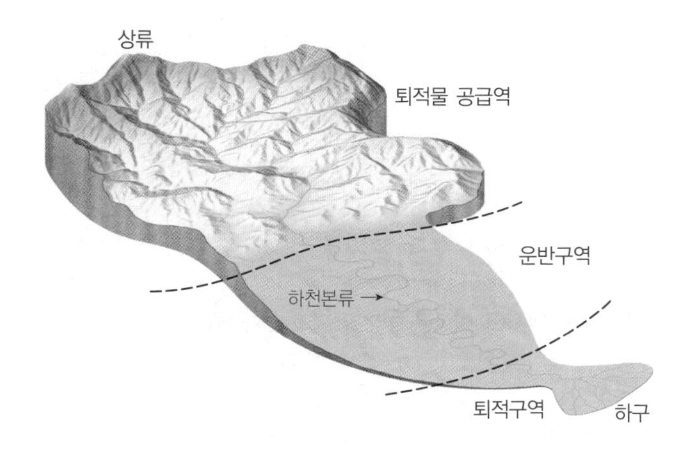

그림 13.5 **하천의 각 구역** 각각의 세 구역은 해당 구역에 속하는 하천의 지배적 작용에 근거하여 설정한다.

운반되는 퇴적물은 기반암으로부터 풍화, 토석류, 판상류 및 작은 개울에 의해 기원한다. 제방의 침식 역시 많은 양의 퇴적물을 공급한다. 또한 하천 바닥의 연마에 의해 하천이 깊어지는 과정 중에도 많은 퇴적물들이 공급된다.

퇴적물 운반 하천으로 유입된 퇴적물은 지류를 따라 하천본류로 유입된다. 하천본류가 퇴적물 양에 있어 균형을 이루고 있을 경우, 제방으로부터 침식된 퇴적물 양과 하도 내에 퇴적된 퇴적물 양은 동일하다. 비록 시간이 흐르면서 하천본류의 하도가 변화할 수 있으나 하도는 퇴적물의 공급원은 아니며, 퇴적물을 축적하거나 저장하지도 않는다.

입자들의 퇴적 하천이 바다에 도달하거나 큰 수체에 도달할 경우 유속은 느려지며 퇴적물을 운반하는 데 사용될 수 있는 에너지가 크게 감소한다. 이 경우 퇴적물의 대부분은 하구에 쌓여 삼각주를 만들거나, 파도에 의해 다양한 해안 퇴적상을 만들거나, 혹은 해류에 의해 연안으로 이동한다. 일반적으로 조립질의 퇴적물은 상류에 퇴적되기 때문에 바다로 도달하는 대부분의 퇴적물들은 점토, 실트 및 세립질 모래 등 세립질 퇴적물이 대부분이다. 침식, 운반, 퇴적 과정을 통하여 하천은 지구 표면의 물질을 이동시키고 지형을 조각한다.

하계망

하계는 상호 연결된 하천의 망 혹은 네트워크로 다양한 패턴을 형성한다. 하계망의 특성은 지형에 따라 매우 다양하게 형성될 수 있으며, 주로 하천이 형성되는 하부 기반암 종류에 좌우되거나 절리, 단층 및 습곡과 같은 구조적인 패턴에 의해 결정된다. **그림 13.6**은 네 가지 전형적인 하계망을 보여준다.

가장 일반적으로 볼 수 있는 하계망 형태는 **수지상 패턴**(dendritic pattern)이다. 이렇게 지류 하천이 불규칙적으로 분기하는 패턴은 마치 가지들이 뻗어나가는 나무와 유사하다. 실제 수지상을 의미하는 영어 *dendritic*은 '나무와 유사한(treelike)'이라는 뜻이다. 수지상 패턴의 하계망은 하천들이 기반으로 하는 하부의 물질들이 균질한 경우 나타난다. 하부 물질들이 침식에 대한 저항 측면에서 균질한 특성을 가질 경우 하부 물질에 의한 하계망 형태의 간섭은 이루어질 수 없

알고 있나요?

미국의 가장 큰 강은 미시시피 강이다. 일리노이 주 카이로 남쪽의 오하이오 강 합류부에서 미시시피 강의 폭은 1.6km에 이른다. 매년 거대한 미시시피 강은 5억 톤가량의 퇴적물을 멕시코 만으로 쏟아낸다.

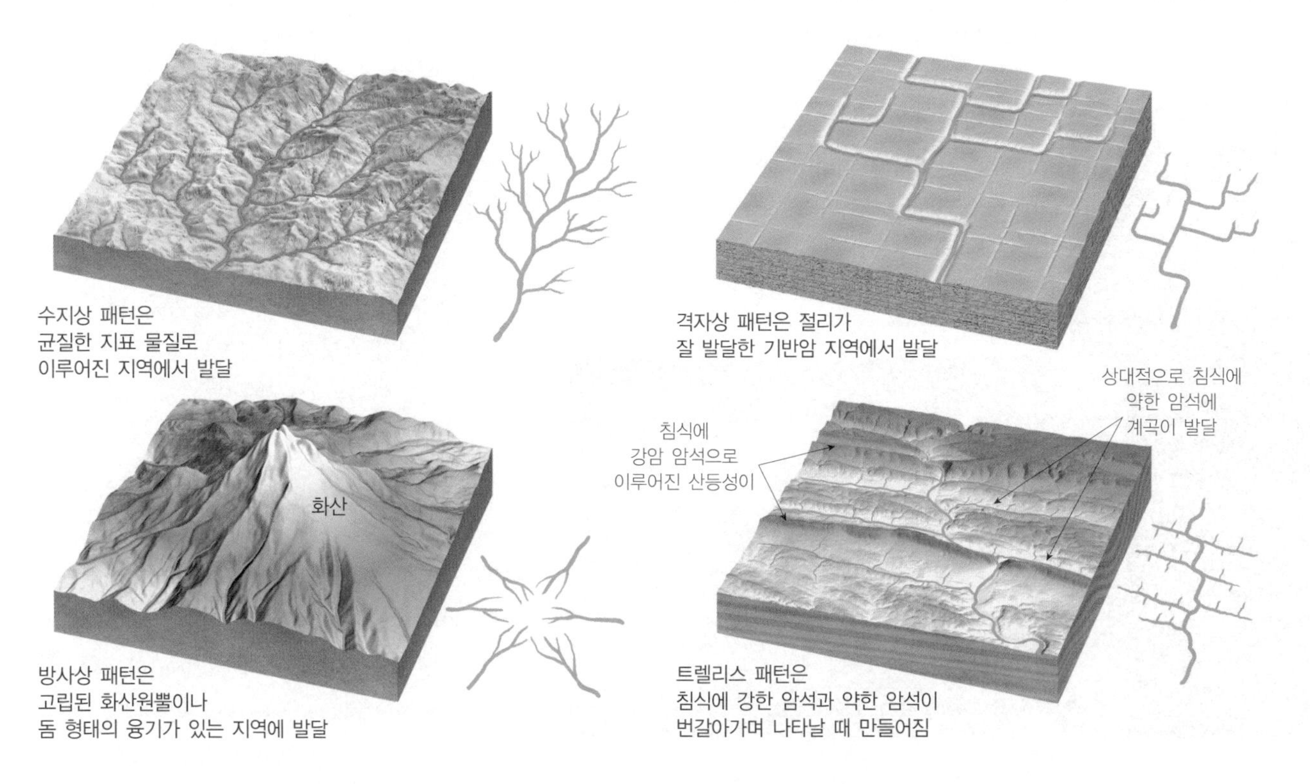

그림 13.6 **하계망**
하천의 네트워크는 다양한 하계망 형태를 만들어낸다.

다. 따라서 수지상 하계망을 보이는 지역에서는 하부 물질 보다 지형경사가 하계망 형태를 좌우하게 된다.

만약 하천이 마치 수레바퀴의 축과 바퀴살과 같이 중심으로부터 뻗어나갈 경우 **방사상**(radial) 하계망이라 한다. 이러한 패턴은 고립된 화산 원뿔(volcanic cone)이나 돔 형태의 융기(domal uplift)가 있는 지역에서 전형적으로 나타난다.

격자상(rectangular) 하계망에서 하도는 수직적인 꺾임을 갖는다. 이러한 패턴은 기반암이 절리 혹은 단층에 의해 십자형의 균열을 가질 경우 발달한다. 일반적으로 균열을 지닌 암석은 균열을 따라 보다 강한 풍화와 침식을 가지기 때문에 이러한 균열의 기하적 패턴이 하천의 흐름에 영향을 준다.

또 다른 격자상 형태인 **트렐리스 패턴**(trellis pattern)의 하계망에서는 지류들이 상호 평행에 가까운 배열을 가지며 본류 하천을 만나는 마치 트렐리스 정원의 형태를 갖는다. 이러한 형태의 하계망은 하부에 놓인 기반암이 침식에 강한 암석과 약한 암석으로 번갈아 나타나기 때문에 발생하며, 특히 약한 암석층과 강한 암석층이 교대로 배열되는 형태의 습곡이 잘 발달한 애팔래치아 산맥에서 종종 관찰된다.

개념 점검 13.2

① 지하 침투와 지표흐름에 영향을 주는 인자들을 열거하라.
② 유역과 분수령을 그리고 각각의 이름을 써 보라.
③ 하천의 3개 구역에는 어떤 것들이 있는가?
④ 이 절에서 언급한 4개의 하계망 형태를 그려 보라. 그리고 왜 이러한 하천 형태들이 나타난 이유를 간략하게 설명하라.

13.3 하천흐름

하천의 흐름과 흐름의 변화에 영향을 주는 요인에 대하여 토론하라.

하도 내 물은 중력의 영향으로 흐른다. 매우 천천히 흐르는 하천에서의 물 흐름은 **층류**(laminar flow)에 가까우며 이런 흐름 하에서는 물의 입자가 하도와 평행한 선형으로 흐르게 된다. 그러나 하천의 흐름은 많은 경우 **난류**(turbulent flow)로 나타나며, 이 경우 물의 흐름은 다소 무작위적인 방향으로 흐르게 되고 때때로 소용돌이 등을 형성하기도 한다(그림 13.7). 매우 강한 난류는 월풀과 소용돌이, 또는 급류를 만들어내기도 한다. 수직적으로 볼 때 위의 흐름은 층류의 형태로 흐르고 있더라도 바닥이나 하도의 측벽에서의 흐름은 난류의 형태를 가질 수 있다. 난류는 하천의 바닥으로부터 퇴적물을 드러내기에 적합한 흐름이므로 하천의 침식능력과 중요한 관계를 갖는다.

그림 13.7 **층류와 난류** 많은 하천 흐름은 난류이다. (사진 : Michael Collier)

하천의 난류를 형성함에 있어 중요한 인자는 유속이다. 하천의 유속이 증가할수록 흐름은 보다 난류상을 지니게 된다. 유속은 하도 내 위치나 강우의 강도에 반응하여 시간에 따라 다양하게 나타날 수 있다. 만약 당신이 하천을 헤치며 걸어 보았다면, 수심이 깊어질수록 흐름의 강도가 증가하는 것을 경험해 보았을 것이다. 이는 제방 인근과 바닥에서 마찰로 인한 물 흐름의 저항이 극대화되는 것과 연관된다.

하천의 유속은 하도 내 여러 위치의 유속을 평균하여 결정한다. 1시간에 1km 이하의 매우 느린 유속을 갖는 하천이 있는가 하면 어떤 하천은 1시간에 30km 이상의 유속을 갖기도 한다.

유속에 영향을 주는 요인

하천의 침식 및 운반 능력은 하천의 유속에 크게 좌우된다. 유속의 미세한 차이에도 하천이 나를 수 있는 부유 퇴적물의 양에 큰 변화가 발생한다. 하천의 유속에 영향을 미치는 주요 인자는 (1) 하도의 경사 혹은 구배, (2) 하도의 횡단면 형태, (3) 하도의 크기 및 거칠기, (4) 하도를 따르는 물의 양 혹은 유량이다.

구배 하천의 경사라 함은 하천의 수평적 흐름 거리 대비 수직 고도의 변화, 즉 기울기를 의미하며, 이를 일반적으로 **구배**(gradient)라 칭한다. 예를 들어 미시시피 강 하류의 일부분은 매우

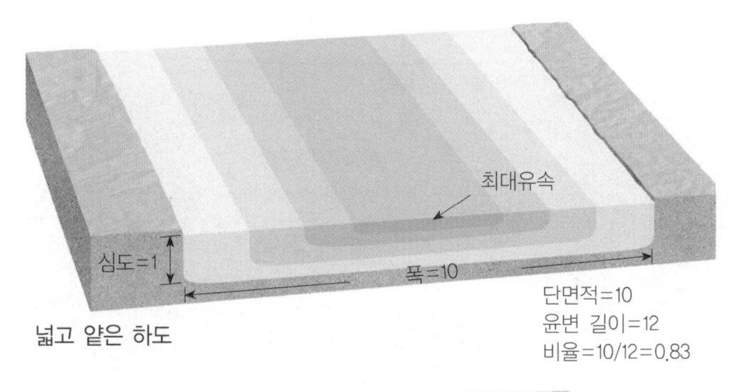

넓고 얕은 하도

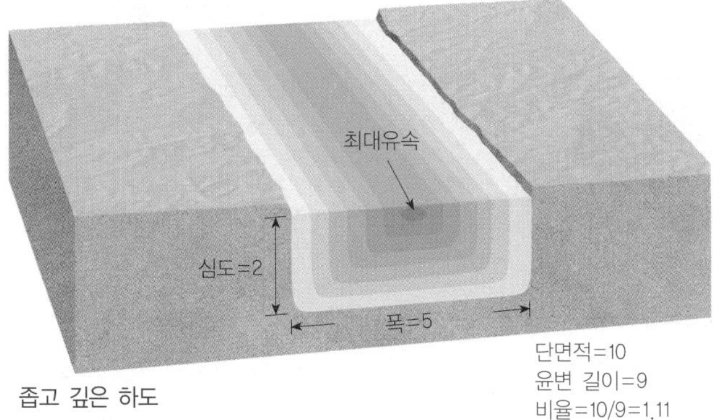

좁고 깊은 하도

그림 13.8 **유속에 대한 하천 형태의 영향** 모든 제반 요인이 동일할 때 윤변 길이가 짧을수록 작은 마찰 손실이 발생하여 더 빠른 유속이 형성된다.

낮은 구배를 가지며 1km당 10cm 이하(< 1/10,000)의 구배를 갖는다. 이와는 대조적으로 산악지역 하천의 경우 1km당 40m 이상(> 1/25)의 구배를 갖는 경우도 있으며, 이는 미시시피 경우의 400배에 해당하는 값이다. 구배는 같은 하천 내에서도 위치에 따라 지속적으로 변화한다. 구배가 클수록 하도의 흐름을 발생시키는 더 큰 중력 에너지가 만들어진다.

하도 형태 하천의 하도는 물이 흐르는 통로 역할을 할 뿐만 아니라 물과 하도 사이의 마찰력을 통하여 유속을 제어하는 역할도 한다. 하도의 횡단면 형태는 물의 흐름과 제방 및 하도 바닥과의 접촉을 결정한다. 이를 정량화한 것이 **윤변**(wetted perimeter)의 길이이다. 가장 효율적인 하도는 횡단면적에 비해 작은 윤변 길이를 갖는 하도이다. **그림 13.8**은 면적이 같으나 형태가 다른 두 하도의 횡단면을 보여준다. 하나의 하도는 넓고 얕으며 또 다른 하도는 좁고 깊다. 비록 횡단면의 면적은 같으나 좁고 깊은 하도는 보다 적은 물이 하도와 접촉(상대적으로 짧은 윤변 길이)하고 있으므로 작은 마찰이 일어난다. 따라서 다른 모든 요인이 같다고 했을 때 물은 넓고 얕은 하도보다 좁고 깊은 하도에서 효율적이고 빠른 유속으로 흐른다.

하도의 크기와 거칠기 수심은 하도가 흐름에 미치는 마찰 저항에 영향을 미친다. 최대 유속은 하천이 범람하기 직전 하도가 물로 가득 찼을 때 발생한다. 이렇게 수위가 가장 높을 때 하도의 단면적 대 윤변 길이의 비가 가장 커지고 하천 흐름의 효율이 극대화된다. 마찬가지로 수심이 점차 깊어질수록 이러한 비가 증가하게 되고 하도의 효율이 증대된다. 모든 조건이 동일할 시 큰 하도가 작은 하도에 비해 빠른 유속을 갖는다.

대부분의 하도 대하여 거칠기를 결정할 수 있다. 이러한 하도의 거칠기에 영향을 미치는 요인으로는 표석들이나, 하도 벽면의 불규칙성, 나무 조각 등이 있으며 이들은 난류를 발생시켜 흐름을 크게 저해하는 역할을 한다.

유량 하천은 크기에 있어 1m 이하의 작은 상류 세류로부터 수 킬로미터 폭을 가진 큰 강까지 매우 다양하다. 하도의 크기는 배후지의 물 공급량에 의해 대부분 결정된다. 하천의 크기 비교를 위해 일반적으로 이용되는 척도는 **유량**(discharge)이며, 이는 주어진 한 지점을 통하여 정해진 시간 동안 흘러가는 물의 부피를 의미하며 이를 식으로 표현하면 다음과 같다.

알고 있나요?

매년 대기권을 거쳐 순환하는 380,000km^{3}의 물은 지구 표면 전체를 1미터 두께로 덮을 수 있을 정도의 많은 양이다.

모바일 현장학습

그림 13.9 **테네시 주 멤피스 시 인근 미시시피 강** 미시시피 강은 북아메리카에서 가장 큰 강이다. 발원지로부터 하구까지 강의 길이는 3,900km이다. 미시시피 강의 유역은 북미 48개 주 면적의 40%에 이르며 유역 내에 미국 31개 주와 캐나다 2개 주 전역이 포함된다. 하구에서 평균 배출량은 초당 16,800m^{3}에 이른다.

그림 13.10 **하천 유량 측정소** 미국은 매우 조밀한 하천 유량 측정망을 보유하고 있다. 하천의 유량을 측정하기 위해서 하천의 모양과 단면적을 알아야한다. 스틸링우물은 하천의 수위를 재며 유량계는 유속을 측정한다.

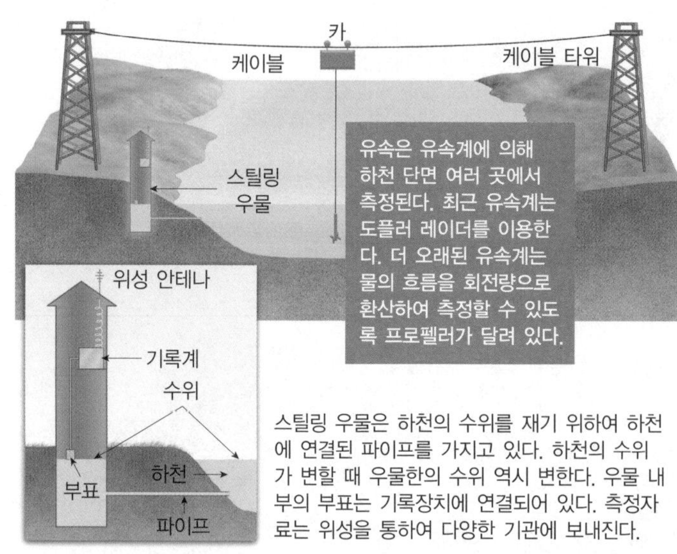

알고 있나요?

아마존 강은 하천을 통해 바다로 유출되는 모든 양의 20%에 해당하는 물을 바다로 흘려보낸다. 이에 가장 근접하는 콩고 강의 경우 4%가량을 차지할 뿐이다.

유량(m^3/초) = 하도 너비(m) × 하도 깊이(m) × 유속(m/초)

유량은 보통 부피/시간(m^3/초 또는 ft^3/초)의 단위를 갖는다. 유량은 하천의 평균 유속에 하도의 단면적을 곱하여 얻는다. 북아메리카에서는 미시시피 강이 가장 큰 유량을 가지며 하구의 평균 유량은 초당 16,800m^3에 이른다(**그림 13.9**). 이 양은 매우 엄청난 물의 양임에는 사실이나 세계에서 가장 유량이 큰 남아메리카 아마존 강에 비하면 미미한 양이라고 할 수 있다. 미국 전체 면적의 3/4에 해당하는 우림지역으로 이루어진 유역에 의해 물이 공급되는 아마존 강은 미시시피 강 유량의 12배에 이른다.

대부분 강의 유량은 시간에 따라 지속적으로 변화한다. 이러한 변화는 배후지 강수량에 큰 상관관계를 갖는다. 연구를 통하여 유량이 증가했을 때 하도의 폭, 깊이, 물의 유속은 모두 예상 가능하다. 우리가 이전에 보았던 것처럼 하도의 크기가 증가하면, 하도 내 물은 보다 적은 제방 및 하천 바닥과 접촉하게 된다. 따라서 하천의 흐름을 방해하는 저항은 줄어들게 되며 물의 흐름은 증가한다.

하천흐름의 모니터링 미국 지질조사소는 미국 전역에 7,500개소 이상의 관측망을 통하여 지표수 자원에 대한 기본 자료를 수집하고 있다(**그림 13.10**). 수집되는 자료 중에는 유속, 하천수위, 유량 등이 있다. **하천수위**는 고정된 기준고도에 대한 수면의 상대 높이를 의미한다. 이러한 관측 결과들은 하천의 수위가 **홍수위**(flood stage)를 초과할 경우 언론 등을 통하여 종종 보도되기도 한다. 하천흐름 측정값들은 홍수 예측을 하거나 경보발령을 하는 데 있어 필수적인 요소이다. 홍수에 대한 예측이나 경보 외에도 관측소를 통하여 얻어지는 정보들은 취수원의 배치, 하수처리장의 운영, 고속도로 다리의 설계 및 여가활동 등에 활용된다.

상류에서 하류로의 변화

하천에 관하여 알아보고자 할 경우 **종단면**(longitudinal profile)을 조사하는 것이 유용한 경우가 매우 많다. 하천의

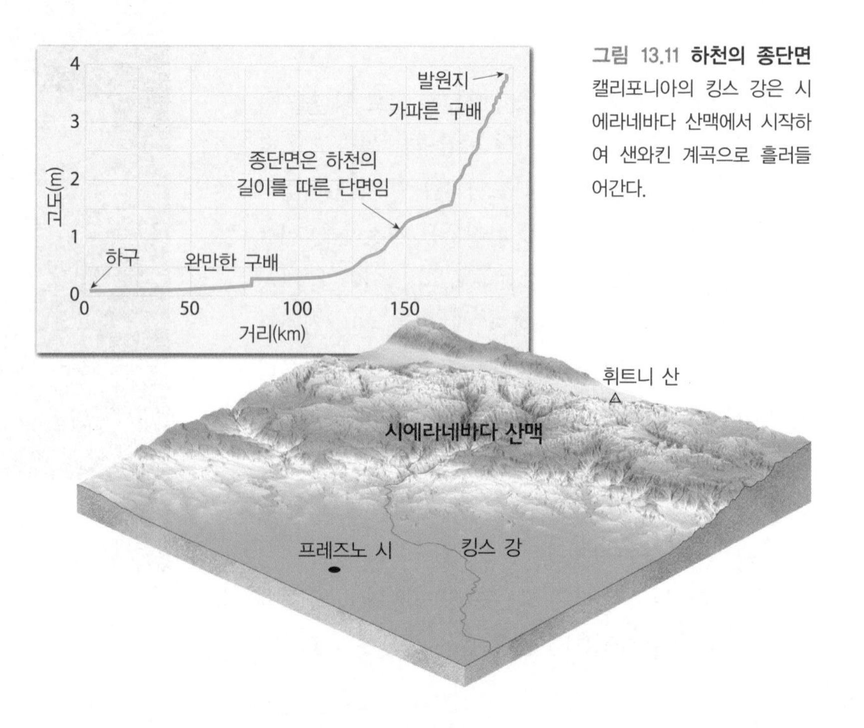

그림 13.11 **하천의 종단면** 캘리포니아의 킹스 강은 시에라네바다 산맥에서 시작하여 샌와킨 계곡으로 흘러들어간다.

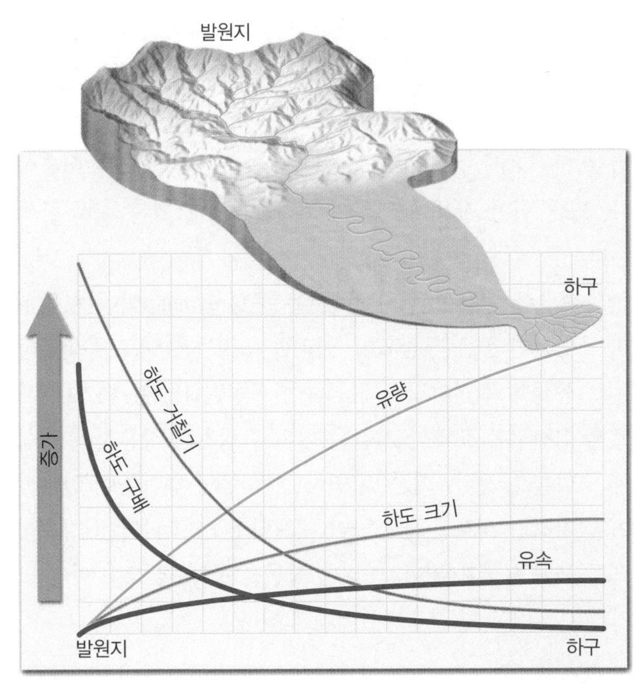

스마트그림 13.12 발원지로부터 하구까지 하도의 변화 비록 하구 방향으로 구배는 감소하지만, 유량과 하도 크기의 증가와 하도 거칠기의 감소는 구배의 감소를 상쇄한다. 결과적으로 하구 방향으로 유속은 점차 증가한다.

종단면이란 간단히 **헤드워터**(headwater)라 부르는 하천의 상류지역으로부터 하천이 또 다른 하천, 호수 또는 바다와 만나게 되는 **하구**(mouth)까지 고도의 변화라 할 수 있다. **그림 13.11**을 보면 하천 시점에서 하구까지 하천의 구배가 점차적으로 작아져 종단면이 오목한 형태를 보인다는 것을 알 수 있으며, 이는 대부분의 하천에서 관찰되는 일반적인 형태이다. 종단면 형태는 많은 하천에서 국지적인 불규칙성을 보일 수 있으며, 평평한 부분은 호수나 저수지 그리고 가파른 부분은 급류나 폭포와 연관된다.

하천 종단면에서 하구 방향을 일반적으로 관찰되는 경사의 감소는 유량의 증가 및 하도 크기의 증가 그리고 퇴적물 입자 크기의 감소와 함께 발생한다(**그림 13.12**). 예를 들어 습윤지역의 많은 하천에서 연속적으로 위치하는 관측소의 결과들은 하구 방향으로의 유량 증가를 보인다. 이는 하류 방향으로 갈수록 더 많은 지류들이 본류에 병합되기 때문에 나타나는 당연한 결과이다. 아마존 강을 예로 들면, 강이 남아메리카를 가로지르는 6,500km 동안 대략 1,000개 정도의 지류들이 본류에 합류한다.

증가한 물이 보다 쉽게 흐르도록 하도의 크기는 하류로 갈수록 점차 증가하는 것이 일반적이다. 앞서 설명한 바와 같이 하천의 유속은 큰 하도에서 작은 하도에 비해 보다 빠르다. 더욱이 하류에서 관찰되는 퇴적물질 입자 크기의 감소는 하도가 보다 부드럽고 물의 흐름에 있어 효율적일 수 있도록 한다. 하도의 경사가 하구 방향으로 점차 감소하는 경향을 보이지만, 유속은 오히려 증가하는 경향을 보인다. 이러한 사실은 하천 상류의 좁은 하천에서 빠른 흐름이 나타나고 경사가 완만한 하류에서 느린 흐름이 나타날 것이라는 우리의 직관에 배치된다. 하도 크기 및 유량의 증가 그리고 하도 거칠기의 감소는 감소된 하천경사 효과를 상쇄하며 하천을 보다 효율적으로 만든다(그림 13.12). 결과적으로 평균적인 하천 유속은 상류보다 넓고 평온해 보이는 하류에서 더 빠르다.

개념 점검 13.3

① 층류와 난류를 비교 설명하라.
② 하천의 유속에 영향을 미치는 인자에 대하여 정리하라.
③ 종단면이란 무엇인가?
④ 상류와 하류의 하도 넓이, 하도 깊이, 유속 및 유량에는 어떤 차이가 있는가? 간단하게 이러한 차이가 어떻게 발생하는지 설명하라.

13.4 유수의 작용

하천이 입자들을 침식하고 운반하며 퇴적시키는 과정을 설명하라.

하천은 침식을 발생시키는 다양한 요인 중 가장 중요한 인자라고 할 수 있다. 하천은 비단 유역을 형성하고 하도를 넓히는 기능만을 하는 것은 아니다. 하천은 판상류, 사태, 지하수 흐름 등을 통하여 공급받은 매우 방대한 양의 퇴적물을 운반하는 중요한 역할을 한다. 궁극적으로 이러한 퇴적물들은 어딘가에 쌓이게 되며, 다양한 형태의 지형을 만들어낸다.

하천침식

빗방울이 지표에 미치는 충격은 퇴적물들을 느슨하게 만들어 하천이 토양이나 풍화된 암석을 모으고 이동시켜 하천의 활동을 돕는다(그림 6.21). 지표가 물로 포화되었을 경우 빗물이 지하로 침투하기 어려우므로 낮은 곳으로 흐르며, 이때 토사를 운송한다. 낮은 경사 지역에서는 판상류라는 흙탕물

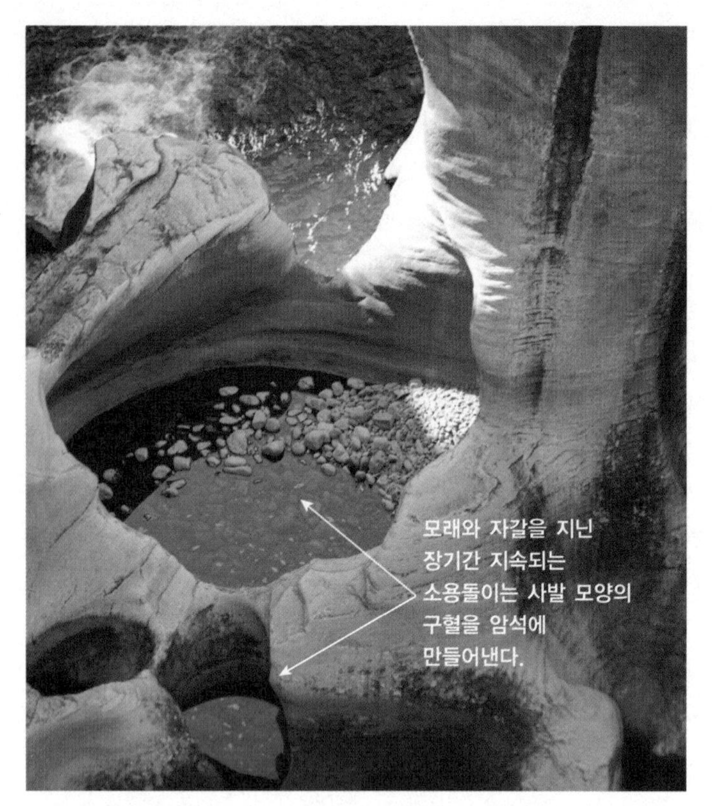

그림 13.13 **구혈** 소용돌이가 지니는 자갈들의 회전은 드릴처럼 작용하여 구혈을 만들어낸다. (사진 : Elmari Joubert/Alamy Images)

의 흐름이 종종 작은 채널 또는 세류를 형성하며 이들은 소협곡을 형성할 수도 있다(그림 6.22).

지표류가 일단 하천에 도달하면 침식 능력은 하천의 경사와 유량에 의해 좌우된다. 또한 하천에 의한 침식 속도는 제방이나 하천 바닥이 얼마나 침식에 저항하느냐에 영향을 받는다. 일반적으로 미고결 상태의 물질로 이루어진 하도가 기반암을 깎아 만들어진 하도에 비해 더 쉽게 침식 받는다. 만약 하도가 모래로 이루어져 있다면, 입자들은 바닥이나 제방으로부터 쉽게 빠져나올 수 있으며 부유되어 물과 함께 움직인다. 또한 모래질로 이루어진 제방은 잘 깎여 나갈 수 있으므로 입자들을 흐르는 물에 공급하여 하류로 이동하게 된다. 조립의 자갈이나 점착력이 강한 점토 및 실트 입자로 이루어진 제방은 상대적으로 침식에 강하다. 따라서 점착력이 큰 실트로 제방이 이루어져 있을 경우 사질 제방을 가진 하천보다 좁은 하도 폭을 보인다.

하천은 깎음, 연마, 부식이라는 주요 과정을 통해 하도를 기반암 심도까지 침식한다.

깎음 하천에 의한 **깎음**(quarrying)은 하도 바닥으로부터 덩어리의 암석을 제거하는 것을 의미한다. 암석의 균열 및 물리적 풍화는 암석 블록을 느슨하게 하여 유량이 크게 증가한 기간 동안 하천의 흐름에 의해 움직일 수 있도록 만듦으로 인하여 하천에 의한 깎음을 용이하도록 한다. 깎임은 흐르는 물이 만드는 충격에 의해 주로 발생한다.

연마 암석으로 이루어진 하도의 바닥과 제방은 유수에 유입된 입자들에 의해 끊임없이 충격을 받게 되며 이러한 과정을 **연마**(abrasion)라고 한다. 유수 내 퇴적물 역시 바닥과 충돌하거나 퇴적물 상호 간의 충돌로 인하여 지속적으로 연마된다. 해체(scraping), 비벼짐(rubbing), 부딪힘(bumping)을 포함하는 연마로 인하여 암석으로 이루어진 하도는 침식되고 연마를 발생시키는 퇴적물은 부드럽고 둥근 표면을 갖는다. 이것이 바로 하천에서 둥근 조약돌이나 자갈들이 관찰되는 이유이다. 또한 연마 작용에 의하여 퇴적물들의 크기는 점차 줄어든다.

암석으로 이루어진 하도에서는 **구혈**(pothole)이라는 원형의 구멍들이 종종 발견되며, 이러한 구멍들은 빠르게 회전하는 소용돌이의 연마작용에 의하여 형성된다(**그림 13.13**). 빠르게 회전하는 모래나 자갈은 마치 드릴처럼 작용하여 암석에 구멍을 뚫는다. 회전 및 연마 작용 동안 입자들이 연마되어 없어지면 새로운 입자들이 대체되어 하천 바닥에 지속적으로 구멍을 뚫게 된다. 이러한 작용을 통해 결국 수 미터 크기의 부드러운 구멍이 만들어지게 된다.

부식 암석으로 이루어진 하도는 석회석 등 용해될 수 있는 성분으로 이루어질 수 있으며, 이때 흐르는 물에 서서히 용해되는 **부식**(corrosion)이라는 작용이 쉽게 일어날 수 있다. 부식은 물 속의 용질과 암석의 광물질 사이에 발생하는 화학적 풍화작용의 일종이다.

하천에 의한 퇴적물들의 운반

모든 하천은 그 크기에 상관없이 퇴적물을 운반한다(**그림 13.14**). 하천은 퇴적물을 그 크기에 따라 분류하는 역할도 하며, 이는 작고 가벼운 퇴적물들이 크고 무거운 퇴적물에 비하여 훨씬 빠르게 움직이기 때문에 발생하는 현상이다. 운반되는 퇴적물의 특성에 따라 (1) 용해된 상태(**녹은짐**, dissolved load), (2) 부유된 상태(**뜬짐**, suspended load), (3) 바닥에 미끄러지거나 구르는 상태(**밑짐**, bed load)로 나눌 수 있다.

그림 13.14 **입자들의 운반** 하천은 세 가지 방식에 의해 퇴적물을 운반한다. 녹은짐과 뜬짐은 흐름에 의해 운반된다. 밑짐은 조립질 모래, 자갈, 표석 등이 포함되며 구르거나 미끄러지거나 혹은 도약하며 이동한다.

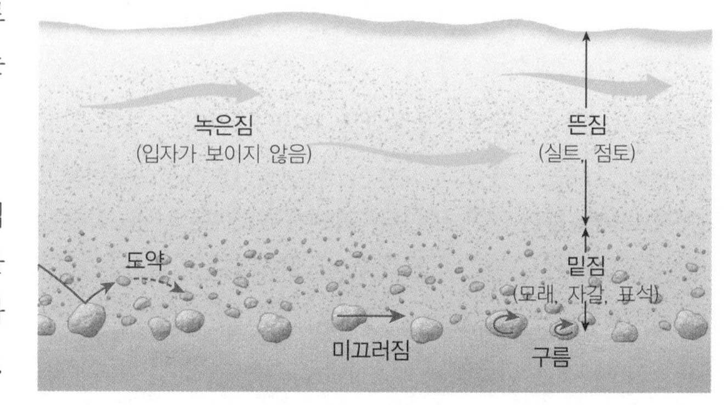

그림 13.15 **뜬짐** 그랜드캐니언 콜로라도 강의 항공사진. 큰 비가 퇴적물들을 강으로 유입시켰다. (사진 : *Michael Collier*)

녹은짐 하천 녹은짐의 대부분은 지하수로부터 공급받으며 흐름을 통해 퍼지게 된다. 물이 토양의 공극이나 암석의 균열을 따라 흐르는 지하수가 되면서 이들로부터 많은 가용성 광물질을 얻는다. 그리고 이렇게 다량의 미네랄이 풍부한 물은 결국 하천으로 배출된다.

하천의 유속은 하천이 녹은짐을 나를 수 있는 능력에 전혀 영향을 미치지 않으며, 녹음짐은 하천이 미치는 어디까지든 계속 운반된다. 이러한 녹은짐은 물의 화학적 상태가 변화하거나, 생물체들이 껍질을 만들거나 혹은 건조기후 지역의 증발이 왕성한 내해(inland sea)로 유입될 경우 침전한다.

뜬짐 하천에 의해 운반되는 퇴적물의 대부분은 부유된 상태로 이동하는 뜬짐이다. 실제 하천에서 관찰할 수 있는 탁류 현상은 가장 대표적인 뜬짐이다(그림 13.15). 보통 실트나 점토 크기의 입자들이 이러한 형태로 운반되지만 때때로 홍수가 발생했을 경우 모래나 자갈 크기의 퇴적물까지도 뜬짐으로 운반될 수 있다. 또한 홍수가 발생했을 경우 뜬짐으로 운반되는 퇴적물의 양은 극적으로 증가하게 되는데, 이는 하천 인근 홍수 피해를 당한 집들에서 종종 관찰된다. 예를 들어 홍수기 동안 중국의 황허 강 퇴적물의 양은 퇴적물을 나르는 물의 양과 동일하다고 보고된 바 있다.

뜬짐으로 운반되는 퇴적물의 종류 및 양은 물의 유속과 입자의 침하 속도의 두 가지 요인에 의하여 좌우된다. **침하 속도**(settling velocity)는 유체 내에서 부유 중인 입자가 바닥으로 가라앉는 데 필요한 최대 유속으로 정의된다. 하천의 유속이 감소할 경우 큰 입자들은 작은 입자들에 비하여 보다 빨리 바닥으로 가라앉는다(그림 13.16). 하천의 유속과 함께 입자의 형태나 입자의 비중 역시 침하 속도에 중요한 영향을 미친다. 납작한 형태의 입자들은 구형의 입자들에 비하여 보다 천천히 가라앉게 되며, 비중이 큰 입자는 비중이 낮은 입자에 비하여 보다 빨리 가라앉게 된다. 침하 속도가 낮을수록 그리고 난류가 강할수록 퇴적물은 더 오래 뜬짐의 형태로 운반되므로 결과적으로 하천에서 더 먼 거리까지 이동하게 된다.

밑짐 조립질 모래, 자갈, 표석 등과 같이 크기가 충분히 커서 부유 상태로 운반되지 않는 하천의 짐을 밑짐이라 한다. 이런 조립의 입자들은 하천의 바닥을 따라 움직이게 된다. 밑짐을 이루는 입자들은 바닥을 구르거나, 미끄러지거나, **도약**(saltation) 형태로 운반된다. 도약 형태로 이동하는 입자들은 깡충깡충 뛰는 식으로 하천 바닥을 따라 움직인다. 이러한 방식들은 충돌이나 흐름에 의해 부양되고 짧은 거리를 이동한 후 중력의 영향에 의해서 다시 밑바닥으로 가라앉으면서 발생한다. 너무 크고 무거운 입자의 경우에는 도약하기보다는 입자의 형태에 따라 바닥을 구르거나 미끄러지면서 움직인다.

하천망을 통한 밑짐의 움직임은 뜬짐에 비하여 더디고 지역적인 성질을 갖는다. 노르웨이의 빙하수가 공급되는 강에서 이루어진 연구에 따르면 뜬짐이 유역을 빠져나가는 데 걸리는 시간이 단 하루인 데 반해 밑짐은 수백 년에 걸쳐 같은 거리를 이동한다. 유량과 하도의 경사에 따라 다를 수 있으나, 일반적으로 큰 자갈은 일정 규모 이상의 홍수기에 움직이는 반면 표석들은 엄청난 홍수가 있을 경우에만 움직인다. 큰 입자들은 움직인다 하더라도 그렇게 멀리 가지는 못하는 특성을 갖는다. 어떤 하천들에서는 하도 바닥의 입자들이 더 잘게 부숴지기 전까지는 전혀 밑짐이 나타나지 않기도 한다.

운반 수용성과 운반 역량 하천이 고체상 입자를 운반하는 능력은 두 가지 범주인 운반 수용성과 운반 역량에 의해 결정된다. **운반 수용성**(capacity)은 하천이 단위 시간 동안 운반하는 최대 짐(load) 양을 의미한다. 하천의 유량이 증가할수록 하천의 운반 수용성은 증가한다. 결과적으로 높은 유속을 가진 큰 강은 큰 운반 수용성을 가지게 된다.

그림 13.16 **유속에 대한 하천 형태의 영향** 모든 제반 요인이 동일할 때 윤변 길이가 짧을수록 작은 마찰 손실이 발생하여 더 빠른 유속이 형성된다.

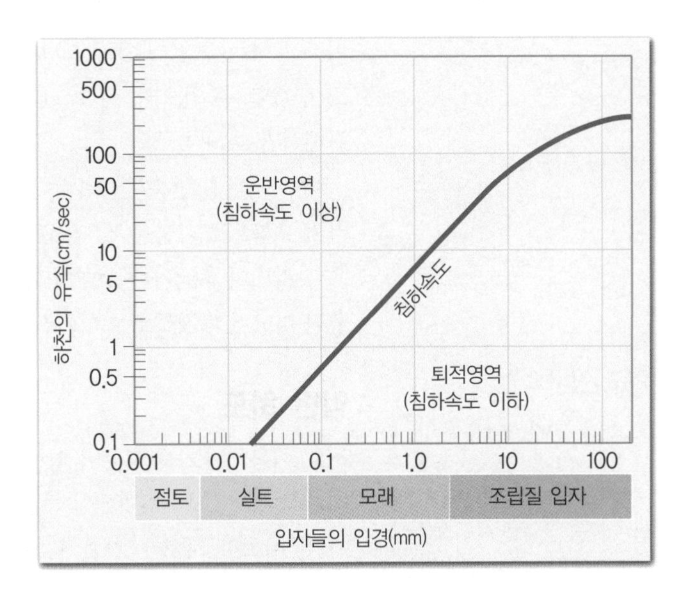

알고 있나요?

매년 세계의 강들은 9.83km^3의 입자상 또는 용존상 퇴적물질을 호수나 바다로 운반한다. 만약 이 퇴적물질을 지구 표면에 고르게 펴 놓는다면 100년에 75mm 정도씩 지구 표면을 상승시킬 것이다.

운반 역량(competence)은 입자의 양이 아닌 입자 크기에 기초한다. 유속은 운반 역량을 결정하는 핵심 요소이다. 하도의 크기와 상관없이 빠른 하천은 느린 하천에 비하여 더 큰 운반 역량을 지닌다. 하천의 운반 역량은 하천 유속의 제곱에 비례하여 증가한다. 만약 하천의 유속이 2배가 된다면 하천의 최대 운반능은 4배가 되며, 하천의 유속이 3배가 된다면 하천의 최대 운반능은 9배가 되는 식이다. 이러한 운반 역량은 일반적인 물의 흐름에서 절대 움직일 것 같지 않은 커다란 암괴가 홍수 기간 중에 급격하게 증가한 유속에 의해 움직이는 현상을 설명한다.

이제 왜 홍수 기간 동안 침식과 운반이 가장 활발하게 나타나는지 이해할 수 있을 것이다. 홍수 기간 동안 유량의 급격한 증가는 운반 용량의 증가와 함께 증가된 유속으로 인한 총 운반량의 증가를 발생시킨다. 증가된 유속은 보다 많은 난류를 발생시키며, 보다 큰 입자들을 바닥으로부터 부유시킬 수 있게 된다. 그러므로 홍수 기간의 단 며칠 혹은 몇 시간 만에 침식되고 운반된 퇴적물은 몇 달 동안의 평상시보다 더 큰 양이라고 할 수 있다.

하천에 의한 입자들의 퇴적

하천의 속도가 감소하면 운반 역량이 줄어들고 입자들의 퇴적이 발생한다. 다르게 표현하자면 입자들은 유속이 침하속도 이하로 감소할 경우 퇴적된다. 하천의 유속이 감소하면서 부유상 입자들의 침하가 시작되며, 큰 입자일수록 먼저 침하된다. 그러므로 하천의 유속이 점차적으로 감소할 경우 서로 다른 입자 크기들의 분별이 일어난다. 이러한 과정을 **분급**(sorting)이라고 부르며, 이는 왜 서로 유사한 크기의 입자들끼리 같은 장소에 쌓이는지를 설명한다.

일반적으로 하천에 의해 퇴적된 입자들을 **충적토**(alluvium)라 부른다. 다양한 퇴적 지형물은 이러한 충적토로 이루어져 있다. 어떠한 지형물은 하천의 하도상에서 나타날 수도 있고, 다른 것들은 하도 인근 평야에서 나타나기도 하며, 또 다른 지형물은 하천의 하구에서 나타나기도 한다. 이러한 지형물들의 특성은 나중에 다루도록 한다.

개념 점검 13.4

① 하천이 암석을 깎아 하도를 만들어내는 두 과정을 설명하라.
② 하천이 짐을 운반하는 세 방법에는 어떤 것이 있는가? 어떤 짐이 가장 느리게 움직이는가?
③ 운반 수용성과 운반 역량의 차이에 대하여 설명하라.
④ 침하속도란 무엇인가? 어떤 요인이 침하속도에 영향을 미치는가? 침하속도가 녹은짐에 영향을 미치는가?

13.5 하도

암반 및 충적 하도의 차이를 비교해 보라. 서로 다른 두 충적 하도를 구분하라.

하천의 흐름을 지표의 판상류와 구분할 수 있는 기본 특징은 하천의 흐름이 하도에서만 발생한다는 점이다. 하도는 하상이라고 하는 하천 바닥과 제방으로 이루어진 개방 형수로라고 생각할 수 있으며, 홍수 시기를 제외하고 하천은 하도를 통해서만 흐른다.

비록 지나친 단순화일 수는 있지만 일반적으로 하도를 두 가지 유형으로 나눌 수 있다. 암반 하도는 하천이 고화된 암석을 잘라내며 흘러가는 형태이다. 이와는 반대로 하상이나 제방이 미고결 퇴적물로 이루어진 경우 이를 충적 하도라 한다.

암반 하도

하도 이름에서 느껴지듯이 **암반 하도**(bedrock channel)는 구배가 매우 큰 상류지역에서 하천이 암반을 잘라내며 만들어진다. 이러한 하천은 강한 흐름으로 인하여 조립질 입자를 운반할 수 있으며 암반을 침식한다. 암반 하도에서는 돌개구멍 등을 종종 관찰할 수 있으며, 이들은 침식이 진행되고 있다는 눈에 보이는 증거라고 할 수 있다.

암반 하도는 충적토가 퇴적되는 완만한 경사(풀, pool) 부분과 암반이 드러나 있는 급격한 경사(스텝, step) 부분이 반복적으로 나타나는 것이 특징이다. 특히 급격한 경사를 보이는 구간은 급류나 폭포 등을 포함할 수도 있다.

암반 하도의 모양은 그 하부 기반암의 지질학적 특성에 의하여 결정된다. 비교적 균질한 암반을 지나는 하천이더라도 하도는 직선의 패턴보다는 굽이치는 혹은 불규칙적 패턴을 보이는 것이 일반적이다. 래프팅을 경험해 본 사람이면 누구나 암반 하도가 급격한 경사를 가지면서도 굽이치는 특성을 가진 것을 관찰해 보았을 것이다.

알고 있나요?

2012년에 신재생에너지 소비는 미국 전체 소비의 9.3%를 차지했다. 수력발전소는 이 중 34.7%를 차지하고 있다. 이 에너지의 대부분은 큰 규모의 댐으로부터 만들어진다.

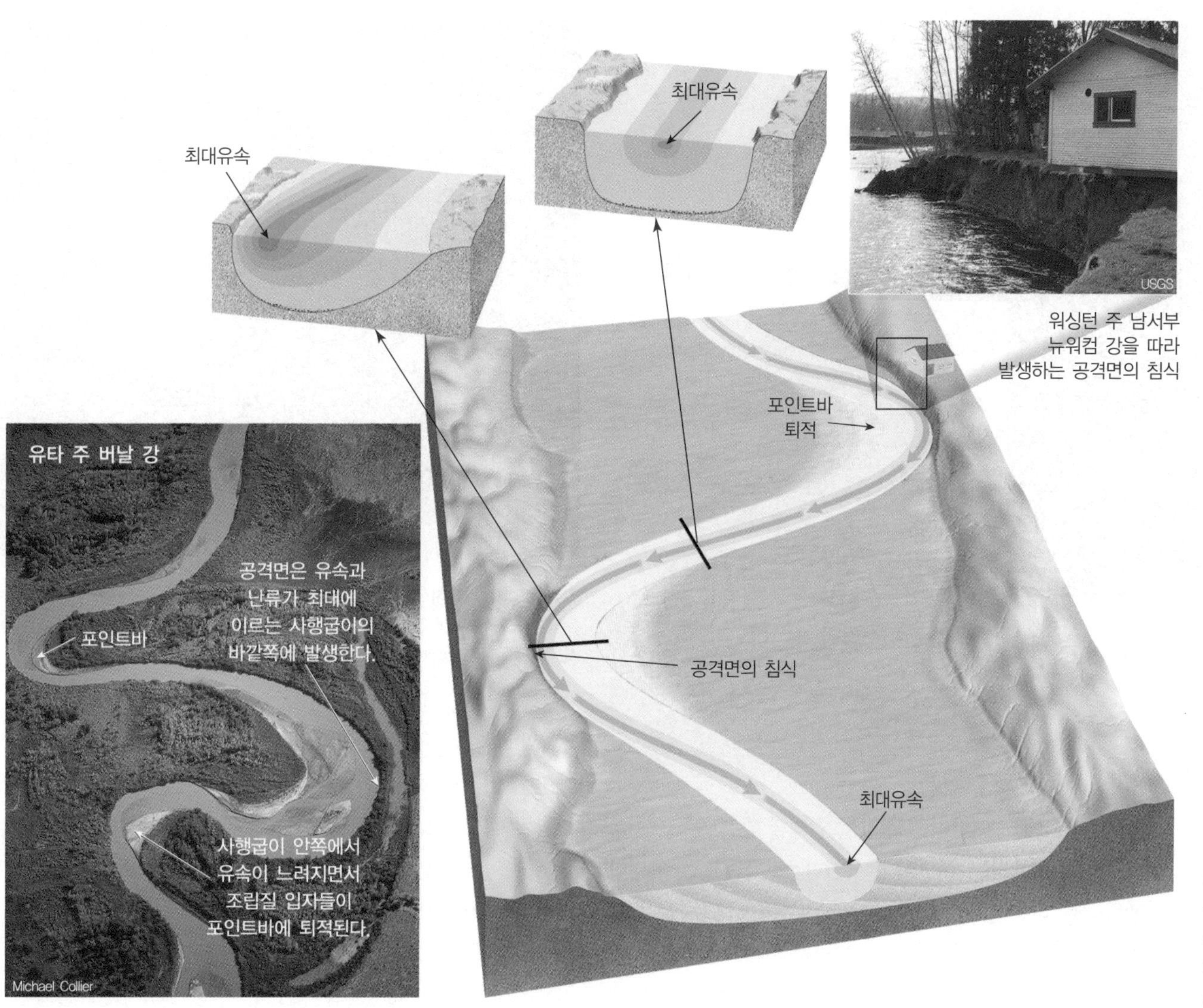

스마트그림 13.17

공격면과 포인트바의 형성 사행굽이 바깥쪽을 침식하고 안쪽에 퇴적을 발생시키면서, 시간에 따라 하도가 움직일 수 있다.

알고 있나요?

미국 수력발전의 30% 정도는 워싱턴 주에서 이루어지고 있으며 여기에는 미국에서 가장 큰 수력발전소인 컬럼비아 강의 그랜드쿨리 댐이 있다.

충적 하도

충적 하도(alluvial channel)는 앞서 만들어진 미고결 퇴적지에서 만들어진다. 유역 바닥의 넓이가 충분히 클 경우 하천에 의해 퇴적되는 물질들이 하도를 경계짓는 범람원을 형성할 수 있다. 충적 하도의 제방과 측벽은 미고결 퇴적물질로 이루어져 있으므로 입자들이 지속적으로 침식, 운반, 퇴적될 수 있어 시간을 두고 하도의 형태가 크게 달라질 수 있다. 충적 하도의 형태를 결정짓는 가장 중요한 요인은 운반되는 입자들의 평균 입경, 하도의 구배 및 유량에 있다.

충적 하도의 패턴은 최소의 에너지로 일정한 양의 퇴적물을 운반하는 하천의 능력을 반영한다. 그러므로 운반되는 퇴적물의 크기나 종류는 하도의 특성을 결정하는 데 영향을 미친다. 충적 하도의 대표적인 형태는 사행 하도(meandering channel)와 망상 하도(braided channel)이다.

사행 하도 대부분의 퇴적물을 뜬짐 형태로 운반하는 하천은 **사행천**(meanders)이라는 굽이치는 형태를 갖는다. 이러한 하천은 비교적 깊고 부드러운 커브 형태의 하도를 가지며, 주로 머드(실트와 점토) 등을 운반한다. 미시시피 강 하류는 이런 형태의 대표적인 경우라 할 수 있다.

사행 하도는 개개의 굽이(bend)가 범람원을 가로질러 이동함에 따라 시간을 두고 진화한다. 대부분의 침식은 상대적으로 유속이 빠르고 난류가 보다 많이 발생하는 굽이의 바깥쪽에서 발생하게 된다. 사행천 제방은 주로 수위가 높게 형성되는 동안 활발하게 침식이 일어난다. 이렇게 사행천 바깥쪽 제방에서 침식이 활발하게 이루어지기 때문에 이를 **공격면**(cut bank)(그림 13.17)이라고 한다. 바깥쪽 제방으로부터 떨어져 나온 퇴적물은 하류로 이동하며, 이 중 조립질 입자는 유속이 느린 안쪽 굽이에 퇴적되어 **포인트바**(point bar)가 된다. 이러한 방식으로 사행천의 바깥쪽 굽이에서는 침식이, 안쪽 굽이에서는 퇴적이 발생하며 측방의 천이가 발생한다.

하도의 측방 천이와 함께 개개의 굽이들은 경사 방향으로 움직인다. 이러한 현상이 발생하는 원인은 경사의 하부 방향으로 보다 왕성한 침식이 발생하기 때문이다. 때때로 경사 방향으로의 천이보다 침식에 강한 충적토를 만나게 되면 그 속도가 둔화되기도 한다. 이럴

그림 13.18 **우각호의 형성** 우각호는 끊어진 사행천 굽이를 차지한다. 항공사진은 와이오밍주 브롱스 인근 사행천인 그린 강에 의해 만들어진 우각호이다. (사진 : Michael Collier)

그림 13.19 **망상 하천** 닉 강은 자갈로 이루어진 천이하는 사주들에 의해 여러 개의 하도가 분리된 전형적인 예를 보여준다. 닉 강에는 알래스카 앵커리지 북쪽 추가치 산맥의 4개 빙하로부터 퇴적물이 공급된다. (사진 : Michael Collier)

때 앞서 가는 굽이가 뒤에서 따라오는 굽이에 따라잡히는 현상이 발생할 수도 있으며, 두 사행굴곡 사이의 간격인 넥(neck)이 점차 좁아지는 현상이 발생한다. 결과적으로 이러한 경우 강이 좁아진 넥을 침식하고 관통하여 다음 굽이로 직접 연결되는 현상이 발생할 수도 있다(그림 13.18). 이러한 과정을 통하여 새롭게 형성된 하도를 **분리수로**(cutoff)라고 하며, 분리수로에 의해 잘려 나간 부분을 그 형태를 빗대어 **우각호**(oxbow lake)라 부른다.

망상 하도 어떤 하천은 수많은 사주들 사이로 수렴하거나 발산하는 복잡한 네트워크 형태의 하도를 가진다(그림 13.19). 이런 하천은 엉켜 있는 형태의 하도를 가지고 있으므로 **망상 하도**(braided channel)라 부른다. 망상 하천은 하천에 의하여 운반되는 퇴적물들이 대부분 조립질(모래나 자갈)로 이루어져 있으며, 하천의 유량이 심하게 변화할 경우에 형성된다. 이러한 하천에서는 제방이 침식에 취약하기 때문에 하도가 넓고 얕은 것이 특징이다.

망상 하천이 잘 나타날 수 있는 지역으로 계절에 따라 유량이 심하게 변하는 빙하의 끝부분을 들 수 있다. 이러한 지역에서는 여름 동안 빙하에 의해 침식되어 운반되던 입자들이 빙하가 녹음에 따라 하천으로 다량 유입된다. 그러나 유량이 적어지는 시기에는 운반되기 어려운 조립질 입자들이 퇴적되어 사주를 형성하며 사주 주변으로 여러 갈래의 흐름을 만든다. 그다음 유량이 많아지는 시기가 되면 이렇게 갈려진 하도가 사주를 침식하거나 재퇴적시키면서 전체 하상을 변화시킨다. 그러나 어떤 망상 하천에서 일부 사주들은 크게 성장하여 섬 형태를 이루기도 하며 여기서 식물들이 자라난다.

개념 점검 13.5

① 암반 하도는 상류와 하류 중 어디서 더 많이 볼 수 있을까?
② 우각호의 형성을 포함하여 사행하천의 진화를 그림으로 그리거나 설명하라.
③ 하나의 하도가 여러 개로 분리되는 경우에 대하여 설명하라.

13.6 하곡의 형성

V자형 계곡, 범람원이 있는 넓은 유역, 그리고 감입곡류 또는 하천 단구를 보이는 유역을 비교하라.

하곡(stream valley)은 하나의 하도와, 하천에 물을 공급하는 이를 둘러싼 지역으로 이루어져 있다. 이에는 낮고 편평한 지역으로 일부 또는 전부가 하도에 의해 점유된 곡저부(valley floor), 그리고 곡저부로부터 시작하여 하곡 양측으로 경사지게 올라온 곡벽(valley wall)이 있다. 충적 하도는 종종 하도상에 모래와 자갈이 퇴적되고 범람원에 점토나 실트가 퇴적된 넓은 곡저부를 지닌 유역에 형성된다. 한편 암반 하도는 보통 좁은 V자형 계곡에 위치한

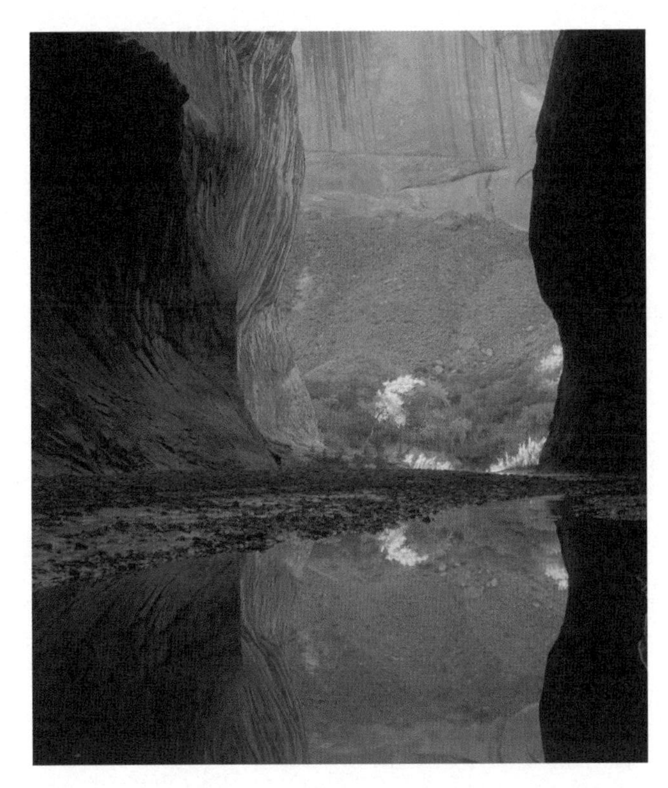

그림 13.20 **홀스크릭(Halls Creek) 협곡** 유타 캐피톨 리프(Capitol Reef) 국립공원에서 전형적으로 볼 수 있는 슬롯협곡 *(사진 : Michael Collier)*

다. 매우 느린 속도로 풍화가 진행되는 건조지역에서 하천이 단단한 암석 상부를 흘러가는 경우 종종 좁고 수직에 가까운 곡벽을 가진 계곡을 관찰할 수 있다. 이런 형태를 슬롯협곡(slot canyon)이라고 한다(**그림 13.20**). 하곡은 좁고 가파른 계곡으로부터 편평하고 넓어 곡벽이 뚜렷하지 않은 유역까지 연속적으로 나타난다.

하천은 풍화와 사태를 동반하여 흘러가는 지역의 형태를 만들어낸다. 그 결과로 하천은 지나가는 유역을 지속적으로 변화시킨다.

침식기준면과 평형하천

1875년 미국의 초기 지질학자로 그랜드캐니언을 최초 탐사하였으며 초기 미국 지질조사소 소장이었던 존 웨슬리 파월(John Wesley Powell)은 하천이 침식할 수 있는 한계라는 개념의 **침식기준면**(base level)을 도입하였다. 하천활동과 관련된 학문의 토대를 이루는 개념인 침식기준면은 하천이 하도를 침식할 수 있는 최저 고도로 정의된다. 본질적으로 이야기하자면, 침식기준면은 하천이 바다나 호수 또는 또 다른 하천과 만나는 하구의 수위이다. 파월은 다음과 같이 두 종류의 침식기준면에 대하여 정의하였다. "우리는 육지가 더 이상 침식될 수 없는 해수면을 최상위 침식기준면으로 생각할 수 있다; 그러나 지역적이고 임시적인 측면에서 또 다른 침식기준면이 있을 수 있다."[1]

파월이 최상위 침식기준면이라 부른 해수면을 현재는 **궁극 침식기준면**(ultimate base level)이라 부른다. **지역적**(혹은 **임시적**) **침식기준면**[local (or temporary) base level]에는 지류들에 침식기준면으로 작용하는 호수, 풍화에 강한 암석층, 큰 하천 등이 있다. 이들은 모두 하천이 하도를 하방으로 침식하는 데 장애물 역할을 한다.

침식기준면의 어떠한 변화가 있을 경우 이는 즉시 하천의 침식능력에 영향을 끼친다. 만약 하천에 댐이 만들어졌을 경우 댐 직상류에 형성되는 저수지에 의해 침식기준면은 상승한다(**그림 13.21**). 이 경우 댐 직상류의 하천 구배는 저수지에 의해 감소하며 하천의 유속을 감소하게 하여 하천의 퇴적물 운반능력을 떨어뜨린다. 하천은 운반능력을 현저하게 잃기 때문에 하천에 의해 운반되던 입자들은 퇴적되고 하도는 점차 높아진다. 이러한 과정은 하천이 다시 퇴적물을 운반할 수 있는 충분한 구배를 확보하기 전까지 지속된다. 이렇게 해서 만들어진 새로운 하도의 종단면은 이전과 유사한 형태를 가지지만 보다 높은 고도를 지니게 된다.

한편 만약 하수면의 하강으로 침식기준면이 낮춰진다면, 하천은 더 많은 에너지를 갖게 되고 하도를 하방으로 침식하여 새로운 침식기준면에 균형을 맞추게 될 것이다. 이때 침식은 하구에서 먼저 발생하고 점차 상류로 진행되면서 새로운

알고 있나요?

세계에서 가장 높은 폭포는 베네수엘라의 엔젤폭포이다. 이 폭포는 1993년 최초발견자인 미국 조종사 지미 엔젤(Jimmie Angel)의 이름을 따 지었으며 높이는 964m이다.

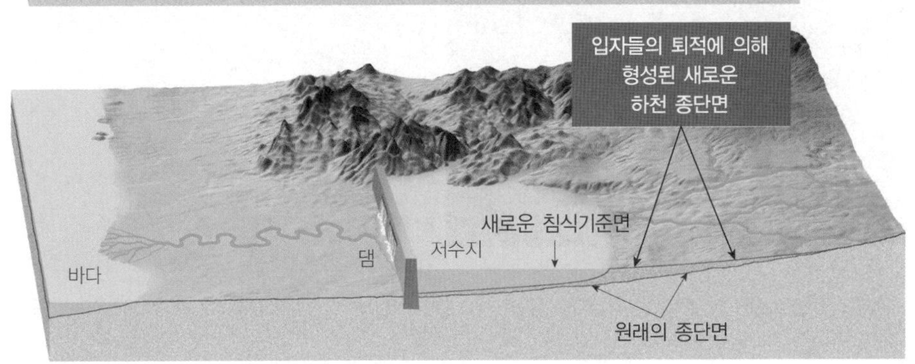

그림 13.21 **댐의 축조** 저수지 상류의 침식기준면이 올라가면 하천 유속이 느려지고 퇴적작용을 유도한다.

1 *Exploration of the Colorado River of the West* (Washington, DC: Smithsonian Institution, 1875), p. 203.

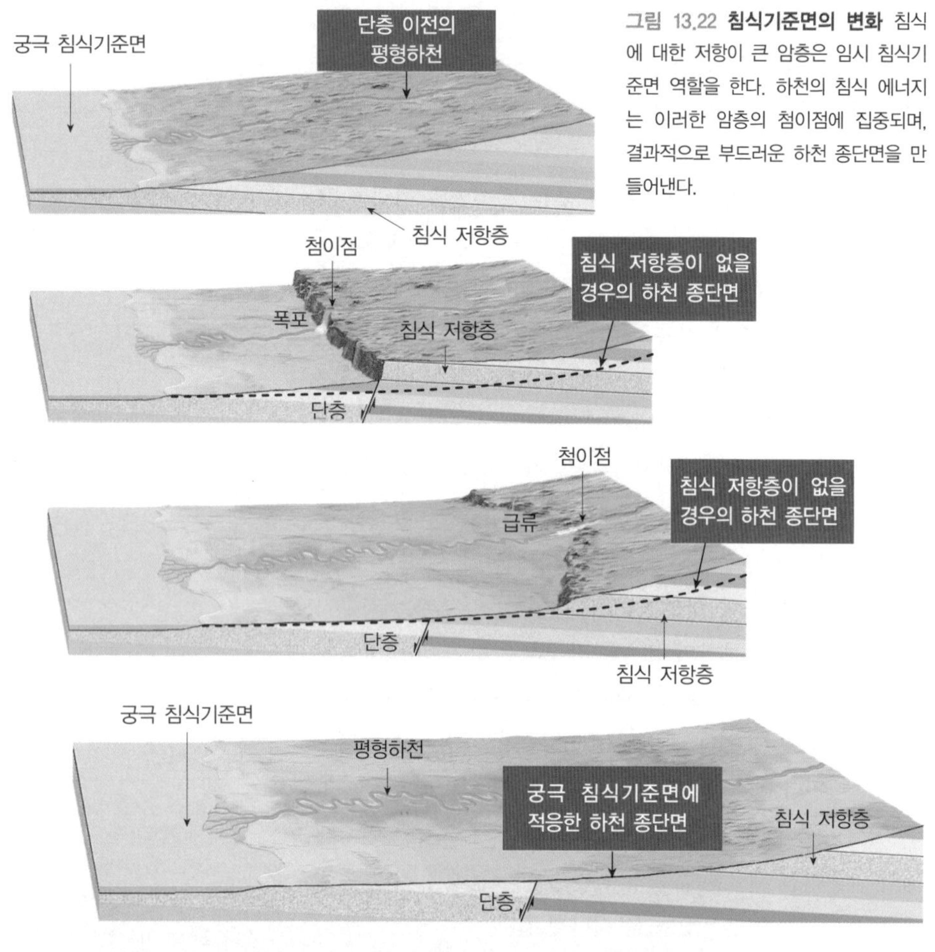

그림 13.22 **침식기준면의 변화** 침식에 대한 저항이 큰 암층은 임시 침식기준면 역할을 한다. 하천의 침식 에너지는 이러한 암층의 첨이점에 집중되며, 결과적으로 부드러운 하천 종단면을 만들어낸다.

그림 13.23 **옐로스톤 강** 옐로스톤 강 V자형 계곡, 급류, 그리고 폭포는 하방침식이 강하게 일어나고 있다는 것을 알려준다. (사진 : *Charles A. Blakeslee/AGE Fotostock*)

종단면을 만들어낸다.

변화된 침식기준면에 종단면이 적응되는 하천의 현상을 통해 평형하천 개념을 도입할 수 있다. **평형하천**(graded stream)은 적절한 경사와 공급된 퇴적물을 운반하는 데 필요한 최소한의 유속이 유지되는 특성을 갖는다. 평형하천은 평균적인 개념에서 하도를 침식하거나 입자들을 퇴적시키지 않은 채로 운반하는 역할만을 한다. 하천이 평형에 도달했다는 의미는 한 측면에서의 변화가 다른 측면에서의 반작용을 가져오는 자동조절 계가 만들어졌다는 의미이다.

평형하천이 흐르고 있는 풍화에 강한 암석층이 단층에 의해 상승했을 경우 일어날 일들에 대하여 생각해 보자. 그림 13.22에서 볼 수 있듯이 풍화에 강한 암석은 폭포수를 만들며 임시적 침식기준면으로 작용할 것이다. 그리고 증가된 구배로 인하여 하천의 침식 에너지는 암석층 끝자락 첨이점(knickpoint)에 집중된다. 그 결과 첨이점은 점차 사라지게 되고 다시 부드러운 종단면이 만들어진다.

계곡의 깊어짐

하천 구배가 크고 하천이 침식기준면으로부터 충분히 높이 있을 경우, 하방으로의 침식이 지배적으로 일어난다. 밑짐의 미끄러짐과 구름에 의한 연마작용과 빠른 속도로 흘러가는 물의 힘은 서서히 하천 바닥의 고도를 낮추게 된다. 그 결과로 곡벽이 가파른 V자형 계곡이 만들어지는 것이 일반적이다. 가장 전형적인 예는 그림 13.23에서 볼 수 있는 옐로스톤 V자형 계곡이다.

V자형 계곡에서 볼 수 있는 특징으로는 급류(rapids)와 폭포(waterfalls)가 있다. 이 둘 모두는 하천의 구배가 크게 증가했을 때 발생하는데, 이러한 현상은 보통 침식으로 발생하는 하방으로의 깎임에 대한 저항도가 다른 암석들이 하천을 따라 분포하기 때문에 나타난다. 침식에 대한 저항성이 강한 층은 임시 침식기준면으로 작용을 하여 격류를 만들며 점차 하방으로 깎여나간다. 폭포는 하천의 흐름이 수직적인 위치에서 발생한다.

계곡의 확장

하천이 평형상태에 도달할 경우 하방으로의 깎임 작용은 감소한다. 이때 하도는 사행하는 형태를 보이게 되며 하천의 에너지는 측방으로 집중된다. 그 결과 하천이 제방을 침식하면서 계곡은 점차 넓어진다. 지속적으로 사행하는 하천에 의한 측방 침식은 서서히 충적토로 채워진 넓고 편평한 곡저부를 만들어낸다(그림 13.24). **범람원**(floodplain)이라는 지형은 강이 홍수기 동안 제방을 넘쳐 그 배후지에 홍수를 일으키며 만들어내기 때문에 붙여졌다. 오랜 시간에 걸쳐 범람원은 하천이 더 이상 곡벽에 침식을 발생하지 않는 시기까지 진행된다. 미시시피강의 경우 한 측의 곡벽에서 다른 측의 곡벽까지의 거리는 160km가 넘는다.

위에서 언급한 것처럼 하천이 측면을 침식하고 범람원을 만들 때 이를 **침식성 범람원**(erosional floodplain)이라고 한다. 반대로 범람원은 퇴적성일 경우도 있다. **퇴적성 범람원**(deposiitonal floodplain)은 침식기준면이나 기후 등에 큰 변동이 있을 경우 만들어진다. 캘리포니아 요세미티 계곡은 이러한 특성을 잘 보여주는데, 이 계곡은 빙하가 곡저를 이전보다 300m 정도 긁어내 만들어졌다. 빙하기가 끝나고 녹으면서, 유수가 충적토로 계곡을 채우게 되었다. 현재는 머세드 강이 평평해진 범람원을 굽이쳐 흐르면서 요세미티 계곡의 곡저를 형성하게 되었다.

그림 13.24 **침식성 범람원의 발달** 지속적인 사행천의 천이에 의한 측방 침식은 넓고 편평한 곡저부를 형성한다. 홍수기 동안 충적층이 이 곡저부를 덮는다.

감입곡류와 하천단구

우리는 큰 유역의 범람원에서 심하게 굽이치는 사행 하도를 흔히 볼 수 있다. 그러나 어떤 사행 하도는 기반암으로 이루어진 좁고 가파른 곡벽을 가지기도 한다. 이러한 사행 하도는 그림 13.25와 같으며 이를 **감입곡류**(incised meander, 또는 참호곡류)라고 한다.

스마트그림 13.25
감입곡류 콜로라도 고원의 콜로라도 강이 보여주는 감입곡류의 항공사진 (사진 : Michael Collier)

그림 13.26 **하천단구** 단구는 하천이 변화된 침식기준면에 적응화는 과정을 통하여 만들어진다. (사진 : Greg Hancock)

어떻게 이런 지형이 만들어질 수 있을까? 원래 사행은 침식기준면에 도달한 범람원에서 일반적으로 나타난다. 이때 침식기준면이 변화한다면 하천은 다시 하부 침식능력을 얻게 되어 바닥을 침식하게 된다. 이를 위해서는 실제 침식기준면이 떨어지거나 하천이 흐르던 지역의 융기가 발생해야 한다. 미국 남서부 콜로라도 고원은 지표 융기에 의한 침식활동 증가의 대표적인 예이다. 이곳은 오랜 세월에 걸쳐 서서히 융기가 일어나면서 사행하천들이 증가된 구배로 인한 하방 침식을 하기 때문에 발생한다.

이러한 하천의 적응과정 이후 또 다른 범람원이 기존 범람원보다 낮은 고도로 형성된다. 이후 남아 있는 기존 범람원은 보통 평평한 표면을 가지는데 이를 **단구**(terrace)라 한다(그림 13.26).

개념 점검 13.6

① 침식기준면을 정의하고 궁극 침식기준면과 지역 혹은 임시 침식기준면의 차이를 설명하라.
② 평형하천이란 무엇인가?
③ V자형 계곡에서 급류나 폭포를 자주 볼 수 있는지 설명하라.
④ 침식성 범람원이 어떻게 만들어지는지 설명하거나 그림으로 그려 보라.
⑤ 감입곡류의 발생을 초래하는 두 가지 상황을 설명하라.

13.7 퇴적지형

하천과 관련된 다양한 퇴적지형을 열거하고 이러한 지형의 형성을 기술하라.

앞서 설명한 바와 같이 하천의 유속이 감소했을 경우 운반하던 입자들의 퇴적이 시작된다. 또한 하천은 끊임없이 상류 지역의 퇴적물을 하류로 운반한다. 이러한 퇴적물 중 하도에 퇴적되는 것들은 대부분 모래나 자갈 등으로 구성되며, 이러한 구조를 **사주**(bar)라 한다. 이 퇴적구조들은 한시적으로만 하도에 머물며 대부분 다시 침식되어 바다로 운반된다. 모래나 자갈 등으로 구성된 사주들 외에도 보다 장기적으로 하도상에 머무르는 **삼각주**(delta), **자연제방**(natural levees) 및 **충적 선상지**(alluvial fan)와 같은 구조도 있다.

삼각주

다량의 입자들을 운반하던 하천이 호수, 내해 또는 바다와 같이 상대적으로 흐름이 거의 없는 수체를 만날 경우 **삼각주**(delta)가 만들어진다(그림 13.27). 하천의 흐름이 둔화되면서 운반되던 입자들은 퇴적되어 세 종류의 층을 만들어낸다. **전면층**(foreset bed)은 조립질 입자로 이루어져 있으며, 하

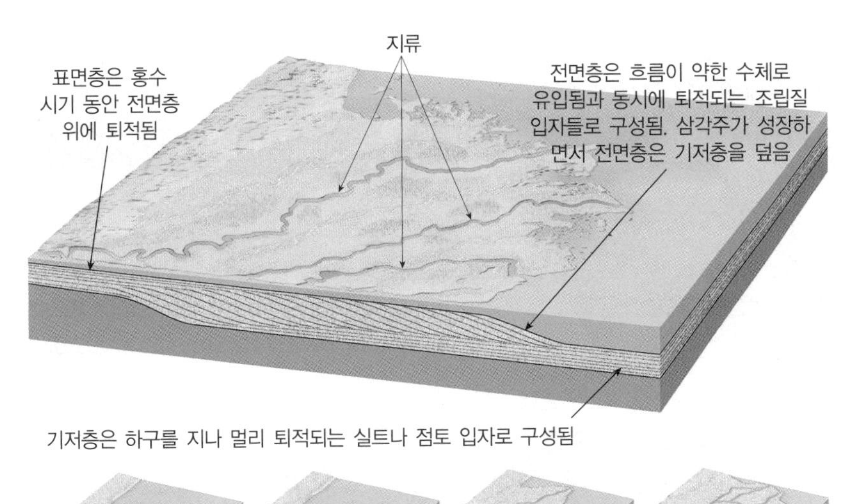

하천의 하도가 연장되면서 구배는 감소한다. 홍수기 동안 일부 흐름이 더 짧고 구배가 큰 경로를 찾게 되며 새로운 지류가 발생한다.

그림 13.27 **삼각주 형성 모식도** 간단한 구조를 지닌 삼각주의 구조 및 성장

천이 흐름이 없는 수체와 처음으로 만나는 하구 첨단부에 하류 방향으로 경사를 형성하며 만들어진다. 전면층은 보통 홍수기 동안 퇴적되는 **표면층**(topset bed)이라는 얇은 층으로 덮여 있다. 하구로부터 어느 정도 떨어져 세립질인 실트나 점토가 편평한 층을 이루며 쌓여 있는 층을 **기저층**(bottomset bed)이라 부른다.

삼각주는 하천에서 유속이 거의 없는 수체 방향으로 계속 성장하기 때문에 하천의 구배는 지속적으로 감소한다. 이러한 환경은 결과적으로 퇴적을 가속화시켜 흐름을 방해하는 역할을 한다. 그 결과 하천은 짧고 구배가 높은 경로를 선택하여 흐르게 된다. 그림 13.27에 나와 있는 바와 같이 삼각주상에서 본류는 몇 개의 작은 **지류**(distributary)로 갈라져 큰 수체로 유입된다. 삼각주는 이렇게 방사상으로 확장되며 일부 예외도 있지만 대부분 하구 방향으로 삼각형(Δ) 형태를 가져 그리스 문자로 델타(delta) 형태를 띠게 된다. 흐름이 느린 수체와 하천이 만나는 지역의 지형 및 특성의 변화 그리고 파도의 강도 등은 삼각주 형태와 구조에 영향을 미친다. 세계적으로 큰 강들은 대부분 거대한 삼각주를 만들어내며 각각은 고유한 특성을 보이기 때문에 그림 13.27에서 보는 것보다 훨씬 더 복잡하다.

모든 강이 삼각주를 가지지는 않는다. 많은 퇴적물을 보유한 강이라 할지라도 파도와 강한 해류가 퇴적물을 흩어놓는다면 삼각주가 존재할 수 없다. 북서 태평양의 콜럼비아 강이 이러한 대표적인 예이다. 또 다른 경우 강이 삼각주를 만들기에 충분하지 않은 퇴적물을 운반하지 않을 경우에도 삼각주는 만들어지지 않는다. 예를 들어 세인트로렌스 강은 상류인 온타리오 호에서 세인트로렌스 만까지 퇴적물의 유입 기회가 매우 적어 삼각주가 형성되지 않은 예이다.

미시시피 강 삼각주

미시시피 강 삼각주는 미시시피 강 본류와 지류를 포함하는 광대한 유역에서 기원한 거대한 양의 퇴적물로부터 형성되었다. 뉴올리언스 위치는 삼각주 형성 이전에 바다였다.

그림 13.28은 지난 6,000년 동안의 미시시피 삼각주 형성과정을 보여준다. 그림에서 볼 수 있듯이 이 삼각주는 7개의 삼각주가 합쳐져 형성되었다. 각각의 삼각주는 미시시피 강 본류보다 짧은 경로를 따라 분기하여 멕시코 만으로 유입되면서 형성되었다. 각각의 삼각주들은 서로 겹쳐지면서 복잡한 구조를 만들어낸다. 그림 13.28로부터 지류들의 물 흐름이 멈추면서 해안 침식이 삼각주들을 침식하여 형태가 변화했다는 것을 볼 수 있다. 가장 최근에 형성된 그림 13.28의 7번 삼각주는 지난 500년

그림 13.28 **미시시피 강 삼각주의 성장** 지난 6,000년 동안 미시시피 강은 7개의 삼각주를 만들어내고 이들은 통합하여 하나의 거대한 삼각주가 되었다. 그림에서 숫자는 형성 순서를 의미한다. 현재의 새발(bird-foot) 형태의 삼각주(7번)는 지난 500년에 걸쳐 만들어졌다. 왼쪽 상자에서 화살표가 가리키고 있는 곳이 미시시피 강이 언젠가 관통하게 될 위치이다. (JPL/Cal tech/NASA)

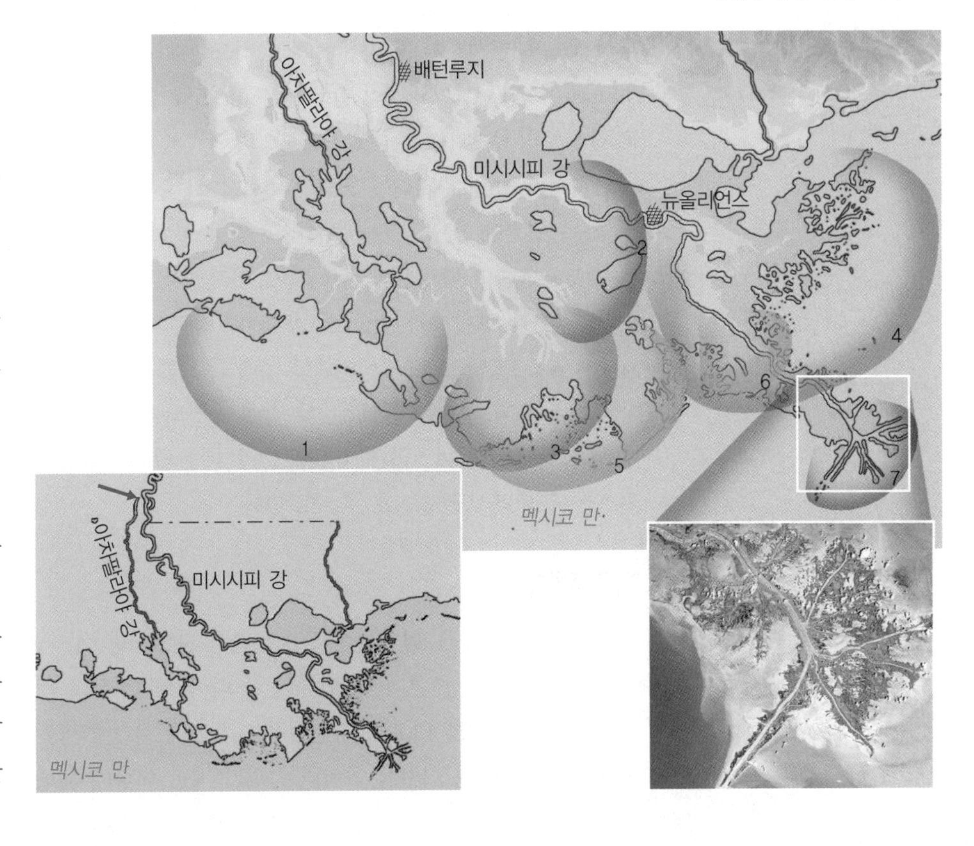

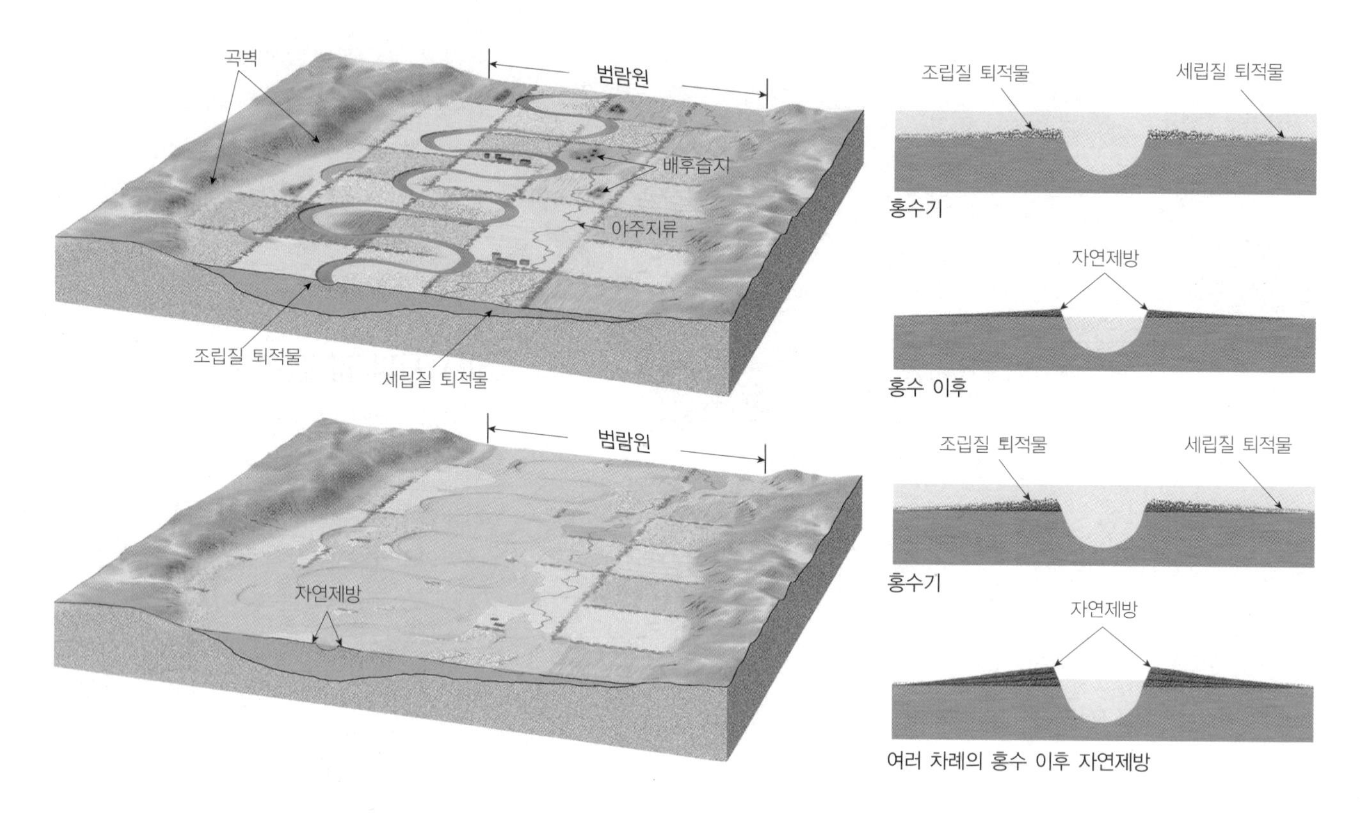

그림 13.29 자연제방의 형성 그림의 하천을 따라 평행하고 완만한 경사를 가진 지형은 반복적인 홍수로 인하여 형성된 구조이다. 하천에 직접 인접한 곳은 그 배후지보다 높은 고도를 가지므로 배후습지나 야주지류 등이 발생할 수 있다.

동안 형성되었으며 종종 새발(bird-foot)이라 하는데 이는 지류들에 의해 형태가 새의 발과 유사하기 때문이다.

현재 형성되고 있는 새발 삼각주는 빠른 속도로 바다 방향으로 성장하고 있다. 실제 오랜 기간 미시시피 강은 땅을 침식하여 아차팔라야 강으로 연결되려는 움직임을 보이고 있다(그림 13.28 상자 안 참조). 만약 완전히 두 강의 연결이 이루어진다면, 미시시피 강 하류 500km 하도는 사천(abandoned channel)이 되면서 225km의 훨씬 짧은 아차팔라야 강이 멕시코 만으로의 주 흐름이 될 것으로 보인다.

미시시피 강을 지키려는 노력의 일환으로 두 강이 연결되려 하는 지점에 인공구조물을 설치하였다. 그러나 1973년 홍수로 구조물이 약화되면서 또 다시 미시시피 강은 위협을 받았다. 이를 보완하기 위하여 1980년대 중반 미공병대(US Army Corps of Engineers)는 거대한 보강 구조물을 설치하였다. 그 결과 최소한 현재까지는 두 강이 연결되는 필연을 피할 수 있는 상황이며 미시시피 강은 계속 배턴루지와 뉴올리언스를 흘러 멕시코 만으로 흐르고 있다.

자연제방

어떤 하천들은 넓은 범람원상을 흐르면서 **자연제방**(natural levee)을 형성한다. 자연제방이란 하천을 따라 자연적으로 형성된 제방이다(그림 13.29). 자연제방은 수년에 걸쳐 연속되는 홍수에 의해 형성된다. 하천의 수위가 제방 이상이 되면 하천의 물이 넘치면서 물의 유속은 급격하게 감소하고, 이에 따라 하천이 운반하던 퇴적물 중 조립질 입자들은 하도 인근에 퇴적된다. 물이 하천 주변으로 넓게 퍼지게 되었을 경우 이보다 양이 적은 세립질의 퇴적물들이 함께 넓은 지역에 걸쳐 퇴적된다. 이렇게 하도로부터 거리에 따라 퇴적물의 입자 및 양이 변화하는 현상에 의해 자연제방은 일반적으로 바깥쪽으로 낮은 경사가 진다(그림 13.29).

미시시피 강 하류의 자연제방의 경우 범람원보다 6m 이상 솟아올라 있다. 자연제방 바깥쪽은 배수가 비교적 좋지 않은 특성을 가지는데, 이는 자연제방으로 인하여 물이 하도로 배수될 수 없기 때문이다. 따라서 **배후습지**(back swamp)라는 소택지가 종종 범람원에 형성된다. 본류상에 자연제방이 잘 형성된 곳에서는 지류가 본류로 유입되지 못하고 서로 평행하게 흐르다가 제방의 높이가 낮은 곳으로 유입되는 특징적 형태를 보이기도 한다. 이러한 지류들을 **야주지류**(yazoo tributary)라 하는데, 이는 미시시피 본류와 평행하게 300km를 흐르고 있는 야주 강이 그 대표적인 사례이기 때문에 명명된 것이다.

충적 선상지

충적 선상지(alluvial fan)는 부채 모양의 퇴적지로 가파른 산자락에서 형성된다. 산지의 하천이 상대적으로 편평한 저지로 유입되면, 구배가 급격하게 감소되고 운반하고 있던 입자의 많은 양이 퇴적된다. 비록 충적 선상지는 건조지역에서 보다 일반적이지만 습윤지역에서도 종종 발생한다.

산지 하천은 가파른 구배로 인하여 조립질 모래와 자갈 등을 운반할 수 있다. 충적 선상지는 이러한 조립질 입자로 이루어져 있기 때문에 상부를 지나는 물이 지하로 침투할 수 있다. 산지의 계곡에서 하천이 빠져나와 충적 선상지를 흐를 때 물길은 여러 갈래로 나뉘어 지류를 만들어낸다. 부채 모양은 산지를 빠져나온 하나의 본류가 여러 개의 지류에 번갈아가며 물을 공급하면서 만들어진다.

사막의 우기와 우기 사이 동안 충적 선상지를 통틀어 물의 흐름이 나타나는 경우는 드물며 선상지의 하도는 건천화된다. 따라서 건조지역의 선상지는 상당한 양의 물과 입자들이 공급되는 우기 동안만 간헐적으로 성장한다. 제12장에서 여러분들이 배운 바와 같이 건조지역의 가파른 협곡은 암설류(debris flow)가 빈번한 곳이다. 그러므로 많은 건조지역 충적 선상지에서는 조립질 충적층 사이사이에 암설류의 퇴적이 관찰된다.

개념 점검 13.7

① 간단한 삼각주의 절단면을 그리고 삼각주를 구성하는 세 종류의 층을 구분하라.
② 미시시피 삼각주가 7개 삼각주의 집합으로 만들어진 원인에 대하여 설명하라.
③ 자연제방의 형성 과정에 대하여 간단히 설명하라. 자연제방이 배후습지와 야주지류 형성에 어떤 관련이 있을까?
④ 충적 선상지 형성을 설명하라.

알고 있나요?

빠르게 흐르는 15cm 수심의 물만으로도 사람이 쓰러질 수 있다. 많은 차들은 60cm 정도 수심의 물로 휩쓸려간다. 미국의 많은 플래시 홍수 피해는 자동차와 관련되어 있다.

알고 있나요?

도시개발은 지표유출을 증가시킨다. 그 결과 도시는 최고 유출량과 홍수 빈도가 높다. 사람들은 엄청나게 많은 빌딩, 주차장, 길들에 둘러싸여 살고 있다. 최근 연구에 따르면 이렇게 불투수성 표면으로 이루어진 미국 국토는 오하이오 주보다 약간 작은 크기인 112,640km^2 정도이다.

13.8 홍수와 홍수 통제

홍수의 다양한 규모와 홍수 통제를 위한 일반적인 방법을 정리하라.

홍수는 하천의 흐름이 크게 증가하여 하도의 수용 가능량을 넘치고 제방을 넘어 흐름이 발생할 때 나타난다. 홍수는 살상력이 크고 파괴적인 많은 지질재해 중 하나이지만, 단순히 하천의 자연적 과정이라고 생각할 수 있다.

홍수의 종류

홍수는 자연적인 요인과 인위적인 요인에 의해 복합적으로 나타날 수 있다. 대부분의 홍수는 시·공간적으로 변화하는 기상현상에 기인한다. 작은 계곡에서는 채 한 시간도 되지 않는 강한 폭풍우에 의해 갑작스런 홍수가 발생할 수 있다. 그와 대조적으로 큰 하천에서 발생하는 대규모의 홍수는 넓은 지역에 걸쳐 수일 또는 수 주에 걸쳐 연속적으로 발생하는 호우에 의해 발생한다. 흔히 발생하는 홍수의 유형으로는 **광역 홍수, 플래시 홍수, 아이스잼 홍수 및 댐붕괴 홍수** 등을 들 수 있다.

광역 홍수 대부분의 광역 홍수들은 계절적인 경향을 갖는다. 봄철 빠르게 녹아내리는 눈 혹은 봄철 호우는 하도가 수용할 수 있는 양 이상의 유량을 형성한다. 예를 들어 1997년 레드강 홍수가 발생하기에 앞서 겨울철 많은 눈과 이른 봄의 눈보라가 발생하였다. 4월 초가 되면서 기온이 빠르게 상승하였고 수일만에 이 눈들이 녹아내려 결국 500년 빈도의 홍수가 되었다. 대략 450만 에이커가 이 홍수에 의해 물에 잠겼으며 노스다코타와 그랜드포크에 걸친 지역의 손실액은 35억 달러가 넘었다.[2]

광역 홍수는 지속되는 호우에 의해 발생할 수도 있다. 1993년의 미시시피 강 상류 유역에서 발생했던 대홍수는 허리케인에 기인하지 않은 홍수 중 미국에서 가장 큰 홍수로 기록됐으며 2011년 집계 290억 달러 규모의 피해를 입었다. 이 홍수를 일으킨 봄과 초여름 동안의 전례 없는 강우는 100년 내 최대에 달했으며, 미네소타, 위시콘신, 아이오와, 일리노이, 그리고 미주리의 많은 부분에서는 4월에서 7월까지 평균 강우량 2배 이상의 비가 내렸다(**그림 13.30**).

플래시 홍수 플래시 홍수는 예고 없

그림 13.30 **1993년의 대홍수** 위성사진은 미시시피 강, 일리노이 강, 미주리 강이 합류하는 세인트루이스 시 인근을 보여준다. 위의 사진은 1988년 여름 동안 발생하였던 가뭄 사진이다. 아래의 그림은 1993년 홍수가 절정에 이르렀을 때의 사진이다. 홍수에 의해 약 1,400만 에이커가 침수되었으며 50,000명의 이재민이 발생하였다. *(사진 : NASA)*

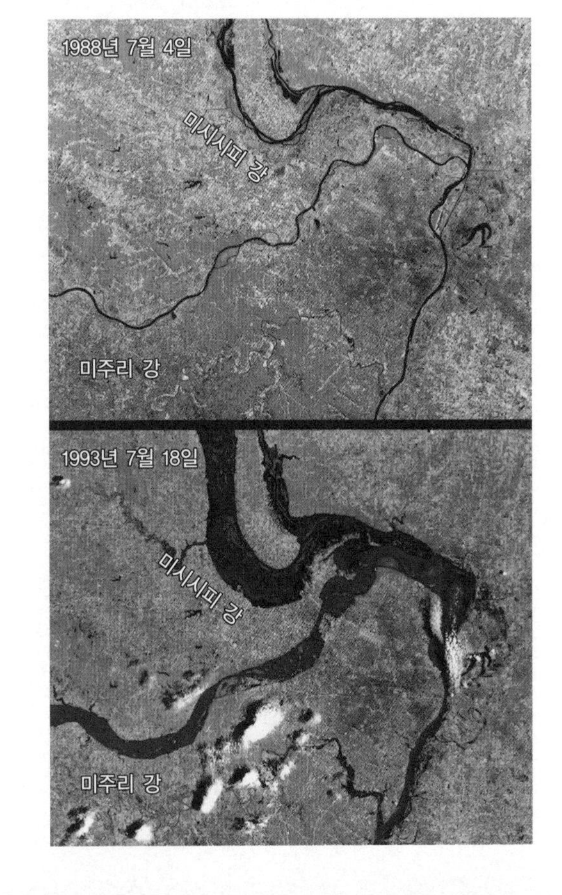

2 아이스잼은 노스다코타 레드 강에서 발생한 홍수에도 영향을 미친다. 'Ice-Jam Floods' 단원 참조.

그림 13.31 **버몬트 주의 플래시 홍수** 2011년 늦은 8월 허리케인 아이린이 남기고 간 폭우는 버몬트 주와 뉴욕 주 일부에 기록적인 플래시 홍수를 발생시켰다. *(AP Photo/Toby Talbot)*

이 발생하며 수위의 빠른 상승과 엄청난 유속을 발생시켜 매우 큰 피해를 발생시킬 수 있다. 플래시 홍수를 발생시키는 요인은 다양하나 그중에서 강우의 강도와 지속시간, 지표조건, 그리고 지형이 가장 큰 인자이다. 산악지역은 특히 플래시 홍수가 일어날 수 있는 가능성이 높은 지역인데, 그 원인은 가파른 경사로 인하여 좁은 계곡을 따라 급격한 지표류가 형성될 수 있어 많은 피해를 발생시키기 때문이다.

근래 발생한 플래시 홍수 중 하나는 2011년 늦은 8월 허리케인 아이린(Irene)이 쇠퇴하면서 발생한 호우가 미국 북동부를 강타하면서 발생하였다. 산악지대가 발달한 뉴욕과 버몬트는 가장 큰 피해가 있었다(**그림 13.31**). 이 플래시 홍수는 많은 길과 교량을 소실시켰고 작은 마을과 농촌지역을 고립시켰다.

도시지역도 지표의 많은 부분이 불투수성의 지붕, 도로, 주차장 등으로 이루어져 물 배수가 불량하고 빠른 지표유출이 발생할 수 있어 플래시 홍수에 취약하다.

아이스잼 홍수 얼어붙은 하천은 아이스잼 홍수에 특히 취약하다. 하천의 수위가 올라갈 경우 얼음이 깨지고, 깨진 얼음들이 하도의 한 곳에 쌓여 물의 흐름을 방해한다. 이러한 얼음들은 하도의 댐 역할을 하게 된다. 얼음댐의 상류에서는 수위가 가파른 속도로 상승하면서 제방을 넘치게 된다. 이러한 얼음으로 이루어진 댐이 무너질 경우 댐 직상류에 모여 있던 물이 갑자기 하류로 흘러내리면서 상당한 피해를 줄 수 있다.

이러한 홍수는 북반구 강들 중 북쪽 방향으로 흐르는 강에서 종종 나타난다. 레드리버가 그 예이다. 러시아의 시베리아 지역에도 오브 강, 레나 강, 예니세이 강 등 북쪽으로 흐르는 수 개의 강이 있으며 이들에서도 아이스잼 홍수가 발생한다. 북쪽 방향으로 흐르는 강들에서는 봄이 되면서 상대적으로 높은 기온의 상류 및 지류들은 얼음이 녹는 반면 온도가 낮은 하류는 지속적으로 동결되어 있다. 따라서 남쪽의 흐르는 물들은 북쪽의 얼어붙은 강에 의해 더 이상 흐르지 못하고 넘치게 된다.

댐붕괴 홍수 인간에 의한 하천 흐름의 변형으로 인하여 홍수가 발생할 수도 있다. 가장 대표적인 예는 댐이나 중소규모의 홍수 발생을 막기 위하여 인위적으로 만든 인공제방의 붕괴에 의한 것들이다. 이들은 홍수를 조절하는 역할을 하도록 설계되었으나 큰 홍수가 발생했을 경우에는 이러한 구조물들 역시 붕괴될 수 있다. 만약 댐과 인공제방이 붕괴되거나 쓸려 나갈 경우 저장되었던 물이 갑자기 넘치게 되어 플래시 홍수가 발생할 수 있다. 1889년 리틀콘모프 강(Little Conemaugh River)의 댐 붕괴는 펜실베이니아 주의 존스타운 시를 초토화시켰으며, 2,200명의 인명피해를 발생시켰다.

홍수통제

지금까지 홍수의 재앙을 막거나 감소시키기 위한 몇 가지 전략이 고안되었다. 공학적인 저감 방안으로는 인공제방(artificial levees)의 조성, 홍수조절용 댐(flood-control dam) 축조 및 하천정비(channelization) 등을 들 수 있다.

인공제방 인공제방이란 하천변에 흙으로 만들어진 둔덕으로 하도의 물 수용량을 늘리는 기능을 한다. 인공제방은 과거로부터 가장 많이 이용된 하천 관련 인공구조물이다. 인공제방과 자연제방을 구분지을 수 있는 것은 그 형태이며 인공제방의 경우 바깥쪽으로의 경사가 자연제방에 비하여 급격한 것이 특징이다. 일부 지역, 특히 도시지역에서는 콘크리트를 이

그림 13.32 **제방의 붕괴** 일리노이 주 몬로 카운티의 인공제방의 붕괴로 하천수가 유입되고 있다. 미국 중서부의 1993년 기록적인 홍수기 동안 취약한 많은 인공제방들은 견디지 못하고 붕괴되었다. (사진 : *James Finley/AP Wide World Pictures*)

용한 홍수벽(floodwall)을 건설하는데 이는 자연제방과 동일한 목적이다.

많은 인공제방은 최대 홍수기의 홍수를 막을 수 있도록 설계되지는 않았다. 예를 들어 1993년 여름 미국 중서부에서 많은 인공제방의 붕괴가 있었는데, 이는 미시시피 강 상류 및 그 지류들에서 큰 홍수가 발생했던 시기였다(그림 13.32). 이 기간 동안 세인트루이스와 미주리의 홍수벽들은 하천의 병목현상을 발생시켜 상류에 위치한 도시들의 홍수를 가중시켰다.

하천정비 하천정비란 하천의 하도를 정비하여 물이 빠르게 지나갈 수 있도록 함으로써 홍수 시 수위의 형성을 막는 것을 의미한다. 이러한 하천정비에는 단순히 하천의 장애물들을 제거해 주는 방법이나 하도의 폭과 심도를 증가시키는 방법 등이 있다. 또 다른 방법은 하천을 직선화시키는 것으로 인공 분리수로라고 한다. 이것의 주요 아이디어는 하천의 물흐름 경로를 짧게 함으로써 하천의 구배를 증가시키고 유속을 빠르게 만드는 것이다. 증가된 유속에 의하여 홍수 시 발생할 수 있는 많은 양의 유량을 빠른 시간 내에 분산시키는 것이 주요 목적이다.

1929년에서 1942년 사이 미육군 공병대는 홍수를 조절하고 하천의 효율을 증대시키려는 목적으로 미시시피 강에 많은 인공 분리수로를 설치하여 물의 흐름 경로를 240km 단축하였다. 이 프로그램은 하천의 홍수위를 조절하는 데는 어느 정도 성공적이었다. 그러나 하도의 단축으로 인한 구배의 증가와 제방 침식의 가속화가 발생하였으며 이를 위해 인위적인 개입이 필요해졌다. 따라서 인공 분리수로 설치 후 막대한 제방 보호시설이 미시시피 강 하류 여러 구획에 걸쳐 설치되었다.

1910년 사행하는 미주리 주 블랙워터 강을 단축하기 위하여 만들어진 인공 분리수로가 제방의 침식을 가속화한 사례가 있다. 이 프로젝트의 많은 효과 중 하나는 증가한 유속으로 인한 하도 폭의 큰 증가이다. 제방의 침식으로 인하여 1930년에는 하천을 가로지르는 다리가 붕괴된 사고가 있었다. 그 이후 17년 동안 이 다리는 세 번에 걸쳐 다시 만들어졌고 만들 때마다 다리의 길이는 길어져야만 했다.

홍수조절 댐 홍수조절용 댐은 우기 동안 물을 저장하여 서서히 방류함으로써 홍수를 조절하도록 만들어진 것이다. 이러한 기능에 의하여 홍수 시 짧은 시간 동안 형성될 수 있는 수위를 분산하는 역할을 한다. 1920년대 이후 수천 개의 홍수조절용 댐이 미국 전역에 설치되어 왔다. 많은 댐들은 홍수조절용 목적 외에도 관계수의 공급과 수력발전에 이용되고 있다. 댐에 의해 형성된 많은 저수지들은 레저용으로 많이 활용되고 있다.

비록 이러한 댐들이 홍수를 조절하고 추가적인 이로움을

주는 것은 사실이지만 댐의 건설에는 막대한 비용이 소요된다. 예를 들어 댐 건설에 의하여 비옥한 농지, 무성한 산림, 역사적인 유적, 그리고 아름다운 자연경관들이 물속에 잠길 수 있다. 더욱이 댐은 하천에 의한 퇴적물의 운반을 막는다. 따라서 하류에 새로운 퇴적물 공급 기능을 저하하고 하류의 삼각주나 범람원 등이 침식되도록 한다. 큰 댐들은 생태학적으로 큰 위해성을 가지기도 하는데, 이러한 피해를 원상태로 복구하는 데는 수천 년의 시간이 걸릴 수도 있다.

댐을 지어 홍수를 통제하는 것은 궁극적인 해결책은 아니다. 댐에 의해 정체된 물의 입자들은 댐이 만들어낸 저수지에 지속적으로 퇴적되는데, 이로 인하여 저수지의 저수용량은 점차 감소하고, 댐의 홍수조절 능력은 점차 저하된다.

비건설적 접근법 이제까지 언급한 모든 홍수조절 방법들은 하천에 큰 토목공사를 통하여 물의 흐름을 조절하는 방법이다. 이러한 해결책들은 비용이 많이 들고 여전히 안전한 방법이라고 말하기는 어렵다.

오늘날 많은 과학자와 기술자들은 댐, 인공제방, 혹은 하천정비 등 토목적 방법을 이용하지 않는 홍수조절 방법이 보다 건전한 홍수통제 방법임을 제시하고 있다. 이러한 방법은 홍수에 노출될 수 있는 위험성이 큰 지역을 사전에 분류하고 적절한 대처 방법을 마련함으로써 안전한 토지이용 방안을 증진시키는 것이다.

개념 점검 13.8

① 네 종류의 서로 다른 홍수를 열거하고 구분하라.
② 홍수통제를 위한 세 종류의 기본전략에 대하여 설명하라. 각 방법들의 단점은 무엇인가?
③ 홍수통제를 위한 비건설적 방법은 무엇을 의미하는가?

개념 복습 유수

13.1 하나의 시스템인 지구 : 수문순환

수권의 주요 물 저장소를 열거하고 수문순환계를 통하여 물이 지나는 다양한 경로에 대하여 설명하라.

핵심용어 : 수문순환, 침투, 지표유출, 증산, 증발산

- 물은 수권의 많은 저장소를 증발, 구름으로의 응축 및 강수의 형태로 강하를 통하여 움직인다. 지표로 도달했을 때 토양으로 흡수되거나, 증발하거나, 증산에 의하여 대기로 돌아가거나 혹은 지표유출로 표면에서 흐르게 된다. 유수는 전체 지구의 물 중 매우 작은 부분을 차지하지만 지구 표면의 다양한 형태를 조각하는 데 있어서는 매우 중요한 매개체이다.

13.2 유수

유역과 하천 시스템의 특성을 설명하라. 기본적인 네 가지 하천 형태를 설명하고 도시하라.

핵심용어 : 하천, 강, 유역(또는 분수계), 분수령, 수지상 패턴, 방사상 패턴, 격자상 패턴, 트렐리스 패턴

- 하천에 물을 공급하는 지역을 유역이라 부른다. 유역은 분수령이라 불리는 가상의 경계로 분리된다.
- 일반적으로 하천 시스템은 상류에서 침식, 중류에서 입자들의 운반, 하류에서 침식을 발생시킨다.

? 그림의 네 종류 하천 형태를 분류하라.

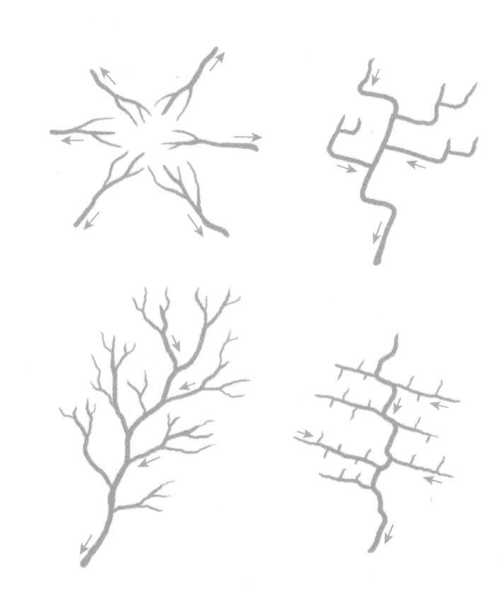

13.3 하천흐름

하천의 흐름과 흐름의 변화에 영향을 주는 요인에 대하여 토론하라.

핵심용어 : 층류, 난류, 구배, 윤변, 유량, 하천 종단면, 발원지 또는 헤드워터, 하구

- 하천에서의 물 흐름은 층류이거나 난류이다. 하천의 유속은 하도의 구배, 크기, 모양, 거칠기, 그리고 유량의 영향을 받는다.
- 발원지로부터 하구까지의 단면을 하천의 종단면이라 한다. 일반적으로 구배와 거칠기는 하류로 갈수록 작아지는 반면 하도의 크기, 유량, 유속은 하류에서 증가한다.

? 일반적인 종단면을 그려 보라. 어디서 가장 왕성한 침식작용이 일어나고 어디서 입자들의 운반이 주요과정으로 발생하는지 설명하라.

13.4 유수의 작용

하천이 입자들을 침식하고 운반하며 퇴적시키는 과정을 설명하라.

핵심용어 : 깎음, 연마, 구혈, 부식, 녹은짐, 뜬짐, 밑짐, 침하 속도, 도약, 운반 수용성, 운반 역량, 분급, 충적층

- 하천은 깎음이나 연마, 그리고 한 곳에 집중된 작용으로 암석에 구혈을 만드는 등 강력한 침식의 매개체이다. 난류는 느슨한 입자들을 하천 바닥에서 끌어올리는 역할을 한다. 석회암처럼 용해성 암석으로 이루어진 지역에서는 암석을 녹이는 부식작용으로 침식작용을 수행하기도 한다.
- 입자들은 용해되거나, 물에 떠 흐르거나, 혹은 하천 바닥을 따라 구르거나 도약하여 운반된다. 유속이 빠른 하천은, 느린 유속의 하천에 비하여 더 많은 입자(더 큰 운반수용성)와 더 큰 입자(더 큰 운반역량)를 운반할 수 있다. 홍수 시에는 운반 수용성과 운반 역량이 동시에 증가하며 짧은 시간 많은 운반이 이루어진다.
- 하천에 의해 퇴적된 입자들을 충적토라고 한다. 일반적으로 하천은 분급작용을 발생시키며, 분급이란 같은 장소에 유사한 입경의 입자들이 퇴적되는 것을 의미한다.

13.5 하도

암반 및 충적 하도의 차이를 비교해 보라. 서로 다른 두 충적 하도를 구분하라.

핵심용어 : 암반 하도, 충적 하도, 사행천, 공격면, 포인트바, 분리수로, 우각호, 망상 하도

- 암반 하도는 암석을 침투하여 하도가 발달한 것이다. 이들은 일반적으로 급경사이며 폭포나 급류가 나타나는 스텝과 상대적으로 완만한 경사인 풀의 반복적 형태를 보인다.
- 충적 하도는 대부분의 하도가 기존 하천에 의해 퇴적된 충적층 위를 지나는 경우이다. 일반적으로 범람원은 대부분의 곡저부를 덮고 있으며 그 위를 하천이 사행천 혹은 망상 하천 형태로 흐른다.
- 사행 하천은 사행굽이 바깥쪽의 공격면과 사행굽이 안쪽의 포인트바를 형성하며 흐르는 하천이다. 이러한 하천의 사행 형태는 공격면의 침식 및 포인트바의 퇴적에 의해 점차 더 심화된다. 일단 분리수로가 형성되면 사행굽이가 분리되어 우각호를 형성한다.
- 망상하도는 유량의 변화가 심한 곳에서 나타난다. 유량이 작은 동안 하천은 조립질 충적토로 이루어진 사주 사이로 망상의 하도를 형성한다.

? 카터레이크라는 마을은 미주리 강 서쪽에서 아이오와 주에 속하는 유일한 곳이다. 이 마을은 북쪽으로 카터레이크에 의해 경계지어져 있으며 남쪽으로는 미주리 강으로 경계지어지고 동쪽과 서쪽 경계는 모두 네브래스카 주 경계이다. 지도를 자세히 살펴본 후 어떻게 이런 특별한 경계가 만들어졌을지 가설을 만들어 보라.

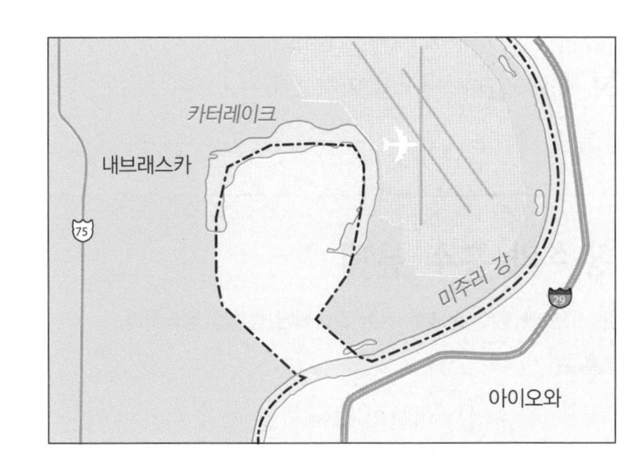

13.6 하곡의 형성

V자형 계곡, 범람원이 있는 넓은 유역, 그리고 감입곡류 또는 하천 단구를 보이는 유역을 비교하라.

핵심용어 : 하곡, 침식기준면, 궁극 침식기준면, 지역(또는 임시) 침식기준면, 평형하천, 범람원, 감입곡류, 단구

- 하곡은 하도와 주변을 둘러싼 범람원, 그리고 상대적으로 가파른 곡벽으로 구성되어 있다. 하곡의 폭과 형태는 좁은 범람원과 V자형 계곡을 가진 암반 하도부터 충적토로 이루어진 광활한 범람원과 완만한 곡벽을 갖는 충적 하도까지 매우 다양하다.
- 하천은 하구에서 만나게 되는 또 다른 하천이나 호수 혹은 바다와 같은 또 다른 수체의 수위에 해당하는 침식기준면에 도달할 때까지 지속적으로 하방 침식을 일으킨다. 하천이 궁극적인 침식기준면인 바다로 흐르면서 수 개의 지역적 침식기준면이 나타난다. 이런 지역적 침식기준면은 호수 수위가 될 수도 있고 침식에 대한 저항성이 큰 암층이 될 수도 있으며 이들은 하방으로의 침식 속도를 늦추게 된다. 평형하천은 침식기준면에 대하여 평형상태에 도달한 하천으로, 이러한 하천에서는 퇴적물의 운반이 우세하게 발생한다.
- 하곡은 하천의 사행에 따라 곡벽이 침식되고 범람원이 넓어지면서 성장한다. 침식기준면이 하강할 경우 하천의 하방침식은 활발해진다. 이때 하천이 암반 위에 놓일 경우 감입곡류가 만들어진다. 만약 이런 하천이 충적층 위에 놓인다면 하천단구가 만들어진다.

? 사행천은 측방으로의 침식이 우세한 반면 좁은 협곡은 하방으로의 침식이 우세하다. 아래 그림에서의 하천은 좁은 협곡에 제한되어 있으면서도 사행을 하고 있다. 이러한 현상에 대하여 설명하라.

Michael Collier

13.7 퇴적지형

하천과 관련된 다양한 퇴적지형을 열거하고 이러한 지형의 형성을 기술하라.

핵심용어 : 사주, 삼각주, 지류(혹은 분류), 자연제방, 배후습지, 야주지류, 충적 선상지

- 삼각주는 하천이 다른 수체를 만나 하구에서 입자들의 퇴적을 일으킬 경우 만들어진다. 하천이 여러 갈래로 분기하면서 퇴적물이 서로 다른 방향으로 퍼져나간다. 미국의 미시시피 강은 역동적인 삼각주 시스템을 가진 좋은 예이다.
- 자연제방은 다년간 지속된 홍수에 의하여 입자들이 하도를 따라 퇴적되어 발생한 것이다. 자연제방의 경사는 매우 완만하게 바깥쪽으로 경사져 있어 배수가 원활하지 않고 배후 습지들이 발생한다.
- 충적 선상지는 부채 모양의 충적토 퇴적층으로 가파른 산자락 계곡에서 형성된다.

? 삼각주와 충적 선상지는 언뜻 보기에 유사해 보인다. 이들이 어떻게 같고 어떻게 다른지 설명하라.

13.8 홍수와 홍수 통제

홍수의 다양한 규모와 홍수 통제를 위한 일반적인 방법을 정리하라.

핵심용어 : 홍수

- 하도에 수용할 수 있는 이상의 물이 흐를 때 홍수가 일어난다. 홍수를 일으키는 4대 요소로는 유역 전반에 걸친 많은 양의 비(혹은 해빙), 지표유출이 큰 지역에의 호우, 얼음에 의해 만들어진 댐, 그리고 인위적으로 만든 댐의 붕괴가 있다.
- 홍수에 대처하는 세 가지 인위적 방법에는 하천수를 하도에 가두기 위한 인공제방 건설, 하천의 흐름을 더 효율적으로 바꾸기 위한 하천정비, 그리고 급격한 유량 증가를 막기 위하여 지류에 설치하는 댐이 있다. 비건설적 방법은 범람원 관리에 있어 건전한 방법이라 할 수 있다. 이 방법은 홍수 취약지역과 관련된 정책 등에 홍수에 대한 과학적 이해를 반영하는 것이다.

? 인공제방은 홍수로 인하여 발생하는 피해를 막기 위하여 건설된다. 때때로 농촌지역의 자연제방은 도시지역의 홍수를 막기 위해 의도적으로 개방한다. 이 방법이 어떻게 효과를 발휘할 수 있는지 설명하라.

복습문제

① 하천은 각 구역의 주된 프로세스에 기초하여 세 구역으로 구성되어 있다. 아래의 그림에서 각각이 주로 발생하는 구역을 찾으시오.
퇴적물의 생산(침식), 입자의 퇴적, 입자의 운반

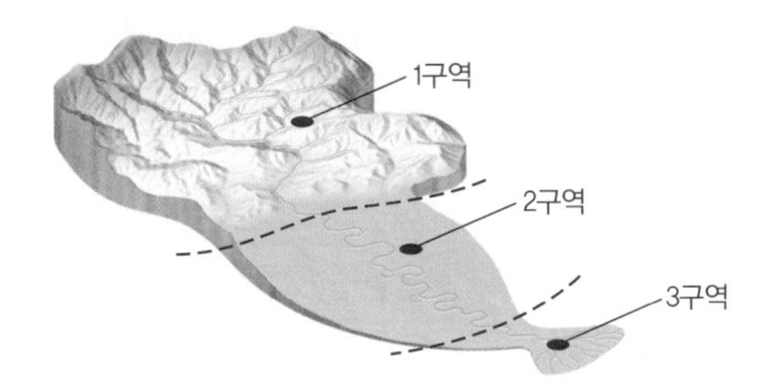

② 만약 여러분이 하천에서 유리병에 물을 떴다고 가정하고 다음을 설명하라. 어떤 짐이 유리병 밑바닥으로 가라앉게 될까? 어떤 짐이 물에 남아 있게 될까? 그리고 여러분의 샘플은 어떤 짐을 반영하지 못할까?

③ 아칸소 주의 사행천인 화이트리버는 미시시피 강의 지류이다. 그림을 보면 하천의 물은 갈색이다. 어떤 짐이 물의 색을 탁하게 만들었을까? 만약 좁아진 넥(화살표)에 수로를 설치한다면 하천의 구배는 어떻게 될까? 그리고 유속에는 어떤 영향을 주게 될까?

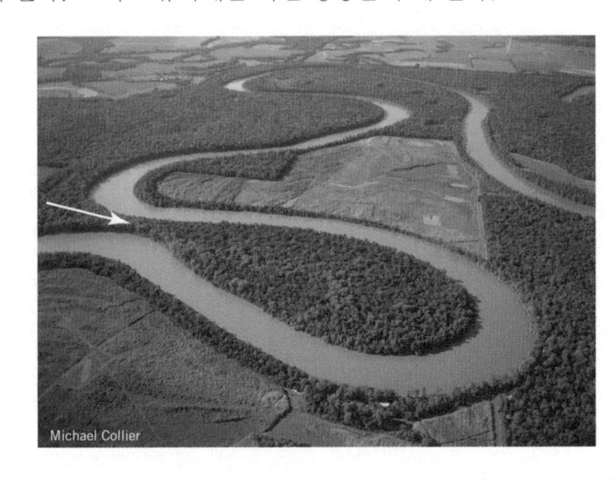
Michael Collier

④ 하천흐름은 여러 변수의 영향을 받으며 이에는 유량, 구배, 하도의 거칠기, 크기, 모양 등이 있다. 사태(중력사면 이동)가 발생했을 경우를 상정하여 시나리오를 개발해 보라. 시나리오에서 어떤 원인에 의해 사태가 발생했는지 그리고 하천에는 어떤 영향을 주었는지를 설명하라.

⑤ 다음의 인공위성 사진은 알래스카 베링 해의 유컨 강 삼각주를 보여준다. 왜 하천이 삼각주로 다가가면서 여러 갈래로 분기하는지 설명하라. 이렇게 분기하는 것을 무엇이라 부르는가? 사진에서 삼각주를 둘러싼 뿌연 퇴적물들이 보인다. 이들이 모래, 자갈, 실트, 혹은 점토인지에 대하여 설명하라. 이 뿌연 퇴적물들이 바닥에 침하되고 삼각주는 바다 방향으로 확장되었을 때 가라앉은 퇴적물들은 삼각주의 어떤 층이 되는 것일까?

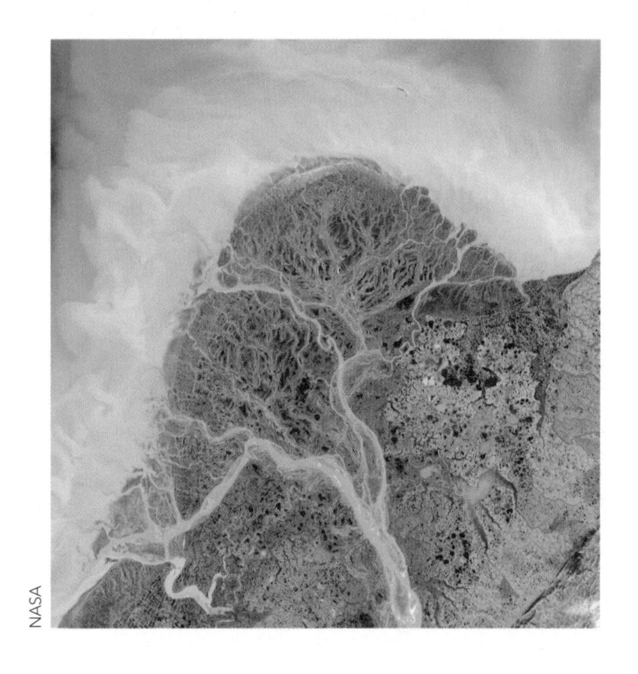
NASA

⑥ 지난 250만 년 동안 여러 번에 걸쳐 대륙 규모의 거대한 빙하가 만들어지고 북반구 많은 곳에 퍼졌으며 서서히 녹아 사라졌다.
a. 이런 빙하의 형성이 해수 위에 어떤 영향을 주었을까?
b. 바다로의 하천흐름은 빙하의 확장에 의해 어떤 영향을 받았을까?
c. 빙하가 녹으면서 이들 강은 어떤 조정작용을 받았을까?

⑦ 댐 건설은 하천흐름을 조절해 홍수를 막는 방법 중 하나이다. 댐과 댐이 만드는 호수는 여가 장소가 되며 관개수로의 이용 및 수력발전에 활용할 수 있다. 다음의 사진은 그랜드캐니언 상류 애리조나 주 페이지 인근 콜로라도 강 상류의 글렌캐니언 댐과 인공 저수지인 파월 호 일부를 보여주고 있다.
a. 파월 호 상류 하천에는 어떠한 변화가 발생할까?
b. 댐 하류 콜로라도 강에는 어떤 일이 발생할 수 있을까?
c. 시간이 충분히 흐를 경우 저수지에는 어떤 변화가 일어날까?
d. 사진에서 보는 바와 같은 댐을 건설했을 때 환경적 영향은 어떠할지 생각해 보라.

Michael Collier

⑧ 다음의 그림은 도시와 농촌지역의 강우와 최대흐름(홍수) 사이의 지연시간을 보여준다. 어느 것이 농촌이고 어느 것이 도시인지를 쓰고 이를 설명하라.

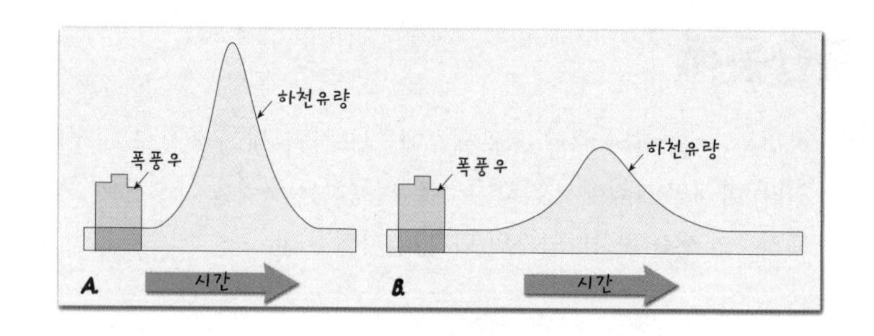

14 지하수

핵심 개념

다음은 이 장에서 다룰 주요 학습 목표이다.
이 장으 학습한 후 다음 질문에 답해 보도록 하자.

14.1 담수 자원으로서 지하수의 중요성과 지질 매체로서의 지하수의 역할을 설명하라.

14.2 지표 하부에 존재하는 물의 분포를 모식적으로 그려 보라. 지하수면의 변화를 일으키는 요인과 지하수–지표수 간의 상호 반응에 대해 논의하라.

14.3 지하수의 저장과 이동에 영향을 미치는 요인을 요약하라.

14.4 간단한 지하수 유동계를 모식도로 그리고 설명하라. 지하수 유동을 측정하는 방법과 유동의 규모 차이를 논의하라.

14.5 우물과 지하수면과의 관계를 논의하라.

14.6 간단한 자분계를 모식도로 표시해 보라.

14.7 샘, 온천, 간헐천을 구분하라.

14.8 지하수와 관련된 주요한 환경문제들을 제시하고 토론하라.

14.9 동굴의 형성과 카르스트 지형의 발달 과정을 설명하라.

그랜드캐니언 벽면에 노출된 무아브 석회암에서 용출되는 선더(Thunder) 샘, 샘은 자연적으로 지하수가 배출되는 것으로, 지하수면이 지표면과 교차하는 지점에서 나타난다. (사진 : *Michael Collier*)

비록 눈에 보이지는 않지만, 엄청난 양의 물이 암석과 토양 중의 깨진 틈이나 공극에 존재한다. 지하수는 지표면 하부의 거의 어디에나 존재하며, 전 세계적으로 주요한 물의 근원이다. 지하수는 중요한 천연자원으로 먹는 물의 반 이상을 제공하고 농업과 산업에 필수적 요소이기도 하다. 사람들의 용수로서뿐 아니라 지하수는 강수 사건들 사이, 특히 건조한 시기가 오래 계속되는 경우에, 하천을 지속적으로 유지시키는 결정적인 역할을 한다. 많은 생태계가 하천, 호수, 습지 등으로 배출되는 지하수에 의존한다. 어떤 지역에서는 대규모의 개발로 인해 지하수위가 낮아지고, 결과적으로 물 부족과 하천의 고갈, 지반 침하와 양수비용의 증가 등이 발생한다. 또한 어떤 지역에서는 지하수의 오염도 심각한 문제로 등장한다.

14.1 지하수의 중요성

담수 자원으로서 지하수의 중요성과 지질 매체로서 지하수의 역할을 설명한다.

알고 있나요?

'에이커-푸트(acre-foot)'라는 용어는 일반적으로 저수지나 농업 관개수 정도의 많은 양의 물을 표현할 때 사용된다. 이 단어가 보여 주듯이, 1 에이커-푸트란 1 에이커의 면적을 1 푸트의 깊이로 채우는데 필요한 물의 양을 말하며, 약 326,000 갤런에 해당한다.

지하수는 우리가 가지고 있는 가장 중요하고도 광범위하게 분포하는 자원이지만, 사람들은 지하수가 나오는 지하 환경에 대해 잘 모르거나 잘못 알고 있다. 그 이유는 지하수 환경이 동굴이나 광산을 제외하고는 거의 눈에 보이지 않기 때문인데, 결과적으로 이러한 지하 공간에 대한 막연한 느낌이 오해를 불러오게 된다. 지표면에서 바라보는 모습들은 지구가 고체라는 느낌을 준다. 이러한 느낌은 우리가 동굴에 들어가서 딱딱한 암석 사이를 가르며 수로에 물이 흐르는 것을 볼 때까지 남아 있다.

이러한 관찰들 때문에 많은 사람들이 지하수는 오직 지하의 강처럼 존재한다고 믿는다. 그러나 실제로 대부분의 지하 환경은 전혀 딱딱하지 않다. 여기에는 셀 수 없이 많은 미세한 공극들이 토양과 퇴적물 입자 사이에 존재하고, 기반암에는 암석이 깨진 틈, 즉 좁은 절리와 단열들이 존재한다. 이러한 공간들이 모두 합쳐지면 엄청난 부피를 가지게 되는데, 지하수는 바로 이러한 작은 공극을 통해서 모이고 이동하게 된다.

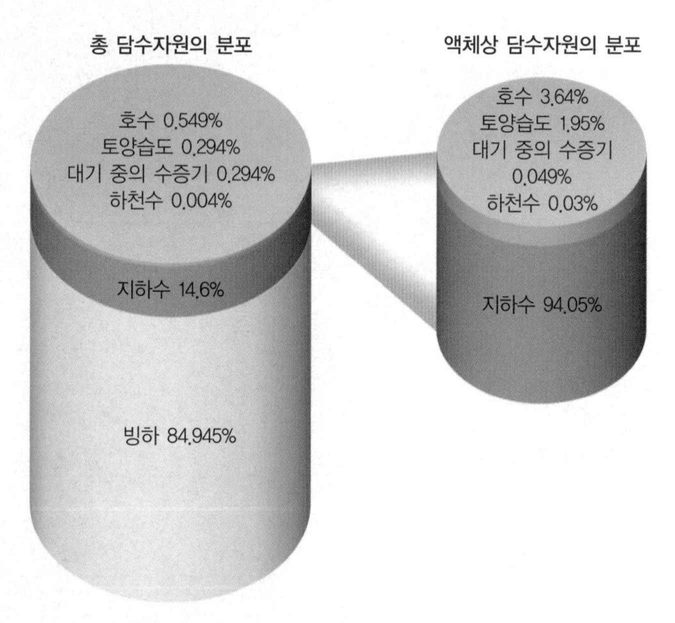

그림 14.1 **지구상의 담수 분포** 지하수가 액체 상태 담수로서는 가장 크다.

지하수와 수권

전체 수권이나 지구 전체의 물을 고려할 때 단지 0.6%의 물만이 지하에서 산출된다. 그러나 지구 표면 아래의 퇴적물과 암석에 저장된 이 적은 물이 실제로는 엄청난 양이다. 바다를 제외하고 담수 수자원을 생각해 보면, 지하수의 중요성은 더욱 분명해진다.

그림 14.1은 수권 내 담수의 양적 분포를 보여 준다. 가장 많은 양은 빙하 상태로 존재한다. 두 번째가 바로 지하수로서 총량의 약 14%를 약간 상회한다. 만약 얼음 상태를 제외하고 액체 상태의 물만 따진다면, 전체 담수의 94% 이상이 지하수이다. 두말할 것 없이 지하수는 인류에게 당장 사용 가능한 담수 자원의 가장 많은 양을 차지한다. 경제성과 인류의 웰빙 측면에서 봐도 그 가치는 무한하다.

지하수의 지질학적 중요성

지질학적 측면에서 지하수는 침식을 일으키는 매체이다. 지하수에 의한 용탈현상은 서서히 암석을 깎아 내어 싱크홀과 같은 지표 함몰지를 만들고 지하 동굴을 만들기도 한다(그림 14.2). 지하수는 또한 하천 흐름의 평형장치로도 작용한다. 하천에 흐르는 물의 상당 부분은 비나 눈 녹은 물로부터 오는 직접 유출이 아니라, 비가 땅속으로 스며들어 서서히 지하를 통해 흘러나온 것이다. 그러므로 지하수는 비가 오지 않는 기간 동안 하천의 흐름을 지속시키는 일종의 저장소이다. 갈수기에 강에 물이 흐르는 것을 본다면, 그것은 훨씬 이전에 내린 비가 지하에 저장되어 있던 물이다.

알고있나요?

상추 한 포기를 키우는 데 6갤런의 물이 사용되고, 8온스 한 컵의 우유를 생산하는 데는 49갤런, 스테이크 1인분에는 2,600갤런 이상의 물이 사용된다.

그림 14.2 **뉴멕시코 주 칼스바드 동굴** 산성 지하수의 용탈작용으로 동굴이 생성되고, 후에 다시 지하수에 의해 석회암 침전물로 장식되었다. *(사진 : Dennis Tasa)*

지하수 : 근원적 자원

물은 생명의 기본 요소이며, 그래서 생물계와 인류 사회의 '혈류'라고도 불렀다. 미국에서는 매일 3,490억 갤런의 담수를 사용한다. 미국 지질조사소에 따르면 이 중 약 77%가 지표수원에서 공급되고, 나머지 23%는 지하수가 공급한다 (그림 14.3). 지하수의 유익한 점 중 하나는 온 나라의 거의 어디에서든지 존재한다는 것으로, 호수나 하천 같은 지표수원이 없는 지역에서도 사용이 가능하다. 지하수계의 물은 지하의 공극이나 깨진 틈에 저장되어 있다. 이러한 물이 우물을 통해서 배출되면, 연결된 공극과 틈새들이 일종의 '통로' 기능을 하여 수문계의 한 부분에 있던 지하수가 배출부로 이동하게 된다.

지하수를 사용하는 1차적인 용도는 무엇일까? 미국 지질조사소는 그림 14.3에 보이는 몇 가지 용도들을 제시하였다. 관개용수로 사용되는 지하수가 다른 모든 용도들을 합친 것보다도 더 많았다. 미국에는 거의 6,000만 에이커(거의 243,000km^2)에 달하는 관개농경지가 있으며, 이 크기는 거의 와이오밍 주와 맞먹는다. 이 관개농경지의 75%를 차지하는 대부분이 인접하는 서부의 인접하는 17개 주에 분포하고 있으며, 이들 지역은 전형적으로 연평균 강수량이 20인치 이하이다. 따라서 관개에 사용되는 물의 42%가 지하수이다.

공공용수와 생활용수는 가정의 실내외 활동이나 상업적 용도를 포함한다. 일반적인 실내 용도로는 음용, 조리용, 목욕용, 세탁용, 화장실변기용 등이 포함된다. 미국인 한 명이 하루에 평균적으로 얼마나 많은 양의 물을 사용하는지는 그림 14.4에 제시되어 있다. 실외에서 사용하는 물의 주용도는 정원이나 잔디밭에 물을 주는 것이다. 이러한 생활용수는 공공급수원이나 또는 자가공급원에서 얻을 수 있다.[1] 그리고 실질적으로 자가급수원의 거의 모든 부분(98%)이 지하수에 의존한다.

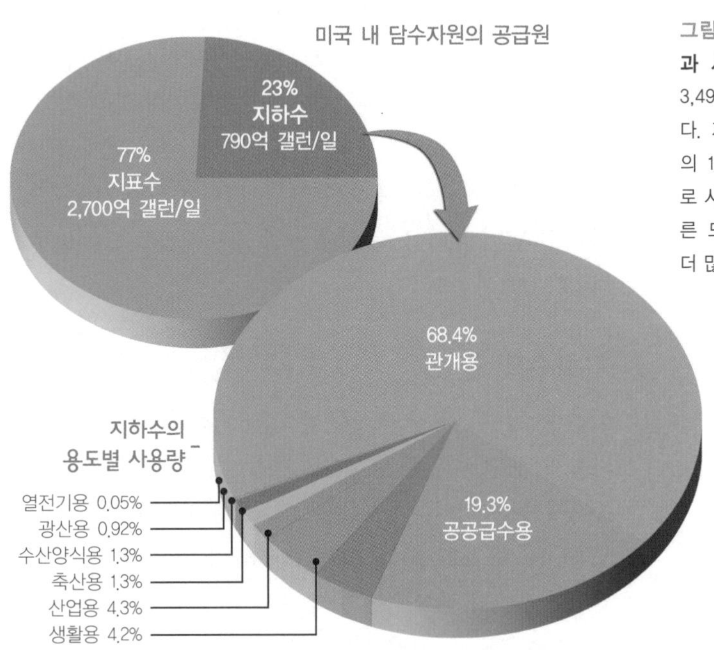

그림 14.3 **담수의 공급원과 사용도** 미국에서는 매일 3,490갤런의 담수를 사용한다. 지하수는 이 공급원의 거의 1/4을 차지한다. 관개용수로 사용되는 지하수의 양이 다른 모든 용도를 합친 양보다 더 많다. *(USGS)*

1 미국 지질조사소에 따르면, 공공급수용이란 최소 25명 이상에게 물을 공급하거나 또는 15개소 이상으로 연결시키는 공급을 위해 지하수를 취수할 때 사용함.

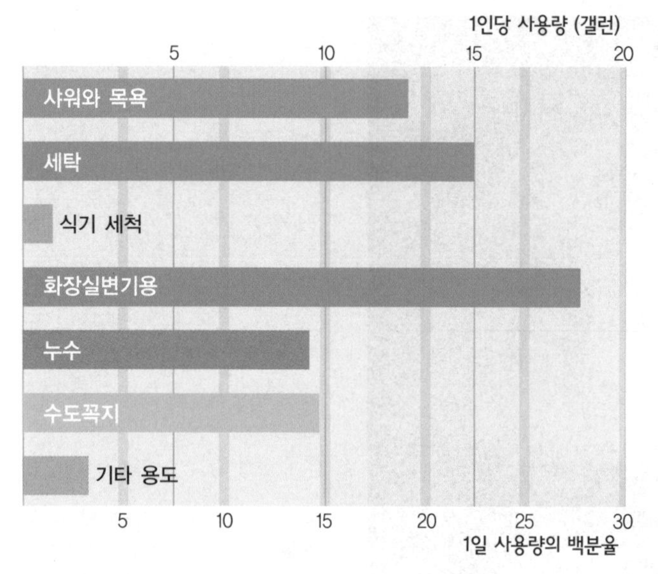

그림 14.4 **물의 사용** 미국 수도협회에 따르면, 평균적으로 한 가정에서 실내용으로 사용되는 물은 1인당 69.3갤런이다. 보다 효율적인 설비와 정기적인 누수 확인 등을 수행한다면 이 수치를 약 1/3로 줄일 수 있다.

또 다른 용도로는 어패류의 양식장과 부화장에 사용되는 수산양식용이 있으며, 광산 개발에도 상당한 양의 물이 필요하다. 정유산업이나 화학물질 및 플라스틱, 종이, 제철, 콘크리이트 제조 등의 산업활동에도 다량의 물이 사용된다.

개념 점검 14.1

① 지하수는 지구상의 총 담수 중 몇 퍼센트를 차지하는가?
② 지구상의 액체 담수 중 지하수는 몇 퍼센트인가?
③ 지하수가 지질 매체로 작용하는 역할 중 두 가지를 제시하라.
④ 미국에서 담수 자원에 대한 지하수의 기여도는 얼마인가? 지하수가 가장 많이 사용되는 용도는 무엇인가?

14.2 지하수와 지하수면

지표 하부에 존재하는 물의 분포를 모식적으로 그려 보라. 지하수면의 변화를 일으키는 요인과 지하수–지표수 간의 상호 반응에 대해 논의하라.

알고 있나요?

투손과 피닉스를 포함한 애리조나 중남부지역의 급격한 인구 증가에 따라 지하수를 취수한 결과, 지하 수위가 300~500피트 하강하였다.

비가 오면 그중 일부는 지표에서 흐르고, 일부는 증발과 증산으로 다시 대기 중으로 돌아가며, 나머지는 지하로 스며든다. 여기서 마지막 이동 경로가 근본적으로 모든 지하수의 근원이 된다. 하지만 이들 각 경로를 통해 흐르는 물의 양은 시간적·공간적으로 상당한 변화를 보인다. 이러한 변화를 일으키는 요인으로는 경사도, 지표물질의 특성, 강수의 강도, 식생의 종류와 양 등이 포함된다. 바닥이 불투수성 물질로 된 급경사 지역에 많은 비가 내리면 당연히 많은 양의 물이 지표면에서 흐르게 될 것이다. 반대로 물이 쉽게 침투할 수 있는 물질로 된 경사가 완만한 지역에 서서히 지속적으로 비가 온다면 상대적으로 많은 양의 물이 지하로 스며들게 될 것이다.

지하수의 분포

이렇게 스며든 물 중 일부는 분자 간 인력에 의해서 토양 입자들 위에 표면 필름의 형태로 붙잡히게 되어 먼 거리를 이동하지 못하게 된다. 지표면에서 가까운 이 부분을 **토양 습도대**(zone of soil moisture)라고 한다. 이 영역에서는 식물의 뿌리와 뿌리가 썩고 남은 공극, 동물과 벌레들이 움직이면서 파놓은 구멍들이 교차되면서 강수가 토양으로 침투되는 것이 증가한다. 토양수는 식물의 신진대사와 증산에 사용되며, 이 중 일부는 증발하여 대기 중으로 돌아가기도 한다.

토양수로 붙잡히지 않은 물은 아래로 더욱 내려가서 퇴적물이나 암석 내의 모든 공극이 물로 채워진 지역까지 도달하게 된다(그림 14.5). 이 지역을 **포화대**(zone of saturation)라고 부르며, 이 포화대 내의 물을 **지하수**(groundwater), 포화대의 최상부면은 **지하수면**(water table)이라고 한다. 지하수면의 상부로 **모세관대**(capillary fringe)가 위치하며, 여기서는 지하수가 토양이나 퇴적물 입자들 사이의 미세한 통로에 표면장력으로 붙잡혀 있다. 모세관대와 토양습도대를 포함하는 지하수면 상부를 **불포화대**(unsaturated zone) 또는 **통기대**(vadose zone)라고 부른다. 이 부분의 공극들에는 물과 공기가 함께 들어 있다. 불포화대에도 많은 양의 물이 존재하지만, 이 물은 암석과 토양 입자들에 너무 꽉 붙어 있어서 우물에서 취수할 수는 없다. 이와 대조적으로 지하수면 아래에서는 수압으로 인해 물이 우물로 밀려 들어가게 되어 지하수를 취수할 수 있다. 우물에 대해서는 이 장 후반부에서 더 자세히 공부하도록 한다.

지하수면

포화대의 최상부면인 지하수면은 지하수계에서 아주 중요한 특성을 지니고 있다. 지하수면의 수위는 우물의 생산성을 예측하고, 샘과 하천 유량의 변화 및 호수의 수위 변동을 설명하는 데 중요하다.

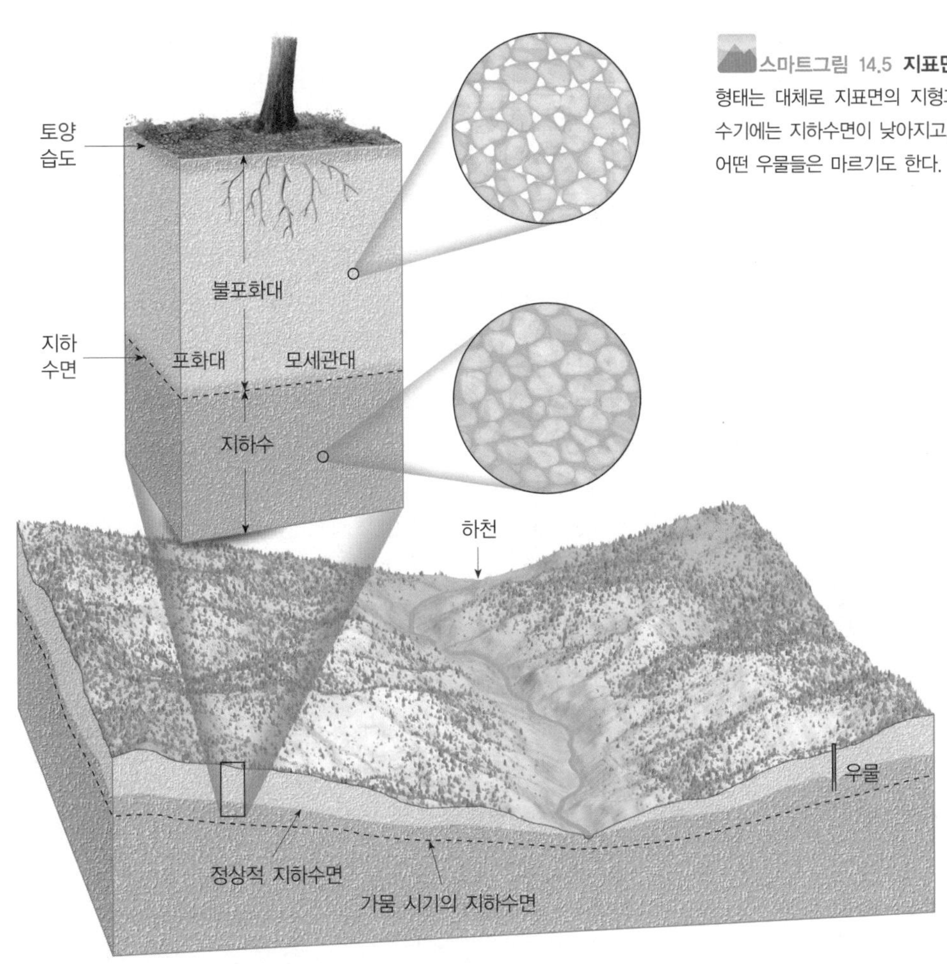

스마트그림 14.5 **지표면 하부의 물** 지하수면의 형태는 대체로 지표면의 지형과 유사하게 나타난다. 갈수기에는 지하수면이 낮아지고, 하천의 유량이 감소되며, 어떤 우물들은 마르기도 한다.

그림 14.6 **지하수면의 관측** 관측정에서의 지하수위 관측은 기본적이면서도 가장 중요한 자료를 제공한다. 우물의 위치는 지도상에 적색으로 표시되어 있고, 그 자료는 아래 제시되어 있다. (사진 : *Missouri Department of Natural Resources*)

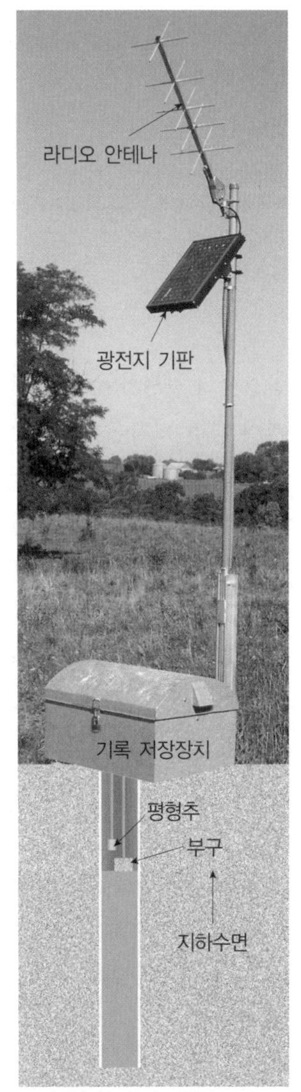

지하수위 자료는 원격으로도 관측할 수 있다.

지하수면의 변화 지하수면의 깊이는 변동성이 높아서, 지표면에 있을 경우인 심도가 0인 상태부터 어떤 지역에서는 수백 미터 깊이까지 변화할 수 있다. 지하수면의 중요한 특징은 이 면이 계절에 따라 변화하며, 해마다 변하기도 한다는 것이다. 이는 지하수계로 유입되는 물이 강수의 시기와 분포, 양에 밀접하게 관련되기 때문이다. 지하수면이 지표면에 있을 때를 제외하고는 지하수면을 직접 관찰할 수 없다. 그럼에도 불구하고 지하수면의 수위를 우물의 수위를 관측

지하수관측망은 지하수위가 정기적으로 관측되는 우물들을 연결시킨 것이다. 미국 지질조사소와 각 주의 관련 기관은 합동으로 약 20,000개소의 관측공을 운영하고 있다. 이 지도는 미주리 주의 관측망 구성 우물들을 보여준다.

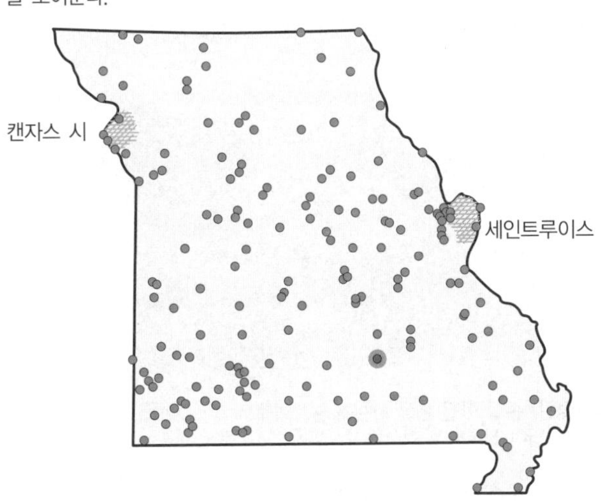

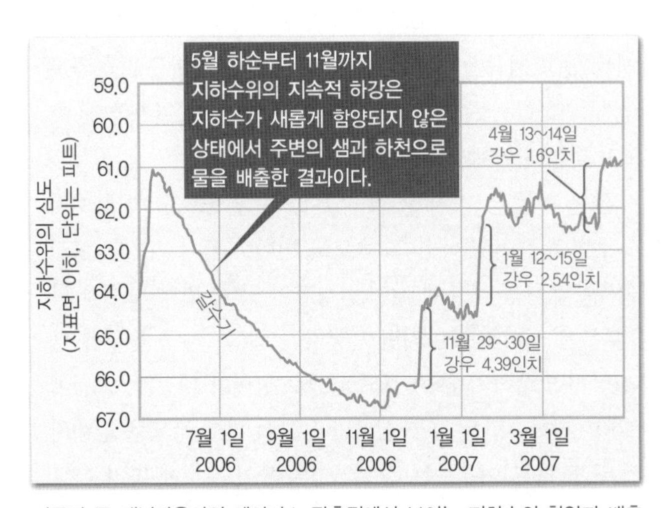

미주리 주 섀넌카운티의 에이커스 관측정에서 보이는 지하수의 함양과 배출 기록. 이 지역의 다른 우물들과 마찬가지로 이 우물에서의 지하수면의 높이도 봄과 가을 사이에 점진적인 하강을 보여준다. 이러한 현상은 이 시기에 지하수 함양이 낮기 때문이다. 하지만 지하수는 대수층을 통해 지속적으로 유동하면서, 건조한 해에도 지역 내의 샘과 하천에 물을 공급한다.

그림 14.7 **지하수면의 도시** 관측정 내의 수위는 지하수면과 일치한다. (USGS)

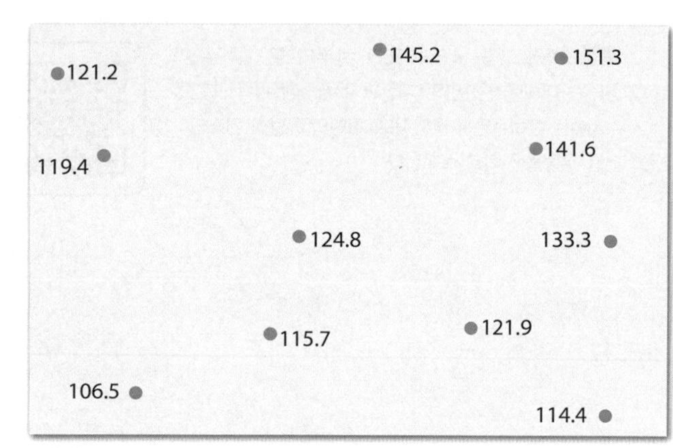

1단계 관측정들의 위치와 지하수면의 해발고도를 도면 위에 표시한다.

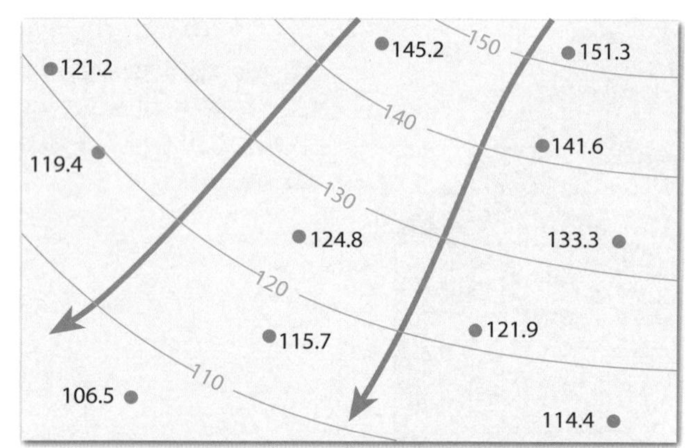

2단계 이들 자료를 이용해서 지하수면의 등고선을 그린다. 포화대 상부 지역에서 보이는 물의 이동을 보여주기 위해 유선을 추가할 수도 있다. 지하수는 지하수면 등고선에 대해 수직으로, 경사의 하부로 이동한다.

함으로써 상세하게 조사할 수 있고, 도면화할 수도 있다(**그림 14.6**). 미국 지질조사소와 각 주의 관련 기관에서는 관측정들의 광범위한 네크워크를 통해 지하수위의 통계적 특성을 제공하고 있다. 이런 자료들은 지하수면이 우리가 면이라는 낱말에서 예상하는 것과는 달리 평평한 모습이 아니라는 것을 잘 보여주는, 수위도 작성의 기반이 된다(**그림 14.7**). 그와는 반대로 일반적으로 언덕에서는 높고 계곡에서는 낮아져서 지표면의 지형을 따라가는 형태를 보인다(그림 14.5). 습지(늪지)가 있는 곳에서는 지하수면이 지표면에 위치한다. 호수와 하천은 지표면이 지하수면보다 낮은 지역에서 나타난다.

지하수면이 평탄하게 나타나지 않는 데는 몇 가지 요인이 있다. 이 중 중요한 하나는 지하수의 유동 속도가 아주 느리고 주변 환경이 변하면 그 속도도 변한다는 사실이다. 이러한 이유로 지하수는 계곡과 계곡 사이의 구릉 부분에 쌓이는 경향이 있다. 만약 강수가 완전히 멈춘다면 지하수면의 구릉 부분은 서서히 낮아지면서 궁극적으로는 계곡 높이에 다다르게 될 것이다. 하지만 이런 현상이 발생하지 않을 정도로 새로운 비가 내린다. 그럼에도 불구하고 가뭄이 길어질 경우에는 지하수면은 얕은 심도의 우물이 마를 정도로 깊어지게 된다. 지하수면이 평평하지 않은 또 다른 이유로는 강수와 침투율이 장소에 따라 다르기 때문이다.

지하수와 하천의 상호반응 지하수계와 하천과의 상호반응은 수문순환의 기본적인 연결고리이다. 이 반응은 다음의 세 가지 중 하나로 나타날 수 있다. 첫 번째는 하상을 통한 지하수의 유입으로 물이 공급되는 하천으로, 이를 **이득 하천**(gaining stream; **그림 14.8A**)이라 부른다. 이러한 하천이 발생하기 위해서는 지하수면이 하천의 표면보다 높아야만 한다. 두 번째는 어떤 하천은 하상을 통해 하천수가 지하수계로 유출되기도 하는데, 이런 하천을 **손실 하천**(losing stream)이라 부른다(**그림 14.8B**). 이와 같은 하천은 지하수면이 하천의 표면보다 낮은 경우에 발생한다. 세 번째 경우는 앞의 두 가지 경우가 복합된 것으로, 하천의 일부에서는 지하수가 유입되고 다른 부분에서는 하천수가 지하수로 유출되는 것이다.

손실 하천은 포화대를 통해 지하수계와 연결될 수도 있고, 불포화대가 존재할 때는 분리되기도 한다. 그림 14.8B와 C를 비교해 보라. 하천과 지하수계가 분리되어 있는 경우 하

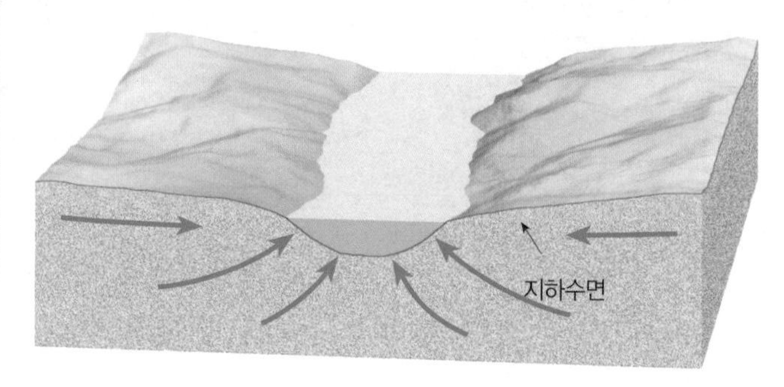

A. **이득 하천** 이득 하천은 지하수계로부터 물을 공급받는다.

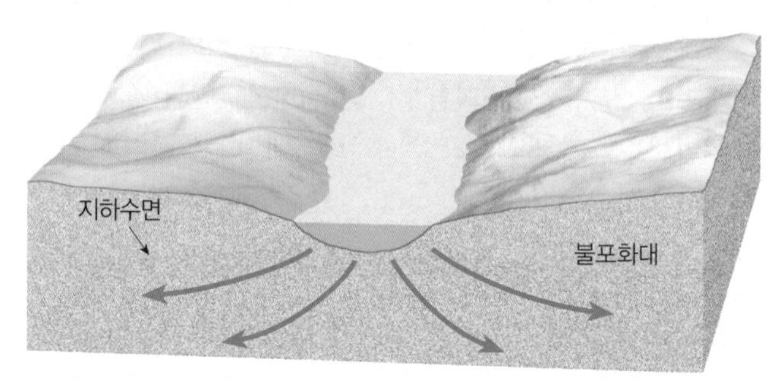

B. **(연결된) 손실 하천** 손실 하천은 지하수계로 물을 공급한다.

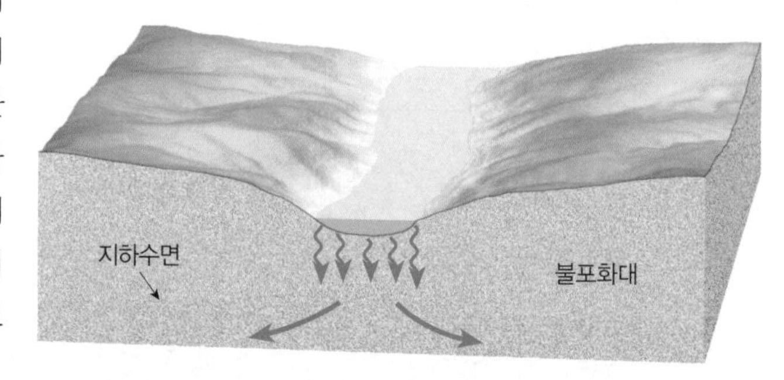

C. **(단절된) 손실 하천** 손실 하천이 불포화대로 지하수계와 분리되어 있으면, 지하수면이 볼록하게 형성될 수 있다.

그림 14.8 **지하수계와 하천의 상호반응** (USGS)

상과 포화대를 통한 물의 침투 속도가 지하수의 이동 속도보다 빠르다면, 지하수면이 하천의 하부에서 위로 불룩하게 형성될 수 있다.

경우에 따라서는 하천이 항상 이득 하천이거나 또는 항상 손실 하천일 수도 있다. 하지만 많은 경우 하천의 경로에 따라 이러한 물의 흐름 방향은 다양하게 변화된다. 즉 하천의 어떤 부분에서는 지하수가 유입되고, 또 어떤 부분에서는 지하수로 유출된다. 더구나 하천제방 근처에 호우가 내리거나 호우 유출량이 하천을 따라 하류로 이동하는 경우에는 물의 유동 방향이 짧은 동안에만 바뀌기도 한다.

대부분의 기후와 지질환경에서는 지하수가 하천에 물을 공급한다. 기본적으로 지하수계로 물을 유출하게 되는 손실 하천일지라도 하천의 일부에서는 특정 계절 동안 지하수가 유입될 수도 있다. 미국 전역의 54개 하천에 대한 조사 결과, 52%의 하천에 지하수가 물을 공급하고 있었으며, 지하수의 기여도는 최소 14%부터 최대 90%까지 이른다. 지하수는 호수와 습지에도 물의 주요 공급원이다.

개념 점검 14.2

① 지면에 비가 내릴 때 지하로 침투하는 물의 양을 조절하는 요인은 무엇인가?
② 지하수면과 연관해서 지하수를 정의하라.
③ 부엌의 식탁 면은 평평하다. 지하수면도 그러한가? 이유는 무엇인가?
④ 이득 하천과 손실 하천을 비교하라.

14.3 지하수의 저장과 이동에 영향을 미치는 요인

지하수의 저장과 이동에 영향을 미치는 요인을 요약하라.

지하물질의 특성이 지하수의 유동 속도와 저장량을 좌우한다. 이 중 가장 중요한 두 요인은 공극률과 투수율이다.

공극률

기반암, 퇴적물, 토양에는 미세하지만 셀 수 없이 많은 공간들이 존재하기 때문에 지표면에 떨어진 물은 땅속으로 스며들게 된다. 스펀지와 유사한 이러한 공간들을 공극이라고 한다. 암석이나 퇴적물의 총 부피에 대한 공극 부피의 백분율(%)은 **공극률**(porosity)이라고 하며, 지하수의 저장가능량은 이 공극률에 좌우된다(그림 14.9). 이러한 공극은 일반적으로 퇴적 입자들 사이에 존재하지만, 단층이나 절리 또는 석회암과 같은 용해성 암석이 녹아서 생성된 동굴, 용암에서 가스 성분이 배출되면서 형성된 기공 등으로도 존재한다.

공극률은 여러 요인에 따라 상당히 변화가 크게 나타난다. 퇴적물은 대체로 다공질로서, 공극이 퇴적물 총 부피의 약 10~50% 정도를 차지한다. 공극을 좌우하는 요인으로는 입자의 크기와 형태, 입자가 쌓인 방법, 분급도가 있으며, 퇴적암에서는 교결물질의 양도 포함된다. 예를 들어 점토는 최대 50% 정도의 공극률을 보이지만, 자갈층에서는 약 20% 정도이다.

퇴적물의 분급이 나쁠 경우에는 작은 입자들이 큰 입자들 사이의 공극을 메우게 되어 결과적으로 공극률은 낮아진다. 몇몇 퇴적암과 대부분의 화성암 및 변성암은 치밀하게 결합된 결정들로 구성되어 있어서 입자들 사이에는 거의 공극이 존재하지 않는다. 이런 암석들에서는 균열들이 공극을 이루게 된다.

투수율, 준대수층, 대수층

지하수를 산출하는 지구물질의 능력을 공극률 하나만으로 측정할 수는 없다. 공극률이 높은 암석이나 퇴적물이라도 물이 통과하기가 어려운 경우가 있기 때문이다. 따라서 공극들은 반드시 물이 흐를 수 있도록 서로 연결되어 있어야 하고, 또한 어느 정도는 커야 한다. 그러므로 어떤 물질이 유체를 통과시키는 능력을 표시하는 **투수율**(permeability)도 대단히 중요하다.

알고 있나요?

미국 내의 가장 거대한 대수층인 하이 플레인즈 대수층은 높은 공극률과 탁월한 투수율, 그리고 거대한 규모로 인해 휴론 호수를 가득 채울 수 있을 정도의 엄청난 양의 지하수를 저장하고 있다.

왼쪽의 비이커는 1,000ml의 퇴적물로 채워져 있다. 오른쪽의 비이커는 1,000ml의 물을 채웠다.

퇴적물로 가득 찬 비이커는 지금은 500ml의 물을 포함한다. 이때 공극률은 퇴적물 부피의 50%에 해당한다.

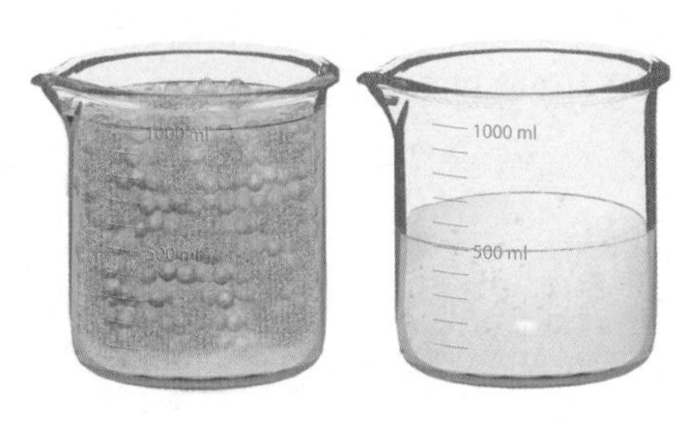

그림 14.9 **공극률의 시연** 공극률은 암석이나 퇴적물의 전체 부피에 대하여 공극이 차지하는 부분을 백분율로 표시한 것이다.

지하수는 연결된 공극들 사이를 구불구불 돌아가면서 유동한다. 공극이 작을수록 물의 유동 속도는 낮아진다. 예를 들어 점토의 경우 공극률이 커서 지하수를 저장하는 능력은 클 수 있지만, 공극의 크기가 너무 작아서 물이 그 공극을 통해 유동하는 것이 거의 불가능하다. 따라서 점토의 공극률은 크지만 투수성은 낮아서, 지하수의 산출능력은 아주 낮다.

물의 유동을 방해하거나 막는 층을 **준대수층**(aquitard)이라고 하며 점토가 좋은 예이다. 이와 대조적으로 모래나 자갈 같은 입자가 큰 물질들은 공극도 크다. 그러므로 물이 상대적으로 쉽게 유동한다. 이런 두수성 암층 또는 퇴적물로서 지하수가 자유롭게 통과할 수 있는 지층을 **대수층**(aquifer)이라고 하며, 대표적인 예로는 모래와 자갈층이 있다.

요약하면 공극률은 지하수의 산출 가능량을 예상할 수 있는 믿을 만한 지시자가 아니고, 오히려 투수율이 지하수의 유동 속도와 우물(관정)에서의 취수 가능량을 결정하는 데 중요하다.

개념 점검 14.3

① 공극률과 투수율을 구분해 보라.
② 대수층과 준대수층의 차이는 무엇인가?

14.4 지하수의 유동 방식

간단한 지하수 유동계를 모식도로 그리고 설명하라. 지하수 유동을 측정하는 방법과 규모 차이를 논의하라.

대기나 지표에서 물의 유동은 눈으로 볼 수 있어서 비교적 쉽게 이해할 수 있지만 지하수는 그렇지 않다. 이 장의 서론에서 "지하수가 마치 땅속에서 흐르는 강처럼 존재한다."고 하는 일반적인 오해에 대해 언급했었다. 물론 지하의 강이 없는 것은 아니지만 그런 경우는 극히 드물다. 오히려 바로 앞에서 설명했듯이 지하수는 일반적으로 암석이나 퇴적물의 공극과 암석 균열에 존재한다. 그러므로 일반적인 지하수의 유동은 '빠르게 움직이는 지하의 강'이라는 개념보다는 공극에서 공극으로 대단히 느리게 움직인다고 보아야 한다.

단순한 지하수 유동체계

그림 14.10은 포화된 지구물질을 통해 지하수가 유동하는 간단한 3차원의 지하수 유동체계를 보여준다. 그림에서 지하수는 재충전되는 지역인 **함양지역**(recharge area)으로부터, 지하수가 지표로 유출되는 하천을 따라 형성된 **배출지역**(discharge area)으로 유동하는 것을 보여준다. 지하수 유출은 샘, 호수, 습지 또는 지하수가 만이나 해저면으로 유출되는 과정에서 해안가에서도 발생한다. 뿌리가 지하수면까지 뻗어 있는 식물에 의한 증산은 지하수 배출의 또 다른 형태를 보여준다. 지하수를 인위적으로 지표면으로 유출시키는 우물은 인위적 배출지역이 된다.

지하수를 움직이는 에너지는 중력에 의해 제공된다. 중력에 의해 물은 지하수면이 높은 곳에서 낮은 곳으로 유동한다. 물의 일부는 지하수면의 경사하부로 직선적으로 이동하기도 하지만, 대부분의 경우 유출지역까지 길고 곡선화된 경로를 따라 유동한다.

그림 14.10에서는 하천으로 유출되는 지하수의 가능한 모든 경로를 보여준다. 어떤 경로는 상부로 유동 방향이 보이는데, 이는 분명히 중력에 반대되는 흐름이며, 하천의 바닥을 통해 유출된다. 포화대에서 깊이 내려가면 갈수록 수압이 증가한다. 따라서 이러한 곡선 모양의 상향 유동의 모습은 중력이 아래로 잡아당기는 힘과 물이 압력이 높은 곳에서 낮은 곳으로 이동하려는 힘과의 절충에 의해 나타난 것으로 이해하면 쉬울 것이다. 결과적으로 특정 고도에 위치한 물은 하천 밑에 있을 때보다는 언덕 밑에 있을 때 더 큰 압력을 받게 될 것이고, 따라서 물은 압력이 더 낮은 곳으로 유동하게 된다.

지하수 유동의 측정

지하수 유동에 대한 현대적 이해는 19세기 중반 프랑스 과학기술자인 앙리 다르시의 실험으로부터 시작되었다. 앙리는 실험을 통해서 지하수의 유동 속도가 지하수면의 경사도가 클수록—경사도가 클수록 두 지점 사이의 수압 차이는 커지므로—비례하여 커짐을 보여주었다. 지하수면의 경사도는 **수리경사도**(hydraulic gradient)라고 하며, 다음과 같이 표현할 수 있다.

$$\text{수리경사도} = \frac{h_1 - h_2}{d}$$

이때 h_1은 한 지점에서 지하수면의 높이, h_2는 다른 지점에

그림 14.10 **지하수의 유동** 화살표는 균질한 다공질 매체에서의 지하수 유동을 보여준다.

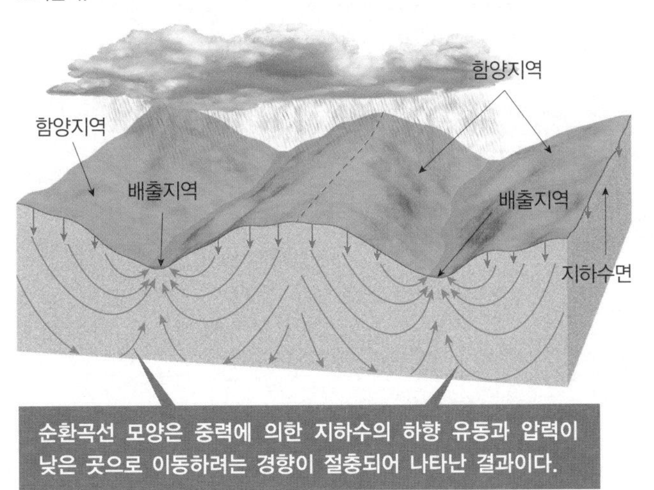

그림 14.11 **수리경사도** 수리경사도는 지하수면에 있는 두 지점 간의 고도 차이(h_1-h_2)를 이들 사이의 거리(d)로 나누어 준 값이다. 지하수면의 고도를 알기 위해서는 우물을 사용한다.

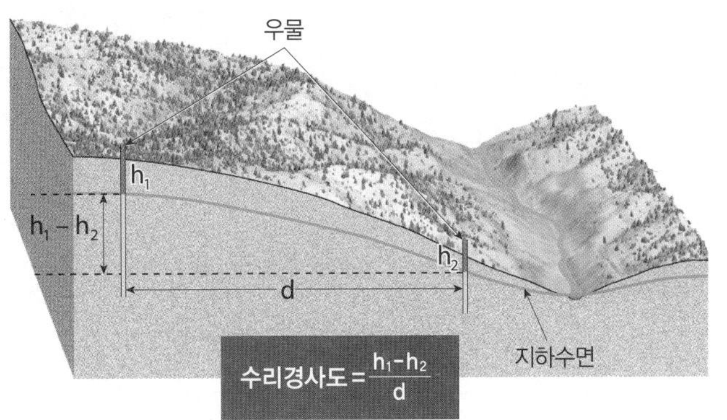

알고 있나요?

지하수의 이동속도는 변화의 폭이 상당히 크다. 이를 측정하는 한 방법은 우물에 염료를 투입하고, 염료가 다른 우물에서 검출되기까지의 시간과 거리를 측정하는 것이다. 많은 대수층에서 보이는 지하수의 전형적인 속도는 50ft/년(약 1.7인치/일) 정도이다.

서의 지하수면의 높이, d는 두 지점 사이의 수평거리를 지시한다(**그림 14.11**).

다르시는 또한 조립질 모래와 세립질 모래 등 서로 다른 물질로 가득 채운 튜브를 여러 각도로 기울이면서 유속을 측정한 실험을 하였다. 이 실험에서 지하수의 유속이 퇴적물의 투수율에 따라 변화됨을 발견하였다. 즉 투수율이 낮은 퇴적물보다는 높은 퇴적물에서 지하수가 더 빠르게 유동하였다. 이러한 관계를 보여주는 요인을 **수리전도도**(hydraulic conductivity)라고 하는데, 이는 지질매체의 투수율과 흐르는 유체의 점도를 고려한 상수이다.

일정한 시간 동안 대수층을 통해 흐르는 물의 실질적인 양, 즉 유출량(Q)은 다음 식으로 계산한다.

$$Q = \frac{KA(h_1 - h_2)}{d}$$

이때 $\frac{h_1 - h_2}{d}$는 수리경사도, K는 수리전도도, A는 대수층의 단면적이다. 위의 식을 프랑스 과학기술자인 다르시를 기념하여 **다르시의 법칙**(Darcy's law)이라고 부른다. 대수층의 수리경사도와 수리전도도, 그리고 단면적을 알고 있다면 위 식을 이용해서 지하수의 유출량을 계산할 수 있다.

지하수 유동의 규모

지하수 유동의 지리적 영역은 수 제곱킬로미터부터 수만 제곱킬로미터까지 광범위하게 나타난다. 지하수 유도경로의 길이 역시 수 미터에서 수백 킬로미터까지 다양하다. **그림 14.12**는 심부의 지하수 유동계와 그 상부에 위치하는 몇 개의 국지적인 천부 지하수 유동계를 보여주는 가상의 모식도이다. 지하의 지질특성은 높은 수리전도도를 가지는 대수층들과 낮은 수리전도도를 보이는 준대수층들이 복잡하게 연결되어 있다.

그림 14.12의 거의 상부에서 시작된 파란색 화살표는 상부의 지하수면 대수층에서 보이는 국지적인 지하수의 흐름을 보여준다. 이들은 구릉의 중심부에 위치하는 지하수 분수령에 의해 분리되고, 주변의 가장 근접한 지표수체로 배출된다. 이 천부 유동계의 아래에는

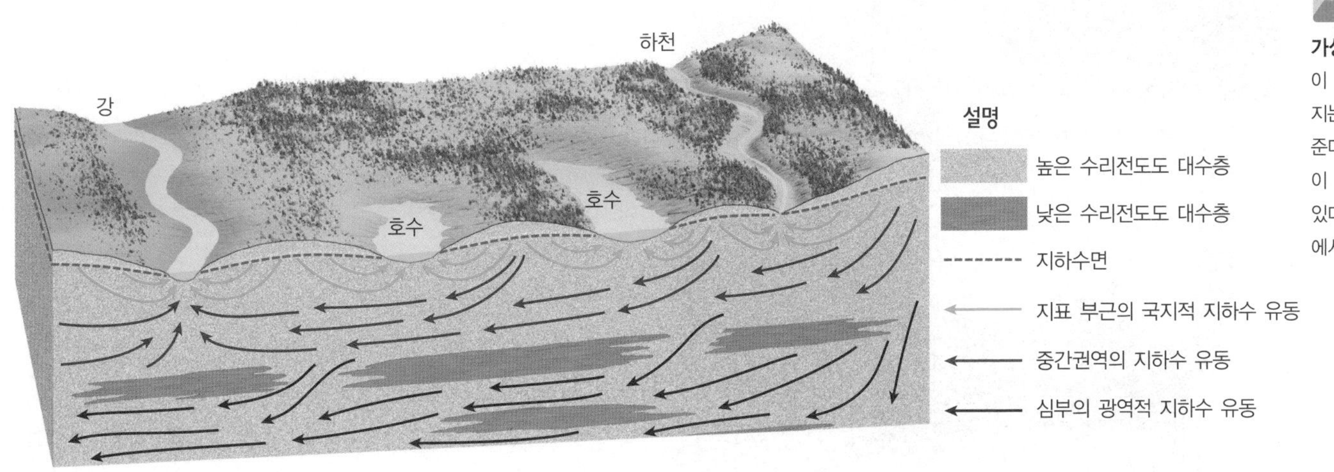

스마트그림 14.12
가상의 지하수 유동계 모식도
이 모식도는 서로 다른 규모를 가지는 3개의 지하수 유동계를 보여준다. 지표의 지형과 지하 지질특성이 이를 더욱 복잡하게 만들 수도 있다. 모식도의 수평적 규모는 수십에서 수백 킬로미터를 포함한다.

붉은색 화살표로 표시되는 중간 심도의 지하수의 흐름이 있는데, 이들은 주변의 지표수체로 배출되지 않고 더 멀리까지 이동한다. 최하부의 검은색 화살표는 심부의 광역적인 지하수 유동계에서의 흐름을 보여주며, 부분적으로는 그 상부의 지하수 흐름과 연결되어 있다. 위 모식도의 수평적 규모는 수십에서 수백 킬로미터의 범위를 나타낼 수 있다.

개념 점검 14.4

① 그림 14.10에 보이는 경로를 따르는 물의 흐름을 발생시키는 원인은 무엇인가?
② 지하수의 유동과 수리전도도 및 수리경사도와의 관계를 설명하라.
③ 지표에 근접한 국지적인 지하수 유동계와 심부의 광역적 유동계를 비교하라.

14.5 우물

우물과 지하수면과의 관계를 논의하라.

사람들이 지하수를 취수하기 위해 사용하는 가장 일반적인 도구는 포화대 내에 구멍의 형태로 뚫은 **우물**(well)이다(그림 14.3). 우물은 지하수가 모여들어 지상으로 양수할 수 있는 작은 저장소의 역할을 한다. 우물의 사용은 수 세기 전부터 확인되고 있으며, 오늘날에도 지하수를 취수하는 중요한 방법이다. 미국의 경우 국민의 약 50%가 지하수를 먹는 물로 사용하고 있으며, 농촌지역의 경우 생활용수의 약 96%를 지하수로 공급하고 있다.

지하수면의 높이는 건조한 시기에는 낮아졌다가 강우 시기 후에는 높아지면서 연중 상당한 변화를 보일 수 있다. 그러므로 지속적인 지하수의 공급을 확보하기 위해서는 우물을 지하수면 아래로 설치해야 한다. 우물에서 지하수를 채수하면 우물 주변의 지하수면은 낮아진다. 이러한 현상을 **수위하강**(drawdown)이라고 하며, 우물에서 거리가 멀어지면서 이 효과는 감소한다. 결과적으로 지하수면이 원추모양으로 함몰된 형태를 보이게 되는데, 이를 **수위하강추**(cone of depression)라고 부른다(그림 14.14). 수위하강추가 생성되면서 우물 근처에서 지하수면의 수리경사도가 증가하게 되고, 결과적으로 지하수가 우물로 더 빨리 들어오게 된다. 대부분의 가정용 소형 우물의 경우 수위하강추는 무시할 수 있을 정도이다. 하지만 우물에서 지하수를 농업용이나 공업용으로 다량으로 양수하면, 상당히 넓은 지역에 큰 경사를 보이는 수위하강추를 형성할 수도 있다. 이런 경우에는 주변 지역의 지하수면을 낮출 수 있고, 궁극적으로 주변의 얕은 우물들이 말라 버리게 된다. 그림 14.14는 이러한 상황을 보여준다.

지하수가 일차 상수원인 지역의 주민들에게는 우물을 성공적으로 개발하는 것 자체가 중요한 문제이다. 어떤 우물은 약 10m 깊이에서도 성공할 수 있지만, 반면에 그 이웃에서는 충분한 물을 얻기 위해서 그 2배의 깊이로 우물을 파야 할지도 모른다. 나아가 다른 사람들은 이보다 더 깊이 우물을 개발하거나, 아니면 아예 다른 지역에서 우물을 개발해야 할 수도 있다. 지하 매질이 이질성(비균질성)이라면, 우물에서 얻을 수 있는 지하수의 양은 짧은 거리에서도 크게 다를 수 있다. 예를 들면 2개의 우물을 동일한 깊이로 설치했는데, 오직 한 우물만이 성공할 수 있다. 이는 그 우물 밑에 형성된 부유 대수층 때문일 수 있다. 그림 14.15가 보여주듯이 **부유**

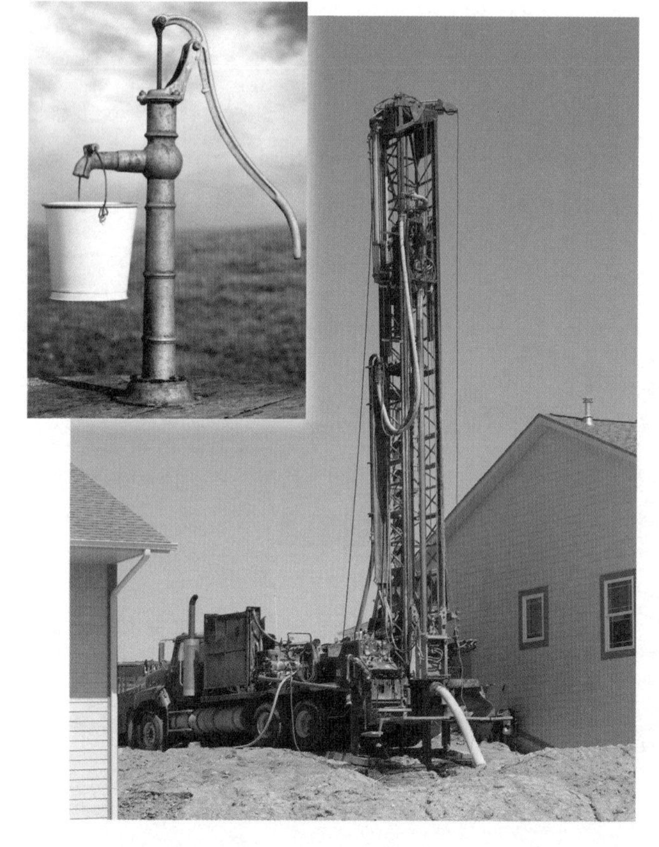

그림 14.13 **우물(관정)** 우물은 사람들이 지하수를 취수하는 가장 일반적인 형태의 도구이다. (사진 : *Shutterstock; ASP/YPP/AGE Fotostock*)

알고 있나요?

국가지하수협회에 따르면 미국에는 1,600만 개소의 우물(관정)이 다양한 목적으로 설치되어 있다. 개인 가정용 우물이 가장 많으며, 약 1,300만 개소를 상회한다. 매년 신규로 주거용 우물들이 약 50만 개소씩 개발되고 있다.

스마트그림 14.14 **수위하강추** 대부분의 가정용 소형 우물에서는 수위하강추가 무시할 만하다. 그러나 우물에서 다량의 양수가 이루어지면 수위하강추가 확대되고, 지하수면이 낮아져서 주변의 얕은 심도의 우물들이 마르게 될 수 있다.

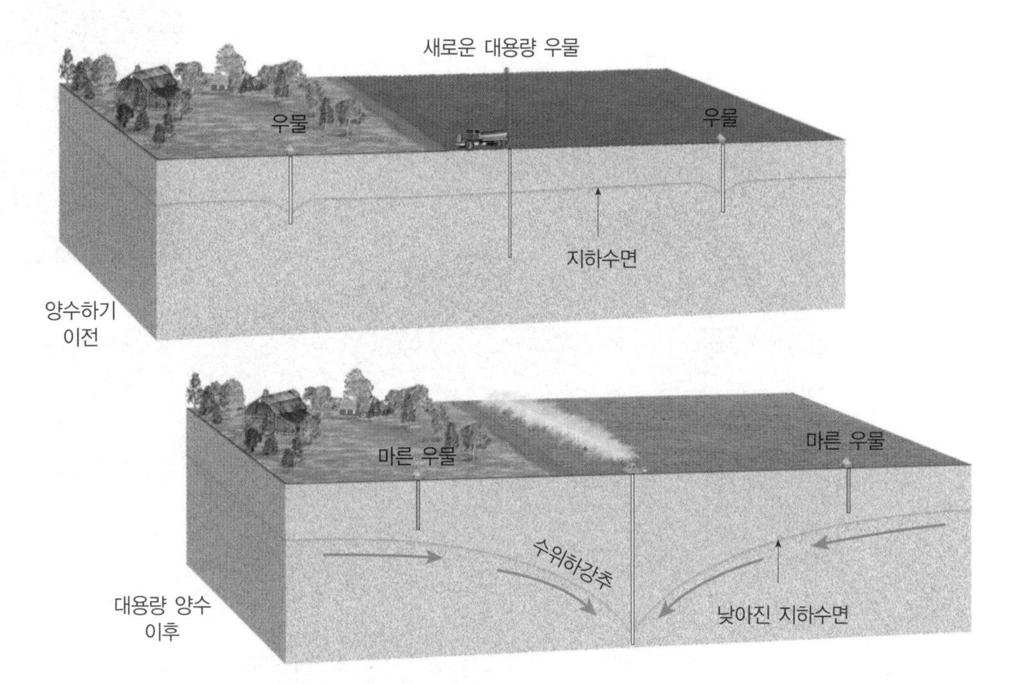

지하수면(perched water table)은 준대수층이 주 지하수면 상부에 위치하는 경우에 형성된다. 치밀한 화성암 및 변성암은 두 번째 예를 보여준다. 즉 이들 결정질 암석들은 절리와 균열대 등에 의해 잘라지지 않았다면 일반적으로 투수성이 거의 없다. 그러므로 이러한 암석들에 우물을 뚫었는데 적절한 균열들과 교차하지 않는다면, 그 우물에서는 지하수가 거의 생산되지 않을 것이다.

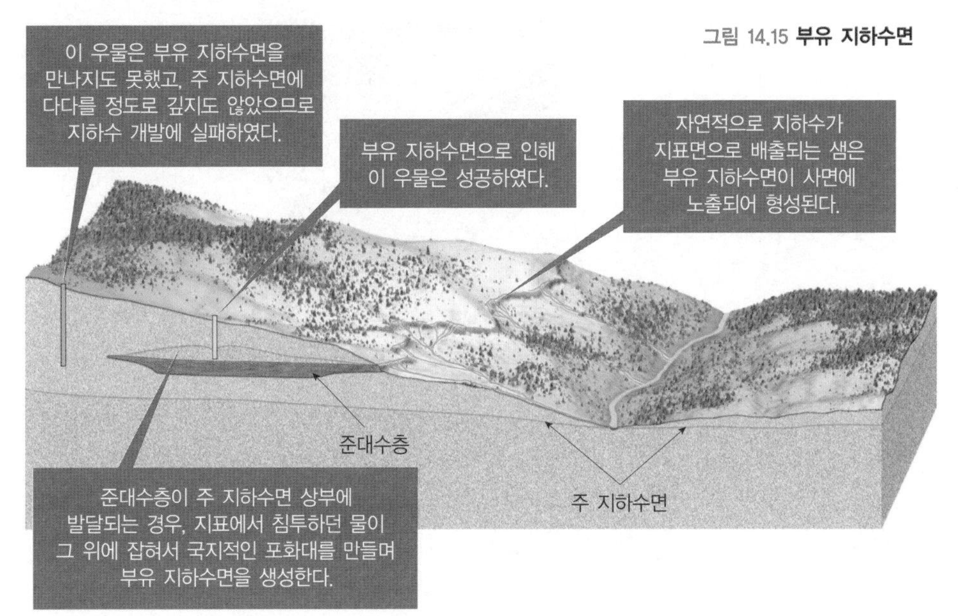

그림 14.15 **부유 지하수면**

개념 점검 14.5

① 수위하강과 수위하강추의 관계를 설명하라.
② 대용량 양수정은 지하수면에 어떠한 영향을 미치는가?
③ 그림 14.15에서 두 우물은 동일한 고도에 설치되어 있다. 그런데 하나는 성공적이고 하나는 실패했다. 이유는 무엇인가?

14.6 자분계

간단한 자분계를 모식도로 표시해 보라.

대부분의 우물에서는 물이 저절로 지표면 위로 올라오지는 않는다. 우물을 굴착하는 중에 심도 30m 정도에서 처음 물을 만났다면 이 물은 그냥 그 심도에 존재하며, 건기와 우기 등의 계절별 변화에 따라 약 1~2m 정도의 변화를 보인다. 하지만 어떤 우물에서는 물이 상승하여 지표면으로 넘쳐흐르는 경우도 있다. 이러한 우물들은 프랑스 북부의 아르투아 지역에서 많이 나타난다. 그래서 이렇게 지하수가 스스로 상승하는 우물들을 피압정이라고 한다.

피압(artesian)이라는 용어는 지하수가 압력을 받아 대수층의 높이보다 더 높게 올라오는 상황에 사용된다. 이러한 자분계(artesian system)가 발생하려면 보통 두 가지 조건이 존재한다(**그림 14.16**). (1) 물이 유입될 수 있는 경사를 가진 대수층 내에 물이 한정되어 있고, (2) 이 대수층의 상부와 하부에는 준대수층이 존재해서 물이 다른 곳으로 샐 수 없어야 한다. 이런 대수층을 **피압대수층**(confined aquifer)이라고 한다. 이런 지층에 우물이 굴착되면 상부에서 작용하는 수압으로 인해 지하수는 상승하게 된다. 만약 마찰이 없다면 우물 내부의

스마트그림 14.16

피압 시스템 이 지하수계는 경사진 대수층이 불투수성 준대수층에 둘러싸인 경우에 나타난다. 이때의 대수층을 피압 대수층이라 부른다. 사진은 자분정을 보여준다.
(사진 : James A. Patterson)

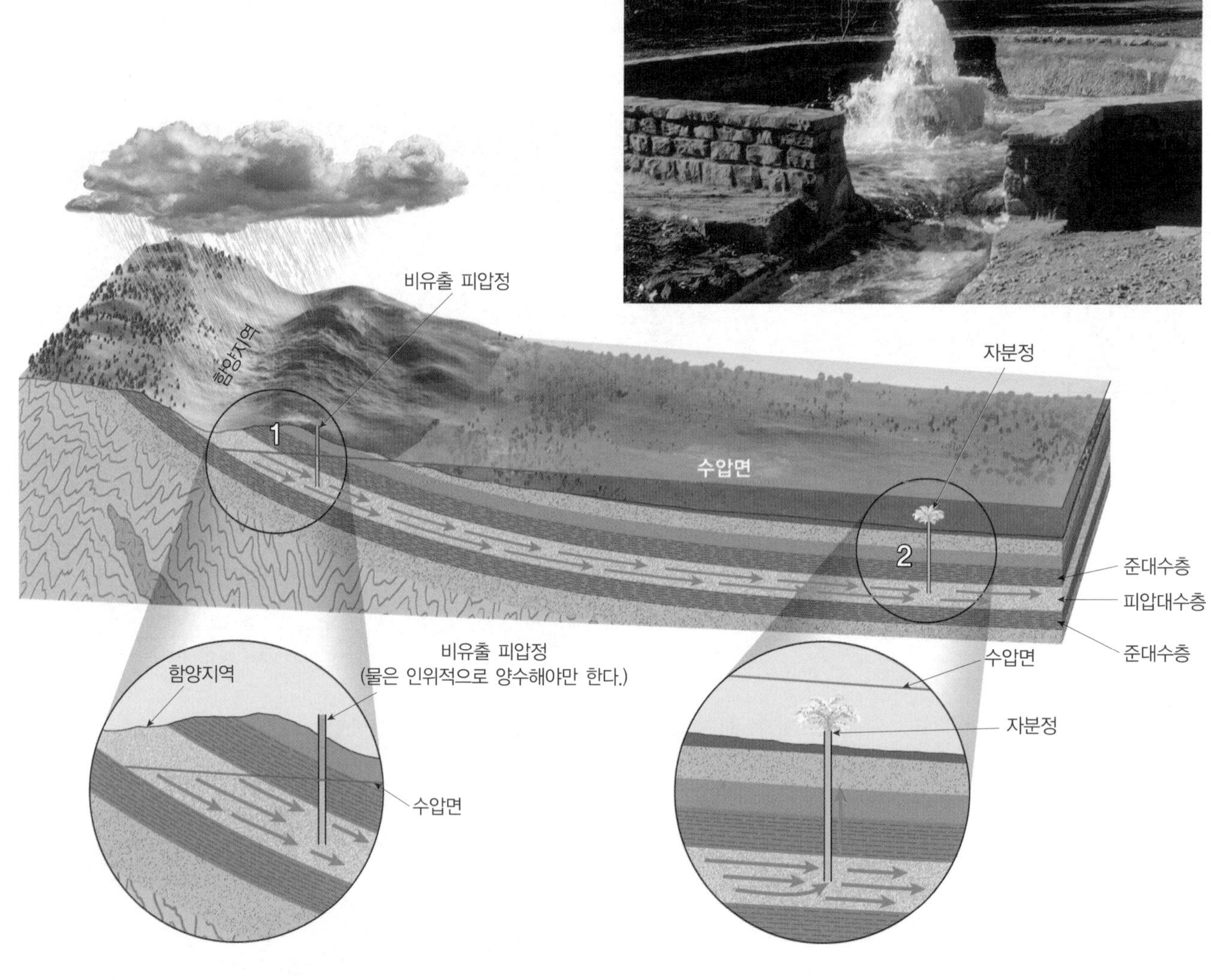

물은 대수층 최상부의 수위까지 상승하게 될 것이다. 하지만 마찰로 인해 이러한 수압면의 높이는 낮아지게 된다. 함양지역(경사진 대수층으로 물이 유입되는 지역)으로부터 멀어질수록 마찰력은 증가하고, 따라서 수위 상승은 감소한다.

그림 14.16에서 우물 1은 지하수가 지표로 스스로 유출되지 않는 **비유출 피압정**(nonflowing artesian well)인데, 이 지점에서는 수압면이 지표면보다 높지 않기 때문이다. 하지만 수압면이 지표면보다 높은 지점에서는 대수층으로 우물이 굴착되면 **자분정**(flowing artesian well)이 형성된다(우물 2, 그림 14.16). 모든 피압 시스템이 우물로만 나타나는 것은 아니며, 피압 샘(artesian springs)도 존재한다. 이 경우는 지하수가 인위적으로 설치된 관정이 아닌 단층과 같은 자연적인 균열을 통해서 지표면으로 상승한다. 사막지역에서는 이러한 피압 샘들이 오아시스를 생성하기도 한다.

피압 시스템은 지하수의 통로 역할을 하며, 함양지역으로부터 먼 거리에 있는 유출 지점까지 지하수를 유동시킨다. 잘 알려진 예로 사우스다코타의 피압 시스템을 들 수 있다(그림 14.17). 이 주의 서부지역에 있는 블랙 힐스의 사면을 일련의 퇴적층들이 위로 구부러진 상태로 노출되어 있다. 이 층들 중 하나가 다공질인 다코타 사암층인데, 이 층은 상하부의 불투수층 사이에 끼어 있으며, 동쪽 방향으로 점차 경사져 있다. 처음에는 대수층에 우물을 설치했을 때 물이 지표면 상부로 쏟아져 나왔고, 수 미터 높이의 자연 분수를 만들었다. 어떤 지역에서는 물이 분출되는 힘으로 물레방아를 돌릴 수도 있었다. 하지만 이제는 이 대수층에 수천 개소의 우물들이 설치되면서 이러한 장면은 볼 수가 없다. 이 과정에서 지

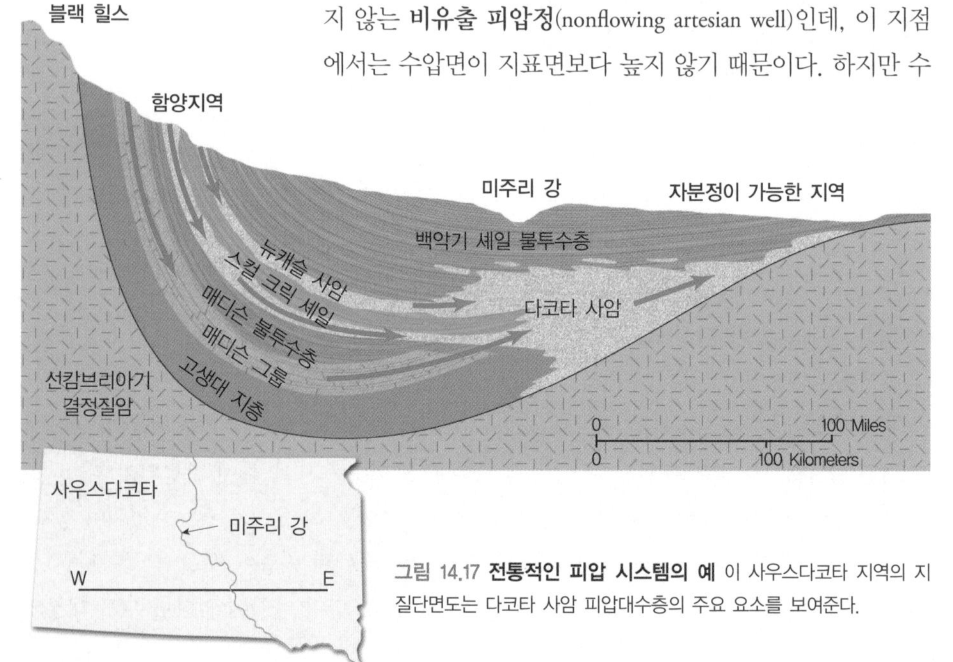

그림 14.17 **전통적인 피압 시스템의 예** 이 사우스다코타 지역의 지질단면도는 다코타 사암 피압대수층의 주요 요소를 보여준다.

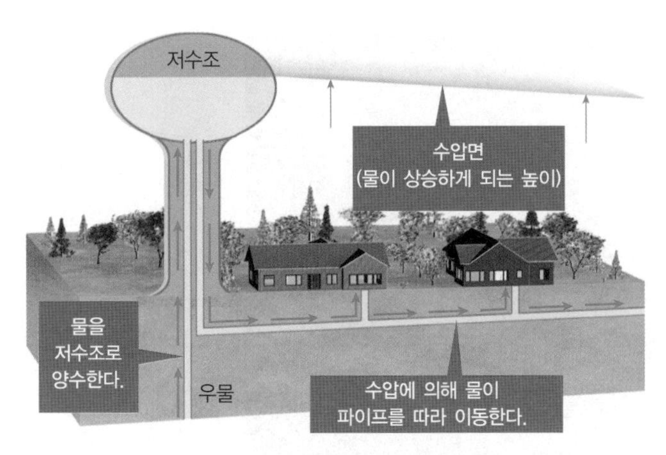

그림 14.18 **도시의 물 공급체계** 도시의 물 공급체계는 인위적인 피압 시스템으로 볼 수 있다.

하수 저장소가 고갈되어 왔으며. 함양지역의 지하수면은 지속적으로 하강되었다. 결과적으로 수압이 떨어져서 많은 자분정에서 지하수가 자연적으로 배출되지 않게 되었으며, 이제는 인위적으로 양수를 해야만 한다.

다른 관점에서 보면 도시의 물 공급체계도 인위적인 피압 시스템으로 볼 수 있다(**그림 14.18**). 물이 양수되어 저장되는 저수탑은 함양지역으로 볼 수 있고, 배관은 피압대수층, 가정의 수도꼭지는 자분정과 같다.

개념 점검 14.6

① 자분정이 있는 피압 지하수계의 모식도를 그려 보라. 여기에 준대수층과 대수층 및 수압면을 표시하라.
② 어떤 피압정은 지표면으로 물이 자분하지 않는데, 그 이유는 무엇인가?

14.7 샘, 온천, 간헐천

샘, 온천, 간헐천을 구분하라.

이 절에서 기술하는 내용은 가끔 사람들의 호기심과 감탄을 불러일으키곤 한다. 샘, 온천, 간헐천 등이 약간은 신비하게 받아들여지는 것도 충분히 이해할 수 있다. 왜냐면 물(어떤 때에는 아주 뜨거운 물)이 날씨와 무관하게 땅 속에서 솟구쳐 나오고, 특별히 눈에 띄는 근원도 없는데 끝이 없이 무한정으로 나오기 때문이다.

샘

17세기 중반 프랑스 물리학자인 피에르 페로는 강수량만으로는 샘과 하천을 흐르는 수량을 적절하게 설명할 수 없다는 오래된 가정이 타당하지 않음을 입증하였다. 페로는 몇 년에 걸쳐 프랑스의 세느 강 유역에 내린 강수량을 계산하였다. 그리고 하천 유출량을 측정하여 연평균 유출량을 계산하였다. 증발에 의한 물 손실을 고려한 후, 그는 샘에서 나올 수 있는 충분한 양의 물이 있었음을 보여주었다. 페로의 선도적인 노력과 뒤를 이은 많은 관측자료에 힘입어 오늘날 우리는 샘의 근원이 포화대에서 기인한다는 것과 이 물의 궁극적인 원천은 강수라는 것을 알게 되었다.

지하수면이 지표면과 교차할 때마다 자연적으로 지하수는 지표면으로 배출되고, 이를 우리는 **샘**(spring)이라고 한다(**그림 14.19**). 이 장의 첫 페이지 사진과 그림 14.19에서 보이는 것과 같은 샘들은 준대수층이 지하수의 하향 이동을 막고 횡적 이동을 초래한 결과로 생성된다. 또한 투수성 지층이 지표에 노출된 곳에서도 샘이 생성된다. 샘을 만드는 또 다른 환경은 그림 14.15에서 볼 수 있듯이 부유 지하수면이 경사면과 교차하는 경우이다.

그러나 샘은 부유 지하수면이 지표에 물을 흐르게 하는 곳에만 한정되지는 않는다. 지하 매체의 조건이 지역마다 다르게 나타나기 때문에 많은 지질학적인 환경조건에 따라 샘이 형성된다. 지하에 불투수성 결정질 암반이 있는 지역에서도 암반 균열이나 암석의 용해에 의한 유동 경로를 따라 투수성 지역이 존재할 수 있다. 이렇게 열린 구간들이 물로 채워지고, 나아가 사면을 따라 지표면과 교차하게 되면 샘이 형성된다.

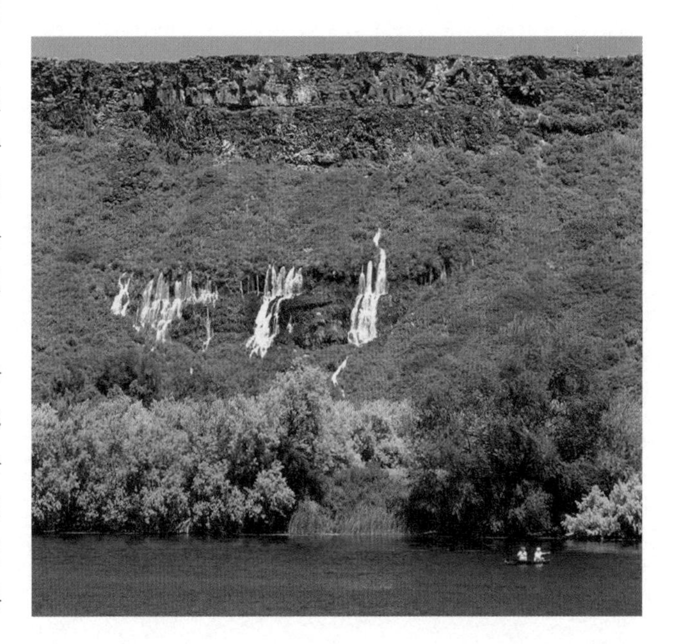

그림 14.19
사우전드 스프링즈 이 유명한 샘은 아이다호 주 해거만 계곡의 스네이크 강을 따라 산출된다. (사진 : David R. Frazier/Alamy Images)

그림 14.20 **온천** 사진에 보이는 아이슬란드의 온천을 포함하여 수많은 온천들은 최근의 화성활동을 겪어 온 지역에서 발견된다. (사진 : Andre Hasson/Alamy Images)

온천

전 세계적으로 받아들여지는 온천의 정의는 아직 없다. 자주 사용되는 정의로는 **온천**(hot Springs)의 물이 그 지역의 연평균 대기 기온보다 6~9℃ 높은 물이라는 것이 있다(**그림 14.20**). 미국에도 약 1,000개가 넘는 온천이 있다.

지하 심부의 광산이나 석유 시추공에서는 대체로 심도에 따라 온도가 증가하는데, 1km 깊어짐에 따라 평균 25℃ 증가하는데, 이 값을 지온경사도라고 한다. 따라서 지하수가 심부에서 순환한다면 지온으로 가열된다. 이렇게 가열된 물이 지표로 빠르게 올라와서 온천으로 나타난다. 미국 동부지역의 몇몇 온천들은 이러한 기작으로 생성된다. 프랭클린 루즈벨트 대통령의 휴양지였던 조지아 주 웜 스프링즈의 샘들이 그 좋은 예이다. 이들 온천의 수온은 항상 32℃ 정도였다. 다른 예로는 아칸소 주의 핫 스프링즈 국립공원을 들 수 있는데, 여기의 물들은 평균 60℃ 정도이다.

미국 내 온천(과 간헐천)의 약 95% 이상의 대다수가 서부지역에서 발견된다. 그 이유는 이러한 온천의 열원이 대부분 마그마 본체와 뜨거운 화성암들인데, 이런 화성활동이 가장 최근까지 나타난 지역이 서부지역이기 때문이다. 옐로스톤 지역의 온천과 간헐천은 유명하다.

알고 있나요?

지열 에너지는 증기와 열수가 자연적으로 저장된 지하에 구멍을 뚫어서 추출할 수 있다. 이런 일은 화성 활동이 상대적으로 최근에 있어서 지하의 온도가 높아진 지역에서 발생한다. 지열 에너지는 2011년 기준으로 미국의 재생가능한 자원 중 약 2.5%를 차지한다. 캘리포니아 주의 산타 로사 부근의 간헐천에서는 세계 최대의 발전용 지열개발이 이루어졌다.

간헐천

간헐천(geyser)은 단속적으로 분출되는 온천이나 샘으로, 엄청난 힘을 가지고 주기적으로 물기둥을 내뿜기도 하는데, 경우에 따라서는 지상으로 30~60m 정도나 뿜어 올리기도 한다. 물기둥이 끝나면 증기가 뿜어져 나오며 천둥 같은 소리가 들린다. 전 세계에서 가장 유명한 간헐천이 옐로스톤 국립공원 내 올드 페이스풀 간헐천이다(**그림 14.21**). 엄청난 숫자와 다양성, 간헐천의 멋진 광경들과 또한 다른 열원에 관련된 특징으로 인해 옐로스톤은 미국 제일의 국립공원으로 꼽힌다. 다른 나라에서도 간헐천을 볼 수 있는데, 뉴질랜드나 아이슬란드 등이 유명하다. 사실 아이슬란드의 *geysa*라는 단어는 '뿜어낸다'는 뜻으로, *geyser*의 어원이 되었다.

그림 14.21 **올드 페이스풀** 와이오밍 주 옐로스톤 국립공원에 있는 세계적으로 유명한 간헐천이다. (사진 : Jeff Vanuga/Corbis)

최하부의 물이 비등점까지 가열된다. 물의 비등점은 그 위에 가해지는 수압으로 인해 심부로 갈수록 높아진다.

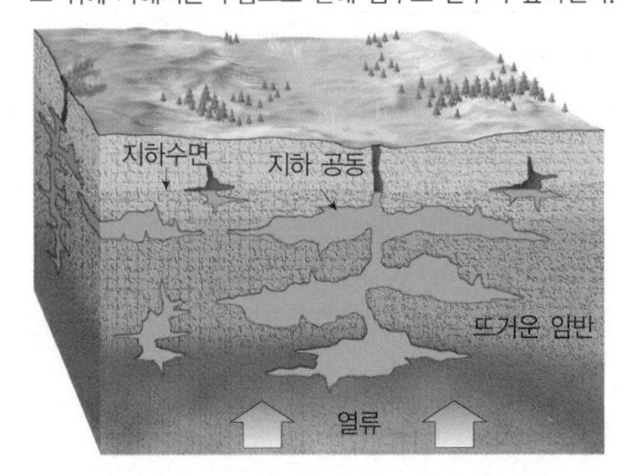

간헐천의 상부에 있는 물도 역시 가열되고, 부분적으로 팽창하여 지표면으로 유출된다. 이러한 유출현상은 심부의 물이 받는 압력을 감소시킨다.

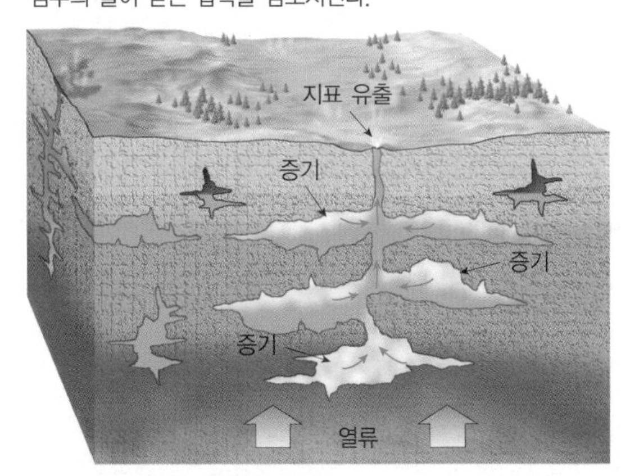

심부의 압력이 감소되면 물이 끓기 시작한다. 심부의 물이 급격하게 증기로 바뀌면서 분출이 시작된다.

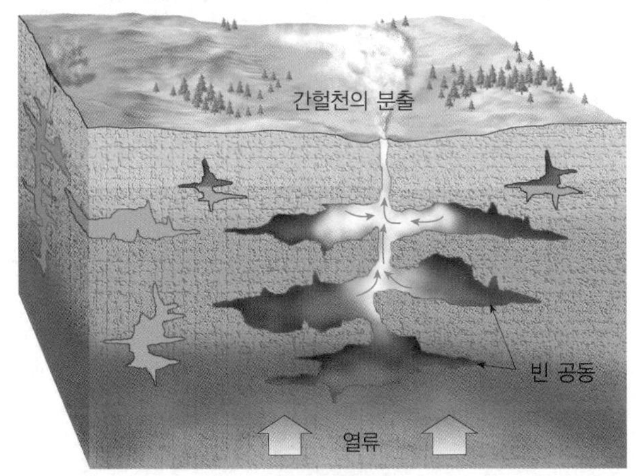

그러면 다시 물이 스며들어 와서 모든 과정이 새롭게 시작한다.

스마트그림 14.22 **간헐천의 운동 기작** 간헐천은 지하의 열이 순환과정에 의해 잘 분산이 되지 않는 경우에 발생할 수 있다.

간헐천의 운동 기작 간헐천은 뜨거운 화성암체 내에 거대한 지하 공간이 존재하는 경우에 나타난다. 이들이 작동하는 원리는 **그림 14.22**에 보인다. 비교적 차가운 지하수가 그 공간으로 유입되고, 주변 암석의 열에 의해 가열된다. 이 공간 하부의 지하수는 상부 지하수의 무게에 의해 눌려서 높은 압력을 받게 되고, 이러한 고압 상태이기 때문에 물이 일반적인 표면온도 100℃에도 끓지 않는다. 예를 들면 물이 가득 찬 공동 내 300m 심도의 하부에서는 온도가 약 230℃ 정도가 되어야 물이 끓게 된다. 물이 가열되면 팽창하고 결과적으로 일부분은 지표면 밖으로 밀려나게 된다. 이때 손실되는 물로 인해 공동 내 수압은 낮아지고, 결과적으로 비등점을 낮추게 된다. 이로 인해 공동 내 심부의 물이 급격히 증기화하며, 간헐천이 분출된다(그림 14.22). 분출 후에는 차가운 지하수가 공동으로 유입되고, 다시 이러한 순환 기작이 시작된다.

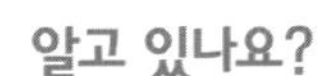

알고 있나요?

많은 사람들은 올드 페이스풀 간헐천이 매 시간 주기적으로 분출해서, 마치 시계를 맞추어 놓을 수도 있다고 생각한다. 하지만 그건 화젯거리로 의미가 있지 실제는 아니다. 각 분출 간의 시간간격은 65분에서 90분까지 서로 다르게 나타나며, 해가 갈수록 간헐천의 변화에 따라 점점 더 길어지고 있다.

간헐천 침전물 온천과 간헐천으로부터 지하수가 지표면으로 배출되면, 용액 내에 존재하던 물질들이 침전되면서 화학적 퇴적암을 생성하기도 한다. 이러한 지역 주변에 퇴적되어 있는 물질들은 지하수가 순환되는 과정에서 접촉했던 암석들의 구성성분을 반영한다. 지하수에 규산염이 포함된 경우에는 샘 주변에 **규산질 분석**(siliceous sinter) 또는 가이저라이트(geyserite)라는 물질들이 퇴적된다. 지하수에 탄산칼슘 성분이 용해되어 있다면, **트래버틴**(travertine) 또는 **탄산질 석회**(calcareous tufa)라는 석회암이 침전된다. 뒤의 용어는 물질이 스펀지처럼 공극이 많은 경우에 부른다.

옐로스톤 국립공원 내 맘모스 온천의 퇴적층은 대단한 광경을 보여준다(**그림 14.23**). 다양한 지하수 경로를 통해서 열

그림 14.23 **옐로스톤의 맘모스 온천** 옐로스톤 국립공원에 있는 온천과 간헐천 주변의 대부분 침전물들이 규산성분이 많은 가이저라이트이지만, 이곳의 침전물은 석회암의 일종인 트래버틴으로 구성되어 있다. (사진 : *Jamie and Judy Wild/Danita Delmont/Alamy*)

수들이 지표로 분출되고, 낮아진 수압으로 인해 물에서부터 이산화탄소가 분리되어 배출된다. 이산화탄소가 빠져나간 물에서는 탄산 칼슘성분이 과포화되어 결국 침전된다. 용존 규산염이나 탄산칼슘 외에도 어떤 온천에는 유황성분이 포함되어 좋지 않은 맛과 냄새가 난다. 네바다 주의 로튼 에그 온천이 그런 온천이다.

개념 점검 14.7

① 샘이 형성되는 환경을 설명하라.
② 아칸소 주의 핫 스프링즈나 조지아 주의 웜 스프링즈에서 흐르는 물을 가열하는 것은 무엇인가?
③ 대부분의 온천과 간헐천들의 열원은 무엇인가? 이들이 온천과 간헐천의 분포와 어떠한 관계가 있는가?
④ 간헐천이 분출되는 원인은 무엇인가 설명하라.

14.8 환경 문제

지하수와 관련된 중요한 환경문제들을 제시하고 토론하라.

인류가 가진 다른 귀중한 천연자원과 같이 지하수 개발 역시 급속하게 증가하고 있다. 어떤 지역에서는 과잉 채수로 인해 지하수 공급 자체가 위협받고 있으며, 어떤 지역에서는 지하수 채수로 인해 지반과 그 위에 있던 모든 것들이 가라앉기도 한다. 또한 어떤 지역에서는 지하수 공급원의 오염 가능성이 높아지기도 한다.

알고 있나요?

미국 지질조사소는 지난 50~60년 동안 하이 플레인즈 대수층의 지하수 저장량이 약 2억 에이커-피트(약 65조 갤런) 감소하였고, 전체 감소량의 62%가 텍사스 주에서 발생하였다고 평가한 바 있다.

지하수의 채굴

대부분의 자연계는 평형 상태를 이루고자 하는 경향이 있다. 지하수계 역시 예외는 아니다. 지하수면의 높이는 강수에 의한 물의 함양속도와 자연적 유출과 인위적 채수 속도 간의 균형 상태를 의미한다. 이러한 균형이 맞지 않으면 지하수면은 상승하거나 하강하게 된다. 오랜 기간의 가뭄에 의해 함양량이 감소하였거나 또는 지하수의 유출과 채수량이 증가하게 되면, 장기적인 불균형이 결과로 심각한 지하수면의 하강이 발생한다.

많은 사람들이 지하수는 강수와 눈 녹은 물에 의해 끊임없이 채워지기 때문에 무한정하게 재생가능한 자원이라고 생각한다. 그러나 어떤 지역에서는 지하수가 재생불가능한 자원으로 고려되어 왔다. 이런 지역에서는 대수층에 함양될 수 있는 물이 채수량보다 많이 부족함을 의미한다.

하이 플레인즈 대수층이 좋은 예가 된다(그림 14.24). 총면적 450,000km²로 미국 서부의 8개 주에 걸쳐서 분포하는 이 대수층은 미국에서도 가장 크고 농업에 대단히 중요한 대수층이다. 이 대수층는 미국 전체의 관개용 지하수 중에서 30% 정도를 공급한다. 이 지역의 연평균 강수량은 서측에서 약 40cm에서 동측으로 약 71cm 정도로 많지 않다. 반면 증

높은 공극률과 투수율, 거대한 규모로 인해 미국 최대를 자랑하는 하이 플레인즈 대수층은 휴론 호수의 물을 모두 채울 수 있을 정도이다.

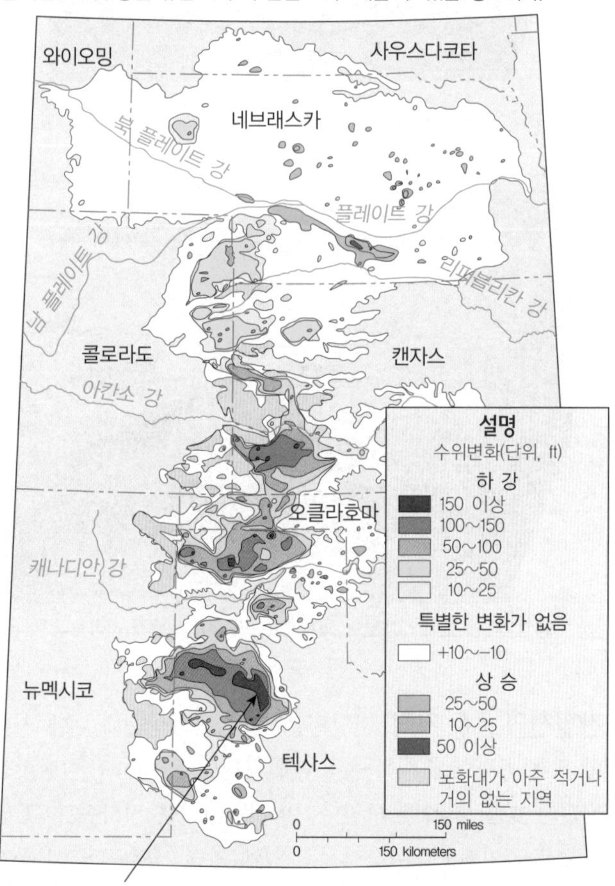

지난 60년간 하이 플레인즈 대수층 내 지하수 저장량이 약 2억 에이커-피트(약 65조 갤런) 감소하였으며, 이중 62%가 텍사스 주에서 발생했다고 미국 지질조사소에서 평가하였다.

그림 14.24 **하이 플레인즈 대수층** 이 지도는 개발 이전부터 2005년까지의 지하수위 변화를 보여준다. 관개를 위한 광범위한 지하수 양수는 4개 주의 일부 지역에서 30m 이상의 지하수위 하강을 초래하였다. 지표수를 관개용으로 사용한 지역에서는 지하수위가 상승하였는데, 네브래스카 주의 플레이트 강을 따라서 나타난다. *(USGS)*

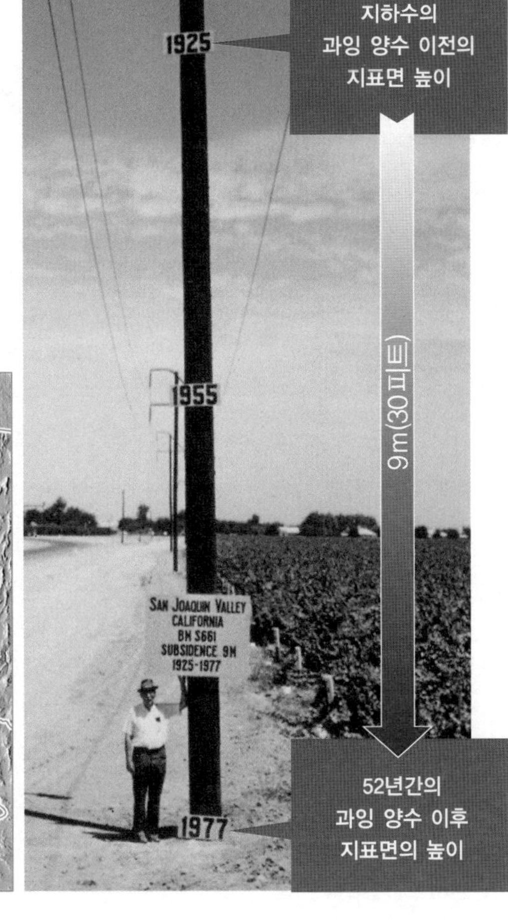

그림 14.25 **지반 침하를 느껴보라!** 샌와킨 계곡은 중요한 관개농업 지대이다. 1925년에서 1975년 사이에 지하수의 양수와 상부 퇴적물의 압축으로 인해 이 계곡의 일부 지역이 약 9m 정도 가라앉았다. *(사진 : USGS)*

발량은 높아서 서늘한 날씨의 북측에서는 150cm에서 온난한 남측에서의 265cm까지 나타난다. 증발량이 강수량에 비해 더 높기 때문에 강수에서 대수층을 함양시킬 수 있는 물이 거의 남지 않는다. 결과적으로 오랫동안 집중적인 관개농업이 발달되어 온 일부 지역에서는 지하수의 고갈이 심각한 상태에 이르렀다. 그림 14.24가 이를 잘 보여준다.

지반 침하

이 장 후반부에서 다시 논의하겠지만, 지표면의 침하는 지하수와 관련된 자연적인 기작으로 발생할 수 있다. 그러나 우물에서 지하수를 자연적인 함양률보다 더 빠르게 채수하는 경우에도 지반 침하가 발생한다. 이러한 효과는 특히 미고결 퇴적물이 두텁게 쌓여 있는 지역에서 잘 나타난다. 물이 취수되면서 상부 퇴적물의 무게가 하부 물질을 압박하게 되고, 증가된 압력으로 퇴적물들이 더욱 치밀하게 압축되면서 지표면의 하강한다.

상대적으로 느슨하게 퇴적된 지층에서 지하수를 과다하게 취수함으로써 발생하는 지반 침하 현상은 많은 지역에서 볼 수 있다. 미국에서 보이는 전형적인 사례는 캘리포니아 주 샌와킨 계곡에서 볼 수 있으며, 일부에서는 약 9m의 지반침하가 발생하였다(그림 14.25). 미국에서 지하수의 양수로 인한 지반 침하의 다른 사례는 네바다 주 라스베이거스, 루이지애나 주의 뉴올리언스와 바톤루즈, 텍사스 주의 휴스턴과 갤베스턴을 포함한 애리조나 남부지역에서도 볼 수 있다(그림 14.26). 휴스턴, 갤베스턴과 같은 해안 저지대에서는 1.5~3m의 지반 침하가 발생했고, 이로 인해 78km^2 지역이 영구적으로 범람하였다.

미국 외 지역에서 가장 잘 알려진 지반 침하는 멕시코시티이다. 이 시의 일부 지역은 과거 호수퇴적층 지역에 건설되어 있다. 20세기 전반에 수천 개의 우물(관정)이 도시 지하에 있는 포화된 충적층에 설치되었다. 여기서 지하수를 양수함에 따라 시의 일부분이 최대 6~7m 정도가 침하되었다. 어떤 지역에서는 이전에는 건물의 2층이었던 부분이 이제는 거리에서 들어가는 1층의 위치로 가라앉았다.

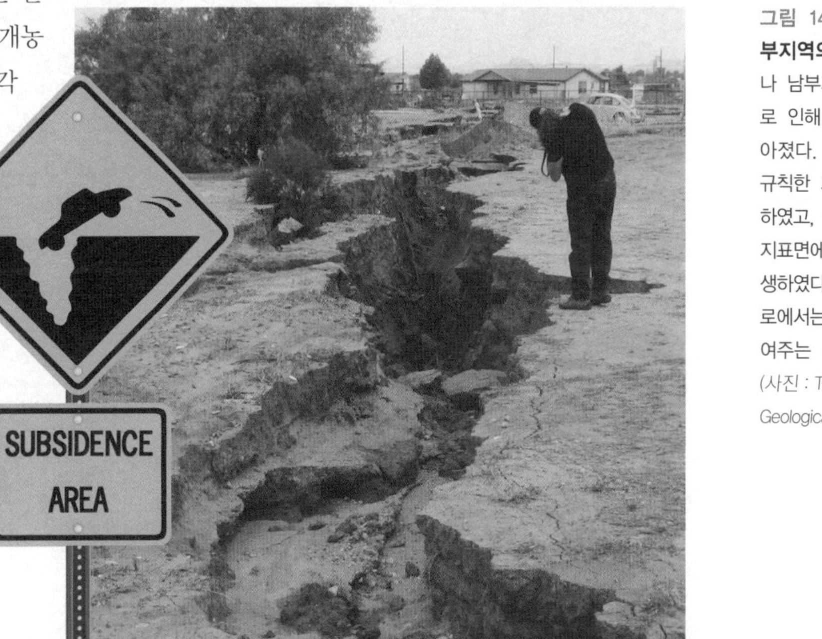

그림 14.26 **애리조나 중남부지역의 지반 침하** 애리조나 남부지역에서는 과잉 양수로 인해 지하수면이 180m 낮아졌다. 이는 광범위하고 불규칙한 퇴적물의 압축을 유발하였고, 침하되는 분지 주변의 지표면에 거대한 균열들이 발생하였다. 몇몇 농촌지역의 도로에서는 이러한 위험성을 보여주는 경고판이 설치되었다. *(사진 : Todd Shipman/Arizona Geological Survey)*

알고 있나요?

미국 내륙에서 지하수의 채수로 인해 지반 침하가 발생한 지역은 약 26,000km^{2}로, 매사추세츠 주의 크기에 해당한다.

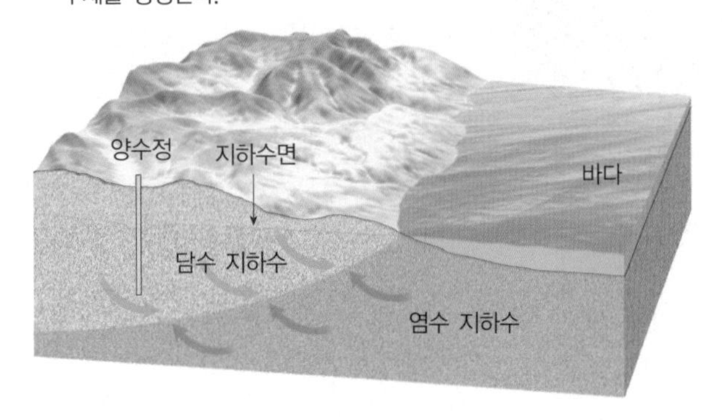

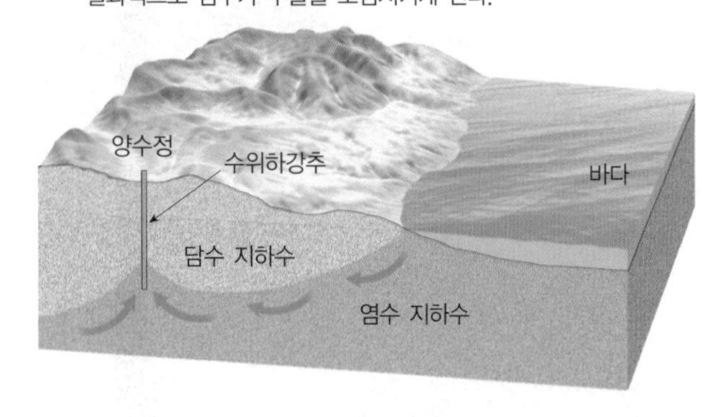

그림 14.27 **염수에 의한 오염** 해안지역에서의 과잉 양수는 염수의 침입을 초래하고 담수 지하수의 공급을 위협하게 된다.

염수 오염

많은 해안지역에서 지하수 자원은 염수의 유입에 의해 위협을 받고 있다. 이러한 문제를 이해하기 위해서 담수 지하수와 염수 지하수의 관계를 생각해 보자. 그림 14.27은 해안지역의 하부에 투수성 균질물질이 있는 경우에 보이는 이들의 관계를 모식적 단면으로 나타낸 것이다. 담수는 염수보다 밀도가 낮아서, 염수 위에 뜨는 현상을 보이며, 해수면 이하로 상당한 깊이까지 거대한 렌즈 형태의 수체를 형성한다. 이런 상황에서 지하수면이 해수면보다 1m 높으면, 이 담수체의 바닥까지의 깊이는 해수면 이하로 약 40m 정도가 된다. 달리 말하자면 해수면 이하의 담수체 바닥까지의 깊이는 해수면 상부로 보이는 지하수면 높이의 약 40배에 달한다. 따라서 과잉 양수로 인해 지하수면이 어느 정도 낮아지면, 담수체의 바닥면은 그 높이의 약 40배 정도가 상승하게 된다. 그러므로 지하수의 양수가 함양률을 초과하는 경우에는 염수의 높이가 높아져서 우물에서 지하수를 양수하는 데 따라나올 수도 있으며, 결과적으로 담수를 오염시키게 된다. 심부의 우물과 해안지역의 우물들이 대체로 이러한 영향을 쉽게 받는다.

해안 도시지역에서는 과잉 양수에 의한 문제와 자연적인 함양률 감소가 더불어 복합적으로 나타난다. 도시화에 따라서 지표면이 도로, 주차장, 건물 등으로 덮이면서 토양을 통한 침투량이 감소된다.

이런 염수에 의한 지하수 자원의 오염문제를 해결하기 위해 일련의 함양우물들이 사용되기도 한다. 이 우물들은 폐수를 지하수계로 주입하는 데 사용된다. 다른 방법으로는 대규모의 함양조를 건설하는 것이다. 이 함양조는 지표에서 유출되는 물을 모아서 지하수로 함양시키는 저수조 역할을 한다. 뉴욕의 롱아일랜드에서는 염수에 의한 오염이 이미 50년 전부터 나타나고 있다. 그래서 위의 두 가지 방법이 모두 적용되어 상당한 성공을 보이고 있다(그림 14.28).

그림 14.28 **함양조** 뉴욕 주 롱아일랜드는 많은 지역이 지하수에 완전히 의존하고 있다. 지하수면을 유지하고 염수 침입을 방지하고자 2,000개 이상의 함양조가 건설되었다. 함양조는 해안지역뿐 아니라 많은 지역에서 사용된다.

지하수 오염

지하수의 오염은 심각한 문제이며, 특히 지하수의 상당 부분이 상수원으로 사용되는 지역에서는 더욱 중요하다. 지하수 오염의 공통적인 오염원 중 하나는 하수이다. 다른 오염원으로는 증가하는 정화조들과 부적절하거나 파손된 하수도 체계, 농장에서의 폐기물도 포함된다.

만약 박테리아로 오염된 하수가 지하수계로 유입되면, 이는 자연적인 기작을 통해서 정화될 수도 있다. 유해한 박테리아는 기계적인 방법으로 물을 여과시켜 걸러 낼 수 있으며, 화학적 산화를 통해 파괴하거나 다른 유기물을 이용해 흡수시킬 수도 있다. 이러한 정화가 발생하기 위해서는 대수층 매질 자체가 적절한 성분으로 구성되어 있어야 한다. 예를 들면 균열이 많은 결정질 암석이나 조립질 자갈 또는 동굴이 발달된 석회암층들과 같이 공극이 아주 커서 투수성이 극히 높은 경우에는 지하수가 거의 정화되지 않은 상태로 멀리까지 이동할 수 있다. 이런 경우에는 물의 유동이 너무 빠르고 주변의 물질들과 접촉하는 시간이 짧아서 정화기작이 발생할 만큼 충분하지 않다. 이런 문제는 **그림 14.29A**의 우물 1에서 볼 수 있다.

반면 대수층이 모래나 투수성 사암인 경우에는 지하수가 단지 수십 미터 정도 이동했어도 정화되기도 한다. 모래 입자들 사이의 공극은 물이 통과하기에는 충분히 크지만, 물이 이동하는 데 시간이 걸려서 정화기작이 발생하기에는 충분하다(**그림 14.29B**, 우물 2).

또 다른 오염원이나 다른 형태의 오염이 지하수 공급을 위협하기도 한다(**그림 14.30**). 예를 들면 고속도로의 제설염, 지표면에 뿌려지는 비료와 농약 등이 있다. 송유관, 저장탱크, 매립지, 침출조 등에서는 광범위한 종류의 화학물질과 산업 오염물질들이 지하로 누출될 수 있다. 이들 중 일부는 발화성, 부식성, 폭발성, 독성 등을 가지고 있어 '유해성' 있는 것으로 구분된다. 지표면에서 매립 처리되는 경우 잠재 오염물질들이 불룩하게 솟아오르거나 지표면 위로 직접 누출되기도 한다. 빗물이 쓰레기 더미를 통과해서 새어 나오면서 다양한 잠재 오염물질들을 녹여 내기도 한다. 이렇게 녹아 나온 물질들이 지하수면에 도달하게 되면, 이들은 지하수와 혼합되어 수자원을 오염시킨다. 이와 유사한 문제들이 지표에서 다양한 성분의 액체 폐기물을 저장하기 위한 **저류조**(holding ponds)에서도 발생할 수 있다.

일반적으로 지하수의 유동이 느리기 때문에 이렇게 오염된 물은 상당히 오랫동안 발견되지 않은 상태로 흐를 수도 있다. 실제로 지하수의 오염은 먹는 물이 오염된 경우나 또는 사람들이 질병에 걸린 이후에야 비로소 발견되기도 한다. 그러나 이때쯤이면 이미 오염된 물은 상당한 양이 되고 난 후이며, 비록 오염원을 즉시 제거한다고 해도 그 오염 문제가 해결된

오염된 물이 우물 1에 도달하기 전에 100m 이상을 이동하였지만, 석회암 동굴을 통해 이동하는 물의 속도가 너무 빨라서 미처 정화되지 않았다.

정화조에서 배출된 오염물질이 투수성 사암을 서서히 이동하면서, 상대적으로 짧은 거리에서 이미 정화가 이루어진다.

정화조
오염된 물
정화된 물이 나오는 우물 2
투수성 사암
지하수면
B.
시간규모 : 월~년

그림 14.29
두 대수층의 비교 이 예에서는 석회암 대수층에서는 오염이 우물까지 도달하고, 사암 대수층에서는 그렇지 않게 되는 것을 보여준다.

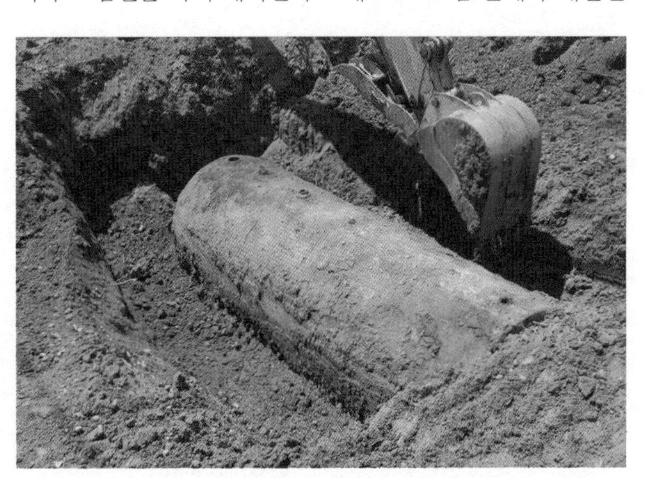

그림 14.30
잠재적 오염원 매립지에서 누출된 물질이나 기름 저장소에서 누출된 성분들이 대수층을 오염시키기도 한다.
(사진 : Picsfive/Shutterstock; Earth Gallery Environment/Alamy)

것은 아니다. 지하수의 오염원은 대단히 많지만, 그에 대한 대책은 그리 많지 않다.

지하수 오염 문제의 원인을 파악하고 제거한 후에 제시되는 가장 일반적인 대책은, 단순히 그 상수원을 포기하고 오염물질이 자연적으로 서서히 씻겨 없어지도록 하는 것이다. 이 방법이 가장 비용이 적게 들고 쉬운 방법이지만, 그 대수층은 오랫동안 사용할 수 없다. 대수층의 정화를 가속화시키기 위해서 오염된 물을 뽑아내서 처리하기도 한다. 오염된 물을 뽑아낸 후에는 대수층이 자연적으로 함양되도록 놔두거나, 경우에 따라서는 처리된 물이나 다른 깨끗한 물을 강제로 주입하기도 한다. 이러한 과정은 시간과 비용이 많이 들고, 또한 대수층 내 오염물질들이 완전히 제거되었다는 보장을 할 수 없기 때문에 위험성이 존재한다. 따라서 가장 효과적인 지하수 오염에 대한 대책은 오염을 사전에 방지하는 것이다.

개념 점검 14.8

① 하이 플레인즈 남부지역에서 관개용 지하수 양수와 관련된 문제들을 설명하라.
② 지하수를 양수하면 지표면이 침하되는 이유를 설명하라.
③ 다음 중 오염된 지하수를 정화하는 데 어떤 대수층이 가장 효과적인가? 조립질 자갈층, 모래층, 석회암 동굴
④ 해안지역에서 지하수를 과잉 양수할 때 발생하는 심각한 문제를 설명하라.

14.9 지하수의 지질학적 작용

동굴의 형성과 카르스트 지형의 발달 과정을 설명하라.

지하수는 암석을 용해시킨다. 이 사실이 동굴과 싱크홀이 형성되는 과정을 이해하는 데 가장 핵심이다. 석회암과 같이 용해될 수 있는 암석들이 지하에 수백만 제곱킬로미터 이상으로 광범위하게 놓여 있으므로, 이는 지하수가 침식의 도구로 사용될 수 있음을 의미한다. 석회암은 순수한 물에서는 거의 용해되지 않지만, 미량의 탄산을 함유한 물에서는 쉽게 용해될 수 있는데, 대부분의 지하수는 탄산을 함유하고 있다. 이러한 탄산은 빗물이 대기 중에서 또는 식물이 부패하는 과정에서 생성된 이산화탄소를 포함하여 생성된다. 따라서 지하수가 석회암과 접촉하게 되면, 물속의 탄산이 암석 중의 방해석(또는 탄산칼슘)과 반응하여 중탄산칼슘을 생성하게 되고, 이는 물에 용존성분으로 함유되어 이동한다.

동굴

지하수가 침식 도구로 작용한 결과로 가장 뛰어난 것은 바로 석회암 **동굴**(cavern)이다. 미국에서는 약 17,000여 개의 동굴이 발견되었고, 매년 새로운 동굴들이 발견되고 있다. 대부분은 비교적 작은 규모이지만, 그중 몇몇은 엄청난 규모를 자랑한다. 켄터키 주의 맘모스 동굴이나 뉴멕시코 동남부의 칼즈배드 동굴은 가장 유명하다. 맘모스 동굴은 전 세계적으로 가장 넓으며, 서로 연결된 통로만도 540km 이상이 된다. 칼즈배드 동굴의 규모는 또 다른 측면에서 탁월하다. 이 동굴에서는 세계에서 가장 거대한 단일 공동을 볼 수 있다. 칼즈배드 동굴의 '빅 룸'의 규모는 축구장 14개를 합친 것만큼 크며, 높이는 미국회의사당 건물이 들어갈 수 있을 정도이다.

동굴의 발달 대부분의 동굴들은 포화대의 지하수면 또는 바로 그 아래에 생성된다. 여기서 산성 지하수가 암석 내의 절리나 층리면 같은 연약한 부분을 따라 유동하게 된다. 시간이 지나면서 용해 과정으로 인해 서서히 구멍들이 생성되고, 이들이 확장되면서 동굴이 형성된다. 지하수에 의해 용해된 물질들은 하천으로 배출되거나 바다로 이동된다.

많은 동굴들에서는 이러한 과정들이 몇 개의 다른 높이에서 발생했으며, 현재는 가장 낮은 높이에서 동굴이 생성되고 있다. 이러한 상황은 지하의 주요 유동 경로의 형성과 이들이 배출되는 하천 계곡과의 밀접한 상관관계를 보여준다. 하천이 계곡의 바닥을 깊게 침식함에 따라 하천의 수위가 낮아지면서 지하수면도 낮아진다. 결과적으로 지표수가 빠르게 하천 바닥을 침식하는 기간에는 주변의 지하수면이 빠르게 낮아지며, 동굴의 지하수 유동 경로는 단면적으로 볼 때는 비교적 작은 규모라서 더 이상 지하수가 흐르지 않게 된다. 이와 반대로 하천의 하상 침식 작용이 서서히 발생하거나 무시할 정도라면, 거대한 유동 경로가 형성될 수 있는 충분한 시간이 주어진다.

점적석의 생성 동굴 방문자들에게 가장 호기심이 이는 부분은 역시 동굴에 형성되어 있는 경이로운 암석의 형상들이다. 이들은 동굴 자체처럼 침식된 형상이 아니고, 오랜 기간 끊임없이 떨어지는 물방울에 의해 만들어진 퇴적 형상들이다. 물방울이 떨어지고 남는 탄산칼슘 성분은 트래버틴이라고 부르는 석회암을 만들어 낸다. 이런 동굴 퇴적물들은 흔히 점적석(dripstone)이라고 부르며, 이 단어에서 생성 기원을 쉽게 알 수 있다. 동굴의 형성은 포화대에서 이루어지지만, 점적석이 형성되는 것은 동굴이 지하수면 위에 노출되어 불포화대가 되어야만 가능하다. 동굴에 공기가 가득차게 되면서부터 동굴의 장식 단계가 시작된다.

점적석의 유형 — 스펠레오뎀 동굴 내에서 발견되는 다양한 점적석들은 서로 닮은 것들이 거의 없으며, 이들을 총칭하여 **스펠레오뎀**(speleothem)이라고 한다(**그림 14.31**). 가장 많이 알려진 스펠레오뎀은 **종유석**(stalactite)으로, 동굴의 지붕에서 물이 암반 내 균열을 따라 새어 나오는 곳에 마치 고드름처럼 생성된다. 물이 동굴 내 공기와 만나게 되면, 물속 이산

화탄소의 일부가 빠져나오고, 탄산칼슘의 침전이 이루어진다. 이러한 침전현상은 물방울 가장자리 부분에서 일어난다. 물방울들이 방울방울 떨어지면서 각각은 미세한 탄산칼슘의 침전물들을 남기게 되고, 결과적으로 속이 빈 석회암 관이 만들어진다. 물은 이 관을 통해 이동하여 관의 끝에 잠시 매달린 상태에서 아주 작은 방해석의 고리를 만들어 놓고, 이후에는 바닥으로 떨어진다. 이렇게 설명한 종유석은 마치 음료수 빨대와 같다(그림 14.32). 속이 빈 빨대가 때로는 막히기도 하고, 갑자기 물이 많이 들어오기도 한다. 어떤 경우든지 물이 넘치게 되어 관의 바깥 부분으로 침전물이 생기게 된다. 이런 침전이 계속되면서 종유석은 갈수록 원추형 모양을 이루게 된다.

동굴의 바닥에서 위로 생성되기 시작하여 천장에까지 이른 스펠레오뎀을 **석순**(stalagmite)이라고 부른다. 석순이 자라도록 방해석을 공급한 물은 동굴 천장의 틈에서 떨어졌거나, 떨어진 물이 바닥에 튄 것이다. 따라서 석순에는 중앙에 관이 없으며, 종유석에 비하여 그 외형이 더욱 치밀해 보이고 끝부분도 둥글게 되어 있다. 충분한 시간이 지난다면, 아래로 발달하는 종유석과 위로 자라나는 석순이 결합해서 석주(column)를 만들기도 한다.

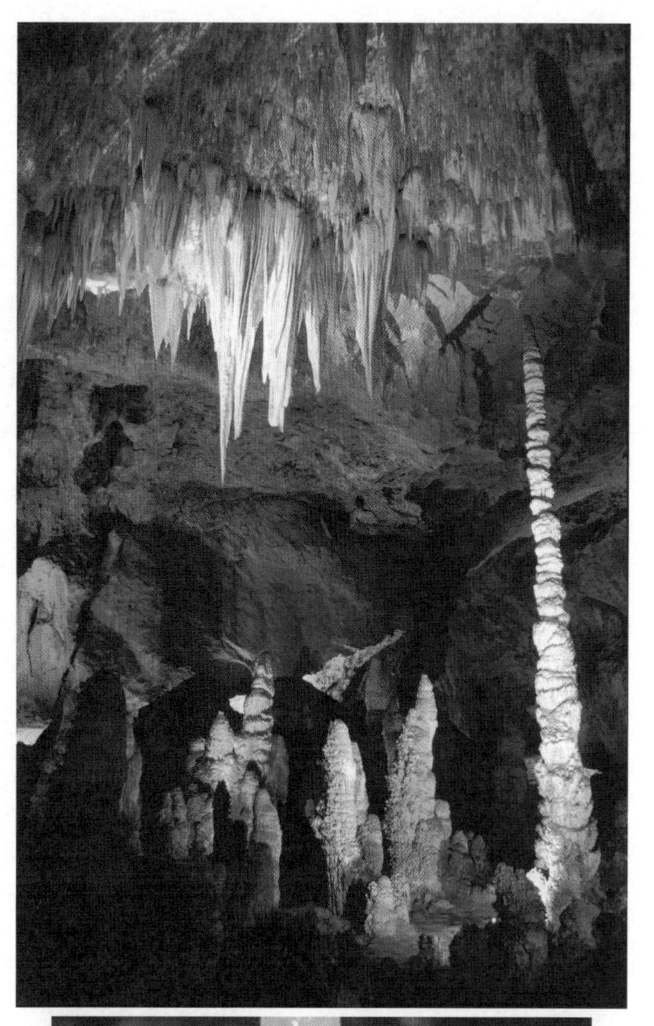

그림 14.31
동굴의 장식들 스펠레오뎀에는 종유석, 석순, 석주 등의 여러 유형들이 있다. 이 사진은 뉴멕시코 주 칼스배드 동굴 국립공원의 한 장면이다. (사진 : Fritz Poelking/Glow Images)

카르스트 지형

전 세계적으로 광범위한 지역이 지하수의 용해작용에 의해 지형을 형성했다. 이러한 지역을 **카르스트 지형**(karst topography)이라고 한다. 그 이름은 이 지형의 특성이 잘 발달된 아드리아 해 북동쪽 연안에 위치한 슬로베니아의 카르스 플래토 지역에서 유래한다. 미국에서는 카르스트 지형이 켄터키, 테네시, 앨라배마, 남부 인디애나, 플로리다 중앙 및 북부지역 등 석회암이 기반암인 여러 지역에서 나타난다(그림 14.33). 일반적으로 건조 및 아건조 기후 지역은 카르스트 지형이 발달되기에는 너무 건조하다. 이런 지역에 카르스트 지형이 남아 있다면, 그것은 과거 이 지역에 비가 많았을 시기의 흔적들일 것이다.

알고 있나요?

대부분의 동굴이나 싱크홀 등은 석회암 지역에서 나타나지만, 이들은 석고나 암염층과 같이 쉽게 용해될 수 있는 지층에서도 생성될 수 있다.

싱크홀 카르스트 지역에는 **싱크홀**(sinkhole) 또는 **싱크**(sink)라고 하는 많은 함몰지들이 불규칙하게 발달한다(그림 14.34). 플로리다, 켄터키, 남부 인디애나의 석회암에서는 이러한 함몰지들이 수만 개 형성되어 있으며, 이들의 깊이도 약 1~2m에서 최대 50m까지 다양하다.

그림 14.32
빨대형 종유석 이 빨대형 종유석은 아칸소 주 인디펜던스 지방의 친 스프링즈 동굴에서 볼 수 있다. (사진 : Dante Fenolio/Science Source)

싱크홀은 보통 두 가지 방식으로 형성된다. 어떤 싱크홀

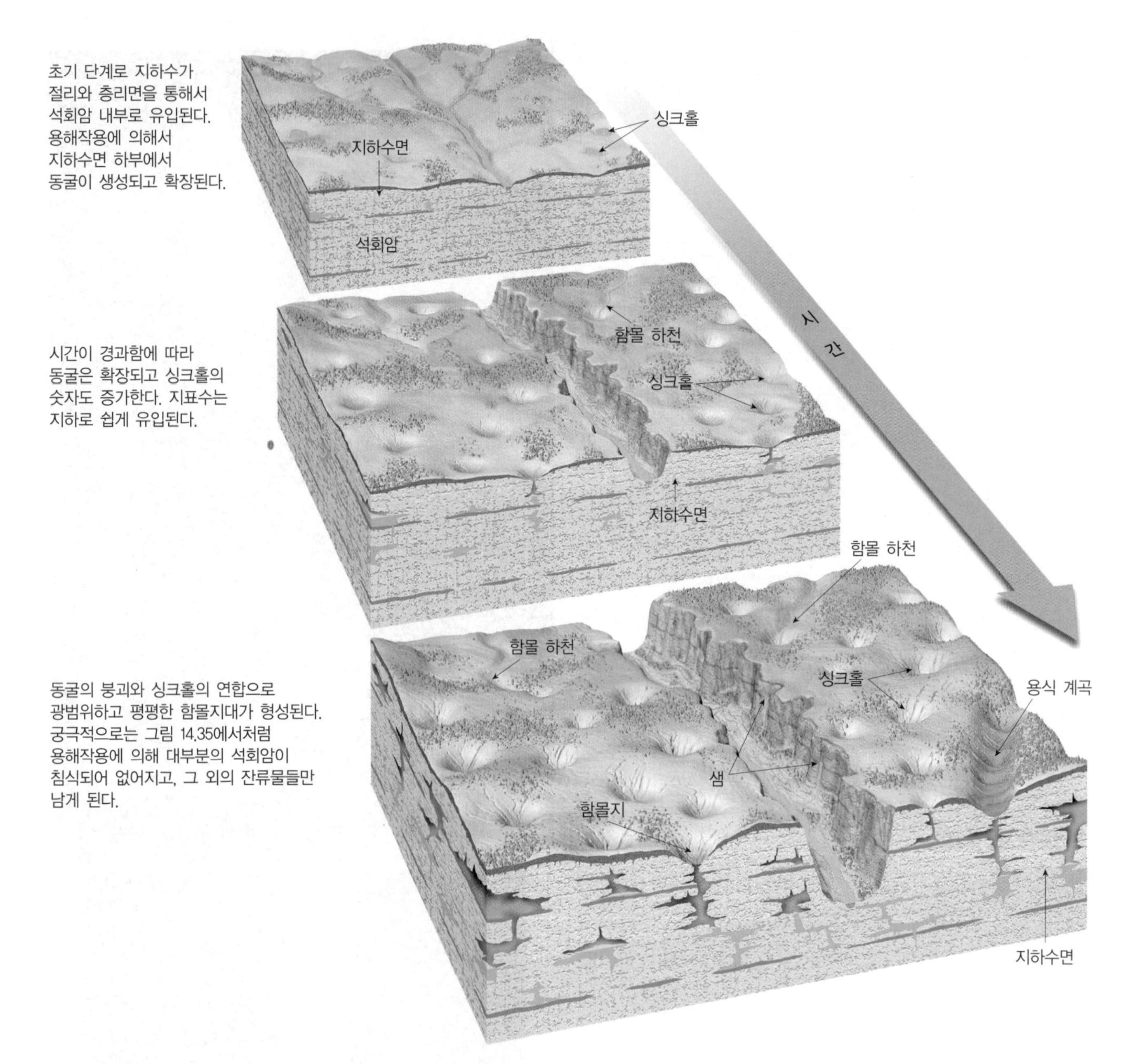

그림 14.33
카르스트 지형의 형성 과정

들은 오랜 기간 기반암에 물리적인 변형을 주지 않으면서 형성된다. 이런 경우에는 땅속에 스며들면서 이산화탄소를 새롭게 충전한 빗물이 토양 바로 밑에 있는 석회암을 용해시킨다. 시간이 지나면서 기반암의 표면이 낮아지고, 물이 통과했던 균열들은 점점 확장된다. 균열의 크기가 커지면서 이전에는 지하수가 흐르던 공동 내부로 토양이 쓸려 들어간다. 이러한 함몰지들은 보통 얕고 완만한 경사를 보인다.

이와는 대조적으로 싱크홀은 어떠한 경고도 없이 동굴이 자체 무게로 인해 무너지면서 급격하게 형성되기도 한다. 이런 방식으로 형성된 싱크홀은 전형적으로 경사도가 크고 깊게 나타난다. 이런 지형이 사람들이 많이 거주하는 지역에서 발생한다면 이들은 심각한 지질재해를 일으킬 수도 있다. 이런 상황이 그림 14.34의 아래 사진에 나와 있다.

싱크홀과 같은 함몰지 외에도 카르스트 지역에서는 지표수계(하천)가 거의 발달하지 않는 특이함을 보인다. 비가 온 후에는 지표유출이 싱크홀을 통해서 빠르게 지하로 유입되고, 이후에는 지하수면에 도달하기까지 동굴을 따라 흐른다. 지표에 하천이 발달한다면 대체적으로 그 길이가 짧다. 보통 이러한 하천들의 이름을 보면 이들이 어떻게 이동하는지 유추할 수 있다. 예를 들어 켄터키 주의 맘모스 동굴 지역에서는 싱킹 크리크, 리틀 싱킹 크리크, 싱킹 브랜치 등의 이름을 가진 하천들이 있다. 싱크홀들이 점토나 암석, 토양 부스러기들로 막히게 되면 작은 연못이나 호수를 만들기도 한다.

탑 카르스트 카르스트 지역 중 어떤 곳에서는 그림 14.33에 보이는 싱크홀이 발달된 지역과는 전혀 다른 형태의 지형을

그림 14.34 **싱크홀** 카르스트 지형은 전형적으로 이런 함몰지들로 구멍이 많이 나 있다. 위 사진의 하얀 점들은 방목되는 양들이다. (사진 : *David Wall/Alamy Images; AP Photo/The Florida Times-Union, Jon M. Fletcher*)

보이기도 한다. 아주 특별한 예로 중국 남부의 광대한 지역에 발달된 **탑 카르스트**(tower karst) 지형을 예로 들 수 있다. **그림 14.35**에 보이듯이 평지 위에 우뚝 솟은 탑 모양의 구릉들로 이루어진 지형으로 탑이란 용어가 적절하다. 각각의 구릉에는 동굴과 길이 미로처럼 발달되어 있다. 이런 유형의 카르스트 지형은 습한 열대 및 아열대 기후의 균열이 많이 발달된 석회암지역에서 형성된다. 이 지역에서는 지하수가 다량의 석회암을 녹여 내고 잔류물들만이 남아서 탑 모양을 이룬다. 카르스트 지형은 많은 강우량과 열대식물이 분해되어 발생된 이산화탄소의 공급으로 열대지역에서는 빠르게 생성된다. 토양층에 이산화탄소의 과잉은 석회암을 용해시킬 수 있는 탄산이 더 많이 존재함을 의미한다. 카르스트 지형이 많이 발달된 열대지역으로는 푸에르토리코, 쿠바 서부지역, 베트남 북부지역 등을 들 수 있다.

그림 14.35
중국의 탑 카르스트 가장 특이하며 잘 알려진 탑 카르스트 지역은 중국 남부 구이린 지방의 리 강을 따라 발달된.
ㅂ(사진 : *Michel/AGE Fotostock*)

개념 점검 14.9

① 지하수가 어떻게 동굴을 만들어내는가?
② 동굴 생성 과정이 한 높이에서 멈추어 있다가 다시 계속되거나 아니면 더 낮은 높이에서 시작되는 원인은 무엇인가?
③ 종유석과 석순은 어떻게 생성되는가?
④ 싱크홀이 만들어지는 두 가지 방법을 설명하라.

개념 복습 지하수

14.1 지하수의 중요성

담수 자원으로서 지하수의 중요성과 지질 매체로서 지하수의 역할을 설명하라.

- 지하수는 지표면 아래에서 나타나며, 주로 암석과 퇴적 입자들 사이의 미세한 공극에 존재한다. 지하수는 인류에게 가용한 가장 거대한 담수 수자원이며, 인류 문명의 핵심 자원이다.
- 지하수는 암석을 용해시키고, 싱크홀과 동굴을 생성하며, 지표 하천에 물을 공급하는 중요한 지질 매체이다.
- 미국에서는 매일 3,490억 갤런의 담수를 사용하고 있으며, 지하수는 790억 갤런을 제공하고 있어, 전체 담수의 약 23%를 공급한다. 지하수의 용도에서는 관개용 지하수가 다른 용도를 모두 합친 것보다 더 많이 사용된다.

? 다음 질문에 답하기 위해서 그림 14.1을 참조하라. 지구상의 담수 중 지하수는 얼마나 되는가? 지구상의 액체상 담수 중에서 지하수는 얼마나 되는가?

14.2 지하수와 지하수면

지표 하부에 존재하는 물의 분포를 모식적으로 그려 보라. 지하수면의 변화를 일으키는 요인과 지하수-지표수 간의 상호 반응에 대해 논의하라.

핵심용어 : 토양습도대, 포화대, 지하수, 지하수면, 모세관대, 불포화대(통기대), 이득 하천, 손실 하천

- 지표면에 내린 비의 일부는 땅 밑으로 스며든다. 땅 밑에 구멍을 뚫어 보면, 이는 토양습도대를 지나고 공극이 공기와 물로 채워진 불포화대를 통과한다. 토양에서는 습도가 지하수면의 상부인 모세관대까지 올라온다. 지하수면 아래로 내려가면 그 구멍은 포화대에서 스며나온 물로 가득 차게 되는데, 그 높이는 지하수면까지 차게 된다. 따라서 지하수면은 상부의 불포화대와 지하수와의 경계면이다.
- 하천과 지하수는 다음 세 방법 중 하나로 상호반응한다—하천이 지하수로부터 물을 공급받는다(이득 하천). 하천 바닥을 통해서 하천수가 지하수계로 유출된다(손실 하천). 또는 분분적으로 이득 하천과 손실 하천이 존재한다.

? 아래의 주상도는 느슨한 퇴적물에서 물이 분포하는 모습을 보여준다. A, B, C, D에 정확한 용어를 제시하라.

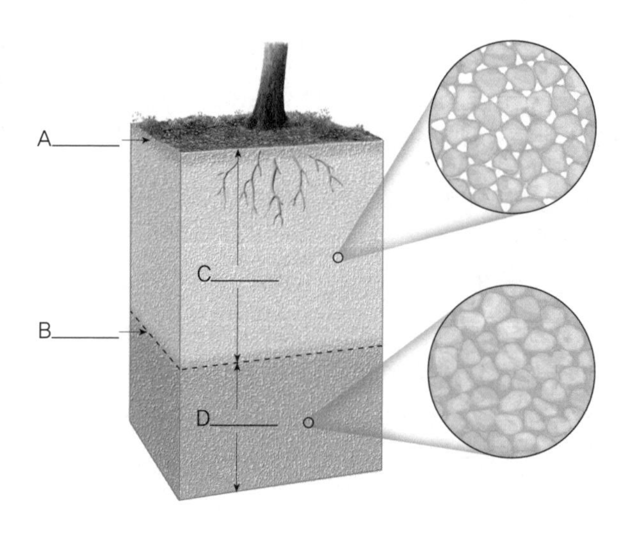

14.3 지하수의 저장과 이동에 영향을 미치는 요인

지하수의 저장과 이동에 영향을 미치는 요인을 요약하라.

핵심용어 : 공극률, 투수율, 준대수층, 대수층

- 어떤 물질 내에 포함될 수 있는 물의 양은 그 물질의 공극률(빈 공간의 부피)에 비례한다. 투수율(연결된 공극을 통해서 유체가 이동할 수 있는 능력)은 지하수의 이동을 조절하는 아주 중요한 요인이다.
- (점토 같은) 아주 미세한 공극을 가지는 물질들은 지하수의 이동을 제한하고 준대수층이라 부른다. 대수층은 공극이 상대적으로 크고 투수성이 있어 지하수가 자유롭게 이동할 수 있는 물질로 구성된다.

14.4 지하수의 유동 방식

간단한 지하수 유동계를 모식도로 그리고 설명하라. 지하수 유동을 측정하는 방법과 유동의 규모 차이를 논의하라.

핵심용어 : 함양지역, 배출지역, 수리경사도, 수리전도도, 다르시의 법칙

- 지하 공극을 통해서 이동하는 지하수는 서서히 이동하며, 하루에 평균 몇 센티미터 정도 흐른다. 중력과 압력에 의해 지하수는 물이 유입되는 함양지역으로부터 샘이나 이득 하천 또는 우물 등의 배출지역까지 3차원적으로 유동한다.
- 프랑스의 과학기술자인 앙리 다르시는 지하수면의 경사도(수리경사도)와 퇴적물의 투수율(수리전도도)를 측정함으로써 지하수의 흐름을 정량화시킨 선구자였다. 이 요소들을 다르시의 법칙이라고 부르는 수식에 적용함으로써 지하수가 대수층에서 배출되는 양을 평가할 수 있다.
- 지하수는 천부와 심부에서 모두 짧은 거리와 긴 거리를 이동하여 움직인다. 지표면에 가까울수록 그 흐름은 국지적인 규모가 되고, 심부로 갈수록 보다 광역적인 흐름이 발생한다.

14.5 우물

우물과 지하수면과의 관계를 논의하라.

핵심용어 : 우물, 수위하강, 수위하강추, 부유 지하수면

- 수 세기 동안 인류는 우물을 통해서 지하수를 개발해 왔다. 물을 양수하면서 우물 주변의 지하수면은 즉시 낮아진다. 이렇게 지하수면이 오목하게 낮아지는 부분은 수위하강추라고 한다. 수위하강이 크게 발생하면, 수위하강추가 확대되어 인접하는 우물들이 마를 수 있다.
- 부유 지하수면은 지하수가 주 지하수면 상부에 있는 준대수층 위에 쌓이게 되면서 생성된다. 사람들이 지하수를 양수하는 과정에서 지하수면의 형태는 복잡해진다.

? 아래 모식도의 우물들에서 최대 용량으로 지하수를 양수하며, 각각의 우물은 동일한 양을 배출한다고 가정하자. 지하수면이 하강한다면, 어떤 우물이 가장 먼저 마르게 될 것인가? 가장 마지막은?

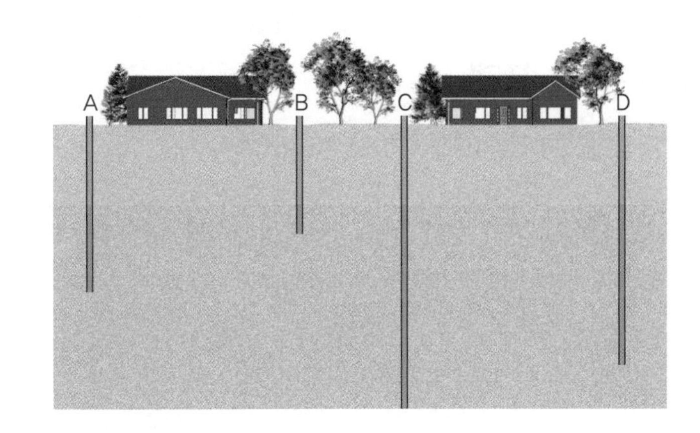

14.6 자분계

간단한 자분계를 모식도로 표시해 보라.

핵심용어 : 피압정, 피압대수층, 비유출 피압, 자분정

- 피압정은 상하부가 준대수층으로 쌓여 있는 경사진 대수층에 우물을 개발하는 경우에 형성된다. 자분계가 성립되려면 우물 속의 지하수가 충분히 수압을 받아서 피압대수층의 상부면보다 더 높이 올라와야 한다. 이러한 피압정에서는 수압면이 지표면보다 높은가 아니면 낮은가에 따라 우물 밖으로 유출될 수도 있고 그렇지 않을 수도 있다.
- 당신 집에 있는 샤워도 일종의 인위적 피압 시스템이다. 샤워꼭지와 물 저장탑 간의 수직거리가 크면 클수록 수압이 높아진다.

? 1900년 사우스다코타의 동부에 위치한 운소켓 인근의 이 우물은 시추 당시 거의 30m 높이로 지하수를 뿜어내었다. 이와 같은 물의 분수를 만들어낼 수 있는 지하 지질환경을 모식도를 그리고 설명하라. 이런 종류의 우물은 무엇이라고 부르는가?

N.H. Darton/USGS

14.7 샘, 온천, 간헐천

샘, 온천, 간헐천을 구분하라.

핵심용어 : 샘, 온천, 간헐천

- 샘은 지하수가 지표면으로 자연적으로 배출되는 지점을 의미한다. 뷰유 지하수면이 지표면과 교차하는 지점에서도 생성될 수 있다.
- 온천은 일반적인 샘이지만 따뜻한 것이다. 이들은 심부 지각의 열을 지표로 순환시키는 역할을 한다. 많은 경우 이 열은 얕은 심도에 있는 마그마로부터 기인한다.
- 간헐천은 단속적으로 '분출'하는 온천이다. 이들은 지하의 공동에서 비등점 이상으로 가열된 물이 채워지면서 공급된다. 공동 내의 물이 충분히 가열되면 증기가 발생하면서 급격하게 팽창하고, 물의 일부가 지표로 배출되면서 폭발적 분출이 일어난다. 간헐천의 주변에는 실리카 성분이나 탄산칼슘이 침전되며, 규산질 분석(가이저라이트) 또는 트래버틴을 생성한다.

? 이 흑백 사진은 1930년대 프랭클린 루스벨트 대통령이 조지아 주 웜스프링즈의 대통령 휴양지에서 온천욕을 즐기는 장면이다. 이 물의 온도는 항상 32℃였다. 이 지역에서는 최근의 화성활동 기록이 없다. 그렇다면 이 샘의 온도가 따뜻한 이유는 무엇인가?

New York Daily News/Getty images

14.8 환경 문제

지하수와 관련된 중요한 환경문제들을 제시하고 토론하라.

- 지하수는 재충진되는 양보다 더 빠른 속도로 양수하면 '채굴'될 수 있다. 지하수를 재생불가능한 자원으로 이해한다면, 하이 플레인즈 대수층의 일부 지역에서 보이는 것처럼 지하수면이 하강하게 되고, 일부에서는 45m 이상으로 낮아지게 된다.
- 지하수의 양수는 공극의 부피를 감소시킬 수 있으며, 느슨한 지구 물질들은 더 크게 압축될 수 있다. 이러한 퇴적물질의 부피가 압축됨에 따라서 지표면에 침하가 발생한다.
- 염수에 의한 오염은 해안지역에서 흔히 볼 수 있는 환경문제이다. 담수 지하수는 염수 지하수에 비하여 밀도가 낮으므로 그 위에 뜨게 된다. 담수를 양수하여 지하수면이 일정량 낮아지게 되면, 렌즈형태의 담수 지하수체의 바닥면은 그 양의 약 40배 정도 높아진다. 따라서 깊은 우물은 심부의 염수가 들어올 수 있게 된다.
- 오폐수, 고속도로의 제염성분, 비료 또는 산업용 화학물질 등에 의한 지하수 오염도 중요한 이슈이다. 지하수가 일단 오염되면 비용을 많이 들여 정화하든지 또는 아예 대수층을 포기하든지 해결이 어려워진다.

14.9 지하수의 지질학적 작용

동굴과 카르스트 지형의 발달 과정을 설명하라.

핵심용어 : 동굴, 스펠레오뎀, 종유석, 석순, 카르스트 지형, 싱크홀(싱크), 탑 카르스트

- 지하수는 암석, 특히 석회암을 용해시키며, 결과적으로 암석 내에 빈 공간을 만들어낸다. 동굴은 포화대에 형성되는데, 후에 지하수면이 낮아지면서 이 공동이 건조한 상태로 노출된다-그래서 사람들이 탐험을 할 수 있게 된다.
- 점적석이란 동굴 안에서 용해된 탄산칼슘 성분을 포함하는 물이 방울방울 떨어지면서 만들어진 침전암이다. 스펠레오뎀이란 이러한 과정에 만들어진 특징을 총칭하며 종유석, 석순, 주상 등을 포함한다.
- 카르스트 지형은 지표면 부근에서 석회암의 용해가 주로 일어나 형성된 특징적인 지형을 말한다. 붕괴된 동굴은 지표에 싱크홀로 나타난다. 지표에서 흐르던 하천은 갑자기 지하 동굴로 사라질 수도 있고, 다른 지역에서는 갑자기 샘으로 나타날 수도 있다. 석회암이 충분히 용해되면 석회암 지역에 남게 되는 지형은 탑 모양으로, 이를 '탑 카르스트'라고 한다.

? 이 사진에 보이는 세 종류의 스펠레오뎀을 말하라. 이 스펠레오뎀들이 물이 포화된 상태에서 생성되었는가 아니면 불포화대에서 생성되었는가? 그 이유는?

Miroslav/AGE Fotostock

복습문제

① 다음 사진의 공동묘지는 루이지애나 주의 뉴올리언스에 있다. 이 지역의 다른 묘지와 같이 모든 묘지는 지상에 있다. 이 장에서 배운 내용을 기반으로 이렇게 특이한 매장의 이유를 설명해 보라.

Caitlin Mirra/Shutterstock

② 미국 동부의 완만하게 굴곡이 있는 지형조건에서 지하수계의 일부분으로서 물분자 하나를 생각해 보자. 물순환 과정을 통한 물분자의 유동 경로를 다음 조건에 대해서 설명해 보라:

a. 이 물분자 지하수에서 양수되어 농장에 관개되었을 경우
b. 장기간의 호우가 발생하였을 경우
c. 물분자 주변의 지하수면이 인접한 우물에서의 과잉 양수로 인해 가파른 수위하강추가 생성되었을 경우

수문순환에 대한 당신의 이해와 상상력을 조합하여 답하라. 답에는 단기적 · 장기적 유동 경로를 포함하고, 물분자가 이러한 위치에 어떻게 도달하게 되었는지를 증발, 증산, 응결, 강수, 침투, 지표유출의 과정으로 설명하라. 이 과정에서 발생할 수 있는 하천, 호수, 지하수, 바다 및 대기와의 상호반응도 고려해야 함을 잊지 말라.

③ 리퍼블리칸 강의 하천유역은 콜로라도, 네브래스카, 캔자스 주의 일부를 포함한다. 이 유역의 상당한 지역이 반건조지역이다. 1943년 3개 주는 이 강의 물을 공유하는 방안에 대하여 협정을 체결하였다. 1998년에 캔자스 주는 네브래스카 주 남부의 농부들이 지하수를 관개에 이용하는 양을 상당량 감축하게 해 달라고 법원에 소송을 제기하였다. 네브래스카 주의 공무원들은 농부들이 리퍼블리칸 강의 물을 이용하는 것이 아니며, 따라서 1943년의 협정을 위반하지 않았다고 항변하였다. 그러나 법정은 캔자스 주 편을 들어주었다.

a. 왜 법정은 네브래스카 남부의 지하수가 리퍼블리칸 강의 일부로 고려되어야 한다고 판결하였는가?
b. 하천 유역에서 대량의 지하수 관개가 하천의 유량에 어떠한 영향을 미칠 수 있는가?

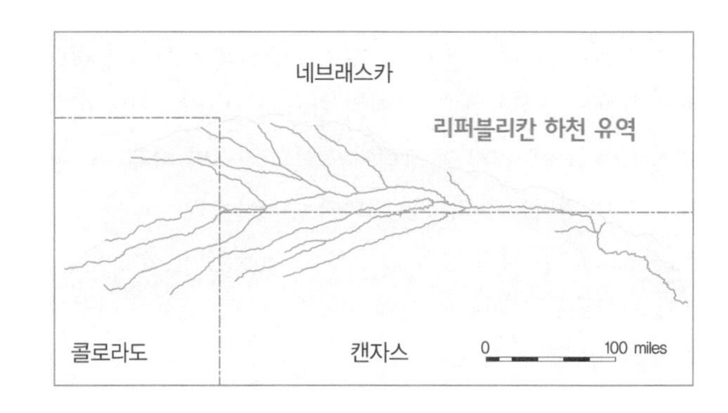

④ 식료품점에 가면서 당신의 친구가 병에 든 물을 사고자 하였다. 어떤 제품은 자신들의 상품이 자분계에서 산출되었다고 말하고 있다. 다른 제품은 샘에서 산출된 물이라고 한다. 당신의 친구가 자분계에서 나온 물이나 샘에서 나온 물이 다른 물보다 좋은가 하고 물었다. 당신의 어떻게 답할 것인가?

⑤ 당신이 지하수 오염문제를 해결하도록 채용된 환경과학자라고 가정해보자. 몇몇 집 주인들이 자기내 집 우물에서 이상한 냄새와 맛이 느껴짐을 알게 되었다. 어떤 사람은 오염이 매립지에서 기인한다고 생각하였고, 어떤 사람은 주변의 목장이나 화학공장에서 온다고 생각하였다. 당신의 첫 번째 업무는 이지역의 우물들에서 자료를 수집하고, 여기에 보이는 지하수면도를 그리는 것이다.

a. 당신이 그린 도면에 의하면, 위에 말한 세 잠재오염원 중에서 제거할 수 있는 것이 있는가? 그렇다면 설명해 보시오.
b. 오염원을 정확히 결정하기 위해서 당신이 하고자 하는 다른 작업은 무엇이 있는가?

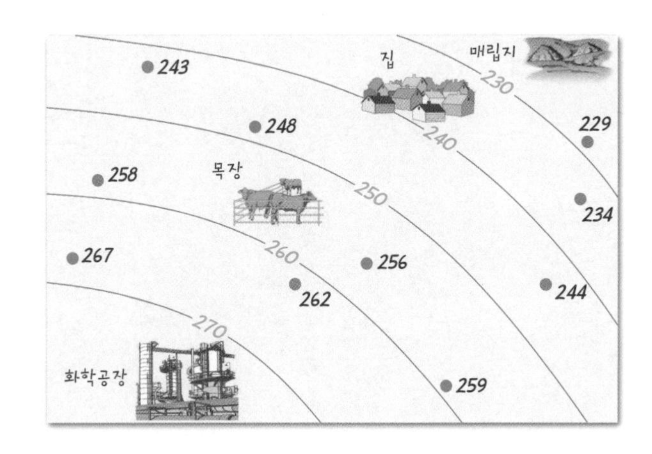

⑥ 아는 사람이 서부 텍사스 지역의 생산량이 높은 관개농장의 한 구역을 구입하고자 고려 중이다. 그는 앞으로도 계속해서 여기에서 농산물을 재배하고자 한다. 만약 그 사람이 당신에게 그가 선택한 지역에 대해서 의견을 물어온다면, 당신이 답하기 전에 이 장의 어떤 그림을 먼저 참고해 볼 것인가? 이 그림이 당신의 친구가 잠재적인 농장 구입에 대해 어떤 평가를 내리도록 도와줄 수 있는가?

⑦ 싱크홀은 보통 두 가지 방식 중 하나로 발생한다. 플로리다 주, 윈처 파크의 싱크홀을 보여주는 아래 사진을 보고, 이것이 어떻게 생성되었을 지를 설명해 보시오.

AP Photo

15
빙하와 빙하작용

핵심 개념

다음은 이 장에서 다룰 주요 학습 목표이다.
이 장을 학습한 후 다음 질문에 답해 보도록 하자.

15.1 수문순환과 암석순환에 있어 빙하의 역할, 빙하의 종류와 특징, 오늘날 빙하의 분포 양상에 대해 설명하라.

15.2 빙하 이동 방법, 빙하 이동 속도, 빙하 수지의 중요성에 대해 설명하라.

15.3 빙하 침식 과정과 빙하 침식에 의해 형성된 지형의 특징을 설명하라.

15.4 빙하성층의 기본 두 가지 유형의 차이와 빙하 지형과 관련된 주요한 퇴적 지형의 특징을 설명하라.

15.5 침식과 퇴적지형 이외의 빙하기 빙하의 중요한 영향에 대해 설명하라.

15.6 빙하기 이론의 발전과 빙하기 원인에 관한 현재의 생각을 토론하라.

베어 빙하는 알래스카 세워드 근처 하딩 아이스필드 밖으로 흐른다. 약 200년 전에 빙하는 사진의 아래 부분의 종퇴석까지 확장했었다. 알래스카의 다른 대부분의 빙하와 같이 베어 빙하는 산 쪽으로 후퇴하고 있다. (사진 : *Michael Collier*)

기후는 지구 외형의 변화 작용의 성질과 정도에 크게 영향을 끼친다. 이 장에서는 지구 기후변화에 의해 빙하의 존재와 범위가 결정된다는 사실이 자세히 설명될 것이다.

앞의 두 장에서 다루었던 유수나 지하수와 같이 빙하도 현저한 침식작용을 일으킨다. 거대한 얼음 덩어리가 이동하면서 여러 특징적인 지형을 만들어내며, 풍화된 암석을 이동시키고 퇴적시키면서 암석순환에 있어 중요한 연결 고리로 작용한다.

오늘날 지구 표면의 10% 정도가 빙하에 의해 덮여 있다. 그러나 최근의 지질 역사에서 빙상이 세 차례가량 크게 확장하며, 수천 미터 두께의 빙하가 광대한 영역을 덮은 때가 있었다. 여전히 많은 지역에서 빙원의 흔적이 관찰된다. 알프스, 케이프코드, 요세미티 계곡과 같은 장소가 지금은 사라진 빙하에 의해 형성되었다. 또 롱아일랜드, 오대호, 노르웨이와 알래스카의 피요르드 해안은 빙하에 의해 생성된 지형이다. 빙하는 지질 역사의 한 현상에 불과한 것이 아니다. 빙하는 오늘날에도 여전히 여러 장소에서 지형을 변화시키고 퇴적물을 퇴적시키고 있다.

15.1 빙하 : 두 가지 기본 순환의 일부분

수문순환과 암석순환에 있어 빙하의 역할, 빙하의 종류와 특징, 오늘날 빙하의 분포 양상에 대해 설명하라.

빙하는 지구시스템의 기본적인 두 순환인 수문순환과 암석순환의 일부분이다. 앞 장에서 우리는 물이 수권, 대기권, 생물권, 지권을 끊임없이 순환한다는 사실을 배웠다. 물이 해양으로부터 증발하여 대기로 유입되고, 강우를 통해 땅으로 유입되고, 하천과 지하수에 의해 해양으로 운반되는 작용은 끊임없이 반복된다. 그러나 비가 높은 고도나 높은 위도의 지역에 오면 물은 해양을 향해 이동하지 못하고 빙하의 일부가 되기도 한다. 얼음은 결국 녹아서 해양으로 순환을 계속하지만, 물은 빙하에 수십, 수백, 수천 년간 머무르기도 한다.

빙하(glacier)는 수백, 수천 년에 걸쳐 만들어진 두꺼운 얼음 덩어리이다. 빙하는 눈이 축적되어 압축작용을 받아 재결정되면서 만들어진다. 빙하는 움직이지 않는 것처럼 보이지만 사실은 매우 느린 속도로 움직인다. 빙하는 유수, 지하수, 바람, 파도와 같이 퇴적물을 축적, 이동, 퇴적시키는 침식작용의 역동적인 매개체이다. 빙하는 암석순환 과정 중에 가장 기본적인 역할을 수행한다. 빙하는 오늘날 세계 여러 장소에서 발견되기는 하지만, 대부분은 극지방이나 고산지대와 같은 오지에 존재한다.

그림 15.1 **곡빙하(고산 빙하)** 허버드 빙하는 지속적으로 알래스카의 지형을 침식시키고 있다. 빙하 중간의 거무스름한 퇴적물은 측퇴석이다. (사진 : *Michael Collier*)

곡빙하(고산 빙하)

글자 그대로 높은 산악지역에 수천 개의 비교적 작은 빙하가 존재하며, 이러한 빙하는 하천이 흘렀던 계곡을 따라 흐른다. 이전에 흘렀던 하천에 비해 빙하는 하루에 수 센티미터씩 느린 속도로 이동한다. 빙하가 놓인 지형 때문에 이런 빙하는 **곡빙하**(valley glacier)나 **고산 빙하**(alpine glacier)라 부른다(**그림 15.1**). 가파른 암벽에 결합된 곡빙하는 산 정상의 눈이 쌓이는 곳으로부터 계곡 하부로 흘러내려 가는 얼음 하천이다. 하천과 같이 곡빙하는 다양한 길이와 폭을 가지며 하나의 줄기로 흐르거나 지류를 형성할 수도 있다. 일반적으로 곡빙하의 폭은 길이에 비해 좁은 편이다. 일부 빙하의 길이가 1km 이하인 데 반하여 길이가 수십 킬로미터에 가까운 빙하도 있다. 한 예로 허버드 빙하의 서쪽 지류 길이는 알래스카 산맥지역과 유콘지역에 걸쳐 112km이다.

빙상

빙상(ice sheet)은 곡빙하에 비해 훨씬 큰 크기로 존재한다. 극지방은 1년에 도달하는 총 태양 복사에너지가 작기 때문에 큰 빙하가 집적되기 쉽다. 오늘날 극지방에 빙상은 북반구의 그린란드와 남반구의 남극에 존재한다(**그림 15.2**).

빙하시대 빙상 약 18,000년 전에는 빙하가 그린란드와 남극뿐 아니라 북미, 유럽, 시베리아의 많은 지역을 덮고 있었다. 그 시기를 지구 역사상 빙하 최대기라 한다. 이는 지구 역사상 여러 번의 빙하시기가 있었음을 나타낸다. 260만 년 전에 시작하여 현재까지를 말하는 제4기에 빙상이 형성되어 많은 지역으로 확장된 후 녹아 없어졌다. 이러한 빙하기와 간빙기가 반복하여 나타났다.

그린란드와 남극 어떤 사람들은 북극점이 빙하로 덮여 있다고 생각하지만 북극점은 빙하로 덮여 있지 않다. 남극해를 덮고 있는 빙하는 해수가 동결된 **해빙**(sea ice)이다. 해빙은 밀도가 물보다 작아 떠다닌다. 해빙은 남극에서 완전히 사라지지 않지만 계절에 따라 해빙의 면적은 증가하거나 감소한다. 새롭게 형성되는 해빙의 두께는 몇 센티미터이고 1년 내내 존재하는 해빙은 4m 정도 된다. 반면 빙하의 두께는 수백에서 수천 미터나 된다.

빙하는 육지에 형성되고 북반구 그린란드는 빙상으로 덮여 있다. 그린란드는 북위 60°와 80° 사이에 위치한다. 지구에서 가장 큰 섬인 그린란드는 약 170만 km^2의 면적을 가진 빙상이 그린란드의 약 80%를 덮고 있다. 평균적인 두께가 1,500m이며, 곳에 따라 섬의 기반암으로부터 3,000m 높이까지 빙하가 쌓인 곳도 있다.

남반구에서는 거대한 남극 빙상이 최고 4,300m의 두께와 1,390만 km^2의 넓이로 남극 대륙의 대부분을 덮고 있다. 남극 빙상은 엄청난 크기로 인해 **대륙 빙상**이라고도 한다. 실제로 오늘날 대륙 빙상의 넓이는 지구 육지 면적의 10%를 차지하고 있다.

이러한 거대한 덩어리는 하나 혹은 그 이상의 눈이 축적되는 중심으로부터 모든 방향으로 흘러나갈 수 있으며, 하부의 높은 지역을 제외하고는 어느 방향으로든 흐를 수 있다. 빙하 하부에 급격한 지형 변화가 존재하더라도 빙하 표면에는 상대적으로 완만해진 기복으로 나타난다. 그러나 이런 빙하 하부의 지형 변화는 빙상의 거동에 영향을 주며, 특히 빙하의 가장자리에서 두드러진다. 빙하 하부의 지형은 빙하가 흐르는 방향을 바꿀 수 있으며, 흐르는 속도가 빠른 지역과 느린 지역을 만든다.

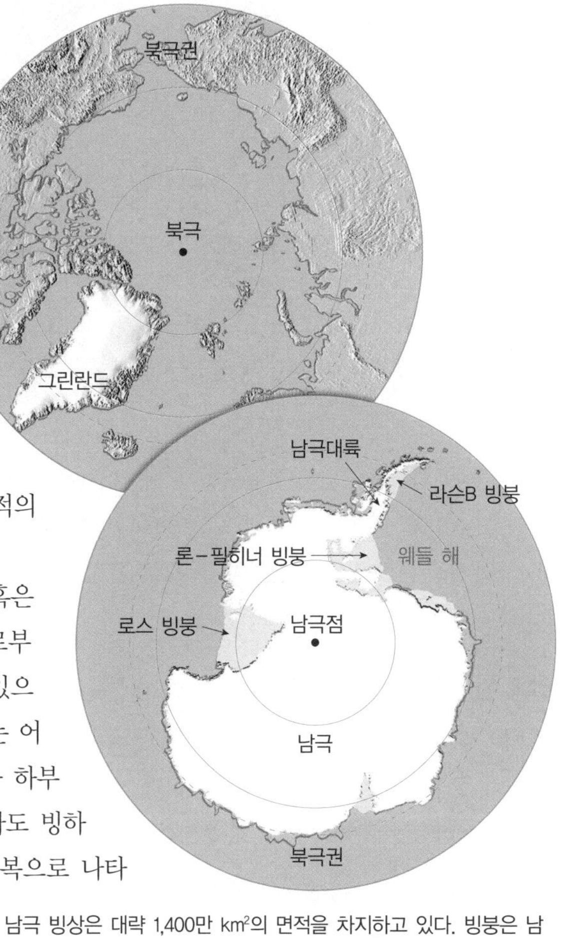

그림 15.2 빙상 현재 빙상은 그린란드와 남극 대륙을 덮고 있다. 이 두 빙상의 면적을 합하면 지구 전체 육지 면적의 10%에 해당한다.

빙붕 남극 대륙의 해안지역을 따라 빙하가 인접한 바다로 흘러들어가면서 **빙붕**(ice shelve)이라는 지형을 생성한다. 크고 상대적으로 평평한 빙붕은 해변으로부터 바다로 확장되나 하나 혹은 그 이상의 면이 여전이 육지와 연결되어 있다. 약 80% 이상의 빙붕이 해수면 아래에 놓인다. 따라서 천해에서는 빙붕이 바닥에 닿기도 하나 심해에서는 떠다닌다. 반 이상의 남극대륙 해안을 따라 빙붕이 나타나나 그린란드에는 거의 없다.

빙붕은 육지 쪽으로 갈수록 두께가 두껍고 바다 쪽으로 갈수록 얇아진다. 빙붕은 인접한 빙상으로부터 얼음을 지속적으로 공급받는 동시에 눈이 쌓이거나 하부의 해수가 얼면서 유지된다. 남극의 빙붕은 약 140만 km^2의 총 면적을 가지고 있다. 로스 빙붕과 필히너 빙붕이 가장 크며, 로스 빙붕의 경

알고 있나요?

남극점에 위치한 아문센-스콧 기지의 연평균 온도는 영하 49.4°C이다. 반면에 로스 빙붕 근처 남극대륙 해안에 위치한 맥모도 기지의 연평균 온도는 영하 16.9°C이다.

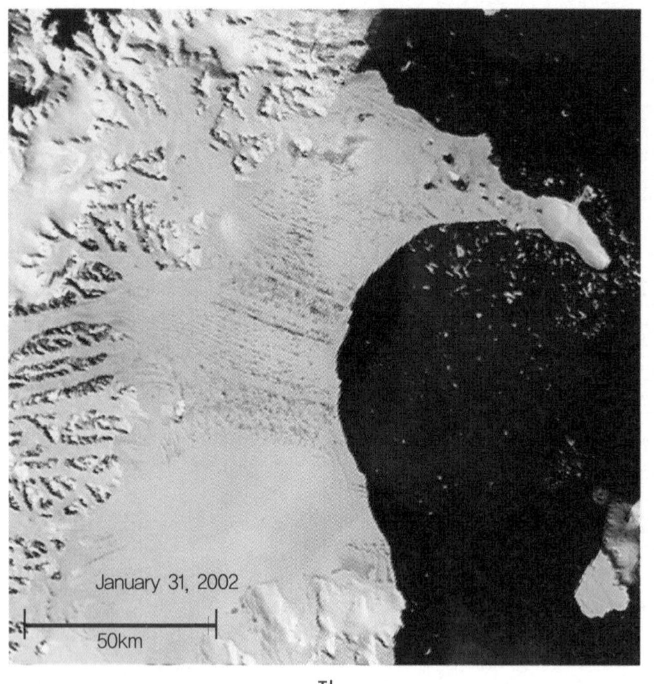

전

후

그림 15.3 **빙붕의 붕괴** 이 영상 사진은 2002년 초 라슨 B 빙붕의 붕괴를 보여준다. (NASA)

알고 있나요?

그린란드 빙상이 얼마나 큰지 상상하는 것은 쉽지 않다. 그린란드 방상의 길이는 미국 플로리다 키웨스트로부터 북쪽으로 160km 떨어진 포틀랜드까지의 거리와 비슷하다. 폭은 미국 워싱턴 DC로부터 인디애나 주 인디애나폴리스까지의 거리와 비슷하다. 그린란드 빙상의 면적은 약 미시시피 강 동쪽 미국 면적의 약 80%, 남극 대륙 빙상의 면적은 8배 이상 크다.

우 텍사스 주에 버금가는 크기이다(그림 15.2). 최근의 위성 자료에 의하면 일부 빙붕이 빙하로부터 분리되고 있음이 밝혀졌다. 한 예로 2002년 2월부터 3월 사이의 35일간 남극 반도 동부해안의 라슨B 빙붕이 대륙으로부터 분리되었다(그림 15.3). 이 사건으로 수천 개의 빙산이 인접한 웨들 해를 표류하게 되었다. 이 사건은 독립적인 사건이 아닌 최근의 경향에 따른 사건이다.

다른 형태의 빙하

곡빙하와 빙상 외의 다른 형태의 빙하도 존재한다. 고지대와 고원을 덮고 있는 빙하를 **빙모**(ice cap)라고 한다. 빙상과 유사하게 빙모는 하부에 존재하는 지형을 덮어 버리지만 대륙 크기의 빙상에 비해 매우 작은 편이다. 빙모는 아이슬란드와 북극해의 여러 큰 섬을 포함해 다양한 곳에서 나타난다(그림 15.4).

빙모와 빙상은 **분출빙하**(outlet glacier)를 만든다. 이 빙하의 혀는 빙모의 가장자리로부터 계곡을 따라 흘러내린다. 분출 빙하는 빙모나 빙상으로부터 계곡을 따라 바다로 이동하므로 기본적으로 곡빙하에 해당한다. 분출빙하가 바다와 만나면서 일부 분출빙하는 떠다니는 빙붕이 된다. 때로는 많은 수의 빙산이 형성되기도 한다.

산록빙하(piedmont glacier)는 가파른 산맥의 하부에 위치한 넓은 저지대에 위치하며 하나 혹은 그 이상의 곡빙하가 산으로부터 흘러내려오면서 형성된다. 얼음이 사방으로 퍼져나

그림 15.4 **아이슬란드 남부 바트나이외쿠틀의 빙모(이외쿠틀은 덴마크어로 만년설을 뜻함)** 1996년 그림스뵈튼 화산이 빙모 하부로부터 분출해서 엄청난 양의 빙하수를 만들어 홍수를 일으켰다. (NASA)

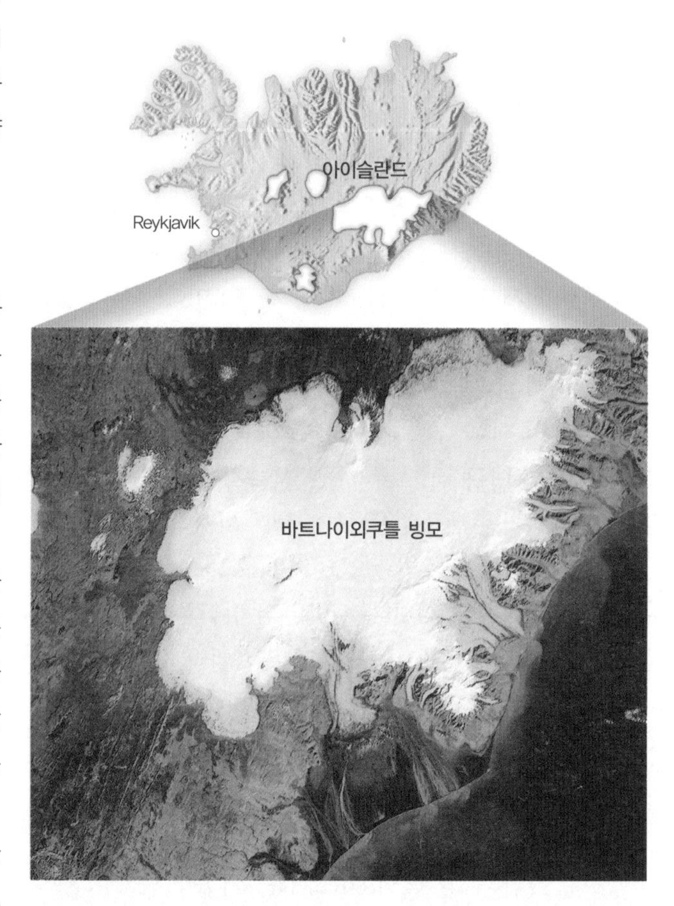

빙모는 빙모 하부 지역을 완전히 덮고 있지만 빙상에 비해서 훨씬 면적이 좁다.

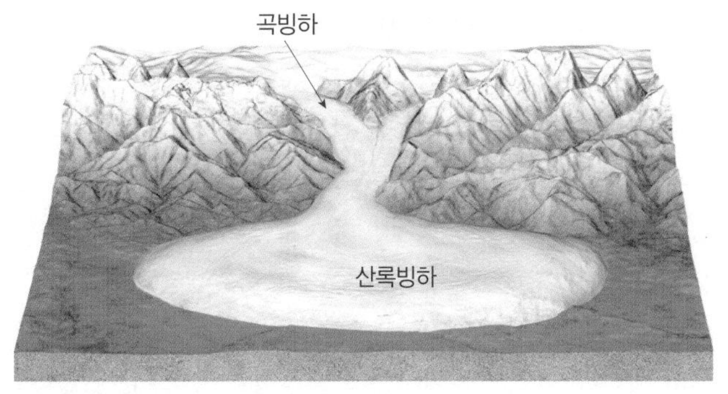

곡빙하가 흘러내려 산록빙하가 형성된다.

그림 15.5 **산록빙하** 산록빙하는 곡빙하가 넓은 저지대로 흘러내리는 곳에 형성된다.

가면서 넓은 빙엽(ice lobe)을 형성하는 것이다(그림 15.5). 산록빙하의 크기는 매우 다양하다. 알래스카 남부 해안을 따라 형성된 맬러스피나 빙하(Malaspina Glacier)는 산록빙하 중 가장 크다. 이 빙하는 세인트엘리아스 산맥의 하부에 형성된 평평한 연안 평지의 5,000km² 이상을 덮고 있다.

개념 점검 15.1

① 오늘날 어디에서 빙하가 발견되는가? 빙하가 지구 육지 표면의 몇 퍼센트를 덮고 있는가?
② 수문순환에 있어 빙하의 역할을 설명하라. 암석순환에서 빙하의 역할은 무엇인가?
③ 빙하의 네 종류를 나열하고 차이점을 설명하라.
④ 빙상과 빙붕의 차이점은 무엇인가? 빙상과 빙붕이 어떻게 관련 있는가?

15.2 빙하 얼음의 형성과 이동

빙하 이동 방법, 빙하 이동 속도, 빙하 수지의 중요성에 대해 설명하라.

눈은 빙하 얼음을 생성하는 기본 물질이다. 따라서 빙하는 겨울에 내리는 강설량이 여름에 녹는 양보다 많은 지역에서 형성된다. 빙하는 강설량은 그다지 많지 않아도 낮은 기온으로 인해 눈이 녹는 양이 적은 고위도의 극지방에서 주로 발달한다. 고도가 올라갈수록 온도는 내려가므로 빙하는 높은 산에서도 형성될 수 있다. 따라서 적도지방에서도 약 5,000m 이상의 고도에서는 빙하가 형성되기도 한다. 그 예로 적도에 걸쳐 있는 높이가 5,895m인 탄자니아의 킬리만자로 산은 정상 부근에 빙하가 존재한다. 1년 내내 눈이 존재할 수 있는 고도를 **설선**(snowline)이라고 한다. 설선의 높이는 위도에 따라 변한다. 적도 부근에서는 설선이 높은 고도에 존재하나 북위 60° 부근에서는 설선이 해수면과 동일하다. 빙하가 형성되기 전에 눈은 반드시 빙하 얼음으로 변환된다.

빙하 형성

눈이 내린 후 어는점 이하의 온도가 지속되면 눈은 복잡한 육각형 결정의 푹신한 축적물로 변화된다. 공기가 결정들 사이로 침투하면서 결정의 가장자리가 증발하여 수증기가 결정의 중심으로 응집된다. 이런 식으로 눈송이는 더 작고 두꺼우며 좀 더 구형에 가까운 공극이 줄어든 형태로 바뀐다. 이 과정을 통해 공기는 밖으로 배출되며 가볍고 푹신했던 눈은 모래와 유사한 좀 더 무거운 작은 입자로 재결정된다. 얼음 입자로 재결정된 눈을 **만년설**(firn)이라고 하며, 겨울이 끝날 때쯤 눈 더미에서 쉽게 발견할 수 있다. 눈의 양이 증가하면서 하부층이 받는 압력은 점진적으로 증가하여 얼음 입자를 압축한다. 얼음과 눈의 두께가 50m를 넘으면 서로 맞물려 있는 얼음 입자로 된 만년설이 녹기에 충분한 무게가 된다. 이렇게 빙하 얼음이 만들어진다.

이런 변화의 속도는 매우 다양하다. 연간 강설량이 많은 지역에서는 눈이 묻히는 속도가 상대적으로 빨라 눈이 빙하 얼음으로 바뀌는 데 10년 이하의 시간이 걸린다. 연간 강설량이 적은 지역에서는 눈이 묻히는 속도가 느리며 빙하 얼음으로 바뀌는 데 100년 정도의 시간이 걸리기도 한다.

빙하 이동

얼음이 흐르는 방법은 복잡하며 기본적으로 두 가지 유형이 있다. 첫 번째 유형은 소성 유동(plastic flow)이며, 얼음 내부의 이동을 뜻한다. 얼음은 50m 두께의 얼음이 가지는 무게에 해당하는 압력을 받기 전까지는 취성 고체의 특성을 띤다. 하중이 높아지면 얼음은 소성 물질의 특성을 띠면서 흐르기 시작한다. 이런 흐름은 얼음의 분자구조 때문에 나타난다. 빙하는 층상으로 쌓여 있는 분자들의 층들로 구성된다. 층 사이의 결합은 각 층 내부의 결합보다 약하다. 따라서 층 사이의 결합력보다 큰 외부 압력이 가해지면 층들은 서로 미끄러진다.

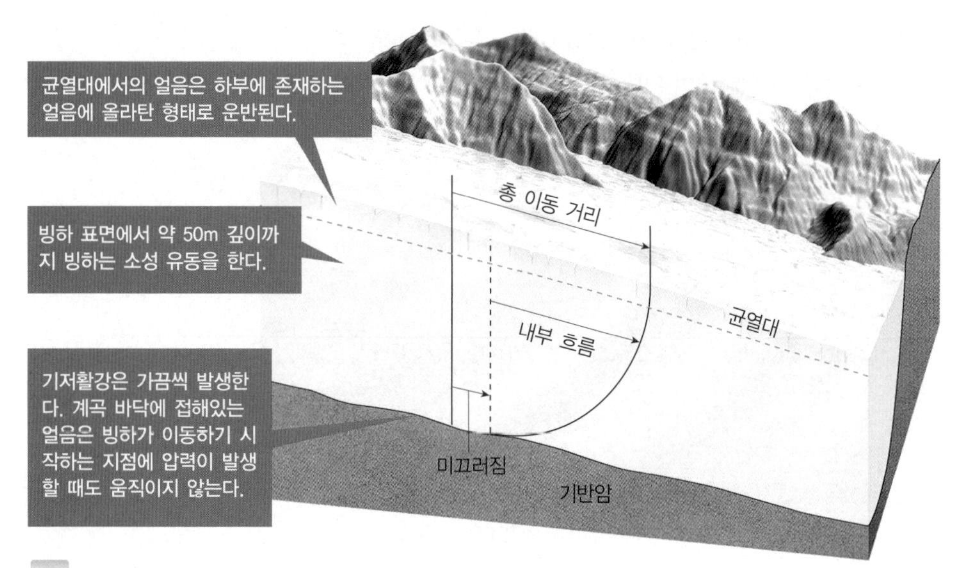

스마트그림 15.6

빙하의 이동 빙하의 수직단면을 통해 빙하의 이동이 두 가지로 구분된다는 것을 알 수 있다. 이동의 속도는 마찰력이 가장 큰 빙하의 저면에서 가장 느리다.

두 번째 유형은 전체 얼음 덩어리가 지면을 따라 미끄러지는 형태이며 첫 번째 유형만큼이나 중요한 빙하의 이동 방법이다. 대부분 빙하 최저부에서는 이런 방법으로 이동한다고 생각되고 있으며 이런 유형을 기저활강(basal slip)이라 한다. **그림 15.6**은 두 가지 빙하 이동 유형의 영향을 보여준다. 빙하의 수직단면은 모든 빙하가 같은 속도로 이동하지 않는다는 것을 나타낸다. 기반암과 마찰로 인해 빙하의 저면에서 더 느리게 이동한다.

빙하의 상부로부터 50m 깊이까지는 소성 유동을 위해 필요한 압력을 받지 못한다. 대신 상부의 얼음은 취성을 띠며 **균열대**(zone of fracture)라 부른다. 이 부분의 얼음은 하부에 존재하는 얼음에 올라탄 형태로 운반된다. 빙하가 불규칙한 지역을 이동할 때 균열대는 장력을 받아 **크레바스**(crevass)라는 균열대를 형성한다(**그림 15.7**). 빙하를 가로질러 갈 때 매우 위험하게 작용하는 이 갈라진 틈은 깊이가 50m에 이르기도 한다. 50m 이상의 깊이에서는 소성 유동이므로 균열대가 형성되지 않는다.

빙하 이동의 관측과 측정

하천을 흐르는 물과 달리 빙하 이동은 눈에 잘 띄지 않는다. 만약 우리가 곡빙하의 움직임을 볼 수 있다면 강물이 흘러가는 것과 같이 계곡 내 모든 얼음이 동일한 속도로 계곡 하부로 움직이는 것이 아니라는 것을 알게 될 것이다. 기반암의 마찰력으로 인해 빙하 하부 얼음의 이동속도가 느려지는 것과 같이 계곡의 벽에 의해 끌림이 발생하여 빙하의 중심부가 가장 속도가 빠르다.

19세기 초에 빙하 이동과 관련된 첫 번째 실험이 알프스 산에서 수행되었다. 곡빙하의 최상부에 직선을 따라 표식을 설치하였다. 빙하의 이동을 알 수 있도록 선의 위치를 계곡 벽에 표시했다. 빙하의 이동을 관측하기 위해 주기적으로 표지의 위치를 기록하였다. 대부분의 빙하가 직접 육안으로 관측할 수 없을 정도로 느리게 이동하지만 실험을 통해 성공적으로 빙하의 이동을 관측하였다. **그림 15.8A**는 19세기에 스위스 론 빙하에서 수행된 실험을 나타낸다. 이러한 실험을 통해 빙하에 설치된 표지만의 이동뿐 아니라 빙하 말단부의 위치도 나타낼 수 있었다.

여러 해 동안 시차사진 분석을 통해 빙하의 이동을 관측할 수 있었다. 같은 지점에서 일정한 주기로(예 : 하루에 한 번) 찍은 사진으로 빙하 이동을 관측하였다. 최근에는 인공위성을 통해 빙하의 이동과 형태를 관측할 수 있다(**그림 15.8B**). 인공위성을 통한 관측은 먼 거리와 극한 기후 조건에서도 관측이 가능하기 때문에 매우 유용한 방법이다.

빙하 얼음은 얼마나 빨리 이동할까? 평균 속도는 빙하에

그림 15.7 **크레바스** 빙하가 이동할 때 내부 압력은 취성을 띠는 빙하 상부에 큰 균열을 발생시켜 균열대를 형성시킨다. 크레바스는 50m 깊이까지 확장될 수 있고 빙하에서의 여행을 위험하게 만든다. (사진 : Wave/Glow)

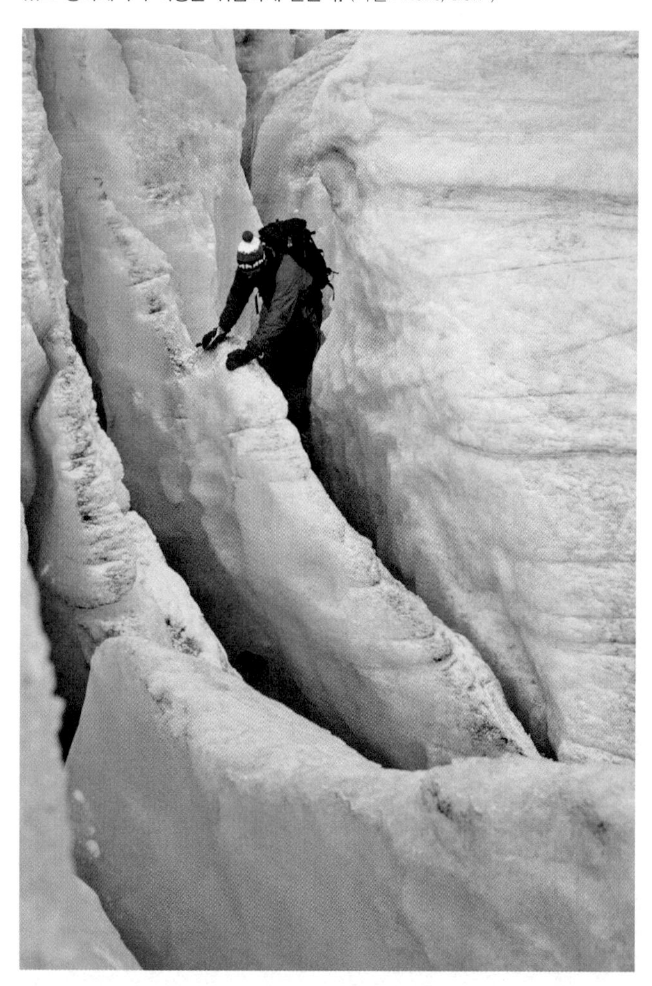

알고 있나요?

오스트레일리아를 제외하고 빙하는 모든 대륙에서 발견된다. 아프리카에서도 킬리만자로 산 정상에서 작은 규모의 빙하가 나타난다. 그러나 연구에 의하면 1912년 이래로 산 정상 빙하의 80%가 없어졌고, 2020년에는 모두 없어질 것이라 한다.

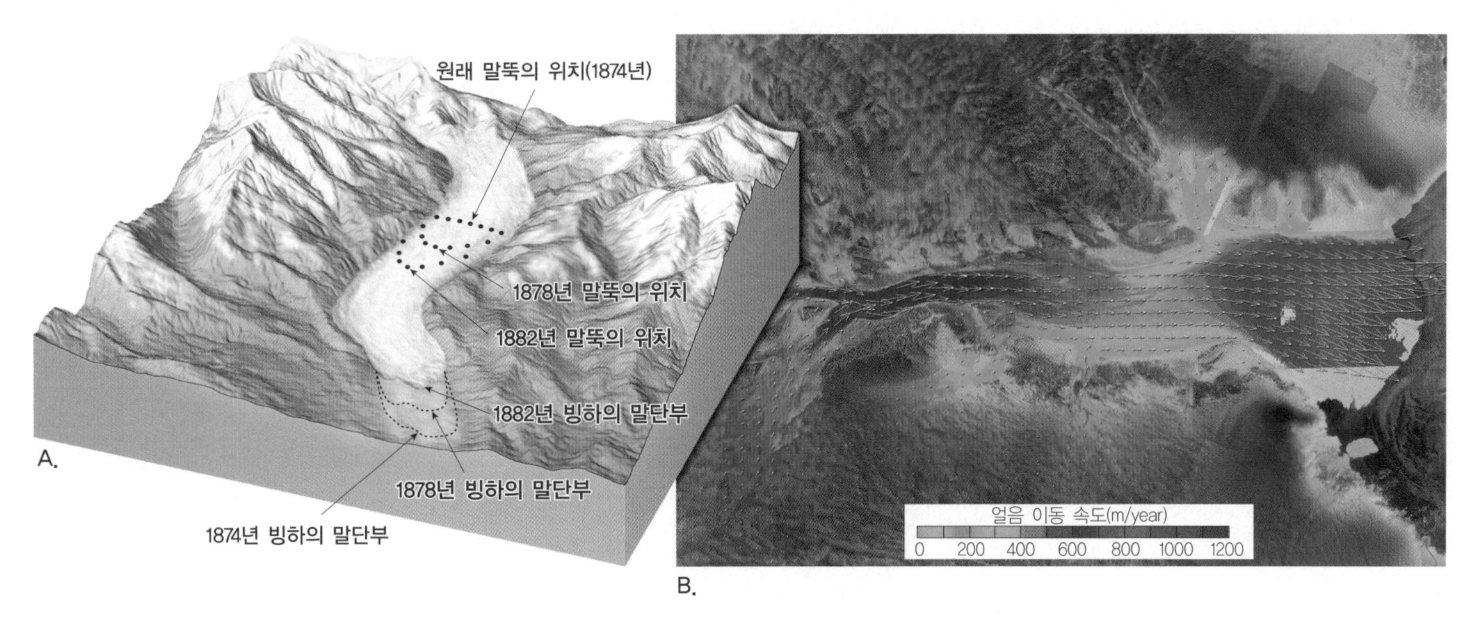

그림 15.8 **빙하의 이동 측정** A. 스위스 론 빙하의 말단부에서의 빙하의 이동과 변화. 곡빙하에 설치된 말뚝의 이동을 통해 곡빙하의 중심부보다 벽면에서 속도가 느리다는 것을 알 수 있다. 빙하 전면이 후퇴되더라도 빙하 내 얼음은 전진한다. B. 인공위성 사진은 남극대륙의 램버트 빙하 이동에 대한 정보를 제공한다. 얼음 이동 속도는 24시간 간격으로 수집된 레이더 자료를 통해 결정된다. (NASA)

따라 다양하게 나타난다. 어떤 빙하에서는 이동이 매우 느려서 빙하의 표면에 모여 있는 퇴적물에 나무나 다른 식물들이 안정적으로 자리를 잡기도 하는 반면 어떤 빙하는 하루에 몇 미터씩 이동하기도 한다. 최근 인공위성 사진을 통해 남극 빙상에서의 빙하의 이동을 알 수 있었다. 어떤 분출 빙하는 1년에 800m보다 더 이동한다. 반면에 빙하 내부에서는 1년에 2m도 움직이지 않는다. 일부 빙하는 서지(surges)라고 하는 매우 빠른 속도로 이동하는 시기를 보인다. 빙하가 일반적인 형태로 이동하다가 짧은 시간 빠른 속도로 이동한 후 다시 보통의 속도로 돌아온다.

빙하 수지 : 축적 대 소모

눈은 빙하 얼음의 기원이 되는 기본 물질이므로 빙하는 겨울에 내리는 눈의 양이 여름에 녹는 양보다 많은 지역에서 형성된다. 빙하는 지속적으로 얼음을 획득하고 내놓는다.

빙하대 눈의 축적과 얼음의 형성은 **축적대**(zone of accumulation)에서 발생한다. 축적대의 경계는 설선이라고 한다. 앞서 언급한 대로 설선의 고도는 극지방에서는 해수면과 동일하고, 적도에서는 5,000m 높이에 형성되는 등 지역에 따라 변화가 크다. 설선 위의 축적대에서는 눈이 추가되며 빙하가 두꺼워지고 이동을 촉진한다. 설선 밑은 **소모대**(zone of wastage)라 한다. 여기서는 이전의 겨울에 축적된 눈과 빙하 얼음이 녹으면서 빙하의 손실이 발생한다(그림 15.9).

얼음이 녹는 것 이외에도 빙하의 전면부에서 많은 양의 얼음이 떨어지는 작용을 **빙하 분리**(calving)라고 한다. 빙하 분리는 빙하가 바다나 호수와 맞닿는 부분에서 **빙산**(iceberg)을 생성한다(그림 15.10). 빙산의 밀도가 바다의 밀도보다 약간 크기 때문에 빙산은 80%가 물 밑에 가라앉은 상태로 낮게 떠다니게 된다. 남극의 빙붕 자리를 따라 존재하는 빙산들은 빙하로부터 떨어져 나온 얼음이다. 여기서는 비교적 평평한 빙산이 만들어지며 수 킬로미터의 폭과 600m 두께를 가지기도 한다. 이에 비해 그린란드 빙상의 가장자리에서는 수천 개의 불규칙한 형태의 빙산들이 만들어진다. 상당수가 남쪽으로 이동하고 북대서양으로 흘러들어 항해에 위험한 존재가 된다.

스마트그림 15.9
빙하대 설선이 축적대와 소모대를 나누는 경계이다. 빙하 말단부의 전진, 후퇴, 정지는 축적과 소모의 균형에 달려 있다.

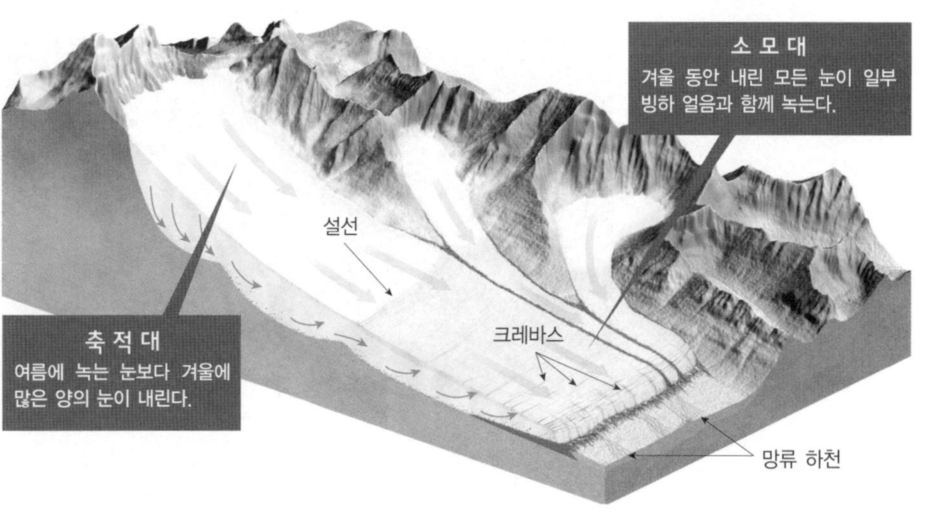

그림 15.10 **빙산** 빙산은 빙하의 전면부가 물에 닿을 때 커다란 빙괴가 떨어져 나오면서 형성된다. *(사진 : Radius Images)*

빙하 수지 빙하의 주변부가 전진, 후퇴하거나 혹은 제자리에 머무는 것은 빙하 수지에 달려 있다. **빙하 수지**(glacial budget)는 빙하 상단부의 축적량과 하단부의 감소량 사이의 균형이나 불균형을 일컫는다. 이 감소를 **소모**(ablation)라 한다. 얼음의 축적량이 소모보다 많으면 빙하는 두 인자가 균형을 이룰 때까지 전진한다. 균형이 이뤄지면 빙하의 말단부는 제자리에 멈추게 된다.

따뜻한 기후가 지속되어 소모량이 증가하고(하거나) 강설량이 줄어 축적량이 줄어들면 빙하의 전면부는 후퇴한다. 빙하 말단부의 후퇴가 끝나면 소모대의 크기가 줄어든다. 그렇게 해서 축적과 소모 사이에 새로운 균형이 이루어지며, 빙하의 전면부는 제자리에 멈추게 된다. 빙하 가장자리의 전진, 후퇴, 정지에 상관없이 빙하 내의 얼음은 지속적으로 앞으로 이동한다.

후퇴하는 빙하의 경우에도 얼음은 소모를 줄일 만큼 빠른 속도는 아니지만 계속해서 앞으로 이동한다. 이것은 그림 15.8A에 잘 설명되어 있다. 론 빙하의 말뚝이 지속적으로 계곡 아래쪽을 향해 이동했을 때 빙하의 상부 말단에서는 느린 속도로 계곡 상부 쪽으로 후퇴하고 있었다.

빙하 후퇴 빙하가 온도와 강우 변화에 민감하기 때문에 빙하는 기후변화에 대한 단서를 제공한다. 몇몇 예외가 있지만 과거 몇백 년 동안 전 세계에서 곡빙하가 후퇴하였다. 이 장 시작부분에 있는 베어 빙하 사진은 곡빙하 후퇴의 예를 보여준다. 그림 15.11의 사진은 또 다른 예이다. 많은 곡빙하는 함께 사라졌다. 예를 들어 150년 전에 몬타나 빙하 국립공원에는 147개의 곡빙하가 있었으나 현재에는 37개만 남아 있다.

개념 점검 15.2

① 빙하 이동의 두 가지 성분을 설명하라.
② 어떻게 빙하가 빨리 이동할 수 있는가? 몇 개의 예를 들어 보라.
③ 크레바스란 무엇이고 어떻게 형성되는가?
④ 빙하대에서 빙하 수지에 대하여 설명하라.
⑤ 어떤 환경에서 빙하 전면부가 전진, 정지, 또는 후퇴할 수 있을까?

그림 15.11 **빙하 후퇴** 두 사진은 알래스카 빙하만 국립공원의 같은 지점에서 64년 간격으로 찍은 사진이다. 무이어 빙하는 1941년에 비해 2004년에는 후퇴하였다. 리그스 빙하(오른쪽 위)는 얇아졌고 크게 후퇴하였다. *(사진 : National Snow and Ice Data Center)*

1941

2004

15.3 빙하 침식

빙하 침식 과정과 빙하 침식에 의해 형성된 지형의 특징을 설명하라.

빙하는 엄청난 침식능을 가지고 있다. 곡빙하의 말단부를 관찰해 보면 빙하 침식능의 증거를 볼 수 있다(**그림 15.12**). 얼음이 녹으면서 다양한 크기의 암석 파편들을 내놓는 것을 관찰할 수 있다. 모든 증거들을 조합해 볼 때 얼음이 계곡의 바닥이나 벽으로부터 암석을 깎아내고, 문지르고, 뜯어내서 계곡 하부로 운반하는 것이라는 결론이 나온다. 그러나 산악지역에서는 산사태에 의해 상당한 양의 퇴적물이 빙하에 쌓일 수 있다.

암석 파편이 빙하에 흡수되면 물이나 바람에 의해 운반되는 퇴적물이 바닥에 쌓이는 것과는 달리 얼음은 엄청난 힘으로 암석 파편들이 퇴적되지 않게 붙잡는다. 확실히 퇴적물의 이동 매체로서 얼음에 필적할 만한 매체는 없다. 빙하는 다른 침식작용에서는 움직이지 못하는 커다란 암석을 이동시킬 수 있다. 비록 오늘날 빙하는 침식작용에서 큰 역할을 하지는 않지만, 마지막 빙하기 동안 넓게 퍼져 있던 빙하에 의해 형성된 많은 지형들이 빙하의 침식능을 보여준다.

그림 15.12 **빙하 침식의 증거** 알래스카에서 빙하의 말단부가 사라질 때 많은 양의 퇴적물이 퇴적된다. 얼음의 용융에 의해 암설이 섞여 다양한 크기의 퇴적물이 퇴적된다.
(사진 : *Michael Collier*)

빙하 침식 작용

빙하는 굴식과 마식의 두 가지 방법으로 침식작용을 일으킨다. 빙하가 균열이 있는 기반암 위를 흘러가면서 암괴를 들어 올려 빙하 내부로 끌어들인다. 이 과정을 **굴식**(plucking)이라 하며, 빙하로부터 해빙수가 기반암의 균열과 절리 틈으로 들어가 얼면서 발생한다. 물이 얼면서 부피가 늘어나 엄청난 힘으로 암석을 들어 올린다. 이런 방법으로 분말 크기의 입자부터 집채만 한 크기의 암괴까지 다양한 크기의 퇴적물이 빙하에 실린다.

두 번째 침식작용은 **마식**(abrasion)이다(**그림 15.13**). 빙하

빙하의 마식작용으로 기반암에 긁힌 흔적과 홈이 형성되었다.
A.

캘리포니아 주 요세미티 국립공원에서 빙하에 의해 매끈하게 닦인 화강암
B.

그림 15.13 **빙하 침식** 퇴적물을 이동시키는 빙하는 사포처럼 암석을 긁고 닦는 역할을 한다.
(사진 : *Michael Collier*)

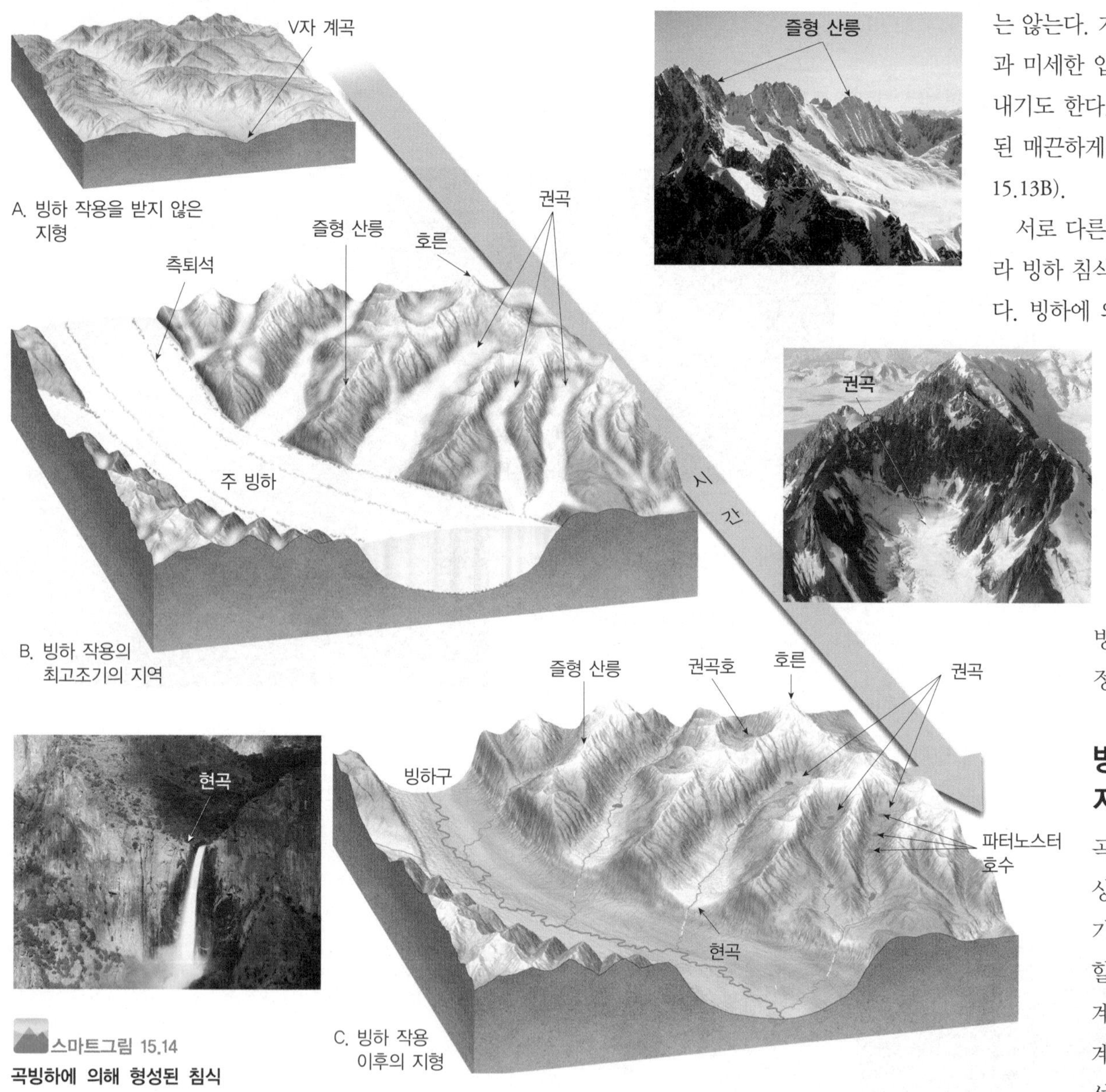

스마트그림 15.14

곡빙하에 의해 형성된 침식 지형 A의 빙하작용을 받지 않는 지형이 곡빙하에 의해 B와 같은 모습이 된다. 빙하가 사라진 후에는 C와 같이 빙하작용을 받기 전과는 전혀 다른 지형이 형성된다. (사진 : James E. Patterson; Marli Miller; John Warden/superstock)

와 암석 파편이 기반암 위를 미끄러지면서 사포와 같은 작용을 통해 빙하 하부의 표면이 부드럽고 매끄럽게 된다. 이렇게 빙하에 의해 분쇄되어 만들어진 암석 가루를 **돌가루**(rock flour)라 한다. 많은 양의 돌가루로 인해 빙하로부터 녹아 흘러 나가는 물이 탈지유와 비슷한 회색빛을 띠게 하며 이는 얼음의 분쇄 능력의 증거이다. 하천에 의해 돌가루가 유입된 호수는 흔히 청록색을 띤다.

빙하 하부의 얼음이 많은 양의 암석 파편을 가지게 되면 기반암을 파내어 **빙하 조선**(glacial striations)이라는 길게 긁힌 흔적과 홈을 만든다(그림 15.13A). 이런 선형의 홈들은 빙하 유동의 방향을 파악하는 데 단서를 제공한다. 넓은 지역에 걸쳐 빙하 조선의 지도를 제작해 보면 빙하의 유동 패턴을 재구성할 수 있다. 그러나 모든 마식작용이 조선을 형성하지는 않는다. 기반암 위를 흘러가는 빙하의 얼음과 미세한 입자가 암석 표면을 매끈하게 닦아내기도 한다. 요세미티 국립공원에 많이 분포된 매끈하게 닦인 화강암이 좋은 예이다(그림 15.13B).

서로 다른 침식 매체가 작용하는 방식에 따라 빙하 침식의 속도는 매우 다양하게 나타난다. 빙하에 의한 침식은 크게 다음의 네 가지 인자에 따라 달라진다. (1) 빙하 이동 속도, (2) 얼음의 두께, (3) 빙하 하부 얼음 내에 존재하는 암석 파편의 형태, 양, 경도, (4) 빙하 하부 지표면의 침식성. 시간이나 장소에 따라 이 네 가지 인자들이 다양하게 작용하면서 빙하지대의 지형, 외향, 지형 변화 정도가 매우 다양하게 변화한다.

빙하 침식에 의해 형성된 지형

곡빙하와 빙상의 침식 효과는 매우 상이하다. 빙하로 덮인 산악지대에 가보면 날카롭고 각진 지형을 관찰할 수 있다. 이런 지형은 곡빙하가 계곡 하부로 흘러내리면서 가파른 계곡 사면과 뾰족한 산 정상을 형성하며 산 형세의 불규칙성을 증가시키기 때문이다. 대조적으로 대륙 빙상은 일반적으로 지형 위에 놓여 있어서 그 지형에 불규칙성을 증가시키기보다는 완화시킨다. 비록 빙상의 침식능이 엄청나지만 일반적으로 이 거대한 얼음 덩어리에 의해 형성되는 지형은 곡빙하의 침식에 의해 형성되는 지형에 비해 그다지 놀랍지 않다. 장엄하고 아름다운 광경을 보여주는 상당수의 바위산들은 곡빙하에 의해 형성된 것이다. 그림 15.14에서는 빙하작용 이전, 작용 중, 작용 이후의 산악지대를 보여주고 있다. 이 그림은 앞으로 자주 언급될 것이다.

빙하작용을 받은 계곡 빙하작용을 받은 계곡을 걸어 오르다 보면 얼음에 의해 형성된 지형들을 볼 수 있다. 계곡은 그 자체로 멋진 광경을 보여준다. 스스로 계곡을 형성하는 하천

그림 15.15 **V자 빙하 계곡** 빙하작용이 일어나기 전 계곡은 일반적으로 좁고 V자 형태를 띠고 있다. 빙하작용이 일어나면 곡빙하가 계곡의 폭을 넓히고 더 깊게 만들며 계곡을 직선화하여 노르웨이의 롬스달 계곡과 같은 U자 형태의 계곡을 만든다. *(사진 : Michael Collier)*

과 달리 빙하는 이동에 용이한 기존에 존재하던 하천 계곡을 따라 이동한다. 빙하작용이 발생하기 전에 산지의 계곡은 계곡을 따라 흐르는 하천에 의해 하상 침식이 발생하여 좁은 V자 형태를 띤다. 그러나 빙하작용이 시작되면 이 좁은 계곡은 빙하에 의한 폭이 확장되고, 깊이가 깊어지는 작용을 받아 U자형 **빙하구**(glacial trough)를 형성한다(그림 15.14와 **그림 15.15**). 빙하는 넓고 깊은 계곡을 형성할 뿐만 아니라 계곡을 직선화한다. 얼음이 급한 곡선을 돌아 흐르면서 빙하의 엄청난 침식능에 의해 돌출부를 제거한다.

빙하의 침식작용에 의해 생성되는 물질의 양은 계곡에 따라 다양하다. 빙하작용 이전의 계곡에서는 지류의 하천이 높은 고도의 본류에 합쳐진다. 그러나 빙하작용이 일어날 때는 본류의 빙하에서 유동하는 얼음의 양이 지류를 따라 내려오는 빙하의 양에 비해 훨씬 많다. 따라서 본류의 빙하가 흐르는 계곡이 빙하를 보충해 주는 좀 더 작은 계곡에 비해 더 깊이 침식된다. 이런 이유로 빙하가 사라지고 난 뒤 지류의 빙하가 본류의 빙하가 남긴 빙하구 위에 여전히 남아 있게 되며, 이를 **현곡**(hanging valley)이라고 한다(그림 15.14C). 현곡을 따라 흐르는 강을 요세미티 국립공원에서 볼 수 있듯이 큰 규모의 폭포를 형성한다.

권곡 빙하 계곡의 상부에는 **권곡**(cirque)이라는 매우 특징적이고 인상적인 곡빙하 지형이 존재한다. 그림 15.14와 같이 사발 형태로 움푹 팬 지형은 삼면이 가파른 절벽으로 둘러싸여 있고, 계곡 하부 쪽만이 뚫려 있다. 권곡은 눈이 축적되고 얼음이 형성되는 빙하 성장의 중심부에 해당한다. 권곡은 초기에는 산 중턱의 불규칙한 부분으로 시작해서 빙하의 주변부와 하부를 따라 발생하는 동결쐐기작용과 굴식에 의해 크기가 커진다. 빙하는 퇴적물을 운반하는 컨베이어 벨트 역할을 한다. 빙하가 녹아 없어지고 난 뒤 권곡은 물로 채워져 **권곡호**(tarn)가 된다(그림 15.14C).

즐형 산릉과 호른 알프스 산맥이나 로키 산맥 북부와 같은 곡빙하에 의해 형성된 산악지형에는 빙하구, 권곡, 파터노스터 호수와 같은 빙하지형만 있는 것은 아니다. 꾸불꾸불하고 날카롭게 꺾이는 산등성이인 **즐형 산릉**(arête)과 날카로운 피라미드 형태의 산꼭대기인 **호른**(horn)이 주변에 솟아 있다. 동일한 생성 과정에 의해 형성되는 두 지형 모두 권곡이 굴식과 동결작용을 받으면서 확장된 지형이다(그림 15.14C). 뾰족한 형태의 암석인 호른은 하나의 높은 산 주변으로 권곡이 형성된 사례이다. 권곡의 크기가 커지면서 하나로 합쳐지

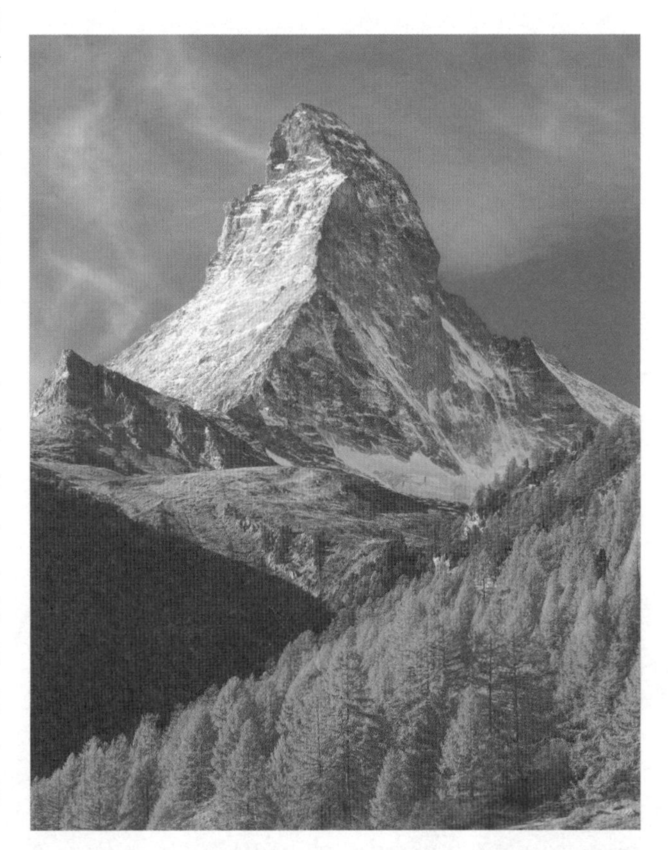

그림 15.16 **마터호른** 호른은 곡빙하에 의해 형성된 날카로운 피라미드 형태의 산꼭대기이다. 스위스 알프스의 마터 호른이 대표적인 예이다. *(사진 : Andy Selinger/AGE fotostock)*

그림 15.17 **로쉬 무토네** 캘리포니아 요세미티 국립공원의 로쉬 무토네. 완만한 사면은 마식된 것이고 가파른 사면은 굴식된 것이다. 빙하는 오른쪽에서 왼쪽으로 이동했다. (사진 : E. J. Tarbuck)

게 되고 주변으로부터 독립된 호른이 형성된다. 대표적인 예로 스위스 알프스의 마터 호른이 있다(그림 15.16).

즐형 산릉은 호른의 형성 과정과 유사하나 권곡이 하나로 합쳐지지 않고 분수계를 사이에 두고 서로 반대 방향에 존재하면서 생성되는 지형이다. 권곡이 성장하면서 권곡 사이에 존재하던 분수계는 폭이 좁은 칼날 형태의 지형으로 변화한다. 그러나 즐형 산릉은 다른 방법으로도 형성될 수 있다. 2개의 빙하가 평형한 두 계곡을 따라 존재할 때 빙하가 계곡을 깎아내서 폭을 넓히듯이 얼음이 이동하면서 분수계를 점진적으로 깎아냄으로써 즐형 산릉이 형성될 수 있다.

로쉬 무토네 많은 빙하작용을 받은 지형들, 특히 대륙 빙상에 의해 지형이 변한 지역에서 얼음이 지면으로부터 튀어나온 구릉을 유선형으로 깎아낸다. 이런 비대칭 형태의 구릉을 **로쉬 무토네**(roche moutonnée)라 부른다. 이 지형은 빙하의 마식작용에 의해 빙하가 접근하는 방향의 사면은 완만하게 깎이고 반대편 사면은 빙하가 언덕을 넘으면서 굴식작용을 일으켜 경사가 가파르게 된다(그림 15.17). 로쉬 무토네는 평탄한 사면 방향은 일반적으로 빙하가 이동해 온 방향이므로 빙하의 유동 방향을 지시해 준다.

피오르드 피오르드(fiord)는 고위도 지역의 바다에 인접한 산에서 형성되는 깊이가 깊고 큰 규모의 가파른 지형이다(그림 15.18). 피오르드는 빙하기가 끝나면서 계곡으로부터 빙하가 사라진 후 해수면 상승으로 인해 물에 잠기게 된 빙하구이다. 피오르드의 깊이는 1,000m를 넘는 경우도 있다. 그러나 이런 깊은 물에 잠긴 빙하구가 빙하기 이후의 해수면 상승에 의해서만 발생한 것은 아니다. 강의 하상 침식작용만으로는 해수면이 빙하의 하부까지 닿지 못한다. 결과적으로 보면 빙하가 하부에 존재하는 기반암을 해수면보다 더 낮은 깊이까지 침식할 수 있는 능력을 가진 것이다. 예를 들어 300m 두께의 곡빙하는 침식을 멈추고 바다 위에 뜨기 전까지 해수면 이하 250m 깊이까지 침식할 수 있다. 노르웨이, 브리티시컬럼비아, 그린란드, 뉴질랜드, 칠레, 알래스카와 같은 지역의 해안선은 피오르드 해안의 형태를 띠고 있다.

개념 점검 15.3

① 빙하가 어떻게 퇴적물을 수용할 수 있을까?
② 육안으로 확인할 수 있는 빙하 침식의 효과는 무엇인가?
③ 빙하 침식 능력에 영향을 주는 인자는 무엇인가?
④ 빙하작용을 받은 계곡은 빙하작용을 받지 않은 계곡과 어떻게 다른가?
⑤ 최근 곡빙하가 존재하는 지역에서 빙하 침식작용에 의해 형성되는 지형을 설명하라.
⑥ 피오르드와 빙하만과의 관계를 설명하라.

그림 15.18 **피오르드** 노르웨이 해안은 많은 피오르드로 유명하다. 흔히 이러한 빙하에 의해 바다에 형성된 만은 수백 미터 깊이이다. (사진 : NASA; Yoshio Tomii/SuperStock)

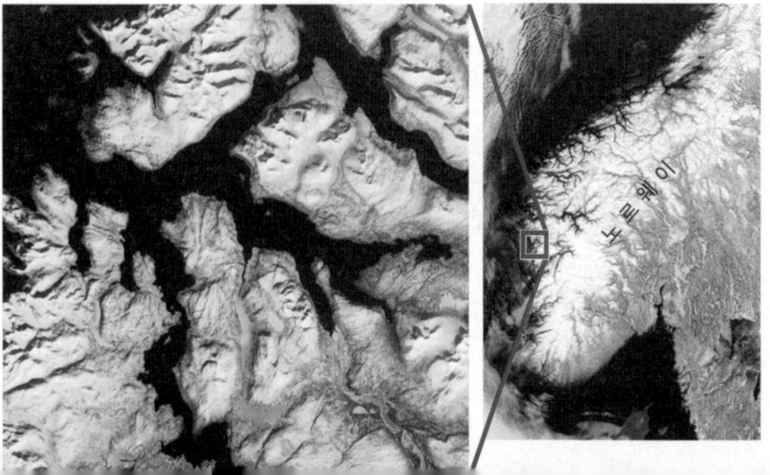

15.4 빙하 퇴적물

빙하성층의 기본 두 가지 유형의 차이와 빙하 지형과 관련된 주요한 퇴적 지형의 특징을 설명하라.

빙하는 육지 위를 천천히 이동하면서 엄청난 양의 쇄설물을 실어 운반한다. 얼음이 녹으면서 쇄설물이 퇴적된다. 빙하 퇴적물이 퇴적된 지역에서는 퇴적물이 지형을 형성하는 데 매우 중요한 역할을 한다. 마지막 빙하기 동안 빙하에 의해 덮였던 지역은 빙하 퇴적물이 수십 혹은 수백 미터 두께로 쌓여 있어 기반암이 거의 드러나 있지 않다. 일반적으로 빙하 퇴적물은 그 지역의 지형기복을 줄이고 고도를 높인다. 뉴잉글랜드 주의 바위가 많은 목장지대와 다코타 주의 밀 농장, 미국 중서부의 대형 농장 같은 지역들이 빙하작용에 의해 형성되었다.

빙하성층

대빙하기 이론이 제안되기 전에는 유럽 대륙을 덮고 있는 많은 토양과 암석은 다른 지역으로부터 이동해 온 것이라고 생각했다. 이 시기에는 이런 물질들이 고대에 홍수가 발생했을 때 떠다니던 얼음에 의해 쌓인 것이라고 믿고 있었다. 결과적으로 '빙성 퇴적물'이라는 뜻이 이 퇴적물에 적용되었다. 비록 이런 생각의 근거는 틀린 것이지만 시간이 지나면서 이 퇴적물이 빙하에 의해 퇴적되었다는 사실이 널리 인정되면서 현재까지도 기본적인 빙하 용어로 인정되고 있다. 오늘날 **빙하성층**(glacial drift)은 시기, 장소, 형태에 상관없이 빙하에 의해 퇴적된 퇴적물을 가리키는 포괄적인 용어로 사용되고 있다.

빙하성층은 두 가지 유형으로 분류된다. (1) 빙력토라고 하는 빙하에 의해 직접 퇴적된 물질, (2) 층상 퇴적물이라고 하는 빙하가 녹은 물에 의해 퇴적된 퇴적물이다.

빙력토

빙력토(till)는 빙하의 얼음이 녹으면서 암석의 하중에 의해 떨어지면서 쌓인 것이다. 유수나 바람과 달리 얼음이 운반하는 퇴적물은 분급이 되지 않는다. 그래서 빙력토의 퇴적은 분급작용 없이 다양한 크기의 퇴적물이 섞인 채로 쌓인다(그림 15.19). 빙력토를 자세히 조사하면 상당수의 입자가 빙하에 의해 끌려가면서 긁히고 마모된 흔적을 가지고 있음을 알 수 있다. 이러한 입자의 특징은 빙력토와 암설류 또는 암석 미끄러짐으로부터 형성된 물질과 같이 다양한 입자 크기를 갖는 퇴적물을 구분하는 데 도움을 준다.

표석이 빙력토에 들어 있거나 지표면에 노출되어 있을 때 하부의 기반암과 종류가 다른 암석일 경우 **빙하 운반력**(glacial erratic)이라 부른다(그림 15.20). 빙하 운반력이라 함은 표석들이 발견된 지역으로부터 먼 곳에서 운반되어 왔다는 뜻이다. 비록 상당수의 빙하 운반력은 기원이 어디인지 알 수 없지만 일부는 파악할 수 있다. 많은 경우에 표석은 원래 있던 지점으로부터 500km 이상 운반되어 오며, 일부는 1,000km 이상 운반되기도 한다. 빙퇴석과 마찬가지로 빙하 운반력의 연구를 통해 지질학자들은 때때로 빙엽의 이동 경로를 알아내기도 한다.

뉴잉글랜드 주의 일부 지역에는 다른 지역과 같이 운반력이 목장과 농장 부지에 점재하고 있다. 일부 지역은 이 암석들이 부지로부터 치워져 담장과 벽을 만들기 위해 사용된다. 그러나 봄에 새롭게 운반력이 노출되기 때문에 부지에서 운반력을 모두 치우는 것은 쉽지 않다. 겨울 동안 동결 융기에 의해 운반력은 표면으로 상승한다.

층상 퇴적물

층상 퇴적물(stratified drift)은 이름이 암시하는 것처럼 암석 조각들의 크기와 무게에 따라 분급이 된 퇴적물

알고 있나요?

관련 연구에 따르면 빙하의 후퇴로 인해 빙하의 무게가 제거되면 지반이 융기하면서 단층의 안정도를 떨어뜨려 지진활동을 촉진시킨다고 한다. 빙하기 이후 지반이 융기하는 지구조적 활동을 겪는 지역에서는 빙하가 존재하기 전에 비해 지진이 빨리 또는 더 강한 지진이 발생할 수 있다.

그림 15.19 **빙력토** 물과 바람에 의해 퇴적된 퇴적물은 분급이 불량하다. 그림 15.12는 빙력토의 예이다. (사진 : E. J. Tarbuck)

그림 15.20 **빙하 운반력** 도안 암석(Doane Rock)이라고 하는 빙하에 의해 운반된 큰 자갈은 케이프코드의 너셋 만 근처에서 나타나는 주요한 빙하 지형이다. *(사진 : Michael Collier)*

이다. 얼음에서는 분급이 되지 않기 때문에 이 퇴적물은 빙하로부터 바로 퇴적된 것이 아니라 빙하가 녹은 물에 의해 분급된 것이다. 일부 층상 퇴적물의 퇴적은 빙하로부터 흘러나오는 하천에 의해 형성되기도 한다. 또 다른 형태의 층상 퇴적물에는 기존의 빙력토 형태로 퇴적된 물질이 다시 운반되어 빙하로부터 멀리 떨어진 지역에 재퇴적된 것도 있다. 층상 퇴적물의 축적물은 대량의 모래와 자갈로만 이루어진 경우도 있는데, 이는 빙하로부터 녹은 물이 큰 물질은 운반하지 못하고 작은 물질은 계속 부유 상태로 빙하로부터 먼 거리까지 운반하면서 발생하는 현상이다. 모래와 자갈로만 이루어진 층상 퇴적물은 도로 공사나 다른 건설 작업을 위한 골재로 사용되며 여러 골재 채취장에서 볼 수 있다.

빙퇴석, 빙하성 유수 퇴적평야와 케틀

아마도 빙하작용에 의해 형성된 지형 중 가장 널리 퍼져 있는 것은 빙력토의 층 혹은 이랑을 뜻하는 빙퇴석일 것이다. 여러 유형의 빙퇴석이 있는데, 일부는 주로 계곡에만 존재하고, 일부는 빙상과 곡빙하의 영향을 모두 받은 지역에 존재한다. 측퇴석과 중퇴석은 전자에 속하며, 종퇴석과 저퇴석은 후자에 속한다.

측퇴석과 중퇴석 곡빙하의 측면에는 계곡으로부터 나오는 많은 양의 쇄설물이 퇴적된다. 빙하가 힘을 잃게 되면, 이 물질들은 계곡의 주변부를 따라 이랑 형태로 잔류하게 되는데,

그림 15.21 **중퇴석의 형성** 도케니코트 빙하는 알래스카 랭겔성 엘리아스 국립공원에 있는 길이가 43km인 곡빙하이다. 퇴적물에 보이는 검은색 줄이 중퇴석이다. *(사진 : Michael Collier)*

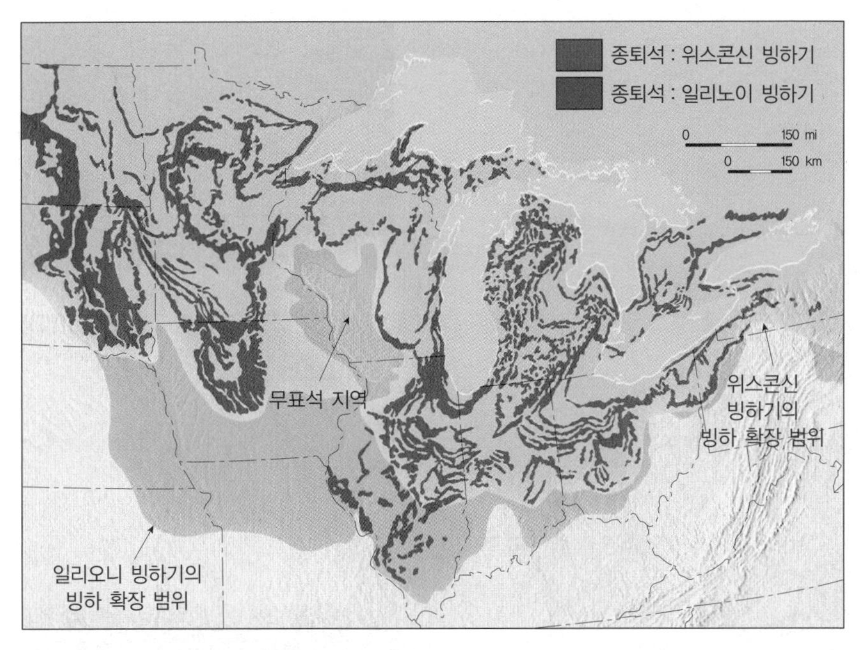

그림 15.22 **오대호 지역의 종퇴석 분포** 가장 최근의 시기(위스콘신 빙하기)에 퇴적된 종퇴석이 가장 많다.

이를 **측퇴석**(lateral moraine)이라 한다. **중퇴석**(medial moraine)은 2개의 곡빙하가 합쳐져 하나의 빙하로 될 때 형성된다(**그림 15.21**). 각 빙하의 가장자리를 따라 운반되던 빙력토가 새롭게 형성된 큰 빙하에 한 줄로 된 어두운색의 파편 덩어리를 형성한다. 빙하의 흐름을 따라 형성되는 이 어두운색 줄무늬는 빙하 얼음이 이동한다는 확실한 증거이다. 중퇴석은 얼음이 계곡 하부를 향해 흐르지 않는다면 형성될 수 없기 때문이다. 큰 규모의 곡빙하에서는 지류의 빙하가 주 계곡으로 합류할 때마다 중퇴석을 형성하기 때문에 여러 개의 중퇴석을 볼 수 있다.

종퇴석과 저퇴석 빙하는 때때로 컨베이어 벨트와 비유된다. 빙하 또는 빙상의 전면부의 전진, 후퇴, 정지와 상관없이 퇴적물을 항상 전방으로 이동시키고 말단부에 퇴적시킨다. 이것은 종퇴석과 저퇴석에 대한 좋은 비유이다.

종퇴석과 저퇴석 빙하의 말단에서 형성되는 이랑 형태의 빙력토가 **종퇴석**(end moraine)이다. 비교적 자주 관찰되는 이 지형은 빙하 얼음의 소모와 축적이 평형을 이루는 상태에서 퇴적된 것이다. 즉 종퇴석은 얼음이 공급되는 지역에서 빙하가 전진하는 속도와 동일한 비율로 얼음이 녹고 증발할 때 형성된다. 빙하 말단부의 위치는 고정되어 있지만 얼음은 지속적으로 앞으로 흐르면서 컨베이어 벨트가 생산라인을 따라 제품을 옮기듯 지속적으로 퇴적물을 운반한다. 얼음이 녹으면서 빙력토가 쌓여 종퇴석이 형성된다. 빙하의 전면부가 안정적으로 유지될수록 더 큰 종퇴석이 형성된다.

결국 소모되는 양이 얼음의 공급을 넘어서는 순간 전진하던 빙하의 전면부가 후퇴하기 시작한다. 그러나 빙하의 전면부가 후퇴하는 순간에도 빙하의 컨베이어 벨트 작용은 지속되어 말단부를 향해 새로운 퇴적물을 계속해서 옮겨온다. 이런 식으로 많은 양의 빙퇴석이 얼음이 녹으면서 퇴적되며, 암석이 어지럽게 놓인 기복 있는 지형을 형성한다. 빙하의 전면부에서 얼음이 후퇴하면서 빙퇴석이 형성되는 완만한 기복을 가진 층을 **저퇴석**(ground moraine)이라 한다. 저퇴석은 낮은 곳과 물이 흐르던 도랑을 채우고 수리 체계를 교란시키기도 한다. 오대호 지역과 같이 이런 빙퇴석이 비교적 최근에 쌓인 곳에는 물이 덜 마른 늪지대가 흔하게 나타난다.

빙하는 주기적으로 얼음의 소모 작용과 공급이 균형을 이루기 위해 후퇴한다. 빙하의 후퇴가 발생하면 전면부는 안정화되고 새로운 종퇴석을 형성한다. 종퇴석과 저퇴석의 퇴적 양상은 빙하가 완전히 사라지기 전까지 여러 번 발생한다. 이런 양상이 **그림 15.22**에 나타나 있다. 빙하가 가장 멀리까지 전진했을 때 형성된 최초의 종퇴석을 **말퇴석**(terminal end moraine)이라 한다. 빙하가 후퇴하는 시기에 일시적으로 안정화될 때 빙하 전면부에서 형성되는 종퇴석은 **후퇴종퇴석**(recessional end moraine)이라 한다. 말퇴석과 후퇴종퇴석은 본질적으로는 동일하나 상대적으로 다른 위치에서 형성된다는 차이가 있다.

종퇴석은 미국 중서부와 북동부에서 많이 발견되는 마지막 빙하기 동안 퇴적된 지형이다. 위스콘신 주에서는 밀워

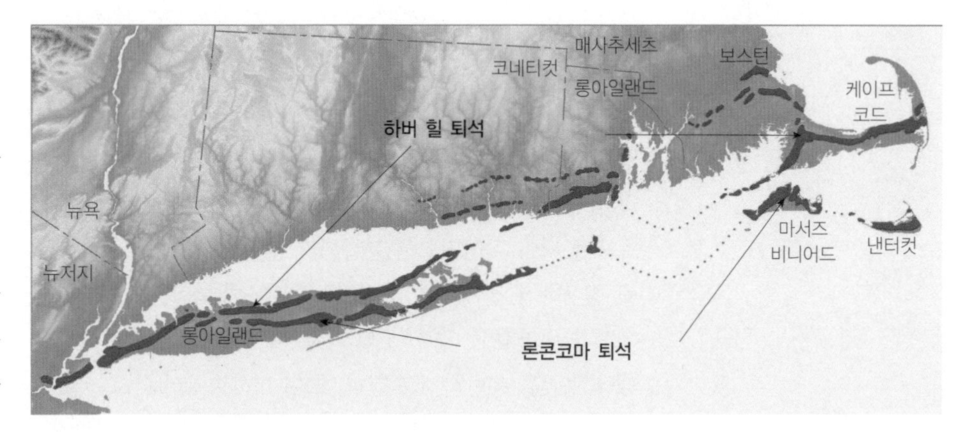

그림 15.23 **미국 북동부의 2개의 중요한 종퇴석** 2만 년 전 퇴적된 론콘코마 퇴석은 롱아일랜드 섬 주 중부에서브 마서즈 비니어드, 낸터컷까지 뻗어있다. 하버 힐 퇴석은 14,000년 전에 형성되었고 롱아일랜드 섬 북부 해안을 따라 로드아일랜드 주 남부에서 케이프 코드까지 뻗어 있다.

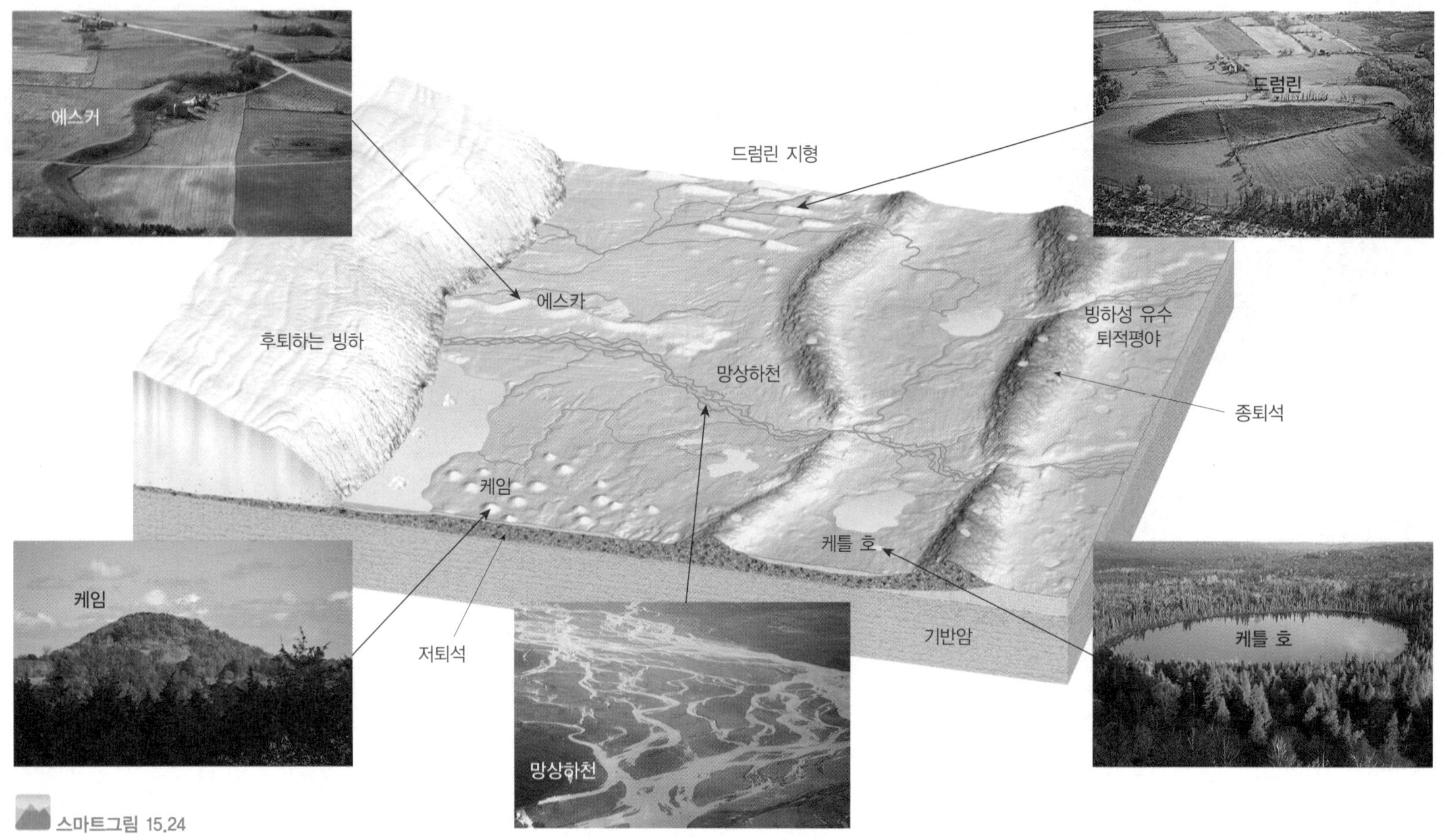

스마트그림 15.24
일반적인 빙하 빙하작용과 이어지는 빙상의 후퇴가 발생하는 가상 지역을 나타낸다.
(사진 : Ward's Natural Science Establishment(드럼린); Richard P. jacobs/JLM visual(에스커); John Dankwardt(케임); Carlyn Iverson/Science Source(케틀 호); Michael(망상하천))

키 근처의 숲이 우거지고 언덕이 많은 케틀 모레인 지역이 대표적인 종퇴석 지형이다. 북동부 지역에서 유명한 예로는 롱 아일랜드 섬이 있다. 뉴욕 시로부터 북동쪽 방향으로 형성된 선형 줄무늬의 빙하 퇴적물은 펜실베이니아 주 동부에서 매사추세츠 주 케이프 코드까지 이어진 종퇴석 복합체의 일부분이다(그림 15.23).

그림 15.24는 빙하시대와 후에 빙상의 후퇴가 발생하는 가상 지역을 나타낸다. 이 그림은 앞서 설명한 종퇴석과 앞으로 설명할 다른 빙하지형들을 보여주고 있다. 이 그림은 미 중서부와 뉴잉글랜드 주를 여행하면서 볼 수 있는 지형을 묘사하고 있다. 앞으로 다른 형태의 빙하 퇴적지형에 관해 읽으면서 이 그림을 여러 차례 보게 될 것이다.

빙하성 유수 퇴적평야와 밸리 트레인 종퇴석이 형성되는 것과 동시에 빙하가 녹으면서 생성된 물이 빙퇴석 위로부터 폭포가 되어 떨어지면서 분급되지 않는 암석들을 이랑 형태를 형성하기 전에 쓸어내 버린다. 얼음이 녹은 물은 빠르게 속도가 증가하고, 경우에 따라 부유물질을 함유하고 상당한 양의 밀짐을 운반하기도 한다. 물이 빙하로부터 나오면서 상대적으로 평탄한 지표면을 따라 흐르게 되므로 속도가 빠르게 줄어든다. 그 결과 많은 양의 밀짐이 퇴적되고 빙하가 녹은 물은 복잡한 형태의 망상 하천을 형성한다(그림 15.24). 이런 식으로 층상의 빙성 퇴적물이 종퇴석 부근 하천의 가장자리를 따라 넓고 경사진 지표면을 형성한다. 이런 지형이 빙상과 관련하여 형성될 때 이를 빙하성 **유수 퇴적평야**(outwash plain)라 하고 산지의 계곡을 따라 형성될 경우에는 **밸리 트레인**(valley train)이라 한다.

케틀 종퇴석, 빙하성 유수 퇴적평야, 밸리 트레인에는 때때로 분지나 **케틀**(kettle)이라는 움푹한 지형이 나타난다(그림 15.24). 케틀은 흐르지 않는 얼음 덩어리의 전체 혹은 일부분이 빙성 퇴적물에 묻히면서 녹아 빙하 퇴적층에 구덩이를 남기면서 형성된다. 대부분의 케틀은 직경이 2km를 넘지 않지만 미네소타 주에서는 몇몇 케틀이 10km 이상의 직경을 보이기도 한다. 또 일반적인 케틀의 깊이는 10m 이하이지만 일부 케틀의 깊이는 50m에 달하기도 한다. 많은 경우에 땅이 침하되는 것과 동시에 물이 채워져서 못이나 호수를 형성한다.

드럼린, 에스커와 케임

퇴석은 빙하의 퇴적작용에 의해 형성되는 지형 중 하나에 불과하다. 일부 지형은 빙퇴석에 의해 여러 개의 평형한 언덕을 형성한다. 다른 지형에서는 원뿔 형태의 언덕이나 층상 빙성 퇴적물로 이루어진 비교적 구불구불하고 좁은 산등성이를 형성한다.

드럼린 **드럼린**(drumlin)은 빙퇴석으로 이루어진 유선형의 비대칭형 언덕이다(그림 15.24). 15~60m의 높이와 약 0.4~0.8km의 길이를 가진다. 언덕의 경사가 가파른 방향이 빙하가 이동해 온 방향이며 완만한 경사의 방향이 빙하가 이동해 간 방향이다. 드럼린은 단독으로는 발견되지 않으며 군집을 이루고 있어 드럼린 필드라 불린다. 뉴욕 주 로체스터의 동부에 있는 드럼린 군집에는 약 1만 개의 드럼린이 존재한다. 유선형의 형체는 드럼린이 활동 중인 빙하의 유동대에서 형성되었음을 지시한다. 드럼린은 빙하가 기존의 퇴적층을 지나가며, 그 퇴적층의 형태를 바꾸면서 형성된 것으로 생각된다.

에스커와 케임 빙하에 의해 덮인 일부 지역에서는 모래와 자갈에 의해 형성된 꾸불꾸불한 이랑 형태의 구조가 관찰된다. **에스커**(esker)라고 하는 이 이랑은 움직임이 적거나 정지되어 있는 빙하의 내부, 표면, 하부를 따라 흐르는 해빙수에 의해 퇴적된 것이다(그림 15.24). 얼음 내의 유로를 따라 흐르는 해빙수는 급류가 되어 크기가 큰 입자를 제외한 다양한 크기의 퇴적물을 옮긴다. 일부 지역에서는 모래와 자갈을 채취하기 위해 채굴되기 때문에 여러 지역에서 에스커가 사라지고 있다.

케임(kame)은 에스커와 유사한 모래와 자갈로 이루어진 가파른 측면을 가진 언덕이다(그림 15.24). 케임은 해빙수가 통로의 퇴적물을 씻어 내어 정지해 있는 빙하 말단부의 움푹 패인 곳에 퇴적물을 쌓으면서 형성된다. 얼음이 녹아 없어지고 나면 층상의 빙성 퇴적물이 구릉이나 언덕 형태로 남아 있는 것이 케임이다.

개념 점검 15.4

① 빙력토와 층상 퇴적물의 차이를 설명하라.
② 중퇴석과 측퇴석과 어떻게 관련이 있는가? 이러한 지형은 어떤 조건에서 발견되는가?
③ 종퇴석과 저퇴석의 차이점은 무엇인가? 빙하수지와 연관시켜 종퇴석과 저퇴석의 형성을 설명하라.
④ 드럼린은 측면을 그려 보라. 빙하의 진행 방향을 화살표로 표시하라.
⑤ 유수 퇴적평야란 무엇인가? 밸리 트레인과 어떻게 다른가?
⑥ 케틀의 형성 과정을 설명하라.
⑦ 케임과 에스커는 어떻게 형성되는가?

15.5 빙하기 빙하의 다른 영향

침식과 퇴적지형 이외의 빙하기 빙하의 중요한 영향에 대해 설명하라.

빙하기의 빙하에 의해 큰 규모로 침식과 퇴적 작용이 일어나는 것 이외에도 빙상은 지형에 영향을 주며, 때때로 그 효과는 매우 크다. 예를 들어 빙하가 전진하거나 후퇴함에 따라 동식물의 이동을 유발한다. 이런 작용이 일부 생명체에게는 매우 견디기 힘든 스트레스로 작용한다. 따라서 많은 수의 동식물이 빙하에 의해 멸종된다. 이번 장에서 소개되는 빙하기 동안 빙하의 또 다른 영향은 빙하의 무게로 인해 지구의 지각이 변형되었고 빙상이 형성되거나 녹으면서 해수면의 변화가 생겼다는 것이다. 빙상의 전진과 후퇴는 하천의 진로를 크게 바꿔 놓았다. 일부 지역에서는 빙하가 댐 역할을 하며 거대한 호수를 생성하기도 했다. 이 댐이 무너지면서 지형에 매우 큰 영향을 끼쳤다. 오늘날 사막에서 다우 호라는 호수가 이런 작용으로 형성되었다.

지각의 침강과 재상승

스칸디나비아 반도나 캐나다 순상지와 같이 눈이 축적되는 지역의 중심은 지난 수천 년간 느린 속도로 융기했다. 허드슨 만 지역은 300m 가까이 융기되었다. 이것 역시 대륙 빙상의 영향이다. 빙하 얼음이 어떻게 지각의 수직적인 움직임을 일으킬까? 알려진 바로는 융기한 지역은 3km가량의 두께를 가진 얼음 덩어리의 무게가 지각에 더해져 지각이 가라앉았기 때문이다. 이 거대한 하중이 제거되면서 지각은 기존의 높이로 다시 융기한다.

해수면 변화

확실히 빙하기에 발생한 가장 흥미롭고 극적인 변화는 빙하의 전진과 후퇴에 수반된 해수면의 하강과 상승일 것이다.

알고 있나요?

물이 채워져 있는 케틀의 한 예는 매사추세츠 콘코드 근처 월든 호수이다. 1840년대에 초월주의자인 헨리 데이비드는 2년 동안 월든 호수 근처에서 홀로 살았고 유명한 *Walden* 또는 *Life in the Woods* 라는 책을 썼다.

그림 15.25 **해수면 변화** 빙상이 형성되면 해수면은 하강하고 녹으면 해수면은 상승하여 해안선을 이동시킨다.

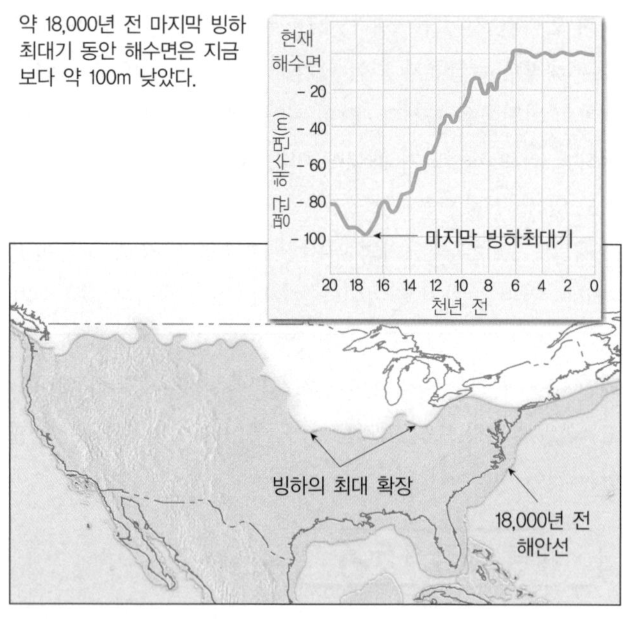

마지막 빙하최대기 동안 해안선은 현재 대륙붕에 있었다.

알고 있나요?

남극의 빙상은 지각은 약 900m나 침강시킬 정도로 무겁다.

만약 오늘날 남극 빙상이 전부 녹으면 전 세계적으로 해수면이 60~70m가량 상승할 것이다. 해수면 상승은 많은 인구 밀도가 큰 해안 지역에 홍수를 발생시킬 것이다.

비록 오늘날 빙하 얼음의 부피는 2,500만 km^3 이상으로 매우 크지만, 빙하기 동안 빙하 얼음의 부피는 약 7,000만 km^3였다. 이는 현재에 비해 4,500만 km^3이 더 많은 양이다. 우리는 빙하를 형성하는 눈이 해양에서 물이 증발하여 만들어진 것이라는 사실과 빙상의 성장이 세계적인 해수면의 하강을 유발한다는 것을 알고 있다(**그림 15.25**). 빙하기에 해수면의 높이는 오늘날에 비해 100m가량 낮았던 것으로 추정되고 있다. 그 결과 지금 해양으로 덮인 곳 중에는 빙하기에 육지였던 곳도 있다. 미국 대서양 해안은 뉴욕으로부터 100km가량 동쪽에 존재했으며, 프랑스와 영국 사이의 유명한 영국 해협은 당시에는 육지로 연결되어 있었다. 알래스카와 시베리아는 베링 해협을 통해 연결되어 있었으며, 동남아시아의 인도네시아도 육지와 연결되어 있었다.

하천과 계곡의 변화

북미 빙상의 전진과 후퇴와 관련된 영향은 많은 하천 수로와 계곡의 크기와 모양의 변화이다. 미국 중부와 북동부(그리고 많은 다른 지역에서)의 하천과 호수의 형태를 이해하기 위해서는 빙하 역사를 알아야 한다. 미시시피 강 상류의 배수유역은 좋은 예이다.

그림 11.26A는 오늘날 미국 중부 미시시피 강의 주요 지류인 미주리, 오하이오, 일리노이 강 모습을 보여주고 있다. 그림 11.26B는 빙하기 이전의 하천 체계를 묘사하고 있다. 이 시기의 형태는 지금과는 매우 다른 모습이다. 하천의 이런 변화는 빙상의 전진과 후퇴의 결과물이다.

빙하기 이전에는 미주리 강의 대부분이 북쪽 허드슨 만으로 흘러들어 갔다. 게다가 미시시피 강은 현재의 아이오와-일리노이의 경계를 따라 흐르지 않았고, 오늘날 일리노이 강 하류가 통과하는 일리노이 주 서부지역을 따라 흘렀다. 빙하기 이전의 오하이오 강은 오늘날 오하이오 주를 거의 통과하지 않았고, 펜실베이니아 주 서쪽에서 오하이오 주로 흘러드는 강은 북쪽으로 흘러 북대서양으로 흘렀다. 빙하기 동안 빙하의 침식작용으로 오대호가 형성되었다. 플라이스토세 이전 호수에 의해 덮인 분지는 세인트로렌스 만으로 흘러드는 강이 흐르는 저지대였다.

빙하기 이전에는 티스 강이 가장 큰 강이었다(그림

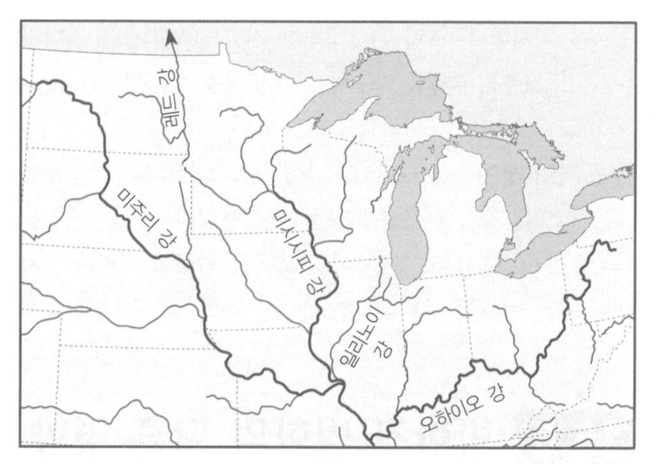

A. 오대호와 익숙한 오늘날 미국 중부의 하천들을 나타내는 지도. 제4기에 존재했던 빙상이 이런 형태를 만드는 데 큰 역할을 했다.

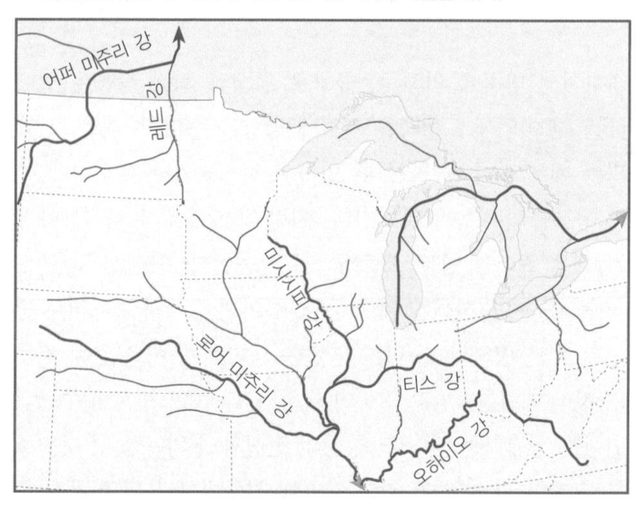

B. 빙하기 이전의 미국 중부의 하천 체계의 재구성. 오늘날과는 매우 다른 형태이며 오대호가 없다.

그림 15.26 **하천의 변화** 빙상의 전진과 후퇴는 미국 중부에 있는 하천의 수로 형태에 많은 변화를 주었다.

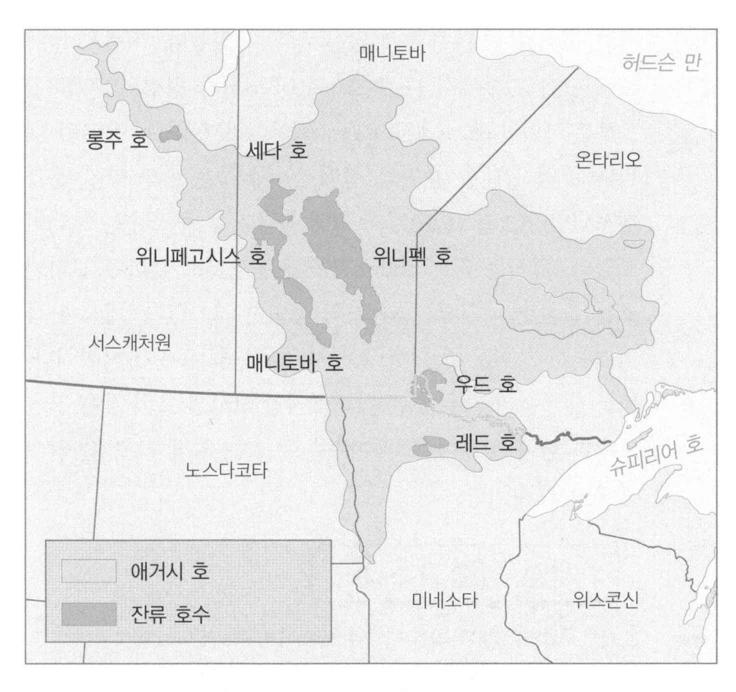

그림 15.27 애거시 호 오늘날 오대호를 모두 합한 것보다 더 큰 엄청난 호수였다. 오늘날에도 이 빙하 연변호의 잔류 호수들은 여전히 주요한 지형이다.

11.26B). 웨스트 버지니아 주로부터 시작되어 오하이오, 인디애나, 일리노이 주를 거쳐 오늘날 피오리아 시로부터 멀지 않은 곳에서 미시시피 강에 합류했다. 미시시피 강과 비슷한 규모를 가진 하천 계곡은 플라이스토세에 수백 피트의 빙하 퇴적물에 묻히면서 완전히 사라졌다. 오늘날 빙하에 의해 퇴적된 모래와 자갈은 티스 계곡을 중요한 대수층으로 만들었다.

빙하 댐이 형성한 빙하 연변호

빙상과 곡빙하는 해빙수와 하천의 흐름을 막는 댐처럼 작용하여 호수를 형성한다. 이런 호수들은 대부분 규모가 작은 편이고 짧은 시간 내에 사라진다. 일부는 대형 호수를 형성하고 수백 혹은 수천 년간 지속되기도 한다.

그림 11.27은 빙하기 동안 북아메리카에 형성된 가장 큰 호수인 애거시 호의 지도이다. 빙상이 후퇴하면서 엄청난 양의 해빙수를 배출했다. 대평원은 전체적으로 서쪽으로 갈수록 높이가 상승한다. 빙상의 말단부가 북동쪽 방향으로 후퇴하면서 해빙수는 빙하와 경사진 지형에 의해 가두어져서 넓고 깊은 애거시 호를 형성했다. 12,000년 전에 형성된 이 호수는 4,500년 전까지 존재했다. 빙하나 빙상의 바로 옆에 형성되는 이런 호수를 **빙하 연변호**(proglacial lake)라 한다. 이런 호수는 빙상의 이동에 의해 복잡한 역사를 갖는다. 빙하는 여러 번에 걸쳐 재전진하고, 이는 호수의 수위와 하천 체계에 영향을 미친다. 호수의 수위나 빙상의 위치에 따라 하천이 형성된다.

애거시 호는 넓은 지역에 자취를 남겼다. 이전에 물가였던 곳은 물이 존재하는 곳으로부터 수 킬로미터 떨어진 곳에 해안선의 흔적을 남겼다. 레드 강과 미네소타 강을 포함한 여러 개의 하천이 흐르는 계곡은 애거시 호로 유입되거나 흘러나오던 물에 의해 형성되었다. 오늘날 애거시 호는 위니펙, 매니토바, 위니페고시스 호와 레이크오브더우즈 호로 남아 있다. 기존의 호수 바닥에 쌓였던 퇴적물은 비옥한 농지가 되었다.

연구자들에 의하면 빙하의 이동으로 인한 얼음 댐의 붕괴는 엄청난 양의 물을 빠른 속도로 내놓는 결과를 일으켰다. 이런 사건은 애거시 호와 다른 빙하 연변호의 역사에서 여러 번 발생했다. 15,000년에서 13,000년 전에 태평양 북서부에서 발생한 빙하 분출은 좋은 예이다(**그림 15.28**).

알고 있나요?

10,000년에서 12,000년 전 사이에 빙하 침식에 의해 형성된 오대호는 지구에서 가장 큰 담수호이다. 호수는 지구 지표 담수의 약 20%와 북미의 약 84%를 가지고 있다.

다우 호

빙하의 형성과 성장이 기후변화에 따른 결과물이지만 빙하에 의해 빙하 주변 지역의 기후도 변화하게 된다. 전 세계의 건조 혹은 반건조 지역에서 기온이 낮아져 증발률이 낮아졌

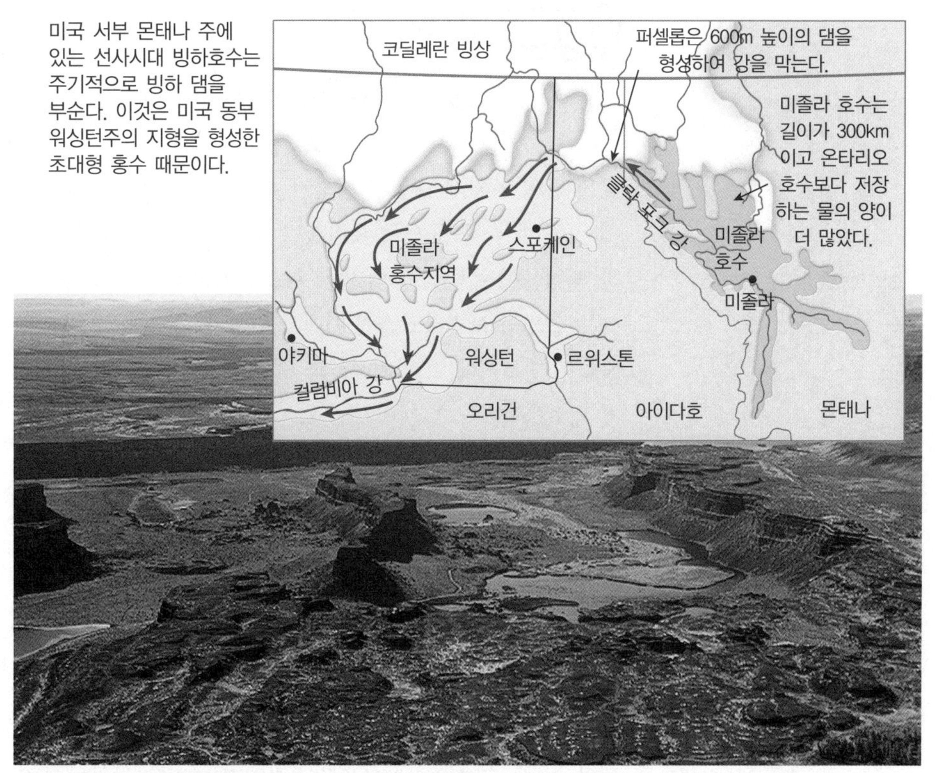

초대형 홍수에 의한 막대한 양의 물은 퇴적물과 토양을 이동시키고 스캡랜드 기반암인 현무암 층에 도달할 정도로 협곡을 침식해 수로를 형성한다.

그림 15.28 미졸라 호수와 수로가 있는 스캡랜드 1,500년 동안 미졸라 호수로부터 40번 이상의 초대형 홍수로 스캡랜드에 수로가 형성되었다. (사진 : John S. Shelton/University of Washington Libraries)

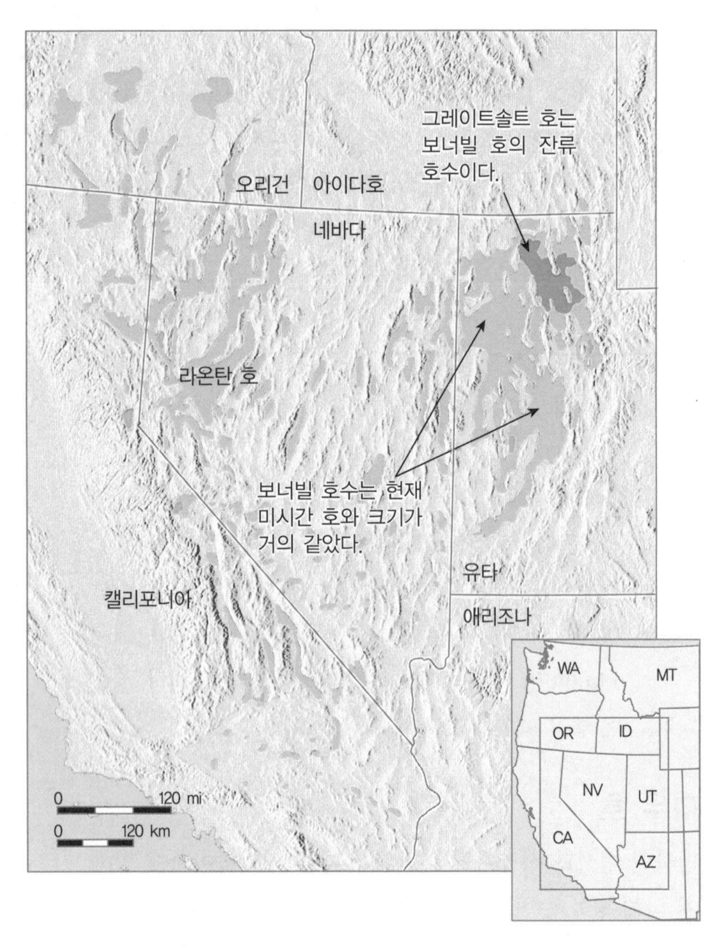

그림 15.29 **다우 호** 빙하기 동안 분지와 산맥 지구는 오늘날보다 다습하여 많은 분지가 호수였다.

지만 총 강우량은 변하지 않은 경우가 있었다. 이런 서늘하고 다습한 기후에서 **다우 호**(pluvial lake)가 형성되었다(비를 뜻하는 라틴어 *pluvis*에서 유래). 북아메리카에서는 유타와 네바다 주의 광대한 분지와 산맥지역에 많은 수의 다우 호가 형성되었다(그림 15.29). 이 지역에서 가장 큰 호수는 보너빌 호였다. 깊이는 최고 300m 면적은 5만 km^2 달하던 보너빌 호는 오늘날 미시간 호와 거의 동일한 크기였다. 빙상이 작아지면서 기후는 좀 더 건조해지고 호수의 수위가 낮아진다. 비록 대부분의 다우 호는 사라졌지만 보너빌 호의 작은 잔류 호수가 남아 있으며, 그레이드솔트 호는 가장 크고 잘 알려져 있는 호수이다.

개념 점검 15.5

① 주요한 침식과 퇴적 지형의 형성과는 다른 빙하기 빙하의 주요한 영향 다섯 가지를 나열하고 간략히 설명하라.
② 그림 15.25를 보고 마지막 최대빙하기 이후 얼마나 해수면이 변화했는지 결정하라.
③ 그림 15.26의 두 부분을 비교하고 빙하기 동안 미국 중부의 하천 수로의 세 가지 주요한 변화를 설명하라.
④ 빙하기 이후에 형성된 호수와 다우 호의 차이를 예를 들어 설명하라.

15.6 빙하시대

빙하기 이론의 발전과 빙하기 원인에 관한 현재의 생각을 토론하라.

앞에서 여러 차례 언급된 빙하기는 빙상과 곡빙하가 오늘날에 비해 매우 큰 규모로 확장했던 시기이다. 빙산에 의해 빙하 퇴적물이 운반되고 엄청난 홍수가 지상을 휩쓸고 지나갔다는 설명이 보편타당하던 시대가 있었다. 무엇이 많은 과학자들이 빙하기에 이런 퇴적물과 지형이 형성되었다고 확신하게 되었을까?

빙하기 이론의 발전

1821년 스위스 공학자인 이그나즈 베네즈가 알프스 산 빙하가 훨씬 더 큰 규모로 존재했음을 주장하는 논문을 발표했다. 이것은 과거에 더 큰 빙하가 계곡 아래쪽에까지 존재했다는 것을 나타낸다. 다른 스위스 과학자 루이스 아가시즈는 베네즈의 과거 광범위한 빙하활동이 있었다는 생각에 의심을 품었다. 아가시즈는 베네즈 생각이 틀리다는 것을 입증하기 위한 실험 계획을 세웠다. 그러나 그는 1836년에 알프스에서의 현장 실험을 통해 베네즈의 생각이 옳았다는 것을 알았다. 1년 후에 아가시즈는 자신을 유명하게 만든 더 광범위한 빙하활동이 있었던 시기, 대빙하기에 대한 가설을 제안했다.

아가시즈와 과학자들은 빙하기 이론을 입증하기 위해 고전적인 동일과정설 원리를 적용했다. 알려진 작용에 의해서가 아니라 빙하활동에 의해 형성된 지형의 특징을 이해하기 위해서 과학자들은 현재 빙하와 빙상 주변에서 발견되는 현재 지형의 특징을 바탕으로 지금은 사라진 빙상의 범위를 재구성하려고 시도했다. 이러한 방법으로 빙하 이론의 발전과 입증이 19세기에 진행되었다. 많은 과학자들의 노력을 통해 과거 빙상의 특징과 범위에 대해 이해하게 되었다.

20세기에 들어서면서 지질학자들은 빙하기의 빙하작용 범위를 밝혀냈다. 게다가 지질학자들은 다수의 빙하작용을 받은 지역들이 한 번이 아니라 여러 번에 걸쳐 빙하작용을 받은 것을 발견했다. 오래된 퇴적층의 정밀 조사 결과 화학적

그림 15.30 **대양저로부터의 증거** 대양저 퇴적물 코어는 빙하시대의 복잡한 기후를 이해하는 자료를 제공한다. (사진 : Gary Braasch/ZUMA Press/Newscorn)

풍화가 잘 발달해 있고, 온난 기후의 식물 잔류물이 남아 있다는 것이 밝혀졌다. 이런 증거로 빙하 확장은 한 번에 그친 것이 아니라 여러 번에 걸쳐 발생했으며, 빙하의 확장 시기 사이에는 지금과 같은 온난한 기후의 시기가 있었던 것이 확실해졌다. 빙하기는 단순히 빙하가 육지 위로 확장되어 머물다가 사라진 시기가 아니다. 빙하 얼음이 여러 번에 걸쳐 전진과 후퇴를 반복한 시기였다.

20세기 초에 빙하 퇴적층의 연구를 통해 북미와 유럽에 네 번의 빙하기가 있었다고 알려졌다. 북미에 있었던 네 번의 주요 빙하기는 빙하기 퇴적층이 잘 나타나거나 처음 연구가 진행된 중서부 주의 이름을 따 명명하였다. 발생 순서에 따라 네브라스카, 캔자스, 일리노이, 위스콘신 빙하기라 하였다. 이러한 고전적인 빙하기 시대 분류는 대양저의 퇴적물 코어가 빙하기 시대의 기후변화에 대한 더 완벽한 기록을 가지고 있다는 것을 알기 전까지 믿어졌다. 침식작용에 의해 끊긴 부분이 있는 육지 위의 빙하 기록과 달리 해양저 퇴적물은 교란되지 않은 빙하기 기후 순환 기록을 제공해 준다(그림 15.30). 해양 퇴적물의 시추 코어를 통해 빙하기와 간빙기의 순환이 10만 년마다 발생하는 것이 밝혀졌다. 우리가 빙하기라 부르는 냉각과 온난화의 순환은 20번 정도 있었던 것으로 밝혀졌다.

빙하시대 동안에 얼음은 북아메리카에서 1,000만 km², 유럽에서 500만 km², 시베리아에서 400만 km²를 포함해 육지의 30%에 해당하는 면적에 흔적을 남겨 놓았다(그림 15.31). 북반구 빙하 얼음의 양은 남반부의 2배가량 된다. 남반구 중위도 지역의 육지 면적이 작기 때문에 남부의 극지 빙하가 남극 대륙의 연변부에서 더 뻗어 나가지 못했기 때문이다. 대조적으로 북반구에는 북아메리카와 유라시아라는 빙상이 확장할 수 있는 넓은 육지가 존재했다.

오늘날 알려진 바로는 빙하기는 200만 혹은 300만 년 전에 시작되었다. 이는 대부분의 빙하와 관련된 지질학적 사건들이 **제4기**(Quaternary period)라 부르는 지질시대 동안 발생한 것을 뜻한다. 플라이스토세가 빙하기와 동일한 뜻으로 사용되기도 하지만 플라이스토세에 모든 빙하가 형성된 것은 아니다. 남극 빙상의 경우 최소 3,000만 년 전에 형성된 것이다.

그림 15.31 **빙하는 어디에 있었는가?** 빙하기 동안 북반구 빙하의 최대 확장 범위

빙하작용의 원인

빙하와 빙하작용에 대해서는 많은 부분이 알려져 있다. 빙하의 형성과 이동, 과거와 현재의 빙하 범위, 빙하 침식과 퇴적작용에 의해 형성되는 지형에 관해 많은 연구가 이루어졌다. 그러나 빙하기의 원인은 아직도 완전히 알 수 없다.

지구 역사에서 빙하가 넓은 지역에 퍼져 있었던 적은 드물지만 플라이스토세 빙하기가 기록이 남아 있는 유일한 빙하기는 아니다. 빙하작용 초기에 빙력토가 암석화되면서 **빙력암**(tillite)이라는 퇴적암 층이 형성된다(그림 15.32). 이러한 지층은 일반적으로 적은 양의 암석 파편을 포함하고 울퉁불퉁하고 연마된 암석 표면을 덮고 있거나 사암, 각력암과 섞여 층상 퇴적물로 퇴적된 형태를 보인다. 예를 들어 제2장에서 설명한 대륙 이동 가설에 대한 증거는 고생대 후기에 빙하기가 있었다는 것이다(36쪽 그림 2.7 참조). 두 번의 선캄브리아기 빙하기가 있었다는 것이 지질 기록을 통해 밝혀졌다. 최초는 20억 년 전이며 두 번째는 6억 년 전에 발생했다.

그림 15.32 **빙력암** 빙하토가 암석화될 때 빙력암이라 불리는 퇴적암이 된다. 빙력암 층은 제4기 시대 전에 나타난 빙하시대에 대한 증거이다. (사진 : Brian Roman)

빙하기의 원인을 설명하는 이론은 기본적으로 다음의 두 가지 질문에 훌륭한 해답을 제시해야 한다.

- 빙하시대 시작의 원인은 무엇인가? 대륙 빙상이 형성되기

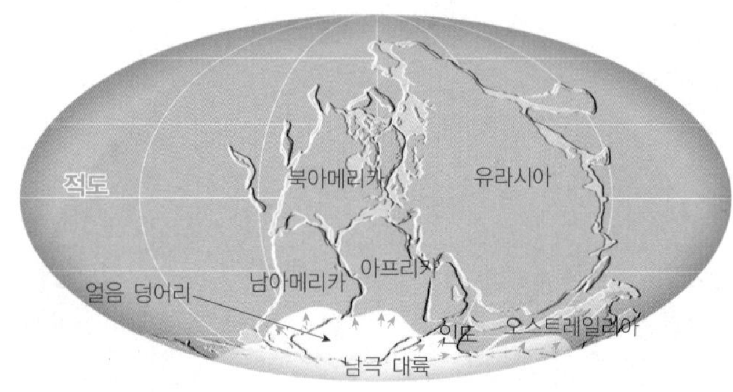

고생대 말에 빙하얼음에 의해 덮여 있는 초대륙 판게아

오늘날의 대륙. 흰색으로 표시된 부분이 예전 빙상이 존재했던 지역이다.

그림 15.33 **고생대 후기 빙하시대** 판의 이동에 의해 판이 때때로 빙상이 형성될 수 있는 고위도로 이동한다.

위해서는 현재의 평균 기온보다 다소 낮은 기온이 필요하다. 아마도 지질시대 대부분 기간의 온도보다 낮은 온도여야 할 것이다. 훌륭한 이론은 빙하시대를 이끈 온도 저하를 설명해야 할 것이다.

- 제4기 동안 기록된 빙하기와 간빙기의 교대가 발생한 원인은 무엇인가? 첫 번째 질문이 100만 년 정도의 장기간의 온도 경향에 관한 것이었다면, 두 번째 질문은 훨씬 짧은 주기의 변화에 대한 질문이다. 과학 문헌들에서 빙하기와 관련된 많은 가설들이 제시되지만 여기서는 최근의 경향을 종합하여 몇 가지 주요 가설들만 소개할 것이다.

판구조론 아마도 지질시대 동안 단 수차례 발생한 빙하의 확장을 설명하는 가장 매력적인 가설은 판구조론에 기반을 둔 가설일 것이다. 빙하는 육지에서만 형성될 수 있으므로 고위도 지역에 빙하가 대규모로 형성되기 위해서는 육지가 존재해야 한다. 많은 과학자들은 빙하기가 판의 이동에 따라 대륙이 열대지역에서 극지역으로 이동하면서 발생한 것이라고 제안한다.

오늘날 열대 혹은 아열대지역인 아프리카, 오스트레일리아, 남아메리카, 인도와 같은 지역에서 발견되는 빙하지형은 2억 5,000만 년 전 고생대 말기에 형성되었다. 그러나 오늘날 고 위도지역인 북아메리카와 유라시아는 이와 같은 시기에 빙상이 존재했던 증거가 없다. 많은 세월 동안 이 문제가 과학자들에게는 수수께끼였다. 이 열대지역의 대륙들이 오늘날 그린란드나 남극과 같은 기후를 가지고 있었을까? 북아메리카와 유라시아에는 왜 빙하가 없었을까? 판구조론이 정립되기 전까지는 이런 질문에 마땅한 해답을 제시하지 못했다.

오늘날 과학자들은 이런 과거의 빙하지형이 존재하는 지역이 원래는 하나의 초대륙(판게아)으로 뭉쳐 지금의 위치보다 훨씬 남쪽에 존재하고 있었다는 사실을 밝혀냈다. 이후에 이 육지들이 갈라져서 각각의 조각이 서로 다른 방향으로 흩어져 지금의 위치로 이동했다(**그림 15.33**). 과거의 지질시대 동안 판의 이동으로 육지가 다른 육지에 의해 위치가 바뀌고, 다른 위도로 이동하며, 급격한 기후변화가 왔다는 사실을 알고 있다. 해수순환의 변화도 발생했을 것이다. 열과 수분의 이동을 변화시켜 결과적으로 기후도 변화했을 것이다. 판의 이동은 매우 느린 속도로 발생하므로(수 cm/년) 기나긴 시간이 지난 후에야 판의 이동을 감지할 수 있다. 따라서 판의 이동에 따른 기후의 변화는 매우 점진적으로 수백만 년에 걸쳐 발생했다.

지구 공전 궤도의 변화 판의 이동에 의한 기후변화는 매우 점진적으로 발생하기 때문에 판구조론은 제4기의 빙하기와 간빙기의 순환을 설명할 수 없다. 그래서 수백만 년이 아닌 수천 년 단위의 기후변화를 초래하는 다른 기작을 생각해 볼 수밖에 없다. 오늘날 많은 과학자들은 제4기의 특징적인 기후 변동을 지구의 공전 궤도의 변화와 연관 짓는다. 이 가설은 세르비아의 과학자 밀루틴 밀란코비치에 의해 발전되어 강력하게 주장되고 있다. 이 가설은 지구에 닿은 태양의 복사 에너지가 지구의 기후를 조절하는 가장 중요한 인자라는 전제를 바탕에 깔고 있다.

밀란코비치는 다음의 요소를 바탕으로 포괄적인 수학적 모델을 정립했다(**그림 15.34**).

- 태양의 주위를 공전하는 지구의 공전 궤도 형태의 변화(이심률)
- 황도 경사의 변화, 즉 공전 궤도면의 변화에 따른 각의 변화
- 지구 자전축의 흔들림, 세차

이 인자들을 이용해 밀란코비치는 지구가 받아들이는 태양에너지의 변화를 계산하여 제4기 기후 변동 시기의 지구 표면온도와 일치하는 값을 얻었다. 이 인자들은 지표면에 닿은 전체 태양에너지에는 거의 변화를 일으키지 않는다. 대신 이 인자들은 계절에 따른 태양에너지의 양을 크게 변화시킨다. 중위도나 고위도의 포근한 겨울은 눈이 많이 내리게 됨을 뜻하며 시원한 여름은 눈이 녹는 양이 줄어들게 한다.

밀란코비치의 천문학적 가설을 뒷받침해 주는 연구 중 하나는 기후에 민감한 미생물을 포함하고 있는 심해저 퇴적물이다. 심해저 퇴적물 분석을 통해 50만 년가량의 연대표가

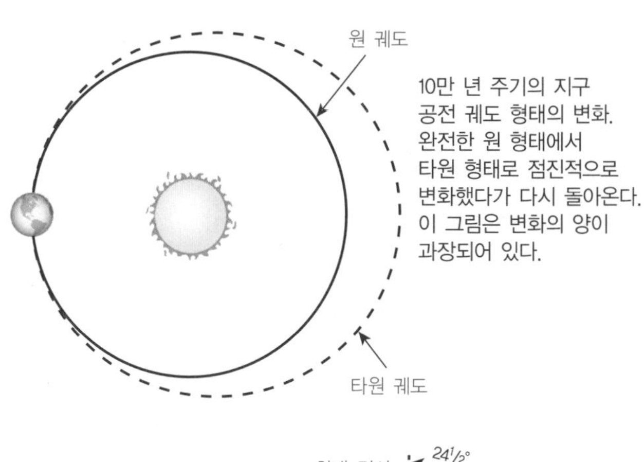

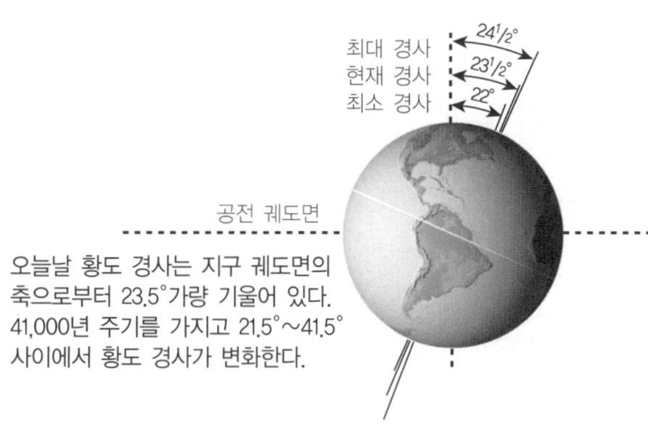

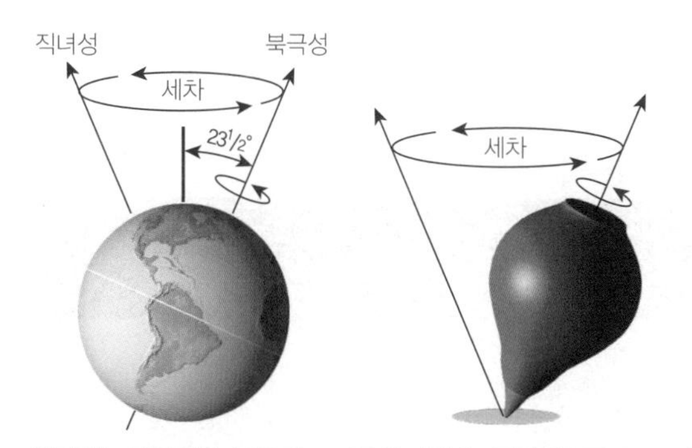

회전하는 팽이처럼 흔들리는 지구의 자전축. 결과적으로 26,000년 주기로 자전축은 다른 방향을 가리킨다.

만들어졌다.[1] 이 기간 동안의 기후 변화와 이심률, 황도 경사 변화, 세차를 이용한 천문학적 계산과 비교하여 연관성이 있음이 밝혀졌다. 이 연구가 매우 혼란스럽고 수학적으로 복잡하지만 결론은 매우 간단하다. 연구자들은 지난 수십만 년 동안 기후의 주요한 변화들이 지구 궤도의 기하학적 변화와 관련되어 있음을 알아냈다. 다시 말해 기후변화의 순환 주기가 황도경사, 세차, 궤도 이심률의 주기와 매우 일치한다는 사실을 알아냈다. 보다 명확하게 저자는 다음과 같이 얘기했다. "지구 궤도의 기하학적 변화는 제4기 빙하기를 지속시킨

 **스마트그림 15.34 공전 궤도 변화**
지구 공전 궤도 변화는 빙하 시대 동안 빙하기와 간빙기 교대와 관련이 있다.

가장 기본적인 요인이다."[2]

앞서 언급된 사항들은 간추려 보자. 판구조론은 지질시대 동안 여러 번에 걸쳐 넓은 면적의 비주기적인 빙하의 형성을 설명해 주고, 밀란코비치에 의해 제안되고 J. D. 헤이스와 동료들에 의해 뒷받침된 천문학적 모델은 제4기의 빙하기와 간빙기의 변화에 대한 설명을 제공한다.

그 밖의 다른 요인 지구 궤도의 변화는 빙하기-간빙기의 반복과 밀접하게 관련되어 있다. 그러나 궤도의 변화에 따른 지구 표면에 닿는 태양 복사에너지 양의 변화는 가장 최근의 빙하기를 발생시킨 온도 변화에 대한 적절한 설명이 되지 않는다. 또 다른 요인이 연관되어 있을 것이다. 다른 요인으로는 대기의 화학 조성의 변화이다. 이 요인으로 지구 표면의 반사율과 해양순환의 양상이 변화했다. 이 요인들에 대해 간단히 살펴보자.

빙하가 형성될 시기에 빙하에 포획된 기체의 화학 분석 결과에 따르면 빙하기의 대기는 현재의 대기에 비해 적은 양의 이산화탄소와 메탄을 함유하고 있다(그림 15.35). 이산화탄소와 메탄은 지구에서 배출되는 복사에너지를 흡수하고 대기를 덥는 역할을 하는 중요한 '온실'기체이다. 대기 중의 이산화탄소와 메탄의 양이 증가하면 지구 전체의 온도가 증가하며, 이 기체들의 양이 줄어들면 빙하기와 같이 온도가 내려간다. 따라서 온실 기체 농도의 감소는 빙하기 동안의 큰 폭의 온도 하강을 설명해 준다. 과학자들이 이산화탄소와 메탄의 농도가 줄어든 사실은 알고 있지만 어떤 기작으로 농도가 하락했는지는 알아내지 못하고 있다. 이는 과학 연구에서

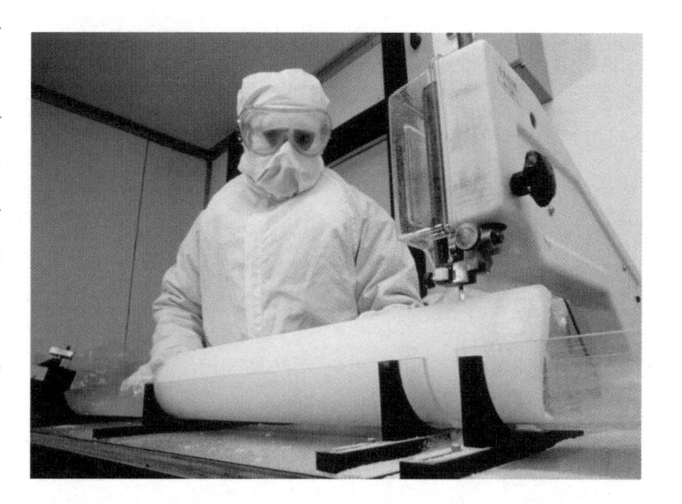

그림 15.35 **기후 변동의 열쇠를 제공하는 빙하 코어** 한 과학자가 분석을 위해 남극 대륙의 시추 코어 샘플을 절단하고 있다. 이 과학자는 샘플의 오염을 방지하기 위해 보호복과 마스크를 착용하고 있다. 얼음 코어의 화학 분석은 과거의 기후에 대한 중요한 정보들을 제공한다. (사진 : *British Antarctic Survey/Science source*)

알고 있나요?

남극은 다섯 번째로 큰 대륙이고 오스트레일리아보다 2배 크다. 남극은 가장 춥고 건조하고 바람이 세게 분다. 또한 평균 고도가 가장 높다.

1 J. D. Hays, John Imbrie, and N. J. Shackelton, "Variations in the Earth' s Orbit: Pacemaker of the Ice Ages," *Science* 194 (1976): 1121-1132

2 J. D. Hays et al., p. 1131

알고 있나요?

맥모도 기지는 남극대륙에 있는 미국의 과학연구기지인다. 1,200명 이상이 거주할 수 있는 남극대륙에서 가장 큰 기지인다. 남극대륙의 모든 기지에 여름에는 약 4,000명, 겨울에는 약 1,000명이 거주한다. 남극대륙에는 원주민이 없다.

자주 일어나는 일로 한 연구로부터 관찰되는 정보는 새로운 의문점을 만들어내며, 이는 더 많은 분석과 설명을 필요로 한다.

지구가 빙하기에 접어든 시기와 상관없이 얼음이 존재하지 않던 넓은 면적의 땅이 얼음과 눈으로 덮인 것은 사실이다. 또 낮은 기온은 해빙(얼어붙은 해수 표면)이 바다를 덮고 있는 면적을 넓게 했다. 얼음과 눈은 지구로 들어오는 복사 에너지의 상당 부분을 다시 우주로 반사했다. 그래서 지표면과 대기를 덥히는 에너지를 잃어버리게 되고 전 지구적인 냉각이 한층 더 힘을 더하게 된다.

빙하기의 지구 변화에 관련된 또 다른 인자는 해류이다. 연구자들은 빙하기 동안 해류의 순환이 달라졌다는 사실을 밝혀냈다. 많은 연구에 따르면 많은 양의 열을 열대지역으로부터 고위도지역으로 보내는 북대서양 난류는 빙하기 동안 눈에 띄게 약해졌다. 이 현상이 궤도의 변화에 따른 냉각에 더해져 유럽의 기온을 낮췄다.

끝으로 지금까지 언급된 이론들만이 빙하기를 설명하는 것은 아니라는 것을 강조하고 싶다. 비록 흥미롭고 매력적인 이 제안들에 비판이 없는 것은 아니며, 지금까지 연구에서 나온 가능성들일 뿐이다. 다른 요인들도 아마도 확실히 연관되어 있을 것이다.

개념 점검 15.6

① 빙하기 기후 순환을 나타내는 가장 최적의 자료는 무엇인가?
② 지구 표면의 몇 퍼센트가 제4기 빙하에 의해 영향을 받았는가?
③ 빙하기에 빙상이 더 광범위하게 나타난 곳은 북반구와 남반구 중 어디인가? 그 이유는?
④ 판구조론으로 어떻게 빙하기의 원인을 설명할 수 있을까?
⑤ 판구조론으로 어떻게 빙하기와 간빙기 순환을 설명할 수 있을까?
⑥ 지구 공전 궤도 변화와 연관된 기후변화 가설을 간략히 설명하라.

개념 복습 빙하와 빙하작용

15.1 빙하 : 두 가지 기본 순환의 일부분

수문순환과 암석순환에 있어 빙하의 역할, 빙하의 종류와 특징, 오늘날 빙하의 분포 양상에 대해 설명하라.

핵심용어 : 빙하, 곡빙하(고산 빙하), 빙상, 해빙, 빙붕, 빙모, 분출빙하, 산록빙하

- 빙하는 육지에서 눈이 압축과 재결정 작용을 받아 형성된 두꺼운 얼음 덩어리이다. 빙하는 과거와 현재 유동의 증거를 가지고 있다. 빙하는 담수를 저장·방출하고 암석을 갈아 퇴적물을 만들어 다른 지역으로 분산시키기 때문에 수문순환과 암석순환의 일부이다.
- 빙상은 그린란드와 남극대륙을 덮고 있는 매우 큰 얼음 덩어리이지만 곡빙하는 계곡을 따라 흐른다. 약 18,000년 전 마지막 빙하최대기 동안 지구는 빙하에 의해 육지의 많은 부분이 덮여 있는 빙하기였다.
- 곡빙하가 산에서 흐를 때 산록빙하라 불리는 넓은 빙하 엽으로 퍼진다. 비슷하게 빙붕은 빙하가 바다로 흘러가 떠다니는 넓은 얼음층을 형성하기 위해 퍼진다.
- 빙모는 작은 빙붕과 같다. 빙붕과 빙모는 곡빙하와 산록빙하와 종종 닮은 분출 빙하에 의해 배수된다.

? **북극점에 있는 얼음을 무엇이라 하는가? 그린란드에 있는 얼음을 무엇이라 하는가? 둘 다 빙하인가? 그 이유를 설명하라.**

15.2 빙하 얼음의 형성과 이동

빙하 이동 방법, 빙하 이동 속도, 빙하 수지의 중요성에 대해 설명하라.

핵심용어 : 설선, 만년설, 균열대, 크레바스, 축적대, 소모대, 빙하 분리, 빙산, 빙하 수지, 소모

- 눈이 충분이 쌓이면 만년설이 큰 입자로 재결정되고 나서 빙하를 형성할 정도로 촘촘히 다져진다.
- 얼음이 압력을 받으면 매우 천천히 흐른다. 빙하의 최상부 50m는 흐르기 위한 충분한 압력을 받지 못하기 때문에 균열대에서 나타나는 크레바스라는 위험한 균열이 형성되도록 쪼개진다. 대부분 빙하는 기저 활강이라는 미끄러짐 작용에 의해 움직인다.
- 빙하는 천천히 움직이나 흐름 속도는 측정될 수 있다. 빠른 빙하는 일년에 80m 움직이나 느린 빙하는 1년에 2m만 움직인다. 어떤 빙하는 갑작스럽게 움직이는 서지 형태로 움직인다.
- 빙하의 흐름 속도는 반드시 말단부의 위치와 관련 있는 것은 아니다. 빙하가 양의 수지라면 말단부는 전진한다. 이것은 빙하가 하부에서 소모되는 것보다 상부 축적대에서 더 많은 눈이 공급되면 발생한다. 빙산의 분리, 용융 또는 다른 형태의 소모가 새로운 얼음의 공급보다 더 크면 빙하 말단부는 후퇴된다. 빙하 말단부는 후퇴되더라도 빙하는 아래로 흘러내린다.

? **빙하에 얼음이 1년에 $0.5m^3$씩 공급되고 $0.75m^3$씩 소모된다면 빙하 말단부는 전진할까 또는 후퇴할까? 빙하에서 얼음의 이동을 설명하라. 답을 나타내는 제15장의 그림은 어느 것인가?**

15.3 빙하 침식

빙하 침식 과정과 빙하 침식에 의해 형성된 지형의 특징을 설명하라.

핵심용어 : 굴식, 마식, 돌가루, 빙하 조선, 빙하구, 현곡, 권곡, 권곡호, 즐형 산릉, 호른, 로쉬 무토네, 피오르드

- 빙하는 빙하 아래 기반암의 굴식, 얼음에 이미 존재하는 퇴적물에 의한 기반암의 마식, 빙하 상부에서 퇴적물의 산사태 등으로 퇴적물을 얻는다. 기반암의 파쇄는 빙하 조선이라는 홈과 긁힌 자국을 만든다.
- 곡빙하에 의해 생기는 침식 지형에는 빙하구, 현곡, 권곡, 즐형 산릉, 호른, 피오르드가 있다.

? **아래 그림은 빙하작용 후 생긴 산지지형의 그림이다. 빙하 침식으로 생기는 지형을 나타내라.**

15.4 빙하 퇴적물

빙하성층의 기본 두 가지 유형의 차이와 빙하 지형과 관련된 주요한 퇴적 지형의 특징을 설명하라.

핵심용어 : 빙하성층, 빙력토, 빙하 운반력, 층상 퇴적물, 측퇴석, 중퇴석, 종퇴석, 저퇴석, 유수 퇴적평야, 밸리 트레인, 케틀, 드럼린, 에스커, 케임

- 빙하 기원 퇴적물을 빙하성층이라 한다. 두 종류의 빙하성층에는 얼음에 의해 간접적으로 퇴적된 분급되지 않은 퇴적물인 빙력토와 얼음이 녹은 물에 의해 퇴적되어 분급이 잘된 층상 퇴적물이 있다.
- 빙하 퇴적에 의해 생긴 가장 흔한 지형은 빙력토의 층 또는 이랑을 뜻하는 빙퇴석이다. 측퇴석과 중퇴석은 곡빙하와 관련 있다. 측퇴석은 계곡의 양 측면을 따라 형성되고 측퇴석은 합쳐지는 두 계곡 사이에서 형성된다. 종퇴석은 빙하의 과거 전면부에서 형성되고, 빙하가 후퇴할 때 퇴적된 층이 평평하지 않은 저퇴석은 곡빙하와 빙상 모두에서 나타난다.
- 층상 퇴적물은 녹은 물에 의해 분급된다. 빙하 근처에 퇴적되거나 녹은 물에 의해 운반되어 빙하와 멀리 떨어진 곳에 퇴적된다. 빙상에서 흐르는 강은 종퇴석에서 멀리 떨어진 곳에 유수 평원을 만든다. 산지 계곡의 벽에 둘러싸인 비슷한 지형은 밸리 트레인이다. 퇴적물에 묻힌 얼음체가 움푹 패인 케틀이라는 지형을 만든다. 케틀은 종종 물로 채워져 있다.
- 빙하 상부에 있는 퇴적물이 채워져 있는 호수를 나타내는 층상 퇴적물의 경사진 언덕을 케임이라 한다. 빙하에서 있는 관을 통해 녹은 물이 흐르는 하천은 에스커라는 구불구불한 층상 퇴적물의 능을 생기게 한다.

? **아래는 빙상의 후퇴에 의해 형성된 퇴적 지형 그림이다. 빙력토로 구성된 지형과 빙상 퇴적물로 구성된 지형을 나타내고 그 이름을 써 보라.**

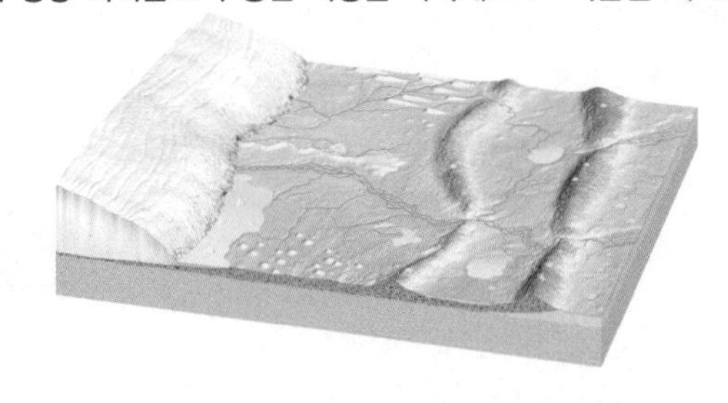

15.5 빙하기 빙하의 다른 영향

침식과 퇴적지형 이외의 빙하기 빙하의 중요한 영향에 대해 설명하라.

핵심용어 : 빙하 연변호, 다우 호

- 빙하는 큰 하중으로 아래 지각을 구부릴 정도로 무겁다. 빙하가 녹은 후 하중이 없어지면 지각은 천천히 수직으로 상승한다.
- 빙상은 궁극적으로 바닷물에 의해 형성되어 빙상이 성장하면 해수면은 하강하고 빙상이 녹으면 상승한다. 마지막 빙하 최대기에 전 지구 해수면은 지금보다 약 100m 낮았다. 그때의 대륙 해안선은 현재와 크게 달랐다.
- 빙상의 전진과 후퇴는 강의 수로를 크게 변경시킨다. 빙하는 하천을 더 깊고 크게 만들고, 저지대에 대호수와 같은 지형을 생기게 한다.
- 빙상은 댐처럼 강물의 흐름을 막거나 빙하가 녹은 물을 저장하는 빙하 연변호를 만든다. 빙하 호수인 애거시와 미졸라는 많은 양의 물을 저장한다. 미졸라 호수의 경우 얼음 댐이 주기적으로 부서질 때 많은 양의 물이 급작스럽게 흘러 나간다.
- 다우 호는 빙하기 정점에 존재했으나 실제 빙하작용에 의해 형성되지 않았다. 다우 호는 현재보다 서늘하고 다습한 기후에서 형성되었다. 지금의 유타와 네바다 주에 있었던 보너빌 호수는 다우 호였다.

15.6 빙하시대

빙하기 이론의 발전과 빙하기 원인에 관한 현재의 생각을 토론하라.

핵심용어 : 제4기, 빙력암

- 지질학적으로 최근 빙하기에 대한 개념은 1,800년대 초 스위스에서 시작되었다. 루이스 아가시즈와 다른 연구자들은 빙하 지형 연구에 동일과정설 이론을 적용하여 유럽(후에 북아메리카와 시베리아) 지형의 연구를 통해 많은 양의 빙하가 존재했었다는 것을 알아냈다. 연구 결과가 축적됨에 따라, 특히 해양 퇴적물 연구 자료, 제4기에 여러 번의 빙하기가 있었다는 것을 알았다.
- 드물지만 빙하기는 빙하기라 불리는 최근 빙하작용 이전에 지구에 있었다. 암석화된 빙하토인 빙력암 고대 빙하기의 주요한 증거이다. 빙하가 전 지구상에 나타난다는 몇 개의 이유가 있다. 그중 하나는 판구조 운동에 의한 대륙의 위치 변화이다. 예를 들어 남극점 위에 있는 남극에는 확실히 거대한 빙상이 존재할 수 있다.
- 제4기에는 빙하의 전진과 후퇴가 모두 있었다. 이러한 진동을 설명하는 한 가지 방법은 태양 복사에너지의 분산에 계절적 영향을 주는 지구 공전 궤도 변화를 통해서이다. 공전 궤도 모양(이심률)과 지구 회전축의 기울기가 변화하고, 자전축이 흔들리며 회전한다. 이러한 세 가지 효과는 다른 시간 간격으로 발생해 제4기에 나타난 빙하기와 간빙기의 반복을 잘 설명할 수 있다.
- 온실가스의 증가와 감소를 포함하여 빙하기의 시작과 종료에 영향을 주는 다른 요소는 지구 표면 반사도의 변화와 온난한 지역에서 추운 지역으로 열에너지를 전달하는 해류 흐름의 변화이다.

? 2억 5,000만 년 전쯤에 인도, 아프리카, 오스트레일리아의 일부는 빙상에 덮여 있었으나 그린란드, 시베리아, 캐나다에는 얼음이 없었다. 그 이유를 설명하라.

복습문제

① 아래 그림은 빙하가 계곡에서 얼마나 이동했는지 결정하기 위한 고전적 실험의 결과를 보여준다. 실험은 8년 동안 진행되었다. 그림을 참고하여 다음에 답하라.

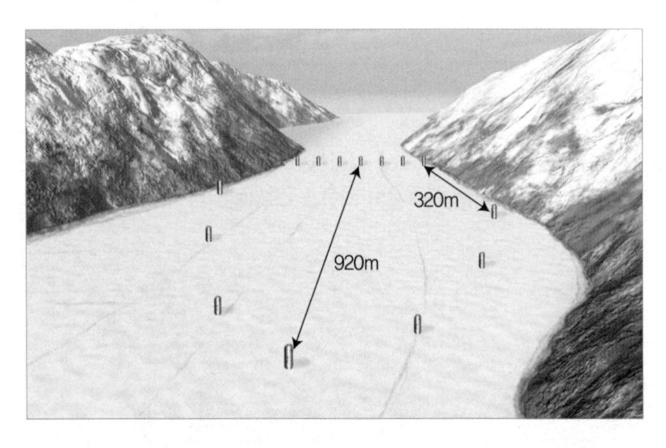

a. 빙하가 전진한 계곡 중심부에서 연평균 이동 속도는 얼마인가?
b. 하루에 계곡 중심부에서 빙하가 얼마나 빠르게 전진하는가?
c. 빙하의 측면을 따라 움직이는 얼음의 평균 이동 속도를 계산하라.
d. 측면과 중심부에서 이동 속도가 다른 이유는?

② 연구에 의하면 빙하기에 빙상의 연변부는 허드슨 만 지역으로부터 남쪽으로 1년에 50~320m 전진했다고 한다.

a. 허드슨 만으로부터 1,600km 떨어진 현재 이리 호의 남쪽 해안에 빙상이 도달하는 데 걸리는 최대 시간을 계산하라.
b. 이러한 거리를 빙상이 이동하는 데 최소 몇 년이 걸리는지 계산하라.

③ 다음 그림은 그린란드 해안 근처 바다에 떠있는 빙산을 나타낸다.

a. 어떻게 빙산이 형성되었는가? 이러한 작용을 무엇이라 하는가?

b. 이러한 작용에 대한 지식에 근거하여 흔히 사용되는 '빙산의 일각'이란 구절을 설명하라.

c. 빙산은 바다 얼음과 같은가? 그 이유를 설명하라.

d. 빙산이 녹으면 해수면은 어떻게 되는가?

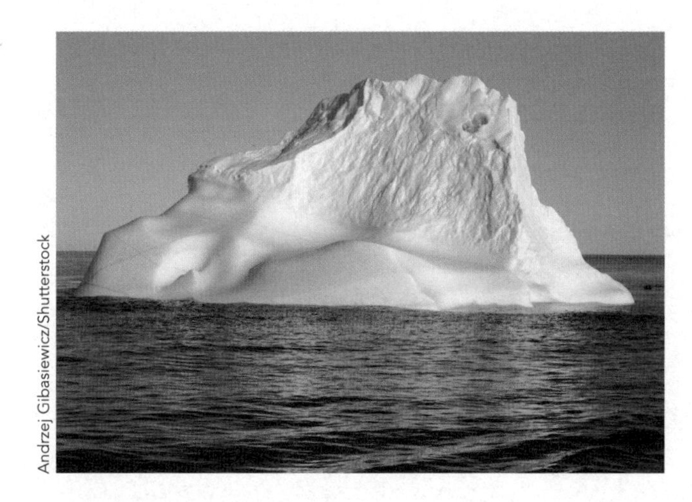
Andrzej Gibasiewicz/Shutterstock

④ 지구에 또 다른 빙하기가 온다면 북반구와 남반구 중 어디에서 빙상이 더 확장될까? 그 이유를 설명하라.

⑤ 다음 그림은 얼음이 깨진 곡빙하의 정상부분이다.

a. 이러한 균열을 무엇이라 하는가?

b. 왜 얼음이 수직으로 깨졌는가?

c. 균열이 빙하 바닥까지 확장되었을까? 그 이유를 설명하라.

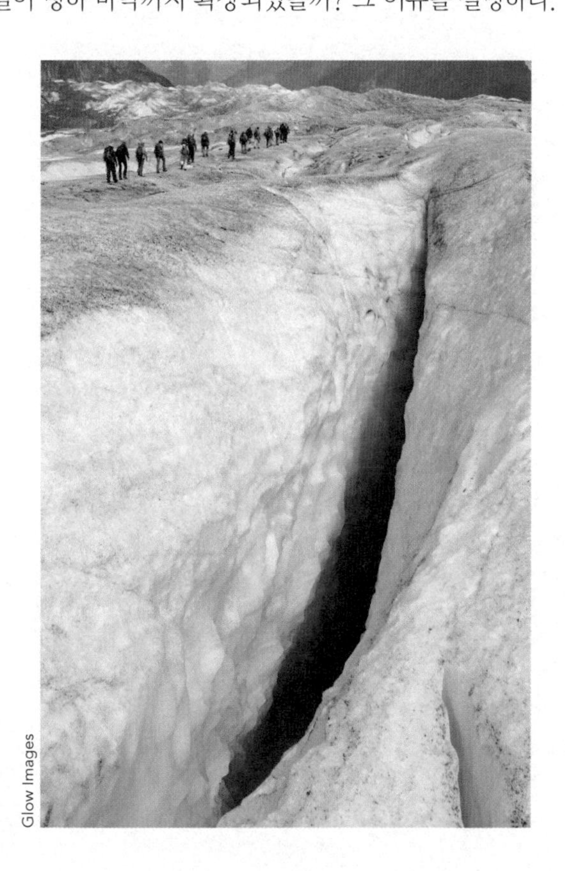
Glow Images

⑥ 당신은 지질학을 좋아하는 친구와 함께 로키 산맥 북부지역을 등산하면서 잠시 쉬는 동안 앉아 있는 주변의 자갈이 다양한 크기의 입자로 된 퇴적층의 일부라는 것을 알았다. 당신이 있는 지역이 과거 곡빙하 지역이기 때문에 친구는 그 퇴적층이 빙력토라고 하였다. 확실하지 않지만 당신은 빙하작용 이외의 다른 작용이 분급되지 않은 퇴적층을 만들 수 있다고 생각했다. 그러한 작용은 무엇일까? 당신과 친구가 퇴적층이 빙력토인지 아닌지 어떻게 알 수 있을까?

⑦ 아래는 제4기에 빙상에 의해 영향을 받았던 뉴욕 주 북부지역의 지형도이다. 이 지역에는 빙력토로 이루어진 많은 언덕이 있다. 이러한 언덕을 무엇이라 하는가? 지도에 나타나는 지역의 위로부터 또는 아래로부터 빙하가 전진했는가? 그 이유를 설명하라.

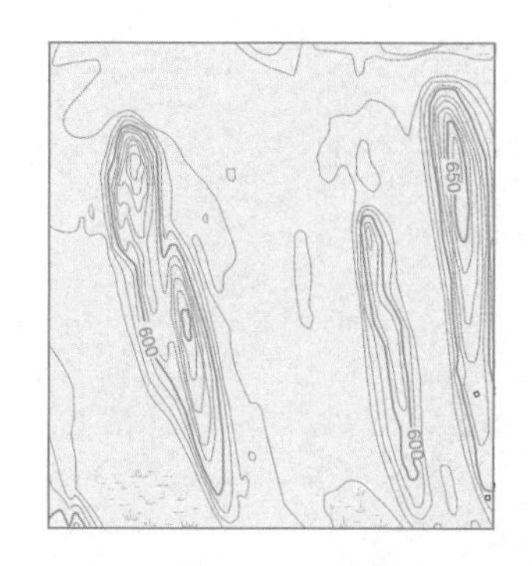

⑧ 곡빙하의 수지가 아주 오랜 동안 균형을 이루고 있다면 빙하의 말단부는 어떤 특징을 가지고 있을까? 빙하의 말단부는 빙력토 또는 층상 퇴적물 중 무엇으로 구성되어 있는가? 소모가 축적을 초과하도록 빙하 수지가 변한다면 빙하의 말단부는 어떻게 변화할까? 이러한 조건에서 형성될 수 있는 퇴적층을 설명하라.

⑨ 당신과 지질학자가 아닌 친구가 알래스카의 허버드 빙하에 갔다. 아주 오랜 동안 빙하를 공부한 후 친구는 "빙하가 정말로 이동할까?"라고 질문했다. 아래 사진에서 보여주는 증거를 사용해서 당신은 어떻게 빙하가 정말로 이동했다는 것을 친구에게 확신시킬 수 있을까?

Michael Collier

16

사막과 바람

핵심개념

다음은 이 장에서 다룰 주요 학습 목표이다.
이 장을 학습한 후 다음 질문에 답해 보도록 하자.

16.1 지구상 건조지역의 일반적인 분포양상을 설명하고 아열대와 중위도 지역에서 사막이 생성되는 이유에 대하여 설명하라.

16.2 건조와 반건조 기후에서 풍화작용, 물, 그리고 바람의 지질학적 역할에 대하여 요약하라.

16.3 미국 서부의 분지와 산맥 지형의 진화 과정에 대하여 설명하라.

16.4 바람이 퇴적물을 운반하는 방법과 바람에 의한 침식과 연관된 작용과 지형을 설명하라.

16.5 사구들의 형성과 이동에 대하여 설명하고, 다른 형태의 사구들을 구분하라. 그리고 뢰스 퇴적물이 모래 퇴적물과 어떻게 구분되는지 설명하라.

미국 캘리포니아에 위치한 죽음의 계곡(Death Valley)은 산악형 사막 지형과 관련된 다양하고 전형적인 특징을 보이는 일종의 비그늘 사막이다. *(사진 : Michael Collier)*

기후는 지표면에서 발생하는 다양한 작용들의 특성과 강도에 많은 영향을 미친다. 이러한 사실은 빙하에 대해서 배웠던 앞 장에서도 명확하게 증명되었다. 기후와 지질학이 밀접하게 연관되어 있다는 것을 입증하는 또 다른 좋은 예는 우리가 건조지역의 지형들을 살펴볼 때이다. 잘 알다시피 건조 지역은 한 가지 지질 작용에만 영향을 받는 것이 아니다. 그보다는 판구조 작용, 유수, 그리고 바람의 영향이 복합적으로 작용한다. 이러한 작용들은 위치마다 다양한 방식으로 연계되어 나타나기 때문에 사막 지형의 생김새 또한 매우 다양하게 나타난다.

16.1 건조지역의 분포와 생성 원인

지구상 건조지역의 일반적인 분포양상을 설명하고
아열대와 중위도 지역에서 사막이 생성되는 이유에 대하여 설명하라.

사막의 모습은 대개 황폐한 불모지이다. 사막의 표층은 토양이나 울창한 식생들에 의해서 덮여 있지 않다. 그 대신 가파르거나 급한 경사로 된 암석들이 황량하게 분포하는 것이 일반적이다. 어떤 지역들에서는 암석들이 황색 또는 적색 빛깔을 띠고, 다른 지역들에서는 회색과 갈색을 띠기도 하고 흑색 줄무늬가 나타나기도 한다. 많은 방문자들에게는 사막의 풍경이 매우 아름답게 비춰질 수도 있고, 또 어떤 방문자들에게는 사막 지형이 황량하게 보일 수도 있다. 하지만 사람들에게 어떠한 느낌을 불러일으키든지 상관없이 사막지역은 대부분의 인간들이 살아가고 있는 좀 더 습윤한 지역들과는 확연하게 다르다는 것이다.

건조하다는 의미는

우리 모두는 사막은 건조한 지역이라는 것을 잘 알고 있다. 그렇다면 건조하다는 말은 정확히 무엇을 의미하는가? 다시 말하면 습윤지역과 건조지역을 구분 지을 수 있는 강우량은 정확히 얼마인가? 예를 들어 연간 25cm와 같은 강우량에 대한 단순한 수치를 이용해서 두 지역을 임의적으로 구분하는 때가 종종 있다. 하지만 건조 상태라는 개념은 매우 상대적이다. 물의 결핍이 있는 어떠한 상태를 의미한다. 따라서 기후학자들은 건조 기후를 연간 강우량이 증발에 의한 최대 손실양보다 작은 기후로 정의한다.

그렇다면 건조 상태는 연간 총 강수량뿐만 아니라 증발작용과도 관계가 있고, 따라서 기온과도 밀접하게 연관되어 있다. 기온이 상승함에 따라 최대 증발량도 또한 증가한다. 차갑고 습한 대기로의 증발량이 매우 작기 때문에 토양에 과잉의 수분이 남아 있는 북부 스칸디나비아와 시베리아와 같은 지역에서는 15~25cm 정도의 강수량은 침엽수림을 유지시킬 수 있을 만큼 충분하다. 하지만 뜨겁고 건조한 대기로의 증발량이 매우 많은 뉴멕시코나 이란 지역에 내리는 동일한 양의 강수는 단지 드물게 분포하는 식생들만을 유지시킬 수 있다. 따라서 분명한 사실은 건조 기후를 정의할 수 있는 강수량에 대한 보편적인 기준은 존재하지 않는다.

물이 부족한 지역에서는 두 가지 형태의 기후적인 특성이 일반적인데, **사막**(desert) 또는 건조지역과 **스텝**(steppe) 또는 반건조지역이다. 그 두 지역에서는 많은 특성들이 공통적으로 나타나고 두 지역 간 다른 점들은 근본적으로 정도의 차이에서 기인한다. 사막지역보다는 좀 더 습윤한 스텝지역은 사막지역의 주변부라고 할 수도 있고, 또는 사막지역 주변을 둘러싸서 습윤한 지역으로부터 사막지역을 분리시키는 전이대라고도 할 수 있다. 사막지역과 스텝지역의 분포를 보여주는 세계지도를 살펴보면 건조지역은 아열대와 중위도 지역들에서 집중적으로 나타남을 알 수 있다(그림 16.1).

아열대 사막지역과 스텝

저위도 건조지역의 중심은 북회귀선과 남회귀선에 가깝게 위치하고 있다. 그림 16.1에서 북아프리카의 대서양 해안으로부터 시작하여 북서쪽 인도의 건조지역까지 9,300km 이상으로 길게 연결되어 넓게 펼쳐진 사막지역을 볼 수 있다. 이렇게 넓게 분포된 단일 건조지역뿐만 아니라 북반구에는 다른 건조지역이 있는데, 면적이 훨씬 작은 멕시코 북부와 미국 남서부에 분포하는 아열대 사막과 스텝 등이다.

남반구에서는 오스트레일리아에 건조지역이 우세하게 나타난다. 오스트레일리아 대륙의 약 40%가 건조지역이고, 나머지 지역 대부분은 스텝지역이다. 뿐만 아니라 건조와 반건조 지역들은 아프리카 남부에서도 나타나고, 칠레와 페루의 해안지역에서도 부분적으로 분포하고 있다.

이렇게 저위도 사막지대가 형성된 이유는 무엇인가? 그

알고 있나요?

전 세계의 건조지역 면적은 약 4,200만 km^2이고, 이 면적은 놀랍게도 지구 표면의 약 30%에 해당된다. 이만큼 넓은 지역을 덮고 있는 다른 기후대는 없다.

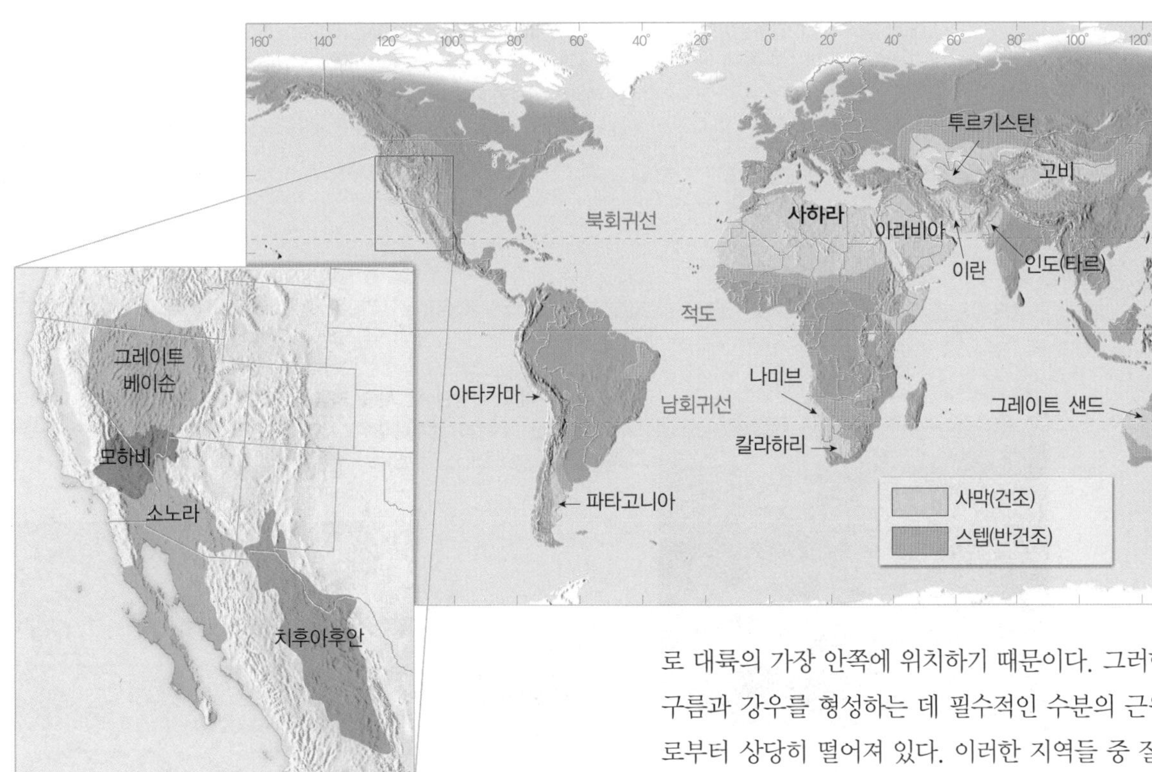

스마트그림 16.1

건조 기후 건조와 반건조 기후대는 지표면의 약 30%를 덮고 있다. 서부 아메리카에 위치한 사막지역은 크게 4개의 사막으로 나눌 수 있는데 그중 2개는 멕시코까지 뻗어 있다.

에 대한 해답은 전 지구적인 기압과 바람의 분포에 있다. 지구의 일반적인 순환 과정을 이상적으로 나타낸 그림 16.2A는 그들 간의 관계를 형상화하는 데 도움을 준다. 기압대에서 적도 저기압으로 불리는 가열된 공기는 매우 높은 고도(일반적으로 15~20km)까지 상승한 후 퍼진다. 그러한 공기의 상층부는 북위 또는 남위 약 20°에서 30°까지 도달한 후 지표로 하강한다. 대기권으로 상승한 공기는 팽창하고 냉각되어 구름과 강우를 형성한다.

이러한 이유로 적도 저기압의 영향을 받는 지역들에서는 지구상에서 가장 많은 비가 내린다. 하지만 북위 또는 남위 30° 근처 지역에서는 정반대의 현상으로 고기압이 우세하다. 따라서 아열대 고기압이라고 알려진 그러한 기후에서는 공기가 하강한다. 공기가 하강하면 압축되고 따뜻해진다. 그로 인하여 구름과 강우를 형성하는 데 필요한 환경과 정반대의 환경을 조성한다. 결과적으로 이러한 지역들에서는 맑은 하늘, 강한 햇볕, 지속적인 가뭄 등이 일반적이다(그림 16.2B).

중위도 사막지역과 스텝

저위도 건조지역과는 다르게 중위도 사막들과 스텝들은 고기압과 관련된 하강하는 공기층에 의해서 형성되지 않는다. 그 대신 이러한 건조지역들이 가능한 이유는 그 지역들이 주로 대륙의 가장 안쪽에 위치하기 때문이다. 그러한 지역들은 구름과 강우를 형성하는 데 필수적인 수분의 근원인 해양으로부터 상당히 떨어져 있다. 이러한 지역들 중 잘 알려진 예는 인도 북부 위쪽에 위치한 중앙아시아의 고비사막이다(그림 16.1).

어떤 지역에서 우세한 바람의 이동 경로상에 높은 산들이 가로질러 위치하고 있으면, 그 지역은 수분을 함유한 해양성 기단으로부터 고립된다. 또한 그러한 산들은 기단들이 함유한 수분의 대부분을 잃게 만든다. 그 메커니즘은 간단하다. 그 지역의 우세한 바람이 산맥으로 이루어진 장벽을 만나면 그 공기들은 상승하게 된다. 상승하는 공기는 팽창하고 냉각되어 구름과 강우를 생성한다. 따라

그림 16.2 **아열대 사막지역** 아열대 사막지역과 스텝의 분포는 기압의 전 지구적인 분포와 밀접하게 연관되어 있다.

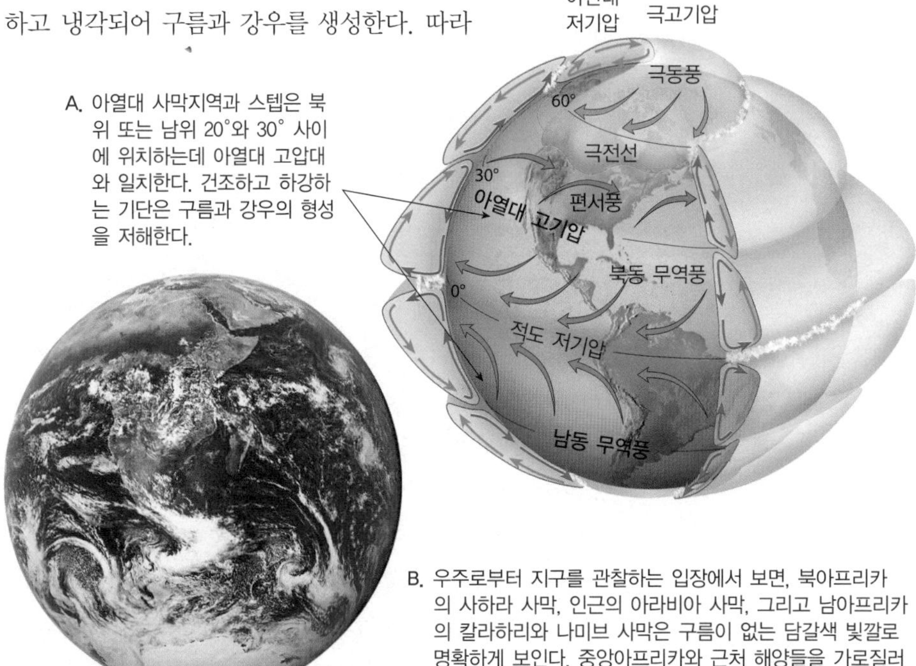

A. 아열대 사막지역과 스텝은 북위 또는 남위 20°와 30° 사이에 위치하는데 아열대 고압대와 일치한다. 건조하고 하강하는 기단은 구름과 강우의 형성을 저해한다.

B. 우주로부터 지구를 관찰하는 입장에서 보면, 북아프리카의 사하라 사막, 인근의 아라비아 사막, 그리고 남아프리카의 칼라하리와 나미브 사막은 구름이 없는 담갈색 빛깔로 명확하게 보인다. 중앙아프리카와 근처 해양들을 가로질러 펼쳐진 구름 띠는 적도 저압대와 일치하여 나타난다.

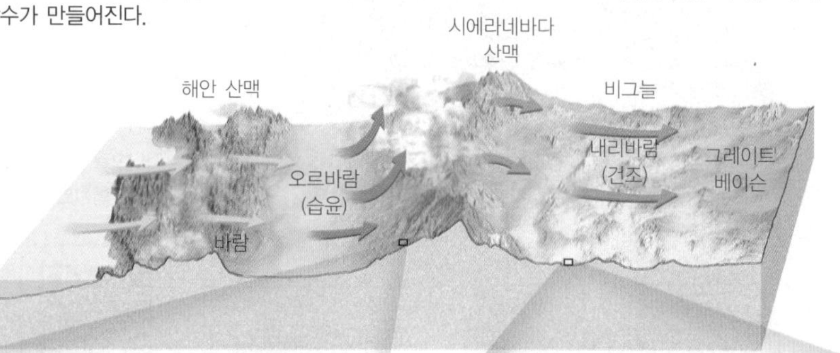

그림 16.3 **비그늘 사막** 산악지형은 비그늘 사막을 생성시킴으로써 빈번하게 중위도 사막지역과 스텝 기후의 건조도에 영향을 미친다. 그레이트베이슨 내 사막은 네바다 거의 모든 지역과 인근 주들의 일부 지역에 걸쳐 있는 비그늘 사막이다. (사진 : *Dean Pennala/Shutterstock; Dennis Tasa*)

알고 있나요?

북아프리카의 사하라 사막은 세계에서 가장 큰 사막이다. 대서양으로부터 홍해까지 펼쳐져서 약 900만 km^2의 면적을 갖는데 이 면적은 미국 전체 크기와 맞먹는다. 비교하자면 미국에서 가장 큰 사막인 네바다의 그레이트베이슨 사막이 차지한 면적은 기껏해야 사하라 사막 면적의 5%도 되지 않는다.

서 이렇게 오르바람(windward) 쪽의 산악지역에는 종종 많은 비가 내린다. 이와는 반대로 내리바람(leeward) 쪽의 산악지역은 일반적으로 매우 건조해진다(**그림 16.3**). 이러한 현상은 공기가 내리바람 쪽에 도달했을 때는 대부분의 수분을 잃어버리기 때문에 발생하는데, 그러한 공기는 하강하면서 압축되고 따뜻해지므로 구름을 형성하지 못한다.

이렇게 생성된 건조지역을 **비그늘**(rainshadow) 사막이라고 일컫는다. 워싱턴 주 서부의 강수량 분포를 보여주는 **그림 16.4**는 좋은 예이다. 바람이 태평양으로부터 북미대륙 서쪽으로 불 때는 산악 지형을 만나게 되어 총 강수량은 크다(그림 16.4, 왼쪽). 이에 비해 반대편 내리바람(동쪽) 지역에서는 강수량이 매우 미미하다(그림 16.4, 오른쪽). 북아메리카에 있는 해안 산맥, 시에라네바다, 캐스케이드 등이 태평양으로부터 수분이 유입되는 것을 방해하는 산악장벽의 전면부이다. 아시아에서는 히말라야 산맥이 습윤한 인도양 기단이 여름철 계절풍을 타고 내륙으로 이동하는 것을 방해한다.

남반구 중위도 지역에는 광활한 평지가 거의 없기 때문에 단지 좁은 지역에서 사막과 스텝이 형성되어 있고, 이들 지역은 높게 솟아 있는 안데스 산맥에 의해서 형성된 비그늘 사막 지역 내에 있는 남아메리카의 남쪽 정상 부근에 위치하고 있다.

그림 16.4 **미국 워싱턴 주 서쪽 지역의 강수량 분포** 올림픽과 캐스케이드 산악지역에는 강수량이 풍부하다. 그 지역의 반건조 동쪽 부분은 그림에서 보는 바와 같이 일종의 비그늘 지역이다.

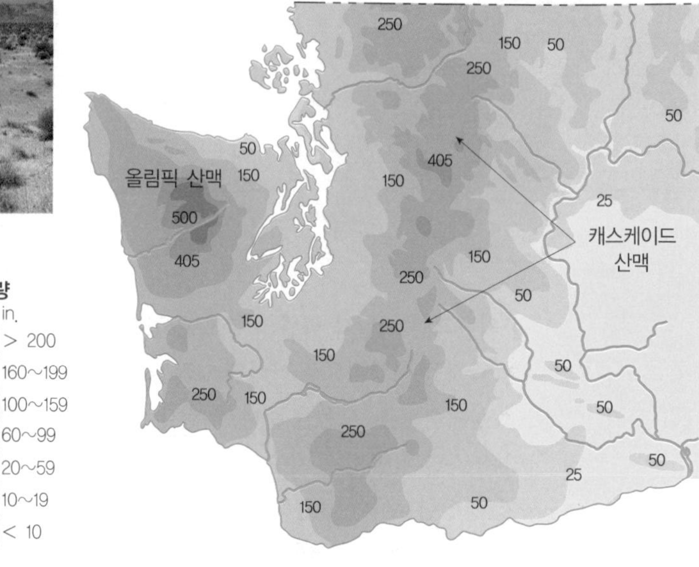

중위도 사막들은 판구조 운동이 기후에 어떠한 영향을 미쳤는가를 잘 보여준다. 비그늘 사막들은 판들이 충돌할 때 생성된 산맥들에 의해서 형성되었다. 그러한 조산운동이 없었다면, 현재 건조대로 존재하는 지역들은 좀 더 습윤한 기후에 영향을 받았을 것이다.

개념 점검 16.1

① 하나의 특정한 강수량에 의하여 습윤지역과 건조지역을 구분할 수 없는 이유를 설명하라.
② 지구상에서 사막과 스텝지역은 어느 정도로 넓게 분포하는가?
③ 아열대 사막지역과 스텝 형성의 근본적인 원인은 무엇인가?
④ 중위도 사막지역은 왜 존재하는가? 그리고 이 지역의 생성에 있어서 산악 지형은 어떤 역할을 담당하는가?
⑤ 북반구와 남반구 중 중위도 사막지역이 더 일반적으로 나타나는 곳은 어디인가? 그 이유를 설명하라.

16.2 건조 기후대 내 지질작용

건조와 반건조 기후에서 풍화작용, 물, 그리고 바람의 지질학적 역할에 대하여 요약하라.

건조지역에 있는 뾰족한 언덕들, 깎아지른 것 같은 협곡들, 모래와 자갈들로 이루어진 사막 표면 등은 습윤한 지역에 있는 부드러운 언덕들과 완만한 경사들과는 분명하게 대조된다. 사실 습윤지역으로부터 온 방문자들에게는 사막지형이 물이 풍부한 지역에 작용하는 것들과는 전혀 다른 힘들에 의해서 형성되었다고 느껴질 것이다. 하지만 두 지역 간의 차이가 매우 대조적이더라도 서로 다른 작용들에 의해서 이루어진 것은 아니다. 그러한 지형적인 차이는 단지 대조적인 기후 조건에서 일어난 동일한 작용들에 의한 다양한 효과들을 보여주는 것이다.

풍화

습윤한 지역에서는 상대적으로 세립질 토양층에 의해서 지표면을 덮고 있는 식생들이 지속적으로 유지될 수 있다. 경사가 완만하고 암석의 원마도가 좋은데 이러한 현상들은 습윤한 기후대에서는 화학적 풍화 작용이 왕성하다는 것을 입증한다. 이와는 대조적으로 사막지역에서는 주로 기계적 풍화작용의 영향을 받아서 변질되지 않은 암석들과 광물 부스러기 등이 풍화산물의 대부분을 이룬다. 건조지역에서는 수분이 부족하고 식물들이 부패함으로써 생성되는 유기산이 희박하기 때문에 어떠한 형태로 암석이 풍화를 받든지 간에 그 풍화 정도는 대단히 미약하다. 그렇다고 사막지역에서 화학적 풍화 작용이 전혀 일어나지 않는 것은 아니다. 오랜 시간 살펴보면 점토와 얇은 토양이 생성되고, 다양한 철 함유 규산염 광물들이 산화되어 사막지역에서도 녹 빛깔의 얼룩 등이 만들어진다.

폭우가 쏟아진 직후의 단명 하천. 이러한 범람이 매우 짧은 기간 동안 일어나지만 이로 인해 발생되는 침식 작용은 엄청나다.

대부분의 기간 동안에는 사막 하천 하도는 메말라 있다.

사막지역에 있는 익숙한 표지판. 폭우가 내린 후 급속으로 물이 차는 와시에 잠긴 도로

그림 16.5 단명 하천 유타 주 남부에 위치한 아치스 국립공원 인근에 있는 단명 하천이다. (사진 : E. J. Tarbuck)

물의 역할

사막지역에서는 강수가 거의 없기 때문에 대규모 하천이 없다. 그럼에도 불구하고 이러한 건조지역에서조차 물은 지형 형성에 중요한 역할을 한다. 영구하천은 습윤한 지역에서 일반적으로 나타나지만 사실상 모든 사막지역 내 하천들은 거의 전 기간 동안 메말라 있다. 사막지역에는 **단명 하천**(empemeral stream)이 있다. 이것은 특정한 강우 사건 직후에만 물이 흐르는 하천들을 일컫는다(**그림 16.5**).

전형적인 단명 하천은 단지 며칠 동안 또는 연중 불과 몇 시간 동안만 물이 흐른다. 몇 년 동안 하도에 물이 전혀 흐르지 않을 때도 있다. 이러한 환경은 우연히 지나가는 여행자들에게도 분명하게 확인될 수 있는데, 그들은 물이 없는 하천 위에 있는 수많은 교량들과 마른 하도들이 길을 가로질러서 생긴 수많은 구덩이들을 볼 수 있다. 그러나 드문 경우이지만 폭우가 쏟아질 때는 지표면에서 일어나는 침투양보다 훨씬 큰 양으로 단기간에 내린다(**그림 16.6**). 사막지역은 매우 빈약한 식생으로 피복되어 있기 때문에 유출이 자유롭게 일어나고 그 속도도 매우 빨라지는데 종종 계곡 바닥에 반짝

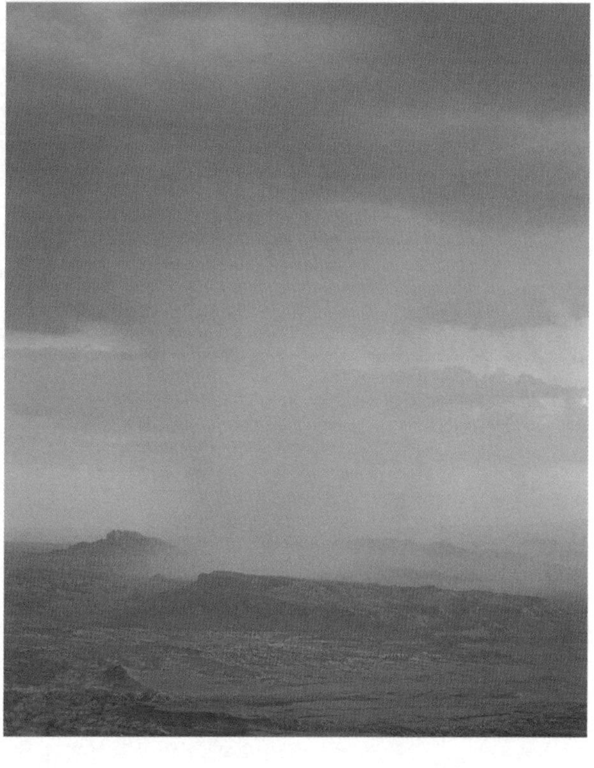

그림 16.6 사막 폭우 사막에서 비가 내릴 때는 비교적 짧은 기간에 많은 양이 쏟아진다. 강우 강도가 크기 때문에 모든 물들이 지하로 스며들지 못하고 지표에서 빠르게 유출되어 침식시킨다. (사진 : Michael Collier)

알고 있나요?

최고로 높았던 온도에 대한 기록 중 일부는 사막지역에서 나타났다. 미국의 공식적인 최고 온도도 또한 전 세계적으로 볼 때 극단적인 기록이다. 1913년 7월 10일, 캘리포니아 죽음의 계곡 온도는 57°C까지 치솟았다.

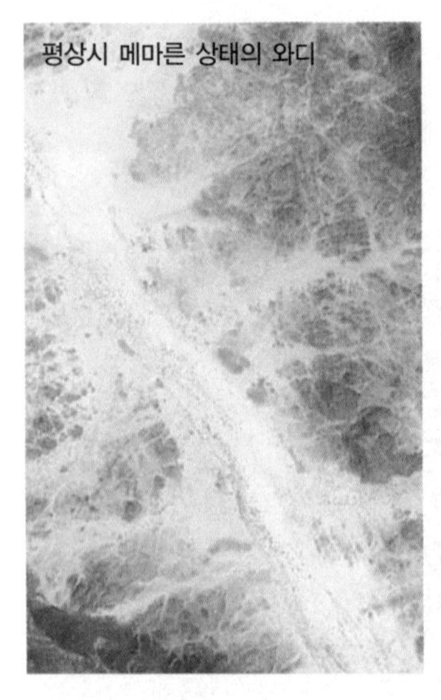

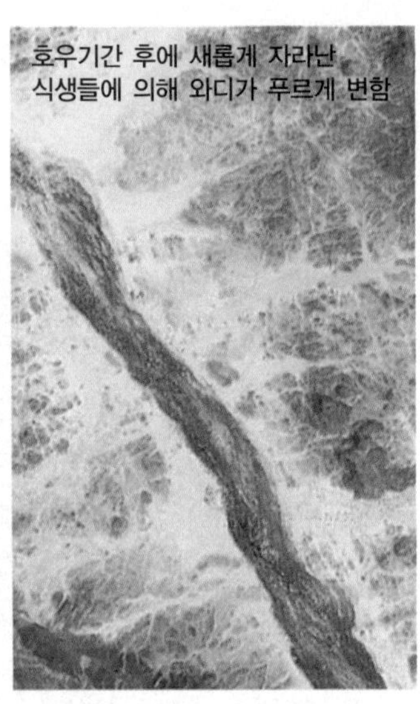

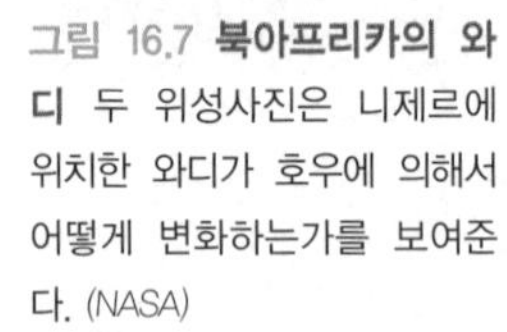
그림 16.7 **북아프리카의 와디** 두 위성사진은 니제르에 위치한 와디가 호우에 의해서 어떻게 변화하는가를 보여준다. (NASA)

홍수를 초래한다. 이러한 홍수는 습윤한 지역에서 발생하는 홍수와 전적으로 다르다. 미시시피와 같은 하천에서 발생하는 홍수에 의해서 수위가 상승하여 첨두에 도달하기까지는 며칠이 걸리고 그 이후에는 수위가 빠르게 하강한다. 사막을 구성하는 지표 물질들 중 대부분은 식생에 의해서 단단히 고정되어 있지 못하기 때문에 한 번의 단기적인 강우 사건 동안에도 상당한 양이 침식된다.

건조한 미국 서부지역에서는 단명 하천에 대한 다른 이름이 있는데, 와시 또는 아로요 등이다. 세계 다른 지역들에서는 메마른 사막 하천을 와디(아라비아와 북아프리카), 동가(남아메리카), 눌라(인도) 등으로 부른다. 그림 16.7은 사하라 사막의 와디를 인공위성에서 찍은 모습이다.

습윤한 지역들에서는 배수계가 조직화되어 있다. 이에 비해 건조지역에 있는 하천들의 지류들은 유기적으로 연결되어 있지 않다. 사실 사막 하천들의 기본적인 특성은 소규모이고 바다에 도달하기 전에 소멸된다는 것이다. 사막지역에서 지하수의 수위는 일반적으로 지표면의 아래에 있기 때문에 사막 하천들은 습윤한 지역에서처럼 지하수로부터 물이 유입되지 않는다(그림 14.8 참조). 안정적으로 물이 공급되지 않는다면 증발과 침투에 의하여 하천은 곧 고갈된다.

콜로라도 강과 나일 강처럼 건조지역을 가로지는 몇 개 안되는 영구 하천들의 발원지는 종종 물이 풍부히 존재하는 산악지역과 같은 그 지역 외부에 존재한다. 이러한 하천들이 사막지역을 가로지르는 동안 손실되는 물을 보충할 수 있을 만큼 충분한 물이 공급되어야 한다. 이에 대한 예로, 나일 강은 중앙아프리카의 호수들과 산악지역들이 있는 발원지를 출발하여 단 1개의 지류도 없이 약 3,000km의 사하라 사막지대를 흐른다. 이에 비해 습윤지역에서는 하천이 흐르는 동안 주변 지류들과 지하수로부터 물이 유입되기 때문에 하류 방향으로 이동하는 동안 하천의 유출량은 오히려 증가한다.

자주 발생하지는 않지만 물이 흐르게 되면 사막지역에서 발생하는 대부분의 침식 작용의 원인이 된다는 것을 기억해야 한다. 이러한 사실은 사막지형을 형성한 가장 중요한 침식매체가 바람이라는 일반적인 생각에 반하는 것이다. 바람에 의한 침식작용이 다른 지역보다는 건조지역에서 실제적으로 매우 중요하지만, 대부분의 사막지형은 주로 유수에 의해서 형성된다. 나중에 바로 배우겠지만, 바람의 주요한 역할은 퇴적물들을 운반하고 퇴적시켜서 사구라고 하는 능선과 언덕 등을 형성하는 것이다.

알고 있나요?

모든 사막이 뜨거운 것은 아니다. 중위도에 위치한 사막들은 춥다. 예들 들어 몽고 고비 사막에 위치한 울란바토르에서는 1월 중 평균적인 최고기온이 −19℃ 정도밖에 되지 않는다.

개념 점검 16.2

① 건조한 지역과 습윤한 지역의 암석의 풍화속도를 비교하여 설명하라.
② 단명 하천이란 무엇인가?
③ 나일 강과 같은 영구 하천이 사막을 가로질러 흐를 때 하천의 유량은 증가하는가 아니면 감소하는가? 이러한 현상을 습윤한 지역에 있는 하천과 비교하라.
④ 사막에서 가장 중요한 침식매체는?

16.3 분지와 산맥 : 사막 경관의 형성

미국 서부의 분지와 산맥 지형의 진화 과정에 대하여 설명하라.

건조지역에서는 일반적으로 영구 하천이 드물고 일반적으로 **내륙유역**(interior drainage)이 존재한다. 이 말의 의미는 사막지역으로부터 바다에 도달하지 못하는 간헐적인 하천들이 불연속적으로 분포한다는 것이다. 미국에 있는 건조한 분지와 산맥지역이 좋은 예이다. 이 지역은 오리건 남부, 네바다 전지역, 유타 서부, 캘리포니아 남동부, 애리조나 남부, 그리고 뉴멕시코 남부 등을 포함한다. 이러한 분지와 산맥 지구는 약 80만 km^2의 면적을 갖는 특징적인 지형을 설명하는 데 매우 적합한 말인데, 그 이유는 높이가 약 900~1,500m 정도 되는 산으로 이루어진 비교적 작은 산악지역들이 약 200여 개 존재하고 있으며, 그러한 작은 산악지역들 사이에 수많은 분지들이 분포하고 있기 때문이다. 이러한 단층-블록 산들의 기원에 대해서는 제14장에서 고찰하는데, 어떻게 지표면 작용이 지형을 변화시키는지 상세하게 살펴본다.

세계 다른 유사 지역들과 마찬가지로 이 지역에서도 내륙 유역이 바다와 연결되어 있지 않기 때문에 대부분의 침식 작용이 바다(최저 기준면)와 무관하게 일어난다. 영구 하천들이 바다로 흘러가는 지역들에서조차도 지류가 거의 없기 때문에 단지 그 하천을 중심으로 인근에 매우 좁게 띠 모양으로만 존재하는 몇몇 지역들만이 최종적인 기저 수위인 해수면의 높이까지 침식을 받을 수 있다.

그림 16.8과 블록 모델들은 분지와 산맥지역에서 보이는 경관들이 어떻게 진화해 왔는지 도식적으로 보여준다. 산들이 융기하는 동안과 그 이후에 유수는 고지대에 있는 물질들을 깎아내서 분지에 대량으로 퇴적시킨다. 이러한 초기 단계에서는 기복이 매우 심하지만, 산들은 침식되어 계속 깎이고 그로부터 생긴 퇴적물들이 분지들을 채우면서 표고 차는 감소한다.

가끔씩 산발적으로 내리는 강우에 의해서 발생한 급류가 산지 계곡으로 흐르게 되면 대량의 퇴적물들이 운반된다. 이러한 유수는 산지 계곡지역으로부터 벗어나면서 완만한 경사의 산기슭에서 분산되어 유속이 급격히 감소한다. 최종적으로 하천에 의해서 운반된 짐(load)들 중 대부분은 그로부터 가까운 거리 내에서 퇴적된다. 이렇게 산지 계곡 입구에 형성된 부채꼴 모양의 퇴적층을 **충적 선상지**(alluvial fan)라고 한다. 가장 굵은 물질이 먼저 가라앉기 때문에 선상지 전면부는 10~15° 정도의 급경사를 보인다. 선상지 하류부로 갈수록 퇴적물의 크기와 경사는 감소하고 선상지는 분지바닥과 서서히 합쳐진다. 선상지 표면을 살펴보면 순차적으로 생성된 하도들이 퇴적물에 의하여 채워짐에 따라 유수의 방향이 변하기 때문에 망상형 수로들이 발달되어 있다. 수년 동안 선상지가 확장하여 인접해 있는 계곡으로부터 생성된 다른 선상지와 병합되어 산맥의 기저면에 충적 사면[**바하다**(bajada)]을 형성한다.

드물지만 산맥에 충분한 강우가 내리면 하천들이 바하다를 가로질러 분지 중앙으로 흘러가게 되는데, 이런 경우에는 분지가 얕은 **플라야 호**(playa lake)로 바뀌게 된다. 이렇게 생성된 플라야 호들은 증발과 침투에 의해서 물이 고갈되기 전까지 기껏해야 수일 또는 길어야 수 주 정도 지속되는 일시적인 지형이다. 이런 메마르고 평평하게 남아 있는 호수 바닥을 **플라야**(playa)라고 한다. 전형적인 플라야는 세립질의 실트와 점토들로 구성되어 있고, 종종 증발에 의해서 침전된 염으로 표면이 덮여 있지만 흔하지는 않다(196쪽 그림 7.17 참조). 이렇게 침전에 의해서 형성된 염들 중에서 잘 알려진 예로 캘리포니아 죽음의 계곡에 있는 고대 플라야 호수 광상으로부터 채광되어 온 붕산나트륨(붕사로 더 많이 알려짐)이다.

알고 있나요?

저위도 사막들이 모두 뜨겁고, 습도가 낮고 구름 한 점 없는 맑은 하늘의 화창한 곳만은 아니다. 아타카마와 나미브와 같은 서쪽 해안에 위치한 아열대 사막지역에서는 차가운 해류로 인하여 낮은 기온, 잦은 안개, 그리고 낮은 먹구름(비는 내리지 않으면서) 등으로 음침한 기간도 있다.

알고 있나요?

사막 대부분이 생명체가 없는 척박한 곳은 아니다. 생물 풍부도와 다양성이 낮더라도 식물과 동물 모두 다 서식한다. 사막에 사는 모든 생물종은 가뭄을 잘 견딜 수 있도록 적응해 왔다. 식물은 넓은 지역에 흩어져 있기 때문에 지표면을 거의 뒤덮지 못한다. 하지만 다양한 식물 종들이 사막에서 번창하고 있다.

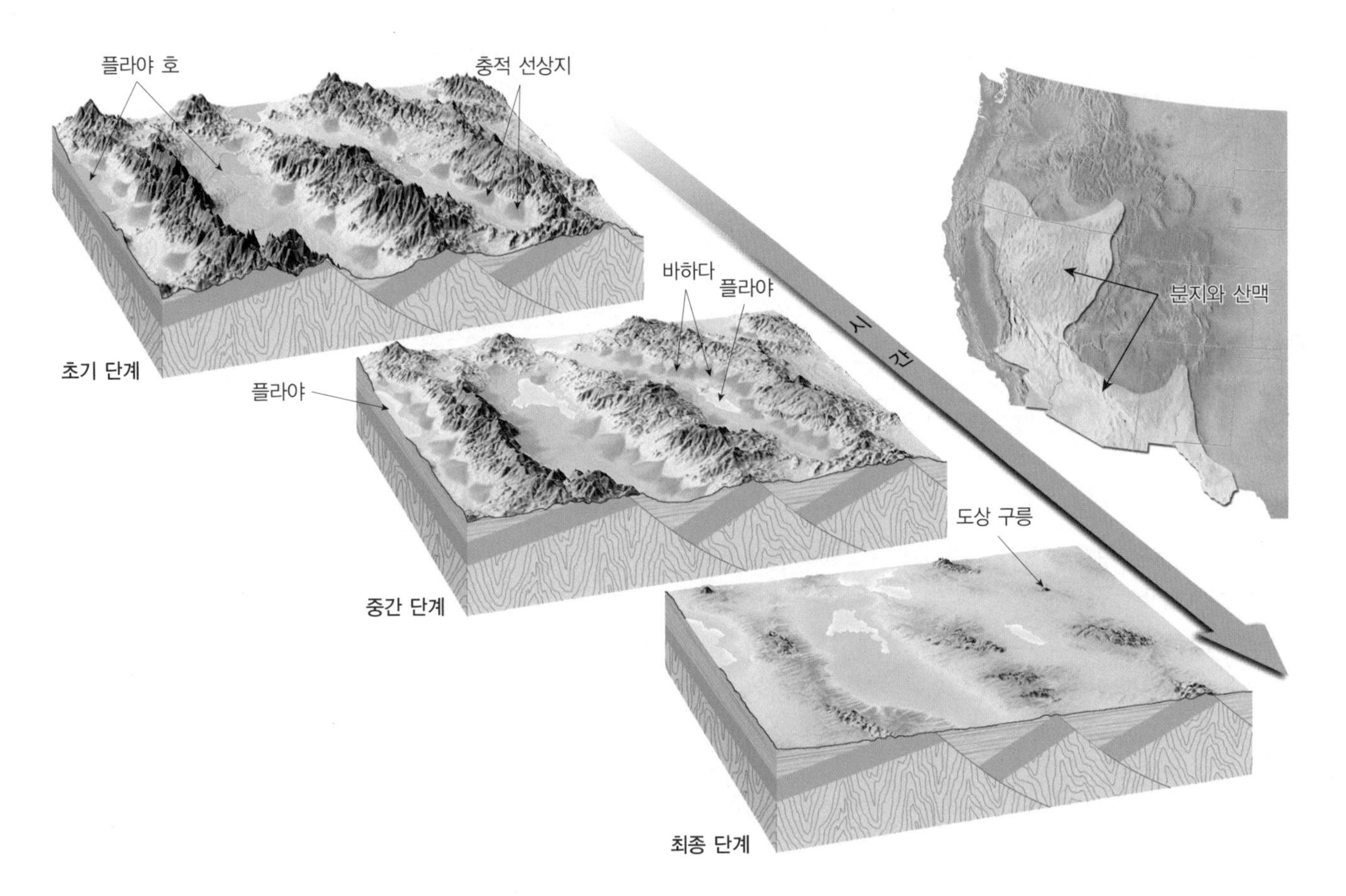

스마트그림 16.8

분지와 산맥 지형의 진화 과정 산들의 침식과 분지로의 퇴적이 계속됨에 따라 기복은 줄어든다.

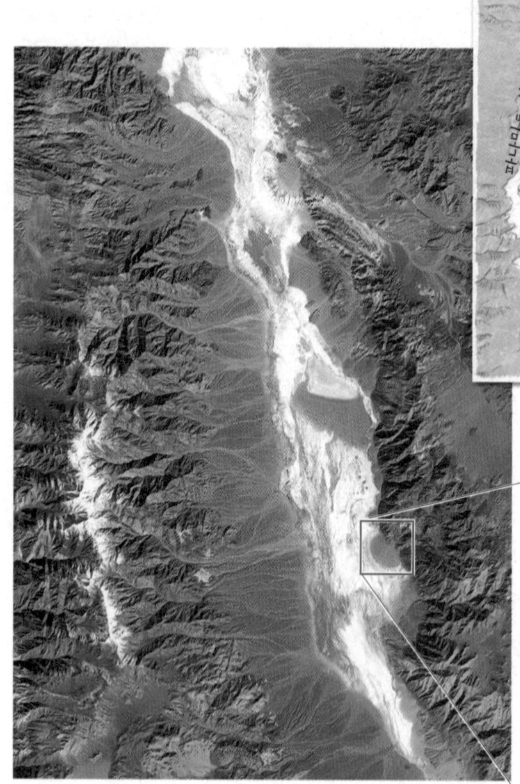
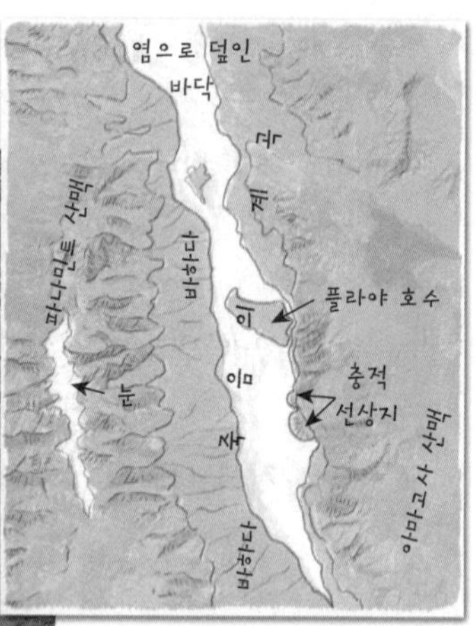

그림 16.9 **죽음의 계곡 : 전형적인 분지와 산맥 지형** 2005년 2월에 이 위성사진이 촬영되기 바로 직전에 호우가 발생하여 분지 기저부 위에 녹색의 웅덩이가 형성되었다(왼쪽 그림). 그로부터 3개월이 지난 2005년 5월까지 이 호수는 염으로 뒤덮인 플라야로 되돌아갔다. 작은 사진은 죽음의 계곡에 있는 수많은 충적 선상지들 중 한곳을 확대해서 보여주고 있다. (사진 : *Michael Collier*)

산들이 지속적으로 침식되고 그에 수반하여 퇴적 작용이 계속되기 때문에 국부적인 기복은 점점 더 감소한다. 마침내는 거의 산 전체가 소멸될 수 있다. 그리고 침식의 최종 단계에서는 산맥지역들에는 몇 개의 큰 기반암으로만 만들어진 구릉지가 나타나는데, 퇴적물로 채워진 분지 위로 솟구쳐 돌출되어 있다. 이렇게 사막 지형의 마지막 단계에서 나타나는 독립된 침식잔류물을 **도상 구릉**(inselberg)이라 하는데, 독일어로 '섬 같은 산'을 의미한다.

그림 16.8에 보이듯 건조 기후에서 생성되는 경관들의 각 진화 단계들을 분지와 산맥지역에서 관찰할 수 있다. 침식의 초기 단계로 최근에 융기한 산들은 오리건 남부와 네바다 북부에서 찾을 수 있다. 캘리포니아 죽음의 계곡 그리고 네바다 남부 지역들은 좀 더 나중의 중간 단계 정도가 되는 반면에, 도상 구릉이 나타나는 최종 단계는 애리조나 남부 지역에서 살펴볼 수 있다.

그림 16.9는 죽음의 계곡을 보여주는 사진이다. 앞에서 설명한 많은 지형학적 특징이 잘 나타나 있다. 2005년 2월에 촬영한 위성사진은 이 지역에 드물게 내리는 호우 직후의 모습을 보여준다. 수천 년 동안 여러 번 일어난 것처럼 가장 낮은 위치에 넓고 얕은 플라야 호수가 형성되었다. 호우가 발생한 지 단지 3개월 후인 2005년 5월에 계곡 기저부는 메마르고 염으로 뒤덮인 플라야로 변했다.

개념 점검 16.3

① 내륙유역이란 어떤 의미인가?
② 산악형 사막의 진화과정에 있어서 각 단계별로 나타나는 지형과 특징을 설명하라.
③ 미국에서 사막 지형의 진화단계를 모두 관찰할 수 있는 지역은 어디인가?

16.4 바람에 의한 침식

바람이 퇴적물을 운반하는 방법과 바람에 의한 침식과 연관된 작용과 지형을 설명하라.

바람에 의한 침식은 습윤한 지역보다 건조한 지역에서 더 효과적인데, 습윤한 지역에서는 수분이 입자들을 단단히 결합시키고 식생들에 의해 토양이 고정되어 있기 때문이다. 바람에 의한 침식이 효과적이려면 건조함과 빈약한 식생이 필수적이다. 그러한 환경에서 바람은 상당한 양의 미세 퇴적물들을 부유시키고, 운반하고, 퇴적시킬 수 있다. 1930년대 동안 미국 중부지방의 대평원 일부 지역에서는 엄청난 먼지폭풍을 겪었다. 경작을 위하여 자연 식생을 갈아 묻은 후 극심한 가뭄이 뒤따르면서 바람에 의한 침식에 무방비로 노출되어 그 지역을 황진지대(Dust Bowl)라 부르기 시작했다.

바람에 의한 퇴적물의 이동

흐르는 물과 같이 움직이는 바람도 힘이 있어서 고정되지 않은 입자들을 들어 올려 다른 곳으로 이동시킬 수 있다. 하천에서와 마찬가지로 풍속은 지표면으로부터 고도가 높을수록 증가한다. 또한 하천에서처럼 바람은 작은 입자들을 부유 상태로 운반시키는 반면 무거운 입자들은 밑짐의 형태로 이동시킨다. 그러나 바람에 의한 퇴적물의 이동은 두 가지 중요한 면에서 유수에 의한 이동과 다르다. 첫째로, 물에 비해서

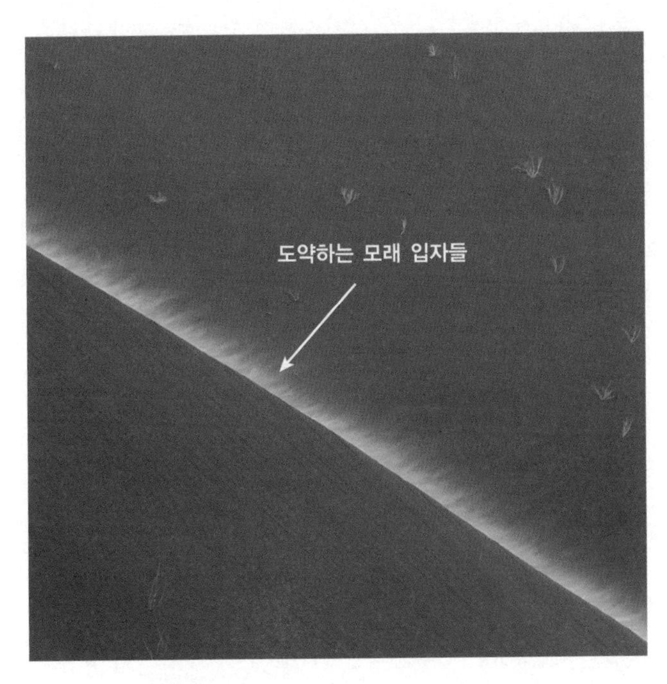

그림 16.10 **이동하는 모래** 바람에 의해 이동되는 밑짐은 지표면을 따라 튀면서 이동하는 모래 입자들로 이루어져 있다. 아무리 바람이 세더라도 모래는 지표면에서 높이 올라갈 수 없다. (사진 : Bernd Zoller/Photolibrary)

상대적으로 바람의 밀도가 작기 때문에 바람은 큰 입자들을 부유시키고 운반하는 능력이 다소 떨어진다. 둘째로, 바람은 한정된 통로로만 이동하지 않기 때문에 바람에 의해서 퇴적물들은 대기로 높게 부유될 뿐만 아니라 좀 더 넓은 지역으로 분산될 수 있다.

밑짐 바람에 의해 이동되는 **밑짐**(bed load)은 주로 모래 입자들로 이루어져 있다. 풍동(wind tunnel)을 이용한 야외 또는 실험실에서의 관찰을 통하여 바람에 날린 모래는 구르거나 튀면서 지면을 따라 이동하는데, 이러한 과정을 **도약**(saltation)이라고 한다. 이 용어는 염과는 무관하며 라틴어로 '도약(jump)'이라는 의미이다.

정지하고 있는 입자들의 관성력을 극복할 수 있을 정도의 충분한 풍속이 되어야만 모래 입자들은 움직이기 시작한다. 먼저 모래는 지면을 따라 구른다. 움직이는 모래 입자가 다른 입자와 충돌하면 그들 중 한 입자 또는 두 입자 모두 공기 중으로 뜨게 된다. 일단 공기 중으로 튀면 중력으로 다시 지면으로 떨어지기 전까지는 바람을 따라 이동하게 된다. 지면에 부딪힌 입자는 다시 튀어 오르거나 다른 입자들과 충돌하여 튀어 오르게 한다. 이러한 양상으로 연속적인 이동이 가능하게 되고, 지면 가까이에 있는 공기 중에는 이렇게 도약으로 움직이는 모래 입자들이 단기간 동안 증가하게 된다(그림 16.10).

튀어 오른 모래 입자들은 지면으로부터 멀리 이동할 수 없다. 바람이 아무리 세다 하더라도 모래의 도약 높이는 좀처럼 1m를 넘지 못하고 일반적으로 0.5m 정도이다. 모래 입자들 중 일부는 너무 커서 다른 입자들과의 충돌에 의하여 공기 중으로 튀어 오를 수 없다. 이런 경우에는 도약 가능한 작은 입자들에 의해서 제공되는 에너지에 의하여 더 큰 입자들은 진행할 수 있다. 측정 결과, 모래폭풍에 의하여 운반되는 모래의 약 20~25% 정도가 이러한 방식으로 이동한다.

뜬짐 모래와 달리 좀 더 세립질의 먼지 입자들은 바람에 의해 대기권으로 높게 떠질 수 있다. 먼지는 무게에 비해서 큰 표면적을 갖고 있는 납작한 입자들로 주로 구성되어 있기 때문에 세찬 바람이 중력을 극복하고 먼지 입자들을 수 시간

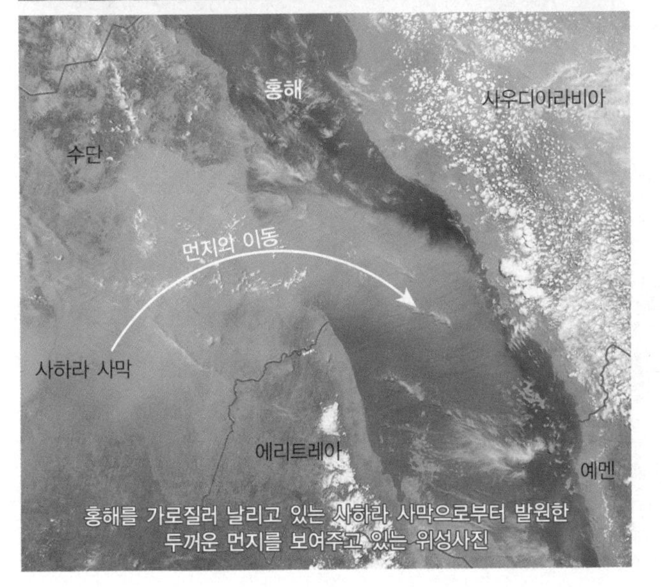

그림 16.11 **바람에 의한 뜬짐** 이 사진들은 뜬짐에 대한 두 가지 극적인 사례들을 보여준다. 먼지폭풍은 광대한 지역을 뒤덮을 수 있고, 먼지들은 엄청나게 멀리 운반되어 질 수 있다. (사진 : U.S.D.A./Natural Resources Conservation Service; NASA)

알고 있나요?

어떤 지역에서는 사막이 확장되고 있다. 그러한 문제를 사막화(desertification) 현상이라고 하는데, 인간의 활동에 의하여 땅이 사막과 같은 환경으로 바뀌는 현상을 의미한다. 사막화는 사막의 인접부에서 발생하고, 적절하지 않은 토지이용이 주요한 원인이다. 사막 주변부에서 경작과 방목 등의 인간 활동에 의하여 자연적인 식생이 제거됨으로써 촉발된다. 이로 인하여 가뭄이 지면, 침식작용으로부터 토양을 지탱할 수 있는 최소한의 식생까지 파괴되는 결과를 피할 수 없게 되고, 결국에는 그러한 환경악화는 복구 불가능하게 된다. 사막화 현상은 많은 지역에서 발생하고 있는데, 특히 사헬 지대라고 알려진 사하라 사막 남부 지역에서 심각하다.

알고 있나요?

지구상에서 가장 건조한 지역은 칠레의 아타카마 사막 내에 있는, 남미 태평양 해안을 따라 길게 뻗어 있는 좁은 건조지대이다. 아프리카 마을의 연평균 강수량은 단지 0.76mm이다. 59년 이상 동안 이 지역에는 총 50.8mm에도 못 미치는 비가 왔다.

또는 수일 동안 공기 중에서 떠다니게 할 수 있다. 사막지역에서는 화학적 풍화가 매우 미미하게 발생하기 때문에 단지 소량의 점토가 생성되므로 실트와 점토 모두가 부유 상태로 이동될 수 있다 하더라도 실트가 **뜬짐**(suspended load)의 대부분을 차지한다.

작은 입자들은 바람에 의해서 쉽게 이동될 수 있지만 초기에 공기로 들어 올려지기는 쉽지 않다. 그 이유는 지면 근처에 있는 매우 얇은 공기층에서는 실제적으로 풍속이 0이기 때문이다. 따라서 바람만으로 퇴적물은 뜨지 못한다. 대신 먼지 입자들이 도약하는 모래 입자들이나 다른 교란 작용에 의해서 움직이는 바람 속으로 튀겨지거나 흩어져야 한다. 이러한 원리는 바람 부는 날에 포장되지 않은 시골길을 생각해 보면 쉽게 이해할 수 있다. 시골길 위에 먼지 입자들이 어떤 교란 작용을 받지 않고, 그대로 있으면 아무리 작다 할지라도 바람에 의해서 들려지지 않는다. 그러나 자동차나 트럭이 그 길을 지나가면 실트층이 일으켜지고 곧바로 먼지 구름이 형성된다.

일반적으로 뜬짐은 근원지로부터 비교적 가까운 곳에 퇴적되지만 높은 곳에서 부는 바람은 많은 양의 먼지를 엄청나게 멀리 운반할 수 있다(그림 16.11). 1930년대에 캔자스에서 들려진 실트가 뉴잉글랜드, 그리고 더 멀리 북대서양까지도 이동한 적이 있었다. 비슷하게 사하라 사막에서 시작된 먼지가 멀리 카리브 해까지 도달한 적도 있었다.

그림 16.13 **사막 포도** 매우 조밀하게 배열된 자갈과 왕자갈로 이루어진 이 층의 두께는 돌멩이 한두 개의 크기이다. 하부층은 주로 세립질 입자들로 구성된다. (사진 : *Bobbé Christopherson*)

그림 16.12 **풍식와지** 땅이 건조하고 대개 식생 뿌리에 의하여 보호받지 못한 지역에서 식반작용은 특히 효과적으로 저지대를 형성한다. (*사진 : U.S.D.A./Natural Resources Conservation Service*)

침식지형

유수와 빙하에 비해서 바람은 지형을 형성하는 데 있어서 상대적으로 주요한 침식매체가 아니다. 사막지역에서조차도 대부분의 침식은 간헐적으로 흐르는 물에 의해서 일어나고 바람은 중요한 역할을 하지 않는다는 것을 상기하라. 그럼에도 불구하고 바람에 의한 침식작용에 의해서 형성된 지형들은 전체 경관의 주요한 요소이다.

식반작용과 풍식와지 바람이 침식을 일으키는 한 가지 방식은 **식반작용**(deflation)에 의해서인데, 고정되어 있지 않은 입자들을 들어 올려 제거하는 것이다. 식반작용에 의해 지표면 전체가 동시에 낮아지기 때문에 식반작용의 효과를 인지하기는 종종 어렵지만, 매우 중요한 작용임에는 틀림없다. 1930년대 일부 황진지대에서는 광범위한 지역이 단지 몇 년 사이에 약 1m 정도 낮아졌다.

식반작용의 가장 두드러진 결과로는 일부 지역에 나타나는 **풍식와지**(blowout)라고 하는 함몰지를 들 수 있다(그림 16.12). 텍사스 북부로부터 몬태나까지 펼쳐진 대평원 지역에서는 수천 개의 풍식와지를 볼 수 있다. 풍식와지의 크기는 깊이가 1m이고 폭이 3m 정도의 아주 작게 패인 것부터 깊이가 50m 이상이고 폭이 수 킬로미터까지 뻗어 있는 대규모의 저지대까지 다양하다. 이러한 분지들의 깊이(기저면)를 좌우하는 인자는 그 지역의 국부적인 지하수면이다. 풍식와지의 깊이가 지하수면까지 낮아지면 토양 함수량과 식생들이 증가하여 더 이상의 식반작용이 일어나지 않는다.

사막 포도 많은 사막지역에서는 지표면이 조립질 입자들이 밀집된 층으로 이루어져 있다. **사막 포도**(desert pavement)라고 일컫는 이러한 층은 자갈과 왕자갈로 이루어져 있는데, 그 두께는 단지 한두 개의 돌멩이 크기이다(그림 16.13). 사막 포도 아래에는 주로 실트와 모래로 구성된 층이 존재한다. 따라서 사막 포도가 있는 지역에서는 포도를 이루는 돌멩이들이 너무 커서 식반작용에 의하여 제거되지 않기 때문에 바람에 의한 침식을 억제할 수 있다. 갑옷과 같은 이러한 보호막이 교란된다면 실트와 같은 세립질 입자들이 지표에 노출되어 바람에 의해 쉽게 침식을 받을 수 있다.

수년 동안 사막 포도의 형성에 대한 가장 일반적인 설명으로는 분급이 불량한 퇴적물로 이루어진 지표면에서 바람에 의하여 모래와 실트가 제거되면 사막 포도가 발달된다는 것이었다. 그림 16.14A에서 볼 수 있듯이 지표면에서 세립질의 입자의 양이 식반작용에 의해 감소함에 따라 조립질 입자의 양이 지속적으로 증가한다. 결국 전 지표면은 크기 때문에 바람에 의하여 제거되지 않는 자갈이나 왕자갈에 의하여 덮인다.

그림 12.14A에 소개된 사막 포도의 생성과정은 사막 포도가 존재하는 모든 환경에 대한 설명으로는 적합하지 않다는 것이 많은 연구들에 의하여 밝혀졌다. 예를 들면 많은 지역에서는 사막 포도 아래에는 자갈이나 왕자갈이 전혀 없는 비교적 두꺼운 실트층이 존재한다. 그러한 환경에서는 세립질 퇴적물이 식반작용을 받더라도 조립질 입자들로 구성된 층이 형성되지 않는다. 일부 지역에서는 사막 포도를 구성하는 자갈과 왕자갈이 거의 동시에 지표면에서 모두 사라진다는 연구들도 있다. 이러한 사실은 그림 16.14A에서 제시한 과정과는 다른 경우이다. 이러한 지역에서는 식반작용에 의해 세립질의 입자들이 지속적으로 유실되고, 조금 시간이 흐른 후 사막 포도를 이루는 조립질 입자들이 지표면까지 도달한다.

이 연구 결과를 바탕으로 사막 포도 생성에 대한 다른 설명이 제시되었다(그림 16.14B). 이 가설에 의하면 초기에 조립질 입자들로 이루어진 지표면에서 사막 포도가 발달한다. 시간이 지나면서 바람에 날려 온 미립질의 먼지들이 조립질의 입자로 이루어진 층 위에 집적되고 지표면에 노출된 큰 자갈들 사이의 빈 공간을 통하여 하향 이동함에 따라 자갈이나 왕자갈로 이루어진 사막 포도가 상승한다. 이러한 과정은 지표면에서 지하로 침투하는 빗물에 의하여 가속화될 수 있다. 이 모델에 의하면 자갈로 구성된 사막 포도는 절대로 지표면 아래로 묻히지 않는다. 뿐만 아니라 이 모델은 사막 포도 아래에 조립질의 입자들이 존재하지 않은 이유를 훌륭하게 설명할 수 있다.

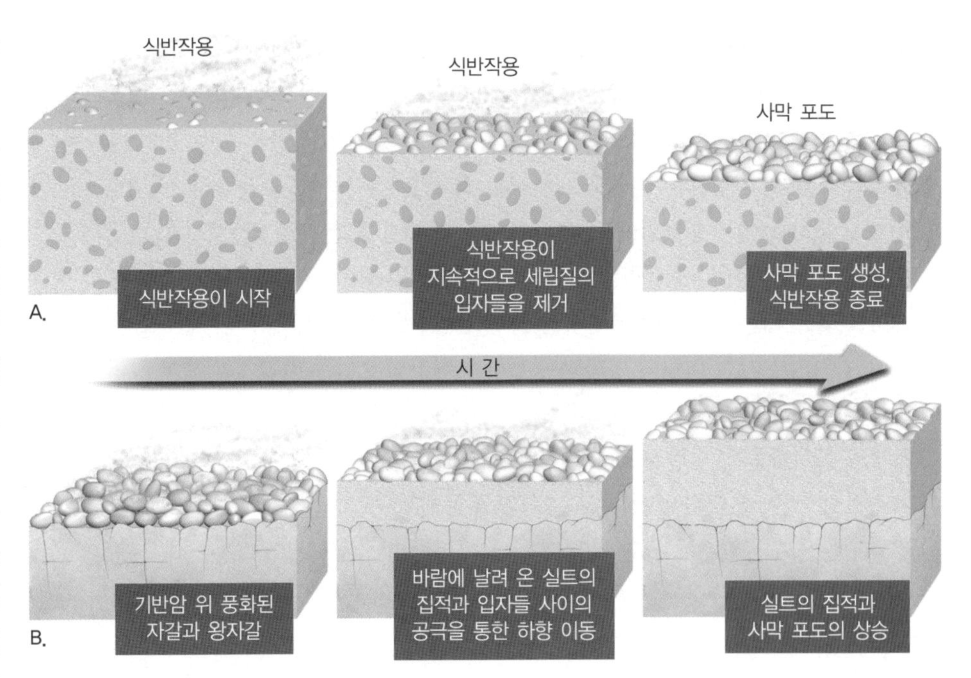

스마트그림 16.14

사막 포도의 생성 과정

A. 이 모델은 지표면이 분급이 불량한 퇴적물로 이루어진 지역에 대하여 설명한다. 시간이 흐르면서, 식반작용에 의해 지표면이 낮아지고, 조립질 입자들이 점차적으로 많아지게 된다. B. 이 모델에서는, 초기에 지표면은 조립질의 자갈과 왕자갈로 덮여 있다. 시간이 지나면 바람에 의해서 날려 온 먼지가 지표면에 쌓이고 지속적으로 하향 이동한다.

풍식력과 야르당 빙하와 하천과 같이 바람도 또한 **마식**(abrasion)에 의하여 침식시킬 수 있다. 일부 해변이나 건조한 지역에서는 바람에 날린 모래들이 지표면에 노출된 암석들을 자르거나 연마시킬 수 있다. 때때로 마식은 **풍식력**(ventifact)이라고 하는 흥미롭게 생긴 돌을 만들 수 있다(그림 16.15A). 바람이 우세하게 불어오는 쪽에 노출된 돌 부분은 마식되고 연마되어 움푹 패일 수도 있고, 날카로운 모서리가 만들어질 수도 있다. 바람이 일정한 방향으로부터 불어오지

A.

B.

그림 16.15 **바람에 의한 성형** 바람에 의한 분사기(sandblast)에 의해 풍식력(A)과 야르당(B)이 형성된다.
(사진 : *Richard M. Busch; Mike P. Shepherd/Alamy Images*)

않거나 돌이 놓인 방향이 바뀐다면 돌의 여러 면이 이러한 작용을 받을 수 있다.

하지만 안타깝게도 마식에 의한 효과는 예상을 뛰어넘을 만큼 대단하지는 않다. 좁은 받침대 위에서도 균형 있게 높이 서 있는 암석이나 높게 서 있는 작은 첨탑 위의 기묘한 세부 조형물과 같은 지형들은 마식으로 형성되기는 불가능하다. 모래는 지표면 위로 1m 이상도 뜨지 못하기 때문에 바람에 의한 연직 방향의 분사 효과는 분명하게 한계가 있다.

풍식력과 더불어 바람에 의한 침식에 의해서 야르당(터키어로 *yar*는 '경사가 심한 둑'이라는 의미)이라고 하는 좀 더 큰 특징적인 지형이 형성될 수 있다. **야르당**(yardang)은 유선형이고 그 지역의 우세한 바람의 방향과 평행하게 배열되어 있는 바람에 의해서 형성된 지형이다(그림 16.15B).

개개의 야르당들은 일반적으로 높이가 5m 이하이고 길이가 단지 약 10m 정도인 작은 지형이다. 바람에 의한 분사 효과는 지면 부근에서 가장 크기 때문에 이러한 마식된 기반암 파편들은 일반적으로 모암 주변에 좁게 남아 있다. 때때로 야르당은 매우 큰 지형으로 나타나기도 한다. 페루의 잉카 계곡에는 높이가 100m이고 길이가 수 킬로미터 정도인 다수의 야르당이 존재한다. 이란의 몇몇 사막에는 높이가 150m에 다다르는 것들도 있다.

개념 점검 16.4

① 바람이 모래를 운반시키는 방법을 말하라. 바람이 강할 때 모래는 지표면으로부터 어느 정도 높이까지 올라갈 수 있는가?
② 바람에 의한 뜬짐과 밑짐은 어떻게 다른가?
③ 습윤한 지역보다 건조한 지역에서 상대적으로 바람에 의한 침식 작용이 더 중요한 이유는?
④ 풍식와지의 깊이에 영향을 주는 인자는?
⑤ 사막 포도의 생성 과정을 설명하는 데 이용되는 두 가지 가설에 대하여 간단하게 말하라.
⑥ 야르당과 풍식력은 무엇인가?

16.5 풍성 퇴적물

사구의 형성과 이동에 대하여 설명하고, 다른 형태의 사구들을 구분하라. 그리고 뢰스 퇴적물이 모래 퇴적물과 어떻게 구분되는지 설명하라.

일반적으로 침식에 의한 지형들을 생성시키는 데 있어서 바람은 상대적으로 중요하지 않을 수도 있지만 어떤 지역들에서는 퇴적 작용에 의한 두드러지는 지형들이 바람에 의해서도 만들어진다. 바람에 날린 퇴적물들이 쌓이는 현상은 특히 건조한 지역들과 모래로 이루어진 많은 해안지역에서 뚜렷하다. 풍성 퇴적물은 두 가지 고유한 형태가 있는데, (1) 사구라고 하는 바람에 의한 밑짐으로부터 생성되는 언덕이나 돌출부, 그리고 (2) 한때 부유 상태로 운반되었던 대량의 실트가 퇴적되어 생성된 뢰스 등을 들 수 있다.

알고 있나요?

사막이 반드시 바람에 의해서 생성된 모래 사구들로만 이루어진 것은 아니다. 놀랍게도 전체 사막지역의 매우 작은 면적만이 모래 퇴적물들로 이루어져 있다. 사하라 사막에서는 전체 면적에서 단지 1/10만이 사구로 덮여 있다. 사막지역 중 모래가 가장 많이 분포하는 것으로 알려진 아라비아 사막에서도 겨우 1/3 지역만이 모래로 덮여있다.

모래 퇴적물

유수에 의한 경우와 마찬가지로 바람의 속도가 감소하거나 퇴적물들을 운반시키는 데 필요한 에너지가 줄어들면 퇴적물들은 바람에 의해서 더 이상 운반되지 못한다. 그래서 바람이 지나가는 경로상에 있는 장애물들에 의해서 바람의 이동이 방해를 받게 되는 곳이면 어디라도 모래들이 쌓이게 된다. 넓은 지역을 덮어 버리는 층을 형성하는 많은 실트 퇴적물들과는 달리 일반적으로 모래들은 바람에 의해서 **사구**(dune)라고 하는 언덕이나 돌출부 형태로 퇴적된다(**그림 16.16**).

이동하는 바람이 식물 덤불이나 암석과 같은 장애물들을 만나게 되면 바람은 그러한 장애물 옆 또는 위에 있는 퇴적물들을 휩쓸고 지나가고, 장애물 바로 앞에는 조용한 작은 지역을 만들고 장애물 뒤쪽에는 천천히 움직이는 공기로 이루어진 바람이 거의 없는 지대를 남기게 된다. 바람에 의한 도약으로 움직이는 모래 입자들의 일부는 이러한 바람이 약해진 곳에 쌓이게 된다. 모래들이 퇴적됨에 따라 그러한 모래 퇴적물들은 바람의 또 다른 장애물로 작용하고, 따라서 모래 퇴적은 가속화된다. 충분한 기간 동안 모래가 꾸준히 공급되고 바람이 지속적으로 불게 되면 모래 언덕들은 사구 형태로 성장한다.

많은 사구들은 내리바람(바람이 없는) 쪽의 경사는 가파르고 오르바람 쪽의 경사는 좀 더 완만한 비대칭적인 단면을 갖는다. 그림 16.16의 사구는 그러한 좋은 예이다. 모래는 도약에 의해서 완만하게 경사진 오르바람 면을 따라 위쪽으로 이동한다. 풍속이 감소하는 사구의 정상을 지나자마자 모래는 집적된다. 모래가 쌓임에 따라 경사는 급해지고 결국에는 쌓였던 모래의 일부는 중력에 의하여 미끄러져 사구 아래쪽으로 이동한다. 이러한 방식으로 **활동면**(slip face)이라고 하는 사구의 오르바람 사면이 이루는 각은 약 34°를 유지하게 되는데, 이 각도를 안식각이라고 하고, 이 각도에서는 느슨한 건조한 모래라도 움직이지 않는다(고정되지 않은 느슨한 입자들이 더 이상 움직이지 않고 안정될 수 있는 가장 가파른 각도를 안식각이라고 했던 제12장의 내용을 상기하라). 모래가 계속 쌓이고 주기적으로 활동면을 따라 미끄러져 내려가는 현상들이 복합적으로 작용하여 사구는 바람과 같은 방향으로 천천히 이동하게 된다.

활동면에 모래가 퇴적됨에 따라 바람이 부는 방향과 같은 방향으로 층들이 형성된다. 이러한 경사진 층들을 **사층리**(cross-beds)라고 한다(**그림 16.17**). 사구들이 최종적으로 다른 퇴적층 아래 매몰되어 층서기록의 일부가 되면 비대칭적인 사구의 형태는 파괴되지만 사층리들은 사구의 기원을 알려주는 증거로 남게 된다. 유타 남부에 위치한 자이언캐니언의 사암층에 나타나는 이러한 사층리 구조는 세계에서 가장 뚜렷하다(그림 16.17).

이동하는 사구가 골칫거리인 지역도 있다. **그림 16.18**은 이집트에 있는 관개 농경지를 가로질러 전진하는 사구를 보여준다. 중동의 일부 지역에서 값비싼 유정들이 사구에 의해서 잠식되지 않도록 보호해야 한다. 어떤 경우에는 사구의 이동을 막기 위해서 바람의 방향을 거슬러 올라가 사구로부터 충분한 거

모바일 현장학습

그림 16.16 화이트 샌드 국립기념물 뉴멕시코 남동부에 위치한 이 랜드마크 내 분포하는 사구들은 석고로 이루어져 있다. 이 사구들은 바람에 의해서 천천히 이동하고 있다. (사진 : Michael Collier)

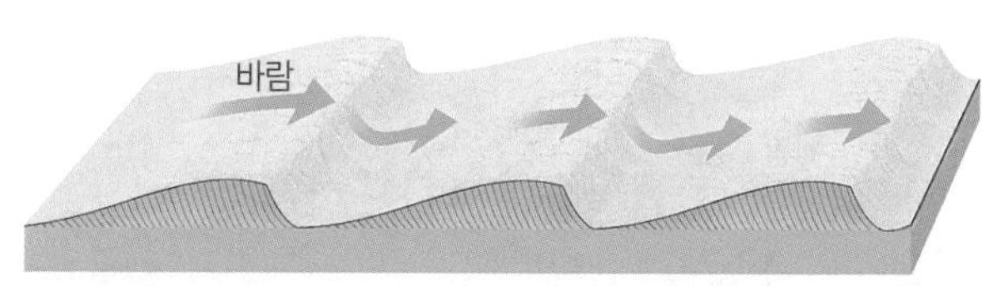

사구들은 일반적으로 비대칭 모양을 갖고 바람에 의해서 이동된다.

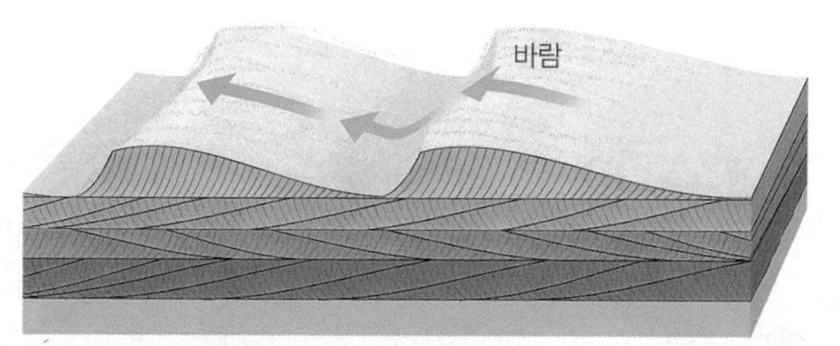

사구들이 지하로 매몰되거나 층서의 일부로 될 경우에는 사층리가 보존된다.

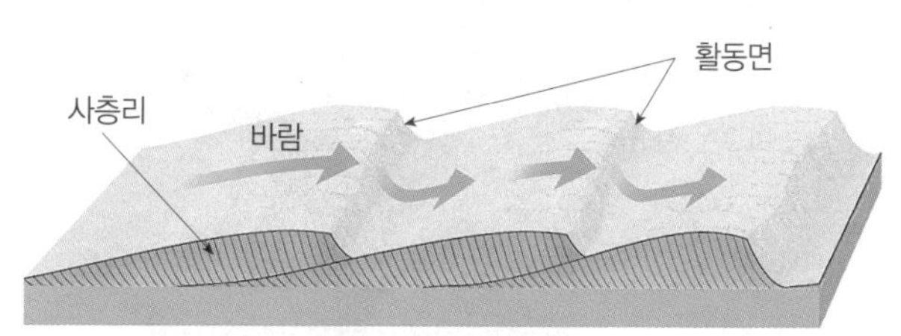

안식각을 갖는 활동면 위에 퇴적된 모래 입자들은 사구에서 사층리를 형성한다.

유타 자이언 국립공원에 있는 나바호 사암층은 뚜렷한 사층리가 특징적이다.

스마트그림 16.17 사층리 활동면에 모래가 퇴적됨에 따라 바람이 부는 방향과 같은 방향으로 층들이 형성된다. 시간이 지나고 바람의 방향이 바뀌면서 복잡한 형태의 사구들이 발달한다. (사진 : Dennis Tasa)

그림 16.18 이동하는 사구 이집트에 있는 이 사구들은 관개 농경지를 잠식하고 있다. (사진 : George Gerster/Photo Researchers, Inc.)

리를 두고 울타리를 치기도 한다. 모래가 계속 쌓이기 때문에 울타리는 사구보다 훨씬 더 높아야 한다. 쿠웨이트에 있는 가장 중요한 유전을 보호하기 위해서 방호 울타리의 길이가 10km나 되는 경우도 있다.

이동하는 사구는 또한 건축물뿐만 아니라 모래 사막지역을 가로지르는 고속도로나 철도를 유지하고 관리하는 데 있어서도 문제를 초래할 수 있다. 이러한 예로 네바다 주 위너머카 근처의 95번 고속도로 일부 구간에서는 교통이 가능하려면 모래들을 매년 세 차례 제거해야만 한다. 매번 1,500~4,000m^3 정도의 모래를 없앤다. 빈약한 강수량으로 인하여 다양한 종류의 식물을 심어서 사구를 안정화시키려는 노력들은 계속 실패해 오고 있다.

스마트그림 16.19

모래 사구의 형태 사구의 형태와 크기에 영향을 주는 인자들은 풍향, 풍속, 이용 가능한 모래의 양, 그리고 식생 분포 등이다.

모래 사구의 형태

사구는 단순한 풍성 퇴적물 더미가 아니다. 그보다는 오히려 사구들은 놀랍게도 일정한 형태로 쌓이는 것이 일반적이다. 이러한 사실을 논할 때 일찍이 사구에 대한 선도적인 연구를 수행했던, 영국 공학자인 바그놀드(R.A. Bagnold)의 사구에 대한 관찰 결과를 빼놓을 수 없는데, 그는 "사구를 관찰하는 사람은 사구가 혼란스럽고 무질서가 배열되는 대신, 형태의 간결성, 정밀한 반복성, 그리고 기하학적인 정연함에 놀라지 않을 수 없다."라고 했다. 사구들은 다양하게 분류될 수 있는데, 몇 가지 주요한 형태에 대해서만 간략하게 논하기로 한다.

물론 어떠한 일정한 형태로도 쉽게 분류할 수 없는 불규칙한 모양을 지닌 사구들뿐만 아니라 서로 다른 형태들 사이에서 점진적 변화를 보이는 사구도 존재한다. 사구들이 최종적으로 어떠한 형태나 크기들을 나타낼 것인가는 여러 가지 인자들에 의해서 영향을 받는다. 이러한 영향인자들 중 대표적인 것들로는 풍향, 풍속, 이용 가능한 모래의 양, 그리고 식생 분포 정도 등을 들 수 있다. 여섯 가지 형태의 사구들이 바람의 방향을 나타내는 화살표와 함께 **그림 16.19**에 도시되어 있다.

바르한 사구 초승달 모양을 하고 뾰족한 끝이 바람의 하류(반대) 방향으로 향하고 있는 고립된 사구들을 **바르한 사구**(barchan dune)라고 한다(그림 16.19A). 이러한 사구들은 모래

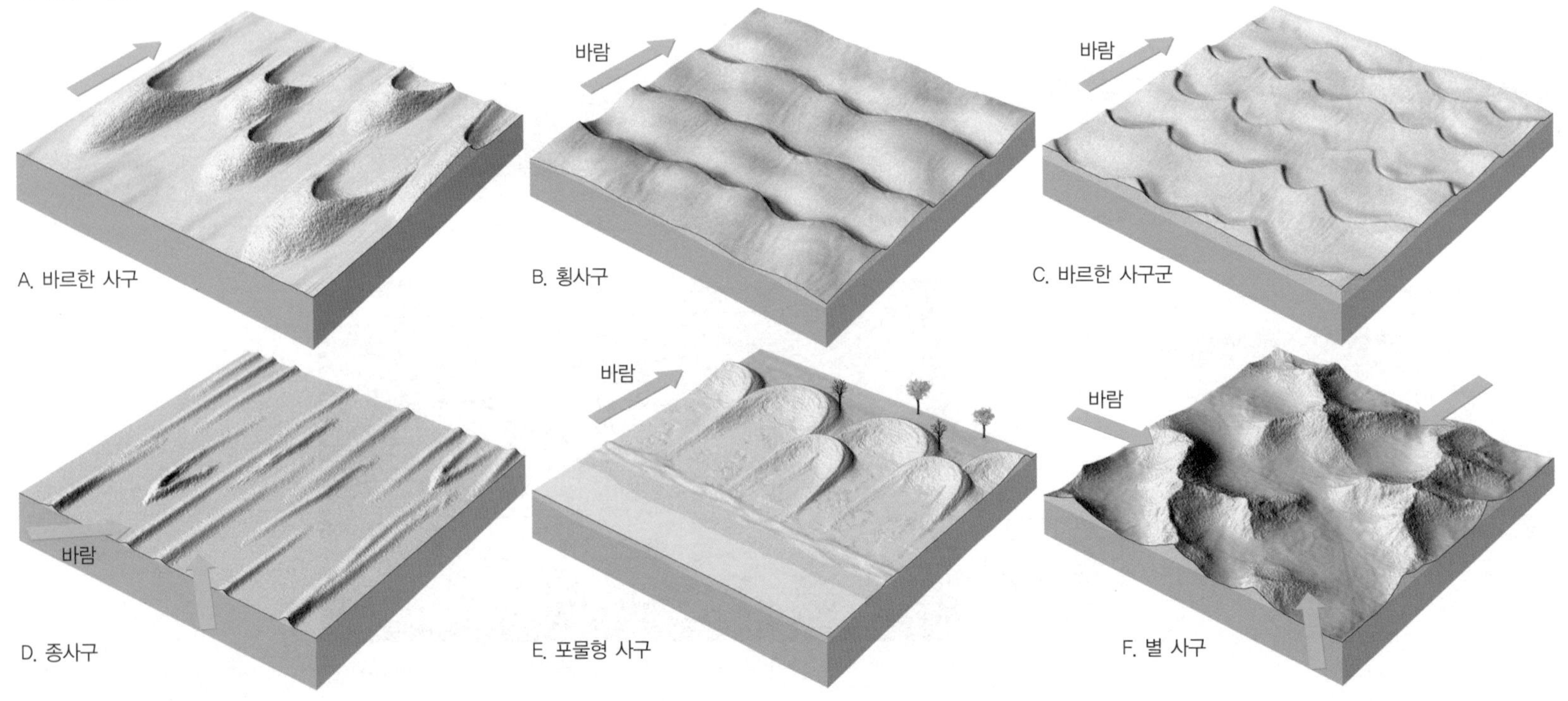

의 공급이 제한적이고 지표면이 비교적 평평하고 딱딱하며, 식생이 빈약할 경우에 형성된다. 바르한 사구는 매년 15m/yr 정도의 속도로 바람과 함께 천천히 이동한다. 이 사구는 일반적으로 그렇게 크지 않은데, 가장 큰 바르한 사구는 높이가 약 30m에 다다르고 뿔 모양과 같은 사구의 끝 사이 폭이 약 300m 정도이다. 풍향이 대략적으로 일정하다면 초승달 모양의 바르한 사구들은 거의 대칭적인 형태를 띤다. 그러나 바람의 방향이 변한다면 한쪽 꼬리가 다른 쪽보다 더 커진다.

횡사구 우세한 바람의 방향이 일정하고 모래가 충분하며, 식생이 빈약하거나 없는 지역에서 생성되며, 골들에 의해서 분리된 일련의 능선들로 이루어진 사구로, 능선은 그 지역의 우세한 바람의 방향과 직각으로 형성되어 있다. 이렇게 각 사구의 능선이 풍향과 직각을 이루기 때문에 이러한 사구를 **횡사구**(transverse dune)라고 한다(그림 16.19B). 해안지역에 있는 많은 사구들이 이러한 형태에 속한다. 뿐만 아니라 때때로 모래 바다라고 하는 물결 모양의 모래로 이루어진 광활한 면적의 많은 건조지역들에서 횡사구들이 일반적으로 나타난다. 사하라와 아라비아 사막의 일부 지역에서는 높이가 200m이고 폭이 1~3km에 다다르며 100km 이상의 거리까지 뻗어 있는 횡사구들이 존재한다.

고립된 바르한 사구와 넓은 지역에 걸쳐 굽이치듯 펼쳐져 있는 횡사구 사이의 중간 정도 형태의 사구들이 비교적 일반적인 형태들이다. 그러한 사구를 **바르한 사구군**(barchanoide dune)이라고 하는데, 바람의 방향과 직각으로 물결 모양을 한 모래들이 열을 지어 나타난다(그림 16.19C). 이러한 모래 열은 바르한 사구들이 옆으로 줄줄이 놓인 것과 같은 형태이다.

종사구 모래의 공급이 보통인 지역에서 우세한 바람의 방향과 비교적 평행한 긴 모래 능선으로 이루어진 사구가 **종사구**(longitudinal dune)이다(그림 16.19D). 겉보기에는 우세한 바람의 방향이 다소 변하는 것은 틀림없지만 여전히 나침반의 4분원 내에서만 변한다. 대부분의 종사구들은 높이가 3~4m, 길이가 수십 미터 정도로 좀 작은 편이지만 어떤 큰 사막에서는 큰 규모로도 나타난다. 예를 들어 북아프리카, 아라비아, 그리고 오스트레일리아 중부의 일부 지역에는 높이가 100m이고, 100km 이상의 길이를 갖는 종사구들도 존재한다.

포물형 사구 지금까지 소개한 다른 형태의 사구들과는 달리 **포물형 사구**(parabolic dune)는 모래들이 부분적으로 식생들에 의해서 덮여 있는 지역에서 형성된다. 포물형 사구들의 모양은 사구 전면부가 바람의 반대 방향이 아닌 바람과 동일한 방향으로 형성되어 있는 것만 제외하면 바르한 사구들과 유사하다(그림 16.19E). 포물형 사구들은 해풍이 육지 쪽으로 강하게 불어오고 모래가 풍부한 해안 지역을 따라 종종 형성된다. 모래가 빈약하나마 식생에 의해서 보호받지 못한 곳에서는 식반작용에 의하여 풍식와지가 만들어진다. 그러면서 모래는 저지대로부터 이동하게 되고, 식반작용에 의해서 풍식와지가 확장됨에 따라 점점 더 높아지는 풍식와지의 구부러진 가장자리에 퇴적된다.

그림 16.20 **뢰스** 어떤 지역들에서는 지표가 바람에 날린 실트 퇴적물들로 덮여 있다. (사진 : James E. Patterson; Ashley Cooper/Alamy)

별 사구 대개 사하라와 아라비아 사막의 일부 지역에 국한되어 나타나는 복잡한 형태의 고립된 모래 언덕이 **별 사구**(star dune)이다(그림 16.19F). 이러한 명칭은 사구의 기저부들이 별 모양으로 나타나기 때문에 붙여졌다. 보통 3~4개의 가파른 능선들이 중심부에 있는 높은 한 지점에서 분기해서 나타나는데, 어떤 경우에는 이 능선의 높이가 90m에 육박하기도 한다. 그 모양으로부터 알 수 있듯이 별 사구들은 바람의 방향이 일정하지 않거나 바람이 여러 방향에서 불어오는 지역에서 발달한다.

뢰스(실트) 퇴적물

지구의 일부 지역들은 지표지형이 **뢰스**(loess)라고 하는 바람에 날린 실트 퇴적물들로 덮여 있다. 아마도 수천 년을 넘게 계속된 먼지 폭풍들이 이러한 물질들을 퇴적시켰다. 뢰스가 하천이나 도로 건설에 의해서 절단되면 수직 절벽들로 남아

알고 있나요?

세계에서 가장 높은 사구는 나미브 사막 내 아프리카 남서 해안을 따라 위치하고 있다. 이 지역의 엄청나게 큰 사구들은 높이가 무려 300~350m에 다다른다. 콜로라도 남부에 있는 그레이트샌드 사구 국립공원에 있는 사구들은 북아메리카에서 가장 높은 것들인데, 주변 지형보다 210m 높이로 솟아올라 있다.

있고, **그림 16.20**에서 보는 바와 같이 어떠한 층들도 보이지 않는다.

전 세계적으로 뢰스의 분포를 살펴보면 이 퇴적층의 두 가지 주요한 근원을 알 수 있는데, 사막과 해빙 유수 퇴적물 등이 그것이다. 지구상에서 가장 두껍고 넓은 뢰스 퇴적물은 중국 서부와 북부 지역에서 찾아볼 수 있다. 그들은 중앙아시아의 넓은 사막분지로부터 날아와 퇴적된 것들이다. 30m 두께로 퇴적된 것이 보통이고, 100m 이상의 두께를 갖는 퇴적층도 발견되었다. 이들은 세립질이고 담황색의 퇴적물들로 구성되어 있는데, 이러한 색에 의해서 황하라는 이름이 붙여졌다.

미국에서는 뢰스 퇴적층들이 사우스다코타, 네브래스카, 아이오와, 미주리와 일리노이 등지와 태평양 북서부의 컬럼비아 고원 일부 지역과 같은 많은 지역에서 두드러지게 나타난다. 미국 중서부와 워싱턴 주 동부에서 뢰스와 주요한 경작지의 분포 사이의 연관성을 조사한 결과 두 지역이 정확하게 일치하게 나타나는데, 이는 이러한 풍성 기원의 퇴적층으로부터 유래된 토양은 세계에서 가장 비옥한 토양들 사이에 속해 있기 때문이다.

사막으로부터 기원한 중국의 퇴적물들과는 다르게 미국이나 유럽의 뢰스들은 빙하작용에 의해서 간접적으로 나타났다. 이들의 근원은 층상 퇴적물이다. 빙상이 후퇴하는 동안 많은 하곡들은 해빙에 의하여 생성되는 퇴적물들로 메워졌다. 강한 서풍은 식생이 없는 이런 불모지의 범람원을 휩쓸고 지나가면서 세립질의 퇴적물들을 들어 올려 이동시킨 후 그 협곡 동편에 퇴적시켜서 지표면을 광활하게 피복시켰다. 그러한 뢰스 퇴적물들이 빙하 기원이라는 것은 대규모 해빙 하천들인 미시시피 강과 일리노이 강과 같은 주요한 빙하의 앞쪽 내리바람 지역에서 가장 두껍고 조립질이지만, 그러한 하천으로부터 멀어질수록 퇴적층의 두께가 급격하게 얇아지는 사실로부터 확인할 수 있다. 게다가 뢰스를 구성하는 기계적 풍화작용에 의해서 생성된 각진 퇴적물은 빙하의 분쇄작용에 의해서 생성된 암석 부스러기와 근본적으로 동일하다.

개념 점검 16.5

① 어떻게 모래 사구들은 이동하는가?
② 전형적인 사구의 형태들을 말하고 각각에 대하여 간단하게 설명하라.
③ 뢰스는 모래와 어떻게 다른가?
④ 빙하와 뢰스 퇴적물의 연관성에 대하여 말하라.

개념 복습 사막과 바람

16.1 건조지역의 분포와 생성 원인

지구상 건조지역의 일반적인 분포양상을 설명하고 아열대와 중위도 지역에서 사막이 생성되는 이유에 대하여 설명하라.

핵심용어 : 사막, 스텝, 비그늘

- 건조 기후대는 지표면의 약 30%를 덮고 있다. 이 지역에서는 연간 총 강수량이 증발에 의한 최대 손실량보다 작다. 증발은 온도에 의해 영향을 받는다. 사막은 뜨겁기도 하고 또한 춥기도 한 지역이다. 사막은 스텝보다 더 건조하지만, 두 지역 모두 물이 부족하다.
- 아열대 위도에 있는 건조기후는 전 지구적인 기압과 바람의 분포와 관련되어 있다. 적도 부근에서는 따뜻하고 습윤한 기단이 상승하여 많은 비를 내리게 한 후, 지표면으로 하강하기 전에 20° 또는 30° 위도 부근으로 이동한다. 하강하는 기단이 영향을 미치는 아열대 고압대 지역에서는 하늘이 맑고 햇볕이 강하며 건조하다.
- 중위도 지역에서는 사막이 대륙의 안쪽에도 위치할 수 있다. 그러한 사막의 대부분은 비그늘 효과에 의해서 형성되는데, 비그늘 효과는 해양으로부터 불어오는 습윤한 공기가 산악지역과 같은 장벽을 만나게 되어 수분을 잃게 됨으로써 초래된다. 공기가 산을 따라 상승하게 되면, 냉각되고 구름이 만들어지면서 오르바람 쪽에서는 많은 비가 내린다. 반대로 내리바람 쪽에서는 비그늘 사막이라는 매우 건조한 지역이 형성된다.

? 우주에서 바라본 지구의 전형적인 모습인 오른쪽 사진에서 볼 수 있는 3개의 사막들의 이름을 말하라. 이 지역들이 건조한 이유에 대하여 간단히 설명하라. 또한 적도 부근에서 구름 띠가 생성되는 이유에 대하여 설명하라.

NASA

16.2 건조 기후대 내 지질작용들

건조와 반건조 기후에서 풍화작용, 물, 그리고 바람의 지질학적 역할에 대하여 요약하라.

핵심용어 : 단명 하천

- 건조지역에서는 수분이 부족하고 식물들이 부패함으로써 생성되는 유기산이 희박하기 때문에 어떠한 형태로 암석이 풍화를 받든지 간에 그 풍화 정도는 대단히 미약하다.
- 사실상 모든 사막지역 내 하천들은 거의 전 기간 동안 메말라 있기 때문에 단명 하천이라고 한다. 대개 단명 하천의 하도는 산발적인 호우 기간 동안 발생하는 반짝 홍수에 의하여 만들어진다.
- 사막지역 내 영구 하천은 우기 때 만들어지고, 사막을 가로질러 흐르는 동안에도 유지할 만큼 충분한 양의 물을 운반한다.
- 사막지역에서 일어나는 침식 작용의 대부분은 흐르는 물에 의해서이다. 바람에 의한 침식 작용은 다른 지역에서보다 건조지역에서 더 중요하지만, 건조한 사막지역에서도 흐르는 물은 여전히 가장 중요한 침식매체이다.

16.3 분지와 산맥 : 사막 경관의 형성

미국 서부의 분지와 산맥 지형의 진화 과정에 대하여 설명하라.

핵심용어 : 내륙유역, 충적 선상지, 바하다, 플라야 호, 플라야, 도상 구릉

- 분지와 산맥 지역은 산악형 사막 경관의 형성 과정을 설명할 수 있는 핵심 원리를 보여주는 미국 서부의 특징적인 지형이다. 산맥과 산맥 사이에 존재하는 계곡은 정단층 작용에 의하여 생성된 후 산악지역에 있는 암석들이 풍화, 침식, 운반, 그리고 퇴적에 의하여 변한다. 충분한 시간이 흐른 후에 이러한 여러 가지 복합적인 작용들에 의하여 높은 산악지역은 깎이게 되어 낮아지고, 낮은 분지에는 퇴적물들이 쌓여서 높게 됨으로써 지형적인 기복이 줄어든다.
- 충적 선상지는 기복이 가장 심한 초기 단계의 진화 과정 동안 생성된다. 시간이 흐르면 선상지는 성장하고 서로 병합된다. 중간 단계에서는 바하다 퇴적물들이 산맥과 분지가 만나는 교차선을 덮게 된다. 이와 동시에 우기에는 분지의 기저면에 플라야 호가 생성되고, 이 플라야 호가 마르게 되면 염들로 이루어진 플라야가 만들어진다.
- 고지대인 산맥의 대부분이 깎이고, 저지대인 분지의 대부분이 퇴적물로 채워지면, 경관의 진화 과정은 최종 단계로 돌입한다. 도상 구릉은 최종 단계에서 나타나는 특징적인 지형으로서, 기반암이 고립되어 퇴적물로 채워진 분지 위로 솟구쳐 돌출되어 있는 지형이다.

? 오른쪽 사진에서 A, B에 해당되는 지형의 이름은? 이러한 지형들은 어떻게 생성되는가?

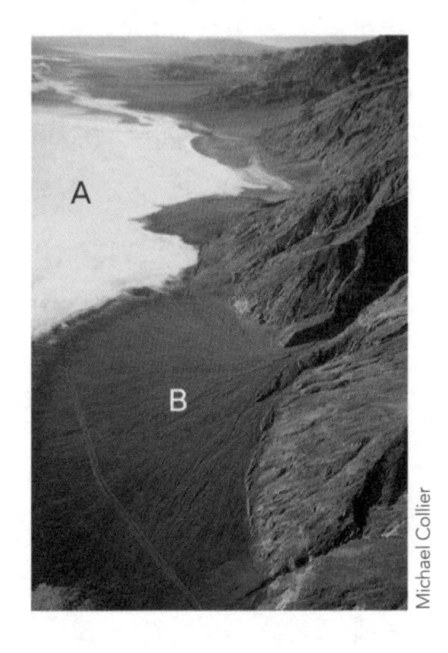

Michael Collier

16.4 바람에 의한 침식

바람이 퇴적물을 운반하는 방법과 바람에 의한 침식과 연관된 작용과 지형을 설명하라.

핵심용어 : 밑짐, 도약, 뜬짐, 식반작용, 풍식와지, 사막 포도, 마식, 풍식력, 야르당

- 바람은 유수와 빙하에 비하면 상대적으로 작은 운반력을 보이지만, 바람은 퇴적물을 들여 올려서 운반할 수 있다. 조립질의 입자는 유수에 의해서 운반되어질 수 있지만 바람에 의해서는 불가능하다. 하지만 바람은 퇴적물을 멀리 그리고 높게 운반할 수 있다.
- 바람에 의하여 운반되는 퇴적물의 일부는 지표면을 따라 튀어서 이동하는 밑짐이다. 일반적으로 도약하는 모래 입자들은 지면으로부터 0.5m 이상 올라갈 수 없다.
- 어떤 퇴적물들은 바람에 의하여 공기로 부유될 수 있을 만큼 세립질이다. 점토와 실트 모두 뜬짐의 형태로 운반될 수 있을 정도로 입자 크기가 충분히 작다. 일단 부유되면 뜬짐은 대륙이나 대양을 가로지를 만큼 상당히 먼 거리까지 운반될 수 있다.
- 사막지역에서 물이 가장 중요한 침식매체임은 틀림이 없지만, 바람에 의해서도 침식작용이 일어난다. 황진지대는 1930년대 동안 바람에 의해서 초래된 토양침식에 대한 엄청난 사건을 보여주는 전형적인 사례이다. 국부적인 식반작용은 풍식와지라고 하는 얕은 저지대를 형성한다.
- 사막 포도는 일부 사막지역의 지표면을 덮고 있는 입자가 큰 자갈이나 왕자갈로 이루어진 얇은 층이다. 두 가지 모델이 사막 포도의 생성과정을 설명하기 위해 제시되었는데, (1) 식반작용이 분급이 불량한 퇴적층으로부터 세립질 입자만 제거한다는 모델과 (2) 바람에 날려 온 작은 입자들이 자갈과 왕자갈 사이의 공극에 갇힌다는 부가적인 모델 등이다.

- 풍식력은 개별 암석들이 바람에 날리는 퇴적물에 의하여 마식되어 만들어지는데, 암석이 연마되고 표면에 작은 구멍이 생기게 된다. 이러한 작용은 우세한 바람의 전면부에서 두드러지게 나타난다. 이와 유사하게 지표면의 분사기는 암석 노두를 깎아서 유선형의 모양을 띠고 그 지역의 우세한 바람의 방향과 평행하게 배열된 야르당이라고 하는 지형을 형성한다.

? 2012년 3월에 촬영한 오른쪽 위성사진은 이란, 아프가니스탄, 그리고 파키스탄을 덮고 있는 엄청난 양의 바람에 날린 퇴적물을 보여준다. 이 사진에서 보이는 바람에 의해서 운반되는 퇴적물은 밑짐인가 아니면 뜬짐인가? 이러한 퇴적물의 이동을 촉발시킨 침식작용을 일컫는 용어는?

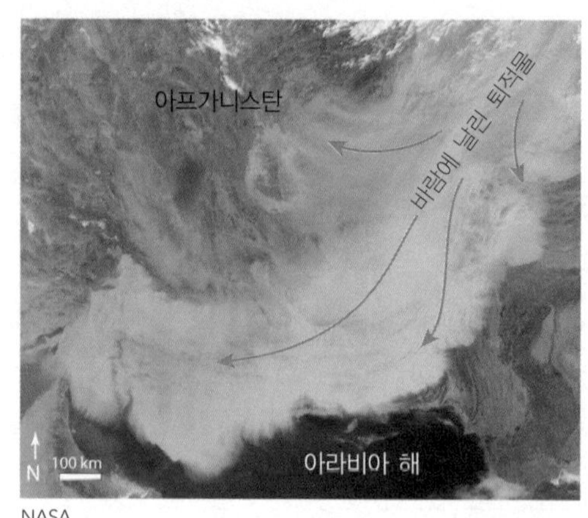

NASA

16.5 풍성 퇴적물

사구의 형성과 이동에 대하여 설명하고, 다른 형태의 사구들을 구분하라. 그리고 뢰스 퇴적물이 모래 퇴적물과 어떻게 구분되는지 설명하라.

핵심용어 : 사구, 활동면, 사층리, 바르한 사구, 횡사구, 바르한 사구군, 종사구, 포물형 사구, 별 사구, 뢰스

- 풍성 퇴적물들은 두 가지 형태가 있는데, (1) 사구라고 하는 바람에 의한 밑짐으로부터 생성되는 언덕이나 돌출부, (2) 바람에 의하여 부유 상태로 운반되었던 대량의 실트가 퇴적되어 생성된 뢰스 등을 들 수 있다.
- 사구는 바람이 어떤 장애물을 만나면 발생하는 오르바람 쪽과 내리바람 쪽의 에너지 차이에 의해서 쌓이게 된다. 바람은 상대적으로 완만하게 경사진 오르바람 면을 따라서 위쪽으로 분다. 그리고 사구의 정상을 지나면서 풍속이 감소하게 되면서 내리바람 쪽의 급경사인 활동면에 모래를 집적시킨다. 모래가 쌓임에 따라 경사는 급해지고 안식각보다 커지게 되면 쌓였던 모래는 작은 사태 형태로 미끄러져서 사구 아래쪽으로 이동한다. 시간이 지나면서 이러한 작용이 반복되면, 사구는 그 지역의 우세한 바람 방향을 따라 천천히 이동하는데, 이때 활동면이 '길잡이' 역할을 한다. 사구 안쪽에는 매몰된 활동면이 사층리 형태로 보존된다.
- 뢰스는 바람에 날린 실트가 쌓인 층인데, 때때로 매우 두껍게 광활한 지역에 걸쳐서 나타난다. 대부분의 뢰스는 (1) 사막지역 또는 (2) 최근까지 빙하였던 지역에서 형성된다. 바람이 층상 퇴적물 지역을 가로질러 불면서 실트 크기의 입자들을 들여 올리고, 퇴적지역까지 부유 상태로 운반한다.
- 사구의 형태는 크게 여섯 가지이다. 사구 형태에 영향을 주는 인자들로는 사구가 형성된 지역의 우세한 바람의 특성(풍향, 풍속), 이용 가능한 모래의 양, 그리고 식생 분포 등이다.

? 오른쪽 그림은 애리조나 주 북부에 분포한 사구들을 찍은 항공사진이다. 사진에 나타난 사구들은 주로 어떤 형태인가? 이들 중 하나의 사구에 대한 단면도(측면도)를 그려라. 단면도에 화살표를 이용하여 우세한 바람의 방향을 나타내고 사구의 활동면이 어디인지 표시하라.

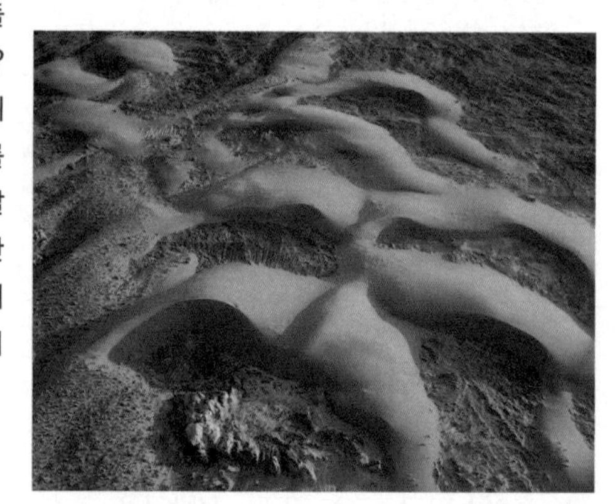
Michael Collier

복습문제

① 뉴멕시코 주 앨버커키의 연평균 강수량은 20.7cm이다. 일반적으로 가장 많이 이용되는 쾨펜의 기후 구분법에 의하면 앨버커키는 사막지역으로 분류된다. 러시아의 베르호얀스크 시는 시베리아의 북극 서클 인근에 위치하고 있다. 베르호얀스크의 연평균 강수량은 15.5cm이다. 베르호얀스크의 연평균 강수량은 앨버커키보다 약 5cm가 작지만, 이 지역은 습윤한 기후 지역으로 분류된다. 이에 대한 이유를 설명하라.

② 하천, 바람, 빙하에 의하여 생성된 퇴적물들의 특징을 비교하여 설명하라. 어떤 퇴적물이 가장 균등한 입자 크기를 보이는가? 어떤 퇴적물의 분급도가 가장 불량한가? 각각의 이유에 대하여 설명하라.

③ 아래 두 가지 설명 중 한 가지만 맞는지 아니면 모두 맞는지 말하고, 그 이유를 설명하라.

a. 바람은 습윤한 지역에서보다 건조한 지역에서 더 효과적인 침식매체이다.

b. 바람은 사막지역에서 가장 중요한 침식매체이다.

④ 오른쪽 그림은 건조한 남부 이란에 있는 자그로스 산의 일부분을 찍은 위성사진이다. 이 지역에서는 하천이 간헐적으로 흐른다. 사진 내 녹색으로 표시된 부분은 비옥한 농경지를 나타낸다. 다음 물음에 답하라.

a. 물음표로 표시된 대규모 지형을 명명하라.

b. 위 a 물음에 대한 지형은 어떻게 형성되었는지 설명하라.

c. 이 지역에서 나타나는 형태의 하천을 무엇이라고 부르는가?

d. 이 지역의 농경지에 필요한 물의 공급원에 대하여 유추하라.

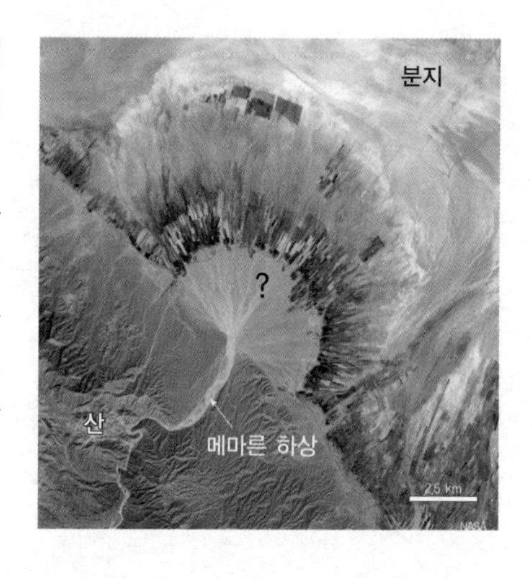

⑤ 관개 농경지를 잠식하고 있는 모래 사구들을 보여주는 그림 16.18을 살펴보라. 어떤 형태의 사구들인가? 이 지역의 우세한 바람의 방향(좌향 또는 우향)은 어느 쪽인지 말하고, 그 이유를 설명하라.

⑥ 제6장의 시작부 사진이 보여주는 브라이스 캐니언 국립공원은 건조한 남부 유타에 있다. 이러한 조각상들은 이 지역에서부터 폰소군트 고원의 동쪽 가장자리까지 연장되어 있다. 침식 작용에 의하여 다채로운 석회암이 '후두'라고 하는 나선모양과 같은 기이한 형태로 바뀌었다. 만약 당신이 지질학을 배우지 못한 친구와 함께 브라이스 캐니언을 관광하고 있고, 당신 친구가 "어떻게 바람이 이렇게 믿을 수 없을 만큼 아름다운 경치를 만들었는지 정말 놀라지 않을 수 없군!"이라고 말했다면, 건조지역의 지형에 대해서 공부한 당신은 친구에게 어떻게 대답하겠는가?

17
해안선

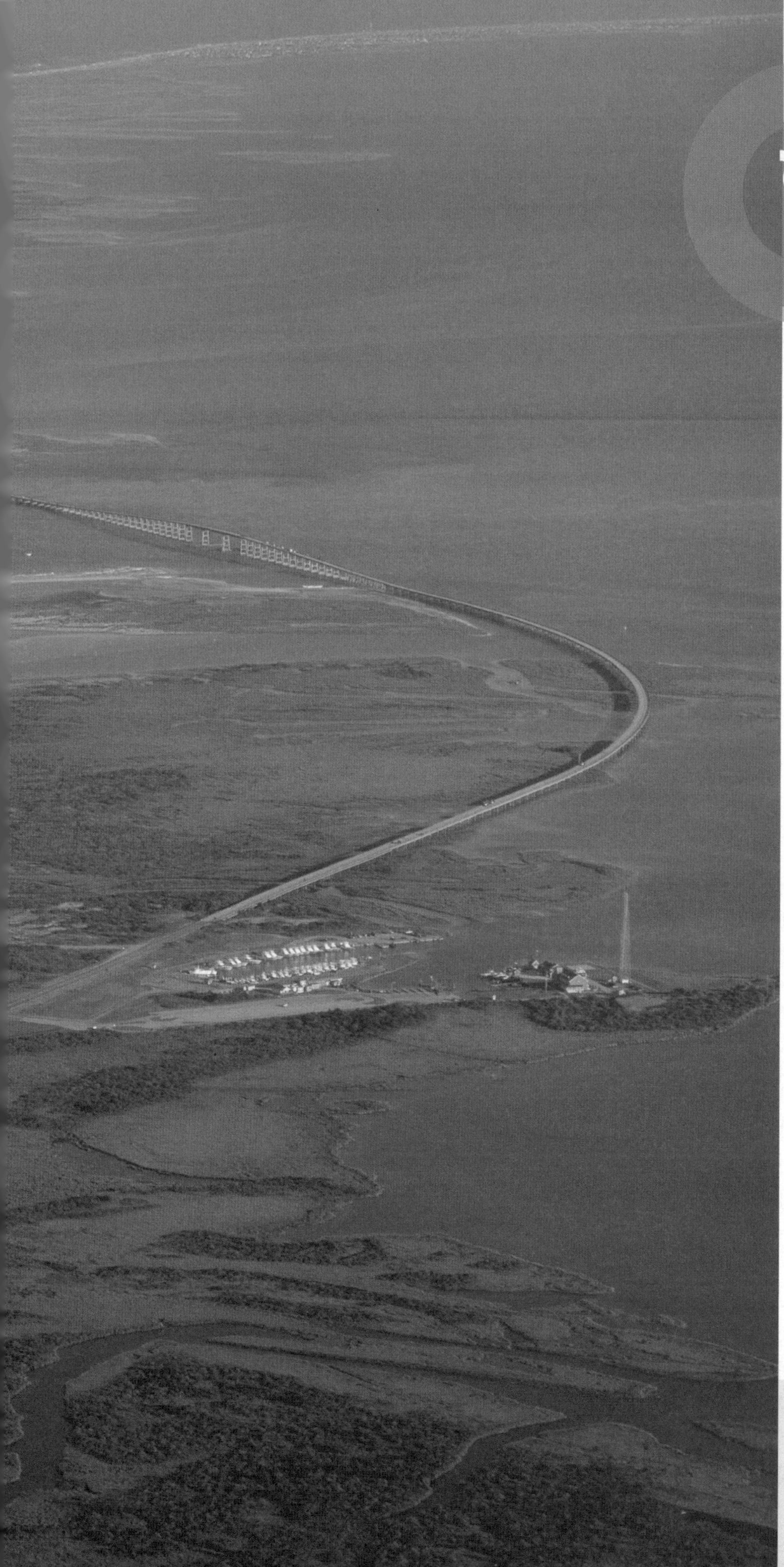

핵심개념

다음은 이 장에서 다룰 주요 학습 목표이다.
이 장을 학습한 후 다음 질문에 답해 보도록 하자.

17.1 해안선을 왜 동적 접촉경계라 부르는지 설명하고 해안을 이루는 구역들을 구분하라.

17.2 파고, 파랑, 파의 주기에 영향을 주는 요인을 열거하고 논의하며, 파도 안에서 물의 움직임을 기술하라.

17.3 파도가 해안을 따라 어떻게 입자들을 침식하고 움직이는지에 대하여 설명하라.

17.4 파도의 침식과 연안평행류의 운반과정에 의해 퇴적되는 입자들에 의해 나타나는 전형적인 지형들을 기술하라.

17.5 해안의 침식으로부터 발생하는 문제들을 사람들이 어떻게 다루고 있는지 정리하라.

17.6 대서양 및 걸프 해안과 태평양 해안이 직면하고 있는 침식문제의 차이점을 비교. 이수해안과 침강해안을 구분하라.

17.7 허리케인의 기본 구조 및 특징 그리고 허리케인에 의한 세 가지 피해에 대하여 설명하라.

17.8 조석의 발생원인, 조석의 월 주기 및 형태에 대하여 설명하라. 조석의 상승 하강에 따른 수평방향으로의 흐름에 대하여 기술하라.

노스캐롤라이나 주의 아우터 뱅크스(Outer Banks). 오리건 인렛 브리지가 보디 아일랜드(전면)와 해터러스 아일랜드를 연결하고 있다. 이 좁고 긴 줄기의 모래는 커다란 사주섬의 일부이다. 좌측의 해빈과 사구는 대서양을 마주하고 있다. 우측의 잔잔한 수역은 패믈리코 사운드이다. *(사진 : Michael Collier)*

바다는 끊임없이 움직인다. 바람은 표면의 흐름을 만들고, 달과 태양의 중력은 조수를 만들며 밀도의 차이는 심해 순환을 만들어 낸다. 더욱이 파도는 폭풍의 에너지를 멀리 떨어진 해안으로 전달하여 육지를 침식한다.

해안선은 동적인 환경이다. 그 형태, 지질학적 구성, 그리고 기후는 지역마다 매우 다르다. 육지와 해양의 독립적인 프로세스가 서로 수렴하는 지역으로서 해안의 지형물은 종종 매우 급격한 변화 상황에 놓이게 된다. 입자 퇴적의 관점에서 볼 때 해안선은 해양환경과 육지환경의 전이가 이루어지는 지역이라 볼 수 있다.

17.1 해안선 : 동적 접촉경계

해안선을 왜 동적 접촉경계라 부르는지 설명하고 해안을 이루는 구역들을 구분하라.

바다의 물 중 해안처럼 끊임없는 변화를 겪는 곳은 없으며, 이는 해안이 공기, 육지, 바다의 동적 접촉면임을 의미한다. **접촉경계**(interface)란 일반적으로 서로 다른 시스템이 접하여 상호작용을 일으키는 곳을 의미한다. 이러한 용어는 해안을 일컫기에 적당하다. 해안에서 우리는 규칙적인 조류의 상승과 하강을 볼 수 있으며, 끊임없이 밀려들고 부숴지는 파도를 관찰할 수 있다. 어떤 때는 온화한 파도를 볼 수 있는가 하면 어떤 경우에는 해안을 덮치는 무서운 기세의 파도를 볼 수도 있다.

연안대

분명하게 인지되지는 않을지라도 해안선은 지속적으로 파도에 의해 만들어지고 변화한다. 예를 들어 매사추세츠 주의 케이프코드를 따라 파랑은 채 고결이 이루어지지 않은 빙하 퇴적물로 이루어진 해안절벽을 침식시키고, 그 절벽은 연간 1m 정도의 속도로 내륙 방향으로 이동한다(그림 17.1A). 이와는 대조적으로 캘리포니아 주의 포인트 라이스의 경우에는 침식에 대한 저항성이 강한 암석으로 이루어진 절벽이 해안을 구성하고 있어 해안선의 내륙방향 이동은 매우 느린 속도로 일어난다(그림 17.1B). 두 해안 모두에서 파랑은 해안선을 따라 퇴적물을 운반하고, 이러한 활동에 의해 때때로 좁은 모래톱이 형성되기도 하는데, 이러한 모래톱들은 종종 만(bay) 쪽으로 뻗어나오거나 가로지르는 경우도 있다.

오늘날의 해안 오늘날의 해안선은 바다의 가혹한 공격에 의해서 형성된 것만은 아니다. 실제 해안선은 여러 번에 걸친 지질학적 과정의 결과에 의해 큰 영향을 받는다. 예를 들면 현재의 모든 해안은 마지막 최대 빙하기가 끝나고 빙하가 녹음에 따라 발생한 전 세계에 걸친 해수면 상승에 영향을 받았다(그림 15.25). 이렇게 해침현상이 발생하면서 해안선은 후퇴하고, 하천에 의한 침식작용, 빙하작용, 화산활동, 조산운동과 같은 다양한 과정을 통해 형성된 기존의 지형은 또 다시 변화를 겪게 된다.

인간활동 오늘날 해안지역은 인간활동에 의해 큰 변화를 겪고 있다. 불행히도 사람들은 해안선을 마치 구조물을 지어도 될 만큼 안정적인 대지인 양 여기고 있다. 이러한 접근은 인간과 자연 사이의 갈등을 불러일으키게 된다. 이 장에서 살펴보겠지만, 많은 해안지형들, 특히 해빈과 사주섬들은 비교적 변화에 취약하며 수명이 길지 않은 지형이기 때문에 해안지역은 개발이 이루어질 지역으로 적당하지 않다. 그림 17.2의 뉴저지 해안선 사진은 이를 설명할 좋은 예이다.

기본적인 지형

일반적으로 바다와 육지가 접촉하는 경계를 말할 때 몇 가지 용어가 사용된다. 이전 절에서 해빈, 해안선, 연안지역, 연안이 언급되었다. 많은 사람들이 바다와 육지의 경계를 생각할 경우 해빈을 머리에 떠올리게 된다. 우선 이들을 정리하고, 바다와 육지의 경계에 대해 연구하는 사람들이 일반적으로 이용하는 또 다른 용어들에 대해 알아보도록 하자. 정형화된 해안구역의 프로파일(그림 17.3)을 보면서 이를 살펴보자.

해안선(shoreline)은 바다와 육지가 접하고 있는 선을 말한다. 매일 밀물과 썰물이 반복되면서 해안선은 지속적으로 움직인다. 보다 긴 시간을 통해 살펴보면 해안선은 해수면이 상승하거나 하강함에 따라 서서히 천이된다.

해안(shore)은 최저 조수위와 격랑에 의해서 영향을 받는 육지의 최대 고도 사이의 지역을 의미한다. 이와는 대조적으로 **연안**(coast)은 해안으로부터 시작하여 바다의 영향을 받는 모든 지형들이 형성되는 위치까지의 범위를 의미한다. **연안선**(coastline)은 연안의 바다 쪽 경계를 의미하며 이와는 대조

알고 있나요?

대략 세계 인구의 반은 해안 혹은 해안의 100km 이내에 살고 있다. 현재 추세로 볼 때 2010년에는 미국 인구의 50% 이상이 해안으로부터 75km 이내에 거주하게 될 것이다. 이와 같이 해안 인근에 많은 사람들이 밀집한다는 것은 수백만 명 이상의 사람들이 허리케인과 쓰나미의 위협에 노출되어 있다는 사실을 의미한다.

A.

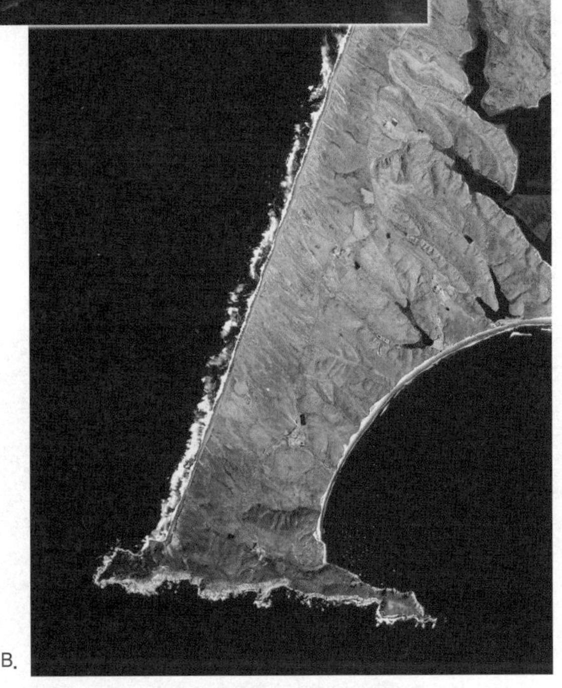

B.

그림 17.1 **케이프코드와 포인트 라이스** A. 위성사진을 통해 우리가 잘 알고 있는 케이프코드 외형을 확인할 수 있다. 보스턴은 그림의 좌측 상단부에 위치한다. 케이프코드 남쪽에 위치한 두 섬은 마서즈비니어드(왼쪽)와 낸터컷(오른쪽)이다. 파도의 운동이 해안선을 지속적으로 변화시키지만, 파도의 작용으로 두 섬이 형성된 것은 아니다. 현재의 케이프코드 크기와 모양은 홍적세 동안 퇴적된 빙퇴석들과 기타 빙하물질들에 기인한다. (사진 : *Earth Satellite Corporation/Science Photo Library/Photo Researchers, Inc.*) B. 캘리포니아 샌프란시스코 북부의 포인트 라이스 영상. 포인트 라이스에 5.5km 길이의 남측을 향하는 해안절벽(사진의 남측)은 태평양의 강한 파도에 노출되어 있다. 그럼에도 불구하고 이 돌출부의 후퇴는 기반암의 큰 침식 저항성으로 인하여 서서히 진행된다. (사진 : *USDA-ASCS*)

적으로 연안의 육지 쪽 경계는 일반적으로 불분명하다.

그림 17.3에서 나타나는 바와 같이 해안은 전안과 후안으로 나눌 수 있다. **전안**(foreshore)은 간조 시 노출되고 만조 시 물에 잠기는 지역을 의미한다. **후안**(backshore)은 만조 시 해안선을 의미한다. 이 지역의 퇴적물은 평상시에는 건조하지만 폭랑이 있을 시에는 파도에 의해 영향을 받는다. 2개의 또 다른 구역은 연안대와 외해대이다. **연안대**(nearshore zone)는 간조 시 해안선과 간조 시 파도가 미치는 한계까지의 구역을 말한다. 연안대로부터 바다 쪽을 **외해대**(offshore zone)라고 한다.

해빈

많은 사람들에게 **해빈**(beach)은 모래로 이루어진 일광욕을 즐길 수 있고 물가를 따라 산책하는 곳이다. 학술적으로 해빈은 바다나 호수의 육지 쪽 경계를 따라 형성되는 퇴적물들이 모이는 장소이다. 직선형의 연안을 가진 지역에서는 해빈이 수십 내지 수백 킬로미터까지 연장되기도 한다. 불규칙한 해안을 가진 지역에서는 만 형태로 풍랑의 영향을 비교적 덜 받는 한정된 위치에서만 해빈이 형성된다.

해빈은 하나 또는 여러 개의 **애도**(berm)로 이루어지는데, 이들은 보통 모래로 이루어져 있으며 평평하고 해안의 모래언덕 내지는 해안 절벽에 인접하며 바다 방향으로의 기울기가 점차 변화한다. 해빈의 또 다른 부분은 **해빈면**(beach face)이며, 이들은 습기를 머금고 일정 경사를 가지고 애도로부터 해안선까지 뻗어 있다. 해빈이 모래로 이루어진 지역에서 일광욕을 즐기는 사람들은 보통 애도를 더 선호하지만 조깅을 즐기는 사람들은 습기를 머금고 단단하게 다져진 모래로 이루어진 해빈면을 더 선호한다.

해빈은 일반적으로 그 지역에 흔하게 나타나는 어떠한 퇴적물로도 이루어질 수 있다. 어떤 해빈들의 퇴적물은 인근 절벽이나 산 침식에 의해 형성되기도 하고, 어떤 해빈들은 하천에서 공급된 퇴적물로 이루어진다.

그림 17.2 **허리케인 샌디** 2012년 10월 말 거대한 샌디가 뉴저지 주를 덮친 후의 해안선 사진. 강렬한 폭풍물결이 사진에서 보는 피해를 발생시켰다. 많은 해안선들은 집중적으로 개발되고 있다. 종종 해안선의 천이와 사람들이 해안을 차지하려는 욕망이 상충된다. (사진 : *Mike Groll*)

그림 17.3 **연안대** 바다와 육지가 만나는 지역은 여러 부분으로 나눌 수 있다.

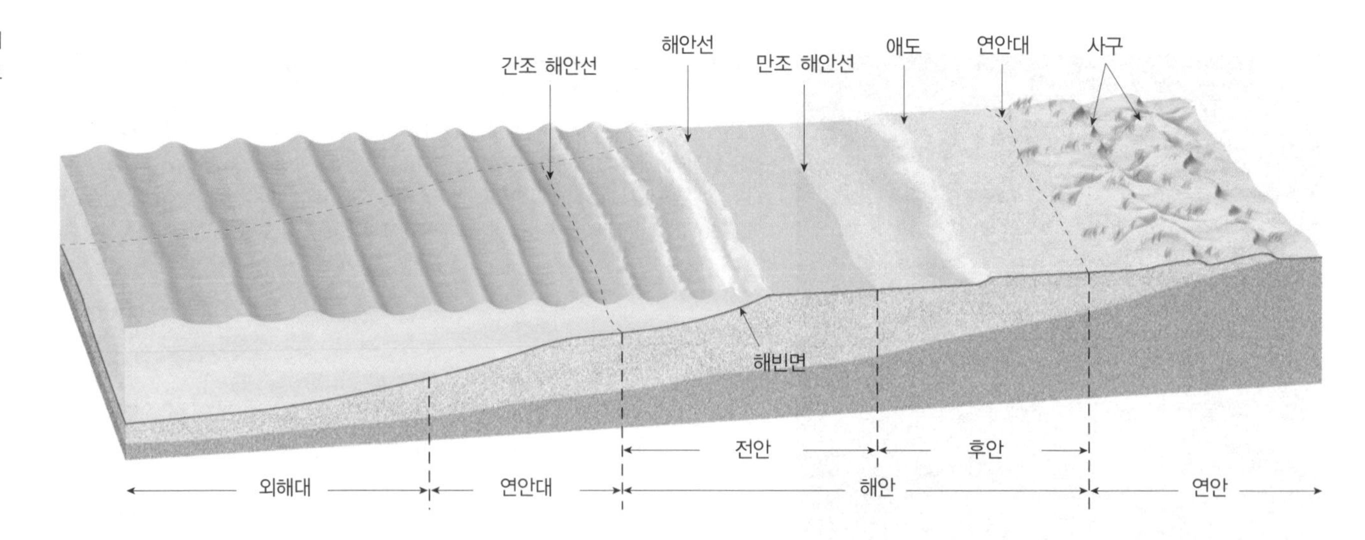

비록 많은 해빈 퇴적물의 광물학적 조성은 풍화에 강한 석영 입자로 이루어져 있는 것이 일반적이지만, 그 외의 광물이 더 풍부한 환경도 있다. 예를 들어 남부 플로리다 주와 같이 인근에 산이나 조암광물의 공급처가 없는 곳에서는 해빈을 이루는 대부분의 퇴적물이 조개류 등의 파편과 해안에 사는 생물체들이 남긴 껍질 등으로 이루어지기도 한다(그림 17.4A). 화산섬의 해빈에서는 현무암질 용암이 풍화된 입자들이 해빈을 구성하기도 하고, 저위도 지역의 섬에서는 침식된 산호초 입자들로 해빈이 이루어지기도 한다(그림 17.4B).

광물학적 조성과는 별개로 해빈을 이루는 물질들은 한곳에 오래 머무르지 않는다. 실제로 부딪치는 파도는 해빈의 입자들을 지속적으로 움직이게 만든다. 그러므로 해빈은 해안을 따라 물질들이 잠시 머물다가 떠나는 곳이라 생각할 수 있다.

개념 점검 17.1

① 왜 해안선을 접촉경계라고 기술하는가?
② 해안, 해안선, 연안, 연안선을 구별해 보라.
③ 해빈이란 무엇인가? 애도와 해빈면에는 어떤 차이가 있는가?

A.

B.

그림 17.4 **해빈** 해빈은 육지 방향으로의 바다 혹은 호수 경계에 퇴적물들이 쌓인 것이며 이 퇴적물들은 해빈을 거쳐 지속적으로 움직인다. 해빈은 종류에 상관 없이 그 지역에 풍부한 입자들로 만들어진다.
(사진 : David R. Frazier/Photo Library/Alamy Images; E. J. Tarbuck)

17.2 해파

파고, 파랑, 파의 주기에 영향을 주는 요인을 열거하고 논의하며, 파도 안에서 물의 움직임을 기술하라.

해파는 해양과 대기의 경계면을 따라 움직이는 에너지의 흐름이며, 종종 해파는 수천 킬로미터 떨어진 먼 바다에서 발생한 폭풍우에 의한 에너지를 전달하기도 한다. 그렇기 때문에 평온한 날에도 바다는 먼 곳으로부터 표면을 따라 전해 온 파도를 볼 수 있다. 파도를 관찰할 때 항상 물이라는 매체를 타고 온 에너지라는 사실을 잊지 말라. 만약 여러분이 자갈을 연못에 던지거나 수영장에서 물을 튀기거나 커피를 입으로 불어 물결을 만들었다면 여러분은 물에 에너지를 공급하는 것이며 물결, 즉 파도는 에너지 이동의 시각적 증거이다.

바람이 만들어내는 파도는 해안선을 형성하고 변화시키는 대부분의 에너지를 제공한다. 육지와 바다가 만나는 곳에서 방해받지 않은 채로 수백 내지 수천 킬로미터를 이동하던 파도는 갑자기 더 이상 전진하지 못하게 방해하는 장벽을 만나게 된다. 달리 말하면 해안은 저항할 수 없을 만큼의 커다란 힘이 거의 움직여지지 않는 물체에 직면하는 곳이라고도 할 수 있다. 이로부터 초래되는 갈등은 끊임없으며 때때로 극적인 결과를 가져온다.

파도의 특성

대부분 해양에서 일어나는 파도의 에너지와 방향성은 바람으로부터 기인한다. 바람이 시속 3km 이하일 경우 잔잔한 물결만이 나타난다. 보다 빠른 속도의 바람이 불 경우 지속적인 파도가 서서히 발생하며 바람과 함께 움직이기 시작한다.

그림 17.5에는 장애물이 없는 상황에서의 간략한 해파 특성이 표현되어 있다. 파도의 가장 높은 지점을 **물마루**(crest)라고 하고, 가장 낮은 부분은 **골**(trough)이라고 한다. 물마루와 골의 중간 높이를 **안정수위**(still water level)라 하는데, 이는 파도가 형성되지 않았을 때의 수위를 의미한다. 물마루와 골의 수직적인 수위 차이는 **파고**(wave height)라 하고, 2개의 연속되는 물마루 간격 혹은 골 간격을 **파랑**(wavelength)이라 한다. 하나의 파도, 즉 하나의 파랑이 정해진 지점을 지나가는 동안의 시간을 **파의 주기**(wave period)라고 한다.

파고, 파랑, 그리고 파의 주기는 (1) 바람의 속도, (2) 바람의 지속시간, (3) **취주거리**(fetch), 즉 바람이 개방수면을 통과해서 지나가는 해역의 길이에 의해 결정된다. 바람으로부터 물에 전달되는 에너지의 절대량이 증가하면 파도의 높이와 가파름은 증가한다. 파도가 계속 커져 어느 일정 수준에 이르렀을 때 파도의 정점은 무너지게 되고 **흰 파도**(whitecaps)라는 물마루를 만들어낸다.

주어진 풍속에 따라 파도의 크기가 최대에 이르게 하는 한계 취주거리와 바람의 지속시간이 있다. 주어진 풍속에서 한계 취주거리와 바람의 한계 지속기간에 이르렀을 때 파도는 최대로 발생한다. 파도가 앞서 언급한 한계 취주거리와 바람의 한계 지속시간 이상에서 더 이상 커지지 않는 이유는 물이 받은 만큼의 에너지가 물마루(흰 파도)의 형성으로 인하여 방출되기 때문이다.

바람이 멈추거나 풍향이 바뀌거나 파도를 형성시킨 폭풍 해역을 벗어날 경우 파도는 지역적인 바람에 의해 영향을 받지 않고 지속된다. 또한 파도는 진행하면서 점차 높이가 낮아지고 길이가 길어지는 **스웰**(swell)이라는 점진적인 변화를 겪으면서 폭풍의 에너지를 먼 거리의 해안에 전달한다. 바다에는 동시에 여러 개의 독립적인 파도가 존재할 수 있기 때문에 바다의 표면은 보통 복잡하고 불규칙적인 패턴을 가진다. 그렇기 때문에 우리가 해안에서 관찰하는 파도는 보통 먼 거리의 폭풍에 의해 발생하는 여러 개의 스웰들과 지역적으로 부는 바람에 의해 형성된 파도가 중첩된 것이라고 볼 수 있다.

원형 궤도운동

파도는 해양에서 아주 먼 곳까지 이동할 수 있다. 한 연구에 의하면 남극 인근에서 발생하여 태평양 해역을 지나가는 파도를 지속적으로 관찰한 결과 일주일 뒤 10,000km 이상 떨어진 알류샨 열도에 도달한 것으로 보고되었다. 여기서 이렇

알고 있나요?

스코틀랜드 해안의 폭풍 기간 동안 1,350톤 분량의 강철과 콘크리트로 이루어진 방파제가 떨어져 나와 해안으로 밀려났다. 5년 후 2,600톤에 해당하는 방파제가 이를 대체했지만 같은 운명을 맞게 되었다.

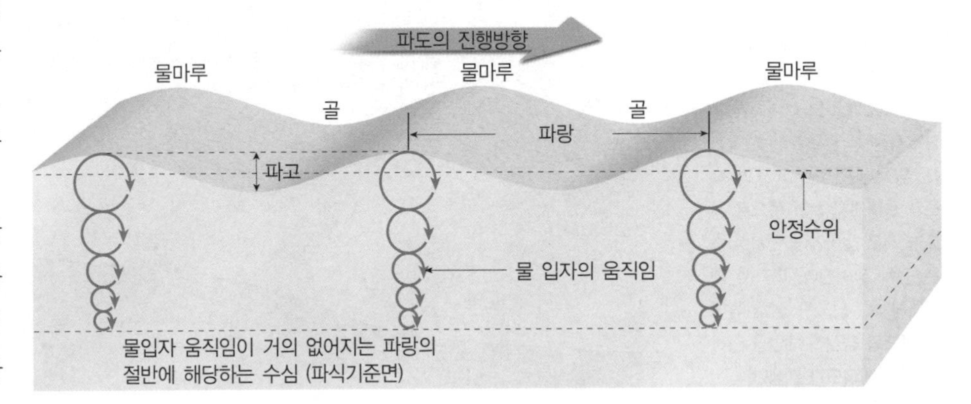

그림 17.5 **파도의 구성** 이 그림은 파도의 진행과 수심에 따른 물 입자들의 움직임을 보여 준다.

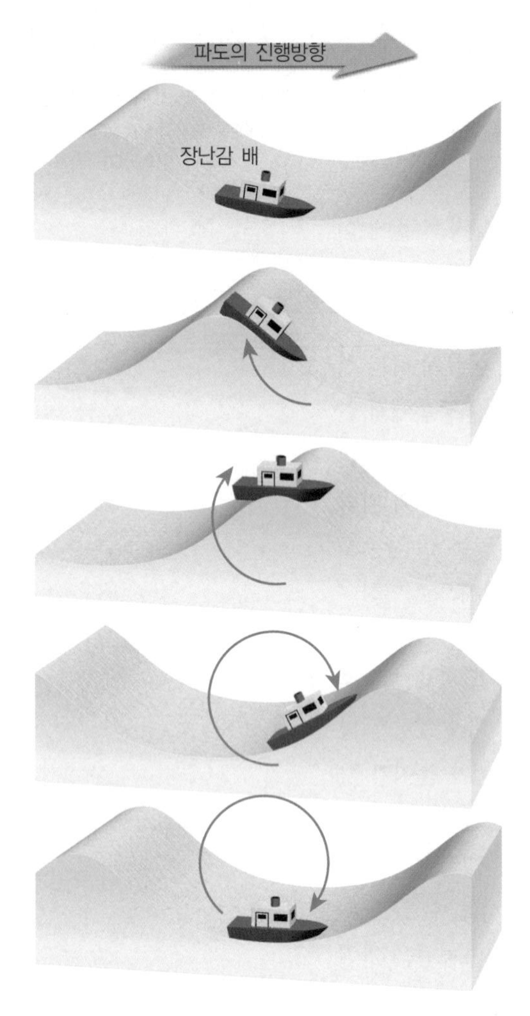

스마트그림 17.6 **파도의 진행** 장난감 배의 움직임을 통해 파형이 진행되더라도 물입자는 진행하지 않는다는 것을 보여준다. 일련의 그림들과 같이 파도는 좌측에서 우측으로 진행하고 장난감 배(그리고 배가 떠 있는 물)는 가상의 원을 그리며 회전하듯 움직인다.

게 어마어마한 거리를 이동하는 것은 실제 물이 아니라 파형이다. 파도가 움직일 때 물은 원형 움직임을 통하여 에너지를 통과시킨다. 이러한 움직임을 **원형 궤도 운동**이라고 한다.

물 위에 떠 있는 물체를 잘 관찰해 보면 연속되는 파도에 의한 물체가 상하뿐만 아니라 전후 방향으로도 약간씩 움직인다는 것을 알 수 있다. 그림 17.6에서 물 위에 떠 있는 장난감 배가 물마루가 다가옴에 따라 상-후 방향으로 움직이고, 물마루가 지나면서 상-전 방향으로 움직인다. 또한 물마루가 지난 직후에 하-전 방향으로 움직이고, 골이 다가오면서 하-후 방향으로 움직이다가 다시 또 다른 물마루가 다가오면서 상-후 방향으로 움직이는 것을 볼 수 있다. 파도가 지나가면서 그림 17.6의 장난감 배의 움직임을 추적해 보면 배는 원형의 운동을 하고 있으며, 결국 처음의 위치로 돌아온다는 사실을 알 수 있다. 개개의 물 입자들이 원형 운동을 하면서 파도를 전달하고, 원형 궤도 운동은 파형이 물을 가로질러 나갈수 있도록 한다. 밀밭을 가로질러 부는 바람에 의해 만들어지는 파도 역시 유사한 현상이라고 볼 수 있는데, 이때 실제 밀 자체가 움직이는 것이 아니라 파형만 진행되는 것이다.

바람으로부터 물로 전달되는 에너지는 수면에만 머무르는 것이 아니라 수면 하부로도 퍼져나간다. 그렇지만 수면 하부에서의 원형 움직임은 안정수위로부터 측정했을 때 파랑의 절반이 되는 수심까지 매우 빠른 속도로 감소하여 이 수심보다 더 깊은 심도에서의 원형 움직임은 거의 무시할 수 있을 정도가 된다. 이 심도를 **파식기준면**이라 한다. 심도에 따라 급격하게 감소하는 파도의 에너지는 그림 17.5의 줄어드는 원형 궤적의 크기로 확인할 수 있다.

기파대에서의 파도

그림 17.7의 왼편에서 보는 바와 같이 먼 바다에서는 수심이 파도에 영향을 주지 않는다. 그러나 파도가 해안으로 다가오면서 수심은 점점 얕아지고 파도에 영향을 미친다. 수심이 파식기준면과 같아졌을 때 파도는 변화하기 시작한다. 그림 17.7의 중간 부분에서 볼 수 있듯이 얕아진 수심은 물의 움직임에 간섭작용을 일으켜 물의 움직임을 방해한다.

파도가 해안으로 다가오면서 뒤편에서 다가오는 파도의 속도가 앞서가는 파도의 속도를 능가하게 되면서 점차 파랑이 짧아지게 된다. 파도의 속도와 길이가 점차 작아짐에 따라 파도는 점진적으로 커진다. 그림 17.7의 오른편에서 보는 바와 같이 마침내 한계점에 도달하게 되면 파도의 경사는 너무 급해져 스스로 형태를 유지할 수 없고 파도는 쇄파(breaking wave)로 변하면서 해안으로 도달한다. 파도가 쇄파

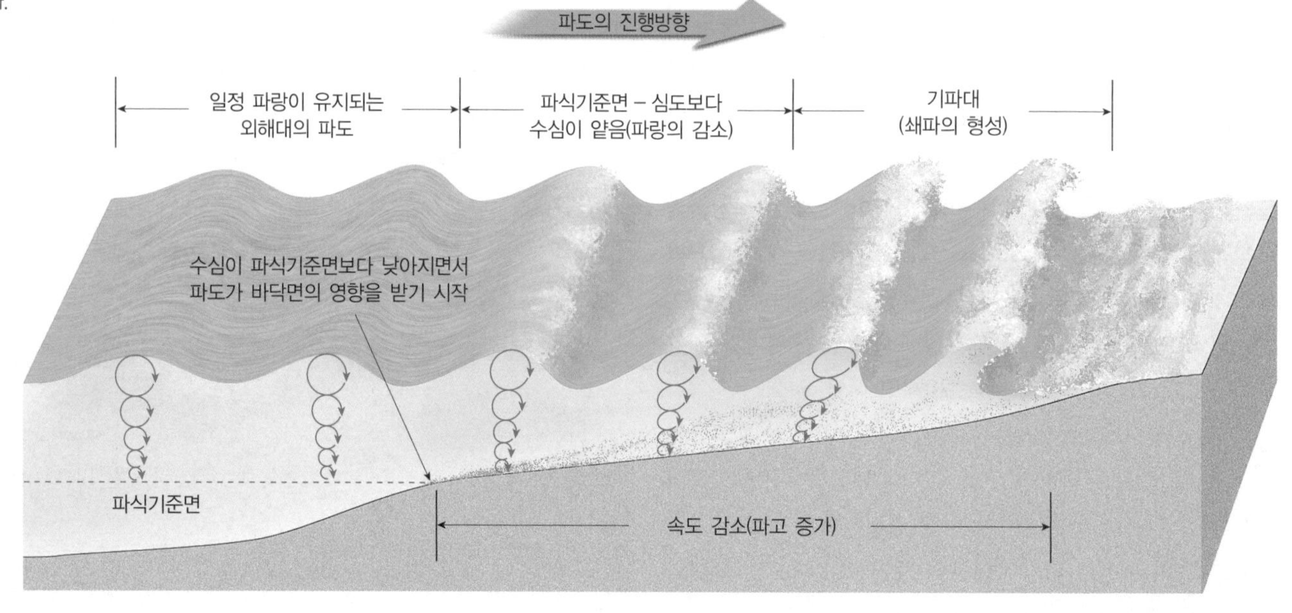

그림 17.7 **해안으로 파도의 진행** 파도는 파랑의 절반 이하 심도에 도달했을 때 바닥과 상호작용을 일으키기 시작한다. 앞서 진행하는 파도의 속도가 느려져서 해안 쪽으로 파도가 서로 쌓이게 되면서 파랑은 점차 짧아진다. 따라서 기파대에서는 파고가 점차 높아져 파도의 정점이 해안을 향하게 되고 흰파도가 발생한다.

로 변하면서 나타나는 격류를 보통 **연안쇄파**(surf)라고 한다. 기파대의 육지 쪽 경계에서 쇄파와 함께 나타나는 층상 흐름을 처오름 파도(swash)라고 하는데, 이들은 해빈의 경사를 거슬러 오르는 형태로 나타난다. 처오름 파도는 곧 에너지를 잃고 다시 연안쇄파대로 해빈 경사방향을 따라 흘러 내려간다. 이를 백워시 또는 뒷물결(backwash)이라 한다.

개념 점검 17.2

① 파도의 파고, 파랑, 주기를 만들어내는 세 요인에 대하여 열거하라.
② 파도가 지나면서 물 위에 떠 있는 물체의 움직임을 기술하라.
③ 파도가 얕은 수역에 도달하고 쇄파가 되면서 파도의 속도, 파고, 파랑은 어떻게 변화하는가?

17.3 해안선 작용

파도가 해안을 따라 어떻게 입자들을 침식하고 움직이는지에 대하여 설명하라.

평온한 날의 파도는 매우 잔잔하다. 그러나 마치 하천에서 일어나는 여러 가지 작용이 홍수 때 집중적으로 일어나듯 폭풍 기간 동안은 파도가 하는 대부분의 작용이 발생한다. 폭풍이 만들어낸 파도가 해안에 미치는 영향은 매우 놀랍다(그림 17.8).

그림 17.8 **폭랑** 파도가 해안을 맞딱뜨릴 때 물은 매우 큰 힘을 갖게 되고, 이에 의해 발생하는 침식작용은 매우 클 수 있다. 그림은 웨일즈 해안에 발생한 폭랑이다. (사진 : Library Wales/Alamy)

파도의 침식

개개의 쇄파는 육지에 수천 톤의 물을 쏟아부어 땅을 뒤흔든다. 예를 들어 겨울 동안 대서양에서 발생하는 파도에 의해 발생하는 물의 평균 압력은 $1m^2$ 당 10,000kg에 달하며 폭풍 기간 동안의 힘은 이보다 훨씬 더 크다. 따라서 해안 절벽이나 해안 구조물 등을 포함한 파도의 영향을 받는 모든 지형들이 균열이 생기고 갈라지는 것은 당연한 일이다. 파쇄가 밀려들 때 물은 이렇게 만들어진 균열과 빈틈에 침투하여 공기를 압축시켜 매우 강한 압력을 만들어낸다. 파도가 밀려갈 때 압축된 공기는 빠른 속도로 재확장하면서 균열의 크기를

A.

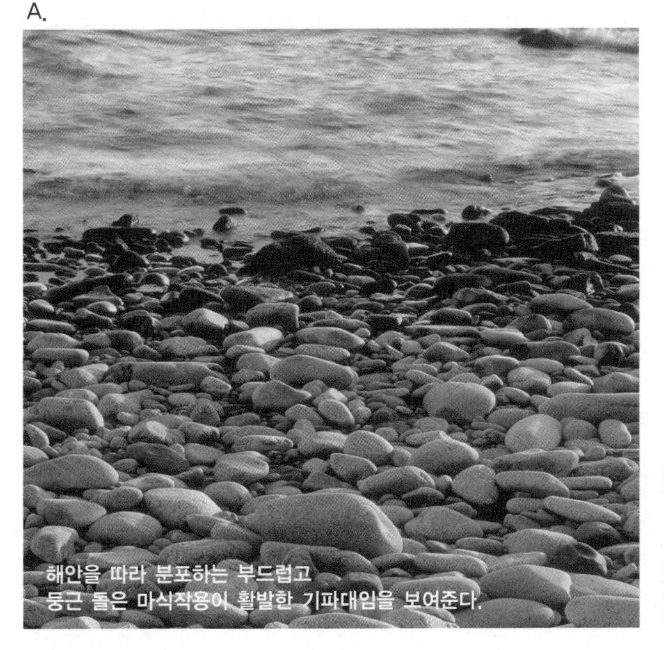

해안을 따라 분포하는 부드럽고 둥근 돌은 마식작용이 활발한 기파대임을 보여준다.

B.

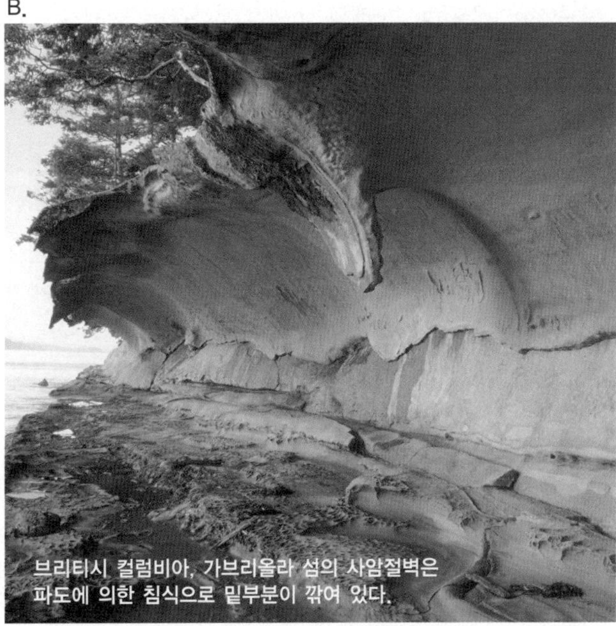

브리티시 컬럼비아, 가브리올라 섬의 사암절벽은 파도에 의한 침식으로 밑부분이 깎여 있다.

그림 17.9 **마식작용** 암편들로 무장된 파도는 많은 침식을 일으킬 수 있다. (사진 : Michael Collier; Fletcher & Baylis/Photo Researchers, Inc.)

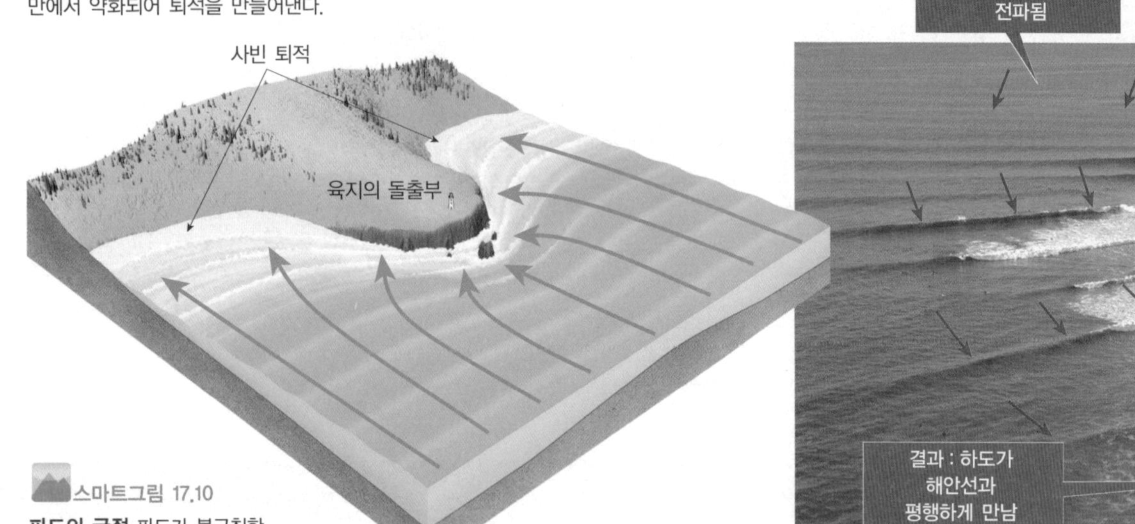

캘리포니아 주 린콘 포인트에서의 파도 굴절

스마트그림 17.10

파도의 굴절 파도가 불규칙한 해안선에서 바닥과 만나면서 속도의 감소가 발생하며, 굴절하여 해안과 거의 평행하게 만난다. (사진 : Rich Reid/National Geographic/Getty Images)

점점 증대시킨다.

파도의 충격과 압력에 의해 발생하는 침식과 암편들과 함께 밀려드는 물에 의해 깎이고 연마되는 작용인 **마식**(abrasion) 역시 매우 중요한 침식작용이다. 실제 기파대에서 발생하는 마식이 다른 어떤 환경에서 발생하는 것보다 더 강하다. 해안에서 자주 눈에 띄는 부드럽고 둥근 조약돌은 기파대에서 발생하는 암석과 암석의 연마작용이 남긴 것이다(그림 17.9A). 이런 작은 조약돌들은 다시 파도가 육지를 수평하게 깎아내는 데 기여한다(그림 17.9B).

해빈에서 모래의 움직임

우리는 해파을 종종 '모래의 강'이라 부른다. 이렇게 부르는 이유는 쇄파에 의한 에너지가 종종 해빈을 따라, 그리고 기파대를 따라 해안선과 평행한 방향으로 엄청난 양의 모래를 운반하기 때문이다. 파도의 에너지는 모래를 해안선과 수직한 방향(육지 방향 혹은 바다 방향)으로도 움직이도록 한다.

해안선과 수직한 움직임 여러분이 해빈에서 발을 발목까지 물에 담그고 서 있어 본 경험이 있다면, 처오름 파도와 뒷물결이 모래를 육지 쪽으로 그리고 바다 쪽으로 움직이고 있다는 것을 알고 있을 것이다. 파도의 크기는 모래가 점차 해빈에서 빠져 나가는지 아니면 점차 증가하는지를 결정한다. 에너지가 약한 파도가 있을 경우 밀려든 물은 해빈에 흡수되어 뒷물결을 감소시킨다. 이럴 경우 결과적으로 처오름 파도가 주도적이기 때문에 모래의 움직임은 애도 방향으로 향한다.

에너지가 큰 파도가 주도적일 경우 해빈의 모래는 물에 포화되기 때문에 처오름 파도에 의해 밀려든 물이 더 이상 모래로 침투되기 어렵다. 따라서 뒷물결이 점차 강해짐에 따라 모래는 점차 바다 쪽으로 움직이게 되고 애도는 침식된다. 많은 해빈에서 여름 동안 가벼운 파도가 일어난다. 그러므로 점차 넓은 모래 애도가 발달하게 된다. 반면 겨울 동안 폭풍이 빈발하면, 파도는 큰 에너지를 갖게 되어 애도는 침식하고 점차 좁아진다. 수개월에 걸쳐 만들어진 넓은 애도도 겨울 폭풍에 의해 만들어진 큰 에너지를 갖는 파도에 의해 수시간 만에 극적으로 좁아질 수 있다.

파도의 굴절 파도의 휘어짐, 즉 **파도의 굴절**(wave refraction)은 해안선에서 일어나는 다양한 작용에 결정적인 영향을 미친다(그림 17.10). 파도의 굴절은 해안에서의 에너지 분배에 영향을 미치기 때문에 파도에 의한 침식, 운반, 퇴적의 위치 그리고 규모에 크게 영향을 미친다.

원래 진행하던 방향으로 해안선까지 도달하는 파도는 잘 없다. 대부분의 파도는 해안선과 일정한 각도로 움직인다. 그러나 이들이 수심이 얕고 완만한 경사를 갖는 곳에 다다랐을 때, 파도는 보통 해안과 수평한 쪽으로 방향이 바뀌게 된다. 이러한 방향의 변화는 파도의 앞부분이 얕은 수심에 먼저 도착해 속도가 느려지는 데 반해 파도의 뒷부분은 아직 원래의 속도로 진행하기 때문에 나타난다. 결과적으로 해안 인근에서는 파도가 원래 어느 방향을 향하고 있었는지에 상관없이 항상 해안과 수평한 방향의 파도가 나타난다.

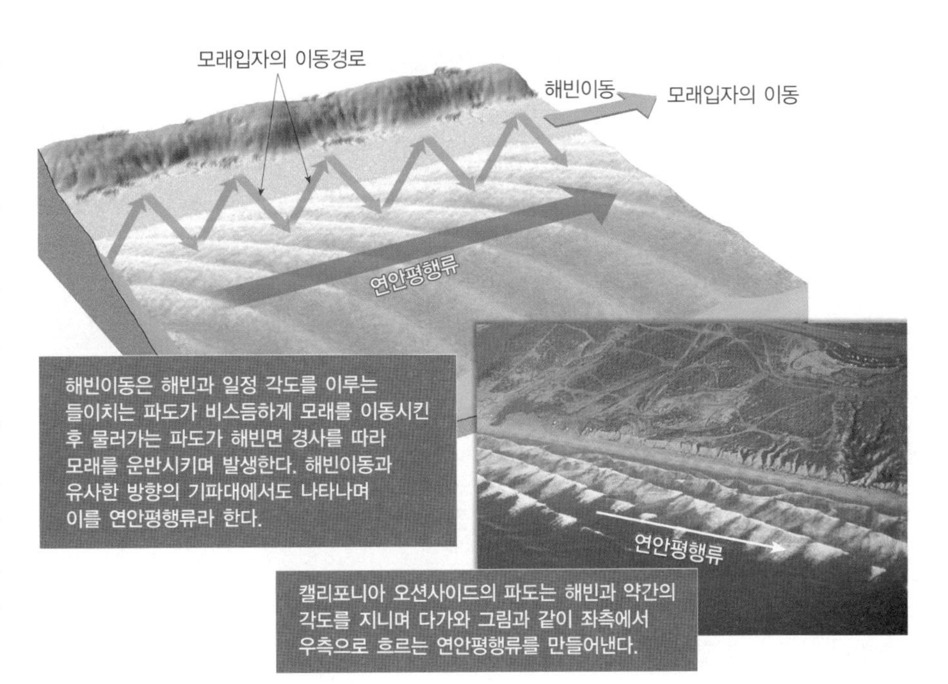

스마트그림 17.11 **해안선을 따른 모래 입자들의 운반** 해안과 일정 각을 유지하며 부딪치는 파도에 의해 연안을 따른 운반 기작인 해빈이동과 연안평행류가 나타난다. 이 두 과정을 통하여 해빈 및 기파대에서 많은 운반이 발생한다. (사진 : John S. Shelton/University of Washington Libraries)

이러한 파도의 굴절 때문에 파도에 의한 충격은 바다 쪽으로 튀어나온 육지의 첨단부 끝부분이나 측면에 집중되는 반면 육지 방향으로 깊숙이 들어간 만에서는 약하게 나타난다. 그림 17.10은 불규칙한 해안선을 갖는 지역에서 볼 수 있는 파도에 의한 힘의 불균형 상태를 보여준다. 바다 쪽으로 튀어나온 부분은 파도에 의한 영향을 인근의 만 부분보다 먼저 받기 때문에 해안선에 수평한 방향으로 파도의 방향은 휘게 되고 튀어나온 육지는 세 방향에서 파도에 의한 영향을 받게 된다. 이와는 대조적으로 만에서의 굴절은 파도가 발산하도록 하여 파도의 에너지가 약화된다. 이렇게 파도의 힘이 약화된 구역에서는 퇴적물들이 모여 모래로 이루어진 해빈이 형성된다. 오랜 시간 튀어나온 육지의 침식과 만에서의 퇴적에 의해 해안선의 형태는 긴 시간에 걸쳐 점차 직선형에 가깝게 변화한다.

연안평행류 파도의 굴절이 발생하더라도 파도는 여전히 해안과 작은 각도를 가지며 도달한다. 결과적으로 쇄파에 의해 밀려드는 물, 즉 처오름 파도는 해빈에 수직한 방향이 아닌 일정 각도를 가지고 발생한다. 그렇지만 뒷물결은 해빈의 경사에 수직한 방향으로 발생한다. 이런 특정 패턴의 흐름에 의해 해빈에서의 퇴적물 움직임은 지그재그 패턴으로 발생하게 된다(**그림 17.11**). 이런 패턴을 **해빈이동**(beach drift)이라 하며, 이 움직임이 해빈을 따라 모래나 잔자갈 등을 최대 하루에 수백에서 수천 미터까지 움직이게 한다. 그렇지만 보다 일반적인 경우 해빈이동에 의한 퇴적물의 운반 속도는 하루에 5～10m 정도이다.

기파대에서도 역시 해안선과 수평하지 않은 파도의 진행에 따라 조류가 형성되며, 이러한 흐름은 해안과 수평하게 발생하고 해빈이동에 비해 보다 큰 퇴적물의 운반을 일으킨다. 이 지역에서 물의 흐름은 난류이기 때문에 이런 **연안평행류**(longshore current)는 세립의 모래들을 부유상으로 쉽게 운반하고 조립의 모래나 자갈까지도 바닥을 따라 운반한다. 연안평행류에 의한 퇴적물 운반과 해빈이동에 의한 운반이 합쳐질 경우 전체 운반량은 매우 크다. 뉴저지 주 샌디훅의 예를 보면 지난 48년 동안 평균 연간 75만 톤의 모래가 운반되고 있다. 캘리포니아 주 옥스나드의 지난 10년간 해안을 따라 발생한 평균 퇴적물 이동량은 연간 150만 톤이다.

하천과 해안지역에서의 물과 퇴적물 이동은 모두 상류에서 하류로 향한다. 하천에서의 흐름이 대부분 난류상의 소용돌이 형태인 데 비하여 해빈이동과 연안평행류에 의한 움직임은 지그재그 패턴이다. 더욱이 하천의 흐름 방향이 낮은 쪽으로 항상 일정한 데 비하여, 연안평행류의 흐름은 해안선을 따라 변화할 수 있다. 연안평행류의 방향은 계절에 따른 파도 방향의 변화 때문에 변화한다. 그럼에도 불구하고 미국의 대서양 해안과 태평양 해안에서 나타나는 일반적인 연안평행류는 남쪽을 향하고 있다.

알고 있나요?

강력한 파도가 칠 동안 애도의 모래가 쓸려 나가지만 이 모래들은 멀리 이동하지는 못한다. 파도의 궤도형 모션은 크지 않기 때문에 이 모래들은 기파대 너머에 다시 쌓이게 되며 수 개의 사주들을 만든다. 이를 연안사주라 한다.

그림 17.12 **이안류**
이 해류는 파도의 방향과 반대로 발생한다. (사진 : A. P. Trujillo/APT Photos)

이안류 **이안류**(rip current)는 파도 방향에 대한 역방향 흐름으로 물이 집중되는 것을 의미한다. (이안류는 종종 조류 현상과 관계가 없음에도 이안조류라 부르는 경우가 있다.) 대부분 파도의 뒷물결은 해양 밑바닥의 **면상류**(sheet flow)와 같이 바다로 돌아간다. 그러나 종종 바다로 돌아가는 물의 일부분은 이안류의 형태로 돌아가기도 한다. 이러한 흐름은 기파대 너머로 도달하지 못하며, 해안선으로 다가오는 파도와의 간섭이나 이안류 내 뜬 채로 이동하는 퇴적물을 통하여 인지될 수 있다(그림 17.12). 이안류에 갇힐 경우 해안으로부터 멀리 떠내려갈 수 있어 수영객에게 위험할 수 있다. 이안류에서 벗어날 수 있는 가장 좋은 방법은 해안선과 평행하게 수십 미터 정도 수영하는 방법이다.

개념 점검 17.3

① 왜 파도는 해안선에 다가오면서 굴절할까?
② 불규칙한 해안선을 따라 파도가 굴절하면서 어떤 현상들이 발생하는가?
③ 연안평행류에 의한 퇴적물의 운반과정 두 가지를 설명하라.

17.4 해안선의 지형

파도의 침식과 연안평행류의 운반과정에 의해 퇴적되는 입자들에 의해 나타나는 전형적인 지형들을 기술하라.

해안선 지형의 화려한 경관은 전 세계 해안 지역 어디서든 관찰할 수 있다. 비록 동일한 과정들이 모든 해안에서 발생되고 있지만, 모든 해안들이 동일한 방식으로 반응하지는 않는다. 서로 다른 과정 사이의 상호작용과 각 과정들의 상대적인 중요성은 지역적인 요인에 의해 좌우된다. 이러한 요인에는 (1) 해안으로부터 퇴적물을 풍부하게 공급하는 하천의 인접성, (2) 지구조활동의 정도, (3) 땅의 지형과 구성, (4) 바람의 형태나 기후, (5) 해안선과 연안지역의 배치가 있다. 침식에 의해 주로 나타나는 지형을 **침식성 지형**(erosional feature)이라 하며, 퇴적물의 집적에 의해 만들어지는 지형을 **퇴적성 지형**(deposiitonal feature)이라 한다.

침식성 지형

많은 해안지형은 침식작용의 산물이다. 이런 침식구조는 불규칙한 해안선을 갖는 뉴잉글랜드 해안과 해안 절벽으로 이루어진 미국 서해안에서 주로 나타난다.

파식애, 파식대지 및 해안단구 이름에서 의미 하는 바와 같이 **파식애**(wave-cut cliff)는 파도가 해안을 깎아내는 작용에 의해 발생한다. 침식이 진행됨에 따라 절벽자락에 놓인 암석들이 부서지고 절벽은 육지 쪽으로 밀려난다. 해안절벽이 육지 방향으로 밀려난 후에는 비교적 편평한 표면을 가진 **파식대지**(wave-cut platform)가 남게 된다(그림 17.13 왼쪽). 파도에 의한 침식이 계속됨에 따라 파식대지는 점차 넓어진다. 쇄파에 의해 형성된 암설들은 해빈의 퇴적물로 남거나 바다로 운반된다. 만약 파식대지가 지구조 작용에 의해 융기하여 해수면 위로 상승하면 **해안단구**(marine terrace)가 된다(그림 17.13 오른쪽). 해안단구는 바다 방향의 완만한 경사로 인하여 쉽게 인지되는데, 이들은 종종 해안도로, 건물, 농지 등으로 활용된다.

해식아치와 시스택 바다 쪽으로 돌출된 육지인 헤드랜드는

그림 17.13 **파식대지와 해안단구** 간조 시 파식대지가 캘리포니아 주 샌프란시스코 인근 볼리나스 포인트에 드러나 있다. 파식대지는 해안이 융기하면서 해안단구 형태로 남아 있다. (사진 : *John S. Shelton/University of Washington Libraries*)

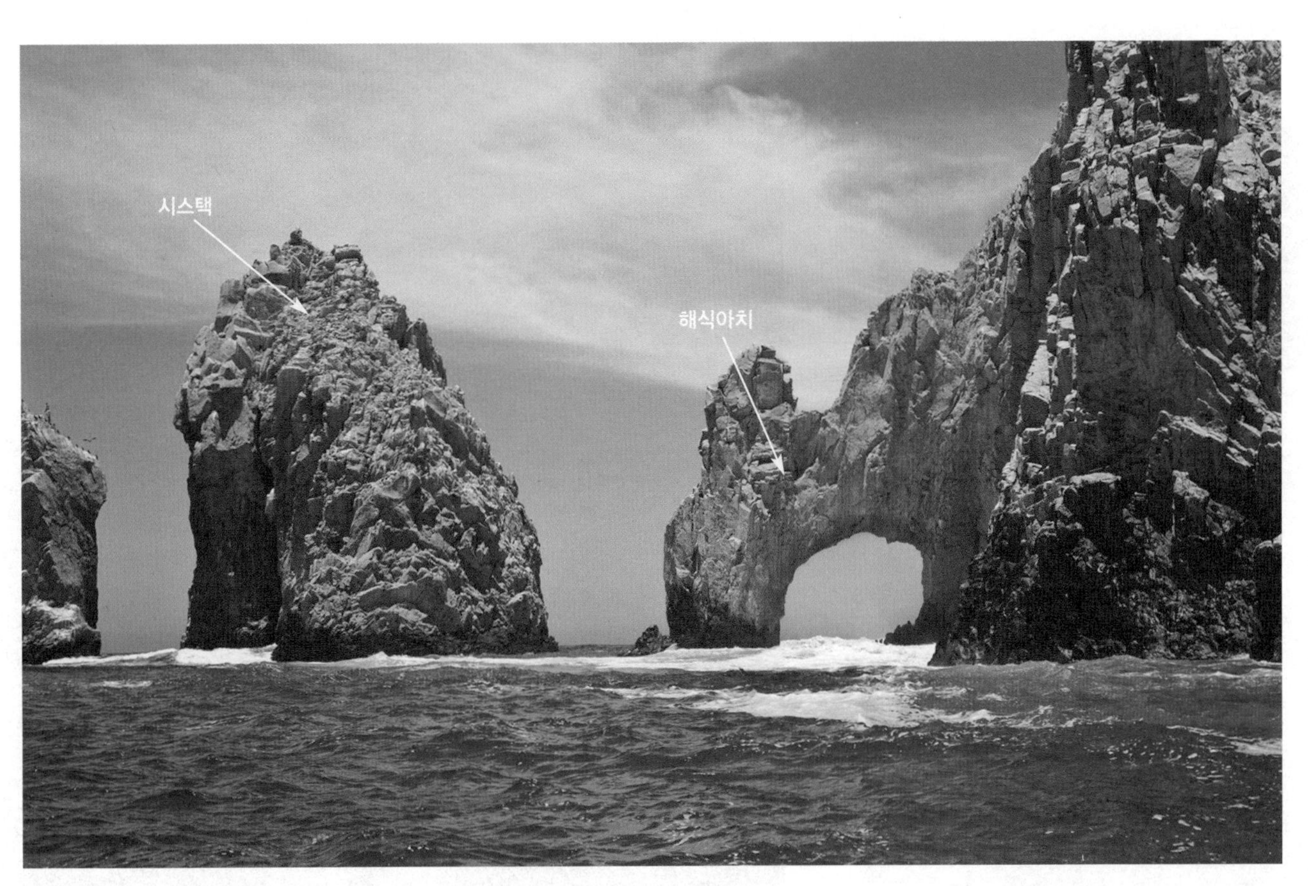

그림 17.14 **시스택과 해식아치** 멕시코 바하반도 끝의 이와 같은 지형은 육지 돌출부를 파도가 맹렬히 침식하며 발생된 결과이다. (사진 : Lew Robertson/Getty Images)

알고 있나요?

단단한 암석이 아닌 느슨한 퇴적물로 이루어진 해안을 따라 파도에 의해 발생하는 침식은 때때로 엄청난 속도로 이루어진다. 모래, 자갈, 점토 등의 빙하 퇴적물로 이루어져 파도에 의한 침식이 쉽게 발생할 수 있는 영국의 한 지역에서는 로마시대(2,000년 전)에 비하여 해안선이 3km 내지 5km 퇴각함에 따라 많은 마을과 고대유적이 사라지게 되었다.

앞서 언급한 파도의 굴절로 인해 집중공격을 당하게 된다. 파도는 연약한 암석이나 파쇄가 심하게 이루어진 암석을 상대적으로 쉽게 침식시킨다. 이 때 해식동이 형성된다. 헤드랜드 양측에서 각각 형성된 해식동이 서로 연결되었을 때 **해식아치**(sea arch)가 만들어진다(**그림 17.14**). 침식이 지속될 경우 아치는 무너지고 고립된 잔류구조, 즉 **시스택**(sea stack)이 파식대지상에 남게 된다(그림 17.14). 더 시간이 지나게 되면 시스택마저 파도에 의한 침식으로 사라지게 된다.

퇴적성 지형

해빈으로부터 침식된 퇴적물들은 해안을 따라 운반되고 파도의 에너지가 약한 지역에 퇴적된다. 이러한 과정은 다양한 퇴적지형을 형성한다.

사취, 사주 및 육계사주 해빈이동과 연안평행류가 왕성하게 일어나는 지역에서는 해안을 따른 퇴적물들의 이동에 의한 몇 가지 구조가 나타날 수 있다. **사취**(spit)는 모래로 이루어진 능선이 육지 인근의 만 하구 방향으로 신장되는 것이다. 종종 신장된 끝부분이 육지 방향쪽의 갈고리 형태로 나타나기도 하는데, 이는 연안평행류의 주 흐름방향에 따라 나타나는 현상이다(**그림 17.15**). 모래톱이 만을 가로질러 안쪽 부분을 바다로부터 격리시켰을 경우 **만구사구**(baymouth bar)라는 용어를 쓴다(그림 17.15). 이런 구조는 종종 조류가 약해 사취가 만 입구 건너편으로 신장하기 쉬운 만에서 전체를 가로질러 형성된다. 모래로 이루어진 능선이 섬과 육지를 연결하거나 섬과 섬 사이를 연결하는 **육계사주**(tombolo) 역시 사취와 마찬가지 과정을 통해 만들어진다.

사주섬 대서양 및 걸프 연안 평원은 비교적 평평하고 바다 방향으로 완만한 경사를 갖는다. 이러한 지역에서 특징적으로 **사주섬**(barrier island)들이 해안대에 나타난다. 모래로 이루어진 낮은 능선인 사주섬들은 육지에서 약 3~30km 떨어진 외해에 해안과 평행하게 나타난다. 매사추세츠 주의 케이프코드에서 텍사스 주의 파드레 섬에 걸쳐 300개 정도의 사주섬들이 해안의 가장자리에 나타난다(**그림 17.16**).

대부분의 사주섬은 1~5km 정도의 폭과 15~30km의 길이를 갖는다. 사주섬에서 가장 높은 구조는 모래언덕으로 5~10m 정도의 높이를 갖는다. 사주섬과 해안 사이를 나누는 석호(lagoon)는 물이 잔잔하여 작은 배들이 뉴욕과 북부 플로리다 사이를 북대서양의 거친 바다의 영향을 받지 않은 채로 통행할 수 있도록 하는 통로 역할을 한다.

사주섬은 몇 가지 방법에 의해 형성될 수 있다. 사주섬 중 일부는 사취로부터 발전하는데, 파도에 의해 침식되거나 해수면의 변동에 의해 일부가 물에 잠겨 육지로부터 절단되어 나타난다. 다른 기원의 사주섬은 선형의 큰 파도에 의한 난류의 물에 의해 바닥에서부터 침식된 모래가 선형으로 쌓여서 형성된다. 마지막으로 또 다른 형태는 빙하기에 해안을 따라 형성되었던 해빈사구 군집의 뒤쪽을 빙하가 물러나면서 상승한 해수가 채워 사주섬이 되는 경우이다.

모바일 현장학습

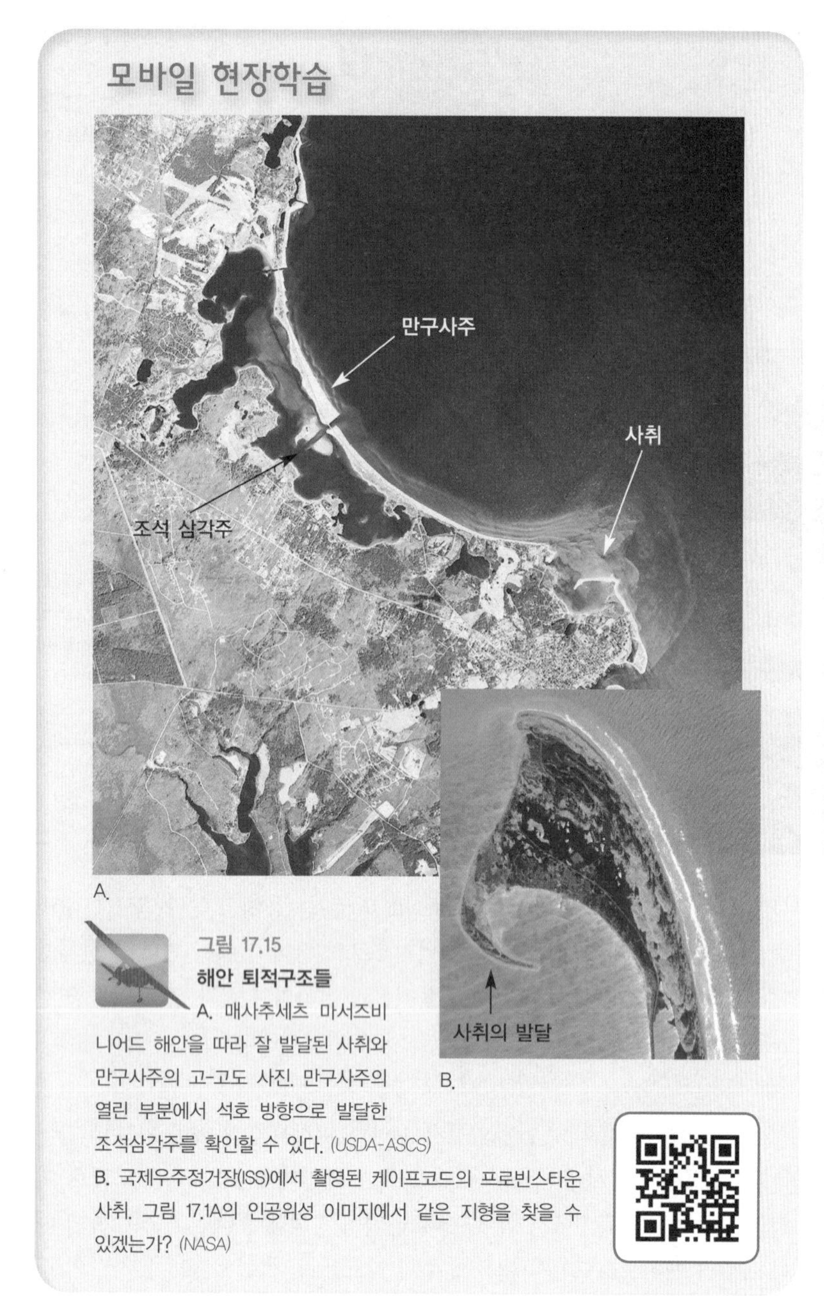

그림 17.15
해안 퇴적구조들
A. 매사추세츠 마서즈비니어드 해안을 따라 잘 발달된 사취와 만구사주의 고-고도 사진. 만구사주의 열린 부분에서 석호 방향으로 발달한 조석삼각주를 확인할 수 있다. (USDA-ASCS)
B. 국제우주정거장(ISS)에서 촬영된 케이프코드의 프로빈스타운 사취. 그림 17.1A의 인공위성 이미지에서 같은 지형을 찾을 수 있겠는가? (NASA)

그림 17.16 **사주섬** 걸프 및 대서양 해안을 따라 거의 300개의 사주섬들이 발달해 있다. 노스캐롤라이나 해안을 따라 발달한 섬들이 아주 좋은 예이다. (사진 : Michael Collier)

진화하는 해안

해안선은 최초 형태에 관계없이 계속적인 변화를 겪는다. 비록 정도 및 원인에 따라 다르긴 하겠지만, 초기 형성되는 해안선은 대부분 불규칙적이다. 최초 형성 시 지질 구성물질이 균일하지 않은 해안선에서는 강도가 약한 암석이 강한 암석에 비하여 보다 쉽게 침식되기 때문에 파도에 의한 해안선의 불규칙성이 증대될 수 있다. 그러나 해안선이 오랜 시간 지구조적인 안정상태로 유지된다면, 해양 침식과 퇴적작용이 해안선을 점차 직선형의 해안선으로 변화시킨다.

그림 17.17은 최초 불규칙적이었던 해안선의 진화를 도시한 것이다. 파도가 바다 쪽으로 튀어나온 육지를 침식함에 따라 해안 절벽과 파식대지들이 점차 형성되고 퇴적물들은 해안을 따라 운반된다. 어떤 입자들은 만에 퇴적되기도 하고 어떤 퇴적물들은 사취나 만주사구를 형성하기도 한다. 동시에 하천은 만을 퇴적물로 채운다. 결과적으로 직선형에 가까운 부드러운 해안이 만들어진다.

개념 점검 17.4

① 파식대지와 해안단구는 어떤 관계가 있을까?
② 그림 17.17에 나오는 해안지형들의 형성과정을 모두 설명하라.
③ 사주섬의 세 가지 서로 다른 형성과정을 설명하라.

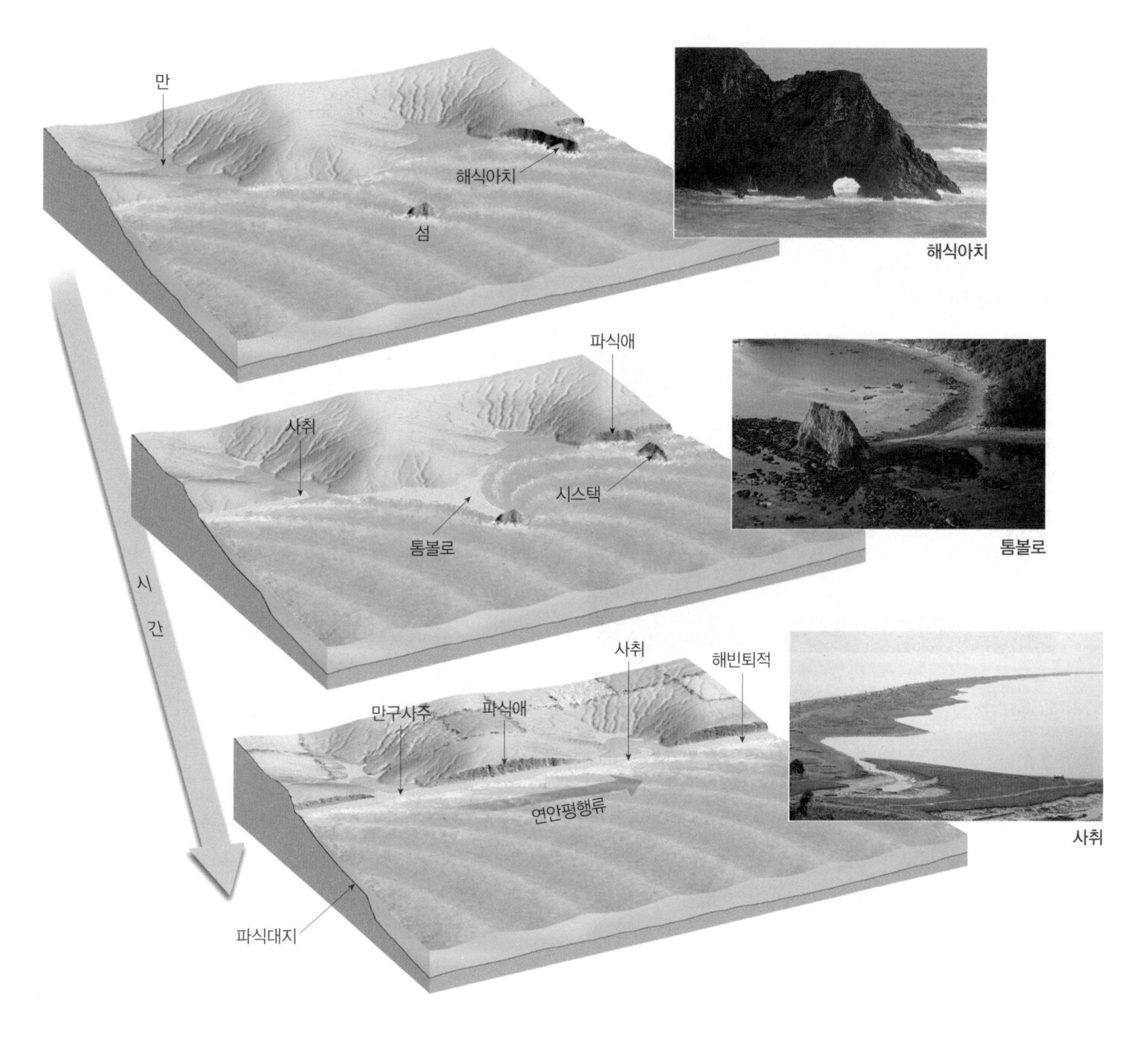

그림 17.17 **해안의 진화** 이 그림은 시간이 흐르면서 초기의 불규칙한 해안선이 점차 안정화되어 가는 과정을 설명한다. 그림을 통해 다양한 형태의 해안지형을 볼 수 있다. (해식아치와 사취 사진 : E. J. Tarbuck; 톰볼로 사진 : Michael Collier)

17.5 해안의 안정화

해안의 침식으로부터 발생하는 문제들을 사람들이 어떻게 다루고 있는지 정리하라.

오늘날 해안지역은 사람들이 왕성하게 활동하는 곳이다. 불행히도 사람들은 해안선을 매우 안정적이어서 다양한 인공 구조물들이 안전하게 지어질 수 있는 곳으로 생각한다. 많은 해안지형들은 개발에 의해 쉽게 손상될 수 있는 변화하기 쉬운 구조들이기 때문에 이러한 사람들의 생각은 인간과 해안을 동시에 위험에 빠뜨릴 수 있다. 열대의 폭풍우나 쓰나미를 경험한 사람이라면 누구든 알고 있듯이 해안선은 살기에 안정적인 곳은 아니다. 이 내용은 다음 절에 나올 '허리케인 : 해안지역의 궁극적 위협'에서 보다 상세히 다룰 것이다.

지진, 화산폭발, 산사태와 같은 자연재해와 비교해 볼 때 해안선의 침식은 지속적이고 예측 가능하기 때문에 한정적인 지역에 걸쳐 제한적인 피해만을 발생시키는 것으로 인식된다. 그러나 해안선은 자연의 힘에 의해 매우 빠른 속도로 변화될 수 있는 역동적인 장소이다. 가끔 나타나는 강한 폭풍은 장기적인 변화 속도를 훨씬 상회하는 엄청난 속도로 해빈이나 해안절벽을 침식시킨다. 이렇게 폭발적으로 가속된 침식은 해안선의 진화에만 영향을 미치는 것이 아니라 해안지역에 거주하는 사람들에게도 심각한 피해를 줄 수 있다. 매년 이러한 피해를 복구하는 것뿐만 아니라 해안선의 침식을 방지하고 조절하는 데 엄청난 예산이 투입된다. 현재에도 많은 지역에서 문제를 일으키고 있지만, 많은 해안지역의 개발이 계속 이루어짐에 따라 해안선 침식에 의한 피해는 분명 더 심각한 문제가 될 것이다.

지난 100년 동안의 풍요함으로 인하여 여가생활에 대한 수요가 폭발적으로 증가했으며,

그림 17.18 **제티** 항해로에 퇴적이 일어나는 것을 막기 위해 제티들이 강의 하구와 항구에 설치되어 있는 것을 볼 수 있다. 제티는 해빈이동과 연안평행류에 의한 모래의 움직임을 방해한다. 그림에서 해빈의 침식이 연안평행류의 하류쪽에 발생해 있는 것을 볼 수 있다. 이 사진은 캘리포니아 주 산타크루즈 항구에서 촬영된 것이다. *(사진 : U.S. Army Corps of Engineers)*

이러한 수요는 해안지역의 대대적인 개발을 가져왔다. 해안의 인공구조물의 수와 금전적인 가치가 증가함에 따라 해안을 안정화함으로써 폭랑으로부터 이러한 재산을 지키고자 하는 노력도 함께 증가하였다. 또한 많은 해안지역에서 모래의 자연적인 이동으로 인해 유실되지 않도록 조절하려는 노력이 이루어지고 있다. 이러한 인위적인 개입은 오히려 더 어렵고 더 많은 예산이 소요되는 부정적 결과를 초래할 수 있다.

안정화 구조물

침식으로부터 해안을 지키거나 해안을 따른 모래의 유실을 방지하기 위한 인공구조물들을 안정화 구조물이라 한다. **안정화 구조물**(hard stabilization)은 여러 가지 형태를 띠고 있는데, 이들은 종종 부정적 결과를 초래하는 경우도 있다. 안정화 구조물에는 제티, 그로인, 방파제, 호안벽 등이 있다.

제티 미국의 역사를 통해 비교적 이른 시기부터 해안지역에서 이루어진 노력은 항구를 만들고 보호하는 것이었다. 많은 경우 이를 위해서 행해진 것은 일련의 제티를 건설하는 것이었다. **제티**(jetty)는 보통 쌍으로 건설되며 강의 하구나 항구로부터 바다 쪽으로 연장하여 건설한다. 제티는 좁은 구역에 물을 한정하여 조수 간만에 따른 썰물과 물의 흐름이 모래를 움직이도록 유도하고 모래가 쌓여 통로를 막는 것을 방지하는 역할을 한다. 그러나 **그림 17.18**에서와 같이 제티는 연안평행류와 해빈이동으로 인한 모래퇴적을 방해하는 댐 역할을 한다. 동시에 연안평행류를 따라 제티의 한쪽에서는 새로운 모래가 공급되어 퇴적이 지속되는 반면, 다른 한쪽은 새로운 모래를 공급받지 못하여 지속적인 침식만이 일어나며 해빈이 곧 사라진다.

그로인 **그로인**(groin)은 모래가 유실되고 있는 해빈을 정비하고 폭을 증대시키기 위해서 건설된다. 그로인은 해빈에 수직하게 만들어지는 일종의 벽체로 해안을 따라 수평하게 움직이는 모래를 가두기 위해서 사용된다. 그로인은 보통 큰 암석을 이용해 건설되지만 나무를 이용해 만들어지는 경우도 있다. 이러한 인공 구조물은 연안평행류에 의한 모래의 운반을 억제하여 비교적 효과적으로 모래 유실을 방지한다. 그 결과 조류는 그로인의 하류측 모래를 침식시킨다.

이러한 효과를 막기 위해서 연안평행류를 따라 그로인 하류부 해빈의 소유자는 또 다른 그로인을 설치해야만 한다. 이렇게 여러 개의 그로인이 만들어지게 되면 **그림 17.19**에서 보는 바와 같이 그로인 필드가 형성된다. 이런 양상의 그로인 증가는 뉴저지주 해안에서 쉽게 볼 수 있는데, 이곳에는 수백 개에 달하는 그로인이 과거부터 설치되어 오고 있다. 그로인이 해빈에서 모래의 유실을 막는 만족스러운 방법이 아니라는 사실이 입증되면서, 해안 침식을 막는 방법으로 그로인 건설은 중지된 상태이다.

그림 17.19 **그로인** 일련의 그로인이 영국 서식스 치체스터 인근 해안선에 설치되어 있다. *(사진 : Sandy Stockwell/London Aerial Photo Library/CORBIS)*

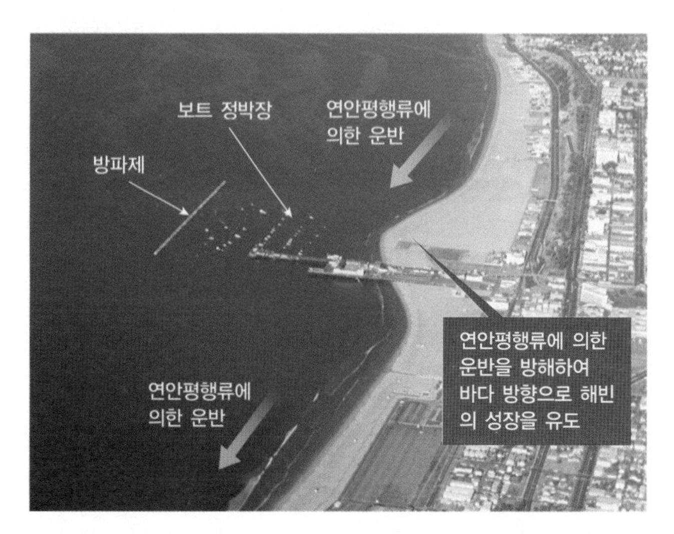

그림 17.20 **방파제** 캘리포니아 산타모니카의 방파제. 많은 배가 정박한 곳 뒤에 방파제가 보인다. 방파제의 건설은 연안평행류에 의한 퇴적물의 운반을 방해하기 때문에 해빈이 바다쪽으로 성장하도록 한다. (사진 : *John S. Shelton/University of Washington Libraries)*

방파제와 호안벽 해안선과 수평 방향으로 안정화 구조물이 설치되기도 한다. 이 중 대표적인 구조물은 **방파제**(breakwater)인데, 이들의 목적은 파도의 영향을 받지 않는 안정한 수역을 해안선 인근에 만들어 선박을 보호하는 것이다. 그러나 방파제 안쪽에서 파도의 영향이 점차 약화됨에 따라 모래의 축적이 발생한다. 이러한 현상이 지속되면 방파제 안쪽은 결과적으로 모래로 가득 차게 되고, 연안평행류를 따라 방파제의 하류 측은 침식이 가속화되어 육지 쪽으로 해안선이 밀려나는 결과를 가져온다. 캘리포니아 주 산타모니카에서는 실제로 이러한 문제가 나타나고 있는데, 시에서 준설 시설을 만들어 방파제 안쪽의 안정수역을 보호하고, 준설된 모래는 침식이 발생한 하류부에 쌓아 해빈이동과 연안평행류에 의한 모래의 재순환이 일어나도록 하고 있다(그림 17.20).

또 다른 형태의 해안선과 평행한 안정화 구조물에는 **호안벽**(seawall)이 있다. 이들은 파도의 힘으로부터 해안과 해안의 시설물들을 보호하기 위하여 고안된 장치이다. 호안이 설치되지 않은 해빈은 파도로부터 큰 에너지를 받는다. 호안은 파도의 힘을 바다 방향으로 반사시키는 역할을 한다. 결과적으로 호안 바깥쪽 해빈은 매우 심각한 침식에 노출되며 심한 경우 전체 해빈이 사라지기도 한다(그림 17.21). 해빈의 폭이 일단 줄어들면 호안에 미치게 되는 파도의 에너지는 더더욱 증가된다. 따라서 호안은 점차 붕괴되고, 이를 막기 위해 더 많은 비용이 소요되는 호안이 기존의 호안을 대체해야 한다.

사람들은 해안선을 보호하기 위한 인공 구조물에 대한 합리적인 대안에 대하여 많은 고민을 하고 있다. 많은 과학자와 기술자들의 견해는 인공적인 해안 보호 구조물에 의한 혜택은 일부 사람들에게만 한정적이며 자연적으로 형성된 해빈과 대다수 사람들에게 해빈이 가지는 가치는 심각하게 손상될 수 있다는 것이다. 해안을 보호하고자 개인들이 설치하는 인공 구조물은 바다의 에너지 방향을 바꿔 개인들의 재산을 임시적으로 보호할 수는 있지만 결과적으로 그 에너지는 인근의 해빈들에 집중되도록 한다. 이러한 많은 구조물들은 연안의 해류들에 의한 자연스런 모래의 흐름을 방해하여 모래의 교체라는 매우 중요한 자연적 현상을 강탈하는 것이라고 볼 수 있다.

안정화 구조물에 대한 대안

안정화 구조물을 이용한 해안의 보호는 구조물의 비싼 가격과 해빈 모래의 유실이라는 잠재적인 단점을 지닌다. 안정화 구조물에 대한 대안으로는 해빈 모래공급과 시설물 이전(relocation)이 있다.

해빈 모래공급 안정화 구조물 없이 해안선을 안정화하는 접근 방법을 **해빈 모래공급**(beach nourishment)이라고 한다. 용어가 의미하는 바와 같이 이 방법은 많은 양의 모래를 해빈

알고 있나요?

남부 플로리다의 대서양 해안 마을은 수십 년에 걸쳐 준설을 통해 해빈에 모래를 공급하고 있다. 이렇게 대대적인 모래 공급으로 인하여 자연적 기원의 모래가 점차 고갈되었다. 현재 일부 사람들에 의해 제안되어 고려되고 있는 해결책 중 하나는 재활용되는 유리를 곱게 갈아 해빈 모래를 공급하는 것이다.

그림 17.21 **호안벽** 북부 뉴저지주의 시브라이트는 한때 넓은 해빈을 가지고 있었다. 해안의 집과 기차길을 보호하기 위한 5~6m 정도 높이의 호안벽이 해안을 따라 8km 길이로 설치된 후 그림에서 보는 바와 같이 해빈은 극적으로 감소하였다. (사진 : *Rafael Macia/Science Source)*

그림 17.22 **해빈 모래공급** 대서양 해안에서는 자연적으로 형성된 해빈보다 인공적 해빈이 많아지고 있다. (사진 : Michael Weber/imagebroker/Alamy Images)

에 공급하는 것이다(**그림 17.22**). 해빈을 바다 쪽으로 연장시킴으로써 해빈의 질과 폭랑에 대한 취약성과 여가활동에의 이용이 개선된다. 해빈 없이는 관광산업은 곤란을 겪게 된다.

해빈 모래공급 방법은 매우 직관적이다. 외해에서 준설한 모래를 육지로 옮기는 방식이다. 그러나 이렇게 하여 형성된 해빈은 이전 해빈과는 다르다. 다른 해빈으로부터 옮겨온 모래가 아니기 때문에 해빈환경에 맞지 않는다. 따라서 새롭게 공급된 모래는 보통 입도, 입자의 형태, 분급 및 조성이 해빈환경 것과는 다르다. 이러한 상이성은 침식성 및 새로운 모래를 공급해야 되는 시기까지의 모래수명 등에 있어서 문제를 발생시킨다.

해빈 모래공급은 수축되는 해빈 문제를 해결하는 궁극적인 해법은 아니다. 해빈 성장 이전에 작용했던 모래 유실은 모래 공급 이후에도 지속적으로 일어난다. 그럼에도 해빈에 대한 모래공급 프로젝트는 최근 증가하고 있는 추세이며, 특히 대서양 해안을 포함한 많은 해빈에서 여러 번에 걸친 모래의 공급이 있어 왔다. 버지니아 주 버지니아 해빈은 50번 이상 모래의 공급이 있었다.

해빈 모래공급은 매우 많은 비용이 든다. 예를 들어, 작은 규모의 프로젝트에서 38,000m^{3}의 모래를 해안 1km의 해안에 살포한다. 일반적인 크기의 덤프트럭은 대략 7.6m^{3}의 모래를 나를 수 있다. 따라서 작은 프로젝트 하나가 5,000대 분량의 덤프트럭 운송을 필요로 한다. 많은 경우 훨씬 더 긴 해안을 따라 모래를 살포하는 것이 일반적이다. 미국 기준으로 해빈에 모래를 살포하는 프로젝트는 1마일(1.6km)당 100달러 정도의 예산을 소요한다.

시설물 이전 그로인이나 호안벽을 이용해 해빈의 모래유실을 막거나 침식되는 해빈에 모래를 공급하는 방법 대신 이용할 수 있는 또 다른 방법이 있다. 많은 해안 관련 과학자와 해안 정비 계획을 수립하는 사람들은 위험이 큰 지역의 해빈과 자산을 보호하고 재건하려고 노력하는 대신에 폭풍에 의해 부서진 시설물들을 타지역으로 이전하고 자연적으로 해빈이 재생될 수 있도록 하는 방향으로 선회하고 있다. 이러한 접근방법은 재앙적 규모의 1993년 미시시피 강 홍수가 발생했을 때 연파정부가 적용했던 방법, 즉 취약한 건물들을 버리고 높고 안전한 지역으로 건물을 이전시켰던 것과 유사한 방식이다.

이런 방법들은 물론 논쟁이 있을 수 있다. 해안지역에 큰 투자를 한 사람들은 계속 건물을 재건하고 해안 유실에 대한 방비를 지속할 것이다. 그러나 또 다른 사람들은 해수면이 상승하면서 향후 수십 년 동안 해안 폭풍의 영향이 점차 거세질 것이라고 주장하면서 개인의 안전과 비용의 감소를 위하여 건물들을 폐쇄하거나 이전시켜야 한다고 주장할 것이다. 이러한 사람들의 상반된 의견들은 지자체가 해안 부지 이용에 관련된 정책을 평가하고 수정하면서 많은 연구와 논란의 중점이 될 것임에 분명하다.

개념 점검 17.5

① 세 가지 이상의 해안 안정화 구조물의 예를 들고 각각의 건설 목적을 설명하라. 각각은 해빈의 모래 분포에 어떻게 영향을 미치는가?

② 안정화 구조물의 대안 두 가지는 무엇이며 각각의 잠재적 문제점은 무엇인가?

17.6 미국 양측 해안의 비교

대서양 및 걸프 해안과 태평양 해안이 직면하고 있는 침식문제의 차이점을 비교하라. 이수해안과 침강해안을 구분하라.

미국 서부의 태평양 해안과 동부의 대서양 및 걸프 해안은 놀라울 정도로 다른 특성을 갖는다. 이렇게 서로 다른 특성을 보이는 요인 중 일부는 판구조 운동과 연관이 있다. 서부 해안은 북아메리카 판의 가장자리라고 볼 수 있기 때문에 활발한 지각의 융기와 변형을 겪고 있다. 반대로 동부해안은 판구조적으로 안정된 지역이어서 판 경계의 활발한 지구조작용과는 사뭇 다르다. 이런 기본적인 지질 차이에 의해서 미국 양안의 해안선 침식 문제는 매우 다르게 나타난다.

대서양 및 걸프 해안

대서양 및 걸프 해안의 해안 개발 대부분은 사주섬에 대하여 이루어져 왔다. 사주섬 혹은 **연안사주**(barrier beach 또는 coastal barrier)는 넓은 해빈과 그 뒤에 자리하는 사구, 그리고 사주섬과 육지 사이 연안습지로 이루어져 있다. 광활한 모래와 인접한 해안은 사주섬을 개발하기에 무척 구미가 당기는 공간으로 만든다. 그러나 이곳에서 이루어지는 개발의 속도가 사주섬의 역동성에 대한 우리의 이해속도를 넘어선다는데서 문제가 발생한다.

사주섬은 넓은 대양을 마주하고 있기 때문에 바다에서 발생하는 큰 폭풍에 의한 파도의 힘에 온전히 노출되어 있다. 사주섬은 주로 모래의 움직임을 통해 폭풍에 의한 에너지를 흡수한다. 해터러스곶 국립해안(Cape Hatteras National Seashore)의 변화를 보여주는 **그림 17.23**의 사진은 해안의 개발에 따른 문제점의 심각함을 보여준다. 최근 인지된 이러한 개발의 문제점은 다음과 같다.

파도는 해빈에서 외해로 혹은 해빈에서 배후의 사구로 모래를 움직일 수 있다. 파도는 사구를 침식할 수도 있고, 그 모래를 해빈이나 바다로 이동시킬 수도 있다. 또한 해빈의 모래나 사구의 모래가 파도에 의해 사주섬 뒤편 연안습지로 움직이기도 하는데 이러한 과정을 오버워시(overwash)라 한다. 이러한 과정의 공통점은 모래의 움직임이다. 마치 연약한 갈대가 오크 나무도 쓰러뜨릴 법한 바람을 이겨내듯이 사주섬은 강력한 힘이 아니라 폭풍에 대한 순응으로 허리케인을 이겨낸다.

그러나 이러한 사주섬의 적응성은 택지나 휴양지로 개발이 이루어질 경우 달라진다. 개발 이전 사구 사이를 아무러 저항 없이 지나갈 수 있던 폭랑이 이제는 건물과 길을 접하게 되는 것이다. 더욱이 사람들은 사주섬의 동적 특성을 폭풍이 있을 때만 인지하기 때문에 발생한 피해를 해안 사주들의 지속적인 변동성에 의한 것이라기보다는 오직 폭풍에 의한 것으로만 오인한다. 가옥과 자산이 위험에 처하게 되면서 사람들은 자신들의 개발이 시작부터 부적절한 장소에서 이루어졌다는 생각을 하기보다는 사주섬의 모래가 움직이지 않고 파도가 들이치지 않게 하는 방안을 찾는다.[1]

태평양 해안

대서양 및 걸프 해안지대의 넓고 완만한 경사와 달리, 많은 태평양 해안은 좁은 해빈 뒤의 가파른 절벽이나 산맥을 가지고 있다. 미국 서안은 동안에 비해 보다 울퉁불퉁하며 지구조적 활동이 왕성한 특징을 지니고 있다는 사실을 상기해 보자. 미국 서부 해안에서는 지각의 융기가 지속되기 때문에 해수면 상승에 의한 영향이 뚜렷이 나타나지는 않는다. 그럼에도 동부의 사주섬들이 해안선 침식 문제에 마딱드리고 있는 것처럼 서부 해안의 문제들 역시 인간에 의한 자연 시스템의 훼손에서 비롯된다.

태평양 해안이 직면하고 있는 주요한 문제점, 특히 캘리포니아 주 남부에서 나타나는 문제들에는 많은 해빈의 폭이 심각하게 줄어들고 있다는 것이 있다. 이런 해빈들은 대부분 산지를 지나 흐르는 하천들에 의해 공급된다. 지난 수십 년 동안 이러한 자연적 퇴적물 수급은 관개와 홍수조절을 위해 축조된 댐에 의해 방해되어 왔다. 댐에 의해 발생한 인공 저수지는 댐 건설 이전 자연스럽게 해빈으로 공급되던 퇴적물의 이동을 방해하고 있다(**그림 17.24**). 해빈이 넓었을 당시 해빈은 해안절벽들이 폭랑에 직접적으로 노출되는 것을 막는 역할을 해왔다. 그러나 오늘날에 이르러 파도는 좁아진 해빈을 에너지 감소 없이 통과할 수 있으며, 해안절벽은 더 빠른 속도로 침식되고 있다.

비록 밀려나는 절벽이 댐에 의해 차단된 양의 일부에 해당하는 모래를 대신 공급하고 있는 중이지만, 해안절벽 위에

그림 17.23 **등대의 이주** 미국에서 가장 높은(21층 높이) 이 등대가 후퇴하는 해안선에 의해 파괴되는 것을 막기 위한 다양한 노력이 실패한 후, 이 등대는 이주되어야만 했다. (사진 : Drew C. Wilson/Virginian-Pilot/AP Photo; Don Smetzer/PhotoEdit Inc.)

1 Frank Lowenstein, "Beaches or Bedrooms—The Choice as Sea Level Rises," *Oceanus* 28 (No. 3, Fall 1985): p. 22 © Woods Hole Oceanographic Institute.

그림 17.24 **댐과 저수지** 로스앤젤레스 근교 산 가브리엘 산맥의 이 댐은 해빈에 공급되어야 할 모래를 붙잡아 버리는 역할을 한다. (사진 : Michael Collier)

지어진 가옥들과 도로는 위험에 처하게 된다. 더욱이 절벽 꼭대기의 개발은 이런 문제를 보다 악화시킨다. 도시화가 진행되면서 지하로 흡수되지 못하는 물이 지표를 따라 흐르게 되는데, 이들을 잘 관리하지 않았을 경우 매우 심각한 절벽의 침식이 발생할 수 있다. 정원이나 뜰에 물을 주는 것 역시 많은 양의 물을 절벽면에 가중하게 된다. 이러한 물은 지하로 침투하여 해안절벽 바닥에 도달해 스며 나오게 되는데, 이러한 과정을 통하여 절벽면의 안정성이 크게 떨어지고 사태 혹은 중력 사면이동의 발생을 용이하게 한다.

태평양 해안에서 발생하는 해안선의 침식은 매년 그 정도가 매우 다르게 나타나는데, 이는 대부분 간헐적으로 발생하는 폭풍 때문이다. 인지할 수 있는 정도의 규모가 큰 침식은 보통 큰 폭풍이 있을 때 만들어지기 때문에, 사람들은 해안지역의 개발이나 멀리 위치해 퇴적물의 공급을 방해하는 댐을 탓하기보다는 큰 폭풍만을 원망한다. 향후 예상되는 해수면 상승이 빠른 속도로 진행되었을 경우, 태평양 해안의 해안선 침식과 해안 절벽 후퇴는 더욱 가속화될 것이다. 해수면 상승에 의한 해안 취약성은 제20장 중 지구온난화에 따른 결과들이라는 주제의 토의에서 좀 더 세밀히 다룰 것이다.

해안의 분류

해안선은 매우 복잡하다. 실제로 어떤 특정 해안지역을 이해하기 위해서는 여러 가지 요소를 고려해야 하는데, 이에는 암석의 종류, 파도의 크기와 방향, 폭풍의 빈도, 조수 간만의 차이 및 연안지형 등이 있다. 이에 더하여 실질적으로 모든 해안지역은 플라이스토세가 끝날 무렵에 빙하기 빙하가 녹음에 따라 발생한 해수면 상승의 영향을 받았다. 또한 육지의 융기나 침강 또는 해양분지 크기의 변화와 관련된 지구조적 사건도 고려되어야 한다. 이렇게 해안지역에 영향을 미치는 다양한 요인 때문에 해안선을 단순히 분류하는 것은 매우 어렵다.

많은 지질학자들은 해수면에 대한 상대적인 해안의 변화에 기초하여 구분을 시도한다. 이러한 방법을 통하여 해안을 이수(emergent)와 침강(submergent)의 두 범주로 분류할 수 있다. **이수 해안**(emergent coast)은 지역이 융기하거나 해수면이 하강함으로써 생성된다. 이와는 반대로 **침강 해안**(submergent coast)은 해수면이 상승하거나 바다에 인접한 땅이 침강하면서 만들어진다.

이수 해안 어떤 지역에서는 해수면이 하강하거나 땅이 융기하면서 파식애나 파식대지가 해수면 위에서 발견됨으로 인해 해안이 이수하고 있음을 분명하게 보여준다. 가장 좋은 예는 캘리포니아 해안에서 찾아볼 수 있는데, 이 지역에서는 가까운 지질학적 과거에 지각의 융기가 있었다. 그림 17.13

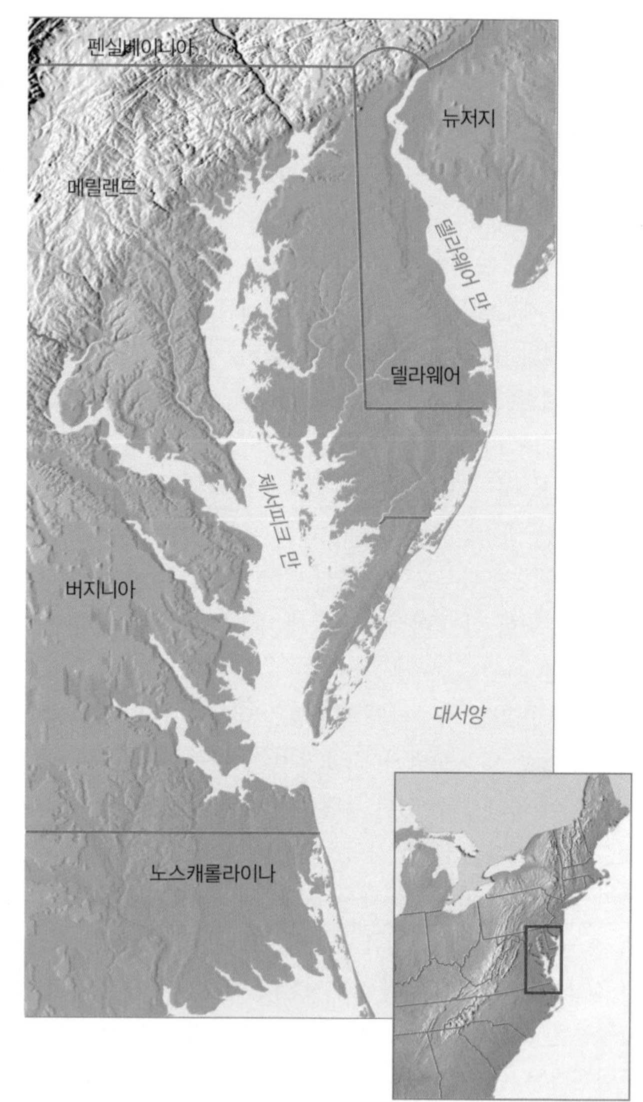

스마트그림 17.25 **동안의 에스추어리들**
많은 하곡의 낮은 부분들이 제4기 빙하기 이후 상승한 해수면에 잠겨 체서피크 만 및 델라웨어 만과 같은 큰 에스추어리를 형성하였다.

에서 보이는 해안단구는 이러한 상황을 잘 설명해 준다. 로스앤젤레스 남쪽 팔로스 버디스 힐스의 예를 들면 7개 층의 독립적 단구를 볼 수 있으며, 이는 과거 이 해안에 일곱 번에 걸친 융기가 있었음을 의미한다. 일정 수위로 지속되는 해수면은 현재 해안 절벽 아랫부분을 깎아 새로운 파식대지를 만들고 있다. 만약 앞으로 또 한 번의 융기가 더 있을 경우, 이 파식대지는 여덟 번째 층의 단구가 될 것이다.

또 다른 이수 해안의 예는 과거에 거대한 대륙빙하 아래 묻혀 있던 지역에서 찾아볼 수 있다. 빙하가 존재할 때 빙하의 엄청난 무게에 짓눌려 가라앉아 있던 지각은, 빙하가 녹은 후 서서히 솟아오른다. 결과적으로 빙하기에 형성된 해안지형들이 현재 해수면보다 높은 곳에서 발견될 수 있다. 캐나다의 허드슨 만 지역은 이러한 영향을 받는 지역이며, 현재에도 매년 1cm 이상의 속도로 지각이 상승하고 있다.

침강 해안 앞의 예와는 반대로, 어떤 해안들은 가라앉고 있다는 분명한 증거를 보여준다. 상대적으로 가까운 과거에 가라앉기 시작한 해안선은 해수가 바다와 연결된 하곡을 침수함에 따라 종종 매우 불규칙적인 형태를 갖는다. 해수에 의한 침수 이후에도 계곡과 계곡 사이의 능선은 해수면 상부에 남게 되고 바다로 뻗어나가 곶 또는 헤드랜드가 된다. 이렇게 해수에 의해 침수된 하천의 하구를 **에스추어리**(estuary)라 하며 오늘날 많은 해안의 특성이라 할 수 있다. 대서양 해안선을 따라 체서피크 만과 델라웨어 만은 침강에 의해 커다란 에스추어리가 형성된 좋은 예이다(**그림 17.25**). 메인 주의 그림 같은 해안, 특히 아카디아 국립공원 인근은 빙하기 이후 해수면 상승으로 인한 침수로 매우 불규칙적인 해안선을 보여주는 또 다른 좋은 예이다.

모든 해안은 복잡한 자신만의 지질역사를 가진다. 많은 해안선들은 지질학적 시간 동안 여러 차례 이수와 침강을 반복하였다. 각 시기에 형성된 어떤 해안지형들은 그 뒤의 시기까지도 남는 경우가 더러 있다.

개념 점검 17.6

① 개발이 이루어지지 않은 사주섬에 폭랑이 칠 경우 어떤 일이 벌어지는지 간략히 설명하라.
② 바다로 흐르는 하천에 댐을 건설하였을 경우 해빈에 어떤 일들이 일어나는지 설명하라.
③ 이수 해안으로 해안을 구분하기 위하여 관찰되는 지형에는 어떠한 것들이 있을까?
④ 에스추어리는 침강 해안과 이수 해안 중 어느 것과 관련이 있을까? 이에 대하여 설명하라.

17.7 허리케인 : 해안지역의 궁극적 위협

허리케인의 기본 구조 및 특징 그리고 허리케인에 의한 세 가지 피해에 대하여 설명하라.

지구에서 가장 큰 폭풍인 회전하는 열대성 저기압은 종종 시속 300km 이상의 풍속을 가지기도 한다. 미국에서는 이들을 허리케인이라 하며, 서태평양에서는 **타이푼**(typhoon), 그리고 인도양에서는 **사이클론**(cyclone)이라 한다. 어떠한 이름을 붙이든 간에 이들 폭풍은 자연재해 중 가장 파괴적이다(**그림 17.26**).

허리케인과 관련된 사망사고의 절대다수는 상대적으로 빈도는 낮지만 강력한 폭풍에 의해서이다. 물론 가장 많은 사망자와 피해액을 발생시킨 최근의 폭풍은 허리케인 카트리나가 루이지애나, 미시시피, 앨라배마의 걸프 해안을 초토화시킨 2005년 8월에 발생하였다. 비록 허리케인이 육지에 올라오기 이전 수십만 명이 대피했지만 탈출하지 못한 수천 명은 폭풍 안에 갇혔다. 허리케인 카트리나에 의해 많은 사람들이 심하게 고통을 당하고 사망한 것에 더하여, 실질적으로 산정할 수 없을 만큼의 많은 재정적 손실이 발생하였다.

우리의 해안은 취약하다. 사람들은 바다 인근에 모여 살고 있다. 해안에서 75km 내에 살고 있는 사람은 미국 인구의 50% 이상이 될 것으로 추산된다. 이렇게 많은 사람들이 해안선 인근에 집중적으로 살고 있다는 사실은, 허리케인이 수백만의 목숨을 위태롭게 할 수 있음을 의미한다. 더욱이 허리케인에 의한 잠재적인 피해 비용은 어마어마하다.

허리케인의 단면

허리케인은 거대한 양의 증기가 응축되면서 방출되는 에너지를 연료로하는 일종의 열기관이다. 전형적인 허리케인으로

알고 있나요?

허리케인 철은 세계 곳곳마다 각각 다르다. 미국에 사는 사람들은 대서양에서 발생하는 폭풍에 가장 큰 관심을 갖는다. 대서양에서 폭풍이 발생하는 기간은 6월 1일부터 11월 30일까지이다. 97% 이상의 폭풍은 이 시기 동안 발생한다. 통계적으로 가장 많은 폭풍이 발생하는 기간은 8~10월이며 그중 9월 중순경이 최고조를 이룬다.

그림 17.26 **수퍼태풍 장미** 서태평양 지역에서는 허리케인을 타이푼이라 부른다. 이 태풍은 2008년 9월 말 대만, 중국, 일본의 일부를 휩쓸고 지나갔다. 이 폭풍은 풍속이 270km/h에 달하는 등, 2008년 기록된 가장 큰 허리케인이었다. 반시계방향으로 감기는 구름은 이 허리케인이 북반구에서 만들어졌음을 의미한다. 남반구에서는 시계방향으로 구름의 감겨 들어온다. (NASA)

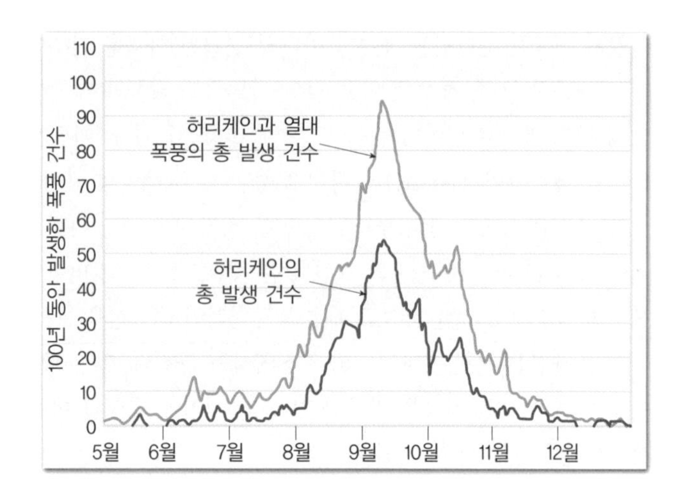

그림 17.27 **언제 대서양 허리케인이 발생하는가?** 5월 1일부터 12월 31일까지 지난 100년 동안 대서양에서 발생한 열대폭풍과 허리케인의 건수. 8월에서 10월이 가장 빈번한 발생이 이루어진다.
(자료 : National Hurri-cane Center/NOAA)

부터 하루만에 만들어지는 에너지 양은 엄청나다. 열기관이 시동하기 위해서는 많은 양의 따뜻하고 습윤한 공기의 공급이 필요하며, 지속적으로 움직이기 위해서는 이러한 공급이 계속되어야 한다.

허리케인의 형성 그림 17.27에 설명된 바와 같이 허리케인은 늦여름에서 초가을 사이에 가장 빈번하게 형성된다. 이 시기에 해수면 온도는 27°C 이상이 되므로 허리케인에 필요한 열과 습기를 제공할 수 있다(그림 17.28). 따라서 해수면 온도가 상대적으로 낮은 남대서양과 남태평양 동측에서는 허리케인의 발생이 극도로 희귀하다. 같은 이유로 위도 20도 이상에서는 허리케인이 거의 형성되지 않는다. 비록 물의 온도는 충분히 높지만 적도 주변 위도 5도 내에서는 지구 자전과 관계하는 전향력 혹은 코리올리 효과가 너무 낮기 때문에 회전력이 폭풍에 전달될 수 없으며, 따라서 허리케인이 발생되지 않는다. 그림 17.29는 대부분의 허리케인이 형성되는 위치를 보여준다.

압력구배 허리케인은 극심한 저기압의 중심이며, 이는 여러분들이 폭풍의 중심으로 다가갈수록 압력이 점차 낮아짐을 의미한다. 이러한 폭풍은 매우 가파른 압력구배를 가진다. 압력구배란 얼마나 빠르게 압력이 변화하는지를 의미하는 것으로 지도상에서는 같은 압력들을 연결한 선인 **등압선**을 이용하여 표현할 수 있다. 지형도에서 등고선의 간격이 얼마나 가파른지 혹은 완만한지를 의미하는 것과 마찬가지로, 기상도에서 등압선의 간격은 얼마나 빠르게 압력이 변화하는지를 보여준다. 조밀한 등압선은 가파른 압력구배를 지시한다. 압력구배가 가파를수록 바람은 더욱 강해진다. 가파른 압력구배는 빠르고 안쪽으로 휘감겨 들어가는 허리케인의 바람을 만들어낸다. 공기가 폭풍 안쪽을 향하면서 그 속도는 점차 빨라진다. 이는 피겨 스케이터가 회전할 때 가속을 만들어내기 위하여 팔을 몸에 감는 것과 마찬가지 원리이다.

허리케인의 구조 따뜻하고 습윤한 해수 표면 공기가 폭풍의 중심으로 다가가면서, 적란운(cumulonimbus) 기둥 고리들이 만들어진다(그림 17.30). 폭풍의 중심을 둘러싼 이러한 도넛 모양의 엄청난 대류활동을 **눈벽**(eye wall)이라 한다. 최대 풍속과 최대 강우량을 보이는 곳이 바로 이곳이다. 눈벽을 둘러싼 것은 구름의 곡선형 띠들로 나선형으로 점차 잦아드는 모양새를 갖는다. 허리케인의 맨 정상부 근처에서는 상승

그림 17.28 **해수 표면온도** 허리케인이 발생하는 데 필요한 해수면 온도는 27°C 이상이다. 2010년 6월 10일 인공위성 사진은 허리케인 발생기간 초기 해수면 온도를 보여준다.
(NASA)

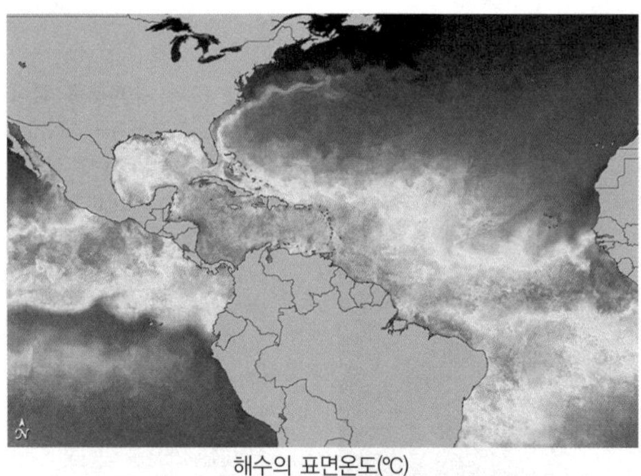

스마트그림 17.29 **허리케인의 생성지역 및 경로** 이 지도는 주요 허리케인 생성지역에서 생성 월과 이동경로를 보여주고 있다. 적도에서 남북으로 위도 5도 내는 코리올리 효과가 매우 작으므로 허리케인이 발생하지 않는다. 허리케인의 형성에 따뜻한 해수면 온도가 필요하므로 위도 20도 이상이나 남 대서양 및 동남 태평양에서 허리케인이 형성되는 경우는 극히 드물다.

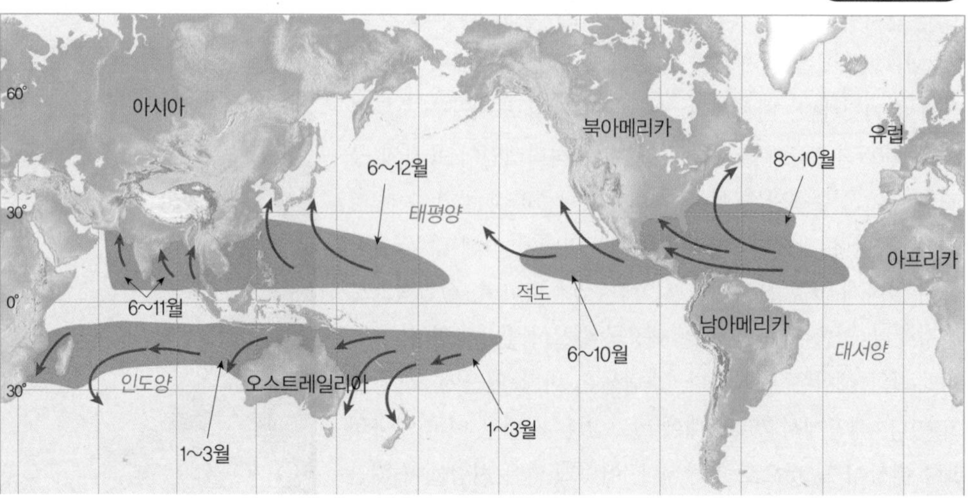

한 공기를 중심으로부터 실어나르는 바깥 방향으로의 공기 흐름이 만들어져 해수면에서 더 많은 공기가 폭풍의 중심으로 유입될 수 있도록 한다.

폭풍의 가장 가운데 부분을 허리케인의 **눈**(eye)이라 한다(그림 17.30). 허리케인의 눈은 직경이 약 20km 정도이며 우리가 잘 아는 바와 같이 강수나 바람이 나타나지 않는다. 따라서 허리케인의 눈이 지나갈 동안은 짧으나마 극단적인 기상으로부터 벗어나는 듯한 착각을 준다. 허리케인 눈 안의 공기는 서서히 하강하고 압축에 의한 열이 발생하기 때문에, 허리케인의 눈은 폭풍 안에서 가장 따뜻한 부분이다. 비록 많은 사람들이 허리케인의 눈에서 맑고 푸른 하늘을 볼 수 있다고 생각하지만, 공기의 하강 흐름이 구름 없는 상태를 만들기에는 충분하지 않은 경우가 대부분이기 때문에 이러한 생각은 사실과 다르다. 허리케인의 눈에서 비록 하늘이 더 밝아보일 수는 있겠지만 여러 층의 흩어진 구름이 나타나는 것이 보다 일반적이다.

허리케인에 의한 피해

허리케인에 의한 피해 규모는 영향지역의 크기와 인구밀도 그리고 해안 해양바닥의 형태를 포함한 몇몇 요소에 의해 결정된다. 물론 이러한 요소 중 가장 큰 영향을 미치는 것은 허리케인 자체의 강도이다. 폭풍에 대한 기존 연구를 통해 **샤피르-심슨 허리케인 규모**(Saffir-Simpson hurricane scale)라는 폭풍강도의 상대등급 척도가 만들어진 바 있다. **표 17.1**에 나와 있는 바와 같이 **카테고리 5** 폭풍이 발생할 수 있는 가장 큰 규모이며, **카테고리 1**이 가장 약한 허리케인이다.

허리케인이 발생하는 기간 동안 과학자나 리포터가 쓰는 샤피르-심슨 규모라는 말을 종종 들을 수 있다. 허리케인 카트리나가 육지에 도달했을 때 풍속은 시속 225km였고 이는 카테고리 4에 해당하는 폭풍이었다. 카테고리 5에 해당하는 폭풍은 매우 드물다. 그중 하나가 1969년 미시시피주 해안을 따라 발생해 재앙적 피해를 발생시켰던 허리케인 카밀(Camille)이다.

허리케인 피해의 종류는 다음과 같이 세 범주인 (1) 폭풍물결(storm surge), (2) 바람에 의한 피해, (3) 육지의 침수가 있다.

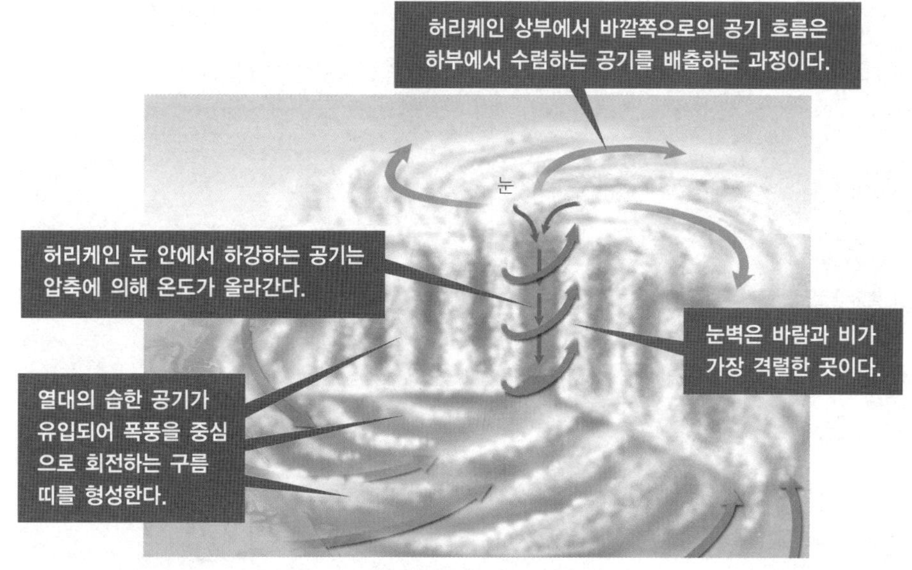

허리케인의 단면. 허리케인 수직 방향으로 크게 과장되었음 (NOAA)

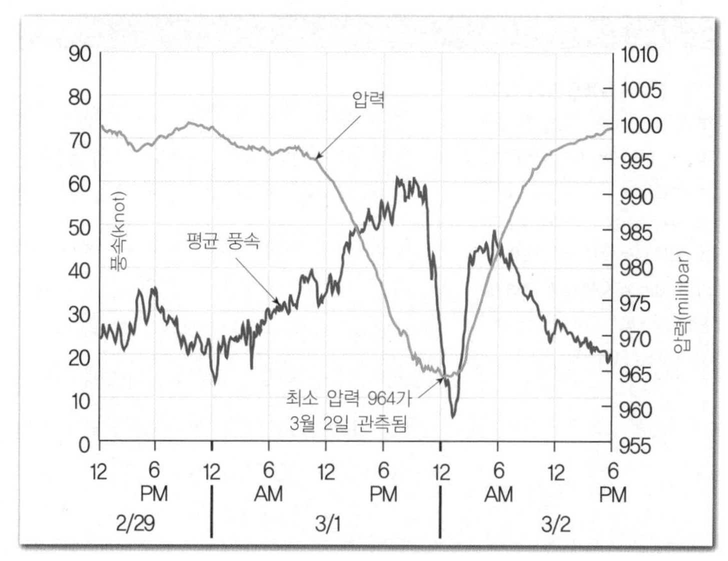

2004년 2월 29일에서 3월 2일 사이 웨스턴 오스트레일리아의 매르디에 관측소에서 관측한 사이클론 몬티의 압력과 풍속 (이 지역에서는 허리케인을 사이클론이라 부름)

그림 17.30
허리케인의 단면 (World Meteorological Organization)

표 17.1

샤피르-심슨 허리케인 규모

규모(카테고리)	중심기압(millibars)	풍속(kph)	풍속(mph)	폭풍물결(meters)	폭풍물결(feet)	피해 정도
1	≥ 980	119～153	74～95	1.2～1.5	4～5	매우 적음
2	965～979	154～177	96～110	1.6～2.4	6～8	중간 정도
3	945～964	178～209	111～130	2.5～3.6	9～12	대규모
4	920～944	210～250	131～155	3.7～5.4	13～8	극심
5	< 920	> 250	> 155	> 5.4	> 18	재앙적

그림 17.31 **폭풍물결에 의한 파괴** 2008년 9월 16일 텍사스의 크리스탈비치에 허리케인 Ike가 상륙한 3일 뒤 모습. 상륙할 당시 풍속은 165km/h에 달했으며 그림에서 보는 대부분의 피해는 폭풍물결에 의해 발생했다. (사진 : *Earl Nottingham/Associated Press*)

폭풍물결 해안지역에서 일어나는 피해 중 가장 큰 것이 폭풍물결이라는 것은 의심할 여지가 없다. 폭풍물결은 해안지역에 재산상의 손실뿐만 아니라 허리케인에 의한 사망의 대부분을 발생시킨다. **폭풍물결**(storm surge)은 65~80km 폭을 가진 거대한 물결로 폭풍의 눈이 상륙한 지점의 모든 것들을 휩쓸어 버린다. 파도의 높이를 제하면 폭풍물결의 높이는 만조 시의 물높이 정도이다. 여기에 거대한 파도가 더해지게 된다. 이 물결은 해안 저고도 지역에 어마어마한 피해를 줄 수 있다(그림 17.31). 대륙붕이 매우 얕고 경사가 완만한 멕시코만에서 이런 최악의 물결이 종종 발생한다. 더욱이 만이나 하천과 같은 지형요소들은 물결의 크기와 속도를 배가시킨다.

북반구에서 허리케인이 해안으로 다가갈 때 폭풍물결은 바람이 해안방향으로 부는 허리케인의 눈 우측에서 가장 심하다. 또한 폭풍의 눈 우측에서 허리케인의 육지 쪽을 향한 전진이 있을 경우 폭풍물결이 더 악화된다. **그림 17.32**에서 허리케인은 최고 시속 175km의 바람을 가지고 해안을 향해 시속 50km의 속도로 다가가고 있다. 이때 전진하고 있는 폭풍 우측에서의 풍속은 시속 225km이다. 폭풍 좌측에서는 폭풍의 전진 방향과 반대 방향으로 바람이 불며, 시속 125km의 바람이 바다 방향으로 분다. 그러므로 폭풍을 좌측에서 맞고 있는 해안에서는 폭풍이 상륙할 때 해수면이 오히려 하강하게 된다.

바람에 의한 피해 바람에 의한 파괴는 폭풍에 의한 피해 중 가장 대표적인 것이라 할 수 있다. 도로표지판이나 간판, 지붕, 그리고 길거리에 있던 작은 물체들은 허리케인에 의해 무시무시한 미사일로 돌변한다. 어떤 건물들은 바람의 힘에 의해 쉽게 무너진다. 이동식 주택들은 특히 위험하다. 고층건물 역시 허리케인의 바람에 매우 취약하다. 특히 고층건물의 상층부가 위험한데, 이는 허리케인의 풍속이 고도에 따라 증가하기 때문이다. 최근의 연구 결과 허리케인이 있을 경우 10층 이하 1층 이상에 있는 것이 바람의 영향과 홍수의 위험에서 가장 안전하다고 한다. 건물이 안전하게 지어진 곳에서 바람에 의한 피해는 폭풍물결에 의한 피해보다 크지 않다. 그러나 허리케인 바람의 범위는 폭풍물결의 범위에 비해 훨씬 넓기 때문에 매우 큰 경제적 손실을 초래할 수 있다. 예를 들어 1992년 허리케인 앤드류의 바람은 남부 플로리다와 루이지애나 주에 250억 달러 이상의 손실을 발생시켰다.

허리케인은 때때로 토네이도를 발생시키기도 하는데 이들은 폭풍에 의한 피해를 증가시킨다. 육지로 상륙하는 허리케인 중 절반 이상은 하나 이상의 토네이도를 만들어 낸다고 보고된 바 있다. 2004년 열대 폭풍과 허리케인이 만들어낸 토네이도의 수는 엄청났다. 열대 폭풍 보니(Bonnie)와 육지에 상륙한 5개의 허리케인[찰리(Charley), 프랜시스(Frances), 개스턴(Gaston), 이반(Ivan), 진(Jeanne)]은 300개에 가까운 토네이

알고 있나요?

허리케인과 열대폭풍을 구분하는 기준은 강도이다. 실제 이들은 모두 둥근 형태의 저기압으로 강하고 안쪽으로 나선형의 바람을 갖는 열대 사이클론이다. 풍속이 시간당 61km 내지 119km일 경우 이 사이클론을 열대폭풍이라 한다. 이 단계에서 앤드류, 프랜, 리타 등과 같은 이름이 부여된다. 사이클론의 풍속이 시간당 119km를 넘을 경우 허리케 급에 도달한다.

그림 17.32 **허리케인의 상륙** 북반구 허리케인이 해안으로 다가가면서 나타나는 바람의 방향. 이 가상의 폭풍은 최대 풍속 시속 175km를 가지고 해안을 향해 시속 50km의 속도로 다가가고 있다. 전진하고 있는 폭풍의 우측에서는 시속 175km의 풍속이 시속 50km의 속도를 갖는 폭풍의 진행 방향과 일치하고 있다. 따라서 폭풍의 우측에서 나타나는 전체 풍속은 시속 225km이다. 전진하는 폭풍의 좌측에서는 허리케인의 바람이 폭풍의 진행 방향과 반대 방향으로 불게 되어 전체 풍속은 125km가 된다. 이 경우 폭풍물결이 진행하고 있는 폭풍의 우측에서 가장 크게 나타날 것이다.

도를 만들었고 남동부 및 중부 대서양 주들에 영향을 미쳤다.

호우 및 홍수 대부분의 허리케인이 동반하는 격렬한 비는 세 번째로 큰 위협인 홍수를 일으킨다. 폭풍물결과 강한 바람의 영향이 집중되는 곳에는 항상 큰 비가 해안에서 수백 킬로미터까지 영향을 미치며, 이런 비는 허리케인이 약화되어 없어진 후에도 수일 동안 지속된다.

1999년 9월 허리케인 플로이드는 대서양 해안지방 많은 부분에 매우 큰 비, 강한 바람 및 거친 파도를 일으켰다. 250만 명 이상의 사람들은 플로리다를 빠져나와 북쪽의 캐롤라이나 주 이북으로 대피하였다. 이런 대피는 그 당시까지 미국 역사상 가장 큰 비전시 대피였다. 쏟아지는 폭우는 이미 물로 포화된 땅에 거대한 홍수를 만들어냈다. 노스캐롤라이나 윌밍턴에는 총 48cm 이상의 폭우가 쏟아졌고, 24시간 기준으로 보면 33.98cm의 비가 내렸다.

또 다른 잘 알려진 예는 허리케인 카밀이다. 물론 이 폭풍은 폭풍물결과 해안지역의 대대적인 파괴로 잘 알려져 있지만, 이 폭풍과 관련된 최대 인명피해는 카밀이 상륙한 지 2일 뒤 버지니아의 블루리지 마운틴에서 발생하였다. 카밀은 많은 지역에 25cm 이상의 비를 몰고왔다.

개념 점검 17.7

① 언제 그리고 어디서 허리케인이 형성되는지에 영향을 주는 요인들에는 어떤 것들이 있는가?
② 허리케인의 눈과 눈벽의 차이를 구분하라.
③ 허리케인이 육지에 상륙했을 때 그 힘이 빠르게 약화되는 원인은 무엇일까?
④ 허리케인 피해의 세 가지 범주에는 어떤 것들이 있는가? 어떤 것이 가장 큰 인명피해를 일으킬까?
⑤ 북반구에서 진행하는 허리케인의 어느 쪽에서 더 큰 바람과 폭풍물결이 일어날까? 이에 대해 설명하라.

17.8 조석

조석의 발생원인, 조석의 월 주기 및 형태에 대하여 설명하라.
조석의 상승 하강에 따른 수평방향으로의 흐름에 대하여 기술하라.

조석(tide)은 지구와 달 및 태양의 중력 상호작용에 기인하여 일간 변화하는 해수면의 고도를 의미한다. 조석의 해안선을 따른 조화로운 상승과 하강의 반복은 고대로부터 알려져 있다. 파도와 마찬가지로 조석은 쉽게 인지할 수 있는 바다의 움직임이다(그림 17.33).

수 세기 동안 조석의 변화가 알려졌음에도 불구하고, 아이작 뉴턴이 만유인력의 법칙을 소개하기 이전까지는 조석에 대한 만족할 만한 설명이 이루어지지 않았다. 뉴턴은 지구 또는 달과 같이 질량을 가진 두 물체 사이에 상호 당기는 힘이 있다는 것을 증명하였다. 대기나 해양은 모두 유체로 이루어져 쉽게 움직이기 때문에 가해진 외력에 의해 쉽게 변화한다. 그러므로 바다의 조석은 달에 의해 지구에 가해진 그리고 그 정도는 작지만 태양에 의해 가해진 중력의 힘에 의해 발생한다.

그림 17.33 **펀디 만 조석** 펀디 만 호프웰 락의 만조와 간조. 간조 시 간석지가 노출된다. (사진 : *Ray Coleman/Science Source*(위); *Jeffrey Green-berg/Science Source*(아래))

조석의 원인

달의 중력이 어떻게 달과 가까운 지구 표면의 물을 부풀어 오르게 하는지 설명하는 것은 간단하다. 이에 더하여 달로부터 지구 반대편에도 똑같은 정도의 조석 팽창이 일어난다(그

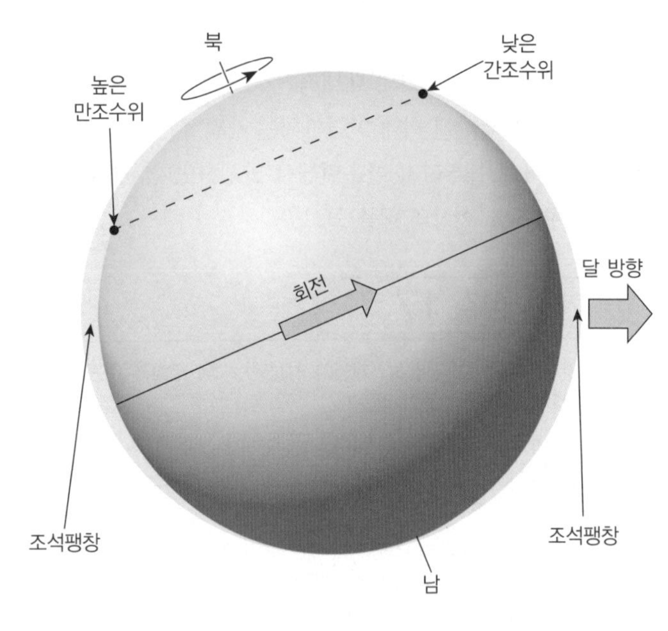

그림 17.34 달에 의해 발생한 지구의 조석팽창 모식도 만약 지구가 동일한 심도의 물에 잠겨 있다고 가정하면 두 방향의 조석팽창이 있게 되는데, 한 쪽은 달과 가까운 쪽(우측)이고 다른 한쪽은 그 지구 반대편(좌측)이다. 달의 위치에 따라 조석 팽창의 방향은 적도로부터 기울어져 나타날 수 있다. 이 경우 지구의 회전에 의해 하루 동안 한 위치에서 두 번 서로 다른 크기의 만조를 경험하게 된다.

림 17.34).

결론적으로 뉴턴이 발견한 바와 같이 양쪽의 조석에 의한 물의 부풀어 오름은 달의 중력과 지구의 회전운동, 즉 기조력에 의한 것이다. 중력의 힘은 두 물체의 거리에 제곱에 반비례하여 점차 작아지며, 이는 거리가 멀수록 빠른 속도로 크기가 줄어듦을 의미한다. 여기서 두 물체는 달과 지구를 의미한다. 거리에 따라 중력의 힘이 약해지기 때문에 달과 가까운 위치에 가해진 중력의 힘은 반대쪽에 비하여 아주 조금 크다. 이렇게 서로 다른 인력은 고체 지구 역시 아주 미세하게 신장시킨다. 이와는 대조적으로 바다는 유동성을 지니고 있기 때문에 매우 크게 변화하여 2개의 조석팽창을 만들어 낸다.

지구에 대한 달의 상대 위치가 하루에 변화하는 정도는 그리 크지 않기 때문에 조석팽창은 지구의 회전경로를 따라 일정한 위치에 남아 있다. 그렇기 때문에 어느 바닷가에 24시간 동안 서 있는다고 한다면, 지구는 여러분을 돌려 조석팽창이 일어난 곳과 일어나지 않은 곳을 모두 거치도록 할 것이다. 여러분이 조석에 의해 팽창된 곳을 지날 때는 만조를 보게 될 것이며, 조석팽창과 또 다른 조석팽창의 골을 지날 때는 간조를 보게 될 것이다. 따라서 지구 대부분의 위치에서는 매일 두 번의 만조와 두 번의 간조가 일어나는 것이다.

조석팽창은 달이 지구 둘레를 29일에 한 번씩 돌면서 그 위치가 변한다. 그 결과 달이 뜨는 시간의 변화와 마찬가지로 조석도 하루에 50분씩 늦어진다. 29일 이후에 하나의 주기는 끝이 나고 또 다른 주기가 시작된다.

지구의 많은 위치에서 하루에 두 번 발생하는 만조의 수위가 서로 다르게 나타나는 경우가 있다. 그림 17.34에서 보이는 바와 같이 달의 위치에 따라 조석팽창은 적도에서 약간 기울어져 나타날 수 있다. 이 그림은 북반구의 관찰자가 관찰하는 달에서 먼 만조가 반나절 후 경험하게 되는 달에서 가까운 만조에 비하여 상당히 클 수도 있음을 보여준다. 남반구에서는 이와는 반대 현상이 나타난다.

월간 조석 주기

조석에 영향을 미치는 질량체는 29.5일마다 지구를 중심으로 공전하는 달이다. 그러나 태양 역시 조석에 영향을 미친다. 태양은 달보다 매우 큰 질량을 갖지만 달에 비하여 먼 거리에 위치하기 때문에 그 영향은 상대적으로 작다. 실제 태양이 조석을 일으키는 힘은 달의 46%에 불과하다.

달의 삭과 망 즈음에 태양과 달은 일렬로 놓이게 되고, 이

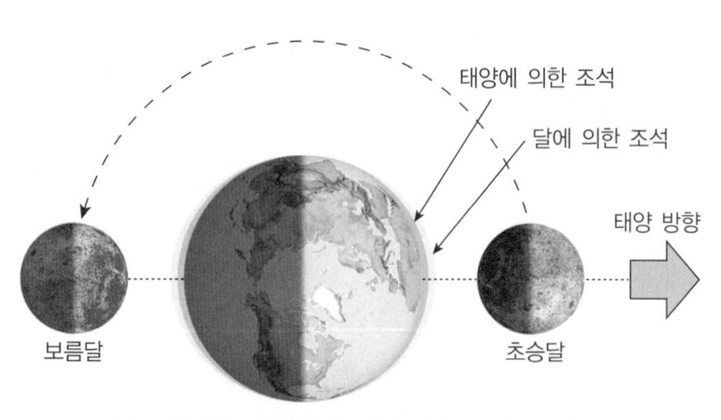

A. **사리** 달이 신월 혹은 만월일 경우 달과 태양의 조석팽창이 중첩되고 조석의 차가 최대화된다.

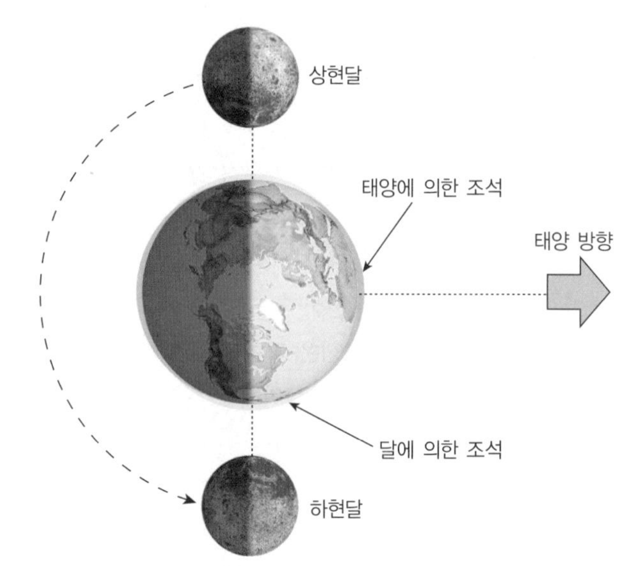

B. **조금** 달이 상현 및 하현달일 경우 달에 의한 조석과 태양에 의한 조석이 상호 간섭하고 조석의 차가 최소화된다.

그림 17.35 사리와 조금 지구-달-태양의 상대적 위치가 조석에 영향을 준다.

알고 있나요?

조석은 큰 조석 간만의 차이를 갖는 해안지역에서 만이나 에스추어리 등을 가로지르는 댐 건설을 통해 에너지원으로 사용된다. 만과 바다의 좁은 통로는 조석 간만에 따라 큰 수위 차이를 만들어내고, 매우 강한 유출입 속도를 만들며, 이는 터빈을 회전하는 데 이용될 수 있다. 현재까지 세계에서 건설된 것 중 가장 큰 조력발전 시설은 프랑스에 있다.

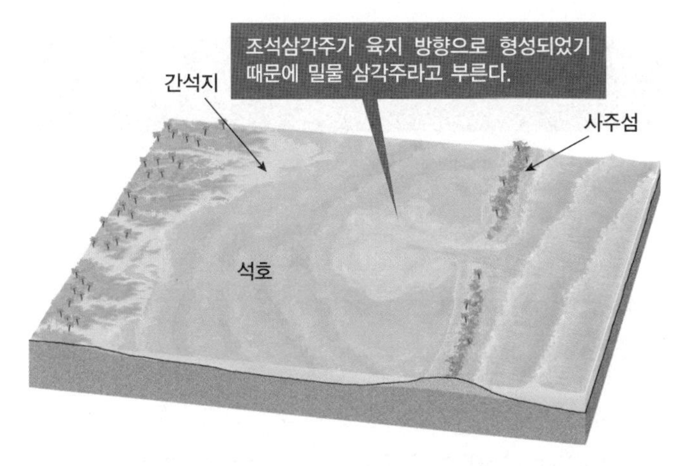

그림 17.36 **조석 삼각주** 조류가 사주섬에 발달한 물의 출입구를 빠른 속도로 지나 넓은 석호로 유입되어 속도가 급감할 경우 조석 삼각주가 만들어진다. 이렇게 사주섬들의 틈에서 육지 방향으로 성장하는 것을 밀물 삼각주라 부른다. 이러한 삼각주를 그림 17.15A에서 볼 수 있다.

들의 힘은 상호 중첩된다(그림 17.35A). 따라서 조석을 만들어내는 이 두 질량체는 보다 큰 조석팽창과 조석의 골을 만들어내어 이 시기에 조석 간만의 차이는 최대가 된다. 이를 **사리**(spring tide)라고 하는데, 이런 조석이 한 달에 두 번 지구-달-태양이 정렬했을 경우 발생한다. 반대로 상현과 하현 반달이 되었을 때 달과 태양은 지구를 중심으로 직각에 놓이고 각각에 의한 기조력은 서로에 의한 효과를 상쇄한다(그림 17.35B). 그 결과 일간 조석 간만의 차이는 줄어든다. 이를 **조금**(neap tide)이라고 하는데 매달 두 번 발생한다. 사리와 조금은 한 달에 두 번씩 발생하는데 각각 일주일 간격으로 발생한다.

조류

조류(tidal current)는 조석 간만에 의해 해수면이 상승 또는 하강하면서 나타나는 수평적인 해수의 흐름을 의미한다. 기조력에 의해 나타나는 이런 물의 움직임이 어떤 해안지역에서는 매우 중요하게 작용한다. 조석에 의한 해수면 상승에 의해 조류가 해안 쪽으로 다가올 때 이를 **밀물**(flood current)이라고 한다. 조석에 의해 해수면이 하강하면서 바다 방향으로 조류가 발생하면 이를 **썰물**(ebb current)이라고 한다. 조류가 거의 없거나 발생하지 않는 기간을 **게조**(slack water)라고 하는데 밀물과 썰물 사이에 발생한다. 반복되는 조류에 의해 영향을 받는 지역을 **간석지**(tidal flat, 그림 17.33)라고 한다. 해안지역의 특성에 따라 간석지는 해빈 바깥쪽에 좁은 띠 형태로 나타나기도 하고 혹은 수 킬로미터의 넓은 형태로 나타나기도 한다.

비록 조류가 공해에서는 중요하지 않으나 만, 하천 하구, 협해 및 다른 좁은 지역에서는 매우 빠를 수 있다. 예를 들면 프랑스의 브리타니 해안 수역 12m에 이르는 만조 때 발생하는 조류는 시속 20km에 달한다. 일반적인 조류가 침식과 퇴적물을 운반하는 중요한 기작은 아니지만, 이 지역에서는 조석이 좁은 입구를 지나면서 예외적으로 침식 및 퇴적물의 운반에 큰 역할을 한다. 따라서 이 지역에서는 조류가 없었으면 막혔을 만한 좁은 입구를 지속적으로 넓혀 항구로 적합한 지역을 만들어낸다.

때때로 **조석 삼각주**(tidal delta)라는 퇴적구조가 조류에 의해 만들어지기도 한다(그림 17.36). 조류에 의해 바닷물의 출입구에서 육지 방향으로 **밀물 삼각주**(flood delta)를 만들거나 혹은 바다 방향으로 **썰물 삼각주**(ebb delta)를 만든다. 일반적으로 육지 방향으로 성장하는 밀물 삼각주가 연안평행류나 파도에 의한 영향을 덜 받기 때문에 썰물 삼각주에 비해 보다 많이 나타난다(그림 17.15A). 이들은 조류가 물의 출입구를 빠른 속도로 지나간 이후에 형성된다. 조류가 작은 통로를 지나 보다 넓고 유속이 느린 물을 만나면, 운반하던 입자들이 퇴적하는 과정을 통하여 조석 삼각주가 형성된다.

개념 점검 17.8

① 바닷가 한 위치에 서 있는 관찰자가 하루에 두 번 서로 다른 만조를 경험하게 되는 이유를 설명하라.
② 조금과 간조의 차이를 설명하라.
③ 밀물과 썰물을 서로 비교하라.

알고 있나요?

세계에서 가장 큰 조석 간만의 차이가 발생하는 지역은 펀디의 노바스코샤 만이다. 여기서 가장 큰 조석 간만의 차이는 17m에 달한다. 이 큰 조석 간만의 차이로 간조 시 정박한 보트가 육지에 놓이게 된다.

개념 복습 해안선

17.1 해안선 : 동적 접촉경계

해안선을 왜 동적 접촉경계라 부르는지 설명하고 해안을 이루는 구역들을 구분하라.

핵심용어 : 접촉경계, 해안선, 해안, 연안, 연안선, 전안, 후안, 연안대, 외해대, 해빈, 애도, 해빈면

- 해안은 간조 시 육지가 공기 중에 노출되는 부분부터 폭랑이 있을 때 영향을 받는 가장 높은 고도까지의 범위를 말한다. 연안은 해안으로부터 내륙 쪽으로 해양과 관련되는 지형들이 나타나는 범위까지를 말한다. 해안은 전안과 후안으로 나눌 수 있다. 전안에서 바다 방향으로의 해양은 연안대와 외해대로 나눌 수 있다.
- 해빈은 바다나 호수의 육지 쪽 가장자리에서 볼 수 있는 퇴적물이 쌓이는 장소이다. 해빈은 여러 개의 애도와 해빈면으로 이루어져 있다. 해빈은 일반적으로 그 지역에서 풍부하게 공급되는 물질로 구성되며 이러한 퇴적물질은 해안을 따라 끊임없이 움직이고 있다.

? 당신이 만조 때 오른쪽 사진을 직접 찍었다고 생각해 보자. 당신이 서 있는 곳은 어디인가?

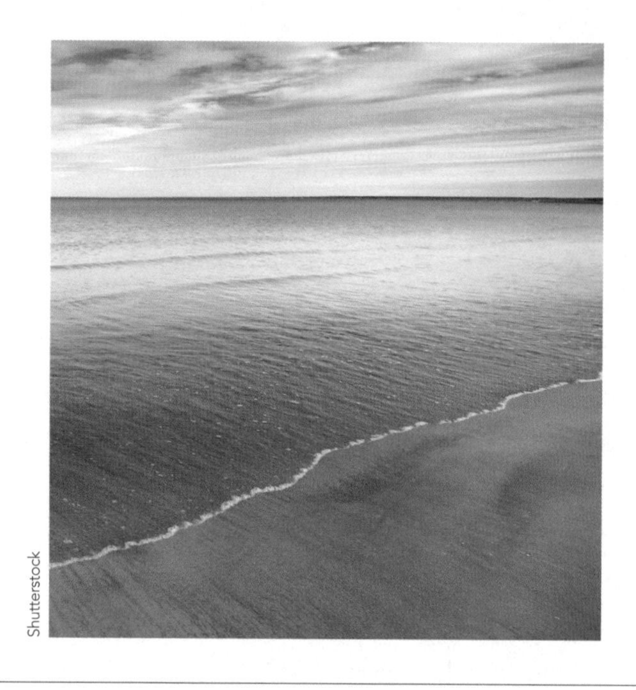
Shutterstock

17.2 해파

파고, 파랑, 파의 주기에 영향을 주는 요인을 열거하고 논의하며, 파도 안에서 물의 움직임을 기술하라.

핵심용어 : 파고, 파랑, 파의 주기, 취주거리, 연안쇄파

- 파도는 에너지의 흐름이며 바다에서 발생하는 대부분의 파도는 바람에 의해 발생한다. 파고, 파랑 및 파의 주기는 (1) 풍속, (2) 바람의 지속 시간, (3) 취주거리, 즉 바람이 공기 중에 노출된 물과 만나는 거리에 의해 영향을 받는다. 파도가 폭풍이 발생하는 위치를 떠난 이후 스웰이 일어나는데 이는 대칭적이며 긴 파장의 파도를 의미한다.
- 파도가 진행하면서 물 입자는 원형 궤도 모션에 의해 에너지를 전달하는데, 이 모션은 파랑의 절반 길이에 해당하는 파식기준면까지 연장된다. 파도가 파식기준면보다 얕은 물로 진입하면 진행 속도가 느려지고 뒤따라오는 파도가 앞선가는 파도에 근접하게 된다. 그 결과 파랑은 짧아지고 파고는 높아진다. 결국 파도는 쇄파로 변하며 난류상의 연안쇄파가 해안으로 몰려든다.

17.3 해안선 작용

파도가 해안을 따라 어떻게 입자들을 침식하고 움직이는지에 대하여 설명하라.

핵심용어 : 마식, 파도의 굴절, 해빈이동, 연안평행류, 이안류

- 바람에 의해 형성된 파도는 해안선을 변화시키는 에너지 대부분을 제공한다. 매번 파도가 부딪힐 때마다 파도는 엄청난 에너지를 전달한다. 파도에 의한 충격과 함께 작은 암편들이 해안을 긁어내는 마식작용은 해안선을 따라 노출된 것들을 침식한다.
- 파도의 굴절은 파도가 해안으로 다가오면서 낮은 수심을 만난 결과로 나타난다. 파도에서 가장 얕은 부분(해안에서 가장 가까운 부분)에서는 가장 큰 감속이 나타나는 반면, 깊은 수심에서 진행하는 파도의 빠른 부분은 여전히 같은 속도로 진행하여 파도가 해안에 다다를 때는 해안선에 평행한 형태를 보인다. 파의 굴절에 의해 충격 에너지는 곶 또는 헤드랜드에 집중되지만, 만에서는 오히려 에너지가 흩어지게 되어 입자들의 퇴적이 발생한다.
- 해빈이동은 해빈면을 따라 퇴적물들의 지그재그 패턴의 움직임을 설명한다. 파도가 들이칠 때 입자들은 해빈면을 따라 사각으로 이동하

지만, 파도가 쓸려나가면서 입자들은 해빈면의 경사를 따라 이동한다. 이러한 움직임에 의해 입자들은 하루에도 수 내지 수십 미터를 움직일 수 있다. 연안평행류는 기파대에서 발생하는 유사한 형상이며, 해안선을 따라 많은 양의 입자를 운반할 수 있는 능력을 가졌다.

? 어떠한 작용이 헤드랜드로 에너지를 집중하도록 하고 있는가? 이 지역이 시간이 지나면서 어떻게 변화할지 예상해 보라.

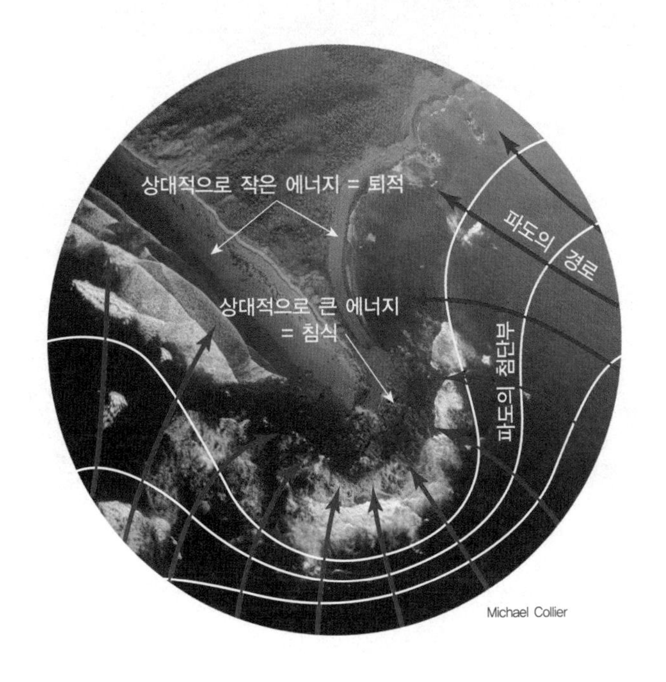

17.4 해안선의 지형

파도의 침식과 연안평행류의 운반과정에 의해 퇴적되는 입자들에 의해 나타나는 전형적인 지형들을 기술하라.

핵심용어 : 파식애, 파식대지, 해안단구, 해식아치, 시스택, 사취, 만구사주, 톰볼로, 사주섬

- 침식성 지형들에는 파식애(연안의 육지를 깍아내는 기파의 작용에 기인), 파식대지(해안의 절벽이 밀려난 후 남게되는 편평한 면), 그리고 해안단구(파식대지의 융기에 의해 발생)가 있다. 또 다른 침식성 지형에는 해식아치(헤드랜드 양 측면에서 침식에 의해 형성된 해식동이 연결되어 만들어짐)와 시스택(해식아치의 천정이 무너져내려 만들어짐)이 있다.
- 퇴적성 지형 중 해빈이동과 연안평행류에 의해 형성되는 것들에는 사취(육지에서 만 쪽으로 신장된 모래언덕), 만구사주(만을 가로지르는 사주), 톰볼로(육지와 섬 또는 섬과 섬을 연결하는 모래언덕)가 있다. 대서양과 걸프해안은 외해대의 사주섬이 특징적으로 나타나는데, 이는 낮은 모래언덕이 연안과 평행하게 발달하는 것이다.

? 그림의 각각이 어떤 지형인지 써 보라.

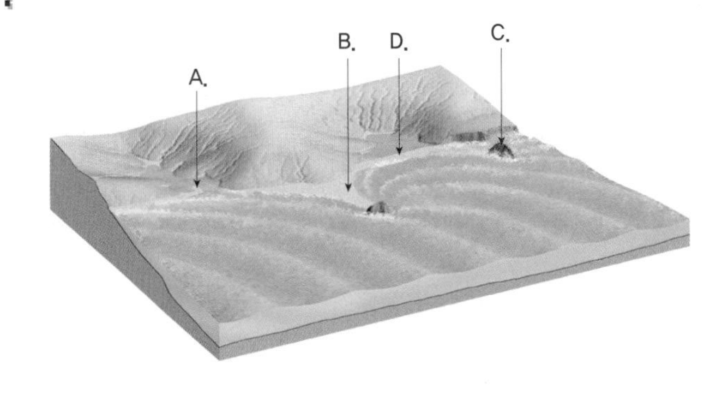

17.5 해안의 안정화

해안의 침식으로부터 발생하는 문제들을 사람들이 어떻게 다루고 있는지 정리하라.

핵심용어 : 안정화 구조물, 제티, 그로인, 방파제, 호안벽, 해빈 모래공급

- 안정화 구조물은 연안선을 따라 모래의 움직임을 막기 위해 만들어진 인공 구조물을 의미한다. 제티는 항구나 하구의 퇴적을 막기 위해 연안에서 바다 방향으로 만들어진 구조물이다. 그로인은 마찬가지로 연안에 수직한 구조물이지만, 연안평행류에 의한 모래의 유실을 감속하기 위해 만들어진다. 방파제는 연안에 평행하게 외해 쪽에 설치하는 구조물이다. 이 구조물은 해파의 힘을 분산하고, 안쪽의 선박을 보호하기 위하여 만들어진다. 호안벽은 방파제와 마찬가지로 연안에 평행하지만 해안선에 직접 설치된다. 안정화 구조물의 설치에 의해 종종 다른 연안 다른 곳의 침식이 가속화되기도 한다.
- 해빈 모래공급은 안정화 구조물에 대한 값비싼 대안이라고 할 수 있다. 이는 타지역으로부터 모래를 운송하여 인공적으로 퇴적물을 공급하는 방법이다. 또 다른 방안으로는 해안의 건물들을 보다 안전한 곳으로 이주시키고 해빈이 자연적인 과정을 통하여 변화하도록 놓아두는 것이다.

? 아래 그림에서 각각의 형태에 기초하여 어떤 안정화 구조물인지 설명하라.

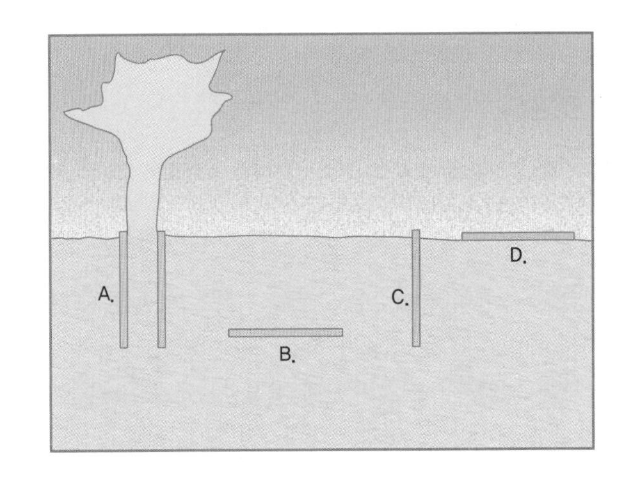

17.6 미국 양측 해안의 비교

대서양 및 걸프 해안과 태평양 해안이 직면하고 있는 침식문제의 차이점을 비교하라. 이수 해안과 침강 해안을 구분하라.

핵심용어 : 이수 해안, 침강 해안, 에스추어리

- 미국의 대서양 해안과 걸프 해안은 태평양 해안과 매우 다른 성격을 지닌다. 대서양 및 걸프 해안을 따라 많은 곳에는 사주섬이 발달해 있으며, 이 곳은 폭풍이 있을 때마다 모래들의 분포에 많은 변화가 발생한다. 이 낮고 좁은 섬들 중 많은 곳에서는 부동산 개발이 활발하게 일어나고 있다.
- 태평양 해안의 주요 이슈는 퇴적물이 고갈됨에 따라 발생하는 해빈의 축소이다. 태평양 해안으로 모래를 공급하는 하천들에는 댐들이 건설됨에 따라 해안으로 공급되던 물이 댐에 의해 조성된 저수지에 갇히게 되었다. 좁아진 해빈은 파도의 침식에 대한 해안의 저항성을 낮춰, 해빈 안쪽 해안절벽의 침식을 발생시킨다.
- 해수면에 대한 상대적인 변화에 의해 해안을 분류할 수 있다. 이수해안은 육지의 융기 혹은 해수면 하강이 발생하는 곳이다. 해안단구가 이수해안의 전형적인 지형이다. 침강해안은 육지의 침강 또는 해수면의 상승에 의해 만들어진다. 침강해안의 특징은 하곡에 해수가 유입되는 것이며 이를 에스추어리라 한다.

? **우리가 배운 바에 따르면 그림에서와 같이 해수면 위로 솟아 있는 암석군을 무엇이라 부르면 좋겠는가? 이들은 어떻게 형성되었을까? 이 사진은 걸프 해안과 캘리포니아 해안 중 어디일까?**

Michael Collier

17.7 허리케인 : 해안지역의 궁극적 위협

허리케인의 기본 구조 및 특징 그리고 허리케인에 의한 세 가지 피해에 대하여 설명하라.

핵심용어 : 눈벽, 허리케인의 눈, 폭풍물결

- 허리케인은 따뜻하고 습한 공기로부터 에너지를 공급받으며 해수면의 온도가 절정에 달하는 늦여름에 주로 만들어진다. 상승하는 공기의 수증기는 응축되면서 열을 방출하고 두터운 구름과 비를 만들어낸다. 허리케인의 가파른 압력구배는 허리케인의 중심으로 빠른 속도의 공기 유입을 만들어낸다. 코리올리 효과와 해수면 온도는 허리케인 생성에 매우 밀접히 관계된다.
- 허리케인 중심의 눈은 가장 낮은 압력을 가지며 비와 바람이 상대적으로 적게 내리거나 분다. 그 주변을 둘러싼 눈벽은 비와 바람이 가장 심한 곳이다. 샤피르-심슨 규모는 공기의 압력과 바람의 속도에 근거하여 허리케인의 규모를 분류한다.
- 대부분의 허리케인 피해는 폭풍물결, 바람에 의한 피해, 혹은 호우로 인한 내륙 홍수의 세 가지 조합으로 나타난다. 폭풍물결은 강한 바람에 의해 해수가 높아지며 유입되어 발생한다. 반시계 방향으로 회전하는 북반구 허리케인에서 폭풍물결은 허리케인 진행 방향의 우측편에서 가장 크다. 이러한 원인은 허리케인의 전진에 의한 효과와 회전으로 인한 해안을 향하는 바람의 조합 때문이다. 반면 진행 방향의 좌측편에서는 바람이 바다 방향으로 불며 폭풍의 진행 방향에 의한 피해를 오히려 약간 감쇄하는 효과가 발생한다.

17.8 조석

조석의 발생원인, 조석의 월 주기 및 형태에 대하여 설명하라. 조석의 상승 하강에 따른 수평방향으로의 흐름에 대하여 기술하라.

핵심용어 : 조석, 사리, 조금, 조류, 밀물, 썰물, 간석지, 조석삼각주

- 조석은 일간 발생하는 해수면 고도의 변화를 의미한다. 이는 달이 해수에 작용하는 중력과, 이보다 작은 크기이지만 태양의 중력에 의해 만들어진다. 태양, 지구, 달이 모두 일직선상에 놓이게 되는 약 2주 주기인 망과 삭에 조석의 효과는 극대화된다. 지구를 중심으로 달과 태양이 직각에 놓이게 될 경우 두 중력이 상호 상쇄되는 효과를 가져와 기조력이 최소화된다.
- 밀물은 간조에서 만조가 되면서 바닷물이 육지로 밀려오는 조류를 의미한다. 만조가 간조가 되면서 해수가 바다 방향으로 빠져나가는 것을 썰물이라 한다. 썰물에 의해 간석지는 공기 중에 노출된다. 조류가 좁은 틈을 따라 흐를 때 운반되던 입자들이 퇴적되면서 조석 삼각주가 만들어질 수 있다.

? **달이 없을 경우 사리와 조금이 만들어질 수 있겠는지 설명하라.**

복습문제

① 당신은 친구와 함께 해변에 놀러가 고무보트를 타고 노를 저어 기파대 너머로 나가게 되었다. 힘이 들어 잠시 쉬게 되었다. 당신이 쉬고 있는 동안 보트는 어떻게 움직였을지 기술해 보라. 이러한 움직임이 기파대에서 노 젓기를 멈추었을 때 일어나는 움직임과 어떻게 다른지 설명하라.

② 뉴저지 연안 항공사진을 자세히 살펴보라. 벽처럼 보이며 바다 방향으로 향한 구조물의 이름은 무엇인가? 이러한 구조물의 목적은 무엇인가? 어느 방향으로 해빈이동과 연안평행류가 발생하고 있는가?

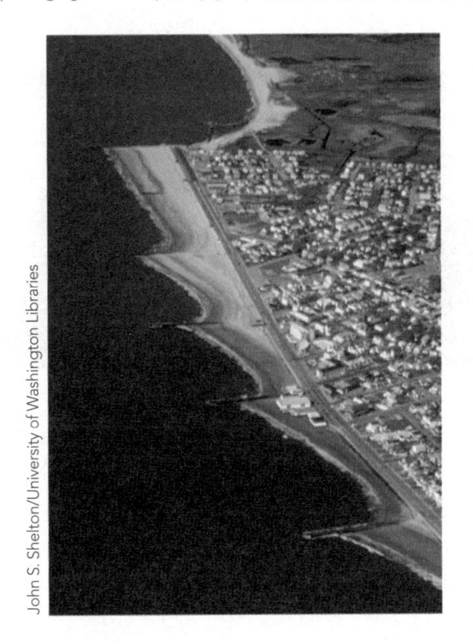

③ 당신과 친구들은 해변에 파라솔과 의자를 놓고 앉아 있다. 친구들이 기파대로 나가 원반 날리기를 하며 놀고 있다. 몇 분 뒤 친구가 해변을 바라보고 파라솔과 의자 위치가 멀어져 있는 것을 알아차리고는 깜짝 놀랐다. 친구들은 여전히 기파대에 있지만 파라솔을 설치한 위치로부터 30m나 떨어져 있었다. 어떻게 친구들이 이렇게 멀리 떨어지게 된 것인지 설명하라.

④ 옆의 사진에서 한 사람이 마우이 연안에서 파도타기를 즐기고 있다.

a. 이 파도를 형성한 에너지는 어디서부터 온 것일까?

b. 이 사진을 찍기 직전 파랑은 사진이 찍힌 순간과 어떻게 달라졌을까?

c. 파랑은 왜 달라졌을까?

d. 많은 해파들은 원형 궤도 운동을 보인다. 이 사진의 파도도 그러할지를 설명하라.

⑤ 지금이 2016년 10월이고 개스톤으로 불리는 5급 허리케인이 그림에서 보이는 경로를 따라 이동한다고 가정해 보라. 그림의 화살표는 허리케인의 눈 경로를 의미한다. 다음에 대하여 답하라.

a. 휴스턴 시는 개스톤에 의한 가장 빠른 바람과 가장 큰 폭풍물결의 피해를 받게 될까?

b. 만약 폭풍이 댈러스-포트워스에 도달한다면 어떤 것이 인명과 재산 피해에 위협이 될까?

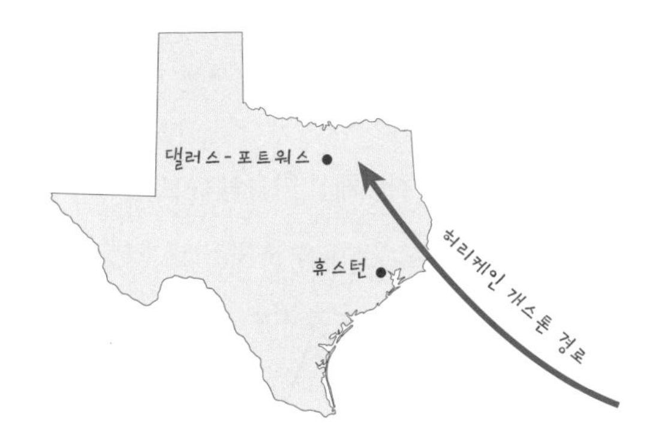

⑥ 당신의 한 친구가 사주섬에 별장을 구입하려고 한다. 만약 당신에게 조언을 구한다면 당신은 어떤 조언을 하겠는가?

⑦ 허리케인 리타는 2005년 9월 허리케인 카트리나보다 한 달 앞서 걸프 해안을 강타한 거대한 폭풍이다. 아래의 그래프는 9월 18일 도미니카 공화국에서 이 폭풍이 이름 없는 열대 폭풍으로부터 시작할 때부터 9월 26일 일리노이 주에서 사라질 때까지 공기압력과 풍속을 기록한 것이다. 그래프를 이용하여 다음에 답하라.

a. 각각 어느 선이 공기압과 풍속을 의미하는지 고르고 무엇을 근거로 그렇게 결정했는지 설명하라.

b. 폭풍의 최대 풍속은 노트 단위로 얼마인가? 이 속도를 1.85배 하여 킬로미터 단위로 환산하라.

c. 허리케인 리타의 최저 압력은 얼마인가?

d. 풍속 기준으로 최대 샤피르-심슨 규모는 얼마인가? 그리고 언제 최대 규모에 도달했는가?

e. 육지에 상륙했을 당시 허리케인 리타의 규모는 어디에 도달했는가?

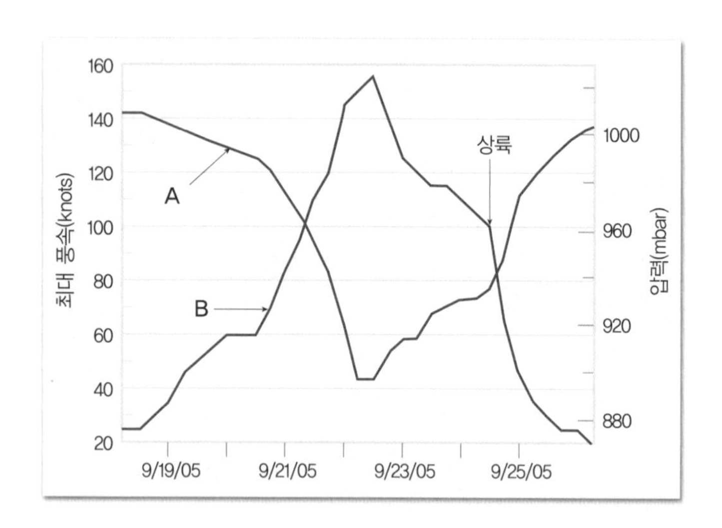

⑧ 중력의 힘은 조석의 형성에 결정적인 역할을 한다. 질량이 클수록 보다 큰 중력의 힘이 발생한다. 태양의 질량이 훨씬 큼에도 불구하고 태양이 조석에 미치는 힘이 달의 절반 정도밖에 안 되는 이유를 설명하라.

⑨ 이 사진은 메인 주 연안의 일부를 찍은 것이다. 갈색의 뻘 부분은 조류에 의해 영향을 받는다. 앞의 내용에 기초하여 이 뻘 부분을 어떻게 부를 수 있겠는가? 수 시간 뒤 이 뻘 부분에 닥칠 조류를 무엇이라 부를 수 있겠는가?

Marli Miller

18 지질시대

핵심개념

다음은 이 장에서 다룰 주요 학습 목표이다.
이 장을 학습한 후 다음 질문에 답해 보도록 하자.

18.1 연대 측정의 수치적 방법과 상대적 방법을 구분하고, 지질 사건들의 시대순서를 결정하는 데 상대적 연대 측정 방법을 적용하라.

18.2 화석이란 무엇인지 정의하고, 유기물들이 화석으로 보존되기에 적합한 조건은 무엇인지 논의하라. 다양한 유형의 화석들을 설명해 보라.

18.3 서로 다른 지역에 있는 비슷한 연대의 암석들을 어떻게 대비시키는지 설명하라.

18.4 세 가지 유형의 방사능 붕괴를 설명하고, 수치 연대 측정에 방사성 동위원소를 사용하는 방법을 설명하라.

18.5 지질시대의 규모를 구성하는 네 가지 기본 시간단위를 구분하고, 이러한 시간규모가 왜 강력한 도구가 되는지 설명하라.

18.6 퇴적암 지층들의 수치 연대를 확정짓는 것이 얼마나 신뢰할 수 있는지 설명하라.

그랜드캐니언에 들어가기 직전의 마블 캐니언 콜로라도 강에서의 래프팅. 수백만 년의 지구 역사가 절벽에 노출된 암석에 펼쳐진다. (사진 : *Michael Collier*)

18세기 말 제임스 허튼은 지구 역사의 광대함과 모든 지질학적 작용들에 시간이 중요한 요소로 작용함을 알게 되었다. 19세기에 들어와서 찰스 라이엘 경과 다른 학자들도 지구가 수많은 조산운동과 침식의 반복을 겪어 왔으며, 이를 위해서는 엄청난 지질학적 시간이 소요되었음을 보여주었다. 이러한 지질학의 선구자들도 지구가 대단히 오래되었음을 이해하고 있었지만, 지구의 실질적인 나이를 알 수 있는 방법은 모르고 있었다. 수천만 년인가? 수억 년인가? 아니면 수십억 년인가? 그리고 얼마 지나지 않아서 지질학자들은 수치적 연대를 포함하고 상대적 연대 측정의 원리를 적용한 시대표를 만들면서 지질학적 캘린더를 설정할 수 있었다. 이러한 원리는 무엇인가? 여기에 화석은 어떤 역할을 하였는가? 방사성과 방사성 연대 측정 기술의 발견으로 이제 지질학자들은 지구 역사상의 많은 사건들에 대해 비교적 정확한 연대를 결정할 수 있게 되었다. 그렇다면 방사성이란 과연 무엇인가? 어떻게 방사성이 지질학적 과거의 시간을 결정하는 좋은 '시계' 역할을 할 수 있는가?

18.1 시간규모의 결정 : 상대적 연대 측정의 원리

연대 측정의 수치적 방법과 상대적 방법을 구분하고,
지질 사건들의 시대순서를 결정하는 데 상대적 연대 측정 방법을 적용하라.

그림 18.1은 그랜드캐니언 북쪽의 케이프 로열에 위치하는 페름기 카이밥 층의 꼭대기에서 쉬고 있다. 그 아래로는 5억 4,000만 년 전의 캄브리아기까지 거슬러 올라가는 수천 미터의 퇴적층들이 발달되어 있다. 이 지층들은 이들보다 더 오래된 선캄브리아기의 퇴적암, 변성암, 화성암 지층들의 위에 놓여 있다. 이 중 어떤 암석은 20억 년 정도 되었다. 그랜드캐니언의 암석 기록들에는 많은 단절들이 있지만, 그럼에도 불구하고 이 암석들은 지구 역사의 오랜 시간을 이해할 수 있는 열쇠를 가지고 있다.

시간 척도의 중요성

복잡하고 오랜 기간에 대해 기록한 역사책처럼 암석들도 과거의 지질학적 사건들과 생명체의 변화를 기록하고 있다. 하지만 이 책이 완전하지는 않다. 많은 페이지들이, 특히나 책의 처음 부분들이 많이 손실되었다. 또한 나머지 부분들도 부분적으로 손상되고 찢겨지고 알아보기 힘든 상태이다. 그럼에도 불구하고 남아 있는 부분들에서 많은 이야기들을 유추할 수 있다.

지구의 역사를 해석하는 것은 지질학의 첫 번째 목표이다. 마치 오늘날의 탐정과 같이 지질학자들은 암석 속에 보존된 정보들을 해석해야 한다. 암석, 특히 퇴적암과 이들이 포함하고 있는 특징을 공부함으로써 지질학자들은 지구의 복잡한 과거를 하나씩 풀어낼 수 있다.

지질학적 사건들은 시간규모에 적용되기 이전에는 그 자체로서 큰 의미를 가지지 않는다. 남북 전쟁이든 또는 공룡의 시대이든 역사를 공부하기 위해서는 캘린더가 필요하다. 인류의 지식에 대한 지질학의 중요한 기여는 바로 **지질시대표**와 지구의 역사가 엄청나게 오래되었음을 발견한 것이다.

수치 연대와 상대 연대

지질시대표를 개발한 지질학자들은 사람들이 지구를 인식하고, 그 시간을 생각하는 방법을 완전히 바꾸어 놓았다. 지질학자들은 지구가 사람들이 이전에 생각하던 것보다는 훨씬

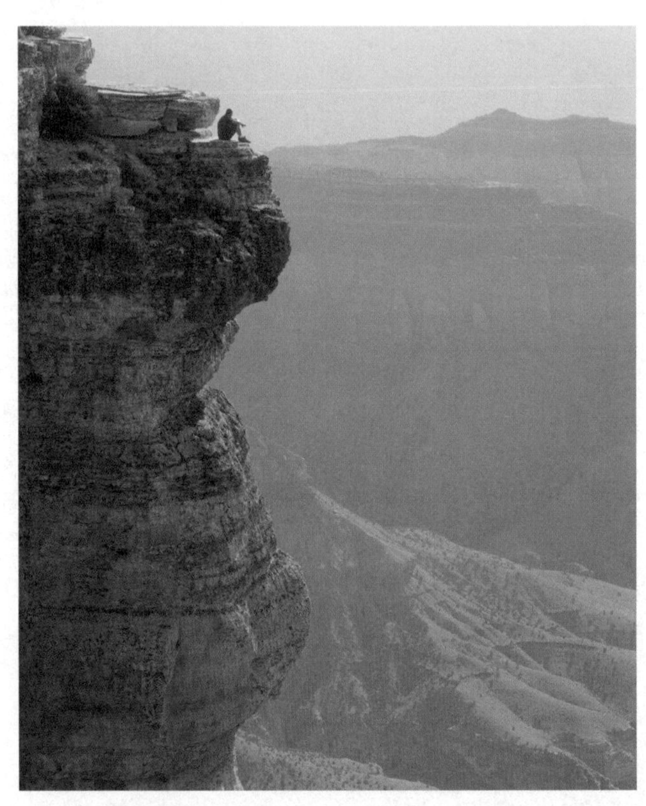

그림 18.1 **지질시대의 고찰** 이 등산가는 그랜드캐니언 최상부층인 카이밥 층 꼭대기에서 쉬고 있다. (사진 : *Michael Collier*)

오래되었고, 지구의 표면과 내부가 오늘날에도 작용하는 것과 동일한 지질학적 기작으로 반복적으로 변화되었음을 알게 되었다.

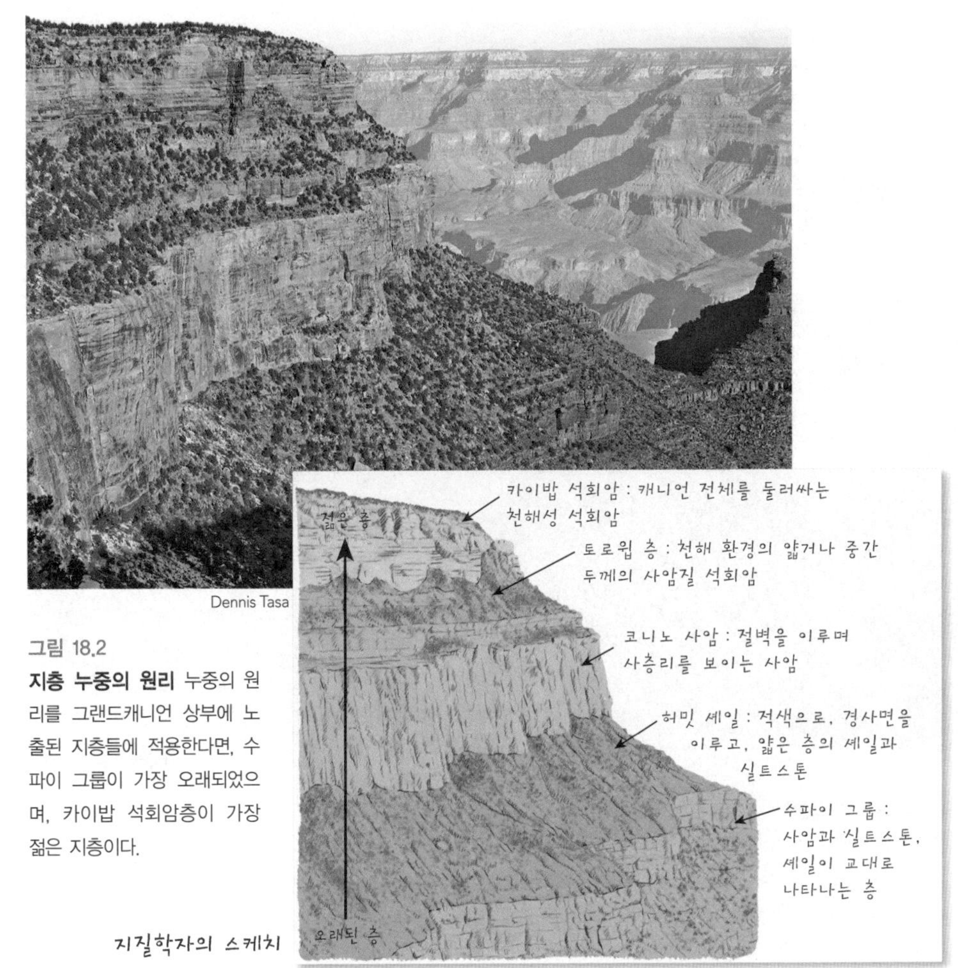

그림 18.2
지층 누중의 원리 누중의 원리를 그랜드캐니언 상부에 노출된 지층들에 적용한다면, 수파이 그룹이 가장 오래되었으며, 카이밥 석회암층이 가장 젊은 지층이다.

수치 연대 1800년대 말부터 1900년대 초까지 지구의 나이를 결정하기 위한 수많은 시도가 있었다. 당시에는 몇 가지 방법들이 의미 있어 보였으나, 실제로는 아무것도 신뢰할 만한 방법이 없었다. 과학자들이 찾고 있던 방법은 **수치 연대**(numerical date)였다. 이러한 연대는 특정한 사건이 발생한 후 실제로 몇 년이 지났는지를 보여준다. 오늘날 우리는 방사성에 대한 이해를 통해 지구의 먼 과거에 일어났던 중요한 사건들의 수치 연대를 정확하게 결정할 수 있다. 방사성에 대해서는 이 장 후반부에서 공부하게 될 것이다. 방사성을 발견하기 전까지는 지질학자들에게 수치 연대를 측정할 수 있는 정확하고 믿을 만한 방법이 없었으며, 결과적으로 온전히 상대 연대에 의지할 수밖에 없었다.

상대 연대 **상대 연대**(relative dating)란 지층이 생성된 순서에 맞추어 암석들을 적절한 순서로 배열하는 것을 의미한다. 상대 연대는 어떤 사건이 얼마나 전에 발생했는가를 말할 수는 없으며, 단지 어떤 사건보다 먼저 일어났고 어떤 사건 다음에 발생했는지만을 설명할 수 있다. 이렇게 개발된 상대연령 측정 기술은 아주 유용하며 아직도 널리 사용되고 있다. 수치 연대 측정 기술은 이러한 기술들을 대체하는 것이 아니라 단지 보완해 주는 것이다. 상대적 시대표를 작성하기 위해서는 몇 가지 원리와 규칙들이 발견되고 적용되었어야 한다. 오늘날 우리에게는 명백해 보일 수도 있지만, 당시에는 이러한 발견들이 대단히 중요한 과학적 업적이었다.

누중의 원리

덴마크의 해부학자이자 지질학자이면서 사제였던 니콜라우스 스테노(1636~1686)는 퇴적암층의 노두에서 연속적으로 발생한 역사적 사건들을 최초로 인식하였다. 이탈리아 서부의 산악지대를 조사하면서 스테노는 상대연령 측정의 가장 근본적인 원리가 된 단순한 규칙 – **누중의 원리**(principle of superposition) – 을 적용하였다. 이 원리는 변형되지 않은 일련의 퇴적층에서는 한 지층이 그 위에 놓인 지층보다 오래되었으며, 그 아래 지층보다는 젊다는 것을 설명한다. 물론 암석층이 그 아래에 지지할 수 있는 어떤 것이 없다면 퇴적될 수 없다는 것이 너무나도 당연해 보일 수 있지만, 1669년 스테노가 이를 설명하기 전까지는 명확하지 않았다.

이 규칙은 용암류나 화산재층과 같이 지표에서 퇴적되는 다른 물질에도 적용된다. 누중의 원리를 그랜드캐니언의 상부에 노출된 지층들에 적용하면 쉽게 이 지층들을 적절한 순서대로 배열할 수 있다. **그림 18.2**에 보이는 퇴적암층 중에서 수파이 그룹이 가장 오래되었으며, 그다음은 허밋 셰일, 코코니노 사암, 토로윕층, 카이밥 석회암층 등의 순서이다.

퇴적면 수평성의 원리

스테노는 또 하나의 중요한 기본 원리인 **퇴적면 수평성의 원리**(principle of original horizontality)도 명확히 설명하였는데, 퇴적층은 일반적으로 수평 상태로 퇴적된다는 것이다. 따라서 만약 평평한 지층을 보게 된다면, 이는 이 지층들이 교란되지 않은 상태로 원래의 수평성을 유지하고 있음을 의미한다. 그림 18.1과 18.2의 그랜드캐니언의 지층들이 이런 모습을 보여준다. 하지만 이 지층들이 습곡되거나 급한 각도로 경사져 있다면, 이 지층들이 퇴적된 어느 정도 시간 이후 지각변동에 의해 그 위치로 이동된 것임을 지시한다(**그림 18.3**).

그림 18.3 **퇴적면의 수평성** 대부분의 퇴적층은 거의 수평 상태로 퇴적된다. 그러므로 우리가 습곡되거나 기울어진 지층들을 보게 된다면, 이들은 퇴적된 이후에 지각 변동에 의해서 그 위치가 이동되었음을 가정할 수 있다. (사진 : Marco Simoni/Robert Harding World Imagery)

횡적 연속성의 원리

횡적 연속성의 원리(principle of lateral continuity)는 퇴적암 지층은 연속적인 층들로 모든 방향으로 확장되면서 결국에는 다른 형태의 퇴적물로 점진적으로 변화되거나, 또는 최적 분지의 경계부에서 얇아지면서 없어진다는 사실을 설명한 것이다(그림 18.4). 예를 들면 강이 협곡을 생성하는 경우에 우리는 협곡 양쪽에 동일하거나 유사한 지층들로 연결되어 있었다고 가정할 수 있다. 비록 상당한 거리로 인해 암석의 노두가 분리되어 있을 수는 있지만, 횡적 연속성의 원리는 이들 노두들이 한때는 연속된 지층에서 형성되었음을 설명한다. 이 원리를 이용하여 지질학자들은 서로 떨어진 지점의 노두들을 연결시킬 수 있다. 이러한 과정을 대비(correlation)라고 하며, 이 장 후반부에서 논의한다.

단절관계의 원리

그림 18.5는 단층에 의해 지층들이 잘라지고, 변위가 발생한 지점을 따라 균열이 생성된 것을 보여준다. 여기서 암석이 이를 자르고 지나간 단층보다 오래되었음은 명확하다. **단절관계의 원리**(principle of cross-cutting relationships)란 암석들을 자르고 지나간 지질학적 특징은 그들이 자르고 지나간 암석이나 지층보다는 나중에 발생하였음을 지시한다. 그림 18.6의 암맥은 판상이 화성암체로서 주변 암석을 자르고 지나간다. 화성 관입체에서 나오는 마그마의 열이 주변 암석에 좁은 접촉 변성암의 '구워진' 부분을 생성하며, 주변 암석이 원래 있던 곳에 관입이 발생하였음을 지시한다.

포획물

때로는 포획물이 상대연령 측정에 도움을 주기도 한다. **포획물**(inclusion)이란 한 암석 내부에 포함된 다른 암석의 파편을 말한다. 이에 대한 기본 원리는 논리적이고 직설적이다. 즉 어떤 암석이 다른 암석의 내부에 포획되려면, 포획한 암석보다는 이전에 존재했어야 한다는 것이다. 그러므로 포획물을 가지고 있는 암석이 포획된 암석보다는 젊다. 예를 들어 마그마가 주변 암석으로 관입하는 경우, 주변 암석들이 떨어져

그림 18.4 **횡적 연속성** 퇴적물들이 넓은 지역에 하나의 연속된 층으로 퇴적된다. 퇴적층들은 연속적인 층들로 모든 방향으로 확장되면서 결국에는 다른 형태의 퇴적물로 점진적으로 변화되거나, 또는 최적 분지의 경계부에서 얇아지면서 없어진다.

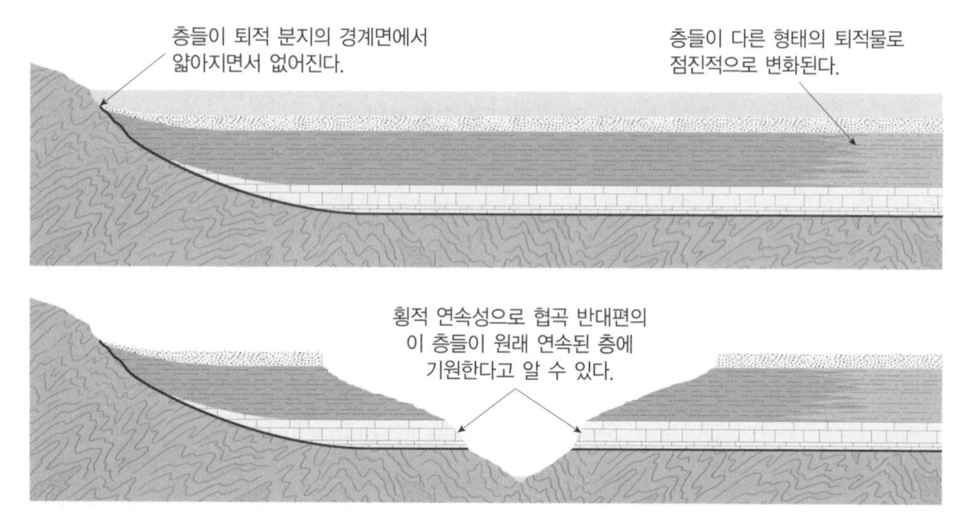

그림 18.5 **단절 관계의 단층** 암석이 이를 자르고 지나간 단층보다 오래되었다. (사진 : Morley Read/Alamy)

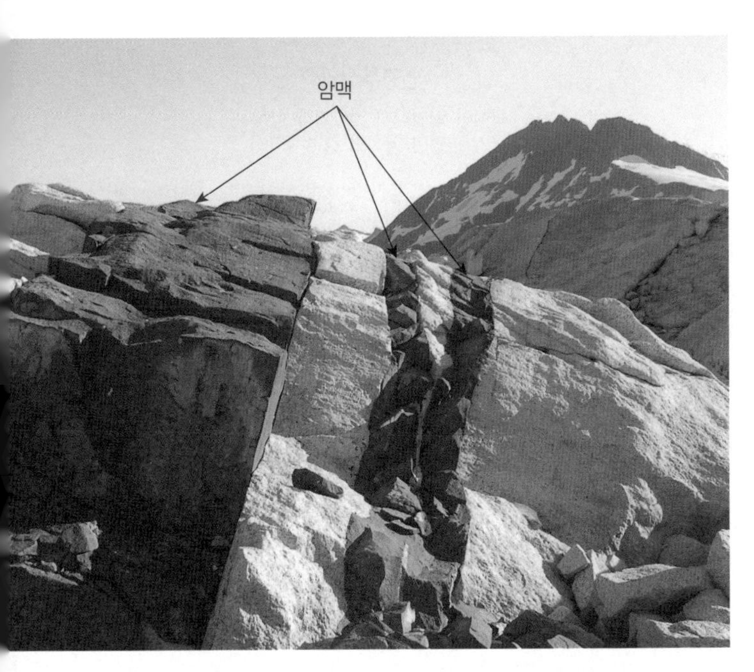

그림 18.6 **단절 관계의 암맥** 화성 암맥이 관입된 암석보다 젊다.

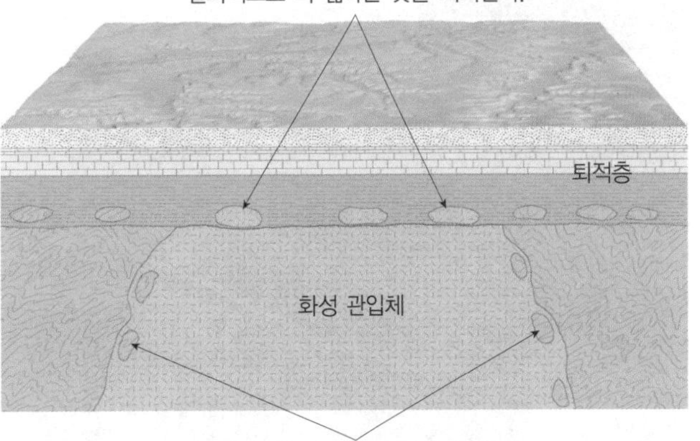

스마트그림 18.7
포획물 포획물을 함유하고 있는 암석은 그 포획물보다 젊다.

나와 마그마에 포함될 수 있다. 이러한 조각들이 녹지 않는다면 포획물로 남아 있게 되고, 이들을 **포획암**(xenolith)이라고 한다. 다른 예로는 풍화된 기반암의 상부에 퇴적물이 쌓이게 되면, 풍화암의 일부가 이보다 젊은 퇴적층에 포함된다(그림 18.7).

부정합

지층이 중단됨 없이 연속적으로 쌓여 있는 경우를 **정합**(conformable)이라고 한다. 어떤 지역들은 지질시대의 특정 시기를 대표하는 정합층들을 보여주기도 한다. 하지만 지구 역사 전체의 완전한 정합층들을 보여주는 곳은 지구상에 없다.

지구 전체 역사를 보면 퇴적물이 쌓이는 과정은 반복적으로 중단되곤 했다. 이와 같이 암석 기록에서 퇴적이 중단된 부분들을 **부정합**(unconformity)이라고 한다. 부정합은 퇴적이 중단되고 침식 작용으로 이전에 생성된 암석이 제거된 후 다시 퇴적작용이 재개된 시점까지의 긴 기간을 의미한다. 각 부정합에서 융기와 침식 후에는 침강과 퇴적작용이 다시 시작된다. 부정합은 지구 역사에서 중요한 지질학적 사건들을 대표하므로 그만큼 중요한 특성이다. 더구나 이들을 인식함으로써 지층에서 확인되지 않아 지질 기록에서 손실된 부분들이 어떤 시기인지 알 수 있다.

부정합에는 세 가지 기본 유형이 있다.

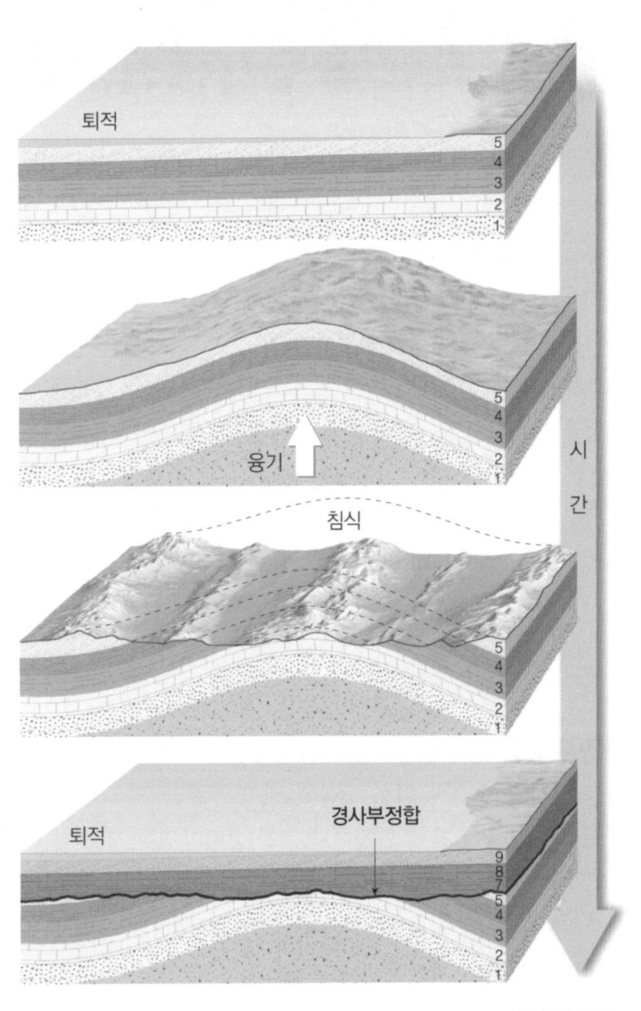

스마트그림 18.8 **경사부정합의 형성**
경사부정합은 지층에 변형과 침식이 일어난 기간을 지시한다.

경사부정합 아마도 가장 쉽게 인지할 수 있는 부정합이 **경**

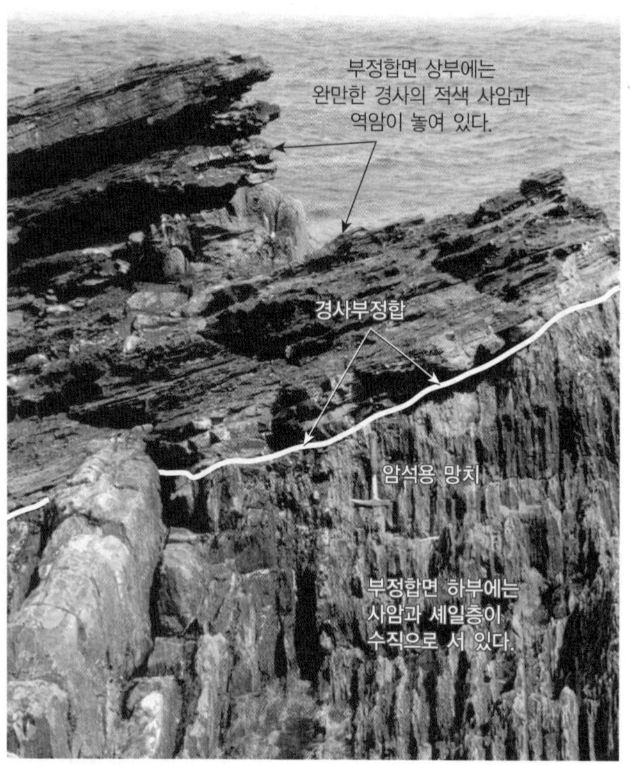

그림 18.9 **스코틀랜드의 시카 포인트** 1700년대 후반에 제임스 허튼이 연구한 유명한 부정합 (사진 : Marli Miller)

사부정합(angular unconformity)일 것이다. 이는 경사지거나 습곡된 퇴적층이 이보다 젊고 상대적으로 평평한 지층들에 의해 덮여 있는 경우를 말한다. 경사부정합은 퇴적작용이 중단된 기간 동안(습곡이나 기울어짐과 같은) 지층의 변형과 침식이 일어났음을 지시한다(**그림 18.8**).

200년 전 스코틀랜드에서 제임스 허튼이 경사부정합을 연구했을 때, 그에게는 이 현상이 지질활동의 중요한 시기를 대표하는 것이 분명하였다(**그림 18.9**).[1] 그와 동료들은 또한 이러한 관계들이 상당한 시간적 간격을 의미한다고 판단하였다. 훗날 그곳을 방문했던 한 동료는 다음과 같이 표현했다. "그 깊은 시간의 바다를 보고 있자니 점점 더 어지러워지는 것 같았다."

평행부정합 **평행부정합**(disconformity)은 퇴적 시기보다는 침식 시기에 발생한 암석 기록의 결측 부분을 지시한다. 일련의 퇴적층들이 천해 환경에서 퇴적 중이라고 가정하자. 이 퇴적 기간 후에 해수면이 낮아지거나 육지가 상승하여 이 중에서 퇴적층들이 노출되었다. 이 기간에 해수면보다 위에 있는 퇴적층들에는 새로운 퇴적물들이 쌓이지 않고, 기존의 퇴적물들이 침식되어 없어진다. 그 후에 해수면이 상승하거나 육지가 침강하면서 지표면이 가라앉게 되었다. 이제 퇴적층의 표면이 다시 해수면 아래에 놓이게 되면서 다시 새로운 퇴적층들이 쌓이게 된다. 이때 생성되는 두 세트의 퇴적층들 간의 경계면이 평행부정합—암석의 기록이 없는 시기—이다(**그림 18.10**). 부정합 양쪽의 지층들이 평행하기 때문에 묻힌 하천퇴적층과 같은 침식의 증거들을 발견하지 못한다면 이들을 확인하는 것은 쉽지 않다.

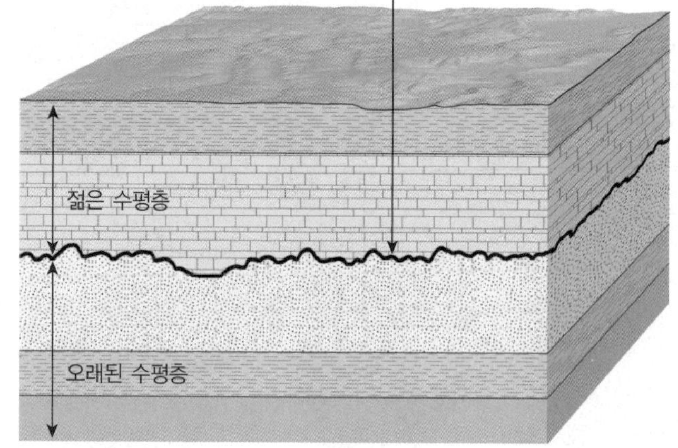

그림 18.10 **평행부정합**
이 시간적 결측 구간의 상하부 층들은 기본적으로 평행하다.

난정합 세 번째 유형의 부정합으로 **난정합**(nonconformity)이 있다. 여기서는 젊은 퇴적층이 오래된 변성암이나 관입 화성암을 덮고 있다(**그림 18.11**). 경사부정합이나 평행부정합과 마찬가지로 난정합 역시 지각의 운동을 지시한다. 관입 화성

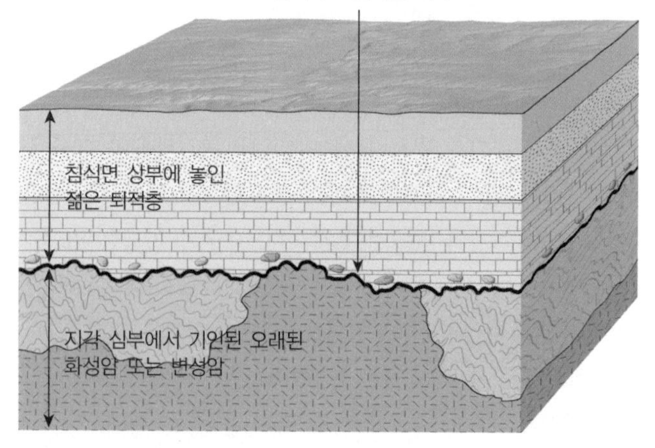

그림 18.11 **난정합** 젊은 퇴적암이 오래된 변성암과 화성암의 상부에 놓여 있다.

1 이 지질학의 선구자는 제1장의 근대지질학의 생성 부분에서 논의된다.

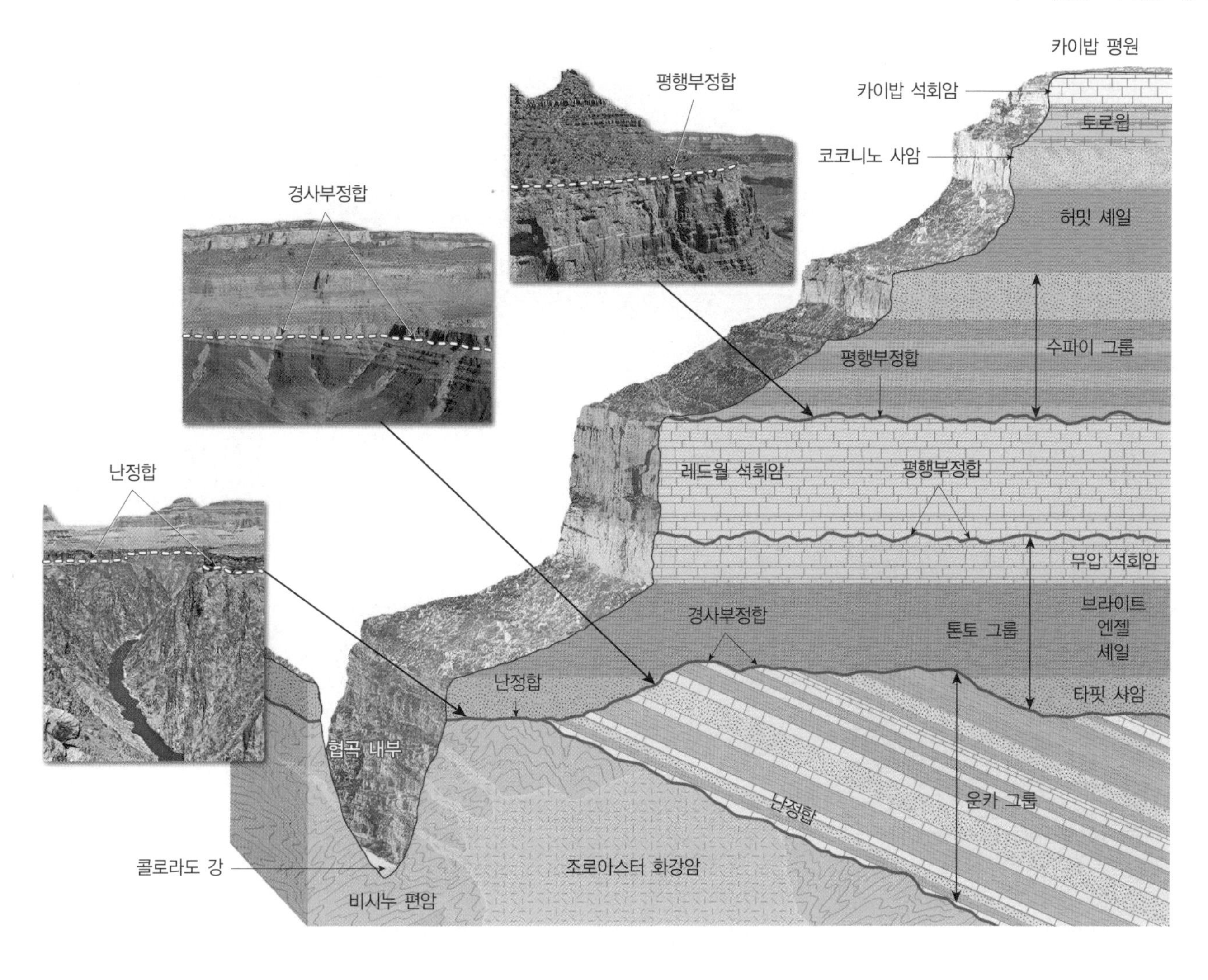

그림 18.12
그랜드캐니언의 단면도 세 가지 유형의 부정합이 모두 나타난다. (사진 : *Marli Miller, E. J. Tarbuck*)

암체나 변성암체는 지하 심부에 기원한다. 따라서 난정합이 발달되기 위해서는 융기와 피복암의 침식 시기가 선행되어야 한다. 일단 지표에 노출되면 화성암이나 변성암체는 다시 침강되어 퇴적되기 이전까지는 풍화와 침식에 노출된다.

그랜드캐니언의 부정합 콜로라도 강의 그랜드캐니언에 노출된 암석들은 지구 역사에서 엄청난 시간을 보여준다. 이곳은 시간을 따라 여행할 수 있는 멋진 장소이다. 협곡의 색색의 지층들은 다양한 환경—즉 해침, 강과 삼각주, 해안 갯벌, 사구 등—에서 생성된 퇴적작용의 오랜 역사를 보여준다. 하지만 이 기록도 연속적이지 않다. 협곡의 지층에서 기록되지 않은 오랜 시간들이 부정합으로 나타나고 있다. 그림 18.12는 그랜드캐니언의 지질단면도이며, 세 가지 모든 유형의 부정합을 볼 수 있다.

상대 연대 측정 원리의 적용

그림 18.13과 같은 가상적인 지질단면에 상대 연대 측정의 원리들을 적용시킨다면 이들이 대표하는 지질 사건들의 순서와 암석들의 적절한 생성 순서를 설정할 수 있다. 그림에 제시된 설명들이 단면들을 해석하는 데 사용된 논리를 요약하여 설명하고 있다.

이 예에서 제시된 지질단면도에 포함된 사건들과 암층의 상대적인 시간 순서는 설정할 수 있다. 그러나 분명히 기억해야 할 것은 이 방법이 지구 역사에서 몇 년간의 기록인지를 알려주지는 않으며, 따라서 수치적인 연대 자료를 도출할 수는 없다. 또한 이 지역을 다른 지역과 어떻게 비교해야 하는지 알 수도 없다.

개념 점검 18.1

① 수치 연대와 상대 연대를 구분하라.
② 다음을 설명하는 네 가지의 단순한 모식도를 그려 보라. 누중, 수평성, 횡적 연속성, 단절관계
③ 부정합의 중요성은 무엇인가?
④ 경사부정합, 평행부정합, 난정합을 구분하라.

알고 있나요?

지구의 나이를 특정하려는 초기의 시도들은 신뢰할 수 없음이 확인되었다. 한 방법은 만약 퇴적물이 쌓이는 속도를 알 수 있고, 동시에 지구 역사 전 기간에 걸친 퇴적암의 두께를 알 수 있다면, 지구의 나이를 계산할 수 있을 것이라는 논리였다. 여기서 필요한 것은 단순히 퇴적암의 두께를 속도로 나누는 것이다. 하지만 이 방법에 곤란한 점들이 제기되었다. 어떤 것들이 문제가 되었을까?

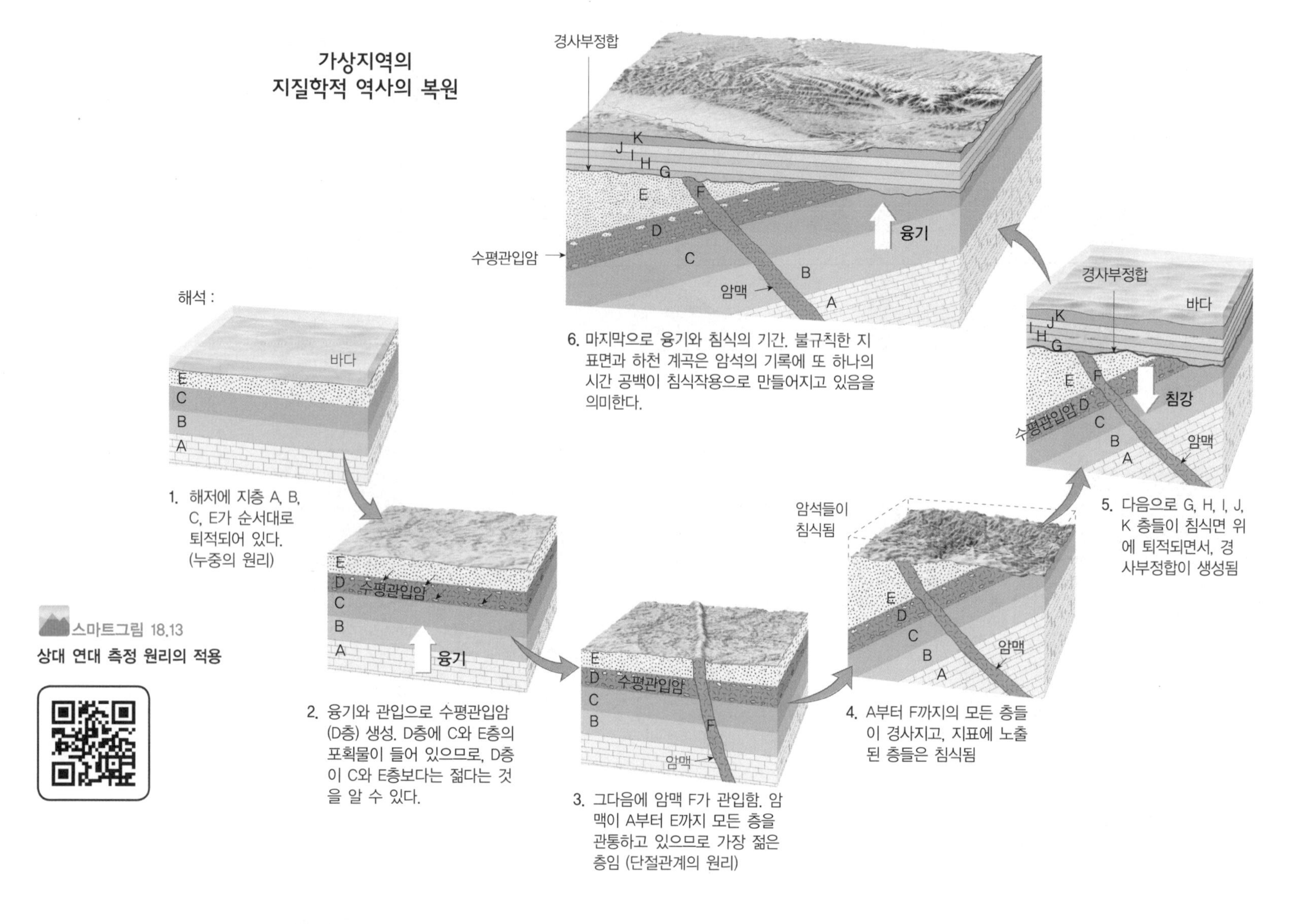

스마트그림 18.13
상대 연대 측정 원리의 적용

18.2 화석 : 과거 생물체의 증거

화석이란 무엇인지 정의하고, 유기물들이 화석으로 보존되기에 적합한 조건은 무엇인지 논의하라.
다양한 유형의 화석들을 설명해 보라.

선사시대 생물체의 흔적이나 잔류물인 **화석**(fossils)은 퇴적암과 퇴적물 내의 중요한 함유물이다. 이들은 지질 역사를 해석하는 데 기본적이며 중요한 도구들이다. 화석을 연구하는 과학을 **고생물학**(paleontology)이라고 한다. 이 학문은 광대한 지질시대를 통한 다양한 생명체의 변화를 이해하기 위한 지질학과 생물학의 학제 간 연구 분야이다. 특정 시기에 존재했던 생명체의 특성을 안다는 것은 과학자들이 과거 환경을 이해하는 데 큰 도움을 준다. 나아가 화석은 중요한 시간의 지시자로서 서로 다른 장소에 있는 유사한 시기의 암석들을 대비하는 데 중요한 역할을 한다.

알고 있나요?

화석(fossil)이라는 단어는 라틴어의 "땅에서 파낸다."라는 뜻을 가진 *fossilium*이라는 단어에서 파생되었다. 중세기 작가들에게 'fossils'는 지하에서 나오는 모든 돌, 광석, 보석 등을 포함하였다. 실제로 많은 광물학 책들이 fossil에 관한 책이라고도 하였다. 현재 사용되고 있는 *fossil*의 의미는 1700년대에 시작되었다.

화석의 유형

화석에는 여러 종류가 있다. 상대적으로 최근 유기물들의 잔류물은 전혀 변형되지 않았을 수도 있다. 이런 물질의 일반적인 예로는 이빨, 뼈, 껍질 등이 있다(**그림 18.14**). 온전한 동물, 특히 아주 특별한 환경에서나 보존되는 살이 포함된 동물들은 흔하지 않다. 시베리아와 알래스카 극지방의 영구동토에 냉동 상태로 보존되어 발견된 맘모스라 부르는 선사시대 코끼리의 잔류물이나 네바다 주의 건조한 동굴에 미라 상태로 보존된 나무늘보의 잔류물이 그 예이다.

광화 작용 광물질이 풍부한 지하수가 뼈나 나무와 같은 다공질의 조직을 통과하면, 지하수에서 광물질이 침전되어 공극과 빈 공간을 채워가는 **광화 작용**이 발생한다. 규화목의 생성은 실리카 성분의 광화 작용 결과로서, 화산재로 둘러싸인 화산환경에서 자주 나타난다. 나무는 서서히 처트로 변질되고, 철이나 탄소 성분 같은 불순물이 화려한 밴드 모양을 이루기도 한다(**그림 18.15A**). **규화**(petrified)라는 단어는 문자적으로 '암석으로 변하다'라는 뜻으로, 가끔은 규화된 조직의 미세한 부분이 그대로 보존되기도 한다.

몰드와 캐스트 또 다른 화석의 유형으로 **몰드**와 **캐스트**가 있다. 조개 껍데기나 다른 조직들이 퇴적물에 묻힌 후 지하수에 의해 용해되면, 여기서 **몰드**가 형성된다. 몰드는 유기물의 외형과 표면의 흔적들을 보여준다. 하지만 유기물의 내부 구조에 대해서는 어떤 정보도 제공하지 않는다. 만약 이런 빈 공간들이 광물질로 채워지면 **캐스트**가 만들어진다(**그림 18.15B**).

탄화와 눌린 자국 탄화라고 하는 화석화 작용은 나뭇잎이나 연약한 동물들을 보존하는 데 효과적이다. 이 작용은 세립질 퇴적물이 유기물의 잔재를 둘러싸면서 발생한다. 시간이 지남에 따라 압력으로 인해 액체와 기체성분은 빠져나오고, 얇은 탄소 잔류물만이 남게 된다(**그림 18.15C**). 산소가 결핍된 환경에서 유기물이 풍부한 점토가 퇴적되어 형성된 흑색 셰일에는 탄화 잔류물들이 많이 포함되어 있다. 이러한 세립 퇴적물에 보존된 화석에서 얇은 탄소 필름이 손실된다면, **눌린 자국**이라는 화석의 흔적이 미세한 모습까지 보여주기도 한다(**그림 18.15D**).

호박 곤충과 같은 연약한 유기물은 잘 보존되지 않으며, 결과적으로 화석 기록은 상대적으로 드물다. 이들이 화석이 되려면 자연적 부패와 동시에 이들을 부수어 버릴 수 있는 압력으로부터도 보존되어야 한다. 이러한 곤충들이 보존되는 경우는 고대의 나무에서 배출된 수지가 굳어져 생성된 **호박**에서 발견된다. **그림 18.15E**에 보이는 거미는 끈적끈적한 수지가 떨어지면서 포획된 후 보존된 것이다. 이 수지가 곤충을 주변의 대기 접촉에서 차단하고, 나아가 물과 공기에 의한 손상으로부터 보호하고 있다. 이 수지가 굳어지면서 압력에도 견딜 수 있는 딱딱한 껍질이 형성된다.

라브레 타르 웅덩이에서 발굴된 현대 코끼리의 선사시대 친척 뻘인 맘모스의 뼈

그림 18.14 **라브레 타르 웅덩이** 여기서의 화석은 변형되지 않을 실제 잔류물들이다. (사진 : *Martin Shields/Alamy; Reed Saxon/AP Wide World Photo*)

흔적 화석 앞서 언급한 화석들 외에도 선사시대 생물체의 흔적만을 보여주는 여러 가지 화석들이 있다. 이런 간접 증거들에 포함되는 것은 다음과 같다.

- 발자국–연약한 퇴적물에 남겨진 동물의 발자국이 후에 암석화된 것이다.
- 굴–퇴적물, 나무, 암석 속에 동물들이 만들어 남긴 굴 또는 관. 이런 구멍들은 나중에 광물질로 채워져서 보존될 수 있다. 이런 종류의 화석 중 가장 오래된 것들은 벌레들이 만든 구멍들이다.
- 분석–화석화된 동물의 배설물과 위장 내 잔류물로, 생물체의 크기와 음식 습성에 대한 유용한 정보를 제공한다(**그림 18.15F**).
- 위석–멸종된 파충류의 위 속에서 음식물을 갈던 잘 마모된 돌이다.

화석 보존의 조건

과거 지질시대를 통해 생존했던 생물체들의 극히 적은 일부만이 화석으로 보존된다. 정상적으로는 동물이나 식물의 잔류물들은 모두 분해된다. 그러면 어떠한 환경에서 이들이 보존되는가? 이를 위해서는 두 가지 특별한 조건이 필요하다. 즉 빠른 매몰과 딱딱한 부분의 함유이다.

알고 있나요?

사람들은 고생물학과 고고학을 자주 혼동한다. 고생물학자들은 화석을 연구하고, 지질학적 과거의 모든 생물형태에 대하여 관심을 갖는다. 반면에 고고학자의 관심은 과거 인류역사의 잔류물에 초점을 맞춘다. 이러한 잔류물들은 오래전에 사람들이 사용하던 가공품(artifacts)과 사람들이 살던 부지에 관련된 건축물이나 구조물 등이다.

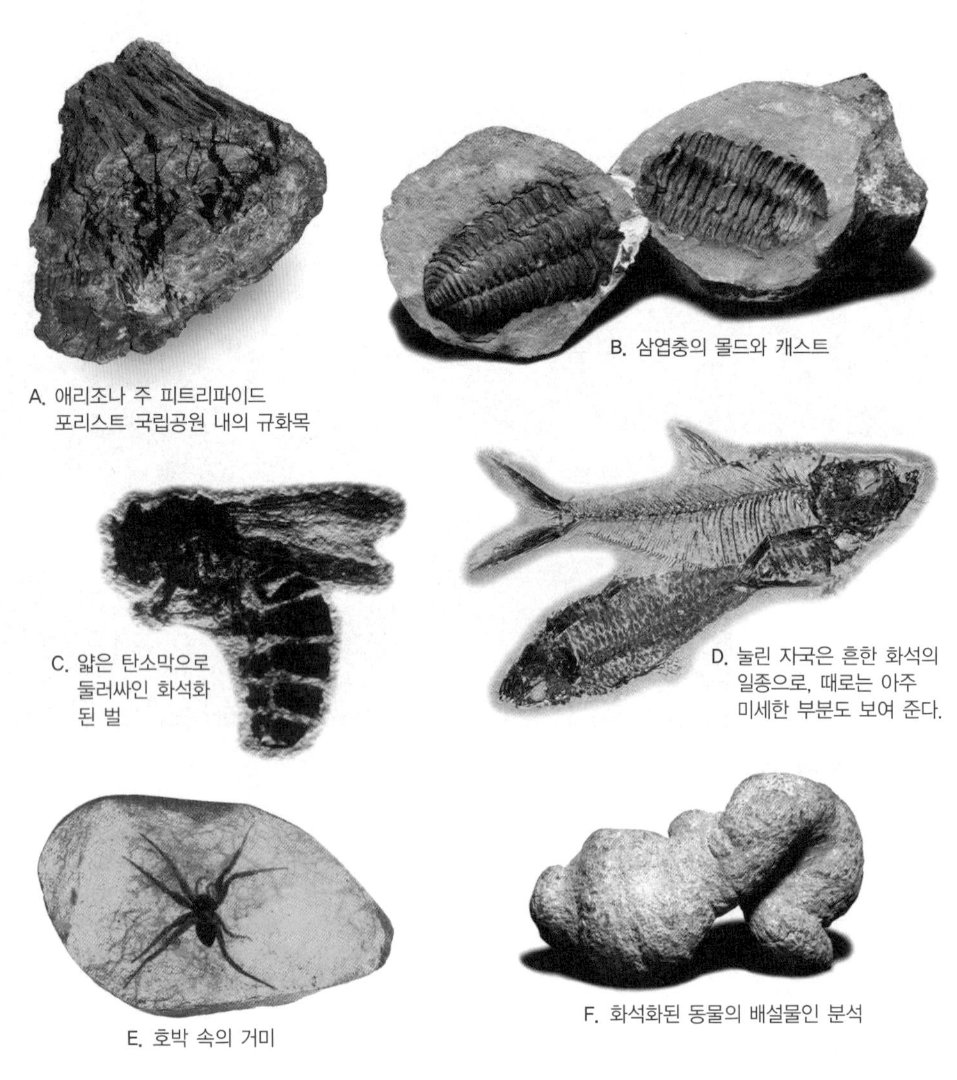

그림 18.15 화석의 종류 (사진 : *A. Bernhard Edmaier/Science Source; B. E. J. Tarbuck; C. Florissant Fossil Beds National Monument; D. E. J. Tarbuck; E. Colin Keates/Dorling Kindersley Media Library; F. E. J. Tarbuck*)

생물체가 죽게 되면 연약한 부분은 썩은 고기를 먹는 동물들에 의해 소모되거나 박테리아에 의해 분해된다. 하지만 어떤 경우에는 퇴적물에 묻히기도 한다. 이런 경우에는 생물체가 분해될 수 있는 환경으로부터 보호된다. 따라서 빠른 매몰이 화석을 보존하는 데 중요한 인자로 작용한다.

나아가 동식물들에 딱딱한 부분이 있다면 이들은 화석기록으로 보존될 가능성이 훨씬 높아진다. 물론 해파리나 벌레, 곤충들과 같이 부드러운 몸체를 가진 동물들의 흔적과 눌린 자국들도 화석으로 존재하지만 그렇게 흔하지 않다. 살 부분은 아주 빠르게 분해되므로 거의 보존되지 않는다. 껍질이나 뼈, 이빨 등과 같은 딱딱한 부분들이 과거 생물체 기록의 대부분을 차지한다.

화석의 보존은 아주 특별한 경우에 나타나는 사건이므로 지질 역사의 생물체 기록은 편향되어 있다. 퇴적작용이 일어나는 환경에서 딱딱한 부분을 갖는 생물체들의 화석기록은 풍부하다. 하지만 이런 특별한 조건을 만족하지 않는 다양한 형태의 생물체에 대해서 우리는 단지 희미하게 감지할 뿐이다.

개념 점검 18.2

① 동물이나 식물이 화석으로 보존될 수 있는 몇 가지 방법을 설명하라.
② 흔적 화석의 예를 세 가지 들어 보라.
③ 유기물이 화석으로 보존되기에 적합한 조건은 무엇인가?

18.3 지층의 대비

서로 다른 지역에 있는 비슷한 연대의 암석들을 어떻게 대비시키는지 설명하라.

알고 있나요?

생물체가 죽고 그 세포조직들이 분해된다 하더라도 이들을 구성하고 있던 유기화합물(탄화수소)은 퇴적물 내에 남아 있을 수 있다. 이런 것을 화학적 화석이라고 한다. 보통 이런 탄화수소가 기름과 가스 등을 형성하지만, 일부는 암석 기록에 잔류되어 이들 유기물이 유래한 생물체를 연구하는 데 분석되기도 한다.

지구 전체에 적용할 수 있는 지질시대표를 작성하기 위해서는 서로 다른 지역에서 비슷한 시기에 형성된 암석들을 서로 연결시켜야만 한다. 이러한 작업을 **지층 대비**(correlation)라고 한다. 한 지점의 암석들을 다른 지점의 암석들과 대비함으로써 그 지역의 보다 광범위한 지질 역사를 이해할 수 있다. 예를 들어 **그림 18.16**은 유타 주 남부와 애리조나 주 북부에 걸쳐 발달된 콜로라도 평원의 세 지점에 대한 지층 대비를 보여준다. 어느 한 지점에도 전체를 보여주는 지층군이 발달되어 있지 않지만, 지층 대비를 통해 퇴적암 형성의 완벽한 기록을 찾아낼 수 있다.

제한된 지역에서의 대비

제한된 지역에서는 한 지점의 암석들을 다른 암석들과 비교하는 것은 단순히 노두를 따라 걸으면서도 확인할 수 있다. 하지만 암석이 대부분 토양과 식생에 의해 덮여 있는 경우에는 이런 작업이 불가능하다. 가까운 거리에서의 지층 대비는 연속된 지층군에서 특이한 암석층의 위치를 파악하는 것만으로도 가능하다. 또한 아주 특이하거나 흔하지 않은 광물들을 포함하고 있는 암층은 다른 지역에서도 구분이 가능하다.

많은 지질학적 연구들이 비교적 작은 지역에 집중된다. 그러한 연구들은 그 자체로 중요한 의미를 갖지만, 그 지역에

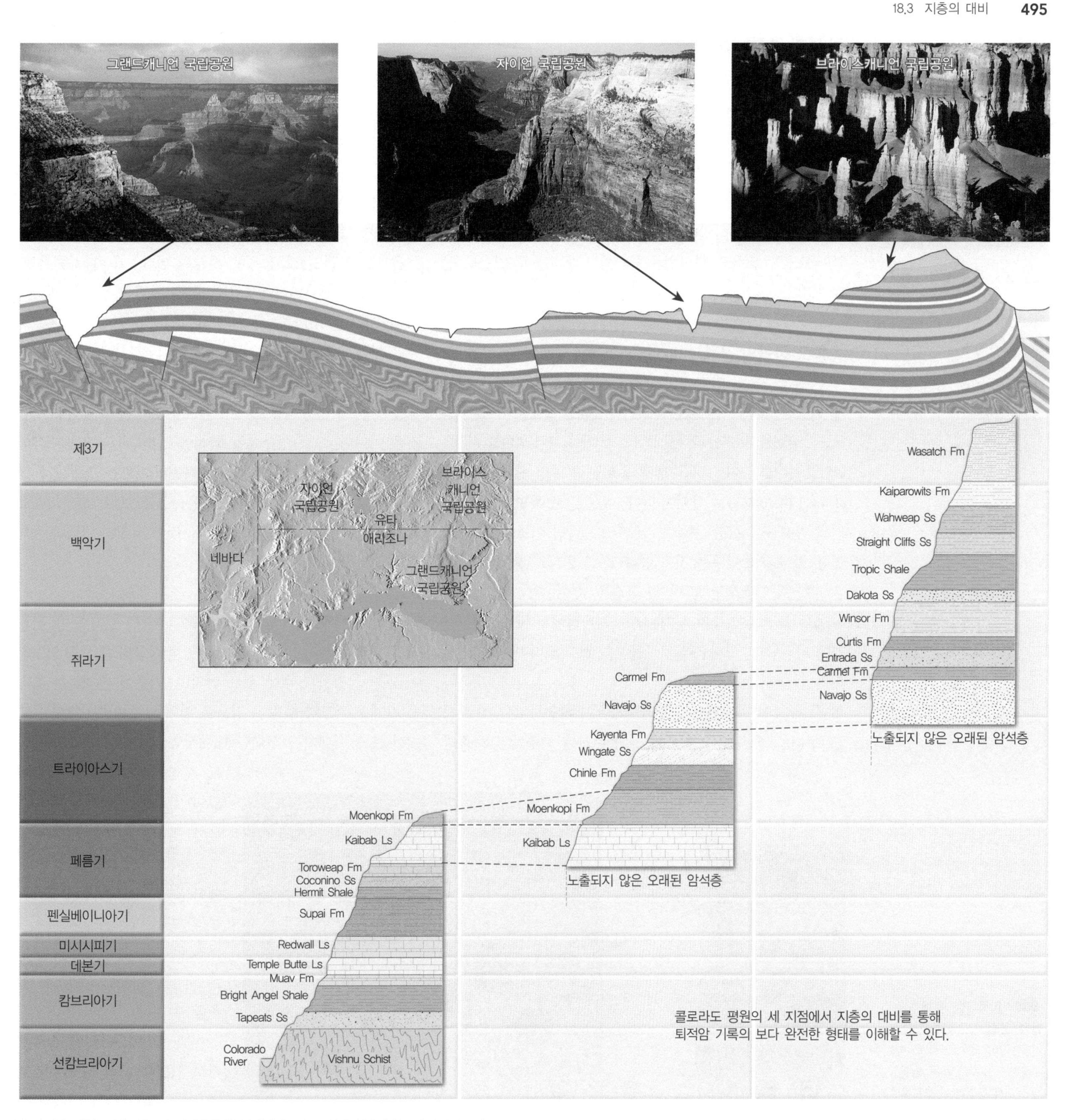

그림 18.16 **지층 대비** 콜로라도 평원의 세 지점에서 있는 지층의 연결 (사진 : E. J. Tarbuck)

나타나는 다른 암석들과의 대비를 통해서 충분한 가치를 인정받게 된다. 방금 설명한 방법들은 비교적 짧은 거리에 있는 암석들을 추적하는 데 충분하지만, 거리가 멀리 떨어져 있는 암석들을 연결시키는 데는 적합하지 않다. 아주 먼 거리로 떨어져 있거나 혹은 다른 대륙의 암석들을 대비하기 위해서 지질학자들은 화석에 의존해야만 한다.

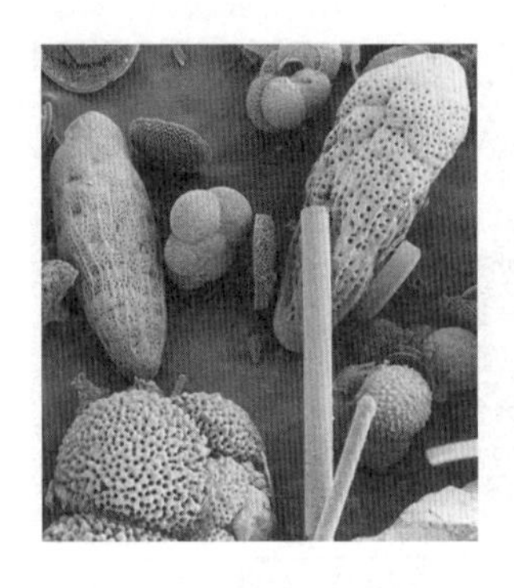

그림 18.17 **표준 화석** 미화석들은 그 수가 많고 널리 분포하며, 생존 시기가 짧아서 아주 이상적인 표준 화석이다. 제시된 전자주사현미경 사진은 마이오세 기간의 해양성 미화석을 보여준다. (사진 : Biophoto Associates/Science Source)

화석과 지층 대비

화석의 존재는 수 세기 전부터 알려져 왔지만, 1700년대 후반과 1800년대 초반에 들어서야 비로소 이들이 지질학적인 도구로 중요함을 알게 되었다. 그 당시 영국의 기술자이며 운하 건축가였던 윌리엄 스미스는 운하에서 보이는 각각의 지층이 그 상부나 하부의 지층과는 다른 고유의 화석을 포함하고 있음을 발견하였다. 나아가 멀리 떨어진 퇴적층들이 그 안에 포함된 고유의 화석으로 확인되고 대비될 수 있음을 인지하였다.

동물군 천이의 원리 스미스의 전통적인 관찰과 그 이후 많은 지질학자들의 발견은 역사지질학의 중요한 원칙을 세우게 되었다. 화석 생물체들은 명확하게 순서를 결정할 수 있는 정도로 연속성을 가지며, 따라서 포함된 화석들로부터 특정한 시기를 규명할 수 있다. 이 내용은 현재 **동물군 천이의 원리**(principle of fossil succession)로 알려져 있다. 다른 말로 하면 화석이 발견된 암석들을 시간 순서대로 늘어놓는다면 이들은 절대 우연한 형태를 보여주는 것이 아니다. 그 반대로 화석의 기록은 시간을 통한 생명체의 변화 과정을 보여준다.

예를 들면 삼엽충의 시대는 화석기록상에서 아주 이른 시기에 나타난다. 그다음에는 동물군의 천이에 따라 어류의 시대와 석탄을 형성하는 늪지의 시대, 파충류의 시대, 포유류의 시대 등이 나타남을 고생물학자들이 확인하였다. 여기서 '시대'는 그 일정한 시기 동안에 풍부하며 특징적인 화석군들을 포함하고 있음을 의미한다. 각각의 '시대' 안에는 특정한 종의 삼엽충이나 특정한 형태의 어류나 파충류 등에 따른 수많은 작은 구분들이 존재한다. 이러한 주요 생물체들의 동일한 천이는 모든 대륙에서 같은 순서로 발견된다.

표준 화석과 화석 군집 일단 화석들이 시간의 지시자로 확인이 되면, 이들은 다른 지역에 있지만 유사한 시기의 지층들을 대비하는 가장 유용한 수단이 된다. 지질학자들은 **표준 화석**(index fossil)이라고 하는 특정한 화석에 많은 관심을 기울인다(**그림 18.17**). 이 화석들은 광범위한 지역에 분포하지만 지질시대로는 짧은 시기에 제한되는 것들로, 이들의 존재는 동일한 시기의 암석들을 맞추어 가는 데 중요한 방법을 제공한다. 하지만 지층들이 항상 표준 화석을 포함하고 있는 것은 아니다. 그런 경우에는 **화석 군집**(fossil assemblage)이라고 하는 여러 화석들을 이용하여 지층의 시대를 결정한다. **그림 18.18**은 한 종류의 화석을 사용하는 것보다 여러 화석들을 포함하는 화석 군집을 사용하는 것이 시대를 결정하는 데 보다 정밀함을 보여준다.

환경의 지시자 화석은 지층 대비의 중요한 도구일 뿐 아니라 환경의 지시자로서도 중요하다. 퇴적암의 특징을 연구하여 과거 환경을 유추할 수도 있지만, 지층에 존재하는 화석을 자세히 검토하여 많은 정보를 얻어낼 수 있다. 예를 들면 어떤 조개 껍데기가 석회암 내에서 발견되면, 지질학자들은 그 지역이 얕은 바다(천해)에 덮여 있었을 것이라고 논리적으로 가정한다. 또한 현생 동물로부터 알고 있는 사실을 이용해서, 두꺼운 껍질을 지니고 있는 화석화된 동물은, 파도의 부딪침에 견딜 수 있었어야 하므로 해안가에 살고 있었음을 유추할 수 있다.

이와 대조적으로 얇고 부드러운 껍질을 가진 동물은 깊고 조용한 심해환경을 지시한다. 따라서 화석의 유형을 자세하게 관찰함으로써 과거 해안가의 대략적인 위치까지도 알아낼 수 있다. 나아가 화석은 과

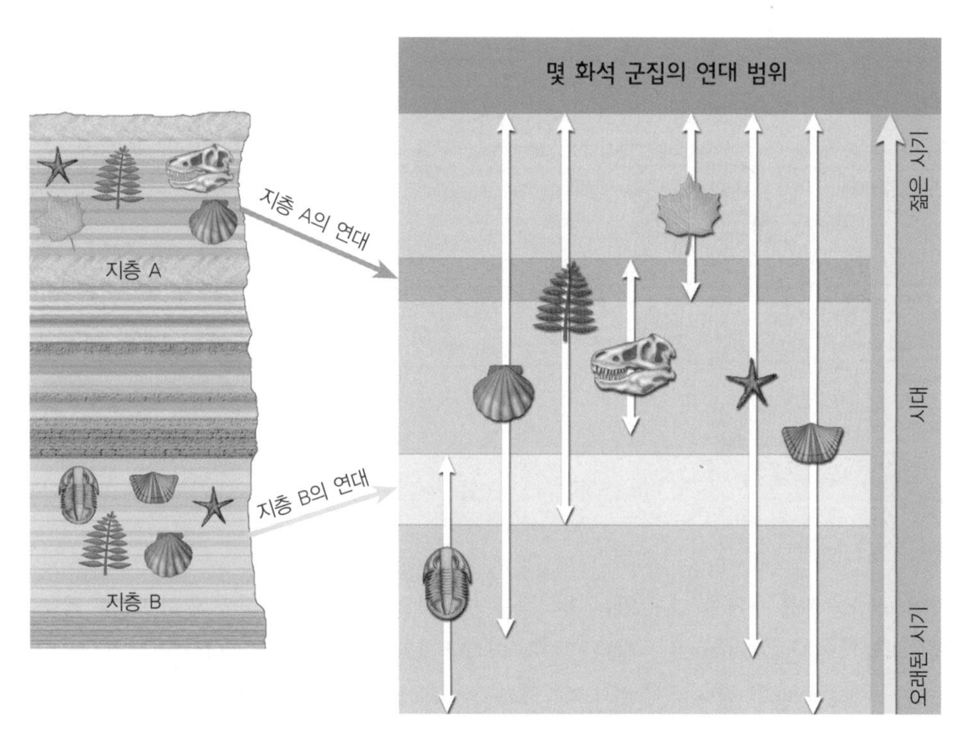

스마트그림 18.18
화석 군집 시간적 범위가 겹쳐지는 화석들은 단일 화석을 사용하는 것보다 더욱 명확하게 연대를 결정하는 데 도움이 된다.

거 물의 온도를 나타낼 수도 있다. 오늘날 어떤 산호들은 플로리다와 바하마 같은 온난하고 얕은 열대지방의 바다에서만 생존한다. 이와 유사한 산호가 고대 석회암 내에서 발견된다면, 이들이 살던 시대에는 플로리다와 같은 해양환경이 존재했었음을 지시한다. 이 예는 복잡한 지구 역사를 풀어나가는 데 화석이 얼마나 유용한지를 잘 보여준다.

개념 점검 18.3

① 지층대비의 목표는 무엇인가?
② 동물군 천이의 원리를 당신의 말로 설명하라.
③ 표준 화석과 화석 군집을 비교하라.
④ 화석이 시간의 지시자로서의 역할 외에 어떤 면에서 지질학자들에게 유용한가?

18.4 방사능 연대 측정

세 가지 유형의 방사능 붕괴를 설명하고, 수치 연대 측정에 방사성 동위원소를 사용하는 방법을 설명하라.

앞서 설명한 원리들을 이용한 상대연령 측정 방법에 더하여, 지질학적 과거의 사건에 대해 신뢰할 만한 수치 연대를 얻을 수 있는 방법이 있다. 예를 들어 우리는 지구의 나이가 46억 년 되었고, 공룡이 약 6,500만 년 전에 멸종되었음을 알고 있다. 100만 년 또는 10억 년 단위로 표현되는 나이는 우리의 상상을 초월한다. 왜냐하면 사람들의 일상은 시간, 주, 년 단위로 측정되는 시간으로 표현되기 때문이다. 하지만 이렇게 광범위하게 표현되는 지구 역사는 실제이며, 그 나이를 측정하는 방법이 방사성 연대 측정법이다. 이 절에서는 방사성과 이를 방사성 연대 측정에 적용하는 법을 배우게 될 것이다.

기본 원자 구조의 복습

제3장에서 각각의 원자는 양성자와 중성자로 구성된 핵을 가지고 있으며, 이 핵 주위로 전자가 궤도를 그리며 돌고 있다고 하였다. **전자**는 음이온 전하를 지니고 있으며, **양성자**는 양이온 전하를 지니고 있다. **중성자**는 양성자와 전자가 결합된 것으로 전하를 갖지 않는다(즉 중성이다).

원자번호(각 원소를 구분하는 번호)는 핵에 있는 양성자의 수이다. 모든 원소는 서로 다른 수의 양성자를 가지고 있어서 원자번호가 다르다(수소=1, 탄소=6, 산소=8, 우라늄=92 등). 같은 원소의 원자들은 항상 동일한 수의 양성자를 갖는다. 따라서 이들의 원자번호는 일정하다.

실질적으로 원자의 거의 모든 질량(99.9%)은 핵에 있다. 이것은 전자는 거의 질량을 갖지 않음을 의미한다. 따라서 원자핵의 양성자와 중성자를 합침으로써 원자의 질량수를 계산하게 된다. 중성자의 수는 변할 수도 있는데, 이러한 변종들을 동위원소라고 하며, 이들은 서로 원자의 질량(원자량)이 다르다.

예를 들어 요약하면, 우라늄의 핵은 항상 92개의 양성자를 지니기 때문에 원자번호는 항상 92이다. 하지만 이 핵의 중성자 수는 변할 수 있어서, 우라늄은 3개의 동위원소가 있다 —우라늄-234 (양성자+중성자=234), 우라늄-235, 우라늄-238. 이들 3개의 동위원소는 자연 상태에서 혼재한다. 이들은 보기에도 비슷하고 화학반응에서도 유사하게 거동한다.

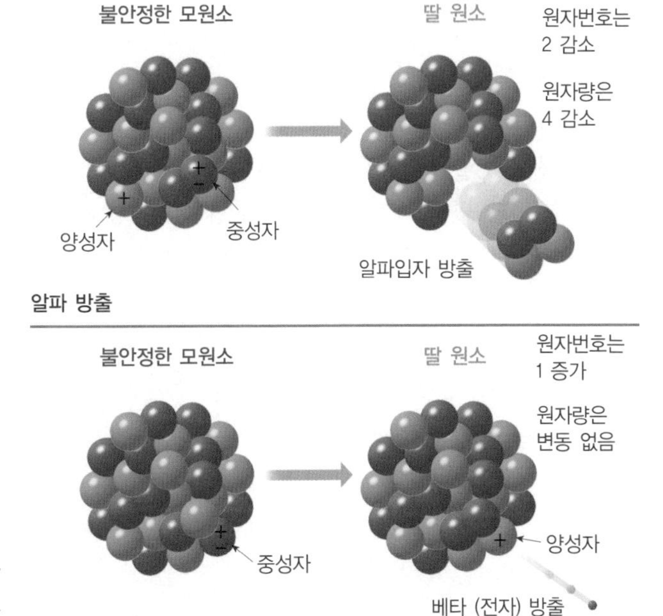

그림 18.19 **일반적 형태의 방사성 붕괴** 각각의 경우 핵 속의 양성자 수(원자번호)가 변화되고, 결과적으로 다른 원소가 생성된다.

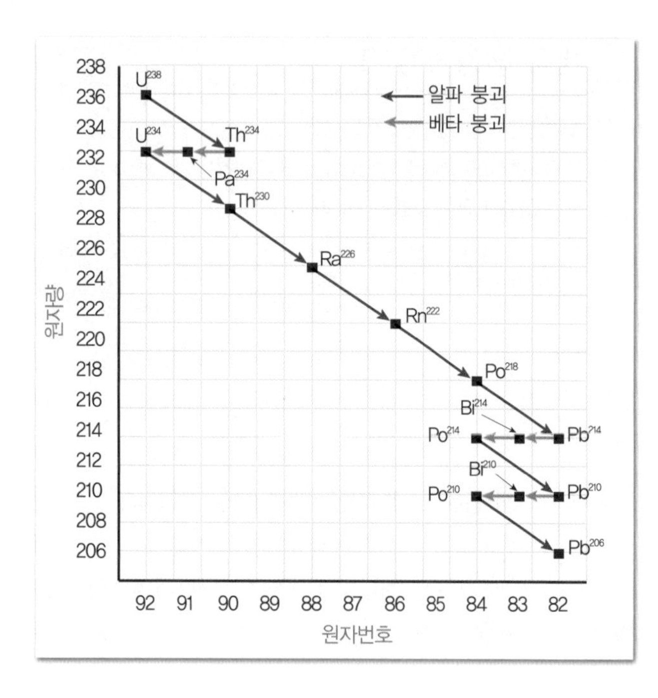

그림 18.20 **U-234의 붕괴** U-238은 방사성 붕괴의 예를 보여준다. 안정한 최종 산물인 Pb-206에 도달하기까지 중간 단계에서 수많은 서로 다른 동위원소들이 산출된다.

방사성

핵에서 양성자와 중성자를 묶는 힘은 상당히 강하다. 하지만 어떤 동위원소에서는 이들 양성자와 중성자를 묶는 힘이 강하지 않아서 핵이 불안정한 상태로 존재한다. 그 결과 핵이 자연적으로 깨지는데(붕괴), 이러한 과정을 **방사성**(radioactivity)이라고 한다.

방사성 붕괴의 일반적인 예 불안정한 핵이 깨지면 어떤 일이 발생하는가? 방사성 붕괴의 세 가지 전형적인 형태가 **그림 18.19**에 보이며, 다음과 같이 요약할 수 있다.

- 핵으로부터 알파(α) 입자가 방출될 수 있다. 하나의 알파 입자는 2개의 양성자와 2개의 중성자로 구성된다. 따라서 하나의 알파 입자 방출은 동위원소의 원자량이 4만큼 감소하며 원자번호는 2만큼 감소함을 의미한다.
- 베타(β) 입자 또는 전자가 핵으로부터 방출되면 원자량은 변하지 않는다. 왜냐하면 전자들은 거의 질량을 가지지 않기 때문이다. 하지만 전자는 중성자로부터 왔으므로(중성자는 양성자와 전자가 결합된 것임을 기억하자), 결과적으로 핵은 이전보다 양성자를 하나 더 가지게 된다. 따라서 원자번호는 1만큼 증가한다.
- 때로는 전자가 핵에 의해 붙잡히기도 한다. 전자가 양성자와 합치게 되면 중성자를 생성한다. 앞의 예에서와 마찬가지로 원자량에는 변함이 없다. 하지만 핵에서는 양성자가 1개 감소하고, 원자번호는 1만큼 낮아진다.

어떤 불안정한(방사성) 동위원소를 **모원소**라고 하고, 모원소의 붕괴로부터 생성된 동위원소는 **딸원소**라고 한다. **그림 18.20**은 방사성 붕괴의 한 예를 보여준다. 여기서는 방사성 모원소인 우라늄-238(원자번호 92, 질량 238)이 붕괴되면 몇 단계를 거치면서 8개의 알파 입자와 6개의 베타 입자를 방출하고 최종적으로 안정한 딸원소인 납-206(원자번호 82, 질량 206)이 된다. 이 붕괴 과정에서 생성되는 불안정한 딸원소 중 하나가 라돈이다.

방사성 연대 측정 방사성의 발견으로부터 얻게 된 가장 중요한 결과 중 하나는 특정한 동위원소를 포함하고 있는 광물이나 암석의 연령을 측정할 수 있는 신뢰할 만한 도구가 생겼다는 것이다. 이러한 방법을 **방사성 연대 측정**(radiometric dating)이라고 한다. 방사성 연대 측정은 많은 동위원소들의 붕괴 속도가 정밀하게 측정되었으며, 이들이 지표면의 물리적 환경에서 변하지 않기 때문에 신뢰할 수 있다. 그러므로 연대 측정에 사용되는 각 방사성 동위원소는 그 동위원소가 산출되는 암석이 형성되었을 당시부터 일정한 속도로 붕괴되어 왔으며, 그 붕괴 생성물들도 역시 동일한 속도로 축적되어 왔다. 예를 들어 마그마가 결정화되는 과정에서 광물 속에 우라늄이 포함되었다면, 거기에는 그 이전의 붕괴에 의

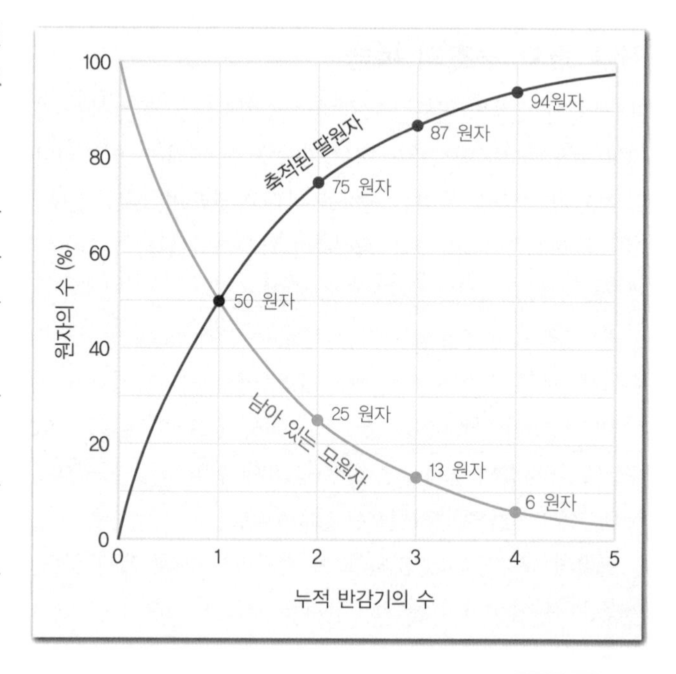

스마트그림 18.21 **방사성 붕괴 곡선** 변화는 기하급수적이다. 모원소의 1/2이 한 반감기 후에 남게 되며, 두 반감기가 지난 후에는 모원소의 1/4이 남는다.

알고 있나요?

화석기록의 절대연령 자료는 생명체가 약 38억 년 전에 바다에서 시작되었음을 지시한다.

한 납(안정한 붕괴 생성물)이 없었을 것이다. 이때부터 방사능 '시계'는 작동하기 시작한다. 이와 같이 새롭게 형성된 우라늄이 붕괴됨에 따라 딸원소의 원자들이 포획되고, 측정이 가능할 정도의 납 성분이 점차적으로 축적된다.

반감기

시료 속 핵의 1/2이 붕괴되기까지 걸리는 시간을 동위원소의 **반감기**(half-life)라고 하며, 방사성 붕괴의 속도를 표현하는 방법으로 보통 사용된다. 그림 18.21은 한 방사성 모원소가 안정된 딸원소들로 붕괴되는 모습을 보여준다. 모원소와 딸원소의 양이 동일할 때, 즉 비율이 1 : 1인 경우 모원소의 반감기가 지났음을 알 수 있다. 모원소의 1/4이 남고 3/4이 딸원소로 붕괴되어 모원소와 딸원소의 비율이 1 : 3이 되었다면, 두 번의 반감기가 지났음을 알 수 있다. 반감기가 세 번 지난 후에는, 모원소와 딸원소의 비율은 1 : 7(1개의 모원소에 7개의 딸원소)이 된다.

만약 방사성 동위원소의 반감기를 알고 또한 모원소와 딸원소의 비율을 측정할 수 있다면, 그 시료의 연령을 측정할 수 있다. 예를 들어 가상적인 불안정한 동위원소의 반감기를 100만 년이라 하고, 모원소와 딸원소의 비율이 1:15였다고 하자. 이 비율은 네 번의 반감기가 지났음을 의미하고, 따라서 그 시료는 400만 년 되었음을 알 수 있다.

다양한 동위원소의 활용

반감기 동안에 붕괴되는 방사성 원자의 비율은 항상 50%로 일정함을 기억하자. 그러나 붕괴되는 실제 원자량은 반감기가 지날수록 계속해서 감소한다. 그러므로 방사성 모원소의 비율이 감소함에 따라 이를 상쇄하는 안정된 딸원소의 양은 증가한다. 이러한 사실이 바로 방사성 연대 측정의 열쇠이다.

자연에 존재하는 많은 방사성 동위원소 중에서 다섯 종류가 오래된 암석의 연대 측정에 유용한 것으로 확인되었다(표 18.1). 루비듐-87, 토륨-232와 우라늄의 두 종류 동위원소들은 오직 수백만 년 이상의 오래된 암석들의 연대 측정에만 사용되며, 칼륨-40은 비교적 사용도가 광범위하다.

칼륨-아르곤 칼륨-40의 반감기가 13억 년이지만, 분석기술은 10만 년 이하의 젊은 암석에 포함된 극미량의 안정된 딸원소, 즉 아르곤-40의 함량도 분석해 낼 수 있다. 이 방법을 선호하는 또 다른 이유는 칼륨이 광물들, 특히 운모와 장석에 풍부하기 때문이다.

표 18.1

방사성 연대 측정에 자주 사용되는 동위원소

방사성 모원소	안정된 딸원소	현재 인정되는 반감기
우라늄-238	납-206	45억 년
우라늄-235	납-207	7억 400만 년
토륨-232	납-208	141억 년
루비듐-87	스트론튬-87	470억 년
칼륨-40	아르곤-40	13억 년

칼륨(K)이 세 종류의 자연적 동위원소(^{39}K, ^{40}K, ^{41}K)를 지니고 있지만, 이 중에서 오직 ^{40}K만이 방사성원소이다. ^{40}K가 붕괴될 때는 두 가지 경로를 따른다. 약 11%는 전자 포획과정을 통해 아르곤-40(^{40}Ar)으로 변한다(그림 18.19 아래). 나머지 89%의 40K는 베타 방출을 통해서 칼슘-40(^{40}Ca)으로 변한다(그림 18.19 중간). 그러나 ^{40}K에서 ^{40}Ca로의 붕괴는 방사성 연대 측정에는 유용하지 않다. 왜냐하면 방사능 붕괴에 의해 생성된 ^{40}Ca는 그 암석이 생성될 당시에 존재하던 Ca와 구분할 수 없기 때문이다.

칼륨-아르곤 시계는 마그마나 변성암에서 칼륨을 함유하는 광물이 결정화되는 순간부터 작동하기 시작한다. 이 순간에 새로운 광물은 ^{40}K를 포함하지만 ^{39}Ar은 포함하지 않는다. 왜냐하면 이 원소는 비활성기체 원소로서 다른 원소들과는 결합하지 않기 때문이다. 시간이 지남에 따라, ^{40}K는 전자 포획을 통해 점차 붕괴된다. 이 과정을 통해 생성된 ^{40}Ar은 광물의 결정 격자 내에 포획된 상태로 남게 된다. 이 광물이 생성될 당시에 ^{40}Ar 성분이 없었으므로, 이 광물 내에 포획된 모든 딸원소는 ^{40}K의 붕괴에 의해 생성되었을 것이다. 그 시료의 연령을 측정하기 위해서는 ^{40}K/^{40}Ar 비율을 정밀하게 측정하고, 알고 있는 ^{40}K의 반감기를 적용하면 된다.

복잡한 기작 기본적인 방사성 연대 측정의 원리는 간단하지만, 실질적인 적용 과정은 상당히 복잡함을 잊어서는 안 된다. 모원소와 딸원소의 양적인 분석은 대단히 정밀해야 한다. 또한 어떤 방사성 물질들은 위의 예시에서 보인 것처럼 직접적으로 안정한 딸원소로 붕괴되지 않으며, 결과적으로 분석 자체가 훨씬 복잡하다. 우라늄-238의 경우, 14번째이면서 마지막 딸원소인 안정동위원소 납-206을 산출하기까지 13개의 중간 단계의 불안정한 딸원소들이 생성된다(그림 18.20).

알고 있나요?

영화나 만화에 보면 사람과 공룡이 함께 사는 것으로 보이지만, 실제로 이런 경우는 없었다. 공룡은 중생대에 번성했다가 약 6,500만 년 전에 멸종했다. 인류와 그 가까운 선조들은 공룡이 멸종한 후 6,000만 년 정도가 지난 신생대 후반기까지는 출현하지 않았다.

알고 있나요?

방사성 연대 측정의 오류 원인에 대한 일반적인 예방책으로는 교차 확인 방법이 있다. 이 방법은 간단히 한 가지 시료에 대해서 서로 다른 두 가지 방법을 적용하는 것이다. 만약 두 연대가 일치한다면, 그 연대의 신뢰성이 높아진다. 하지만 연대가 서로 상당히 다르다면, 어떤 연대가 정확한 것인지 또 다른 교차 확인이 필요하다.

오류의 원인 정확한 방사성 연대를 획득하기 위해서는 분석되는 광물이 생성 당시부터 현재까지 전 기간에 걸쳐 완전히 폐쇄계를 유지하고 있었어야 한다는 것을 인식하는 것이 중요하다. 이 과정에서 광물에 모원소 또는 딸원소의 첨가나 손실이 있었다면 정확한 연대 측정이 불가능하다. 이러한 조건이 항상 만족되는 것은 아니다. 실제로 칼륨-아르곤 방법의 중요한 한계는 아르곤이 가스성분으로 광물로부터 새어 나올 수 있다는 것으로, 결과적으로 측정 결과를 날려 버리기도 한다. 실제로 암석이 고온에 노출되었다면 이러한 손실이 상당히 클 수도 있다.

물론 ^{40}Ar의 함량 감소는 암석의 연대를 과소평가하게 된다. 때로는 온도가 높은 시기가 너무 길어서 모든 아르곤이 없어지기도 한다. 이러한 사건이 발생하면, 칼륨-아르곤 시계는 다시 설정되고, 이 시료에서 측정된 시간은 실제 암석의 연령이 아니라 온도에 의해 재설정된 시간이 된다. 또 다른 방사능 시계에서는 풍화와 침출 등으로 딸원소의 손실이 발생할 수도 있다. 이런 문제점들을 피하기 위해서 간단히 할 수 있는 방법은 신선하고 풍화되지 않은 시료를 사용하는 것이다. 즉 화학적으로 변질된 것 같은 시료는 피해야 한다.

지구상의 가장 오래된 암석 방사성 연대 측정 방법으로 지구 역사에서 문자 그대로 수천 개의 연대를 산출한 바 있다. 35억 년 이상의 연대를 보이는 암석들이 전 대륙에서 발견되었다. 지금까지 지구의 가장 오래된 암석들은 약 42억 8,000만 년 정도 되었다. 캐나다 퀘벡 주의 북부 허드슨 만 부근의 해안가에서 발견된 이 암석들은 지구의 원시 지각의 잔류물로 여겨진다. 그린란드 서부지역의 암석에서는 37~38억 년의 연대가 측정되었고, 이와 비슷한 연대의 암석들이 미네소타 강 계곡과 북부 미시간 지역(35~37억 년), 아프리카 남부지역(34~35억 년), 오스트레일리아 서부지역(34~36억 년) 등에서도 발견되었다. 오스트레일리아 서부지역의 젊은 시기의 퇴적암 내에서 43억 년 정도의 연대를 보이는 작은 지르콘 광물의 결정이 발견되었다. 이 작은 광물의 근원암은 더 이상 존재하지 않거나, 아니면 아직 발견되지 않았다.

그림 18.23 **동굴 벽화** 1994년에 발견된 프랑스 남부의 쇼베 동굴에는 가장 오래된 것으로 알려진 동굴 벽화들이 있다. 방사성 탄소 연대 측정 결과, 대부분의 그림들이 30,000~32,000년 이전에 그려졌다. (사진 : *Javier Trueba/MSF/Science Source*)

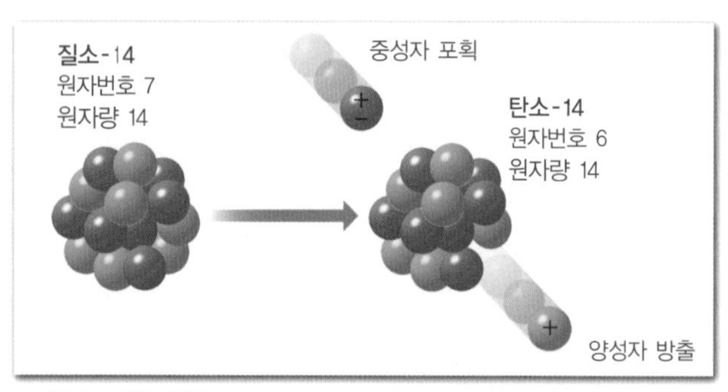

A. 탄소-14의 생성

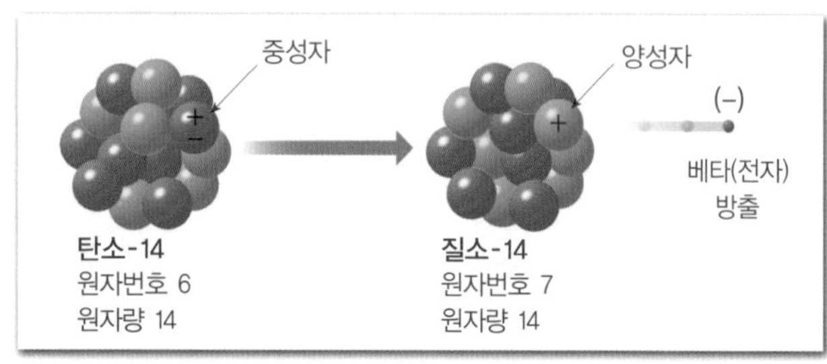

B. 탄소-14의 붕괴

그림 18.22 **탄소-14** 방사성 탄소의 생성과 붕괴. 이 모식도는 각각의 원자핵을 보여준다.

방사성 연대 측정은 이미 150년 전에 지질시대가 광대함을 유추한 허튼, 다윈과 다른 학자들의 생각을 잘 입증하고 있다. 정말로 최근의 연대 측정 방법들은 우리가 관찰하고 있는 모든 지질학적 과정이 엄청난 일을 수행하기까지 충분한 시간이 있었다는 것을 보여준다.

탄소-14를 이용한 연대 측정

비교적 최근의 사건에 대한 연대 측정을 위해서는 탄소-14가 사용된다. 탄소-14는 탄소의 방사성 동위원소이며, 이 방법은 일반적으로 **방사성 탄소 연대 측정**(radiocarbon dating)이라고 한다. 탄소-14의 반감기가 5,730년이므로 선사시대의 사건이나 지질학적으로는 최근 사건들의 연대 측정에 사용될 수 있다. 경우에 따라서는 약 70,000년 이전의 사건에 대해 탄소-14 방법을 사용할 수도 있다.

탄소-14는 우주광선 충격의 결과로 대기권 상층부에서 지속적으로 생성된다. 우주광선은 높은 에너지를 가진 입자들로서 가스 원자의 핵을 분열시키고 중성자를 방출시킨다. 이들 중성자의 일부가 질소 원자(원자번호 7, 원자량 14)에 의해 흡수되고, 반면에 양성자는 방출된다. 결과적으로 원자번호는 1 감소하고(7에서 6으로), 다른 원소인 탄소-14가 생성된다(**그림 18.22A**). 이 탄소의 동위원소는 빠르게 이산화탄소에 섞여서 대기를 순환하다가 생물체에 흡수된다. 결과적으로 (당신을 포함한) 모든 생물체는 미량의 탄소-14를 함유한다.

그 생물체가 살아 있는 동안에는 붕괴되는 방사성 동위원소는 지속적으로 치환되고, 탄소-14와 탄소-12의 비율은 일정하게 유지된다. 탄소-12는 안정하며, 가장 흔한 탄소의 동위원소이다. 그러나 식물이나 동물이 죽게 되면, 탄소-14가 베타 방출로 질소-14로 붕괴되면서 그 양은 점차 감소한다(**그림 18.22B**). 시료 내의 탄소-14와 탄소-12의 비율을 비교함으로써 방사성 연대를 측정할 수 있다. 중요한 것은 탄소-14는 오직 나무, 석탄, 뼈, 피부, 면 섬유로 만든 옷감 등의 유기물에만 적용할 수 있다는 것이다.

비록 탄소-14는 지질 역사의 마지막 아주 작은 부분에만 적용될 수 있지만, 지구 역사의 최근 시대를 연구하는 지질학자뿐 아니라 인류학자, 고고학자, 역사학자들에게 유용한 연대 측정의 도구이다(**그림 18.23**). 실제로 방사성 탄소 연대 측정법의 개발은 너무나 중요해서 이 방법을 발견한 화학자 윌러드 리비가 1960년에 노벨상을 받기도 했다.

개념 점검 18.4

① 세 종류의 방사성 붕괴를 제시하고, 각각의 경우 원자번호와 원자량의 변화를 설명하라.
② 반감기를 설명하는 간단한 모식도를 그려 보라.
③ 방사성 연대 측정이 수치 연대를 결정하는 데 믿을 만한 방법인지 설명하라.
④ 방사성 탄소 연대 측정은 어느 정도의 시간규모에 적용할 수 있는가?

18.5 지질시대표

지질시대의 규모를 구성하는 네 가지 기본 시간단위를 구분하고, 이러한 시간규모가 왜 강력한 도구가 되는지 설명하라.

지질학자들은 지질학적 역사 전체를 다양한 길이의 시간 단위로 구분했다. 이 단위들이 모여 지구 역사의 **지질시대표**(geologic time scale)를 구성한다(**그림 18.24**). 이 시대표의 주요 단위는 19세기에 주로 서부 유럽과 영국의 연구자들에 의해 결정되었다. 당시에는 방사성 연대 측정 방법이 없었기 때문에, 전체 시대표의 규모는 상대 연대 측정 방법으로 만들어졌다. 방사성 연대 측정을 통해 정량적인 연대가 결정된 것은 20세기에 들어와서이다.

시대표의 구조

지질시대표는 46억 년의 지구 역사를 많은 단위들로 구분하여, 지구 역사상의 사건들을 의미 있는 시간의 틀로 정렬하여 제공한다. 그림 18.24에서 보이듯이 **이언**(eon)은 가장 광범위한 기간을 표현한다. 약 5억 4,200만 년 전부터 시작된 이언은 '**현생**(Phanerozoic)'이라고 하며, '눈에 보이는 생명체'라는 의미를 갖는다. 현생이언의 퇴적물과 암석들이 주요 진화의 경향을 보여주는 수많은 생물체들의 화석을 함유하고 있어서 그러한 명칭이 적절한 것 같다.

지질시대표를 다르게 보면 이언은 다시 **대**(era)로 구분된다. 현생이언에는 **고생대**(Paleozoic : 오래된 생물체), **중생대**(Mesozoic : 중간 생물체), **신생대**(Cenozoic : 최근 생물체)의 3개의 대가 포함된다. 그 명칭에서 알 수 있듯이 이러한 대는 생명체들의 심각한 전 지구적인 변화를 의미한다.[2]

현생이언의 각 대는 **기**(period)로 세분된다. 고생대는 7개, 중생대는 3개, 신생대는 2개의 기로 구성된다. 이들 12개 각각의 기는 대와 비교해서는 약간 덜 심각한 생물체들의 변화가 특징이다.

각각의 기는 더 작은 단위인 **세**(epoch)로 구분된다. 그림 18.24에서 보듯이 신생대에는 7개의 세가 명명되었다. 그러나 다른 기의 세는 특정한 이름으로 불리지 않으며, 단순히

2 생물체의 중요한 변화들은 제19장에서 논의된다.

초기, 중기, 후기의 용어를 붙여서 사용된다.

선캄브리아 시기

지질시대표의 상세한 구분은 캄브리아기가 시작되는 5억 4,200만 년 이후에서야 비로소 시작됨을 유의하자. 캄브리아기 이전의 약 40억 년의 시간은 **시생**(Archean)과 **원생**(Proterozoic) 2개의 이언으로 구분된다. 이 광범위한 기간은 또한 간단히 **선캄브리아**(Precambrian)라고 한다. 비록 이 기간이 지구 역사의 약 88%를 차지하지만, 선캄브리아는 현생 이언처럼 작은 시간 단위로 구분되지 않는다.

그렇다면 이렇게 광대한 기간의 선캄브리아 시기가 많은 대, 기, 세들로 세분되지 않는 이유는 무엇인가? 그 이유는 바로 선캄브리아의 역사가 그 정도로 잘 알려져 있지 않기 때문이다. 지질학자들이 지구의 역사를 해석하는 데 사용하는 정보의 양은 대체로 인류 역사를 자세히 아는 것과 유사하다. 과거로 가면 갈수록 모르는 것이 많아진다. 확실히 과

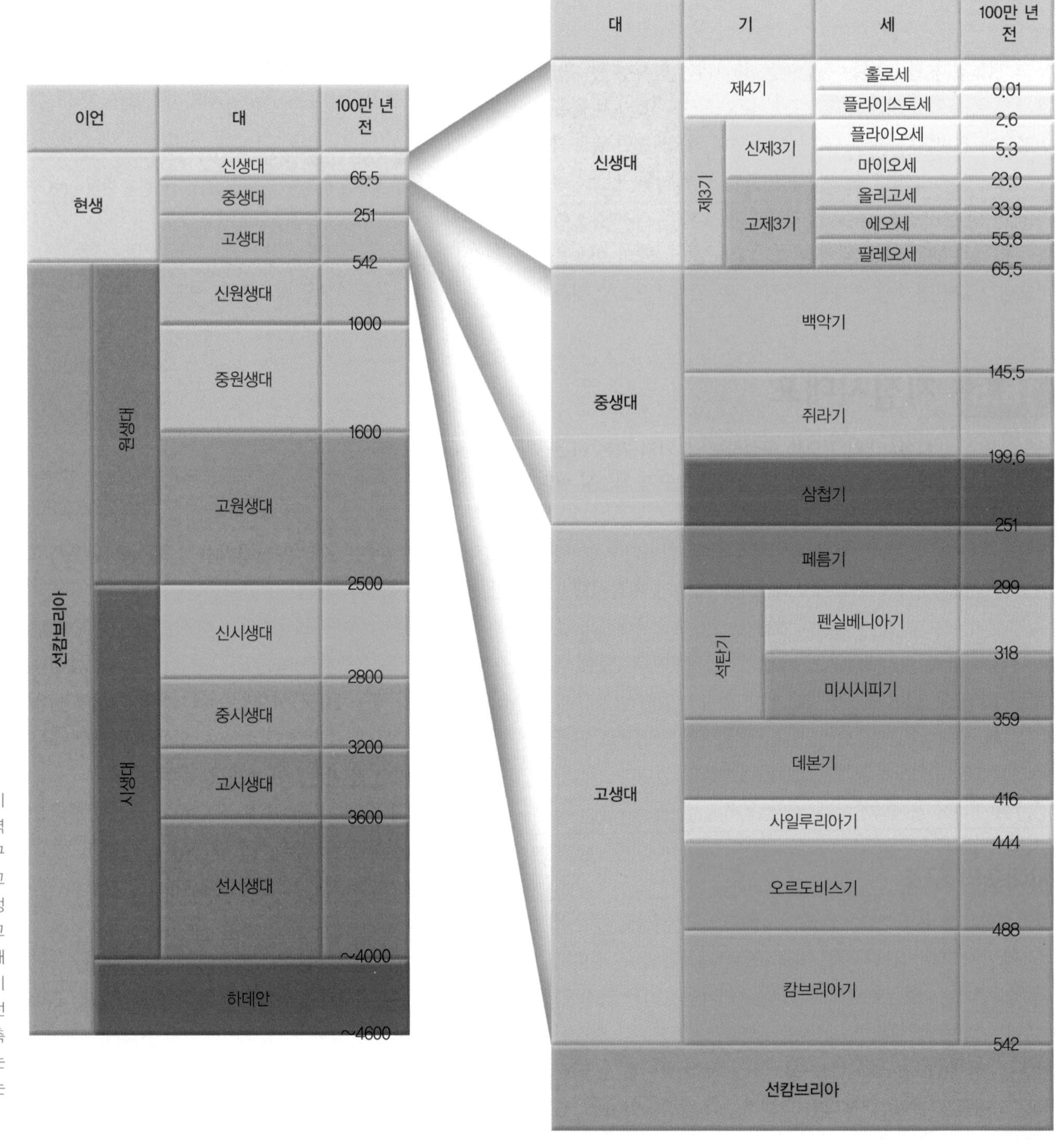

그림 18.24 **지질시대표** 시대표의 숫자들은 현재로부터 과거로 가며 100만 년의 시간단위를 의미한다. 수치 연대는 상대연령 측정에 의한 시대표가 만들어지고 오랜 후에야 추가되었다.

알고 있나요?

탄소-14를 이용한 연대 측정은 지질학자뿐만 아니라 고고학자와 역사학자들에게도 아주 유용한 도구이다. 예를 들면 애리조나대학교의 연구자들은 탄소-14 연대 측정법을 이용하여 20세기 최대의 고고학적 발견으로 일컬어지는 사해 두루마리의 연대를 결정하였다. 이 두루마리 양피지의 연대는 기원전 150년에서 기원전 5년 사이로 측정된다. 이 두루마리의 일부에는 탄소-14 연대 측정치와 일치하는 연대들이 포함되어 있다.

거 10년간의 정보가 20세기 초 10년간의 정보보다 훨씬 많다. 마찬가지로 19세기에 대한 정보는 1세기의 사건들보다는 훨씬 잘 기록되어 있다. 지구 역사에 대해서도 마찬가지다. 최근의 과거에 대한 자료는 덜 손상된 상태로 신선하고 관측할 수 있는 기록들이 더 많고, 지질시대의 과거로 가면 갈수록 과거 기록의 부분과 파편들만이 나오게 된다. 지구 역사에서 이 광대한 시기에 대하여 자세한 시기 구분이 안 되는 다른 이유도 있다.

- 지질 기록에서 처음으로 풍부한 화석 증거가 산출되는 시점이 캄브리아기의 시작점이다. 따라서 캄브리아기 이전에는 균조류, 박테리아, 선충류 등이 우세하였다. 이런 생물들은 화석 보존에 중요한 조건인 딱딱한 부분이 없다. 따라서 미미한 선캄브리아의 화석기록만이 존재한다. 선캄브리아 암석들이 노출되어 있는 부분도 어느 정도 세밀하게 조사되었으나, 화석이 없어서 지층 대비가 어렵다.
- 선캄브리아 암석들은 너무 오래되어서 상당한 변형에 노출되어 있다. 결과적으로 많은 선캄브리아 암석들은 심하게 변형된 변성암으로 구성된다. 따라서 원래 퇴적암에 존재하던 여러 가지 실마리들이 파괴되었고 과거 환경에 대한 해석이 어려워졌다.

방사성 연대 측정 방법이 선캄브리아 암석들의 연대를 측정하고 대비시키는 데 부분적으로 도움이 되고 있다. 그럼에도 불구하고 복잡한 선캄브리아의 기록들은 아직도 골치 아픈 일로 남아 있다.

지질시대표와 용어

지질시대표와 관련되어 사용되는 용어 중에는 아직도 '공식적으로' 인정되지 못한 것도 있다. 가장 잘 알려진 예가 바로 현생이언 이전에 나타나는 비공식적 용어인 **선캄브리아**이다. 선캄브리아가 지질시대에서 공식적인 위치를 차지하지는 못하면서도 전통적으로는 사용되어 왔다.

하데안 역시 많은 지질학자들이 몇몇 지질시대표에서 사용하고 있는 비공식적인 용어이다. 이 용어는 지구의 초창기 기간(이언)으로 알려진 가장 오래된 암석 이전의 시기를 의미한다. 이 용어가 1972년에 만들어졌을 당시에는 지구상의 가장 오래된 암석의 연대가 약 38억 년이었다. 오늘날에는 약 40억 년 정도라서 다시 고려할 필요가 있다. 이 용어 하데안은 그리스 단어로 지하세계를 의미하는 하데스(Hades)에서 유래했으며, 지구 역사의 초창기가 지옥과 같은 환경이었음을 표현하고자 하였다.

지구과학 내에서의 효과적인 소통을 위해서는 표준화된 구분과 연대를 가지는 지질시대표가 필요하다. 그러면 누가 지질시대표의 이름과 연대를 '공식적'으로 결정할 수 있는가? 이러한 중요한 문서를 유지관리하고 갱신하는 데 전반적인 책임을 지는 기관이 바로 국제지질과학협회(International Union of Geological Sciences) 산하의 국제층서위원회(International Committee on Stratigraphy, ICS)이다. 지구과학이 발전함에 따라 각 층서단위의 명칭과 경계면의 연대를 포함하는 변동내용을 주기적으로 갱신해야 한다.

예를 들면 그림 18.24에 보이는 지질시대표는 최근에는 2009년 7월에 갱신되었다. 가장 최근의 지구 역사에 대한 상당한 토론이 지질학자 간에 이루어진 후 ICS는 wp4기와 플라이스토세의 시작 연대를 180만 년 전에서 260만 년 전으로 변경하였다. 어쩌면 당신이 지금 이 책을 읽고 있을 때는 또 다른 변경이 이루어졌을 수도 있다.

당신이 몇 년 전에 지질시대표를 검토했다면, 신생대가 제3기와 4기의 둘로 구분되어 있었을 것이다. 하지만 최근에는 제3기를 고제3기와 신제3기로 구분하고 있다. 우리가 이해하고 있는 이들 시기의 시간 간격에 변화가 생겼다면, 그 역시 지질시대표에 반영될 것이다. 오늘날에는 제3기는 '역사적인' 명칭으로 고려되고 있으며, ICD가 발행하는 지질시대표에서는 공식적으로 사용되지 않는다. 하지만 아직도 그림 18.24와 같이 많은 자료에서 제3기라는 명칭이 사용되고 있다. 그 이유 중 하나는 대부분의 과거의 지질학적 문헌들과 몇몇 최근 자료들 역시 이 명칭을 사용하고 있기 때문이다.

역사지질학을 공부하는 사람들에게는 지질시대표가 지구 역사에 대한 우리의 지식과 이해가 변화할수록 지속적으로 가다듬어지는, 끊임없이 변화하는 도구임을 인식해야 한다.

개념 점검 18.5

① 지질시대표를 구성하는 4개의 기본 단위를 제시하라.
② 지질시대의 이름에서 'zoic'이라는 부분이 많은데, 그 이유는 무엇인가?
③ 현생이언 이전의 모든 지질학적 기간을 대표하는 용어는 무엇인가? 이 용어는 왜 현생이언이 세부적으로 수많은 단위로 구분된 것과는 달리 나누어지지 않았는가?
④ 용어 하데안이 의미하는 것은 무엇인가? 이것은 지질시대표의 '공식적인' 용어인가?

알고 있나요?

어떤 과학자들은 홀로세가 끝났고, 우리는 이미 새로운 시간 단위인 인류세(Anthropocene)에 진입했다고 제안하고 있다. 이 기간은 인류의 수적 증가와 경제개발에 의한 전 지구 환경에 대한 영향이 지구 표면을 급격하게 변화시키기 시작한 1800년대 초기에 시작하는 것으로 고려된다. 최근에는 인류 기원의 전 지구적 환경변화의 비공식적 유사어로 사용되고 있지만, 어떤 학자들은 인류세를 새로운 '공식적인' 지질시대 단위로 인식하는 것도 의미가 있다고 생각한다.

18.6 퇴적층에 대한 수치 연대 결정

퇴적암 지층들의 수치 연대를 확정짓는 것이 얼마나 신뢰할 수 있는지 설명하라.

비록 지질시대표에 대해서 어느 정도 수긍할 만한 수치 연대 측정이 이루어져 왔지만(그림 18.24), 이러한 작업들에 어려움이 없었던 것은 아니다. 시대표의 시간 단위에 수치 연대를 부여하는 데 첫 번째 난관은 모든 암석에 방사성 연대 측정법을 적용할 수는 없다는 것이다. 방사성 연대 측정법을 적용하기 위해서는 암석 내의 모든 광물이 동시에 형성되었어야 함을 기억하자. 이러한 이유로 방사성 동위원소는 화성암 내의 광물이 결정화되거나 변성암에서 온도와 압력에 의해 새로운 광물이 형성된 경우에서만 사용할 수 있다.

그러나 퇴적암 시료는 방사성 연대 측정법으로는 거의 직접 측정할 수 없다. 퇴적암 내에도 방사성 동위원소를 함유하는 입자들이 포함될 수 있지만, 그 암석의 연대를 정확히 결정할 수는 없다. 이유는 그 암석을 구성하는 입자들이 그 암석이 형성될 당시에 형성된 것이 아니기 때문이다. 오히려 퇴적물들은 서로 다른 시기에 형성된 암석들이 풍화되어 형성된 것이다.

변성암 내의 특정 광물의 연대가 그 암석이 처음 형성되었을 당시의 연대를 지시하지 않을 수도 있으므로, 변성암에서 획득한 방사성 연대는 해석이 어려울 수도 있다. 대신 그 연대는 암석 형성 후에 벌어진 일련의 변성작용의 시기 중 하나를 지시하는 것일 수 있다.

만약 퇴적암 시료가 신뢰할 만한 방사성 연대를 제공하지 않는다면, 퇴적암층에 대한 수치 연대는 어떻게 결정할 수 있는가? 일반적으로 지질학자들은 이런 경우에는 **그림 18.25**에서와 같이 연대 측정이 가능한 화성암체와 상대적으로 비교한다. 이 예를 보면 방사성 연대 측정을 통해 모리슨 층 내의 화산재와 만코스 셰일과 메사버드 층을 가로지르는 암맥의 연대를 측정하였다. 화산재 하부에 놓인 퇴적암은 분명히 화산재 층보다는 오래되었고, 화산재 위의 모든 층들은 화산재보다는 더 젊은 층들이다(누중의 원리). 또한 암맥은 분명히 만코스 셰일과 메사버드 층보다는 젊고, 이 암맥이 제3기의 암석들을 관입하지 않았으므로 당연히 와사츠 층보다는 오래되었다.

이러한 증거들로부터 지질학자들은 모리슨 층의 일부가 화산재층이 지시하는 바와 같이 약 1억 6,000만 년 전 즈음에 퇴적되었다고 평가할 수 있다. 나아가 고제3기는 암맥의 관입이 발생한 약 6,600만 년 전 이후부터 시작되었다고 결론을 내린다. 이것은 수천 가지 실례 중 하나로, 지구 역사의 다양한 사건들을 특정한 시간 간격에 한정시키는 데 시간을 결정할 수 있는 물질들이 어떻게 이용되는지를 보여준다. 또한 실험실에서의 연대 측정 분석과 야외 현장에서의 암석 관찰이 조화되어야 함을 보여준다.

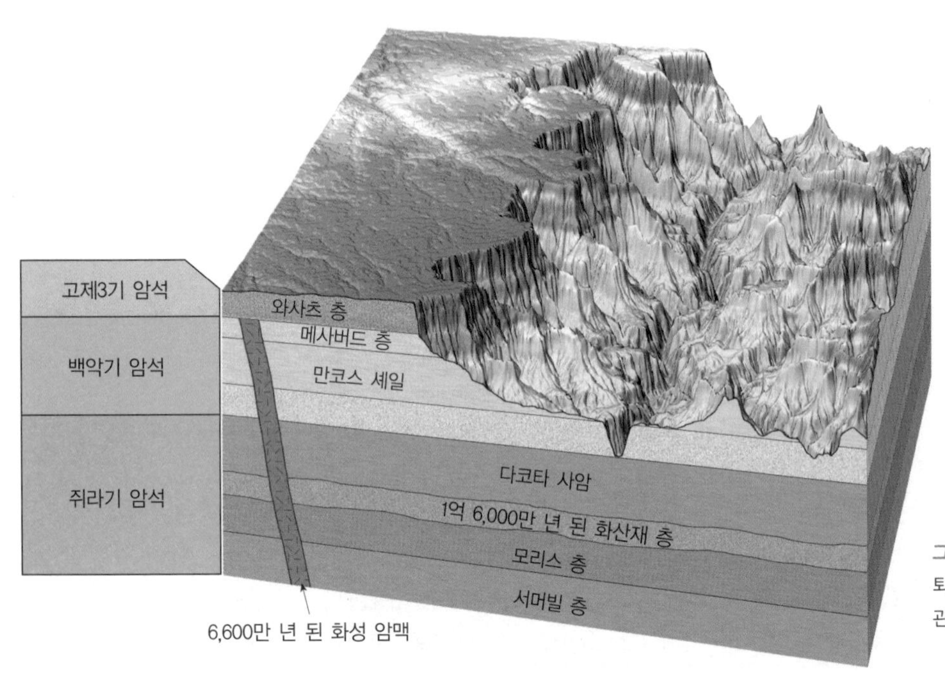

그림 18.25 **퇴적층의 연대 측정**
퇴적암 층의 수치 연대는 보통 화성암과의 관계를 검토함으로써 이루어진다.

개념 점검 18.6

① 퇴적암에서는 믿을 만한 수치 연대를 측정하는 것이 어려운 이유를 간단히 설명하라.
② 퇴적암의 한 층에 대한 수치 연대를 결정할 수 있는 방법은 무엇인가?

18.1 시간규모의 결정 : 상대적 연대 측정의 원리

연대 측정의 수치적 방법과 상대적 방법을 구분하고, 지질 사건들의 시대순서를 결정하는 데 상대적 연대 측정 방법을 적용하라.

핵심용어 : 수치 연대, 상대 연대, 누중의 원리, 퇴적면 수평성의 원리, 횡적 연속성의 원리, 단절관계의 원리, 포획물, 정합, 부정합, 경사부정합, 평행부정합, 난정합

- 지질학자들이 지구 역사를 해석하기 위해 사용하는 연대에는 두 종류가 있다. (1) 지층들의 적절한 순서에 따라 사건들을 배열하는 상대적 연대와, (2) 어떤 사건이 발생했던 시기를 정확히 제시하는 수치 연대이다.
- 상대적 연대는 누중의 원리, 퇴적면 수평성의 원리, 횡적 연속성의 원리, 단절관계의 원리, 포획물 등을 이용해서 설정할 수 있다. 부정합은 지질 기록에서 시간적 연속성이 중단된 부분을 의미하며, 상대 연대 측정 과정에서 확인할 수 있다.

? **다음의 모식도는 가상 지역의 단면도이다. 문자로 표시된 특징을 오래된 것부터 새로운 것으로 적절한 순서로 배열하라. 연속된 부분 중에서 어디에서 부정합을 볼 수 있는가? 이 순서를 맞추기 위해서 당신은 어떠한 원리들을 적용하였는가?**

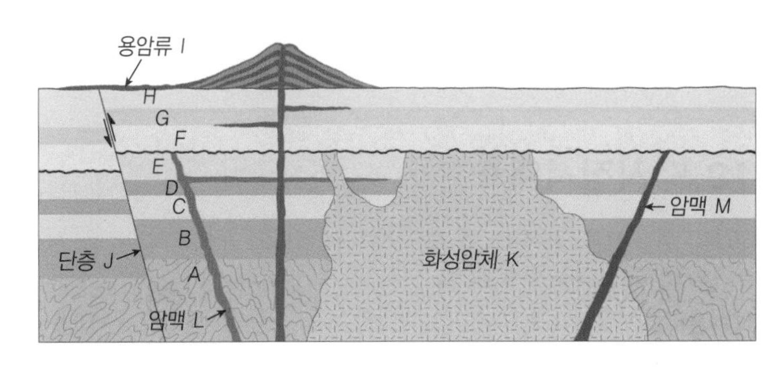

18.2 화석 : 과거 생물체의 증거

화석이란 무엇인지 정의하고, 유기물들이 화석으로 보존되기에 적합한 조건은 무엇인지 논의하라. 다양한 유형의 화석들을 설명해 보라.

핵심용어 : 화석, 고생물학

- 화석은 선사시대 생물체의 흔적이나 잔류물이다. 화석을 연구하는 과학 분야를 고생물학이라고 한다.
- 화석은 여러 방법으로 형성될 수 있다. 생물체가 화석으로 보존되기 위해서는 빨리 매몰되어야 한다. 또한 생물체는 딱딱한 부분이 있어야 잘 보존되는데, 부드러운 조직은 대부분의 환경에서 빨리 부패되기 때문이다.

? **여기에 보이는 화석의유형을 설명하는용어는 무엇인가? 간단히 어떻게 형성되었는지 설명하라.**

18.3 지층의 대비

서로 다른 지역에 있는 비슷한 연대의 암석들을 어떻게 대비시키는지 설명하라.

핵심용어 : 대비, 동물군 천이의 원리, 표준 화석, 화석 군집

- 서로 다른 지역에서 비슷한 시기에 형성된 암석을 연결시키는 작업을 대비라고 한다. 전 세계의 암석들을 대비시킴으로써 지질학자들은 지질 시대표를 개발하였고, 지구 역사의 전체적인 흐름을 이해하였다.
- 화석은 멀리 떨어진 지역의 퇴적암들을 대비시키는 데 사용될 수 있는데, 그 암석 내에 포함된 특징적인 화석들과 동물군 천이의 원리를 적용한다. 이 원리는 화석생물체들이 특정한 순서로 명확하게 연이어 나타남을 설명한다. 따라서 지층에 포함된 화석들을 분석함으로써 일정한 시기를 인식할 수 있다.
- 표준 화석은 특히 지층대비에 유용한데, 이들은 광범위한 지역에서 짧은 시기 동안에만 나타나기 때문이다. 화석 군집에서 겹쳐지는 부분들은 여러 가지 화석들을 포함하는 지층의 연대를 결정하는 데 사용될 수 있다.
- 화석들은 퇴적물들이 쌓이던 그 시기의 환경조건을 이해하는 데 사용될 수 있다.

? **현대 시대를 대표하는 표준 화석으로 다음 중 어느 것이 적절한가? 펭귄 아니면 비둘기? 이유는 무엇인가?**

18.4 방사능 연대 측정

세 가지 유형의 방사능 붕괴를 설명하고, 수치 연대 측정에 방사성 동위원소를 사용하는 방법을 설명하라.

핵심용어 : 방사성, 방사성 연대 측정, 반감기, 방사성 탄소 연대 측정

- 방사성이란 불안정한 원자의 핵이 자연적으로 깨어지는(붕괴하는) 현상을 말한다. 방사성 붕괴의 세 가지 유형은 다음과 같다 — (1) 핵으로부터 알파 입자의 방출, (2) 핵으로부터 베타 입자(또는 전자)의 방출, (3) 핵에 의한 전자의 포획
- 모원소라고 하는 불안정한 방사성 동위원소는 붕괴되어 안정한 딸원소를 생성하게 된다. 방사성 동위원소 핵의 반이 붕괴하는 데 걸리는 시간을 동위원소의 반감기라고 한다. 만약 방사성 동위원소의 반감기를 알고 있고 또한 모원소와 딸원소의 비율을 측정할 수 있다면 그 시료의 연대를 계산할 수 있다.

? 화강암 시료에서 미량의 우라늄을 함유한 지르콘 광물을 측정하여 모원소/딸원소의 비가 25% 모원소(우라늄-236)와 75% 딸원소(납-206)임을 알아냈다. 우라늄-235의 반감기는 7억 400만 년이다. 이 화강암의 연대는 얼마인가?

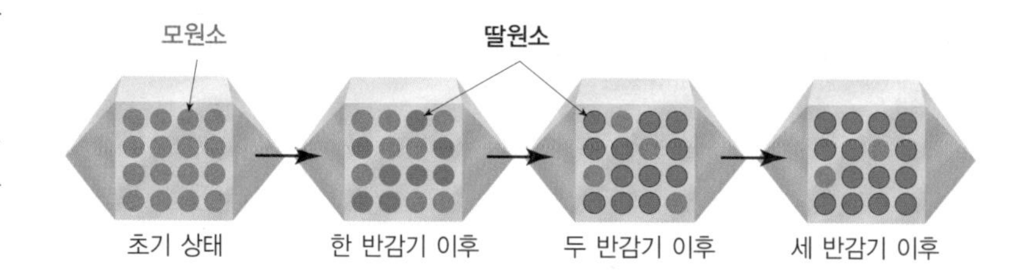

18.5 지질시대표

지질시대의 규모를 구성하는 네 가지 기본 시간단위를 구분하고, 이러한 시간규모가 왜 강력한 도구가 되는지 설명하라.

핵심용어 : 지질시대표, 이언, 현생이언, 대, 고생대, 중생대, 신생대, 기, 세, 시생대, 원생대, 선캄브리아

- 지구의 역사는 지질시대표에 보이는 시간의 단위들로 세분된다. 이언은 대로 세분되고, 이는 다시 많은 기로 세분되며, 기는 다시 세로 나누어진다.
- 선캄브리아 시기는 원생대와 시생대 이언으로 구분되고, 그다음에 풍부한 화석 증거들로 인해 많은 세부 분류가 가능한 현생이언이 나타난다.
- 지질시대표는 현재진행형으로 새로운 정보가 나올 때마다 지속적으로 갱신되고 있다.

? 중생대는 이언, 대, 기, 세 중 어떤 단위에 속하는가? 쥐라기는 어떠한가?

18.6 퇴적층에 대한 수치 연대 결정

퇴적암 지층들의 수치 연대를 확정짓는 것이 얼마나 신뢰할 수 있는지 설명하라.

- 퇴적층들은 다른 암석들이 풍화된 물질들로 구성되기 때문에 일반적으로 방사성 연대 측정법으로 직접 연대를 측정할 수 없다. 퇴적암에 있는 물질이 이보다 더 오래된 다른 근원암에서 오기 때문이다. 만약 동위원소를 이용하여 입자의 연대 측정을 한다면, 당신은 퇴적층의 연대가 아니라 근원암의 연대를 얻게 될 수도 있다.
- 지질학자들이 퇴적암에 수치 연대를 결정하는 방법 중 하나는 상대 연대 측정의 원리를 적용하여 시대 결정이 가능한 암맥이나 화산재층과 같은 화성암체와의 관계를 통해서 결정하는 방법이다. 지층은 화성암체보다 오래되었거나 젊을 수 있기 때문이다.

? 아래 모식도에 나오는 퇴적층의 연대를 가능한 한 정확하게 제시하라.

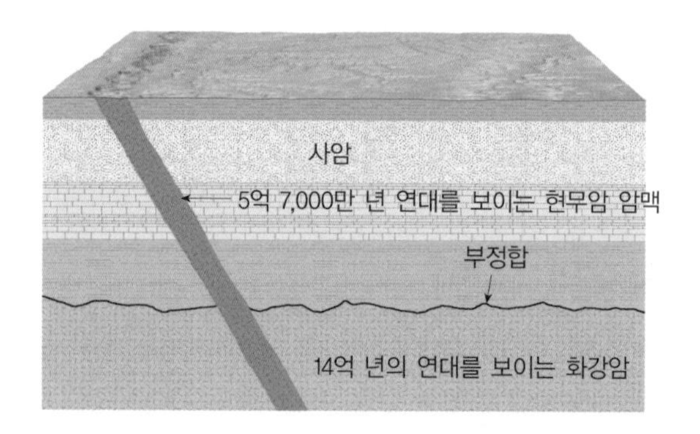

복습문제

① 아래의 사진에는 변성암인 편마암, 현무암질 암맥, 그리고 단층이 보입니다. 어느 것이 먼저 생성되었는지 순서대로 말해 보고, 그 이유를 설명하라.

Marli Miller

② 한 화강암체가 사암층과 접해 있다. 이 장에서 설명된 원리를 적용하여, 사암이 화강암체의 상부에 퇴적된 것인지, 아니면 화강암을 형성한 마그마가 후에 사암을 관입했는지 결정하는 방법을 설명하라.

③ 이 경치의 사진은 애리조나 주 북동부에 있는 모뉴멘트 협곡을 보여준다. 이 지역의 기반암은 여러 층의 퇴적암으로 구성된다. 비록 특별한 암석 노두('모뉴멘트')들이 멀리 떨어져 있지만, 이들이 하나의 연속적인 지층임을 유추할 수 있다. 이러한 추론을 가능케 하는 원리를 설명하라.

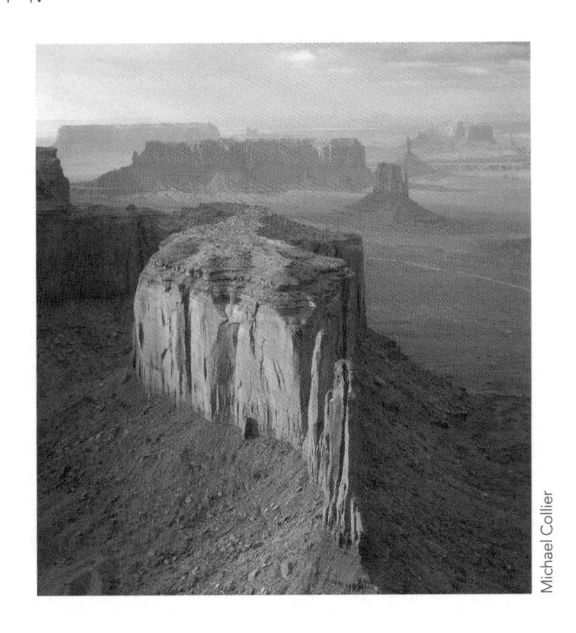

Michael Collier

④ 다음 사진에서는 두 층의 퇴적암층을 볼 수 있다. 하부의 층은 중생대 후기의 셰일층이다. 셰일층이 퇴적된 이후에 오래된 하천이 침식한 것을 볼 수 있다. 상부는 자갈이 많이 포함된 젊은 시기의 각력암 층이다. 이 두 층들이 정합관계에 있는가? 그러한지 아니면 아닌지에 대한 이유를 설명하라. 이 두 층을 구분하는 선에 대해서 상대 연대 측정에서는 어떠한 용어로 부르는가?

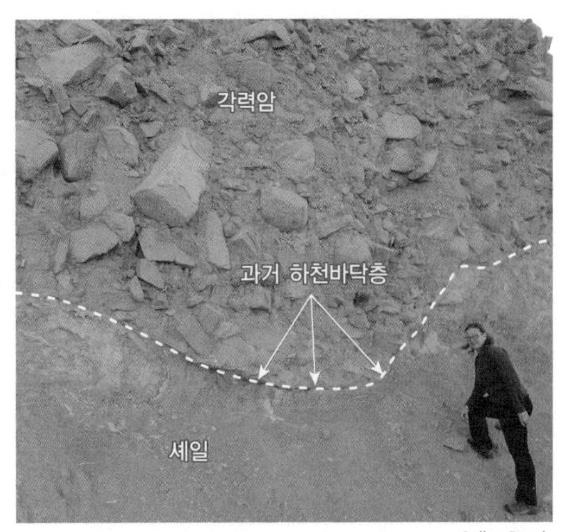

Callan Bently

⑤ 아래의 마모된 돌들은 위석이라고 부른다. 이들이 어떻게 화석으로 간주될 수 있는지 설명하라. 이들은 어떤 유형의 화석에 속하는가? 이러한 유형에 속하는 다른 화석에는 어떤 것들이 있는가?

Francois Gohier/Science Source

⑥ 토륨의 방사성 동위원소(원자번호 90, 원자량 232)가 방사성 붕괴과정에서 6개의 알파 입자와 4개의 베타 입자를 방출했다면, 안정된 딸원소의 원자번호와 원자량은 얼마인가?

⑦ 가상의 방사성 동위원소의 반감기는 10,000년이다. 방사성 모원소와 딸원소의 비율이 1 : 3이라면, 방사성 물질을 포함하고 있는 암석의 연대는 얼마인가?

⑧ 아래의 지구 역사의 규모에 관련된 문제를 풀어 보라. 계산을 쉽게 하기 위해서 지구의 나이는 50억 년으로 가정하라.

a. 기록된 역사는 지구 역사의 몇 퍼센트로 대표되는가? (기록 역사의 길이는 5,000년으로 가정하자.)

b. 인류의 조상은 대략 500만 년 전부터 존재했다. 이 조상은 지질시대의 몇 퍼센트에서 나타나는가?

c. 첫 번째 풍부한 화석의 증거는 약 5억 4,000만 년 전인 캄브리아기의 시작에서 나타났다. 화석의 증거가 풍부한 시기는 지질시대의 몇 퍼센트에 해당하는가?

⑨ 역사 지질학에 대한 한 일반적인 대학교재는 '지구의 이야기'라는 단원 제목 하에 10개의 장(총 281쪽)을 포함한다. 2개의 장(49쪽)은 선캄브리아 시기에 할당된다. 이와 대조적으로 마지막 2개의 장(67쪽)은 가장 최근의 2,300만 년에 초점을 맞추며, 이 중 25쪽은 약 10,000년 전에 시작된 홀로세에 대하여 설명한다.

a. 이 단원에서 선캄브리아 시기에 대하여 할당된 쪽수의 퍼센트와 이 시기가 지시하는 지질시대의 퍼센트를 비교하라.

b. 홀로세 시기에 대하여 할당된 쪽수의 퍼센트와 이 시기가 지시하는 지질시대의 퍼센트를 비교하라.

c. 지구 역사에서 교재 내용이 이렇게 불공평하게 다루어지는 이유를 몇 가지 제시해 보라.

⑩ 몬태나의 글래셔 국립공원의 사진은 선캄브리아 퇴적층들을 보여준다. 퇴적암층 내의 어두운 층은 화성암체이다. 화성암체 옆의 좁고 밝은 색의 지역은 화성암체를 이루는 마그마가 주변 암석을 녹였다가 만들어낸 물질들이다.

a. 이 화성암층은 지층들이 퇴적되기 이전에 지표에 분출된 용암류에 의해 형성된 것인가 아니면 모든 퇴적층들이 쌓이고 그 후에 관입하여 만들어진 층인가? 설명하라.

b. 이 화성암체가 기공을 가지고 있을 것 같은가? 설명하라.

c. 밝은색의 암석은 어떤 종류(화성암, 퇴적암, 변성암)의 암석에 속할 것인가? 암석의 순환과정과 연관시켜 설명하라.

Marli Miller

19

지질시대를 통한 지구의 진화

핵심개념

다음은 이 장에서 다룰 주요 학습 목표이다.
이 장을 학습한 후 다음 질문에 답해 보도록 하자.

19.1 행성들 중 지구의 고유한 주요 특징을 설명하라.

19.2 빅뱅부터 층상 내부 구조의 형성까지 지구의 주요한 진화 단계를 설명하라.

19.3 대기와 해양이 어떻게 형성되고 진화했는지 설명하라.

19.4 대륙지각의 형성, 대륙지각이 대륙을 형성하는 과정, 대륙 형성에 초대륙 순환의 역할에 대해 설명하라.

19.5 고생대, 중생대, 신생대에 발생한 주요한 지질 사건을 설명하라.

19.6 생명의 기원에 대한 가설과 초기 원핵생물, 진핵생물, 다세포 유기체의 특징을 설명하라.

19.7 고생대 생물의 발달에 관해 설명하라.

19.8 중생대 동안 생명의 주요한 진화 과정을 설명하라.

19.9 신생대 동안 생명체의 주요한 발달에 대해 설명하라.

엘로스톤 국립공원의 그랜드 프리스매틱 호수는 열에 저항하는 시아노박테리아 종들이 존재하기 때문에 푸른색을 띠는 뜨거운 물이 있는 호수이다. 현재의 시아노박테리아와 유사한 현미유기체 화석은 지구에서 가장 오래된 화석 중 하나이다. *(사진 : Don Johnston/Glow)*

지구는 길고 복잡한 역사를 지니고 있다. 시간과 지각의 갈라짐과 충돌의 반복은 새로운 해양저와 거대한 산맥을 만들었다. 또 지구의 생명체들도 시대에 따라 극적인 변화를 겪어왔다.

19.1 지구는 특별한 행성인가

행성들 중 지구의 고유한 주요 특징을 설명하라.

평균적인 크기의 별인 태양 주변을 도는 적절한 크기의 지구는 우리가 아는 한에서는 생명체가 살 수 있는 단 한 곳이다. 지구의 생명체들은 어디에나 존재하며 끓고 있는 진흙구덩이나 온천, 해양의 심해, 남극 빙하 밑에서도 발견된다. 그러나 인간과 같은 독립적인 생물을 얘기할 때 우리 행성에서 생존 가능한 환경은 매우 제한적이다. 바다가 지구 표면의 약 71%를 덮고 있으며, 해수면으로부터 불과 수백 미터 밑에서는 압력이 매우 커서 우리의 폐가 파괴된다. 또한 육지의 많은 지역들은 거주하기에는 너무 경사가 심하거나 고도가 너무 높거나 온도가 너무 낮다(그림 19.1). 그렇지만 태양계 내의 다른 행성과 최근 발견된 80개 가량의 다른 태양계 행성들에 관한 우리의 지식에 따르면 지구는 확실히 아직까지는 가장 조화로운 행성이다.

어떤 우연한 사건들이 우리와 같은 유기 생명체가 살기에 쾌적한 행성을 만들어낼까? 지구는 우리가 오늘날 보는 모습과 언제나 같지는 않았다. 형성 시기에 지구는 마그마의 바다가 유지될 만큼 뜨거웠다. 또한 수억 년 동안 달 표면에 보이는 대량의 화구를 만들어 낼 만한 극심한 충돌이 있었다. 고등생물의 출현을 가능케 한 산소가 풍부한 대기의 발달도 지질학적 관점에서는 비교적 최근에 발생한 사건이다. 그럼에도 불구하고 지구는 적절한 장소와 시기에 존재하는 적절한 행성이다.

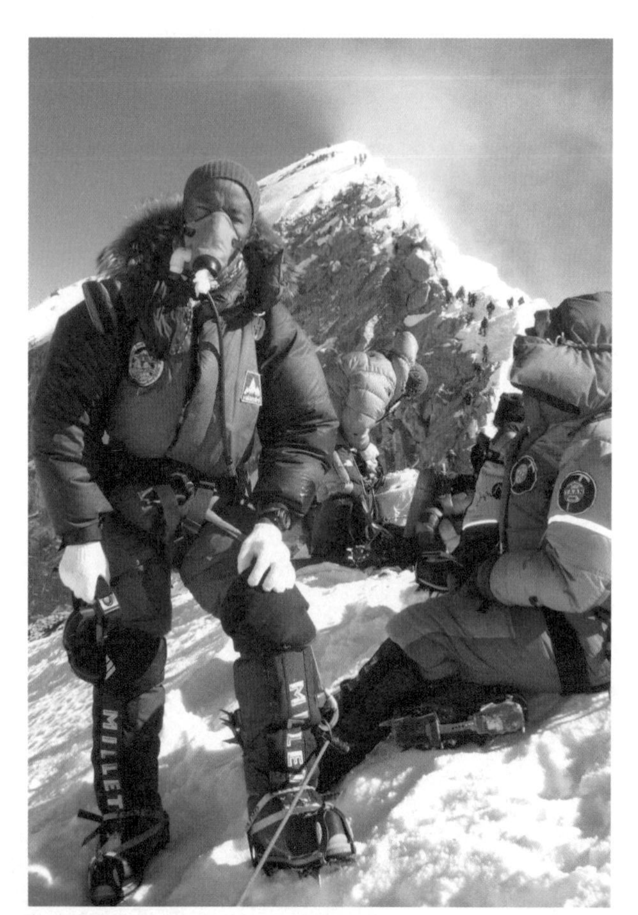

그림 19.1 **에베레스트 산 정상 부근의 등산가** 지구 표면의 많은 곳이 살기에 적합하지 않다. 이 고도에서는 산소의 양이 해수면의 1/3에 불과하다. (사진 : *STR/AFP/Getty images*)

적절한 행성

어떤 특징이 지구를 행성들 사이에서 특별한 것으로 만들어 주는 것일까? 다음의 사항에 대해 생각해 보자.

- 만약 지구가 지금보다 상당히 크다면(더 크고 무겁다면), 중력은 이에 비례해 컸을 것이다. 거대 행성과 같이 지구는 암모니아와 메탄, 혹은 수소와 헬륨으로 이루어진 부적절하고 두꺼운 대기가 있을 것이다.
- 만약 지구가 지금보다 상당히 작았다면, 산소와 수증기, 다른 휘발성분들은 우주 공간으로 흩어져서 영원히 없어졌을 것이다. 그래서 대기가 없는 달과 수성같이 지구는 생명체가 없는 행성이 되었을 것이다.
- 만약 지구에 연약한 약권을 덮고 있는 딱딱한 지각이 없었다면 판구조 활동은 발생하지 않았을 것이다. 우리의 대륙지각(지구의 고지)은 판의 순환 없이는 형성되지 않는다. 그래서 행성 전체는 수 킬로미터 깊이의 해양으로 덮일 것이다. 이를 두고 작가 빌 브라이슨은 "그 고독한 바다에 생명체가 있을지 몰라도 야구는 확실히 없을 것이다."라고 표현한 바 있다.[1]
- 아마도 가장 놀라운 사실은 만약 우리 행성이 용융 상태의 금속성 핵을 가지고 있지 않았다면 지구상의 대부분 생명체는 존재하지 않았을 것이다. 비록 이것이 상상의 나래로만 보이지만 핵 내부의 철의 흐름이 없으면 지구는 자기장을 유지하지 못할 것이다. 자기장은 지구 표면으로 쏟아지고 지구 대기를 조금씩 없애는 치명적인 우주선(태양풍)을 막아 내는 역할을 한다.

적절한 장소

태양계에서 행성이 고등생명체에게 적합한지 판단하는 기초적인 요소 중 하나는 행성의 위치이다. 지구는 탁월한 위치에 존재한다.

- 만약 지구가 지금보다 태양 쪽으로 10% 가까워져 금성과 비슷한 위치에 있다면 지구 대기는 대부분 온실 기체와 이산화탄소로 이루어지게 될 것이다. 결과적으로 지구의

1 *A Short History of Nearly Everything* (Broadway Books, 2003).

지표면 온도는 고등생명체가 유지되기 힘들게 뜨거워질 것이다.

- 만약 지구가 지금보다 태양으로부터 10% 멀어지면 너무 뜨거운 대신 너무 추워져 정반대의 문제가 발생할 것이다. 해양은 영원히 얼어 버리고 지구의 활발한 물순환은 발생하지 않을 것이다. 액상의 물 없이는 대부분의 생명체는 사멸할 것이다.
- 지구는 적절한 크기의 항성 근처에 위치하고 있다. 태양과 같은 항성은 약 100억 년가량의 수명을 가지고 있다. 이 기간 동안에 복사에너지는 매우 꾸준히 방출된다. 반면 거대한 항성들은 지니고 있는 핵연료를 매우 빠른 비율로 소모하여 수억 년 내에 소진해 버린다. 이 정도의 시간은 수백만 년 전에야 최초로 나타난 인간이 진화하기에는 충분하지 않은 시간이다.

적절한 시기

마지막으로 확실히 조금의 우연도 작용하지 않은 요인은 시기이다. 지구 최초의 생명체는 극히 원시적이었으며, 대략 38억 년 전에 생겨났다. 지구 역사에서 이 시점부터 무수히 많은 변화가 발생했다. 생명체는 우리 행성의 물리적 환경 변화에 따라 변천해 왔다. 지구를 변화시킨 매우 적절한 다음 두 가지 사건을 생각해 보자.

- 현대 대기의 발달. 지구의 원시대기 조성은 대부분 수증기와 이산화탄소였으며 적은 양의 다른 기체들로 이루어져 있었을 것으로 생각되고 산소는 없었을 것이다. 다행히도 미생물이 발달하여 광합성을 통해 산소를 생성했다. 약 22억 년 전에는 대기 중에 산소가 생성되었다. 이 작용은 현재 지구를 차지하고 있는 생명체들의 선조를 발달시켰다.
- 약 6,500만 년 전 우리의 행성은 지름이 10km인 소행성과 충돌했다. 이 충돌은 공룡을 포함해 모든 식물과 동물의 1/3이 멸종된 대멸종의 원인이 되었다(그림 19.2). 비록 이 충돌이 우연한 사건으로 보이지 않더라도 공룡의 멸종은 소행성 충돌로부터 살아남은 소형 포유류에게 새로운 서식지를 제공하는 사건이 되었다. 이 서식지는 진화의 힘과 더불어 현대 세계를 차지하고 있는 대형 포유류의 발달을 이끌었다. 이 사건이 없었다면 포유류는 아직도 숨어 사는 설치류 따위의 생물로 존재하고 있었을 것이다.

그림 19.2 **고생물학자가 네브래스카 과수원 근처에서 라이노세로스를 발굴하고 있다.** (사진 : Annie griffiths Belt/Corbis)

많은 관찰자들은 지구가 고등생명체를 유지하기에 '딱 적절한' 조건으로 발달해 왔다는 데 주목한다. 천문학자들은 이를 '골디락의 시나리오(Goldilocks scenario)'라고 한다. 골디락과 세 마리 곰의 오래된 우화에 빗대어 금성(아빠 곰의 죽)은 너무 뜨겁고, 화성(엄마 곰의 죽)은 너무 차갑지만, 지구(아기 곰의 죽)는 딱 적당한 온도로 비유된다.

지구 역사 보기

이 장의 남은 부분은 우리가 아는 생명을 키우는 우주 내의 유일한 장소인 지구라는 행성의 기원과 발달에 초점을 맞출 것이다. 제18장에서 배운 바와 같이 연구자들은 지구의 과거를 설명하기 위해 많은 도구를 활용한다. 여러 도구와 암석의 기록에 포함된 단서를 이용하여 과학자들은 복잡한 과거의 지질학적 사건들을 설명할 수 있게 되었다. 이 장의 목표는 우리 행성과 생명체들의 역사에 대해 개략적으로 설명하는 것이다. 이 여행은 우리를 45억 년 전의 지구와 대기가 형성되는 시기로 데려다줄 것이다. 다음으로는 우리의 세계가 어떻게 현대의 모습으로 되었는지, 지구 생명체들이 시간에 따라 어떻게 변화했는지 알아볼 것이다. 그림 19.3에 소개된 지질시대표를 다시 생각해 보고, 이 장에서 참조하길 바란다.

개념 점검 19.1

① 태양계 행성 중 지구가 특별한 것은 무엇인가?
② 지구가 왜 적절한 크기인지 설명하라.
③ 왜 지구의 금속성 액체 핵이 오늘날 사람의 생존에 중요한가?
④ 왜 태양계에서 지구의 위치가 생명체 발달에 좋은 조건이었는가?

알고 있나요?

지질시대표에서 몇몇 시기의 이름은 그 시기에 가장 두드러진 층이 존재하는 장소를 참고하였다. 예를 들면 캄브리아기는 웨일스의 로마식 이름인 캄브리아로부터 유래되었다. 페름기는 러시아의 페름 지방으로부터 유래하였다. 또 쥐라기의 이름은 프랑스와 스위스 사이에 위치한 쥐라 산으로부터 유래하였다.

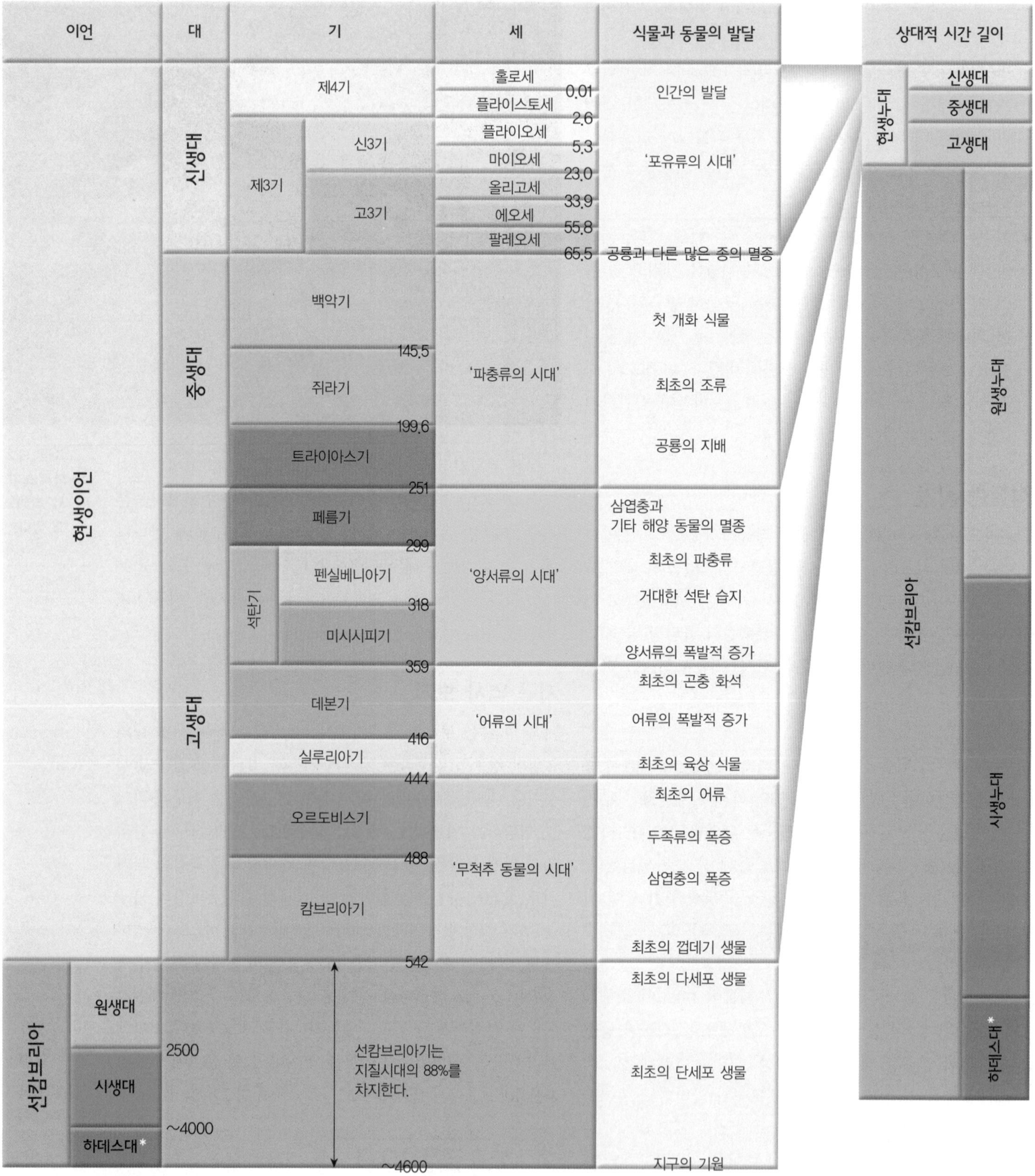

이언	대	기		세		식물과 동물의 발달
현생이언	신생대	제4기		홀로세	0.01	인간의 발달
				플라이스토세	2.6	
		제3기	신3기	플라이오세	5.3	'포유류의 시대'
				마이오세	23.0	
			고3기	올리고세	33.9	
				에오세	55.8	
				팔레오세	65.5	공룡과 다른 많은 종의 멸종
	중생대	백악기		'파충류의 시대'	145.5	첫 개화 식물
		쥐라기			199.6	최초의 조류
		트라이아스기			251	공룡의 지배
	고생대	페름기		'양서류의 시대'	299	삼엽충과 기타 해양 동물의 멸종
		석탄기	펜실베니아기		318	최초의 파충류 거대한 석탄 습지
			미시시피기		359	양서류의 폭발적 증가
		데본기		'어류의 시대'	416	최초의 곤충 화석 어류의 폭발적 증가
		실루리아기			444	최초의 육상 식물
		오르도비스기		'무척추 동물의 시대'	488	최초의 어류 두족류의 폭증
		캄브리아기			542	삼엽충의 폭증 최초의 껍데기 생물
선캄브리아	원생대	선캄브리아기는 지질시대의 88%를 차지한다.			2500	최초의 다세포 생물
	시생대				~4000	최초의 단세포 생물
	하데스대*				~4600	지구의 기원

상대적 시간 길이

이언	대
현생이언	신생대
	중생대
	고생대
선캄브리아	원생대
	시생대
	하데스대*

* 하데스대는 지구의 형성 시기부터 최초의 암석이 나타나는 시기까지를 나타내는 비공식적인 시대명이다.

그림 19.3 **지질시대표** 숫자는 현재로부터의 100만 년 단위의 시간을 나타낸다. 각 수치들은 상대적인 연대 판별로 연대표가 정립되고 오랜 시간이 흐른 후에 정리된 것이다. 선캄브리아기는 지질 시간의 88%를 차지한다.

19.2 행성의 탄생

빅뱅부터 층상 내부 구조의 형성까지 지구의 주요한 진화 단계를 설명하라.

우주는 태양계와 지구가 형성되기 전부터 수십억 년 동안 진화해 왔다. 우주는 137억 년 전에 모든 물질과 공간을 만들어낸 빅뱅과 함께 형성되기 시작했다. 짧은 시간 후 2개의 가장 단순한 기본 원소인 수소와 헬륨 원소가 생성되었다. 이러한 기본 원소들은 첫 행성 형성을 위한 성분이었다. 수십억 년 후 은하계가 탄생했다. 약 46억 년 전 형성된 나선 은하계는 태양과 행성을 포함하고 있고, 행성 무리와 나선팔에 성간 먼지를 가지고 있다.

빅뱅으로부터 무거운 원소까지

빅뱅 이론에 의하면 지구는 137억 년 전에 모든 물질과 공간을 만들어낸 순간적인 폭발과 함께 형성되기 시작했다(그림 19.4). 최초에는 소립자(양성자, 중성자, 전자)가 형성되었고 이후 파편들이 식어 가면서 가장 가벼운 두 원소인 수소와 헬륨원자가 생성되었다. 수백만 년 동안 원자구름이 항성으로 응집되어 지금 우리가 관측하는 은하계를 형성했다.

원자구름이 최초의 항성을 형성할 때 열은 **핵융합**을 유발했다. 항성의 내부에는 수소원자가 헬륨원자로 변화되면서 엄청난 양의 에너지를 복사에너지(열, 빛, 우주선) 형태로 방출한다. 천문학자들은 우리의 태양보다 더 무거운 항성은 다른 원자핵 융합반응이 발생하여 주기율표의 26번, 철 위의 모든 원소를 만들어낸다. 더 무거운 원소들은(26번 이상) 태양보다 약 10~20배 더 무거운 항성이 폭발할 때 발생하는 극도의 고온에서만 형성된다. 이런 **초신성**(supernova)의 폭발에서 철보다 무거운 원소들이 생성되고 성간 공간으로 뿜어져 나간다. 그 파편으로부터 우리의 태양과 태양계가 만들어졌다. 빅뱅 이론에 따르면 우리 몸을 구성하는 원자들은 수십억 년 전에 지금은 죽은 별의 뜨거운 내부에서 형성되었고, 금은 멀리 떨어진 곳의 초신성 폭발에서 형성된 것이다.

미행성체에서 원시행성까지

지구는 태양계의 다른 행성들과 함께 46억 년 전에 성간 먼지와 가스로 이루어져 회전하는 거대한 **태양 성운**(solar nebula)으로부터 형성되었다는 것을 생각하자(그림 19.4E). 태양 성운이 응집되면서 대부분의 물질은 중심으로 모여 뜨거운 원시태양을 형성하였다. 나머지는 평평하고 회전하는 원반 형태를 이루었다. 이 회전하는 원반 내에서 물질은 충돌을 통해 점진적으로 덩어리를 형성하였고 다시 합쳐져 **미행성체**(planetesimal)라는 소행성 크기의 물체를 형성하였다.

각 미행성체의 구성물은 뜨거운 원시태양으로부터의 거리에 따라 결정되었다. 예상하는 것처럼 온도는 태양계 내부로 갈수록 증가하고 태양계 바깥쪽으로 갈수록 감소한다. 그러므로 수성과 화성의 현재 궤도 사이에 있는 미행성체는 주로 큰 융해점을 가진 물질(금속과 암석 성분)로 구성되어 있다. 온도가 낮은 화성 궤도 밖에서 형성된 미행성체는 얼음(이산화탄소, 메탄, 암모니아)의 함량이 크고 암석질과 금속성 물질의 함량은 작다.

충돌과 부착(서로 들러붙음)이 반복되어 8개의 **원시행성**(protoplanet)과 위성으로 성장하였다(그림 19.4G). 이러한 과정 동안 같은 양의 물질이 더 작은 물체로 응집되어 큰 질량을 갖게 되었다.

지구 진화 과정의 어느 시기에 화성 크기의 미행성체와 젊고 덜 굳은 지구 사이에 거대한 충돌이 발생하였다. 이 충돌로 엄청난 규모의 부스러기가 우주 공간으로 배출되었고 이 물질의 일부가 뭉쳐서 달을 형성하였다(그림 19.4 J, K, L).

지구의 초기 진화

물질들이 지속적으로 농축되면서 행성 간 파편(미행성체)의 충돌과 방사능 물질의 자연 붕괴에 의해 우리 행성의 온도는 지속적으로 증가했다. 온도 증가 초기에는 수백 킬로미터 깊이의 마그마 바다도 만들어졌다. 마그마 바다 내의 부력을 가진 용융된 암석은 표면으로 상승하여 응결되어 마침내 얇고 원시적인 지각을 형성했다. 지질학자들은 이러한 지구 역사의 초기 시기를 **하데스대**(Hadean)라고 한다. 하데스대는 약 46억 년 전에 지구의 형성과 함께 시작했고 약 38억 년 전에 끝났다(그림 19.5). 그리스어에서 유래한 하데스는 지하세계를 의미하고 그 시대가 지옥같이 나쁜 조건이었음을 나타낸다.

격렬한 온도 상승 시기에 지구는 철과 니켈이 녹기 시작할 정도까지 온도가 상승했다. 용융은 무게에 의해 가라앉은 중금속의 액상 덩어리를 형성했다. 이 과정은 지질학적 시간 규모로 보면 매우 빠르게 일어났고, 지구 내부에 고밀도 고

알고 있나요?

지구의 최초 생명체의 증거는 약 38억 년 전 그린랜드 변성 퇴적암에서 발견된 박테리아(원핵 생물)의 탄화수소 잔류물이다.

스마트그림 19.4
초기 지구 형성을 이끈 주요 사건

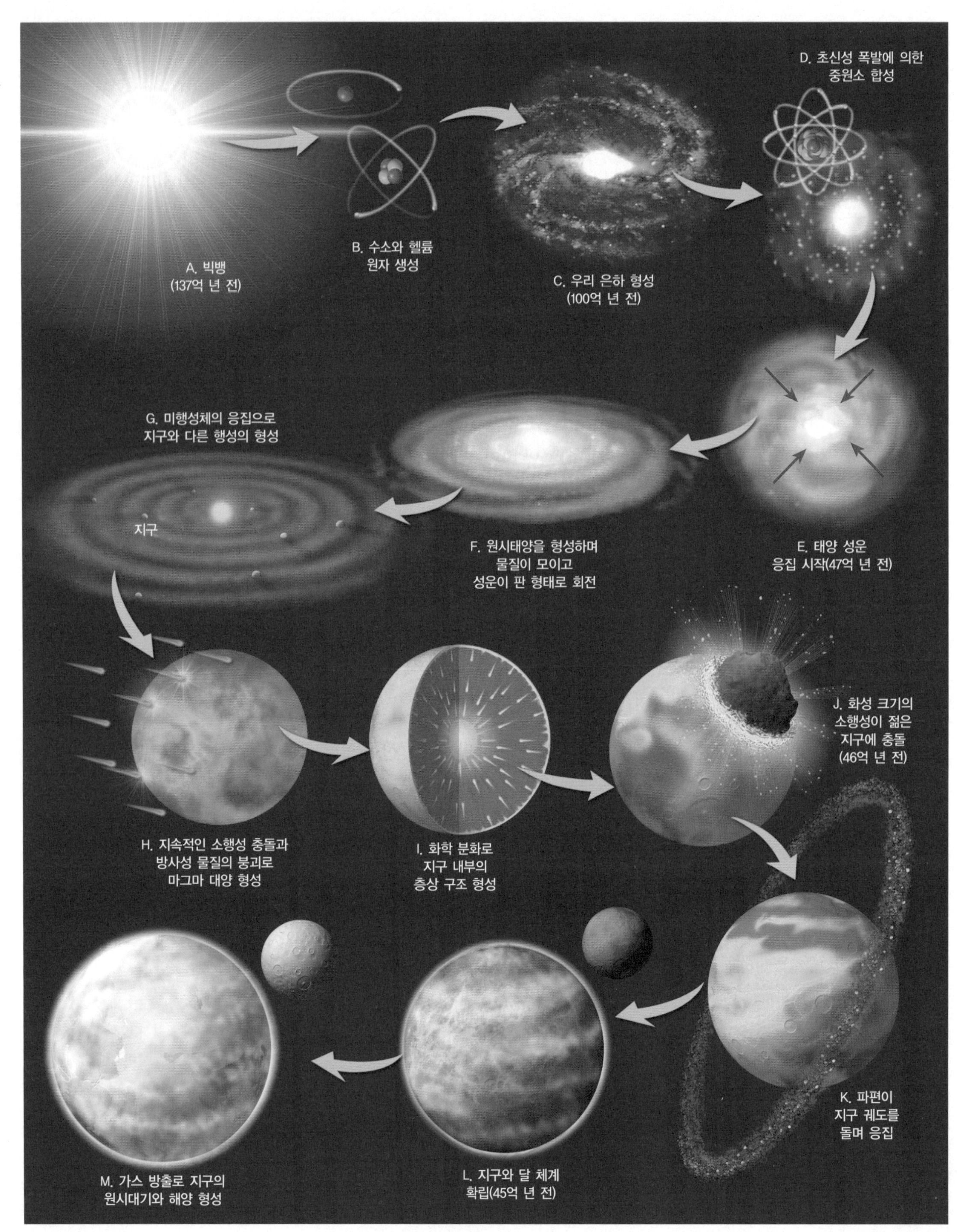

그림 19.5 **하데스대의 지구 모습** 시생대 전에 나타난 하데스대는 공식적인 지질시대는 아니다. 하데스라는 이름은 지구가 지옥 같은 시기임을 나타낸다. 하데스대 동안 지구에는 마그마 바다와 성간 먼지에 의해 격렬한 폭발이 있었다.

철질 핵을 형성시켰다. 용융된 철질 핵은 화학적 분화의 첫 단계에 불과했다. 지구는 깊이에 상관없이 대략 균질한 덩어리에서 밀도에 따라 물질이 정렬된 층상의 행성으로 변화했다(그림 19.4I).

이 시기의 화학적 분화는 지구 내부의 세 가지 큰 층인 고철질 핵, 얇은 원시지각, 핵과 지각 사이에 위치한 가장 두꺼운 층인 맨틀을 확립시켰다. 추가적으로 가장 가벼운 물질인 수증기, 이산화탄소, 기타 가스들은 원시대기가 형성되었고, 조금 뒤에 해양이 형성되었다.

개념 점검 19.2

① 우주 형성 초기에 우주를 구성하는 두 가지 원소는?
② 철보다 무거운 모든 원소를 만드는 행성 폭발을 무엇이라 하는가?
③ 성간 물질로부터 행성이 형성되는 과정을 간략히 설명하라.
④ 하데스대 동안 지구의 조건을 설명하라.

19.3 대기와 해양의 기원과 진화

대기와 해양이 어떻게 형성되고 진화했는지 설명하라.

우리는 지구에 대기가 있는 것에 대해 감사한다. 대기가 없었다면 지구에는 온실효과가 없었을 것이고 지금보다 15.5℃ 가량 추워질 것이다. 지구상 대부분의 액체는 얼어붙고 물의 순환은 없었을 것이다.

우리가 숨 쉬는 공기는 78%의 질소, 21%의 산소, 약 1%의 아르곤(불활성 기체), 그리고 적은 양의 이산화탄소와 수증기로 이루어져 있다. 그러나 우리 행성의 46억 년 전 원시대기는 지금의 대기와는 매우 달랐다.

지구의 원시대기

지구 형성 초기 대기에는 가장 일반적인 수소, 헬륨, 메탄, 암모니아, 이산화탄소, 수증기와 같은 물질은 존재하지 않았다. 지구의 중력이 너무 약했기 때문에 이 기체들 중 가장 가벼운 수소와 헬륨은 우주 공간으로 탈출해 버렸을 것이다. 대부분의 잔류 기체(메탄, 암모니아, 이산화탄소, 수증기)들은 생명체의 기본 성분(탄소, 수소, 산소, 질소)을 포함하고 있다.

지구 초기 대기는 행성의 내부에 포획된 기체가 외부로 배출되는 **가스 분출**(outgassing)이라는 작용에 의해 더 많이 생성되었다. 오늘날에도 전 세계 수백 개의 활화산에서 발생하는 가스 분출은 아직도 행성의 중요한 기능 중 하나이다(그림 19.6). 그러나 초기 지구 역사에서는 맨틀 내의 엄청난 열과 유체 형태의 흐름에 의해 기체 배출 규모가 거대했다. 이러한 초기 분출은 아마도 주로 수증기, 이산화탄소, 이산화황, 소량의 다른 기체를 주로 방출했다. 지구 초기 대기에 산소는 존재하지 않았다.

대기 중의 산소

지구가 식어 가면서 수증기는 구름의 형태로 응축되고 비가 되어 낮은 지역을 채우면서 해양을 형성했다. 35억 년 전 해양에서 광합성 박테리아가 산소를 내놓기 시작했다. 광합성 과정에서는 유기체가 태양에너지를 이용하여 이산화탄소(CO_2)와 물(H_2O)로부터 유기물질(수소와 탄소를 포함하는 에너지를 포함한 당 분자)을 생산한다. 최초의 박테리아는 아마

그림 19.6 **지구 초기 대기를 형성하는 가스 분출** 오늘날에도 이 섬처럼 수백 개의 활화산에서 가스가 분출되고 있다. (사진 : Lee Frost/Robert Harding)

도 수소를 물보다는 황화수소(H_2S)로부터 얻었다. 초기 형태의 박테리아 중 하나인 시아노박테리아(cyano bacteria)가 광합성의 부산물로서 산소를 생성하기 시작했다.

초기에 새롭게 배출된 산소는 해양에서 특히 철 원자와 분자의 화학반응에 즉시 소비되었다. 대부분의 철 원천은 해저화산과 그에 관련된 열수 분출에 의한 것으로 보인다. 철은 산소에 대해 큰 친화력을 가지고 있으며, 이 두 원소는 합쳐져서 산화철(녹)을 형성하여 해저에 퇴적물로 집적되었다. 이런 초기 산화철 광상은 철이 부화된 암석과 처트의 교대 형태로 이루어져 있으며 **대상 철층**(banded iron formations)이라 부른다. 대부분 호상 철광상은 35억 년에서 20억 년 사이의 선캄브리아기에 형성된 것이며, 세계적으로 가장 중요한 철광석 침전지이다.

산소를 발생시키는 유기체가 증가하면서 산소는 대기 중에 집적되기 시작했다. 암석의 화학분석 결과에 의하면 산소는 약 25억 년 전에 많은 양이 대기 중에 형성되었고, 이러한 현상을 **산소 대분출사건**(Greate Oxygenation Event)이라 했다. 다음 수십억 년 동안 대기 중 산소 함량은 변동은 있지만 지금처럼 약 10% 이하를 유지했다. 5억 4,200만 년 전 뼈대의 진화 시기와 일치하는 캄브리아기가 시작되기 전에 대기 중 산소 함량은 증가하기 시작했다. 대기 중에 이용 가능한 많은 양의 산소는 유산소 생명체(산소를 소모하는 유기체)의 증식을 초래했다. 펜실베니아기는 대기 중 산소 함량이 약 35%(현재 대기 중 산소 함량은 약 21%)로 산소가 매우 많은 시기였고, 이로 인해 큰 크기의 곤충과 파충류가 번성했다.

산소 대분출현상의 또 다른 긍정적 효과는 산소 분자(O_2)는 쉽게 가시광선에 흡수되어 오존(O_3)을 형성한다는 것이다. 오존은 지구 표면에서 상층으로 10~50km 부근인 성층권에 농집된다. 성층권에서 오존은 해로운 자외선을 지표에 도달하기 전에 흡수한다. 처음으로 지구 생명체는 DNA에 해로운 태양 복사에너지로부터 보호되었다. 해양 생명체는 언제나 해양에 의해 자외선으로부터 보호받았지만 오존층의 발달로 인하여 육지도 생명체가 진화하기에 적합한 장소가 되었다.

해양의 발달

지구가 수증기가 응축될 수 있을 정도로 충분히 냉각되었을 때 비가 와 저지대에 모였다. 약 40억 년 전에는 현재 전체 해수 부피의 90%가 해양저에 함유되어 있었다. 원시대기는 이산화탄소, 이산화황, 황화수소가 풍부하여 초기 지구의 강우는 강산성이었다. 최근에 미국 북동부에서 호수와 하천에 피해를 주는 산성비보다 산성이 강했다. 그 결과 지구 표면의 풍화는 빠른 속도로 일어났다. 화학적 풍화에 따라 배출된 원자나 분자 형태의 나트륨(Na), 칼슘(Ca), 칼륨(K), 규소(Si)는 새롭게 형성된 해양으로 흘러 들어갔다. 몇몇 용해된 물질은 대양저를 덮고 있는 화학적 퇴적물로 침전했다. 다른 물질들은 해양의 염도를 상승시켰다. 오늘날 해수는 평균 3.5%의 용해 염을 포함하며, 대부분은 일반적인 소금(NaCl)이다. 연구자들은 해양의 염도는 초기에 매우 빠르게 상승하였으나 지난 20억 년간은 변화가 없었다고 한다.

지구의 해양은 원시 지구부터 현재까지 대기의 주요 구성요소인 이산화탄소를 엄청난 규모로 저장하고 있다. 이산화탄소는 대기의 가열에 큰 영향을 주는 온실 기체로서 이러한 사실은 매우 중요하다. 지구와 매우 비슷하다고 생각되는 금성은 대기의 97%를 이산화탄소가 차지하고 있으며, 이산화탄소는 금성의 폭발적인 온실효과를 만들어냈다. 금성의 표면은 납이 용융되는 475℃이다.

이산화탄소는 쉽게 해수에 녹아들며 다른 원소나 분자와 반응하여 다양한 화학 침전을 한다. 가장 흔하게 만드는 화합물인 탄산칼슘($CaCO_3$) 생성되었다. 탄산칼슘은 가장 흔한 화학적 퇴적암인 석회암을 생성한다. 약 5억 4,200만 년 전에 해양 생명체는 해수로부터 탄산칼슘을 제거하여 자신의 껍데기와 딱딱한 부분을 만들었다. 유공충과 같은 많은 작

그림 19.7 **영국 백색 절벽** 가스 분출 비슷한 퇴적층이 프랑스 북부에 존재한다. (사진 : Imagesources/Glow Images)

은 해양 생명체들이 죽어서 해양저에 매장되었다. 오늘날 이런 침전물들은 그림 19.7에서처럼 영국 도버 해안을 따라 나타나는 백색 절벽에 노출된 백악층(chalk bed)에서 볼 수 있다. 석회암이 이산화탄소를 고정시키면서 온실 기체가 대기로 다시 들어가는 것을 방지하고 있다.

개념 점검 19.3

① 가스 분출이란 무엇인가? 오늘날 가스 분출의 역할을 하는 것은 무엇인가?
② 가스 분출 작용으로 지구 초기 대기에 가장 많이 공급된 기체는?
③ 광합성을 하는 박테리아의 진화가 왜 오늘날 대부분의 유기체에게 중요한가?
④ 지구 역사 초기에 왜 강산성 비가 내렸는가?
⑤ 바다가 어떻게 대기 중 이산화탄소를 제거하는가? 이산화탄소 제거에 있어 유공충과 같은 해양성 유기체의 역할은 무엇인가?

19.4 선캄브리아기의 역사 : 지구의 대륙 형성

대륙지각의 형성, 대륙지각이 대륙을 형성하는 과정, 대륙 형성에 초대륙 순환의 역할에 대해 설명하라.

지구 초기의 40억 년간의 역사는 **선캄브리아기**로 표현된다. 지구 역사의 90%를 나타내는 선캄브리아기는 **시생대**와 뒤를 잇는 **원생대**로 나뉜다. 이러한 고대의 시간에 대한 우리의 지식은 대부분의 암석 기록은 우리가 공부했던 판구조론, 침식, 퇴적에 의한 작용으로 고대지구 역사를 설명하기에 불명확하기 때문에 한계가 있다. 대부분의 선캄브리아기 암석은 화석이 없어 암석의 상관관계를 파악하기 힘들게 한다. 게다가 이 오래된 시기의 암석은 변성작용과 변형작용을 했으며, 넓게 침식을 받았고, 때로는 나중 시기의 지층으로 덮여 불명확하다. 사실 선캄브리아기의 역사는 흩어져 있고 많은 장이 빠져 있는 오래된 책과 같다.

지구 최초의 대륙

지질학자들은 결정질 암석이 지구 역사 초기에 형성되기 시작하였다는 증거가 되는 44억 년 전에 형성된 지르콘의 작은 결정을 발견했다. 대륙지각과 해양지각은 어떻게 다른가?

지구 초기 지각이 순환된 것처럼 용암 호수를 덮고 있는 지각은 아래 있는 신선한 용암에 의해 계속 바뀌었다.

그림 19.8 **지구 초기 지각은 이러한 용암 호수의 표면처럼 계속해서 순환되었다.** (사진 : Moodboard/AGE Foto stock)

해양지각은 상부 맨틀로부터 분화되어 나온 균질한 현무암질 지층으로 구성되어 있어 상대적으로 대륙지각보다 밀도가 크다(3.0g/cm³). 또 해양지각은 평균 두께가 7km로 얇다. 반면에 다양한 암석이 혼재되어 있는 대륙지각은 평균 40km 두께이며 낮은 밀도(2.7g/cm³)를 가지는 규소가 부화된 화강암 같은 암석이 주로 존재한다.

대륙지각과 해양지각 사이의 차이가 중요한 것은 지구의 지질 진화에 대한 정보를 주기 때문이다. 해양지각은 상대적으로 얇고 밀도가 크며 구조적 힘에 의해 육지로 밀려오지만 해수면 밑 수 킬로미터에서 생성된다. 대륙지각은 엄청난 두께와 낮은 밀도로 인해 해수면 위로 잘 확장된다. 또한 일반적인 해양지각은 쉽게 섭입하는 데 반하여, 비교적 부력이 있는 대륙지각은 다시 맨틀로 들어가 순환되는 것은 쉽지 않다는 것을 기억하자.

대륙지각의 형성 지구 최초의 지각은 현재의 해령에서 만들어지는 것과 같이 현무암이었을 것이다. 그러나 현재 아무것도 발견되지 않았기 때문에 확신할 수는 없다. 시생대에 존재하던 뜨겁고 휘몰아치는 맨틀이 지구 최초의 지각물질 대부분을 맨틀로 되돌렸을 것이다. 사실 아마도 용암호에서 딱딱한 겉껍질이 새로운 용암에 의해 계속 대체되는 것처럼 몇 번이고 계속해서 재순환되었을 것이다(그림 19.8).

가장 오래 보존된 대륙지각의 암석(35억 년 이상 오래된)이 비교적 젊은 대륙지각과 병합된 작고 변형이 많이 된 지역에서 발견되었다(그림 19.9). 이러한 가장 오래된 암석들은 그린란드 이수아 근처에 위치한 38억 년 된 지형에 있다. 약간 더 오래된 암석은 오스트레일리아와 캐나다 북서부 지역에서 발견되었다.

대륙지각의 형성은 지구의 부착성장의 마지막 단계 동안에 시작된 중력에 의한 물질 분리 작용의 연속이다. 철질 핵과 암석질의 맨틀이 형성되고 난 후 밀도가 낮고 규소가 많은 광물은 점진적으로 맨틀로부터 추출되었고 대륙지각을 형성했다. 이 작용은 초염기성 맨틀암석(감람암)이 현무암질 암석을 만드는 과정과 현무암의 재용융으로 마그마가 형성되면서 산성의 석영을 함유한 암석을 만드는 두 단계에 걸친 작용으로 일어난다(제3장 참조). 그러나 시생대에 이러한 규소가 부화된 암석이 생성된 기작에 대해서는 일부만이 밝혀졌다.

어떤 지질학자들은 지구 초기 역사에서 섭입을 포함한 판상 형태의 움직임이 있었다고 결론지었다. 또 열점 화산활동도 발생했을 것으로 보고 있다. 그러나 시생대의 맨틀이 오늘날보다 온도가 높았기 때문에 두 가지 현상은 현재 일어나는 것보다 빠른 속도로 발생했을 것이다. 열점 화산활동은 해양대지와 같은 거대한 순상화산을 생성했다고 생각된다. 해양지각의 섭입은 화산도호를 형성한다. 상대적으로 작고 얇은 지각의 조각은 안정적이고 대륙 규모의 땅을 형성하는 첫 단계를 나타낸다.

그림 19.9 **38억 년 이상 된 암석이 지구에서 가장 오래 보존된 대륙지각의 암석이다.** (사진 : James L. Amos/CORBIS)

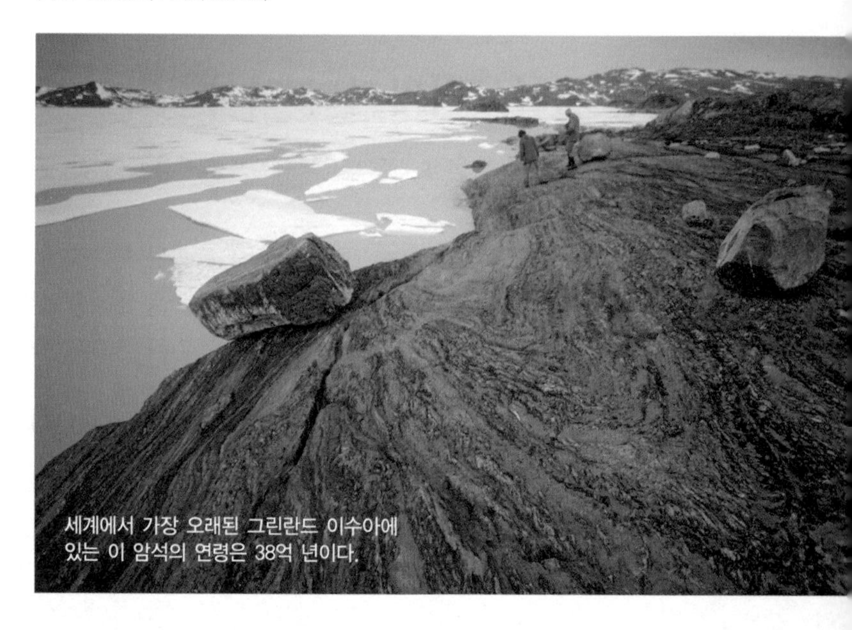
세계에서 가장 오래된 그린란드 이수아에 있는 이 암석의 연령은 38억 년이다.

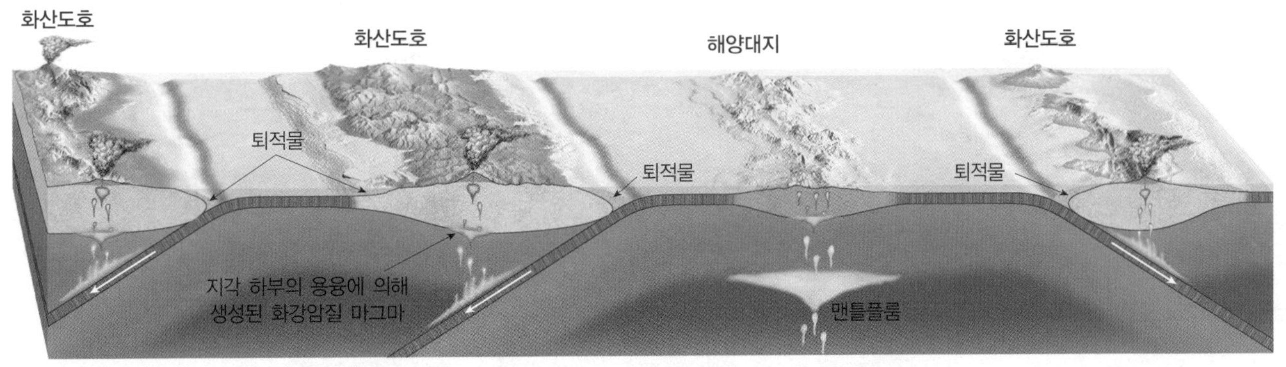

A. 해양분지에 흩어져 있는 대륙 조각들

B. 화도와 해양대지의 충돌로 형성된 큰 대륙

스마트그림 19.10

대륙의 성장 큰 대륙의 성장은 작은 대륙 조각의 충돌과 부착에 의해 진행된다.

대륙지각에서 대륙으로 거대한 대륙지각의 성장은 그림 19.10와 같이 다양한 지괴들의 충돌과 부착 성장에 의해 이루어졌다. 이런 충돌은 수렴하는 지각 조각 사이의 퇴적층에 변형과 변성작용을 일으켜 지각을 단축시키고 두껍게 만든다. 이러한 충돌대의 깊은 지역에서는 두꺼워진 지각이 부분 용융을 일으키며, 상부의 암석으로 상승하여 관입한 규소가 부화된 마그마를 생성한다. 그 결과 커다란 지각이 형성되고 이번에는 다른 지각들과 부착되어 **강괴**(craton)라는 더욱 큰 지각 덩어리를 형성한다.

지표면으로 노출된 강괴는 **순상지**(shield)라고 한다. 거대한 강괴의 조합은 아시아와 인도판의 충돌에서 산맥이 형성되는 것과 유사한 주요 산들의 생성 과정과 관련되어 있다. 그림 19.11은 시생대와 원생대에 발생한 지각 물질의 확장을 보여주고 있다. 그림에서 두께가 얇은 여러 개의 이동성이 좋은 지괴들이 서로 충돌하고 부착 성장되어 대륙 덩어리라 불릴 만한 수준으로 커졌다.

선캄브리아기는 많은 수의 지각들이 형성된 시기였지만 많은 양의 지각이 파괴되기도 했다. 지각은 풍화와 침식, 혹은 섭입을 통한 맨틀로의 두 가지 재결합 방법으로 파괴될 수 있다. 증거들을 통해 볼 때 시생대 동안 얇은 판 모양의 대륙지각들이 주로 섭입에 의해 파괴되었다. 그러나 약 30억 년 전에 강괴가 충분한 크기와 두께로 성장하여 맨틀로의 재결합이 어려워졌다. 이 시점부터 풍화와 침식이 가장 주요한 파괴 작용이 되었다. 선캄브리아기 말기에 약 85%의 현재 대륙지각이 생성되었다.

북아메리카 대륙의 형성

북아메리카 대륙은 대륙지각의 발달과 점진적인 결합을 통한 대륙으로의 발달을 보여주는 훌륭한 예이다. 그림 19.12를 보면 생성된 지 35억 년 지난 지각이 아직도 남아 있다. 30억 년에서 25억 년 전 사이의 시생대 후기에 지각 성장의 시기가 있었다. 이 시기 동안 다수의 도호와 여러 지각 파편의 부착 성장이 여러 개의 커다란 지각을 만들었다. 북아메리카 대륙은 그림 19.12의 슈페리어 강괴와 헌-래(Hearne-Rae) 강괴를 포함해 이 지각들 중 몇 개를 포함하고 있다. 이러한 고대지각 덩어리들의 생성 위치는 밝혀지지 않았다.

19억 년 전에 이들 지각들이 충돌하면서 트랜-허드슨 산맥을 형성했다(그림 19.12)(이 조산 과정은 북아메리카에만 한정되지는 않는다. 고대의 비슷한 연대의 변형된 지층이 다른 대륙에서도 관찰되기 때문이다). 이 사건으로 북아메리카 강괴가 만들어졌고 후에 여러 개의 크고 작은 지각 파편들이 추가되었다. 중생대와 신생대 동안 애팔래치아의 블루리지와 피드몬트 지역과 서해안에 여러 개의 지괴가 추가되어 북아메리카 대산맥을 형성했다.

알고 있나요?

가장 오래된 유기체 화석은 핵이 있는 세포 구조를 가진 27억 년 전의 진핵생물이다.

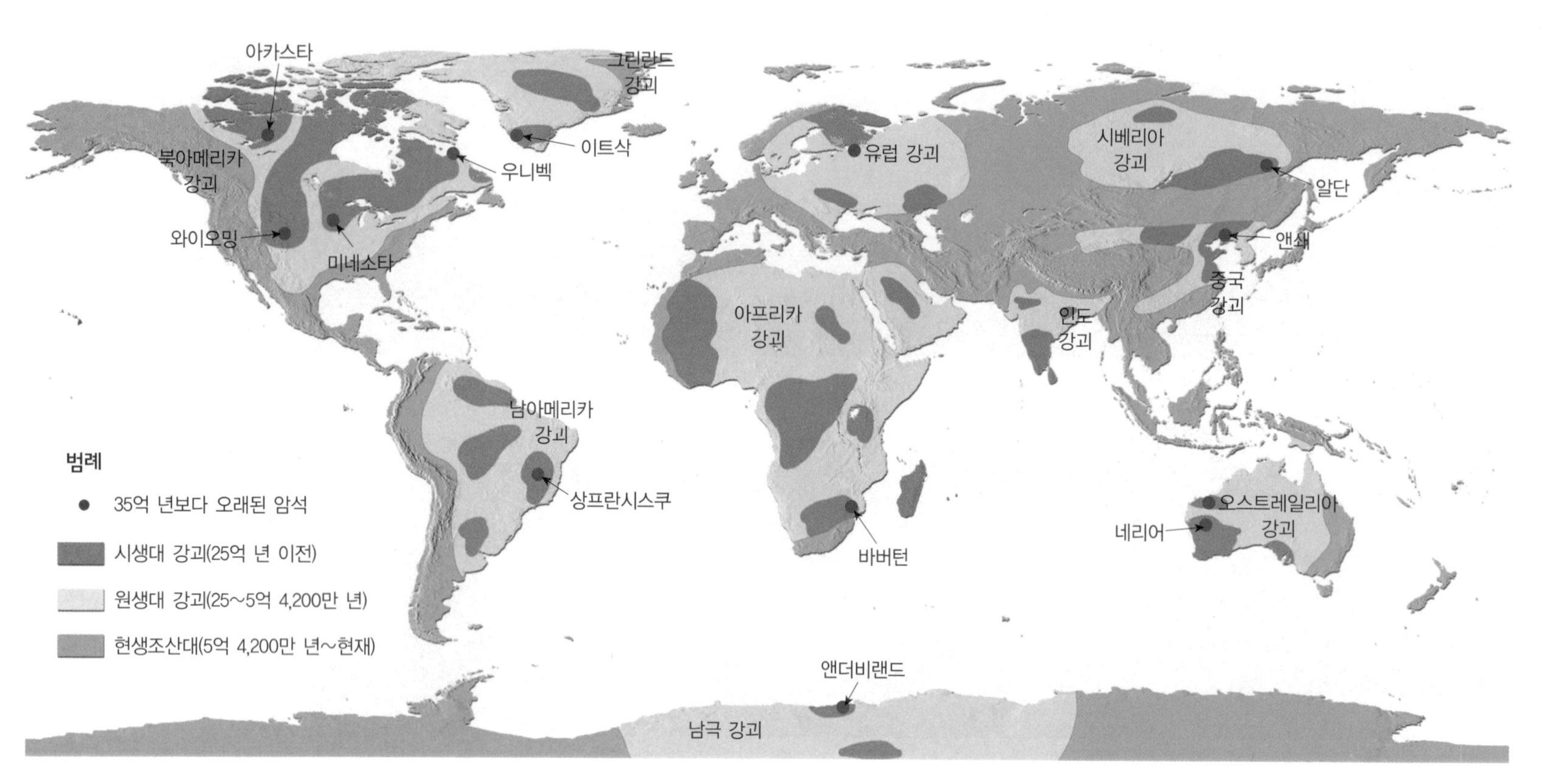

그림 19.11 **시생대와 원생대 암석의 분포**

북아메리카 대륙은 현대 판구조론과 같은 과정으로 여러 대륙 조각이 합쳐져 형성되었다. 이러한 고대의 충돌로 충돌 지각 파편들에 포획된 도호들을 포함하는 산맥이 형성되었다.

스마트그림 19.12
북아메리카의 주요한 지질구
각 지질구의 연령은 10억 년 단위로 나타낸다.

선캄브리아기의 초대륙

과거에 지금의 북아메리카가 초대륙을 형성하기 위해 다른 대륙들과 결합되었다. **초대륙**(supercontinent)은 존재하는 전체 혹은 대부분의 지각을 포함하는 거대한 대륙이다. 판게아는 가장 최근의 것이었으며, 지질 역사에 존재했던 여러 초대륙 중 하나이다. 잘 알려진 최초의 초대륙 로디니아는 약 11억 년 전 원생대에 형성되었다. 비록 초대륙의 재생성은 아직 연구 중이지만 로디니아는 판게아와는 매우 상이한 외형을 띠었다(그림 19.13). 큰 차이는 북아메리카 대륙이 이 고대의 대륙 중심에 위치했었다는 것이다.

8억 년에서 6억 년 전 사이에 로디니아는 점진적으로 갈라져서 조각들이 사방으로 흩어졌다. 선캄브리아기 말기에 많은 조각들이 남반구에서 곤드와나 대륙이라는 거대한 대륙으로 재결합하였다. 그 자체로서 초대륙으로 종종 고려되는 곤드와나 대륙은 주로 오늘날의 남아메리카, 아프리카, 인도, 오스트레일리아, 남극으로 이루어져 있었다(그림 19.14). 다른 지각 조각들은 북아메리카, 시베리아, 북유럽을 형성했다. 선캄브리아기의 대륙에 관해서는 잠시 후에 다룰 것이다.

초대륙 순환 초대륙이 열개와 분열에 의해 흩어진 후 긴 시간 동안 지각 조각들이 점진적으로 재결합하여 다른 외형을 가진 새로운 초대륙을 만드는 과정을 **초대륙 순환**

그림 19.13 **초대륙인 로디니아의 가능한 형상** 명확히 하기 위해 대륙은 10억 년 전의 실제 모양이 아니라 현재 대륙 모양으로 나타냈다. *(P. Hoffman, J. Rogers, and others)*

(supercontinents cycle)이라 한다. 초대륙의 결합과 분열은 지구의 지각 진화에 큰 영향을 끼쳤다. 또 이 현상은 전 지구적 기후에도 영향을 끼치고 해수면의 주기적인 상승과 하강에도 기여하였다.

초대륙, 조산운동, 기후 대륙의 이동은 해류의 패턴을 변화시키고 바람의 흐름에 영향을 끼쳐 기온과 강우의 분포를 변화시켰다. 초대륙의 분열이 기후에 영향을 끼친 최근의 예로 남극 대륙의 대빙원 형성을 들 수 있다. 남극 대륙 동부는 1억 년 이상 남극에 머물러 있었지만, 2,500만 년 전까지는 빙하작용을 받지 않았다. 2,500만 년 전까지는 남아메리카 대륙이 남극의 반도와 연결되어 있었다. 이러한 배열은 **그림 19.15A**와 같이 난류가 지속적으로 남극 대륙의 해안에 닿을 수 있게 유지하는 작용을 하였다. 이것은 현대의 멕시코 만류가 이름과 반대되게도 아이슬란드의 결빙을 방해하는 작용과 유사하다. 그러나 남아메리카 대륙이 북쪽으로 이동하면 서 남극 대륙으로부터 분리되어 해류의 흐름이 서에서 동으로 흐르게 되었다(**그림 19.15B**). 서풍표류라는 이 해류는 남극 대륙의 해안을 남반구 해양의 남극 방향으로 흐르는 난류로부터 차단하는 역할을 한다. 이 현상이 전체 남극 대륙 빙하의 대부분을 난류로부터 차단하고 있다.

국부적이고 지역적인 기후는 강괴의 충돌로 생성된 커다란 산의 영향을 받는다. 산은 높기 때문에 주변의 저지대에 비해 현저하게 낮은 온도를 띠게 된다. 또 공기가 높은 산을 따라 상승하면서 공기로부터 수분이 배출되고 상대적으로 건조한 상태로 산을 하강하게 된다. 최근의 비슷한 예로는 시에라네바다 서쪽의 습하고 숲이 우거진 사면과 바로 동쪽에 위치한 그레이트 분지 사막의 건조한 기후가 있다.

초대륙과 해수면 변화 지질 역사 동안 여러 번의 눈에 띄는 해수면 변화가 있었고 다수는 초대륙의 형성과 분열에 연관되어 있다. 해수면이 상승할 경우 천해는 육지로 해침해 들어간다. 해침이 발생한 시기의 증거물로는 미국 동부지역의 3분 2를 포함하는 넓은 지역에 걸쳐 현재 대륙을 덮고 있는 두껍고 연속적인 고대의 퇴적층이 있다.

초대륙 순환과 해수면 변화는 해저확장과 직접적으로 관련되어 있다. 오늘날 동태평양 해령과 같이 확장 속도가 빠를 때는 따뜻한 해양지각의 생성 속도도 빠르다. 따뜻한 해양지각은 차가운 지각에 비해 밀도가 낮아(많은 공간을 차지한다), 확장 속도가 빠른 해령이 확장 속도가 느린 해령에 비해 해양저에서 보다 많은 공간을 차지한다(물이 채워진 욕조로 들어가는 것을 생각해 보라). 결과적으로 해령의 확장 속도가 빨라지면 해수면이 상승한다. 이에 따라 천해가 대륙지각의 저지대를 해침해 들어가게 된다.

그림 19.14 **캄브리아 후기 지구의 재구성** 남반구 대륙들은 곤드와나라 불리는 하나의 대륙으로 결합되어 있었다. 북아메리카, 북서 유럽, 북아시아는 곤드와나 대륙의 일부가 아니었다. *(P. Hoffman, J. Rogers, and others)*

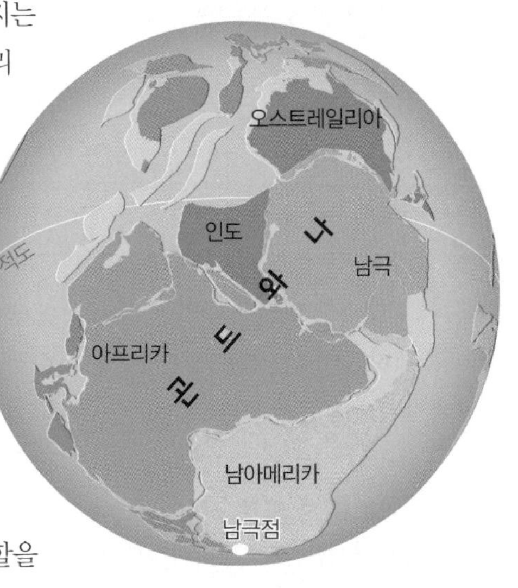

A. 곤드와나 대륙

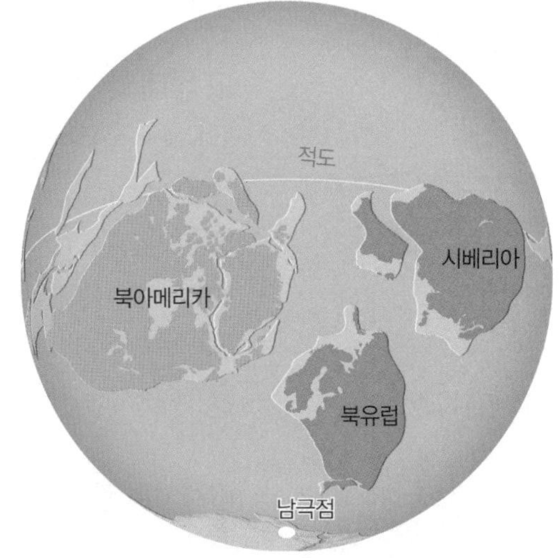

B. 곤드와나 대륙에 포함되지 않는 대륙들

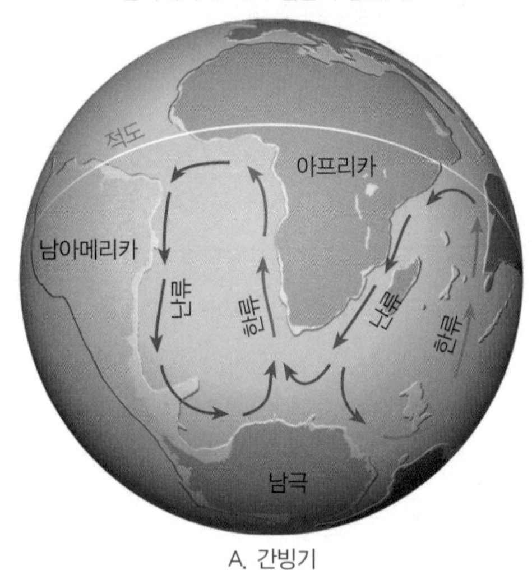

A. 간빙기

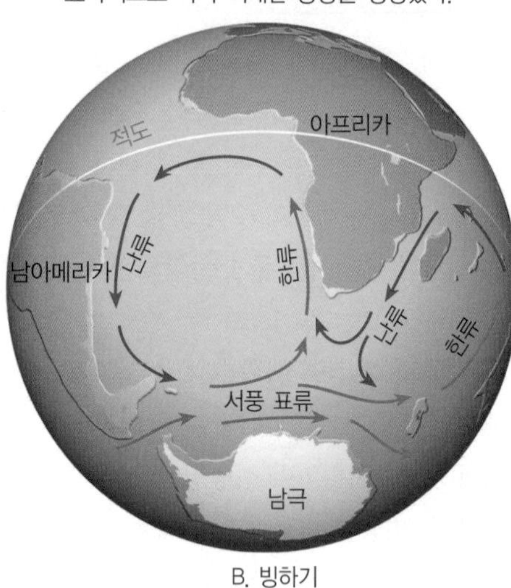

B. 빙하기

스마트그림 19.15

남극대륙에서 해수순환과 기후와의 연관성

개념 점검 19.4

① 저밀도 대륙지각이 어떻게 암석성 맨틀을 형성했는지 간략히 설명하라.

② 강괴가 어떻게 형성되는지 설명하라.

③ 대륙이동이 어떻게 기후변화에 영향을 주는지 설명하라.

④ 초대륙 순환이란 무엇인가? 판게아 전의 초대륙은 무엇인가?

⑤ 해양저 확장 속도와 해수면 변화가 어떻게 관련 있는지 설명하라.

19.5 고생대의 역사 : 현대 대륙지각의 형성

고생대, 중생대, 신생대에 발생한 주요한 지질 사건을 설명하라.

5억 4,200만 년 전 선캄브리아기가 끝난 이후의 기간은 고생대, 중생대, 신생대의 3개 대로 나뉜다. 고생대의 시작은 껍질, 비늘, 뼈, 치아와 같이 화석 기록으로 남을 수 있는 확률이 매우 높은 딱딱한 부분을 가진 생명체의 첫 출현으로 특징지어진다. 그 결과 고생대 지각의 연구는 화석의 활용이 큰 도움이 되었다. 화석의 활용은 지질학적 사건들의 연대를 파악하는 데 보다 용이하게 해 준다. 게다가 유기체는 자신의 생활환경과 밀접한 관련을 갖기 때문에 화석 기록의 활용은 고대 환경을 파악하는 데 매우 귀중한 정보를 제공했다.

고생대의 역사

고생대가 시작되던 시기에 북아메리카는 식물이든 동물이든 생명체가 살지 않는 땅이었다. 애팔래치아나 로키 산맥도 존재하지 않았으며 대륙은 거대한 불모의 저지대였다. 고생대 초기에 여러 번 천해가 내륙으로 해침했다가 다시 물러가는 것을 반복했다. 이 과정에서 석회암, 셰일, 순수한 사암 등의 두꺼운 퇴적층이 남아 대륙 중간 천해 해안선의 흔적이 되었다.

알고 있나요?

당신은 아마도 인간, 개, 물고기, 개구리 같은 등뼈를 가진 동물(척추동물)에 가장 익숙할 것이다. 그러나 곤충, 산호, 조개, 불가사리 같이 동물의 98%는 무척추동물이다.

판게아의 형성 고생대에 발생한 주요 사건 중 하나는 초대륙 판게아의 형성이다. 판게아의 형성은 북아메리카, 유럽, 시베리아와 다른 소규모의 지각 조각들이 점진적으로 충돌하면서 시작되었다(그림 19.16). 이 사건들이 북쪽 대륙인 로라시아 대륙을 형성했다. 이 대륙은 열대지방에 위치했으며, 고온다습한 조건에서 1800년대 산업혁명의 연료가 되고 현재까지도 많은 양을 사용하는 석탄의 원료가 되는 광대한 습지를 조성했다.

동시에 남아메리카, 아프리카, 오스트레일리아, 남극대륙, 인도, 중국의 일부가 합쳐져서 남쪽 대륙인 곤드와나 대륙을 형성했다. 넓은 범위에 걸친 대륙의 빙하작용의 증거가 남극 주변에 존재한다. 고생대 말기 곤드와나 대륙은 북쪽으로 이동하여 로라시아 대륙과 충돌했고, 드디어 초대륙 판게아(Pangaea)가 형성되었다.

판게아의 형성에는 2억 년 이상의 기간이 걸렸으며 다수의 산맥이 형성되었다. 이 기간 동안 북유럽(주로 노르웨이)과 그린란드의 충돌로 칼레도니아 산맥이 형성되었다. 반면에 고생대 후기 북아시아(시베리아) 판과 유럽 판이 합쳐져 우랄 산맥을 형성했다. 고생대 말기에는 북중국이 아시아에 흡수되었으나 남중국은 후에 판게아가 열개에 의해 갈라지기 전까지는 아시아의 일부가 되지 못했다(인도는 5,500만 년 전까지는 아시아와 분리되어 있었다는 것을 생각하자).

판게아는 2억 5,000만 년 전 아프리카가 북아메리카와 충돌하면서 최대 크기에 도달했다(그림 19.16D). 이 사건이 애

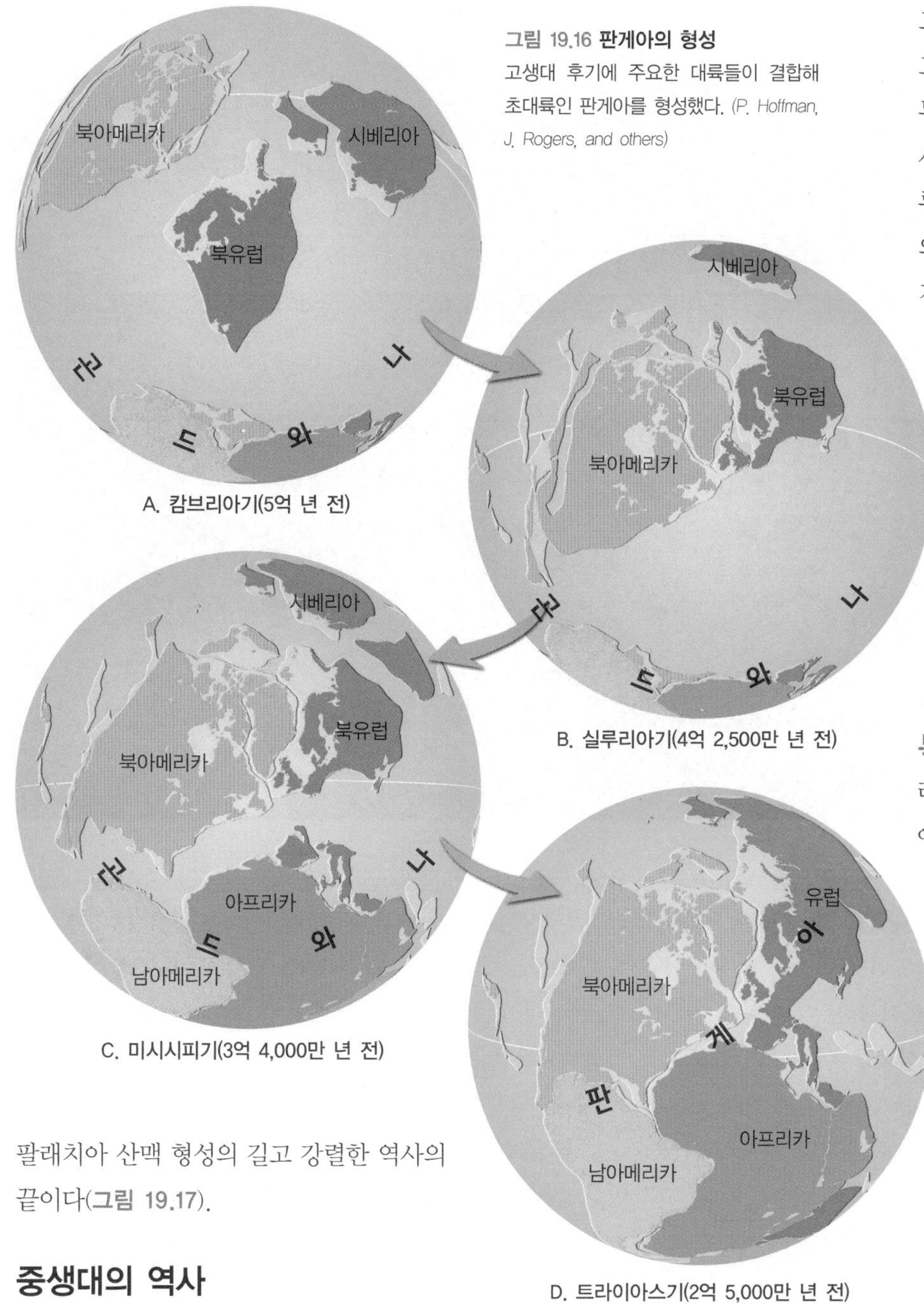

그림 19.16 판게아의 형성
고생대 후기에 주요한 대륙들이 결합해 초대륙인 판게아를 형성했다. *(P. Hoffman, J. Rogers, and others)*

A. 캄브리아기(5억 년 전)

B. 실루리아기(4억 2,500만 년 전)

C. 미시시피기(3억 4,000만 년 전)

D. 트라이아스기(2억 5,000만 년 전)

팔래치아 산맥 형성의 길고 강렬한 역사의 끝이다(**그림 19.17**).

중생대의 역사

1억 8,600만 년 동안의 중생대는 트라이아스기, 쥐라기, 백악기의 3개 기로 나누어진다. 중생대의 주요 지질학적 사건으로는 판게아의 분리와 현대 해양저의 발달이 있다.

해수면 변화 중생대가 시작될 때는 대부분의 육지가 해수면 위에 존재했다. 노출된 트라이아스기 지층 대부분은 지구의 환경을 알려주는 해양 화석이 없는 적색의 사암과 이암이다(적색은 사암이 철의 산화로부터 생성되었음을 알려준다). 쥐라기의 시작과 함께 바다가 북아메리카의 서부 지역을 해침해 들어왔다. 이 천해에 의해 광대한 퇴적물이 지각에 쌓였고 현재는 콜로라도 고원으로 부르고 있다. 가장 눈에 띄는 것이 300m 두께의 풍성 백색 사암층인 나바호 사암층이다. 이런 거대한 사구의 잔류물은 쥐라기 초기에 북아메리카의 대부분이 주로 사막으로 이루어져 있었음을 알려준다(**그림 19.18**).

또 다른 잘 알려진 쥐라기 퇴적층 중에는 세계 최고의 공룡화석 창고인 모리슨 지층이 유명하다. 이곳에서 아파토사우루스(전 브론토사우루스), 브라키오사우루스, 스테고사우루스와 같은 거대한 공룡의 화석화된 뼈가 발견되었다.

북아메리카 서부의 석탄 형성 쥐라기에서 백악기로 넘어가던 시기에 천해는 다시 북아메리카의 서부와 대서양 해안, 멕시코 만 해안으로 해침해 들어 왔고, 이 사건으로 고생대에 형성되었던 것과 비슷한 거대한 '석탄 습지'가 형성되었다. 오늘날 미국 서부와 캐나다에서 중생대 석탄층은 경제적으로 매우 중요하다. 몬태나 주 크로 인디언 주거 지역의 예를 들면, 200억 톤가량의 고품질의 중생대 석탄이 매장되어 있다.

판게아 분열 중생대에 발생한 또 다른 주요 사건은 판게아의 분열이다. 1억 8,500만 년 전 북아메리카와 서아프리카 사이에 열개가 발달하며 대서양이 탄생하였다. 판게아가 점진적으로 분열되면서 북아메리카 판이 서쪽으로 이동하여 태평양 판 위로 올라가기 시작했다. 이 사건이 북아메리카의 서부 연안 전역에서 내륙을 향한 지속적인 변형의 시작이다.

북아메리카 대산맥의 형성 쥐라기 동안 패럴론 판의 섭입이 현재 캘리포니아 코스트 산맥의 복잡한 암석 분포를 만들

그림 19.17
대륙 충돌로 생긴 애팔래치아 산맥 (Don Johnston/AGE Fotostock)

어냈다(그림 11.24 참조). 또 마그마가 지표면으로부터 수 킬로미터 이내의 깊이까지 상승하여 내륙의 화성활동이 넓게 퍼져 나타났고, 1억 년 이상 화산활동이 빈번하게 발생해 많은 양의 마그마를 지구 표면에 분출시켰다. 이 활동의 잔류물로 시에라네바다 주의 화강암질 심성암, 아이다호 주의 저반, 브리티시컬럼비아 주의 코스트 산맥 저반 등이 있다.

북아메리카 서부지역 연변부 아래로 태평양 분지의 섭입으로 멕시코의 바자반도에서 알래스카 북부까지의 태평양 연변부 대륙에 지각 일부가 첨가되었다(그림 11.27 참조). 계속된 충돌로 과거 첨가된 지역이 더 대륙 쪽으로 이동하였고, 변형대, 대륙 연변부의 두께와 규모가 커졌다.

압축력은 엄청난 규모의 암석들을 널빤지 모양으로 동쪽을 향해 이동시켰다. 북아메리카의 서해안을 관찰하면 대부분 오래된 암석들이 동쪽 방향으로 젊은 지층 위로 150km 이상 스러스트 작용을 받아 있다. 궁극적으로 이러한 극한의 변형으로 와이오밍 주로부터 확장된 북아메리카 대산맥이 형성되었다.

중생대가 끝나 가면서 로키 산맥의 남부가 형성되었다. 래러미드 조산운동이라고 하는 이때의 조산운동은 깊이 묻혀 있던 선캄브리아기의 암석들이 가파른 단층면을 따라 거의 수직으로 상승하면서 위에 존재하던 젊은 퇴적층을 위로 굽어지게 만들었다. 래러미드 조산운동에 의해 형성된 산맥은 콜로라도 주의 프론트 산맥, 뉴멕시코 주와 콜로라도 주에 걸쳐 있는 상그레 산맥, 와이오밍 주의 빅혼스 산맥이 있다.

그림 19.18
유타 주 지온 국립공원의 거대한 사층리가 있는 사암 절벽 이러한 사암 절벽은 고생대 거대한 사막의 일부인 사구의 잔류물이다. (사진 : Michael Collier)

신생대의 역사

신생대 혹은 현세 생물의 시대는 지구 역사의 마지막 6,550만 년을 일컫는다. 이 기간에 현재의 물리적인 지형과 생명체가 생겨났다. 신생대는 지질연대에서 고생대와 중생대에 비해 아주 작은 비중을 차지한다. 그러나 짧은 시간에도 불구하고 현재에 가깝기 때문에 지질학적 기록이 완벽하여 풍부한 역사 기록을 가지고 있다.

신생대 동안 북아메리카의 대부분은 해수면 위에 존재했다. 그러나 대륙의 서부와 동부 연안은 판 경계의 차이로 인해 서로 대비되는 역사를 겪었다. 대서양과 멕시코 만 해안지역은 활동성 판 경계로부터 멀리 떨어져 있어서 조구조적으로 안정적이었다. 대조적으로 북아메리카 서부 해안은 북아메리카 판을 이끄는 첨단에 존재했다. 결과적으로 신생대 동안 판의 상호작용은 산맥의 형성, 화산활동, 지진 등 다양한 사건을 일으켰다.

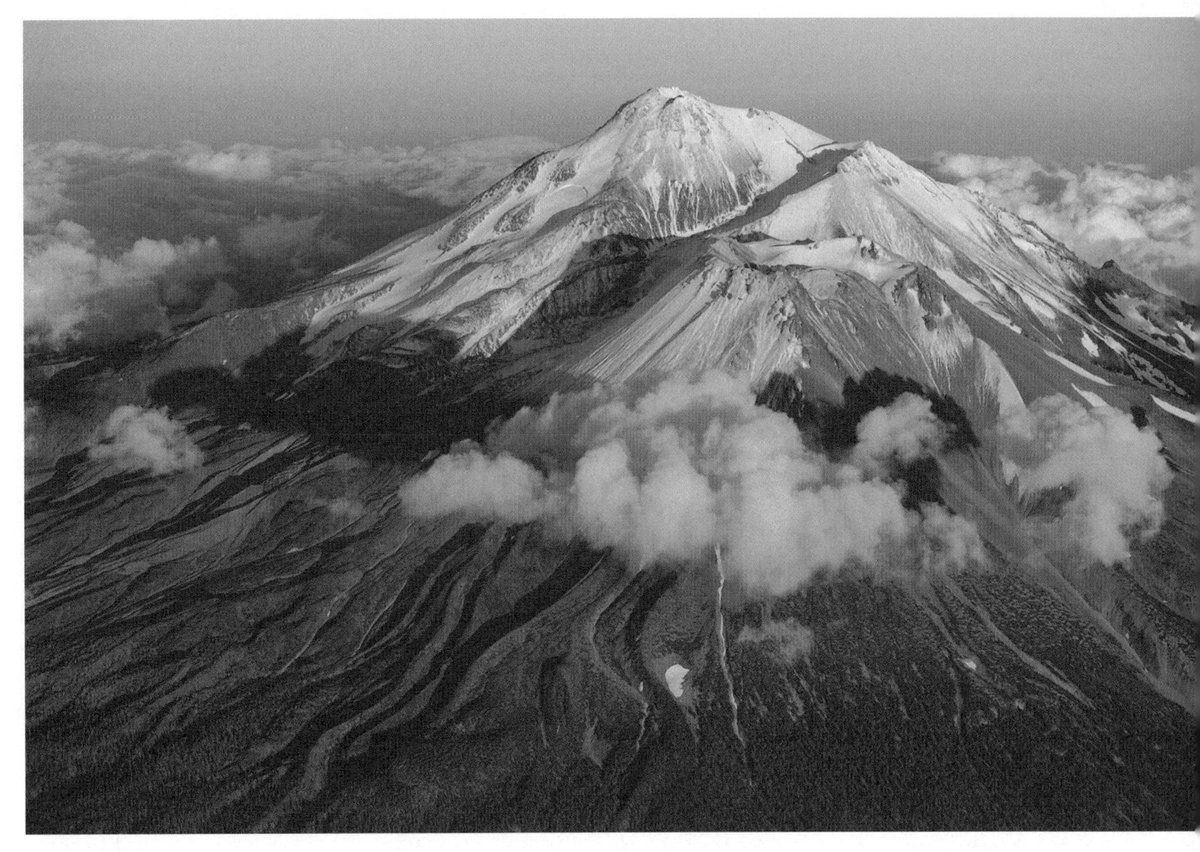

그림 19.19 캘리포니아 샤스타 산 캐스케이드 산맥을 구성하는 큰 복합화산 중 하나이다. (사진 : Michael Collier)

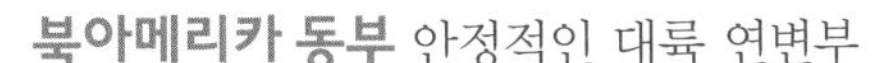

북아메리카 동부 안정적인 대륙 연변부를 가진 북아메리카 동부는 풍부한 해양 퇴적물을 지니고 있다. 유카탄 반도에서 플로리다까지 멕시코 만 주위에 넓은 범위에 걸쳐 가장 많은 양이 퇴적되었다. 이곳의 거대한 퇴적작용은 지층에 향사 습곡을 만들었다. 많은 예를 볼 때 단층은 원유와 천연가스가 모이기 좋은 환경을 조성한다. 오늘날 많은 수의 해상 굴착 기지들을 볼 때 여러 형태의 석유 트랩은 멕시코 만의 중요한 경제 자원이다.

신생대 초기에 애팔래치아 산맥 대부분은 침식되어 낮은 평원이 되었다. 후에 지각 균형 조절에 의해 이 지역이 다시 융기하며 하천들은 다시 원 상태로 돌아갔다. 하천은 회복된 힘에 의해 다시 침식작용을 일으켰고 점진적으로 현재의 지형으로 지표면을 침식하였다. 이 침식작용으로 발생한 퇴적물은 대륙의 동쪽 경계를 따라 수 킬로미터 두께로 퇴적되었다. 현재는 신생대 동안 퇴적된 경사진 지층이 대서양과 멕시코 만 해안 평원으로 노출되어 있다. 이곳은 미국 동부와 남동부 대부분의 인구가 거주하는 지역이다.

북아메리카 서부 북아메리카 서부 서부에서는 래러미드 조산운동에 의한 남부 로키 산맥의 생성이 끝나 가고 있었다. 침식에 의해 산맥이 낮아지고 열개 사이의 분지는 퇴적물로 채워졌다. 침식된 로키 산맥으로부터 나온 거대한 쐐기 모양의 퇴적물이 동쪽으로 이동하면서 대평원이 만들어졌다.

마이오세의 시작은 약 2,000만 년 전에 시작되었다. 네바다 주 북부에서 멕시코까지 넓은 지역에 걸쳐 지각의 확장을 겪었고, 100개 이상의 단층지괴 산맥을 형성했다. 현재에도 인접한 분지 위로 불쑥 상승하여 분지와 산맥지대가 형성되고 있다(그림 11.16 참조).

분지와 산맥지대가 형성되면서 대륙 서부 내부 전체는 점진적으로 상승되었다. 강이 감입하면서 콜로라도 강의 그랜드캐니언, 스네이크 강의 그랜드캐니언, 거니슨 강의 블랙캐니언 같은 거대한 협곡이 생성되었다.

신생대 대부분의 기간 동안 북아메리카 서부에서는 화산활동도 활발하게 일어났다. 마이오세 초기에 현재의 오리건 주와 워싱턴 주, 아이다호 주 위치에서 엄청난 규모의 현무암질 마그마가 열개에서 분출되었다. 이 분출로 드넓은 컬럼비아 평원(3,400만 km^2)이 생성되었다. 컬럼비아 평원의 바로 서쪽에서 다른 성질의 화산활동이 발생했다. 이번에는 점성이 더 높은 규소가 부화된 마그마가 폭발적으로 분출해서 북부 캘리포니아에서 캐나다까지 성층화산이 이어져 있는 캐스케이드 산맥을 형성했다. 이들 중 일부는 현재까지도 활동하고 있다(**그림 19.19**).

신생대 말에 이르러서 조산운동, 화산활동, 지각 균형의 조정, 큰 규모의 침식과 퇴적작용에 의해 지형이 현재 형태와 매우 유사해졌다. 남아 있는 신생대의 260만 년은 제4기라 부른다. 지구 역사에서 가장 최근의 이 기간 동안 인류가 진화했고 빙하, 바람, 유수의 작용에 의한 지표면의 변화가 현재의 모습으로 마무리되었다.

개념 점검 19.5

① 초대륙 판게아가 존재하던 시대는?
② 오늘날 미국에서 대부분의 백악기 석탄이 발견되는 곳은?
③ 판게아가 분열되기 시작한 시대는?
④ 오늘날 미국 남서부 지역의 쥐라기 초기 때의 기후를 설명하라.
⑤ 신생대 미국 동부와 북서부 지역의 유사점과 차이점을 설명하라.

19.6 지구의 최초 생명

생명의 기원에 대한 가설과 초기 원핵생물, 진핵생물, 다세포 유기체의 특징을 설명하라.

알고 있나요?

경부를 가지면서 유기체들이 화석으로 남기 쉬워졌지만 연체의 유기체들도 다수가 화석으로 남아 있다. 대표적인 예로 캐나다 로키 산맥에서 발견되는 버제스 셰일이 있다. 버제스 셰일에서는 10만 개 이상의 독특한 화석들이 발견되었다.

최고의 화석으로 미루어 보건대 지구 최초의 생명체는 35억 년 전에 탄생했다. 전 세계적으로 현대의 시아노박테리아와 유사한 현미경 크기의 시아노박테리아 화석이 규소가 부화된 처트 퇴적물로부터 발견된다(그림 19.20). 특히 암석의 연령이 31억 년 이상 된 남아프리카와 슈피리어 호수의 건플린트 처트 두 지역에서 주로 발견된다. 고생물학자들은 더 오래된 암석으로부터 얻어진 유기 화학물질의 잔류물로부터 생명체는 38억 년 전부터 존재했을 것으로 보고 있다.

생명의 기원

생명은 어떻게 시작되었을까? 이 질문에 대한 답에는 많은 논쟁과 가설이 있다. 생명이 존재하기 위해서는 생명체에 적합한 환경뿐만 아니라 단백질과 같은 생명의 기초 분자들인 기본적인 화학물질이 필요하다. 단백질은 아미노산이라는 유기 화합물로 되어 있다. 최초의 아미노산은 지구의 원시대기에 풍부했던 메탄과 암모니아가 합성되어 만들어졌을 것이다. 어떤 과학자들은 이러한 기체들이 자외선에 의해 쉽게 재배열되어 유기 분자가 될 수 있다고 한다. 또 다른 과학자들은 스탠리 밀러와 해럴드 유리가 증명을 시도했던 유명한 실험처럼 번개가 자극제가 되었을 수도 있다고 한다.

아직도 다른 연구자들은 아미노산이 소행성이나 혜성이 지구에 충돌할 때 이미 만들어진 상태로 전해졌을 것이라고 주장한다. **탄소질 구립운석**(carbonaceous chrondrite)이라는 운석의 무리는 아미노산과 유사한 유기물질을 함유하고 있어 이러한 가설의 증거가 된다.

또 다른 가설은 생명체에 필요한 유기물질이 심해저 열수구(블랙 스모커)에서 나오는 메탄과 황화수소로부터 왔다고 제안한다. 심해저의 열수구 근처에서 발견되는 생명체와 유사한 생명체가 옐로스톤 국립공원과 같은 뜨거운 온천에 있을 수 있다.

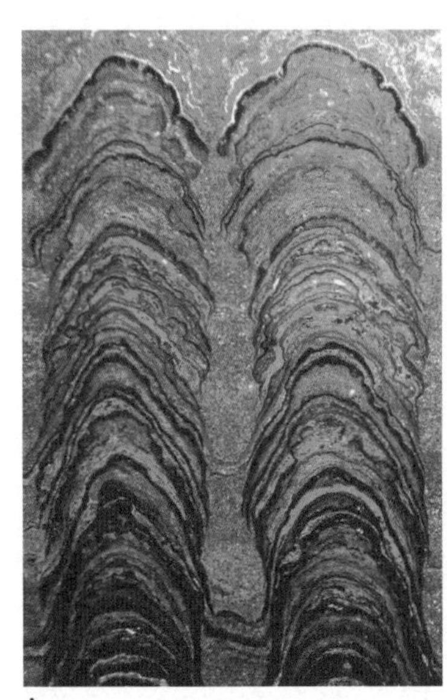
A.

B.

그림 19.20 **스트로마토라이트는 가장 흔한 선캄브리아기 화석이다.**
A. 몬태나 주 글레시어 국립공원 헬레나 층에서 발견된 조류에 의해 퇴적된 탄산칼슘으로 만들어진 선캄브리아기 화석, 스트로마토라이트 *(사진 : Sinclair Stammers/Science)*
B. 오스트레일리아 서부의 현재에도 성장하고 있는 스트로마토라이트 *(사진 : Bill Bachman/Science Source)*

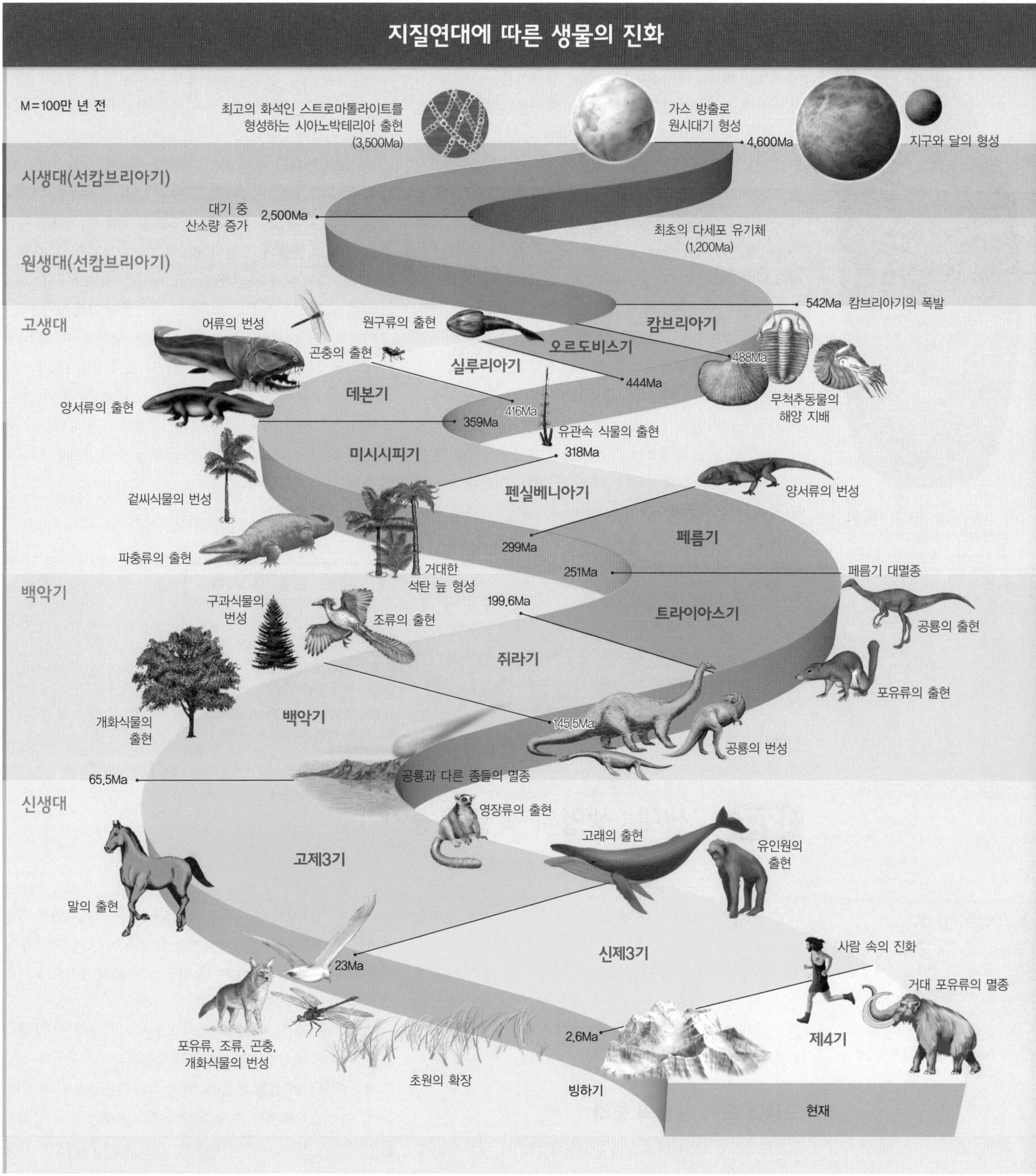

지질연대에 따른 생물의 진화

M=100만 년 전

최고의 화석인 스트로마톨라이트를 형성하는 시아노박테리아 출현 (3,500Ma)

가스 방출로 원시대기 형성

4,600Ma

지구와 달의 형성

시생대(선캄브리아기)

대기 중 산소량 증가

2,500Ma

최초의 다세포 유기체 (1,200Ma)

원생대(선캄브리아기)

542Ma 캄브리아기의 폭발

고생대

어류의 번성

원구류의 출현

캄브리아기

곤충의 출현

오르도비스기

실루리아기

488Ma

444Ma

데본기

양서류의 출현

416Ma

359Ma

유관속 식물의 출현

무척추동물의 해양 지배

318Ma

미시시피기

펜실베니아기

양서류의 번성

겉씨식물의 번성

페름기

299Ma

파충류의 출현

거대한 석탄 늪 형성

251Ma

페름기 대멸종

백악기

구과식물의 번성

199.6Ma

조류의 출현

트라이아스기

공룡의 출현

쥐라기

포유류의 출현

개화식물의 출현

백악기

145.5Ma

공룡의 번성

65.5Ma

공룡과 다른 종들의 멸종

신생대

영장류의 출현

고래의 출현

유인원의 출현

고제3기

말의 출현

23Ma

신제3기

사람 속의 진화

거대 포유류의 멸종

2.6Ma

제4기

포유류, 조류, 곤충, 개화식물의 번성

초원의 확장

빙하기

현재

그림 19.21 **지질연대에 따른 생물의 진화**

그림 19.22 **에디아카라 화석** 에디아카라는 6억 년 전 생겨난 해성 동물군이다. 부드러운 몸체를 가지고 있는 1m 길이의 이 유기체는 현재까지 발견된 가장 오래된 동물 화석이다. (사진 : Sinclair Stammers/Science Source)

지구의 초기 생명 : 원핵생물

생명의 기원이 어디였든지 간에 생명의 진화는 당연한 결과이다(그림 19.21). 최초의 유기물질은 **원핵생물**(prokaryote)이라는 단세포 박테리아였다. 원핵생물은 핵을 통해 유전물질(DNA)이 다른 세포로부터 분리되지 않는 생물을 말한다. 지구 초기에 대기 중에는 산소가 없었기 때문에 최초의 유기체는 '먹이'로부터 에너지를 뽑아내기 위해 혐기성(산소가 없는) 신진대사 작용을 취했다. 먹이의 원천은 주변의 유기 분자들이었을 것이나 이런 물질들의 공급은 제한적이었다. 그래서 태양에너지로부터 유기물질(당분)을 합성하는 박테리아가 진화했다. 이것은 최초로 유기체가 먹이를 다른 유기체로부터 얻는 것이 아닌 스스로 먹이를 생산하는 능력을 가지게 된 사건으로 진화에 있어 매우 중요한 전환점이 되었다.

원핵생물의 한 종류인 원시 시아노박테리아의 광합성은 산소 농도의 점진적인 증가에 큰 기여를 했다는 것을 기억하자. 35억 년 전에 존재했던 이러한 초기 유기체가 우리의 행성을 획기적으로 변화시켰다. 이런 미시적인 박테리아의 존재 증거는 **스트로마토라이트**(stromatolite)라는 탄산칼슘으로 이루어진 층상더미에 존재한다(그림 19.20A). 오스트레일리아 샤크 만에서 발견되는 스트로마토라이트는 고대 스트로마토라이트 화석의 기원에 관한 강력한 증거가 된다(그림 19.20B). 오늘날의 스트로마토라이트는 미생물이 쌓이는 퇴적물에 의해 파묻히는 것을 피하기 위해 천천히 위로 올라와 형성된 뭉툭한 베개처럼 보인다.

진핵생물의 진화 좀 더 발달된 형태의 유기체 중 가장 오래된 화석은 21억 년 전의 **진핵생물**(eukaryote)이다. 초기 진핵생물은 현미수준으로 수중에 서식하는 유기체였다. 그러나 원핵생물과 달리 진핵생물의 세포 구조는 핵을 가지고 있었다. 이 원시생물은 현재 지구에 살고 있는 나무, 조류, 어류, 파충류, 인간과 같은 모든 다세포 생물의 근원이 되었다.

선캄브리아기의 대부분 기간 동안 생명체는 독립적인 단세포 유기체들로만 이루어져 있었다. 12억 년 전부터 다세포 진핵생물이 나타났다. 최초의 다세포 유기체 중 하나인 녹조류는 현대 식물들의 조상이며(광합성에 사용되는) 엽록체를 함유하고 있었다. 최초의 원시 해양동물은 이로부터 긴 시간이 흐른 뒤인 6억 년 전에 처음으로 등장했다(그림 19.22).

화석 기록에 의하면 유기체의 진화는 선캄브리아기가 끝나기 직전까지는 극도로 천천히 진행되었다. 이 시기에 지구의 육지는 불모의 땅이었으며 해양은 맨눈으로는 보기 힘든 크기의 유기체로 가득 차 있었다. 그럼에도 고생대 초기의 크고 더 다양한 식물과 동물로의 진화를 위한 무대는 마련되어 있었다.

개념 점검 19.6

① 생명을 위해 필요하고 DNA와 RNA의 형성을 위해 필수적인 유기화합물은 무엇인가?

② 스트로마토라이트는 무엇인가? 어떤 유기체가 스트로마토라이트를 형성하는가?

③ 원핵생물과 진핵생물을 비교하라. 원핵생물과 진핵생물 중 어느 것이 다세포 유기체인가?

19.7 고생대 : 생명의 폭발적 증가

고생대 생물의 발달에 관해 설명하라.

알고 있나요?

약 4억 1,600만 년 전에 시작한 데본기는 '어류의 시대'로 일컬어진다. 데본기에 총기어류는 뼈가 있는 지느러미가 있어 기어 다닐 수 있었다. 양서류의 선조인 폐어, 실어캔스는 총기어류의 일종이다.

고생대는 5억 4,200만 년 전 캄브리아기로부터 시작되었다. 이 시기 동안 이전에도 볼 수 없었고 이후로도 보지 못한 새로운 형태의 동물들이 출현했다. 주로 해파리, 해면동물, 연충, 연체동물(조개류), 절지동물과 같은 무척추동물들이 모습을 드러냈다. 이런 생물 다양성의 엄청난 확장을 **캄브리아기 폭발**(Cambrian explosion)이라고 한다.

고생대 초기 생물의 형태

캄브리아기는 삼엽충의 전성기였다(그림 19.23). 삼엽충은 부드러운 퇴적물에서 움직이고 굴을 파 먹이를 찾기 위해 키틴이라는 단백질 외골격(바닷가재의 껍질과 비슷)이 발달했다. 진흙 속에 숨어 사는 청소부인 삼엽충은 전 세계적으로 번성하면서 600종 이상이 존재했다.

오르도비스기는 두족류가 번성하는 시기였다. 기동력이 있는 고도로 발달된 이 조개류의 동물들은 이 시기의 주요 포식자가 되었다(그림 19.24). 이 두족류의 자손들인 오징어, 문어, 다실앵무조개는 현재의 바다에도 존재한다. 두족류는 몸의 길이가 10m 가까이 도달한, 사실상 지구 최초의 대형

그림 19.23 **삼엽충 화석** 바닥으로부터 음식을 청소하는 삼엽충은 고생대 초기 바다의 주를 이루었다. (사진 : *Ed Reschke/Peter Arnold, Inc.*)

유기체였다.

초기 동물의 분화는 육식동물의 출현으로부터 어느 정도 영향을 받았다. 크고 기동력 있는 두족류는 아기 손보다 작은 크기의 삼엽충을 잡아먹었다. 효율적인 움직임을 위한 진화는 민감한 감지능력과 복잡한 신경계의 발달과 일정부분 연관되어 있다. 이런 동물들은 빛, 냄새, 촉감을 느끼는 감각기관이 발달했다.

약 4억 년 전 물가에 적응하며 생존하고 있던 녹조류는 최초의 다세포 육상식물로 발달했다. 식물이 육지에서 생존하기 힘든 가장 중요한 요인은 물을 얻는 것과 중력과 바람에도 쓰러지지 않고 서 있는 것이었다. 최초의 육상식물은 잎이 없었고, 높이는 사람 검지 길이에 불과했다(그림 19.25). 그러나 미시시피기 초기의 화석 기록을 보면 10m 이상의 높이를 가진 나무들이 숲을 이루고 있었다.

해양에서는 어류가 몸을 받쳐 주는 골격을 가지는 새로운 형태를 완성했고, 턱을 가진 최초의 생물이 되었다. 갑주 어류도 오르도비스기에 나타나 지속적으로 진화했다. 시간이 지남에 따라 빠른 속도와 기동성을 확보하기 위해 갑주의 두께가 얇아져 경량형으로 변화했다. 데본기에는 현대 어류의 조상인 연골로 골격이 이루어진 원시상어와 뼈가 많은 어류가 진화했다. 최초의 대형 척추동물인 어류는 무척추동물에 비해 헤엄치는 속도가 빠르고, 더 세밀한 감각기관과 큰 뇌를 가지고 있었다. 이를 바탕으로 어류는 바다의 포식자가 되었다. 이런 이유로 데본기는 '어류의 시대'라 일컬어진다.

척추동물의 육상 진출

데본기에 총기어류라는 어류의 일부가 육상 환경에 적응하기 시작했다(그림 19.26A). 총기어류는 아가미를 통한 '호흡'을 위해 공기가 채워진 주머니가 있었다. 총기어류는 담수의 간석지나 바다의 작은 웅덩이에 서식하고 있었을 것이다. 일부

그림 19.24 **오르도비스기 얕은 바다 모습** 오르도비스기(4억 8,800만~4억 4,400만 년 전)에 북아메리카 내해의 얕은 바다에는 해양 무척추동물이 번성하고 있었다. 복원도에는 (1) 산호, (2) 삼엽충, (3) 달팽이, (4) 완족류, (5) 직선형의 껍데기를 가진 두족류가 있다. (*The Field Museum/Getty Images*)

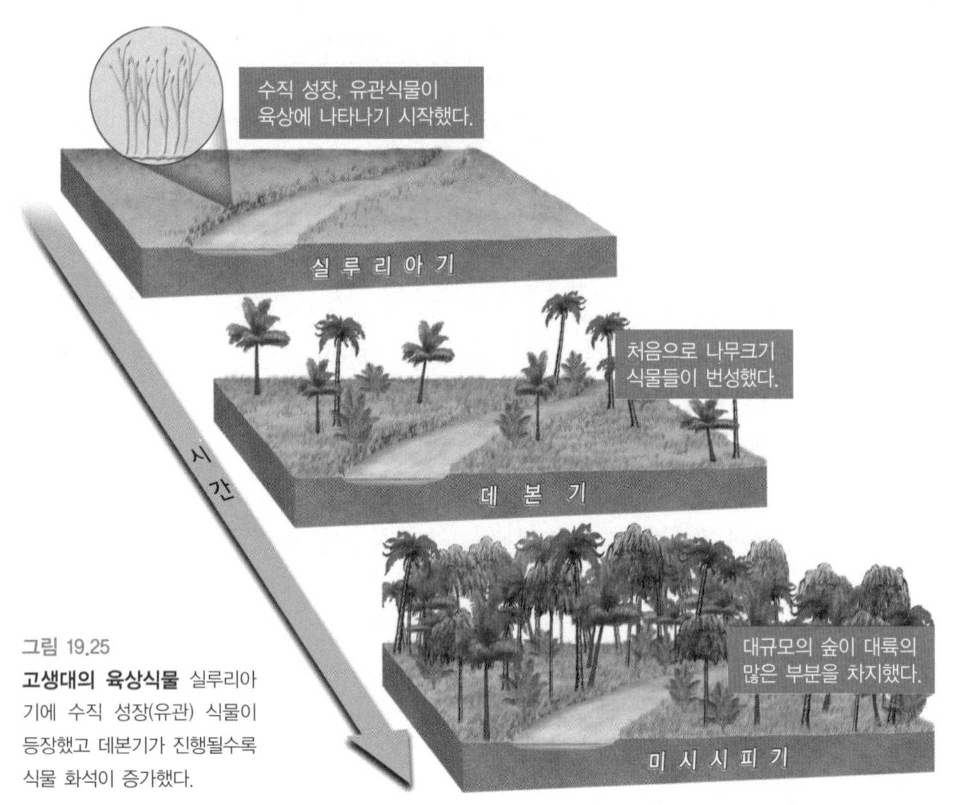

그림 19.25
고생대의 육상식물 실루리아기에 수직 성장(유관) 식물이 등장했고 데본기가 진행될수록 식물 화석이 증가했다.

총기어류가 음식을 찾을 목적으로 웅덩이를 옮겨 다니거나 말라 버린 웅덩이로부터 탈출하기 위해 지느러미를 사용하기 시작했다. 이를 통해 일부 동물들이 물 밖에서 비교적 오래 머물 수 있도록 진화했고, 보다 효과적으로 육상으로 진출했다. 데본기 후기에 총기어류는 강인한 다리를 가지게 되었지만 어류 형태의 머리와 꼬리는 여전히 남아 있는 공기로 숨을 쉬는 양서류로 진화했다(**그림 19.26B**).

현대의 양서류인 개구리나 두꺼비, 도롱뇽은 작은 크기에 생태적으로 낮은 지위에 있다. 그러나 고생대 말기에는 육상으로 막 진출한 이상적인 생물이었다. 거대한 열대의 습지는 북아메리카, 유럽, 시베리아에 걸쳐 넓게 퍼져 있었고, 습지에는 많은 커다란 곤충과 다족류 생물이 있었다(**그림 19.27**). 포식자라고 불릴 만한 생물이 없었기 때문에 양서류는 빠른 속도로 퍼져 나갔다. 일부 군에서는 악어와 같은 현대의 파충류와 유사한 형태로 서식하고 있었다.

원시양서류는 이러한 성공에도 불구하고 물 밖의 생활에 완벽히 적응하지는 못했다. 사실 양서류라는 단어는 '이중생활'을 의미하며, 양서류는 그들이 기원한 물속의 생활과 이동해 온 육지의 생활 양쪽을 모두 필요로 했다. 양서류의 좋은 예인 물속에서 태어나는 올챙이는 아가미와 꼬리를 가지고 있다. 때가 되면 아가미와 꼬리는 사라지고 다리가 나타나면서 공기로 호흡하는 개구리가 된다.

파충류 : 진정한 첫 육상 척추동물

파충류는 활동하기 좋은 진화된 폐와 체액의 손실을 막는 데 도움이 되는 '방수' 피부를 가진 진정한 첫 육상 척추동물이다. 가장 중요한 것은 파충류가 육지에 껍질로 둘러싸인 알을 낳는다는 것이다. 물에서 사는 단계(개구리의 올챙이 단계)가 없어진 것이 가장 중요한 진화 단계이다. 물에 사는 총기어류는 척추동물인 양서류와 파충류로 진화했다(**그림 19.28**).

가장 흥미 있는 사실은 파충류 알에 있는 유체는 바닷물의 화학 성분과 매우 유사하다는 것이다. 파충류의 배아는 수상 환경에서 발달하기 때문에 육상 척추동물의 배아가 물에서 자라는 것처럼 껍질이 있는 알이 원시 수조로 간주된다. 물에서 딱딱한 알이 부화된 후 파충류는 육상으로 이동한다.

페름기 멸종

페름기가 끝나 가던 무렵에 많은 지구상 생명체가 멸종하는 **대멸종**(mass extinction)이 있었다. 대멸종 기간 동안 척추동물 70%와 전체 해양 유기체의 약 90%가 멸종하였다. 페름기 말의 멸종은 과거 5억 년간 일어났던 최소 다섯 번 이상의 멸종 사건 중 하나이다. 멸종 사건들은 생태계에 혼란을 가하고 많은 종의 생명체를 멸종시켰다. 그러나 매번 멸종으로부터 살아남은 종은 새로운 생태계를 형성하며 이전에 비해 더 다양화되었다. 그러므로 멸종은 일부의 생존자가 멸종 전에 비

그림 19.26 **총기어류와 초기 양서류의 해부학적 비교**
A. 총기어류의 지느러미는 기본적으로 양서류와 동일한 요소들을 가지고 있다(h : 상완골 또는 상박 r : 요골, u : 척골 또는 하박) B. 그림의 양서류는 기본적인 다섯 발가락을 가지고 있지만 초기 양서류는 발가락을 최고 8개까지 가지고 있었다. 나중에는 일반적으로 5개의 발가락을 가지는 형태로 진화했다.

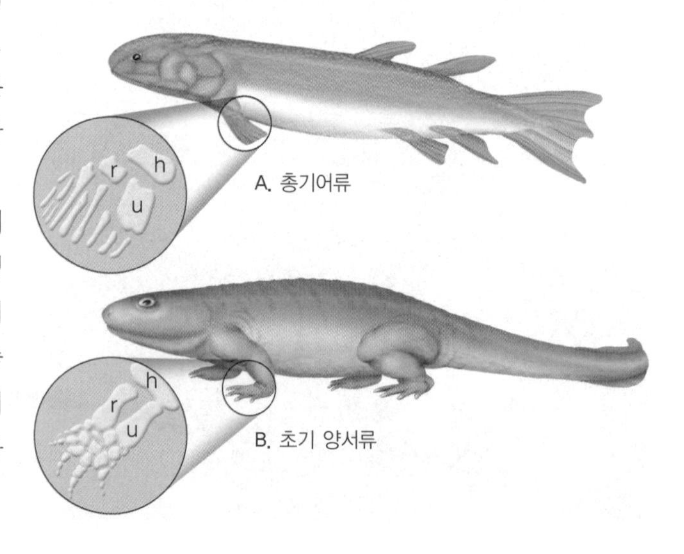

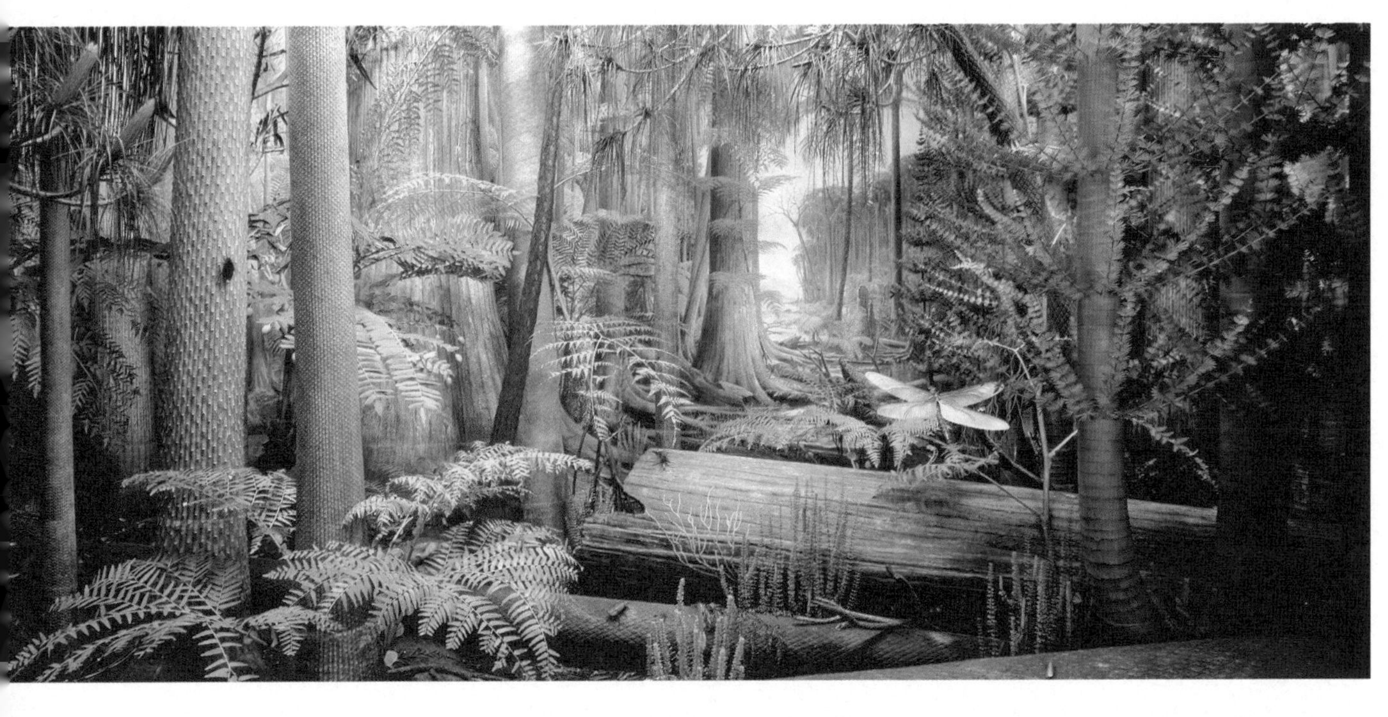

그림 19.27 **펜실베니아기 석탄 습지의 복원도** 포엽식물(좌), 양치식물(좌하), 속새나무(우)가 보인다. 대형 잠자리도 그려져 있다. *(The Field Museum/Getty)*

해 더 많은 영역으로 진화해 감으로써 실질적으로는 지구상의 생명체에 기운을 불어넣는다.

과거의 멸종 사건의 기작을 설명하는 몇 가지 가설이 존재한다. 첫째로 고생물학자들은 멸종 사건은 기후변화와 포식자 혹은 경쟁 같은 생물학적 영향이 합쳐져서 점진적으로 발생한 사건이라고 생각한다. 또 다른 연구자들은 소행성의 충돌로 인해 대멸종이 발생한 것이라고 주장한다.

가장 널리 알려진 가설은 페름기 멸종이 2억 5,100만 년

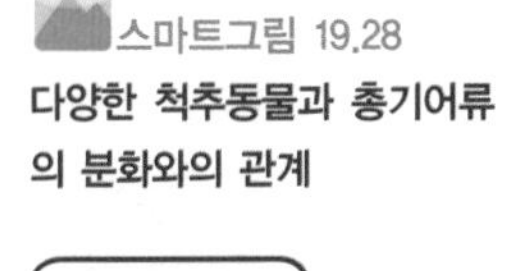

스마트그림 19.28

다양한 척추동물과 총기어류의 분화와의 관계

전 발생한 대규모 현무암질 용암의 분출이 원인이었다는 것이다. 이 분출로 발생한 용암이 알래스카의 크기와 거의 같은 면적(160만 km^2)의 땅을 덮었다. 이러한 분출은 거의 100만 년 동안 지속되어 러시아 북부에 시베리아 용암대지라는 지형을 만들었다. 이것은 과거 5억 년 동안 가장 큰 화산 분출이었다. 분출로 발생한 막대한 양의 이산화탄소 배출은 온실효과를 일으켜 온도를 상승시켰고 이산화황 배출은 대량의 산성비를 내리게 했다. 이러한 격렬한 환경 변화는 많은 생명체에게 극도의 스트레스를 주었다.

개념 점검 19.7

① 캄브리아기 폭발을 설명하라.
② 캄브리아기 바다에 우세한 동물종은 무엇인가?
③ 어떤 식물이 역경을 극복하고 육지로 이동했는지 설명하라.
④ 어떤 동물종이 바다에서 육지로 이동해 첫 번째 양서류가 되었는가?
⑤ 왜 양서류는 진정한 육상동물로 생각하지 않는가?
⑥ 파충류의 육상 이동을 가능하게 한 주요한 파충류의 진화는 무엇인가?

19.8 중생대 : 공룡의 시대

중생대 동안 생명의 주요한 진화 과정을 설명하라.

알고 있나요?

중생대는 다양한 형태의 파충류들이 생태계에서 중요한 형태로 존재했기 때문에 '파충류의 시대'로 부르기도 한다. 공룡이 포식자로서 육상을 지배하고 있을 때 바다에서는 빠른 속도로 헤엄치는 어룡이 바다를 지배하고 있었다.

중생대가 시작될 때는 페름기 멸종으로부터 살아남은 생명체들만이 존재하고 있었다. 이 생명체들이 고생대가 끝나 가면서 생긴 생물학적 공백을 채우기 위해 다양화되었다. 육상에서는 생명체가 급격히 변화되어 공룡이 출현하였고, 바다에서도 포식어류, 갑각류, 연체동물, 섬게와 같은 오늘날 바다에 살고 있는 많은 동물종이 출현하는 급격한 변화가 있었다.

그림 19.29 **중생대에 가장 흔한 겉씨식물인 소철나무** 소철나무는 야자나무 같은 잎과 큰 콘을 가지고 있다. (사진 : Jiri Loun/Science Source)

겉씨식물 : 중생대 주요한 나무

육상에서는 생물들이 건조한 기후에 맞춰서 변화했다. 식물에서는 **겉씨식물**(gymnosperm)이 대표적이다. 겉씨식물은 대개 콘(cone)을 형성하는 잎들에 노출된 씨를 가지고 있다. 사과 씨처럼 겉씨식물 씨는 과일에 둘러싸여 있지 않다. 육상으로 진출한 최초의 식물과 달리 씨를 가지고 있는 겉씨식물은 수정을 위해 물을 필요로 하지 않았다. 그 결과 이 식물들의 서식지는 더 이상 물가에만 한정되지 않게 되었다.

겉씨식물은 빠른 속도로 중생대의 가장 흔한 식물이 되었다. 현대의 나무와 비슷하게 생긴 큰 파인애플나무를 닮은 소철나무(그림 19.29), 부채 모양의 잎을 가진 은행나무와 현대의 자소나무, 전나무, 노간주나무의 조상인 커다란 침엽수들이 이 시기에 있었다. 고대식물의 화석으로 가장 유명한 곳은 애리조나 규화목 공원이다. 석화된 통나무들이 지표면에 노출되어 있는 이곳은 트라이아스기의 쉬리층(Chinle Formation)의 암석이 풍화를 받아 생성된 것이다(그림 19.30).

파충류 : 육지, 바다, 하늘을 지배

동물들 중에서는 파충류가 건조한 중생대 환경에 빨리 적응해 현재에도 남아 있는 양서류를 습지로 몰아냈다. 최초의 파충류는 작은 크기였으나 빠른 속도록 대형화되어 공룡이 되었다. 거대한 공룡 중 하나는 울트라사우루스로 30톤 이상의 몸무게와 머리에서 꼬리까지 35m 이상의 몸길이를 지니고 있었다. 거대한 공룡 중 어떤 것은 육식성(예 : 티라노사우루스)이었던 데 반해 다른 것들은 초식성이었다(예 : 연못에

그림 19.30 **애리조나 주의 규화목 국립공원의 규화된 트라이아스기의 통나무** *(사진 : Bernd Siering/AGE 래샌새차)*

사는 울트라사우루스).

일부 파충류는 극단적으로 다른 환경에 적응할 수 있도록 진화했다. 이러한 파충류 중 익룡은 날 수 있었다. 이 '하늘의 용'은 기초적인 비행을 가능하게 해 주는 커다란 얇은 막으로 이루어진 날개를 가지고 있었다. 큰 익룡(펼친 날개의 길이 : 8m, 무게 : 90kg)이 어떻게 날 수 있었는지는 지금도 모른다. 시조새 화석으로부터 어떤 파충류는 더 성공적으로 하늘을 날 수 있는 조류가 되었다(**그림 19.31**). 이러한 오늘날 새의 조상은 깃털이 있는 날개를 가졌으나 날카로운 이와 날개에 붙은 발톱과 같은 파충류의 특징뿐 아니라 긴 꼬리와 같이 척추동물의 특징도 가졌다. 최근 연구에 의하면 시조새는 날갯짓 비행을 할 수 없었다. 파충류 같은 시조새는 하늘로 달리고 도약하여 날아 포식자로부터 도망쳤다. 다른 연구자들은 이에 동의하지 않고 시조새가 하늘에서 땅으로 활공하는 나는 동물이라 생각했다. 새는 나무에 사는 나는 동물이 진화한 것이라 생각했다. 새가 땅에서 하늘로 난 것인지 또는 나무에서 땅으로 난 것인지에 대해 과학자들은 아직까지도 논쟁하고 있다.

물고기를 먹는 **플레시오사우루스**나 **수룡**과 같은 일부 공룡들은 바다로 돌아갔다(**그림 19.32**). 이 파충류들은 수영의 달인이 되었으나 파충류 이빨이 있었고 폐호흡은 계속 유지했다.

거의 1.6억 년 동안 공룡이 지배했다. 그러나 중생대가 끝날 무렵 많은 수의 파충류 같은 공룡이 멸종했다. 거북이, 뱀, 악어, 도마뱀 같은 일부 파충류만이 현재까지 남아 있다. 거대한 육상의 공룡, 바다의 플레시오사우루스, 하늘을 나는 익룡은 화석 기록으로만 알 수 있다. 무슨 이유로 대멸종이 발생한 것일까?

그림 19.31 **현대 새의 조상인 시조새** 화석에 의하면 시조새는 현대 새와 같이 깃털을 가졌으나 파충류와 비슷한 많은 특성을 가졌다. 아래 그림은 시조새를 복원한 것이다. *(사진 : Michael Collier)*

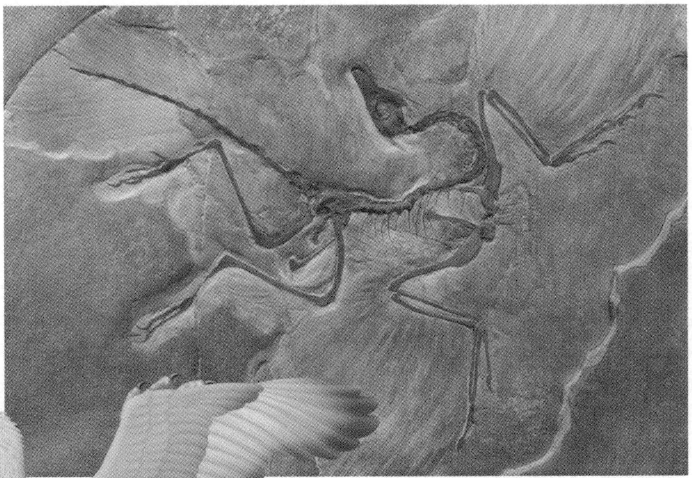

공룡의 종말

지질시대표에서 각각의 경계선은 지질학적 그리고/또는 생물학적으로 발생한 큰 변화를 나타낸다. 가장 흥미로운 부분은 약 6,500만 년 전의 중생대(중간 시기)와 신생대(최근 시기)

알고 있나요?

추수감사절 저녁 식사의 주요 음식인 칠면조는 파충류, 특히 공룡의 후손이다. 1억 5,000년 된 쥐라기 시대 석회암 층에서 발견된 날개와 깃털을 가지나 작은 공룡과 치아와 골격이 비슷한 시조새 화석은 파충류와 조류의 연결성을 보여주는 증거이다. 현대 파충류와 조류는 알을 낳고, 비슷한 골격 구조를 가지고 있으며, 비늘을 가지고 있는(비록 조류는 다리에만 비늘을 가지고 있지만) 등 많은 비슷한 특성을 가지고 있다.

알고 있나요?

공룡만 과거에 지구에 서식한 큰 동물은 아니었다. 한 예로 강에서 사는 사르코수쿠스 대장군으로 불리는 악어는 몸무게가 약 8톤이고, 길이가 약 12m나 된다. 이는 티라노사우루스 렉스와 길이가 비슷하고 몸무게는 더 나간다. 이빨의 길이는 성인의 키와 비슷했다.

그림 19.32 **바다로 돌아간 파충류** 중생대 주요한 바다 동물인 익룡 (사진 : *Chip Clark*)

알고 있나요?

로스앤젤레스 도심에 위치한 라브디아 타르 피트는 4만 년에서 8만 년 전 사이에 캘리포니아 남부에서 살았던 포유류가 많이 보전되어 있어 유명하다. 타르 피트는 석유가 지표로 새어 나오고 가벼운 물질이 증발한 후 남겨진 점성의 무거운 타르에 의해 형성된다.

사이의 경계선이다. 이 시기에 전체 식물과 동물 종의 75% 정도가 **대멸종**에 의해 멸종되었다. 이 경계선은 공룡과 다른 파충류가 지배하던 시대의 종말과 포유류가 중요한 역할을 하는 새로운 시대의 시작을 나타낸다(**그림 19.33**).

어떤 사건이 지구상에 존재했던 가장 성공적인 육상 동물인 공룡의 갑작스러운 멸종을 야기했을까? 가장 큰 지지를 받고 있는 가설은 6,500만 년 전 태양계 행성에서 남은 잔존물인 탄소질 운석이 지구에 충돌하여 발생했다는 가설이다.

그림 19.33 **알로사우루스 복원도** 쥐라기 말(1억 5,500만 년에서 1억 4,500만 년 전)에 살았던 큰 육식공룡 (사진 : *Roger Harris/Science Source*)

우주 공간을 헤매던 지름 약 10km의 운석이 시속 9만 km의 속도로 지구와 충돌했다. 운석이 충돌한 곳은 현재 멕시코 유카탄 반도로 당시에는 남아메리카 남부에 위치한 천해의 열대 바다였다(**그림 19.34**).

충돌로 인해 대기로 날아간 먼지들은 지구 표면에 닿는 태양 빛을 감소시켰다. 이로 인해 전 지구적인 냉각(충돌 겨울)이 발생했고, 광합성을 방해하고, 먹이의 생산 체계를 붕괴시켰다. 먼지가 가라앉고 긴 시간이 지난 후 충돌로부터 생성되어 남아 있던 이산화탄소, 수증기, 황산화물이 대기에 점가되었다. 상당한 양의 황산염 에어로졸이 형성되면서 높은 반사도로 인해 대기 중의 먼지가 사라진 이후에도 몇 년간 지표면이 냉각되는 결과를 낳았다. 황산염 에어로졸은 산성비의 형태로 대기로부터 제거되었다. 대조적으로 이산화탄소는 황산염에 비해 훨씬 긴 잔류 시간을 가지고 있다. 이산화탄소는 온실 기체로서 지구 표면으로부터 방사되는 복사에너지를 흡수한다. 에어로졸이 사라지면서 이산화탄소가 유발하는 온실효과가 긴 시간에 걸쳐 지구의 온도를 점진적으로 상승시켰다. 최초의 환경 습격으로 부터 살아남은 일부 식물과 동물은 전 지구적 냉각과 뒤이은 산성비와 온난화로 인해 결국에는 희생자가 되고 말았다.

6,500만 년 전의 대충돌을 지시하는 증거인 1cm가량의 두께를 가지는 얇은 퇴적층이 세계 많은 곳에서 발견되었다. 이 퇴적층에는 지구의 지각에서는 발견되기 힘들지만 운석에는 많이 포함되어 있는 이리듐이 다량으로 포함되어 있다. 이 퇴적층이 공룡의 종말을 유발한 환경 변화의 원인이 된 운석으로부터 나온 잔류물일까?

늘어 가는 증거에도 불구하고 일부 과학자들은 충돌설에 동의하지 않는다. 과학자들은 거대한 화산 분출이 식량 공급의 고리를 끊어 놓았다는 가설을 주장한다. 이 가설을 뒷받침하기 위해 그들은 인도 북부 데칸 고원에서 6,500만 년 전 대규모의 용암 분출이 있었다는 것을 제시한다. 무엇이 대멸종을 유발하였든지 간에 우리는 지구의 역사와 지구를 지배하던 생명체를 변화시킨 대변동의 역할에 대해 훨씬 많이 이해하게 되었다. 공룡의 멸종으로 작은 포유동물이

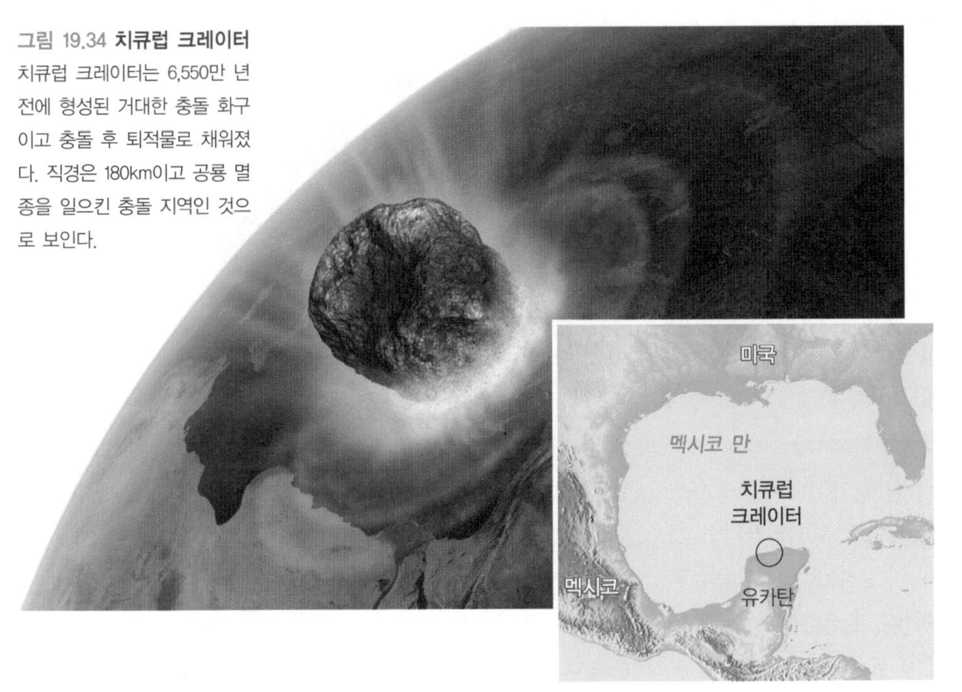

그림 19.34 **치큐럽 크레이터** 치큐럽 크레이터는 6,550만 년 전에 형성된 거대한 충돌 화구이고 충돌 후 퇴적물로 채워졌다. 직경은 180km이고 공룡 멸종을 일으킨 충돌 지역인 것으로 보인다.

살 수 있는 서식지가 생겼다. 이러한 작은 포유동물의 서식지가 현대 세계에 존재하는 큰 육식동물로의 진화의 원동력이 되었다.

개념 점검 19.8

① 중생대에 우세한 식물종은 무엇인가? 이러한 식물종의 오늘날의 이름을 써 보라.
② 현대 조류로 진화한 파충류는 무엇인가?
③ 중생대에 육상에 산 주요한 파충류는 무엇인가?
④ 바다로 돌아간 파충류 두 종류는 무엇인가?
⑤ 공룡의 시대를 끝나게 했다고 생각하는 사건은 무엇인가?

19.9 신생대 : 포유류의 시대

신생대 동안 생명체의 주요한 발달에 대해 설명하라.

신생대 동안 포유류는 파충류를 대체하며 지배적인 육상동물이 되었다. 비슷한 시기에 **속씨식물**(angiosperm, 덮여 있는 씨를 가진 개화식물)이 겉씨식물을 대체하며 지배적인 식물이 되었다. 신생대는 '포유류의 시대'라고도 한다. 그러나 식물의 세계에서는 속씨식물이 동물 세계에서 포유류와 유사한 상태에 있으므로 '개화식물의 시대'라고도 한다.

개화식물의 발달은 씨앗과 열매로부터 식량을 얻는 조류와 포유류의 발달에 영향을 받은 것이다. 신생대 중기에 속씨식물인 목초가 빠른 속도로 발달하여 평원을 덮었다(**그림 19.35**). 이러한 평원이 초식동물(식물을 먹는)이 출현하게 하였고, 그 후 대형 육식동물로의 진화를 위한 기반이 되었다.

신생대 동안 바다에는 다랑어, 황새치, 창꼬치류와 같은 현대 어류가 번성하였다. 또 바다표범, 고래, 해마 같은 일부 포유류도 바다에 있었다.

파충류로부터 포유류까지

파충류에서 포유류로 초기 포유류는 1억 년가량 공룡과 공존하고 있었으나 작은 설치동물에 불과해 공룡이 덜 활동적인 밤에 식량을 구했다. 6,500만 년 전, 운석이 지구에 충돌해 공룡의 지배가 끝나면서 운명이 뒤바뀌었다. 이런 하나의 지배적인 그룹이 다른 그룹으로

그림 19.35 **신생대의 우세한 식물인 속씨식물** 개화식물로도 하는 속씨식물은 꽃과 열매라는 생식구조를 가진 씨앗식물이다. A. 가장 많이 분화되고 넓게 퍼져 있는 현대 식물인 속씨식물은 쉽게 인식이 가능한 꽃을 보여준다. B. 목초를 포함한 일부 속씨식물은 매우 작은 꽃을 가지고 있다. 신생대 목초지의 확장은 초식 포유류의 다양성을 크게 증가시켰고, 그 결과 초식 포유류를 먹는 육식동물도 증가했다. (사진 : Mike Potts/Nature Picture Library; Torlef/CORBIS)

그림 19.36 **유대류의 예인 캥거루** 판게아의 분열 후, 오스크레일리아 유대류는 아메리카의 유대류와는 다르게 진화했다. (사진 : Martin Harvey/Peter Arnold Inc.)

대체되는 변화는 화석을 통해 확실히 파악할 수 있다.

포유류는 젖으로 영양을 섭취하는 새끼 형태로 태어난다는 점과 온혈동물이라는 점에서 파충류와 확실히 구별된다. 온혈동물이라는 특징은 추운 지역에서도 생존이 가능하게 함으로써 포유류가 파충류보다 활동적인 생활을 하고 넓은 지역에 걸쳐 생활하는 데 도움이 되었다(오늘날의 파충류는 냉혈동물이고 추운 날씨에는 동면을 취한다. 그러나 최근 연구 결과에 의하면 공룡은 온혈동물이었다). 단열을 위한 체모의 발달과 효율적인 형태의 심장과 폐도 포유류의 환경 적응의 결과이다.

중생대의 거대한 파충류의 멸종과 함께 신생대의 포유류는 빠르게 다각화되었다. 짧은 다리, 납작한 5개의 발가락을 가진 발, 작은 뇌를 가진 소형의 원시 포유류로부터 오늘날 존재하는 많은 종류의 포유류가 탄생했다. 포유류의 진화와 발달은 크게 다음의 네 가지 방향으로 발생했다 – 대형화, 뇌 용량의 증가, 음식물을 효율적으로 섭취하기 위한 이빨의 발달, 특정 생활 방식과 환경에 적합한 능력을 가진 사지의 발달

유대류와 유태반 포유류

유대류와 유태반 포유류, 두 그룹의 포유류는 신생대에 출현하여 분화되었다. 두 그룹은 생식 방법에서 기본적인 차이를 가진다. 어린 유대류는 발달의 초기 단계에서 태어난다. 탄생할 때 작고 미숙한 태아는 어미의 주머니 속으로 들어가 젖을 먹으며 발달을 마친다. 오늘날 유대류는 그들이 유태반 포유류로부터 고립되어 유전적으로 분리되어 넓게 퍼져 나간 오스트레일리아에서 많이 관찰할 수 있다. 유대류에는 캥거루, 주머니쥐, 코알라가 있다(그림 19.36).

반대로 유태반 포유류는 어미의 체내에서 훨씬 더 긴 기간을 머무르며 태아가 충분히 성숙한 이후에 태어난다. 유태반 포유류에는 늑대, 고기리, 박쥐, 해우, 원숭이 등이 있다. 인간을 포함한 대부분의 현대 포유류는 유태반 포유류이다.

알고 있나요?

박쥐와 인간은 모두 포유류이나 매우 다른 물리적 구조와 생활양식으로 진화했다. 유사성은 박쥐와 인간 모두 다섯 손가락의 팔을 갖는다. 사람의 손가락은 물건을 잡을 수 있게 진화했으나, 박쥐는 날기 위해 날개를 지지하도록 더 긴 손가락으로 진화했다.

인간 : 큰 뇌를 가지고 두발 보행을 하는 포유동물

화석과 유전적 증거에 의하면 약 700만 또는 800만 년 전 아프리카에서 여러 종의 유인원(비공식적으로 영장류)이 분화되었다. 어떤 종의 영장류는 고릴라, 오랑우탄, 침팬지 같은 현대 유인원으로 분화된 반면에 다른 종이 영장류는 다양한 인류의 조상으로 분화되었다. 이러한 진화의 증거는 아프리카의 몇 퇴적분지, 특히 동아프리카의 열곡대에서 발견된다.

약 420만 년 전에 존재했던 오스트랄로피테쿠스는 유인원의 조상과 현대 인간 사이의 골격의 특징을 보인다. 시간이 지나면서 인류의 조상은 두 다리로 직립 보행하는 특성을 가지도록 진화했다. 이러한 두발 보행의 증거는 320만 년 전 탄자니아 래토리 화산재 퇴적층에 보존된 발자국이다(그림 19.37). 이러한 인류 조상의 새로운 보행 방식은 아프리카에서 인류의 조상이 거주지를 숲에서 초원으로 옮겨 사냥과 채집생활을 하도록 하였다.

24억 년에서 15억 년 전에 퇴적층에서 종종 날카로운 돌로 만든 도구와 함께 호모 사빌리스 화석이 발견되어 호모 사빌리스는 인류 조상을 손을 사용하는 사람으로 명명되었다. 호모 사빌리스는 그의 조상보다 짧은 턱과 큰 뇌를 가졌다. 큰 뇌의 발달은 도구 사용의 증가와 관련이 있다고 생각된다.

이후 310만 년 동안 인류 조상은 더 큰 뇌와 먼 거리까지 걷기에 적합하도록 고관절을 가진 더 길고 가는 다리로 진화했다. 이러한 종(호모 에렉투스)은 궁극적으로 현대 인류 조상인 호모 사피엔스와 사라진 네안데르탈인으로 진화했다. 현재 인간과 같은 크기의 뇌와 사냥을 위해 나무와 돌로 된 도구를 사용하지만 네안데르탈인은 28,000년 전에 사라졌다. 예전에 네안데르탈인은 호모 사피엔스의 진화 단계로 생각했으나 현재는 거의 그렇지 않다.

그림 19.37 **탄자니아 래토리 화산재 퇴적층에서 발견된 유인원인 오스크랄로피테쿠스 발자국** (사진 : John Reader/Science Source)

그림 19.38 **초기 인류가 그린 동물의 공룡 벽화**
(사진 : Sisse Brimberg/National Geographic Society)

36,000년 전쯤에 인류는 유럽에 화려한 동굴벽화를 그렸다(그림 19.38). 약 11,500년 전에 현대 인류(호모 사피엔스)를 제외하고 모든 선사시대 인류종은 사라졌다.

알고 있나요?

초기 인류(호모 사피엔스)는 10만 년 전에 아프리카 밖으로 이동을 시작했고, 아시아를 거쳐 15,000년 전쯤 베링육교를 통해 아메리카에 들어왔다.

현재의 지식에 의하면 인류(호모 사피엔스)는 20만 년 전에 아프리카에서 기원했고 전 세계로 퍼졌다. 아프리카 밖에서 발견된 가장 오래된 인류 화석은 11만 5,000년 전에 중동에서 발견된다. 또한 인류는 네안데르탈인과 공존했고 다른 선사시대 인류종은 시베리아, 중국, 인도네시아에서 발견된다. 유전학적 증거에 의하면 인류의 조상은 다른 종들과 섞였다.

대형 포유류의 멸종

신생대에 빠른 포유류의 다양화와 함께 일부 그룹은 매우 크게 진화했다는 것이다. 예를 들어 올리고세에 진화한 무소는 높이가 5m에 달했다. 이는 현재까지 존재했던 포유류 중에 가장 큰 것이다. 시간이 흐르면서 여러 포유류가 커지는 방향으로 진화했고, 지금의 포유류보다 더 크게 진화했다. 이들 중 대부분이 11,000년 전까지 흔하게 존재했다. 그러나 플라이스토세 후기의 멸종으로 이러한 대형 포유류는 지상으로부터 사라졌다.

북아메리카에서는 코끼리와 매우 유사한 마스토돈과 매머드가 멸종되었다(그림 19.39). 또한 검치고양이, 거대 비버, 큰늘보, 큰들소와 기타 포유류도 멸종했다. 유럽에서는 플라이스토세 멸종에 의해 털코뿔소, 큰동굴곰, 아일랜드 큰사슴이 멸종했다. 이 최근에 발생한 대형 동물의 멸종 이유는 과학자들에게 어려운 문제로 남아 있다. 이 대형 포유류들은 수차례의 대빙하기와 간빙기에서 살아남았기 때문에 대형 포유류의 멸종을 기후변화 탓으로 돌리기는 어렵다. 일부 과학자들은 초기 인류가 대형 포유류만을 사냥함으로써 대형 포유류의 감소를 촉진시켰다는 가설을 내놓고 있다.

그림 19.39 **맘모스** 현대의 코끼리와 유사한 매머드는 빙하기 말기에 멸종된 대형 포유류의 한 종이다. (사진 : INTERFOTO/Alamy)

개념 점검 19.9

① 신생대에 주요한 육상동물 종은 무엇인가?
② 어떻게 큰 중생대 파충류의 멸종이 포유류의 발달에 영향을 주었는지 설명하라.
③ 초기 인류의 진화에 대한 대부분의 증거가 발견되는 곳은 어디인가?
④ 인간과 다른 포유류를 구별하는 가장 큰 두 가지 특징은 무엇인가?
⑤ 플라이스토세 후기에 큰 포유류의 멸종에 대한 가설을 설명하라.

개념 복습 지질시대를 통한 지구의 진화

19.1 지구는 특별한 행성인가

행성들 중 지구의 고유한 주요 특징을 설명하라.

- 우리가 아는 한 지구는 생명체가 존재하기 때문에 다른 행성과는 다르다. 행성의 크기, 성분, 위치는 모두 생명체가 존재할 수 있는 조건이다.

? 만약 나사에서 우주생물학자로 일한다면 새롭게 발견된 행성에서 생명체가 존재하는지 알아보기 위해 조사해야 하는 특성은 무엇인가?

19.2 행성의 탄생

빅뱅부터 층상 내부 구조의 형성까지 지구의 주요한 진화 단계를 설명하라.

핵심용어 : 초신성, 태양 성운, 미행성체, 원시행성, 하데스대

- 우주는 137억 만 년 전에 공간, 시간, 에너지, 물질을 만든 빅뱅과 함께 형성되었을 것이다. 초기 행성은 가장 가벼운 원소인 수소와 헬륨으로부터 성장하고 핵융합과정에 의해 다른 작은 질량의 원소가 만들어진다. 어떤 큰 행성은 초신성기에 폭발하여 더 무거운 원자를 만들어 우주에 쏟아낸다.
- 지구와 태양계는 중력에 의해 태양 성운의 응축과 함께 46억 년 전에 시작되었다. 이러한 회전체에 물질의 충돌은 미행성체로 성장시켰고 그 후에 원시행성이 되었다. 시간이 지남에 따라 태양 성운 물질은 태양과 암석질 내부 행성, 가스가 풍부한 외부 행성, 달, 혜성, 소행성과 같은 작은 수의 큰 물체로 응축되었다.
- 지구가 형성되는 동안 소행성과 미행성체의 충돌에 의해 발생하는 운동에너지와 방사성 동위원소 붕괴에 의해 발생되는 열은 오늘날보다 훨씬 크다. 젊은 지구의 높은 온도는 암석과 철을 용융시킨다. 철이 가라앉아 지구의 핵을 형성하고 암석 물질은 상승하여 맨틀과 지각을 형성한다. 이것은 지옥과 같은 하데스대의 시작이다.

? 오른쪽 사진은 1994년에 혜성 슈메이커-레비 9가 목성에 충돌하는 장면이다. 이 사건 후 목성의 전체 질량은 어떻게 변했는가? 많은 물체가 어떻게 태양계에 영향을 주었는가? 이러한 예를 성운 이론과 태양계 진화와 관련하여 설명하라.

1994년에 혜성 슈메이커-레비 9가 목성에 충돌했다.
NASA

19.3 대기와 해양의 기원과 진화

대기와 해양이 어떻게 형성되고 진화했는지 설명하라.

핵심용어 : 가스 분출, 대상 철층, 산소 대분출사건

- 지구 대기는 생명체에게 필수적이다. 화산의 가스 방출은 초기 태양계에 흔한 가스인 메탄과 암모니아로 구성된 원시대기에 수증기를 공급했다.
- 자유 산소는 배설물로 산소를 방출하는 시아노박테리아의 광합성을 통해 부분적으로 농집되기 시작했다. 이러한 초기 산소의 많은 양은 해수에 용해된 철과 반응하여 가라앉아 대상 철층이라는 화학적 퇴적물로서 대양저에 퇴적되었다. 25억 년 전의 산소 대분출 사건은 대기에 막대한 양의 산소를 공급한 첫 예이다.
- 행성이 냉각된 후에 바다가 형성되었다. 지각의 풍화에 의해 생성된 용해성 이온이 바다로 운반되어 바다의 염 농도가 증가하였다. 바다는 또한 대기로부터 막대한 양의 이산화탄소를 흡수한다.

19.4 선캄브리아기의 역사 : 지구의 대륙 형성

대륙지각의 형성, 대륙지각이 대륙을 형성하는 과정, 대륙 형성에 초대륙 순환의 역할에 대해 설명하라.

핵심용어 : 강괴, 순상지, 초대륙, 초대륙 순환

- 선캄브리아기는 시생대와 원생대를 포함한다. 그러나 이러한 시대의 지질 기록은 10억 년 이상 진행되는 암석순환이 많은 증거를 없애기 때문에 거의 없다.
- 대륙지각은 판구조운동의 초기에 현질암질(고철질) 지각의 순환을 통해 형성된다. 작은 지각 조각들이 형성되고 다른 것에 부착되어 큰 지각 덩어리인 강괴를 형성한다. 시간이 지남에 따라 북아메리카와 다른 대륙들은 지각의 중심 핵 주변부에 새로운 지각의 부착을 통해 성장한다.
- 초기 강괴는 성장할 뿐만 아니라 분리되기도 한다. 초대륙 로드니아는 약 11억 년 전에 형성되었고 그 후 분리되어 새로운 해양분지를 생성하였다. 시간이 지나 다시 합쳐서 약 3억 년 전에 새로운 초대륙인 판게아가 형성되었다. 로드니아와 같이 판게아는 초대륙 순환의 일부로서 분리되었다.
- 초대륙의 분리와 함께 형성된 높은 해양 산맥의 형성은 해수면을 상승시켜 대륙의 저지대에서는 홍수가 발생한다. 대륙의 분리는 또한 기후에 중요한 영향을 끼치는 해류의 흐름 방향에 영향을 준다.

? **그림 19.2를 참고하여 과거 35억 년 동안 북아메리카의 진화 역사를 요약하라.**

19.5 고생대의 역사 : 현대 대륙지각의 형성

고생대, 중생대, 신생대에 발생한 주요한 지질 사건을 설명하라.

- 고생대는 5억 4,200만 년 전부터이다.
- 고생대에 북아메리카는 애팔래치아 산맥의 상승과 판게아의 형성을 만든 여러 번의 충돌을 경험했다. 높은 해수면은 바다가 대륙의 많은 부분을 덮고 두꺼운 퇴적층을 만든다.
- 중생대에 판게아가 분리되어 대서양이 형성되기 시작했다. 대륙이 서쪽으로 이동할 때 북아메리카 서부 해안을 따라 지각의 섭입과 부착 때문에 코딜레라는 상승하기 시작했다. 남서부에는 두꺼운 모래 사구가 퇴적된 커다란 사막이 있고 동부의 환경은 석탄 습지의 형성에 도움이 된다.
- 신생대에 두꺼운 퇴적물이 멕시코의 걸프 만과 대서양 연변부를 따라 퇴적되었다. 반면 북아메리카 서부는 지각 확장(분지와 산맥 형성)의 특별한 사건을 경험했다.

? **중생대 동안 북아메리카 동부와 서부의 지각 활동을 비교하라.**

19.6 지구의 최초 생명

생명의 기원에 대한 가설과 초기 원핵생물, 진핵생물, 다세포 유기체의 특징을 설명하라.

핵심용어 : 원핵생물, 스트로마토라이트, 진핵생물

- 생명은 무생물에서 진화했다. 아미노산은 단백질의 필수 단위체이다. 운석을 통해 지구로 전달된 아미노산은 자외선, 번개, 온천, 다른 행성으로부터 에너지를 가지고 결합되었다.
- 첫 유기체는 저산소 환경에서 생존하는 상대적으로 단순한 단세포 원핵생물이었다. 그들은 약 38억 년 전에 형성되었다. 광합성의 출현은 미생물 매트가 스트로마토라이트의 형성과 증식을 가능하게 했다.
- 진핵생물은 원핵생물보다 더 크고 복잡한 세포를 가진다. 가장 오래된 원핵생물 세포는 약 21억 년 전에 형성되었다. 어떤 진핵생물 세포는 서로 연결되고 구조와 기능이 분화되어 가장 최초의 다세포 유기체를 만들었다.

? **이 사진의 스트로마토라이트는 오른편이 위로 올라갔는지 또는 지각의 습곡에 의해 뒤집혔는지 설명하라.**

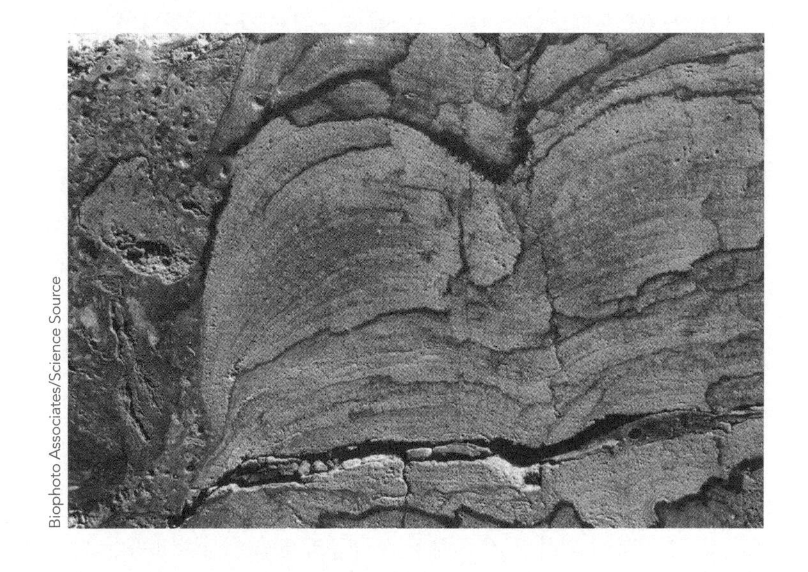

Biophoto Associates/Science Source

19.7 고생대 : 생명의 폭발적 증가

고생대 생물의 발달에 관해 설명하라.

핵심용어 : 캄브리아기 폭발, 대멸종

- 캄브리아기 초기의 풍부한 화석의 경부가 퇴적암에서 발견된다. 이러한 껍질과 골격 물질은 삼엽충과 두족류와 같은 새로운 동물이 번성하였다는 것을 나타낸다.
- 식물은 약 4억 년 전에 육상에 나타났고 곧 숲으로 변화되었다.
- 데본기에 총기어류가 물에 나타나 점진적으로 진화해 첫 양서류가 되었다. 양서류 개체의 일부는 방수 피부를 가지고 알을 낳는 형태의 파충류로 진화했다.
- 고생대는 지질 기록에서 대멸종으로 끝났다. 대멸종은 시베리아 용암대지의 분출과 관련이 있을 수 있다.

? **양서류에 비해 파충류의 장점은 무엇인가? 물고기에 비해 양서류의 장점은 무엇인가? 물고기가 아직도 파충류가 있는 현재에도 존재하는 이유를 설명하라.**

19.8 중생대 : 공룡의 시대

중생대 동안 생명의 주요한 진화를 설명하라.

핵심용어 : 겉씨식물

- 식물은 중생대에 번성했다. 겉씨식물은 중생대의 우세한 식물종이다. 물이 아닌 다른 곳에서도 이주할 수 있는 씨를 가진 첫 식물인 겉씨식물이 번성했다.
- 파충류도 번성했다. 공룡은 육상에서, 익룡은 하늘에서, 여러 종류의 해양성 파충류가 바다에서 번성했다. 전이 화석인 시조새가 중생대에 진화한 첫 번째 새의 좋은 예이다.
- 고생대처럼 중생대도 대멸종으로 끝났다. 대멸종의 원인은 아마도 멕시코 치큐럽에 충돌한 운석 때문이다.

? **고생물학자가 어떤 공룡이 사과를 먹었었다고 말할 수 있는가? 그 이유를 설명하라.**

19.9 신생대 : 포유류의 시대

신생대 동안 생명체의 주요한 발달에 대해 설명하라.

핵심용어 : 속씨식물

- 대규모 중생대 파충류의 멸종 후에 포유류가 육지, 하늘, 바다에서 번성할 수 있었다. 포유류는 따뜻한 피와 몸에 털을 가졌고, 우유로 새끼를 키운다. 유대류는 매우 어려서 태어나 어미의 주머니에서 성장한다. 반면에 유태반 포유류는 자궁에서 오랜 시간 성장하다가 유대류와 비교해 상대적으로 성숙한 상태로 태어난다.
- 꽃이 피는 식물인 속씨식물은 신생대에 전 세계에서 번성했다.
- 인류는 800만 년 동안 아프리카에서 영장류 조상으로부터 진화했다. 두발 보행, 큰 뇌, 도구 사용 등 인류의 조상은 유인원의 조상과는 다른 특성을 갖고 있다. 해부학적으로 가장 오래된 인류 화석의 연령은 20만 년이다. 이러한 인류는 네안데르탈인과 다른 인류종과 함께 공존했고 아프리카로부터 다른 지역으로 이주했다.

복습문제

① 그림 19.3의 지질시대표를 보면 선캄브리아기가 지질시대의 거의 90%를 차지한다. 왜 선캄브리아기 이외의 다른 나머지 시기는 짧을까?

② 그림 19.4를 참고하여 지구 형성을 이끈 사건을 간략히 요약하라.

③ 다음은 대상 철층이라는 철이 풍부한 층상 암석 사진이다. 이러한 25억 년 전 암석의 존재는 지구 대기 진화에 있어 무엇을 의미하는가?

Blue Gum Pictures/Alamy

④ 현대 생명체 발달에 영향을 준 25억 년 전 대기에 산소가 갑작스럽게 출현한 두 가지 방법에 대해 설명하라.

⑤ 화석 기록에 의하면 지구 해양 생물종의 50% 이상이 멸종한 다섯 번의 멸종이 있었다. 다음 그래프를 사용하여 각 멸종의 시기와 범위를 나타내고 다음에 답하라.

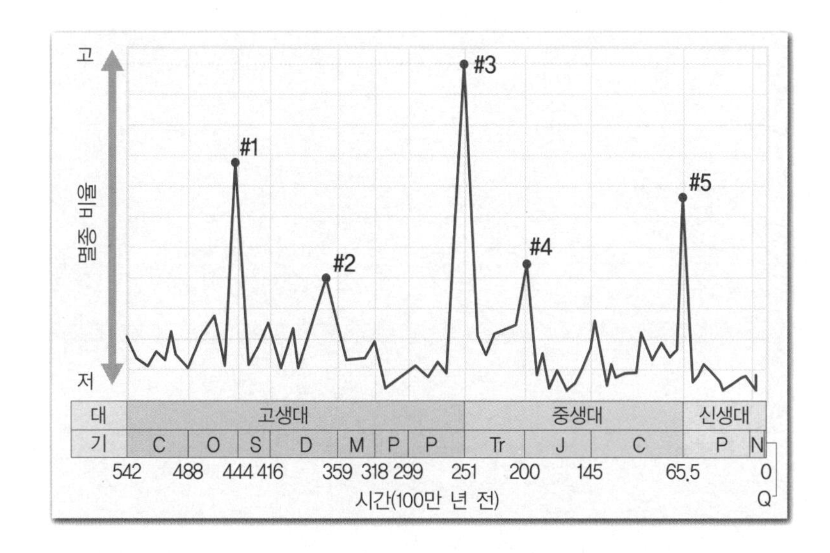

a. 다섯 번의 멸종 중 가장 큰 것은? 멸종의 이름과 언제 발생했는지 써 보라.
b. 질문 a의 멸종에 의해 가장 크게 영향을 받은 동물종은 무엇인가?
c. 가장 최근의 멸종은 언제 발생했는가?
d. 가장 최근의 멸종에 어떤 동물종이 우세하게 멸종되었는가?
e. 최근의 멸종 후에 어떤 동물종이 우세하게 진화되었는가?

⑥ 현재 바다가 지구 표면의 약 71%를 덮고 있다. 현재 바다가 지구 초기보다 훨씬 더 많이 지구 표면을 덮고 있다. 그 이유를 설명하라.

⑦ 판구조론의 관점에서 북아메리카 동부 연변부와 서부 연변부의 차이를 설명하라.

⑧ 큰 동물이 이동하기 전에 식물이 먼저 육지로 이동한 이유를 최소한 한 가지 써 보라.

⑨ 어떤 과학자들은 열수구(블랙 스모커) 주변 환경은 지구 초기에 존재하던 극한 환경과 유사하다고 주장한다. 그러므로 이러한 과학자들은 지구 초기에 어떻게 생명체가 생존할 수 있었는지를 알아내기 위해 열수구(블랙 스모커) 주변에 살고 있는 극한 생명체를 조사한다. 열수구(블랙 스모커) 주변 환경과 30억~40억 년 전 지구 환경을 비교하여 설명하라. 두 환경 사이에 공통점이 있다고 생각하는가? 그렇게 생각한다면 열수구(블랙 스모커) 주변 환경이 초기 지구 생명체가 경험한 환경의 좋은 예가 될 수 있다고 생각하는가? 그 이유를 설명하라.

⑩ 약 2억 5,000만 년 전에 분리되어 있던 판들이 판 이동에 의해 합쳐져 초대륙인 판게아를 형성했다. 판게아의 형성으로 해수면이 하강하고 천해의 해안지역이 노출되어 해양분지가 더 깊게 되었다. 대륙 이동은 판의 재배열과 함께 지구 생명체에 큰 영향을 주었다. 다음 그림을 보며 질문에 답하라.
a. 다음 중 초대륙 형성 동안 크기가 감소할 것 같은 지역은? 그 이유를 설명하라. 깊은 해저 지역, 습지, 천해 환경 또는 육지
b. 초대륙이 분리되는 동안 해수면은 어떻게 변했는가?(상승, 하강, 또는 변화 없음)
c. 초대륙이 분리되는 동안 해수면 변동에 영향을 준 광범위한 해령이 형성된 이유와 방법을 설명하라.

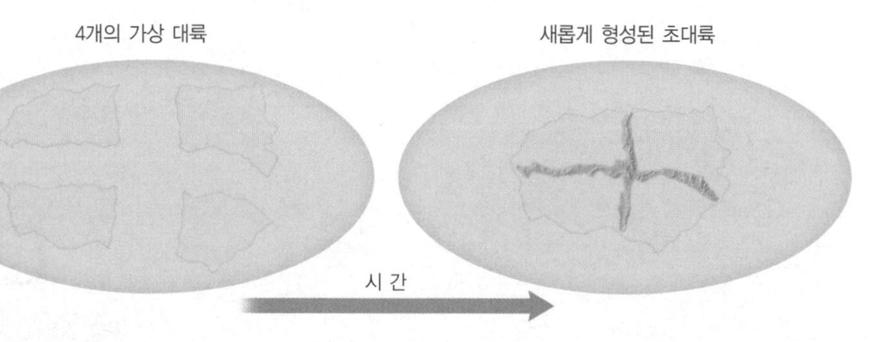

⑪ 왜 동아프리카의 열곡 시스템에 인류 조상 화석이 많이 보존되었는지 지질학적 이유를 설명하라.

20
지구의 기후변화

핵심개념

다음은 이 장에서 다룰 주요 학습 목표이다.
이 장을 학습한 후 다음 질문에 답해 보도록 하자.

20.1 기후시스템의 주요 구성, 기후와 지질학과의 관련성을 열거하라.

20.2 고기후 변화의 중요성을 설명하고, 고기후 변화를 감지할 수 있는 방법에 대해 토론하라.

20.3 대기 조성에 대해 논하고, 고도에 따른 대기의 압력 및 온도의 변화에 대해 서술하라.

20.4 대기의 온도 상승에 관여하는 기작들을 기술하라.

20.5 기후변화의 자연적 요인과 관련된 가설들을 서술하라.

20.6 약 1750년 이후의 대기 조성 변화의 성격 및 원인에 대해 요약하라. 또한 이에 따른 기후변화에 대해 설명하라.

20.7 양 또는 음의 피드백 기작을 비교하고, 각각에 해당하는 예시를 들라.

20.8 에어로졸이 기후변화에 미치는 영향에 대해 서술하라.

20.9 지구온난화가 가져올 결과에 대해 요약하라.

마우나로아 관측소는 하와이 빅아일랜드에 위치한 중요한 대기 연구소로, 1950년대 이후 대기변화에 관한 자료를 관측 및 수집하고 있다. (사진 : *Forrest M. Mimms III*)

지역별로 기후는 다양하다. 세계여행을 경험한 사람들이라면 동일한 행성에서 일어나고 있다고 믿을 수 없을 정도로 다양한 기후를 경험하게 된다. 또한 기후는 시간에 따라 변한다. 오랜 지구 역사를 통해 그리고 인류가 지구를 활보하기 오래전부터, 온난 기후에서 추위로 습한 기후에서 건조 기후로의 반복된 변화가 있었다. 지질학적 기록은 이런 변화를 입증하고 있다. 자연적인 변화를 대변하는 과거 지질시대의 변화와는 달리, 최근의 기후변화는 자연발생적인 변화의 범주를 뛰어넘은 인간의 영향에 의해 지배받고 있다. 이런 변화는 몇 세기가 지속될 것으로 보인다. 기후의 미지 영역으로의 인간 개입은 인간뿐만 아니라 다른 많은 생명에게도 파괴적인 영향을 미칠 수 있다.

20.1 기후와 지질학

기후시스템의 주요 구성, 기후와 지질학과의 관련성을 열거하라.

날씨(weather)라는 용어는 특정 시간과 장소에서 대기 상태를 나타낸다. 날씨 변화는 빈번하게 발생하고 때론 변덕스럽기까지 하다. 반면 기후(climate)는 수십 년 동안 관측을 기초로 한 집합적인 날씨의 변화를 일컫는다. 기후는 종종 '평균 날씨(average weather)'로 일컫지만, 변화 및 변화 폭은 기후의 중요한 요소이기 때문에 이런 정의는 부적절하다.

기후시스템

이 책을 통해 당신은 지구는 상호작용하는 여러 부분들로 이루어진 다차원 계라는 것을 인지할 수 있다. 한 부분의 변화는 지구의 다른 부분의 변화를 초래할 수 있고, 그 영향은 종종 불명하거나 즉각적으로 드러나지 않을 수 있다. 이런 양상은 기후와 기후 변화의 연구에 해당한다.

기후를 이해하고 평가하기 위해서 기후가 단순히 대기권뿐만 아니라 그 이상을 포함하고 있다는 것을 인식하는 것이 중요하다(**그림 20.1**). 실제로 대기권(atmosphere), 수권(hydrosphere), 암권(geosphere), 생물권(biosphere), 빙권(cryosphere)을 포괄하는 하나의 **기후시스템**(climate system)이 있다는 사실을 인지해야 한다[**빙권**(cryosphere)은 지구 표면 위에 존재하는 얼음과 눈을 가리킨다]. 기후시스템은 위에 언급된 5개의 권역들 간에 발생하는 에너지와 수분의 교환을 포함한다. 이들의 교환은 대기권과 다른 권역을 연결시킴으로써 기후시스템 전체가 아주 복잡하고 상호작용하는 하나의 단위로 작동하게 만든다. 기후시스템의 변화는 고립적으로 발생하지 않는다. 대신 한 부분의 변화가 일어나면 다른 부분들도 함께 반응한다. **그림 20.2**는 기후시스템의 중요 요소를 보여주고 있다.

그림 20.1 **알래스카 삼각지의 Gulkana Glacier** 기후시스템의 5개 권역이 알래스카 Fairbanks의 서쪽에 위치한 산들의 이미지에 나타나있다.
(사진 : Michael Collier)

기후와 지질학의 연결

기후는 많은 지질학적 과정에 굉장한 영향을 미친다. 기후가 변하면, 이에 따라 지질학적 과정이 반응한다. 제1장에서 기술된 암석의 주기는 기후-지질학의 연관성을 잘 보여준다. 물론 암석의 풍화는 건조기후, 열대기후, 빙하기후의 경관을 만드는 지질학적 작용과 마찬가지로 기후와 분명한 연결성을 가지고 있다. 암설류와 강의 범람과 같은 현상은 종종 폭우와 같은 대기의 변화에 의해 유발된다. 명백히 대기권은 물 순환(hydrologic cycle)에 있어 중요한 고리가 된다. 또한 기후와 지질학의 연결은 대기권 내부의 작용에서 찾을 수 있다. 일례로 화산에 의해 배출된 입자와 가스는 대기 조성을 변화시키고, 화산활동에 의한 산의 형성은 주변 온도, 강수, 바람에 심각한 영향을 미칠 수 있다.

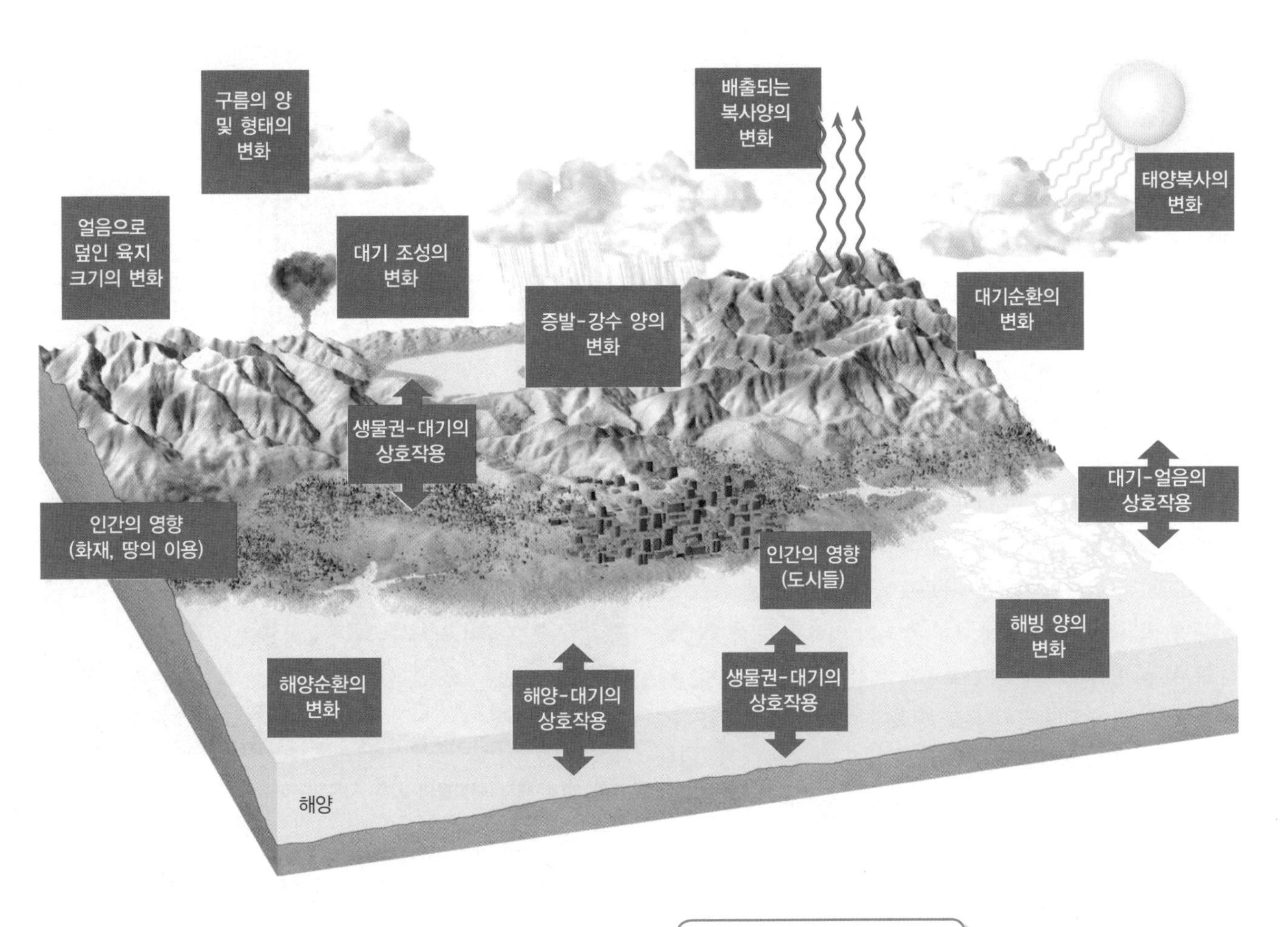

그림 20.2 **지구의 기후시스템** 지구의 기후시스템을 구성하는 요소를 보여주는 모식도. 많은 상호작용이 광범위한 공간 및 시간 척도에서 다양한 권역들 사이에서 발생하고, 이는 지구의 기후시스템을 굉장히 복잡하게 만든다.

퇴적물, 퇴적암 및 화석에 대한 연구에 의하면, 오랜 시간을 통해 지구상 거의 모든 곳에서 빙하환경에서 아열대의 석탄 늪 및 사막 사구로의 변화 등 급격한 기후변화가 일어났다. 제19장은 이런 사실을 입증한다. 기후변화가 일어나는 시간 척도는 수십 년에서 수백만 년으로 다양하다.

개념 점검 20.1

① 날씨와 기후의 차이를 인지하라.
② 기후시스템을 구성하는 다섯 가지 권역들은?
③ 기후와 지질학의 연관에 대해 최소 다섯 가지를 열거하라.

20.2 기후의 감지

고기후 변화의 중요성을 설명하고, 고기후 변화를 감지할 수 있는 방법에 대해 토론하라.

지금은 높은 기술력과 정확도를 지닌 기기가 대기의 조성 및 역학을 연구하는 데 사용된다. 하지만 이런 기기는 최근의 발명으로 짧은 시기의 자료만 제공할 수 있다. 대기권의 거동을 완전히 이해하고 나아가 미래의 기후변화를 예측하기 위해서는 기후가 오랜 기간 어떻게 변화했는지를 알아야만 한다.

기기에 의한 기후 자료는 기껏해야 두 세기에 지나지 않고, 이마저도 오랜 자료일수록 불완전하고 부정확하다. 이런 직접 측정 자료의 한계를 극복하기 위해 과학자들은 간접적인 증거를 사용해 고기후를 재구성해야만 한다. 고기후에 대한 **프록시 자료**(proxy data)는 역사적 기록뿐만 아니라 해저 퇴적물, 빙하의 얼음, 화분 화석, 나무 나이테의 기후에 대한 자연적 기록으로부터 나온다. 프록시 자료를 분석해 고기후를 복원하는 과학자들은 **고기후학**(paleoclimatology)에 관련되어 있다. 고기후학의 주된 목적은 자연적 기후변동이라는 맥락에서 현재와 미래의 기후를 평가하기 위해 고기후를 이해하는 것이다. 다음에는 프록시 자료의 중요한 원천에 대해 논의할 것이다.

해저 퇴적물 — 기후자료의 저장고

지구는 그 구성요소 간 밀접하게 연결되어 있어 한 부분의 변화가 다른 부분의 변화를 초래할 수 있음을 알 수 있다. 아래 논의에서 당신은 대기 및 해양의 온도 변화가 어떻게 해양생물의 변화에 투영되는지 알 수 있을 것이다.

대부분의 해저 퇴적물은 해수면 근처(바다와 대기의 경계)에서 살았던 생물체의 잔해를 함유하고 있다. 해수면 근처의 생물체가 죽으면 그들의 껍질은 해양의 바닥으로 가라앉게 되고, 그곳에서 퇴적 기록의 일부가 된다(**그림 20.3**). 이런 해저 퇴적물은 해수면 근처에서 서식한 생물들의 수량 및 종류가 기후에 따라 변하기 때문에 지구적인 기후변화에 대한 유용한 자료가 된다. 따라서 환경적인 변화뿐만 아니라 기후변화를 이해하기 위해 과학자들은 해저 퇴적물에 저장된 막대한 자료의 창고를 두드리고 있다. 시추선과 과학 탐사선에 의해 수집된 퇴적물의 코어는 고기후에 대한 지식과 이해를 넓힐 수 있는 귀중한 자료를 제공해 왔다(**그림 20.4**).

해양 퇴적물이 고기후에 대한 우리의 이해를 증진시킨 하나의 예는 빙하시대의 대기 조성의 변동에 관한 것이다. 해저 퇴적물 코어에 저장된 온도 변화에 대한 기록은 최근 지구 역사에 대한 우리의 이해에 매우 중요하다. 제15장 '빙하시대의 원인'에는 이 주제에 대한 보다 많은 정보가 서술되었다.

그림 20.4 **해저 퇴적물의 시추** 치큐(일본어로 '지구'를 의미)는 최신식 시추 탐사선이다. 이 시추선은 2,500m(8,200피트) 깊이의 물에 위치한 해양저의 7,000m(대략 2,000피트) 아래까지 시추할 수 있다. 이 시추활동은 국제해양시추사업(Integrated Ocean Drilling Program)의 일환으로 진행된다. (사진 : AP/Itsuo Inouye)

산소 동위원소의 분석

물분자 또는 해양생물의 껍질에 있는 산소 동위원소는 고기후 조건에 대한 중요한 프록시 자료를 제공한다. **산소 동위원소 분석**(oxygen isotope analysis)은 가장 흔한 ^{16}O과 이보다 무거운 ^{18}O의 두 산소 동위원소의 비율에 기초한다. 물분자는 ^{16}O 또는 ^{18}O로부터 형성될 수 있다. 하지만 상대적으로 가벼운 ^{16}O로 이루어진 물 분자는 보다 쉽게 바다에서 증발한다. 이런 이유로 강수(따라서 강수로부터 형성된 빙하 얼음)는 ^{16}O이 풍부해진다. 이것은 바닷물에서 더 무거운 ^{18}O의 상대적 중요성을 증가시킨다. 따라서 빙하가 확장하는 시기에는 가벼운 ^{16}O은 얼음에 누적되고, 해양의 ^{18}O 농도는 증가한다. 그와는 달리 따뜻한 간빙기에는 빙하 얼음이 급속히 감소해 다량의 ^{16}O가 바다로 돌아가고, 이에 따라 바닷물에서 ^{16}O 대비 ^{18}O의 비율은 감소한다. 따라서 $^{18}O/^{16}O$의 산소 동위원소 비율의 변화에 대한 기록을 가지고 있다면, 언제 빙하시대가 존재했는지, 즉 기후가 서늘했던 시기를 결정할 수 있다.

그림 20.3 **유공충** 이 작은 단세포 생물들은 작은 온도 변동에도 매우 민감하다. 이들 화석을 포함한 해저 퇴적물들은 기후변화의 유용한 지시자다. (사진 : Biophoto Associates/Science Source)

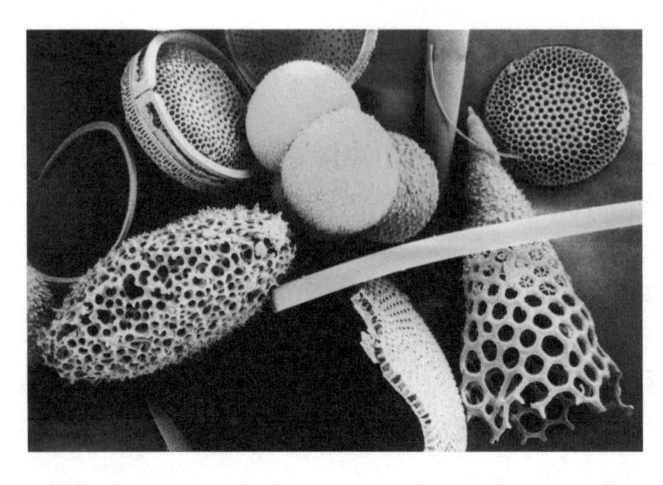

다행스럽게 우리는 그런 기록을 가지고 있다. 특정 해양 미생물은 탄산칼슘($CaCO_3$)으로 이루어진 껍질을 분비하고, 해양의 주된 $^{18}O/^{16}O$ 비율이 이런 단단한 부분의 조성으로 보존되어 있다. 이런 해양 미생물이 죽으면 그들의 단단한 부분은 해저 바닥에 가라앉아 퇴적층의 일부가 된다. 결과적으로 빙하의 활동 시기를 심해저 퇴적물에 묻힌 특정 미생물 껍질의 산소 동위원소의 변동으로부터 결정할 수 있다. 껍질에서 높은 $^{18}O/^{16}O$ 비율은 대륙빙(ice sheets)이 확장하는 시기를 나타낸다.

$^{18}O/^{16}O$ 비율은 온도에 의해 변한다. 온도가 높으면 다량의 ^{18}O가 바다로부터 증발되고, 온도가 낮으면 적은 양의 ^{18}O가 증발된다. 따라서 무거운 동위원소는 따뜻한 시기의 강수에 풍부하고, 차가운 시기의 강수에는 적다. 이런 원리를 이용해서 빙하의 얼음 또는 눈으로 이루어진 층들을 연구하는 과학자들은 과거 온도 변화에 대한 기록을 얻었다.

빙하 얼음에 기록된 기후변화

얼음 코어는 고기후를 복원하는 데 없어서는 안 될 중요한 자료다. 그린란드와 남극의 대륙빙에서 시추한 수직의 얼음 코어에 대한 연구는 어떻게 기후시스템이 작동하는지에 대한 기초 지식을 바꾸었다.

과학자들은 석유 굴착장치의 작은 형태인 시추장치를 사용해 시료를 채취한다. 얼음에 박힌 드릴 헤드에 연결된 수직 통로를 통해 얼음 코어가 채취된다. 이런 방법으로 종종 2,000m(6,500피트) 길이를 넘는 아마도 200,000년 동안의 기후 역사를 지닌 얼음 코어가 연구를 위해 얻는다(**그림 20.5A**).

이런 얼음은 변화하는 공기 온도와 강설에 대한 상세한 기록을 제공한다. 과거 온도는 산소 동위원소 분석에 의해 결정된다. 이런 기술을 이용해 과학자들은 과거 온도 변화에 기록을 얻을 수 있다. 이런 기록의 일부가 **그림 20.5B**에 나타나 있다.

얼음 속에 포획된 공기 방울은 대기 조성의 변화를 기록하고 있다. 이산화탄소와 메탄의 변화는 온도 변동과 밀접하게 연결되어 있다. 또한 얼음 코어는 황사, 화산재, 화분, 오염물질 등의 대기 강하물(atmospheric fallout)을 포함하고 있다.

A.

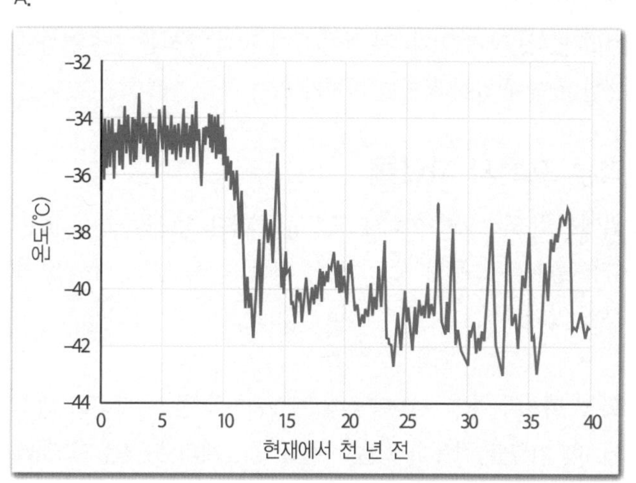

B.

얼음 코어 : 기후자료의 중요한 근원 A. 국립빙하코어연구실은 세계 도처에서 획득한 얼음 코어를 보고하고 연구하는 실험실이다. 이들 코어는 대기에서 강하된 물질에 대한 장기간 기록을 보존하고 있다. 이 실험실은 과학자들에게 얼음 코어에 대한 연구를 수행하게 하고, 지구 기후변화와 고환경 연구를 위해 시료들을 본래의 상태로 보존하고 있는 저장소이다. *(사진 : USGS/National Ice Core Laboratory)* B. 이 그래프는 과거 40,000년 동안 온도 변화를 나타내는 것으로 그린란드의 대륙빙에서 채취한 얼음 코어의 산소 동위원소 분석을 기초로 한다. *(USGS)*

나이테ㅡ환경변화에 대한 고문서

통나무의 끝은 보면 동심원상의 고리를 볼 수 있다(**그림 20.6A**). 이들 나이테는 고기후에 대한 유용한 프록시 자료가 될 수 있다. 온대기후에서 나무는 해마다 껍질 안에 새로운 층의 목질을 부가한다. 굵기와 밀도와 같은 나이테의 특징은 나이테가 형성될 당시의 환경조건(특히 기후)을 반영한다. 성장에 유리한 환경조건은 넓은 나이테를 생산하고, 불리한 조건은 좁은 나이테로 나타낸다. 동일 지역에서 동일 시기에 성장한 나무들은 유사한 나이테 형태를 지니고 있다.

개별 나이테는 해마다 생성되기 때문에 나이테 수로부터 나무의 나이를 유추할 수 있다. 만약 나무가 절단된 연도를 알고 있다면, 나무의 나이와 나이테가 생성된 시기를 가장 바깥쪽에 위치한 나이테부터 셈으로써 결정할 수 있다. 과학자들은 이미 절단된 나무에 대한 연구에 국한되어 있지 않다. 작고 비파괴적인 내부 시료를 살아 있는 나무로부터 얻을 수 있다(**그림 20.6B**).

나이테를 가장 효과적으로 이용할 수 있게 나이테 연대기(ring chronologies)라고 알려진 장기간의 패턴이 확립되

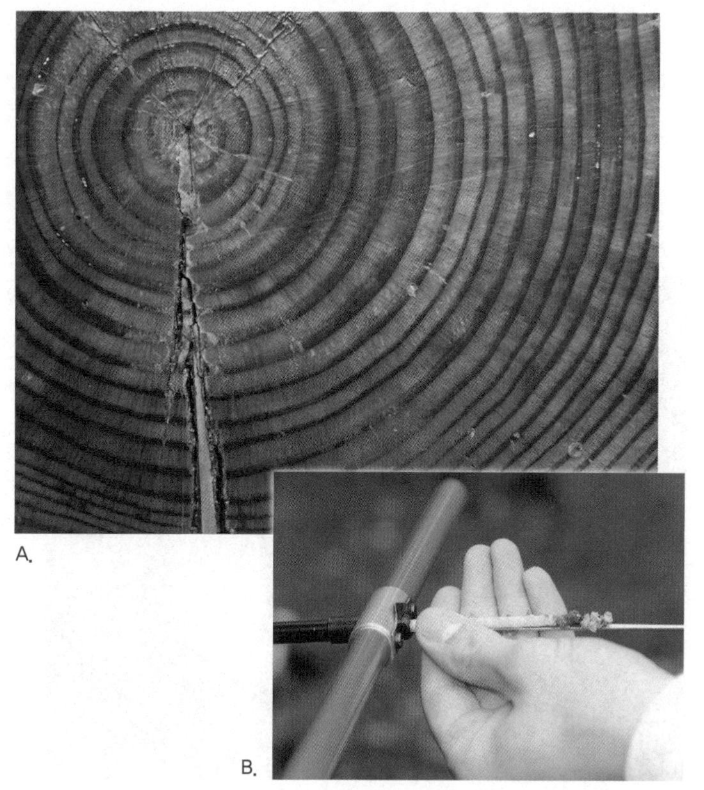
A.
B.

그림 20.6 **나이테** A. 성장하는 나무에는 껍질 안에서 매년 한 층의 새로운 세포가 성장한다. 만약 나무가 절단되어 그 가지를 관찰하면, 나무의 연성장은 나이테를 통해 확인할 수 있다. 나무의 성장 정도(나이테의 두께)는 강수와 온도에 의존하기 때문에 나이테는 고기후의 중요한 자료이다. *(사진 : Daniele Taurino/Dreamstime)* B. 과학자들은 이미 절단된 나무에 대한 연구에 국한되지 않는다. 작고 비파괴적인 내부 시료를 살아 있는 나무로부터 얻을 수 있다. *(사진 : Gregory K. Scott/Science Source)*

알고 있나요?

강털 소나무(bristlecone pines)는 긴 수명과 극한 조건에서의 생존 능력으로 잘 알려졌다. 가장 좋은 예들 중 하나는 캘리포니아의 화이트 산맥에서 관찰된다. 그곳에서 이 소나무들은 5,600~11,200피트 고도의 숲에서 서식하고 있다. 2012년에 이들 중하나는 5,062년의 나이를 먹은 것으로 판명되었다! 강털 소나무는 지구상에서 살아 있는 가장 오래된 생물 중 하나이기 때문에 나이테 연구에 특별이 중요한 가치를 지니고 있다.

어 있다. 이것은 한 지역에 존재하는 여러 나무들의 나이테의 패턴을 비교한 것이다. 만약 두 시료에서 동일한 나이테 패턴이 식별된다면, 두 번째 시료의 나이는 두 시료에 공통으로 존재하는 나이테 패턴의 비교를 통해 첫 번째 시료로부터 결정된다. 몇몇 지역에서는 과거 수천 년을 거슬러 적용할 수 있는 나이테 연대기가 확립되어 있다. 목재의 연령을 파악하기 위해 그것의 나이테 패턴을 나이테 연대기와 비교한다.

나이테 연대기는 환경 역사에 대한 독특한 고문서이고, 기후학, 지질학, 생태학, 고고학의 다양한 분야에 중요한 활용성을 가지고 있다. 일례로 나무의 나이테는 역사 기록이 존재하기 전 수천 년 동안 한 지역의 기후 변화를 그대로 보존하고 있다. 장기간 기후변화에 대한 지식은 최근 기후변화에 대한 판단에 있어 상당한 가치가 있다.

다른 프록시 자료들

위에서 논의된 자료이외에 고기후에 대한 정보를 줄 수 있는 다른 종류의 프록시 자료들에는 화분 화석, 산호, 역사적 기록이 있다.

화분 화석 기후는 식생분포를 결정하는 주요 인자이기 때문에, 한 지역을 점유하고 있는 식물 공동체의 본질은 그 지역의 기후 특성의 반영이다. 화분과 포자는 많은 식물의 생활주기(life cycles)의 한 부분이고, 이들은 저항력이 강한 벽을 지니고 있기 때문에 종종 흔히 존재하고, 쉽게 식별되고, 퇴적층에서 가장 보존이 잘된다(그림 20.7). 연대 측정이 정확히 된 퇴적층에 존재하는 화분을 분석함으로써 한 지역의 식생 변화에 대한 상세한 정보를 얻을 수 있다. 이런 정보로부터 과학자들은 고기후를 복원할 수 있다.

그림 20.7 **화분** 전자현미경에서 적외선으로 찍은 이미지는 화분 입자의 모임을 보여주고 있다. 이들의 크기, 모양, 표면 특성이 종마다 어떻게 다른 지 주목한다. 호수 퇴적물이나 토탄 퇴적물에서 화분의 형태와 밀도는 기후가 시간에 따라 어떻게 변화하고 있는지에 대한 정보를 준다. *(사진 : David AMI Images/Science Source)*

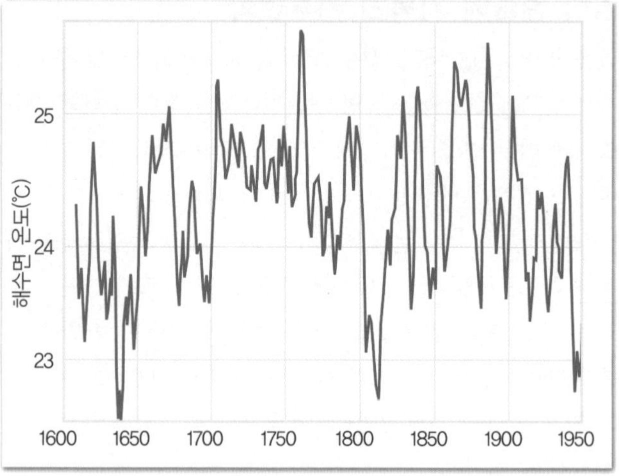

그림 20.8 **산호는 해수면 온도를 기록한다.** 산호 군락은 따뜻한 천해의 열대 해양에서 번성한다. 이 작은 무척추동물은 바닷물에서 탄산칼슘을 추출해 단단한 골격을 형성한다. 이들은 죽은 산호가 남긴 단단한 기초 위에서 서식한다. 깊이에 따른 산호초 조성의 화학분석은 과거 해수면 부근 온도에 대한 유용한 자료를 제공한다. 이 그래프는 갈라파고스 제도의 산호에 대한 산소 동위원소 분석을 근거로 추정한 350년간 해수면 온도를 나타내고 있다. *(National Climatic Data Center)*

산호 산호초(coral reefs)는 따뜻한 천해 환경에서 서식하는 산화들의 군락으로 이루어지고, 죽은 산호들의 단단한 껍질 위에 생긴다. 산호는 바다의 탄산칼슘($CaCO_3$)을 이용해 단단한 골격을 만든다. 따라서 탄산염은 산호가 서식했던 물의 온도 추정에 사용되는 산소 동위원소를 가지고 있다.

겨울에 형성된 산호의 골격은 온도를 비롯한 여러 환경요소들과 관련된 산호 성장 속도의 차이로 여름에 형성된 골격과 밀도가 다르다. 따라서 나무의 경우와 비슷하게 산호는 계절별 성장 띠무늬를 지니고 있다. 산호로부터 추정된 기후자료의 정확도 및 신뢰도는 기상 측정 자료와의 비교를 통해 이미 검증되었다. 산호의 성장 나이테에 대한 산소 동위원소의 분석도 강수에 대한 프록시 자료로 사용될 수 있고, 이 분석자료는 연중 강수량의 변화가 심한 지역에서 특히 유용하다.

산호를 전 세계 바다의 기후변화에 대한 중요한 실마리를 제공할 수 있는 고대 온도계(paleothermometer)라 생각해 보자. 그림 20.8에 있는 그래프는 갈라파고스 제도의 산호 코어의 산소 동위원소 분석에 의해 추정된 350년간 해수면 온도를 보여주고 있다.

역사적 자료 역사적 기록은 종종 유용한 정보를 지니고 있다. 그런 정보들은 마치 기후분석에 그대로 활용될 듯하지만, 실제로는 그렇지 않다. 대부분의 기록은 기후에 대한 정보보다는 다른 목적에 의해 작성되었다. 더욱이 기록자들은 비교적 안정한 대기 상태의 시기를 누락시키고, 단지 가뭄, 폭풍, 눈보라 등 극심한 기상만을 기록하려 한다. 그럼에도 불구하고 농작물, 홍수, 주민의 이주에 대한 기록은 기후변화에 따른 영향에 대한 유용한 증거를 제공한다(그림 20.9).

그림 20.9 **농작물 수확일은 기후에 대한 실마리** 역사적 기록은 종종 고기후 분석에 유용하다. 가을에 포도 수확을 시작하는 날은 성장기 동안 온도와 강수를 통합적으로 고려해 결정된다. 유럽에서는 이들 날짜들이 수 세기 동안 기록되어 오고 있기 때문에, 매해 기후변화에 대한 유용한 자료가 된다. (사진 : SGM/AGE Fotostock)

개념 점검 20.2

① 기후의 프록시 자료에는 무엇들이 있나? 그리고 그들이 기후변화에 대한 연구에 있어 중요한가?

② 왜 해저 퇴적물이 고기후 연구에 있어 유용한가?

③ 산소 동위원소 분석으로 어떻게 과거의 온도를 결정하는지 설명하라.

④ 해적 퇴적물 이외에 네 가지 기후에 대한 프록시 자료를 열거하라.

20.3 대기에 관한 기초지식

대기 조성에 대해 논하고, 고도에 따른 대기의 압력 및 온도의 변화에 대해 서술하라.

기후변화를 보다 잘 이해하기 위해 대기의 조성과 구조에 대한 기초지식을 습득하는 것은 중요하다.

대기의 조성

공기는 독특한 원소나 화합물이 아니라 다양한 개별 가스로 이루어진 혼합체로, 각 가스는 고유한 물리적 성질을 지니고 있고, 다양한 양의 작은 고체 또는 액체의 입자들이 부유해 있다.

깨끗하고 건조한 공기 그림 20.10에서 볼 수 있듯이 깨끗한 건조 공기는 대부분 두 종류의 가스(78% 질소와 21% 산소)로 이루어졌다. 두 가스가 공기의 가장 많은 성분이고 지구상 생명에 중요한 의미를 가지고 있지만, 이들은 기상현상에 거의 영향을 미치지 못한다. 건조 공기의 나머지 1%는 대부분 불활성 기체인 아르곤(0.93%)과 소량의 다른 가스로 이루어졌다. 이산화탄소는 비록 미량으로 존재하지만(0.0397% 또는 397ppm), 이 기체는 지구에서 발산되는 열에너지를 흡수하고 이로 인해 대기 온도를 상승시키므로 중요한 공기의 구성성분이다.

공기는 시간과 공간에 따라 현저히 변화하는 많은 가스와 입자를 함유하고 있다. 중요한 예로 수증기, 오존, 작은 고체 및 액체 입자들이 있다.

수증기 공기 중 수증기의 함량은 실질적으로 전무한 상태에서 부피비로 4%까지 매우 다양하다. 그렇다면 이처럼 작은 함량의 수증기가 왜 중요할까? 물론 수증기가 구름과 강수의 근원이라는 사실만으로도 충분히 그 중요성을 인지할 수 있다. 하지만 수증기는 다른 역할도 지니고 있다. 이산화탄소와 같이 수증기는 태양 에너지뿐만 아니라 지구에서 방출되는 열에너지를 흡수할 수 있다. 따라서 대기의 온도 상승을 연구할 때 수증기는 중요한 고려 대상이 된다.

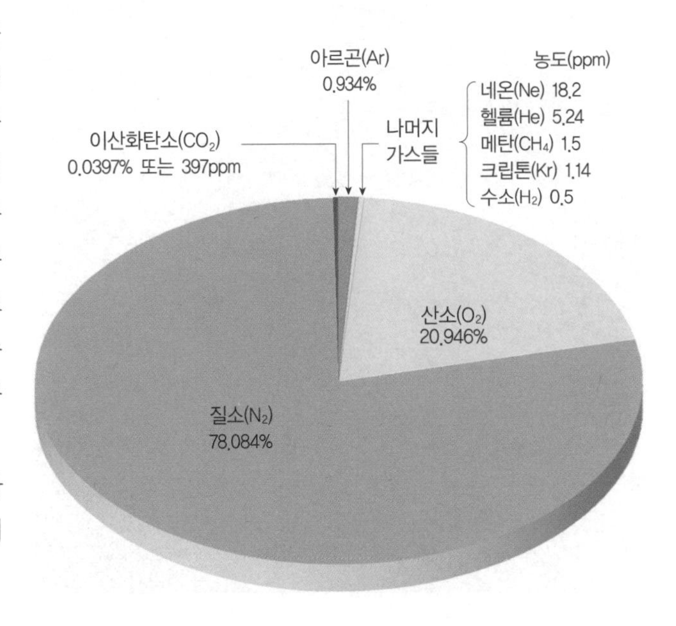

그림 20.10 **대기의 조성** 건조 공기에서 가스의 부피 비율. 질소와 산소가 대기의 주요 구성성분이다.

알고 있나요?

성층권에 있는 오존은 지구 생명체에 반드시 필요하지만, 지표 부근에서 발생한 오존은 인간에 해롭기 때문에 오염물질로 여겨진다. 오존은 식생을 파괴하고, 인간 생명을 위협할 수 있다. 오존은 광화학적 스모그라고 하는 유독한 가스 및 입자의 주요 성분이다. 오존은 햇빛에 의한 광촉매 반응의 결과로 생성되고, 또한 자동차 또는 공장에서 오염물질로 배출된다.

오존 또 다른 중요한 대기 성분으로 오존(ozone)이 있다. 오존(O_3)은 3개의 산소 원자가 결합되어 이루어진다. 오존은 우리가 호흡하는 2개의 산소 원자로 이루어진 산소 분자(O_2)와는 다르다. 대류권에서 오존은 거의 존재하지 않으며, 그 분포는 균질하지 않다. 오존은 고도 10~50km(6~31마일)에 위치한 **성층권**(stratosphere)이라는 층에 집적되어 있다. 대기권에서 이런 오존층의 존재는 지구 생물체에 있어 매우 중요한 의미를 지닌다. 태양에서 나오는 위험한 자외선을 오존이 흡수하기 때문이다. 만약 오존이 다량의 자외선을 흡수하지 않아 태양 자외선이 지표면에 여과 없이 도달한다면, 지구는 우리가 알고 있는 대부분의 생물체 서식에 부적합할 것이다.

에어로졸 대기 흐름으로 인해 많은 양의 고체 및 액체 입자들이 대기권에서 부유한다. 식별 가능한 커다란 먼지들이 종종 맑은 하늘을 가리지만, 이들은 너무 무거워서 오랫동안 대기에 머무르지 못한다. 반면 미세한 입자들은 오랫동안 부유할 수 있다. 부유 입자 자연발생 혹은 인간 활동을 비롯한 다양한 기원으로부터 유래되며, 쇄파에 의한 바다소금, 황사, 화재에 의한 연기와 그을음, 바람에 날린 화분 또는 미생물, 화산폭발에 의한 재 또는 먼지 등이 있다. 이들처럼 대기 중에 부유한 작은 고체 및 액체들을 통칭해 **에어로졸**(aerosol)이라고 한다.

그림 20.11 **에어로졸** 인공위성 이미지는 에어로졸의 두 예시를 보여준다. 첫째, 황사가 중국 북동쪽에서 한반도로 불고 있다. 둘째, 중국 남부(이미지 하부 중앙)에 있는 짙은 안개는 인간에 의한 공기오염의 결과다. (NASA)

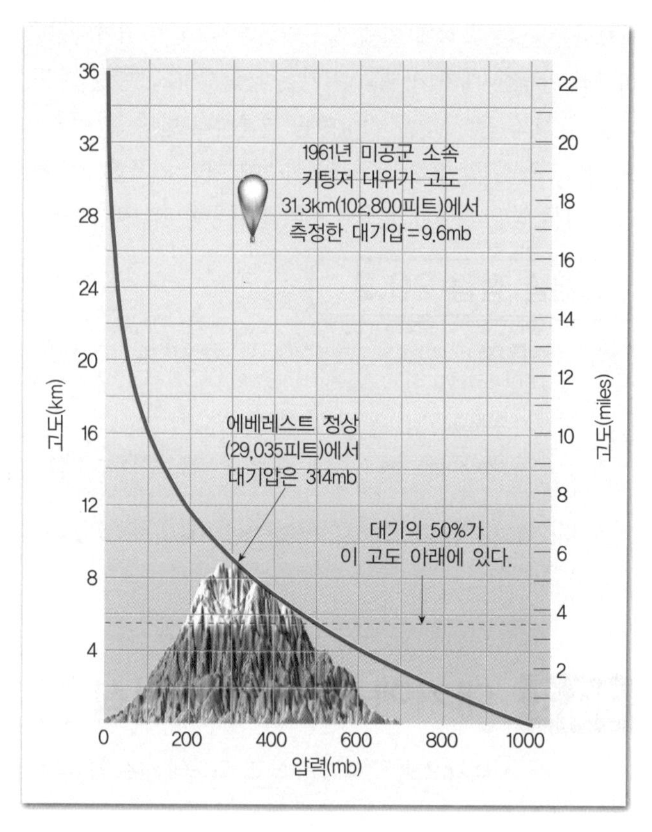

그림 20.12 **대기압의 수직적 변화** 대기압은 지표 부근에서 급격히 감소하고, 고도가 증가함에 따라 점진적으로 감소한다.

이들처럼 작으면서 종종 식별 가능한 입자들은 기상학적인 관점에서 중요하다. 첫째, 이들은 수증기가 응집할 수 있는 표면을 제공함으로써 구름 및 안개 형성에 중요한 역할을 한다. 둘째, 에어로졸은 태양 복사선을 흡수하거나 반사시킬 수 있다. 따라서 공기오염이 발생하거나, 화산 폭발로 인해 화산재가 하늘을 덮으면, 지구 표면에 도달하는 햇빛이 상당한 양으로 감소할 수 있다(그림 20.11).

대기권의 범위와 구조

대기권이 지표면에서 시작되어 그 위로 연장되는 것은 분명한 사실이다. 하지만 대기권이 어디에서 끝날까, 또는 어디부터 외계가 시작될까? 지구에서 멀어지면서 대기가 급격히 희박해지고 결국에는 매우 작은 가스 분자만 존재하는 그런 명확한 경계는 존재하지 않는다.

고도에 따른 압력의 변화 대기권의 수직 범위를 이해하기 위해서 고도에 따른 대기압(atmospheric pressure)의 변화를 살펴보자. 대기압은 상부에 존재하는 공기의 무게를 말한다. 해수면에서 평균 대기압은 1,000millibar를 약간 상회한다. 이 값은 $1cm^2$당 1kg보다 약간 무거운 수치이다(1제곱인치

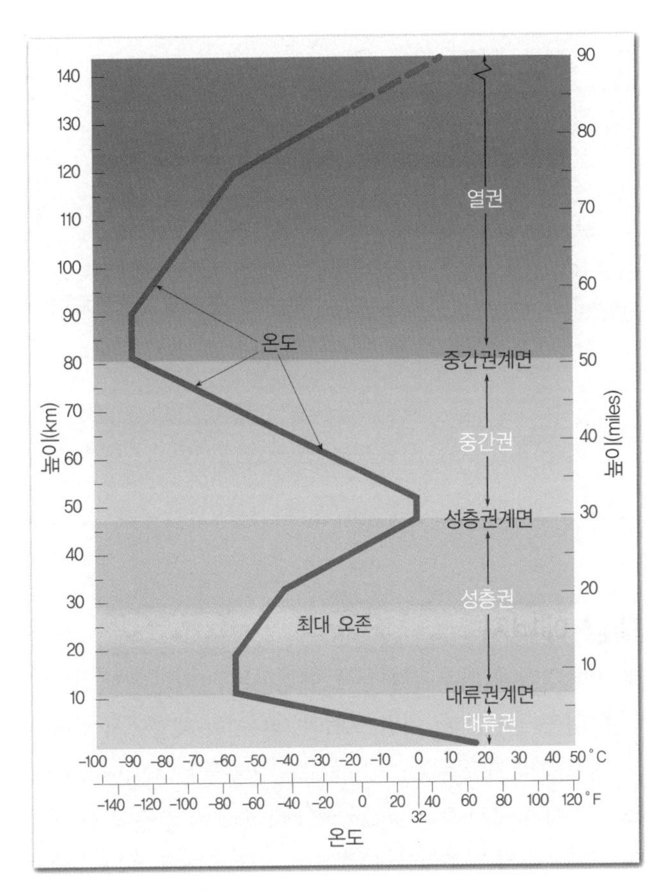

그림 20.13 **온도 변화에 따른 대기권의 구조**

당 14.7파운드). 대기압은 고도가 상승할수록 낮아진다(**그림 20.12**).

대기의 절반은 고도 5.6km(3.5마일) 아래에 위치한다. 약 16km(10마일)의 고도에서 90% 대기가 분포하며, 고도 100km(62마일) 이상에서는 단지 0.00003% 대기만 존재한다. 그럼에도 불구하고 미세한 양의 대기가 이 고도 이상까지 분포하고 있으며, 점진적으로 빈 우주공간과 합체한다.

온도 변화 고도에 따른 대기압 변화 이외에 대기권에서 상승하면 온도 변화가 감지된다. **그림 20.13**과 같이 온도에 따라 대기권은 수직적으로 4개의 층으로 나뉜다.

- **대류권.** 우리가 살고 있는 최하부 층은 고도가 상승하면서 온도가 감소되는 곳으로 **대류권**(troposphere)이라 부른다. 이 용어는 최하부에서 공기의 수직적 혼합이 상당히 일어남을 근거로 공기가 '뒤집히는' 곳이라는 어원을 지니고 있다. 대류권은 대부분의 주요 기상현상이 발생하는 곳이기 때문에 기강학자의 주요 관심지역이다. 대류권에서 온도 감소를 **환경기온감률**(environmental lapse rate)이라 한다. 평균 환경기온감률은 **정규기온감률**(normal lapse rate)이라는 부르는 1km당 6.5℃(1,000피트당 3.5°F)이다. 하지만 환경기온감률은 일정하지 않고 상당히 변하기 때문에 정규적으로 측정해야 한다. 환경기온감률을 비롯해 대기압, 바람, 습도를 관측하기 위해 **라디오존데**(radiosonde)라는 측정 장비가 사용된다. 라디오존데는 기구에 부착되어 사용되는 장비로 대기권을 상승하면서 문선으로 자료를 송신한다(**그림 20.14**). 대류권의 두께는 모든 지역에서 동일하지 않으며, 위도와 계절에 따라 변한다. 평균적으로 대류권의 온도 감소는 약 12km(7.4마일)까지 지속되고, 대류권의 외곽 경계를 **대류권계면**(tropopause)이라 한다.
- **성층권.** 군계면 위에 성층권이 있다. **성층권**(stratosphere)의 온도는 약 20km(12마일)까지 일정하지만, 이후 지표면에서 약 50km(30마일) 고도에 위치한 **성층권계면**(stratopause)에 이르기까지 점진적으로 증가한다. 대류권계면의 하부에서 온도 및 습도의 대기 특성이 대규모의 난류 및 혼합에 의해 쉽게 전파된다. 하지만 이 계면 상부, 즉 성층권에서는 대기 특성이 쉽게 전파되지 않는다. 성층권에서의 온도 상승은 이 층에 오존이 농축되어 있기 때문이다. 오존은 태양으로부터 나오는 자외선을 흡수한다는 점을 상기하자. 결과적으로 성층권이 가열된다.
- **중간권.** 세 번째 층인 **중간권**(mesosphere)에서 온도는 지표면에서 80km(50마일)보다 높은 곳에서 온도가 −90℃(−130°F)에 도달하기까지 고도 상승에 따라 다시 감소한다. 대기권에서 가장 낮은 온도는 중간권에서 관찰된다.
- **열권.** 네 번째 층은 중간권의 밖에서 시작되지만 그 상부는 뚜렷한 경계가 없다. 이를 **열권**(thermosphere)이라 부르고, 이 층은 전체 대기권의 극히 일부의 질량이 존재한다. 극히 희박한 공기를 갖는 최외각 층인 열권에서는 산소와 질소에 의한

그림 20.14 **라디오존데**
라디오존데는 작은 기상용 기구에 의해 운반되는 가벼운 기상 관측 장비이다. 이 장비는 대류권의 온도, 대기압, 습도의 변화에 대한 자료를 전송한다. 대류권은 실질적으로 모든 기상현상이 일어나는 곳이기 때문에, 이에 대한 빈번한 관측이 매우 중요하다.
(사진 : David R. Frazier/Newscom)

단파장, 고에너지 태양 복사에너지의 흡수가 일어나 온도가 다시 상승한다. 열권에서 온도는 1,000℃(1,800℉) 이상으로 상승한다. 하지만 이런 극단적으로 높은 온도는 지표면에서 우리가 느끼는 것들과는 상이한 의미를 지니고 있다. 온도는 분자들이 움직이는 평균 속도로 정의된다. 열권의 가스는 굉장히 빠른 속도로 움직이기 때문에 열권의 온도는 높다. 하지만 그곳의 가스는 매우 희박하기 때문에 전체적으로 무의미한 양의 열을 가진다.

개념 점검 20.3

① 깨끗한 건조 공기의 주 성분은 무엇인가? 의미 있는 변화를 보여주는 두 가지 성분을 열거하라.

② 고도 상승에 따라 대기압이 어떻게 변하는지 서술하라. 일정한 비율로 변화하는가?

③ 대기권은 온도를 기초로 4개의 수직적인 층으로 나뉜다. 아래부터 위의 순서로 이들 층을 기재하고, 각 층의 온도 변화에 대해 서술하라.

20.4 대기의 가열

대기의 온도 상승에 관여하는 기작들을 기술하라.

지구의 변화하는 날씨와 기후를 제어하는 대부분의 에너지는 태양으로부터 유래된다. 지구 대기가 어떻게 가열되는지를 설명하기 위해 태양 에너지와 이것이 지구에 도달했을 때 일어나는 변화에 대해 아는 것은 유용하다.

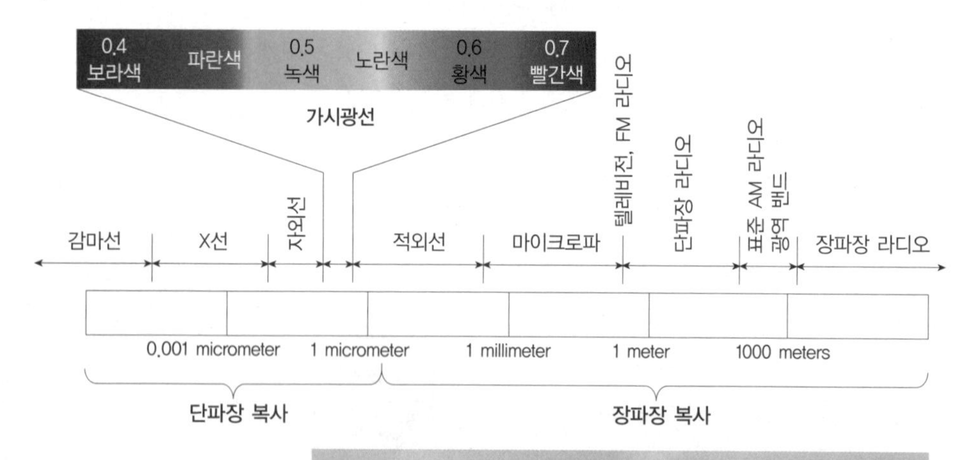

그림 20.15 **전자기파의 스펙트럼** 이 그림은 다양한 복사의 파장 및 해당 명칭을 보여주고 있다. 가시광선은 일반적으로 '무지개 색'이라고 부르는 일련의 색깔을 띠는 전자기파로 이루어진다.
(사진 : *Dennis Tasa*)

태양 에너지

우리의 경험에 비추어 선탠을 야기하는 자외선뿐만 아니라 빛과 열을 발산한다. 이런 형태의 에너지는 태양에서 방출되는 에너지의 대부분을 차지하지만, 이것들은 복사(radiation) 또는 전자기 복사(electromagnetic radiation)라고 부르는 에너지 스펙트럼의 일부이다. 이런 전자기파의 배열 혹은 스펙트럼이 그림 20.15에 나타나 있다. X선, 마이크로파, 무선 주파 등의 모든 복사광은 진공상태에서 초당 300,000km(186,000마일) 속도로 전파되고, 지구의 대기권에서는 그 보다 약간 느린 속도로 전파된다. 어떤 물체가 복사에너지를 흡수하면, 분자운동이 증가하게 되어 온도가 상승한다.

대기가 어떻게 가열되는지 보다 잘 이해하기 위해 아래의 복사에 대한 기본 원리를 이해해야 한다.

- **모든 물체는 온도에 관계없이 복사 에너지를 방출한다.** 따라서 태양과 같은 뜨거운 물체뿐만 아니라 극빙하를 포함한 지구도 지속적으로 에너지를 방출한다.
- **뜨거운 물체는 차가운 물체에 비해 단위면적당 더 많은 양의 에너지를 방출한다.**
- **복사하는 물체의 온도가 높을수록 최대 복사에 해당하는 파장은 짧아진다.** 태양의 표면온도는 약 5,700℃로 가시광선에 해당하는 0.5μm 파장에서 최대 복사를 방출한다. 지구의 최대 복사는 적외선 영역인 10μm 파장에서 일어난다. 지구의 최대 복사의 파장이 태양에 비해 대략 20배 정도 길기 때문에 종종 지구 복사를 장파 복사(long-wave radiation), 태양 복사를 단파 복사(short-wave radiation)라 일컫는다.

- **복사를 잘 흡수하는 물체는 동시에 복사를 잘 방출한다.** 지구 표면과 태양은 각각의 온도에서 거의 100% 효율로 빛을 흡수하거나 방출하기 때문에 완벽한 복사체에 가깝다. 이와는 달리 가스들은 빛에 대해 선택적인 흡수제와 복사체들이다. 대기는 특정 파장의 빛을 대부분 투과시킨다(달리 말하면 빛의 흡수가 거의 일어나지 않는다). 반면에 대기는 다른 파장의 빛을 거의 투과시키지 않는다(달리 말하면 빛을 잘 흡수한다). 경험에 의하면 지구 대기는 가시광선을 잘 투과시키고 결과적으로 이 파장 영역의 빛이 지표면에 잘 도달한다. 하지만 지구에 의해 방출되는 보다 긴 파장의 빛은 대기에 의해 투과되지 않고 흡수된다.

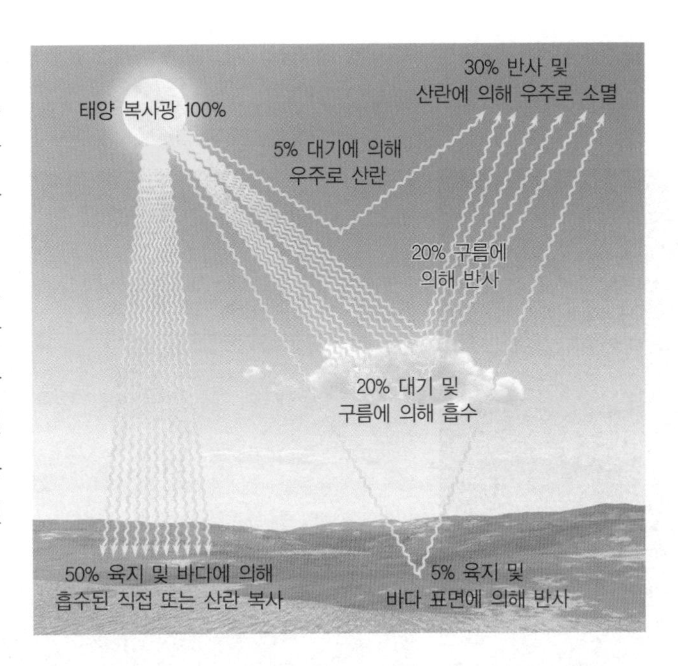

스마트그림 20.16
태양 복사광의 유입경로 이 그림은 지구에 유입되는 태양 복사광의 평균분포를 나타낸다. 대기보다 지표면에 의해 더 많은 복사광이 흡수된다.

태양 에너지의 유입경로

그림 20.16은 태양 복사광의 전 지구적 평균 유입경로를 나타낸다. 대기권은 유입되는 태양 복사를 잘 투과시킴에 주목하자. 평균적으로 대기권의 상부에 도달하는 태양 에너지의 약 50% 정도가 대기권을 통과해 지표면에 흡수된다. 다른 20%는 지표에 도달하기 전에 구름과 산소 및 오존을 포함한 특정 대기 중 가스에 의해 직접 흡수된다. 나머지 30%는 대기, 구름 및 눈과 얼음과 같은 반사체에 의해 지구 밖으로 반사된다. 표면에 의해 반사되는 복사광의 비율을 **알베도**(albedo)라 부른다(그림 20.17). 지구 전체에 의한 알베도(행성 알베도)는 30%이다.

무엇이 태양 복사광을 지표면까지 전달하거나, 산란시키거나, 혹은 외계로 반사시키는지를 결정하나? 그것은 복사광이 투과하는 매질의 특성뿐만 아니라 그 파장에 의해 주로 결정된다.

그림 20.16에 나타난 숫자는 전체 지구의 평균값이다. 실제 비율은 굉장히 변화할 수 있다. 이런 변위를 초래하는 중요한 원인은 외계로 반사되거나 산란되는 비율의 변화와 관련이 있다(그림 20.16). 예를 들면 날씨가 흐린 경우에는 맑은 날씨보다 높은 비율의 빛이 우주로 반사된다.

대기권의 가열 : 온실효과

만약 지구에 대기가 없다면, 아마도 지구 표면의 평균 온도는 빙결온도보다 훨씬 낮을 것이다. 하지만 대기권은 지구를 따뜻하게 만들고, 이로 인해 생물들이 살 수 있다. 지표를 가열하는 이런 굉장히 중요한 대기권의 역할을 **온실효과**(greenhouse effect)라고 한다.

앞서 논의됐듯이 구름이 없는 공기는 유입되는 단파장의 태양 복사광을 잘 투과시켜 지표에 전달한다. 이와는 달리 지구의 육지 및 바다 표면에서 방출되는 장파장의 복사광 상당 부분은 대기권의 수증기, 이산화탄소, 다른 미량 가스들에 의해 흡수된다. 이 에너지는 공기를 가열시키고, 공기로 나오는 복사광의 발산 속도를 증가시킨다. 이와 관련된 열 및 복사광은 외계로 배출되거나 다시 지표로 되돌아온다. 이처럼 '뜨거운 감자 떠 넘기(pass the hot potato)'의 복잡한 게임이 없다면, 지구의 평균 온도는 현재의 15℃(59°F)가 아니라 0.18℃(20.4°F)일 것이다(그림 20.18). 지구 대기권에 존재하는 이런 온실가스 때문에 인류와 다른 생명체가 지구에서 생존할 수 있다.

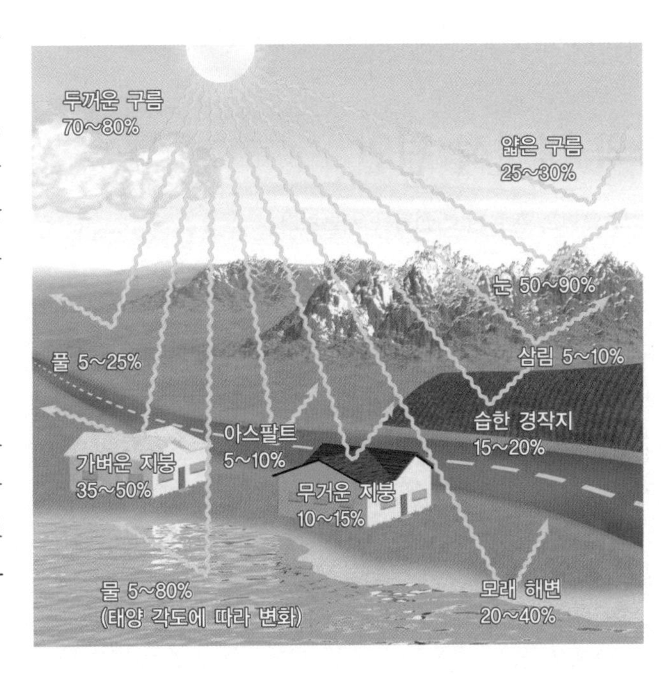

그림 20.17 **다양한 표면의 알베도(반사율)** 일반적으로 밝은 색 표면이 어두운색 표면에 비해 빛을 더 반사하는 경향이 있기 때문에 높은 알베도 값을 가진다.

달처럼 대기가 없는 천체 유입되는 모든 태양 복사광이 표면에 도달한다. 일부는 우주로 반사된다. 나머지는 표면에 흡수되고, 다시 우주로 직접 복사된다. 결과적으로 달 표면은 지구보다 훨씬 낮은 표면온도를 가지고 있다.

지구처럼 적당량의 온실가스를 가지고 있는 천체 대기는 표면에서 방출되는 장파장 복사의 일부를 흡수한다. 이 에너지의 일부는 다시 표면으로 되돌아가서 지구 표면을 대기가 없을 경우에 비해 33℃(59℉) 더 따뜻하게 유지시킨다.

금성처럼 온실가스가 풍부한 천체 금성은 과도한 온실효과에 의한 온난화를 경험하고, 그 표면 온도가 523℃(941℉)까지 올라갈 것으로 추정된다.

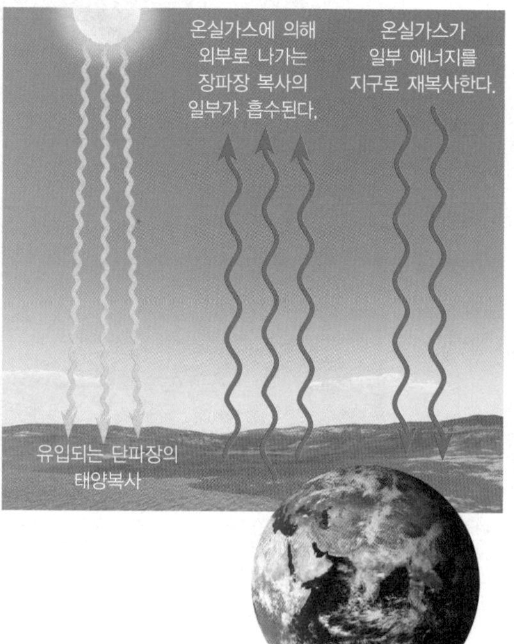

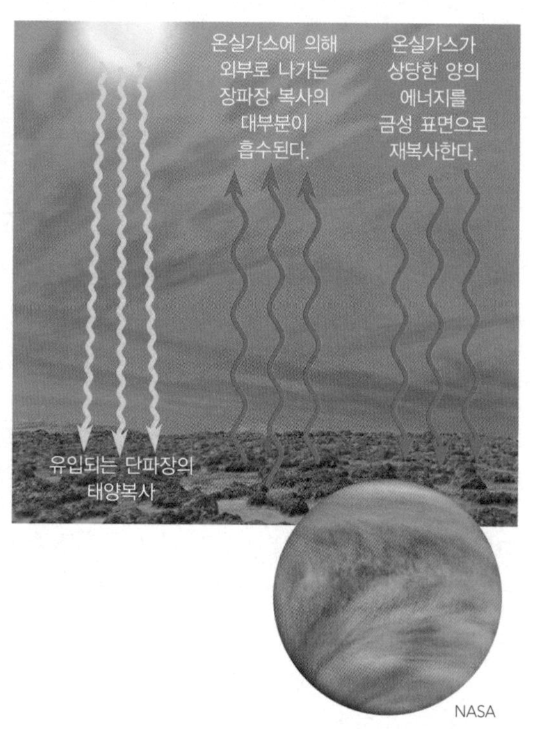

스마트그림 20.18
온실효과 지구와 태양계의 이웃들과 온실효과를 비교한다.

온실이 비슷한 방법으로 가열되었기 때문에, 이 같은 자연현상을 온실효과(greenhouse effect)라 부른다. 온실의 유리창은 단파장의 태양광을 통과시켜 온실 안의 물체들에 의해 흡수하게 만든다. 이들 물체들은 상대적으로 긴 파장의 복사광을 방출하기 때문에 대부분 유리를 투과하지 못한다. 결과적으로 열이 온실 안에 갇힌다. 하지만 온실 내부의 공기가 외부로부터 차단되었기 때문에, 온실 내부의 공기가 외부에 비해 높은 온도에 도달한다. 이 사실에도 불구하고 온실효과라는 용어는 여전히 사용되고 있다.

개념 점검 20.4

① 지구에 유입된 태양 복사광에 일어나는 세 가지 경로는 무엇인가? 어떤 것(들)이 이들 경로의 상대적 비율을 달라지게 만드는가?
② 왜 대기권이 지표에서 방출된 복사광에 의해 주로 가열되는지 설명하라.
③ 온실효과를 묘사하는 설명이 딸린 모식도를 그려라.

20.5 기후변화의 자연적 원인

기후변화의 자연적 요인과 관련된 가설들을 서술하라.

기후변화를 설명하기 위해 방대한 양의 가설이 제안되고 있다. 몇몇 가설은 광범위한 지지를 얻어 왔고, 어떤 것들은 한때 지지를 잃어다가 다시 지지를 얻기도 했다. 자연발생적으로 일어나는 기후변화에 대한 몇 가지 설명은 논란의 여지가 있다. 지구적으로 발생하는 기상현상들은 대규모의 복잡한 형태를 띠기 때문에 실험실에서 물리적으로 재현할 수 없고, 이런 이유로 이 같은 논란은 예견되었다. 반면 기후와 그 변화는 고성능 컴퓨터에 의해 수학적으로 모델링되어야 한다.

이 단락에서 논의될 듯이 한 개 이상의 가설들이 동일한 기후변화를 설명할 수 있다. 실제로 여러 기작들이 상호작용해 기후를 변화시킬 수 있다. 또한 한 가설이 모든 시간척도의 기후변화를 설명할 수 없다. 수백만 년 동안의 기후변화를 설명하는 가설은 일반적으로 수백 년 동안의 변화를 설명할 수 없다. 만약 지구의 대기와 그 변화가 완전히 이해된다면, 기후변화는 여기에서 논의될 여러 요인과 앞으로 제안될 새로운 가설에 의해 설명될 것이다.

지각판의 이동과 궤도

제15장의 '빙하시대의 원인'에서 기후변화의 두 가지 자연기

작을 기술했다. 지각판의 이동이 대륙들을 적도에 가깝게 혹은 멀리 점진적으로 이동시킴을 상기하자. 비록 위도의 변화가 매우 느리게 진행되더라도 이런 움직임은 수백만 년에 거쳐 기후에 극적인 영향을 미칠 수 있다. 대륙물질의 이동은 또한 해수순환을 커다란 변화를 초래하고, 이는 지구에 거쳐 열 이동에 영향을 미친다.[1]

빙하시대의 원인과 관련된 기후변화를 일으키는 두 번째 자연기작은 지구 궤도의 변화와 연관이 있다. 공전궤도의 모양(이심률, eccentricity)과 자전축과 공전궤도가 이루는 각도(경사도, obliquity)의 변화와 자전축의 요동(세차운동, precession)은 태양 복사에너지의 계절별 그리고 위도별 분포의 변화를 야기한다. 이런 변화는 다시 빙하시대에서 빙하기-간빙기의 교대에 기여했다.

이 인공위성 이미지는 보라와 검정의 음영에 아황산가스(SO_2)의 플룸을 보여준다. 다량의 SO_2가 대기로 배출되면 기후가 영향을 받을 수 있다.

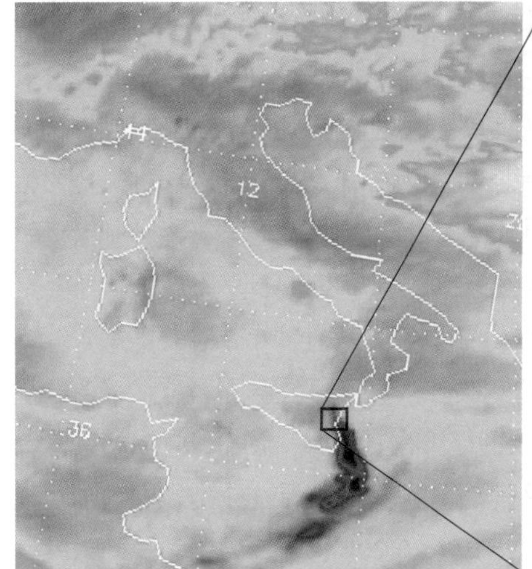

이 사진은 국제우주정거장에서 찍은 것으로 화산재의 플룸이 화산으로부터 남동쪽으로 이동하는 이미지를 보여준다.

그림 20.19 2002년 10월에 분화한 에트나 산 시칠리아섬에 위치한 유럽에서 최대 규모의 가장 활발한 화산이다. *(NASA images)*

화산활동과 기후변화

화산활동이 지구 기후를 변화시킬 수 있다는 생각은 수년 전에 처음 제안되었다. 아직도 기후변화의 몇 가지 측면에 대한 그럴듯한 설명의 하나도 인식되고 있다. 폭발적인 분화는 막대한 양의 화산가스와 세립의 파편을 대기에 배출한다(**그림 20.19**). 가장 폭발적인 분화는 대기권으로 물질을 쏟아놓을 힘을 지니고 있고, 대기권을 통해 전 지구적으로 확산되며 수개월 또는 수년 동안 대기권에 머무른다.

화산성 에어로졸이 기후에 미치는 영향 고화산기원의 부유물질은 유입되는 태양 복사광의 일부를 차폐하고, 이것은 다시 대류권의 온도를 감소시킨다. 200년 전에 벤자민 프랭클린은 아이슬란드 화산 폭발에 의한 물질이 햇빛을 반사시켰고, 이로 인해 1783~1874년의 비이상적으로 추운 겨울이 발생했다고 주장했다.

화산활동과 관련된 가장 매서운 혹한은 아마도 인도네시아 탐보라 화산의 1815년 분출에 이은 '여름이 없었던 해(year without a summer)'일 것이다. 탐보라 화산의 분화는 최근 들어 가장 강력했다. 1815년 4월 7일에서 12일간 4,000m(13,000피트) 높이의 이 화산은 격렬하게 100km³(24세제곱마일) 부피의 화산 파편을 분출했다. 이때 화산성 에어로졸에 의한 기후 영향은 북반구 전역에 미쳤다고 여겨진다. 1816년 5월부터 9월까지 전에 없던 한파가 미국의 북동부와 인근 캐나다에 닥쳤다. 6월에 폭설이 몰아쳤고, 7월과 8월에도 서리가 내렸다. 이런 비이상적인 추위는 서유럽 곳곳에도 관찰되었다. 비록 겉으로 드러난 영향은 상대적으로 작았지만, 1883년 인도네시아 크라카타우를 포함한 화산 대폭발들은 기후변화와 관련되어 있다.

아래에 열거된 3개의 화산 폭발은 화산이 지구 온도에 미치는 영향에 대해 상당한 자료와 통찰을 제공한다. 1980년 워싱턴 주의 세인트헬렌스, 1982년 멕시코의 엘치촌, 1991년 필리핀의 피나투보의 화산분화는 과학자들에게 전에 없었던 세련된 기술로 화산분화가 대기권에 미치는 영향을 연구할 기회를 제공했다. 인공위성 사진이나 원거리 관측 장비는 과학자들에게 이들 화산에서 분출되는 가스나 재로 이루어진 구름이 미치는 영향을 보다 면밀히 관찰할 수 있게 했다.

화산재와 화산진 세인트헬렌스 화산이 분화할 당시, 이것이 기후에 미치는 영향에 대해 즉각적인 예측이 있었다. 과연 이 정도의 분화가 기후변화를 초래할까? 맹렬한 화산분화에 의한 분출된 막대한 양의 화산재는 단기간에 국부적 또는 지역적 영향이 상당할 거라는 데 의심의 여지가 없다. 하지만 연구들은 이 분화에 의한 북반구 기온의 장기적인 하락이 미비했음을 나타내고 있다. 분화에 의한 기온 하강은 0.1℃(0.2°F)보다 작아서 다른 자연적인 요인에 의한 온도 변동과 구분할 수 없었다.

알고 있나요?

지구와 충돌한 운석은 기후변화를 유발시킨다. 일례로 공룡멸종(6,550만 년 전)에 대한 가장 광범위한 지지를 받고 있는 가설은 운석충돌과 관련이 있다. 커다란(직경이 약 6마일) 운석이 지구와 충돌할 때 막대한 양의 파편들이 대기권으로 쏟아졌다. 떠돌아다니는 먼지구름은 수개월 동안 지표에 도달하는 햇빛을 차단했다. 광합성에 필요한 충분한 햇빛이 부족한 상황에서 먹이사슬이 붕괴되었다. 햇빛이 먼지구름에 의해 반사됨에 따라 공룡 및 많은 해양생물을 포함한 절반 이상의 종들이 멸종했다. 제19장에는 이에 대한 상세한 정보가 있다.

1 이에 관한 상세한 정보는 제19장의 '초대륙, 조산운동 그리고 기후'에 있다.

황산 물방울 1982년 엘치촌 폭발에 뒤이은 2년간 관측 및 연구에 의하면 이것이 지구 평균기온의 감소에 미치는 영향은 세인트헬렌스의 분화보다 0.3℃에서 0.5℃(0.5℉에서 0.9℉) 정도로 더 컸다. 엘치촌의 분화는 세인트헬렌스보다 덜 격렬했지만, 오히려 지구 온도에 미치는 영향은 컸다. 왜 그런 걸까? 세인트헬렌스가 분출한 물질은 대부분 미세한 화산재들로 상대적으로 짧은 기간에 가라앉았다. 반면 엘치촌은 세인트헬렌스보다 훨씬 많은 양(40배 정도 많은 것으로 추정)의 아황산가스를 분출했다. 이 가스는 성층권에서 수증기와 결합해 작은 황산 입자들로 이루어진 짙은 구름을 형성한다(**그림 20.20A**). 이들 입자가 완전히 가라앉는 데 수년이 걸린다. 이들 입자는 태양 복사광을 우주로 반사시키기 때문에 대류권의 평균 온도를 낮춘다(**그림 20.20B**).

이제 우리는 성층권에 1년 또는 그 이상 남아 있는 화산기원의 구름이 전에 생각했던 먼지가 아닌 대부분 황산 물방울들로 이루어짐을 알고 있다. 따라서 화산 폭발에 의해 분출된 세립질 파편의 부피가 결코 화산분화가 대기권에 미치는 영향을 예측하는 데 정확한 인자가 아니다.

필리핀의 피나투보는 1991년 6월에 폭발적으로 분화했고, 이때 2,500만~3,000만 톤의 아황산가스를 성층권에 분출했다. 이 사건은 'NASA's spaceborne Earth Radiation Budget Experiment'을 통해 화산 대분화가 기후에 미치는 영향을 연구할 수 있는 기회를 제공했다. 이듬해에 작은 에어로졸의 안개는 반사율을 증가시켰고, 지구 온도를 0.5℃(0.9℉) 낮췄다.

엘치촌과 피나투보의 분화에 의한 지구 온도의 영향은 상대적으로 작았지만, 많은 과학자들은 이런 요인에 의한 온도 강하는 짧은 기간 동안 대기 순환을 바꿀 수 있다는 사실에 동의한다. 대기 순환의 변화는 다시 몇몇 지역의 날씨에 영향을 줄 수 있다. 화산분화의 지역적인 영향을 예측하거나 식별하는 것조차도 기상학자들에게는 여전히 커다란 도전이다.

앞선 언급된 예시들은 개별 화산분화는 그 폭발 규모에 상관없이 기후에 미치는 영향이 상대적으로 작고 오래 지속되지 못함을 보여준다. 그림 20.20B의 그래프는 이런 사실을 뒷받침한다. 따라서 이 부분에서 논의된 화산분화가 오랜 기간을 통해 두드러진 영향을 나타내기 위해서는 다수의 대분화가 비슷한 시기에 발생해야 한다. 역사시대에 그런 종류의 화산분화가 일어나지 않았기 때문에 화산분화는 선사시대의 기후변화에 기여했을 것으로 대부분 언급되고 있다.

그림 20.20 **지표에 도달하는 햇빛을 감소시키는 화산 기원의 안개** 지구와 화산분화에 의해 생성된 안개는 화산재가 아닌 작은 황산 에어로졸로 이루어진다. (NASA)

아나타한 화산에서 시작된 흰색 연무의 플룸은 2005년 4월 필리핀해의 일부를 뒤덮고 있다. 이 연무는 화산에서 분출된 아황산가스가 대기 중 물과 결합해 생성된 황산의 작은 방울로 이루어졌다. 이 플룸은 밝기 때문에 햇빛을 우주로 반사시킨다.

A.

1970년과 비교한 하와이 마우나로아 관측소에서의 순 태양복사(그래프에서 0으로 표시). 엘치촌과 피나투보의 분화는 분명히 지구 표면에 도달하는 태양 복사의 일시적인 감소를 일으켰다.

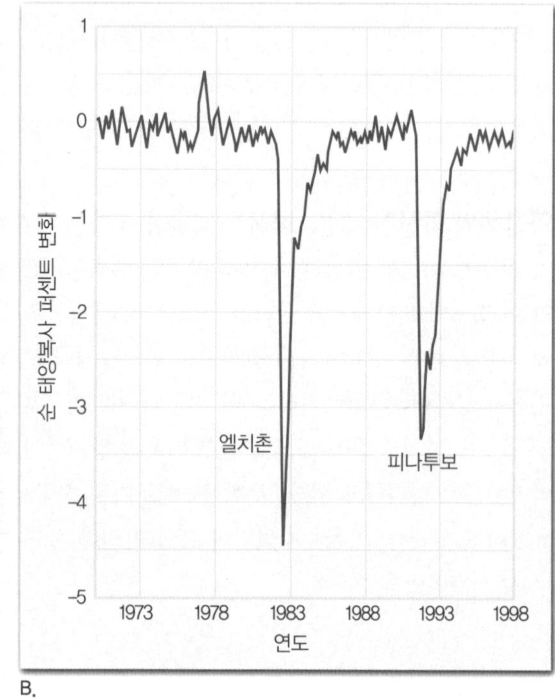

B.

화산활동과 지구온난화 백악기는 '공룡의 시대(age of dinosaurs)'라 부르는 중생대의 마지막 기(period)에 해당한다. 백악기는 약 1억 4,550만 년 전에 시작되었고, 공룡(다른 많은 종류의 생명체들도 함께)의 멸종과 함께 약 6,550만 년 전에 끝났다.[2]

백악기의 기후는 지구 역사를 통틀어 가장 따뜻했다. 온화한 기후에 서식하는 공룡들은 북극권으로 북쪽까지 분포되었다. 열대우림이 그린란드와 남극대륙까지 존재했고, 산호초는 지금보다 위도로 15도 극점 가까이 자랐다. 종국에 석탄층을 형성할 토탄 퇴적물들은 고위도 지역까지 축척되었다. 당시 해수면은 극빙하가 없었던 사실과 일치하게 지금보다 200m(650피트) 더 높았다.

그렇다면 백악기의 특이하게 따뜻했던 기후의 원인은 무엇이었을까? 대기권에서 높은 이산화탄소에 의한 온실효과의 증대는 중요한 여러 요인의 하나다.

따뜻한 백악기를 초래한 과도한 이산화탄소는 어디에서 왔을까? 많은 지질학자들은 화산활동을 그 근원으로 꼽는다. 이산화탄소는 화산활동에 의해 배출되는 가스의 하나로, 중

2 백악기 끝에 대한 정보는 제19장을 참조

기 백악기가 특이할 정도로 많은 화산활동이 있었던 시기임을 나타내는 상당한 지질학적 증거들이 발견되었다. 몇몇 대규모의 해양 용암대지들은 이 시기에 서부 태평양의 해저에서 생성되었다. 이들 용암대지는 대규모 맨틀풀룸에 의해 생성된 열점(hot spots)과 연관이 있다. 아마도 수백만 년 동안 거대한 양의 용암분출은 막대한 양의 CO_2 배출을 동반했을 것이고, 이것은 다시 온실효과를 증가시켰을 것이다. 따라서 백악기의 온난화는 아마도 깊은 맨틀에 기원을 두고 있을 것이다.

이런 예시는 지구시스템을 구성하는 부분 간의 상호작용을 잘 보여준다. 처음에는 서로 관련이 없어 보였던 물질이나 기작들이 나중에 밀접하게 연관된 것으로 판명된다. 여러분은 지구 내부 깊은 곳에서 유래된 기작들이 직접적 혹은 간접적으로 대기, 해양 및 생물권과 연결되어 있는 것을 본 적이 있나?

태양의 가변성과 기후

기후변화에 대한 가장 일관된 가설의 하나는 태양은 변화하는 별이고, 따라서 이 별의 에너지 발산이 시간에 따라 변한다는 것이다. 이런 태양의 가변성은 직접적이고 쉽게 이해될 수 있다. 태양에너지 발산의 증가는 대기를 따뜻하게 만들고, 그 감소는 대기의 냉각을 초래한다. 이런 개념은 어떤 기간 또는 강도의 기후변화도 설명할 수 있기 때문에 흥미롭다. 그러나 장기간에 걸친 태양 복사에너지의 주요한 강도 변화는 아직까지 대기권 밖에서 측정되지 않았다. 이런 측정은 인공위성 기술이 도입되기 전까지 가능하지 않았다. 현재 이런 측정이 가능하기 때문에, 우리가 태양에서 오는 에너지가 얼마나 가변적인가(또는 불변하는가)를 판별하기 위해서는 수십 년의 관측이 필요하다.

수년간 몇몇 기후변화의 가설은 흑점 주기와 관련되어 있다. 가장 두드러지고 잘 알려진 태양 표면의 특징은 **흑점**(sunspots)이라는 검은 점들이다(**그림 20.21**). 흑점은 태양 표면에서 깊은 그 내부로 확장되는 커다란 자기폭풍이다. 또한 이들 점은 지구의 대기권 상부에 도달해 그곳에서 가스와 반응해 **북극광**(aurora borealis 또는 Northern Lights)이라 알려진 현상을 나타내는 태양의 막대한 양의 입자배출과 관련되어 있다.

흑점은 그 발생 숫자가 매 11년마다 최대에 이르는 주기적인 형태로 발생한다(**그림 20.22**). 흑점활동이 최소인 기간에 비해 흑점활동이 최대인 기간에 약간 많은 양의 에너지를 방출한다. 1978년에 시작된 우주 관측 자료에 따르면, 1개의 11년 주기 동안 약 0.1%의 방출 에너지의 변화가 있다. 흑점들은 비록 검은색을 띠지만, 이들은 검은 흑점의 효과를 충분히 상쇄할 수 있는 밝은 부분으로 둘러싸여 있다. 흑점에 의한 태양에너지의 변화는 너무나 작고, 그 주기도 짧아 지구 온도에 대한 의미 있는 영향을 미칠 수 없다. 그럼에도 불구하고 태양 발산에너지의 장기적인 변화는 지구 기후에 영향을 미칠 가능성이 있다.

이 이미지는 대략적으로 태양 표면을 묘사하고 있다. 진한 오렌지색으로 둘러싸인 검은 점들은 자기활동이 굉장히 강력한 흑점 주변이다.

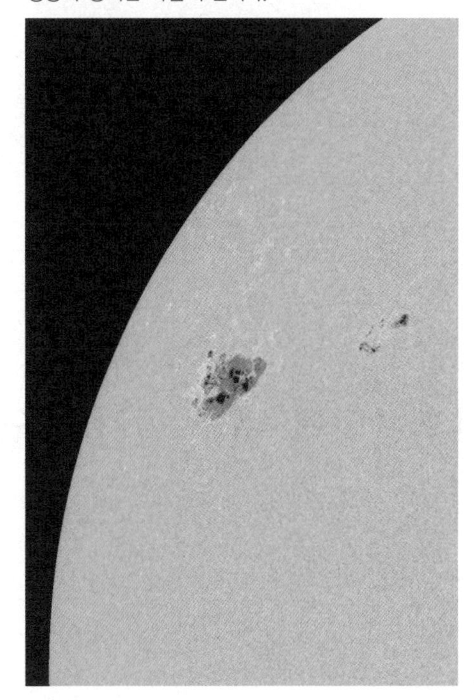

이 이미지를 만들어낸 기계는 자외선, 라디오 및 전자기파 스펙트럼의 다른 부분을 사용했다. 고리 모양의 선들은 자력선을 따르는 태양 플라스마를 나타낸다.

그림 20.21 **태양의 흑점들** 두 사진은 나사의 태양역학관측소에서 두 관측 장비를 사용해 2012년 3월 5일 동일 시간, 태양 디스크의 동일 지점에서 찍은 흑점 활동을 나타내고 있다. (NASA)

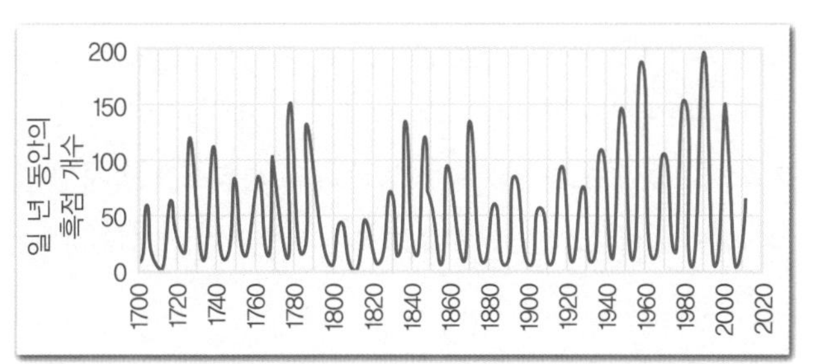

그림 20.22 **연평균 흑점 개수** 흑점 수는 약 11년 주기로 최댓값을 갖는다.

알고 있나요?

인공위성 자료를 이용한 최근 연구에 의하면, 태양 밝기와 최근의 지구온난화는 아무런 연관이 없는 듯하다. 이런 상세한 연구를 수행했던 과학자들은 1978년(측정이 가능했던 가장 오래된 시기) 이후 관찰된 태양 밝기의 변동이 너무 작아서 최근 30년 동안 가속된 지구온난화에 의미 있는 기여를 할 수 없었다는 것을 주장하고 있다.

일례로 1645년부터 1715년의 기간은 마운더 극소기(Maunder minimum)라고 알려졌고, 이 기간에 흑점이 거의 소멸되었다. 이런 흑점이 소멸된 기간은 유럽에서 굉장히 추웠던 소빙하기(Little Ice Age)라 알려진 시기와 밀접하게 대응한다. 몇몇 과학자들은 이런 관계로부터 태양에너지의 감소가 소빙하기를 최소한 부분적으로 초래했을 것으로 제안한다. 하지만 다른 과학자들은 이런 생각에 심각한 의구심을 가지고 있다. 실제로 지구 곳곳의 다양한 기후 자료에 대한 연구들이 흑점의 활동성과 기후 사이의 의미 있는 상관성을 발견하지 못했다.

개념 점검 20.5

① 엘치촌과 피나투보의 분화가 지구 온도에 미친 영향에 대해 간략하게 서술하라.
② 화산활동이 어떻게 지구온난화를 일으키는가?
③ 흑점이란 무엇인가? 흑점 개수의 변화에 따라 태양의 방출에너지는 어떻게 변하나? 흑점의 개수와 지구 기후의 변화에 뚜렷한 관련이 있는가?

20.6 기후변화에 대한 인간의 영향

약 1750년 이후의 대기 조성 변화의 성격 및 원인에 대해 요약하라. 또한 이에 따른 기후변화에 대해 설명하라.

이제까지 기후변화의 자연적인 요인에 대해 살펴봤다. 지금부터는 인간이 어떻게 지구의 기후변화에 영향을 미치는 지 살펴본다. 첫 번째 영향으로 이산화탄소와 다른 온실가스의 대기로의 배출이 있다. 두 번째 영향에는 인간에 의해 생성된 에어로졸의 대기 배출과 관련이 있다.

지역 혹은 지구 기후에 미치는 인간의 영향은 최근의 산업 시기에서 시작되지 않았다. 수천 년 동안 사람들이 광범위한 지역의 환경을 변화시켜 왔다는 증거가 있다. 불의 사용과 가축의 불모지 방목은 식생의 밀도와 분포를 동시에 감소시켰다. 인간은 지피식물을 바꿈으로써 표면 반사율(surface albedo), 증발률, 지상풍 등의 중요한 기후인자를 변형시켰다.

CO_2 농도의 증가

앞에서 당신은 이산화탄소(CO_2)가 깨끗한 건조공기의 0.0397%(397ppm)를 구성한다는 사실을 배웠다. 그럼에도 불구하고 이 기체는 기상학적으로 매우 중요한 성분이다. 이산화탄소는 짧은 파장의 태양광을 잘 투과시키지만, 지구에서 방출되는 긴 파장의 일부는 투과시키지 못한다. 즉 지표에서 방출되는 에너지의 일부가 대기 중 CO_2에 흡수된다. 이후 흡수된 에너지는 재방출되고, 그 일부는 다시 지표로 되돌아와

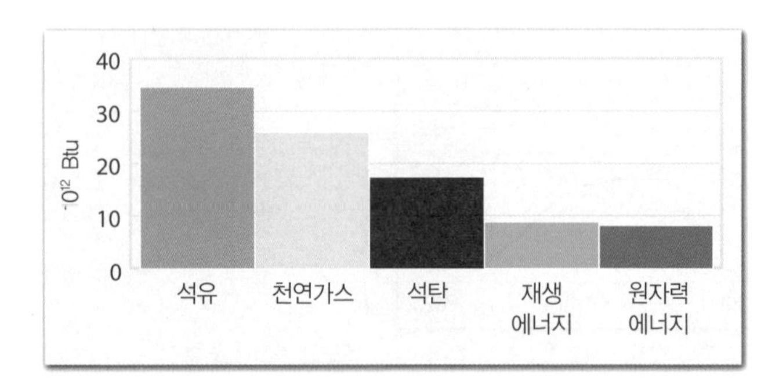

그림 20.23 **미국의 에너지 소비** 이 그래프는 2012년의 에너지 소비를 나타낸다. 에너지 총 소비량은 95.14천조(quadrillion) Btu. 천조는 10^{12} 또는 10^6의 10^6배이다. 화석연료의 연소는 총 소비량의 82%를 약간 상회한다. *(U.S. Energy Information Administration)*

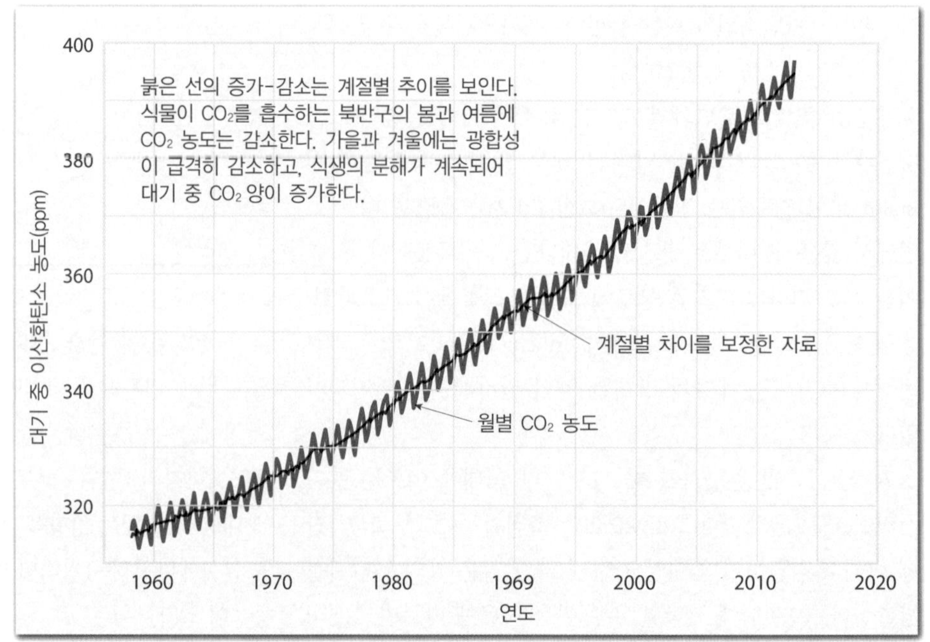

스마트그림 20.24 **월별 CO_2 농도**
대기 중 CO_2 농도는 1958년부터 하와이 마우나로아 관측소에서 측정되고 있다. 관측이 시작된 이후 CO_2 농도의 꾸준한 증가가 있다. 이 그래프는 측정을 시작한 과학자에게 경의를 표하기 위해 킬링곡선(Keeling Curve)라 부르고 있다. *(NOAA)*

CO_2가 없을 경우보다 지표 부근의 대기를 더 따뜻하게 유지한다. 어처럼 이산화탄소는 수증기와 더불어 대기의 **온실효과**에 주된 책임이 있다. 이산화탄소는 중요한 열 흡수제이고, 대기 중 이산화탄소 농도의 변화는 대기권 하부의 온도를 변화시킬 수 있다.

지난 2세기에 있었던 엄청난 산업화는 석탄, 천연가스, 석유의 화석연료를 연소시켜 그 동력을 얻었고, 지금까지도 얻고 있다(**그림 20.23**). 이들 화석연료의 연소로 많은 양의 이산화탄소가 대기로 배출되었다. **그림 20.24**는 1958년 이후 관측이 이루어진 하와이 마우나로아 관측소(Mauna Loa Observatory)에서 CO_2 농도 변화를 보여주고 있다(이 장 맨 앞의 사진 참조). 이 그래프는 CO_2 농도의 연간 계절적 변화와 여러 해를 거쳐 지속적으로 상승하는 경향을 보인다. 계절적인 상승-감소의 주기는 육상기반 식생의 대부분을 포함하는 북반구의 광활한 대지와 관련 있다. 식물이 광합성에 필요한 CO_2를 흡수하는 시기인 북반구의 봄과 여름 동안 이 CO_2 농도는 감소한다. 반면 식생이 죽고 낙엽이 떨어져 부패하고 이 과정에서 CO_2가 대기로 배출되는 추운 시기에는 CO_2 농도가 증가한다.

석탄과 다른 연료의 사용은 인간이 대기에 CO_2를 배출하는 가장 현저한 수단이지만 유일한 방법은 아니다. 산림 개간도 그 과정에서 식생이 타버리거나 부패하기 때문에 CO_2가 배출된다. 광범위한 지역이 목축과 농업을 위해 벌거벗고, 비효율적인 상업용 벌목작업이 행해지고 있는 열대지역에서 삼림 벌채가 특히 심각하다(**그림 20.25**). UN 추정에 따르면, 1990년대 들어 매년 1,020만 헥타르(2,510만 에이커)에 해당하는 열대우림이 완전히 파괴되고 있다. 2000년과 2005년 사이에 이 수치는 연간 1,040만 헥타르(2,570만 에이커)까지 증가했다.

과량의 CO_2 일부는 식물에 의해 사용되거나 바다에 용존된다. 약 45%의 CO_2는 여전히 대기 중에 남아 있는 것으로 추정된다. **그림 20.26**는 400,000년 이전까지의 대기 중 CO_2 변화를 나타낸 기록이다. 이런 긴 시간 동안 자연적인 CO_2 변동은 약 180~300ppm 정도이다. 인간 활동으로 인해 현재 CO_2 레벨은 최소 과거 65만 년을 통해 가장 높았던 농도보다 약 30% 높다. CO_2 농도의 급격한 상승은 산업화의 시작 이후 더욱 분명하다. 대기 중 CO_2 농도의 연 증가율은 지난 수십 년 동안 증가해 오고 있다.

그림 20.25 **열대지역의 벌목** 열대우림의 벌목은 심각한 환경문제이다. 생물 다양성의 감소를 초래할 뿐만 아니라 이산화탄소의 중요한 근원이 된다. 육지를 개간하는 데 종종 불이 사용된다. 이 장면은 브라질 아마존 분지에서 찍었다. (사진 : *Pete Oxford/Nature Picture Library*)

대기권의 반응

대기 중 이산화탄소는 증가했는데, 지구 온도도 정말 상승했나? 그 답은 예이다. 기후변화에 관한 정부 간 패널(Intergovernmental Panel on Climate Change, IPCC)의 2013년 보고서에 의하면, "지구의 대기 및 해양의 평균 온도 상승, 광범위한 눈과 얼음의 용융, 해수면의 상승과 같은 여러 관찰에

그림 20.26 **지난 40만 년간 CO_2 농도** 자료 대부분은 얼음코어에 포획된 공기방울의 분석부터 나왔다. 1958년 이후의 자료는 하와이 마우나로아 관측소에서 직접 측정했다. 산업혁명 이후 CO_2 농도의 급격한 증가는 분명하다. (NOAA)

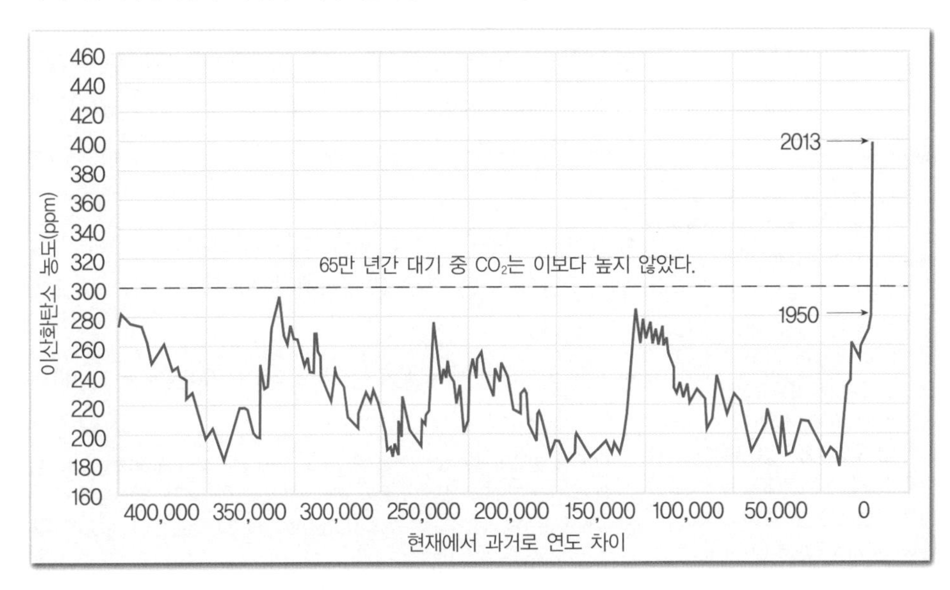

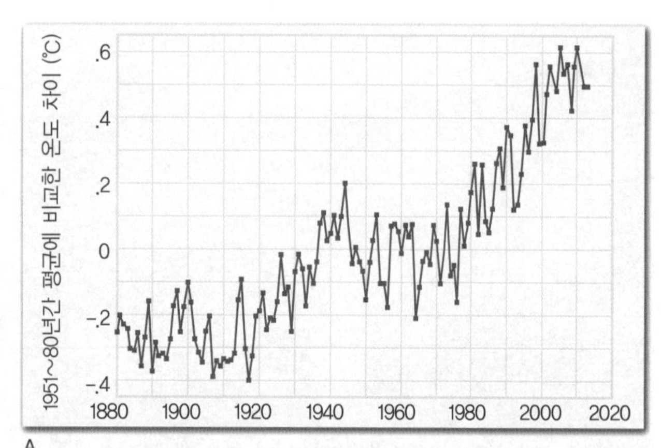

A.

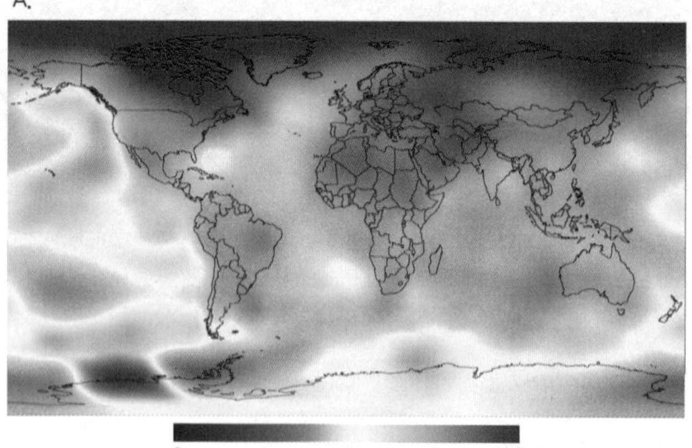

B.

그림 20.27 **지구 온도** 2012년의 지구 온도는 기록상으로 10번째 따뜻한 해였다. A. 이 그래프는 1880년 이후 지구의 온도변화를 섭씨 단위로 보여주고 있다. B. 이 세계지도는 기준년도인 1951~1980년 사이의 평균값과 비교한 2008~2012년 사이의 평균 온도의 차이를 나타낸다. 평균 온도의 차이가 북반구의 고위도 지방에서 확연히 드러난다. *(NASA/Goddard Institute for Space Studies)*

서 확인할 수 있듯이 지구의 온난화는 명백하다."[3] 20세기 중반 이후 지구 평균 온도의 상승은 거의 전적으로 인간에 의해 발생된 온실가스 농도의 증가 때문이다(IPCC에 의해 사용된 '거의 전적으로'라는 말은 아마도 확률로 95~100%을 나타낸다). 1970년대 중반 이후로 진행된 지구온난화는 약 0.6℃(1°F)이고, 지난 세기 동안의 온난화는 약 0.8℃(1.4°F)이다. 표면 온도의 상승기조가 **그림 20.27A**에 나타나 있다. **그림 20.27B**에 나타난 세계지도는 1951~1980년의 기준과 2012년의 표면온도를 비교하고 있다. 당신은 북극과 그 주변이 고위도 지역에서 온난화가 가장 컸음을 확인할 수 있다. 몇 가지 이와 관련된 사항들은 다음과 같다.

- 1850년 이후 기계적인 관측기록이 존재하는 동안에 가장 따뜻한 17년은 모두 1995년에서 2012년의 최근 18년에 속한다.
- 현재의 지구 평균 온도는 최소 과거 500년에서 1,000년 동안의 어느 시기보다도 높다.
- 세계 바다의 평균 온도는 최소 3,000m(10,000피트) 깊이까지 증가했다.

이런 온도 증가는 인간 활동에 의한 것일까 혹은 어쨌든 일어났을까? IPCC에서 나온 과학적인 동의는 인간 활동이 1950년 이후의 온도 증가의 대부분에 거의 전적으로 책임이 있다는 것이다.

미래는 과연 어떨까? 수년 앞에 대한 예측은 배출되는 온실가스 양에 의해 부분적으로 결정된다. **그림 20.28**은 지구온난화에 대한 몇 가지 그렇듯한 시나리오를 보여주고 있다. 또한 IPCC 보고서는 산업화 이전의 이산화탄소 농도(280ppm)가 560ppm으로 2배 증가한다면 온도는 2℃에서 4.5℃(3.5°F에서 8.1°F)로 상승할 거라 기술하였다. 온도 증가가 1.5℃(2.7°F) 이하일 가능성은 적지만(1~10% 확률), 오히려 4.5℃(8.1°F) 이상일 가능성은 충분하다.

미량가스의 역할

이산화탄소는 지구 온도 상승에 기여하는 유일한 가스가 아니다. 최근 들에 대기학자들은 인간의 산업 및 농업 활동들로 인해 온난화에 중요한 역할을 하는 몇 개의 미량가스들이

그림 20.28 **2100년의 온도 예측** 그래프의 오른쪽 부분은 다양한 온실가스 배출을 토대로 예측한 지구온난화를 보여준다. 각 색깔선 부근의 음영으로 표시된 곳은 각 배출 시나리오에 대한 불확실성을 나타내고 있다. 비교의 기준점(즉 수직축에 0.0으로 표시된 지점)은 1980년에서 1999년 사이의 세계 평균값이다. 오렌지색으로 표시된 선은 CO_2 농도가 2000년 값으로 일정하게 유지된다는 조건에 기초를 둔 시나리오이다. *(NOAA)*

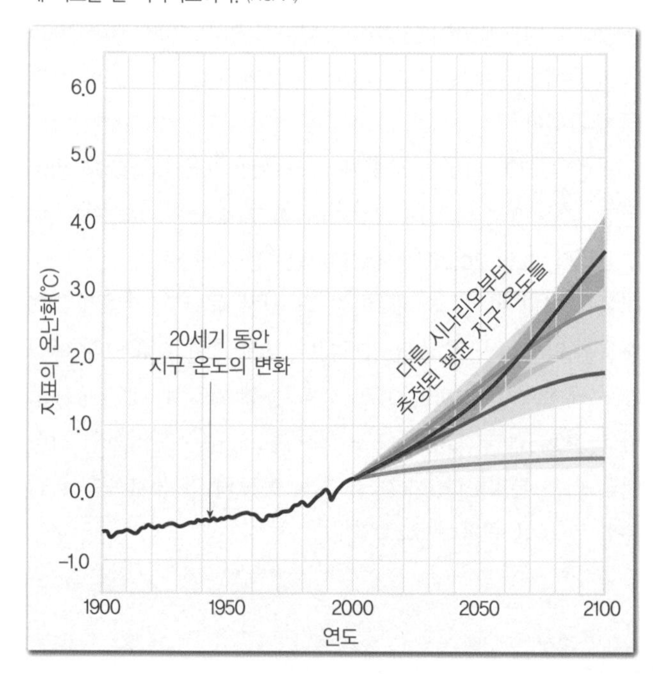

알고 있나요?

이 장 맨 앞의 사진에 나타난 마우나로아 관측소는 1950년대 이후로 계속해서 대기 자료를 수집하고 있다. 이 관측소는 공기오염원으로부터 멀리 떨어져 있는 태평양 가운데 위치하고 있어 기후변화를 일으키는 대기성분을 채집하기에 이상적인 장소이다. 또한 이 관측소는 주변 오염물질을 그 하부에 국한시키도록 뚜껑 역할을 하는 강한 해양성 기온역전층(temperature inversion layer)으로 돌출되어 있다.

3 PCC가 발표한 *Climate Change 2013 : The Physical Science Basis* 중에 '정책결정자들을 위한 요약' 에서 발췌. 기후변화에 관한 정부 간 패널(IPCC)은 정기간행물을 통해 전 세계에 기후변화의 원인에 대한 지식을 제공하는 전문가 집단이다.

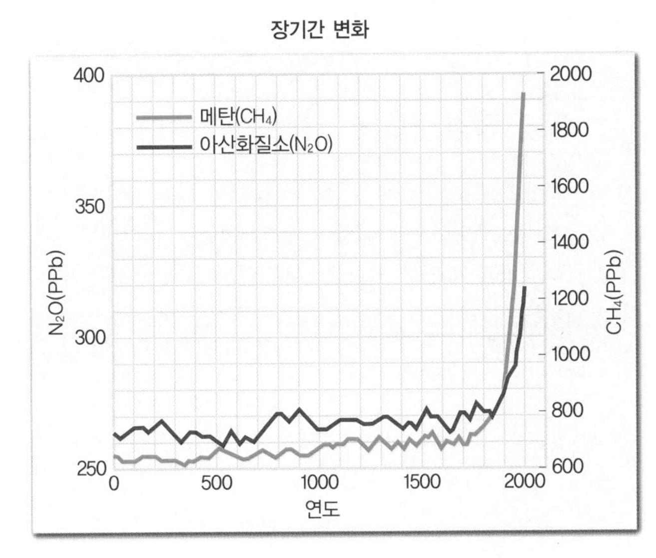

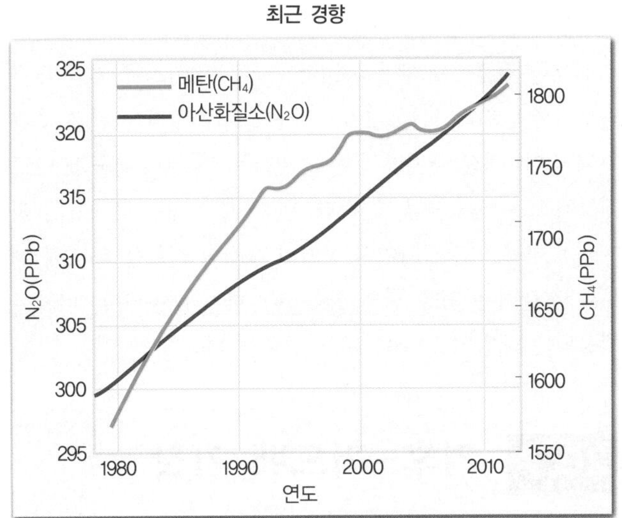

그림 20.29 **메탄과 아산화질소** 비록 CO_2가 가장 중요하지만, 이들 미량가스들도 지구온난화에 기여한다. 여기에 나타난 2000년의 기간에서 산업시대 이전까지는 상대적으로 작은 변동이 있었다. 오른쪽에 있는 그래프는 최근의 경향을 나타내고 있다. *(U.S. Global Change Research Program and NOAA)*

알고 있나요?

지구온난화에 언급된 기후변화에 관한 정부간 패널(IPCC)은 기후변화의 이해에 필요한 과학적 · 기술적 · 사회경제적인 정보를 평가하기 위해 유엔환경계획(United Nations Environment Programme)과 세계 기상 기구(World Meteorological Organization)에 의해 1988년에 결성되었다. 이 조직은 기후변화의 원인과 영향에 관한 지식 관련 간행물을 정기적으로 출판하는 전문가 집단이다. 55개 국가에서 250명 이상의 저자와 1,100명 정도의 심사자들이 *Climate Change 2013 : The Physical Science Basis*의 출판에 기여했다.

축적되고 있음을 깨닫게 되었다. 이들 가스들은 그 농도가 이산화탄소보다 훨씬 낮아 미량가스라 부른다. 가장 중요한 미량가스에는 메탄(CH_4), 아산화질소(N_2O), 염화불화탄소(CFCs)가 있다. 이들 미량가스들은 지구에서 나와 우주로 방출되는 장파장의 복사광을 흡수한다. 이들 미량가스들은 비록 개별적인 영향은 적지만 전체적으로 대류권의 온난화에 중요한 역할을 한다.

메탄 메탄은 CO_2에 비해 적은 양으로 존재하지만, 그 중요성은 작은 농도에 비해 크다(그림 20.29). 그 이유는 메탄은 지구에서 방출되는 적외선을 CO_2에 비해 약 20배 정도 효과적으로 흡수하기 때문이다.

메탄은 산소가 부족한 습지에 사는 **혐기성 세균**(anaerobic bacteria)에 의해 생성된다(혐기성이란 공기가 없는, 특히 산소가 없음을 의미한다). 그런 장소로 여러 습지들(swamps, bogs, wetlands), 흰개미와 소 및 양 등 방목가축의 내장이 있다. 메탄은 벼농사를 위한 논('인공습지')에서도 발생한다. 또한 메탄은 석탄, 석유, 천연가스가 생성 과정에서 부산물로 존재하기 때문에, 석탄 채굴과 석유 및 천연가스 굴착은 메탄 발생의 또 다른 경로가 된다.

대기 중 메탄 농도는 1800년 이후 인구 증가와 궤를 같이하며 급격히 증가했다. 이런 관계는 메탄 형성과 농업 간의 밀접한 연관성을 보여준다. 인구가 증가함에 따라 소와 논의 수도 함께 증가했다.

아산화질소 종종 '웃음 가스(laughing gas)'라 부르는 아산화질소도 메탄만큼 빠르진 않지만 대기권에 축적된다(그림 20.29). 이런 증가는 대부분 농업 활동과 연관이 있다. 농부들이 곡물생산을 늘리기 위해 질소계 비료를 사용하면, 질소 일부는 아산화질소 형태로 대기에 유입된다. 이 가스는 또한 화석연료의 고온연소 과정에서도 생산된다. 아산화질소의 대기 중 연간 배출량이 적다 할지라도, 아산화질소의 생애는 약 150년이나 된다! 만약 질소계 비료와 화석연료의 사용이 예상속도로 증가한다면, 아산화질소는 메탄 영향의 반에 근접하는 온실효과를 나타낼 수 있다.

염화불화탄소 메탄이나 아산화질소와는 달리 염화불화탄소(CFCs)는 대기 중에 자연발생적으로 존재하지 않는다. CFCs는 성층권에서 오존 파괴의 범인으로 악명 높은 여러 용도로 사용되는 합성된 화합물이다. 지구온난화에서 CFCs의 역할은 잘 알려져 있지 않다. CFCs는 매우 효과적인 온실가스이다. 이 가스는 1920년에 비로소 합성되기 시작했고, 1950년대에 들어서야 대량으로 사용되었다. 비록 교정조치가 이루어지고 있지만, CFCs 농도는 급격히 떨어지지 않을 것이다. CFCs는 수십 년간 대기에 머무르고 있고, 따라서 지금 당장 모든 CFCs 배출이 멈춘다 하더라도 수년간 대기 중 존재할 것이다.

병용효과 이산화탄소는 분명 예측된 지구온난화의 가장 중요한 원인이다. 하지만 이산화탄소가 유일한 원인은 아니다. CO_2 외에 인간에 의해 발생한 다른 온실가스들을 모두 고려해서 미래를 예측한다면, 이들의 총제적인 영향은 CO_2만의 영향을 상당히 증가시킨다.

섬세한 컴퓨터 모델은 CO_2와 다른 미량가스에 의한 대기 하부의 온난화가 모든 지역에서 동일하지 않다는 것을 보여주고 있다. 대신 극지방의 온도 변화는 전 세계 평균과 비교해 2배 또는 3배 높을 수 있다. 한 가지 이유는 극지방의 대류권이 매우 안정적이어서 공기의 수직적 혼합을 억제해 상부로 전달되는 지표 열의 양을 제한하기 때문이다. 더불어 예상되는 해빙의 감소는 온도 상승을 더욱 가속시킬 수 있다. 이에 관한 주제는 다음 절에서 폭넓게 다룰 것이다.

개념 점검 20.6

① 왜 대기 중 CO_2 농도가 과거 200년 동안 증가했는가?
② CO_2 농도 증가에 의해 대기는 어떻게 반응했는가?
③ CO_2 농도가 계속해서 증가함에 따라 대기의 하부 온도는 어떻게 변했는가?
④ CO_2 이외에 지구 온도 변화에 기여하는 미량가스들은 무엇인가?

20.7 기후-피드백 기작

양 또는 음의 피드백 기작을 비교하고, 각각에 해당하는 예시를 들라.

알고 있나요?

기후 모델에서 시나리오는 특정 세트의 가정들에서 일어날 수 있는 하나의 예시이다. 시나리오는 불확실한 미래에 대한 질문을 탐구하게 만드는 도구이다. 일례로 화석연료의 사용과 다른 인간 활동에 대한 앞으로의 추세는 불확실하다. 따라서 과학자들은 이들 변수에 대한 폭넓은 가능성을 기초로 어떻게 기후변화가 일어날지에 대한 일련의 시나리오들을 구축하고 있다.

기후는 매우 복잡하고, 상호작용이 일어나는 물리계이다. 따라서 기후시스템의 어떤 요소가 변할 경우, 과학자들은 많은 가능한 결과들을 고려해야 하고, 어떤 결과는 초기 변화를 증폭시키기도 하고, 또 어떤 결과는 초기 효과를 상쇄시킨다. 이런 가능한 결과들을 **기후-피드백 기작**(climate-feedback mechanism)이라 한다. 이것들은 기후 모델링의 노력을 복잡하게 하고, 기후 예측의 불확실성을 가중시킨다.

피드백 기작의 종류

기후-피드백 기작은 어떻게 이산화탄소와 다른 온실가스들과 연관되어 있는가? 하나의 중요한 기작은 따뜻한 표면온도는 증발률을 증가시킨다. 이것은 다시 대기 중 수증기의 함량을 증가시킨다. 수증기는 지구에서 방출하는 복사광을 이산화탄소보다 훨씬 강력하게 흡수할 수 있음을 상기하자. 따라서 대기에 수증기가 많을수록 이산화탄소와 미량의 온실가스에 의해 상승한 온도는 더욱 증가한다.

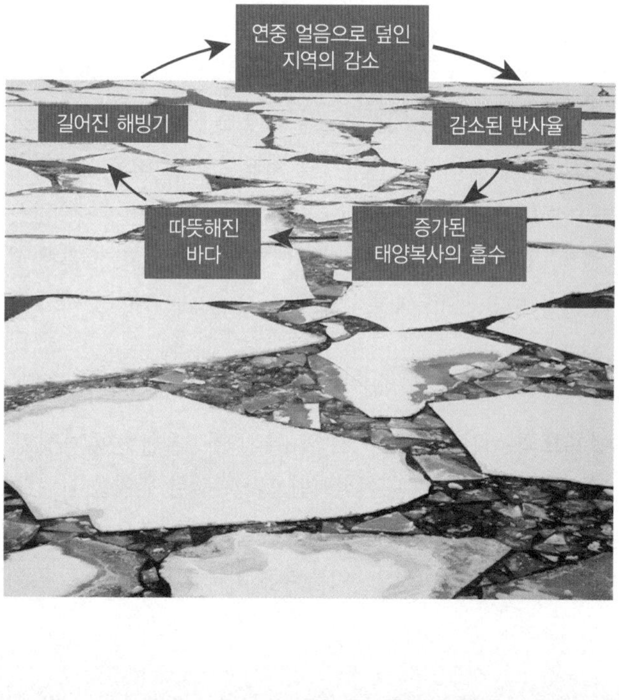

그림 20.30 **피드백 기작으로서 해빙** 이 이미지는 남극대륙 부근에서 해빙이 봄에 부서지는 장면이다. 이 그림은 일종의 피드백 루프를 보여주고 있다. 해빙의 감소는 표면 반사율을 감소시켜 표면에 흡수되는 에너지 양을 증가시키기 때문에 양의 피드백으로 작용한다. (사진 : *Radius Images/Alamy Images*)

고위도 지역의 온도 상승은 세계 평균에 비해 2배 혹은 3배 높을 수 있다는 사실을 기억하자. 이런 예상은 표면온도가 상승함에 따라 해빙에 의해 덮인 지역이 감소하는 경향에 부분적으로 근거하고 있다. 얼음은 물에 비해 유입되는 태양 복사광을 훨씬 잘 반사시키기 때문에 해빙의 용융은 반사율이 높은 표면을 반사율이 훨씬 낮은 표면으로 대체시키는 결과를 초래한다(**그림 20.30**). 그 결과 표면에 흡수되는 태양에너지가 상당히 증가한다. 이것은 다시 대기에 피드백되어 높은 온실가스에 의한 초기의 온도 상승을 확대한다.

이제까지 논의된 기후-피드백 기작은 이산화탄소의 누적에 의해 야기된 온도 상승을 확대시켰다. 이들 영향이 초기 변화를 강화시키기 때문에 이 기작을 **양의 피드백 기작**(positive-feedback mechanism)이라 부른다. 이들과는 달리 초기 변화에 반하는 결과를 나타내거나 초기 변화를 상쇄시키는 다른 영향을 **음의 피드백 기작**(negative-feedback mechanism)이라 분류한다.

지구온난화에 의한 있을 법한 결과의 하나로 대기 중 높은 수증기 함량 때문에 구름양(cloud cover)의 증가가 있을 수 있다. 대부분의 구름은 태양 복사광의 좋은 반사체이다. 하지만 구름들은 동시에 지구에서 방출되는 복사광의 좋은 흡수제이고 발산제이기도 하다. 결과적으로 구름은 2개의 상이한 영향을 일으킨다. 구름은 태양 복사광의 반사를 증가시켜 대기 가열에 필요한 태양에너지의 양을 감소시키기 때문에 음의 피드백 기작에 해당한다. 또 다른 측면에서 구름은 대류권에서 외계로 사라질 지구 복사광을 흡수하고 발산하기 때문에 양의 피드백 기작을 수행한다.

둘 중 어떤 효과가 더 강력한가? 비록 최근 연구들이 이 질문에 통일된 대답을 주지 못하지만, 구름이 지구온난화를 약화시키지 않고, 오히려 작은 양의 피드백을 일으키고 있다는 쪽으로 기울어가고 있다.[4]

인간에 의한 대기 조성변화로부터 초래한 지구온난화는 앞으로도 기후변화에서 가장 많이 연구되는 분야의 하나이다. 비록 어떤 기후 모델들도 잠재적 요소와 피드백들을 총체적으로 포함시키지 못하고 있지만, 대기 중 이산화탄소와 미량 온실가스의 증가가 이미 지구를 온난화시켰고, 예측할 수 있는 미래에도 계속해서 그럴 것이라는 강력한 의견일치가 있다.

기후의 컴퓨터 모델들 : 중요하지만 아직은 부정확한 도구들

지구의 기후시스템은 놀라울 정도로 복잡하다. 포괄적 기후 시뮬레이션 모델들은 가능한 기후변화에 대한 시나리오 구축에 사용되는 기본도구들의 하나다. **지구순환 모델**(circulation models, GCMs)이라는 기후 모델들은 물리 및 화학의 기초법칙을 근거로 하며 인간과 생물의 상호작용을 고려한다. 이들 모델은 전 세계적으로 모든 계절, 그리고 수십 년 동안의 온도, 강우, 적설, 토양수분, 바람, 구름, 해빙, 해양순환의 다양한 변수들을 시뮬레이션한다.

다른 학문 분야에서는 직접 실험 또는 야외 관찰 및 측정에 의해 가설을 검증할 수 있다. 하지만 이것은 기후 연구에서 종종 불가능하다. 대신 과학자들은 지구의 기후시스템이 어떻게 작동하는지에 대한 컴퓨터 모델을 만들어야 한다. 만약 기후시스템을 올바로 이해하고, 그런 모델을 적절히 구축할 수 있다면, 모델 기후시스템의 거동은 지구 기후시스템의 거동을 재현할 수 있어야 한다(그림 20.31).

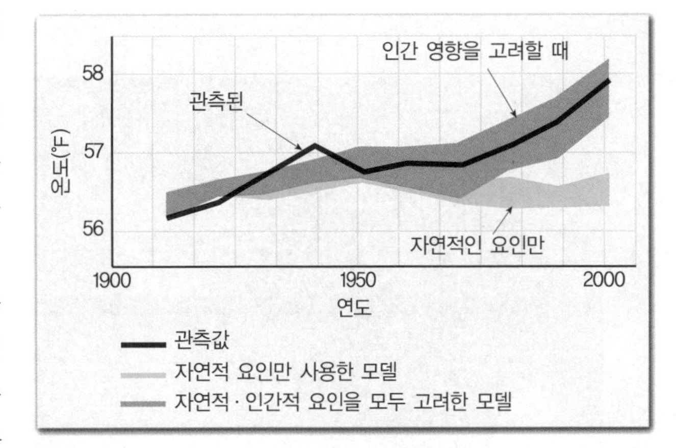

그림 20.31 **컴퓨터 모델** 파란색 띠는 기후 모델의 시뮬레이션 결과로 자연적 요인에 의한 세계 평균 온도의 변화를 나타낸다. 빨간색 띠는 인간과 자연 요인을 결합했을 때 얻어진 모델 예측을 보여주고 있다. 검은 선은 실제로 관찰된 세계 평균 온도를 지시한다. 파란색 띠가 보여주는 것처럼 인간 영향이 없었을 경우 과거 한 세기동안의 온도는 초기에 상승했다가 최근 수십 년 동안 약간 감소했을 것이다. 색으로 표시된 띠는 불확실성을 표현하기 위해 사용되었다. (U.S. Global Change Research Program)

어떤 요소들이 기후 모델의 정확도에 영향을 미칠까? 분명 수학 모델들은 실제 지구를 간략하게 묘사한 것들로 지구의 복잡성(특히 작은 지리적 척도에서)을 온전히 담을 수 없다. 더욱이 컴퓨터 모델이 미래의 기후변화를 시뮬레이션하기 위해, 시뮬레이션 결과에 지대한 영향을 미치는 많은 가정을 해야만 한다. 이들 모델들은 인구, 경제성장, 화석연료의 소비, 기술발전, 에너지 효율의 개선 등의 변화에 대한 폭넓은 가능성을 고려해야 한다.

많은 어려움에도 불구하고 기후를 시뮬레이션하기 위해 슈퍼컴퓨터를 사용하는 능력은 꾸준히 개선되고 있다. 비록 오늘날 모델들이 틀림없지 않지만, 이들은 미래의 지구 기후를 예측하는 강력한 도구들이다.

개념 점검 20.7

① 양과 음의 기후 피드백 기작을 구분해라.
② 각각의 피드백 기작에 대해 최소 한 가지 예를 들어라.
③ 기후에 대한 컴퓨터 모델의 정확성에 영향을 미치는 요소는 무엇인가?

4 A. E. Dessler, "A Determination of the Cloud Feedback from Climate Variations over the Past Decade," *Science* 330 : 1523-1526, December 10, 2010.

20.8 에어로졸이 기후에 미치는 영향

에어로졸이 기후변화에 미치는 영향에 대해 서술하라.

대기에서 이산화탄소와 다른 온실가스의 증가는 지구 기후에 대한 인간의 가장 직접적인 영향이다. 하지만 그것이 전부는 아니다. 지구 기후는 대기 중 에어로졸 함량에 기여하는 인간 활동에 의해서도 영향을 받는다. 에어로졸은 대기 중에 부유하고 있는 작고 종종 미세한 액체와 고체의 입자들임을 상기하자. 구름의 물방울과는 달리 에어로졸은 비교적 건조한 공기에도 존재한다. 대기 중 에어로졸은 흙, 연기, 바다소금, 황산을 포함한 다양한 물질로 이루어진다. 자연적 근원은 셀 수 없이 많으며, 이들 중에는 먼지폭풍과 화산과 같은 자연현상이 있다.

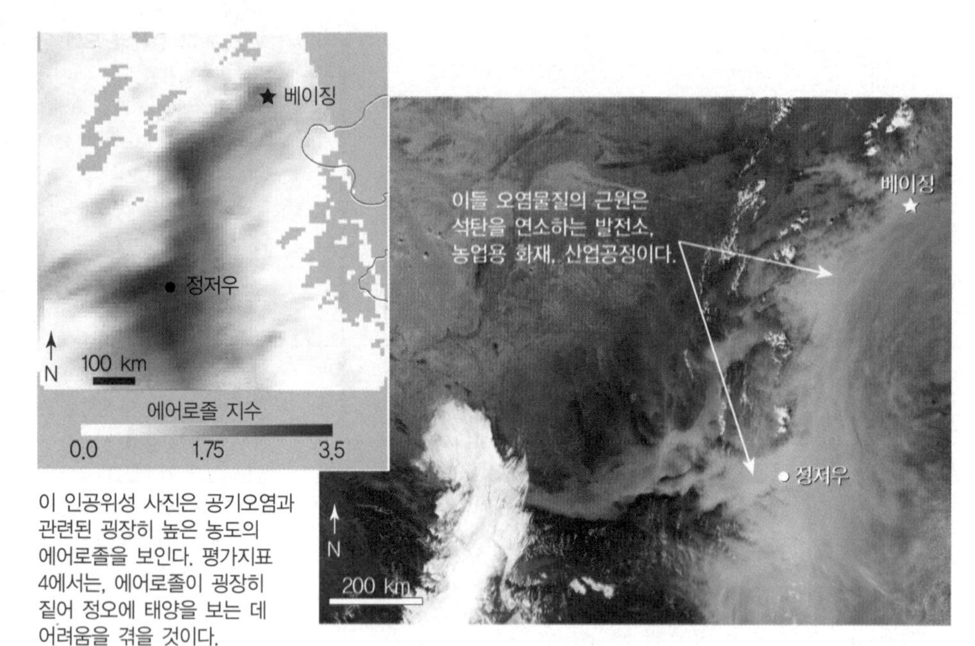

이 인공위성 사진은 공기오염과 관련된 굉장히 높은 농도의 에어로졸을 보인다. 평가지표 4에서는, 에어로졸이 굉장히 짙어 정오에 태양을 보는 데 어려움을 겪을 것이다.

그림 20.32 **인간 기원의 에어로졸** 이들 인공위선 사진들은 2010년 10월 8일에 중국에 만연한 심각한 대기오염을 보여준다. (NASA)

인간 기원의 에어로졸 대부분은 화석연료의 연소과정에서 발생한 아황산가스나 농토를 개간하기 위해 식생을 태우는 과정에서 유래한다. 대기권에서 화학반응에 의해 아황산가스는 산성비를 만드는 황산염의 에어로졸로 변화시킨다. 그림 20.32의 인공위성 사진은 이에 대한 한 예를 보여주고 있다.

에어로졸은 기후에 어떤 영향을 주는 걸까? 에어로졸은 직접 햇빛을 우주로 반사시키거나, 간접적으로 구름이 햇빛을 더 반사시키도록 작용한다. 두 번째 효과로 많은 에어로졸(소금이나 황산으로 이루어진 에어로졸)은 물을 흡착시켜 구름응결핵으로 매우 효과적이다. 인간 활동(특히 공장배출)에 의해 생긴 다량의 에어로졸은 구름 내에 생성된 구름방울의 수를 증가시키는 역할을 한다. 다수의 작은 구름방울들은 구름의 밝기를 증가시켜 더 많은 햇빛이 우주로 반사되도록 한다.

에어로졸의 한 범주인 **블랙카본**(black carbon)은 연소과정이나 화재에서 발생한 그을음이다. 다른 많은 에어로졸과는 달리 블랙카본은 유입되는 태양 복사광의 효과적인 흡수제이기 때문에 대기를 온난화시킨다. 또한 블랙카본이 눈이나 얼음 위에 퇴적되면, 표면 반사율이 감소되어 흡수되는 빛의 양을 증가한다. 이와 같은 블랙카본이 갖는 지구온난화 효과에도 불구하고 대기 중 에어로졸의 전체적인 효과는 지구를 냉각시키는 것이다.

몇몇 연구에 의하면 인간 기원 에어로졸에 의한 냉각효과는 대기의 증가하는 온실가스에 의한 지구온난화의 일부를 상쇄한다고 한다. 에어로졸에 의한 냉각효과의 크기와 범위는 불확실하다. 이런 불확실성은 인간이 지구 기후를 어떻게 변화시키는가에 대한 우리 이해의 발전을 가로막는 커다란 장애물이다.

온실가스에 의한 지구온난화와 에어로졸에 의한 냉각화의 몇 가지 차이점을 언급하는 것은 중요하다. 이산화탄소를 비롯한 온실가스는 배출된 후 수십 년 동안 대기권에 머무른다. 반면 대류권에 유입된 에어로졸은 강수에 의해 씻겨 나가기 전 겨우 며칠 혹은 많아야 수 주 머무를 수 있다. 짧은 대류권 체류시간 때문에 인간 기원의 에어로졸은 지구 전체에서 고루 분포하지 않는다. 예측할 수 있듯이 인간 기원의 에어로졸은 이들이 생산된 지역 부근(이를테면 화석연료를 태우는 산업지대나 식생이 태워지는 대지)에 집약된다.

대기에서 에어로졸의 체류시간은 짧다. 따라서 에어로졸이 오늘 기후에 미치는 효과는 앞선 두 주간에 배출된 양에 의해 결정된다. 이와는 달리 대기에 유입된 이산화탄소와 미량의 온실가스는 훨씬 오랜 기간 체류하여 수십 년 동안 기후에 영향을 미친다.

개념 점검 20.8

① 인간 기원의 에어로졸의 주요 근원은 무엇들인가?
② 블랙카본은 대기온도에 어떤 영향을 주는가?
③ 에어로졸이 대류권 온도에 미치는 전반적인 영향은 무엇인가?
④ 에어로졸은 제거되기 전까지 얼마나 오랫동안 대기권에 머무르는가?
⑤ CO_2와 비교해 에어로졸의 대기 중 체류시간은 어떠한가?

20.9 지구온난화가 가져올 결과

지구온난화가 가져올 결과에 대해 요약하라.

대기 중 이산화탄소의 농도가 20세기 초에 비해 2배로 증가하면 어떤 결과들이 예상될까? 기후시스템은 복잡하기 때문에 특정 지역의 변화 양상을 예측하는 것은 단지 추측일 뿐이다. 어디에서 언제 날씨가 건조해지거나 습해진다는 식으로 구체적 사안들을 정확히 기술하는 것은 아직 불가능하다. 그럼에도 불구하고 더 큰 공간 및 시간 척도에서는 그럴듯한

표 20.1

21세기 기후변화의 경향

예상되는 변화 및 추정 가능성*	예상되는 결과
최고 기온의 상승, 더운 날의 증가와 대부분 육상에서 열파(거의 확실함)	노인층과 도시 빈곤층에서 사망 및 중증질환의 증가 가축 및 야생동물의 열 스트레스 증가 여행지의 변화 다수 곡물들의 피해 위험 증가 전기냉방에 대한 수요 증가와 전력공급의 신뢰도 감소
최소 기온의 상승, 추운 날 및 서리가 발생한 날의 감소, 대부분 육상에서 한파(가능성이 높음)	유색인종의 질병률과 사망률 감소 다수 곡물들의 피해 위험 감소, 다른 것들의 위험 증가 해충 및 질병 매개체의 활동범위와 활동성 증가 난방에너지 수요의 감소
대부분 지역에서 강우/강설 발생빈도의 증가(가능성이 있음)	홍수, 산사태, 눈사태, 암설류에 의해 피해 증가 토양침식의 증가 증가된 홍수에 의한 범람원 지역 지하수의 재충전 증가 정부 및 민간의 홍수에 대한 보험체계와 재난 규휼의 부담 증가
가뭄 발생지역의 증가(가능성이 있음)	곡류 산출의 감소 지표 수축에 따른 건물 기초의 피해 증가 수자원의 양 및 질의 감소 들불 발생의 위험 증가
강한 열대성 폭풍의 증가(가능성이 있음)	인간 생명의 위험 증가, 전염병의 위험 및 다른 위험들 해안침식의 증가, 해안 부근 건물 및 구조물의 위험 산호초 및 맹그로브 등의 해안 생태계의 위험 증가

* 거의 확실함 99~100%, 가능성이 높음 90~99%, 가능성이 있음 66~100%. 출처 : 다섯 번째 평가 보고서인 *Climate Change 2013 : The Physical Science Basis, Summary for Policy Makers*.

시나리오들을 얻을 수 있다.

앞서 논의됐듯이 온도 상승의 폭은 모든 곳에서 같을 수 없다. 온도 상승은 아마도 열대지역에서 가장 작고, 극지역으로 갈수록 커진다. 기후 모델에 의하면 어떤 지역은 상당히 많은 강수와 지표유출을 경험할 것이고, 반면에 다른 지역은 강수의 감소 또는 높은 온도로 인한 증발량의 증가로 지표유출의 감소를 겪는다.

표 20.1은 가장 그럴듯한 지구 기후의 변화와 그에 따른 가능한 결과를 요약하고 있다. 이 표는 또한 각각의 변화가 일어날 가능성에 대한 IPCC의 예측이 나타나 있다.

해수면 상승

인간에 의해 초래된 지구온난화의 중요한 영향은 해수면 상승이다. 해수면이 상승하게 되면 해안도시, 습지, 저지대 섬들은 빈번한 홍수, 해안선 침식의 증가, 해안 부근의 강 및 지하수의 염수 침입에 의해 위협받을 것이다.

따뜻한 대기는 해수면 상승과 어떻게 연관되어 있는가? 하나의 중요한 요소는 열팽창이다. 높은 대기 온도는 인접한 해양의 상층부를 따뜻하게 하고, 이것은 다시 물을 팽창시켜 해수면을 상승시킨다.

해수면 상승과 관련된 두 번째 요소는 빙하의 융해이다. 극소수의 예외를 제외하고, 세계 도처에 있는 빙하는 지난 한 세기 동안 유례 없는 속도로 후퇴해 오고 있다. 몇몇 산지빙하(mountain glaciers)는 완전히 사라졌다. 최근 18년간 인공위성 연구에 의하면, 그린란드와 남극대륙의 대륙빙(ice sheets)의 무게는 연평균 4,750억 톤이 감소했다. 이 양은 해수면을 매년 1.5mm(0.05인치) 상승시킬 수 있는 충분한 물이다. 얼음의 감소는 일정하지 않았고, 연구 대상 기간이 점점 빨라졌다. 연구 대상 기간에 두 대륙빙은 매해 직전 해와 비교해 363억 톤 이상의 무게를 더 잃었다. 동일 기간에 산지빙하와 빙모(ice caps)는 연평균 4,000억 톤을 약간 넘게 잃었다.

연구에 의하면 해수면은 1807년 이후로 약 25cm(9.75인치) 상승해 왔고, 최근 들어 상승 속도가 점점 증가하고 있다. 그러면 앞으로 해수면의 변화는 어떨까? **그림 20.33**에서처럼 미래의 해수면 상승에 대한 예측은 불확실하다. 그래프에 묘사된 네 가지 시나리오는 다른 정도의 해수 온난화와 대륙빙 감소를 전제로 한 예상값들을 나타내고, 그 값은 0.2m(8인치)에서 2m(6.6피트)의 범위에 있다. 가장 적은 시나리오는 1870~2000년 사이에 일어났던 해수면의 연상승률(연 1.7mm)을 외삽한 것이다. 하지만 1993~2012년 사이의 해수면 변화를 조사하면, 연상승률은 3.17mm/년이다. 이런 자료는 해수면이 가장 적은 시나리오에서 예측된 것보다 훨씬 더 상승할 것이라는 근거 있는 가능성을 제시한다.

과학자들에 의하면, 크지 않은 해수면 상승도 미국의 대서양 또는 멕시코 만처럼 완만

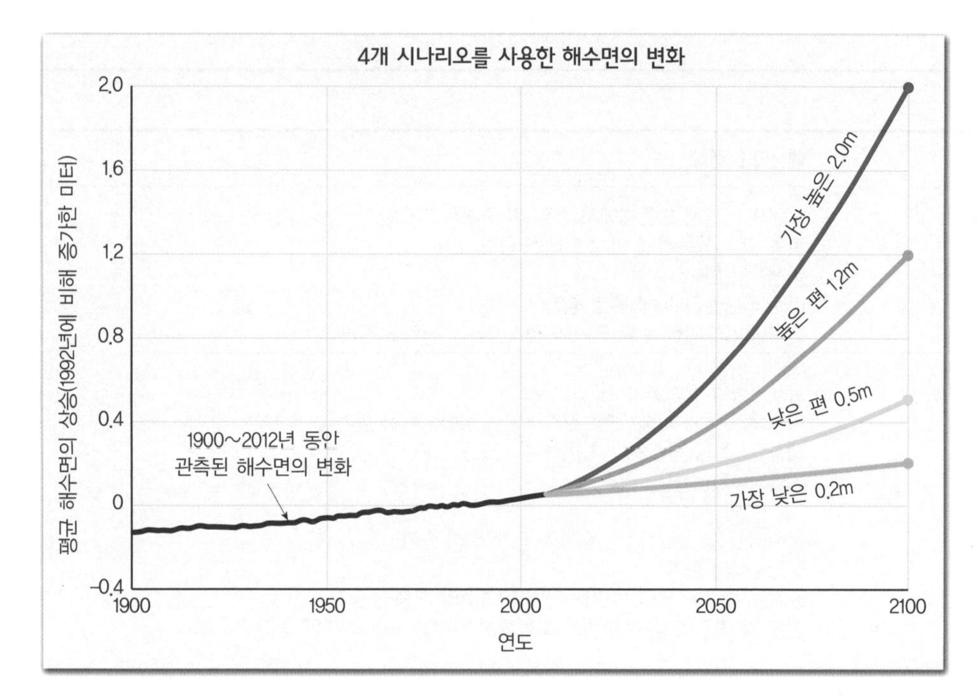

그림 20.33 **변하는 해수면** 이 그래프는 1900~2012년 사이의 해수면의 변화와 네 가지 시나리오에 의한 2100년까지의 예측을 나타내고 있다. 예상값의 가장 커다란 불확실성은 그린란드와 남극대륙의 대륙빙의 감소 속도와 그 크기에 있다. 그래프의 영점은 1992년의 평균 해수면을 나타낸다. (*NOAA Technical Report OAR CPO-1, December 2012*)

한 경사의 해안선을 따라 심각한 침식과 가혹하고 끊이지 않는 내륙의 홍수를 일으킬 것이다 (그림 20.34). 만약 이런 일이 발생하면 많은 해변과 습지들이 사라지고, 해안문명이 심각하게 파괴된다. 방글라데시와 작은 섬나라 몰디브처럼 저지대이면서 인구밀도가 높은 지역은 특히 취약하다. 몰디브의 평균 고도는 해수면을 기준으로 1.5m(5피트 이하)이고, 최고 지점은 겨우 2.4m(8피트 이하)이다.

해수면 상승은 점진적으로 진행되기 때문에 해안 거주민들은 그것이 해안침식의 중요한 원인임을 간과할지도 모른다. 대신 그 비난을 폭풍과 같은 다른 원인으로 돌릴 수 있다. 비록 어떤 특정 폭풍이 직접 원인이 될 수 있을지언정, 이런 파괴는 폭풍의 위력이 훨씬 육상 쪽으로 가로지르도록 만드는 작은 해수면 상승에 의해 일어난다.

변하는 북극

북극의 기후변화에 관한 2005년의 한 연구는 다음과 같은 성명으로 시작된다.

> 거의 30년 동안 북극해 빙하의 크기와 두께는 극적으로 감소해 왔다. 영구동토의 온노는 상승하고 그 범위는 감소하고 있다. 산지빙하와 그린란드의 대륙빙은 수축하고 있다. 극빙하의 감소에 의해 심화된 것처럼 우리는 자연적 주기에 더해진 인류발생적인 지구온난화의 초기 단계를 목격하고 있다.[5]

북극해 빙하 기후 모델들은 지구온난화를 나타내는 가장 강력한 신호들의 하나가 북극 빙하의 감소라는 데 동의하고 있다. 이것은 실제로 일어나고 있다. 해빙의 분포지역은 혹독한 북극의 겨울 동안 자연적으로 증가하고, 봄이나 여름에 기온이 상승하면 감소된다. 인공위성 관측에 의하면, 1979년 이후로 여름 동안 북극해 빙하의 최소크기가 10년에 13% 감소되었다. 북극해 빙하의 두께도 역시 감소해 왔다.

5 J. T. Overpeck, et al., "Arctic System on Trajectory to New, Seasonally Ice-Free States," *EOS, Transactions, American Geophysical Union*, 86 (34) : 309, August 23, 2005.

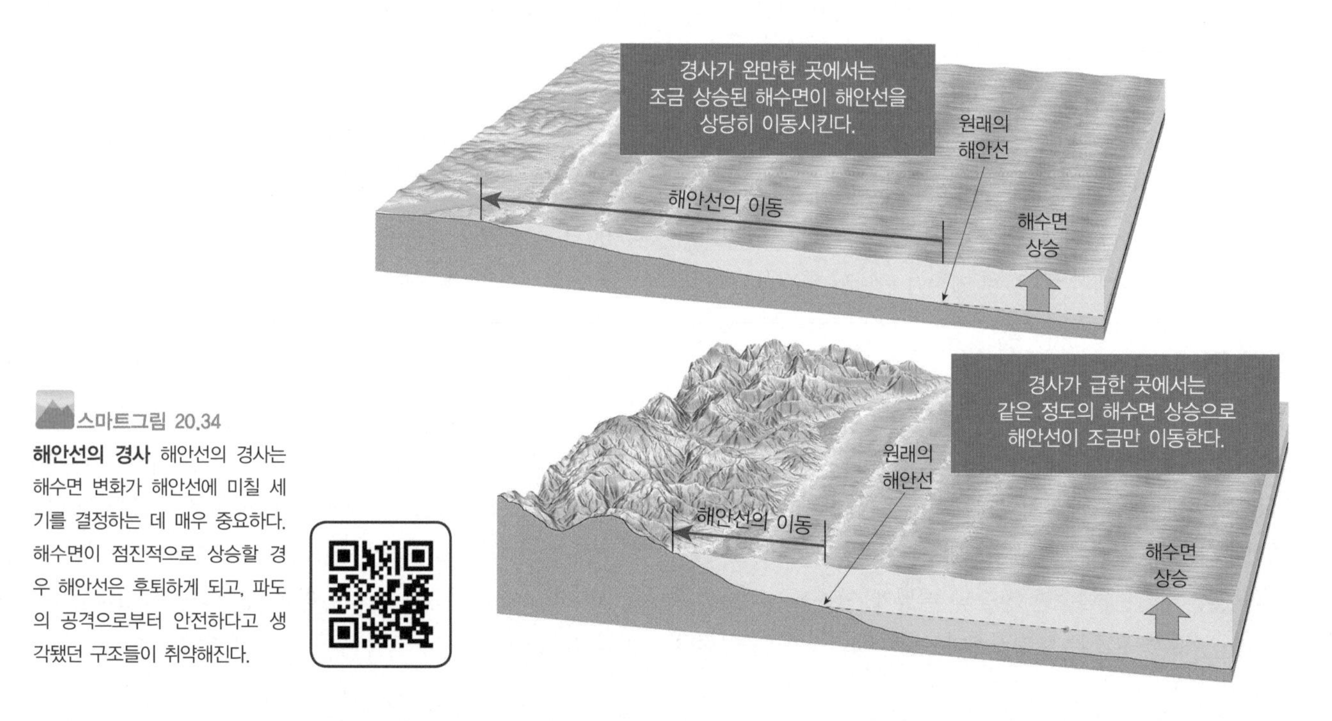

스마트그림 20.34

해안선의 경사 해안선의 경사는 해수면 변화가 해안선에 미칠 세기를 결정하는 데 매우 중요하다. 해수면이 점진적으로 상승할 경우 해안선은 후퇴하게 되고, 파도의 공격으로부터 안전하다고 생각됐던 구조들이 취약해진다.

그림 20.35A의 지도에서 2012년 9월 초 해빙의 평균 크기와 1979~2000년 동안의 평균값을 비교했다. 해빙 크기는 2012년 9월에 최소 기록을 갖는다. 그 당시에 해빙 크기는 400만 km^2(154만 제곱마일)보다 작았고, 이것은 이전 최소 기록인 2007년 9월의 크기와 비교해 7만 km^2(27,000제곱마일)만큼 작다.

이런 추세는 그림 20.35B에 나타난 그래프에서도 분명하다. 이런 해빙의 감소 추세는 자연주기의 일부일까? 그렇다. 하지만 해빙의 감소는 자연적 변화와 인간에 의한 지구온난화에 의한 총체적인 결과일 가능성이 크고, 후자의 영향(인간에 의한 지구온난화)은 앞으로 수십 년 동안 보다 분명해진다. '기후-피드백 기작(Climate-Feedback Mechanisms)'에서 강조했듯이 해빙의 감소는 지구온난화를 강화시키는 양의 피드백에 해당한다.

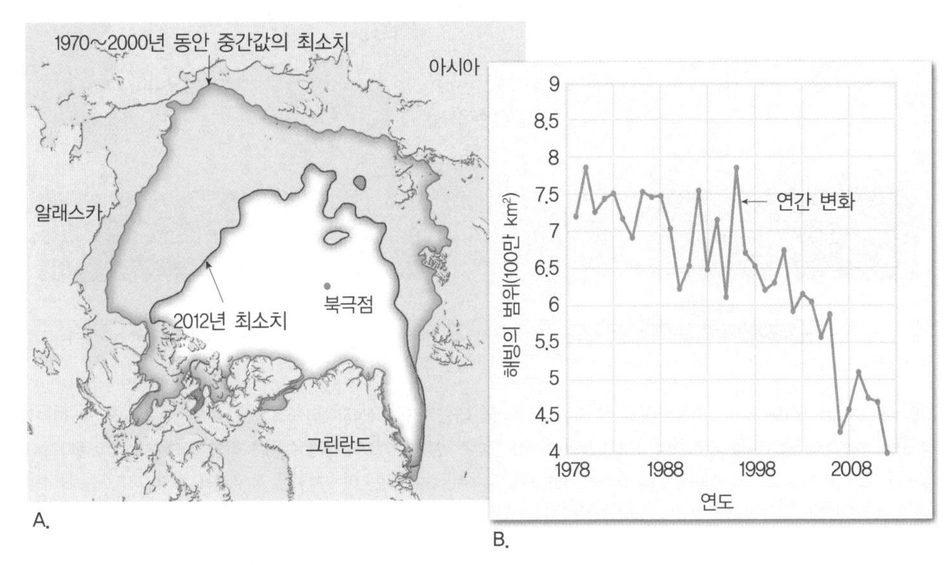

그림 20.35 **해빙 변화의 추적** A. 해빙은 동결된 바닷물이다. 겨울에 북극해는 완전히 얼음으로 뒤덮인다. 여름에 얼음의 일부가 녹는다. 이 지도는 2012년 9월 초 해빙지역과 1979년에서 2000년 사이의 평균을 비교한다. 2012년의 해빙은 기록상으로 최저이다. B. 이 그래프는 여름의 해빙기 끝무렵에 관찰된 해빙으로 둘러싸인 북극 지역의 추세를 보여주고 있다. (NASA)

영구동토 누적된 증거에 의하면, 지난 십년동안 북반구의 영구동토는 오랜 지구온난화 조건에서 예상된 것처럼 그 범위가 줄어들었다. 그림 20.36는 영구동토가 감소되고 있는 것을 보여주고 있다.

북극지역에서 짧은 여름은 동토의 위층만을 녹인다. 이런 **활동층**(active layer) 아래에 있는 영구동토는 수영장의 시멘트 바닥과 비슷하다. 여름에는 물이 아래로 스며들지 않아 영구동토 위의 토양을 포화시키고, 수천 개의 호수를 지표에 형성한다. 하지만 북극의 온도가 상승하면서 '수영장'의 바닥은 갈라진다. 인공위성 사진에 의하면, 30년에 걸쳐 상당수의 호수들이 작아지거나 사라졌다. 영구동토가 녹으면서 호수의 물이 지하 깊은 곳으로 유출된다.

영구동토의 해빙은 지구온난화를 심화시킬 수 있는 잠재적인 양의 피드백이다. 북극지역에서 식생이 죽으면 차가운 기온은 이것의 분해를 막는다. 그 결과 수천 년에 거쳐 막대한 양의 유기물이 영구동토에 저장되어 왔다. 영구동토가 녹으면 1,000년 동안 동결되었던 유기물이 '차가운 저장소'에서 나와 분해된다. 그 결과 지구온난화를 가속화시키는 이산화탄소와 메탄의 온실가스가 배출된다.

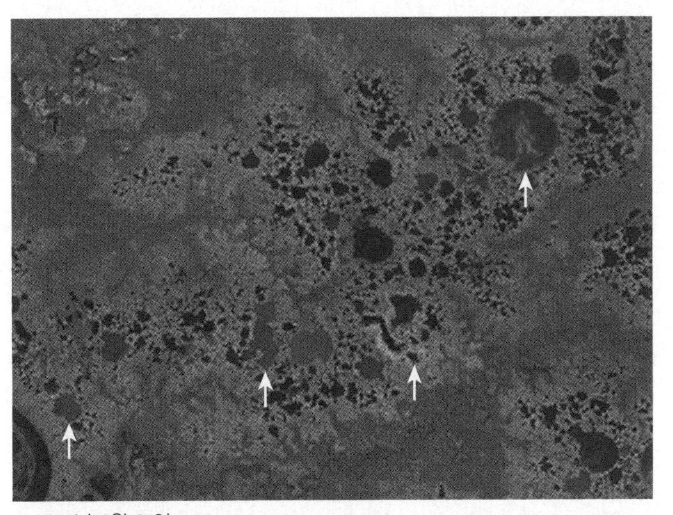

A. 1973년 6월 27일

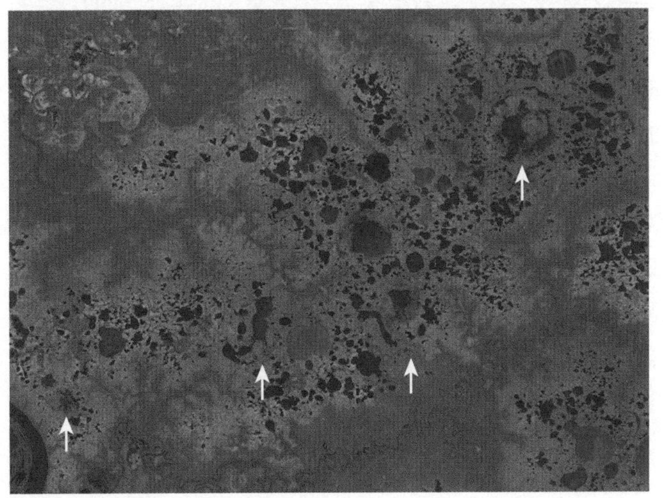

B. 2002년 7월 2일

그림 20.36 **시베리아의 호수들** 한 쌍의 적외선 사진은 1973년과 2002년에 툰드라에 산포하는 호수들을 보여준다. 툰드라 식생은 엷은 붉은색으로, 호수는 파란색 또는 청록색으로 표시되어 있다. 많은 호수들은 1973년과 2002년 사이에 사라지거나 상당히 줄어들었다. 북시베리아의 50만 km^2(195,000제곱마일) 지역에 있는 약 10,000개의 커다란 호수의 인공위성 이미지를 연구한 결과, 과학자들은 호수 개수가 11% 감소했다고 보고했다. (NASA)

바다의 산성도 증가

인간에 의해 발생한 대기 중 이산화탄소의 증가는 해양화학과 해양생물에 대해 여러 심각한 영향을 미친다. 최근 연구들에 의하면, 인간이 배출한 이산화탄소의 약 1/3은 종국에는 바다로 들어간다. 이런 부가적인 이산화탄소로 인해 해

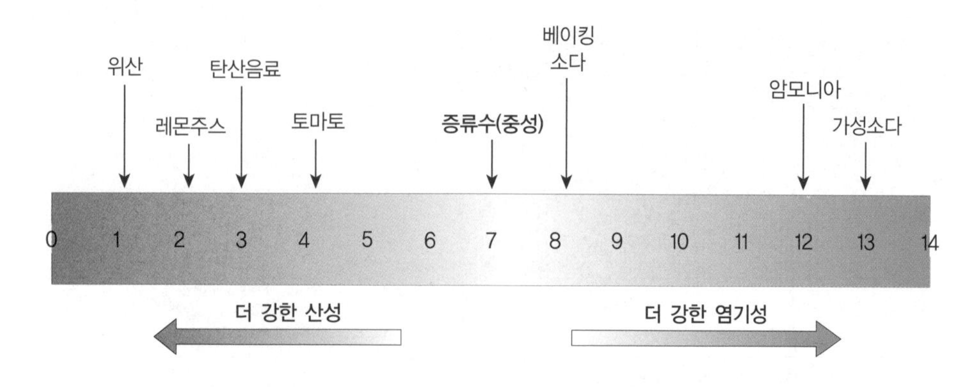

그림 20.37 **pH 척도** pH는 수용액의 산성 또는 염기성에 대한 흔한 측정값이다. 그 척도는 0~14 범위에 있으며, 7의 값은 수용액이 중성임을 지시한다. 7보다 낮은 수치는 강한 산성을, 7보다 높은 수치는 강한 염기성을 나타낸다. pH 척도가 로그 스케일로 있다(정수만큼의 pH 차이는 10배의 차이를 지시한다)는 사실은 매우 중요하다. 따라서 pH 4는 pH5에 비해 10배 더 산성이고, pH 6에 비해서는 100배(10×10) 더 산성이다.

양의 pH를 낮추어 바다를 더욱 산성화시킨다. pH 척도와 이에 대한 간략한 설명이 **그림 20.37**에 있다.

대기의 CO_2가 해수에 용해되면, 탄산(H_2CO_3)이 형성된다. 탄산은 해양의 pH를 낮추어 해수에 자연적으로 발생적인 특정 화합물의 균형을 변화시킨다. 실제로 해양은 산업화 이후로 그 표면의 pH가 0.1 단위만큼 낮아질 만큼의 이산화탄소를 흡수했고, 앞으로 추가적인 pH 하락이 일어날 듯하다. 더욱이 현재의 이산화탄소 배출 추이가 계속되면, 해양은 2100년에 이르러 최소 0.2의 pH 감소를 경험하게 될 것이고, 이 정도의 감소는 수백만 년간 일어나지 않았던 해양화학의 변화다. 이런 산성화와 그에 따른 해양화학의 변화는 특정 해양생물이 탄산염칼슘으로부터 골격을 만드는 것을 어렵게 한다. 따라서 pH 감소는 미생물과 산호와 같은 다양한 칼슘분비 생물들을 위협하고, 이런 영향은 이들 생물의 건강과 이용가능성에 의존하는 다른 해양생물들에게 잠재적인 영향을 주기 때문에 해양과학자들의 관심대상이다.

'예상치 못한 일'의 가능성

당신은 과거 1,000년과 달리 21세기 기후는 안정된 상태에 있지 않다는 사실을 살펴보았다. 대신 지속적인 기후 변화가 일어날 것이다. 다수의 변화는 1년 단위로는 감지할 수 없을 정도의 점진적 환경의 변화일 것이다. 그럼에도 불구하고 수십 년간 누적된 영향은 강력한 경제적 · 사회적 · 정치적 결과를 가져올 것이다.

미래의 기후변화를 이해하기 위한 최선의 노력에도 불구하고 '예상치 못한 일'이 일어날 가능성도 있다. 이 서술은 지구 기후시스템의 복잡성 때문에 갑자기 예상치 못한 변화를 경험할 수 있고, 몇몇 기후변화가 예상치 못한 형태로 일어나는 것을 목격할 수 있음을 의미한다. 미국에서 기후변화의 영향(Climate Change Impacts on the United States)이라는 보고서에 다음과 같은 상황이 묘사되고 있다.

예상치 못한 변화는 빠르고 예상치 못하게 발생하는 속성 때문에 인간의 적응력을 시험하게 된다. 예를 들면 태평양이 온난화되어 엘니뇨 현상(El Niño events)이 점점 강력해지면 어떤 일이 발생할까? 태평양 동부해안에서 허리케인의 발생빈도는 줄어드나, 아마도 그 세기는 감소하지 않을 것이다. 반면에 서부해안에서 더욱 강력한 겨울폭풍, 폭우, 파괴적인 바람들이 빈번하게 발생할 것이다. 얼어붙은 북극지역의 툰드라 및 퇴적물에 동결된 온실가스인 메탄이 온난화에 의해 대기로 다량 배출된다면, 온난화를 가속시키는 증폭적인 '피드백 루프(feedback loop)'를 초래할까? 기후시스템과 그 영향을 받는 다른 시스템들은 예상치 못한 방식으로 반응하기 전까지는 어느 정도 변화할지 알 수 없다.

전혀 예상치 못한 많은 사례들이 있고, 이들 각각은 커다란 결과를 초래할 것이다. 이들 잠재적인 결과의 대부분은 본 연구나 다른 연구에서 거의 보고되지 않았다. 예상치 못한 특정 사전의 발생 가능성이 낮을지라도 적어도 하나의 예상치 못한 일이 발생할 가능성은 점점 증가한다. 다시 말해 예상치 못한 사건들 중 어떤 것이 발행할지 알 수 없지만 적어도 하나 이상의 사건이 결국 일어날 것이다.[6]

대기 중 이산화탄소와 미량가스 증가에 따른 기후영향은 몇몇 불확실성으로 불명확하다. 그러나 기후학자들은 계속해서 기후시스템과 기후변화의 영향에 대한 지식을 확대하고 있다. 정책 결정자들은 기후에 대한 우리의 이해가 불완전하다는 사실을 인지한 채로 온실가스 배출에 의한 위험들을 대처해야 한다. 그들은 또한 기후시스템과 관련된 긴 시간척도 때문에 기후에 의한 환경변화들은 적어도 쉽게 되돌릴 수 없다는 사실에 직면한다.

개념 점검 20.9

① 해수면 상승을 일으키는 요소를 열거하고 서술하라.
② 지구온난화는 적도 부근에서 또는 극지방에서 더 심한가? 그 이유를 설명하라.
③ 표 20.1을 토대로 온도 이외에 잠재적 변화에는 어떤 것들이 있는가?

6 National Assessment Synthesis Team, *Climate Change Impacts on the United States : The Potential Consequences of Climate Variability and Change* (Washington, DC : U.S. Global Research Program, 2000), p. 19.

개념 복습 지구의 기후변화

20.1 기후와 지질학

기후시스템의 주요 구성, 기후와 지질학과의 관련성을 열거하라.

핵심용어 : 기후시스템, 빙권

- 기후는 한 장소 또는 지역에 대한 오랜 시간의 총체적인 날씨 조건이다. 시간에 따라 이들 조건이 뜨겁거나 추운 온도 혹은 많거나 적은 강수와 같은 새로운 상태로 변한다면 기후가 변한다고 말할 수 있다.
- 지구의 기후시스템은 대기권, 수권, 암권, 생물권, 빙권(얼음과 눈) 간 에너지와 수분의 교환이 일어나고 있는 복잡한 시스템이다. 기후가 바뀌면 풍화, 사태, 침식 등의 지질학적 현상도 함께 변할 수 있다.

? **기후시스템의 권역 가운데 어떤 것이 다음 이미지를 지배하고 있나? 그 외의 어떤 권역(들)은 이 이미지에 존재하는가?**

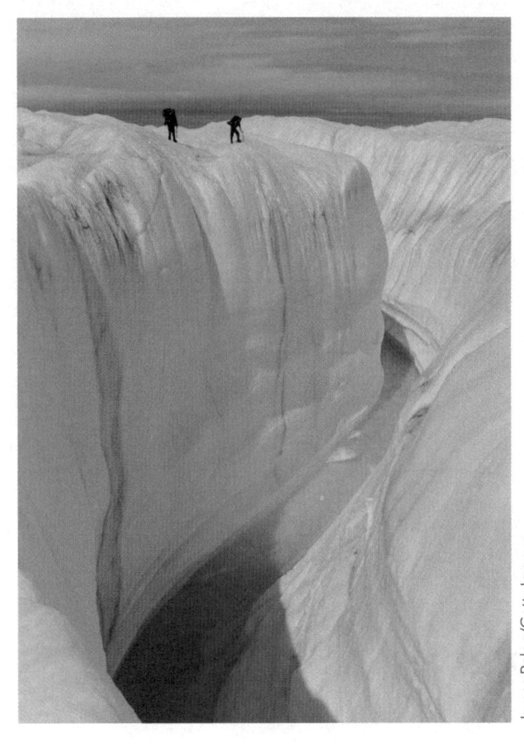

James Balog/Getty Images

20.2 기후의 감지

고기후 변화의 중요성을 설명하고, 고기후 변화를 감지할 수 있는 방법에 대해 토론하라.

핵심용어 : 프록시 자료, 고기후학, 산소 동위원소의 분석

- 지질학적 기록은 고기후에 대한 다양한 종류의 간접증거를 제시한다. 이 프록시 자료는 고기후학의 초점이다. 프록시 자료는 해저 퇴적물, 산소 동위원소, 빙하얼음의 코어, 나이테, 산호의 성장 띠, 화분화석, 역사적 기록에서 얻을 수 있다.
- 나이테는 따뜻하고 습한 해에 두꺼워지고, 춥고 건조한 해에는 얇아진다. 한 지역에서 오랜 동안의 기후를 파악하기 위해 동일 시기에 성장한 나무들의 나이테 두께를 비교할 수 있다.
- 산소 동위원소의 분석은 무거운 ^{18}O와 가벼운 ^{16}O의 차이와 물분자(H_2O)에서 이들의 상대적인 양에 바탕을 둔다. 가벼운 산소를 함유한 물이 보다 쉽게 증발하기 때문에 해수의 $^{18}O/^{16}O$의 비율은 추운 시기에 증가한다. 따뜻한 시기에는 ^{18}O을 함유한 물을 증발시킬 수 있는 많은 에너지가 공급되고, 또한 빙하얼음이 녹으면서 ^{16}O의 일부가 바다로 되돌아간다. 이 결과 해수의 $^{18}O/^{16}O$의 비율은 감소한다. 산소 동위원소는 해양생물의 화석이나 빙하를 이루는 물분자로부터 측정할 수 있다. 또한 빙하얼음은 포획된 공기방울에 작은 대기 표본을 지닌다.

20.3 대기에 관한 기초지식

대기 조성에 대해 논하고, 고도에 따른 대기의 압력 및 온도의 변화에 대해 서술하라.

핵심용어 : 에어로졸, 대류권, 라디오존데, 성층권, 중간권, 열권

- 공기는 많은 종류의 가스들의 혼합체이며, 그 조성은 시간 및 장소에 따라 다양하다. 수증기, 먼지, 그리고 다른 가변적 성분들을 제외하고, 질소와 산소의 두 가스는 나머지 깨끗한 건조 공기의 99%의 부피를 구성한다. 비록 적은 양으로 존재하지만(0.0397% 또는 397ppm), 이산화탄소는 지구가 발산하는 에너지를 효과적인 흡수하기 때문에 대기를 가열시킬 수 있다.
- 중요한 가변적 대기성분으로 수증기와 에어로졸 2개가 있다. 이산화탄소처럼 수증기는 지구에서 방출하는 열을 흡수할 수 있다. 에어로졸(작은 고체 또는 액체 입자)은 종종 수증기가 응집할 수 있는 표면으로 작용하고, (입자에 따라서) 유입되는 태양 복사광의 좋은 흡수제 및 반사체이기도 하다.
- 대기는 지표면에 가까울수록 밀도가 높다. 고도가 증가함에 따라 대기는 급격히 희박해지고, 우주로 점진적으로 소멸된다. 대기권의 온도는 고도에 따라 달라진다. 일반적으로 온도는 대류권에서 감소하고, 성층권에서 따뜻해지고, 중간권에서 냉각되고, 열권에서 상승한다.

? **그림에 나타난 기후관측 기구가 출발할 때, 표면의 대기 온도는 17°C였다. 기구는 현재 고도1km 상공에 있다. 기구가 하늘 높이 운반한 관측 장비를 무엇이라고 부르는가? 기구는 대기원의 어떤 층에 있는가? 평균적으로 이 고도에서 대기 온도는 얼마인가? 이 온도를 어떻게 알아냈는가?**

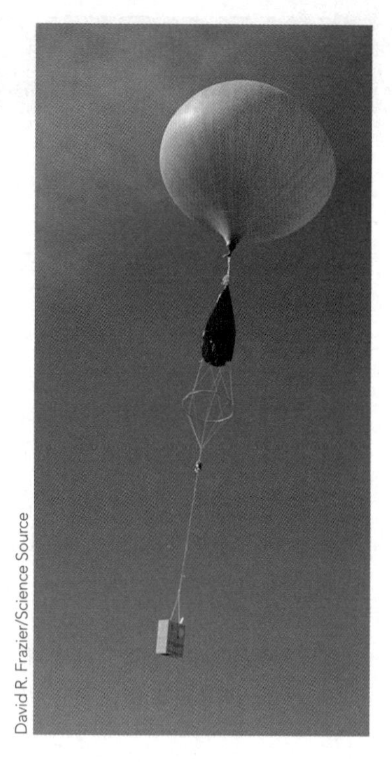

David R. Frazier/Science Source

20.4 대기의 가열

대기의 온도 상승에 관여하는 기작들을 기술하라.

핵심용어 : 알베도, 온실효과

- 전자기파 복사는 전자기파라 부르는 광선 혹은 파동 형태로 방출되는 에너지이다. 모든 복사는 진공상태의 공간으로 에너지를 전파할 수 있다. 전자기파 가운데 가장 중요한 차이점 중 하나는 파장이다. 가시광선은 우리가 볼 수 있는 전자기파 스펙트럼의 일부에 지나지 않는다. 복사광에 의한 대기 가열과 관련된 몇 가지 기본원리는 (1) 모든 물체는 복사에너지를 방출하고, (2) 뜨거운 물체는 차가운 것에 비해 다량의 총 에너지를 방출하고, (3) 복사체가 뜨거울수록 최대 복사광 파장은 짧아지고, (4) 복사광을 잘 흡수하는 물체는 동시에 복사광을 잘 방출한다. 대기 가스는 선택적인 흡수제로, 특정 파장을 잘 흡수하고 방출하지만 다른 파장은 그렇지 않다.
- 대기권 상층에 들어오는 태양에너지의 약 50%는 지표면에 도달한다. 약 30%는 우주공간으로 반사된다. 나머지 20% 에너지는 구름이나 대기 가스들에 의해 흡수된다. 흡수 또는 반사하는 물질의 크기 및 특성뿐만 아니라 전파되는 에너지의 파장이 태양 복사광이 산란되어 외계로 반사될지 혹은 흡수될지를 결정한다.
- 흡수된 복사에너지는 지구를 가열시키고, 종국에는 우주공간으로 재방출된다. 지구는 태양에 비해 훨씬 낮은 표면을 가지고 있어, 지구에서 방출되는 복사광은 장파장의 적외선이다. 수증기와 이산화탄소의 대기 가스는 장파장의 복사광을 효과적으로 흡수하기 때문에 대기권은 지표에서 방출된 복사광에 의해 가열된다. 단파장 태양 복사광의 대기 중 투과는 대기 가스에 의한 지구 복사광의 선택적인 흡수와 함께 대기를 따뜻하게 만들고, 이를 온실효과라 부른다.

20.5 기후변화의 자연적 원인

기후변화의 자연적 요인과 관련된 가설들을 서술하라.

핵심용어 : 흑점

- 지구시스템의 자연적 변동은 기후변화를 일으킨다. 암석판의 위치는 해양 순환뿐만 아니라 대륙 기후에 영향을 줄 수 있다. 지구 궤도의 모양, 자전축의 경사각, 자전축의 방향들의 변화는 태양에너지 분포를 변화시킨다.
- 화산성 에어로졸은 일부의 태양 복사를 차단해 그늘막과 같은 역할을 한다. 성층권에 도달하는 화산성 아황산가스의 배출은 중요하다. 물과 반응해 작은 황산 방울을 형성하고, 이 에어로졸은 수년간 높은 곳에 체류할 수 있다.
- 화산은 이산화탄소를 배출한다. 백악기에 해양성 용암대지를 형성했던 것처럼 화산분화가 특히 많았던 시기에, 이산화탄소의 화산성 배출은 지구온난화를 유발할 만큼 온실효과에 기여할 수 있다.

- 지구의 기후는 태양에너지에 의해 작동되기 때문에 태양이 방출하는 에너지의 변화가 중요하다. 인공위성을 이용한 태양 방출에너지의 관측이 겨우 수십 년간 이루어졌기 때문에 그 변동 폭에 대해 여전히 알지 못한다. 흑점은 증가된 태양에너지 방출의 주기와 관련된 태양 표면에 나타난 검은 형체이다. 흑점 개수는 11년을 주기로 늘어나고 줄어든다. 주기의 최대기에 태양은 최소기에 비해 약 0.1%만큼 더 많은 에너지를 방출한다. 하지만 이처럼 작은 주기적 변화는 현재 진행되고 있는 지구온난화와는 아무런 관련이 없다.

20.6 기후변화에 대한 인간의 영향

약 1750년 이후의 대기 조성 변화의 성격 및 원인에 대해 요약하라. 또한 이에 따른 기후변화에 대해 설명하라.

- 인간은 수천 년간 환경을 변형시켜 왔다. 불의 사용이나 과도한 방목으로 지피 식물을 바꿈으로써 표면 반사율, 증발률, 지상풍을 비롯한 중요한 기후인자들을 변형시켜왔다.
- 인간 활동은 이산화탄소(CO_2)와 미량가스를 배출해 기후변화를 일으킨다. 인간은 벌목하거나 석탄, 석유, 천연가스의 화석연료를 연소시킬 때 CO_2를 배출하게 된다. 대기 중 CO_2 농도의 꾸준한 증가는 하와이 마우나로아와 세계 여러 곳에서 관찰되고 있다.
- 인간에 배출된 탄소의 절반 이상은 새로운 식물에 흡수되거나 바다에 용해된다. 약 45%는 대기에 남아서 수십 년간 기후에 영향을 줄 수 있다. 빙하얼음에 포획된 공기방울의 분석에 의하면, 현재 대기는 과거 650,000년간 대기에 비해 약 30% 많은 양의 CO_2를 가지고 있다.
- 상승된 CO_2에 따른 과량의 열 보유에 의해, 지구 대기는 과거 100년간 약 0.8℃(1.4°F)만큼 따뜻해졌고, 이 상승분의 대부분은 1970년대 이후에 일어났다. 미래에 온도는 또 다른 2℃에서 4.5℃(3.5°F에서 8.1°F)만큼 상승할 것으로 예측된다.
- 메탄, 아산화질소, CFCs를 포함한 미량가스들도 지구온난화에 중요한 역할을 한다.

20.7 기후-피드백 기작

양 또는 음의 피드백 기작을 비교하고, 각각에 해당하는 예시를 들라.

핵심용어 : 기후-피드백 기작, 양의 피드백 기작, 음의 피드백 기작

- 기후시스템에서 한 부분의 변화는 초기 효과를 증폭시키거나 감소시키는 다른 부분들의 변화를 야기할 수 있다. 이런 기후-피드백 기작이 초기 변화를 강화시키면 양의 피드백 기작으로, 반대로 초기 효과를 상쇄시키면 음의 피드백 기작으로 불린다.
- 지구온난화에 의한 해빙 용융은 반사율을 감소시켜 온난화의 초기 효과를 증가시키기 때문에 양의 피드백 기작의 일례이다. 많은 양의 구름 형성은 태양 복사광을 가려 냉각을 초래하기 때문에 음의 피드백에 해당한다.
- 컴퓨터 기후 모델들은 과학자들에게 기후변화에 대한 가설을 평가할 수 있는 수단을 제공한다. 이들 모델들은 실제 기후시스템에 비해 훨씬 단순하지만, 여전히 미래 기후를 예측하는 유용한 수단이다.

? 기후변화에 의한 강수 및 온도의 변화는 산림 화재의 위험을 증가시킬 수 있다. 이 사진에서 나타난 사건이 지구온난화에 기여할 수 있는 두 방법을 서술하라.

Michael Collier

20.8 에어로졸이 기후에 미치는 영향

에어로졸이 기후변화에 미치는 영향에 대해 서술하라.

핵심용어 : 에어로졸, 블랙카본

- 에어로졸은 공기에 부유된 작은 액체 또는 고체 입자이다. 지구온난화는 대기권에서 에어로졸 함량을 증가시키는 인간 활동에 영향을 받는다.
- 대부분의 에어로졸은 유입된 태양 복사광의 일부를 우주로 반사시켜 지구를 냉각하는 효과를 갖는다.
- 대개 에어로졸은 냉각효과를 가지고 있지만, 블랙카본이라는 에어로졸(연소나 불에 의해 생성된 그을음)은 유입되는 태양 복사광을 흡수해 대기를 따뜻하게 만든다. 블랙카본이 눈이나 얼음 위에 쌓이면, 표면 반사율을 감소시켜 표면에 흡수되는 빛의 양을 증가시킨다.

? 에어로졸은 이산화탄소와 같은 온실가스보다 대기 중에 길게 혹은 짧게 머무르는가? 왜 대기 중 체류시간의 차이가 중요한가? 설명하라.

20.9 지구온난화가 가져올 결과

지구온난화가 가져올 결과에 대해 요약하라.

- 미래에 지구 표면의 온도는 계속해서 증가할 것이다. 온도 증가는 극지역에서 가장 크고, 적도 부근에서 가장 작을 것이다. 어떤 지역은 건조해지는 반면, 다른 지역은 습해질 것이다.
- 해수면은 빙하얼음의 용융과 열팽창(즉 추울 때보다 따뜻할 때 주어진 질량의 해수가 더 많은 부피를 차지한다)을 포함한 여러 이유로 상승할 것으로 예측된다. 저지대이고 완만하게 경사진 인구밀집의 해안지역은 가장 높은 위험에 처해 있다.
- 북극에서 해빙의 분포지역과 두께는 1979년 인공위성 관찰이 시작된 이래로 줄곧 감소해 왔다.
- 북극에서 온난화로 인한 영구동토의 용융은 이산화탄소와 메탄을 대기로 배출해 양의 피드백 기작으로 작동한다.
- 기후시스템은 복잡하고 동적이고, 완벽하게 이해되지 않았기 때문에 어떤 경고 없이 갑작스럽게 예기치 않은 변화가 일어날 수 있다.

복습문제

① 기후시스템의 5개의 주요 부분(권역)이 그림 20.1에 나타나 있다. 이미지에 나타난 각 권역들을 예시하라.

② 지구 기후시스템의 다양한 요소를 보여주는 그림 20.2를 참조하라. 글상자들은 기후시스템에서 일어나는 상호작용과 변화를 나타낸다. 세 글상자를 선택한 후, 각 글상자와 연관이 있는 상호작용 또는 변화의 예시를 하나씩 들어라. 이들 상호작용이 온도에 어떤 영향을 미칠지를 설명하라.

③ 생물권의 변화가 어떻게 기후시스템의 변화를 일으키는지를 기술하라. 그다음으로 생물권이 기후시스템의 다른 부분들에 의해 어떻게 영향을 받는지 제시하라. 마지막으로 생물권이 어떻게 기후시스템의 변화를 기록하는지 설명하라.

④ 그림 20.16에 의하면 지구로 유입되는 태양에너지의 약 30%가 반사 또는 산란되어 우주로 되돌아간다. 만약 지구의 반사율이 50%까지 증가한다고 가정하면, 지표의 평균 온도는 어떻게 변하겠는가? 그 이유는?

⑤ 엘치촌이나 피나투보의 분화와 같은 화산활동은 지구 온도의 하락과 관련이 있다. 백악기에 화산활동은 지구온난화와 연관이 있다. 이 같은 표면적 역설에 대해 설명하라.

⑥ 제시된 사진은 캐나다 로키 산맥 애서배스카 빙하의 2005년도 전경이다. 전면에 자갈로 이루어진 선은 1992년 빙하의 바깥 경계를 표시한다. 이 그림에서 보인 애서배스카 빙하의 변화는 전 세계 다른 빙하와 비슷한 양상인가? 이런 변화가 미칠 영향에 대해 서술하라.

⑦ 만약 특정 종류의 공기오염이 없었다면, 지난 수십 년 동안의 지구온난화는 더욱 심각했을 거라 여겨지고 있다. 왜 그런지 설명하라.

⑧ 자동차는 CO_2 배출의 주요 원인이다. 그림에 나타난 것처럼 전기자동차를 이용하면 CO_2 배출을 감소시킬 수 있다. 비록 전기자동차는 CO_2와 다른 공기오염물질을 아주 적게 혹은 전혀 대기로 직접 배출

하지 않더라도 이들의 배출과 간접적으로 연관될 수 있다. 만약 그렇다면 이를 설명하라.

David Pearson/Alamy

⑨ 대화 중에 한 지인은 지구온난화에 대해 회의적이라 표현한다. 여러분이 그렇게 느끼는 이유를 묻자, 그는 "이 지역에서 지난 두 해가 내가 기억하는 가장 추운 시기였다."라고 대답한다. 당신은 이 사람에게 과학적 사실을 의심하는 것은 유용하다는 것을 확인하는 동시에, 이 사건에 대한 그의 추론이 잘못됨을 지적해야 한다. 이 장에서 나타난 그래프들과 기후의 정의에 대한 당신의 지식을 사용해 이 사람의 추론을 재고하도록 설득하라.

⑩ 이 인공위성 이미지는 브라질 서쪽의 아마존 분지에서 열대우림의 벌목이 미치는 영향을 보여주고 있다. 벌목되지 않은 우림지역은 짙은 녹색을, 벌목된 지역은 황갈색(나지) 또는 옅은 녹색(농작물과 목초지)을 띤다. 이미지의 왼쪽 중앙부에 상대적으로 짙은 연기가 보인다. 열대우림의 벌목이 대기 조성을 어떻게 변화시키는가? 열대우림의 파괴가 지구온난화에 미치는 영향을 서술하라.

NASA

ESSENTIALS OF GEOLOGY, 12th Edition

A 부록 미터 단위와 영미 단위

단위

1킬로미터(km) = 1,000미터(m)
1미터(m) = 100센티미터(cm)
1센티미터(cm) = 0.39인치(in)
1마일(mi) = 5,280피트(ft)
1피트(ft) = 12인치(in.)
1인치(in.) = 2.54센티미터(cm)
1제곱마일(mi2) = 640에이커(a)
1킬로그램(kg) = 1,000그램(g)
1파운드(lb) = 16온스(oz)
1패덤 = 6피트(ft)

단위 변환

변환하고자 하는 단위	곱하기	변환된 단위
길이		
인치	2.54	센티미터
센티미터	0.39	인치
피트	0.30	미터
미터	3.28	피트
야드	0.91	미터
미터	1.09	야드
마일	1.61	킬로미터
킬로미터	0.62	마일
면적		
제곱인치	6.45	제곱센티미터
제곱센티미터	0.15	제곱인치
제곱피트	0.09	제곱미터
제곱미터	10.76	제곱피트
제곱마일	2.59	제곱킬로미터
제곱킬로미터	0.39	제곱마일
부피		
세제곱인치	16.38	세제곱센티미터
세제곱센티미터	0.06	세제곱인치
세제곱피트	0.028	세제곱미터
세제곱미터	35.3	세제곱피트
세제곱마일	4.17	세제곱킬로미터
세제곱킬로미터	0.24	세제곱마일
리터	1.06	쿼트
리터	0.26	갤런
갤런	3.78	리터

질량과 무게

온스	28.33	그램
그램	0.035	온스
파운드	0.45	킬로그램
킬로그램	2.205	파운드

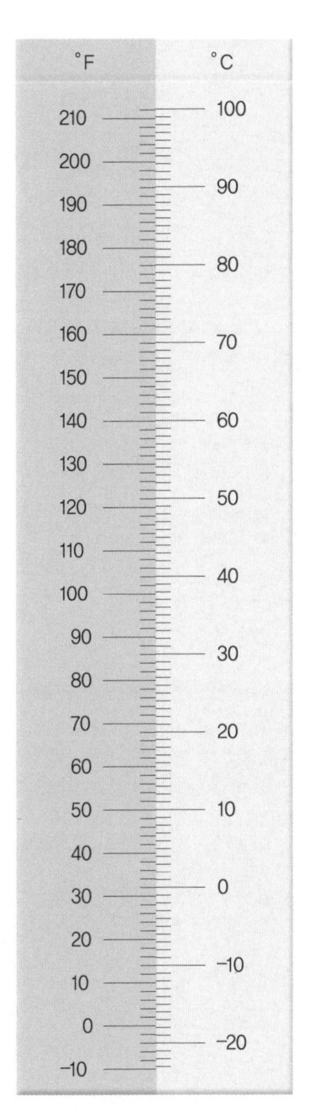

그림 A.1 화씨온도와 섭씨온도 대조표

온도

- 화씨온도를 섭씨온도로 변환하고자 할 때는 32°를 빼고 1.8로 나누어준다.
- 섭씨온도를 화씨온도로 변환하고자 할 때는 1.8을 곱해 주고 32°를 더한다.
- 섭씨온도를 켈빈온도로 변환하고자 할 때는 273을 더한다.
- 켈빈온도를 섭씨온도로 변환하고자 할 때는 273을 뺀다.

ESSENTIALS OF GEOLOGY, 12th Edition

가설(Hypothesis) 이론으로 정립되기 이전의 잠정적인 설명.

가수 분해(Hydrolysis) 물과 산이 반응하여 광물이 변질되는 화학적인 풍화.

가스 방출(Outgassing) 용융된 암석에 녹아 있던 가스의 방출.

가전자(Valence electron) 결합에 참여하는 전자. 원자의 가장 높은 에너지 준위를 점하고 있는 전자.

각력암(Breccia) 고화된 각진 암편들로 이루어진 퇴적암.

간석지(Tidal flat) 조석의 상승과 하강에 의해서 반복적으로 물에 잠겼다가 드러나는 습지 또는 뻘 지역.

간헐천(Geyser) 주기적으로 땅속으로부터 분출하는 열천.

간헐하천(Ephemeral stream) 강우시기에만 물이 흐르고 그 외 시기에는 말라 있는 하천.

감람암(Peridotite) 상부맨틀에 풍부하게 들어 있는 것으로 생각되는 초염기성 화성암.

감압 용융(Decompression melting) 암석이 상승할 때 압력의 하강으로 발생하는 용융.

감입 곡류(Incised meander) 경사가 급하고 좁은 계곡을 흘러가는 사행천. 이 사행천은 융기하는 지역이나 침식기준면이 하강하는 지역에서 형성됨.

강(River) 상당량의 물을 운반하고 다수의 지류를 가지는 하천의 일반적인 용어.

강괴(Craton) 현생이언 동안에 큰 구조운동의 영향을 받지 않았던 안정한 대륙지각의 부분. 강괴에는 순상지와 안정대지가 있음.

개방계(Open system) 어떤 계의 안과 밖으로 물질과 에너지의 이동이 일어날 때 그 계를 일컬음. 대부분의 자연계는 개방계임.

건생식물(Xerophyte) 가뭄에 잘 견디는 식물.

건열(Mud crack) 젖은 진흙이 말라서 수축되고 갈라져서 생기는 퇴적구조.

건조 기후(Dry climate) 연 강수량이 잠재 증발량보다 적은 기후.

겉씨식물(Gymnosperm) 침엽수, 은행나무 등의 씨를 가지는 식물. '겉씨'는 씨가 둘러싸여 있지 않다는 의미이다.

격변설(Catastrophism) 짧은 시간 동안의 큰 재앙에 의해서 지구의 형태가 만들어졌다는 설.

격자상 수계(Trellis drainage) 평행한 지류들이 습곡된 지층을 가로지르는 형태의 수계.

결정(Crystal) 원자들의 규칙적인 배열 형태.

결정작용(Crystallization) 액체나 가스로부터 결정이 형성되고 성장하는 것.

결정질(Crystalline) '결정(Crystal)'을 보시오.

결정질 조직(Crystalline texture) '비쇄설성 조직(Nonclastic texture)'을 보시오.

결정 침전(Crystal settling) 마그마가 결정화 될 때, 초기에 생성된 광물이 액체 상태의 마그마보다 무거우므로 마스마 챔버의 바닥에 가라앉는 과정.

결정형(Crystal shape) '정형(Habit)'을 보시오.

겹쳐진 하천(Superposed stream) 산맥을 가로질러 흐르는 하천. 이러한 하천은 하부의 지질구조나 하천의 하방침식에 관계없이 더 높은 위치의 균일한 지층에 수로가 형성되어 있음.

경도(Hardness) 긁힘과 마모에 대한 광물의 저항성.

경사(Dip) 암층이 수평으로부터 기울어진 각도. 경사각은 주향에 직각임.

경사 부정합(Angular unconformity) 고기의 퇴적층이 신기의 퇴적층의 경사각과 다른 각도로 놓여있는 부정합.

경사이동 단층(Dip-slip fault) 단층의 경사에 평행하게 움직인 단층

계(System) 복잡한 전체를 구성하면서 상호 작용하는 또는 서로 의존하는 각각의 집단.

계면(Interface) 서로 다른 물질계들 간의 경계.

고기후학(Paleoclimatology) 고기의 기후를 연구하는 학문. 장비를 사용하여 자료를 획득하기 이전 시기에 대해서 우회 자료로부터 기후 및 기후변화를 연구하는 학문.

고생대(Paleozoic era) 원생대와 중생대 사이(5억 4,200만 년부터 2억 5,100만 년까지)의 지질시대.

고생물학(Paleontology) 지구상의 화석과 생물의 역사를 연구하는 학문.

고자기(Paleomagnetism) 암체에 들어 있는 자연적인 잔류자기. 암석에 의해서 획득된 영구자기로서 자극의 위치와 암석이 자화될 당시의 암석의 위도를 결정하는 데 이용됨.

곡류 흔적(Meander scar) 범람원 상에 나타나는 우각호가 퇴적물로 채워져서 만들어진 흔적.

곡빙하(Valley glacier) 과거에는 하천 계곡이었으나 지금은 빙하에 의해서 채워진 계곡.

곤드와나 대륙(Gondwanaland) 남미, 아프리카,

오세아니아, 인도, 남극을 포함하는 팡게아의 남쪽 부분.

공격면(Cut bank) 사행의 바깥쪽 면으로서 침식이 활발한 면.

공극률(Porosity) 암석이나 토양 내의 빈 공간의 부피.

공유결합(Covalent bond) 전자를 공유함으로써 만들어지는 화학결합.

관성(Inertia) 정지하고 있는 물체를 정지한 채로 남아 있고, 움직이는 물체는 외력이 작용하지 않는 한 계속 움직이는 성질.

관입(Intrusion) '심성암(Pluton)'을 보시오.

관입암(Intrusive rock) 지표 아래에서 만들어지는 화성암.

광물(Mineral) 자연 상태에 산출하고 특정한 화학조성을 가지는 무기질의 결정체.

광물 균열(Fracture(mineral)) 광물의 기본적인 물리적 성질 중 하나. 결정구조 내에 약한 면이 존재하지 않는 광물의 깨어짐(예: 조갑지 모양, 불규칙상, 파편상).

광물상 변화(Mineral phase change) 광물에 강한 압력이 가해지면서 생기는 변화. 이런 변화에 의해서 광물 구조가 불안정해지고, 원자는 보다 더 치밀하고 안정한 구조로 바뀜.

광물 자원(Mineral resource) 현재 또는 장래에 수출될 수 있는 유용광물.

광물학(Mineralogy) 광물을 연구하는 학문.

광석(Ore) 경제적으로 채굴할 수 있는 유용 금속광물을 일반적으로 지칭함. 형석, 황과 같은 비금속광물에 적용되기도 함.

광역변성작용(Regional metamorphism) 대규모 조산운동과 함께 수반되는 변성작용.

광택(Luster) 광물의 표면으로부터 햇빛이 반사될 때 보이는 특성.

괴상 용암(Block lava) 안산암질 및 유문암질 조성을 가지며 각괴상을 보이는 용암.

괴상의(Massive) 판상이 아닌 큰 덩어리의 화성암체.

교결작용(Cementation) 퇴적층이 고화되는 한 가지 방법. 물이 퇴적물을 통과할 때 함께 침전되는 물질이 빈 공간을 채우면서 입자들을 결합시키는 작용.

교대 변성작용(Metasomatism) 용액 내 이온의 첨가와 제거에 의해서 암석의 화학조성이 크게 변하는 것.

구배(Gradient) 하천의 경사. 일반적으로 마일당 피트로 측정함.

구상 풍화(Spheroidal weathering) 괴상체가 구상체로 바뀌는 풍화작용.

구속압(Confining pressure) 모든 방향으로 균일하게 작용하는 압력.

국지 기준면(Temporary (local) base level) 호수면, 침식에 대한 저항력이 큰 암층, 또는 그 외 해수면보다 위에 있는 기준면.

굴식(Plucking) 빙하에 의해서 기반암 조각이 뜯기는 것.

굴절(Refraction) '파도의 굴절(Wave refraction)'을 보시오.

권곡(Cirque) 빙식곡의 첨두 부분에 동결 쐐기작용과 굴식에 의해서 만들어지는 원형극장 모양의 분지.

권곡호(Tarn) 권곡내에 있는 작은 호수.

규산염(Silicate) 규소-산소 사면체를 기본 구조로 하는 여러 종류의 광물.

규소-산소 사면체(Silicon-oxygen tetrahedron) 4개의 산소원자가 1개의 산소원자를 둘러싸고 있는 구조. 규산염 광물을 구성하여 기본적인 구조임.

균열대(Zone of fracture) 빙하 상부의 쉽게 쪼개지는 부분.

그로인(Groin) 해안에 직각으로 만들어진 짧은 벽으로서 움직이는 모래를 붙잡아두기 위한 것.

극 이동설(Polar wandering hypothesis) 1950년대 고자기 연구의 결과로 제안된 가설로서 자극이 지질시대에 따라 크게 이동했거나 또는 대륙의 위치가 점진적으로 바뀌었다는 설.

급류 수로(Rapids) 갑자기 급해진 경사 때문에 유속이 빨라지고 난류가 발생하는 수로 구간.

금속 결합(Metallic bond) 금속 내의 화학결합. 원자들 간에 자유롭게 움직이는 전자를 공유하는 결합.

기(Period) 대의 하부 단위의 지질시대. 기는 세라고 하는 더 작은 단위들로 이루어짐.

기계적 풍화(Mechanical weathering) 암석이 물리적으로 분해되어 작은 조각들로 변하는 것.

기공(Vesicles) 기체가 탈출하면서 용암류의 외각에 만들어지는 동그란 또는 길쭉한 형태의 구멍.

기권(Atmosphere) 행성의 가스체 부분으로서 행성의 기체 껍질 구조. 지구의 물리적 환경의 한 부분임.

기생 화산(Parasitic cone) 대규모 화산의 가장자리에 만들어지는 화산구.

기요(Guyot) 정상부가 평평한 잠도.

기저층(Bottomset bed) 삼각주의 전진하는 가장자리 너머에 퇴적되며 삼각주의 계속적인 성장에 의해서 결국에는 매몰되는 세립질 퇴적층.

기저활강(Basal slip) 빙하가 지표면상을 미끄러지는 운동 기작.

기파(Surf) 쇄파의 총칭. 또는 해안선과 쇄파의 바다쪽 한계 구간의 파도의 활동.

기후계(Climate system) 기권, 수권, 암석권, 생물권, 빙설권 사이에서 일어나는 에너지와 수분의 교환.

기후 귀환 기작(Climate feedback mechanism) 복잡하게 상호작용하는 물리계의 요소들 중 하나가 변하면서 일어날 수 있는 여러 가지 결과.

낙하(Fall) 분리된 암편들이 자유 낙하하는 사면활동의 일종.

난류(Turbulent flow) 소용돌이치면서 움직이는 유수. 대부분의 하천수 흐름은 이와 같음.

난정합(Nonconformity) 오래된 변성암이나 관입화성암이 신기의 퇴적암에 의해서 덮여 있는 부정합의 한 종류.

내륙유역(Interior drainage) 바다까지 도달하지 않는 불연속적인 간헐하천 유역.

내륙 화산활동(Intraplate volcanism) 판 경계로부터 멀리 떨어진 판 내부에서 일어나는 화산활동.

내부작용(Internal process) 지구 내부로부터 유래하며 지표로 올라오는 에너지에 의해서 발생하는 조산운동과 화산활동.

내부행성(Inner planets) 태양계의 안쪽에 위치하는 행성들. 수성, 금성, 지구, 화성을 포함함. 또한 지구와 비슷한 내부 구조와 조성을 가지므로 지구형 행성이라고 불리기도 함.

내핵(Inner core) 지구 내부의 제일 깊은 고체층으로서 약 1,216km(754마일)의 반경을 가짐.

녹은짐(Dissolved load) 하천이 용액 상태로 운반하는 물질.

누중의 법칙(Law of superposition) 변형되지 않은 층상의 퇴적암이나 지표면에 퇴적된 화성쇄설암에서 상 위에 놓인 지층은 아래에 놓인 지층보다 더 후기의 지층이라는 이론.

누중의 원리(Principle of Superposition) 변형을 받지 않은 퇴적암층에서 오래된 층은 아래에 그리고 젊은 층은 위에 놓여 있다는 원리.

눈덩이 지구(Snowball Earth) 전지구적 빙하기를 대규모 산소 사건과 연관시키는 가설.

다공질 조직(Vesicular texture) 기공이라고 하는 작은 동공들을 포함하는 화성암의 비현정질 조직.

다시의 법칙(Darcy's law) 지하수 유량이 수두구배, 수리전도도 그리고 대수층의 단면적에 좌우된다는 것을 표현하는 식.

다우호(Pluvial lake) 풍수기에 형성되는 호수. 예를 들면, 다른 지역에서는 빙하기일 빙하작용을 받지 않은 지역에서 형성됨.

다짐(Compaction) 상 위의 퇴적물의 무게가 더 심부의 퇴적물을 누르는 암석화작용의 일종.

다형(Polymorphs) 동일한 화학조성을 가지지만 서로 다른 결정구조를 가지는 둘 이상의 광물. 예로 탄소로 되어 있는 금강석과 흑연이 있음.

단구(Terrace) 하천의 하방침식 후에 융기되어 만들어진 평평하고 좁고 긴 지형.

단사구조(Monocline) 국지적으로 굴곡된 지층구조. 단사구조의 양쪽면의 지층은 수평이거나 매우 완만하게 경사져 있음.

단열대(Fracture zone) 변환 단층과 비활성 확장대를 따라서 발달하는 심해저의 직선상 지대로서 불규칙한 지형을 보임.

단위 격자(Unit cell) 원자, 이온 또는 분자의 가장 작은 집단으로서 결정의 골격을 형성함.

단절(Cross-cutting) 상대 연령 측정의 원리. 암석이나 단층은 그것에 의해서 절단되는 암석이나 단층보다 더 후기의 것임.

단층(Fault) 지각을 이루는 암석이 깨어져 그 면을 따라 변위가 발생한 균열.

단층애(Fault scarp) 단층이동에 의해서 만들어진 절벽. 풍화와 침식에 의해서 변형되기 이전에는 노출되어 있는 단층면 자체가 절벽임.

단층지괴 산맥(Fault-block mountain) 단층을 따라 암석이 움직임으로써 형성되는 산맥.

단층포행(Fault creep) 뚜렷한 지진활동이 없는 비교적 매끈한 단층을 따라서 일어나는 느리고 점진적인 변이.

달 각력암(Lunar breccia) 각력과 먼지들이 운석의 충돌에 의한 열로 용결되어 만들어진 월석.

달의 바다(Maria) 달 표면의 평탄한 지역으로서 과거에는 바다로 잘못 알려짐.

달 토양(Lunar regolith) 달 표면의 얇은 회색의 층으로서 약하게 압밀된 파편상의 물질로 이루어짐. 달 토양은 운석의 반복적인 충격에 의해서 생성되었다고 믿어짐.

담색 규산염(Light silicate) 철과 마그네슘이 결핍된 규산염 광물. 담색 규산염은 암색 규산염보다 일반적으로 색깔이 밝고 비중이 낮음.

대(Era) 지질시대의 주요 단위로서 몇 개의 기로 세분됨.

대규모 산소 사건(Gravitational collapse) 약 25억 년 전에 다량의 산소가 대기 중에 나타난 사건.

대규모 충상단층(Megathrust fault) 섭입하는 해양판과 그 상 위의 판 사이의 경계.

대류(Convection) 물체의 이동이나 물질의 순환에 의한 열의 이동.

대륙대(Continental rise) 대륙사면의 기저에 위치하는 완만하게 경사진 지역.

대륙붕(Continental shelf) 해안선으로부터 대륙사면까지 연장되는 대륙 주변부의 완만하게 경사진 침수지역.

대륙붕 경계(Shelf break) 해저의 구배가 갑작스럽게 급해지는 지점. 대륙붕의 외각 가장자리와 대륙사면의 시작으로 표시함.

대륙사면(Continental slope) 대륙붕의 해양쪽 가장자리로부터 심해저쪽으로 향하는 경사가 급한 지역.

대륙 열곡대(Continental rift) 대륙 암권판이 신장하면서 서로 벌어지는 선상의 지대. 대륙 열곡대를 따라서 새로운 해양분지가 만들어짐.

대륙이동설(Continental drift) 현재의 대륙들이 하나의 대륙으로부터 유래되었다는 알프레드 베게너에 의해서 제안된 가설. 약 2억 년 전에 초대륙이 작은 대륙들로 쪼개지기 시작하였으며 현재의 위치로 이동하게 되었음.

대륙 주변부(Continental margin) 대륙에 인접한 해저의 일부분. 대륙주변부는 대륙붕, 대륙사면, 대륙대를 포함함.

대상 철층(Banded iron formations) 주로 선캄브리아기에 퇴적된 얇은 두께의 철과 규산이 풍부한 (처트)층.

대수층(Aquifer) 지하수가 쉽게 통과할 수 있는 암석이나 퇴적물.

대조(Spring tide) 가장 높은 고조. 초승달과 보름달 시기에 나타남.

덮개암(Cap rock) 저유 구조의 한 부분임. 덮개암은 불투수성으로서 석유와 가스가 위로 이동하여 저유 구조로부터 이탈하는 것을 방지함.

도상 구릉(Inselberg) 산악지역 침식의 후기 단계에 나타나는 고립된 구릉.

도약(Saltation) 퇴적물 튀어서 움직이는 것.

도호(Island arc) '화산 도호'를 보시오.

돌가루(Rock flour) 빙하의 제분 작용에 의해서 만들어진 암석 가루.

돌개 구멍(Pothole) 물속의 퇴적물의 마모작용에 의해서 하천바닥에 생긴 구멍.

돌서렁(Talus) 절벽의 밑에 쌓이는 암편 무더기.

돔(Dome) 위로 습곡된 환상의 지질구조.

동결 쐐기작용(Frost wedging) 틈 속 물이 얼어서 팽창함으로써 암석이 기계적으로 붕괴되는 것.

동굴(Cavern) 흔히 석회암의 용해에 의해서 만들어지는 지하 공동이나 다수의 공동들.

동물군 천이의 원리(Principle of fossil succession)

화석이나 생물체가 정해진 순서에 따라 변천한다는 원리. 그러므로 어떤 지질시대는 어떤 특정한 화석에 의해서 인지될 수 있음.

동위 원소(Isotopes) 같은 원소로서 원자번호가 서로 다른 것. 동위원소의 원자핵은 같은 수의 양자와 서로 다른 중성자 수를 가짐.

동일과정설(Uniformitarianism) 과거 지질시대에 지구의 모양을 형성하게 했던 작용은 현재에 일어나는 지질작용과 기본적으로 동일하다는 이론.

동화작용(Assimilation) 화성활동으로서 마그마에 주변 암석이 합쳐지는 작용

두부(Head) 지하수면의 함양지와 배출지 사이의 수직거리. 계곡의 물이 흐르기 시작하는 지점을 의미하기도 함.

두부 침식(Headward erosion) 침식에 의해서 계곡의 두부의 오르막 사면이 확대되는 것.

드럼린(Drumlin) 빙성퇴적물로 구성된 유선형의 비대칭 구릉. 구릉의 가파른 쪽은 빙하가 진행해오는 방향에 면하고 있음.

딸원소(Daughter product) 방사성 붕괴에 의해서 생성되는 동위원소.

뜬짐(Suspended load) 유속이나 움직이는 공기에 의해서 운반되는 세립질 퇴적물.

라테라이트(Laterite) 철과 알루미늄의 산화물이 풍부하고 적색을 띠며 용탈이 많이 된 토양. 열대지방에서 나타남.

라하(Lahar) 화산의 경사면에 놓여 있는 불안정한 화산재와 쇄설층이 물로 포화되어 사면 아래로 흘러내려서 하도로 유입되는 이류.

로라시아 대륙(Laurasia) 판게아의 북쪽 부분으로서 북미와 유라시아를 포함함.

로쉬 무토네(Roche moutonnee) 기반암의 비대칭적으로 튀어나온 혹 모양의 지형. 빙상의 진행하는 쪽은 빙하의 마모작용에 의해서 완만하고 매끈하며, 그 반대쪽은 빙하의 손실에 의해서 가파름.

뢰스(Loess) 바람에 운반된 실트층으로서 층상구조를 보이지 않음. 담황색이고 거의 수직의 절벽을 유지함.

리히터 규모(Richter scale) 지진계의 움직임에 기반을 둔 지진 규모.

마그마(Magma) 지하 깊은 곳에서 용융된 암석으로 용존 가스와 결정들을 포함함.

마그마 분별작용(Magmadifferentiation) 한 마그마로부터 두 종류 이상의 암석종이 만들어지는 작용.

마그마 혼합(Magmamixing) 하나의 마그마가 다른 마그마 물질과의 혼합을 통하여 조성이 바뀌는 과정.

마식(Abrasion) 물, 바람 또는 얼음에 의해서 운반되는 암편의 마찰과 충격 때문에 암석의 표면이 갈리고 긁히는 것

만구 사주(Baymouth bar) 만을 완전히 관통하는 사주로서 주된 수체(바다)로부터 만을 분리시킴.

망간 결핵체(Manganese nodules) 해양저에 분포하는 수소를 함유하는 퇴적물. 주로 망간과 철, 그리고 소량의 구리, 니켈, 코발트를 포함하고 있음.

망상 하천(Braided stream) 다수의 서로 얽히는 수로들로 구성되는 하천.

매몰 변성작용(Burial metamorphism) 매우 두꺼운 퇴적층의 가장 깊은 곳에서 일어나는 저변성도의 변성작용.

매장량(Reserve) 광물을 경제적으로 추출할 수 있는 정도의 알려진 매장량.

맥상 충진물(Vein deposit) 모암의 균열이나 단층을 채우고 있는 광물. 이런 충진물은 판상 또는 탁상 형태를 보임.

맨틀(Mantle) 지각 아래의 2,885km(1,789마일) 두께의 층.

맨틀 상승류(Mantle plume) 지표로 올라오는 특별히 뜨거운 맨틀 물질로서 화성활동을 수반함. 유동성 고체의 맨틀 상승류는 깊게는 핵과 맨틀의 경계부에서도 유래함.

메르칼리 진도 척도(Mercalli intensity scale) '수정 메르칼리 진도 척도(Modified Mercalli intensity scale)'를 보시오.

면각 일정의 법칙(Law of Constancy of Interfacial Angles) 같은 광물에 있어서는 대응하는 면들 사이의 각은 항상 일정하다는 법칙.

모관대(Capillary fringe) 통기대의 바닥의 비교적 얇은 구간. 모관대는 토양 입자나 퇴적물들 간의 작은 실 같은 공간을 통하여 지하수면으로부터 물이 상승하는 구간임.

모멘트 규모(Moment magnitude) 리히터 규모보다 더 정확한 지진 규모 척도로서 단층대를 따라서 일어나는 변이량에 근거함.

모스 경도계(Mohs scale) 경도를 결정하는 기준으로 사용되는 10가지 광물.

모암(Parent rock) 변성암의 기원암.

모질물(Parent material) 토양이 생성되는 근원물질.

모호 불연속면(Mohorovicic discontinuity, Moho) 지각과 맨틀을 구분하는 경계면. 모호 불연속면은 지진파속도 증가로 식별됨.

목성형 행성(Jovian planet) 목성과 비슷한 행성. 목성, 토성, 천왕성, 해왕성이 이에 속함. 목성형 행성은 비교적 낮은 밀도를 가짐.

무연탄(Anthracite) 연기가 나지 않고 고온으로 연소하는 견고하고 변성된 석탄.

물결 자국(Ripple marks) 흐르는 물이나 바람에 의해서 퇴적층의 표면에 생기는 물결모양 자국.

미끄럼사태(Slide) 잘 발달된 활동면을 따라 사태물질이 비교적 형태를 유지하면서 사면 아래로 움직이는 사면활동의 일종.

미성숙 토양(Immature soil) 층위가 아직 덜 발달한 토양.

미운석(Micrometeorite) 지구로 천천히 하강하면서 마찰 저항이 작아서 대기 중에서 다 타버리지 않고 남아 있는 매우 작은 운석.

미행성(Planetesimal) 행성 형성의 초기 단계에 집적된 우주의 고체 물질. 미행성들이 모여서 점점 더 큰 물체가 되고, 결국에는 행성을 형성하게 됨.

밀도(Density) 어떤 물질의 단위 부피당 질량.

밑짐(Bed load) 유속에 의해서 하천 바닥을 따라 굴러가는 입자 또는 바람에 의해서 지표면을 따라 움직이는 입자.

바르하노이드 사구(Barchanoid dune) 바람에 대해서 직각 방향이면서 부채꼴 모양으로 배열한 사

구. 이러한 형태는 독립적인 바르한 사구와 길게 연장되는 횡사구들의 중간 형태임.

바르한 사구(Barchan dune) 바람 아래쪽을 향하는 초승달 모양의 독립된 사구.

바자다(Bajada) 산의 전면을 따라서 나타나는 앞치마 모양의 퇴적층. 충적 선상지들이 합쳐지면서 형성됨.

박리(Fissility) 셰일의 층리면처럼 조밀한 간격의 평행한 면을 따라 쉽게 갈라지는 성질.

박리 돔구조(Exfoliation dome) 화강암의 층상 절리에 의해서 만들어진 대규모 돔형 구조.

반감기(Half-life) 방사성 물질의 원자들 중 1/2이 붕괴하는 데 걸리는 시간.

반사파(Reflection(seismic)) 지진파가 지구의 서로 다른 물질의 경계에 부딪칠 때, 그 경계면에서 왔던 방향으로 다시 반사되는 파.

반상 변정조직(Porphyroblastic texture) 큰결정(반상변정)이 세립질 광물들에 둘러싸여 있는 변성암의 조직.

반상 조직(Porphyritic texture) 2개의 현저하게 다른 크기의 결정들로 이루어진 화성암 조직. 큰 결정은 반정, 작은 결정은 석기라고 함.

반암(Porphyry) 반상조직을 가지는 화성암.

반정(Phenocryst) 반암내에 세립질 결정들로 이루어진 석기에 들어 있는 큰 결정들.

발산경계(Divergent plate boundary) 두 지판이 갈라지면서 만들어지는 경계로서 맨틀로부터 새로운 해양지각이 올라오는 지역.

방법론(Paradigm) 매우 강력한 증거에 의해서 널리 지지되는 이론.

방사상 수계(Radial pattern) 화산과 같이 솟아오른 중심부로부터 하천이 모든 방향으로 멀어지는 수계.

방사성(Radioactivity) 불안정한 원자핵이 스스로 붕괴하는 성질.

방사성 붕괴(Radioactive decay) 어떤 불안정한 원자핵의 자연발생적인 붕괴.

방사성 연대측정(Radiometric dating) 방사성 동위원소를 포함하고 있는 암석과 광물의 절대연령을 계산하는 과정.

방사성 탄소(탄소-14)(Radiocarbon(carbon-14)) 대기 중에서 계속적으로 만들어지는 방사성 탄소 동위원소. 75,000년 전까지의 연대를 알아내는 데 쓰임.

방파제(Breakwater) 쇄파로부터 연안을 보호하는 구조물.

방파제(Jetties) 항구의 입구나 하구에서 해양쪽으로 뻗어 있는 한 쌍의 구조물. 폭풍 파도나 퇴적물의 퇴적을 방지하기 위해서 만들어짐.

방파제(Seawall) 안쪽지역을 파도로부터 보호하는 제방. 방제는 쇄파로부터 재산을 보호하기 위한 것임.

배사구조(Anticline) 퇴적암층에서 나타나는 아치 모양의 습곡.

배호분지(Backarc basin) 해구로부터 멀리 떨어진 화산도호 쪽에 형성되는 분지.

배후습지(Backswamp) 범람원상의 배수가 불량한 지역으로서 자연제방이 존재할 때 형성됨.

밸리 트레인(Valley train) 곡 빙하의 말단부에서 유래하는 융설수가 계곡 바닥에 퇴적되어 생긴 좁은 퇴적체.

범람류(Flood current) 조석의 높이가 증가함에 따라 수반되는 조석류.

범람원(Floodplain) 주기적인 범람으로 덮이는 하곡의 낮고 평평한 지역.

범람 현무암(Flood basalts) 다수의 열하로부터 분출하는 현무암질 용암류.

법칙(Law) 어떤 자연 현상이 주어진 조건 하에서 일어난다는 규칙에 대한 공식적인 설명.

베개 현무암(Pillow basalts) 물속에서 고화될 때 베개 모양의 구조를 가지게 된 현무암질 용암.

베니오프대(Benioff zone) '와다티-베니오프대'를 보시오.

벽개(Cleavage) 약한 결합면을 따라서 광물이 부서지는 경향성.

변성도(Metamorphic grade) 변성작용 동안 모암이 변화되는 정도. 변성도는 저 변성도(낮은 온도와 압력)에서부터 고 변성도(높은 온도와 압력)까지 변함.

변성상(Metamorphic facies) 암석이 변성작용을 받을 때 압력과 온도에 의해서 수반되는 광물군.

변성암(Metamorphic rock) 지구심부에서 열, 압력 그리고 활동성 유체에 의해서 기존 암석이 변질되어 생성된 암석.

변성작용(Metamorphism) 지구 내부의 고온, 고압에 의해서 광물조성과 암석의 조직이 변화되는 것.

변형(Deformation) 자연적인 힘에 의해서 발생하는 습곡, 단층, 전단변형, 암석의 압축 또는 신장을 총칭함.

변형력(Strain) 응력에 의해서 암체의 모양과 크기의 비가역적인 변화.

변형환 파도(Wave of translation) 쇄파에 의해서 교란된 파도가 전진하는 것.

변환단층(Transform fault) 암권판을 둘로 절단하고 두 개의 사이에서는 같은 방향으로 움직이는 주향이동단층.

변환단층 경계(Transform fault boundary) 암권판을 생성시키거나 소멸시키지 않고 2개의 판이 서로 미끄러지는 경계.

별 사구(Star dune) 바람의 방향이 자주 바뀔 때 만들어지는 불규칙한 모양의 독립적인 사구.

병반(Laccolith) 기존의 지층들 사이에 조화적으로 관입한 괴상의 화성암체.

보웬의 반응계열(Bowen's reaction series) N. L. 보웬에 의해서 제안된 개념으로서 화성암 형성기시에 마그마로부터 정출되는 광물과 마그마 간의 관계를 설명함.

복성 화산(Composite cone) 용암과 화성쇄설물로 이루어진 화산.

봉합(Suture) 두 지각편이 합쳐지는 것. 예를 들면, 대륙 충돌이후에 두 대륙 지괴는 봉합됨.

부귀환 기작(Negative-feedback mechanism) 최초의 변화와 반대방향으로 일어나며 최초의 변화를 상쇄하는 효과. 기후 변화에 사용됨.

부분 용융(Partial melting) 대부분의 화성암이 용융하는 과정. 개개의 광물은 서로 다른 용융점을 가지고 있기 때문에, 대부분의 화성암은 수백도의 온도 범위에 걸쳐서 용융함. 용융이 일어나고 액체가 짜여져 나오게 되면, 용융물의 규산 함량은 더 많아짐.

부석(Pumice) 일반적으로 화강암질 조성을 가지며, 담색을 띠는 유리질의 다공질 암석.

부식(Corrosion) 용식성 암석이 흐르는 물에 의해서 점차 용해되는 과정.

부식물(Humus) 식물과 동물의 분해에 의해서 만들어지는 토양 내 유기물.

부유 지하수면(Perched water table) 주 지하수면보다 상위에 불투수층에 의해서 받혀지는 국지적인 포화대의 지하수면.

부정합(Unconformity) 암석 기록의 단절을 대표하는 면. 침식이나 비 퇴적에 의해서 만들어짐.

분급(Sorting) 퇴적층이나 퇴적암 내의 입도의 유사한 정도.

분기공(Frost wedging) 공기나 가스가 발산하는 화산지역의 화도.

분리 단층(Detachment fault) 연성변형되어 단층이 생기지 않는 하부의 암석과 취성변형과 단층작용을 받는 상부의 암석 사이의 경계가 되는 저각의 단층.

분리수로(Cutoff) 하천이 사행의 잘록 목을 침식시켜서 만드는 짧은 수로.

분별 결정작용(Fractional crytallization) 화학 조성 변화와 용융점에 따라서 마그마의 성분이 달라지는 것.

분석구(Cinder cone) 하나의 화도를 통하여 주로 화성쇄설물이 분출하여 만들어지는 소규모 화산.

분수계(Divide) 두 하천 유역을 서로 분리시키는 가상의 선. 흔히 산릉을 따라서 결정됨.

분지(Basin) 아래쪽으로 오목한 환상의 구조.

분출(Extrusive) 지표면에서 일어나는 화성활동.

분출 기둥(Eruption column) 대기 중으로 수천 미터까지 상승하는 뜨거운 화산재와 가스 구름.

분출 빙하(Outlet glacier) 빙모나 빙상으로부터 급작스럽게 외부로 유출되는 혀 모양의 빙하. 보통은 산간 지역에서 바다쪽으로 움직임.

불연속면(Discontinuity) 지구 내부를 구성하는 물질의 물리적 성질 중 하나 이상이 어떤 깊이에서 급작스럽게 바뀌는 것. 지진파의 거동에 의해서 알 수 있는 지구 내부의 서로 다른 두 물질 사이의 경계.

불의 고리(Ring of Fire) 태평양의 주변을 따라 나타나는 활화산 지대.

불포화대(Unsaturated zone) 지하수면보다 상위에 있으며 토양, 퇴적물, 암석 내의 공간이 물로 부분적으로 채워져 있고 대부분은 공기로 채워져 있는 구간.

블랙 스모커(Black smoker) 뜨겁고 검은색 구름 모양의 금속이 풍부한 물을 방출하는 해저의 열수공.

비그늘 사막(Rainshadow desert) 산맥의 바람이 불어가는 쪽의 건조한 지역. 많은 중위도의 사막이 이런 형태의 사막임.

비금속 광물자원(Nonmetallic mineral resource) 연료와 금속광물 자원이 아닌 광물자원.

비쇄설성(Nonclastic) 퇴적암의 조직으로서 광물들이 서로 맞물려 있는 결정형태로 되어 있음.

비엽리성 조직(Nonfoliated texture) 엽리를 보이지 않는 변성암의 조직.

비재생성 자원(Nonrenewable resource) 오랜 기간 동안에 형성되고 축적된 자원으로서 총량이 정해져 있는 자원.

비조화적(Discordant) 심성암체가 기존의 암석 구조를 절단하며 지나가는 것을 지칭함(예: 층리면).

비중(Specific gravity) 어떤 물질의 무게와 그 물질과 같은 부피의 물의 무게의 비.

비철 마그네슘 규산염(Nonferromagnesian silicate) '담색 규산염'을 보시오.

비포화대(Vadose zone) '불포화대(Unsaturated zone)'를 보시오.

비현정질 조직(Aphanitic texture) 육안으로 구별하기에는 개개 광물이 너무나 작은 결정들로 이루어진 화성암 조직.

빙력토(Till) 빙하에 의해서 직접 퇴적된 분급이 불량한 퇴적물.

빙모(Ice cap) 고지대나 대지를 덮고 있는 빙하로서 사방으로 뻗어 있음.

빙붕(Ice shelf) 크고, 비교적 평탄한 떠있는 빙하. 빙하가 만으로 흘러들거나 해안으로부터 바다쪽으로 뻗어 있지만 하나 이상의 면은 육지에 붙어 있는 형태를 보임.

빙상(Ice sheet) 거대하고 두꺼운 빙하로서 하나 이상의 퇴적 중심으로부터 모든 바깥쪽 방향으로 흐름.

빙성층(Tillite) 빙하토가 고화되어 만들어진 암석.

빙성 퇴적물(Drift) '빙하성층'을 보시오.

빙하(Glacier) 눈이 압축되고 재결정되어 생긴 두꺼운 얼음 덩어리. 이 얼음은 과거나 현재의 흐름의 증거를 보여줌.

빙하구(Glacial trough) 빙하에 의해서 넓어지고, 깊어지고, 똑바르게 형성된 골짜기.

빙하 분리(Calving) 주 빙하로부터 큰 빙하 조각이 물속으로 떨어져 나오는 것.

빙하성 유수 퇴적평야(Outwash plain) 빙상의 가장자리에 인접하며, 융설수 하천에 의해서 퇴적된 물질로 이루어진 비교적 평탄하고 완만하게 경사진 평야.

빙하성층(Glacial drift) 어떤 형태로 어디서, 어떻게 퇴적되든지 간에 빙하기원의 퇴적층을 모두 포함하는 말.

빙하 수지(Glacial budget) 빙하의 표면에 축적되는 양과 표면으로부터 손실되는 양 사이의 균형 또는 불균형.

빙하 운반력(Glacial erratic) 지금 현재 발견되는 장소 근처의 기반암으로부터 유래하지 않는 거력으로서 빙하에 의해서 운반된 것.

빙하전면 호수(Proglacial lake) 빙하가 강의 흐름이나 빙하의 녹은 물을 막아서 생긴 호수. 이 호수는 빙하의 외각에 위치함.

빙하 접촉 퇴적물(Ice-contact deposit) 빙하와의 접촉부에 퇴적되는 층상 퇴적물.

빙하 조선(Glacial striations) 빙하에 의해서 기반암에 생긴 긁힌 자국과 홈.

빙하 조선(Striations(glacial)) 빙하와 빙하퇴적물의 마모작용에 의해서 기반암의 표면에 긁힌 자국이나 홈.

빛나는 선(Rays) 달 표면의 화구로부터 발산되는 밝은 줄무늬.

사광상(Placer) 중광물이 하천, 파도와 같은 유수에 의해서 물리적으로 집적되어 형성된 광상. 사광상은 금, 주석, 백금, 금강석, 그 외 유용광물을 포함함.

사교단층(Oblique slip fault) 경사 이동과 주향 이동이 동시에 일어나는 단층.

사구(Dune) 바람에 의해서 퇴적된 모래 언덕.

사막(Desert) 건조기후 지역의 두 가지 종류 중 하나로서 둘 중에서 더 건조한 지역임.

사막 포도(Desert pavement) 바람이 세립질 물질을 제거함으로써 생성된 자갈층.

사면활동(Mass wasting) 중력의 직접적인 작용으로 암석, 표토, 흙이 사면 아래로 움직이는 것.

사주(Bar) 수로 내에 퇴적되는 모래와 자갈층.

사주섬(Barrier island) 해안에 평행하게 뻗어 있는 나지막한 모래 능선.

사취(Spit) 육지에서 만 입구쪽으로 돌출한 길게 연장된 모래능선.

사층리(Cross-bedding) 주 층리에 대해서 경사진 비교적 얇은 두께의 지층 구조. 바람이나 유수에 의해서 형성됨.

사행천(Meander) 하천 수로의 만곡.

산각 말단면(Truncated spurs) 산의 돌출부가 계곡으로 뻗어 있을 때, 곡빙하의 거대한 침식력에 의해서 말단 부분이 제거되어 생긴 삼각형의 절벽.

산록 빙하(Piedmont glacier) 하나 이상의 곡빙하가 계곡으로부터 나와서 산기슭의 저지대에 넓게 퍼짐으로써 형성되는 빙하.

산성 조성(Felsic composition) '화강암질 조성(Granitic composition)'을 보시오.

산소 동위원소 분석(Oxygen isotope analysis) 산소의 두 가지 동위원소인 ^{16}O과 ^{18}O의 비를 정확하게 측정하여 과거의 온도를 추정하는 방법. 이 분석은 해저 퇴적물과 빙하층의 원통형 표본을 이용하여 수행됨.

산점 광상(Disseminated deposit) 암석 내에 유용광물이 산점되어 나타나지만 그 양이 풍부하여 광석으로 채굴할 수 있을 정도의 경제적인 광상.

산호초(Coral reef) 따뜻하고 얕은 햇빛이 통과하는 해양 환경에서 형성되는 구조로서 주로 칼슘 성분의 산호 잔해와 석회조의 분비물 그리고 그 외 작은 생물체의 딱딱한 부분.

산화(Oxidation) 원자나 이온으로부터 하나 이상의 전자가 제거되는 것. 보통은 원자가 산소와 결합하기 때문에 산화라고 함.

삼각주(Delta) 하천이 호수나 해양으로 들어가는 곳에 형성되는 퇴적물.

삼중합점(Triple junction) 3개의 암권판이 만나는 지점.

상(Facies) 암석단위의 한 부분으로서 동일한 암석단위의 다른 부분과 구별되는 뚜렷한 특징을 가지고 있는 것.

상대 연령 측정(Relative dating) 암석을 적정한 시간순서에 따라 배열시키는 것. 지질학적 사건의 상대적인 시간순서를 결정함.

상반(Hanging wall block) 단층의 바로 아래에 위치하는 암석면.

색깔(Color) 물체가 구별될 수 있는 빛의 현상.

샘(Spring) 지하수가 자연적으로 지표로 용출하는 것.

생물기원 퇴적물(Biogenous sediment) 해양 생물기원 물질로 구성된 해저 퇴적물.

생물량(Biomass) 나무, 작물, 폐기물 등의 유기물로부터 유래하는 재생에너지. 예를 들면 에탄올, 생물기원 디젤, 쓰레기 매립장에서 발생하는 메탄인 생물가스가 있음.

생물학적 퇴적암(Organic sedimentary rock) 식물의 잔해가 습지 바닥에 퇴적되어 형성된 유기탄소로 구성된 퇴적암. 석탄이 대표적임.

생화학적(Biochemical) 물에 사는 생물에 의해서 물속의 용존물질이 침전되어 형성된 화학적인 퇴적물을 지칭함. 조개껍질이 보편적인 예임.

서지(Surge) 빙하가 빠르게 움직이는 기간. 서지는 산발성이고 단기간에 끝남.

석기(Groundmass) 반상조직을 가지는 화성암 내의 작은 결정들로 이루어진 부분.

석순(Stalagmite) 석회동굴의 바닥으로부터 위쪽으로 솟아오른 기둥모양의 물체.

석주(Column) 석회동굴에서 종유석과 석순이 합쳐졌을 때 만들어지는 형태.

석질 운석(Stony-iron meteorite) 운석의 세가지 주요 종류 중 하나. 이 운석은 주로 규산염광물로 구성되며, 기타 다른 광물을 포함함.

석회각(Caliche) 건조지역에서 토양의 B층위 아래에 형성되는 탄산염 칼슘이 풍부하고 견고한 지층.

선캠브리아기(Precambrian) 고생대 이전의 지질시대.

설선(Snowline) 항상 눈으로 덮여 있는 지역 하한.

설원(Snowfield) 연중 눈으로 덮여 있는 지역.

섭입(Subduction) 수렴대를 따라 해양판이 맨틀 속으로 미끄러져 들어가는 과정.

섭입대(Subduction zone) 하나의 암권판이 다른 암권판 밑으로 들어가는 길고 좁은 지대.

섭입대 변성작용(Subduction zone metamorphism) 섭입판에 의해서 퇴적물이 지하 깊은 곳까지 운반되는 지역에서 일어나는 고압, 저온의 변성작용.

섭입 침식(Subduction erosion) 섭입대에서 퇴적물과 암석이 위에 올라탄 판의 바닥부분의 조각이 떨어져나와 맨틀 속으로 들어가는 과정.

성운설(Nebular hypothesis) 먼지와 가스로 이루어진 회전하는 성운이 압축되어 태양과 행성을 만들었다는 태양계의 기원을 설명하는 모델.

성장 쐐기대(Accretionary wedge) 섭입대에 축적되는 거대한 쐐기모양의 퇴적대. 성장 쐐기대의 퇴적물은 해양판의 섭입으로 인해서 긁히고, 위에 올라앉은 지각물질의 아래쪽에 부착하게 됨.

세(Epoch) 지질시대 단위로서 기의 하위 시간단위임.

세탈(Eluviation) 아래로 침투하는 물에 의해서 A층위의 세립질 토양 성분이 씻겨 나오는 것.

소대륙(Microcontinents) 마다가스카르처럼 해수면 위로 올라온 비교적 작은 규모의 대륙지각. 이것이 침강하면 뉴질랜드 근처의 캠프벨 대지와 같이 됨.

소모(Ablation) 빙하로부터 얼음과 눈이 제거되는 것.

소모대(Zone of wastage) 설선보다 바깥에 있는 빙하 지대. 이 지대에서는 매년 빙하의 순 손실이 일어남.

소성 변형(Plastic deformation) 습곡이나 유동에 의해서 크기와 모양이 변화되는 영구적인 변형.

소성 유동(Plastic flow) 빙하 내에 균열이 생기지 않는 약 50m 깊이 아래에서 일어나는 빙하의 움직임.

소행성(Asteroid) 직경이 수백 킬로미터에서 작게는 1킬로미터 미만까지의 작은 행성. 수천 개가 존재함. 대부분의 소행성은 화성과 목성 사이에 궤도에 있음.

속성작용(Diagenesis) 퇴적물이 퇴적된 후 암석화작용을 받는 도중과 그 후의 화학적, 물리적, 생물학적 변화를 총칭함.

속씨식물(Angiosperm) 개화식물. 개화식물의 과일은 씨를 가지고 있음.

손실하천(Losing stream) 하상 퇴적층을 통해서 하천수가 대수층으로 빠져 나가는 하천.

쇄설류(Debris flow) 다량의 물과 흙 및 표토를 포함하는 비교적 빠른 속도의 사태. 또한 '이류'를 참조하시오.

쇄설성 조직(Clastic texture) 기존의 암석 파편들로 구성되는 퇴적암 조직.

쇄설성 퇴적암(Detrital sedimentary rock) 기계적 풍화와 화학적 풍화 둘 다에 의해서 형성된 물질이 운반 · 퇴적되어 만들어진 암석.

쇄설조직(Fragmental texture) '화성쇄설 조직'을 보시오.

수권(Hydrosphere) 지구의 물이 차지하는 권역. 지구의 물리적 환경을 구분하는 권역 중 하나.

수극(Water gap) 능선이나 산을 통과하여 흐르는 하천 유로.

수동형 대륙주변부(Passive continental margin) 대륙붕, 대륙사면, 대륙대로 구성되는 대륙 주변부. 이 대륙 주변부는 판 경계와 관련되지않으며 따라서 화산활동과 지진이 거의 발생하지 않음.

수두 경사(Hydraulic gradient) 지하수면의 경사. 지하수면의 두 지점 사이의 수두차를 두 지점 간의 수평거리로 나눈 것임.

수력 발전(Hydroelectric power) 낙하하는 물이 터빈을 돌려서 발생하는 전기.

수렴경계(Convergent plate boundary) 2개의 판이 서로 부딪히는 곳에 만들어지는 경계. 해양판이 그 위에 올라탄 지판 밑으로 미끄러져 들어가서 결국에는 맨틀 속으로 섭입됨. 2개의 대륙판이 충돌하면 산맥을 형성하게 됨.

수리전도도(Hydraulic conductivity) 지하수 흐름에 관련되며, 대수층의 고유투수율과 유체의 점성도를 고려한 변수.

수문 순환(Hydrologic cycle) 지구의 물의 끊임없는 순환. 수문순환의 동력은 태양에너지이며, 수문순환은 해양, 대기, 대륙 간의 연속적인 물의 교환으로 이루어짐.

수소기원 퇴적물(Hydrogenous sediment) 해수로부터 정출되는 광물들로 구성된 해저퇴적물. 주요 예는 망간단괴임.

수심 측량(Bathymetry) 해양의 깊이를 측정하고 해저 지형도를 만드는 것.

수위 하강(Drawdown) 수위 하강추의 바닥과 최초의 지하수면 사이의 높이 차.

수위하강추(Cone of depression) 우물 주위에 원추형으로 형성되는 지하수위 하강 형태.

수정메르칼리 진도 척도(Modified Mercalli intensity scale) 구조물의 손상정도에 기초를 둔 지진 척도로서 12단계로 되어 있음.

수지상 하계(Dendritic pattern) 나뭇가지 모양을 닮은 하계망.

수직 통로(Pipe) 마그마가 통과하는 수직 통로.

수치 연대(Numerical date) 어떤 사건이 발생했을 때부터 경과한 실제 년수.

순상지(Shield) 안정한 대륙의 내부에 넓고 비교적 평탄한 고기의 변성암체.

순상 화산(Shield volcano) 유동성이 큰 현무암질 용암에 의해서 만들어진 넓고 경사가 완만한 화산.

스웰(Swells) 바람이 약하거나 고요한 지역으로 움직이는 바람에 의해서 발생한 파도.

스코리아(Scoria) 가스가 달아나고 남은 기공을 포함하는 고화된 용암.

스코리아 콘(Scoria cone) '분석구'를 보시오.

스테노의 법칙(Steno's Law) '면각 일정의 법칙(Law of Constancy of Interfacial Angles)'을 보시오.

스텝(Steppe) 두 종류의 건조 기후 중 하나. 습윤 지역과 접하고 있으며 습윤기후의 성격을 가지는 사막의 가장자리 부분.

스트로마톨라이트(Stromatolite) 해조류가 퇴적되어 생긴 구조. 단산 길숨의 층상 구조나 주상 구조로 되어 있음.

스펠레오템(Speleothem) 석회동굴에서 발견되는 점적석의 총칭.

습곡(Fold) 원래의 수평층이 변형되어 구부러진 지층.

습곡과 충상단층 지대(Fold-and-thrust belts) 습곡과 충상단층 작용으로 넓은 지역이 구겨지고 두꺼워진 압축성 산맥 지대. 예를 들면 애팔래치아 산맥의 밸리앤리지 지역이 있음.

시생대(Archean eon) 원생대보다 앞선 선캄브리아 이언의 가장 오래된 지질시대. 45억 년 전부터 25억 년 전 사이 시대임.

시스택(Sea stack) 외해에 위치하는 고립된 암체. 곶이 파도에 의해서 침식되어 만들어짐.

식반 작용(Deflation) 바람에 의해서 느슨한 물질이 불려서 제거되는 작용.

신생대(Cenozoic era) 중생대 이후 6,550만 년부터 현재까지의 지질시대.

실개천(Rills) 하천 흐름의 시작 지역에 생기는 작은 수로들.

실체파(Body wave) 지구 내부를 통과하는 지진파.

심발 지진(Deep-focus earthquake) 300km보다 더 깊은 곳에서 발생하는 지진.

심성암(Plutonic rock) 지하 심부에서 형성된 화성암. 신화에 등장하는 지하세계의 신인 Pluto(플루톤)에서 유래함.

심성암체(Pluton) 지하의 마그마의 정치와 정출 작용에 의해서 형성되는 암체.

심토(Subsoil) 토양 단면의 B층위에 해당하는 용어.

심해 분지(Deep-ocean basin) 대륙 주변부와 대양저 산맥 사이에 놓여 있는 해저 지역. 이 지역은 지구의 거의 30%를 차지함.

심해저 평원(Abyssal plain) 대륙대의 발치에 있는 심해저 바닥 지역

심해 해구(Deep-ocean trench) 해저의 좁고 길게 연장된 함몰지대.

싱크홀(Sinkhole) 용해성 암석이 지하수에 용해되어 형성된 함몰지.

싸라기 눈(Firn) 입상의 재결정된 눈. 눈과 빙하의 중간 단계.

썰물(Ebb current) 해안으로부터 멀어지는 조석의 운동.

쓰나미(Tsunami) 지진해일의 일본말.

아아(Aa) 톱날 같고 괴상의 표면을 가지는 용암류의 일종.

안식각(Angle of repose) 느슨한 퇴적물이 경사면상에서 미끄러지지 않고 머물러 있을 수 있는 최대 경사각.

안정지괴(Stable platform) 비교적 변형이 덜된 퇴적암이 위에 놓여있고 화성암과 변성암으로 이루어진 기반암 복합체가 아래에 놓여 있는 강괴.

알프스형 빙하(Alpine glacier) 산 계곡에만 나타나는 빙하로서 대부분의 경우에는 이전의 하곡이었음.

암권(Lithosphere) 지구의 견고한 외각 층으로서 지각과 상부 맨틀을 포함함.

암권판(Lithospheric plate) 지각과 상부 맨틀을 포함하는 지구의 견고한 외각 층의 한 부분.

암맥(Dike) 주위의 암석을 절단하는 판상의 관입 화성암체.

암반 하도(Bedrock channel) 하천이 암반을 깎아서 생긴 하도. 암반 하도는 수계의 최상류부 또는 하상구배가 큰 수계에서 전형적으로 형성됨.

암상(Sill) 기존의 암석의 층상구조에 평행하게 관입한 판상의 화성암체.

암색 규산염(Dark silicate) 철과 마그네슘을 포함하는 규산염 광물. 암색 규산염은 비철마그네슘 규산염보다 비중이 높음.

암석(Rock) 광물로 구성된 고화물.

암석구조(Rock structure) 기반암의 작은 균열부터 대규모 산맥까지 지각변형에 의해서 만들어진 모든 형태.

암석 단열(Fracture(rock)) 암석내에 현저한 움직임이 일어나지 않는 상태의 깨어짐.

암석미끄럼사태(Rockslide) 연약면을 따라서 사면 아래로 암체가 빠르게 미끄러지는 사면활동.

암석 벽개(Rock cleavage) 암석의 평행하고 조밀한 간격의 면들로 쪼개지는 성질. 벽개면은 흔히 암석의 층리면에 대해서 고각도로 교차함.

암석사태(Rock avalanche) 암석과 쇄설물이 매우 빠른 속도로 이동하는 사면활동. 이런 빠른 이동은 쇄설물의 밑바닥에 갇혀있는 공기층에 의해서 발생함. 암석사태는 시속 200 km가 넘는 속도를 보이기도 함.

암석 순환(Rock cycle) 3가지 기본적인 암석의 기원과 지구물질의 상호작용을 설명하는 모델

암석화작용(Lithification) 퇴적물이 단단한 암석으로 변하는 고결작용과 다짐작용.

암염 평탄지(Salt flat) 평탄지 물이 증발하고 난 후 지상에 남긴 하얀 염분층.

암영대(Shadow zone) 진앙으로부터 105°~140° 사이의 구간. 핵에 의한 굴절 때문에 직접파가 통과하지 못하는 구간임.

암주(Stock) 저반보다는 작은 규모지만 비슷한 성격의 심성암체.

압력 섭입(Forced subduction) 페루-칠레형 섭입대에서 일어나는 작용. 이 섭입대에서는 암권판이 부양력 때문에 쉽게 섭입이 일어나지 않으나 위에 올라탄 지판의 밑으로 강제로 섭입됨.

압축성 산맥(Compressional mountains) 대규모 수평력이 지각을 압축시켜서 두껍게 해서만들어진 산맥. 대부분의 주요산맥들은 이렇게 만들어짐.

압축응력(Compressional stress) 암체를 압축시키는 차별 응력.

애도(Berm) 해안절벽이나 사구의 발치에 위치하며 후안의 건조하고 완만하게 경사진 구간.

액상화(Liquefaction) 안정상태의 흙이 건물이나 구조물을 지탱할 수 없는 액체 상태로 변하는 것.

야르당(Yardang) 바람에 의해서 형성되며, 바람의 방향에 평행하고 거꾸로 뒤집힌 배의 외형을 닮은 유선형의 능선.

야주 지류(Yazoo tributary) 자연제방 때문에 본류에 평행하게 흐르는 지류.

약권(Asthenosphere) 암권 밑에 놓이는 맨틀의 부분. 약권은 깊이 약 100km에서 700km까지 연장됨. 약권의 암석은 쉽게 변형됨.

양성자(Proton) 원자핵내의 양전하를 띠는 입자.

엄폐현상(Occultation) 한 물체가 이보다 더 큰 물체 뒤로 지나갈 때 빛이 가려지는 현상. 예를 들면, 천왕성이 이 보다 더 멀리 떨어진 별 앞으로 지나갈 때 생김.

에너지 준위 또는 껍질(Energy levels or shells) 원자핵을 둘러싸는 음전하를 띠는 구형의 띠.

에스카(Esker) 빙하의 끝 부분에서 빙하 밑의 터널 속을 흐르는 하천에 의해서 만들어지는 주로 모래, 자갈로 구성된 구불구불한 구릉상 퇴적지형.

에어로졸(Aerosols) 대기 중에 떠다니는 미세한 고체 및 액체 입자들

여진(Aftershock) 본진의 후속으로 발생하는 소규모 지진.

역단층(Reverse fault) 상반이 하반에 대해서 위쪽으로 움직인 단층.

역암(Conglomerate) 둥근 자갈들로 구성된 퇴적암.

역 자기장(Reverse polarity) 현재의 자기장에 대해서 반대 방향의 자기장.

역청탄(Bituminous coal) 가장 흔한 형태의 석탄으로서 연한 석탄 또는 흑색탄으로도 불림.

연안대(Nearshore zone) 저조 때의 해안선으로부터 저조 때 파도가 부서지는 해양의 범위까지임.

연안류(Longshore current) 해안에 평행하게 흐르는 연안 해류.

연성 변형(Ductile deformation) 균열 없이 암체의 크기와 모양이 변화되는 고체상태의 유동. 연성 변형은 온도와 압력이 높은 지하 심부에서 일어남.

열곡(Rift valley) 정단층과 정단층 사이의 길고 좁은 틈. 지판의 발산이 일어나는 지역임.

열 변성작용(Thermal metamorphism) '접촉변성작용'을 보시오.

열수 변성작용(Hydrothermal metamorphism) 철이 풍부한 열수가 암석의 균열을 통과하면서 일으키는 화학적 변질작용.

열수 용액(Hydrothermal solution) 정출작용의 후기에 마그마체로부터 이탈한 뜨거운 용액. 열수용액은 주위의 모암을 변질시키고 주요한 광상을 형성시키는 요인이 됨.

열운(Nuee ardente) 작열하는 화성쇄설물. 뜨거운 가스에 의해서 대기 중으로 올라갔다가 떨어져서 화산사태의 형태로 산사면 아래로 움직임.

열점(Hot spot) 지표면으로 마그마를 분출시키는 맨틀 내부의 집적된 열. 하와이 섬을 생성시킨 판 내부화산활동이 그 예임.

열점 궤적(Hot spot tracks) 암권판이 맨틀 용승류 위를 움직일 때 생성되는 화산열도.

열하(Fissure) 길고 확실하게 분리되어 있는 암석 내의 틈.

열하 분출(Fissure eruption) 지각 내 좁고 긴 틈을 따라 일어나는 용암의 분출.

염기성(Mafic) 현무암질 암석이 다량의 철 마그네슘 광물을 포함하는 말. 염기성(mafic)은 magnesium과 ferrum(라틴어로 철이라는 뜻)을 합성한 단어임.

염도(Salinity) 순수한 물에 대한 녹아있는 염의 비율. 일반적으로 천분율(‰)로 표기됨.

엽리(Foliation) 변성암에서 흔히 나타나는 선상 배열 조직.

엽리성(Foliated) 층상의 형태를 보여주는 변성암의 조직을 지칭하는 말.

영구 동토(Permafrost) 지표 아래에 항상 얼어있는 토양. 주로 극지방과 극지방에 가까운 지역에서 발견됨.

오일샌드(Oil sand) 점토, 모래, 물과 역청이라 불리는 검은 점액질 석유의 혼합체.

오일셰일(Oil shale) 유기 화합물의 고상 혼합물을 포함하는 세립질 퇴적암. 오일셰일로부터 셰일오일이라 불리는 액체 탄화수소가 생산됨.

오트 구름(Oort cloud) 지구-태양간 거리의 10,000배보다 더 먼 거리에서 태양의 궤도를 공전하는 혜성들로 이루어진 구상의 집합체

오피올라트 복합체(Ophiolite complex) 해양지각으로 이루어진 층상의 암석들. 3층 구조는 최상층의 베개용암, 중간층의 판상형 암맥 그리고 최하층의 반려암으로 이루어짐.

온실 효과(Greenhouse effect) 행성의 대기 중의 이산화탄소와 수증기가 적외선 파장을 흡수하였다가 다시 방출함으로써 태양에너지를 효과적으로 가두어서 대기온도를 상승시키는 것.

온천(Hot spring) 그 지역 연 평균 기온보다 6~9℃ (10~15°F)가 더 뜨거운 샘.

와다티-베니오프대(Wadati-Benioff zone) 해구로부터 약권쪽으로 밑으로 향하여 좁고 경사진 지진활동대.

외래 하천(Exotic stream) 사막 바깥에 있는 물이 풍부한 지역에서 유래하여 사막을 통과하는 영구 하천.

외부 작용(External process) 태양의 힘에 의한 풍화, 사태, 침식과 같은 작용. 고체 암석을 퇴적물로 변화시킴.

외부행성(Outer planets) 태양계의 외부에 있는 행성들로 목성, 토성, 천왕성, 해왕성이 이에 속함. 이 행성들은 또한 목성형 행성이라 불림.

외해(Offshore) 쇄파대로부터 대륙붕의 가장자리에 이르는 비교적 평탄한 바다 구간.

외핵(Outer core) 맨틀 아래에 약 2,270km(1,410마일)의 두께를 가지는 유체로 된 층.

용결 응회암(Welded tuff) 퇴적된 후 잔재 열과 상부 퇴적물의 무게에 의해서 입자들이 융합되어 만들어진 화성쇄설암.

용암(Lava) 지표면에 도달한 마그마.

용암 돔(Lava dome) 오래된 화산에서 나타나는 볼록한 모양의 용암체. 두꺼운 용암이 화도로부터 느리게 흘러나올 때 만들어짐. 용암 돔은 이후의 가스분출을 편향시키는 마개 역할을 함.

용암 동굴(Lava tube) 굳어 있는 용암 내부의 터널. 화도로부터 흘러나오는 용암의 수평 통로 역할을 함. 액체 용암은 용암 동굴을 통하여 원거리까지 진행할 수 있음.

용액(Solution) 고체와 기체가 액체와 결합하여 액체상태로 변한 것.

용융물(Melt) 결정을 제외한 마그마의 액체 부분.

용탈(Leaching) 아래로 침투하는 물에 의해서 상부 토양층의 용질이 빠져 나가는 것.

용해(Dissolution)

우각호(Oxbow lake) 사행천이 끊어져서 만들어진 소 발굽 모양의 호수.

우물(Well) 포화대내로 굴착된 시추공.

우회 자료(Proxy data) 나이테, 빙하 코어, 해저 퇴적물 등의 자연적인 기후변화 기록물로부터 얻어지는 자료.

운석(Meteorite) 지구 대기를 통과하여 지표면에 부딪친 유성체의 일부.

운적토(Transported soil) 미고결층을 형성하는 토양.

원생대(Proterozoic eon) 시생대와 현생이언 사이의 지질시대로서 25억 년부터 5억 4,200만 년까지임.

원소(Element) 정상적인 화학적 또는 물리적 수단에 의해 보다 더 간단한 물질로 분해할 수 없는 물질.

원시 행성(Protoplanet) 미행성이 집적 성장하여 만들어지는 초기 행성체.

원자(Atom) 특정 원소의 성질을 가질 수 있는 가장 작은 크기의 입자.

원자량(Atomic weight) 어떤 원소의 동위원소들의 평균 원자질량.

원자 번호(Atomic number) 원자핵 내 양자의 수.

원자 질량 단위(Atomic mass unit) 탄소 12 원자 질량의 1/12에 해당하는 질량.

원핵생물(Prokaryotes) 유전체가 핵에 둘러싸여 있지 않은 생물로서 박테리아가 이에 해당함.

윌슨 순환(Wilson Cycle) '초대륙 순환(Super-continent cycle)'을 보시오.

유리질 조직(Glassy texture) 결정을 포함하지 않는, 흑요암과 같은 화성암의 조직.

유성(Meotor) 운석이 지구 대기 속으로 들어오면서 탈 때 발생하는 야광 현상. 보통 '별똥별'이라고 부름.

유성우(Meteor shower) 같은 방향으로 그리고 거의 같은 속도로 움직이는 다수의 유성체. 유성우는 혜성에서 떨어져 나온 것으로 믿어짐.

유성체(Meteoroid) 태양계의 궤도를 도는 작은 고체 조각.

유역(Drainage basin) 하나의 하천으로 물이 모이는 지역.

유출량(Discharge) 주어진 기간 동안 한 지점을 통과하는 하천수의 유량.

유출지역(Discharge area) 지하수가 지표로 흘러나오는 지역으로서 샘 또는 하천이 이에 해당함.

육계사주(Tombolo) 섬과 육지 또는 섬과 섬을 연결하는 사주.

육성 퇴적물(Terrigenous sediment) 육성 풍화와 침식으로부터 유래하는 해저 퇴적물.

육성 화산호(Continental volcanic arc) 해양판이 대륙판 밑으로 섭입하면서 화성활동에 의해서 만들어지는 산맥. 예를 들면 안데스산맥과 캐스케이드 산맥이 있음.

윤변(Wetted perimeter) 하천의 하천의 유로의 단면을 따라 물과 접촉하는 총 거리.

음향 측심기(Echo sounder) 음파의 발신과 해저로부터의 반향 사이의 시간 간격을 측정하여 수심을 알아내는 장비.

음향측심기(Sonar) 음향 신호(소리 에너지)를 이용하여 물의 깊이를 측정하는 장치. 음향측심기는 음향 항법 및 측량(sound navigation and ranging)의 머리글자임.

응력(Stress) 고체의 표면에 작용하는 단위 면적당 힘.

이득하천(Gaining stream) 하상퇴적층을 통하여 지하수가 유입되어 유량이 늘어나는 하천.

이론(Theory) 관찰이 가능한 어떤 사실을 설명하는 충분히 검정되고 널리 받아들여지는 견해.

이류(Mudflow) '쇄설류'를 보시오.

이산화황(Sulfur dioxide) 화산활동으로 수반되거나 화석연료의 연소 및 여러 가지 산업활동에 의한 폐가스(대기 오염물질)에서 발생하는 SO_2 가스.

이수 해안(Emergent coast) 융기나 해수면 하강 또는 이 둘 다에 의해서 해수면 아래에 있던 부분이 지표로 드러나서 생긴 해안.

이안류(Rip current) 짧게 지속되며 높은 유속의 좁은 구간의 강한 표면 해류. 이안류는 해안에 거의 직각 방향으로 쇄파대를 통과하여 바다쪽으로 움직임.

이언(Eon) 지질시대 중 가장 큰 시간 단위. 대보다 상위의 시간 단위임.

이온(Ion) 전하를 가지는 원자나 분자.

이온 결합(Ionic bond) 한 원자로부터 다른 원자로 전자가 이동함으로써 음전하와 양전하를 띠는 이온들이 만들어지고, 이들 이온 간에 발생하는 화학결합.

이차 부화(Secondary enrichment) 신선한 암석 내에 흩어져서 분포하는 소량의 금속이 풍화작용에 의해서 경제성 있는 농도로 농집되는 것.

이차파(Secondary (S)wave) 파의 진행방향과 직각으로 진동하는 지진파.

인장응력(Tension stress) 물체를 서로 반대방향으로 잡아당기는 응력의 종류.

일반 지질학(Physical geology) 지구물질을 연구하고 지하로부터 지표에 미치는 힘과 작용을 연구하는 지질학의 한 분야.

일 조석(Diurnal tide) 매일 1회의 만조와 간조로 이루어지는 조석.

자기 역전(Magnetic reversal) 지구 자기장이 정자기에서 역자기로 또는 역자기에서 정자기로 변화되는 것.

자력계(Magnetometer) 지구 자기장의 강도를 측정하는 데 사용되는 장비.

자분정(Flowing artesian well) 수두가 지면보다 더 높아서 지표면으로 지하수가 흘러나오는 피압정.

자분하지 않는 피압정(Nonflowing artesian well) 수두가 지면보다 더 낮아서 지표면으로 지하수가 흘러나오지 않는 피압정.

자연적인 섭입(Spontaneous subduction) 오래되고 밀도가 높은 암권판이 자중에 의해서 고각도로 맨틀 속으로 침하하면서 해구를 형성하는 과정. 마리아나 해구에서 이런 현상이 일어남.

자연 제방(Natural levees) 하천에 평행한 충적층에 의해서 만들어지는 솟아 있는 지형. 홍수기 이외에는 하천수 흐름을 수로에 한정시키는 역할을 함.

잔류토(Residual soil) 그 밑에 위치하는 기반암의 풍화에 의해서 만들어진 토양.

장석사암(Arkose) 장석이 풍부한 사암.

재결정작용(Recrytallization) 원래의 결정이 성장하면서 암석내에 새로운 광물이 만들어지는 것.

재귀간격(Return period) '재발간격'을 보시오.

재발간격(Recurrence interval) 일정 규모 이상의 홍수와 같은 수문학적 사건이 발생하는 평균 시간 간격.

재생 에너지(Renewable resource) 양적 무한하거나 비교적 짧은 시간 내에 다시 채워지는 자원.

저류암(Reservoir rock) 석유와 천연가스를 생산할 수 있는 저유 구조를 가지는 다성성, 투수성 암석.

저반(Batholith) 마그마가 깊은 곳에서 식어서 형성된 거대한 화성암체로서 후에 침식에 의해서 지표에 노출된 것.

저속도층(Low-velocity zone) 맨틀의 100~250 km(60~150마일)에 위치하는 구간. 이 구간에서 지진파 속도가 현저히 떨어짐. 이 구간은 지구를 에워싸고 있지는 않음.

저유 구조(Oil trap) 다량의 석유와 천연가스가 부존되어 있는 구조.

저탁류(Turbidity current) 대륙붕과 대륙사면 상에 놓인 모래와 진흙이 움직여서 부유될 때 발생하며, 퇴적물을 풍부하게 포함하는 유수가 사면아래로 움직이는 것.

저탁암(Turbidite) 점이층리를 가지는 저탁류 퇴적암.

저퇴석(Ground moraine) 빙하가 후퇴할 때 퇴적되는 물결모양의 빙력토층.

전단 응력(Shear) 2개의 인접한 물체가 서로 반대 방향으로 미끄러지도록 하는 응력.

전도(Conduction) 분자의 활동에 의해서 물질을 통과하는 열의 전달.

전면층(Foreset bed) 삼각주의 전면을 따라서 퇴적되는 경사진 지층.

전안(Foreshore) 고조와 저조 사이의 연안대. 조간대.

전자(Electron) 무시할만한 질량을 가지며 원자핵의 바깥에 위치하는 음 전하의 입자.

전진(Foreshocks) 본진의 발생 이전에 일어나는 소규모 지진.

전호분지(Forearc basin) 호산호와 부가대 사이에 위치하는 지역으로서 천해퇴적물이 퇴적됨.

절리(Joint) 암석이 깨어져 그 면을 따라 변위가 발생하지 않은 균열.

절반 지구대(Half graben) 경사진 단층 지괴로서 높은 쪽은 산악지형이고 낮은 쪽은 퇴적물로 채워진 분지임.

점성(Viscosity) 유체의 미끄러짐에 저장하는 점도.

점이층(Graded bed) 퇴적물의 입도가 밑에서 위로 갈수록 감소하는 경향성을 보이는 퇴적층.

점착성(Tenacity) 광물의 강한 정도 또는 파쇄나 변형에 대한 저항성.

점판 벽개(Slaty cleavage) 벽개 평행하에 배열되어 있는 세립질 변성광물에 의해서 나타나는 점판암의 엽리.

접촉변성대(Aureole) 화성암체 주변부의 모암에서 일어나는 대상 또는 환상의 접촉변성작용의 범위.

접촉변성작용(Contact metamorphism) 주변의 관입암체의 열에 의한 변성작용.

정귀환 기작(Positive feedback mechanism) 최초의 변화를 강화시키는 방향으로 작용하는 효과. 기후 변화에 사용됨.

정단층(Normal fault) 상반이 하반에 대해서 상대적으로 미끄러져 내려간 단층.

정상층(Topset bed) 범람시기에 삼각주의 정산에 수평으로 퇴적되는 지층.

정 자기장(Normal polarity) 현재의 자기장과 동일한 자기장.

정합층(Conformable layers) 퇴적의 중단없이 퇴적된 지층들.

정형(Habit) 특징적인 결정의 모양 또는 결정들의 집합체.

제4기(Quaternary period) 지질시대 중 가장 최근의 시기. 제4기는 약 260만년 전부터 현재까지임.

조금(Neap tide) 음력의 매달 8일과 23일에 조수가 가장 낮은 때를 말함.

조립질의(Coarse-grained) '현정질 조직(Phaneritic texture)'을 보시오.

조산운동(Orogenesis) 산을 형성하는 작용을 총체적으로 지칭함.

조석(Tide) 해양의 수위가 주기적으로 변화하는 것.

조석류(Tidal current) 조석의 상승과 하강에 따른 해수의 반복적인 수평운동.

조석 삼각주(Tidal delta) 빠르게 움직이는 조석류가 좁고 작은 만에서 외해쪽으로 나가면서 느려질 때 퇴적물을 퇴적시켜서 만들어지는 삼각주.

조선(Striations) 사장석의 벽개면에 나타나는 다수의 가는 평행선. 정장석에는 나타나지 않음.

조암광물(Rock-forming minerals) 지각내 대부분의 암석을 구성하는 몇 안되는 주요 광물.

조직(Texture) 암석을 총체적으로 구성하는 입자의 크기, 모양 그리고 분포.

조화적(Concordant) 주변 암석의 층리에 평행하게 관입한 화성암체를 지칭함.

조흔색(Streak) 분말상태의 광물의 색.

종단면(Longitudinal profile) 두부에서부터 하구까지의 수로 단면.

종사구(Longitudinal dunes) 바람의 방향에 평행한 긴 능선을 가진 사구. 종사구는 모래의 공급량이 제한된 지역에 형성됨.

종유석(Stalactite) 석회 동굴의 천장에 달려있는 고드름 모양의 물체.

종퇴석(End moraine) 빙하의 전면부를 이루어지고 있던 빙퇴석 구릉.

종퇴석(Terminal moraine) 움직이는 빙하의 가장 앞 쪽에 쌓이는 빙퇴석.

주기율 표(Periodic table) 원자번호에 따라 원소를 배열한 표.

주 껍질(Principal shells) '에너지 준위'를 보시오.

주상 절리(Columnar joints) 용암이 냉각할 때 주상으로 형성되는 절리.

주향(Strike) 경사진 지층이나 단층과 수평면이 만나서 생기는 선의 방위. 주향은 경사방향과 직각임.

주향 이동 단층(Strike-slip fault) 단층 운동 방향이 수평인 단층.

준대수층(Aquitard) 지하수가 통과하기 어려운 지층.

중간층(Mesosphere) 깊이 660km(410 마일)로부터 외핵의 시작(깊이 2900 km 또는 1800 마일)까지의 맨틀부분. 하부 맨틀이라고도 불림.

중력 붕괴(Gravitational collapse) 깊은 심도에 위치하는 약한 물질이 횡방향으로 움직임으로써 산이 점차 가라앉는 것.

중발 진원(Intermediate focus) 60~300km 깊이의 진원.

중생대(Mesozoic era) 고생대와 신생대 사이(2억 5천 백 만년부터 6550만년 까지)의 지질시대.

중성(Intermediate) 주로 각섬석과 중성의 사장석을 포함하며 보웬의 반응계열 중간에 위치하는 화성암의 조성 범위. 화강암과 현무암의 중간적인 광물 조성을 가지는 화성암질. 안산암에 해당하는 형용사.

중성자(Neutron) 원자핵에 들어 있는 입자로서 전기적으로 중성이며, 양성자의 질량과 거의 같음.

중앙 해령(Mid-ocean ridge) '해령'을 보시오.

즐형 산릉(Arete) 2개의 인접한 빙식곡을 분리하는 칼날형태의 폭이 좁은 산맥.

증발산(Evapotranspiration) 증발과 증산의 복합적인 효과.

증발암(Evaporite) 수증기의 증발에 의해서 용액으로부터 침전된 물질들로 이루어진 퇴적암.

증산(Transpiration) 식물이 대기 중으로 수증기를 방출하는 것.

지각(Crust) 지구의 매우 얇은 최외각 층.

지각평형설(Isostasy) 지각이 맨틀 물질위에 중력 평형에 의해서 떠있다는 이론.

지각평형 조정(Isostatic adjustment) 무게가 더해지거나 감해질 때 일어나는 암권의 보정. 무게가 더해질 때 암권은 침하하고, 무게가 감해지면 암권은 융기함.

지괴(Terrane) 그 지질시대가 인접한 암괴와 뚜렷하게 구분되며 단층에 의해서 경계지어지는 암괴.

지구(Graben) 단층에 의해서 지괴가 아래로 움직여서 만들어진 계곡.

지구조학(Tectonics) 지각을 변형시키는 대규모 지질작용을 연구하는 학문.

지구형 행성(Terrestrial planet) 지구와 비슷한 행성. 수성, 금성, 지구, 화성이 이에 속하며, 이들 행성은 서로 비슷한 밀도를 가짐.

지권(Geosphere) 고체지구. 지구의 네 가지 기본적인 권역 중 하나.

지루(Horst) 단층에 의해서 융기된 길쭉하게 연장된 지괴.

지류(Distributary) 본류로부터 분리된 하천의 한 부분.

지사학(Historical geology) 지구의 기원과 지질시대에 따른 지구의 변천을 연구하는 지질학의 큰 줄기. 주로 화석과 층서에 대한 연구를 포함.

지시 광물(Index mineral) 변성환경의 좋은 지시자가 되는 광물. 광역 변성작용의 서로 다른 구간들을 구별하는데 이용됨.

지연시간(Lag time) 포궁와 홍수 발생 간의 시간 간격.

지열 에너지(Geothermal energy) 발전에 이용되는 천연증기.

지온 구배(Geothermal gradient) 지각 내의 깊이에 따라 증가하는 온도. 상부지각에서 평균적인 지열구배는 30℃/km임.

지자기 연대(Magnetic time scale) 지자기 역전의 상세한 역사. 시대가 알려져 있는 용암류의 자기 극성으로부터 지자기 연대를 알 수 있음.

지진(Earthquake) 에너지의 급작스런 발산에 의한 지구의 진동.

지진 강도(Intensity(earthquake)) 그 지역의 피해에 기초를 둔 지진 진동의 정도.

지진계(Seismograph) 지진파를 기록하는 장치.

지진공백(Seismic gap) 활성단층대의 대부분의 다른 구역에서는 그 기간 동안 대규모 지진이 발생하였으나, 그 기간 동안 대규모 지진이 발생하지 않은 어떤 구역. 그 구역에는 장차 대규모 지진이 발생할 수 있음.

지진 규모(Magnitude(earthquake)) 지진발생 시 방출되는 에너지의 총량.

지진기록(Seismogram) 지진계에 의한 기록.

지진파 반사파 단면(Seismic reflection profile) 퇴적층을 통과하고 암층과 단층대의 접촉면에서 밤사하는 강한 저주파를 이용하여 퇴적층 아래의 암석구조를 영상화하는 방법.

지진학(Seismology) 지진과 지진파를 연구하는 학문.

지진해일(Seismic sea wave) 지진에 의해서 발생한 빠르게 움직이는 해파. 해안지역에 심각한 피해를 줄 수 있음.

지질구조(Tectonic structure) 습곡, 단층, 암석 엽리 등의 기본적인 지질 특성. 지판들의 상호작용에 수반되는 힘에 의해서 만들어짐.

지질시대(Geologic time) 약 46억 년 전 지구의 탄생으로부터의 시대.

지질시대 축척(Geologic time scale) 지구의 역사의 시간적인 구분(이언, 대, 기, 세). 시간적인 축척은 상대적인 연령에 의해서 결정됨.

지질학(Geology) 지구의 형성과 조성 그리고 변천을 연구하는 학문.

지층(Strata) 서로 평행한 퇴적암층들.

지층 대비(Correlation) 서로 다른 지역에 분포하는 비슷한 연령의 암석의 동일성을 확립하는 것.

지판(Tectonic plate) '암권판'을 보시오.

지표 유출(Runoff) 지하로 침투하기보다는 지표상을 흐르는 물.

지하수(Groundwater) 포화대 내의 물.

지하수면(Water table) 지하수 포화대의 상부 경계면.

직각상 수계(Rectangular pattern) 균열이나 절리가 잘 발달된 암석에서 생기는 수계로서 직각상의 형태를 보임.

진동 파도(Wave of oscillation) 물 입자가 원 궤적을 따라 움직이면서 앞으로 전진하는 파도.

진앙(Epicenter) 진원의 직상부 지표면의 위치.

진원(Focus(earthquake)) 암석의 변이에 의해서 지진이 발생하는 지구 내부의 지점.

진입점(Mouth) 강이 다른 강이나 또는 수체로 흘러 들어가는 지점.

진핵생물(Eukaryotes) 유전자가 핵에 의해서 둘러싸여 있는 생물체. 식물, 동물, 진균류는 진핵생물임.

질량 소멸(Mass extinction) 한 화학종의 대부분이 없어지는 현상.

질량수(Mass number) 원자핵 내의 중성자와 양성자를 합한 개수.

차별 풍화(Differential weathering) 광물의 기질, 절리빈도, 기후 등의 요인에 의해서 생기는 풍화 속도와 풍화 정도의 변화.

채석 작용(Quarrying) 유속이 클 때 하상 지층의 느슨한 암괴가 뜯겨나가는 작용.

천발 지진(Shallow-focus earthquake) 60km 보다 얕은 심도에 진원이 위치하는 지진.

철 마그네슘 규산염(Ferromagnesian silicate) '암색 규산염'을 보시오.

철질 운석(Iron meteorite) 운석의 세 가지 주요 종류 중 하나. 이 운석은 주로 철로 구성되며, 5~20%의 니켈을 포함함. 발견되는 운석은 철질 운석임.

초대륙(Supercontinent) 현존하는 대륙들을 모두 합친 거대한 대륙.

초대륙 순환(Supercontinent cycle) 하나의 초대륙이 쪼개지고 이동한 후 오랜 기간 후에 다시 합쳐져서 하나의 새로운 초대륙으로 된다는 이론.

초신성(Supernova) 밝기가 수천 배로 증가되어 폭발하는 별.

초 염기성(Ultramafic) 거의 전적으로 철 마그네슘 광물(대부분 감람석과 휘석)로 이루어진 화성암의 성분 조성을 말함.

총 운반량(Capacity) 하천이 운반할 수 있는 운반물의 총량.

최대 운반능(Competence) 어떤 하천이 운반할 수 있는 최대입자. 유속에 좌우됨.

최저 기준면(Ultimate base level) 해수면. 하천이 지표면을 침식할 수 있는 최저 해발 고도.

축적대(Zone of accumulation) 눈이 쌓이고 얼음이 형성되는 빙하의 부분. 축적대의 외부 경계는 설선임.

충돌 변성작용(Impact metamorphism) 운석이 지구에 충돌할 때 일어난 변성작용.

충상단층(Thrust fault) 저각의 역단층.

충적 선상지(Alluvial fan) 하천의 경사가 급작스럽게 감소하는 지역에서 만들어지는 부채꼴 모양의 퇴적층.

충적층(Alluvium) 하천에 의해서 퇴적되는 미고결 퇴적층.

충적 하도(Alluvial channel) 하상과 하천 제방이 주로 미고결 퇴적물(충적토)로 이루어진 하도. 이 미고결 퇴적물은 그전에는 계곡에 퇴적되어 있던 것임.

취성 변형(Brittle deformation) 암석의 균열을 수반하는 변형. 지표면 가까이의 암석에서 일어남.

취주거리(Fetch) 바람이 개방된 수체를 통과하는 거리.

측퇴석(Lateral moraine) 곡빙하의 측면에 만들어지는 빙력토의 구릉. 주로 계곡의 측벽에서 떨어진 암편들로 구성됨.

층(Bed) '지층'을 보시오.

층류(Laminar flow) 수로에 평행한 직선상의 물입자의 이동. 물 입자의 혼합 없이 하류로 움직임.

층리면(Bedding plane) 퇴적암의 두 층을 분리시키는 평탄한 면. 각 층리면은 하나의 퇴적층이 끝나고 또 다른 성질의 퇴적층이 시작되는 것을 나타냄.

층상 퇴적물(Stratified drift) 빙하의 녹은 물에서 퇴적된 물질.

층상 화산(Stratovolcano) '복성 화산'을 보시오.

층준(Horizon) 토양단면에서의 하나의 층.

침강 해안(Submergent coast) 해수면의 상승, 지각의 침강 또는 이들의 복합적인 요인으로 육지가 부분적으로 침수되어 생긴 해안.

침식(Erosion) 물, 바람, 얼음 등의 운반 요인에 의해서 물질이 혼합되고 운반되는 것.

침식기준면(Base level) 하천이 침식작용을 일으킬 수 있는 한계 기준면. 이 기준면 이하로는 하천침식이 일어나지 않음.

침투(Infilltration) 지표상의 물이 틈과 공극을 통하여 암석이나 토양 속으로 움직이는 것.

침투능(Infiltration capacity) 토양이 최대로 흡수할 수 있는 물의 양.

침하 속도(Settling velocity) 정체된 유체를 통하여 침강하는 입자의 속도. 입자의 크기, 모양과 비중이 침강 속도에 영향을 줌.

카르스트(Karst) 싱크홀이라는 다수의 함몰지로 이루어진 지형.

카시니 간격(Cassini gap) 토성 고리의 A 고리와 B 고리 사이의 넓은 간격

카이퍼 대(Kuiper belt) 해왕성의 궤도 바깥 지역. 대부분 주기가 짧은 혜성들에 의해서 형성되었다고 생각됨.

칼데라(Caldera) 격렬한 화산분출에 의해서 화산의 정상부가 붕괴함으로써 만들어지는 대규모 함몰지.

캄브리아기 팽창(Cambrian explosion) 고생대 초기에 일어난 생물다양성의 엄청난 팽창.

케임(Kame) 정체된 빙하 속의 공간에 집적되어 만들어진 모래와 자갈 퇴적물의 구릉. 급경사면을 보임.

케임 단구(Kame terrace) 빙하와 그 인접 계곡 벽면 사이에 층상으로 퇴적된 좁고, 단구 모양의 퇴적층.

케틀(Kettle holes) 빙성 퇴적층에 들어 있는 얼음 덩어리가 녹아서 생긴 함몰지.

코마(Coma) 혜성의 두부의 흐릿하게 보이는 가스 성분

콜(Col) 두 권곡 벽이 만나서 생기는 산길.

큐리점(Curie point) 어떤 물질이 자성을 잃는 온도.

크레바스(Crevasse) 빙하의 표면의 약한 부분에 생긴 깊은 균열.

클리페(Klippe) 침식에 의해서 고립된 충상단층의 잔재물 또는 본체로부터 떨어진 일부.

탁상의(Tabular) 두 면이 나머지 한 면보다 훨씬 더 긴 심성암체에서 나타나는 특징을 말함.

탄성 반발(Elastic rebound) 단층을 따라 움직이는 암석에 저장된 변형력이 갑자기 방출되는 것.

탄성 변형(Elastic deformation) 외력이 제거되면 암석이 원래 모양으로 되돌아가는 비 영구변형.

탈염분화(Desalination) 해수로부터 염분과 그 외 다른 화학성분을 제거하는 것.

탈출속도(Escape velocity) 천체의 표면으로부터 탈출하기 위해서 물체가 필요로 하는 최초 속도.

태양계의 작은 물체(Small solar system body) 소행성, 혜성, 유성 등 태양계 내 물체.

태양운(Solar nebula) 태양계의 기원이 되는 성간 가스와 먼지 구름.

테프라(Tephra) '화성쇄설물(Pyroclastic materials)'을 보시오.

토류(Earthflow) 물로 포화된 점토가 풍부한 퇴적물이 사면 아래로 이동하는 사태. 습윤지역에서 잘 나타남.

토석류(Solifluction) 물로 포화된 토석이 느린 속도로 사면 아래로 움직이는 것. 영구동토지역에서 흔함.

토양(Soil) 광물, 유기물, 물, 공기의 혼합물. 표토의 일부로서 식물 성장을 지지함.

토양 단면(Soil profile) 하위의 토질물과 함께 연속적인 토양 층위를 보여주는 수직 단면.

토양 분류 체계(Soil Taxonomy) 육안으로 구분되는 특징을 기준으로 한 6단계의 계층적 토양 분류체계. 12개의 토양 목을 가짐.

토양수분대(Zone of soil moisture) 흙입자의 표면에 얇은 막 형태로 물이 붙어 있는 구간으로서 식물이 이용하든지 증발이 일어나는 구간. 불포화대의 최상부 구간.

토양체(Solum) 토양단면의 O, A, B 층위. 식물 뿌리나 식물체 그리고 땅속 동물은 주로 이 구간에만 한정되어 나타남.

토양 층위(Soil horizon) 화학적 풍화와 기타 토양을 형성하는 작용에 의해서 만들어지는 식별이 가능한 특징을 가지는 토양의 층.

통기대(Zone of aeration) '불포화대'를 보시오.

통로(Conduit) 마그마가 지표쪽으로 움직이는 파이프 모양의 공간. 통로의 끝은 지표에 뚫려 있는 화도가 됨.

퇴석(Medial moraine중) 2개의 곡빙하의 측퇴석이 합쳐져서 만들어진 빙력토 구릉.

퇴적면 수평성(Original horizontality) 퇴적층은 일반적으로 수평적이거나 거의 거의 수평적으로 퇴적된다는 원리.

퇴적면 수평성의 원리(Principle of original horizontality) 퇴적층은 일반적으로 수평이거나 거의 수평으로 퇴적된다는 원리.

퇴적물(Sediment) 풍화와 침식에 의해서 물속의 용존물질이 화학적으로 침전되어 또는 생물의 분비물에서 유래하고 물, 바람, 빙하에 운반된 미고결 입자들.

퇴적암(Sedimentary rock) 기존의 암석의 풍화산물이 운반, 퇴적, 고화되어 형성된 암석.

퇴적환경(Environment of deposition, Sedimentary environment) 퇴적물이 퇴적되는 지리적인 환경. 퇴적환경은 지질학적 작용과 환경적인 조건의 특별한 조합으로 특징지어짐.

투수율(Permeability) 어떤 물질이 물을 통과시키는 정도.

트래버틴(Travertine) 온천에 퇴적되거나 동굴에 퇴적되는 석회암의 일종.

파고(Wave height) 파의 골과 꼭대기 사이의 수직 거리.

파도의 굴절(Wave refraction) 파도가 얕은 수심으로 이동할 때 발생하는 방향 변화. 얕은 수심의 파도는 느려지며 이로 인해서 파도가 휘고 해저의 등고선과 평행하게 됨.

파랑(Wave length) 파도의 연속되는 골과 골 또는 꼭대기와 꼭대기 사이의 수평거리.

파식대지(Wave-cut platform) 파도의 침식작용에 의해서 해안을 따라 만들어진 대지.

파식애(Wave-cut cliff) 파도에 의한 침식이나 사태에 의해서 만들어진 가파른 해안 절벽.

파의 주기(Wave period) 파의 연속되는 골과 골 또는 꼭대기와 꼭대기가 한 지점을 통과하는 시간 간격.

파터노스터 호수(Pater noster lakes) 빙하침식에 의해서 생성된 빙하구내에 위치하는 일련의 작은 호수들.

파호이호이(Pahoehoe) 매끈하고 새끼줄 모양의 표면을 가지는 용암류.

판(Plate) '암권판(Lithospheric plate)'을 보시오.

판게아(Pangaea) 약 2억 년 전에 쪼개지기 시작하여 현재의 대륙을 형성하게 된 초대륙.

판 구조론(Plate tectonics) 지구의 바깥 껍질이 여러 개의 판들로 이루어졌다는 이론. 지판들은 상호 작용하며, 지진, 화산, 산맥, 지각을 발생시킴.

판 당기기(Slab pull) 차고, 밀도가 높은 해양지각이 맨틀 속으로 섭입될 때 함께 끌려 들어가는 암권판이 잡아당기는 지판 운동의 기작.

판상(Sheeting) 암석이 판상으로 쪼개지는 기계적인 풍화.

판상류(Sheet flow) 얇은 판상의 지표류.

판상 암맥 복합체(Sheeted dike complex) 거의 평행한 대규모 암맥군

판의 저항력(Plate resistance) 섭입하는 판이 그 상위의 판을 비집고 들어갈 때 그 판의 운동에 반배로 작용하는 힘.

판 흡인력(Slab suction) 인접한 맨틀 상위의 섭입하는 판의 끌어당김에 의한 판 이동의 추진력 중 하나.

페그마타이트(Pegmatite) 극히 조립질 화성암(주로 화강암). 흔히 작은 결정들로 이루어진 대규모 심성암과 함께 수반되는 암맥으로 산출함. 물이 풍부한 환경에서 결정작용에 의해서 거정들이 만들어짐.

페그마타이트 조직(Pegmatitic texture) 직경 1cm 이상의 결정들이 서로 맞물려있는 화성암의 조직.

편리(Schistosity) 조립질 변성암의 특징적인 엽리. 그런 암석은 운모와 같은 판상 광물의 평행한 배열을 보임.

편마상 조직(Gneissic texture) 편마암의 조직으로서 암색과 담색의 규산염 광물이 대상으로 분리되어 나타남.

편압(Differential stress) 서로 다른 방향에서 차별적으로 작용하는 힘.

평정해산(Tablemount) '기요(Guyot)'를 보시오.

평행 부정합(Disconformity) 부정합의 아래, 위가 서로 평행한 부정합.

평형 하천(Graded stream) 공급되는 물질을 운반하기에 적절한 유속을 유지하는 하천.

폐쇄계(Closed system) 물질이 그 계내에만 들어 있고, 물질의 유입이나 유출이 없는 계.

포물형 사구(Parabolic dune) 바르한 사구와 비슷한 형태를 가지는 사구로서 그 가장자리가 바람 불어오는 쪽으로 향하고 있음. 이 사구는 강한 육풍과 풍부한 모래 그리고 부분적으로 모래에 덮여 있는 식생이 발발하는 해안을 따라 형성됨.

포인트 바(Point bar) 사행천의 안쪽에 퇴적되는 초승달 모양의 모래와 자갈 퇴적층.

포행(Creep) 사면상에서 흙과 표토의 느린 이동.

포화대(Zone of saturation) 퇴적물이나 암석내의 공극이 물로 완전히 포화된 구간.

포획물(Inclusion) 암석 내에 들어 있는 다른 암석의 조각. 포획물은 상대적인 연령 측정에 이용됨. 포획물을 포함하고 있는 하나의 암석에 인접한 암석이 그 포획물을 제공함.

포획암(Xenolith) 화성암체 내에 포획된 주변 암석의 암편.

폭포(Waterfall) 하천 수로가 급경사로 떨어짐. 폭포에서는 물이 아래로 떨어짐.

폭풍해일(Storm surge) 강한 바람에 의해서 해안을 따라 해수면의 비정상적인 상승.

표면파(Surface waves) 지구의 외각 층을 따라 이동하는 지진파.

표준 화석(Index fossil) 특별한 지질시대에만 나타나는 화석.

표토(Regolith) 거의 전체 지구표면을 덮고 있으며 암석과 광물 조각으로 구성된 층.

표토(Surface soil) O층위와 A층위로 구성되는 상부 토양단면.

풍극(Wind gap) 폐기된 수극. 풍극은 하천 쟁탈에 의해서 생김.

풍식력(Ventifact) 모래바람에 의해서 마모되고 다듬어진 자갈.

풍식와지(Blowout(deflation hollow)) 바람에 의해서 쉽게 침식되는 물질에 의해서 만들어지는 와지.

풍화(Weathering) 지표 부근에서 일어나는 암석의 분해.

플라야(Playa) 배수가 되지 않는 사막 분지 중앙부의 평탄한 지역.

플라야 호(Playa lake) 플라야에 만들어지는 일시적인 호수.

피압대수층(Confined aquifer) 어떤 대수층의 아래 위에 불투수층이 존재하는 대수층.

피압정(Artesian well) 우물 굴착에 의해서 최초에 만난 지하수위보다 위로 수위가 올라오는 우물.

피요르드(Fiord) 빙식곡이 부분적으로 침수되어 형성된 가파른 사면의 작은 만.

하곡(Stream valley) 수로, 하천 바닥 그리고 하천의 경사진 측면.

하구(Estuary) 해양과 연결되어 있으며 부분적으로 격리된 연안 수계. 염분농도는 강으로부터 공급되는 담수에 의해서 낮아짐.

하데안(Hadean) 지구의 역사에서 가장 초기 시대(이언). 지구상의 최초의 안석이 나타나기 이전의 시대.

하반(Footwall block) 단층의 바로 아래에 위치하는 암석면.

하부 맨틀(Lower mantle) '중간층(Mesosphere)'을 보시오.

하천(Stream) 자연적인 수로를 흐르는 수류를 지칭함. 작은 시내와 큰 강을 모두 하천이라고 함.

하천 쟁탈(Stream piracy) 한 하천유역이 또 다른 하천의 두부 침식에 의해서 다변화되는 것.

함몰(Slump) 곡면을 따라 암체나 미고결 물질이 미끄러져 내려가는 사면활동.

함양지역(Recharge area) 지하수가 채워지는 지역.

해구(Trench) 섭입 시에 해양지각이 아래쪽으로 향하므로 해저에 만들어지는 길고 깊은 함몰지역.

해령(Oceanic ridge) 모든 주요 심해저에 솟아 있는 해저산맥. 너비가 500~5,000km(300~3,000마일)임. 해령의 정부에 위치하는 열곡은 지판의 발산경계에 해당함.

해령 밀기(Ridge push) 판 구조운동의 기작. 중력의 끌어당김에 의해서 대양저 산맥 밑으로 해양판이 미끄러져 들어가는 것을 말함.

해빈(Beach) 해양이나 호수의 내륙쪽 주변부를 따라 쌓이는 퇴적물.

해빈면(Beach face) 애도로부터 해안선까지 연장되는 습윤한 경사면.

해빈성장(Beach nourishment) 파도에 의한 침식으로 형성된 다량의 모래가 해빈에 첨가되는 것. 해빈이 바다쪽으로 발달함에 따라 해빈 모래질과 폭풍에 대한 억제력은 향상됨.

해빈이동(Beach drift) 해안을 따라 지그재그모양으로 일어나는 퇴적물 이동. 이것은 해안선에 비스듬하게 일어나는 쇄파에 의한 물의 상승 때문임.

해빈표사 이동(Beach drift) 해안을 따라 지그재그 모양으로 퇴적물이 이동하는 것. 이것은 쇄파에 대해서 비스듬하게 솟구치는 물에 의해서 생김.

해빙(Sea ice) 극지방에서 생기는 해수의 얼음. 해빙 지역은 겨울에는 늘어나고 여름에는 줄어듦.

해산(Seamount) 심해저로부터 적어도 1,000m(3300 피트) 이상 솟아오른 고립된 화산.

해식동(Sea arch) 돌출부의 반대쪽에 파도에 의해서 만들어지는 아치형 동굴.

해안(Coast) 해안선으로부터 해양의 특성이 나타나는 지역까지를 포함하는 육지의 좁고 긴 지역.

해안(Shore) 해안지역의 바다쪽 구간. 이 구간은 폭풍에 의해서 파도가 가장 높이 올라간 위치부터 저조까지의 범위임.

해안선(Coastline) 해안의 바다쪽 가장자리로서 최고의 폭풍파도에 의한 육지쪽 한계.

해안선(Shoreline) 육지와 바다가 만나는 선. 해안선은 만조와 간조에 따라 오르락 내리락함.

해양 대지(Oceanic plateau) 두꺼운 베개용암과 다른 염기성 암석을 포함하는 해양저의 광범위한 지역. 어떤 경우에는 두께가 30km를 초과함.

해저 협곡(Submarine canyon) 서탁류에 의해서 대륙붕, 대륙사면, 대륙대가 깎여서 생긴 바다 밑의 골짜기.

해저확장설(Seafloor spreading) 1960년대에 Harry Hess에 의해서 최초로 제안된 가설. 발달경계인 중앙 해령에서 새로운 해양지각이 만들어진다는 가설.

핵(Nucleus) 원자의 중심에 있는 작고 무거운 물질로서 모든 양성자를 다 포함하고 있으며 원자질량의 대부분을 차지함.

핵(Core) 맨틀보다 깊은 곳에 위치하는 지구의 가장 중심부분. 외핵과 내핵으로 나누어짐.

핵분열(Fission(nuclear)) 중성자 충돌에 의해서 하나의 무거운 핵이 2개 이상의 가벼운 핵으로 쪼개지는 현상. 이 과정에서 다량의 에너지가 방출됨.

핵분열(Nuclear fission) 원자핵이 더 작은 핵으로 쪼개지는 현상. 이 과정에서 중성자가 방출되고 열 에너지가 발생함.

향사(Syncline) 퇴적층의 습곡 중 아래쪽으로 굽은 부분. 배사의 반대말.

현곡(Hanging valley) 빙하구와 지류계곡이 합쳐지는 지점에서 빙하구의 바닥보다 상당히 높이 위치하는 지류계곡.

현무암(Basalt) 염기성의 조성을 가지는 비현정질 화성암.

현무암질 조성(Basaltic composition) 암색의 규산염광물과 칼슘이 풍부한 사장석을 많이 포함하는 화성암질 암석군.

현생 이언(Phanerozoic eon) 화석을 풍부하게 포함하는 암석들로 대표되는 지질시대. 현생이언은 원생대의 끝(약 5억 4,000만 년 전)부터 현재까지 임.

현정질 조직(Phaneritic texture) 결정들의 크기가 거의 같고, 개개광물이 눈으로 식별할 수 있을 정도로 큰 화성암 조직.

형광(Fluorescence) 자외선을 흡수하여 가시광으로 다시 방출되는 것.

혜성(Comet) 길쭉한 궤도를 따라 흔히 태양을 공전하는 작은 행성체.

호그백(Hogback) 침식에 대한 저항력이 높고 급경사 지층의 역전된 가장자리 부분에 형성된 좁고, 날카로운 정상을 가지는 단층.

호른(Horn) 산 정상을 둘러싸는 3개 이상의 권곡 내에 빙하작용으로 형성된 피라미드 모양의 봉우리.

혼성암(Migmatite) 화성암과 변성암의 특성을 모두 보여주는 암석. 혼성암을 담색 규산염 광물이 용융 후 정출되고, 암색 규산염 광물을 고체 상태로 남아 있는 상태에서 만들어짐.

홍수(Flood) 하천 유출량이 수로의 용량을 초과하여 넘치는 것. 가장 흔하고 파괴적인 지질재해임.

홍적세(Pleistocene epoch) 제4기에 속하며 약 180만 년 전부터 1만 년 전까지의 지질시대.

화강암질(Granitic) 주로 담색 규산염 광물(석영과 장석)로 구성되어 있는 화성암을 지칭함.

화구(Crater) 화산의 정상에 만들어지거나 운석의 충돌로 생성되는 함몰지.

화도(Vent) 통로의 지표로 통하는 구멍.

화산(Volcano) 용암이나 화성쇄설물로 형성된 산.

화산 도호(Volcanic island arc) 하나의 해양판이 다른 판 밑으로 섭입하는 지역인 해구로부터 수백 킬로미터 떨어져서 위치하는 일렬로 늘어선 화산도들.

화산성(Volcanic) 화산활동, 화산구조 또는 화산암과 관련되는 성질을 지칭함.

화산성 유리(Glass(volcanic)) 용암이 너무 빨리 냉각되어 결정화될 시간이 없을 때 만들어지는 천연유리. 화산성 유리는 무질서한 원자들로 구성된 고체임.

화산암경(Volcanic neck) 한 때 화도를 채우고 있던 용암에서 유래하는 고립되고 경사가 가파른 침식 잔여물.

화산추(Volcanic cone) 용암이나 화성쇄설성 물질의 연속적인 분출로 만들어진 원추상의 구조.

화산탄(Volcanic bomb) 녹아 있는 상태에서 화산으로부터 분출된 후 만들어진 유선형의 화성쇄설 암편.

화석(Fossil) 지층속에 보존된 지질시대 생물체의 유해나 흔적.

화석연료(Fossil fuel) 석탄, 석유, 천연가스, 역청과 타르샌드, 오일 셰일을 포함하는 탄화수소 연료의 일반적인 용어.

화석 자기(Fossil magnetism) '고자기'를 보시오.

화석 집합(Fossil assemblage) 한 지층에서 채취된 화석군이 겹쳐지는 범위. 이런 화석 조합을 분석함으로써 그 퇴적층의 시대를 결정할 수 있음.

화석 천이(Fossil succession) 화석의 정해진 순서. 지질시대는 화석의 산출에 의해서 인지됨.

화성쇄설류(Pyroclastic flow) 주로 화산재와 부석들로 이루어진 고온의 혼합물로서 화산의 측면이나 지표를 따라서 흐름.

화성쇄설물(Pyroclastic material) 화산분출에 의한 쇄설물. 화성쇄설물은 화산재, 화산탄, 화산암괴를 포함함.

화성쇄설 조직(Pyroclastic texture) 격렬한 화산분출에 의해서 발생한 암편들이 굳어서 만들어진 화성암 조직.

화성암(Igneous rock) 마그마로부터 고화된 암석.

화학결합(Chemical bond) 하나의 물질의 원자들 간에 존재하는 강하게 끌어당기는 힘. 화학결합은 완전한 원자가 껍질을 만들기 위해서 각각의 원자가 전자를 주거나 서로 공유함으로써 생김.

화학적인 풍화의 일반적인 형태로서 산성 용액에 의해서 석회암이 용해되는 것처럼 균질한 용액으로 녹는 현상.

화학적 퇴적암(Chemical sedimentary rock) 물속에서 무기적 또는 유기적 침전물질로부터 만들어진 퇴적암.

화학적 풍화(Chemical weathering) 광물의 내부구조가 원소의 제거나 첨가에 의해서 변질되는 과정.

확산 중심부(Spreading center) '발산경계(Divergent plate boundary)'를 보시오.

환초(Atoll) 중앙 석호 주변부의 연속적이거나 또는 불연속적인 환상의 산호초.

활동면(Slip face) 가파르고 34°의 각도를 가지는 사구의 바람 불어가는쪽 면.

활동성 대륙 주변부(Active continental margin) 일반적으로 폭이 좁고 매우 심하게 변형된 퇴적물로 구성됨. 해양판이 대륙의 주변부 아래로 섭입하는 지역에서 생김.

활동층(Active layer) 영구동토 지역의 최상위층으로서 여름에는 녹고 겨울에는 어는 지층.

회생(Rejuvenation) 광역적인 융기 등으로 인한 기준면의 변화. 융기는 강력한 침식을 유발함.

횡사구(Transverse dunes) 바람의 방향에 직각으로 발달하는 긴 능선의 사구. 이 사구는 식생이 귀하고 모래가 풍부한 지역에서 형성됨.

횡적인 연속성의 원리(Lateral continuity(principle of)) 퇴적층이 다른 퇴적물로 점이적으로 변하거나 퇴적분지의 가장자리에서 얇아질 때까지는 모든 방향으로 연속적으로 뻗어있다는 원리.

후안(Backshore) 해안의 내륙쪽 부분으로서 고조의 한계. 보통은 건조한 상태이고 폭풍시에만 파도의 영향을 받음.

후퇴 빙퇴석(Recessional moraine) 빙하가 후퇴할 때 빙하의 전면이 정체되어 생기는 종퇴석.

휘발성 물질(Volatiles) 용융물에 녹아 있는 마그마의 가스 성분. 휘발성 물질은 표면 압력하에서 쉽게 기화함.

흐름(Flow) 물로 포화된 물질이 점성 유체의 형태로 사면 아래로 움직이는 사태의 일종.

흑점(Sunspot) 태양 표면으로부터 내부로 깊게 뻗어있는 강력한 자기폭풍에 의해서 생기는 태양의 어두운 지역.

8전자 법칙(Octet rule) 모든 원자는 희유가스의 전자 배열을 포함한다는 법칙. 즉, 외각에너지 준위는 8개의 전자를 포함함.

D층(D'layer) 맨틀의 가장 깊은 부분의 약 200km(125마일) 두께의 층으로서 P파 속도가 급격하게 감소하는 층.

L파(Long (L) waves) 지진에 의해서 발생되는 파로서 지구의 외각층을 따라서 진행하며 주로 지표에 피해를 줌. L파는 다른 지진파들보다는 더 긴 주기를 가짐.

P파(Primary (P) wave) 물체를 반복적으로 압축과 팽창시키면서 통과하는 지진파.

P파(P wave) 가장 빠른 지진파. 매질의 팽창과 압축에 의해서 전달됨.

S파(S wave) P파 보다 느리고 고체 내에서만 전달되는 지진파.

찾아보기

ㅅ

ㅇ

ㅈ

기 타